완벽대비
산업안전기사 · 산업기사 실기

김용원 저

동일출판사

머리말

산업안전기사 실기시험이 작업형 시험에 동영상이 도입된 이후 현장실무와의 연관성이 높아지고, 2024년부터 적용된 시험과목변경 및 출제기준 변경으로 출제유형의 다양한 변화와 이해력, 사고력을 요하는 심도있는 문제의 출제가능성이 높아지고 있다.

필자는 이러한 점을 감안하여 36년 동안의 강의 경험과 국내 유명 교수님들의 논문 및 기타 자료들을 참고하여 산업안전기사 자격시험에 반드시 합격할 수 있는 다음과 같은 필수 내용으로 본 교재를 구성하였다.

1. 본 교재의 목차는 출제기준에 있는 순서를 그대로 적용하여 수험생들의 출제기준 및 내용파악에 도움에 되도록 하였다.
2. 기출문제풀이는 가급적 법규 및 고시사항 등에 규정된 내용으로 답안을 작성하였으며, 본 교재의 본문에 해당하는 단원을 명시(Focus)하여 다시 한번 이론을 확인할 수 있도록 하였다.
3. 작업형 동영상 문제는 필답형 문제의 응용된 유형이므로 연계하여 함께 공부할 수 있도록 첨부하였다.
4. 복잡한 내용 및 방대한 이론들은 쉽게 이해하고, 마인드 맵을 통한 암기에 도움이 되도록 가급적 간략화, 도식화, 단순화하여 비교분석이 쉽게 체계화하였다.
5. 최근에 개정된 법 및 고시사항 등을 세밀히 분석하여 과거의 기출문제들도 현행법에 맞도록 해설 및 답안을 작성하였다.

필자가 나름대로 많은 준비기간과 노력을 통하여 집필하였으나 아직은 많은 부족함이 있으리라 생각하며, 항상 수험생의 입장에서 생각하고 연구하여 부족한 부분들은 계속 수정 보완해 나갈 것을 약속한다.

끝으로 출판의 기회를 주신 동일출판사 정창희 사장님과 관계직원 여러분께 감사드리며, 처음부터 끝까지 함께 하시며 길을 예비해주신 에벤에셀의 하나님께 모든 영광을 돌립니다.

저자 씀

시험당할 즈음에 또한 피할 길을 내사 너희로 능히 감당하게 하시느니라 (고전10 : 13)

이 책의 차례

머리말 ··· 2
이 책의 차례 ·· 4
과년도 출제기준 ··· 12

1과목 산업안전관리 계획수립

Ⅰ 안전관리 조직 ·· 38
1. 안전관리 조직의 목적 ·· 38
2. 안전관리 조직의 종류 ·· 38
3. 안전관리조직의 장단점 ·· 39
4. 안전보건관리 책임자의 업무 ·· 40
5. 안전관리자의 업무 ··· 40
6. 관리감독자의 직무 ··· 41
7. 산업안전 보건위원회 ··· 42

Ⅱ 안전관리계획 수립 및 운용 ·· 44
1. 안전관리 규정 ··· 44
2. 안전관리 계획 ··· 45
3. 주요평가 척도 ··· 46
4. 안전보건 개선계획 ··· 46

Ⅲ 산업재해 발생 및 재해조사 분석 ··· 47
1. 재해조사 목적 ··· 47
2. 재해조사 시 유의사항 ··· 48
3. 재해조사 항목내용 ··· 49
4. 재해발생시 조치사항 ··· 50
5. 재해발생 메카니즘 ··· 50
6. 산업재해 발생형태 ··· 51
7. 재해발생 원인 ··· 52
8. 상해의 종류 ··· 53
9. 통계적 원인분석 방법 ··· 54
10. 재해예방의 4원칙 ·· 56
11. 사고예방 대책의 기본원리 5단계 ··· 56
12. 재해율 ·· 57
13. 재해 코스트 ·· 60

14. 재해사례 연구순서 ………………………………………… 62
Ⅳ 안전점검 및 진단 ……………………………………………… 63
　　1. 안전점검의 정의 및 목적 …………………………………… 63
　　2. 안전점검의 종류 ……………………………………………… 64
　　3. 안전점검 기준 ………………………………………………… 64
　　4. 작업표준 ……………………………………………………… 65
　　5. 작업위험 분석 ………………………………………………… 65
　　6. 동작경제의 3원칙 …………………………………………… 66
　　7. 안전인증 ……………………………………………………… 67
　　8. 작업 시작 전 점검사항 ……………………………………… 70
　　9. 안전검사 ……………………………………………………… 72
예상문제 …………………………………………………………… 74

2과목 산업재해 대응

Ⅰ 안전교육 ………………………………………………………… 90
　　1. 안전교육 지도 ………………………………………………… 90
　　2. 교육법의 4단계 ……………………………………………… 91
　　3. 안전교육의 기본방향 ………………………………………… 91
　　4. 안전교육의 단계 ……………………………………………… 92
　　5. 안전교육계획과 그 내용 …………………………………… 92
　　6. O.J.T ………………………………………………………… 93
　　7. Off. J. T ……………………………………………………… 94
　　8. 학습목적의 3요소와 학습정도의 4단계 …………………… 94
　　9. 교육훈련 평가의 4단계 ……………………………………… 94
　　10. 산업안전보건법상의 교육의 종류와 교육시간 및 교육내용 …… 95
　　11. 관리감독자 안전보건 교육 내용 …………………………… 98
Ⅱ 산업심리 ………………………………………………………… 99
　　1. 착각현상 ……………………………………………………… 99
　　2. 주의력과 부주의 ……………………………………………… 100
　　3. 안전사고와 사고심리 ………………………………………… 101
　　4. 재해빈발자의 유형 …………………………………………… 102
　　5. 노동과 피로 …………………………………………………… 102
　　6. 직업적성과 인사관리 ………………………………………… 105
　　7. 동기부여에 관한 이론 ………………………………………… 106
　　8. 무재해운동과 위험예지훈련 ………………………………… 109
예상문제 …………………………………………………………… 114

3과목 기계작업공정 특성 분석

Ⅰ 인간공학 ·· 122
1. 인간 - 기계 체계 ·· 122
2. 인간과 기계의 성능 비교 ·· 123
3. 인간기준 ·· 123
4. 휴먼에러 ·· 124
5. 신뢰도 ··· 126
6. 고장율 ··· 128
7. Fail safe ·· 130
8. 인간에 대한 감시방법 ·· 130
9. 인체계측 ·· 130
10. 작업공간 ·· 132
11. 작업대 및 의자설계원칙 ··· 133
12. 부품배치의 원칙 ·· 134
13. 통제비 ··· 134
14. 통제장치의 유형 ·· 135
15. 표시장치 ·· 136
16. 실효온도 ·· 137
17. 조명 ··· 138
18. 조도 ··· 139
19. 반사율 ··· 139
20. 대비 ··· 140
21. 소음대책 ·· 140

Ⅱ 시스템 위험분석 ··· 141
1. 시스템안전을 달성하기 위한 4단계 ·· 141
2. 예비 사고 분석(Preliminary Hazards Analysis : PHA) ······· 142
3. 고장형과 영향분석(Failure Mode and Effect Analysis) ······ 142
4. 디시젼 트리 ·· 143
5. ETA(Event Tree Analysis) ··· 144
6. THERP(Technique For Human Error Rate Prediction) ··· 145
7. MORT(Management Oversight and Risk Tree) ················ 146
8. FTA ··· 147
9. FTA에 의한 재해사례 연구순서 ·· 148
10. 확률사상의 적과 화 ··· 149
11. 미니멀 컷과 미니멀 패스 ·· 149
12. 안전성 평가 ··· 152
13. 화학설비의 안전성평가 ·· 152
14. 정성적 평가항목 ·· 153
15. 정량적 평가항목 ·· 153

예상문제 ·· 154

4과목 기계안전 시설관리

Ⅰ 기계안전 일반 ·· 164
  1. 기계설비의 위험점 ·· 164
  2. 기계설비의 본질적 안전화 ·· 166
  3. 기계설비의 안전조건 ·· 166
  4. Fool-proof ··· 169
  5. Fail safe ·· 170
  6. 기계설비의 방호장치 ·· 171
  7. 동력차단장치 ··· 172
  8. 동력전달장치의 방호장치 ··· 172
  9. 유해·위험 방지를 위하여 방호조치가 필요한 기계·기구 등 ···· 173
  10. 프레스의 방호장치 및 설치방법 ·· 173
  11. 아세틸렌용접장치 및 가스집합 용접장치의 방호장치 및 설치방법
    ··· 176
  12. 양중기의 방호장치 및 재해유형 ·· 177
  13. 보일러의 방호장치 ·· 179
  14. 롤러기의 방호장치 및 설치방법 ·· 180
  15. 연삭기의 재해유형 ·· 181
  16. 연삭숫돌의 파괴원인 ·· 182
  17. 연삭기의 방호장치 및 설치방법 ·· 182
  18. 동력식 수동대패기 ·· 183
  19. 산업용로봇의 방호장치 ·· 185

Ⅱ 운반안전 일반 ··· 187
  1. 지게차의 재해유형 ·· 187
  2. 지게차의 안정도 ··· 188
  3. 헤드가드(head guard) ·· 189
  4. 와이어로프 ··· 189
  5. 와이어로프에 걸리는 하중 ·· 191

예상문제 ·· 192

5과목 전기작업안전관리 및 화공안전점검

Ⅰ 전기안전일반 ··· 208
  1. 감전재해 유해요소 ·· 208
  2. 통전전류가 인체에 미치는 영향 ·· 209
  3. 감전사고 방지대책 ·· 210
  4. 개폐기의 분류 ··· 212
  5. 퓨즈 ·· 213

- 6. 누전차단기 ··············· 215
- 7. 피뢰설비 ··············· 217
- 8. 정전작업 ··············· 220
- 9. 충전전로에서의 전기작업 ··············· 221
- 10. 접지 시스템 ··············· 223
- 11. 교류아크용접기의 방호장치 및 성능조건 ··············· 226
- 12. 전기화재의 원인 ··············· 227
- 13. 저압전로의 절연성능 ··············· 231
- 14. 정전기 발생과 안전대책 ··············· 232
- 15. 전기설비의 방폭화 방법 ··············· 236
- 16. 폭발등급 ··············· 236
- 17. 위험장소 ··············· 236
- 18. 방폭구조의 기호 ··············· 237
- 19. 방폭구조의 종류 ··············· 237

II 화공안전 일반 ··············· 238
- 1. 연소의 정의 ··············· 238
- 2. 연소형태 ··············· 239
- 3. 인화점 ··············· 239
- 4. 발화점 ··············· 240
- 5. 폭발의 성립조건 ··············· 241
- 6. 폭발의 종류 ··············· 241
- 7. 혼합가스의 폭발범위 ··············· 242
- 8. 위험도 ··············· 243
- 9. 화재의 종류 ··············· 243
- 10. 폭발의 방호방법 ··············· 244
- 11. 고압가스 용기의 도색 ··············· 245
- 12. 소화이론 ··············· 246
- 13. 소화기의 종류 ··············· 247
- 14. 화학설비의 안전장치 종류 ··············· 248

III 작업환경 안전일반 ··············· 251
- 1. 작업환경 개선의 기본원칙 ··············· 251
- 2. 배기 및 환기 ··············· 251
- 3. 조명관리 ··············· 252
- 4. 소음 및 진동방지 대책 ··············· 253

예상문제 ··············· 255

6과목 건설현장 안전시설관리

I 건설안전일반 ··············· 278
- 1. 토질시험 방법 ··············· 278

2. 지반의 이상현상 ·· 280
　　3. 유해위험방지 계획서 ··· 280
　　4. 산업안전보건관리비 ··· 282
　　5. 셔블계 굴착기계 ·· 284
　　6. 토공기계 ·· 285
　　7. 운반기계 ·· 288
　　8. 건설용 양중기 ·· 290
　　9. 항타기 및 항발기 ·· 294
　　10. 추락재해의 위험성 및 안전조치 ························ 295
　　11. 추락재해의 방호설비 ··· 296
　　12. 추락방지용 방망의 구조등 안전기준 ··············· 298
　　13. 낙하·비래의 위험방지 및 안전조치 ················ 299
　　14. 낙하·비래재해의 발생원인 ······························· 300
　　15. 낙하·비래재해의 방호설비 ······························· 300
　　16. 토사붕괴 위험성 및 안전조치 ···························· 303
　　17. 토사붕괴 재해의 형태 및 발생원인 ················· 306
　　18. 토사붕괴시 조치사항 ··· 307
　　19. 경사로 ·· 307
　　20. 가설계단 ·· 308
　　21. 사다리식 통로 ·· 310
　　22. 사다리 ·· 310
　　23. 통로발파 ·· 311
　　24. 비계의 종류 및 설치시 준수사항 ····················· 312
　Ⅱ 건설공사 위험성 평가 ··· 318
　　1. 위험성 평가의 정의 및 개요 ································ 318
　　2. 평가대상 선정 ·· 319
　　3. 평가항목 ·· 320
　　4. 관련법에 관한 사항 ·· 320
　Ⅲ 위험성 감소 대책 수립 및 실행 ······························· 321
　　1. 위험성 개선대책(공학적·관리적)의 종류 ········ 321
　　2. 허용가능한 위험수준 분석 ··································· 322
　예상문제 ·· 323

7과목 산업안전 보호장비 관리

　Ⅰ 호흡용 보호구 ··· 346
　　1. 보호구 선택시 유의사항 ·· 346
　　2. 보호구 구비조건 ·· 348
　　3. 방진마스크 ·· 348
　　4. 방독마스크 ·· 351

5. 송기마스크 ……………………………………………………… 353
　Ⅱ 보안경 ………………………………………………………………… 356
　　　1. 보안경의 종류 …………………………………………………… 356
　Ⅲ 기타 보호장구 ………………………………………………………… 357
　　　1. 안전모 ……………………………………………………………… 357
　　　2. 안전화 ……………………………………………………………… 358
　　　3. 안전대 ……………………………………………………………… 359
　예상문제 …………………………………………………………………… 363

8과목 산업안전보건법

　Ⅰ 산업안전보건법 ……………………………………………………… 374
　　　1. 도급사업에 있어서의 안전조치 ……………………………… 374
　　　2. 물질안전보건자료의 작성비치 등 …………………………… 376
　　　3. 안전성 검토 (유해위험 방지 계획서) ………………………… 378
　　　4. 공장 설비의 안전성 평가(공정안전보고서) ………………… 380
　Ⅱ 산업안전보건법 시행령 ……………………………………………… 383
　　　1. 관리감독자의 업무내용 ………………………………………… 383
　　　2. 안전보건총괄책임자 지정대상 사업 및 직무 등 …………… 386
　　　3. 유해·위험성조사 제외 화학물질 ……………………………… 387
　　　4. 물질안전보건자료의 작성·제출 제외 대상 화학물질 등 …… 387
　Ⅲ 산업안전보건법 시행규칙 …………………………………………… 388
　　　1. 유해위험한 기계·기구 등의 방호조치 ……………………… 388
　　　2. 석면 해체작업 …………………………………………………… 389
　Ⅳ 산업안전에 관한 기준 ……………………………………………… 389
　　　1. 차량계건설기계 ………………………………………………… 389
　　　2. 차량계건설기계의 사용에 의한 위험의 방지 ……………… 390
　　　3. 거푸집 및 동바리 ……………………………………………… 391
　　　4. 철골작업 해체작업 ……………………………………………… 396
　　　5. 중량물 취급시 작업계획 ……………………………………… 397
　　　6. 휴게시설(세척시설) …………………………………………… 398
　예상문제 …………………………………………………………………… 399

작업형 문제

　　　1회　작업형 문제 ………………………………………………… 410
　　　2회　작업형 문제 ………………………………………………… 414
　　　3회　작업형 문제 ………………………………………………… 419

4회 작업형 문제 ·· 424
　　5회 작업형 문제 ·· 430
　　6회 작업형 문제 ·· 435
　　7회 작업형 문제 ·· 440
　　8회 작업형 문제 ·· 444

필답형 출제문제

산업안전기사실기 ·· 449
　　2000년 출제문제 … 450　　　2001년 출제문제 … 459
　　2002년 출제문제 … 463　　　2003년 출제문제 … 474
　　2004년 출제문제 … 485　　　2005년 출제문제 … 497
　　2006년 출제문제 … 507　　　2007년 출제문제 … 519
　　2008년 출제문제 … 533　　　2009년 출제문제 … 547
　　2010년 출제문제 … 563　　　2011년 출제문제 … 579
　　2012년 출제문제 … 592　　　2013년 출제문제 … 607
　　2014년 출제문제 … 623　　　2015년 출제문제 … 638
　　2016년 출제문제 … 652　　　2017년 출제문제 … 665
　　2018년 출제문제 … 677　　　2019년 출제문제 … 689
　　2020년 출제문제 … 700　　　2021년 출제문제 … 718
　　2022년 출제문제 … 731　　　2023년 출제문제 … 744

산업안전산업기사실기 ·· 759
　　2000년 출제문제 … 760　　　2001년 출제문제 … 764
　　2002년 출제문제 … 768　　　2003년 출제문제 … 774
　　2004년 출제문제 … 782　　　2005년 출제문제 … 793
　　2006년 출제문제 … 803　　　2007년 출제문제 … 814
　　2008년 출제문제 … 827　　　2009년 출제문제 … 838
　　2010년 출제문제 … 853　　　2011년 출제문제 … 865
　　2012년 출제문제 … 879　　　2013년 출제문제 … 893
　　2014년 출제문제 … 908　　　2015년 출제문제 … 922
　　2016년 출제문제 … 934　　　2017년 출제문제 … 946
　　2018년 출제문제 … 957　　　2019년 출제문제 … 968
　　2020년 출제문제 … 978　　　2021년 출제문제 … 994
　　2022년 출제문제 … 1007　　2023년 출제문제 … 1019

과목별 출제기준

산업안전기사 실기 출제기준

직무분야	안전관리	중직무분야	안전관리	자격종목	산업안전기사	적용기간	2024.1.1~2026.12.31

직무내용: 제조 및 서비스업 등 각 산업현장에 소속되어 산업재해 예방계획의 수립에 관한사항을 수행하며, 작업환경의 점검 및 개선에 관한 사항, 사고사례 분석 및 개선에 관한 사항, 근로자의 안전교육 및 훈련 등을 수행하는 직무이다.

수행준거:
1. 사업장의 안전한 작업환경을 구성하기 위해 산업안전계획과 재해예방계획, 안전보건관리규정을 수행할 수 있는 산업안전관리 매뉴얼을 개발할 수 있다.
2. 관련 공정의 특수성을 분석하여, 안전 관리 상 고려사항을 조사하고, 관련자료 및 기계위험에 대한 안전조건 분석 등을 수행할 수 있다.
3. 사업장 내 발생한 사고에 대한 신속한 조치를 통하여 추가 피해를 방지하고, 사고 원인에 대한 분석을 실시하여 향후 발생할 수 있는 산업재해를 예방할 수 있다.
4. 사업장 안전점검이란 안전점검계획 수립과 점검표 작성을 통해 안전점검을 실행하고 이를 평가하는 능력이다.
5. 근로자 안전과 관련한 안전시설을 관련법령과 기준, 지침에 따라 관리 할 수 있다.
6. 근로자 안전과 관련한 보호구와 안전장구를 관련법령, 기준, 지침에 따라 관리 할 수 있다.
7. 정전기로 인해 발생할 수 있는 전기안전사고를 예방하기 위하여 정전기 위험요소를 파악하고 제거할 수 있다.
8. 전기로 인해 발생할 수 있는 폭발 사고를 방지하기 위해, 사고 위험요소를 파악하고 대응할 수 있다.
9. 작업 중 발생할 수 있는 전기사고로부터 근로자를 보호하기 위해 안전하게 전기작업을 수행하도록 지원하고 예방할 수 있다.
10. 작업장에서 발생할 수 있는 관련 사고를 예방하기 위해 관련 요소를 파악하고 계획을 수립할 수 있다.
11. 화학물질에 대한 유해·위험성을 파악하고, MSDS를 활용하여 제반 안전활동을 수행할 수 있다.
12. 화학공정 시설에서 발생할 수 있는 안전사고를 방지하기 위해 안전점검계획을 수립하고 안전점검표에 따라 안전점검을 실행하며 안전점검 결과를 평가할 수 있다.
13. 건설공사와 관련된 특수성을 분석하고 공사와 연관된 안전관리의 고려사항과 기존의 관련공사자료를 활용하여 안전관리업무에 적용할 수 있다.
14. 근로자 안전과 관련한 건설현장 안전시설을 관련법령과 기준, 지침에 따라 관리 할 수 있다.
15. 건설 작업 중 발생할 수 있는 유해·위험요인을 파악하여 감소대책을 수립하고, 평가보고서 작성 후 평가결과를 환류하여 건설현장 내 유해·위험요인을 관리할 수 있다.

실기검정방법	복합형	시험시간	2시간 30분 정도 (필답형 1시간 30분, 작업형 1시간 정도)

실기과목명	주요항목	세부항목	세세항목
산업안전 관리실무	1. 산업안전관리 계획수립	1. 산업안전계획 수립하기	1. 사업장의 안전보건경영방침에 따라 안전관리 목표를 설정할 수 있다. 2. 설정된 안전관리 목표를 기준으로 안전관리를 위한 대상을 설정할 수 있다. 3. 설정된 안전관리 대상별 인력, 예산, 시설 등의 사항을 계획할 수 있다. 4. 안전관리 대상별 안전점검 및 유지 보수에 관한 사항을 계획할 수 있다. 5. 계획된 내용을 보고서로 작성하여 산업안전보건위원회에 심의를 받을 수 있다. 6. 산업안전보건위원회에서 심의된 안전보건계획을 이사회 승인 후 안전관리 업무에 적용할 수 있다.
		2. 산업재해예방계획 수립하기	1. 사업장에서 발생가능한 유해·위험요소를 선정할 수 있다. 2. 유해·위험요소별 재해 원인과 사례를 통해 재해 예방을 위한 방법을 결정할 수 있다. 3. 결정된 방법에 따라 세부적인 예방 활동을 도출할 수 있다. 4. 산업재해예방을 위한 소요 예산을 계상할 수 있다. 5. 산업재해예방을 위한 활동, 인력, 점검, 훈련 등이 포함된 계획서를 작성할 수 있다.
		3. 안전보건관리규정 작성하기	1. 산업안전관리를 위한 사업장의 특성을 파악할 수 있다. 2. 안전보건관리규정 작성에 필요한 기초자료를 파악할 수 있다. 3. 안전보건경영방침에 따라 안전보건관리규정을 작성할 수 있다. 4. 산업안전보건 관련 법령에 따라 안전보건관리규정을 관리할 수 있다.
		4. 산업안전관리 매뉴얼 개발하기	1. 사업장 내 설비와 유해·위험요인을 파악할 수 있다. 2. 안전보건관리규정에 따라 산업안전관리에 필요 절차를 파악할 수 있다. 3. 사업장 내 안전관리를 위한 분야별 매뉴얼을 개발할 수 있다.
	2. 기계작업공정 특성 분석	1. 안전관리상 고려 사항 결정하기	1. 기계작업공정과 관련된 설계도를 검토하여 안전관리 운영 항목을 도출할 수 있다. 2. 기계작업공정에서 도출된 안전관리요소를 검토하여 안전관리 업무의 핵심 내용을 도출할 수 있다. 3. 유관 부서와 협의하고 협조 운영될 수 있는 방안을 검토할 수 있다. 4. 사전예방활동 또는 작업성과의 향상에 기여할 수 있도록 위험을 최소화할 수 있는 안전관리 방안을 결정할 수 있다.
		2. 관련 공정 특성 분석하기	1. 기계작업 공정 안전관리 요소를 도출하기 위하여 기계작업공정의 설계도에 따라 세부적인 안전지침을 검토할 수 있다.

실기과목명	주요항목	세 부 항 목	세 세 항 목
			2. 작업환경에 따라 안전관리에 적용해야 하는 위험요인을 도출할 수 있다. 3. 특수 작업의 작업조건에 따라 안전관리에 적용해야 하는 위험요인을 도출할 수 있다. 4. 기계작업 공정별 특수성에 따라 위험요인을 도출하여 안전관리방안을 도출할 수 있다.
		3. 유사 공정 안전관리 사례 분석하기	1. 안전관리상 고려사항을 도출하기 위하여 유사 공정 분석에 필요한정보를 수집할 수 있다. 2. 외부전문가가 필요한 경우 안전관리 분야 전문가를 위촉하여 활용할 수있다. 3. 외부전문가를 활용한 기계작업 안전관리 사례 분석결과에서 안전관리요소를 도출할 수 있다.
		4. 기계 위험 안전조건 분석하기	1. 현장에서 사용되는 기계별 위험요인과 기계설비의 안전요소를 도출할 수 있다. 2. 기계의 안전장치의 설치 등 기계의 방호장치에 대한 특성을 분석하고 활용할 수 있다. 3. 기계설비의 결함을 조사하여 구조적, 기능적 안전에 대응할 수 있다. 4. 유해위험기계기구의 종류, 기능과 작동원리를 활용하여 안전조건을 검토할 수 있다.
	3. 산업재해 대응	1. 산업재해 처리 절차 수립하기	1. 비상조치 계획에 의거하여 사고 등 비상상황에 대비한 처리절차를 수립할 수 있다. 2. 비상대응 매뉴얼에 따라 비상 상황전달 및 비상조직의 운영으로 피해를 최소화 할 수 있다. 3. 비상상태 발생 시 신속한 대응을 위해 비상 훈련계획을 수립할 수 있다.
		2. 산업재해자 응급조치하기	1. 응급처치 기술을 활용하여 재해자를 안정시키고 인근 병원으로 즉시 이송할 수 있다. 2. 병력과 치료현황이 포함된 재해자 건강검진 자료를 확인하여 사고대응에 활용할 수 있다. 3. 재해조사 조치요령에 근거하여 재해현장을 보존하여 증거자료를 확보할 수 있다.
		3. 산업재해원인 분석하기	1. 작업공정, 절차, 안전기준 및 시설 유지보수 등을 통하여 재해원인을 분석할 수 있다. 2. 사고장소와 시설의 증거물, 관련자와의 면담 등을 통하여 사고와 관련된 기인물과 가해물을 규명할 수 있다. 3. 재해요인을 정량화하여 수치로 표시할 수 있다. 4. 재발 발생 가능성과 예상 피해를 감소시키기 위해 필요한 사항을 추가 조사할 수 있다.

실기과목명	주요항목	세 부 항 목	세 세 항 목
			5. 동일유형의 사고 재발을 방지하기 위해 사고조사보고서를 작성할 수 있다.
		4. 산업재해 대책 수립하기	1. 사고조사를 통해 근본적인 사고원인을 규명하여 개선대책을 제시할 수 있다. 2. 개선조치사항을 사고발생 설비와 유사 공정·작업에 반영할 수 있다. 3. 사고보고서에 따라 대책을 수립하고, 평가하여 교육 훈련 계획을 수립할 수 있다. 4. 사업장 내 근로자를 대상으로 비상대응 교육훈련을 실시할 수 있다.
	4. 사업장 안전점검	1. 산업안전 점검 계획 수립하기	1. 작업공정에 맞는 점검 방법을 선정할 수 있다. 2. 안전점검 대상 기계·기구를 파악할 수 있다. 3. 위험에 따른 안전관리 중요도에 대한 우선순위를 결정할 수 있다. 4. 적용하는 기계·기구에 따라 안전장치와 관련된 지식을 활용하여 안전점검 계획을 수립할 수 있다.
		2. 산업안전 점검표 작성하기	1. 작업공정이나 기계·기구에 따라 발생할 수 있는 위험요소를 포함한 점검항목을 도출할 수 있다. 2. 안전점검 방법과 평가기준을 도출할 수 있다. 3. 안전점검계획을 고려하여 안전점건표를 작성할 수 있다.
		3. 산업안전 점검 실행하기	1. 안전점검표의 점검항목을 파악할 수 있다. 2. 해당 점검대상 기계·기구의 점검주기를 판단할 수 있다. 3. 안전점검표의 항목에 따라 위험요인을 점검할 수 있다. 4. 안전점검결과를 분석하여 안전점검 결과보고서를 작성할 수 있다.
		4. 산업안전 점검 평가하기	1. 안전기준에 따라 점검내용을 평가하여 위험요인을 도출할 수 있다. 2. 안전점검결과 발생한 위험요소를 감소하기 위한 개선방안을 도출할 수 있다. 3. 안전점검결과를 바탕으로 사업장내 안전관리 시스템을 개선할 수 있다.
	5. 기계안전시설 관리	1. 안전시설 관리 계획하기	1. 작업공정도와 작업표준서를 검토하여 작업장의 위험성에 따른 안전시설설치 계획을 작성할 수 있다. 2. 기 설치된 안전시설에 대해 측정 장비를 이용하여 정기적인 안전점검을실시할 수 있도록 관리계획을 수립할 수 있다. 3. 공정진행에 의한 안전시설의 변경, 해체 계획을 작성할 수 있다.

실기과목명	주요항목	세부항목	세세항목
		2. 안전시설 설치하기	1. 관련법령, 기준, 지침에 따라 성능검정에 합격한 제품을 확인할 수 있다. 2. 관련법령, 기준, 지침에 따라 안전시설물 설치기준을 준수하여 설치할수 있다. 3. 관련법령, 기준, 지침에 따라 안전보건표지를 설치할 수 있다. 4. 안전시설을 모니터링하여 개선 또는 보수 여부를 판단하여 대응할 수 있다.
		3. 안전시설 관리하기	1. 안전시설을 모니터링하여 필요한 경우 교체 등 조치할 수 있다. 2. 공정 변경 시 발생할 수 있는 위험을 사전에 분석하여 안전시설을변경·설치할 수 있다. 3. 작업자가 시설에 위험 요소를 발견하여 신고시 즉각 대응할 수 있다. 4. 현장에 설치된 안전시설보다 우수하거나 선진 기법 등이 개발되었을 경우 현장에 적용할 수 있다.
	6. 산업안전 보호장비관리	1. 보호구 관리하기	1. 산업안전보건법령에 기준한 보호구를 선정할 수 있다. 2. 작업 상황에 맞는 검정 대상 보호구를 선정하고 착용상태를 확인할 수 있다. 3. 사용설명서에 따른 올바른 착용법을 확인하고, 작업자에게 착용 지도할 수 있다. 4. 보호구의 특성에 따라 적절하게 관리하도록 지도할 수 있다.
		2. 안전장구 관리하기	1. 산업안전보건법령에 기준한 안전장구를 선정할 수 있다. 2. 작업 상황에 맞는 검정 대상 안전장구를 선정하고 착용상태를 확인할 수 있다. 3. 사용설명서에 따른 올바른 착용법을 확인하고, 작업자에게 착용 지도할 수 있다. 4. 안전장구의 특성에 따라 적절하게 관리하도록 지도할 수 있다.
	7. 정전기 위험관리	1. 정전기 발생방지 계획수립하기	1. 정전기 발생원인과 정전기 방전을 파악하여, 정전기 위험장소 점검계획을 수립할 수 있다. 2. 정전기 방지를 위한 접지시설과 등전위본딩, 도전성 향상 계획을수립할 수 있다 3. 인화성 화학물질 취급 장치·시설과 취급 장소에서 발생할 수 있는정전기 방지 대책을 수립할 수 있다. 4. 정전기 계측설비 운용 계획을 수립할 수 있다.
		2. 정전기 위험요소 파악하기	1. 정전기 발생이 전격, 화재, 폭발 등으로 이어질 수 있는 위험 요소를파악할 수 있다. 2. 정전기가 발생될 수 있는 장치·시설에 절연저항, 표면저항, 접지저항,대전전압, 정전용량 등을 측정하여 정전기의 위험

실기과목명	주요항목	세부항목	세세항목
			성을 판단할 수 있다. 3. 정전기로 인한 재해를 예방하기 위하여 정전기가 발생되는 원인을 파악할 수 있다.
		3. 정전기 위험요소 제거하기	1. 정전기가 발생될 수 있는 장치·시설과 취급 장소에서 접지시설, 본딩시설을 구축하여 정전기 발생 원인을 제거할 수 있다. 2. 정전기가 발생될 수 있는 장치·시설과 취급 장소에 도전성 향상과제전기를 설치하여 정전기 위험요소를 제거할 수 있다. 3. 정전기가 발생될 수 있는 장치·시설의 취급 시 정전기 완화 환경을 구축할 수 있다. 4. 정전기가 발생할 수 있는 작업 환경을 개선하여 정전기를 제거할 수 있다.
	8. 전기 방폭 관리	1. 사고 예방 계획수립하기	1. 전기 방폭에 영향을 미칠 수 있는 위험요소를 확인하고 점검 계획을 수립할 수 있다. 2. 전기로 인해 발생할 수 있는 폭발사고의 사고원인을 구분하여 전기방폭 방지 계획을 수립할 수 있다. 3. 사고원인에 의해 폭발사고가 발생하는 위험물질의 관리 방안을 수립할수 있다. 4. 전기로 인해 발생할 수 있는 폭발사고를 예방하기 위해 계측설비운용에 관한 계획을 수립할 수 있다. 5. 전기로 인해 발생할 수 있는 폭발사고 사례를 통한 사고원인을 분석하고 전기설비 유지관리를 위한 체크리스트를 작성하여 전기 방폭 관리계획을 수립할 수 있다.
		2. 전기 방폭 결함 요소 파악하기	1. 전기로 인해 발생할 수 있는 폭발사고 발생 메커니즘을 적용하여 관련사고의 위험성을 파악할 수 있다. 2. 전기로 인해 발생할 수 있는 폭발사고가 발생할 수 있는 작업조건,작업 장소, 사용물질을 파악할 수 있다. 3. 전기적 과전류, 단락, 누전, 정전기 등 사고원인을 점검, 파악할 수있다. 4. 전기로 인해 발생할 수 있는 폭발사고가 발생할 수 있는위험 물질의 관리대상을 파악할 수 있다.
		3. 전기 방폭 결함 요소 제거하기	1. 전기로 인해 발생할 수 있는 폭발사고 형태별 원인을 분석하여 사고를 예방할 수 있다. 2. 전기로 인해 발생할 수 있는 폭발사고의 사고원인을 파악하여, 사고를 예방할 수 있다 3. 전기로 인해 발생할 수 있는 폭발사고를 방지하기 위하여 방폭형전기설비를 도입하여 사고를 예방할 수 있다.
	9. 전기작업 안전관리	1. 전기작업 위험성 파악하기	1. 전기안전사고 발생 형태를 파악할 수 있다. 2. 전기안전사고 주요 발생 장소를 파악할 수 있다. 3. 전기안전사고 발생 시 피해정도를 예측할 수 있다.

실기과목명	주요항목	세 부 항 목	세 세 항 목
			4. 전기안전관련 법령에 따라 전기안전사고를 예방할 목적으로 설치된 안전보호장치의 사용 여부를 확인할 수 있다.
			5. 전기안전사고 예방을 위한 안전조치 및 개인보호장구의 적합여부를 확인할 수 있다.
		2. 정전작업 지원하기	1. 안전한 정전작업 수행을 위한 안전작업계획서를 수립할 수 있다.
			2. 정전작업 중 안전사고가 우려 시 작업중지를 결정할 수 있다.
			3. 정전작업 수행 시 필요한 보호구와 방호구, 작업용 기구와 장치, 표지를 선정하고 사용할 수 있다.
		3. 활선작업 지원하기	1. 안전한 활선작업 수행을 위한 안전작업계획서를 수립할 수 있다.
			2. 활선작업 중 안전사고가 우려 시 작업중지를 결정할 수 있다.
			3. 활선작업 수행 시 필요한 보호구와 방호구, 작업용 기구와 장치, 표지를 선정하고 사용할 수 있다.
		4. 충전전로 근접작업 안전지원하기	1. 가공 송전선로에서 전압별로 발생하는 정전·전자유도 현상을 이해하고 안전대책을 제공할 수 있다.
			2. 가공 배전선로에서 필요한 작업 전 준비사항 및 작업 시 안전대책, 작업 후 안전점검 사항을 작성할 수 있다.
			3. 전기설비의 작업 시 수행하는 고소작업 등에 의한 위험요인을 적용한 사고 예방대책을 제공할 수 있다.
			4. 특고압 송전선 부근에서 작업 시 필요한 이격거리 및 접근한계거리, 정전유도 현상을 숙지하고 안전대책을 제공할 수 있다.
			5. 크레인 등의 중기작업을 수행할 때 필요한 보호구, 안전장구, 각종 중장비 사용 시 주의사항을 파악할 수 있다.
	10. 화재·폭발·누출사고 예방	1. 화재·폭발·누출 요소 파악하기	1. 화학공장 등에서 위험물질로 인한 화재·폭발·누출로 인한 사고를 예방하기 위하여 현장에서 취급 및 저장하고 있는 유해·위험물의 종류와 수량을 파악할 수 있다.
			2. 화학공장 등에서 위험물질로 인한 화재·폭발·누출로 인한 사고를 예방하기 위하여 현장에 설치된 유해·위험 설비를 파악할 수 있다.
			3. 유해·위험 설비의 공정도면을 확인하여 유해·위험 설비의 운전방법에 의한 위험 요인을 파악할 수 있다.
			4. 유해·위험 설비, 폭발 위험이 있는 장소를 사전에 파악하여 사고 예방활동용의 필요점을 파악할 수 있다.
		2. 화재·폭발·누출 예방 계획수립하기	1. 화학공장 내 잠재한 사고 위험 요인을 발굴하여 위험등급을 결정할 수 있다.
			2. 유해·위험 설비의 운전을 위한 안전운전지침서를 개발할 수 있다.

실기과목명	주요항목	세 부 항 목	세 세 항 목
			3. 화재·폭발·누출 사고를 예방하기 위하여 설비에 관한 보수 및 유지 계획을 수립할 수 있다. 4. 유해·위험 설비의 도급 시 안전업무 수행실적 및 실행결과를 평가하기 위하여 도급업체 안전관리 계획을 수립할 수 있다. 5. 유해·위험 설비에 대한 변경시 변경요소관리계획을 수립할 수 있다. 6. 산업사고 발생 시 공정 사고조사를 위하여 조사팀 및 방법 등이 포함된 공정 사고조사 계획을 수립할 수 있다. 7. 비상상황 발생 시 대응할 수 있도록 장비, 인력, 비상연락망 및 수행 내용을 포함한 비상조치 계획을 수립할 수 있다.
		3. 화재·폭발·누출 사고 예방활동하기	1. 유해·위험 설비 및 유해·위험물질의 취급시 개발된 안전지침 및 계획에 따라 작업이 이루어지는지 모니터링 할 수 있다. 2. 작업허가가 필요한 작업에 대하여 안적작업허가 기준에 부합된 절차에 따라 작업허가를 할 수 있다. 3. 화재·폭발·누출 사고 예방을 위한 제조공정, 안전운전지침 및 절차 등을 근로자에게 교육을 할 수 있다. 4. 안전사고 예방활동에 대하여 자체 감사를 실시하여 사고 예방 활동을 개선할 수 있다.
	11. 화학물질 안전관리 실행	1. 유해·위험성 확인하기	1. 화학물질 및 독성가스 관련 정보와 법규를 확인할 수 있다. 2. 화학공장에서 취급하거나 생산되는 화학물질에 대한 물질안전보건자료(MSDS: Material Safety Data Sheet)를 확인할 수 있다. 3. MSDS의 유해·위험성에 따라 적합한 보호구 착용을 교육할 수 있다. 4. 화학물질의 안전관리를 위하여 안전보건자료(MSDS: Material Safety Data Sheet)에 제공되는 유해·위험 요소 등을 파악할 수 있다.
		2. MSDS 활용하기	1. 화학공장에서 취합하는 화학물질에 대한 MSDS를 작업현장에 부착할 수 있다. 2. MSDS 제도를 기준으로 취급하거나 생산한 화학물질의 MSDS의 내용을 교육을 실시할 수 있다. 3. MSDS의 정보를 표지판으로 제작 및 부착하여 근로자에게 화학물질의 유해성과 위험성 정보를 제공할 수 있다. 4. MSDS내에 있는 정보를 활용하여 경고 표지를 작성하여 작업현장에 부착할 수 있다.
	12. 화공안전점검	1. 안전점검계획 수립하기	1. 공정운전에 맞는 점검 주기와 방법을 파악할 수 있다. 2. 산업안전보건법령에서 정하는 안전검사 기계·기구를 구분하여 안전점검 계획에 적용할 수 있다.

실기과목명	주요항목	세부항목	세세항목
			3. 사용하는 안전장치와 관련된 지식을 활용하여 안전점검 계획을 수립할 수 있다.
		2. 안전점검표 작성하기	1. 공정운전이나 기계·기구에 따라 발생할 수 있는 위험요소 포함하도록 점검항목을 작성할 수 있다. 2. 공정운전이나 기계·기구에 따라 발생할 수 있는 위험요소를 포함하도록 점검항목을 작성할 수 있다. 3. 위험에 따른 안전관리 중요도 우선순위를 결정할 수 있다. 4. 객관적인 안전점검 실시를 위해서 안전점검 방법이나 평가기준을 작성할 수 있다. 5. 안전점검계획에 따라 공정별 안전점검표를 작성할 수 있다.
		3. 안전점검 실행하기	1. 공정 순서에 따라 작성된 화학 공정별 작업절차에 의해 운전할 수 있다. 2. 측정 장비를 사용하여 위험요인을 점검할 수 있다. 3. 점검주기와 강도를 고려하여 점검을 실시할 수 있다. 4. 안전점검표에 의하여 위험요인에 대한 구체적인 점검을 수행할 수 있다.
		4. 안전점검 평가하기	1. 안전기준에 따라 점검 내용을 평가하고, 위험요인을 산출할 수 있다. 2. 점검 결과 지적사항을 즉시 조치가 필요 시 반영 조치하여 공사를 진행할 수 있다. 3. 점검 결과에 의한 위험성을 기준으로 공정의 가동중지, 설비의 사용금지 등 위험요소에 대한 조치를 취할 수 있다. 4. 점검 결과에 의한 지적사항이 반복되지 않도록 해당 시스템을 개선할 수 있다.
	13. 건설공사 특성 분석	1. 건설공사 특수성 분석하기	1. 설계도서에서 요구하는 특수성을 확인하여 안전관리계획 시 반영할 수 있다. 2. 공정관리계획 수립 시 해당 공사의 특수성에 따라 세부적인 안전지침을 검토할 수 있다. 3. 공사장 주변 작업환경이나 공법에 따라 안전관리에 적용해야 하는특수성을 도출할 수 있다. 4. 공사의 계약조건, 발주처 요청 등에 따라 안전관리상의 특수성을 도출할 수 있다.
		2. 안전관리 고려사항 확인하기	1. 설계도서 검토 후 안전관리를 위한 중요 항목을 도출할 수 있다. 2. 전체적인 공사 현황을 검토하여 안전관리 업무의 주요항목을 도출할 수 있다. 3. 안전관리를 위한 조직을 효율적으로 운영할 수 있는 방안을 도출할 수 있다.

실기과목명	주요항목	세부항목	세세항목
			4. 외부 전문가 인력풀을 활용하여 안전관리사항을 검토할 수 있다. 5. 안전관리를 위한 구성원별 역할을 부여하고 활용할 수 있다.
		3. 관련 공사자료 활용하기	1. 시스템 운영에 필요한 정보를 수집하고, 정리하여 문서화할 수 있다. 2. 안전관리의 충분한 지식확보를 위하여 안전관리에 관련한 자료를 수집하고 활용할 수 있다. 3. 기존의 시공사례나 재해사례 등을 활용하여 해당 현장에 맞는 안전자료를 작성할 수 있다. 4. 관련 공사자료를 확보하기 위하여 외부 전문가 인력풀을 활용할 수 있다.
	14. 건설현장 안전시설 관리	1. 안전시설 관리 계획하기	1. 공정관리계획서와 건설공사 표준안전지침을 검토하여 작업장의 위험성에 따른 안전시설 설치 계획을 작성할 수 있다. 2. 현장점검시 발견된 위험성을 바탕으로 안전시설을 관리할 수 있다. 3. 기 설치된 안전시설에 대해 측정 장비를 이용하여 정기적인 안전점검을 실시할 수 있도록 관리계획을 수립할 수 있다. 4. 안전시설 설치방법과 종류의 장·단점을 분석할 수 있다. 5. 공정 진행에 따라 안전시설의 설치, 해체, 변경 계획을 작성할 수 있다.
		2. 안전시설 설치하기	1. 관련법령, 기준, 지침에 따라 안전인증에 합격한 제품을 확인할 수 있다. 2. 관련법령, 기준, 지침에 따라 안전시설물 설치기준을 준수하여 설치할 수 있다. 3. 관련법령, 기준, 지침에 따라 안전보건표지를 설치기준을 준수하여 설치할 수 있다. 4. 설치계획에 따른 건설현장의 배치계획을 재검토하고, 개선사항을 도출하여 기록할 수 있다. 5. 안전보호구를 유용하게 사용할 수 있는 필요 장치를 설치할 수 있다.
		3. 안전시설 관리하기	1. 기 설치된 안전시설에 대해 관련법령, 기준, 지침에 따라 확인하고, 수시로 개선할 수 있다. 2. 측정 장비를 이용하여 안전시설이 제대로 유지되고 있는지 확인하고, 필요한 경우 교체할 수 있다. 3. 공정의 변경 시 발생할 수 있는 위험을 사전에 분석하고, 안전시설을 변경·설치할 수 있다. 4. 설치계획에 의거하여 안전시설을 설치하고, 불안전 상태가 발생되는 경우 즉시 조치할 수 있다.

실기과목명	주요항목	세부항목	세세항목
		4. 안전시설 적용하기	1. 선진기법이나 우수사례를 고려하여 안전시설을 건설현장에 맞게 도입할 수 있다. 2. 근로자의 제안제도 등을 활용하여 안전시설을 건설현장에 적합하도록 자체개발 또는 적용할 수 있다. 3. 자체 개발된 안전시설이 관련법령에 적합한지 판단할 수 있다. 4. 개발된 안전시설을 안전관계자 또는 외부전문가의 검증을 거쳐 건설현장에 사용할 수 있다.
	15. 건설공사 위험성평가	1. 건설공사 위험성평가 사전준비하기	1. 관련법령, 기준, 지침에 따라 위험성평가를 효과적으로 실시하기 위하여 최초, 정기 또는 수시 위험성평가 실시규정을 작성할 수 있다. 2. 건설공사 작업과 관련하여 부상 또는 질병의 발생이 합리적으로 예견 가능한 유해·위험요인을 위험성평가 대상으로 선정할 수 있다. 3. 건설공사 위험성평가와 관련하여 이의신청, 청렴의무를 파악할 수 있다. 4. 건설공사 위험성평가와 관련하여 위험성평가 인정기준 등 관련지침을 파악할 수 있다. 5. 건설현장 안전보건정보를 사전에 조사하여 위험성평가에 활용할 수 있다.
		2. 건설공사 유해·위험요인파악하기	1. 건설현장 순회점검 방법에 의한 유해·위험요인 선정을 위험성평가에 활용할 수 있다. 2. 청취조사 방법에 의한 유해·위험요인 선정을 위험성평가에 활용할 수 있다. 3. 자료 방법에 의한 유해·위험요인 선정을 위험성평가에 활용할 수 있다. 4. 체크리스트 방법에 의한 유해·위험요인 선정을 위험성평가에 활용할 수 있다. 5. 건설현장의 특성에 적합한 방법으로 유해·위험요인을 선정할 수 있다.
		3. 건설공사 위험성 결정하기	1. 건설현장 특성에 따라 부상 또는 질병으로 이어질 수 있는 가능성 및 중대성의 크기를 추정할 수 있다. 2. 곱셈에 의한 방법으로 추정할 수 있다. 3. 조합(Matrix)에 의한 방법으로 추정할 수 있다. 4. 덧셈식에 의한 방법으로 추정할 수 있다. 5. 건설공사 위험성 추정 시 관련지침에 따른 주의사항을 적용할 수 있다. 6. 건설공사 위험성 추정결과와 사업장 설정 허용 가능 위험성 기준을 비교하여 위험요인별 허용 여부를 판단할 수 있다. 7. 건설현장 특성에 위험성 판단 기준을 달리 결정할 수 있다.

실기과목명	주요항목	세 부 항 목	세 세 항 목
		4. 건설공사 위험성 평가보고서 작성하기	1. 관련법령, 기준, 지침에 따라 위험성평가를 실시한 내용과 결과를 기록할 수 있다. 2. 위험성평가와 관련한 위험성평가 기록물을 관련법령, 기준, 지침에서 정한 기간 동안 보존할 수 있다. 3. 유해·위험요인을 목록화 할 수 있다. 4. 위험성평가와 관련해서 위험성평가 인정신청, 심사, 사후관리 등 필요한 위험성평가 인정제도에 참여할 수 있다.
		5. 건설공사 위험성 감소대책 수립하기	1. 관련법령, 기준, 지침에 따라 위험수준과 근로자수를 감안하여 감소대책을 수립할 수 있다. 2. 건설공사 위험성 감소대책에 필요한 본질적 안전 확보 대책을 수립할 수 있다. 3. 건설공사 위험성 감소대책에 필요한 공학적 대책을 수립할 수 있다. 4. 건설공사 위험성 감소대책에 필요한 관리적 대책을 수립할 수 있다. 5. 건설공사 위험성 감소대책과 관련하여 최종적으로 작업에 적합한 개인 보호구를 제시할 수 있다.
		6. 건설공사 위험성 감소대책 타당성 검토하기	1. 건설공사 위험성의 크기가 허용 가능한 위험성의 범위인지 확인할 수 있다 2. 허용 가능한 위험성 수준으로 지속적으로 감소시키는 대책을 수립할 수 있다. 3. 위험성 감소대책 실행에 장시간이 필요한 경우 등 건설현장 실정에 맞게 잠정적인 조치를 취하게 할 수 있다 4. 근로자에게 위험성평가 결과 남아 있는 유해·위험 정보의 게시, 주지 등 적절하게 정보를 제공할 수 있다.

산업안전산업기사 실기 출제기준

직무 분야	안전관리	중직무 분야	안전관리	자격 종목	산업안전산업기사	적용 기간	2024.1.1~ 2026.12.31

직무내용: 제조 및 서비스업 등 각 산업현장에 소속되어 산업재해 예방계획 수립에 관한 사항을 수행하여 작업환경의 점검 및 개선에 관한 사항, 사고 사례 분석 및 개선에 관한 사항, 근로자의 안전교육 및 훈련 등을 수행하는 직무이다.

수행준거:
1. 사업장의 안전한 작업환경을 구성하기 위해 산업안전계획과 재해예방계획, 안전보건관리 규정을 수행하는 산업안전관리 매뉴얼을 개발할 수 있다.
2. 근로자 안전과 관련한 보호구와 안전장구를 관련법령, 기준, 지침에 따라 관리할 수 있다.
3. 직업환경관리 및 근로자 건강관리 능력을 향상시켜 산업재해를 예방하고 관리하기 위해 근로자에게 산업보건에 관한 지식을 제공하고 유익한 태도를 지니게하여 바람직한 행동의 변화를 가져오도록 지도할 수 있다.
4. 안전의식을 높이고 사고 및 재해를 예방하기 위하여 사업장 여건에 맞는 산업안전교육훈련을 실시할 수 있다.
5. 근로자 안전과 관련한 안전시설을 관련법령과 기준, 지침에 따라 관리 할 수 있다.
6. 안전점검계획 수립과 점검표 작성을 통해 안전점검을 실행하고 이를 평가할 수 있다.
7. 산업현장에서 기계를 사용하면서 발생할 수 있는 안전사고를 방지하기 위해 안전점검계획을 수립하고 안전점검표에 따라 안전점검을 실행하며 안전점검 내용을 평가할 수 있다.
8. 작업 중 발생할 수 있는 전기사고로부터 근로자를 보호하기 위해 안전하게 전기작업을 수행하도록 지원하고 예방할 수 있다.
9. 전기 설비에서 발생할 수 있는 전기화재 사고를 예방하기 위하여 전기 화재 위험 요소를 파악하고 예방할 수 있다.
10. 작업장에서 발생할 수 있는 관련 사고를 예방하기 위해 관련 요소를 파악하고 계획을 수립할 수 있다.
11. 화학물질에 대한 유해·위험성을 파악하고, MSDS를 활용하여 제반 안전활동을 수행할 수 있다.
12. 화학공정 시설에서 발생할 수 있는 안전사고를 방지하기위해 안전점검계획을 수립하고 안전점검표에 따라 안전점검을 실행하며 안전점검 결과를 평가할 수 있다.
13. 근로자 안전과 관련한 건설현장 안전시설을 관련법령과 기준, 지침에 따라 관리하는 능력이다.
14. 건설현장에서 발생할 수 있는 안전사고를 방지하기위해 안전점검계획을 수립하고 안전점검표에 따라 안전점검을 실행하며, 안전점검 결과를 평가할 수 있다.
15. 작업에 잠재하고 있는 위험요인을 파악하고 실현가능한 개선대책을 제시하여 건설현장 내 안전사고를 관리할 수 있다.

실기검정방법	복합형	시험시간	2시간 정도 (필답형 1시간, 작업형 1시간 정도)

실기과목명	주요항목	세부항목	세세항목
산업안전 실무	1. 산업안전관리 계획수립	1. 산업안전계획 수립하기	1. 사업장의 안전보건경영방침에 따라 안전관리 목표를 설정할 수 있다. 2. 설정된 안전관리 목표를 기준으로 안전관리를 위한 대상을 설정할 수 있다. 3. 설정된 안전관리 대상별 인력, 예산, 시설 등의 사항을 계획할 수 있다.

실기과목명	주요항목	세부항목	세세항목
			4. 안전관리 대상별 안전점검 및 유지 보수에 관한 사항을 계획할 수 있다. 5. 계획된 내용을 보고서로 작성하여 산업안전보건위원회에 심의를 받을 수 있다. 6. 산업안전보건위원회에서 심의된 안전보건계획을 이사회 승인 후 안전관리 업무에 적용할 수 있다.
		2. 산업재해예방계획 수립하기	1. 사업장에서 발생가능한 유해·위험요소를 선정할 수 있다. 2. 유해·위험요소별 재해 원인과 사례를 통해 재해 예방을 위한 방법을 결정할 수 있다. 3. 결정된 방법에 따라 세부적인 예방 활동을 도출할 수 있다. 4. 산업재해예방을 위한 소요 예산을 계상할 수 있다. 5. 산업재해예방을 위한 활동, 인력, 점검, 훈련 등이 포함된 계획서를 작성할 수 있다.
		3. 안전보건관리규정 작성하기	1. 산업안전관리를 위한 사업장의 특성을 파악할 수 있다. 2. 안전보건관리규정 작성에 필요한 기초자료를 파악할 수 있다. 3. 안전보건경영방침에 따라 안전보건관리규정을 작성할 수 있다. 4. 산업안전보건 관련 법령에 따라 안전보건관리규정을 관리할 수 있다.
		4. 산업안전관리 매뉴얼 개발하기	1. 사업장 내 설비와 유해·위험요인을 파악할 수 있다. 2. 안전보건관리규정에 따라 산업안전관리에 필요 절차를 파악할 수 있다. 3. 사업장 내 안전관리를 위한 분야별 매뉴얼을 개발할 수 있다.
	2. 산업안전 보호장비관리	1. 보호구 관리하기	1. 산업안전보건법령에 기준한 보호구를 선정할 수 있다. 2. 작업 상황에 맞는 검정 대상 보호구를 선정하고 착용상태를 확인할 수 있다. 3. 사용설명서에 따른 올바른 착용법을 확인하고, 작업자에게 착용 지도할 수 있다. 4. 보호구의 특성에 따라 적절하게 관리하도록 지도할 수 있다.
		2. 안전장구 관리하기	1. 산업안전보건법령에 기준한 안전장구를 선정할 수 있다. 2. 작업 상황에 맞는 검정 대상 안전장구를 선정하고 착용상태를 확인할 수 있다. 3. 사용설명서에 따른 올바른 착용법을 확인하고, 작업자에게 착용 지도할 수 있다. 4. 안전장구의 특성에 따라 적절하게 관리하도록 지도할 수 있다.

실기과목명	주요항목	세 부 항 목	세 세 항 목
	3. 사업장 산업보건교육	1. 산업보건교육 요구 사정하기	1. 사업장 산업보건교육 요구 파악에 필요한 자료를 수집할 수 있다. 2. 수집한 자료를 근거로 사업장의 유해위험 요인과 근로자의 질병위험 요인 간 관계를 검토할 수 있다. 3. 교육 종류에 따라 교육대상에 대한 지침이나 기준을 확인할 수 있다. 4. 사업장의 산업보건교육 우선순위를 결정하고, 사회적 관심, 행·재정, 자원 활용 등에 따라 사업장 산업보건교육의 타당성을 검토할 수 있다.
		2. 산업보건교육 계획하기	1. 교육 종류에 따라 산업보건교육의 연간일정 계획을 수립할 수 있다. 2. 사업장 산업보건교육의 원리에 따라 산업보건교육 계획안을 작성할 수 있다. 3. 산업보건교육 평가기준을 마련하고, 목표달성 정도가 반영되는 평가도구를 선정할 수 있다. 4. 관리담당자와 산업보건교육 계획 일정을 논의하고 조정할 수 있다. 5. 노사협의회, 안전보건위원회, 경영 팀과 협의하여 보건교육을 홍보하고 예산지원을 구성할 수 있다.
		3. 산업보건교육 수행하기	1. 산업보건교육 연간계획표를 제공하고, 산업보건교육대상자를 확인할 수 있다. 2. 산업보건교육의 날을 인트라넷 등에 알리고, 경영지도자를 참여시킬 수 있다. 3. 산업보건교육 계획에 따라 산업보건교육실시에 필요한 준비 사항을 확인할 수 있다. 4. 산업보건교육 계획 안에 따라 교육을 실시하거나 지원할 수 있다. 5. 안전보건관리책임자, 관리감독자 및 특별교육대상자의 교육이수를 점검할 수 있다. 6. 추후 산업보건교육에 대해 논의할 수 있다.
		4. 산업보건교육 평가하기	1. 산업보건교육 계획에서 제시한 평가도구를 활용하여 산업보건교육실시 결과를 평가할 수 있다. 2. 산업보건교육 실시 후 결과를 토대로 산업보건교육 평가 요약서를 제시할 수 있다. 3. 산업보건교육을 통해 수립된 자료를 바탕으로 산업보건교육실시 결과 보고서를 작성할 수 있다. 4. 산업보건교육 실시 기록을 문서화하여 관리할 수 있다.
	4. 산업안전교육	1. 산업안전교육 사전 준비하기	1. 관련 법령, 기준, 지침에 따라 교육의 횟수, 대상 등을 결정할 수 있다.

실기과목명	주요항목	세 부 항 목	세 세 항 목
			2. 사업장의 안전의식 및 안전 주요 이슈별 안전교육의 내용을 도출할 수 있다. 3. 협력업체의 안전교육 경력과 작업의 위험성을 파악하여 안전교육의 내용을 도출할 수 있다. 4. 안전교육 운영을 위한 인적, 물적 자원 현황을 파악할 수 있다. 5. 사업장의 여건을 고려하여 도출된 교육 필요점을 중심으로 교육계획을 수립할 수 있다.
		2. 산업안전교육 제공하기	1. 산업안전교육에 필요한 매체를 활용할 수 있다. 2. 산업안전교육의 연간 계획에 따라 교육할 수 있다. 3. 모든 관계자와 작업자가 안전관리의 중요성을 인식하고, 이행할 수 있다. 4. 근로자의 의식과 행동에 변화를 가져올 때까지 지속적 교육을 할 수 있다. 5. 사고ㆍ재해를 예방하기 위한 실무ㆍ실습교육을 실시할 수 있다. 6. 효과가 우수한 기법이나 재해예방기술을 우수사례 발표를 제공할 수 있다.
		3. 산업안전교육 평가하기	1. 교육실시 결과에 따른 교육효과를 평가하기 위하여 필기시험, 실기시험, 실습, 구술, 면담, 설문 등의 객관적인 교육평가 절차를 수립함 수 있다. 2. 교육결과에 대한 설문조사 시에 교육평가방법, 평가항목 등의 적합여부를 확인할 수 있다. 3. 교육자와 피교육자 모두 평가에 대한 피드백을 받을 수 있는 의사소통 채널을 구축할 수 있다. 4. 교육훈련 활동의 적정성 평가와 보완을 위하여 교육평가 결과보고서를 작성할 수 있다. 5. 교육대상자 평가 후 일정수준 이하의 피교육자들에 대한 재교육ㆍ훈련을 할 수 있다.
		4. 산업안전교육 사후관리하기	1. 교육평가 절차서에 따라 교육 사후관리 계획서를 작성, 검토, 개정할 수 있다. 2. 교육평가 절차서에 따라 교육생의 자격요건, 평가결과 관리, 사후관리 이력사항 등을 확인할 수 있다. 3. 교육평가 절차서에 따라 교육평가 결과를 기록하고 피드백된 부분을 보완 관리할 수 있다. 4. 피교육자의 수준을 계속 업데이트하여 교육과정에 반영할 수 있다. 5. 사후관리 요건에 따라 교육평가 절차서 내용에 대하여 정기적으로 적합성평가를 할 수 있다.

실기과목명	주요항목	세 부 항 목	세 세 항 목
	5. 기계안전시설 관리	1. 안전시설 관리 계획하기	1. 작업공정도와 작업표준서를 검토하여 작업장의 위험성에 따른 안전시설 설치 계획을 작성할 수 있다. 2. 기 설치된 안전시설에 대해 측정 장비를 이용하여 정기적인 안전점검을 실시할 수 있도록 관리계획을 수립할 수 있다. 3. 공정진행에 의한 안전시설의 변경, 해체 계획을 작성할 수 있다.
		2. 안전시설 설치하기	1. 관련법령, 기준, 지침에 따라 성능검정에 합격한 제품을 확인할 수 있다. 2. 관련법령, 기준, 지침에 따라 안전시설물 설치기준을 준수하여 설치할 수 있다. 3. 관련법령, 기준, 지침에 따라 안전보건표지를 설치할 수 있다. 4. 안전시설을 모니터링하여 개선 또는 보수 여부를 판단하여 대응할 수 있다.
		3. 안전시설 관리하기	1. 안전시설을 모니터링하여 필요한 경우 교체 등 조치할 수 있다. 2. 공정 변경 시 발생할 수 있는 위험을 사전에 분석하여 안전시설을 변경·설치할 수 있다. 3. 작업자가 시설에 위험 요소를 발견하여 신고시 즉각 대응할 수 있다. 4. 현장에 설치된 안전시설보다 우수하거나 선진 기법 등이 개발되었을 경우 현장에 적용할 수 있다.
	6. 사업장 안전점검	1. 산업안전 점검계획 수립하기	1. 작업공정에 맞는 점검 방법을 선정할 수 있다. 2. 안전점검 대상 기계·기구를 파악할 수 있다. 3. 위험에 따른 안전관리 중요도에 대한 우선순위를 결정할 수 있다. 4. 적용하는 기계·기구에 따라 안전장치와 관련된 지식을 활용하여 안전점검 계획을 수립할 수 있다.
		2. 산업안전 점검표 작성하기	1. 작업공정이나 기계·기구에 따라 발생할 수 있는 위험요소를 포함한 점검항목을 도출할 수 있다. 2. 안전점검 방법과 평가기준을 도출할 수 있다. 3. 안전점검계획을 고려하여 안전점검표를 작성할 수 있다.
		3. 산업안전 점검 실행하기	1. 안전점검표의 점검항목을 파악할 수 있다. 2. 해당 점검대상 기계·기구의 점검주기를 판단할 수 있다. 3. 안전점검표의 항목에 따라 위험요인을 점검할 수 있다. 4. 안전점검결과를 분석하여 안전점검 결과보고서를 작성할 수 있다.

실기과목명	주요항목	세 부 항 목	세 세 항 목
		4. 산업안전 점검 평가하기	1. 안전기준에 따라 점검내용을 평가하여 위험요인을 도출할 수 있다. 2. 안전점검결과 발생한 위험요소를 감소하기 위한 개선방안을 도출할 수 있다. 3. 안전점검결과를 바탕으로 사업장내 안전관리 시스템을 개선할 수 있다.
	7. 기계안전점검	1. 기계 위험요인 파악하기	1. 작업공정에 따른 기계의 점검주기와 방법을 파악할 수 있다. 2. 작업과 관련한 법령, 기준, 지침에 따라 기계 위험요인을 도출할 수 있다. 3. 기계설비와 관련한 작업자의 작업행동 및 방법에 대한 위험을 인식할 수 있다.
		2. 안전점검계획 수립하기	1. 관련법령에 따라 자율안전확인대상 기계·기구와 안전검사대상 유해·위험기계로 구분하여 안전점검계획에 적용할 수 있다. 2. 안전점검표를 활용하여 안전장치의 종류에 따른 점검주기, 점검방법을 포함한 안전점검계획을 수립할 수 있다.
		3. 안전점검표 작성하기	1. 작업공정이나 기계·기구에 따라 발생할 수 있는 위험요소를 포함한 점검항목을 도출할 수 있다. 2. 안전관리 중요도 우선순위와 점검방법 및 기준을 도출할 수 있다. 3. 안전점검계획에 따라 안전점검표를 작성할 수 있다.
		4. 안전점검 실행하기	1. 작업과 관련한 작업행동, 작업방법 준수여부를 점검할 수 있다. 2. 관련법령, 기준, 지침에 따라 기계·전기 등 설비에 대한 안전점검을 적절한 방법으로 시행할 수 있다. 3. 사고 또는 재해로 인한 대처방법을 점검할 수 있다. 4. 안전점검표에 점검결과를 작성할 수 있다. 5. 안전점검계획에 따라 안전점검 후 설비를 최상의 상태로 유지관리할 수 있다.
		5. 안전점검 평가하기	1. 안전점검표를 통하여 기계안전상태를 파악할 수 있다. 2. 안전기준에 따라 안전상태를 평가하고, 위험요인을 도출할 수 있다. 3. 점검결과에 따라 기계의 사용, 유지보수, 폐기 등의 조치를 할 수 있다. 4. 점검결과를 바탕으로 문제가 발생하지 않도록 해당 시스템을 개선할 수 있다.

실기과목명	주요항목	세부항목	세세항목
	8. 전기작업 안전관리	1. 전기작업 위험성 파악하기	1. 전기안전사고 발생 형태를 파악할 수 있다. 2. 전기안전사고 주요 발생 장소를 파악할 수 있다. 3. 전기안전사고 발생 시 피해정도를 예측할 수 있다. 4. 전기안전관련 법령에 따라 전기안전사고를 예방할 목적으로 설치된 안전보호장치의 사용 여부를 확인할 수 있다. 5. 전기안전사고 예방을 위한 안전조치 및 개인보호장구의 적합여부를 확인할 수 있다.
		2. 정전작업 지원하기	1. 안전한 정전작업 수행을 위한 안전작업계획서를 수립할 수 있다. 2. 정전작업 중 안전사고가 우려 시 작업중지를 결정할 수 있다. 3. 정전작업 수행 시 필요한 보호구와 방호구, 작업용 기구와 장치, 표지를 선정하고 사용할 수 있다.
		3. 활선작업 지원하기	1. 안전한 활선작업 수행을 위한 안전작업계획서를 수립할 수 있다. 2. 활선작업 중 안전사고가 우려 시 작업중지를 결정할 수 있다. 3. 활선작업 수행 시 필요한 보호구와 방호구, 작업용 기구와 장치, 표지를 선정하고 사용할 수 있다.
		4. 충전전로 근접작업 안전지원하기	1. 가공 송전선로에서 전압별로 발생하는 정전·전자유도 현상을 이해하고 안전대책을 제공할 수 있다. 2. 가공 배전선로에서 필요한 작업 전 준비사항 및 작업 시 안전대책, 작업 후 안전점검 사항을 작성할 수 있다. 3. 전기설비의 작업 시 수행하는 고소작업 등에 의한 위험요인을 적용한 사고 예방대책을 제공할 수 있다. 4. 특고압 송전선 부근에서 작업 시 필요한 이격거리 및 접근 한계거리, 정전유도 현상을 숙지하고 안전대책을 제공할 수 있다. 5. 크레인 등의 중기작업을 수행할 때 필요한 보호구, 안전장구, 각종 중장비 사용 시 주의사항을 파악할 수 있다.
	9. 전기 화재 위험관리	1. 전기 화재 사고예방 계획 수립하기	1. 전기화재가 발생할 수 있는 위험장소의 점검 계획을 수립할 수 있다. 2. 전기화재의 점화원을 구분하여 전기화재 방지 계획을 수립할 수 있다. 3. 전기 점화원에 의해 화재가 발생할 수 있는 위험물질의 관리 방안을 수립할 수 있다. 4. 전기화재를 예방하기 위해 계측설비 운용에 관한 계획을 수립할 수 있다. 5. 사고사례를 통한 점화원을 분석하고 전기작업 시 체크리스트 항목을 정하여 전기화재 사고 방지의 점검 계획을 수립할 수 있다.

실기과목명	주요항목	세 부 항 목	세 세 항 목
		2. 전기 화재 사고 위험요소파악하기	1. 전기화재 발생 메커니즘을 적용하여 전기화재 위험성을 파악할 수 있다. 2. 전기화재가 발생할 수 있는 작업조건, 작업 장소, 사용물질을 파악할 수 있다. 3. 전기적 과전류, 단락, 누전, 정전기 등 점화원을 점검, 파악할 수 있다. 4. 점화원에 의해 화재가 발생할 수 있는 위험물질의 관리대상을 파악할 수 있다.
		3. 전기 화재 사고 예방하기	1. 전기화재 사고형태별 원인을 분석하여 전기화재 사고를 예방할 수 있다. 2. 전기화재 점화원을 점검, 관리하여 전기 화재 사고를 예방할 수 있다. 3. 전기화재를 방지하기 위하여 방폭전기설비를 도입하여 화재사고를 예방할 수 있다.
	10. 화재·폭발·누출사고 예방	1. 화재·폭발·누출 요소 파악하기	1. 화학공장 등에서 위험물질로 인한 화재·폭발·누출로 인한 사고를 예방하기 위하여 현장에서 취급 및 저장하고 있는 유해·위험물의 종류와 수량을 파악할 수 있다. 2. 화학공장 등에서 위험물질로 인한 화재·폭발·누출로 인한 사고를 예방하기 위하여 현장에 설치된 유해·위험 설비를 파악할 수 있다. 3. 유해·위험 설비의 공정도면을 확인하여 유해·위험 설비의 운전방법에 의한 위험 요인을 파악할 수 있다. 4. 유해·위험 설비, 폭발 위험이 있는 장소를 사전에 파악하여 사고 예방활동용의 필요점을 파악할 수 있다.
		2. 화재·폭발·누출 예방 계획수립하기	1. 화학공장 내 잠재한 사고 위험 요인을 발굴하여 위험등급을 결정할 수 있다. 2. 유해·위험 설비의 운전을 위한 안전운전지침서를 개발할 수 있다. 3. 화재·폭발·누출 사고를 예방하기 위하여 설비에 관한 보수 및 유지 계획을 수립할 수 있다. 4. 유해·위험 설비의 도급 시 안전업무 수행실적 및 실행결과를 평가하기 위하여 도급업체 안전관리 계획을 수립할 수 있다. 5. 유해·위험 설비에 대한 변경시 변경요소관리계획을 수립할 수 있다. 6. 산업사고 발생 시 공정 사고조사를 위하여 조사팀 및 방법 등이 포함된 공정 사고조사 계획을 수립할 수 있다. 7. 비상상황 발생 시 대응할 수 있도록 장비, 인력, 비상연락망 및 수행 내용을 포함한 비상조치 계획을 수립할 수 있다.

실기과목명	주요항목	세 부 항 목	세 세 항 목
		3. 화재 · 폭발 · 누출 사고 예방활동 하기	1. 유해 · 위험 설비 및 유해 · 위험물질의 취급시 개발된 안전지침 및 계획에 따라 작업이 이루어지는지 모니터링 할 수 있다. 2. 3작업허가가 필요한 작업에 대하여 안적작업허가 기준에 부합된 절차에 따라 작업허가를 할 수 있다. 3. 화재 · 폭발 · 누출 사고 예방을 위한 제조공정, 안전운전지침 및 절차 등을 근로자에게 교육을 할 수 있다. 4. 안전사고 예방활동에 대하여 자체 감사를 실시하여 사고 예방 활동을 개선할 수 있다.
	11. 화학물질 안전관리 실행	1. 유해 · 위험성 확인하기	1. 화학물질 및 독성가스 관련 정보와 법규를 확인할 수 있다. 2. 화학공장에서 취급하거나 생산되는 화학물질에 대한 물질안전보건자료(MSDS: Material Safety Data Sheet)를 확인할 수 있다. 3. MSDS의 유해 · 위험성에 따라 적합한 보호구 착용을 교육할 수 있다. 4. 화학물질의 안전관리를 위하여 안전보건자료(MSDS: Material Safety Data Sheet)에 제공되는 유해 · 위험 요소 등을 파악할 수 있다.
		2. MSDS 활용하기	1. 화학공장에서 취합하는 화학물질에 대한 MSDS를 작업현장에 부착할 수 있다. 2. MSDS 제도를 기준으로 취급하거나 생산한 화학물질의 MSDS의 내용을 교육을 실시할 수 있다. 3. MSDS의 정보를 표지판으로 제작 및 부착하여 근로자에게 화학물질의 유해성과 위험성 정보를 제공할 수 있다. 4. MSDS내에 있는 정보를 활용하여 경고 표지를 작성하여 작업현장에 부착할 수 있다.
	12. 화공안전점검	1. 안전점검계획 수립하기	1. 공정운전에 맞는 점검 주기와 방법을 파악할 수 있다. 2. 산업안전보건법령에서 정하는 안전검사 기계 · 기구를 구분하여 안전점검 계획에 적용할 수 있다. 3. 사용하는 안전장치와 관련된 지식을 활용하여 안전점검 계획을 수립할 수 있다.
		2. 안전점검표 작성하기	1. 공정운전이나 기계 · 기구에 따라 발생할 수 있는 위험요소를 포함하도록 점검항목을 작성할 수 있다. 2. 공정운전이나 기계 · 기구에 따라 발생할 수 있는 위험요소를 포함하도록 점검항목을 작성할 수 있다. 3. 위험에 따른 안전관리 중요도 우선순위를 결정할 수 있다. 4. 객관적인 안전점검 실시를 위해서 안전점검 방법이나 평가 기준을 작성할 수 있다. 5. 안전점검계획에 따라 공정별 안전점검표를 작성할 수 있다.

실기과목명	주요항목	세부항목	세세항목
		3. 안전점검 실행하기	1. 공정 순서에 따라 작성된 화학 공정별 작업절차에 의해 운전할 수 있다. 2. 측정 장비를 사용하여 위험요인을 점검할 수 있다. 3. 점검주기와 강도를 고려하여 점검을 실시할 수 있다. 4. 안전점검표에 의하여 위험요인에 대한 구체적인 점검을 수행할 수 있다.
		4. 안전점검 평가하기	1. 안전기준에 따라 점검 내용을 평가하고, 위험요인을 산출할 수 있다. 2. 점검 결과 지적사항을 즉시 조치가 필요 시 반영 조치하여 공사를 진행할 수 있다. 3. 점검 결과에 의한 위험성을 기준으로 공정의 가동중지, 설비의 사용금지 등 위험요소에 대한 조치를 취할 수 있다. 4. 점검 결과에 의한 지적사항이 반복되지 않도록 해당 시스템을 개선할 수 있다.
	13. 건설현장 안전시설 관리	1. 안전시설 관리 계획하기	1. 공정관리계획서와 건설공사 표준안전지침을 검토하여 작업장의 위험성에 따른 안전시설 설치 계획을 작성할 수 있다. 2. 현장점검시 발견된 위험성을 바탕으로 안전시설을 관리할 수 있다. 3. 기 설치된 안전시설에 대해 측정 장비를 이용하여 정기적인 안전점검을 실시할 수 있도록 관리계획을 수립할 수 있다. 4. 안전시설 설치방법과 종류의 장·단점을 분석할 수 있다. 5. 공정 진행에 따라 안전시설의 설치, 해체, 변경 계획을 작성할 수 있다.
		2. 안전시설 설치하기	1. 관련법령, 기준, 지침에 따라 안전인증에 합격한 제품을 확인할 수 있다. 2. 관련법령, 기준, 지침에 따라 안전시설물 설치기준을 준수하여 설치할 수 있다. 3. 관련법령, 기준, 지침에 따라 안전보건표지를 설치기준을 준수하여 설치할 수 있다. 4. 설치계획에 따른 건설현장의 배치계획을 재검토하고, 개선사항을 도출하여 기록할 수 있다. 5. 안전보호구를 유용하게 사용할 수 있는 필요 장치를 설치할 수 있다.
		3. 안전시설 관리하기	1. 기 설치된 안전시설에 대해 관련법령, 기준, 지침에 따라 확인하고, 수시로 개선할 수 있다. 2. 측정 장비를 이용하여 안전시설이 제대로 유지되고 있는지 확인하고, 필요한 경우 교체할 수 있다. 3. 공정의 변경 시 발생할 수 있는 위험을 사전에 분석하고, 안전시설을 변경·설치할 수 있다.

실기과목명	주요항목	세 부 항 목	세 세 항 목
			4. 설치계획에 의거하여 안전시설을 설치하고, 불안전 상태가 발생되는 경우 즉시 조치할 수 있다.
		4. 안전시설 적용하기	1. 선진기법이나 우수사례를 고려하여 안전시설을 건설현장에 맞게 도입할 수 있다. 2. 근로자의 제안제도 등을 활용하여 안전시설을 건설현장에 적합하도록 자체개발 또는 적용할 수 있다. 3. 자체 개발된 안전시설이 관련법령에 적합한지 판단할 수 있다. 4. 개발된 안전시설을 안전관계자 또는 외부전문가의 검증을 거쳐 건설현장에 사용할 수 있다.
	14. 건설현장 안전점검	1. 안전점검계획 수립하기	1. 작업공정에 맞게 안전점검 계획을 수립할 수 있다. 2. 작업공정에 맞는 점검 방법을 선정하여 안전점검 계획을 수립할 수 있다. 3. 산업안전보건법령에서 정하는 자체검사 기계 · 기구를 구분하여 안전점검 계획에 적용할 수 있다. 4. 사용하는 기계 · 기구에 따라 안전장치와 관련된 지식을 활용하여 안전점검 계획을 수립할 수 있다.
		2. 안전점검표 작성하기	1. 작업공정이나 기계 · 기구에 따라 발생할 수 있는 위험요소를 포함하도록 점검항목을 작성할 수 있다. 2. 위험에 따른 안전관리 중요도 우선순위를 결정하고, 결정된 순위에 따라 안전점검표를 작성할 수 있다. 3. 객관적인 안전점검 실시를 위해서 안전점검 방법이나 평가 기준을 작성할 수 있다. 4. 안전점검 항목에 대해 점검자가 쉽게 대상 및 상태를 확인하기 위해 안전점검표를 작성할 수 있다. 5. 안전점검 계획을 고려하여 공정별로 안전점검표를 작성할 수 있다.
		3. 안전점검 실행하기	1. 안전점검계획에 따라 작성된 공종별 또는 공정별 안전점검표에 의해 점검할 수 있다. 2. 측정 장비를 사용하여 위험요인을 점검할 수 있다. 3. 점검주기와 강도를 고려하여 점검을 실시할 수 있다. 4. 안전점검표에 의하여 위험요인에 대한 구체적인 점검을 수행할 수 있다.
		4. 안전점검 평가하기	1. 안전기준에 따라 점검 내용을 평가하고, 위험요인을 산출할 수 있다. 2. 점검 결과 지적사항을 즉 시 조치가 필요 시 반영 조치하여 공사를 진행할 수 있다. 3. 점검 결과에 의한 위험성을 기준으로 작업의 중지, 기계기구의 사용금지 등 위험요소에 대한 조치를 취할 수 있다.

실기과목명	주요항목	세부항목	세세항목
			4. 점검 결과에 의한 지적사항이 반복되지 않도록 해당 시스템을 개선, 적용할 수 있다.
	15. 건설현장 유해·위험 요인관리	1. 건설현장 위험요인 예측하기	1. 건설현장 작업과 관련한 작업공정을 파악할 수 있다. 2. 건설현장 작업과 관련한 법령, 기준, 지침에 따라 위험요인을 사전에 파악할 수 있다. 3. 근로자의 작업행동 및 방법에 대한 위험을 인식할 수 있다. 4. 건설현장 작업에 잠재하고 있는 위험요인을 예측할 수 있다. 5. 위험요인 확인시 필요한 개인 보호장구를 사전에 준비할 수 있다.
		2. 건설현장 위험요인 확인하기	1. 근로자의 작업행동, 작업방법 준수여부를 확인할 수 있다. 2. 건설현장 작업 관련한 위험요인을 확인할 수 있다. 3. 근로자의 생명에 영향을 줄 수 있다고 판단할 경우 작업 중지를 요청할 수 있다. 4. 건설현장 위험요인 확인을 안전하고 건강한 방법으로 시행할 수 있다. 5. 건설현장 위험요인 사고로 인한 대처방법을 확인할 수 있다.
		3. 건설현장 위험요인 개선하기	1. 건설현장의 위험요인 파악에 따른 대책을 수립할 수 있다. 2. 작업으로 인한 위험요인 제거외 관리방안을 제시할 수 있다. 3. 건설현장 위험요인 저감 대책을 제시하여 작업장 환경을 개선할 수 있다. 4. 실현 가능한 건설현장 위험요인 관리대책을 제시할 수 있다. 5. 개선된 건설현장 환경을 유지·관리할 수 있다.

1과목

산업안전관리 계획수립

1과목 산업안전관리 계획수립

I. 안전관리 조직

1. 안전관리 조직의 목적

조직의 목적	① 모든 위험요소의 제거 ② 위험요소 제거의 기술 수준 향상 ③ 재해예방 대책의 향상 ④ 단위당 예방비용의 저감
조직의 구비 조건	① 회사의 특성과 규모에 부합되게 조직화될 것 ② 조직의 기능이 충분히 발휘될 수 있는 제도적 체계를 갖출 것 ③ 조직을 구성하는 관리자의 책임과 권한을 분명히 할 것 ④ 생산라인과 밀착된 조직이 될 것

2. 안전관리 조직의 종류

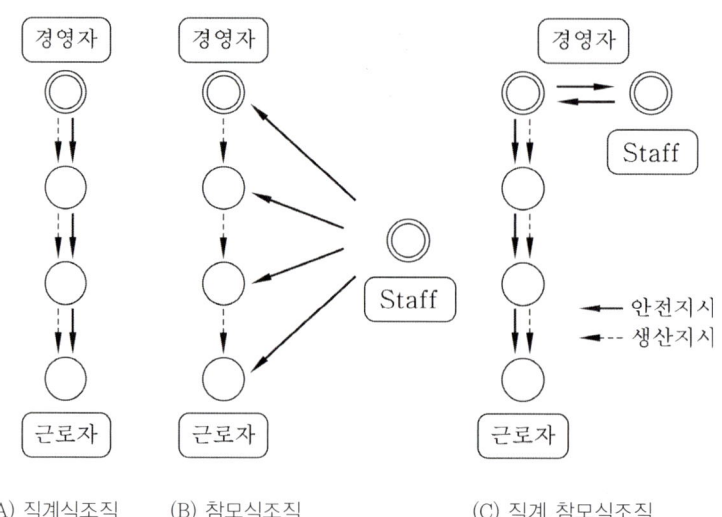

(A) 직계식조직   (B) 참모식조직   (C) 직계·참모식조직

관리조직의 기본

3. 안전관리조직의 장단점

구분	라인형 조직 직계식(直系式) 계선식(界線式) Line system	Staff형 조직 참모식(參謀式) 막료식(幕僚式) Staff system	Line-Staff형 조직 직계 · 참모식 (Line-Staff system)
장점	① 안전보건관리와 생산을 동시에 수행 ② 명령과 보고가 상하관계 뿐이므로 간단명료(모든 권한이 포괄적이고 직선적으로 행사) ③ 명령이나 지시가 신속정확하게 전달되어 개선조치가 빠르게 진행 ④ 별도의 안전관리 요원을 두지않아 예산절약의 효과	① 안전전담부서(Staff)의 참모인 안전관리자가 안전관리의 계획에서 시행까지 업무추진(고도의 안전활동 진행) ② 안전기법 등에 대한 교육훈련을 통해 조직적으로 안전관리 추진(안전에 관한 업무의 표준화, 정착화) ③ 경영자의 조언과 자문역활(안전보건 업무에 대하여 조언자 역할) ④ 안전에 관한 지식, 기술 축적 및 정보 수집이 용이하고 신속 ⑤ 사업장 특성에 맞는 안전보건대책 수립용이	① 라인에서 안전보건 업무가 수행 되어 안전보건에 관한 지시 명령조치가 신속, 정확 하게 전달, 수행 ② 안전보건의 전문지식이나 기술축적 용이(당해 사업장에 적합한 대책수립가능) ③ 스탭에서 안전에 관한 기획, 조사, 검토 및 연구를 수행
단점	① 안전보건에 관한 전문지식이나 기술이 결여되어 안전보건관리가 원만하게 이루어지지 못함(고도의 안전관리 기대불가) ② 생산라인의 업무에 중점을 두어 안전보건관리가 소홀해 질 수 있음 ③ 안전에 관한 전문지식이나 정보 불충분	① 생산계통의 기능과 상반된 견해차이 등으로 안전활동 위한 협력이 부족 ② 안전지시의 이원화로 명령계통의 혼란초래(응급조치 곤란, 통제수단복잡) ③ 안전에 대한 이해가 부족할 경우 안선대책의 현장 침투 불가 ④ 안전과 생산을 별개로 취급(생산부분은 안전에 대한 책임과 권한없음)	① 라인과 스탭간에 협조가 안될 경우 업무의 원활한 추진 불가 ② 스탭의 기능이 너무 강하면 권한의 남용으로 라인에 간섭 → 라인의 권한약화 → 라인의 유명무실 ③ 명령계통과 조언, 권고적 참여가 혼돈될 가능성
활성화 대책	라인형 조직에 맞는 체계적인 안전보건 교육의 지속적인 실시가 필요함	스탭에 안전에 관한 업무수행에 필요한 각종권한부여(인적, 물적사항 포함)	라인과 스탭간의 확고한 공조체제 구축
기타 (특징)	① 안전보건관리업무(PDCA 사이클 등)를 생산라인(production line)을 통하여 이루어지도록 편성된 조직 ② 생산라인에 모든 안전보건관리기능을 부여(업무가 생산 위주라 안전에 대한 전문지식이나 기술습득시간 부족) ③ 전문적인 기술을 필요로 하지 않는 100인 미만의 소규모 사업장에 적합	① 근로자 100~1,000명 정도의 중규모사업장에 적합 ② 안전에 관한계획안의작성, 조사, 점검결과에 의한 조언, 보고의 역할 (스스로생산 라인의 안전업무를 행할 수 없음) ③ F.W.Taylor의 기능형(functional)조직에서 발전 → 분업의 원칙을 고도로 이용 → 책임과 권한이 직능적으로 분담	① 라인형과 스탭형의 장점을 절충한 이상적인 조직 ② 안전 보건 업무를 전담하는 스탭을 두고 생산라인의 부서의 장으로 하여금 안전보건 담당(안전보건대책 : 스탭에서 수립 → 라인을 통하여 실천) ③ 라인에는 생산과 안전에 관한 책임과 권한이 동시에 부여 (안전보건 업무와 생산 업무의 균형 유지) ④ 근로자 1,000명 이상의 대규모 사업장에 적합 ⑤ 우리나라 산업안전 보건법상의 조직형태 ⑥ 안전과 생산이 유리될 우려가 없어 운용이 적절하면 이상적인 조직

4. 안전보건관리 책임자의 업무

관리책임자를 두어야 할 사업의 종류 및 규모	① 토사석 광업외 21개 업 : 상시근로자 50명 이상 ② 농업외 9개 업 : 상시근로자 300명 이상 ③ 건설업 : 공사금액 20억원 이상 ④ ①호부터 ③호까지 사업을 제외한 사업 : 상시근로자 100명 이상
업무 (안전관리자 및 보건관리자를 지휘 감독)	① 사업장의 산업재해예방계획의 수립에 관한 사항 ② 안전보건관리규정의 작성 및 변경에 관한 사항 ③ 근로자에 대한 안전·보건교육에 관한 사항 ④ 작업환경 측정 등 작업환경의 점검 및 개선에 관한 사항 ⑤ 근로자의 건강진단 등 건강관리에 관한 사항 ⑥ 산업재해의 원인조사 및 재발방지대책 수립에 관한 사항 ⑦ 산업재해에 관한 통계의 기록 및 유지에 관한 사항 ⑧ 안전장치 및 보호구 구입시 적격품 여부 확인에 관한 사항 ⑨ 그 밖에 근로자의 유해·위험방지조치에 관한 사항으로서 고용노동부령이 정하는 사항

5. 안전관리자의 업무

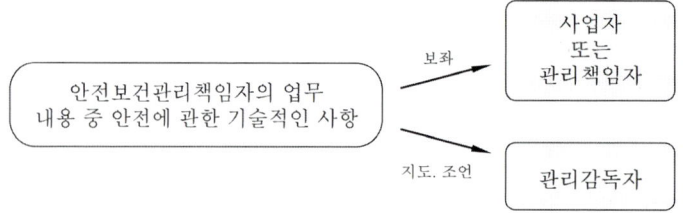

전담안전관리자 선임대상사업장	㉠ 안전관리자를 두어야 하는 사업중 상시근로자 300명 이상을 사용하는 사업장 ㉡ 건설업의 경우에는 공사금액이 120억원(토목공사업에 속하는 공사는 150억원) 이상인 사업장
안전관리자 증원 교체임명 대상사업장	㉠ 해당 사업장의 연간 재해율이 같은 업종의 평균재해율의 2배 이상인 경우 ㉡ 중대재해가 연간 2건 이상 발생한 경우(해당 사업장의 전년도 사망만인율이 같은 업종의 평균 사망만인율 이하인 경우는 제외) ㉢ 관리자가 질병이나 그 밖의 사유로 3개월 이상 직무를 수행할 수 없게 된 경우 ㉣ 화학적 인자로 인한 직업성질병자가 연간 3명 이상 발생한 경우.(이 경우 직업성질병자 발생일은 요양급여의 결정일로 한다.)
안전관리자의 업무	㉠ 산업안전보건위원회 또는 안전·보건에 관한 노사협의체에서 심의·의결한 업무와 해당 사업장의 안전보건관리규정 및 취업규칙에서 정한 업무 ㉡ 안전인증대상 기계 등과 자율안전확인대상 기계 등 구입 시 적격품의 선정에 관한 보좌 및 지도·조언 ㉢ 위험성평가에 관한 보좌 및 지도·조언 ㉣ 해당 사업장 안전교육계획의 수립 및 안전교육 실시에 관한 보좌 및 지도·조언 ㉤ 사업장 순회점검·지도 및 조치의 건의 ㉥ 산업재해 발생의 원인 조사·분석 및 재발 방지를 위한 기술적 보좌 및 지도·조언 ㉦ 산업재해에 관한 통계의 유지·관리·분석을 위한 보좌 및 지도·조언 ㉧ 법 또는 법에 따른 명령으로 정한 안전에 관한 사항의 이행에 관한 보좌 및 지도·조언 ㉨ 업무수행 내용의 기록·유지 ㉩ 그 밖에 안전에 관한 사항으로서 고용노동부장관이 정하는 사항

참 고	안전보건관리담당자 (안전·보건에 관하여 사업주를 보좌하고 관리감독자에게 조언·지도하는 업무 수행)
선임대상 사업의 종류 및 규모	상시 근로자수가 20명 이상 50명 미만인 다음의 사업장에 1명 이상 선임 ① 제조업 ② 임업 ③ 하수, 폐수 및 분뇨 처리업 ④ 폐기물 수집, 운반, 처리 및 원료 재생업 ⑤ 환경 정화 및 복원업
자격요건 (해당사업장 소속근로자)	① 안전관리자의 자격을 갖출 것 ② 보건관리자의 자격을 갖출 것 ③ 고용노동부장관이 정하는 안전·보건교육을 이수하였을 것
겸임	안전보건관리 업무에 지장이 없는 범위에서 다른 업무를 겸할 수 있다.
업무	① 안전·보건교육 실시에 관한 보좌 및 지도·조언 ② 위험성평가에 관한 보좌 및 지도·조언 ③ 작업환경측정 및 개선에 관한 보좌 및 지도·조언 ④ 건강진단에 관한 보좌 및 지도·조언 ⑤ 산업재해 발생의 원인 조사, 산업재해 통계의 기록 및 유지를 위한 보좌 및 지도·조언 ⑥ 산업안전·보건과 관련된 안전장치 및 보호구 구입 시 적격품 선정에 관한 보좌 및 지도·조언

6. 관리감독자의 직무

1) 관리감독자

사업장의 생산과 관련되는 업무와 그 소속직원을 직접 지휘 감독하는 직위에 있는 사람

2) 업무내용

(1) 사업장내 관리감독자가 지휘·감독하는 작업과 관련된 기계·기구 또는 설비의 안전·보건점검 및 이상유무의 확인
(2) 관리감독자에게 소속된 근로자의 작업복·보호구 및 방호장치의 점검과 그착용·사용에 관한 교육·지도
(3) 해당 작업에서 발생한 산업재해에 관한 보고 및 이에 대한 응급조치
(4) 해당 작업의 작업장의 정리정돈 및 통로확보에 대한 확인·감독
(5) 사업장의 다음 각 목의 어느 하나에 해당하는 사람의 지도·조언에 대한 협조
    가. 안전관리자 또는 안전관리자의 업무를 안전관리전문기관에 위탁한 사업장의 경우에는 그 안전관리전문기관의 해당 사업장 담당자
    나. 보건관리자 또는 보건관리자의 업무를 보건관리전문기관에 위탁한 사업장의 경우에는 그 보건관리전문기관의 해당 사업장 담당자
    다. 안전보건관리담당자 또는 안전보건관리담당자의 업무를 안전관리전문기관 또는 보건관리전문기관에 위탁한 사업장의 경우에는 그 안전관리전문기관 또는 보건관리전문기관의 해당 사업장 담당자
    라. 산업보건의

(6) 위험성평가에 관한 다음 각 목의 업무
　　가. 유해·위험요인의 파악에 대한 참여
　　나. 개선조치의 시행에 대한 참여
(7) 그 밖에 해당작업의 안전 및 보건에 관한 사항으로서 고용노동부령으로 정하는 사항

3) 위험방지가 특히 필요한 작업

소속 직원에 대한 특별교육 등 대통령령이 정하는 안전보건에 관한 업무를 추가로 수행

4) 위험방지가 특히 필요한 작업에서의 추가업무

(1) 유해하거나 위험한 작업에 근로자를 사용할 때 실시하는 특별교육 중 안전에 관한 교육
(2) 유해위험기계 등의 안전에 관한 성능검사(자율검사 프로그램에 따른 안전검사)
(3) 그밖에 해당 작업의 성격상 유해 또는 위험을 방지하기 위한 업무로서 고용노동부령으로 정하는 업무

7. 산업안전 보건위원회

1) 의결사항 및 대상 사업장

(1) 심의의결사항
　① 사업장의 산업재해예방계획의 수립에 관한 사항
　② 안전보건관리규정의 작성 및 변경에 관한 사항
　③ 근로자에 대한 안전·보건교육에 관한 사항
　④ 작업환경 측정 등 작업환경의 점검 및 개선에 관한 사항
　⑤ 근로자의 건강진단 등 건강관리에 관한 사항
　⑥ 산업재해의 원인조사 및 재발방지대책 수립에 관한 사항 중 중대재해에 관한 사항
　⑦ 산업재해에 관한 통계의 기록 및 유지에 관한 사항
　⑧ 유해하거나 위험한 기계기구와 그 밖의 설비를 도입한 경우 안전 및 보건관련 조치에 관한 사항
　⑨ 그 밖에 해당 사업장 근로자의 안전 및 보건을 유지·증진시키기 위하여 필요한 사항

(2) 산업안전보건위원회를 설치·운영해야 할 사업의 종류 및 규모

사업의 종류	규모
1. 토사석 광업 2. 목재 및 나무제품 제조업 : 가구제외 3. 화학물질 및 화학제품 제조업;의약품 제외(세제, 화장품 및 광택제 제조업과 화학섬유 제조업은 제외한다) 4. 비금속 광물제품 제조업 5. 1차 금속 제조업 6. 금속가공제품 제조업;기계 및 가구 제외 7. 자동차 및 트레일러 제조업 8. 기타 기계 및 장비 제조업(사무용 기계 및 장비 제조업은 제외한다) 9. 기타 운송장비 제조업(전투용 차량 제조업은 제외한다)	상시 근로자 50명 이상

사업의 종류	규모
10. 농업 11. 어업 12. 소프트웨어 개발 및 공급업 13. 컴퓨터 프로그래밍, 시스템 통합 및 관리업 14. 정보서비스업 15. 금융 및 보험업 16. 임대업;부동산 제외 17. 전문, 과학 및 기술 서비스업(연구개발업은 제외한다) 18. 사업지원 서비스업 19. 사회복지 서비스업	상시 근로자 300명 이상
20. 건설업	공사금액 120억원 이상(「건설산업기본법 시행령」에 따른 토목공사업에 해당하는 공사의 경우에는 150억원 이상)
21. 제1호부터 제20호까지의 사업을 제외한 사업	상시 근로자 100명 이상

2) 구성 및 회의 진행

(1) 위원 구성

구분	산업안전 보건위원회 구성위원 (사용자위원은 상시 근로자 50명 이상 100명 미만을 사용하는 사업장일 경우 ⓜ 호를 제외하고 구성할수있다)	건설업의 도급사업에서 안전·보건에 관한 노사 협의체로 구성할 경우 [공사금액120억원(토목공사업은 150억원) 이상인 건설업]	건설업의 도급사업에서 안전·보건에 관한 협의체를 산업안전보건위원회로 구성할 경우(다음 사람 포함)
사용자 위원	㉠ 해당 사업의 대표자 ㉡ 안전관리자 1명 ㉢ 보건관리자 1명 ㉣ 산업보건의(선임되어 있는 경우) ㉤ 해당 사업의 대표자가 지명하는 9명 이내의 해당 사업장 부서의 장	㉠ 도급 또는 하도급 사업을 포함한 전체 사업의 대표자 ㉡ 안전관리자 1명 ㉢ 보건관리자 1명(선임대상건설업에 한정) ㉣ 공사금액이 20억원 이상인 공사의 관계 수급인의 각 대표자	도급인 대표자, 관계수급인의 각 대표자 및 안전관리자
근로자 위원	㉠ 근로자대표 ㉡ 근로자대표가 지명하는 1명 이상의 명예산업안전감독관(위촉되어 있는 사업장의 경우) ㉢ 근로자대표가 지명하는 9명 이내의 해당 사업장의 근로자(명예감독관이 근로자위원으로 지명되어 있는 경우 그 수를 제외)	㉠ 도급 또는 하도급 사업을 포함한 전체 사업의 근로자 대표 ㉡ 근로자 대표가 지명하는 명예산업안전감독관 1명. 다만 위촉되어 있지 않은 경우 근로자 대표가 지명하는 해당 사업장 근로자 1명 ㉢ 공사금액이 20억원 이상인 공사의 관계수급인의 각 근로자 대표	도급 또는 하도급 사업을 포함한 전체사업의 근로자 대표, 명예산업안전감독관 및 근로자 대표가 지명하는 해당사업장의 근로자

(2) 위원장 선출

위원장은 위원중에서 호선(이 경우 근로자위원과 사용자위원 중 각 1명을 공동위원장으로 선출할 수 있다)

(3) 회의

종류	㉠ 정기회의 : 분기마다 위원장이 소집 ㉡ 임시회의 : 위원장이 필요하다고 인정할 때에 소집
의결	근로자위원 및 사용자위원 각 과반수의 출석으로 시작하고 출석위원 과반수의 찬성으로 의결
회의록 기록사항 (작성, 비치)	㉠ 개최일시 및 장소 ㉡ 출석위원 ㉢ 심의내용 및 의결·결정사항 ㉣ 그 밖의 토의사항

(4) 회의 결과 등의 주지

II 안전관리계획 수립 및 운용

1. 안전관리 규정

1) 포함되어야 할 내용

(1) 안전 및 보건에 관한 관리조직과 그 직무에 관한 사항
(2) 안전보건교육에 관한 사항
(3) 작업장의 안전 및 보건관리에 관한 사항
(4) 사고조사 및 대책수립에 관한 사항
(5) 그 밖에 안전 및 보건에 관한 사항

2) 안전보건관리규정의 작성

(1) 안전보건관리규정을 작성하여야 할 사업의 종류 및 규모

사업의 종류	규모
1. 농업 2. 어업 3. 소프트웨어 개발 및 공급업 4. 컴퓨터 프로그래밍, 시스템 통합 및 관리업 5. 정보서비스업 6. 금융 및 보험업 7. 임대업;부동산 제외 8. 전문, 과학 및 기술 서비스업(연구개발업은 제외한다) 9. 사업지원 서비스업 10. 사회복지 서비스업	상시 근로자 300명 이상을 사용하는 사업장
11. 제1호부터 제10호까지의 사업을 제외한 사업	상시 근로자 100명 이상을 사용하는 사업장

(2) 작성사유 발생 30일 이내 산업안전보건위원회의 심의의결 후 안전보건관리규정작성
(3) 안전보건관리 규정의 내용
  ① 총칙   ② 안전·보건 관리조직과 직무
  ③ 안전·보건교육   ④ 작업장 안전관리
  ⑤ 작업장 보건관리   ⑥ 사고조사 및 대책수립
  ⑦ 위험성 평가에 관한 사항 ⑧ 보칙

(4) 안전관리규정 작성시 유의해야할 사항
　① 규정된 기준은 법정기준을 상회하도록 하여야 한다.
　② 관리자층의 직무와 권한 근로자에게 강제 또는 요청한 부분을 명확히 해야한다.
　③ 관계 법령의 제정 및 개정에 따라 즉시 개정해야한다.
　④ 작성 또는 개정시에는 현장의 의견을 충분히 반영하여야한다.
　⑤ 규정내용은 정상시는 물론 이상발생시 사고 및 재해발생시의 조치에 관해서도 규정하여야한다.

2. 안전관리 계획

1) 계획의 기본방향

(1) 첫째 : 현재 기준의 범위내에서의 안전유지 방향
(2) 둘째 : 기준의 재설정 방향
(3) 셋째 : 문제 해결의 방향

2) 계획의 구비조건

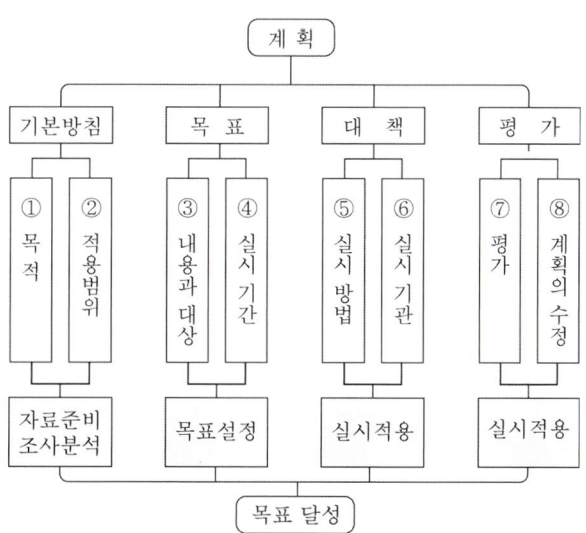

3) 계획의 작성절차

(1) 제1단계 : 준비단계
(2) 제2단계 : 자료분석단계
(3) 제3단계 : 기본방침과 목표의 설정
(4) 제4단계 : 종합평가의 실시
(5) 제5단계 : 경영수뇌부의 최종결정

3. 주요평가 척도

1) 평가의 종류

(1) 평가 내용에 의한 종류
① 정성적 평가
② 정량적 평가

(2) 평가 방식에 의한 분류
① 체크리스트에 의한 방법
② 카운셀링에 의한 방법

2) 주요 평가척도

(1) 절대척도(재해건수 등의 수치)
(2) 상대척도(도수율, 강도율 등)
(3) 평정척도(① 표준평정척도 ② 도식평정척도 ③ 숫자평정척도 ④ 기술평정척도 등)
(4) 도수척도(중앙값, %등)

4. 안전보건 개선계획

1) 수립 대상 사업장

① 산업 재해율이 같은 업종의 규모별 평균 산업 재해율보다 높은 사업장
② 사업주가 필요한 안전조치 또는 보건조치를 이행하지 아니하여 중대재해가 발생한 사업장
③ 직업성 질병자가 연간 2명 이상 발생한 사업장
④ 유해인자의 노출기준을 초과한 사업장

2) 포함되어야 할 사항

① 시설
② 안전·보건관리체제
③ 안전·보건교육
④ 산업재해예방 및 작업환경 개선을 위하여 필요한 사항

3) 개선계획서의 작성내용

   (1) 작업공정별 유해위험분포도(작업공정, 주요설비 및 기계명, 유해위험요소, 근로자 수, 재해발생현황)
   (2) 재해발생 현황
   (3) 재해다발 원인 및 유형분석(관리적 원인, 직접원인, 발생형태, 기인물)
   (4) 교육 및 점검계획
   (5) 유해위험 작업부서 및 근로자수
   (6) 개선계획
       ① 공통사항 : 안전보건관리조직, 안전표지부착, 보호구 착용, 건강진단 실시
       ② 중점 개선 계획 : 시설, 기계장치, 원료 재료, 작업방법, 작업환경
   (7) 산업안전보건 관리예산

4) 안전보건 진단을 받아 개선계획을 수립해야 하는 사업장

   (1) 산업재해율이 같은 업종 평균 산업재해율의 2배 이상인 사업장
   (2) 사업주가 필요한 안전조치 또는 보건조치를 이행하지 아니하여 중대재해가 발생한 사업장
   (3) 직업성 질병자가 연간 2명 이상(상시근로자 1천명 이상 사업장의 경우 3명 이상) 발생 한 사업장
   (4) 그밖에 작업환경불량, 화재·폭발 또는 누출사고 등으로 사업장 주변까지 피해가 확산된 사업장으로서 고용노동부령으로 정하는 사업장

III. 산업재해 발생 및 재해조사 분석

1. 재해조사 목적

1) 정의

   (1) 재해 (loss, injury)
       사고의 결과로 발생하는 인명의 상해나 재산상의 손실을 가져올 수 있는 계획되지 않거나 예상하지 못한 사건

(2) 산업재해

① 산업안전보건법상 : 노무를 제공하는 사람이 업무에 관계되는 건설물·설비·원재료·가스·증기·분진 등에 의하거나 작업 또는 그 밖의 업무로 인하여 **사망** 또는 **부상**하거나 **질병**에 걸리는 것

② 통제를 벗어난 에너지의 광란으로 인하여 발생한 인명과 재산상의 피해현상

(3) 중대재해

① 사망자가 1명 이상 발생한 재해

② 3개월 이상의 요양이 필요한 부상자가 동시에 2명 이상 발생한 재해

③ 부상자 또는 직업성 질병자가 동시에 10명 이상 발생한 재해

2) 재해조사의 목적

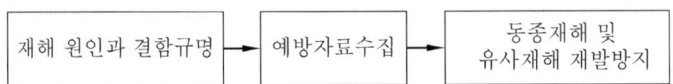

2. 재해조사 시 유의사항

1) 조사상 유의사항

(1) 사실을 수집한다. 그 이유는 뒤로 미룬다.
(2) 목격자가 발언하는 사실 이외의 추측의 말은 참고로 한다.
(3) 조사는 신속히 행하고 2차 재해의 방지를 도모한다.
(4) 사람, 설비, 환경의 측면에서 재해요인을 도출한다.
(5) 제3의 입장에서 공정하게 조사하며, 그러기 위해 조사는 2인 이상이 한다.
(6) 책임추궁보다 재발방지를 우선하는 기본태도를 견지한다.

2) 조사방법 및 유의사항

대부분의 사업장에서 사용하는 양식은 4M의 원칙에 근거

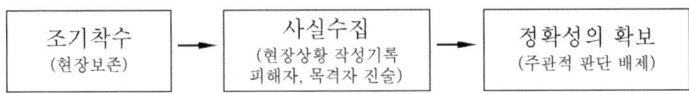

3. 재해조사 항목내용

1) 재해발생 개요

① 발생일시(년, 월, 일, 요일, 시, 분)
② 발생장소
③ 재해관련 작업유형
④ 재해발생 당시 상황

2) 산업재해 보고방법 및 내용

산업재해 보고	대상재해	산업재해로 사망자가 발생하거나 3일 이상의 휴업이 필요한 부상을 입거나 질병에 걸린 사람이 발생한 경우
	보고방법	재해가 발생한 날부터 1개월 이내에 산업재해조사표를 작성하여 관할지방 고용노동관서의 장에게 제출
산업재해 발생 시 기록 보존해야할 사항		① 사업장의 개요 및 근로자의 인적사항 ② 재해발생의 일시 및 장소 ③ 재해발생의 원인 및 과정 ④ 재해 재발방지 계획
중대재해 발생시 보고	보고방법	중대재해발생사실을 알게 된 때에는 지체 없이 관할지방고용노동관서의 장에게 전화·팩스 또는 그 밖에 적절한 방법으로 보고(다만, 천재지변 등 부득이한 사유가 발생한 경우에는 그 사유가 소멸된 때부터 지체 없이 보고)
	보고사항	① 발생개요 및 피해 상황 ② 조치 및 전망 ③ 그 밖의 중요한 사항

3) 사업장의 산업재해 발생건수 등 공표대상 사업장

(1) 산업재해로 인한 사망자(사망재해자)가 연간 2명 이상 발생한 사업장
(2) 사망만인율(연간 상시근로자 1만명당 발생하는 사망재해자 수의 비율)이 규모별 같은 업종의 평균 사망만인율 이상인 사업장
(3) 중대산업사고가 발생한 사업장
(4) 산업재해 발생 사실을 은폐한 사업장
(5) 산업재해의 발생에 관한 보고를 최근 3년 이내 2회 이상 하지 않은 사업장

* (1)호부터 (3)호에 해당하는 사업장은 해당 사업장이 관계수급인의 사업장으로서 도급인이 관계수급인 근로자의 산업재해 예방을 위한 조치의무를 위반하여 관계수급인 근로자가 산업재해를 입은 경우에는 도급인의 사업장의 산업재해발생건수 등을 함께 공표한다.

4. 재해발생시 조치사항

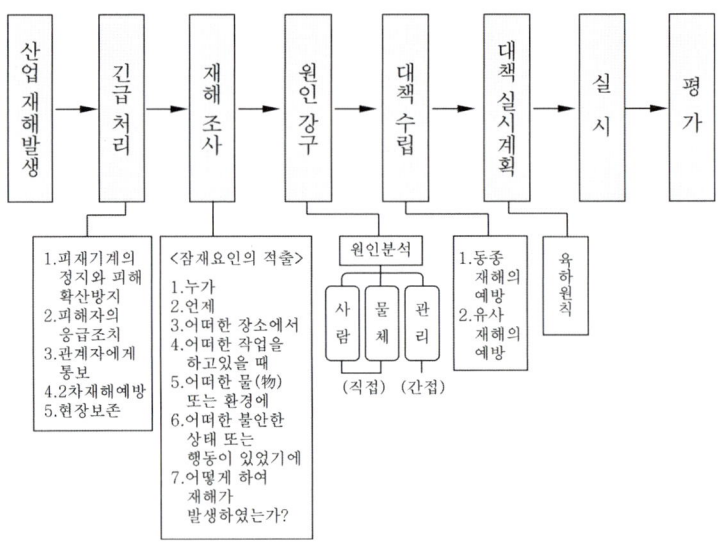

5. 재해발생 메카니즘

1) 재해 발생의 메카니즘

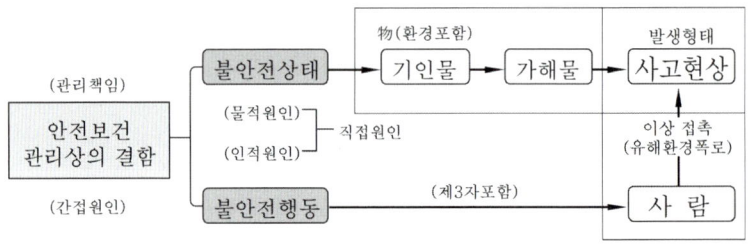

〈재해발생의 구조〉

2) 재해(사고)의 본질적 특성

사고의 시간성	사고는 공간적인 것이 아니라 시간적이다.
우연성 중의 법칙성	우연히 발생하는 것처럼 보이는 사고도 알고 보면 분명한 직접원인 등의 법칙에 의해 발생한다.
필연성 중의 우연성	인간의 시스템은 복잡하여 필연적인 규칙과 법칙이 있다하더라도 불안전한 행동 및 상태, 또는 착오, 부주의 등의 우연성이 사고발생의 원인을 제공하기도 한다.
사고의 재현 불가능성	사고는 인간의 안전의지와 무관하게 돌발적으로 발생하며, 시간의 경과와 함께 상황을 재현할 수는 없다.

6. 산업재해 발생형태

1) 재해의 발생형태(등치성 이론)

구 분	내 용
① 단순자극형	상호 자극에 의하여 순간적으로 재해가 발생하는 유형으로 재해가 일어난 장소와 그 시기에 일시적으로 요인이 집중(집중형이라고도 함)
② 연 쇄 형	하나의 사고 요인이 또 다른 사고 요인을 일으키면서 재해를 발생시키는 유형 (단순 연쇄형과 복합 연쇄형)
③ 복 합 형	단순 자극형과 연쇄형의 복합적인 발생유형

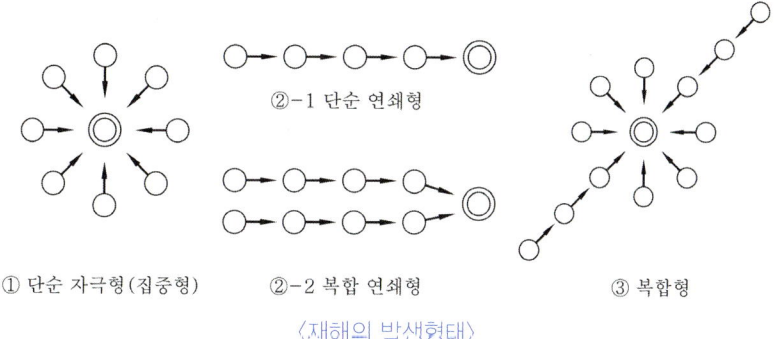

〈재해의 발생형태〉

2) 사람과 에너지의 관계로 분류한 산업재해

유형	I	II	III	IV
도해	物, 제3자, 근로자 → E	사람 → E	사람=物 ↔ 物	사람, E
정의	에너지의 광란 사고의 결과로 발생	에너지 활동구역에 사람이 침입	인체가 에너지체로 타에 충돌	대기중의 유해 유독물
재해형태	폭발, 내압용기파열, 붕괴, 낙하비래등	동력운전기계에 의한 재해, 감전, 화상등	추락, 격돌등	산소결핍, 질식등

7. 재해발생 원인

1) 불안전 행동과 상태(직접원인)

(1) 불안전한 행동의 분류

물질 및 기계·설비의 부적절한 사용·관리	방호장치의 제거 및 무효화, 설비기능의 임의 변경, 결함요인이 있는 기계설비의 사용, 안전조치 없이 유해위험물질 사용 등
작업수행 불량 및 절차의 미준수	안전한 작업절차 미준수, 안전수칙을 무시한 작업수행, 위험상황에 대한 조치 불이행, 무의식적인 작업수행 등
구조물·공구 등의 위험한 방치	기계 설비등 불안전 상태로 방치, 위험한 상태의 확인미흡, 작업장 바닥 및 공간의 정리정돈 불량 등
불안전한 작업자세	기계작업을 대신하는 무리한 인력작업, 부적당한 작업공간에서의 무리한 작업, 부적절한 운반작업, 불안정한 자세의 작업 등
작업수행중 과실	의도적으로 행하지 않은 작업상 발생할 수 있는 여러 가지 형태의 과실
복장 보호구의 잘못사용	보호구의 미사용, 작업에 부적절한 보호구 선택, 복장 보호구를 규정대로 착용하지 않은 경우 등
불필요한 행위 및 동작또는 무모한 행동	적절한 기구 및 도구를 사용하지 않고 작업, 안전지역을 벗어나는 행위, 작업과 무관한 행동으로 인한 위험, 동력전도장치에 접근하는 행위 등
기타 분류불능	이상의 불안전한 행동으로 분류할 수 없는 경우

(2) 불안전한 상태의 분류

물체 및 설비자체의 결함	설계불량, 정비불량, 조립결함 및 노후화, 사용기계설비의 오작동, 고장요인에 대한 수리가 안된 상태로 사용 등
방호조치의 부적절	방호불충분, 방호장치 미설치, 방호장치의 결함, 안전표지의 결함 및 미설치, 규격에 맞지 않는 방호장치 설치 등
작업통로 등 장소의 불량 및 위험	작업발판 불량 및 미설치, 작업공간 부적절, 안전한 통로 미확보, 작업장소의 정리정돈 미비 등
물체, 기계설비 등의 취급상 위험	물체적재방법 불량, 부적절한 기계기구의 취급, 무리한 인력작업, 부적당한 공구선택 및 용도외 사용 등
작업환경등의 결함	환기불량, 부적당한 조명, 부적당한 온·습도, 유해한 광선, 강열한 소음·진동, 유해물질의 누출, 기타 불량한 환경요인 등
작업공정·절차의 결함	작업방법 불량, 생산공정 결함, 안전한 작업순서 및 절차미수립 등
보호구 성능 및 착용상태 불량	지정된 보호구 미착용 및 미지급, 보호구 자체 성능 결함 및 미검정 보호구, 보호구 착용상태 불량 등
작업상 기타 잠재위험 요인	자연 환경적 위험, 도로교통의 위험요인, 연약지반의 위험성, 신체적·정신적 결함 요인 등
기타 분류 불능	이상의 불안전한 상태로 분류할 수 없는 경우

(3) 불안전한 행동과 상태의 분류(과거기준)

불안전한 상태	물 자체의 결함, 안전방호장치의 결함, 복장·보호구의 결함, 물의 배치 및 작업장소 불량, 작업환경의 결함, 생산공정의 결함, 경계표시·설비의 결함, 기타
불안전한 행동	위험장소의 접근, 안전방호장치의 기능제거, 복장·보호구의 잘못 사용, 기계·기구의 잘못 사용, 운전중인 기계장치의 손질, 불안전한 속도조작, 위험물 취급 부주의, 불안전 상태 방치, 불안전한 자세동작, 감독 및 연락 불충분, 기타

2) 간접원인(관리적 원인)

기술적 원인	① 건물·기계등의 설계불량 ③ 구조·재료의 부적합	② 생산공정의 부적당 ④ 점검 및 보존 불량
교육적 원인	① 안전지식 및 경험의 부족 ③ 경험 훈련의 미숙 ⑤ 유해위험 작업의 교육 불충분	② 작업방법의 교육 불충분 ④ 안전수칙의 오해
작업관리상의 원인	① 안전관리조직 결함 ③ 작업준비 불충분 ⑤ 안전수칙 미제정	② 작업지시 부적당 ④ 인원배치(적성배치) 부적당 ⑥ 작업기준의 불명확

8. 상해의 종류

분류항목	세 부 항 목
1. 골절	뼈가 부러진 상해
2. 동상	저온물 접촉으로 생긴 동상상해
3. 부종	국부의 혈액순환의 이상으로 몸이 퉁퉁부어 오르는 상해
4. 찔림(자상)	칼날 등 날카로운 물건에 찔린 상해
5. 타박상(좌상)	타박·충돌·추락 등으로 피부표면 보다는 피하조직 또는근육부를 다친 상해(삐임)
6. 절단	신체부위가 절단된 상해
7. 중독, 질식	음식·약물·가스 등에 의한 중독이나 질식된 상해
8. 찰과상	스치거나 문질러서 벗겨진 상해
9. 베임(창상)	창, 칼 등에 베인 상해
10. 화상	화재 또는 고온물 접촉으로 인한 상해
11. 뇌진탕	머리를 세게 맞았을 때 장해로 일어난 상해
12. 익사	물등에 익사된 상해
13. 피부병	직업과 연관되어 발생 또는 악화되는 피부질환
14. 청력장해	청력이 감퇴 또는 난청이 된 상태
15. 시력장해	시력이 감퇴 또는 실명된 상해
16. 기타	1~15항목으로 분류 불능시 상해명칭 기재

9. 통계적 원인분석 방법

1) 재해 분류방법

통계적 분류	사망	업무로 인하여 목숨을 잃게 되는 경우
	중상해	부상으로 인하여 8일 이상 휴업을 하는 경우
	경상해	부상으로 인하여 1일 이상 7일 이하의 휴업을 하는 경우
국제 노동 기구에 의한 분류 (ILO)	사망	안전사고 혹은 부상의 결과로서 사망한 경우
	영구전노동불능 상해	부상결과 근로자로서의 근로기능을 완전히 잃은 경우(신체장해등급 제1급~제3급)
	영구일부노동불능 상해	부상결과 신체의 일부. 즉, 근로기능의 일부를 상실한 경우 (신체장해등급 제4급~제14급)
	일시전노동불능 상해	의사의 진단에 따라 일정기간 근로를 할 수 없는 경우(신체장해가 남지 않는 일반적 휴업재해)
	일시일부노동불능 상해	의사의 진단에 따라 부상다음날 혹은 그 이후에 정규근로에 종사할 수 없는 휴업재해 이외의 경우 (일시적으로 작업시간 중에 업무를 떠나 치료를 받는 정도의 상해)
	구급처치상해	응급처치 혹은 의료조치를 받아 부상당한 다음 날 정규근로에 종사할 수 있는 경우

2) 재해통계 도표

(1) 파레토도(Pareto diagram)

관리 대상이 많은 경우 최소의 노력으로 최대의 효과를 얻을 수 있는 방법(분류항목을 큰 값에서 작은 값의 순서로 도표화 하는데 편리)

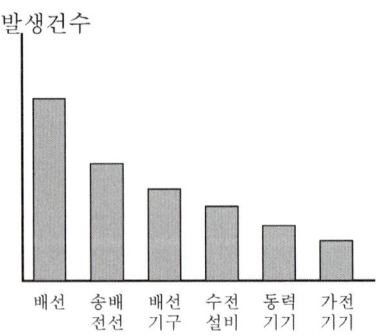

전기설비별 감전사고 분포

(2) 특성요인도

특성과 요인관계를 어골상으로 세분하여 연쇄관계를 나타내는 방법 (원인요소와의 관계를 상호의 인과관계만으로 결부)

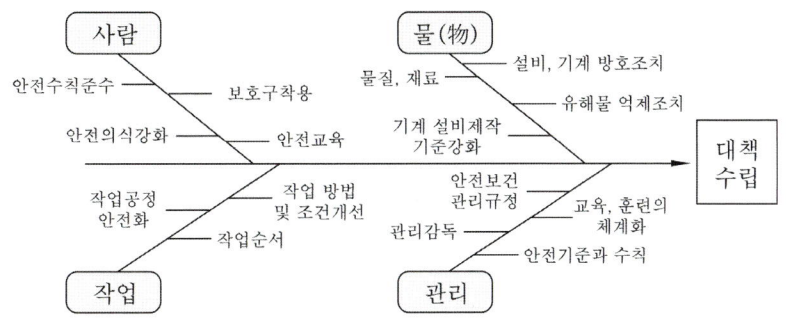

(3) 크로스(Cross)분석
두가지 또는 그 이상의 요인이 서로 밀접한 상호관계를 유지할 때 사용되는 방법

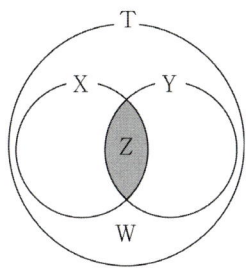

T : 전체 재해건수   X : 인적원인으로 발생한 재해건수
Y : 물적원인으로 발생한 재해건수   Z : 두가지 원인이 함께 겹쳐 발생한 재해건수
W : 물적 원인 인적원인 어느 원인도 관계없이 일어난 재해

(4) 관리도
재해 발생건수 등의 추이파악 → 목표관리 행하는데 필요한 월별재해 발생 수의 그래프화 → 관리 구역 설정 → 관리하는 방법

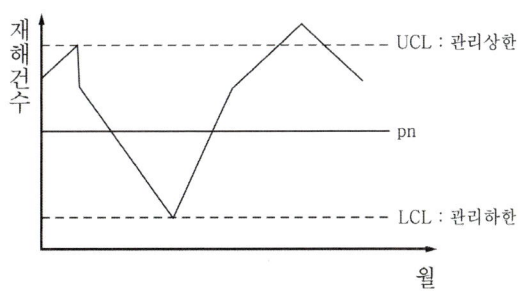

(5) 원형 도표 유형

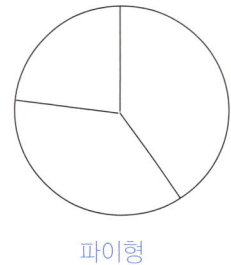
파이형

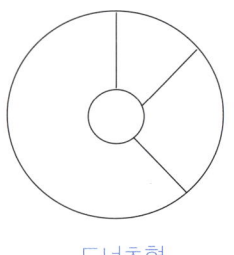
도너츠형

10. 재해예방의 4원칙

손실우연의 원칙	사고에 의해서 생기는 상해의 종류 및 정도는 우연적이라는 원칙
예방가능의 원칙	재해는 원칙적으로 예방이 가능하다는 원칙
원인계기의 원칙	재해의 발생은 직접원인으로만 일어나는 것이 아니라 간접원인이 연계되어 일어난다는 원칙
대책선정의 원칙	원인의 정확한 분석에 의해 가장 타당한 재해예방 대책이 선정되어야 한다는 원칙

※ 재해예방의 핵심은 우연적인 손실의 방지보다 사고의 **발생 방지**가 우선
※ 모든 재해는 반드시 **필연적인 원인**에 의해서 발생
※ 직접원인에는 그것이 **존재하는 이유**가 있으며, 이것을 간접원인 또는 2차원인이라 함

11. 사고예방 대책의 기본원리 5단계

1) 기본원리 5단계

제1단계	안전관리조직	• 경영자의 안전목표 설정 • 안전관리자등의 선임 • 안전의 라인 및 스텝조직 • 조직을 통한 안전활동 전개 • 안전활동 방침 및 계획수립
제2단계	사실의 발견	• 안전사고 및 활동기록의 검토 • 작업분석 및 불안전요소 발견 • 안전점검 및 사고조사 • 관찰 및 보고서의 연구 • 안전토의 및 회의 • 근로자의 건의 및 여론조사
제3단계	평가 및 분석	• 불안전 요소의 분석 • 현장조사 결과의 분석 • 사고보고서 분석 • 인적 물적 환경조건의 분석 • 작업공정의 분석 • 교육과 훈련의 분석 • 안전수칙 및 안전기준의 분석
제4단계	시정책의 선정	• 인사 및 배치조정 • 기술적인 개선 • 교육 및 훈련의 개선 • 안전행정의 개선 • 규정 및 수칙의 개선 • 이행독력의 체제 강화
제5단계	시정책의 적용 (3E 적용단계)	• 교육적 대책실시 • 기술적 대책실시 • 규제적 대책실시 • 목표설정 실시 • 결과의 재평가 및 개선

2) 시정책 적용(5단계)

3E	① Engineering(기술) ② Education(교육) ③ Enforcement(규제, 감독, 독려)
3S	① Standardization(표준화) ② Specialization(전문화) ③ Simplification(단순화)

12. 재해율

1) 재해율

(1) 재해율

① 산재보험적용근로자수 100명당 발생하는 재해자수의 비율(통상의 출퇴근으로 발생한 재해는 제외함)

② 구하는식 : $재해율 = \dfrac{재해자수}{산재보험적용근로자수} \times 100$

(2) 연천인율

① 근로자 1,000명당 년간 발생하는 재해자수

② 구하는식 : $연천인율 = \dfrac{연간재해자수}{연평균근로자수} \times 1,000$

(3) 도수율, 빈도율(Frequency Rate of Injury : FR)

① 산업재해의 빈도를 나타내는 단위

② 근로자의 수나 가동시간을 고려한 것으로 재해 발생정도를 나타내는 국제적 표준 척도로 사용

③ 1,000,000 근로시간당 재해발생 건수

④ 구하는식 : $빈도율(F.R) = \dfrac{재해건수}{연\ 근로시간수} \times 1,000,000$

(4) 강도율(Severity Rate of Injury : SR)

① 재해의 경중(강도)의 정도를 손실일수로 나타내는 통계

② 근로시간 합계 1,000시간당 요양재해로 인한 근로손실 일수

③ 구하는식 : 총요양근로손실일수는 요양재해자의 총 요양기간을 합산하여 산출하되, 사망, 부상 또는 질병이나 장해자의 등급별 요양근로손실일수는 아래의 표와 같다.

$$강도율(S.R) = \dfrac{총요양근로손실일수}{연\ 근로시간수} \times 1,000$$

④ 우리나라의 근로손실일 수 산정기준
  ㉠ 사망 및 영구전 노동불능(신체 장해 등급1~3급) : 7,500일
  ㉡ 영구일부 노동불능(요양근로손실일수 산정요령)

구분	사망	신체 장해자 등급										
		1~3	4	5	6	7	8	9	10	11	12	13	14
근로손실일수	7,500	7,500	5,500	4,000	3,000	2,200	1,500	1,000	600	400	200	100	50

  ㉢ 일시전 노동불능 : 휴업일수×300/365
⑤ 구하는 식 : $평균강도율 = \dfrac{강도율}{도수율} \times 1,000$

(5) 사망만인율
① 사망만인율이란 산재보험적용근로자수 10,000명당 발생하는 사망자수의 비율
② 구하는 식 : $사망만인율 = \dfrac{사망자수}{산재보험적용근로자수} \times 10,000$
③ 사망자수에서 제외되는 경우 : 사업장 밖의 교통사고(운수업, 음식숙박업은 사업장 밖의 교통사고도 포함)·체육행사·폭력행위·통상의 출퇴근에 의한 사망, 사고 발생일로부터 1년을 경과하여 사망한 경우.

〈참고〉 건설업의 경우
$$상시근로자 수 = \dfrac{연간 \ 국내 \ 공사실적액 \times 노무비율}{건설업 \ 월평균임금 \times 12}$$

(6) 휴업재해율
① 임금근로자수 100명당 발생하는 휴업재해자수의 비율
② 구하는식 : $휴업재해율 = \dfrac{휴업재해자수}{임금근로자수} \times 100$

2) 환산 재해율

(1) 환산 도수율(F)과 환산 강도율(S)
① 평생근로(10만 시간)하는 동안 발생할 수 있는 재해건 수(환산도수율)
② 평생근로(10만 시간)하는 동안 발생할 수 있는 근로손실일 수(환산 강도율)
③ 구하는 식

  ○ $환산강도율(S) = 강도율 \times \dfrac{100,000}{1,000} = 강도율 \times 100(일)$
  ○ $환산도수율(F) = 도수율 \times \dfrac{100,000}{1,000,000} = 도수율 \times \dfrac{1}{10}(건)$

○ $\dfrac{S}{F}$ = 재해 1건당의 근로손실일수

④ 예제 : 우리나라의 전년도 도수율이 5.42 강도율이 2.53이라면 환산도수율과 환산강도율은 얼마인가?

풀이 : ○ 환산 도수율 = 5.42 × 1 / 10 = 0.54회
○ 환산 강도율 = 2.53 × 100 = 253일
○ 재해 1건당 근로손실일 수 = 468.52일

해석 : 우리나라 근로자는 누구나 입사하여 퇴직하기까지 평생 근로하는 동안 평균 0.54회 부상하고 1인 평균 253일의 근로손실을 가져오며, 재해1건당 468.52일의 근로손실이 발생한다는 뜻이다.

3) 기타 재해 관련 공식

(1) 종합재해지수(frequency severity indicator : FSI)

① 재해의 빈도의 다소와 상해의 정도의 강약을 종합하여 나타내는 방식으로 직장과 기업의 성적지표로 사용

$$FSI = \sqrt{도수율(FR) \times 강도율(SR)}$$

(2) Safe-T-Score

① 과거의 안전성적과 현재의 안전성적을 비교 평가하는 방식
② 안전에 관한 중대성의 차이를 비교하고자 사용하는 방식
③ 구하는 식 : $\text{Safe} - \text{T} - \text{Score} = \dfrac{\text{F.R(현재)} - \text{F.R(과거)}}{\sqrt{\dfrac{\text{F.R(과거)}}{\text{근로총시간수(현재)}} \times 1{,}000{,}000}}$

④ 결과 : +이면 나쁜 기록이고, -이면 과거에 비해 좋은 기록

+2.00 이상 : 과거보다 심각하게 나쁨
+2.00에서 -2.00 사이 : 과거에 비해 심각한 차이없음
-2.00 이하 : 과거보다 좋아짐

(3) 안전 활동율

① 1,000,000시간당 안전활동 건수(안전활동의 결과를 정량적으로 표시하는 기준)

② 구하는 식 : 안전활동율 = $\dfrac{\text{안전활동건수}}{\text{총근로시간수}} \times 10^6$

③ 안전활동건수에 포함되어야 할 항목
 ㉠ 실시한 안전개선 권고수　　㉡ 안전 조치한 불안전 작업수
 ㉢ 불안전 행동 적발수　　　　㉣ 불안전 물리적 지적 건수
 ㉤ 안전회의 건수　　　　　　㉥ 안전 홍보 건수

13. 재해 코스트

1) 하인리히(H.W.Heinrich) 방식 (1:4원칙)

(1) 직접비와 간접비

직접비(법적으로 지급되는 산재보상비)		간접비 (직접비 제외한 모든 비용)
요양급여	요양비 전액(진찰, 약제, 처치·수술기타치료, 의료시설수용, 간병, 이송 등)	인적손실 물적손실 생산손실 임금손실 시간손실 기타손실 등
휴업급여	1일당 지급액은 평균임금의 100분의 70에 상당하는 금액	
장해급여	장해등급에 따라 장해보상연금 또는 장해보상일시금으로 지급	
간병급여	요양급여 받은자가 치유후 간병이 필요하여 실제로 간병을 받는자에게 지급	
유족급여	근로자가 업무상사유로 사망한 경우 유족에게 지급(유족보상연금 또는 유족보상일시금)	
상병보상 연금	요양개시후 2년 경과된 날 이후에 다음의 상태가 계속되는 경우 지급 1. 부상 또는 질병이 치유되지 아니한 상태 2. 부상 또는 질병에 의한 폐질의 정도가 폐질등급기준에 해당	
장의비	평균임금의 120일분에 상당하는 금액	

* 기타 : 장해특별급여, 유족특별급여 (민법에 의한 손해배상 청구)

(2) 직접손실비용 : 간접손실비용 = 1 : 4 (1대4의 경험법칙)

$$재해손실비용 = 직접비 + 간접비 = 직접비 \times 5$$

(3) 손실금 비율 적용
① 경공업 분야 1:4   ② 중공업 분야 1:10~1:20

2) 버드 (F. E. Bird's Jr)의 방식(간접비의 빙산원리)

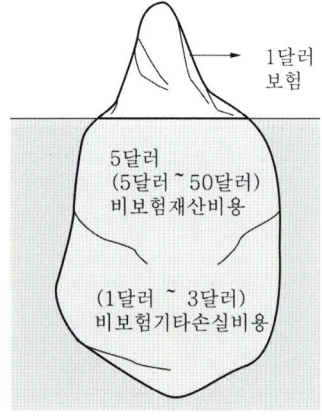

직접비(1)	간접비(5)	
보험비	비보험재산손실비용	비보험기타손실비용
상해사고와 관련되는 의료비 또는 보상비	쉽게 측정 (보험미가입) ① 건물 손실 ② 기구 및 장비손실 ③ 제품 및 재료손실 ④ 조업중단 및 지연	양 측정 곤란 (보험 미가입) ① 시간조사 ② 교육 ③ 임대등
1	5 ~ 50	1 ~ 3

3) Simonds and Grimaldi 방식

(1) 총 재해 비용 산출방식

총 재해 비용 산출방식 = 보험 Cost + 비 보험 Cost
= 산재보험료 + A × (휴업상해건수) + B × (통원상해건수)
+ C × (응급처치건수) + D × (무상해 사고건수)

* A, B, C, D (상수)는 상해정도별 재해에 대한 비보험 코스트의 평균액(산재 보험금을 제외한 비용)
* 사망과 영구전노동불능상해는 재해범주에서 제외됨

재해 사고의 분류

분 류	내 용
휴업상해	영구부분 노동불능, 일시전 노동불능
통원상해	일시부분 노동불능, 의사의 조치를 요하는 통원상해
응급처치	20달러 미만의 손실 또는 8시간 미만의 휴업손실 상해
무상해사고	의료조치를 필요로 하지 않는 경미한 상해, 사고 및 무상해 사고 (20달러 이상의 재산손실 또는 8시간 이상의 손실사고)

(2) 손실비용 세부항목변수

보험 cost	비보험 cost
① 보험금 총액 ② 보험회사의 보험에 관련된 제경비와 이익금	① 작업중지에 따른 임금손실 ② 기계설비 및 재료의 손실비용 ③ 작업중지로 인한 시간 손실 ④ 신규 근로자의 교육훈련비용 ⑤ 기타 제경비

(3) 시몬즈와 하인리히 방식의 차이점

① 시몬즈는 보험 cost와 비보험 cost로, 하인리히는 직접비와 간접비로 구분
② 산재보험료와 보상금의 차이 : 시몬즈는 보험 cost에 가산, 하인리히는 가산하지 않음
③ 간접비와 비보험 cost는 같은 개념이나 구성 항목에 차이
④ 시몬즈는 하인리히의 1 : 4 방식 전면 부정하고 새로운 산정방식인 평균치법 채택

4) 콤페스(P.C Compes)의 방식

① 직접비용과 간접비용외에 기업의 활동능력이 상실되는 손실도 감안
② 전체재해손실 = 공동비용(불변) + 개별비용(변수)

구분	공동비용	개별비용
항목	① 보험료 ② 안전보건팀 유지비용 ③ 기타(기업의 명예, 안전성 등)	① 작업중단으로 인한 손실비용 ② 수리대책에 필요한 비용 ③ 치료에 소요되는 비용 ④ 사고조사에 필요한 비용등

5) 노구찌(野口三郎)의 방식

시몬즈의 평균치법을 근거로 일본의 상황에 맞는 방법을 제시

$$M = A \text{ 또는 } (1.15a + b) + B + C + D + E + F$$

여기서) M : 재해1건당 코스트
A : 법정보상비 (a : 정부보상비, b : 회사보상비)
B : 법정외 보상비   C : 인적손실비용
D : 물적손실비용   E : 생산손실비용
F : 특수손실비용
a : 하인리히의 직접비에 대응
1.15a : 시몬즈의 보험코스트에 대응

14. 재해사례 연구순서

1) 연구 순서

순서	구 분		내 용
전제조건	재해상황 파악		① 발생일시, 장소 ② 업종, 규모 ③ 상해 상황 ④ 물적피해 ⑤ 가해물, 기인물 ⑥ 사고의 형태 ⑦ 피해자 특성 등
제1단계	사실의 확인	사람에 관한 사항	① 작업명과 그 내용 ② 공동작업자의 역할 ③ 재해자 인적 사항 ④ 불안전 행동 유무 등
		물(物)에 관한 사항	① 레이아웃 ② 물질, 재료 ③ 복장, 보호구 ④ 방호장치 ⑤ 불안전 상태 유무
		관리에 관한 사항	① 안전보건 관리 규정 ② 작업표준 ③ 관리 감독상황 ④ 순찰, 점검, 확인 ⑤ 연락, 보고 등
		재해발생까지의 경과	① 객관적인 표현 ② 육하원칙 ·언제 ·누가 ·어디서 ·무엇을 ·왜 ·어떻게 ·할 것인가 ·할 수 있는가 ·하였는가
제2단계	문제점 발견		① 기준에서 벗어난 사실을 문제점으로 하고 그 이유를 명확히 ② 관계 법규, 사내규정, 안전수칙 등의 관계검출 ③ 관리자 및 책임자의 직무. 권한 등에 대하여 평가, 판단

순서	구 분	내 용
제3단계	근본적 문제점의 결정(재해원인)	① 파악된 문제점 중 재해의 중심적 원인을 설정 ② 문제점을 인적, 물적, 관리적인 면 결정 ③ 재해 원인 결정(관리적 책임에 비중)
제4단계	대책의 수립	① 동종재해 예방대책 ② 유사재해 예방대책 ③ 대책의 실시 계획 수립(육하원칙)

2) 재해 사례 연구의 기준

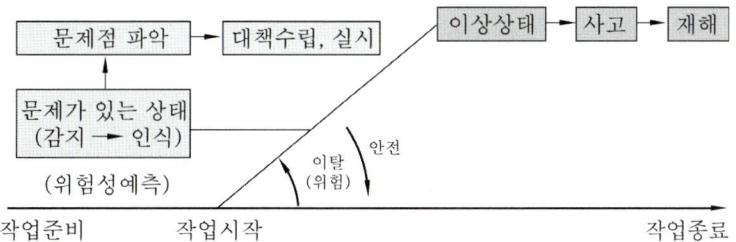

Ⅳ 안전점검 및 진단

1. 안전점검의 정의 및 목적

1) 정의

2) 목적

건설물 및 기계 설비 등의 제작기준이나 안전기준에 적합한가를 확인하고 작업현장 내의 불안전한 상태가 없는지를 확인하는 것으로 사고발생의 가능성 요인들을 제거하여 안전성을 확보하기 위함

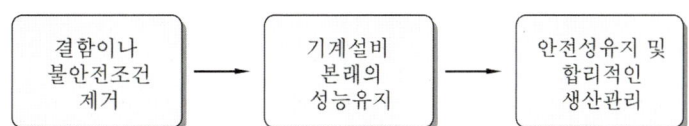

2. 안전점검의 종류

점검 주기에 의한 구분	일상점검 (수시 점검, 작업시작 전 점검)	작업 시작 전이나 사용 전 또는 작업중에 일상적으로 실시하는 점검. 작업담당자, 감독자가 실시하고 결과를 담당책임자가 확인
	정기점검 (계획점검)	1개월, 6개월, 1년 단위로 일정기간마다 정기적으로 점검(외관, 구조, 기능의 점검 및 분해검사)
	임시점검	정기점검 실시후 다음 점검시기 이전에 임시로 실시하는 점검(기계, 기구, 설비의 갑작스런 이상 발생시)
	특별점검	· 기계, 기구, 설비의 신설변경 또는 고장, 수리 등을 할 경우. · 정기점검기간을 초과하여 사용하지 않던 기계설비를 다시 사용하고자 할 경우. · 강풍(순간풍속 30m/s초과) 또는 지진(중진 이상 지진) 등의 천재지변 후
점검 방법에 의한 구분	외관점검 (육안 검사)	기기의 적정한 배치, 부착상태, 변형, 균열, 손상, 부식, 마모, 볼트의 풀림 등의 유무를 외관의 감각기관인 시각 및 촉감 등으로 조사하고 점검기준에 의해 양부를 확인
	기능점검(조작검사)	간단한 조작을 행하여 봄으로 대상기기에 대한 기능의 양부확인
	작동점검 (작동상태검사)	방호장치나 누전차단기 등을 정하여진 순서에 의해 작동시켜 그 결과를 관찰하여 상황의 양부 확인
	종합점검	정해진 기준에 따라서 측정검사를 실시하고 정해진 조건 하에서 운전시험을 실시하여 기계설비의 종합적인 기능 판단

3. 안전점검 기준

1) 점검기준(포함되어야 할 항목)

(1) 점검대상   (2) 점검부분
(3) 점검항목   (4) 실시주기
(5) 점검방법   (6) 판정기준
(7) 조치

2) 작성시 유의사항

(1) 사업장에 적합하고 쉽게 이해되도록 작성
(2) 재해예방에 실효가 있도록 작성
(3) 내용은 **구체적으로 표현**하고 위험도가 높은 것부터 순차적으로 작성
(4) 일정한 양식을 정하고 가능하면 점검대상 마다 별도로 작성
(5) 주관적 판단을 배제하기 위해 점검 방법과 결과에 대한 판단기준을 정하여 결과를 평가
(6) 정기적으로 적정성 여부를 검토하여 수정 보완하여 사용

4. 작업표준

1) 작업표준의 목적

(1) 위험요인 제거
(2) 손실요인 제거
(3) 작업의 효율화

2) 작업표준의 종류

종류	내용
기술표준 공정사양서 제조규격	품질에 영향을 미치는 기술적 요인에 대해 그 요구조건을 규정하는 것으로 작업표준의 바탕이 되는 것
작업표준 작업지도서	기술표준의 요구조건을 만족시키는 동시에 작업의 안전, 품질, 능률, 원가 등의 견지에서 통합작업 또는 단위작업마다 사용재료, 사용설비, 작업자, 작업조건, 작업방법, 작업관리 등을 규정하는 것
작업순서 동작표준 작업지시서 작업요령	작업표준을 받아 단위작업, 요소작업마다 사용재료, 사용설비, 사용치공구, 개별 작업자가 행해야할 동작, 작업상의 주의사항, 이상 발생시 감독자에 대한 보고 등을 규정한 것

3) 작업표준의 작성순서

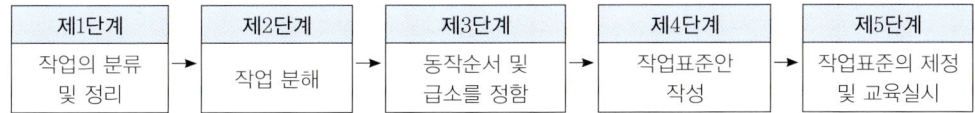

제1단계: 작업의 분류 및 정리 → 제2단계: 작업 분해 → 제3단계: 동작순서 및 급소를 정함 → 제4단계: 작업표준안 작성 → 제5단계: 작업표준의 제정 및 교육실시

4) 작업표준의 4가지 조건

(1) 안전   (2) 능률   (3) 원가   (4) 품질

5. 작업위험 분석

1) 작업분석

정의	작업자를 중심으로한 작업공정을 표준화하기 위하여 일정의 기호를 사용하여 작업, 이동, 검사 등을 분석하는 것(작업공정 분석표)
목적	① 작업공간의 개선 ② 작업순서의 개선 ③ 작업자의 작업동작 개선 ④ 표준작업의 제도화

특징	① 작업자의 이동작업 분석에 유효 ② 분석기호가 간단하며 명확 ③ 작업소요 시간분석이 가능 ④ 표현이 간단하고 이해가 용이 ⑤ 다른 공정과 연합작업분석에 유리 ⑥ 분석단위가 단위공정별 또는 단위작업별로 분석이 가능하므로 작업에 적용이 가능
순서	① 분석목적의 결정 → ② 분석대상의 결정 → ③ 분석범위의 결정 → ④ 분석의 실시 → ⑤ 분석결과의 처리 → ⑥ 개선안의 확정과 효과측정
방법 (E.C.R.S)	① Eliminate(제거) ② Combine(결합) ③ Rearrange(재조정) ④ Simplify(단순화)

2) 작업위험 분석

(1) 작업개선단계(기법)

① 1단계 : 작업분해   ② 2단계 : 세부내용 검토
③ 3단계 : 작업분석   ④ 4단계 : 새로운 방법의 적용

(2) 작업위험 분석방법

① 면접   ② 관찰   ③ 설문방법   ④ 혼합방식

6. 동작경제의 3원칙

신체의 사용에 관한 원칙 (Use of the human body)	① 두 손의 동작은 같이 시작하고 같이 끝나도록 한다. ② 휴식시간을 제외하고는 양손이 동시에 쉬지 않도록 한다. ③ 두 팔의 동작은 동시에 서로 반대방향으로 대칭적으로 움직이도록 한다. ④ 손의 동작은 원활하고 연속적인 동작이 되도록 하며, 방향이 급작스럽게 크게 변화하는 모양의 직선동작은 피하도록 한다. ⑤ 가능한 한 관성(momentum)을 이용하여 작업을 하되 작업자가 관성을 억제해야 하는 경우에는 관성을 최소화 하도록 한다. ⑥ 가능하다면 쉽고 자연스러운 리듬이 작업동작에 생기도록 작업을 배치한다.
작업장의 배치에 관한 원칙 (Arrangement of the workplace)	① 모든 공구나 재료는 제 위치에 있도록 한다. ② 공구 재료 및 제어기기는 사용위치에 가까이 두도록 한다. ③ 중력 이송원리를 이용하고 가능하면 낙하식 운반방법을 사용한다. ④ 작업자가 자세의 변경이 가능하도록 작업대와 의자높이가 조정되도록 한다. ⑤ 공구나 재료는 작업조작이 원활하게 수행되도록 그 위치를 정한다.
공구 및 설비 디자인에 관한 원칙 (Design of tools and equipments)	① 치구(治具, jig)나 발로 작동시키는 기기를 사용할 수 있는 작업에서는 양손이 다른 일을 할수 있도록 한다. ② 공구의 기능은 결합하여 사용하도록 한다. ③ 레버, 핸들 및 통제기기는 몸의 자세를 크게 바꾸지 않아도 조작하기 쉽도록 배열한다. ④ 공구와 자재는 가능한 한 사용하기 쉽도록 미리 위치를 잡아준다.

7. 안전인증

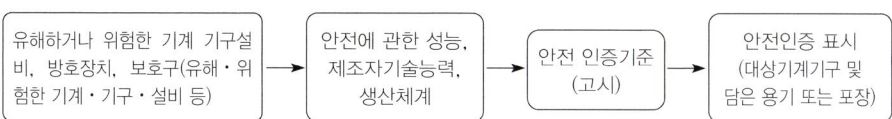

1) 안전인증 대상 기계 등

기계 또는 설비	① 프레스 ② 전단기 및 절곡기 ③ 크레인 ④ 리프트 ⑤ 압력용기 ⑥ 롤러기 ⑦ 사출성형기 ⑧ 고소 작업대 ⑨ 곤돌라
방호장치	① 프레스 및 전단기 방호장치 ② 양중기용 과부하방지장치 ③ 보일러 압력방출용 안전밸브 ④ 압력용기 압력방출용 안전밸브 ⑤ 압력용기 압력방출용 파열판 ⑥ 절연용 방호구 및 활선작업용 기구 ⑦ 방폭구조 전기기계·기구 및 부품 ⑧ 추락·낙하 및 붕괴 등의 위험 방지 및 보호에 필요한 가설기자재로서 고용노동부장관이 정하여 고시하는 것 ⑨ 충돌·협착 등의 위험방지에 필요한 산업용 로봇 방호장치로서 고용노동부장관이 정하여 고시하는 것
보호구	① 추락 및 감전 위험방지용 안전모 ② 안전화 ③ 안전장갑 ④ 방진마스크 ⑤ 방독마스크 ⑥ 송기마스크 ⑦ 전동식 호흡보호구 ⑧ 보호복 ⑨ 안전대 ⑩ 차광 및 비산물 위험방지용 보안경 ⑪ 용접용 보안면 ⑫ 방음용 귀마개 또는 귀덮개

> **참 고**
> ① 기계 또는 설비에 해당하는 대상은 주요구조부분을 변경한 경우에도 동일하게 적용된다.
> ② 다만, 설치이전 하는 경우에 안전인증을 받아야할 대상은 크레인, 리프트, 곤돌라이다.

2) 안전인증 면제 대상

① 연구개발을 목적으로 제조 수입하거나 수출을 목적으로 제조하는 경우
② 고용노동부 장관이 정하여 고시하는 외국의 안전인증기관에서 인증을 받은 경우
③ 다른 법령에 따라 안전성에 관한 검사나 인증을 받은 경우로서 고용노동부령으로 정하는 경우

3) 안전인증의 취소 및 사용금지 또는 개선 대상

① 거짓이나 그 밖의 부정한 방법으로 안전인증을 받은 경우
② 안전인증을 받은 유해·위험한 기계 등의 안전에 관한 성능 등이 안전인증기준에 맞지 아니하게 된 경우
③ 정당한 사유 없이 안전인증기준 준수여부의 확인(확인주기 : 3년 이하의 범위)을 거부, 기피 또는 방해하는 경우

4) 안전인증 심사의 종류 및 방법

종류	방법		심사기간
예비 심사	기계 및 방호장치 · 보호구가 유해 · 위험 기계 등인지를 확인하는 심사(안전인증을 신청한 경우만 해당)		7일
서면 심사	유해 · 위험 기계 등의 종류별 또는 형식별로 설계도면 등 유해 · 위험한 기계 등의 제품기술과 관련된 문서가 안전인증기준에 적합한지 여부에 대한 심사		15일 (외국에서 제조한 경우 30일)
기술능력 및 생산체계 심사	유해 · 위험 기계 등의 안전성능을 지속적으로 유지 · 보증하기 위하여 사업장에서 갖추어야 할 기술능력과 생산체계가 안전인증기준에 적합한지에 대한 심사		30일 (외국에서 제조한 경우 45일)
제품 심사	유해 · 위험 기계 등이 서면심사내용과 일치하는지와 유해 · 위험 기계 등의 안전에 관한 성능이 안전인증기준에 적합한지에 대한 심사	개별 제품 심사	서면심사결과가 안전인증기준에 적합할 경우에 하는 유해 · 위험 기계 등 모두에 대하여 하는 심사(서면심사와 개별 제품심사를 동시에 할 것을 요청하는 경우 병행하여 할 수 있다)	15일
		형식별 제품 심사	서면심사와 기술능력 및 생산체계 심사결과가 안전인증기준에 적합할 경우에 하는 유해 · 위험 기계 등의 형식별로 표본을 추출하여 하는 심사(서면심사, 기술능력 및 생산체계 심사와 형식별 제품심사를 동시에 할 것을 요청하는 경우 병행하여 할 수 있다)	30일 (방폭구조전기 기계기구 및 부품과 일부 보호구는 60일)

5) 자율안전 확인

(1) 신고절차

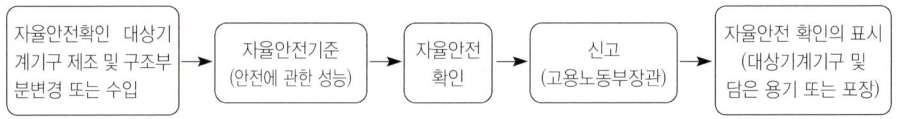

(2) 자율안전확인 대상기계 등

기계 또는 설비	① 연삭기 또는 연마기(휴대형은 제외) ② 산업용 로봇 ③ 혼합기 ④ 파쇄기 또는 분쇄기 ⑤ 식품가공용기계(파쇄 · 절단 · 혼합 · 제면기만 해당) ⑥ 컨베이어 ⑦ 자동차 정비용 리프트 ⑧ 공작기계(선반, 드릴기, 평삭 · 형삭기, 밀링만 해당) ⑨ 고정형 목재가공용 기계(둥근톱, 대패, 루타기, 띠톱, 모떼기 기계만 해당) ⑩ 인쇄기
방호장치	① 아세틸렌 용접장치용 또는 가스집합 용접장치용 안전기 ② 교류아크 용접기용 자동전격 방지기 ③ 롤러기 급정지장치 ④ 연삭기 덮개 ⑤ 목재가공용 둥근톱 반발예방장치와 날접촉 예방장치 ⑥ 동력식 수동대패용 칼날 접촉방지장치 ⑦ 추락 · 낙하 및 붕괴 등의 위험방지 및 보호에 필요한 가설기자재(안전인증대상기계기구에 해당되는 사항 제외)로서 고용노동부장관이 정하여 고시하는 것

보호구	① 안전모(안전인증대상보호구에 해당되는 안전모는 제외) ② 보안경(안전인증대상보호구에 해당되는 보안경은 제외) ③ 보안면(안전인증대상보호구에 해당되는 보안면은 제외)

6) 안전인증의 표시

구분	표시	표시방법

안전인증
대상기계
등의
안전인증 및
자율안전 확인
	KCs	1. 표시기준
		1). 국가통합인증마크의 기본도안 모형
		  가) 국가통합인증마크의 가로 및 세로 비율은 격자눈금에 따른다.
		  나) 국가통합인증마크의 크기는 제품의 크기에 따라 조정할 수 있으나 인증마크의 세로 높이는 5mm 미만으로 할 수 없다.
		  다) 국가통합인증마크 기본모형의 색채는 다음과 같은 남색(KS A 0062에 따른 5PB 2/8 색채)을 사용한다. [남색 5PB 2/8]
		  라) 특수한 효과가 필요한 경우에는 아래와 같은 금색(KS A 0062에 따른 10YR 6/4 색채)과 은색(KS A 0062에 따른 N 7 색채)을 사용할 수 있으며, 남색, 금색 또는 은색을 사용할 수 없는 경우에는 아래와 같은 검정색(KS A 0062에 따른 N 2 색채)을 사용할 수 있다.
		  [* 금색 10YR 6/4 * 은색 N 7 * 검정색 N 2]
		  ※ 비고: 금색과 은색에는 반짝이는 효과를 넣어 사용할 수 있다.
		2). 국가통합인증마크의 부기도안 모형 및 도안 요령
		  가) 부기 글자는 인증 등의 분야별로 구분하여 S, Q, E, H로 한다.
		  나) S는 안전 분야, Q는 품질 분야, E는 환경 분야, H는 보건 분야의 국가통합인증마크에 각각 덧붙여 넣는다.
		2. 표시방법
		1) 국가통합인증마크는 해당 제품의 표면에 알아보기 쉽도록 인쇄하거나 각인하는 등의 방법으로 표시하여야 한다.
		2) 제품의 표면에 국가통합인증마크를 표시하는 것이 곤란하거나 실수요자가 다량으로 구입하여 직접 사용하는 제품으로서 시중에 유통될 우려가 없는 제품의 경우에는 그 제품의 최소 포장마다 표시할 수 있다.
		3) 표시를 하는 경우 인체에 상해를 입힐 우려가 있는 재질이나 표면이 거친 재질을 사용해서는 안된다.

안전인증 대상기계 등이 아닌 유해·위험 기계 등의 안전인증 (임의 안전인증 대상)	Ⓢ	(1) 표시의 크기는 대상기계·기구 등의 크기에 따라 조정할 수 있다. (2) 표시의 표상을 명백히 하기 위하여 필요한 경우에는 표시 주위에 한글·영문 등의 글자로 필요한 사항을 덧붙여 적을 수 있다. (3) 표시는 대상 기계·기구 등이나 이를 담은 용기 또는 포장지의 적당한 곳에 붙이거나 인쇄하거나 새기는 등의 방법으로 해야 한다. (4) 표시는 테두리와 문자를 파란색, 그 밖의 부분을 흰색으로 표현하는 것을 원칙으로 하되, 안전인증표시의 바탕색 등을 고려하여 테두리와 문자를 흰색, 그 밖의 부분을 파란색으로 표현할 수 있다. 이 경우 파란색의 색도는 2.5PB 4/10으로, 흰색의 색도는 N9.5로 한다[색도기준은 한국산업규격(KS)에 따른 색의 3속성에 의한 표시방법(KSA 0062 기술표준원 고시 제2008-0759)에 따른다]. (5) 표시를 하는 경우에 인체에 상해를 입힐 우려가 있는 재질이나 표면이 거친 재질을 사용해서는 안 된다.

7) 안전인증 및 자율안전 확인 제품의 표시

안전인증 제품	자율안전 확인 제품
① 형식 또는 모델명 ② 규격 또는 등급 등 ③ 제조자명 ④ 제조번호 및 제조연월 ⑤ 안전인증 번호	① 형식 또는 모델명 ② 규격 또는 등급 등 ③ 제조자명 ④ 제조번호 및 제조연월 ⑤ 자율안전확인 번호

8. 작업 시작 전 점검사항

작업의 종류	점검 내용
1. 프레스 등을 사용하여 작업을 할 때	가. 클러치 및 브레이크의 기능 나. 크랭크축·플라이휠·슬라이드·연결봉 및 연결나사의 풀림유무 다. 1행정 1정지기구·급정지장치 및 비상정지장치의 기능 라. 슬라이드 또는 칼날에 의한 위험방지 기구의 기능 마. 프레스의 금형 및 고정볼트 상태 바. 방호장치의 기능 사. 전단기의 칼날 및 테이블의 상태
2. 로봇의 작동범위에서 그 로봇에 관하여 교시 등(로봇의 동력원을 차단하고 행하는 것을 제외한다)의 작업을 할 때	가. 외부전선의 피복 또는 외장의 손상유무 나. 매니퓰레이터(manipulator)작동의 이상유무 다. 제동장치 및 비상정지장치의 기능
3. 공기압축기를 가동 할 때	가. 공기저장 압력용기의 외관상태 나. 드레인 밸브의 조작 및 배수 다. 압력방출장치의 기능 라. 언로드밸브의 기능 마. 윤활유의 상태 바. 회전부의 덮개 또는 울 사. 그 밖의 연결부위의 이상유무
4. 크레인을 사용하여 작업을 할 때	가. 권과방지장치·브레이크·클러치 및 운전장치의 기능 나. 주행로의 상측 및 트롤리가 횡행하는 레일의 상태 다. 와이어로프가 통하고 있는 곳의 상태
5. 이동식 크레인을 사용하여 작업을 할 때	가. 권과방지장치나 그 밖의 경보장치의 기능 나. 브레이크·클러치 및 조정장치의 기능 다. 와이어로프가 통하고 있는 곳 및 작업장소의 지반상태
6. 리프트(자동차 정비용 리프트 포함)를 사용하여 작업을 할 때	가. 방호장치·브레이크 및 클러치의 기능 나. 와이어로프가 통하고 있는 곳의 상태
7. 곤돌라를 사용하여 작업을 할 때	가. 방호장치·브레이크의 기능 나. 와이어로프·슬링와이어 등의 상태
8. 양중기의 와이어로프·달기체인·섬유로프·섬유벨트 또는 훅·샤클·링 등의 철구(와이어로프 등)를 사용하여 고리걸이 작업을 할 때	와이어로프 등의 이상유무

작업의 종류	점검 내용
9. 지게차를 사용하여 작업을 할 때	가. 제동장치 및 조종장치 기능의 이상유무 나. 하역장치 및 유압장치 기능의 이상유무 다. 바퀴의 이상유무 라. 전조등 · 후미등 · 방향지시기 및 경보장치 기능의 이상유무
10. 구내운반차를 사용하여 작업을 할 때	가. 제동장치 및 조종장치 기능의 이상유무 나. 하역장치 및 유압장치 기능의 이상유무 다. 바퀴의 이상유무 라. 전조등 · 후미등 · 방향지시기 및 경음기 기능의 이상유무 마. 충전장치를 포함한 홀더 등의 결합상태의 이상유무
11. 고소작업대를 사용하여 작업을 할 때	가. 비상정지 및 비상하강방지장치 기능의 이상유무 나. 과부하방지장치의 작동유무(와이어로프 또는 체인구동방식의 경우) 다. 아웃트리거 또는 바퀴의 이상유무 라. 작업면의 기울기 또는 요철유무 마. 활선작업용 장치의 경우 홈 · 균열 · 파손 등 그 밖의 손상유무
12. 화물자동차를 사용하는 작업을 하게 할 때	가. 제동장치 및 조종장치의 기능 나. 하역장치 및 유압장치의 기능 다. 바퀴의 이상유무
13. 컨베이어 등을 사용하여 작업을 할 때	가. 원동기 및 풀리기능의 이상유무 나. 이탈 등의 방지장치기능의 이상유무 다. 비상정지장치 기능의 이상유무 다. 원동기 · 회전축 · 기어 및 풀리 등의 덮개 또는 울 등의 이상유무
14. 차량건설기계를 사용하여 작업을 할 때	브레이크 및 클러치 등의 기능
15. 이동식 방폭구조 전기기계 · 기구를 사용할 때	전선 및 접속부 상태
16. 근로자가 반복하여 계속적으로 중량물을 취급하는 작업을 할 때	가. 중량물 취급의 올바른 자세 및 복장 나. 위험물이 날아 흩어짐에 따른 보호구의 착용 다. 카바이드 · 생석회(산화칼슘) 등과 같이 온도상승이나 습기에 의하여 위험성이 존재하는 중량물의 취급방법 라. 그 밖에 하역운반기계 등의 적절한 사용방법
17. 양화장치를 사용하여 화물을 싣고 내리는 작업을 할 때	가. 양화장치의 작동상태 나. 양화장치에 제한하중을 초과하는 하중을 실었는지 여부
18. 슬링 등을 사용하여 작업을 할 때	가. 훅이 붙어있는 슬링 · 와이어링 등이 매달린 상태 나. 슬링 · 와이어링 등의 상태(작업시작 전 및 작업 중 수시로 점검)
19. 용접 · 용단 작업 등의 화재위험 작업을 할 때	가. 작업 준비 및 작업 절차 수립 여부 나. 화기작업에 따른 인근 가연성 물질에 대한 방호조치 및 소화기구 비치 여부 다. 용접불티 비상방지덮개 또는 용접방화포 등 불꽃 · 불티 등의 비산을 방지하기 위한 조치 여부 라. 인화성 액체의 증기 또는 인화성 가스가 남아 있지 않도록 하는 환기 조치 여부 마. 작업근로자에 대한 화재예방 및 피난교육 등 비상조치 여부

9. 안전검사

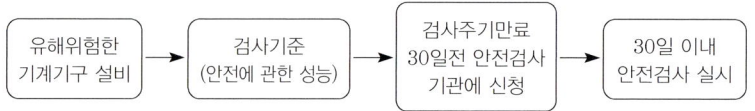

1) 안전검사 대상 유해·위험기계

① 프레스
② 전단기
③ 크레인(정격하중 2톤 미만 제외)
④ 리프트
⑤ 압력용기
⑥ 곤돌라
⑦ 국소배기장치(이동식 제외)
⑧ 원심기(산업용만 해당)
⑨ 롤러기(밀폐형 구조제외)
⑩ 사출성형기 [형 체결력 294킬로뉴튼(kN) 미만 제외]
⑪ 고소작업대(화물자동차 또는 특수자동차에 탑재한 것으로 한정)
⑫ 컨베이어
⑬ 산업용 로봇

2) 사용금지 유해위험 기계

① 안전검사를 받지 아니한 유해위험 기계 등
② 안전검사에 불합격한 유해위험 기계 등

3) 안전검사의 주기

크레인(이동식크레인 제외), 리프트(이삿짐운반용리프트 제외) 및 곤돌라	사업장에 설치가 끝난 날부터 3년 이내에 최초 안전검사를 실시하되, 그 이후부터 2년마다(건설현장에서 사용하는 것은 최초로 설치한 날부터 6개월마다)
이동식크레인, 이삿짐운반용리프트, 고소작업대	자동차 관리법에 따른 신규 등록 이후 3년 이내에 최초 안전검사를 실시하되, 그 이후부터는 2년마다
프레스, 전단기, 압력용기, 국소배기장치, 원심기, 롤러기, 사출성형기, 컨베이어 및 산업용 로봇	사업장에 설치가 끝난 날부터 3년 이내에 최초 안전검사를 실시하되, 그 이후부터 2년마다(공정안전보고서를 제출하여 확인을 받은 압력용기는 4년마다)

<table>
<tr><td colspan="2" align="center">안전검사 합격표시
안 전 검 사 합 격 증 명 서</td></tr>
<tr><td>① 안전검사대상기계명</td><td></td></tr>
<tr><td>② 신청인</td><td></td></tr>
<tr><td>③ 형식번(기)호(설치장소)</td><td></td></tr>
<tr><td>④ 합격번호</td><td></td></tr>
<tr><td>⑤ 검사유효기간</td><td></td></tr>
<tr><td>⑥ 검사기관(실시기관)</td><td>○ ○ ○ ○ ○ ○ (직인)
검사원 : ○ ○ ○</td></tr>
<tr><td colspan="2" align="right">고 용 노 동 부 장 관 [직인 생략]</td></tr>
</table>

4) 자율검사 프로그램에 따른 안전검사(유효기간 : 2년)

(1) 절차

사업주가 근로자 대표와 협의 → 검사방법, 주기 등을 충족하는 검사프로그램 → 안전에 관한 성능검사 → 안전검사 받은 것으로 인정

(2) 자율검사프로그램의 인정 요건

① 자격을 갖춘 검사원을 고용하고 있을 것
② 검사를 실시할 수 있는 장비를 갖추고 이를 유지·관리할 수 있을 것
③ 안전검사 주기의 2분의 1에 해당하는 주기(크레인 중 건설현장 외에서 사용하는 크레인의 경우에는 6개월)마다 검사를 실시할 것
④ 자율검사프로그램의 검사 기준이 안전검사기준을 충족할 것

(3) 자율검사프로그램의 인정 취소 및 개선을 명할 수 있는 경우

① 거짓이나 그 밖의 부정한 방법으로 자율검사프로그램을 인정받은 경우
② 자율검사프로그램을 인정받고도 검사를 하지 아니한 경우
③ 인정받은 자율검사프로그램의 내용에 따라 검사를 하지 아니한 경우
④ 자격을 가진 사람(안전에 관한 성능검사 교육을 이수하고 해당 분야의 실무 경험이 있는 사람) 또는 자율안전검사기관이 검사를 하지 아니한 경우

1과목 산업안전관리 계획수립

1. 산하인리히 사고예방대책의 기본원리 5단계를 순서대로 쓰시오.

해답
① 1단계 : 안전조직
② 2단계 : 사실의 발견
③ 3단계 : 분석평가
④ 4단계 : 시정방법의 선정
⑤ 5단계 : 시정책 적용

2. 재해사례연구 순서를 단계별로 쓰시오.

해답
① 전제조건 : 재해상황의 파악
② 제 1단계 : 사실의 확인
③ 제 2단계 : 문제점 발견
④ 제 3단계 : 근본적 문제점 결정
⑤ 제 4단계 : 대책수립

3. FTA에 의한 재해사례연구순서 4단계를 쓰시오.

해답
① 1단계 : Top 사상의 선정
② 2단계 : 사상마다 재해요인 및 원인규명
③ 3단계 : FT도 작성
④ 4단계 : 개선계획안의 작성

4. 작업표준의 작성방법을 순서대로 쓰시오.

해답
① 작업의 분류 정리
② 작업분해
③ 연구, 토의에 의해 동작순서와 급소를 정함
④ 작업표준안 작성
⑤ 작업표준의 제정과 교육실시

5. 안전관리의 사이클에 해당하는 안전관리의 4단계를 쓰시오.

해답
① 계획을 세운다.
② 계획대로 실시한다.
③ 결과를 검토한다.
④ 검토결과에 의해 조치를 한다.

6. 안전관리계획의 작성절차 5단계를 쓰시오.

해답
① 1단계 : 준비단계
② 2단계 : 자료분석단계
③ 3단계 : 기본방침과 목표의 설정
④ 4단계 : 종합평가의 실시
⑤ 5단계 : 경영수뇌부의 최종결정

7. 안전태도교육의 4단계를 순서대로 쓰시오.

>   해답 ① 청취한다. ② 이해, 납득시킨다.
>   ③ 모범을 보인다. ④ 평가(권장)한다.

8. 교육훈련평가의 4단계를 쓰시오.

>   해답 ① 제 1단계 : 반응단계 ② 제 2단계 : 학습단계
>   ③ 제 3단계 : 행동단계 ④ 제 4단계 : 결과단계

9. 하인리히의 사고발생 연쇄성(도미노) 이론을 순서대로 쓰시오.

>   해답 ① 사회적 환경 및 유전적 요인 ② 개인적 결함
>   ③ 불안전한 행동 및 상태 ④ 사고
>   ⑤ 재해

10. 단시간 미팅 즉시즉응훈련(TBM) 5단계를 쓰시오.

>   해답 ① 1단계 : 도입 ② 2단계 : 정비점검
>   ③ 3단계 : 작업지시 ④ 4단계 : 위험예지훈련
>   ⑤ 5단계 : 확인

11. 교육방법의 4단계를 쓰시오

>   해답 ① 제1단계 : 도입 ② 제2단계 : 제시
>   ③ 제3단계 : 적용 ④ 제4단계 : 확인

12. 안전교육의 3단계를 쓰시오.

>   해답 ① 지식교육 ② 기능교육 ③ 태도교육

13. 버드의 사고발생에 관한 관리모델 5단계를 순서대로 쓰시오.

>   해답 ① 통제의 부족 – 관리 ② 기본원인 – 기원
>   ③ 직접원인 – 징후 ④ 사고 – 접촉
>   ⑤ 상해 – 손해, 손실

14. 위험예지훈련의 진행방법(문제해결의 4단계)을 단계별로 쓰시오.

> **해답**
> ① 1단계 : 현상파악 ② 2단계 : 본질추구
> ③ 3단계 : 대책수립 ④ 4단계 : 목표설정

15. 하버드 학파의 5단계 교수법에 관하여 순서대로 쓰시오.

> **해답**
> ① 준비시킨다. ② 교시한다.
> ③ 연합한다. ④ 총괄한다.
> ⑤ 응용시킨다.

16. 안전관리조직의 유형 3가지를 쓰시오

> **해답**
> ① 라인형
> ② 스탭형
> ③ 라인-스탭 혼합형

17. 스탭형(참모식)조직의 장 단점을 쓰시오.

> **해답**
> (1) 장점
> ① 안전전문가가 안전계획을 세워 안전에 관한 전문적인 문제해결 방안을 모색하고 조치한다.
> ② 경영자에게 조언과 자문역할을 할 수 있다.
> ③ 안전 정보 수집이 빠르다.
> (2) 단점
> ① 안전지시나 명령이 작업자에게까지 신속 정확하게 하달되지 못한다.
> ② 생산부분은 안전에 대한 책임과 권한이 없다.
> ③ 권한다툼이나 조정 때문에 시간과 노력이 소모된다.

18. 라인- 스탭 혼합형(1,000명 이상) 조직의 장·단점을 쓰시오.

> **해답**
> (1) 장점
> ① 안전활동이 생산과 잘 협조가 된다.
> ② 생산라인의 각 계층에서도 안전업무를 겸임하여 할 수 있다.
> ③ 안전대책은 스탭부문에서 기획조사, 입안, 검토 연구하고 라인을 통하여 실시하도록 한다.
> ④ 전 근로자가 안전활동에 참여할 기회가 부여된다.
> (2) 단점
> ① 라인과 스탭간에 협조가 안될 경우 업무의 원활한 추진이 불가능하다.
> ② 스탭의 기능이 너무 강하면 권한의 남용으로 라인에 간섭 → 라인의 권한약화 → 라인의 유명무실이 되기 쉽다.
> ③ 명령계통과 조언, 권고적 참여가 혼돈될 가능성이 있다.

19. 안전보건 총괄책임자를 선임해야 할 사업(도급사업)을 2가지 쓰시오.

> **해답**
> ① 수급인에게 고용된 근로자를 포함한 상시 근로자가 100명(선박 및 보트 건조업, 1차 금속 제조업 및 토사석 광업의 경우에는 50명) 이상인 사업
> ② 수급인의 공사금액을 포함한 해당 공사의 총공사금액이 20억원 이상인 건설업

20. 관계수급인 근로자가 도급인의 사업장에서 작업하는 경우 도급인이 이행하여야 할 산업재해 예방조치 사항을 3가지 쓰시오.

> **해답** 도급에 따른 산업재해 예방조치(도급인의 이행사항)
> (1) 도급인과 수급인을 구성원으로 하는 안전 및 보건에 관한 협의체의 구성 및 운영
> (2) 작업장 순회점검
> (3) 관계수급인이 근로자에게 하는 안전보건교육을 위한 장소 및 자료의 제공 등 지원
> (4) 관계수급인이 근로자에게 하는 안전보건교육의 실시 확인
> (5) 다음 각목의 어느 하나의 경우에 대비한 경보체계 운영과 대피방법 등 훈련
>   ① 작업 장소에서 발파작업을 하는 경우
>   ② 작업 장소에게 화재·폭발, 토사·구축물 등의 붕괴 또는 지진 등이 발생한 경우
> (6) 위생시설 등 고용노동부령으로 정하는 시설의 설치 등을 위하여 필요한 장소의 제공 또는 도급인이 설치한 위생시설 이용의 협조
> (7) 같은 장소에서 이루어지는 도급인과 관계수급인 등의 작업에 있어서 관계수급인 등의 작업시기·내용, 안전조치 및 보건조치 등의 확인
> (8) (7)호에 따른 확인결과 관계수급인 등의 작업 혼재로 인하여 화재·폭발 등 위험이 발생할 우려가 있는 경우 관계수급인 등의 작업시기·내용 등의 조정

> **Tip** 본 문제는 2021년 법령개정으로 수정된 내용입니다. (해답은 개정된 내용 적용)

21. 도급사업에 있어서의 합동 안전보건 점검실시 횟수를 업종별로 쓰시오.

> **해답**
>
> | 실시횟수 | 대상사업 |
> |---|---|
> | 2개월에 1회 이상 | ① 건설업 ② 선박 및 보트 건조업 |
> | 분기에 1회 이상 | ①, ② 사업을 제외한 사업 |

22. 교시법의 4단계를 순서대로 쓰시오.

> **해답**
> ① 준비단계   ② 일을 하여 보이는 단계
> ③ 일을 시켜 보이는 단계   ④ 보습지도의 단계

23. 매슬로우의 욕구 5단계를 순서대로 쓰시오.

> **해답**
> ① 1단계 : 생리적 욕구   ② 2단계 : 안전의 욕구
> ③ 3단계 : 사회적 욕구   ④ 4단계 : 인정받으려는 욕구
> ⑤ 5단계 : 자아실현의 욕구

24. 라인형(직계식) 조직의 장 단점을 2개씩 쓰시오.

해답 (1) 장점
① 안전에 관한 지시나 명령계통이 철저하다.
② 명령과 보고가 상하관계이므로 간단 명료하다.
③ 안전대책의 실시가 신속하다.
(2) 단점
① 안전에 관한 전문지식이 부족하며, 정보가 불충분하다.
② 라인에 과중한 책임을 지우기가 쉽다.
③ 생산라인의 업무에 중점을 두어 안전보건관리가 소홀해 질 수 있음

25. 안전보건 개선계획 수립대상 사업장을 쓰시오.

해답 ① 산업 재해율이 같은 업종의 규모별 평균 산업 재해율보다 높은 사업장
② 사업주가 필요한 안전조치 또는 보건조치를 이행하지 아니하여 중대재해가 발생한 사업장
③ 직업성 질병자가 연간 2명 이상 발생한 사업장
④ 유해인자의 노출기준을 초과한 사업장

Tip 2020년 시행되는 법령전부개정으로 변경된 사항입니다. 문제와 해답은 변경된 내용에 맞도록 수정하였으니 착오없으시기 바랍니다.

26. 안전보건 개선계획서 검토 승인 기준에 관하여 4가지 쓰시오.

해답 ① 개선계획에 지시된 내용의 준수여부
② 개선지시내용의 세부시행 계획수립 여부
③ 개선계획의 실현 가능성 여부
④ 개선기일의 고의적 지연 여부

27. 안전보건 개선계획에 포함되어야할 사항 4가지를 쓰시오.

해답 ① 시설
② 안전·보건관리체제
③ 안전·보건교육
④ 산업재해예방 및 작업환경 개선을 위하여 필요한 사항

28. 안전보건 개선계획의 작성내용을 7가지 쓰시오.

해답 (1) 작업공정별 유해위험분포도(작업공정, 주요설비 및 기계명, 유해위험요소, 근로자수, 재해발생현황)
(2) 재해발생 현황
(3) 재해다발 원인 및 유형분석(관리적 원인, 직접원인, 발생형태, 기인물)
(4) 교육 및 점검계획
(5) 유해위험 작업부서 및 근로자수
(6) 개선계획
① 공통사항 : 안전보건관리조직, 안전표지부착, 보호구 착용, 건강진단 실시

②	중점 개선 계획 : 시설, 기계장치, 원료 재료, 작업방법, 작업환경
(7)	산업안전보건 관리예산

29. 안전보건 진단을 받아 개선계획을 수립해야 하는 사업장을 쓰시오.

해답
(1) 산업재해율이 같은 업종 평균 산업재해율의 2배 이상인 사업장
(2) 사업주가 필요한 안전조치 또는 보건조치를 이행하지 아니하여 중대재해가 발생한 사업장
(3) 직업성 질병자가 연간 2명 이상(상시근로자 1천명 이상 사업장의 경우 3명 이상) 발생한 사업장
(4) 작업환경 불량, 화재·폭발 또는 누출사고 등으로 사회적 물의를 일으킨 사업장

Tip 2020년 시행되는 법령전부개정으로 변경된 내용입니다. 해답은 변경된 내용에 맞도록 수정하였으니 착오없으시기 바랍니다.

30. 안전보건관리규정에 포함시켜야 할 사항을 4가지 쓰시오.

해답
① 안전 및 보건에 관한 관리조직과 그 직무에 관한 사항
② 안전보건교육에 관한 사항
③ 작업장의 안전 및 보건관리에 관한 사항
④ 사고조사 및 대책수립에 관한 사항
⑤ 그 밖에 안전 및 보건에 관한 사항

31. 안전관리규정 작성상의 유의사항

해답
① 규정된 기준은 법정기준을 상회하도록 하여야 한다.
② 관리자층의 직무와 권한 근로자에게 강제 또는 요청한 부분을 명확히 해야한다.
③ 관계 법령의 제정 및 개정에 따라 즉시 개정해야한다.
④ 작성 또는 개정시 에는 현장의 의견을 충분히 반영하여야한다.
⑤ 규정내용은 정상시는 물론 이상발생시 사고 및 재해발생시의 조치에 관해서도 규정하여야한다.

32. 주요 평가척도의 종류를 4가지 쓰시오.

해답
(1) 절대척도(재해건수 등의 수치)
(2) 상대척도(도수율, 강도율 등)
(3) 평정척도(① 표준평정척도 ② 도식평정척도 ③ 숫자평정척도 ④ 기술평정척도 등)
(4) 도수척도(중앙값, %등)

33. 재해조사시의 유의해야할 사항에 관하여 4가지 쓰시오.

해답
① 사실을 수집한다. 이유는 뒤에 확인한다.
② 목격자 등이 증언하는 사실 이외의 추측의 말은 참고로만 한다.
③ 객관적인 입장에서 공정하게 조사하며, 조사는 2인 이상이 한다.
④ 책임추궁보다 재발방지를 우선하는 기본태도를 갖는다.
⑤ 피해자에 대한 구급조치를 우선한다.

34. 재해발생시의 조치사항을 순서대로 쓰시오.

해답
① 긴급처리 ② 재해조사
③ 원인규명 ④ 대책수립
⑤ 대책실시계획 ⑥ 실시
⑦ 평가

35. 재해발생시의 긴급처리내용을 4가지 쓰시오.

해답
① 피재기계의 정지 ② 피재자의 응급조치
③ 관계자에게 통보 ④ 2차 재해방지
⑤ 현장보존

36. 산업안전보건법상의 산업재해의 정의를 쓰시오.

해답 근로자가 업무에 관계되는 건설물·설비·원재료·가스·증기·분진 등에 의하거나 작업 기타 업무에 기인하여 사망 또는 부상하거나 질병에 이환 되는 것

37. 중대재해의 종류를 3가지 쓰시오.

해답
① 사망자가 1명 이상 발생한 재해
② 3개월 이상의 요양이 필요한 부상자가 동시에 2명 이상 발생한 재해
③ 부상자 또는 직업성 질병자가 동시에 10명 이상 발생한 재해

38. 산업재해의 발생형태(등치성 이론)를 3가지로 분류하여 쓰시오.

해답 ① 단순자극형(집중형) ② 연쇄형 ③ 복합형

39. 노동불능 상해(상해정도별 구분)의 종류를 4가지 쓰시오

해답
① 영구 전 노동불능 상해 ② 영구일부 노동불능 상해
③ 일시 전 노동불능 상해 ④ 일시일부 노동불능 상해

40. 중대재해 발생 시 보고방법과 보고사항에 관하여 쓰시오.

해답
(1) 보고방법 : 중대재해발생사실을 알게된 경우에는 지체없이 관할지방노동관서의 장에게 전화·팩스, 또는 그 밖에 기타 적절한 방법으로 보고
(2) 보고사항
① 발생개요 및 피해 상황 ② 조치 및 전망 ③ 그 밖에 중요한 사항

41. 재해(사고)의 본질적 특성을 4가지 쓰시오.

> **해답**
> ① 사고의 시간성   ② 우연성 중의 법칙성
> ③ 필연성 중의 우연성   ④ 사고의 재현 불가능성

42. 직접원인에 해당하는 불안전한 행동과 불안전한 상태의 종류를 각각 4개씩 쓰시오.

> **해답**
> (1) 불안전한 상태
>   ① 물 자체의 결함   ② 안전방호장치의 결함
>   ③ 복장·보호구의 결함   ④ 물의 배치 및 작업장소 불량
>   ⑤ 작업환경의 결함
> (2) 불안전한 행동
>   ① 위험장소의 접근   ② 안전방호장치의 기능제거
>   ③ 복장·보호구의 잘못 사용   ④ 기계·기구의 잘못 사용
>   ⑤ 운전중인 기계장치의 손질

43. 다음 상해의 종류를 간략히 설명하시오.

> **해답**
> ① 부종 : 국부의 혈액순환의 이상으로 몸이 퉁퉁 부어오르는 상해
> ② 찔림(자상) : 칼날 등 날카로운 물건에 찔린 상해
> ③ 좌상(타박상) : 타박, 충돌, 추락 등으로 피부표면보다는 피하조직 또는 근육부를 다친 상해
> ④ 베임(창상) : 창, 칼등에 베인 상해

44. 다음 재해의 발생 형태에 관하여 간략히 설명하시오.

> **해답**
> ① 추락 : 사람이 건축물, 비계, 기계, 사다리, 계단, 경사면, 나무 등에서 떨어지는 것
> ② 전도 : 사람이 평면상으로 넘어졌을 때를 말함.
> ③ 충돌 : 사람이 정지물에 부딪힌 경우
> ④ 낙하·비래 : 물건이 주체가 되어 사람이 맞는 경우
> ⑤ 협착 : 물건에 끼워진 상태, 말려든 상태

45. 관리적 원인에 대한 사항을 3가지로 분류하고 각각의 내용을 3가지씩 쓰시오.

> **해답**
> (1) 기술적 원인
>   ① 건물 기계장치 설계불량   ② 구조재료의 부적합
>   ③ 생산방법의 부적당   ④ 점검 정비보존 불량
> (2) 작업 관리상의 원인
>   ① 안전관리 조직결함   ② 안전수칙 미제정
>   ③ 작업준비 불충분   ④ 인원배치 부적당
>   ⑤ 작업지시 부적당
> (3) 교육적 원인
>   ① 안전의식의 부족   ② 안전수칙의 오해
>   ③ 경험훈련의 미숙   ④ 작업방법의 교육 불충분
>   ⑤ 유해 위험작업의 교육 불충분

46. 재해예방의 4원칙을 쓰시오

> **해답**
> ① 원인계기의 원칙　　　　② 대책선정의 원칙(3E : 교육, 기술, 독려)
> ③ 예방가능의 원칙　　　　④ 손실우연의 원칙

47. 시정책의 적용에 사용되는 3E와 3S를 쓰시오.

> **해답**
> (1) 3E :
> 　　① Engineering(기술)　② Education(교육)　③ Enforcement(규제, 감독, 독려)
> (2) 3S :
> 　　① Standardization(표준화)　② Specialization(전문화)　③ Simplification(단순화)

48. 과거의 안전성적과 현재의 안전성적을 비교 평가하는 방식인 Safe-T-Score의 공식을 쓰시오.

> **해답**
> $$Safe-T-Score = \frac{F.R(현재) - F.R(과거)}{\sqrt{\frac{F.R(과거)}{근로총시간수(현재)} \times 1,000,000}}$$

49. 500명의 근로자가 1년간 작업하는 동안 신체장해등급 11급 10명, 사망 및 영구근로장해 2명이 발생하였다. 강도율을 구하시오.(단, 근로손실년수는 25년, 1인당 근로시간은 년 2,400시간)

> **해답**
> $$강도율(S.R) = \frac{근로손실일수}{연간총근로시간수} \times 1,000$$
> $$\therefore 강도율 = \frac{(7,500 \times 2) + (400 \times 10)}{500 \times 2,400} \times 1,000 ≒ 15.833 = 15.83$$

50. 400명의 근로자가 1일 8시간, 연간 300일 근무하는 어느 사업장에서 11건의 재해가 발생하여 신체장해등급 11급 10명, 1급 1명이 발생하였다. 연천인율과 강도율을 구하시오.

> **해답**
> ① $연천인율 = \frac{연간재해자수}{연평균근로자수} \times 1,000$
> 　　$\therefore 연천인율 = \frac{11}{400} \times 1,000 = 27.5$
> ② $강도율(S.R) = \frac{근로손실일수}{연간총근로시간수} \times 1,000$
> 　　$\therefore 강도율 = \frac{7500 + (400 \times 10)}{400 \times 8 \times 300} \times 1,000 ≒ 11.979 = 11.98$

51. 근로자 400명이 작업하는 사업장에서 1일 8시간씩 년간 300일 근무하는 동안 10건의 재해가 발생하였다. 도수율(빈도율)은 얼마인가? (단, 결근율은 10%이다)

> **해답** 빈도율(F.R) = $\dfrac{\text{재해건수}}{\text{연간총근로시간수}} \times 1,000,000$
>
> ∴ 도수율 = $\dfrac{10}{(400 \times 8 \times 300 \times 0.9)} \times 10^6 ≒ 11.574 = 11.57$

52. 상시근로자 1,500명이 근로하는 H기업의 연간재해건수는 45건이며, 지난해에 납부한 산재보험료는 25,000,000원, 산재보상금은 15,800,000원을 받았다. H기업의 재해건수 중 휴업상해(A)건수는 12건, 통원상해(B)건수는 10건, 구급처치(C)건수는 8건, 무상해사고(D)건수는 15건 발생하였다면 Heinrich 방식과 Simonds방식에 의한 재해손실비용을 각각 계산하시오.(단, A : 850,000원, B : 320,000원, C : 220,000원, D : 120,000원)

> **해답** ① Heinrich 방식 (1 : 4의 원칙)
> ∴ 15,800,000 + (15,800,000 × 4) = 79,000,000(원)
> ∴ 15,800,000 + (15,800,000 × 4) = 79,000,000(원)
> ② Simonds(시몬즈) 방식
> 재해 코스트 = 보험 cost + 비보험cost
> = 산재 보험 cost + (A × 휴업 상해 건수) + (B × 통원 상해 건수)
> + (C × 구급 상해 건수) + (D × 무상해 사고 건수)
> ∴ 25,000,000 + {(850,000 × 12) + (320,000 × 10) + (220,000 × 8) + (120,000 × 15)}
> = 41,960,000(원)

53. 재해코스트 산출방식에 있어 시몬즈와 하인리히 방식의 차이점을 간략히 설명하시오.

> **해답** ① 시몬즈는 보험 cost와 비보험 cost로, 하인리히는 직접비와 간접비로 구분
> ② 산재보험료와 보상금의 차이 : 시몬즈는 보험 cost에 가산, 하인리히는 가산하지 않음
> ③ 간접비와 비보험 cost는 같은 개념이나 구성 항목에 차이
> ④ 시몬즈는 하인리히의 1 : 4방식 전면 부정하고 새로운 산정방식인 평균치법 채택

54. 안전점검의 종류를 4가지 쓰시오.

> **해답** ① 정기점검 : 매주, 매월, 매년 등 일정한 기간을 정하여 정기적으로 점검 실시
> ② 수시점검 : 작업전, 중, 후에 점검 실시
> ③ 특별점검 : 기계 기구, 설비의 신설, 변경, 고장, 수리시 점검 실시
> ④ 임시점검 : 기계설비의 이상 발견시 점검 실시

55. 안전점검표(체크리스트)에 포함되어야 할 사항을 쓰시오.

> **해답** ① 점검대상 ② 점검부분 ③ 점검항목 ④ 점검주기 또는 기간
> ⑤ 점검방법 ⑥ 판정기준 ⑦ 조치사항

56. 작업표준의 4가지 조건을 쓰시오.

> **해답** ① 안전   ② 능률   ③ 원가   ④ 품질

57. 작업위험분석에서 ECRS란 무엇인가?

> **해답** ① Eliminate(제거)   ② Combine(결합)   ③ Rearrange(재조정)   ④ Simplify(단순화)

58. 동작경제의 원칙을 3가지로 분류하고 각각의 내용을 3가지씩 쓰시오.

> **해답** (1) 동작능 활용의 원칙
>   ① 발 또는 왼손으로 할 수 있는 것은 오른손으로 하지 않는다.
>   ② 양손으로 동시에 작업을 시작하고 동시에 끝낸다.
>   ③ 양손이 동시에 쉬지 않도록 함이 좋다.
> (2) 작업량 절약의 원칙
>   ① 적게 운동한다.
>   ② 재료나 공구는 취급하는 부근에 정돈할 것
>   ③ 동작의 수를 줄일 것
>   ④ 동작의 량을 줄일 것
>   ⑤ 물건을 장시간 취급할 때에는 장구를 사용할 것
> (3) 동작개선의 원칙
>   ① 동작이 자동적으로 리드미컬한 순서로 한다.
>   ② 양손은 동시에 반대 방향으로, 좌우 대칭적으로 운동하게 할 것
>   ③ 관성, 중력, 기계력 등을 이용할 것
>   ④ 작업점의 높이를 적당히 하고 피로를 줄일 것

59. 비파괴검사 방법의 종류를 4가지 쓰시오.

> **해답** ① 육안검사   ② 자기탐상 검사   ③ 초음파검사
>   ④ 누설검사   ⑤ 과류검사   ⑥ 방사선 투과검사

60. 컨베이어 등을 사용하여 작업을 하는 때 작업시작전 점검해야할 사항을 쓰시오.

> **해답** ① 원동기 및 풀리기능의 이상유무
>   ② 이탈 등의 방지장치기능의 이상유무
>   ③ 비상정지장치 기능의 이상유무
>   ④ 원동기·회전축·기어 및 풀리 등의 덮개 또는 울 등의 이상유무

61. 안전인증대상 기계 등에서 기계 및 설비에 해당하는 종류를 5가지 쓰시오.

> **해답** ① 프레스 ② 전단기 및 절곡기 ③ 크레인 ④ 리프트 ⑤ 압력용기 ⑥ 롤러기
>   ⑦ 사출성형기 ⑧ 고소작업대 ⑨ 곤돌라
>
> **Tip** 2020년 시행되는 법령전부개정으로 변경된 내용입니다. 해답은 변경된 내용에 맞도록 수정하였으니 착오없으시기 바랍니다.

62. 안전인증대상 기계 등에서 방호장치의 종류를 5가지 쓰시오.

해답
① 프레스 및 전단기 방호장치　② 양중기용 과부하방지장치
③ 보일러 압력방출용 안전밸브　④ 압력용기 압력방출용 안전밸브
⑤ 압력용기 압력방출용 파열판　⑥ 절연용 방호구 및 활선작업용 안전밸브
⑦ 방폭구조 전기기계 · 기구 및 부품
⑧ 추락 · 낙하 및 붕괴 등의 위험 방지 및 보호에 필요한 가설기자재로서 고용노동부장관이 정하여 고시하는 것
⑨ 충돌 · 협착 등의 위험방지에 필요한 산업용 로봇 방호장치로서 고용노동부장관이 정하여 고시하는 것

Tip　2020년 시행되는 법령전부개정으로 변경된 내용입니다. 해답은 변경된 내용에 맞도록 수정하였으니 착오없으시기 바랍니다.

63. 안전인증대상 기계 등에서 보호구에 해당하는 종류를 6가지 쓰시오.

해답
① 추락 및 감전 위험장지용 안전모　② 안전화　③ 안전장갑　④ 방진마스크
⑤ 방독 마스크　⑥ 송기마스크　⑦ 전동식 호흡보호구　⑧ 보호복　⑨ 안전대
⑩ 차광 및 비산물 위험방지용 보안경　⑪ 용접용 보안면　⑫ 방음용 귀마개 또는 귀덮개

64. 산업안전보건법상 안전인증이 면제되는 대상을 3가지 쓰시오.

해답
① 연구개발을 목적으로 제조 수입하거나 수출을 목적으로 제조하는 경우
② 노동부 장관이 정하여 고시하는 외국의 안전인증기관에서 인증을 받은 경우
③ 다른 법령에 따라 안전성에 관한 검사나 인증을 받은 경우로서 고용노동부령으로 정하는 경우

65. 안전인증기준을 지키고 있는지의 여부를 확인하기위한 확인주기는 얼마이하의 범위에서 노동부령으로 정하는지 쓰시오.

해답　3년 이하의 범위

66. 안전인증 심사의 종류를 4가지 쓰시오.

해답
① 예비심사　② 서면심사　③ 기술능력 및 생산체계심사
④ 제품심사(개별제품심사, 형식별 제품심사)

67. 자율안전확인대상 기계 등에서 기계 및 설비의 종류를 3가지 쓰시오.

해답　① 산업용 로봇　② 혼합기　③ 컨베이어

68. 자율안전확인대상 기계 등에서 방호장치에 해당하는 종류를 6가지 쓰시오.

해답
① 아세틸렌 용접장치용 또는 가스집합 용접장치용 안전기
② 교류아크 용접기용 자동전격 방지기 ③ 롤러기 급정지장치
④ 연삭기 덮개 ⑤ 목재가공용 둥근톱 반발예방장치와 날접촉 예방장치
⑥ 동력식 수동대패용 칼날 접촉방지장치
⑦ 추락·낙하 및 붕괴 등의 위험방지 및 보호에 필요한 가설기자재(안전인증 대상 기계기구에 해당되는 사항 제외)로서 노동부장관이 정하여 고시하는 것

Tip 2020년 시행되는 법령전부개정으로 변경된 내용입니다. 문제와 해답은 변경된 내용에 맞도록 수정했으니 착오없으시기 바랍니다.

69. 자율안전확인대상 기계 등에서 보호구에 해당하는 종류를 3가지 쓰시오.

해답
① 안전모(안전인증대상보호구에 해당되는 안전모는 제외)
② 보안경(안전인증대상보호구에 해당되는 보안경은 제외)
③ 보안면(안전인증대상보호구에 해당되는 보안면은 제외)

Tip 2020년 시행되는 법령전부개정으로 변경된 내용입니다. 문제와 해답은 변경된 내용에 맞도록 수정했으니 착오없으시기 바랍니다.

70. 안전인증 대상기계 등의 안전인증 및 자율안전확인의 표시방법에 대한 다음의 내용에서 (   ) 안에 맞는 내용을 쓰시오.

(1) 표시의 크기는 대상기계·기구 등의 크기에 따라 조정할 수 있으나 인증마크의 세로(높이)를 (①)으로 사용할 수 없다.
(2) 국가통합인증마크의 기본모형의 색상 명칭을 "KC Dark Blue"로 하고, 별색으로 인쇄할 경우에는 PANTONE 288C 색상을 사용하며, 4원색으로 인쇄할 경우에는 C : 100%, M : (②), Y : 0%, K : (③)로 인쇄한다.
(3) 특수한 효과를 위하여 (④)을 사용할 수 있으며 색상을 사용할 수 없는 경우는 (⑤)을 사용할 수 있다. 별색으로 인쇄할 경우에는 주어진 색상별 PANTONE 색상을 사용할 수 있다.

해답 ① 5밀리미터 미만 ② 80% ③ 30% ④ 금색과 은색 ⑤ 검정색

71. 안전검사 대상 유해·위험기계의 종류를 6가지 쓰시오.

해답
① 프레스 ② 전단기 ③ 크레인(정격하중 2톤 미만 제외) ④ 리프트 ⑤ 압력용기
⑥ 곤돌라 ⑦ 국소배기장치(이동식 제외) ⑧ 원심기(산업용만 해당)
⑨ 롤러기(밀폐형 구조제외) ⑩ 사출성형기 [형 체결력 294킬로뉴튼(KN) 미만 제외]
⑪ 고소작업대(화물자동차 또는 특수자동차에 탑재한 것으로 한정)
⑫ 컨베이어 ⑬ 산업용 로봇

Tip 2020년 시행되는 법령전부개정으로 변경된 내용입니다. 문제와 해답은 변경된 내용에 맞도록 수정하였으니 착오없으시기 바랍니다.

72. 안전인증 제품에 표시해야할 사항을 4가지 쓰시오.

> **해답** ① 형식 또는 모델명 ② 규격 또는 등급 등 ③ 제조자명 ④ 제조번호 및 제조연월
> ⑤ 안전인증 번호

73. 자율안전 확인 제품에 표시해야할 사항을 4가지 쓰시오.

> **해답** ① 형식 또는 모델명 ② 규격 또는 등급 등 ③ 제조자명 ④ 제조번호 및 제조연월
> ⑤ 자율안전확인 번호

74. 산업안전보건법에서 정하고 있는 안전검사의 주기에 대하여 쓰시오.

> **해답** 안전검사의 주기(2020년 시행. 법령전부 개정 내용임)
>
> | | |
> |---|---|
> | 크레인(이동식크레인 제외), 리프트(이삿짐운반용리프트 제외) 및 곤돌라 | 사업장에 설치가 끝난 날부터 3년 이내에 최초 안전검사를 실시하되, 그 이후부터 2년마다(건설현장에서 사용하는 것은 최초로 설치한 날부터 6개월마다) |
> | 이동식크레인, 이삿짐운반용리프트, 고소작업대 | 자동차 관리법에 따른 신규 등록 이후 3년 이내에 최초 안전검사를 실시하되, 그 이후부터는 2년마다 |
> | 프레스, 전단기, 압력용기, 국소배기장치, 원심기, 롤러기, 사출성형기, 컨베이어 및 산업용 로봇 | 사업장에 설치가 끝난 날부터 3년 이내에 최초 안전검사를 실시하되, 그 이후부터 2년마다(공정안전보고서를 제출하여 확인을 받은 압력용기는 4년마다) |

75. 자율검사 프로그램에 따른 안전검사의 유효기간은 얼마인가?

> **해답** 2년

76. 자율안전 프로그램의 인정요건을 3가지 쓰시오.

> **해답** ① 검사원을 고용하고 있을 것
> ② 검사를 할 수 있는 장비를 갖추고 이를 유지·관리할 수 있을 것
> ③ 안전검사 주기에 따른 검사주기의 2분의 1에 해당하는 주기(크레인 중 건설현장 외에서 사용하는 크레인의 경우에는 6개월)마다 검사를 할 것
> ④ 자율검사프로그램의 검사 기준이 안전검사기준을 충족할 것

77. 안전인증기관의 확인사항을 3가지 쓰시오.

> **해답** ① 안전인증서에 적힌 제조 사업장에서 해당 유해·위험 기계 등을 생산하고 있는지 여부
> ② 안전인증을 받은 유해·위험 기계 등이 안전인증기준에 적합한지 여부
> ③ 제조자가 안전인증을 받을 당시의 기술능력·생산체계를 지속적으로 유지하고 있는지 여부
> ④ 유해·위험 기계 등이 서면심사 내용과 같은 수준 이상의 재료 및 부품을 사용하고 있는지 여부

78. 안전인증대상 보호구에 대한 안전인증의 확인주기는 얼마인가?

> **해답** 매년 확인(다만, 안전인증을 신청하여 안전인증을 받은 경우는 2년마다)

79. 안전관리자의 직무를 5가지 쓰시오.

> **해답**
> ① 산업안전보건위원회 또는 안전·보건에 관한 노사협의체에서 심의·의결한 업무와 해당 사업장의 안전보건관리규정 및 취업규칙에서 정한 업무
> ② 안전인증대상 기계 등과 자율안전확인대상 기계 등 구입 시 적격품의 선정에 관한 보좌 및 지도·조언
> ③ 위험성평가에 관한 보좌 및 지도·조언
> ④ 해당 사업장 안전교육계획의 수립 및 안전교육 실시에 관한 보좌 및 지도·조언
> ⑤ 사업장 순회점검·지도 및 조치의 건의
> ⑥ 산업재해 발생의 원인 조사·분석 및 재발 방지를 위한 기술적 보좌 및 지도·조언
> ⑦ 산업재해에 관한 통계의 유지·관리·분석을 위한 보좌 및 지도·조언
> ⑧ 법 또는 법에 따른 명령으로 정한 안전에 관한 사항의 이행에 관한 보좌 및 지도·조언
> ⑨ 업무수행 내용의 기록·유지
> ⑩ 그 밖에 안전에 관한 사항으로서 고용노동부장관이 정하는 사항
>
> **Tip** 2020년 시행. 법개정으로 일부 내용이 변경되었으니 개정된 해설내용으로 알아두세요.

80. 안전보건총괄 책임자의 업무를 3가지 쓰시오.

> **해답**
> ① 위험성평가의 실시에 관한 사항
> ② 산업재해가 발생할 급박한 위험이 있거나, 중대재해가 발생하였을 때에는 즉시 작업의 중지
> ③ 도급 시 산업재해예방조치
> ④ 안전보건관리비의 관계 수급인간의 사용에 관한 협의조정 및 그 집행의 감독
> ⑤ 안전 인증 대상 기계 등과 자율안전확인대상 기계 등의 사용 여부 확인

81. 안전인증 기준을 3가지 쓰시오.

> **해답**
> ① 위험성평가의 실시에 관한 사항
> ② 산업재해가 발생할 급박한 위험이 있거나, 중대재해가 발생하였을 때에는 즉시 작업의 중지
> ③ 도급 시 산업재해예방조치
> ④ 안전보건관리비의 관계 수급인간의 사용에 관한 협의조정 및 그 집행의 감독
> ⑤ 안전 인증 대상 기계 등과 자율안전확인대상 기계 등의 사용 여부 확인

2과목

산업재해 대응

2과목 산업재해 대응

I 안전교육

1. 안전교육 지도

1) 안전교육의 지도 원칙(8원칙)

① 피교육자 중심 교육(상대방의 입장에서)
② 동기부여를 중요하게
③ 쉬운부분에서 어려운 부분으로 진행
④ 반복에 의한 습관화 진행
⑤ 인상의 강화(사실적 구체적인 진행)
⑥ 오관(감각기관)의 활용

오관의 효과치	이해도
① 시각효과 : 60% ② 청각효과 : 20% ③ 촉각효과 : 15% ④ 미각효과 : 3% ⑤ 후각 효과 : 2%	① 귀 : 20% ② 눈 : 40% ③ 귀+눈 : 60% ④ 입 : 80% ⑤ 머리+손, 발 : 90%

⑦ 기능적인 이해(Functional understanding)(요점위주로 교육)
　㉠ 「왜 그렇게 하지 않으면 안되는가」에 대한 충분한 이해가 필요(암기식, 주입식 탈피)
　㉡ 기능적 이해의 효과
　　㉮ 기억의 흔적이 강하게 인식되어 오랫동안 기억으로 남게 된다.
　　㉯ 경솔하게 판단하거나 자기방식으로 일을 처리하지 않게 된다.
　　㉰ 손을 빼거나 기피하는 일이 없다.
　　㉱ 독선적인 자기만족이 억제된다.
　　㉲ 이상 발생 시 긴급조치 및 응용동작을 취할 수 있다.
⑧ 한번에 한가지씩 교육(교육의 성과는 양보다 질을 중시)

2) 학습지도의 원리

자발성의 원리	· 학습자의 내적동기가 유발된 학습을 해야한다는 원리 · 문제해결학습, 프로그램 학습 등
개별화의 원리	· 학습자의 요구 및 능력등의 개인차에 맞도록 지도해야 한다는 원리 · 특별학급편성, 학력별 반편성 등
사회화의 원리	· 함께하는 학습을 통하여 공동체의 사회화를 도와주는 원리 · 지역사회학교, 분단학습 등
통합의 원리	· 전인교육을 위한 학습자의 모든 능력을 조화적으로 발달시키는 원리 · 교재의 통합 · 생활지도의 통합 등

* 기타 : 직관의 원리, 목적의 원리, 생활화의 원리, 과학성의 원리, 자연화의 원리 등

2. 교육법의 4단계

1) 교육방법의 4단계(기본모델)

단 계	구 분	내 용
제 1 단계	도입	학습자의 동기부여 및 마음의 안정
제 2 단계	제시	강의순서대로 진행하며 설명. 교재를 통해 듣고 말하는 단계(확실한 이해)
제 3 단계	적용	자율학습을 통해 배운 것 학습. 상호학습 및 토의 등으로 이해력 향상
제 4 단계	확인	잘못된 이해를 수정하고, 요점을 정리하여 복습

2) 기능 교육의 4단계

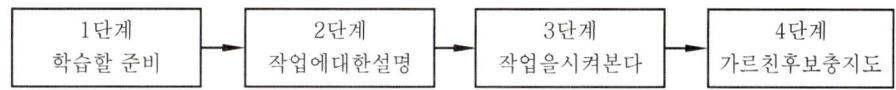

3. 안전교육의 기본방향

사고사례 중심의 안전교육	① 이미 발생한 사고사례를 중심으로 동일한 재해 및 유사재해의 재발방지 ② 근로자들의 관심과 능동적인 참여를 위해 교육대상, 시기, 방법 등에 주의가 필요
표준작업을 위한 안전 교육	① 표준동작이나 표준작업을 위한 안전교육의 기본으로 체계적이고 조직적인 교육 실시가 필요 ② 이론적인 교육보다 실습이나 현장교육에 중점을 두어 효율성 있는 교육이 될 수 있도록 관심 필요
안전의식 향상을 위한 안전 교육	① 교육이 교육으로만 끝나지 않도록 세밀한 추후지도로 교육의 지속성 유지 ② 안전교육의 필요성 인식은 안전의식향상의 지름길이므로 자발적이고 능동적인 참여 유도

4. 안전교육의 단계

지식교육 (제1단계)	특징	① 강의, 시청각교육 등 지식의 전달과 이해 ② 다수인원에 대한 교육 가능 ③ 광범위한 지식의 전달 가능 ④ 안전의식의 제고용이 ⑤ 피교육자의 이해도 측정곤란 ⑥ 교사의 학습 방법에 따라 차이 발생
	지식교육의 단계	도입(준비) → 제시(설명) → 적용(응용) → 확인(종합, 총괄)
기능교육 (제2단계)	특징	① 시범, 견학, 현장실습 통한 경험체득과 이해(표준작업방법사용) ② 작업능력 및 기술능력 부여 ③ 작업동작의 표준화 ④ 교육기간의 장기화 ⑤ 다수인원 교육 곤란
	기능교육의 단계	학습준비 → 작업설명 → 실습 → 결과시찰
	기능교육의 3원칙	① 준비 ② 위험작업의 규제 ③ 안전작업의 표준화
태도교육 (제3단계)	특징	① 생활지도, 작업동작지도, 안전의 습관화 및 일체감 ② 자아실현욕구의 충족기회 제공 ③ 상사와 부하의 목표설정을 위한 대화(대인관계) ④ 작업자의 능력을 약간 초월하는 구체적이고 정량적인 목표설정 ⑤ 신규 채용시에도 태도교육에 중점
	기본과정 (순서)	청취 → 이해 납득 → 모범 → 평가(권장) → 장려 및 처벌
추후지도	특징	① 지식-기능-태도 교육을 반복 ② 정기적인 OJT 실시

* 의사 전달의 4대 기본 매개체 : ① 말 ② 글 ③ 몸짓 ④ 표정

5. 안전교육계획과 그 내용

1) 계획수립

(1) 계획 수립시 고려사항(포함사항)

① 교육목표   ② 교육의 종류 및 교육대상
③ 교육과목 및 교육내용   ④ 교육장소 및 교육방법
⑤ 교육기간 및 시간   ⑥ 교육담당자 및 강사

(2) 준비 및 실시계획에 포함되어야 할 사항

준비 계획	실시 계획
① 교육 목표 결정 ② 교육 대상자의 범위 결정 ③ 교육 과정, 과목 및 내용의 결정 ④ 교육 시기, 시간 및 장소 결정 ⑤ 교육 방법 결정 ⑥ 강사 선정 및 담당자 결정 ⑦ 소요 예산 산정	① 그룹편성 및 강사, 지도원 등 소요인원 파악 ② 보조재료 등 교육기자재 ③ 교육 환경 및 장소 선정 ④ 시범 및 실습 계획 ⑤ 현장 답사 및 견학 계획 ⑥ 협조해야 할 기관 및 부서 ⑦ 그룹 및 부서별 토의 진행계획 ⑧ 교육 평가 계획 ⑨ 필요한 소요 예산 책정 ⑩ 일정표 작성

2) 교육준비

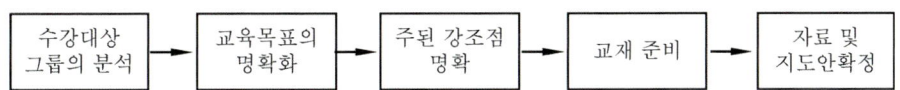

6. O.J.T

1) 교육의 형태 및 방법

O. J. T(현장 개인지도) (On the Job Training)	현장에서의 개인에 대한 직속상사의 개별교육 및 지도
Off. J. T(집합교육) (Off the Job Training)	계층별 또는 직능별(공통대상) 집합교육
교육지원 활동	자아개발 또는 상호개발의 방법

2) OJT의 특징

① 직장의 **현장실정**에 맞는 구체적이고 실질적인 **교육**이 가능하다.
② 교육의 효과가 업무에 **신속하게 반영**된다.
③ 교육의 **이해도**가 빠르고 동기부여가 쉽다.
④ 개인의 능력과 적성에 알맞은 **맞춤교육**이 가능하다.
⑤ 교육으로 인해 업무가 중단되는 **업무손실**이 적다.
⑥ **교육경비의 절감효과**가 있다.
⑦ 상사와의 **의사 소통** 및 **신뢰도 향상**에 도움이 된다.

7. Off. J. T

1) 정의
계층별 또는 직능별로 공통된 교육목적을 가진 근로자를 현장 이외의 일정한 장소에 집결시켜 실시하는 집체 교육으로 집단교육에 적합한 교육형태

2) 특징
① 한번에 다수의 대상자를 일괄적, **조직적**으로 **교육**할 수 있다.
② 전문분야의 우수한 **강사진을 초빙**할 수 있다.
③ **교육기자재** 및 특별교재 또는 시설을 유효하게 활용할 수 있다
④ 다른 분야 및 타 직장의 사람들과 지식이나 **경험의 교환**이 가능하다
⑤ 업무와 분리되어 면학에 전념하는 것이 가능하다
⑥ 교육목표를 위하여 집단적으로 **협조**와 **협력**이 가능하다
⑦ **법규**, 원리, 원칙, 개념, **이론** 등의 **교육**에 적합하다

8. 학습목적의 3요소와 학습정도의 4단계

학습의 목적	구성 3요소	① 목표(학습목적의 핵심, 달성하려는 지표) ② 주제(목표달성을 위한 테마) ③ 학습정도(주제를 학습시킬 범위와 내용의 정도)
	진행 4단계	① 인지(to acquaint) ② 지각(to know) ③ 이해(to understand) ④ 적용(to apply)
학습성과	개념	학습목적을 세분화하여 구체적으로 결정하는 것으로 구체화된 학습목적을 의미한다.
	유의할사항	① 주제와 학습정도가 반드시 포함 ② 학습목적에 적합하고 타당할 것 ③ 구체적으로 서술하고, 수강자의 입장에서 기술할 것

9. 교육훈련 평가의 4단계

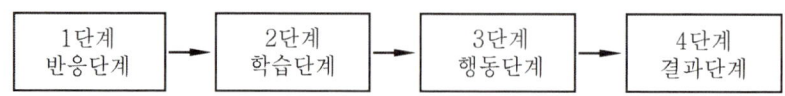

10. 산업안전보건법상의 교육의 종류와 교육시간 및 교육내용

1) 교육의 종류 및 대상별 교육시간

(1) 근로자 안전 보건교육

교육과정	교육대상		교육시간
가. 정기교육	사무직 종사 근로자		매반기 6시간 이상
	그 밖의 근로자	판매업무에 직접 종사하는 근로자	매반기 6시간 이상
		판매업무에 직접 종사하는 근로자 외의 근로자	매반기 12시간 이상
나. 채용 시의 교육	일용근로자 및 근로계약기간이 1주일 이하인 기간제근로자		1시간 이상
	근로계약기간이 1주일 초과 1개월 이하인 기간제근로자		4시간 이상
	그 밖의 근로자		8시간 이상
다. 작업내용 변경 시의 교육	일용근로자 및 근로계약기간이 1주일 이하인 기간제근로자		1시간 이상
	그 밖의 근로자		2시간 이상
라. 특별교육	일용근로자 및 근로계약기간이 1주일 이하인 기간제근로자 : 특별교육 대상 작업별 교육에 해당하는 작업 종사 근로자	타워크레인 작업시 신호업무 작업에 종사하는 근로자 제외	2시간 이상
		타워크레인 작업시 신호업무 작업에 종사하는 근로자에 한정	8시간 이상
	일용근로자 및 근로계약기간이 1주일 이하인 기간제근로자를 제외한 근로자: 특별교육 대상 작업별 교육에 해당하는 작업 종사 근로자에 한정		- 16시간 이상(최초 작업에 종사하기 전 4시간 이상실시하고, 12시간은 3개월 이내에서 분할하여 실시가능) - 단기간 작업 또는 간헐적 작업인 경우에는 2시간 이상
마. 건설업 기초안전·보건교육	건설 일용근로자		4시간 이상

(2) 관리감독자 안전보건교육

교육과정	교육시간
가. 정기교육	연간 16시간 이상
나. 채용 시 교육	8시간 이상
다. 작업내용 변경 시 교육	2시간 이상
라. 특별교육	16시간 이상(최초 작업에 종사하기 전 4시간 이상 하고, 12시간은 3개월 이내에서 분할 실시 가능)
	단기간 작업 또는 간헐적 작업인 경우 2시간 이상

(3) 안전보건관리책임자 등에 대한 교육

교육대상	교육시간	
	신규	보수
안전보건관리책임자	6시간 이상	6시간 이상
안전관리자, 안전관리전문기관의 종사자	34시간 이상	24시간 이상
보건관리자, 보건관리전문기관의 종사자	34시간 이상	24시간 이상
건설예방전문지도기관의 종사자	34시간 이상	24시간 이상
석면조사기관의 종사자	34시간 이상	24시간 이상
안전보건관리담당자	—	8시간 이상
안전검사기관, 자율안전검사기관의 종사자	34시간 이상	24시간 이상

(4) 관리책임자에 대한 교육(직무교육)
① 신규교육 : 채용된 후 3개월(보건관리자가 의사인 경우 1년) 이내에 직무를 수행하는데 필요한 교육
② 보수교육 : 신규교육 이수 후 매 2년이 되는 날을 기준으로 전후 6개월 사이에 보수교육

2) 근로자 정기 교육 내용

교육 내용
○ 건강증진 및 질병 예방에 관한 사항 ○ 유해·위험 작업환경 관리에 관한 사항 ○ 산업안전 및 사고 예방에 관한 사항 ○ 산업보건 및 직업병 예방에 관한 사항 ○ 직무스트레스 예방 및 관리에 관한 사항 ○ 위험성 평가에 관한 사항 ○ 산업안전보건법령 및 산업재해보상보험 제도에 관한 사항 ○ 직장내 괴롭힘, 고객의 폭언 등으로 인한 건강장해 예방 및 관리에 관한 사항

3) 채용시 교육 및 작업내용 변경시 교육 내용

교육 내용
○ 물질안전보건자료에 관한 사항 ○ 기계·기구의 위험성과 작업의 순서 및 동선에 관한 사항 ○ 정리정돈 및 청소에 관한 사항 ○ 작업 개시 전 점검에 관한 사항 ○ 사고 발생 시 긴급조치에 관한 사항 ○ 산업보건 및 직업병 예방에 관한 사항 ○ 직무스트레스 예방 및 관리에 관한 사항 ○ 위험성 평가에 관한 사항 ○ 산업안전 및 사고 예방에 관한 사항 ○ 산업안전보건법령 및 산업재해보상보험 제도에 관한 사항 ○ 직장내 괴롭힘, 고객의 폭언 등으로 인한 건강장해 예방 및 관리에 관한 사항

4) 특별교육 대상 작업별 내용

작업명	교육 내용
〈공통내용〉 제1호부터 39호까지의 작업	채용 시의 교육 및 작업내용 변경 시의 교육과 같은 내용
〈개별내용〉 1. 고압실내작업 (잠함공법이나 그 밖의 압기공법으로 대기압을 넘는 기압인 작업실 또는 수갱 내부에서 하는 작업만 해당한다)	○ 고기압 장해의 인체에 미치는 영향에 관한 사항 ○ 작업의 시간·작업방법 및 절차에 관한 사항 ○ 압기공법에 관한 기초지식 및 보호구 착용에 관한 사항 ○ 이상발생시 응급조치에 관한 사항 ○ 그 밖에 안전·보건 관리에 필요한 사항
2. 아세틸렌 용접장치 또는 가스집합용접장치를 사용하는 금속의 용접·용단 또는 가열작업(발생기·도관 등에 의하여 구성되는 용접장치만 해당한다.)	○ 용접 흄·분진 및 유해광선 등의 유해성에 관한 사항 ○ 가스용접기, 압력 조정기, 호스 및 취관두등의 기기점검에 관한 사항 ○ 작업방법·순서 및 응급처치에 관한 사항 ○ 안전기 및 보호구 취급에 관한 사항 ○ 화재예방 및 초기대응에 관한사항 ○ 그 밖에 안전·보건 관리에 필요한 사항
3. 밀폐된 장소(탱크 내 또는 환기가 극히 불량한 좁은 장소를 말한다)에서 하는 용접작업 또는 습한 장소에서 하는 전기용접 작업	○ 작업순서·안전작업 방법 및 수칙에 관한 사항 ○ 환기설비에 관한 사항 ○ 전격방지 및 보호구 착용에 관한 사항 ○ 질식시 응급조치에 관한 사항 ○ 작업환경점검에 관한 사항 ○ 그 밖에 안전·보건 관리에 필요한 사항
⋮	(일부 생략)
17. 전압이 75볼트 이상인 정전 및 활선 작업	○ 전기의 위험성 및 전격방지에 관한 사항 ○ 당해 설비의 보수 및 점검에 관한 사항 ○ 정전작업·활선작업시의 안전작업 방법 및 순서에 관한 사항 ○ 절연용 보호구 및 활선작업용 기구 등의 사용에 관한 사항 ○ 그 밖에 안전·보건 관리에 필요한 사항
⋮	(일부 생략)
34. 밀폐공간에서의 작업	○ 산소농도 측정 및 작업환경에 관한 사항 ○ 사고시의 응급처치 및 비상시 구출에 관한 사항 ○ 보호구 착용 및 보호장비 사용에 관한 사항 ○ 작업내용·안전작업방법 및 절차에 관한 사항 ○ 장비·설비 및 시설 등의 안전점검에 관한 사항 ○ 그 밖에 안전·보건 관리에 필요한 사항
⋮	(일부 생략)
37. 석면해체·제거작업	○ 석면의 특성과 위험성 ○ 석면해체·제거의 작업방법에 관한 사항 ○ 장비 및 보호구 사용에 관한 사항 ○ 그 밖에 안전·보건관리에 필요한 사항
38. 가연물이 있는 장소에서 하는 화재위험작업	○작업준비 및 작업절차에 관한 사항 ○작업장 내 위험물, 가연물의 사용·보관·설치 현황에 관한 사항 ○화재위험작업에 따른 인근 인화성 액체에 대한 방호조치에 관한 사항 ○화재위험작업으로 인한 불꽃, 불티 등의 흩날림 방지조치에 관한 사항 ○인화성 액체의 증기가 남아 있지 않도록 환기 등의 조치에 관한 사항

작업명	교육 내용
	○ 화재감시자의 직무 및 피난교육 등 비상조치에 관한 사항 ○ 그 밖에 안전·보건관리에 필요한 사항
39. 타워크레인을 사용하는 작업시 신호 업무를 하는 작업	○ 타워크레인의 기계적 특성 및 방호장치 등에 관한 사항 ○ 화물의 취급 및 안전작업방법에 관한 사항 ○ 신호방법 및 요령에 관한 사항 ○ 인양 물건의 위험성 및 낙하·비래·충돌재해 예방에 관한 사항 ○ 인양물이 적재될 지반의 조건, 인양하중, 풍압 등이 인양물과 타워크레인에 미치는 영향 ○ 그 밖에 안전·보건관리에 필요한 사항

11. 관리감독자 안전보건 교육 내용

1) 정기교육

교육 내용
○ 산업안전 및 사고 예방에 관한 사항 ○ 산업보건 및 직업병 예방에 관한 사항 ○ 위험성평가에 관한 사항 ○ 유해·위험 작업환경 관리에 관한 사항 ○ 산업안전보건법령 및 산업재해보상보험 제도에 관한 사항 ○ 직무스트레스 예방 및 관리에 관한 사항 ○ 직장 내 괴롭힘, 고객의 폭언 등으로 인한 건강장해 예방 및 관리에 관한 사항 ○ 작업공정의 유해·위험과 재해 예방대책에 관한 사항 ○ 사업장 내 안전보건관리체제 및 안전·보건조치 현황에 관한 사항 ○ 표준안전 작업방법 결정 및 지도·감독 요령에 관한 사항 ○ 현장근로자와의 의사소통능력 및 강의능력 등 안전보건교육 능력 배양에 관한 사항 ○ 비상시 또는 재해 발생 시 긴급조치에 관한 사항 ○ 그 밖의 관리감독자의 직무에 관한 사항

2) 채용 시 교육 및 작업내용 변경 시 교육

교육
○ 산업안전 및 사고 예방에 관한 사항 ○ 산업보건 및 직업병 예방에 관한 사항 ○ 위험성평가에 관한 사항 ○ 산업안전보건법령 및 산업재해보상보험 제도에 관한 사항 ○ 직무스트레스 예방 및 관리에 관한 사항 ○ 직장 내 괴롭힘, 고객의 폭언 등으로 인한 건강장해 예방 및 관리에 관한 사항 ○ 기계·기구의 위험성과 작업의 순서 및 동선에 관한 사항 ○ 작업 개시 전 점검에 관한 사항 ○ 물질안전보건자료에 관한 사항 ○ 사업장 내 안전보건관리체제 및 안전·보건조치 현황에 관한 사항 ○ 표준안전 작업방법 결정 및 지도·감독 요령에 관한 사항 ○ 비상시 또는 재해 발생 시 긴급조치에 관한 사항 ○ 그 밖의 관리감독자의 직무에 관한 사항

3) 특별교육 대상 작업별 교육

작업명	교육내용
〈공통내용〉	채용시 교육 및 작업내용 변경시 교육과 같은 내용
〈개별내용〉	특별교육 대상 작업별 교육내용(공통내용은 제외)과 같음

II. 산업심리

1. 착각현상

1) 종류(착각은 물리현상을 왜곡하는 지각현상)

자동운동	① 암실내에 정지된 작은 광점이나 밤하늘의 별들을 응시하면 움직이는 것처럼 보이는 현상 ② 발생하기 쉬운 조건 　㉠ 광점이 작을수록　　㉡ 시야의 다른 부분이 어두울수록 　㉢ 광의 강도가 작을수록　㉣ 대상이 단순할수록
유도운동	① 실제로는 정지한 물체가 어느 기준물체의 이동에 유도되어 움직이는 것처럼 느끼는 현상 ② 출발하는 자동차의 창문으로 길가의 가로수를 볼 때 가로수가 움직이는 것처럼 보이는 현상
가현운동	① 정지하고 있는 대상물이 빠르게 나타나거나 사라지는 것으로 인해 대상물이 운동하는 것으로 인식되는 현상 ② 영화영상기법, β운동

2) 간결성의 원리

① 최소의 에너지로 원하는 목적을 달성하려고 하는 경향
② 착각, 착오, 생략 등으로 인한 사고의 심리적 요인

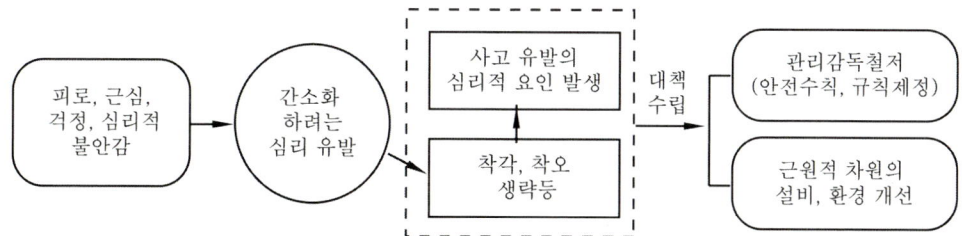

참고	인간의 오류 유형
착오(Mistake)	상황에 대한 해석을 잘못하거나 목표에 대한 잘못된 이해로 착각하여 행하는 경우(주어진 정보가 불완전하거나 오해하는 경우에 발생하며 틀린줄 모르고 행하는 오류)
실수(Slip)	상황이나 목표에 대한 해석은 제대로 하였으나 의도와는 다른 행동을 하는 경우(주의산만이나 주의력 결핍에 의해 발생)
건망증(Lapse)	여러 과정이 연계적으로 계속하여 일어나는 행동 중에서 일부를 잊어버리고 하지 않거나 또는 기억의 실패에 의해 발생
위반(Violation)	정해져 있는 규칙을 알고 있으면서 고의로 따르지 않거나 무시하는 행위

3) 동작실패

(1) 동작실패의 원인

동작실패의 원인	판단잘못의 원인	정보수집 잘못의 원인
① 판단에 잘못이 있을 때 ② 판단 그대로의 근육활동이 되지 않을 때	① 정보를 정확하게 모아 대뇌에 보고하지 않았을 때(지각잘못) ② 정보는 정확하나 이것을 처리하는 지식이 결여 되어있을 때 ③ 정보처리(사고)가 충분하지 않을 때	① 정보원에 결함이 있을 때 ② 정보수집의 기능(감각기)에 결함이 있을 때 ③ 감각기의 기능이 저하되고 있을 때

(2) 동작실패를 방지하기 위한 일반적인 조건

① 착각을 일으킬 수 있는 외부조건이 없어야 한다.
② 감각기의 기능이 정상적이어야 한다.
③ 올바른 판단을 내리기 위해 필요한 지식을 가지고 있어야 한다.
④ 대뇌의 명령으로부터 근육의 활동이 일어나기까지의 신경계의 저항이 작아야 한다.
⑤ 시간적, 수량적 및 정도적으로 능력을 발휘할 수 있는 체력이 있어야 한다.
⑥ 의식동작을 필요로 하는 때에 무의식동작을 행하지 않아야 한다.

2. 주의력과 부주의

1) 주의의 특성

		요약
선택성	동시에 두 개 이상의 방향에 집중하지 못하고 소수의 특정한 것에 한하여 선택한다.	○ 주의 : 행동하고자 하는 목적에 의식수준이 집중하는 심리상태 ○ 부주의 : 목적 수행을 위한 행동전개 과정중 목적에서 벗어나는 심리적·육체적인 변화의 현상으로 바람직하지 못한 정신상태를 총칭
변동성	고도의 주의는 장시간 동안 지속할 수 없고 주기적으로 부주의 리듬이 존재한다.	
방향성	한 지점에 주의를 집중하면 주변 다른 곳의 주의는 약해진다(주시점만 인지)	

* 작업상황에 따라서 주의력의 집중과 배분이 적절하게 이루어져야 휴먼에러 예방에 효과적

2) 부주의

(1) 부주의의 개념(특성)

① 부주의는 불안전한 행위나 행동뿐만 아니라 불안전한 상태에서도 통용
② 부주의란 말은 결과를 표현
③ 부주의에는 발생원인이 있다.
④ 부주의와 유사한 현상 구분 – 착각이나 인간능력의 한계를 초과하는 요인에 의한 동작실패는 부주의에서 제외
  * 부주의는 무의식행위나 그것에 가까운 의식의 주변에서 행해지는 행위에 한정

(2) 부주의 현상

의식의 단절(중단)	의식수준 제0단계(phase0)의 상태(특수한 질병의 경우)
의식의 우회	의식수준 제0단계(phase0)의 상태(걱정, 고뇌, 욕구불만 등)
의식수준의 저하	의식수준 제1단계(phase I)이하의 상태(심신 피로 또는 단조로운 작업시)
의식의 혼란	외적조건의 문제로 의식이 혼란되고 분산되어 작업에 잠재된 위험요인에 대응할 수 없는 상태(자극이 애매 모호하거나, 너무 강하거나 약할 때)
의식의 과잉	의식수준이 제4단계(phaseⅣ)인 상태(돌발사태 및 긴급이상사태로 주의의 일점 집중현상 발생)

3. 안전사고와 사고심리

1) 안전사고 요인(정신적 요소)

① 안전의식의 부족
② 주의력의 부족
③ 방심(放心) 및 공상(空想)
④ 개성적 결함 요소
  ㉠ 과도한 자존심 및 자만심   ㉡ 다혈질(多血質) 및 인내력 부족
  ㉢ 약한 마음   ㉣ 도전적 성격(挑戰的 性格)
  ㉤ 감정의 장기 지속성   ㉥ 경솔성
  ㉦ 과도한 집착성   ㉧ 배타성
  ㉨ 게으름
⑤ 판단력의 부족 또는 그릇된 판단
⑥ 정신력에 영향을 주는 생리적 현상
  ㉠ 극도의 피로   ㉡ 시력 및 청각 기능의 이상
  ㉢ 근육 운동의 부적합   ㉣ 육체적 능력의 초과
  ㉤ 생리 및 신경 계통의 이상

2) 산업안전 심리의 5대 요소

(1) 기질 (2) 동기 (3) 습관 (4) 습성 (5) 감정

4. 재해빈발자의 유형

1) 재해 빈발설

기회설	개인의 문제가 아니라 작업자체에 위험성이 많기 때문 → 교육훈련실시 및 작업환경개선대책
암시설	재해를 한번 경험한 사람은 정신적으로나 심리적으로 압박을 받게 되어 상황에 대한 대응 능력이 떨어져 재해가 빈발
빈발 경향자설	재해를 자주 일으키는 소질적 결함요소를 가진 근로자가 있다는 설

2) 재해 누발자 유형

미숙성 누발자	① 기능 미숙 ② 작업환경 부적응
상황성 누발자	① 작업자체가 어렵기 때문 ② 기계설비의 결함 존재 ③ 주위 환경 상 주의력 집중 곤란 ④ 심신에 근심 걱정이 있기 때문
습관성 누발자	① 경험한 재해로 인하여 대응능력약화(겁장이, 신경과민) ② 여러 가지 원인으로 슬럼프(slump)상태
소질성 누발자	① 개인의 소질 중 재해원인 요소를 가진 자 　(주의력 부족, 소심한 성격, 저 지능, 흥분, 감각운동부적합 등) ② 특수성격소유자로써 재해발생 소질 소유자

5. 노동과 피로

1) 피로의 3증상

구분	주관적 피로	객관적 피로	생리적(기능적)피로
현상	① 피로감을 느끼는 자각증세 ② 지루함과 단조로움, 무력감 등을 동반 ③ 주위 산만, 불안초조, 직무수행불가	① 작업성적의 저하(생산의 양과 질의 저하) ② 피로로 인한 느슨한 작업 자세로 나타나는 하품, 잡담, 기타 불필요한 행동으로 인한 손실시간증가로 실동률 저하	・작업능력 또는 생리적 기능의 저하 ・생리적, 기능적 피로를 대상으로 검사하기 위해 인체의 생리상태를 검사 ① 말초신경계에 나타나는 반응의 패턴 ② 정보수용계 또는 중추신경계에 나타나는 반응의 패턴 ③ 대뇌 피질에 나타나는 반응의 패턴
대책	적성배치, 작업조건의 변화, 작업환경개선	충분한 휴식시간으로 실동률을 높여야 한다	충분한 휴식으로 피로 회복

피로의 근원

2) 피로에 대한 대책

① 작업의 성질과 강도에 따라서 휴식시간이나 회수가 결정되어야 한다
② 휴식시간 산출공식(작업에 대한 평균에너지 값은 4 kcal/분이라 할 경우 이 단계를 넘으면 휴식시간이 필요)

$$R = \frac{60(E-4)}{E-1.5}$$

R : 휴식시간(분)
E : 작업시 평균 에너지 소비량(kcal/분)
60분 : 총작업 시간
1.5kcal/분 : 휴식시간 중의 에너지 소비량

3) 작업강도와 피로(에너지 대사율 R. M. R)

(1) 작업강도는 휴식시간과 밀접한 관련이 있으며 이두조건의 적절한 조절은 작업의 능률과 생산성에 큰 영향을 줄 수 있다. 따라서, 작업의 강도에 따라 에너지 소모가 다르게 나타나므로 에너지 대사율은 작업 강도의 측정에 유효한 방법이다.

(2) 산출식

$$RMR = \frac{\text{작업시 소비에너지} - \text{안정시 소비에너지}}{\text{기초대사시 소비에너지}} = \frac{\text{작업대사량}}{\text{기초대사량}}$$

(3) **작업시 소비에너지** = 작업중에 소비한 산소의 소비량으로 측정
안정시 소비 에너지 = 의자에 앉아서 호흡하는 동안 소비한 산소의 소모량
기초대사량(BMR) = 체표면적 산출식과 기초대사량 표에 의해 산출

$$A = H^{0.725} \times W^{0.425} \times 72.46$$

여기서, A : 몸의 표면적(cm²), H 신장(cm), W = 체중(kg)

(4) 피로의 3대 특징
　① 능률의 저하
　② 생체의 타각적인 기능의 변화
　③ 피로의 자각 등의 변화 발생

4) 피로의 측정법

(1) 피로의 측정방법
　① 생리적 방법 [근전계(EMG), 플리커 검사, 뇌파계(EEG) 등]
　② 심리학적 방법 [연속 촬영법, 피부 전기 반사(GSR), CMI, THI 등]
　③ 생화학적 방법 [뇨단백 검사, Donaggio 검사 등]

> **참고**
> - 근전도(EMG:electromyogram) : 근육이 수축할 때 근섬유에서 생기는 활동전위를 유도하여 증폭 기록한 근육활동의 전위차(말초신경에 전기자극)
> - ENG(electroneurogram) : 신경활동 전위차
> - 심전도(ECG:electrocardiogram) : 심장 근육의 전기적 변화를 전극을 통해 유도, 심전계에 입력, 증폭, 기록한 것
> - 피부전기반사(GSR:grlvanic skin reflex) : 작업부하의 정신적 부담이 피로와 함께 증대하는 현상을 전기저항의 변화로서 측정, 정신 전류현상이라고도 한다.
> - 플리커값 : 정신적 부담이 대뇌피질에 미치는 영향을 측정한 값

(2) 타각적 방법
　① 플리커(Flicker)법 : 융합한계빈도(critical fusion frequency of flicker) : CFF법이라고도 한다. 사이가 벌어진 회전하는 원판으로 들어오는 광원의 빛을 단속시켜 연속광으로 보이는지 단속광으로 보이는지 경계에서의 빛의 단속주기를 플리커 치라고 하여 피로도검사에 이용
　② 연속색명 호칭법(color naming test)(blocking검사) : 정신 활동을 계속 하는 것이 일시적으로 저해되는 현상(blocking저지현상)을 이용한 검사

5) 생체리듬의 종류 및 특징

육체적(신체적)리듬 (Physical cycle)	몸의 물리적인 상태를 나타내는 리듬으로 질병에 저항하는 면역력, 각종 체내 기관의 기능, 외부환경에 대한 신체의 반사작용 등을 알아 볼 수 있는 척도로써 23일의 주기
감성적 리듬 (Sensitivity cycle)	기분이나 신경 계통의 상태를 나타내는 리듬으로 창조력, 대인관계, 감정의 기복 등을 알아 볼 수 있으며 28일의 주기
지성적 리듬 (Intellectual cycle)	집중력, 기억력, 논리적인 사고력, 분석력 등의 기복을 나타내는 리듬으로 주로 두뇌활동과 관련된 리듬으로 33일의 주기

6. 직업적성과 인사관리

1) 직업적성

(1) 직업적성의 분류

직업적성의 종류	내 용
기계적 적성	① 손과 팔의 솜씨 – 신속, 정확한 능력 ② 공간시각능력 – 형상이나 크기를 정확히 판단 ③ 기계적 이해능력 – 공간시각능력, 지각속도, 기술적 지식 등이 결합된 것
사무적 적성	요구사항 : ① 지능 ② 지각속도 ③ 정확성 사무적성이 높을수록 사무 또는 행정 계통의 직무 희망.

(2) 적성 검사의 종류

	대상 항목	① 지능 ② 형태 식별 능력 ③ 운동 속도 ④ 시각과 수동작의 적응력 ⑤ 손작업 능력
유형별 분류	시각적 판단 검사	① 언어식별 검사(vocabulary) ② 형태 비교 검사(form matching) ③ 평면도 판단 검사(two dimension space) ④ 공구 판단 검사(tool matching) ⑤ 입체도 판단 검사(three dimension space) ⑥ 명칭 판단 검사(name comparison)
	정확도 및 기민성 검사(정밀성 검사)	① 교환 검사(place) ② 회전 검사(turn) ③ 조립 검사(assemble) ④ 분해 검사(disassemble)
	계산에 의한 검사	① 계산 검사(computation) ② 수학 응용 검사(arithmatic reason) ③ 기록 검사(기호 또는 선의 기입)
	속도 검사	타점 속도 검사(speed test)
	직무 적성도 판단 검사	설문지법, 색채법, 설문지에 의한 컴퓨터 방식

(3) 적성 검사의 주요소(9가지 적성요인)
① 지능(IQ) ② 수리 능력 ③ 사무능력 ④ 언어 능력 ⑤ 공간 판단력
⑥ 형태 지각 능력 ⑦ 운동 조절 능력 ⑧ 수지 조작 능력 ⑨ 수동작 능력

2) 인사관리의 주요기능

① 조직과 리더십   ② 선발(선발시험 및 적성검사 등)
③ 배치(적성배치포함)   ④ 직무분석
⑤ 직무(업무)평가   ⑥ 상담 및 노사간의 이해

3) 인사관리의 활동

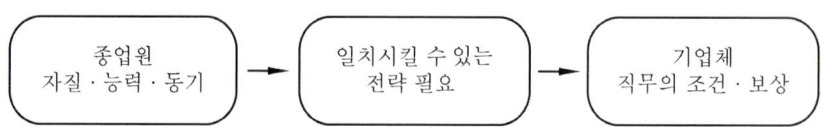

7. 동기부여에 관한 이론

1) 매슬로우(Abraham Maslow)의 욕구(위계이론)

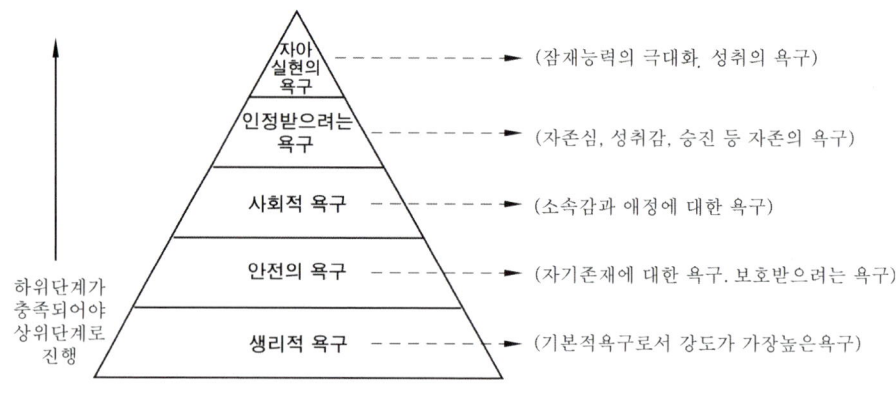

매슬로우의 욕구 5단계

2) 맥그리거(D.McGregor)의 X, Y이론

(1) X, Y이론

X이론	Y이론
인간불신감	상호신뢰감
성악설	성선설
인간은 본래 게으르고 태만, 수동적, 남의 지배받기를 즐긴다	인간은 본래 부지런하고 근면, 적극적, 스스로 일을 자기 책임하에 자주적
저차적 욕구(물질 욕구)	고차적 욕구(정신 욕구)
명령, 통제에 의한 관리	목표통합과 자기통제에 의한 관리
저개발국형	선진국형
보수적, 자기본위, 자기방어적 어리석기 때문에 선동되고 변화와 혁신을 거부	자아실현을 위해 스스로 목표를 달성하려고 노력
조직의 욕구에 무관심	조직의 방향에 적극적으로 관여하고 노력
권위주의적 리더십	민주적 리더십

(2) X, Y이론의 관리처방

X 이론의 관리처방(독재적 리더십)	Y이론의 관리처방(민주적 리더십)
① 권위주의적 리더십의 확보 ② 경제적 보상체계의 강화 ③ 세밀한 감독과 엄격한 통제 ④ 상부책임제도의 강화(경영자의 간섭) ⑤ 설득, 보상, 벌, 통제에 의한 관리	① 분권화와 권한의 위임 ② 민주적 리더십의 확립 ③ 직무확장 ④ 비공식적 조직의 활용 ⑤ 목표에 의한 관리 ⑥ 자체 평가제도의 활성화 ⑦ 조직목표달성을 위한 자율적인 통제

3) 허즈버그의 두 요인이론 (동기, 위생 이론)

위생요인(직무환경, 저차적욕구)	동기유발요인(직무내용, 고차적욕구)
① 조직의 정책과 방침 ② 작업조건 ③ 대인관계 ④ 임금, 신분, 지위 ⑤ 감독 등 (생산 능력의 향상 불가)	① 직무상의 성취 ② 인정 ③ 성장 또는 발전 ④ 책임의 증대 ⑤ 도전 ⑥ 직무내용자체(보람된직무) 등 (생산 능력 향상 가능)

4) 알더퍼의 ERG이론

생존(존재)욕구	유기체의 생존과 유지에 관련, 의식주와 같은 기본욕구포함 (임금, 안전한 작업조건)
관계욕구	타인과의 상호작용을 통하여 만족을 얻으려는 대인 욕구 (개인간 관계, 소속감)
성장욕구	개인의 발전과 증진에 관한 욕구, 주어진 능력이나 잠재능력을 발전시킴으로 충족 (개인의 능력 개발, 창의력 발휘)

* 매슬로우와 알더퍼 이론의 차이점 : ERG 이론은 위계적 순위를 강조하지 않음

5) 데이비스의 동기 부여 이론

$$인간의\ 성과 \times 물적인\ 성과 = 경영의\ 성과$$

① 지식(knowledge) × 기능(skill) = 능력(ability)
② 상황(situation) × 태도(attitude) = 동기유발(motivation)
③ 능력(ability) × 동기유발(motivation) = 인간의 성과(human performance)

6) 맥클랜드(Mcclelland)의 성취동기이론

① 특징
  ㉠ 성취 그 자체에 만족한다

ⓛ 목표설정을 중요시하고 목표를 달성할 때까지 노력한다
ⓒ 자신이 하는 일의 구체적인 진행상황을 알기를 원한다(진행상황과 달성결과에 대한 피드백)
ⓔ 적절한 모험을 즐기고 난이도를 잘 절충한다
ⓜ 동료관계에 관심 갖고 성과 지향적인 동료와 일하기를 원한다.

② 성취동기이론의 모델

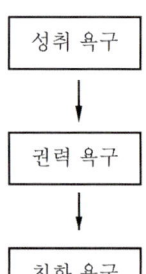

ⓐ 어려운 일을 성취하려는 것, 스스로 능력을 성공적으로 발휘함으로써 자긍심을 높이려는 것 등에 관한 욕구
ⓑ 성공에 대한 강한 욕구를 가지고, 책임을 적극적으로 수용하며, 행동에 대한 즉각적인 피드백을 선호

ⓐ 리더가 되어 남을 통제하는 위치에서는 것을 선호
ⓑ 타인들로 하여금 자기가 바라는 대로 행동하도록 강요하는 경향

ⓐ 다른 사람들과 좋은 관계를 유지하려고 노력
ⓑ 타인들에게 친절하고 동정심이 많고 타인을 도우며 즐겁게 살려고 하는 경향

* 욕구이론의 상호 관련성

자아실현의 욕구	동기 요인	성취 욕구	성장 욕구
존중의 욕구		권력 욕구	
소속의 욕구		친화 욕구	관계 욕구
안전의 욕구	위생 요인		존재 욕구
생리적 욕구			
매슬로우의 욕구이론	허즈버그의 2요인 이론	맥클랜드의 성취동기 이론	알더퍼의 ERG이론

7) 아담스의 공정성 이론

① 직무에 있어서 투입에 대한 산출의 비율이 타 종업원과 일치할 때 공정성이 존재하고 불일치할 때 불공정성이 존재
② 불공정성이 지각될 때 공정성 회복을 위해 긴장이 유발되며 불공정성이 클수록 긴장이 커진다.

8) Z이론(Sven Lundstedt)

맥그레그의 X이론(권위형)과 Y이론(민주형)은 인간해석을 이분화 한 것으로 인간은 그렇게 단순한 것이 아니라 복잡한 면이 있다는 걸 강조하기 위해 Z이론(자유방임형)을 제시

9) 샤인(Edgar.H.Schein)의 복잡한 인간관

시대적 변천에 따른 인간 모형의 변화 순서

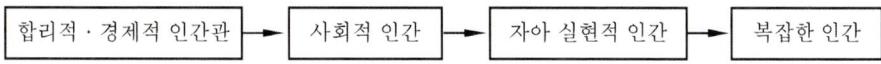

8. 무재해운동과 위험예지훈련

1) 무재해 운동

(1) 목적

사업장내의 모든 잠재적 위험요인을 사전에 발견 파악하고, 근원적으로 산업재해를 예방하여 일체의 산업재해를 허용하지 않는 것을 무재해 운동의 목적으로 한다.

(2) 무재해 운동의 기간(시간)산정방법

무재해 시간	① 무재해 시간은 실근무자와 실근로시간을 곱하여 산정 ② 다만, 실근로시간의 관리가 어려운 경우에 건설업 이외 업종은 1일 8시간, 건설업은 1일 10시간을 근로한 것으로 본다.
무재해 기간	① 건설업 이외의 300인 미만 사업장은 무재해 시간 또는 무재해 일수를 택일하여 목표로 사용 ② 다만, 무재해 일수로 산정하는 경우는 해당 사업장 전체 근로자 중 절반 이상의 근로자가 근로한 경우에 한하여 무재해 일수에 포함한다

(3) 무재해 운동의 이념 및 3요소(기둥)

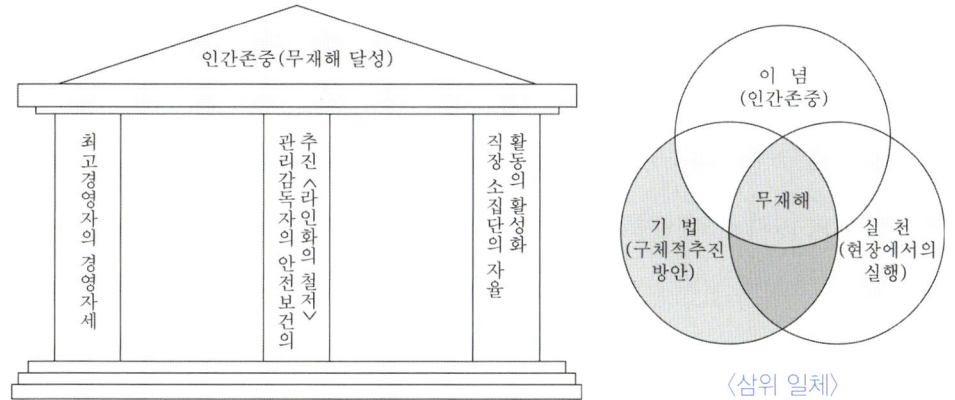

〈삼위 일체〉

(4) 무재해운동의 3대 원칙

무의 원칙	무재해란 단순히 사망재해나 휴업재해만 없으면 된다는 소극적인 사고가 아닌, 사업장 내의 모든 잠재위험요인을 적극적으로 사전에 발견하고 파악·해결함으로써 산업재해의 근원적인 요소들을 없앤다는 것을 의미한다.
안전제일의 원칙	무재해 운동에 있어서 안전제일이란 안전한 사업장을 조성하기 위한 궁극의 목표로서 사업장 내에서 행동하기 전에 잠재위험요인을 발견하고 파악·해결하여 재해를 예방하는 것을 의미한다.
참여의 원칙	무재해 운동에서 참여란 작업에 따르는 잠재위험요인을 발견하고 파악·해결하기 위하여 전원이 일치 협력하여 각자의 위치에서 적극적으로 문제해결을 하겠다는 것을 의미한다.

※ 위의 내용은 공단에서 개정하여 사용하는 내용이며, 개정 전의 내용인 무의 원칙, 선취(해결)의 원칙, 참가의 원칙도 함께 알아두어야 함.

(5) 브레인 스토밍(Brain Storming. B·S 4원칙) (1939년 A.F.Osborn)
① 비판금지 –「좋다」또는「나쁘다」라고 비판하지 않는다.
② 자유분방 – 자유로운 분위기에서 편안한 마음으로 발표한다.
③ 대량발언 – 내용의 질적인 수준보다 양적으로 많이 발언한다.
④ 수정발언 – 타인의 발표내용을 수정하거나 개조하여 관련된 내용을 추가 발표하여도 좋다.

2) 위험 예지 훈련(전원 참가의 기법)

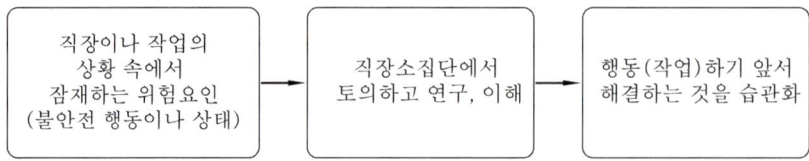

(1) 위험에 대한 개별훈련인 동시에 팀웍(team work)훈련 (안전을 전원이 빨리 올바르게 선취하는 훈련)

(2) 위험 예지의 3훈련

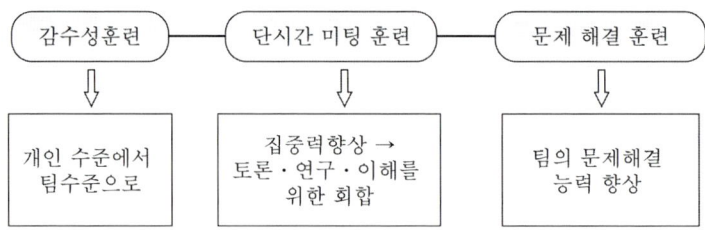

(3) 위험예지 훈련의 방법

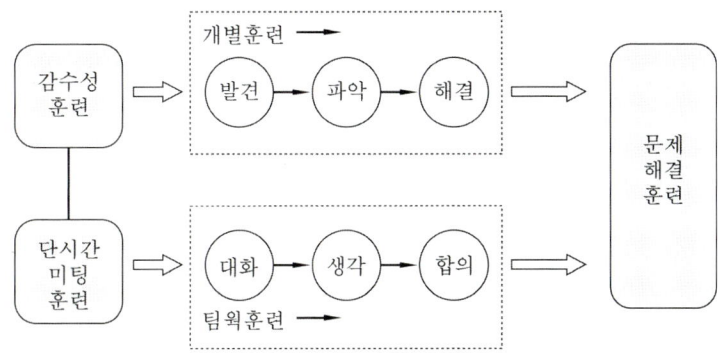

(4) 4라운드 진행 방법

준비	인원이 많을 경우 서브팀 구성	서브팀 인원 4~6명 역할 분담(리더선정, 서기, 발표자 등) 필요한 도구 배포
도입	전원기립, 리더인사 및 개시선언	정렬, 분위기조성, 개인건강확인 등 도해배포
1라운드	현상파악 〈어떤 위험이 잠재하고 있는가?〉	잠재위험 요인과 현상발견(B.S실시) (5~7 항목으로 정리) (~해서, 때문에 ~ㄴ다)
2라운드	본질 추구 〈이것이 위험의 포인트이다!〉	가장 중요한 위험의 포인트 합의 결정(1~2항목) 지저확인 및 제창(~해서 ~ㄴ다. 좋아!)
3라운드	대책 수립 〈당신이라면 어떻게 하겠는가?〉	본질 추구에서 선정된 항목의 구체적인 대책 수립(항목당 3~4가지 정도)(BS실시)
4라운드	목표설정 〈우리들은 이렇게 하자!〉	• 대책수립의 항목중 1~2가지 등 중점 실시 항목으로 합의 결정 • 팀의 행동목표→지적확인 및 제창(~을 ~하여 ~하자 좋아!)
확인	리더의 사회로 결과에 대한 정리	원 포인트 지적확인(~~ 좋아!) 터치 앤 콜 (Touch and Call) (무재해로 나가자 좋아!)
발표 및 강평	팀별로 실시	1R~4R 순서대로 읽는다. 상대팀 발표 듣고 강평(Comment)

※ (소요시간) 1R, 2R (15분) 3R, 4R(5분) 전체적으로 30분 이내

(5) T.B.M(Tool Box Meeting) 위험예지훈련
  ① 즉시 즉응법 이라고도 하며 현장에서 그때그때 주어진 상황에 즉응 하여 실시하는 위험예지활동으로 단시간 미팅훈련이다.

② TBM 5단계 진행요령(작업 시작전 실시의 예)

1단계	도입	직장체조, 상호인사, 목표제창
2단계	점검정비	건강, 복장, 공구, 보호구, 안전장치, 사용기기 등 점검정비
3단계	작업지시	당일작업에 대한 설명 및 지시를 받고 복창하여 확인
4단계	위험예측	당일 작업의 위험을 예측하고 대책 토의. 원포인트 위험예지훈련
5단계	확인	대책을 수립하고 팀의 목표 확인. 원포인트 지적확인. 터치 앤 콜

3) 안전보건 표지

(1) 안전보건 표지의 종류와 형태

1 금지표지	101 출입금지	102 보행금지	103 차량통행금지	104 사용금지	105 탑승금지	106 금연
	107 화기금지	108 물체이동금지	2 경고표지	201 인화성물질 경고	202 산화성물질 경고	203 폭발성 물질 경고	204 급성독성물질 경고
	205 부식성물질 경고	206 방사성물질 경고	207 고압전기경고	208 매달린물체 경고	209 낙하물경고	210 고온경고	211 저온경고
	212 몸균형상실 경고	213 레이저광선 경고	214 발암성·변이원성·생식독성·전신독성·호흡기과민성 물질 경고	215 위험장소경고	3 지시표지	301 보안경착용	302 방독마스크 착용
	303 방진마스크 착용	304 보안면착용	305 안전모착용	306 귀마개착용	307 안전화착용	308 안전장갑착용	309 안전복착용

4 안내표지	401 녹십자표지	402 응급구호표지	403 들것	404 세안장치	405 비상용기구	406 비상구
					비상용 기구	
	407 좌측비상구	408 우측비상구	5 관계자외 출입금지	501 허가대상물질 작업장	502 석면취급/ 해체 작업장	503 금지대상물질의 취급 실험실 등
				관계자외 출입금지 (허가물질 명칭) 제조/사용/보관 중 보호구/보호복 착용 흡연 및 음식물 섭취 금지	관계자외 출입금지 석면 취급/해체 중 보호구/보호복 착용 흡연 및 음식물 섭취 금지	관계자외 출입금지 발암물질 취급 중 보호구/보호복 착용 흡연 및 음식물 섭취 금지
6 문자 추가시 예시문		• 내 자신의 건강과 복지를 위하여 안전을 늘 생각한다. • 내 가정의 행복과 화목을 위하여 안전을 늘 생각한다. • 내 자신의 실수로써 동료를 해치지 않도록 하기 위하여 안전을 늘 생각한다. • 내 자신이 일으킨 사고로써 오는 회사의 재산과 과실을 방지하기 위하여 안전을 늘 생각한다. • 내 자신의 방심과 불안전한 행동이 조국의 번영에 장애가 되지 않도록 하기 위하여 안전을 늘 생각한다.				

(2) 안전보건표지의 색채 및 색도기준

색채	색도기준	용도	사용 례	형태별 색체기준
빨간색	7.5R 4/14	금지	정지신호, 소화설비 및 그 장소, 유해행위의 금지	바탕은 흰색, 기본모형은 빨간색, 관련부호 및 그림은 검은색
		경고	화학물질 취급장소에서의 유해·위험 경고	
노란색	5Y 8.5/12	경고	화학물질 취급장소에서의 유해·위험 경고 이외의 위험경고, 주의표지 또는 기계 방호물	바탕은 노란색, 기본모형·관련부호 및 그림은 검은색 (주1)
파란색	2.5PB 4/10	지시	특정행위의 지시 및 사실의 고지	바탕은 파란색, 관련 그림은 흰색
녹색	2.5G 4/10	안내	비상구 및 피난소, 사람 또는 차량의 통행표지	바탕은 흰색, 기본모형 및 관련부호는 녹색, 바탕은 녹색, 관련부호 및 그림은 흰색
흰색	N 9.5		파란색 또는 녹색에 대한 보조색	
검은색	N 0.5		문자 및 빨간색 또는 노란색에 대한 보조색	

(주 1) 다만, 인화성물질경고·산화성물질경고·폭발성물질경고·급성독성물질경고·부식성물질경고 및 발암성·변이원성·생식독성·전신독성·호흡기과민성물질경고의 경우 바탕은 무색, 기본모형은 빨간색(검은색도 가능)

(참고 1) 허용오차범위 $H=\pm2$, $V=\pm0.3$, $C=\pm1$ (H는 색상, V는 명도, C는 채도)

(참고 2) 출입금지표지의 색체 : 글자는 흰색바탕에 흑색 다음 글자는 적색
  - ㅇㅇㅇ제조/사용/보관 중   - 석면취급/해체중   - 발암물질 취급중

2과목 산업재해 대응

1. 교육의 3요소를 쓰시오.

   해답 ① 교육의 주체 : 강사
   ② 교육의 객체 : 학습자
   ③ 교육의 매개체 : 교재(교육내용)

2. 학습의 목적에서 구성 3요소와 학습정도 4단계를 쓰시오.

   해답 (1) 구성 3요소 : ① 목표 ② 주제 ③ 학습정도
   (2) 학습정도 4단계 : ① 인지 → ② 지각 → ③ 이해 → ④ 적용

3. 적응과 역할에 관한 슈우퍼의 역할이론을 4가지 쓰시오.

   해답 ① 역할 연기 ② 역할 기대
   ③ 역할 조성 ④ 역할 갈등

4. 안전교육의 지도원칙에 해당하는 8원칙을 쓰시오.

   해답 ① 상대방의 입장에서 ② 동기부여를 중요하게
   ③ 쉬운 것에서 어려운 것으로 ④ 반복
   ⑤ 한번에 한가지씩을 ⑥ 인상의 강화
   ⑦ 5관의 활용 ⑧ 기능적인 이해

5. 안전교육의 기본방향 3가지를 쓰시오.

   해답 ① 사고사례 중심의 안전교육
   ② 표준작업을 위한 안전교육
   ③ 안전의식 향상을 위한 안전교육

6. 지식교육의 4단계를 쓰시오.

   해답 ① 도입(준비) ② 제시(설명)
   ③ 적용(응용) ④ 확인(종합)

7. 태도교육의 기본과정(4단계)를 쓰시오.

> **해답** ① 청취 ② 이해납득 ③ 모범 ④ 평가(권장)

8. O.J.T교육의 특징을 3가지 쓰시오.

> **해답**
> ① 직장의 현장실정에 맞는 구체적이고 실질적인 교육이 가능하다.
> ② 교육의 효과가 업무에 신속하게 반영된다.
> ③ 교육의 이해도가 빠르고 동기부여가 쉽다.
> ④ 개인의 능력과 적성에 알맞은 맞춤교육이 가능하다.
> ⑤ 교육으로 인해 업무가 중단되는 업무손실이 적다.
> ⑥ 교육경비의 절감효과가 있다.
> ⑦ 상사와의 의사 소통 및 신뢰도 향상에 도움이 된다.

9. Off. J. T교육의 특징을 3가지 쓰시오.

> **해답**
> ① 한번에 다수의 대상자를 일괄적, 조직적으로 교육할 수 있다.
> ② 전문분야의 우수한 강사진을 초빙할 수 있다.
> ③ 교육기자재 및 특별교재 또는 시설을 유효하게 활용할 수 있다
> ④ 다른 분야 및 타 직장의 사람들과 지식이나 경험의 교환이 가능하다
> ⑤ 업무와 분리되어 면학에 전념하는 것이 가능하다
> ⑥ 교육목표를 위하여 집단적으로 협조와 협력이 가능하다
> ⑦ 법규, 원리, 원칙, 개념, 이론 등의 교육에 적합하다

10. 교육훈련 평가의 4단계를 쓰시오.

> **해답**
> ① 제1단계 : 반응 단계   ② 제2단계 : 학습 단계
> ③ 제3단계 : 행동 단계   ④ 제4단계 : 결과 단계

11. 근로자 안전보건교육의 종류를 쓰시오.

> **해답**
> ① 정기 교육   ② 채용 시 교육
> ③ 작업내용 변경 시 교육   ④ 특별교육
> ⑤ 건설업 기초안전·보건교육

12. 밀폐공간에서 작업할 경우 실시해야할 특별안전보건교육 내용을 쓰시오.

> **해답**
> ① 산소농도 측정 및 작업환경에 관한 사항
> ② 사고시의 응급처치 및 비상시 구출에 관한 사항
> ③ 보호구 착용 및 보호 장비 사용에 관한 사항
> ④ 작업내용·안전작업 방법 및 절차에 관한 사항
> ⑤ 장비·설비 및 시설 등의 안전점검에 관한 사항
> ⑥ 그 밖에 안전·보건 관리에 필요한 사항

13. 산업안전보건법령상 사업주가 실시해야하는 관리감독자 안전보건교육 중 정기교육의 내용을 4가지 쓰시오.

해답
① 산업안전 및 사고 예방에 관한 사항
② 산업보건 및 직업병 예방에 관한 사항
③ 위험성평가에 관한 사항
④ 유해·위험 작업환경 관리에 관한 사항
⑤ 산업안전보건법령 및 산업재해보상보험 제도에 관한 사항
⑥ 직무스트레스 예방 및 관리에 관한 사항
⑦ 직장 내 괴롭힘, 고객의 폭언 등으로 인한 건강장해 예방 및 관리에 관한 사항
⑧ 작업공정의 유해·위험과 재해 예방대책에 관한 사항
⑨ 사업장 내 안전보건관리체제 및 안전·보건조치 현황에 관한 사항
⑩ 표준안전 작업방법 결정 및 지도·감독 요령에 관한 사항
⑪ 현장근로자와의 의사소통능력 및 강의능력 등 안전보건교육 능력 배양에 관한 사항
⑫ 비상시 또는 재해 발생 시 긴급조치에 관한 사항
⑬ 그 밖의 관리감독자의 직무에 관한 사항

Tip 2023년 법령개정. 문제 및 해답은 개정된 내용 적용.

14. 학습지도의 원리 4가지를 쓰시오.

해답 ① 자발성의 원리 ② 개별화의 원리 ③ 사회화의 원리 ④ 통합의 원리

15. T.W.I방식의 교육훈련내용을 쓰시오.

해답 ① 작업지도기법(JIT) ② 작업개선기법(JMT) ③ 인간관계관리 기법(JRT)
④ 작업안전기법(JST)

16. 카운셀링의 효과를 3가지 쓰시오.

해답 ① 정신적 스트레스 해소 효과 ② 동기부여 ③ 안전태도형성

17. 소질적인 사고요인을 쓰시오.

해답 ① 지능 ② 성격 ③ 감각기능

18. 안전심리의 5대 요소를 쓰시오

해답 ① 동기 ② 기질 ③ 감정 ④ 습성 ⑤ 습관

19. 운동의 시지각에 해당하는 착각현상의 종류를 쓰고 간단히 설명하시오.

해답 ① 자동운동 : 암실 내에서 정지된 소광점을 응시하고 있으면 그 광점이 움직이는 것처럼 느껴지는 현상
② 유도운동 : 실제로는 움직이지 않는 것이 어느 기준의 이동에 유도되어 움직이는 것처럼 느껴지는 현상
③ 가현운동 : 객관적으로 정지하고 있는 대상물이 급속히 나타나든지 소멸하는 것으로 인하여 일어나는 운동으로 마치 대상물이 운동하는 것처럼 인식되는 현상

20. 주의의 특징을 3가지 쓰시오.

해답 ① 선택성 ② 방향성 ③ 변동성

21. 부주의 현상을 4가지 쓰시오.

해답 ① 의식의 단절 ② 의식의 우회 ③ 의식수준의 저하 ④ 의식의 과잉 ⑤ 의식의 혼란

22. 재해빈발설의 종류를 2가지 쓰고 간단히 설명하시오.

해답

기회설	개인의 문제가 아니라 작업자체에 위험성이 많기 때문 → 교육훈련실시 및 작업환경개선대책
암시설	재해를 한번 경험한 사람은 정신적으로나 심리적으로 압박을 받게 되어 상황에 대한 대응능력이 떨어져 재해가 빈발
빈발 경향자설	재해를 자주 일으키는 소질적 결함요소를 가진 근로자가 있다는 설

23. 재해 누발자의 유형을 4가지 쓰시오.

해답 ① 미숙성 누발자 ② 상황성 누발자 ③ 습관성 누발자 ④ 소질성 누발자

24. 피로의 3증상을 쓰시오.

해답 ① 주관적 피로 ② 객관적 피로 ③ 생리적(기능적)피로

25. 휴식시간을 산출하는 공식을 쓰시오.

해답 $R = \dfrac{60(E-4)}{E-1.5}$

R : 휴식시간(분), E : 작업시 평균 에너지 소비량(kcal/분)
60분 : 총작업 시간, 1.5 kcal/분 : 휴식시간 중의 에너지 소비량
4 kcal/분 : 작업에 대한 평균에너지 값(작업에 대한 권장 평균에너지 소비량)

26. 에너지 대사율 (R. M. R)을 산출하는 공식을 쓰시오.

해답 $\text{RMR} = \dfrac{\text{작업시 소비에너지} - \text{안정시 소비에너지}}{\text{기초대사시 소비에너지}} = \dfrac{\text{작업대사량}}{\text{기초대사량}}$

27. 피로의 측정방법 3가지를 쓰시오.

해답 ① 생리적 방법 ② 심리학적 방법 ③ 생화학적 방법

28. 플리커(Flicker)법에 관하여 간략히 설명하시오.

해답 융합한계빈도(crifical fusion frequency of flicker : CFF법)라고도 하며, 사이가 벌어진 회전하는 원판으로 들어오는 광원의 빛을 단속시켜 연속광으로 보이는지 단속광으로 보이는지 경계에서의 빛의 단속주기를 플리커 치라고 하여 피로도검사에 이용.

29. 허즈버그의 2요인 이론에 대하여 간략히 설명하시오.

해답 ① 위생요인 : 낮은 단계의 욕구로 금전, 안전, 작업조건, 대인관계, 직위, 정책, 관리, 감독 등 환경적 요인을 의미한다.
② 동기부여요인 : 높은 단계의 욕구로 성취, 책임과 승진 등 작업자에게 만족감을 주는 요인을 의미한다.

30. 맥그리거의 X이론과 Y이론의 내용을 3가지씩 쓰시오.

해답 (1) X이론
　　① 인간 불신감 ② 성악설 ③ 물질욕구 ④ 명령통제의 의한 관리 ⑤ 저개발국형
(2) Y이론
　　① 상호 신뢰감 ② 성선설 ③ 정신욕구 ④ 목표통합과 자기통제에 의한 자율관리
　　⑤ 선진국형

31. 알더퍼의 ERG이론이란 무엇인가?

해답 ① 생존욕구 ② 관계욕구 ③ 성장욕구

32. 안전동기의 유발방법에 대하여 3가지 쓰시오.

해답 ① 안전의 근본이념을 인식시킬 것 ② 안전목표를 명확히 설정할 것
③ 결과를 알려줄 것 ④ 상과 벌을 줄 것
⑤ 경쟁과 협동을 유도할 것 ⑥ 동기유발의 최적수준을 유지토록 할 것

33. 무재해운동의 이념 3원칙을 쓰시오

해답
① 무의 원칙
② 참여의 원칙(참가의 원칙)
③ 안전제일의 원칙(선취해결의 원칙)

34. 무재해운동 추진의 3요소(3기둥)를 쓰시오.

해답
① 최고경영자의 엄격한 안전경영자세
② 안전활동의 라인화
③ 직장 자주 안전 활동의 활성화

35. 브레인 스토밍의 4원칙을 쓰시오.

해답
① 비평금지　　　② 자유분방
③ 대량발언　　　④ 수정발언

36. 위험예지의 3가지 훈련을 쓰시오.

해답
① 감수성 훈련　② 단시간 미팅 훈련　③ 문제해결 훈련

37. 안전보건표지의 종류 4가지를 쓰시오.

해답
① 금지표지　　　② 경고표지
③ 지시표지　　　④ 안내표지
⑤ 관계자외 출입금지

38. 경고표지 중 바탕은 무색, 기본모형은 빨간색(검은색도 가능)의 마름모 모양의 표지로 나타내는 종류를 3가지 쓰시오.

해답
① 인화성물질경고　　② 산화성물질경고
③ 폭발성물질경고　　④ 급성독성물질경고
⑤ 부식성물질경고 등

39. 안전표지의 색채별 용도를 쓰시오.

해답
① 빨간색 : 금지, 경고　　② 노란색 : 경고
③ 파란색 : 지시　　　　　④ 녹색 : 안내

40. T.B.M(Tool Box Meeting) 위험예지훈련의 정의에 관하여 간략히 설명하고, 5단계 진행요령을 쓰시오.

해답
① 즉시 즉응법 이라고도 하며 현장에서 그때그때 주어진 상황에 즉응 하여 실시하는 위험예지활동으로 단시간 미팅훈련이다.
② TBM 5단계 진행요령(작업 시작전 실시의 예)

1단계	도입	직장체조, 상호인사, 목표제창
2단계	점검정비	건강, 복장, 공구, 보호구, 안전장치, 사용기기 등 점검정비
3단계	작업지시	당일작업에 대한 설명 및 지시를 받고 복창하여 확인
4단계	위험예측	당일 작업의 위험을 예측하고 대책 토의. 원포인트 위험예지훈련
5단계	확인	대책을 수립하고 팀의 목표 확인. 원포인트 지적확인. 터치 앤 콜

41. 무재해 운동에서 무재해 시간을 산출하는 방법에 대하여 간략히 쓰시오.

해답 무재해 운동의 기간(시간) 산정방법
(1) 무재해 시간
① 무재해 시간은 실근무자와 실근로시간을 곱하여 산정
② 다만, 실근로시간의 관리가 어려운 경우에 건설업 이외 업종은 1일 8시간, 건설업은 1일 10시간을 근로한 것으로 본다.

42. 산업안전보건법령상 사업주가 근로자에게 실시해야하는 근로자 안전보건교육 중 채용시 교육 및 작업내용 변경시 교육내용을 4가지 쓰시오.

해답
① 산업안전 및 사고 예방에 관한 사항
② 산업보건 및 직업병 예방에 관한 사항
③ 위험성 평가에 관한 사항
④ 산업안전보건법령 및 산업재해보상보험 제도에 관한 사항
⑤ 직무스트레스 예방 및 관리에 관한 사항
⑥ 직장 내 괴롭힘, 고객의 폭언 등으로 인한 건강장해 예방 및 관리에 관한 사항
⑦ 기계·기구의 위험성과 작업의 순서 및 동선에 관한 사항
⑧ 작업 개시 전 점검에 관한 사항
⑨ 정리정돈 및 청소에 관한 사항
⑩ 사고 발생 시 긴급조치에 관한 사항
⑪ 물질안전보건자료에 관한 사항

Tip 2023년 법령개정. 문제 및 해답은 개정된 내용 적용.

3과목

기계작업공정 특성 분석

3과목 기계작업공정 특성 분석

I. 인간공학

1. 인간 – 기계 체계

1) 인간 기계 기능 체계도

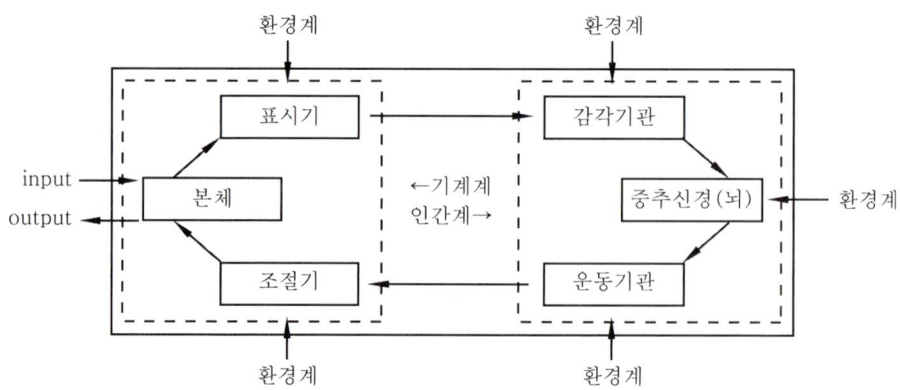

Man-Machine System의 체계도

2) 체계의 기본기능 및 업무

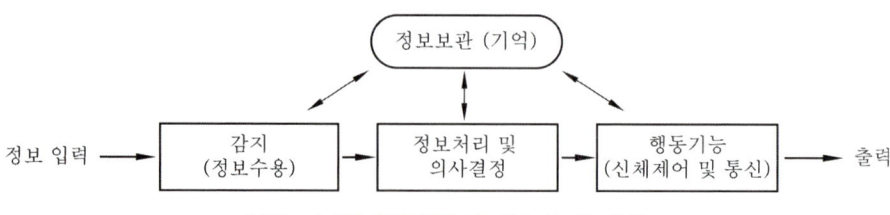

인간-기계체계의 인간의 기본기능의 유형

2. 인간과 기계의 성능 비교

1) 인간과 기계의 성능비교(상대적 재능)

구분	인간이 기계보다 우수한 기능	기계가 인간보다 우수한 기능
감지기능	• 저에너지 자극감지 • 복잡다양한 자극형태 식별 • 예기치 못한 사건 감지	• 인간의 정상적 감지 범위밖의 자극감지 • 인간 및 기계에 대한 모니터 기능 • 드물게 발생하는 사상감지
정보저장	• 많은양의 정보를 장시간보관	• 암호화된 정보를 신속하게 대량보관
정보처리 및 결심	• 관찰을 통해 일반화 • 귀납적 추리 • 원칙적용 • 다양한 문제해결 (정상적)	• 연역적 추리 • 정량적 정보처리
행동기능	• 과부하 상태에서는 중요한 일에만 전념	• 과부하 상태에서도 효율적 작동 • 장시간 중량작업 • 반복작업, 동시에 여러 가지 작업가능

2) 인간 기계 비교의 한계점

① 일반적인 인간과 기계의 비교가 항상 적용되지 않는다.
② 상대적인 비교는 항상 변하기 마련이다.
③ "최선의 성능"을 마련하는 것이 항상 중요한 것은 아니다.
④ 기능의 수행이 유일한 기준이 아니다.
⑤ 기능의 할당에서 사회적인 또 이에 관련된 가치들을 고려해 넣어야 한다.

3. 인간기준

1) 기준의 유형

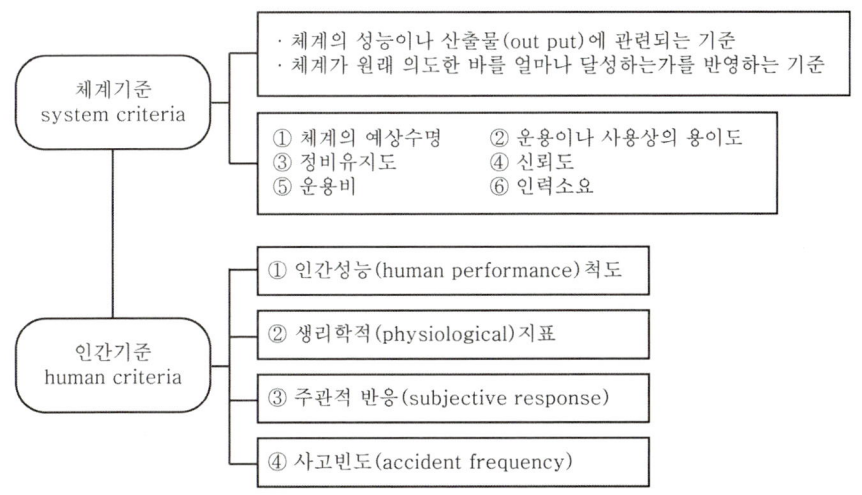

2) 기준의 요건

적절성(relevance)	기준이 의도된 목적에 적합하다고 판단되는 정도
무오염성	측정하고자 하는 변수외의 영향이 없도록
기준척도의 신뢰성 (reliability of criterion measure)	척도의 신뢰성 즉 반복성(repeatability)
민감도(sensitivity)	기대되는 차이에 비례하는 단위로 측정 가능

4. 휴먼에러

1) 휴먼에러의 분류

(1) 스웨인(A.D.Swain)의 독립행동에 의한 분류

생략에러(Omission error)	필요한 직무나 단계를 수행하지 않은(생략) 에러
착각수행에러(Commission error)	직무나 순서 등을 착각하여 잘못 수행(불확실한 수행)한 에러
순서에러(Sequential error)	직무 수행과정에서 순서를 잘못 지켜(순서착오) 발생한 에러
시간적에러(Time error)	정해진 시간내 직무를 수행하지 못하여(수행지연) 발생한 에러
불필요한 수행에러 (Extraneous error)	불필요한 직무 또는 절차를 수행하여 발생한 에러(과잉행동에러)

① 부작위 실수(omission error) : 직무의 한 단계 또는 전체직무를 누락시킬 때 발생

② 작위 실수(commission error) : 직무를 수행하지만 잘못 수행할 때 발생(넓은 의미로 선택착오, 순서착오, 시간착오, 정성적착오 포함)

(2) 행동 과정을 통한 분류

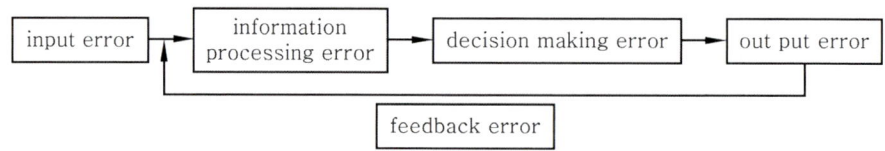

(3) 대뇌의 정보처리 에러

① 인지 과정 착오 : 확인 미스
② 판단 과정 착오 : 기억에 대한 실패
③ 조작 과정 실수 : 동작 도중의 실수

(4) 원인의 레벨적 분류

Primary error	작업자 자신으로부터 발생한 에러(안전교육으로 예방)
Secondary error	작업형태, 작업조건 중에서 다른 문제가 발생하여 필요한 직무나 절차를 수행 할 수 없는 에러
Command error	작업자가 움직이려 해도 필요한 물건, 정보, 에너지 등이 공급되지 않아서 작업자가 움직일 수 없는 상황에서 발생한 에러

2) Human Error 와 System Performance의 관계

(1) 시스템 성능과 인간과오의 관계

$$SP = F(HE) = HE \times K$$

여기서, SP : system performance, HE : Human Error, F : 함수, K : 상수

(2) 결과

K ≒ 1	Human Error가 System Performance에 중대한 영향을 일으키는 것
K < 1	Human Error가 System Performance에 대하여 잠재적인 Effect 내지 Risk를 주는 것
K ≒ 0	Human Error가 System Performance에 대하여 아무런 영향을 주지 않는 것

3) 감각차단현상

단조로운 업무가 장시간 지속될 때 작업자의 감각기능 및 판단능력이 둔화 또는 마비되는 현상(의식수준 Ⅰ단계에 해당)

4) 이산적 직무에서의 휴먼에러 확률

① 휴먼에러 확률(HEP) = $\dfrac{인간오류의 수}{전체오류 발생기회의 수}$

② 직무를 성공적으로 수행할 확률 = 1 - HEP

예 제

볼 베어링을 검사하는 작업자가 한 로트에서 100개의 부품을 조사하여 7개의 불량품을 발견하였으나 실제로 10개의 불량품이 있었다. 검사자의 휴먼에러확률은 얼마인가?

풀이 ① HEP : 3/100 = 0.03
② 휴먼에러를 발생하지 않을 확률 : 1 - 0.03 = 0.97

5. 신뢰도

1) 인간이 갖는 신뢰성

① 주의력
② 의식수준(㉠ 경험연수 ㉡ 지식수준 ㉢ 기술수준)
③ 긴장수준(일반적으로 에너지 대사율, 체내수분 손실량 등 생리적 측정법으로 측정)

2) 기계가 갖는 신뢰성

① 기계의 재질
② 기계의 기능
③ 기계의 작동방법

3) 신뢰도 계산

(1) 인간-기계 체계의 신뢰도

시스템의 신뢰도(RS) = 인간의 신뢰도(RH) × 기계의 신뢰도(RE)

① 직렬 연결　　　　　　　　　　　② 병렬 연결

$R_S = r_1 \times r_2$　　　　　　　　　　　$R_S = r_1 + r_2(1 - r_1)$

[$r_1 < r_2$ 이면 $R_S \leq r_1$]　　　　　[$r_1 < r_2$ 이면 $R_S \geq r_2$]

(2) 시스템(설비)의 신뢰도

① 직렬(series system)

$$R = R_1 \times R_2 \times R_3 \times \cdots \times R_n = \prod_{i=1}^{n} R_i$$

② 병렬(페일세이프티 : fail safety)

$$R = 1-(1-R_1)(1-R_2) \cdots (1-R_n) = 1 - \prod_{i=1}^{n}(1-R_i)$$

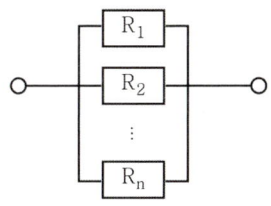

③ 요소의 병렬 구조

$$R = \prod_{i=1}^{n}\{1-(1-R_i)^m\}$$

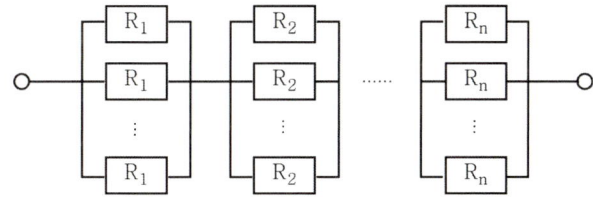

④ 시스템의 병렬 구조

$$R = 1- (1 - \prod_{i=1}^{n}R_i)^m$$

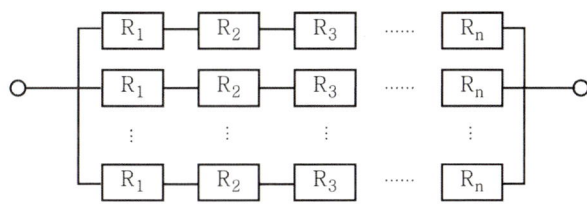

4) 정보의 측정단위

과학적 탐구 ─┬─ 계량적 측정 ─── 정보의 척도 ──→ bit(binary digit의 합성어)
　　　　　　└─ 객관적 측정

① bit란 : 실현가능성이 같은 2개의 대안 중 하나가 명시되었을 때 얻을 수 있는 정보량

② 정보량 : 실현가능성이 같은 n개의 대안이 있을 때 총 정보량 H는

$$H = \log_2 n$$

이것은 각대안의 실현 확률(n의 역수)로 표현 할 수도 있다.(실현확률을 P라고 하면)

$$H = \log_2 \frac{1}{P}$$

> **예 제**
>
> 신호 표시기에 등이 4개(적색, 녹색, 황색, 화살표)가 있고 그중 하나에만 불이 켜지는 경우 정보량은?
>
> **답** $\log_2 4 = 2\text{bit}$

6. 고장율

1) 고장 확률 밀도함수와 고장율 함수

(1) 고장 확률 밀도함수

$$f(t) = \frac{dF(t)}{dt} = \frac{\text{시간 } t\text{와} (t+\Delta t)\text{간의 고장개수}}{N \cdot \Delta t}$$

(2) 고장율 함수

$$\lambda(t) = \frac{f(t)}{R(t)} = \frac{\text{시간 } t\text{와} (t+\Delta t)\text{간의 고장개수}}{(t\text{시점의 생존개수}) \cdot \Delta t}$$

$$\text{평균고장율}(\lambda) = \frac{r(\text{그 기간중의 총고장수})}{T(\text{총동작시간})}$$

(3) 고장율이 사용시간에 관계없이 일정할 경우

$$R(t) = \exp[-\lambda t] = e^{-\lambda t}$$

2) 욕조곡선

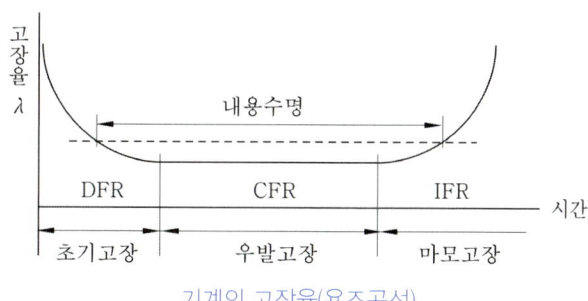

기계의 고장율(욕조곡선)

초기고장	품질관리의 미비로 발생할 수 있는 고장으로 작업시작전 점검, 시운전 등으로 사전예방이 가능한 고장 ① debugging 기간 : 초기고장의 결함을 찾아서 고장율을 안정시키는 기간 ② burn in 기간 : 제품을 실제로 장시간 사용해보고 결함의 원인을 찾아내는 방법
우발고장	예측할 수 없을 경우 발생하는 고장으로 시운전이나 점검으로 예방불가 (낮은 안전계수, 사용자의 과오 등)
마모고장	장치의 일부분이 수명을 다하여 발생하는 고장(부식 또는 마모, 불충분한 정비 등)

3) 평균수명과 신뢰도와의 관계

(1) 평균고장시간 t_0인 요소가 t 시간 고장을 일으키지 않을 확률 [신뢰도 $R(t)$]

$$R(t) = e^{-\frac{t}{t_0}}$$

(2) 평균수명은 평균고장율 λ와 역수 관계

$$\lambda = \frac{1}{MTBF}$$

만약, 고장확률밀도 함수가 지수분포인 부품을 평균수명만큼 사용한다면

$$신뢰도 R(t = MTBF) = e^{-\lambda t} = e^{-\frac{MTBF}{MTBF}} = e^{-1}$$

7. Fail safe

1) Fail safe와 Fool proof

구분	Fail safe 설계	Fool Proof 설계
정의	인간 또는 기계의 조작상의 과오로 기기의 일부에 고장이 발생해도 다른 부분의 고장이 발생하는 것을 방지하거나 또는 어떤 사고를 사전에 방지하고 안전 측으로 작동하도록 설계하는 방법	바보 같은 행동을 방지한다는 뜻으로 사용자가 비록 잘못된 조작을 하더라도 이로 인해 전체의 고장이 발생되지 아니하도록 하는 설계방법
적용예	퓨즈(fuse), elevator의 정전시 제동장치 등	카메라에서 셔터와 필름 돌림대의 연동 (이중 촬영 방지)

2) Fail safe의 기능면에서의 분류 (3단계)

Fail-passive	부품이 고장났을 경우 통상기계는 정지하는 방향으로 이동(일반적인 산업기계)
Fail-active	부품이 고장났을 경우 기계는 경보를 울리는 가운데 짧은 시간동안 운전 가능
Fail-operational	부품의 고장이 있더라도 기계는 추후 보수가 이루어 질 때까지 안전한 기능 유지(병렬구조 등으로 되어 있으며 운전상 가장 선호하는 방법)

8. 인간에 대한 감시방법

self monitoring	감각(자극, 고통, 피로 등)으로 자신의 상태를 알고 감시하는 방법
생리학적 monitoring	맥박수, 호흡속도, 체온 등으로 인간자체의 상태를 생리적으로 감시하는 방법
visual monitoring	동작자의 태도를 보고 상태를 파악(시각적 monitoring)
반응에 대한 monitoring	인간에게 자극(청각, 시각 등)을 주어 이에대한 반응을 보고 상태를 파악
환경의 monitoring	작업환경조건 개선으로 인체의 상태를 파악(간접적인 방식)

9. 인체계측

1) 구조적 및 기능적 인체 치수

구조적 인체 치수 (정적 인체 계측)	① 신체를 고정시킨 자세에서 피측정자를 인체 측정기 등으로 측정
	② 여러 가지 설계의 표준이 되는 기초적 치수 결정
	③ 마르틴 식 인체 계측기 사용
	④ 종류
	    ㉠ 골격치수 – 신체의 관절 사이를 측정
	    ㉡ 외곽치수 – 머리둘레, 허리둘레 등의 표면 치수 측정

기능적 인체 치수 (동적 인체 계측)	① 동적 치수는 운전을 위해 핸들을 조작하거나 브레이크를 밟는 행위 또는 물체를 잡기 위해 손을 뻗는 행위 등 움직이는 신체의 자세로부터 측정 ② 신체적 기능 수행시 각 신체부위는 독립적으로 움직이는 것이 아니라, 부위별 특성이 조합되어 나타나기 때문에 정적 치수와 차별화 ③ 소마토그래피 (somato graphy) : 신체적 기능 수행을 정면도, 측면도, 평면도의 형태로 표현하여 신체 부위별 상호작용을 보여주는 그림

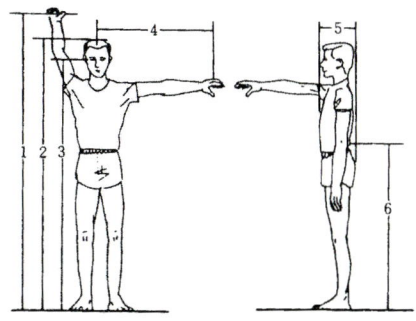
구조적 치수에 맞춤

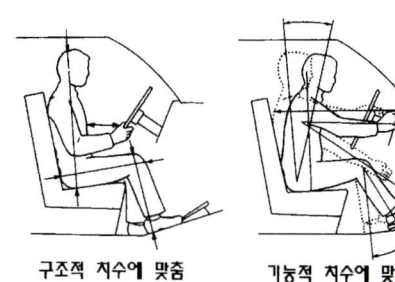
기능적 치수에 맞춤

2) 인체 계측 자료의 응용 원칙

(1) 극단적인 사람을 위한 설계

① 극단치 설계(인체 측정 특성의 극단에 속하는 사람을 대상으로 설계하면 거의 모든 사람을 수용가능)

구분	최대 집단치	최소 집단치
개념	대상 집단에 대한 인체 측정 변수의 상위 백분위수 (percentile)를 기준으로 90, 95, 99%치가 사용	관련 인체 측정 변수 분포의 하위 백분위수를 기준으로 1, 5, 10% 치가 사용
사용 예	① 출입문, 통로, 의자사이의 간격 등의 공간 여유의 결정 ② 줄사다리, 그네 등의 지지물의 최소 지지중량(강도)	선반의 높이 또는 조정장치까지의 거리, 버스나 전철의 손잡이 등의 결정

② 효과와 비용을 고려 : 흔히 95%나 5%치를 사용

(2) 조절 범위

① 장비나 설비의 설계에 있어 때로는 여러 사람이 사용 가능하도록 조절식으로 하는 것이 바람직한 경우도 있다.

② 사무실 의자의 높낮이 조절, 자동차 좌석의 전후조절 등

③ 통상 5%치에서 95%치까지의 90% 범위를 수용대상으로 설계

(3) 평균치를 기준으로 한 설계

① 특정 장비나 설비의 경우, 최대 집단치나 최소 집단치 또는 조절식으로 설계하기가 부적절하거나 불가능할 때

② 가게나 은행의 계산대 등

10. 작업공간

1) 앉은 사람의 작업공간

(1) 작업공간 포락면
한 장소에 앉아서 수행하는 작업활동에서 작업하는데 사용하는 공간

(2) 파악한계
앉은 작업자가 특정한 수작업 기능을 편히 수행할 수 있는 공간의 외곽한계

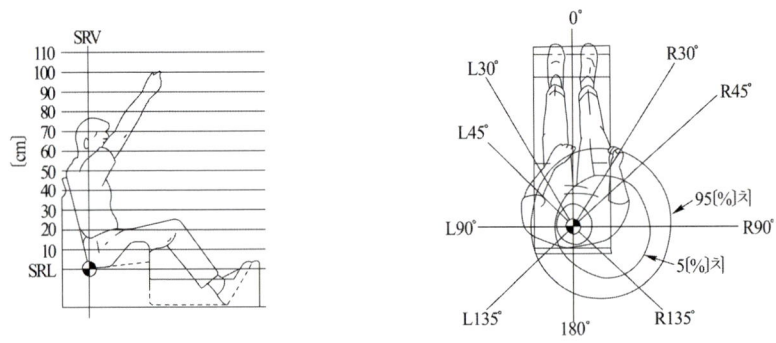

앉은 작업자의 공간포락면과 파악한계

2) 선사람의 작업공간
팔의 움직임에 따라 무게중심이 변하기 때문에 팔을 앞으로 뻗을 수 있는 길이가 제한

3) 자세에 따른 작업범위

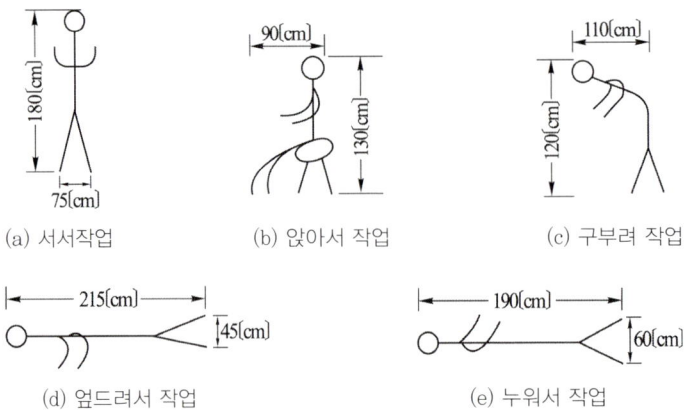

자세에 따른 작업범위

11. 작업대 및 의자설계원칙

1) 작업대 (work surface)

(1) 수평작업대

정상작업역 (표준영역)	위팔을 자연스럽게 수직으로 늘어뜨리고, 아래팔만으로 편하게 뻗어 파악할 수 있는 영역
최대작업역 (최대영역)	아래팔과 위팔을 모두 곧게 펴서 파악할 수 있는 영역

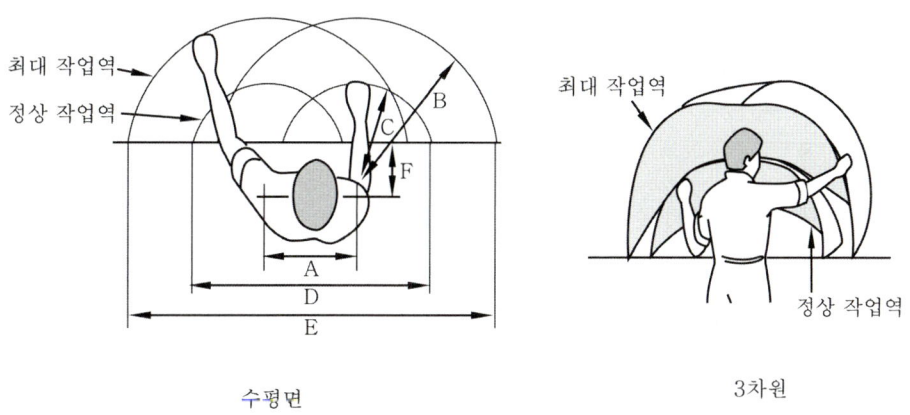

정상 작업역과 최대작업역

(2) 작업대 높이

최적높이 설계지침	① 작업면의 높이는 상완이 자연스럽게 수직으로 늘어 뜨려지고 전완은 수평 또는 약간 아래로 비스듬하여 작업면과 적절하고 편안한 관계를 유지 할 수 있는 수준 ② 작업대가 **높은** 경우 : 앞가슴을 위로 올리는 경향, 겨드랑이를 벌린 상태 등 ③ 작업대가 **낮은** 경우 : 가슴이 압박 받음, 상체의 무게가 양팔꿈치에 걸림 등
착석식 (의자식) 작업대 높이	① 조절식으로 설계하여 개인에 맞추는 것이 가장 바람직 ② 작업 높이가 팔꿈치 높이와 동일 ③ **섬세한 작업**(미세부품조립 등) 일수록 높아야 하며(팔꿈치 높이보다 5~15cm) 거친작업에는 약간 낮은 편이 유리 ④ 작업면 하부 여유공간이 가장 큰 사람의 대퇴부가 자유롭게 움직일 수 있도록 설계 ⑤ 작업대 **높이 설계시** 고려사항 : ㉠ 의자의 높이 ㉡ 작업대 두께 ㉢ 대퇴 여유
입식 작업대 높이	① 경조립 또는 이와 유사한 조작작업 : 팔꿈치 높이보다 **5~10cm 낮게** ② 섬세한 작업일수록 높아야 하며, 거친작업은 약간 낮게 설치 ③ 고정높이 작업면은 가장 큰 사용자에게 맞도록 설계(발판, 발받침대 등사용) ④ **높이 설계시** 고려사항 : ㉠ 근전도(EMG) ㉡ 인체측정(신장 등) ㉢ 무게중심 결정(물체의 무게 및 크기 등)

2) 의자설계 원칙

체중 분포	① 대부분의 체중이 엉덩이의 좌골결절(ischial tuberosity)에 실려야 편안 ② 체중 분포는 등압선으로 표시

의자 좌판의 높이	① 대퇴부의 압박 방지를 위해 좌판 앞부분은 오금 높이 보다 높지 않게 설계(치수는 5%치 사용)
	② 좌판의 높이는 개인별로 조절할 수 있도록 하는 것이 바람직
	③ 사무실 의자의 좌판과 등판 각도
	    ㉠ 좌판각도 : 3°
	    ㉡ 등판각도 : 100°

의자 좌판의 깊이와 폭	① 폭은 큰 사람에게 맞도록, 깊이는 대퇴를 압박하지 않도록 작은 사람에게 맞도록 설계 ② 의자가 길거나 옆으로 붙어있는 경우 팔꿈치 폭 고려 - 95%치 사용(콩나물 효과)
몸통의 안정	① 체중이 좌골결절에 실려야 몸통의 안정이 유리 ② 등판의 지지가 미흡하면 압력이 한쪽에 치우쳐 척추병의 원인 - 좌판과 등판의 각도와 등판의 굴곡이 중요

12. 부품배치의 원칙

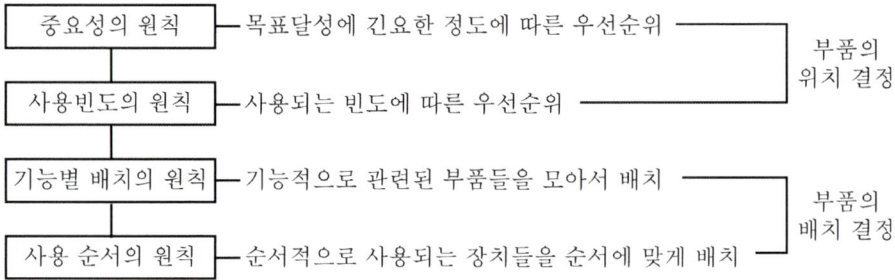

13. 통제비

1) 조종 - 표시장치 이동비율(control display ratio) C/D비 또는 C/R비

(1) 조정장치의 움직인 거리(회전수)와 표시 장치상의 지침이 움직인 거리의 비
(2) 종류
    ① 선형 조정장치가 선형 표시장치를 움직일 때는 각각 직선변위의 비(제어표시비)

$$C/D비 = \frac{조종장치(제어기기)의\ 이동거리}{표시장치(표시기기)의\ 반응거리}$$

② 회전 운동을 하는 조정장치가 선형 표시장치를 움직일 경우

$$C/D비 = \frac{(a/360) \times 2\pi L}{표시장치의 이동거리}$$

L : 반경(지레의 길이), a : 조정장치가 움직인 각도

2) 조종 반응비율(통제 표시비) 설계시 고려사항

계기의 크기	계기의 조절시간이 짧게 소요되는 사이즈 선택, 너무 작으면 오차발생 증대되므로 상대적으로 고려
공차	짧은 주행시간내에 공차의 인정범위를 초과하지 않는 계기 마련
목측거리	눈의 가시거리가 길면 길수록 조절의 정확도는 감소하며 시간이 증가
조작시간	조작시간의 지연은 직접적으로 조종반응비가 가장 크게 작용(필요할 경우 통제비 감소조치)
방향성	조종기기의 조작방향과 표시기기의 운동방향이 일치하지 않으면 작업자의 혼란초래(조작의 정확성 감소)

14. 통제장치의 유형

1) 통제기(조작기)의 종류

개폐에 의한 조작기	① 누름버튼(Push button) : 손(hand) 발(foot) ② 똑딱 스위치(toggle switch) ③ 회전선택스위치(rotary switch)
양의 조절에 의한 조작기	① 노브 (knob) ② 크랭크 (crank) ③ 레버 (lever) ④ 손핸들 (hand wheel) ⑤ 페달 (pedal) ⑥ 커서 위치조정(cusor positioning):마우스, 트랙볼 등
반응에 의한 통제	① 계기신호 ② 감각에 의한 통제

2) 통제기의 특성

연속적인 조절이 필요한 형태	① knob ② crank ③ handle ④ lever ⑤ pedal
불연속적인 조절이 필요한 상태	① hand push button ② foot push button ③ toggle switch ④ rotary switch
안전장치와 통제장치	① push button의 오목면 이용 ② toggle switch의 커버설치 ③ 안전장치와 통제장치는 겸하여 설치하는 것이 효율적

* toggle switch 및 push button의 설치는 중심선으로부터 30° 이하를 원칙으로 하며, 25° 위치일 때가 가장 작동시간이 짧다.

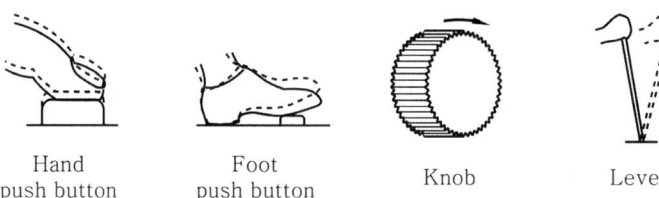

| | | Hand push button | Foot push button | Knob | Lever |

15. 표시장치

1) 동적 표시 장치의 기본형 (정량적 동적)

아날로그 (Analog)	정목동침형 (지침이동형)	정량적인 눈금이 정성적으로 사용되어 원하는 값으로부터의 대략적인 편차나, 고도를 읽을 때 그 변화방향과 율등을 알고자 할 때
	정침동목형 (지침고정형)	나타내고자 하는 값의 범위가 클 때, 비교적 작은 눈금판에 모두 나타 내고자 할 때
디지털 (Digital)	계수형 (숫자로 표시)	・수치를 정확하게 충분히 읽어야 할 경우 ・원형 표시 장치보다 판독오차가 적고 판독시간도 짧다.(원형 : 3.54초, 계수형 : 0.94초)

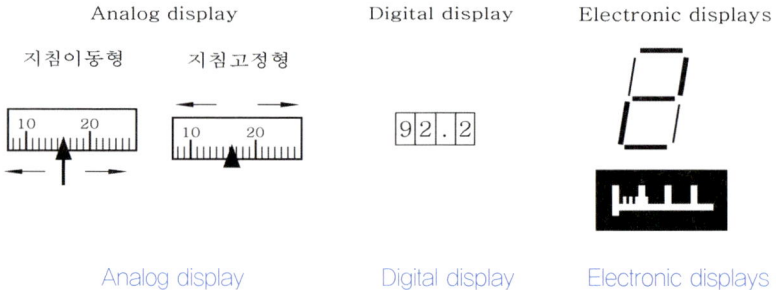

2) 정성적 표시 장치

(1) 온도 압력 속도처럼 연속적으로 변하는 변수의 대략적인 값이나 또는 변화추세율 등을 알고자 할 때

(2) 정량적 자료를 정성적 판독의 근거로 사용할 경우
① 변수의 상태나 조건이 미리 정해놓은 몇 개의 범위 중 어디에 속하는가를 판정할 때 (휴대용 라디오 전지상태)
② 적정한 어떤 범위의 값을 일정하게 유지하고자 할 때 (자동차 속력)
③ 변화 추세나 율을 관찰하고자 할 때(비행고도의 변화율)

3) 묘사적 표시장치

(1) 목적

위치나 구조가 변하는 항공기표시장치 등과 같이 배경에 변화되는 상황을 중첩하여 나타내는 표시장치로, 효과적인 상황파악을 위해 사용된다.

(2) 비행 자세 표시장치 설계의 제원칙

① 표시장치 통합의 원칙   ② 회화적 사실성의 원칙   ③ 이동 부분의 원칙
④ 추종 추적의 원칙   ⑤ 빈도 분리의 원칙   ⑥ 최적 축척의 원칙

4) 표시장치의 선택

(1) 청각장치와 시각 장치의 비교

청 각 장 치 사 용	시 각 장 치 사 용
① 전언이 간단하다	① 전언이 복잡하다
② 전언이 짧다	② 전언이 길다
③ 전언이 후에 재참조되지 않는다	③ 전언이 후에 재참조된다
④ 전언이 시간적 사상을 다룬다	④ 전언이 공간적인 위치를 다룬다
⑤ 전언이 즉각적인 행동을 요구한다(긴급할때)	⑤ 전언이 즉각적인 행동을 요구하지 않는다
⑥ 수신장소가 너무 밝거나 암조응유지가 필요시	⑥ 수신장소가 너무 시끄러울 때
⑦ 직무상 수신자가 자주 움직일 때	⑦ 직무상 수신자가 한곳에 머물 때
⑧ 수신자가 시각계통이 과부하상태일 때	⑧ 수신자의 청각 계통이 과부하상태일 때

(2) 청각적 표시장치가 시각적 장치보다 유리한 경우

① 신호음 자체가 음일때
② 무선거리 신호, 항로 정보 등과 같이 연속적으로 변하는 정보를 제시할 때
③ 음성통신 경로가 전부 사용되고 있을 때

16. 실효온도

1) 실효온도〔체감온도, 감각온도(Effective Temperature)〕

① 영향인자
  ㉠ 온도
  ㉡ 습도
  ㉢ 공기의 유동(기류)
② ET는 영향인자들이 인체에 미치는 열효과를 하나의 수치로 통합한 경험적 감각지수
③ 상대 습도 100% 일 때 건구온도에서 느끼는 것과 동일한 온감

④ 허용 한계

정신 작업	경작업	중작업
60~64 °F	55~60 °F	50~55 °F

2) 신 실효온도(New ET), 수정 실효온도(CET)

구분	ET	NET
온도	대기온도	흑구 온도
상대습도	100%	50%

17. 조명

1) 조명수준

(1) 충분한 조명 수준의 기준(실내조명수준)
① 가시준거함수
② 시성능 기준함수

(2) 조명이 성능에 끼치는 영향
① 현장연구
㉠ 조명수준 향상 → 산출량 향상
㉡ Elton Mayo의 Hawthorne실험(인간관계의 중요성 암시)

조명강도 높임 → 생산성 향상 ➡ 다시 조명강도 낮춤 → 생산성 계속증가

② 현장 및 실험실 연구의 결론
㉠ 조명수준을 높일수록 성능의 안정이 이루어짐
㉡ 과도한 조명은 휘광이라는 또 다른 문제점 유발

2) 추천조명수준의 설정

(1) 소요조명

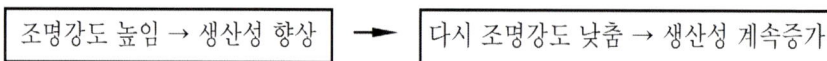

$$소요조명(fc) = \frac{소요광도(fL)}{반사율(\%)}$$

(2) 추천조명 수준

작업 조건	foot-candle	특정한 임무
높은 정확도를 요구하는 세밀한 작업	1,000 500 300	수술대, 아주 세밀한 조립작업 아주 힘든 검사작업 세밀한 조립작업
오랜시간 계속하는 세밀한 작업	200 150 100	힘든 끝손질 및 검사작업, 세밀한 제도, 치과작업, 세밀한 기계작업 초벌제도, 사무기기 조작 보통기계작업, 편지 고르기
오랜시간 계속하는 천천히 하는 작업	70 50	공부, 바느질, 독서, 타자, 칠판에 쓴 글씨 읽기 스케치, 상품포장
정상작업	30 20 10	드릴, 리벳, 줄질 초벌기계작업, 계단, 복도 출하, 입하작업, 강당
자세히 보지않아도 되는 작업	5	창고, 극장 복도

18. 조도

(1) 물체의 표면에 도달하는 빛의 밀도(표면밝기의 정도)로 단위는 lux(meter candle)를 사용하며, 거리가 멀수록 역자승 법칙에 의해 감소한다.

$$조도 = \frac{광도}{(거리)^2}$$

(2) 조도의 척도

foot-candle(fc)	1cd의 점광원(1루멘의 빛)으로부터 1foot떨어진 구면에 비치는 빛의 양(밀도) 1lumen/ft² 미국에서 사용하는 단위
lux	1cd의 점광원(1루멘의 빛)으로부터 1m떨어진 구면에 비치는 빛의 양(밀도) 1lumen/m² 국제표준단위로 일반적으로 사용.

(3) 작업장의 조도 기준

초정밀 작업	정밀 작업	보통 작업	그 밖의 작업
750 럭스 이상	300 럭스 이상	150 럭스 이상	75 럭스 이상

19. 반사율

(1) 반사율 공식

$$반사율(\%) = \frac{광도(fL)}{조도(fc)} \times 100$$

(2) 추천반사율

바닥	가구, 사무용기기, 책상	창문 발(blind), 벽	천정
20~40%	25~45%	40~60%	80~90%

(3) 실제로 얻을 수 있는 최대 반사율 : 약 95% 정도

20. 대비

(1) 표적과 배경의 밝기 차이를 말하며, 광도대비 또는 휘도대비란 표면의 광도와 배경의 광도의 차를 나타내는 척도이다(광도는 반사율로 바꾸어 적용할 수 있다)

(2) 대비 공식

$$대비(\%) = \frac{배경의\ 광도(L_b) - 표적의\ 광도(L_t)}{배경의\ 광도(L_b)} \times 100$$

21. 소음대책

1) 소음작업의 기준

소음작업	1일 8시간 작업을 기준으로 85데시벨 이상의 소음이 발생하는 작업
강열한 소음작업	① 90데시벨 이상의 소음이 1일 8시간 이상 발생되는 작업 ② 95데시벨 이상의 소음이 1일 4시간 이상 발생되는 작업 ③ 100데시벨 이상의 소음이 1일 2시간 이상 발생되는 작업 ④ 105데시벨 이상의 소음이 1일 1시간 이상 발생되는 작업 ⑤ 110데시벨 이상의 소음이 1일 30분 이상 발생되는 작업 ⑥ 115데시벨 이상의 소음이 1일 15분 이상 발생되는 작업
충격소음작업	소음이 1초 이상의 간격으로 발생하는 작업으로서 다음에 해당하는 작업 ① 120데시벨을 초과하는 소음이 1일 1만회 이상 발생되는 작업 ② 130데시벨을 초과하는 소음이 1일 1천회 이상 발생되는 작업 ③ 140데시벨을 초과하는 소음이 1일 1백회 이상 발생되는 작업

2) 소음작업(강렬한 소음, 충격소음 포함)의 근로자 주지사항

① 해당 작업장소의 소음 수준
② 인체에 미치는 영향과 증상
③ 보호구의 선정과 착용방법
④ 그밖에 소음으로 인한 건강장해 방지에 필요한 사항

3) OSHA 표준

(1) 소음 투여량(noise dose)

① OSHA(미 노동부 직업안전 위생국)의 소음의 부분 투여(80dB-A이하 무시)

$$부분투여(\%) = \frac{실제노출시간}{최대허용시간} \times 100$$

② 허용노출수준 : 100%의 소음 투여량(총 소음 투여량은 부분투여의 합)

(2) OSHA 허용 소음노출

음압수준(dB-A)	80	85	90	95	100	105	110	115	120	125	130
허용시간	32	16	8	4	2	1	0.5	0.25	0.125	0.063	0.031

4) 소음대책(소음통제 방법)

① 소음원의 제거 - 가장 적극적인 대책
② 소음원의 통제 - 안전설계, 정비 및 주유, 고무 받침대 부착, 소음기 사용 등
③ 소음의 격리 - 씌우개(enclosure), 방이나 장벽을 이용(창문을 닫으면 10dB감음 효과)
④ 차음 장치 및 흡음재 사용
⑤ 음향 처리제 사용
⑥ 적절한 배치(lay out)

II. 시스템 위험분석

1. 시스템안전을 달성하기 위한 4단계

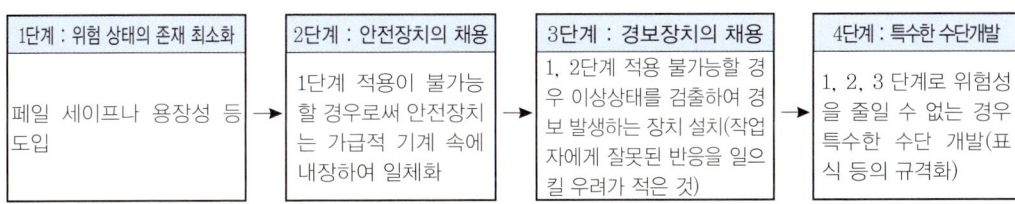

2. 예비 사고 분석 (Preliminary Hazards Analysis : PHA)

1) PHA는 모든 시스템 안전 프로그램의 최초단계의 분석으로서 시스템내의 위험요소가 얼마나 위험한 상태에 있는가를 정성적으로 평가하는 것이다.(공정 또는 설비 등에 관한 상세한 정보를 얻을 수 없는 상황에서 위험물질과 공정 요소에 초점을 맞추어 초기위험을 확인하는 방법)

2) PHA의 목적

시스템 개발 단계에 있어서 시스템 고유의 위험상태를 식별하고 예상되는 재해의 위험수준을 결정하는 것이다.

3) PHA의 실시방법

시기	가급적 빠른 시기 즉 시스템 개발 단계에 실시하는 것이 불필요한 설계변경 등을 회피하고 보다 효과적으로 경제적인 시스템의 안전성을 확보할 수 있다.
기법	① 체크 리스트에 의한 방법 ② 경험에 따른 방법 ③ 기술적 판단에 기초하는 방법
목표 달성	① 시스템에 관한 주요한 모든 사고식별(대략적인 말로표시, 발생확률미고려) ② 사고를 초래하는 요인식별 ③ 사고가 생긴다는 가정하에 시스템에 발생하는 결과를 식별하여 평가 ④ 식별된 사고를 4가지 범주(카테고리)로 분류 (㉠ 파국적 ㉡ 위기적(중대) ㉢ 한계적 ㉣ 무시가능)

3. 고장형과 영향분석(Failure Mode and Effect Analysis)

1) 시스템 안전 분석에 이용되는 전형적인 정성적 귀납적 분석방법으로 시스템에 영향을 미치는 전체요소의 고장을 형별로 분석하여 그 영향을 검토하는 것(각 요소의 1형식 고장이 시스템의 1영향에 대응)

2) 시스템에 영향을 미치는 요소 고장의 분류

   ① 개로 또는 개방의 고장   ② 폐로 또는 폐쇄의 고장
   ③ 기동의 고장   ④ 정지의 고장
   ⑤ 운전계속의 고장   ⑥ 오동작의 고장 등

3) FMEA의 특징

① CA(criticality analysis) 와 병행하는 일이 많다.
② FTA보다 서식이 간단하고 적은 노력으로 특별한 훈련 없이 분석이 가능하다.
③ 논리성이 부족하고 각 요소간의 영향 분석이 어려워 동시에 두 가지 이상의 요소가 고장날 경우 분석이 곤란하다.
④ 요소가 통상 물체로 한정되어 있어 인적원인의 규명이 어렵다.
⑤ 시스템 안전 해석 시에는 시스템에서 단계나 평가의 필요성 등에 의해 FTA 등을 병용해 가는 것이 실재적인 방법이다.

- 개발초기에는 항공기 엔진에 적용→ 그 후 항공기산업에 이용→ 현재 미국공군 및 NASA에 계약상 필요사항으로 되어있다.
- 정성적인 해석 방법이지만 정량화를 도모하기 위한 연구가 진행 중이다.

4) FMEA의 실시절차

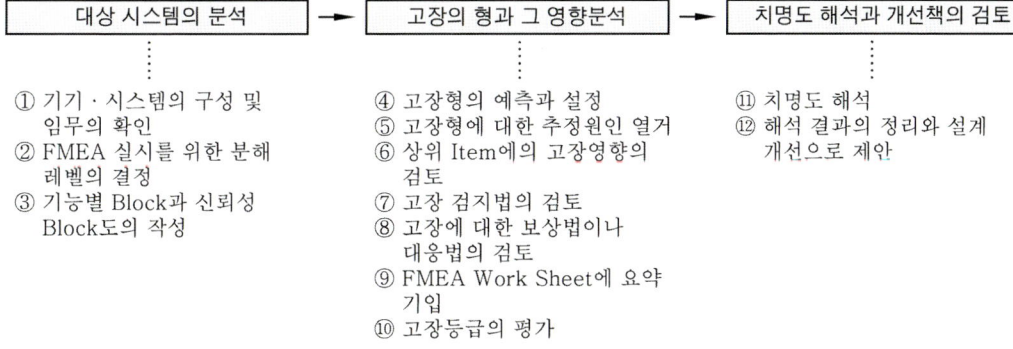

5) 영향에 따른 발생확률

영 향	발생확률(β)
실제의 손실	$\beta = 1.00$
예상되는 손실	$0.10 \leq \beta < 1.00$
가능한 손실	$0 < \beta < 0.10$
영향없음	$\beta = 0$

4. 디시젼 트리

디시젼 트리가 재해의 분석에 사용되는 경우에는 이벤트 트리(Event Tree)라고 부를 때도 있다. 이 경우 트리는 재해의 발단이 된 요인에서 출발해 2차적 요인이나 안전수단의 성부 등에 따라서 분기해 최후에 재해 사상에 도달

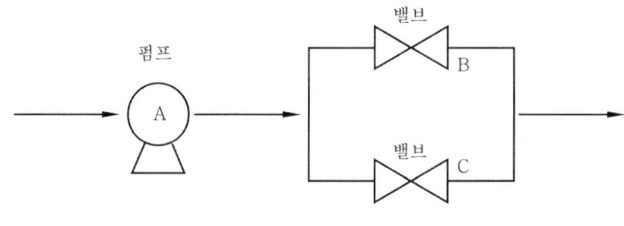

다이어그램

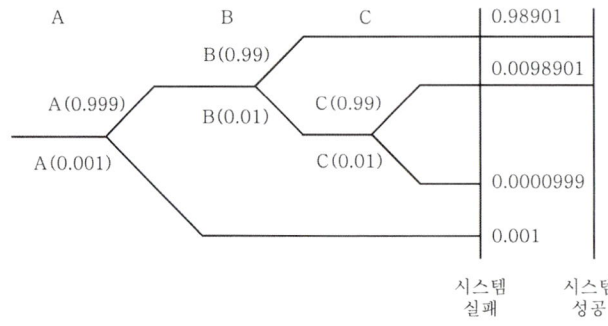

디시전트리

5. ETA(Event Tree Analysis)

1) 정의

① 사상의 안전도를 사용한 시스템의 안전도를 나타내는 시스템 모델의 하나로 귀납적이기는 하나 정량적인 해석 기법(초기사건으로 알려진 특정한 장치의 이상 또는 운전자의 실수에 의해 발생되는 잠재적인 사고결과를 정량적으로 평가·분석하는 방법)
② 종래의 지나치기 쉬웠던 재해의 확대요인의 분석 등에 적합

2) 이벤트 트리의 작성법

① 시스템 다이어그램에 의해 좌에서 우로 진행
② 각 요소를 나타내는 시점에 있어서 통상 성공사상은 상방에, 실패사상은 하방에 분기
③ 분기마다 그 발생확률을 표시
④ 최후에 각각의 곱의 합으로 해서 시스템의 신뢰도 계산
⑤ 분기된 각 사상의 확률의 합은 항상 1이다.

> **예 제**
>
> ET의 작성
>
>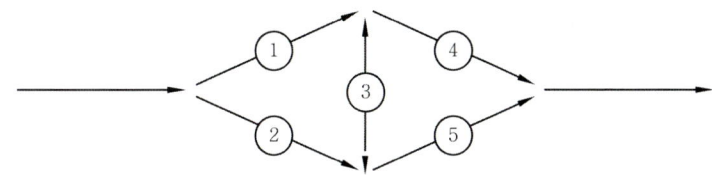
>
> ①번 부품이 고장난 것을 전제로 시스템이 작동할 확률을 구하시오.
> (단, 고장날 확률은 ②번 0.3 ③번 0.1 ④번 0.2 ⑤번 0.4 이다)
>
> **풀이** ET를 작성하여 계산하면
> P(시스템 가동) = (0.7×0.9×0.8) + (0.7×0.9×0.2×0.6) + (0.7×0.1×0.6)
> = 0.6216

6. THERP(Technique For Human Error Rate Prediction)

1) 개요

① 시스템에 있어서 인간의 과오를 정량적으로 평가하기 위해 개발된 기법(Swain 등에 의해 개발된 인간실수 예측기법)
② 인간의 과오율의 추정법 등 5개의 스텝으로 구성
③ 기본적으로 ETA의 변형으로 루프, 바이패스를 가질 수 있고 맨머신 시스템의 부분적인 상세한 분석에 적합
④ THERP 측정을 위한 구분

인간의 행동과정 구분		에러를 일으킨 행위의 구분	
자극의 투입과정(입력 또는 자극)	I	계획적으로 행한 행위	A
조정 및 판단 과정(전달 또는 의사결정)	M	계획적이 아니게 행한 행위	B
산출과정 (충격 또는 반응)	O	행해지지 않은 행위	C

2) 구성 5단계

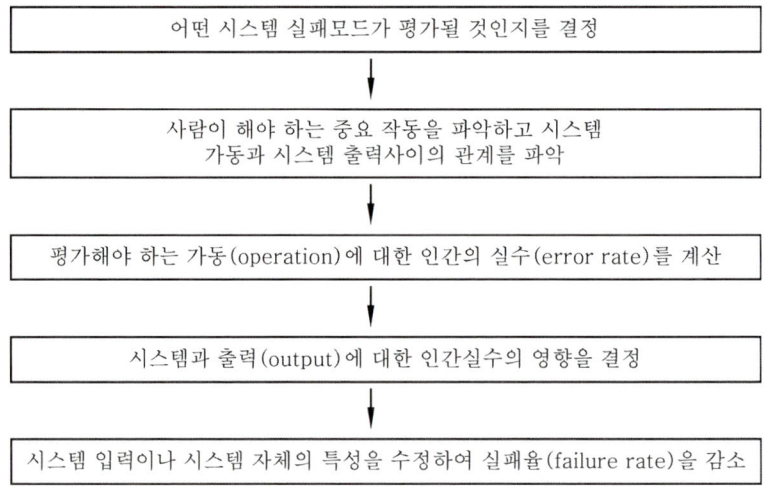

7. MORT (Management Oversight and Risk Tree)

1) 1970년 이래 미국에너지 연구개발청(ERDA)의 Johnson에 의해 개발

2) 방법

① MORT란 이름을 붙인 해석 트리를 중심으로 하여 FTA와 동일한 논리기법 사용
② 관리, 설계, 생산, 보전 등의 광범위하게 안전을 도모하는 것

3) 목적

원자력 산업과 같은 대부분 상당히 높은 안전을 요하는 곳에서 보다 **고도의 안전을 달성**하는 것

4) 의의

개발의 대상이 원자력 산업이지만 **처음으로 산업안전을 목적으로 개발된 시스템안전 프로그램**

8. FTA

1) FTA의 특징

① 분석에는 게이트, 이벤트, 부호등의 그래픽 기호를 사용하여 결함단계를 표현하며, 각각의 단계에 확률을 부여하여 어떤 상황의 실패확률계산 가능
② 연역적이고 정량적인 해석방법(사고의 원인이 되는 장치의 이상이나 고장의 다양한 조합 및 작업자 실수 원인을 연역적으로 분석하는 방법)
③ 상황에 따라 정성적 해석뿐만 아니라 재해의 직접원인 해석도 가능하며 복잡한 시스템의 상세해석 등 융통성이 풍부

2) 결함수 분석법의 활용 및 기대효과

① 사고원인 규명의 간편화
② 사고원인 분석의 일반화
③ 사고 원인 분석의 정량화
④ 노력, 시간의 절감
⑤ 시스템의 결함 진단
⑥ 안전점검표 작성

3) FTA의 순서 및 작성방법

① 해석하려는 시스템의 공정과 작업내용 파악 및 예상되는 재해의 조사
② 재해의 위험도를 검토하여 해석할 재해 결정(필요하면 PHA실시)
③ 재해의 위험도를 고려하여 발생확률의 목표값 결정
④ 재해에 관련된 기계의 불량이나 작업자에러에 대한 원인과 영향조사(필요하면 PHA나 FMEA 실시)
⑤ FT를 작성하고 수식화하여 불대수를 이용 간소화
⑥ 기계 불량 상태 또는 작업자에러의 발생확률 FT에 표시
⑦ 해석하는 재해의 발생확률을 계산하고 과거자료와 비교
⑧ 코스트나 기술 등의 조건을 고려하여 유효한 재해 방지 대책 수립

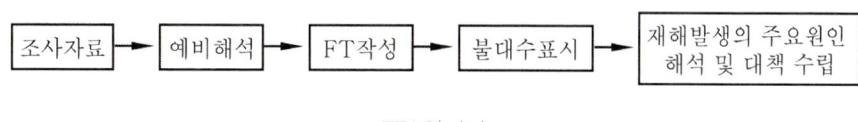

FTA의 수순

4) FTA에 의한 재해분석 및 평가(예제)

예 제 FTA에 의한 재해분석 및 평가

다음과 같은 회로도와 신뢰성 블록선도로 표현되는 시스템에서 「모터 시동 불가능」을 정상사상으로 하는 FTA를 분석하시오.(표시한 숫자는 요소의 고장확률)

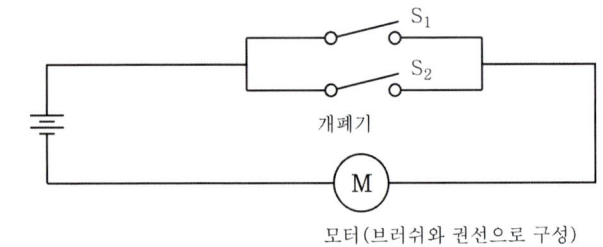

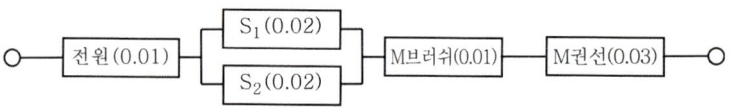

풀이 FT도를 작성하여 고장발생 확률을 계산하면[정상사상을 P(모터시동불가능)로 하고, 결함 사상은 P_1(전류안 흐름), P_2(스위치 고장), P_3(모터의 고장)이며, 기본사상을 전원고장, 스위치 S_1 고장, 스위치 S_2 고장, 모터브러쉬고장, 모터권선고장으로 하여 FT도를 작성한다.]

$P_2 = 0.02 \times 0.02 = 0.0004$
$P_1 = 1-(1-0.01)(1-0.0004) = 0.01$
$P_3 = 1-(1-0.01)(1-0.03) = 0.0397$
∴ $P = 1-(1-0.01)(1-0.0397) = 0.049$

9. FTA에 의한 재해사례 연구순서

제1단계 톱사상의 선정	→	제2단계 사상마다 재해원인 ·요인의 규명	→	제3단계 FT도의 작성	→	제4단계 개선계획의 작성
① system의 안전 보건 문제점 파악 ② 사고, 재해의 모델화 ③ 문제점의 중요도 우선순위의 결정 ④ 해석할 톱 사상의 결정		① 톱사상의 재해 원인의 결정 ② 중간사상의 재해 원인의 결정 ③ 말단사상까지의 전개		① 부분적 FT도를 다시본다 ② 중간사상의 발생 조건의 재검토 ③ 전체의 FT도의 완성		① 안전성이 있는 개선안의 검토 ② 제약의 검토와 타협 ③ 개선안의 결정 ④ 개선안의 실시 계획

10. 확률사상의 적과 화

1) 확률사상의 곱과 합

n개의 독립사상에 관해서	논리곱의 확률 $q(A \cdot B \cdot C \cdots N) = q_A \cdot q_B \cdot q_C \cdots q_N$ 논리합의 확률 $q(A+B+C \cdots N) = 1-(1-q_A)(1-q_B)(1-q_C) \cdots (1-q_N)$
배타적 사상에 관해서	논리합의 확률 $q(A+B+C \cdots N) = q_A + q_B + q_C \cdots q_N$
독립이 아닌 2사상에 관해서	논리곱의 확률 $q(A \cdot B) = q_A(q_B \mid q_A) = q_B(q_A \mid q_B)$ 다만, $q_B \mid q_A$은 A가 일어나는 조건하에서 B가 일어나는 확률 $q_A \mid q_B$은 B가 일어나는 조건하에서 A가 일어나는 확률(조건부확률)

2) 사상 A, B, C ··· N의 발생확률을 $q_A, q_B \cdots q_N$라고 하면 그들의 논리곱과 논리합의 확률은 위에서 나타낸 것과 같다 따라서 불대수와 이들 확률사상의 계산식을 사용함으로서 어떤 FT의 모든 최하단의 사상 발생률이 주어지면 그 FT의 정상사상 즉. 대상으로 인식하고 있는 재해의 발생 확률을 계산할 수 있다.

3) 불 대수의 대수법칙

동정법칙	$A + A = A$, $AA = A$
교환법칙	$AB = BA$, $A + B = B + A$
흡수법칙	$A(AB) = (AA)B = AB$ $A + AB = A \cup (A \cap B) = (A \cup A) \cap (A \cup B) = A \cap (A \cup B) = A$ $A(A + B) = (AA) + AB = A + AB = A$
분배법칙	$A(B + C) = AB + AC$, $A + (BC) = (A + B) \cdot (A + C)$
결합법칙	$A(BC) = (AB)C$, $A + (B + C) = (A + B) + C$

11. 미니멀 컷과 미니멀 패스

1) 미니멀 컷셋과 미니멀 패스셋

미니멀 컷셋	① 컷셋의 집합중에서 정상사상을 일으키기 위하여 필요한 최소한의 컷셋을 미니멀 컷셋이라 한다(시스템의 위험성 또는 안전성을 나타냄) ② 미니멀 컷셋은 시스템의 기능을 마비시키는 사고요인의 최소집합이다.
미니멀 패스셋	그 안에 포함되는 모든 기본사상이 일어나지 않을 때 처음으로 정상사상이 일어나지 않는 기본사상의 집합인 패스셋에서 필요최소한의 것을 미니멀 패스셋이라 한다(시스템의 신뢰성을 나타냄)

2) 미니멀 컷을 구하는 법

① AND게이트 : 컷의 크기를 증가

② OR게이트 : 컷의 수를 증가

③ 정상사상에서 차례로 하단의 사상으로 치환하면서 AND게이트는 가로로, OR게이트는 세로로 나열(기본사상에 도달했을 때 이들의 각행이 미니멀 컷이 된다.)

④ 아래와 같이 구한 Fussell의 알고리즘에 의해 구한 BICS(Boolean Indicated Cut Sets)는 진정한 미니멀 컷이라 할 수 없으며 이들 컷속의 중복사상이나 컷을 제거해야 진정한 미니멀 컷이 된다.

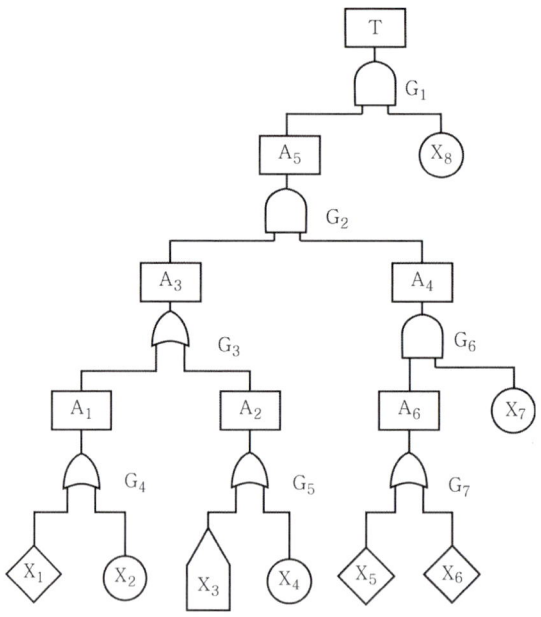

위의 FT를 이용하여 미니멀 컷셋를 구하면

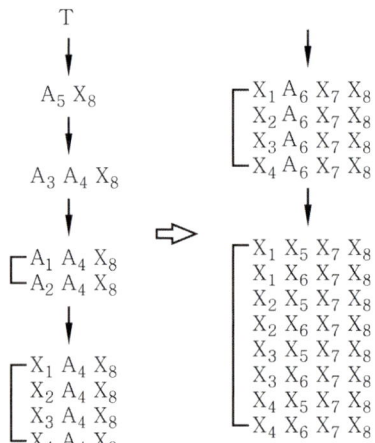

3) 쌍대 FT와 미니멀 패스 구하는 법

① 쌍대 FT란 원래 FT의 이론곱은 이론합으로 이론합은 이론곱으로 치환해 모든사상은 그것들이 일어나지 않는 경우에 대해 생각한 FT이다.
② 쌍대 FT에서 미니멀 컷을 구하면 그것은 원래 FT의 미니멀 패스가 된다.

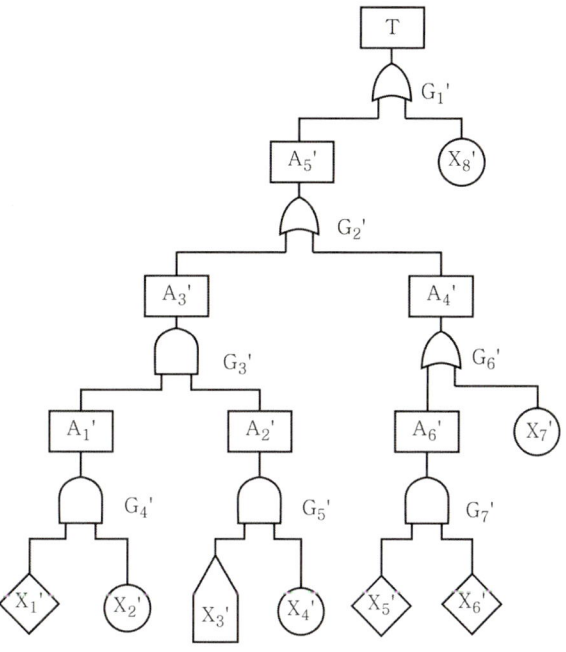

이 쌍대 결함수의 최소 컷셋을 구하면

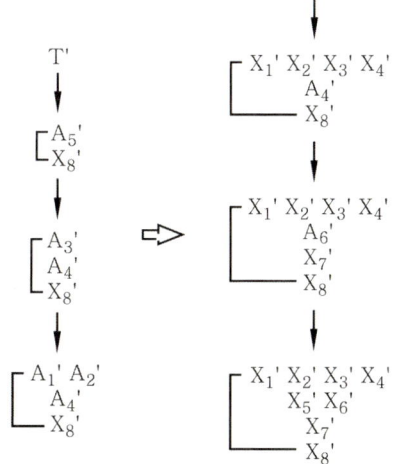

따라서 원래의 FT 미니멀 패스로서 다음의 4조를 얻을 수 있다.

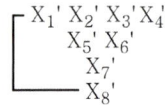

12. 안전성 평가

1) 안전성 평가의 종류

① Technology Assessment ② Safety Assessment
③ Risk Assessment(Risk management) ④ Human Assessment

2) 안전성 평가의 4가지 기법

① 위험의 예측평가(lay out의 검토) ② 체크리스트에 의한 평가
③ 고장모드 영향 분석(FMEA법) ④ 결함수 분석법(FTA 법)

3) 안전성 평가의 기본원칙(6단계)

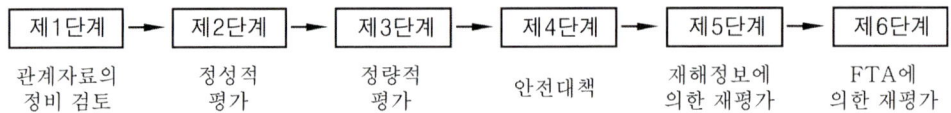

13. 화학설비의 안전성평가

(1) 제1단계 : 관계 법규 등에 의한 평가
(2) 제2단계 : 체크리스트에 의한 정성적 평가
(3) 제3단계 : 정량적 평가
(4) 제4단계 : 정량적 평가에 의한 중요도를 3가지형으로 분류하여 중요도별로 안전대책 강구
(5) 제5단계 : 재해정보에 의한 전 단계까지의 평가결과에 대한 종합적인 재점검 실시
(6) 제6단계 : 위험도 I에 해당하는 Plant에 대해서는 F.T.A에 의한 안전성 평가(재평가) 실시

14. 정성적 평가항목

(1) 설계관계 : 입지조건, 공장 내의 배치, 건조물, 소방용 설비 등
(2) 운전관계 : 원재료, 중간제품 등의 위험성, 프로세스의 운전조건 수송, 저장 등에 대한 안전대책, 프로세스기기의 선정요건

15. 정량적 평가항목

(1) 항목 : ① 각 구성요소의 물질 ② 화학설비의 용량 ③ 온도 ④ 압력 ⑤ 조작
(2) 평점 : A(10점), B(5점), C(2점), D(0점)
(3) 등급 구분

위험등급	I 등급	II 등급	III 등급
점수	16점 이상	11~15점	0~10점

3과목 기계작업공정 특성 분석

1. 인간기준의 유형 4가지를 쓰시오.

    해답 ① 인간성능척도 ② 생리학적지표 ③ 주관적 반응 ④ 사고빈도

2. 체계기준의 유형을 4가지 쓰시오.

    해답 ① 체계의 예상수명 ② 운용이나 사용상의 용이도 ③ 정비유지도 ④ 신뢰도
    ⑤ 운용비 ⑥ 인력소요

3. 기준의 요건에 해당하는 내용을 3가지 쓰시오.

    해답 ① 적절성(relevance) ② 무오염성 ③ 기준척도의 신뢰성(reliability of criterion measure)

4. 사고의 배후요인 4요소(4M)를 쓰시오

    해답 ① man ② machine ③ media ④ management

5. 인간이 갖는 신뢰성을 3가지 쓰시오.

    해답 ① 주의력 ② 긴장수준 ③ 의식수준

6. 인간이 현존하는 기계보다 우수한 기능을 4가지 쓰시오.

    해답 ① 복잡 다양한 자극 형태 식별   ② 예기치 못한 사건 감지
    ③ 많은량의 정보를 오래 보관   ④ 귀납적 추리
    ⑤ 과부하 상태에서는 중요한 일에만 전념

7. 작위실수에 포함되는 내용을 쓰시오.

    해답 착각수행에러(Commission error), 넓은 의미로는 선택착오, 순서착오, 시간착오, 정성적착오 포함.

8. 원인의 레벨적 분류를 3가지 쓰고, 간략히 설명하시오.

해답		
	Primary error	작업자 자신으로부터 발생한 에러(안전교육으로 예방)
	Secondary error	작업형태, 작업조건 중에서 다른 문제가 발생하여 필요한 직무나 절차를 수행 할 수 없는 에러
	Command error	작업자가 움직이려 해도 필요한 물건, 정보, 에너지 등이 공급되지 않아서 작업자가 움직일 수 없는 상황에서 발생한 에러

9. 감각차단현상의 정의를 간단히 쓰시오.

> **해답** 단조로운 업무가 장시간 지속될 때 작업자의 감각기능 및 판단능력이 둔화 또는 마비되는 현상(의식수준 I단계에 해당)

10. 인간-기계체계의 인간의 기본기능의 4가지 유형을 쓰시오.

> **해답** ① 감지 ② 정보보관(저장) ③ 정보처리 및 의사결정 ④ 행동기능

11. 인간 – 기계 통합체계의 3가지 유형을 쓰시오.

> **해답** ① 수동체계 ② 기계화체계 ③ 자동체계

12. 현존하는 기계가 인간보다 우수한 기능을 4가지 쓰시오.

> **해답** ① 인간 및 기계에 대한 모니터 기능 ② 드물게 발생하는 사상 감지
> ③ 암호화된 정보를 신속하게 대량보관 ④ 연역적 추리
> ⑤ 과부하 상태에서도 효율적으로 작동 ⑥ 인간의 정상적 감지 범위 밖의 자극감지

13. 완성된 제품을 검사하는 작업장에서 검사자가 8,000개의 제품을 검사하여 500개의 불량품을 발견하였다. 이 로트에 실제로 1,500개의 불량품이 있었다면 휴먼에러 확률을 계산하시오.

> **해답** 휴먼에러 확률(HEP) = $\dfrac{\text{인간오류의 수}}{\text{전체오류 발생기회의 수}}$
> ∴ HEP = $\dfrac{1,000}{8,000}$ = 0.125

14. 다음과 같은 시스템의 신뢰도를 구하는 공식을 쓰시오.

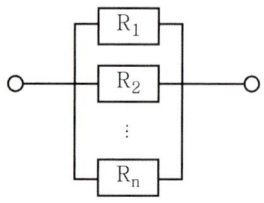

해답 $R = 1-(1-R_1)(1-R_2)\cdots(1-R_n) = 1-\prod_{i=1}^{n}(1-R_i)$

15. 다음 시스템의 신뢰도를 구하시오.

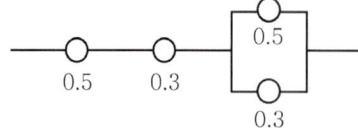

해답 $R_s = 0.85 \times \{1-(1-0.9)(1-0.95) \times 1-(1-0.8)(1-0.9)\}$
∴ $R_s = 0.8288 = 0.83$

16. 리던던시의 정의와 방법상의 종류를 3가지 쓰시오.

해답 (1) 정의 : 일부에 고장이 발생하더라도 전체가 고장이 나지 않도록 기능적으로 여력인 부분을 부가하여 신뢰도를 향상시키려는 중복설계
(2) 종류 : ① 병렬 리던던시 ② 대기 리던던시 ④ 페일세이프 ③ M out of N 리던던시
⑤ 스페어에 의한 교환

17. 페일-세이프의 정의를 간단히 쓰시오.

해답 인간 또는 기계의 과오나 동작상의 실수가 있더라도 사고를 발생시키지 않도록 2중 또는 3중으로 통제를 가하도록 한 체계

18. 다음과 같은 시스템의 신뢰도를 계산하시오.(소수점 4째 자리까지)

해답 $R_s = 0.5 \times 0.3 \times \{1-(1-0.5)(1-0.3)\} = 0.0975$

19. Fail safe의 기능면에서의 분류 (3단계)를 쓰시오.

해답 ① Fail-passive   ② Fail-active   ③ Fail-operational

20. 인간에 대한 모니터링 방식의 종류를 3가지 쓰시오.

해답 ① 셀프 모니터링 방식 ② 생리학적 모니터링 방식 ③ 비주얼 모니터링 방식
④ 반응에 의한 모니터링 방식 ⑤ 환경에 의한 모니터링 방식

21. 인간측정 자료의 응용원칙을 3가지 쓰시오.

해답 ① 극단적인 사람을 위한 설계(극단치 설계) ② 조절범위 ③ 평균치를 기준으로 한 설계

22. 수평작업대에서 정상작업역과 최대작업역에 관하여 간단히 설명하시오.

해답 ① 정상 작업역 : 윗팔을 자연스럽게 수직으로 늘어뜨린 채 아래팔만으로 편하게 뻗어 파악할 수 있는 구역
② 최대 작업역 : 아래팔과 윗팔을 곧게 펴서 파악할 수 있는 구역

23. 의자의 설계원칙을 4가지 쓰시오.

해답 ① 체중분포 ② 의자좌판의 높이 ③ 의자좌판의 깊이와 폭 ④ 몸통의 안정

24. 부품배치의 4가지 원칙을 쓰시오.

해답 ① 중요성의 원칙 ② 사용빈도의 원칙 ③ 기능별 배치의 원칙 ④ 사용순서의 원칙

25. 기계에 대한 통제장치의 유형을 3가지 쓰시오.

해답 ① 개폐에 의한 통제 ② 양의 조절에 의한 통제 ③ 반응에 의한 통제

26. 통제비 설계시 고려해야 할 사항을 5가지 쓰시오.

    해답 ① 계기의 크기 ② 공차 ③ 방향성 ④ 조작시간 ⑤ 목측거리

27. 정량적 동적 표시장치의 기본형에 해당하는 종류 3가지를 쓰시오.

    해답 ① 정침동목형 ② 정목동침형 ③ 계수형

28. 실효온도(감각온도)에 영향을 끼치는 인자 3가지를 쓰시오.

    해답 ① 온도 ② 습도 ③ 기류(공기의 유동)

29. 묘사적 표시장치에서 비행 자세 표시장치 설계의 제원칙을 3가지 쓰시오.

    해답 ① 표시장치 통합의 원칙 ② 회화적 사실성의 원칙
    ③ 이동 부분의 원칙 ④ 추종 추적의 원칙
    ⑤ 빈도 분리의 원칙 ⑥ 최적 축적의 원칙

30. 조도의 정의에 관하여 간단히 설명하시오.

    해답 물체의 표면에 도달하는 빛의 밀도(표면밝기의 정도)로 단위는 lux(meter candle)를 사용하며, 거리가 멀수록 역자승 법칙에 의해 감소한다.

31. 소음작업의 기준을 쓰시오.

    해답 1일 8시간 작업을 기준으로 85데시벨 이상의 소음이 발생하는 작업

32. 소음의 방지대책으로 적당한 방법을 3가지 쓰시오.

    해답 ① 소음원의 제거(가장 적극적인 대책)
    ② 소음원의 통제(안전설계, 정비 및 주유, 고무 받침대 부착, 소음기 사용 등)
    ③ 소음의 격리 - 씌우개(enclosure), 방이나 장벽을 이용(창문을 닫으면 10dB 감음효과)
    ④ 차음 장치 및 흡음재 사용
    ⑤ 음향 처리제 사용
    ⑥ 적절한 배치(lay out)

33. 작업장에서의 법정 조도 기준을 쓰시오.

해답 ① 초정밀 작업 : 750Lux 이상 ② 정밀 작업 : 300Lux 이상
③ 보통 작업 : 150Lux 이상 ④ 그 밖의 작업 : 75Lux 이상

34. 시스템 안전을 달성하기 위한 4단계를 쓰시오.

해답 ① 위험상태의 존재 최소화 ② 안전장치의 채용
③ 경보장치의 채용 ④ 특수한 수단개발

35. 시스템의 위험성 분류(위험강도의 범주)를 순서대로 4가지 쓰시오.

해답 ① 범주 Ⅰ : 파국적 ② 범주 Ⅱ : 위기적
③ 범주 Ⅲ : 한계적(경미재해) ④ 범주 Ⅳ : 무시

36. 다음의 시스템 안전해석방법 용어에 대하여 간단히 설명하시오.

해답 ① 예비사고분석(PHA) : 시스템 안전프로그램에 있어서 최초단계의 분석으로 시스템내의 위험한 요소가 얼마나 위험한 상태에 있는가를 정성적으로 평가하는 방법(공정 또는 설비 등에 관한 상세한 정보를 얻을 수 없는 상황에서 위험물질과 공정 요소에 초점을 맞추어 초기위험을 확인하는 방법)
② 고장의 형과 영향분석(FMEA) : 시스템 위험분석에 이용되는 정성적, 귀납적 분석방법으로 시스템에 영향을 미치는 모든 요소의 고장을 형별로 분석하여 그 영향을 검토하는 방법
③ ETA : 사상의 안전도를 사용하여 시스템의 안전도를 나타내는 시스템 모델의 하나로서 귀납적이기는 하나 정량적인 분석방법(초기사건으로 알려진 특정한 장치의 이상 또는 운전자의 실수에 의해 발생되는 잠재적인 사고결과를 정량적으로 평가·분석하는 방법)
④ THERP : 시스템에 있어서 인간의 과오를 정량적으로 평가하기 위해 개발된 기법(Swain 등에 의해 개발된 인간실수 예측기법)
⑤ MORT : MORT란 이름을 붙인 해석 트리를 중심으로 하여 FTA와 동일한 논리기법을 사용하며 관리, 설계, 생산, 보전 등의 광범위하게 안전을 도모하는 것
⑥ FTA(결함수법) : 분석에는 게이트, 이벤트, 부호 등의 그래픽 기호를 사용하여 결함단계를 표현하며, 각각의 단계에 확률을 부여하여 어떤 상황의 실패확률계산이 가능하고 연역적이고 정량적인 해석방법(사고의 원인이 되는 장치의 이상이나 고장의 다양한 조합 및 작업자 실수 원인을 연역적으로 분석하는 방법)

37. 안전성 평가의 4가지 방법을 쓰시오.

해답 ① 위험의 예측평가법(Lay out) ② 체크 리스트에 의한 평가법
③ 고장형과 영향 분석법(FMEA법) ④ 결함수 분석법(FTA법)

38. FTA의 작성순서를 쓰시오.

해답 ① 해석하려는 시스템의 공정과 작업내용 파악 및 예상되는 재해의 조사

② 재해의 위험도를 검토하여 해석할 재해 결정(필요하면 PHA실시)
③ 재해의 위험도를 고려하여 발생활률의 목표값 결정
④ 재해에 관련된 기계의 불량이나 작업자에러에 대한 원인과 영향조사(필요하면 PHA나 FMEA실시)
⑤ FT를 작성하고 수식화하여 불대수를 이용 간소화
⑥ 기계 불량 상태 또는 작업자에러의 발생확률 FT에 표시
⑦ 해석하는 재해의 발생확률을 계산하고 과거자료와 비교
⑧ 코스트나 기술 등의 조건을 고려하여 유효한 재해 방지 대책 수립

39. 컷과 미니멀 컷, 패스와 미니멀 패스의 정의를 간단히 쓰시오.

해답
① 컷 : 그 속에 포함되어 있는 모든 기본사상이 일어났을 때 정상사상을 일으키는 기본사상의 집합
② 미니멀 컷 : 컷 중 그 부분집합만으로는 정상사상을 일으키는 일이 없는 것, 즉 정상사상을 일으키기 위한 필요 최소한의 컷
③ 패스 : 그 속에 포함되는 기본사상이 일어나지 않을 때 처음으로 정상사상이 일어나지 않는 기본사상의 집합
④ 미니멀 패스 : 어느 고장이나 패스를 일으키지 않으면 재해가 일어나지 않는다는 것, 즉 시스템의 신뢰성을 나타낸다.

40. 안전성 평가의 6단계를 쓰시오.

해답
① 1단계 : 관계자료의 정비검토
② 2단계 : 정성적 평가
③ 3단계 : 정량적 평가
④ 4단계 : 안전대책
⑤ 5단계 : 재해정보에 의한 재평가
⑥ 6단계 : F.T.A에 의한 재평가

41. 화학설비의 정량적 평가항목 5가지를 쓰시오.

해답
① 각 구성요소의 물질   ② 화학설비의 용량
③ 온도   ④ 압력
⑤ 조작

42. 화학설비의 정성적 평가항목을 쓰시오.

해답
① 설계관계 : 입지조건, 공장 내의 배치, 건조물, 소방용 설비 등
② 운전관계 : 원재료, 중간제품 등의 위험성, 프로세스의 운전조건 수송, 저장 등에 대한 안전대책, 프로세스기기의 선정요건

43. A, B, C 각 부품의 고장확률이 각각 0.20이고, 직렬 결합이다. 시스템의 고장을 정상사상으로 하는 FT도를 작성하고, 고장 발생확률을 구하시오.

해답 ① FT도 작성

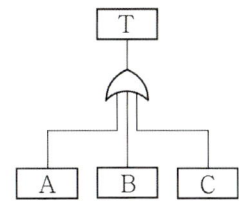

② 고장 발생확률
T = 1−(1−0.2)(1−0.2)(1−0.2) = 1−(1−0.2)³ = 0.488 = 0.49

44. 다음 FT도의 고장 발생확률을 계산하시오.

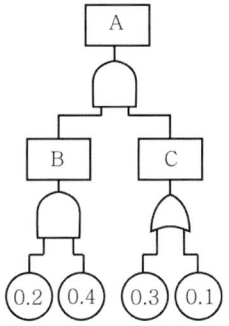

해답
① A = B × C
② B = 0.2 × 0.4 = 0.08
③ C = 1 − (1 − 0.3)(1 − 0.1) = 0.37
∴ A의 발생확률 = 0.08 × 0.37 = 0.0296 = 0.03

45. 다음은 화학설비의 안전성에 대한 정량적 평가이다. 위험등급에 따른 점수를 계산하고 해당되는 항목을 쓰시오.
① 위험등급 Ⅰ : (   )
② 위험등급 Ⅱ : (   )
③ 위험등급 Ⅲ : (   )

항목분류	A급(10점)	B급(5점)	C급(2점)	D급(0점)
취급물질	○		○	
화학설비의 용량	○	○	○	
온도		○	○	○
압력	○	○		
조작			○	○

해답 ① 합산점수 16점 이상 : 화학설비의 용량(17점)
② 합산점수 11 ~ 15점 : 압력(15점), 취급물질(12점)
③ 합산점수 0 ~ 10점 : 온도(7점), 조작(2점)

46. 다음의 Fault Tree에서 Cut Set을 구하시오.

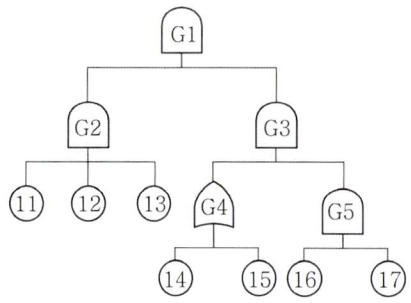

해답 $G_1 = G_2 \cdot G_3 = ⑪⑫⑬ \cdot G_3 = ⑪⑫⑬ \cdot G_4 G_5 = \begin{matrix} ⑪⑫⑬⑭⑯⑰ \\ ⑪⑫⑬⑮⑯⑰ \end{matrix}$

∴ Cut Set = (⑪⑫⑬⑭⑯⑰), (⑪⑫⑬⑮⑯⑰)

47. 어떤 기계가 1시간 가동했을 때 고장발생확률이 0.0005일 경우 MTBF와 1,000시간 가동할 경우의 신뢰도 및 불신뢰도를 각각 구하시오.

해답 ① MTBF(평균고장간격) $= \dfrac{1}{\lambda} = \dfrac{1}{0.0005} = 2,000$(시간)
② 신뢰도 $R(t) = e^{-\lambda t} = e^{-0.0005 \times 1,000} = 0.6065(60.65\%)$
③ 불신뢰도 $F(t) = 1 - R(t) = 1 - 0.6065 = 0.3935(39.35\%)$

48. 어떤부품 10,000 개를 1,000 시간 가동 중에 5개의 불량품이 발생하였다면 고장률과 MTBF는?

해답 ① 고장율 $= \dfrac{5}{10,000 \times 1,000} = 5 \times 10^{-7}$(건/시간)
② MTBF $= \dfrac{1}{5 \times 10^{-7}} = 2 \times 10^6$(시간)

4과목

기계안전 시설관리

4과목 기계안전 시설관리

I. 기계안전 일반

1. 기계설비의 위험점

1) 기계 설비에 의해 형성되는 위험점

위험점	설명	예시
협착점 (Squeeze-point)	왕복 운동하는 운동부와 고정부 사이에 형성 (작업점이라 부르기도 함)	① 프레스 금형 조립부위 ② 전단기의 누름판 및 칼날부위 ③ 선반 및 평삭기의 베드 끝 부위
끼임점 (Shear-point)	고정부분과 회전 또는 직선운동부분에 의해 형성	① 연삭 숫돌과 작업대 ② 반복동작되는 링크기구 ③ 교반기의 교반날개와 몸체사이
절단점 (Cutting-point)	회전운동부분 자체와 운동하는 기계 자체에 의해 형성	① 밀링컷터 ② 둥근톱 날 ③ 목공용 띠톱 날 부분
물림점 (Nip-point)	회전하는 두 개의 회전축에 의해 형성(회전체가 서로 반대방향으로 회전하는 경우)	① 기어와 피니언 ② 롤러의 회전 등
접선 물림점 (Tangential Nip-point)	회전하는 부분이 접선방향으로 물려 들어가면서 형성	① V벨트와 풀리 ② 기어와 랙 ③ 롤러와 평벨트 등
회전 말림점 (Trapping-point)	회전체의 불규칙 부위와 돌기 회전 부위에 의해 형성	① 회전축 ② 드릴축 등

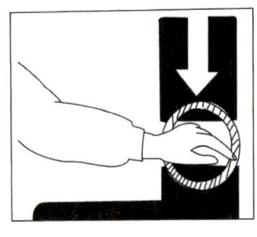
협착점

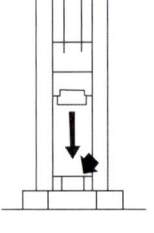

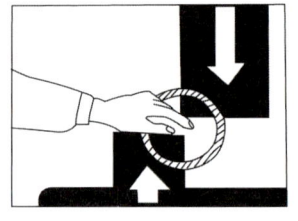
끼인점

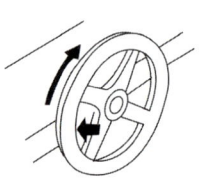

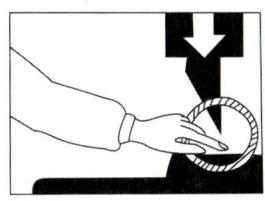 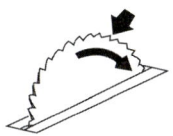  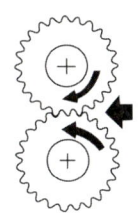

절단점   물림점

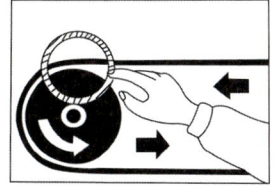 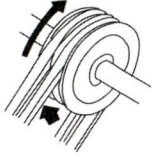 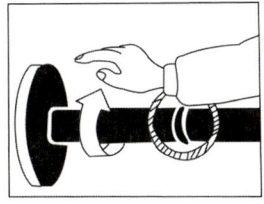 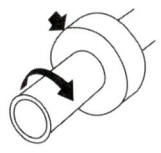

접선 물림점   회전 말림점

2) 위험 요소 분류시 체크 사항

1요소 : 함정(Trap)
기계의 운동에 의해 트랩점이 발생 할 수 있는가?

2요소 : 충격(Impact)
운동하는 기계 요소와 사람이 부딪쳐 사고가 날 가능성은 없는가?
① 고정된 물체에 사람이 충돌
② 움직이는 물체가 사람에 충돌
③ 사람과 물체가 동시에 움직이면서 충돌

3요소 : 접촉(Contact)
날카로운 부분, 뜨겁거나 차가운 부분, 전류가 흐르는 부분에 접촉할 위험은 없는가?
(움직이거나 정지한 모든 기계 설비 포함)

4요소 : 얽힘 또는 말림(Entanglement)
머리카락, 옷소매나 바지, 장갑, 넥타이, 작업복 등이 가동중인 기계설비에 말려들 위험은 없는가?

5요소 : 튀어나옴(Ejection)
기계부분이나 가공재가 기계로부터 튀어나올 위험은 없는가?

2. 기계설비의 본질적 안전화

(1) 안전기능이 기계 내에 내장되어 있을 것	기계의 설계 단계에서 안전기능이 이미 반영되어 제작
(2) 풀 프루프(fool proof)	① 인간의 실수가 있어도 안전장치가 설치되어 사고나 재해로 연결되지 않는 구조 ② 바보가 작동을 시켜도 안전하다는 뜻
(3) 페일 세이프(fail safe)의 기능을 가질 것	① 고장이 생겨도 어느 기간 동안은 정상기능이 유지되는 구조 ② 병렬 계통이나 대기 여분을 갖춰 항상 안전하게 유지되는 기능

3. 기계설비의 안전조건

1) 외관상의 안전화

① 가드 설치(기계 외형 부분 및 회전체 돌출 부분)
② 별실 또는 구획된 장소에 격리(원동기 및 동력 전도 장치)
③ 안전 색채 조절(기계 장비 및 부수되는 배관)

급정지 스위치	적 색	대형 기계	밝은 연녹색	기름 배관	암황적색
시동 스위치	녹 색	증기 배관	암적색	물 배관	청 색
고열을 내는 기계	청녹색, 회청색	가스 배관	황색	공기 배관	백 색

2) 작업의 안전화

안전 작업을 위한 설계 요건	① 안전한 기동 장치와 배치 ② 정지 장치와 정지시의 시건장치 ③ 급정지 버튼, 급정지 장치 등의 구조와 배치 ④ 작업자가 위험 부분에 근접할 때 작동하는 검출형 안전 장치의 사용 ⑤ 연동장치(interlock)된 커버 사용
인간공학적 견지의 배려 사항	① 기계에 부착된 조명이나 기계에서 발생되는 소음 등의 검토 개선 ② 기계류 표시와 배치를 바르게 하여 혼돈이 생기지 않도록 할 것 ③ 작업대나 의자의 높이 또는 형을 알맞게 할 것 ④ 충분한 작업공간 확보(평상작업, 보수, 점검시) ⑤ 작업시 안전한 통로나 계단을 확보 할 것

3) 작업점의 안전화

① 자동제어
② 원격제어 장치
③ 방호장치

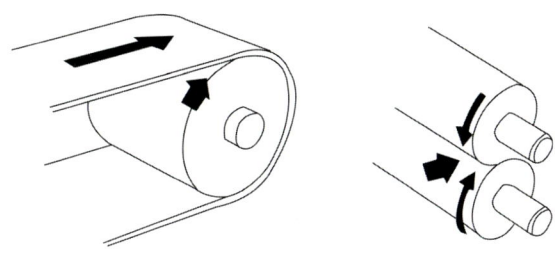

작업점

4) 기능상의 안전화

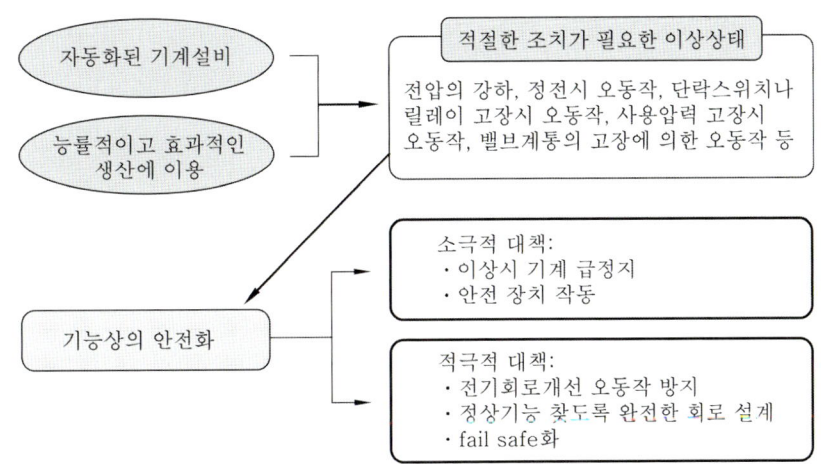

5) 구조부분의 안전화

(1) 설계상의 안전화

① 가장 큰 원인은 강도산정(부하예측, 강도계산)상의 오류
② 사용상 강도의 열화를 고려하여 안전율을 구한다.

 ※ 안전율 구하는 방법

$$\text{안전율 } F_1 = \frac{\text{극한강도}}{\text{최대설계응력}} = \frac{\text{파괴하중}}{\text{최대사용하중}} = \frac{S}{L}$$

$$F_2 = \frac{S - K\sigma_s}{L + K'\sigma_L}, \quad F_3 = \frac{S_{\min}}{L_{\max}}$$

여기서, S : 재료의 평균강도, L : 부하의 평균응력,
$S_{\min}$: S의 최소치, $L_{\max}$: L의 최대치,
σ_s : S의 표준편차, σ_L : L의 표준편차,
K' : 1~3의 정수

> **참 고**　Cardullo의 방법
>
> 안전율 F = a × b × c × d
> a : 사용재료의 극한강도 / 사용재료의 탄성강도 = 극한강도 / 허용하중
> b : 하중의 종류(정하중에서 b = 1, 교번하중에서 b = 극한강도 / 피로한도)
> c : 하중속도(정하중에서 c = 1, 충격하중에서 c = 2)
> d : 재료의 조건(응력추정의 한도 기타 ≤ 2)

(2) 재료선정의 안전화

　① 재료의 필요한 강도 확보 – 재료의 조직이나 성분에 결함이 없는 것으로
　② 양질의 재료 설정 – 가공조건이나 사용조건에 맞지 않아 일어나는 사고 방지

(3) 가공시의 안전화

　① 재료부품의 적절한 열처리 – 강도와 인성 부여 (열처리 불량 시 파괴 현상)
　② 용접구조물의 미세균열이나 잔류응력에 의한 파괴 방지 – 작업방법 준수 및 철저한 품질 관리
　③ 기계 가공시 응력 집중 방지 – 안전한 설계 및 응력 분산 가능한 구조로 제작

6) 보전 작업의 안전화

(1) 고려해야 할 사항

　① 보전용 통로나 작업장 확보　② 분해시 챠트화
　③ 고장이 없도록 정기점검　④ 교환의 철저화
　⑤ 주유 방법의 개선

(2) 기계 고장율의 기본모형

① 초기 고장	감소형(DFR : Decreasing Failure Rate)	디버깅기간, 번인 기간
② 우발 고장	일정형(CFR : Constant Failure Rate)	내용 수명
③ 마모 고장	증가형(IFR : Increasing Failure Rate)	정기진단(검사)

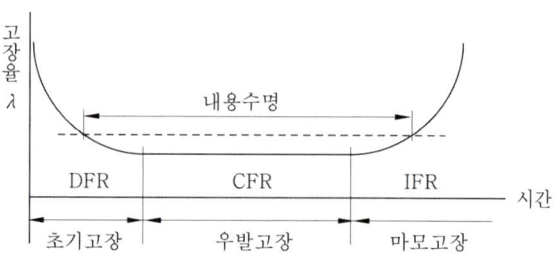

기계의 고장율 (욕조곡선)

4. Fool-proof

1) Fool-proof의 개념

① 해당 기계 설비에 대하여 사전지식이 없는 작업자가 기계를 취급하거나 오조작을 하여도 위험이나 실수가 발생하지 않도록 설계된 구조를 말하며 본질적인 안전화를 의미한다.

② 위험 부분을 방호하는 덮개나 울 그리고 이동식 가드의 인터록 기구 등이 반드시 설치되어 있어야 한다.

2) 대표적인 Fool proof의 기구

종류	형식	기능
가아드 (Guard)	고정 가아드 (Fixed Guard)	개구부로부터 가공물과 공구 등을 넣어도 손은 위험영역에 머무르지 않는 형태
	조절 가아드 (Adjustable Guard)	가공물과 공구에 맞도록 형상과 크기를 조절하는 형태
	경고 가아드 (Warning Guard)	손이 위험영역에 들어가기 전에 경고를 하는 형태
	인터록 가아드 (Interlock Guard)	기계가 작동중에 개폐되는 경우 정지하는 형태
록 기구 (Lock 기구)	인터록(Interlock)	기계식, 전기식, 유공압입식 또는 이들의 조합으로 2개 이상의 부분이 상호 구속되는 형태
	키이식 인터록 (Key Type Interlock)	열쇠를 사용하여 한쪽을 잠그지 않으면 다른 쪽이 열리지 않는 형태
	키이록(Key lock)	1개 또는 상호 다른 여러 개의 열쇠를 사용하며, 전체의 열쇠가 열리지 않으면 기계가 조작되지 않는 형태
오버런 기구 (Overrun 기구)	검출식(Detecting)	스위치를 끈 후 관성운동과 잔류전하를 검지하여 위험이 있는 동안은 가아드가 열리지 않는 형태
	타이밍식(Timing type)	기계식 또는 타이머 등을 이용하여 스위치를 끈 후 일정시간이 지나지 않으면 가아드가 열리지 않는 형태
트립 기구 (Trip 기구)	접촉식(Contact type)	접촉판, 접촉봉 등으로 신체의 일부가 위험영역에 접근하면 기계가 정지 하는 형태
	비접촉식 (No-Contact type)	광선식, 정전용량식 등으로 신체의 일부가 위험 영역에 접근하면 기계가 정지 또는 역전복귀 하며, 신체일부가 위험영역에 들어갔을경우 기계가 기동하지 않는 형태
밀어내기 기구 (Push & Pull 기구)	자동 가아드	가아드의 가동부분이 열렸을 때 자동적으로 위험지역으로부터 신체를 밀어내는 형태
	손을 밀어 냄 손을 끌어당김	위험한 상태가 되기 전에 손을 위험지역으로부터 밀어내거나 끌어당겨 제자리로 오게 하는 형태

종 류	형 식	기 능
기동방지 기구	안전 블록	기계의 기동을 기계적으로 방해하는 스토퍼 등으로써 통상 안전 블록과 함께 사용하는 형태
	안전 플러그	제어회로 등으로 설계된 접점을 차단하는 것으로 불의의 기동을 방지하는 형태
	레버록	조작레버를 중립위치에 놓으면 자동적으로 잠기는 형태

5. Fail safe

1) Fail safe 기구의 분류

① 구조적 Fail safe
② 기능적 Fail safe

2) 구조적 Fail safe(항공기의 구조상 검토)

다경로 하중구조	중복구조, 병렬구조, m out of n 구조라고도 하며, 하중을 전달하는 첫 번째 부재가 파손되어도 두 번째가 안전하면 파괴되는 일 없이 안전하게 작동
분할구조	조합구조라 하며 하나의 부재를 둘 이상으로 분할하여 분할부재를 결합하여 부재의 역할이 이루어지도록 함. 파괴가 되어도 분할부재 한 쪽만 파괴되고 전체 기능에는 이상이 없도록 한 구조
교대구조	대기 병렬구조로써 하중을 받고 있는 부재가 파괴될 경우 대기 중이던 부재가 하중을 담당하게 되는 구조
하중 경감구조	일부 부재의 강도를 약하게 하여 파손이 되더라도 다른 쪽 부재로 하중이 이동하면서 치명적인 파괴를 예방하는 구조

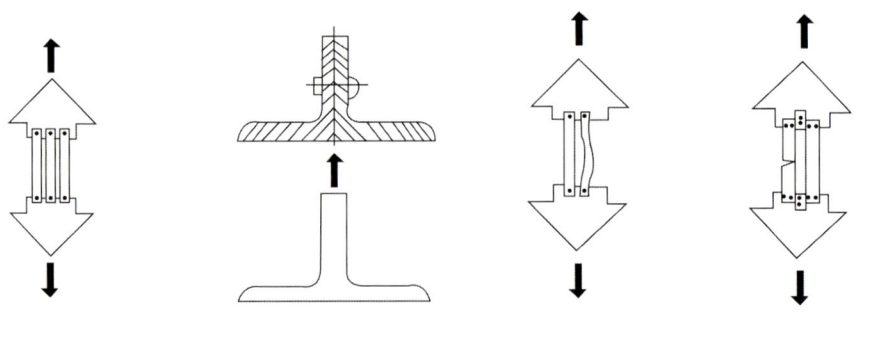

다경로하중구조   분할구조   교대구조   하중경감구조

6. 기계설비의 방호장치

1) 방호장치의 분류

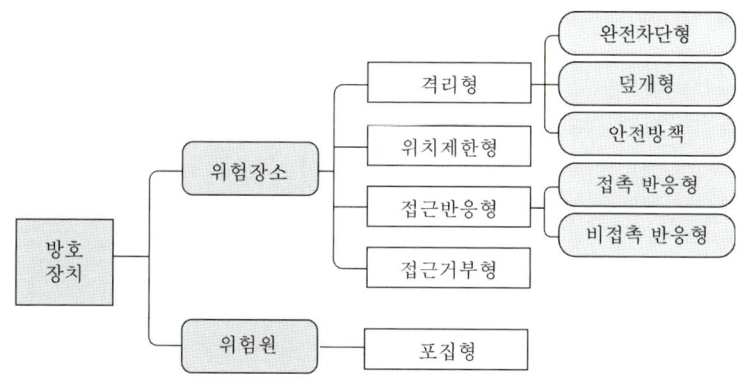

2) 방호방법

(1) 격리형 방호장치

① 작업점과 작업자 사이에 장애물을 설치하여 접근을 방지 (차단벽이나 망 등)
② 종류

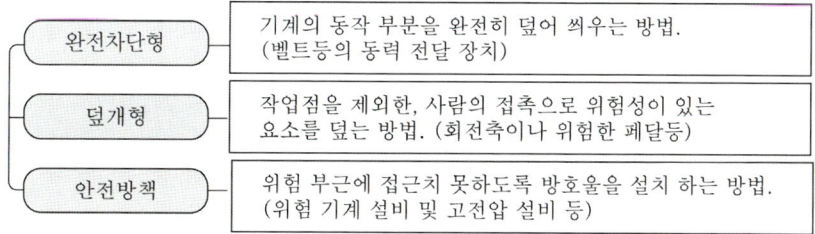

(2) 위치 제한형 방호장치

① 기계의 조작장치를 일정거리 이상 떨어지게 설치하여 작업자의 신체 부위가 위험 범위 밖에 있도록 하는 방법
② 프레스의 양수 조작식 방호 장치
  안전거리(mm) = $1600 \times (T_c + T_s)$

(3) 접근 거부형 방호장치

① 위험 범위 내로 신체가 접근할 경우 방호장치가 신체부위를 밀거나 당겨서 위험한 범위 밖으로 이동시키는 방법
② 프레스의 수인식 및 손쳐내기식 방호장치

(4) 접근 반응형 방호장치
① 위험 범위 내로 신체가 접근할 경우 이를 감지하여 즉시 기계의 작동을 정지시키거나 전원이 차단되도록 하는 방법
② 프레스의 광 전자식

(5) 포집형 방호장치
① 위험원에 대한 방호장치
② 연삭숫돌의 파괴 또는 가공재의 칩이 비산할 경우 이를 방지하고 안전하게 칩을 포집하는 방법

(6) 기타
① 감지형 방호장치
② 본질적으로 일정한 작업상의 위험으로부터 방호하기 위한 구조규격으로 된 것 등

7. 동력차단장치

(1) 동력으로 작동되는 기계에 설치해야 하는 동력차단장치
① 스위치
② 클러치
③ 벨트 이동장치

(2) 절단·인발·압축·굽힘 등을 하는 기계의 동력차단장치
근로자의 작업위치 이동 없이 조작할 수 있는 위치에 설치

8. 동력전달장치의 방호장치

기계의 원동기·회전축·기어·풀리·플라이휠·벨트 및 체인 등의 위험부위	① 덮개　　② 울 ③ 슬리브　④ 건널다리
회전축·기어·풀리 및 플라이휠 등에 부속되는 키·핀 등의 기계요소	① 묻힘형　② 해당부위 덮개
벨트의 이음부분	돌출된 고정구 사용금지
건널다리의 구조	① 안전난간　② 미끄러지지 아니하는 구조의 발판

9. 유해·위험 방지를 위하여 방호조치가 필요한 기계·기구 등

대상 기계·기구	방호 장치
1. 예초기	날접촉예방장치
2. 원심기	회전체 접촉 예방장치
3. 공기압축기	압력방출장치
4. 금속절단기	날접촉예방장치
5. 지게차	헤드가드, 백레스트, 전조등, 후미등, 안전벨트
6. 포장기계(진공포장기, 랩핑기로 한정)	구동부 방호 연동장치

10. 프레스의 방호장치 및 설치방법

1) 프레스의 작업점에 대한 방호방법

이송장치나 수공구 사용	송급장치	① 1차 가공용 송급장치 : 로울 피더(Roll feeder) ② 2차 가공용 송급장치 : 슈트, 푸셔 피더(Pusher feeder), 다이얼 피더(Dial feeder), 트랜스퍼 피더(Transfer feeder) 등 ③ 슬라이딩 다이(Sliding die)
	배출장치	공기분사장치, 키커, 이젝터 등 설치
	수공구	① 누름봉, 갈고리류 ② 핀셋트류 ③ 플라이어류 ④ 마그넷 공구류 ⑤ 진공컵류
방호장치 사용	일행정 일정지식	양수조작식
	행정길이 40mm 이상	수인식(50mm 이상), 손쳐내기식
	슬라이드 작동중 정지가능	감응식, 안전블록
금형의 개선	안전금형 (안전울 사용)	① 상형울과 하형울 사이 12mm정도 겹치게 ② 상사점에서 상형과 하형, 가이드포스트와 가이드부시의 틈새는 8mm 이하
그 밖의 방호장치 병용		급정지 장치, 비상정지장치, 페달의 U자형 덮개 등

2) 방호장치 설치방법

(1) 양수 조작식

① 방호장치 설치방법

㉠ 정상동작표시등은 녹색, 위험표시등은 붉은색으로 하며, 쉽게 근로자가 볼 수 있는 곳에 설치

㉡ 슬라이드 하강 중 정전 또는 방호장치의 이상 시에 정지할 수 있는 구조

ⓒ 방호장치는 릴레이, 리미트스위치 등의 전기부품의 고장, 전원전압의 변동 및 정전에 의해 슬라이드가 불시에 동작하지 않아야 하며, 사용전원전압의 ±(100분의 20)의 변동에 대하여 정상으로 작동
ⓔ 1행정1정지 기구에 사용할 수 있어야 한다.
ⓜ 누름버튼을 양손으로 동시에 조작하지 않으면 작동시킬 수 없는 구조이어야 하며, 양쪽버튼의 작동시간 차이는 최대 0.5초 이내일 때 프레스가 동작
ⓗ 1행정마다 누름버튼에서 양손을 떼지 않으면 다음 작업의 동작을 할 수 없는 구조
ⓢ 램의 하행정중 버튼(레버)에서 손을 뗄 시 정지하는 구조
ⓞ 누름버튼의 상호간 내측거리는 300mm 이상
ⓩ 누름버튼(레버 포함)은 매립형의 구조(다만, 개구부에서 조작되지 않는 구조의 개방형 누름버튼(레버 포함)은 매립형으로 본다)
　㉮ 누름버튼(레버 포함)의 전구간(360°)에서 매립된 구조
　㉯ 누름버튼(레버 포함)은 방호장치 상부표면 또는 버튼을 둘러싼 개방된 외함의 수평면으로부터 하단(2mm 이상)에 위치
ⓣ 버튼 및 레버는 작업점에서 위험한계를 벗어나게 설치
ⓚ 양수조작식 방호장치는 푸트스위치를 병행하여 사용할 수 없는 구조
② 설치 안전거리
　㉠ 양수조작식

$$D = 1600 \times (T_c + T_s)$$

> **참 고** 안전거리(cm)= 160 ×프레스기 작동후 작업점까지의 도달시간(초)

D : 안전거리(mm)
T_c : 방호장치의 작동시간 [즉 누름버튼으로부터 한 손이 떨어졌을 때부터 급정지기구가 작동을 개시할 때까지의 시간(초)]
T_s : 프레스의 급정지시간 [즉 급정지기구가 작동을 개시했을 때부터 슬라이드가 정지할 때까지의 시간(초)]
　㉡ 양수기동식의 안전거리

$$D_m = 1.6 T_m$$

D_m : 안전 거리 (mm)
T_m : 양손으로 누름단추 누르기 시작할 때부터 슬라이드가 하사점에 도달하기까지 소요시간(ms)

$$T_m = \left(\frac{1}{\text{클러치 맞물림 개소수}} + \frac{1}{2}\right) \times \frac{60000}{\text{매분 행정수}} (\text{ms})$$

(2) 가드식, 수인식, 손쳐내기식 방호장치의 설치방법

가드식 (C)	① 가드는 금형의 착탈이 용이하도록 설치 ② 가드의 용접부위는 완전 용착되고 면이 미려해야 한다. ③ 가드에 인체가 접촉하여 손상될 우려가 있는 곳은 부드러운 고무 등을 입혀야 한다. ④ 게이트 가드 방호장치는 가드가 열린 상태에서 슬라이드를 동작시킬 수 없고 또한 슬라이드 작동 중에는 게이트 가드를 열 수 없어야 한다. ⑤ 게이트 가드 방호장치에 설치된 슬라이드 동작용 리미트스위치는 신체의 일부나 재료 등의 접촉을 방지할 수 있는 구조 ⑥ 가드의 닫힘으로 슬라이드의 기동신호를 알리는 구조의 것은 닫힘을 표시하는 표시램프를 설치 ⑦ 수동으로 가드를 닫는 구조의 것은 가드의 닫힘 상태를 유지하는 기계적 잠금장치를 작동한 후가 아니면 슬라이드 기동이 불가능한 구조
수인식 (E)	① 손목밴드(wrist band)의 재료는 유연한 내유성 피혁 또는 이와 동등한 재료사용 ② 손목밴드는 착용감이 좋으며 쉽게 착용할 수 있는 구조 ③ 수인끈의 재료는 합성섬유로 직경이 4㎜ 이상. ④ 수인끈은 작업자와 작업공정에 따라 그 길이를 조정할 수 있어야 한다. ⑤ 수인끈의 안내통은 끈의 마모와 손상을 방지할 수 있는 조치 ⑥ 각종 레버는 경량이면서 충분한 강도를 가져야 한다. ⑦ 수인량의 시험은 수인량이 링크에 의해서 조정될 수 있도록 되어야 하며 금형으로부터 위험한계 밖으로 당길 수 있는 구조
손쳐내기식 (D)	① 슬라이드 하행정거리의 3/4 위치에서 손을 완전히 밀어내어야 하다 ② 손쳐내기봉의 행정(Stroke) 길이를 금형의 높이에 따라 조정할 수 있고 진동폭은 금형폭 이상이어야 한다. ③ 방호판과 손쳐내기봉은 경량이면서 충분한 강도를 가져야 한다. ④ 방호판의 폭은 금형폭의 1/2 이상이어야 하고, 행정길이가 300mm 이상의 프레스기계에는 방호판 폭을 300mm로 해야 한다. ⑤ 손쳐내기봉은 손 접촉 시 충격을 완화할 수 있는 완충재를 붙이는 등의 조치가 강구되어야 한다. ⑥ 부착볼트 등의 고정금속부분은 예리한 돌출현상이 없어야 한다.

(3) 광전자식(감응식)

① 방호장치 설치방법

㉠ 정상동작표시램프는 녹색, 위험표시램프는 붉은색으로 하며, 쉽게 근로자가 볼 수 있는 곳에 설치

㉡ 슬라이드 하강 중 정전 또는 방호장치의 이상 시에 정지할 수 있는 구조

㉢ 방호장치는 릴레이, 리미트스위치 등의 전기부품의 고장, 전원전압의 변동 및 정전에 의해 슬라이드가 불시에 동작하지 않아야 하며, 사용전원전압의 ±(100분의 20)의 변동에 대하여 정상으로 작동

㉣ 방호장치의 정상작동 중에 감지가 이루어지거나 공급전원이 중단되는 경우 적어도 두개 이상의 출력신호개폐장치가 꺼진 상태로 돼야 한다.

ⓜ 방호장치에 제어기(Controller)가 포함되는 경우에는 이를 연결한 상태에서 모든 시험을 한다.

② 안전거리

광전자식 방호장치와 위험한계 사이의 거리(안전거리 : D)는 슬라이드의 하강속도가 최대로 되는 위치에서 다음 식에 따라 계산한 값 이상이어야 한다.

$$D = 1600 \times (T_c + T_s)$$

D : 안전거리(mm)

T_c : 방호장치의 작동시간 [즉 손이 광선을 차단했을 때부터 급정지기구가 작동을 개시할 때까지의 시간 (초)]

T_s : 프레스의 최대정지시간 [즉 급정지기구가 작동을 개시했을 때부터 슬라이드가 정지할 때까지의 시간 (초)]

참고 | 프레스 및 전단기의 제작 및 안전기준

구분	내용
비상정지용의 누름버튼	① 적색으로 머리부분이 돌출되고 수동복귀되는 형식 ② 조작위치 및 기계·설비를 비상정지 시켜야 할 필요성이 있는 위치와 업라이트(upright)가 있는 경우는 그 업라이트의 전면 또는 후면에 비치되어 있을 것 ③ 누름버튼 외곽에 노란색 표시를 할 것
조작용전기회로의 전압	① 교류조작회로는 분리 2차 회로가 있는 변압기에서 얻어진 150V 이하의 전원공급 ② 직류조작회로는 300V 이하
조작버튼색상	① 적색-비상 ② 황색-비정상 ③ 녹색-정상 ④ 청색-의무 ⑤ 흰색, 회색 또는 흑색-지정된 의미 없음
표시등 색상	① 적색-비상 ② 황색-비정상 ③ 녹색-정상 ④ 청색-의무 ⑤ 흰색-중립
전선의 색상	① 흑색-교류 및 직류전원선로 ② 적색-교류제어회로 ③ 청색-직류제어회로 ④ 주황색-외부전원에서 공급되는 연동장치 제어회로 ⑤ 녹색 또는 녹색과 황색 혼용-접지
압력능력의 표시	① 압력능력(전단기는 전단능력) ② 사용전기설비의 정격 ③ 제조자명 ④ 제조연월 ⑤ 안전인증의 표시 ⑥ 형식 또는 모델번호 ⑦ 제조번호

11. 아세틸렌용접장치 및 가스집합 용접장치의 방호장치 및 설치방법

1) 안전기 설치방법 및 성능시험

구분	내용
아세틸렌 용접장치	① 취관마다 안전기설치. 다만, 주관 및 취관에 가장 가까운 분기관마다 안전기를 부착한 경우에는 그렇지 않다. ② 가스용기가 발생기와 분리되어 있는 아세틸렌 용접장치에 대하여 발생기와 가스용기 사이에 안전기 설치

가스집합 용접장치의 배관	① 플렌지·밸브·콕 등의 접합부에는 개스킷을 사용하고 접합면을 상호 밀착시키는 등의 조치를 할 것 ② 주관 및 분기관에는 안전기를 설치할 것(이 경우 하나의 취관에 2개 이상의 안전기를 설치)
성능시험	① 내압시험 ② 기밀시험 ③ 역류방지시험 ④ 역화방지시험 ⑤ 가스압력손실시험 ⑥ 방출장치동작시험

2) 아세틸렌 발생기실의 설치장소 및 구조

발생기실의 설치장소	① 전용의 발생기실에 설치 ② 건물의 최상층에 위치하여야 하며, 화기를 사용하는 설비로부터 3미터를 초과하는 장소에 설치 ③ 옥외에 설치한 경우에는 그 개구부를 다른 건축물로부터 1.5미터 이상 떨어지도록 할 것
발생기실의 구조	① 벽은 불연성 재료로 하고 철근콘크리트 또는 그 밖에 이와 같은 수준이거나 그 이상의 강도를 가진 구조로 할 것 ② 지붕과 천정에는 얇은 철판이나 가벼운 불연성 재료를 사용할 것 ③ 바닥면적의 16분의 1 이상의 단면적을 가진 배기통을 옥상으로 돌출시키고 그 개구부를 창이나 출입구로부터 1.5미터 이상 떨어지도록 할 것 ④ 출입구의 문은 불연성 재료로 하고 두께 1.5밀리미터 이상의 철판이나 그 밖에 그 이상의 강도를 가진 구조로 할 것 ⑤ 벽과 발생기 사이에는 발생기의 조정 또는 카바이드 공급 등의 작업을 방해하지 않도록 간격을 확보할 것

12. 양중기의 방호장치 및 재해유형

1) 양중기의 방호장치의 종류

(1) 양중기의 종류
① 크레인(호이스트 포함)   ② 이동식 크레인
③ 리프트(이삿짐 운반용 리프트의 경우 적재하중 0.1톤 이상인 것)
④ 곤돌라   ⑤ 승강기

(2) 양중기의 방호장치

방호장치의 조정 대상	① 크레인 ② 이동식 크레인 ③ 리프트 ④ 곤돌라 ⑤ 승강기
방호장치의 종류	① 과부하방지장치 ② 권과방지장치 ③ 비상정지장치 및 제동장치 ④ 그 밖의 방호장치(승강기의 파이널 리미트 스위치, 속도조절기, 출입문 인터록 등)

2) 양중기의 안전기준

(1) 크레인 작업시 조치 및 준수사항(근로자 교육내용)
① 인양할 하물(荷物)을 바닥에서 끌어당기거나 밀어내는 작업을 하지 아니할 것
② 유류드럼이나 가스통 등 운반 도중에 떨어져 폭발하거나 누출될 가능성이 있는 위험물용기는 보관함(또는 보관고)에 담아 안전하게 매달아 운반할 것
③ 고정된 물체를 직접 분리·제거하는 작업을 하지 아니할 것
④ 미리 근로자의 출입을 통제하여 인양중인 하물이 작업자의 머리위로 통과하지 않도록 할 것
⑤ 인양할 하물이 보이지 아니하는 경우에는 어떠한 동작도 하지 아니할 것(신호하는 사람에 의하여 작업을 하는 경우 제외)

(2) 폭풍 등에 의한 안전조치사항

풍속의 기준	내용	시기	조치사항
순간풍속이 초당 30미터 초과	폭풍에 의한 이탈방지	바람이 불어올 우려가 있는 경우	옥외에 설치된 주행크레인의 이탈방지 장치 작동 등 이탈방지를 위한 조치
	폭풍 등으로 인한 이상유무 점검	바람이 불거나 중진 이상 진도의 지진이 있은 후	옥외에 설치된 양중기를 사용하여 작업하는 경우 미리 기계 각 부위에 이상이 있는지 점검
순간풍속이 초당 35미터 초과	붕괴 등의 방지	바람이 불어올 우려가 있는 경우	건설용 리프트의 받침의 수를 증가시키는 등 붕괴 방지조치
	폭풍에 의한 무너짐 방지		옥외에 설치된 승강기의 받침의 수를 증가시키는 등 무너지는 것을 방지하기 위한 조치

13. 보일러의 방호장치

1) 방호장치의 종류

고저수위 조절장치	① 고저 수위 지점을 알리는 경보등·경보음 장치 등을 설치 – 동작상태 쉽게 감시 ② 자동으로 급수 또는 단수 되도록 설치
압력방출 장치	① 보일러 규격에 맞는 압력방출장치를 1개 또는 2개 이상 설치하고 최고사용압력(설계압력 또는 최고허용압력) 이하에서 작동되도록 한다. ② 압력방출장치가 2개 이상 설치된 경우 최고사용압력 이하에서 1개가 작동되고, 다른 압력방출장치는 최고사용압력 1.05배 이하에서 작동되도록 부착 ③ 매년 1회 이상 교정을 받은 압력계를 이용하여 설정압력에서 압력방출장치가 적정하게 작동하는지 검사후 납으로 봉인(공정안전보고서 이행상태 평가결과가 우수한 사업장은 4년마다 1회 이상 설정압력에서 압력방출장치가 적정하게 작동하는지 검사할 수 있다) ④ 스프링식, 중추식, 지렛대식(일반적으로 스프링식 안전 밸브가 많이 사용)
압력제한 스위치	보일러의 과열방지를 위해 최고사용압력과 상용압력 사이에서 버너연소를 차단할 수 있도록 압력 제한 스위치 부착 사용
화염검출기	연소상태를 항상 감시하고 그 신호를 프레임 릴레이가 받아서 연소차단밸브 개폐

2) 보일러 이상현상의 종류

플라이밍 (priming)	보일러의 과부하로 보일러수가 극심하게 끓어서 수면에서 계속하여 물방울이 비산하고 증기부가 물방울로 충만하여 수위가 불안정하게 되는 현상
포밍 (foaming)	보일러수에 불순물이 많이 포함되었을 경우, 보일러수의 비등과 함께 수면부위에 거품층을 형성하여 수위가 불안정하게 되는 현상
캐리오버 (carry over)	보일러에서 증기관 쪽에 보내는 증기에 대량의 물방울이 포함되는 경우로 프라이밍이나 포밍이 생기면 필연적으로 발생. 캐리오버는 과열기 또는 터빈 날개에 불순물을 퇴적시켜 부식 또는 과열의 원인이 된다.
워터햄머 (water hammer)	증기관 내에서 증기를 보내기 시작할 때 해머로 치는 듯한 소리를 내며 관이 진동하는 현상. 워터햄머는 캐리오버에 기인한다.

3) 사고형태 및 원인

사 고 형 태	사 고 의 원 인	
보일러의 압력상승	① 안전장치 기능의 결함 및 부정확 ③ 압력계 판독미스 및 감시소홀	② 압력계의 고장 및 기능불량 ④ 안전장치 미설치
보일러의 과열	① 보일러수의 이상감소 ③ 수면계의 기능불량	② 스케일퇴적 및 청소불량
보일러의 부식	① 불순물로 인한 수관부식 ③ 급수처리 하지 않은 물 사용(pH 10~11정도의 약알칼리성이 적당)	② 급수에 불순물 흡입

사고형태		사고의 원인	
보일러의 파열	규정압력 이상상승	① 안전장치 미설치	② 안전장치 작동불량
	최고사용 압력 이하에서 파열	① 구조상의 결함 ③ 장치 및 부품의 부식	② 구성재료의 결함

14. 롤러기의 방호장치 및 설치방법

1) 롤러기 가드의 개구부 간격

ILO 기준 (프레스 및 전단기의 작업점이나 롤러기의 맞물림 점)

$$Y = 6 + 0.15X$$

X : 가드와 위험점간의 거리(안전 거리) [mm] 단, $X < 160$

Y : 가드 개구부 간격(안전 거리) [mm] 단, $X \geq 160$이면 $Y = 30$

2) 방호장치의 설치방법

① 급정지 장치 중 로프식 급정지 장치 조작부는 롤러기의 전면 및 후면에 각각 1개씩 수평으로 설치하고 그 길이는 로울의 길이 이상이어야 한다.

② 로프식 급정지 장치 조작부에 사용하는 줄은 사용 중에 늘어나거나 끊어지기 쉬운 것으로 해서는 아니된다.

③ 급정지 장치의 조작부는 그 종류에 따라 다음에 정하는 위치에 설치하고 또 작업자가 긴급시에 쉽게 조작할 수 있어야 한다.

조작부의 종류	설치 위치	비 고
손 조 작 식	밑면에서 1.8m 이내	위치는 급정지 장치의 조작부의 중심점을 기준으로 함
복 부 조 작 식	밑면에서 0.8m 이상 1.1m 이내	
무 릎 조 작 식	밑면에서 0.4m 이상 0.6m 이내	

④ 급정지 장치는 롤러기의 가동장치를 조작하지 않으면 가동하지 않는 구조의 것이어야 한다.

3) 방호장치의 성능조건

앞면 롤러의 표면 속도(m/분)	급 정 지 거 리
30 미만	앞면 롤러 원주의 1/3 이내
30 이상	앞면 롤러 원주의 1/2.5 이내

표면속도 $V = \dfrac{\pi DN}{1000}(\text{m}/\text{분})$

D : 롤러 원통의 직경 : mm
N : rpm

15. 연삭기의 재해유형

1) 연삭기 재해 유형

상해 형태	① 그라인더면에 접촉	② 연삭분이 눈에 튀어 들어가는 경우
	③ 그라인더 몸체 파열	④ 가공물을 떨어뜨리는 경우

2) 연삭기 구조면에 있어서의 안전대책

① 구조 규격에 적당한 덮개를 설치할 것
② 플랜지의 직경은 숫돌직경의 1/3 이상인 것을 사용하며 양쪽을 모두 같은 크기로 할 것 (플랜지 안쪽에 종이나 고무판을 부착하여 고정시, 종이나 고무판의 두께는 0.5~1mm정도가 적합하며, 숫돌의 종이라벨은 제거하지 않고 고정)
③ 숫돌 결합 시 축과는 0.05~0.15mm 정도의 틈새를 둘 것
④ 칩 비산 방지 투명판(shield), 국소배기장치를 설치할 것
⑤ 탁상용 연삭기는 워크레스트와 조정편을 설치할 것(워크레스트와 숫돌과의 간격은 : 3 mm 이하)
⑥ 덮개의 조정편과 숫돌과의 간격은 5mm 이내
⑦ 최고 회전속도 이내에서 작업할 것

$$v = \dfrac{D \times \pi \times n}{60 \times 1000}$$

v : 원주속도(m/s)
n : 회전속도(rpm)
D : 연삭숫돌의 외경(mm)

16. 연삭숫돌의 파괴원인

숫돌의 파괴 원인	① 숫돌의 회전 속도가 너무 빠를 때 ③ 숫돌에 과대한 충격을 가할 때 ⑤ 숫돌의 불균형이나 베어링 마모에 의한 진동이 있을 때 ⑥ 숫돌 반경 방향의 온도 변화가 심할 때 ⑧ 작업에 부적당한 숫돌을 사용할 때	② 숫돌 자체에 균열이 있을 때 ④ 숫돌의 측면을 사용하여 작업할 때 ⑦ 플랜지가 현저히 작을 때 ⑨ 숫돌의 치수가 부적당할 때

17. 연삭기의 방호장치 및 설치방법

1) 연삭기의 방호장치

(1) 덮개의 성능

① 덮개는 인체의 접촉으로 인한 손상이 없어야 한다.
② 덮개에는 그 강도를 저하시키는 균열 및 기포 등이 없어야 한다.
③ 탁상용 연삭기의 덮개에는 워크레스트 및 조정편을 구비해야 하며 워크레스트는 연삭숫돌과의 간격을 3mm 이하로 조정할 수 있는 구조이어야 한다.

(2) 덮개의 설치 방법

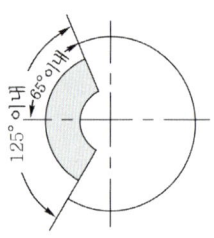

① 일반연삭작업 등에 사용하는 것을 목적으로 하는 탁상용 연삭기의 덮개 각도

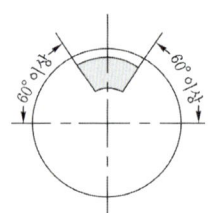

② 연삭숫돌의 상부를 사용하는 것을 목적으로 하는 탁상용 연삭기의 덮개 각도

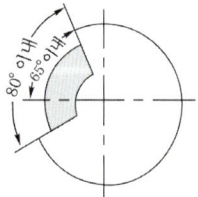

③ ① 및 ② 이외의 탁상용 연삭기, 기타 이와 유사한 연삭기의 덮개 각도

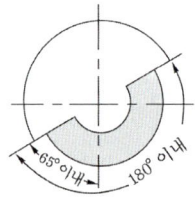

④ 원통연삭기, 센터리스연삭기, 공구연삭기, 만능 연삭기, 기타 이와 비슷한 연삭기의 덮개 각도

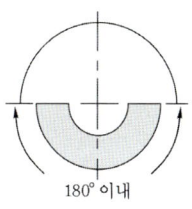 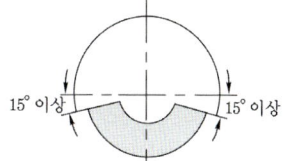

⑤ 휴대용 연삭기, 스윙연삭기, 스라브연삭기, 기타 이와 비슷한 연삭기의 덮개 각도

⑥ 평면연삭기, 절단연삭기, 기타 이와 비슷한 연삭기의 덮개 각도

2) 연삭숫돌의 수정

구 분	글레이징(glazing)	로딩(loading)
현 상	숫돌차의 입자가 탈락되지 않고 마모에 의해 납작하게 된 상태에서 연삭되는 현상	연삭작업 중 숫돌입자의 표면이나 기공에 쇳가루가 차있는 상태
원 인	① 숫돌의 결합도가 크다 ② 숫돌의 회전속도가 너무 빠르다 ③ 숫돌의 재료가 공작물의 재료에 부적합하다	① 숫돌입자가 너무 잘다 ② 조직이 너무 치밀하다 ③ 연삭깊이가 깊다 ④ 숫돌차의 회전속도가 너무 느리다
결 과	① 연삭성이 불량하다 ② 공작물이 발열한다 ③ 연삭소실이 발생한다	① 연삭성이 불량하다 ② 연삭면이 거칠어진다 ③ 숫돌입자가 마모되기 쉽다

18. 동력식 수동대패기

1) 방호장치의 종류

대패기계의 덮개(칼날의 접촉방지장치)

구 분	종 류	용 도
대패기계	가동식 덮개	대패날 부위를 가공재료의 크기에 따라 움직이며 인체가 날에 접촉하는 것을 방지해 주는 형식
	고정식 덮개	대패날 부위를 필요에 따라 수동조정하도록 하는 형식

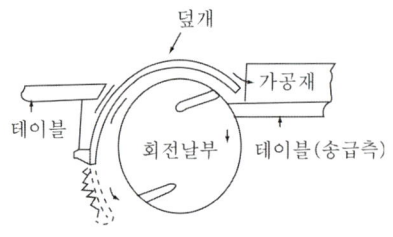

대패기계 가동식 덮개   대패기계 가동식 덮개

2) 방호장치의 성능시험

① 가동식 방호장치는 스프링의 복원력상태 및 날과 덮개와의 접촉유무를 검사한다.
② 가동부의 고정상태 및 작업자의 접촉으로 인한 위험성 유무를 검사한다.
③ 날접촉 예방장치인 덮개와 송급테이블면과의 간격이 8mm 이하가 되게 하여야 한다.
④ 작업에 방해의 유무, 안전성의 여부를 검사한다.

보충강의

1. 목재가공용 둥근톱

1) 방호장치의 종류

구 분	종 류	구 조
둥근톱 덮개	가동식 날접촉 예방장치	덮개, 보조덮개가 가공물의 크기에 따라 상하로 움직이며 가공할 수 있는 것으로 그 덮개의 하단이 송급되는 가공재의 윗면에 항상 접하는 구조이며, 가공재를 절단하고 있지 않을 때는 덮개가 테이블면까지 내려가 어떠한 경우에도 근로자의 손 등이 톱날에 접촉되는 것을 방지하도록 된 구조
	고정식 날접촉 예방장치	작업중에는 덮개가 움직일 수 없도록 고정된 덮개로 비교적 얇은 판재를 가공할때 이용하는 구조
둥근톱 분할날	겸형식 분할날	분할날은 가공재에 쐐기작용을 하여 공작물의 반발을 방지할 목적으로 설치된 것으로 둥근톱의 크기에 따라 2가지로 구분
	현수식 분할날	

〈둥근톱의 날접촉예방장치〉

2) 분할날의 설치기준

(1) 분할 날의 두께는 둥근톱 두께의 1.1배 이상이어야 한다.

$$1.1t_1 \leq t_2 < b \ (t_1 : 톱두께, \ t_2 : 분할날두께, \ b : 치진폭)$$

(2) 견고히 고정할 수 있으며 분할날과 톱날 원주면과의 거리는 12mm 이내로 조정, 유지할 수 있어야 하고 표준 테이블면 상의 톱 뒷날의 2/3 이상을 덮도록 하여야 한다.

2. 목재가공용 둥근톱 기계

목재가공용 둥근톱 기계	가로절단용 둥근톱기계 및 반발에 의하여 근로자에게 위험을 미칠 우려가 없는 것 제외.	분할날 등 반발예방장치
목재가공용 둥근톱 기계	휴대용 둥근톱을 포함하되, 원목제재용 둥근톱기계 및 자동이송장치를 부착한 둥근톱기계 제외.	톱날접촉 예방장치

19. 산업용로봇의 방호장치

1) 산업용로봇의 안전기준

(1) 교시 등의 작업시 안전조치 사항

① 다음 각목의 사항에 관한 지침을 정하고 그 지침에 따라 작업을 시킬 것
  ㉠ 로봇의 조작방법 및 순서
  ㉡ 작업중의 매니퓰레이터의 속도
  ㉢ 2명 이상의 근로자에게 작업을 시킬 경우의 신호방법
  ㉣ 이상을 발견한 경우의 조치
  ㉤ 이상을 발견하여 로봇의 운전을 정지시킨 후 이를 재가동시킬 경우의 조치
  ㉥ 그 밖에 로봇의 예기치 못한 작동 또는 오조작에 의한 위험을 방지하기 위하여 필요한 조치

② 작업에 종사하고 있는 근로자 또는 그 근로자를 감시하는 사람은 이상을 발견하면 즉시 로봇의 운전을 정지시키기 위한 조치를 할 것

③ 작업을 하고 있는 동안 로봇의 기동스위치 등에 작업중이라는 표시를 하는 등 작업에 종사하고 있는 근로자가 아닌 사람이 그 스위치 등을 조작할 수 없도록 필요한 조치를 할 것

(2) 운전중 위험 방지 조치(근로자가 로봇에 부딪힐 위험이 있을 경우)
① 높이 1.8미터 이상의 울타리 설치
② 컨베이어 시스템의 설치 등으로 울타리를 설치할 수 없는 일부 구간
- 안전매트 또는 광전자식 방호장치 등 감응형(感應形) 방호장치 설치

(3) 수리 등 작업시의 조치사항
로봇의 작동범위에서 해당 로봇의 수리, 검사, 조정, 청소, 급유 또는 결과에 대한 확인작업을 하는 경우
① 해당 로봇의 운전정지함과 동시에 작업중 로봇의 기동스위치를 잠근 후 열쇠별도 관리
② 해당 로봇의 기동스위치에 작업중이란 내용의 표지판 부착(필요한 조치를 통하여 근로자 외의 자가 해당 기동스위치를 조작할 수 없도록 하여야 한다.)

2) 주요 방호장치의 설치기준

동력 차단 장치	① 스위치·클러치·유공압 제어밸브 등의 동력차단장치는 다른 기기와 독립되어 있을 것 ② 접촉이나 진동으로 인하여 작동 또는 복귀하지 않을 것 ③ 작동 후 자동으로 복귀하지 않아야 하며 사람의 부주의로 복귀되지 않을 것
비상 정지 기능	① 비상정지 누름버턴 스위치 조작시 로봇을 신속 정확하게 정지시키는 능력을 가질 것 ② 비상정지 누름버턴 스위치는 빨간색으로 하여 확인 조작이 쉽게 할 것 ③ 작업위치를 벗어나지 않고 조작할 수 있는 위치에 비상정지장치를 설치할 것 　(누르거나 당기는 것 또는 접촉, 광선차단 등의 동작에 의해) ④ 작동 후 자동으로 복귀하지 않아야 하며, 작업자의 부주의로 복귀되지 않을 것
방호 울타리 (방책) 등	① 작업 중에 발생하는 진동, 충격, 그 외의 환경조건에 견디는 강도를 갖고, 조정하거나 철거 및 넘어갈 수 없는 구조로 할 것 ② 예리한 가장자리나 돌기 등의 위험부분이 없을 것 ③ 원칙적으로 고정식으로 할 것 ④ 울타리에 출입문을 설치할 경우 문을 개방하는 것과 로봇의 정지를 연동시킬 것 　(안전플러그 설치 : 뽑아야 문이 열리고, 이때 구동원을 차단하여 로봇이 정지하도록)
안전 매트	① 위험지역 접근 시 비상정지장치를 작동시킬 수 있을 것 ② 이상 시 즉시 운전정지가 가능하고 정지한 경우 재 가동조작을 해야만 운전이 개시되도록 할 것 ③ 산업용 로봇의 위험한 한계 범위 내를 충분히 방호할 수 있는 크기로 설치할 것

II. 운반안전 일반

1. 지게차의 재해유형

1) 지게차 재해유형에 따른 위험 요인

위험물	위험유발요인
물체의 낙하	① 물체적재의 불안정 ② 부적합한 보조구(Attachment)선정 ③ 미숙한 훈련조작 ④ 급출발 급정지
보행자 등과의 접촉	① 구조상 피할 수 없는 시야의 악조건 ② 후륜주행에 따른 후부의 선회반경
차량의 전도	① 미 정지된 요철바닥 ② 취급하물에 비해 소형의 차량 ③ 물체의 과적재 ④ 고속 급회전

2) 지게차의 안전성

지게차의 안정성을 유지하기 위해서는 아래 그림과 같은 조건의 경우는,

$$Wa \leq Gb$$

W : 화물의 중량
G : 지게차의 중량
a : 앞바퀴부터 하물의 중심까지의 거리
b : 앞바퀴부터 차의 중심까지의 거리

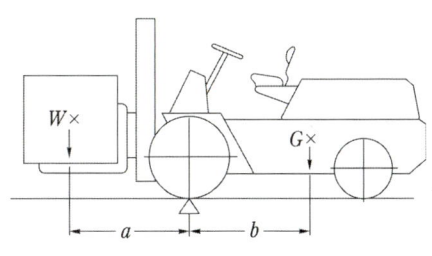

포크 리프트의 안전

2. 지게차의 안정도

안정도	지게차의 상태	
하역작업 시 전후 안정도 4% (5톤 이상은 3.5%) 이내		위에서 본 상태
주행 시의 전후 안정도 18% 이내		
하역작업시의 좌우안정도 6% 이내		위에서 본 상태
주행시의 좌우 안정도 (15 + 1.1V)% 이내 V : 최고속도(km/hr)		

$$안정도 = \frac{h}{l} \times 100\%$$

〈지게차의 작업장면〉

3. 헤드가드(head guard)

① 강도는 지게차의 최대하중의 2배 값(4톤을 넘는 값에 대해서는 4톤으로 한다)의 등분포 정하중에 견딜 수 있을 것
② 상부틀의 각 개구의 폭 또는 길이가 16센티미터 미만일 것
③ 운전자가 앉아서 조작하거나 서서 조작하는 지게차의 헤드가드는 한국산업표준에서 정하는 높이 기준 이상일 것

4. 와이어로프

1) 양중기의 와이어로프 등

(1) 와이어로프의 안전계수

근로자가 탑승하는 운반구를 지지하는 달기와이어로프 또는 달기체인의 경우	10 이상
화물의 하중을 직접 지지하는 경우 달기와이어로프 또는 달기체인의 경우	5 이상
훅, 샤클, 클램프, 리프팅 빔의 경우	3 이상
그 밖의 경우	4 이상

(2) 와이어로프의 절단방법
    ① 절단하여 양중 작업 용구 제작 시 : 반드시 기계적인 방법으로 절단(가스용단 등 열에 의한 방법 금지)
        ㉠ 기계적인 방법
        ㉡ 유압식 절단
        ㉢ 숫돌절단 방법
    ② 아크, 화염, 고온부 접촉 등으로 인하여 열 영향을 받은 와이어로프 사용금지(강도저하)

2) 양중기 와이어로프 및 체인 등의 사용금지 조건

양중기 와이어로프	① 이음매가 있는 것 ② 와이어로프의 한 꼬임(스트랜드)에서 끊어진 소선(필러선 제외)의 수가 10퍼센트 이상(비자전로프의 경우에는 끊어진 소선의 수가 와이어로프 호칭지름의 6배 길이 이내에서 4개 이상이거나 호칭지름 30배 길이 이내에서 8개 이상)인 것 ③ 지름의 감소가 공칭지름의 7퍼센트를 초과하는 것 ④ 꼬인 것 ⑤ 심하게 변형되거나 부식된 것 ⑥ 열과 전기충격에 의해 손상된 것
양중기 달기체인	① 달기체인의 길이가 달기체인이 제조된 때의 길이의 5퍼센트를 초과한 것 ② 링의 단면지름이 달기체인이 제조된 때의 해당 링의 지름의 10퍼센트를 초과하여 감소한 것 ③ 균열이 있거나 심하게 변형된 것
변형되어 있는 훅, 샤클 등의 사용금지	① 변형되어 있는 것 또는 균열이 있는 것을 고리걸이용구로 사용금지 ② 안전성 시험을 거쳐 안전율이 3 이상 확보된 중량물 취급용구를 사용하거나 자체 제작한 중량물 취급용구에 대해 비파괴 시험 실기
양중기 섬유로프	① 꼬임이 끊어진 것 ② 심하게 손상되거나 부식된 것

3) 와이어로프의 꼬임

구분	보통꼬임(Ordinary lay)	랭꼬임(Lang's lay)
개념	스트랜드의 꼬임 방향과 로프의 꼬임방향이 반대로 된 것	스트랜드의 꼬임방향과 로프의 꼬임방향이 동일한 것
특성	① 소선의 외부길이가 짧아 쉽게 마모 ② 킹크가 잘 생기지 않으며 로프자체변형이 적음 ③ 하중에 대한 큰 저항성 ④ 선박, 육상 등에 많이 사용되며, 취급이 용이	① 소선과 외부의 접촉길이가 보통꼬임에 비해 길다 ② 꼬임이 풀리기 쉽고, 킹크가 생기기 쉽다 ③ 내마모성, 유연성, 내피로성이 우수

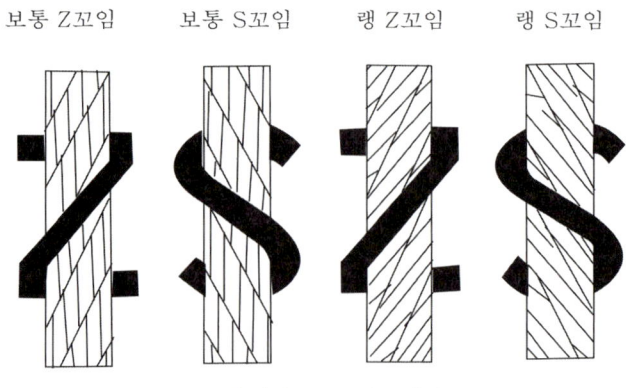

와이어 로프 꼬는 방법

5. 와이어로프에 걸리는 하중

1) 와이어로프의 안전율

안전하중(Q) = 보증파단하중(P) / 안전율(S)

안전율(S) = $\dfrac{\text{로프의 가닥수}(N) \times \text{로프의 파단하중}(P) \times \text{단말고정이음효율}(nR)}{\text{안전하중(최대사용하중, W)} \times \text{하중계수}(C)}$

2) 와이어로프에 걸리는 하중계산

와이어로프에 걸리는 총하중	총하중 (W) = 정하중(W_1) + 동하중(W_2) 동하중 $(W_2) = \dfrac{W_1}{g} \times a$ [g : 중력가속도(9.8m/s²) a : 가속도(m/s²)]
슬링와이어로프의 한가닥에 걸리는 하중	하중 = $\dfrac{\text{화물의 무게}(W_1)}{2} \div \cos\dfrac{\theta}{2}$
경사진화물에 걸리는 슬링 로우프 하중	① $W_2 = \dfrac{W_1 \times \sin\alpha}{\sin(\alpha+\beta)}$ ② $W_3 = \dfrac{W_1 \times \sin\beta}{\sin(\alpha+\beta)}$

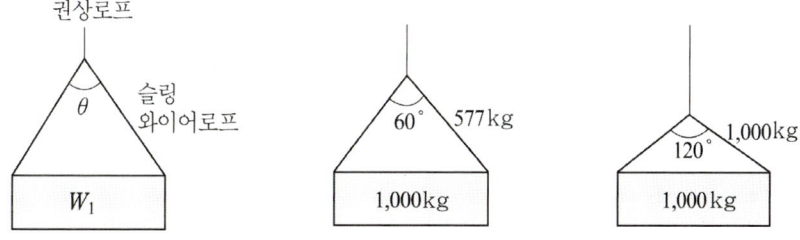

4과목 기계안전 시설관리

1. 기계설비의 본질적 안전화 3가지를 쓰고 간단히 설명하시오.

해답	(1) 안전기능이 기계 내에 내장되어 있을 것	기계의 설계 단계에서 안전기능이 이미 반영되어 제작
	(2) 풀 프루프 (fool proof)	① 인간의 실수가 있어도 안전장치가 설치되어 사고나 재해로 연결되지 않는 구조 ② 바보가 작동을 시켜도 안전하다는 뜻
	(3) 페일 세이프 (fail safe)의 기능을 가질 것	① 고장이 생겨도 어느 기간 동안은 정상기능이 유지되는 구조 ② 병렬 계통이나 대기 여분을 갖춰 항상 안전하게 유지되는 기능

2. 기계설비의 안전조건을 6가지 쓰시오.

   해답 ① 외형의 안전화 ② 작업점의 안전화 ③ 기능의 안전화 ④ 구조의 안전화
   ⑤ 보전작업의 안전화 ⑥ 작업의 안전화

3. 위험요소를 5가지로 분류하여 쓰시오.

   해답 ① 1요소 : 함정(Trap) ② 2요소 : 충격(Impact) ③ 3요소 : 접촉(Contact)
   ④ 4요소 : 얽힘 또는 말림(Entanglement) ⑤ 5요소 : 튀어나옴(Ejection)

4. 페일 세이프의 구조에 의한 분류를 4가지 쓰시오.

   해답 ① 다경로하중 구조 ② 분할구조 ③ 교대구조 ④ 하중경감구조

5. 기계설비에 형성되는 위험점의 종류를 쓰시오.

   해답 ① 협착점 ② 끼임점 ③ 절단점 ④ 물림점 ⑤ 접선물림점 ⑥ 회전말림점

6. 풀 푸르프의 정의를 간단히 쓰시오.

   해답 바보가 작동을 시켜도 안전하다는 뜻으로 인간의 실수가 있어도 안전장치가 설치되어 사고나 재해로 연결되지 않는 구조

7. 기계의 고장율 곡선(욕조곡선)에서 고장의 종류를 3가지 쓰시오.

해답 ① 초기 고장 : 감소형(DFR : Decreasing Failure Rate)
② 우발 고장 : 일정형(CFR : Constant Failure Rate)
③ 마모 고장 : 증가형(IFR: Increasing Failure Rate)

8. 동력으로 작동되는 기계에 설치해야 하는 동력차단장치의 종류를 3가지 쓰시오.

해답 ① 스위치 ② 클러치 ③ 벨트이동장치

9. 기계설비의 방호장치에서 방호방법에 따른 종류를 쓰시오.

해답 ① 격리형 방호장치(차단벽이나 망 등)
② 위치제한형 방호장치(양수조작식)
③ 접근 거부형 방호장치(수인식, 손쳐내기식)
④ 접근 반응형 방호장치(광전자식)
⑤ 포집형 방호장치(연삭숫돌의 칩 등)

10. 기계의 원동기·회전축·기어·풀리·플라이휠·벨트 및 체인 등의 위험부위에 설치하는 방호장치의 종류를 4가지 쓰시오.

해답 ① 덮개 ② 울 ③ 슬리이브 ④ 건널다리

11. 건널다리의 안전한 기준에 대하여 쓰시오.

해답 안전난간 및 미끄러지지 아니하는 구조의 발판설치.

12. 다음에 해당하는 대상기계기구의 법적인 방호장치를 쓰시오.

해답

① 보일러	압력방출장치 및 압력제한스위치
② 롤러기	급정지장치
③ 연삭기	덮개
④ 목재가공용 둥근톱	반발예방장치 및 날접촉예방장치
⑤ 동력식 수동대패	칼날접촉방지장치
⑥ 복합동작을 할 수 있는 산업용 로봇	안전매트 또는 방호울

13. 프레스의 방호장치를 다음의 내용에 따라 구분하여 쓰시오.

해답	① 일행정 일정지식	양수조작식, 게이트 가드식
	② 슬라이드 작동중 정지가능	감응식, 안전블록

14. 프레스의 방호장치 중 게이트가드(gate guard)식의 작동방식에 따른 종류를 3가지 쓰시오.

    해답 ① 하강식 ② 상승식 ③ 횡 슬라이드식

15. 프레스의 방호장치 중 양수조작식 방호장치의 설치방법을 5가지 쓰시오.

    해답
    ① 정상동작표시등은 녹색, 위험표시등은 붉은색으로 하며, 쉽게 근로자가 볼 수 있는 곳에 설치
    ② 슬라이드 하강 중 정전 또는 방호장치의 이상 시에 정지할 수 있는 구조
    ③ 방호장치는 릴레이, 리미트스위치 등의 전기부품의 고장, 전 원전압의 변동 및 정전에 의해 슬라이드가 불시에 동작하지 않아야 하며, 사용전원전압의 ±(100분의 20)의 변동에 대하여 정상으로 작동
    ④ 1행정1정지 기구에 사용할 수 있어야 한다.
    ⑤ 누름버튼을 양손으로 동시에 조작하지 않으면 작동시킬 수 없는 구조이어야 하며, 양쪽버튼의 작동시간 차이는 최대 0.5초 이내일 때 프레스가 동작
    ⑥ 1행정마다 누름버튼에서 양손을 떼지 않으면 다음 작업의 동작을 할 수 없는 구조
    ⑦ 램의 하행정중 버튼(레버)에서 손을 뗄 시 정지하는 구조
    ⑧ 누름버튼의 상호간 내측거리는 300㎜ 이상

16. 프레스의 방호장치 중 양수조작식 방호장치 설치 안전거리를 구하는 식을 쓰시오.

    해답 $D = 1600 \times (T_c + T_s)$

    D : 안전거리(mm)
    T_c : 방호장치의 작동시간 [즉 누름버튼으로부터 한 손이 떨어졌을 때부터 급정지기구가 작동을 개시할 때까지의 시간(초)]
    T_s : 프레스의 급정지시간 [즉 급정지기구가 작동을 개시했을 때부터 슬라이드가 정지할 때까지의 시간(초)]

17. 프레스의 방호장치 중 감응식 방호장치의 설치방법에 대하여 3가지 쓰시오.

    해답
    ① 정상동작표시램프는 녹색, 위험표시램프는 붉은색으로 하며, 쉽게 근로자가 볼 수 있는 곳에 설치
    ② 슬라이드 하강 중 정전 또는 방호장치의 이상 시에 정지할 수 있는 구조
    ③ 방호장치는 릴레이, 리미트스위치 등의 전기부품의 고장, 전원전압의 변동 및 정전에 의해 슬라이드가 불시에 동작하지 않아야 하며, 사용전원전압의 ±(100분의 20)의 변동에 대하여 정상으로 작동
    ④ 방호장치의 정상작동 중에 감지가 이루어지거나 공급전원이 중단되는 경우 적어도 두개 이상의 출력 신호개폐장치가 꺼진 상태로 돼야 한다.
    ⑤ 방호장치에 제어기(Controller)가 포함되는 경우에는 이를 연결한 상태에서 모든 시험을 한다.

⑥ 광전자식 방호장치와 위험한계 사이의 거리(안전거리)는 슬라이드의 하강속도가 최대로 되는 위치에서 다음 식에 따라 계산한 값 이상이어야 한다.

$$D = 1600 \times (Tc + Ts)$$

D : 안전거리(mm)
Tc : 방호장치의 작동시간 [즉 누름버튼으로부터 한 손이 떨어졌을 때부터 급정지기구가 작동을 개시할 때까지의 시간(초)]
Ts : 프레스의 급정지시간 [즉 급정지기구가 작동을 개시했을 때부터 슬라이드가 정지할 때까지의 시간(초)]

18. 프레스의 양수기동식 방호장치의 안전거리를 구하는 공식을 쓰시오.

해답 $D_m = 1.6 Tm$

D_m : 안전 거리(mm)
Tm : 양손으로 누름단추 누르기 시작할 때부터 슬라이드가 하사점에 도달하기까지 소요시간(ms)

$$Tm = \left(\frac{1}{\text{클러치맞물림개소수}} + \frac{1}{2} \right) \times \frac{60000}{\text{매분행정수}} (ms)$$

19. 롤러기의 방호장치 설치방법을 3가지 쓰시오.

해답 ① 급정지 장치 중 로프식 급정지 장치 조작부는 롤러기의 전면 및 후면에 각각 1개씩 수평으로 설치하고 그 길이는 로울의 길이 이상이어야 한다.
② 로프식 급정지 장치 조작부에 사용하는 줄은 사용 중에 늘어나거나 끊어지기 쉬운 것으로 해서는 아니된다.
③ 급정지 장치의 조작부는 그 종류에 따라 다음에 정하는 위치에 설치하고 또 작업자가 긴급시에 쉽게 조작할 수 있어야 한다.
④ 급정지 장치는 롤러기의 가동장치를 조작하지 않으면 가동하지 않는 구조의 것이어야 한다.

20. 롤러의 방호장치 조작부의 종류를 3가지 쓰고 설치위치를 쓰시오.

해답

조작부의 종류	설 치 위 치
손 조 작 식	밑면에서 1.8m 이내
복 부 조 작 식	밑면에서 0.8m 이상 1.1m 이내
무 릎 조 작 식	밑면에서 0.6m 이내

21. 연삭기 구조면에 있어서의 안전대책을 5가지 쓰시오.

해답 ① 구조 규격에 적당한 덮개를 설치할 것
② 플랜지의 직경은 숫돌직경의 1/3 이상인 것을 사용하며 양쪽을 모두 같은 크기로 할 것(플랜지 안쪽에 종이나 고무판을 부착하여 고정시, 종이나 고무판의 두께는 0.5~1 mm 정도가 적합하며, 숫돌의 종이라벨은 제거하지 않고 고정)

③ 숫돌 결합 시 축과는 0.05~0.15 mm 정도의 틈새를 둘 것
④ 칩 비산 방지 투명판(shield), 국소배기장치를 설치할 것
⑤ 탁상용 연삭기는 워크레스트와 조정편을 설치할 것(워크레스트와 숫돌과의 간격은 : 3mm 이하)
⑥ 덮개의 조정편과 숫돌과의 간격은 10mm 이내
⑦ 최고 회전속도 이내에서 작업할 것

22. 연삭숫돌의 파괴원인을 5가지 쓰시오.

해답
① 숫돌의 회전 속도가 너무 빠를 때
② 숫돌 자체에 균열이 있을 때
③ 숫돌에 과대한 충격을 가할 때
④ 숫돌의 측면을 사용하여 작업할 때
⑤ 숫돌의 불균형이나 베어링 마모에 의한 진동이 있을 때
⑥ 숫돌 반경 방향의 온도 변화가 심할 때
⑦ 플랜지가 현저히 작을 때
⑧ 작업에 부적당한 숫돌을 사용할 때
⑨ 숫돌의 치수가 부적당할 때

23. 연삭숫돌의 수정에서 글레이징(glazing)의 현상과 원인을 3가지 쓰시오.

해답
(1) 현상 : 숫돌차의 입자가 탈락되지 않고 마모에 의해 납작하게 된 상태에서 연삭되는 현상
(2) 원인
　① 숫돌의 결합도가 크다
　② 숫돌의 회전속도가 너무 빠르다
　③ 숫돌의 재료가 공작물의 재료에 부적합하다

24. 롤러 방호장치(급정지장치)의 성능조건을 쓰시오.

해답

앞면 롤러의 표면 속도(m/분)	급 정 지 거 리
30 미만	앞면 롤러 원주의 1/3 이내
30 이상	앞면 롤러 원주의 1/2.5 이내

25. 아세틸렌용접장치 및 가스집합용접장치의 방호장치(안전기) 설치방법을 각각 쓰시오.

해답

아세틸렌 용접장치	① 취관 마다 안전기설치 ② 주관 및 취관에 가장 근접한 분기관 마다 안전기부착 ③ 가스용기가 발생기와 분리되어 있는 아세틸렌 용접장치는 발생기와 가스용기 사이 (흡입관)에 안전기 설치
가스집합 용접장치의 배관	① 플렌지·밸브·콕등의 접합부에는 개스킷을 사용하고 접합면을 상호밀착시키는 등의 조치를 취할 것 ② 주관 및 분기관에는 안전기를 설치할 것(이 경우 하나의 취관에 대하여 2개이상의 안전기를 설치)

26. 아세틸렌 발생기실의 설치장소의 기준을 3가지 쓰시오.

> **해답** ① 전용의 발생기 실내에 설치
> ② 건물의 최상층에 위치, 화기를 사용하는 설비로부터 3m를 초과하는 장소에 설치
> ③ 옥외에 설치할 경우 그 개구부를 다른 건축물로부터 1.5m이상 떨어지도록 할 것

27. 아세틸렌발생기실의 구조에 대하여 4가지 쓰시오.

> **해답** ① 벽은 불연성의 재료로 하고 철근콘크리트 또는 그 밖에 이와 같은 수준이거나 그 이상의 강도를 가진 구조로 할 것
> ② 지붕 및 천정에는 얇은 철판이나 가벼운 불연성 재료를 사용할 것
> ③ 바닥면적의 16분의 1이상의 단면적을 가진 배기통을 옥상으로 돌출시키고 그 개구부를 창 또는 출입구로부터 1.5m 이상 떨어지도록 할 것
> ④ 출입구의 문은 불연성 재료로 하고 두께 1.5mm 이상의 철판이나 그 밖에 그 이상의 강도를 가진 구조로 할 것
> ⑤ 벽과 발생기 사이에는 발생기의 조정 또는 카바이드 공급 등의 작업을 방해하지 아니하도록 간격을 확보할 것

28. 양중기의 방호장치 조정대상과 방호장치의 종류를 쓰시오.

> **해답** 양중기의 방호장치
>
> | 방호장치의 조정 대상 | ① 크레인 ② 이동식 크레인 ③ 리프트 ④ 곤돌라 ⑤ 승강기 |
> |---|---|
> | 방호장치의 종류 | ① 과부하방지장치 ② 권과방지장치
③ 비상정지장치 및 제동장치
④ 그 밖의 방호장치(승강기의 파이널 리미트 스위치, 속도조절기, 출입문 인터록 등) |

29. 크레인의 설치, 조립, 수리, 점검 또는 해체작업 시 조치해야할 사항을 4가지 쓰시오.

> **해답** ① 작업순서를 정하고 그 순서에 의하여 작업 실시할 것
> ② 비·눈 그 밖의 기상상태의 불안정으로 인하여 날씨가 몹시 나쁠 때에는 그 작업을 중지시킬 것
> ③ 작업장소는 안전한 작업이 이루어질 수 있도록 충분한 공간을 확보하고 장애물이 없도록 것
> ④ 들어올리거나 내리는 기자재는 균형을 유지하면서 작업을 실시하도록 할 것
> ⑤ 크레인의 능력, 사용조건 등에 따라 충분한 응력을 갖는 구조로 기초를 설치하고 침하등이 일어나지 아니하도록 할 것
> ⑥ 규격품인 조립용 볼트를 사용하고 대칭 되는 곳을 순차적으로 결합하고 분해할 것

30. 양중기의 안전기준에서 순간풍속이 매 초당 30미터를 초과하는 폭풍 등에 의한 안전조치사항을 시기별로 구분하여 쓰시오.

해답

내용	시기	조치사항
폭풍에 의한 이탈방지	바람이 불어올 우려가 있는 경우	옥외에 설치된 주행크레인의 이탈방지 장치 작동 등 이탈방지를 위한 조치
폭풍 등으로 인한 이상유무 점검	바람이 불거나 중진 이상 진도의 지진이 있은 후	옥외에 설치된 양중기를 사용하여 작업하는 경우 미리 기계 각 부위에 이상이 있는지 점검

31. 1,000[kg]의 화물을 두 줄걸이 로프로 상부각도 60°로 들어올릴 때 한쪽 와이어로프에 걸리는 하중을 계산하시오.

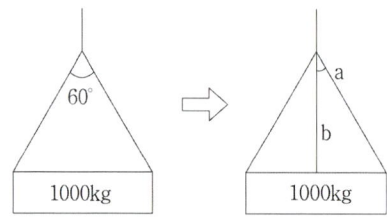

해답 $b \div a = \cos\theta$, 그러므로 $a = b \div \cos\theta$ 여기서

$\theta = \dfrac{60°}{2} = 30°$, $b = \dfrac{1,000}{2} = 500[\text{kg}]$

$\therefore a = \dfrac{b}{\cos\theta} = \dfrac{500}{\cos 30°} = \dfrac{500}{\dfrac{\sqrt{3}}{2}} = \dfrac{1,000}{\sqrt{3}} = 577.35[\text{kg}]$

32. 보일러의 방호장치의 종류를 3가지 쓰시오.

해답 ① 고저수위 조절장치 ② 압력방출장치 ③ 압력제한스위치 ④ 화염검출기

33. 다음은 보일러의 방호장치에 관한 설치기준이다. ( )안에 알맞은 말을 쓰시오.

(1) 보일러 규격에 맞는 압력방출장치를 (①)압력 이하에서 작동되도록 1개 또는 2개 이상 설치
(2) 2개 이상 설치된 경우 최고사용압력 이하에서 1개가 작동되고, 다른 압력방출장치는 최고사용압력 (②)배 이하에서 작동되도록 부착
(3) 1년에 1회 이상 (③) 시험 후 납으로 봉인(공정 안전관리 이행수준 평가결과가 우수한 사업장은 4년에 1회 이상 토출 압력 시험 실시)
(4) 스프링식, (④), 지렛대식(일반적으로 스프링식 안전 밸브가 많이 사용)

해답 ① 최고사용 ② 1.05 ③ 토출 압력 ④ 중추식

34. 보일러의 이상현상의 종류 중 플라이밍(priming)에 관하여 간단히 설명하시오.

해답 보일러의 과부하로 보일러수가 극심하게 끓어서 수면에서 계속하여 물방울이 비산하고 증기부가 물방울로 충만하여 수위가 불안정하게 되는 현상

35. 드릴링 머신의 작업시 일감의 고정방법을 3가지 쓰시오.

해답
① 일감이 작을 때 : 바이스로 고정
② 일감이 크고 복잡할 때 : 볼트와 고정구 사용
③ 대량생산과 정밀도를 요구할 때 : 지그 사용

36. 세이퍼의 안전장치를 3가지 쓰시오.

해답 ① 칩받이   ② 칸막이   ③ 울타리(방책)

37. 일반연삭작업 등에 사용하는 것을 목적으로 하는 탁상용 연삭기의 덮개 각도를 쓰시오.

해답
① 덮개의 최대노출각도 : 125° 이내
② 숫돌주축에서 수평면위로 이루는 원주각도 : 65° 이내

38. 목재가공용 둥근톱기계이 방호장치명과 설치요령을 쓰시오.

해답
(1) 방호장치
① 분할날 등 반발예방장치 ② 톱날접촉예방장치
(2) 설치요령
① 반발방지기구는 목재 송급쪽에 설치하되 목재의 반발을 충분히 방지할 수 있도록 설치
② 분할날은 톱날로부터 12mm 이내에 설치. 두께는 톱 두께의 1.1배 이상이어야 하며, 높이는 표준 테이블면 상의 톱 뒷날의 2/3 이상을 덮도록 하여야 한다.
③ 톱날 접촉예방장치는 분할날에 대면하고 있는 부분과 가공재를 절단하는 부분 이외의 톱날을 덮을 수 있는 구조이어야 한다.

Tip 목재가공용 둥근톱(날 접촉예방장치, 반발예방장치)과 다른 내용이므로 구분하여 정리할 것

39. 목재가공용 둥근톱기계의 반발예방장치의 종류를 3가지 쓰시오.

해답 ① 반발방지기구   ② 분할날   ③ 반발방지롤러

40. 동력식 수동대패기의 방호장치를 쓰시오.

해답 칼날접촉방지장치

41. no-hand in die 방식에 있어서 본질안전화 추진사항을 3가지 쓰시오.

> **해답** ① 전용 프레스 도입 ② 자동 프레스 도입
> ③ 안전울을 부착한 프레스 ④ 안전금형을 부착한 프레스

42. 프레스기에 설치하는 방호장치의 종류를 5가지 쓰시오.

> **해답** ① 양수조작식 ② 게이트 가드식 ③ 수인식 ④ 손쳐내기식 ⑤ 감응식

43. 크랭크 프레스기의 페달에 U자형 덮개를 설치하는 목적을 쓰시오.

> **해답** 근로자가 부주의로 페달을 밟거나 낙하물의 불시 낙하로 인하여 페달이 작동되어 사고가 나는 것을 막기 위함이다.

44. 급정지 기구가 부착되어 있어야만 유효한 프레스의 방호장치를 쓰시오.

> **해답** ① 양수조작식 ② 감응식

45. 산업용 로봇의 작동범위 내에서 교시 등의 작업시 작업시작전 점검사항을 쓰시오.

> **해답** ① 외부전선의 피복 또는 외장의 손상유무
> ② 매니퓰레이터(manipulator)작동의 이상유무
> ③ 제동장치 및 비상정지장치의 기능

46. 산업용 로봇의 수리 등 작업시의 조치사항을 쓰시오.

> **해답** ① 당해 로봇의 운전 정지함과 동시에 작업 중 로봇의 기동스위치를 잠근 후 열쇠별도관리
> ② 당해 로봇의 기동스위치에 작업중이란 취지의 표지판 부착

47. 산업용 로봇의 운전 중 위험방지를 위해 조치해야할 사항을 2가지 쓰시오.

> **해답** ① 높이 1.8미터 이상의 울타리 설치
> ② 컨베이어 시스템의 설치 등으로 울타리를 설치할 수 없는 일부 구간
>   - 안전매트 또는 광전자식 방호장치 등 감응형(感應形) 방호장치 설치

48. 지게차의 대표적인 재해유형을 3가지 쓰시오.

> **해답** ① 물체의 낙하 ② 보행자 등과의 접촉 ③ 차량의 전도

49. 지게차의 주행시 좌우 안정도를 쓰시오.

> **해답** (15 + 1.1V)% 이내
> 여기서, V : 최고속도(km/hr)

50. 지게차 헤드가드(head guard)의 안전기준을 쓰시오.

> **해답** ① 강도는 지게차의 최대하중의 2배의 값(그 값이 4톤을 넘는 것에 대하여서는 4톤으로 한다)의 등분포 정하중에 견딜 수 있는 것일 것
> ② 상부틀의 각 개구의 폭 또는 길이가 16㎝ 미만일 것
> ③ 운전자가 앉아서 조작하거나 서서 조작하는 지게차의 헤드가드는 한국산업표준에서 정하는 높이 기준 이상일 것

51. 양중기 와이어로프의 안전계수를 쓰시오.

> **해답**
>
> | 근로자가 탑승하는 운반구를 지지하는 경우 | 10 이상 |
> |---|---|
> | 화물의 하중을 직접 지지하는 경우 | 5 이상 |
> | 기타의 경우 | 4 이상 |

52. 양중기 와이어로프의 사용금지조건에 해당하는 내용을 쓰시오.

> **해답** ① 이음매가 있는 것
> ② 와이어로프의 한 꼬임(스트랜드)에서 끊어진 소선(필러선 제외)의 수가 10% 이상(비자전로프의 경우에는 끊어진 소선의 수가 와이어로프 호칭지름의 6배 길이 이내에서 4개 이상이거나 호칭지름 30배 길이 이내에서 8개이상)인 것
> ③ 지름의 감소가 공칭지름의 7%를 초과하는 것
> ④ 꼬인 것
> ⑤ 심하게 변형되거나 부식된 것
> ⑥ 열과 전기충격에 의해 손상된 것

53. 양중기 달기체인의 사용금지조건에 해당하는 내용을 쓰시오.

> **해답** ① 달기체인의 길이가 달기체인이 제조된 때의 길이의 5퍼센트를 초과한 것
> ② 링의 단면지름이 달기체인이 제조된 때의 해당 링의 지름의 10퍼센트를 초과하여 감소한 것
> ③ 균열이 있거나 심하게 변형된 것

54. 양중기 슬링 와이어로프의 한가닥에 걸리는 하중을 계산하는 공식을 쓰시오.

> **해답** $하중 = \dfrac{화물의무게(W_1)}{2} \div \cos\dfrac{\theta}{2}$

55. 금속의 용접·용단, 가열에 사용되는 가스등의 용기취급 시 준수해야할 사항을 5가지 쓰시오.

> **해답** (1) 다음의 장소에서 사용하거나 해당 장소에 설치·저장 또는 방치하지 아니하도록 할 것
> ① 통풍이나 환기가 불충분한 장소
> ② 화기를 사용하는 장소 및 그 부근
> ③ 위험물 또는 인화성 액체를 취급하는 장소 및 그 부근
> (2) 용기의 온도를 섭씨 40도 이하로 유지할 것
> (3) 전도의 위험이 없도록 할 것
> (4) 충격을 가하지 않도록 할 것
> (5) 운반하는 경우에는 캡을 씌울 것
> (6) 밸브의 개폐는 서서히 할 것
> (7) 용해아세틸렌의 용기는 세워둘 것
> (8) 사용하는 경우에는 용기의 마개에 부착되어 있는 유류 및 먼지를 제거할 것
> (9) 사용전 또는 사용중인 용기와 그 밖의 용기를 명확히 구별하여 보관할 것
> (10) 용기의 부식·마모 또는 변형상태를 점검한 후 사용할 것

56. 합판·종이·천 및 금속박 등을 통과시키는 롤러기로서 근로자에게 위험을 미칠 우려가 있는 부위에는 무엇을 설치해야 하는지 쓰시오.

> **해답** 울 또는 안내롤러 등

57. 고속회전체의 회전시험을 하는 때에는 미리 회전축의 재질 및 형상 등에 상응하는 종류의 비파괴검사를 실시하여 결함유무를 확인하여야 하는 경우를 쓰시오.

> **해답** 회전축의 중량이 1톤을 초과하고 원주속도가 매초당 120미터 이상인 것.

58. 작업장의 출입구 설치시 준수해야할 사항을 4가지 쓰시오.

> **해답** ① 출입구의 위치·수 및 크기가 작업장의 용도와 특성에 적합하도록 할 것
> ② 출입구에 문을 설치하는 경우에는 근로자가 쉽게 열고 닫을 수 있도록 할 것
> ③ 주목적이 하역운반기계용인 출입구에는 인접하여 보행자용 출입구를 따로 설치할 것
> ④ 하역운반기계의 통로와 인접하여 있는 출입구에서 접촉에 의하여 근로자에게 위험을 미칠 우려가 있는 때에는 비상등·비상벨 등 경보장치를 할 것
> ⑤ 계단이 출입구와 바로 연결된 경우에는 작업자의 안전한 통행을 위하여 그 사이에 1.2미터 이상 거리를 두거나 안내표지 또는 비상벨 등을 설치할 것

59. 동력으로 작동되는 문을 설치하는 경우 설치기준을 3가지 쓰시오.

> **해답** ① 동력으로 작동되는 문에 근로자가 끼일 위험이 있는 2.5m높이까지는 위급 또는 위험한 사태가 발생한 때에 문의 작동을 정지시킬 수 있도록 비상정지장치의 설치 등 필요한 조치를 할 것

② 동력으로 작동되는 문의 비상정지장치는 근로자가 잘 알아볼 수 있고 쉽게 조작할 수 있을 것
③ 동력으로 작동되는 문의 동력이 끊어진 때에는 즉시 정지되도록 할 것
④ 수동으로 열고 닫음이 가능하도록 할 것
⑤ 동력으로 작동되는 문을 수동으로 조작하는 때에는 제어장치에 의하여 즉시 정지시킬 수 있는 구조일 것

60. 작업장이나 기계·설비의 바닥·작업발판 및 통로 등의 끝이나 개구부로부터 근로자가 추락하거나 넘어질 위험이 있는 장소에 설치해야 하는 안전조치를 쓰시오.

해답
① 안전난간, 울타리, 수직형 추락방망 또는 덮개 등의 방호조치를 충분한 강도를 가진 구조로 튼튼하게 설치하고, 덮개 설치 시 뒤집히거나 떨어지지 않도록 설치(어두운 장소에서도 알아볼 수 있도록 개구부임을 표시)
② 안전난간 등의 설치가 매우 곤란하거나 작업의 필요상 임시로 난간 등을 해체하는 경우 추락방호망 설치(추락방호망 설치가 곤란한 경우 안전대 착용 등의 추락위험 방지조치)

61. 위험물질을 제조·취급하는 작업장 및 당해 작업장이 있는 건축물에 설치해야 하는 비상구의 설치기준을 3가지 쓰시오.

해답
① 출입구와 같은 방향에 있지 아니하고, 출입구로부터 3m 이상 떨어져 있을 것
② 작업장의 각 부분으로부터 하나의 비상구 또는 출입구까지의 수평거리가 50m 이하가 되도록 할 것
③ 비상구의 너비는 0.75m 이상으로 하고, 높이는 1.5m 이상으로 할 것
④ 비상구의 문은 피난방향으로 열리도록 하고, 실내에서 항상 열 수 있는 구조로 할 것

62. 옥내작업장에 비상시 근로자에게 신속하게 알리기 위한 경보설비 또는 기구를 설치해야 하는 조건을 쓰시오.

해답 연면적이 400제곱미터 이상이거나 상시 50인 이상의 근로자가 작업하는 경우

63. 선반 등으로부터 돌출하여 회전하고 있는 가공물이 근로자에게 위험을 미칠 우려가 있을 경우 설치해야하는 안전장치를 쓰시오.

해답 덮개 또는 울

64. 선풍기·송풍기 등의 회전날개에 의하여 근로자에게 위험을 미칠 우려가 있는 경우 해당부위에 설치해야하는 방호장치를 쓰시오.

해답 망 또는 울 설치

65. 암석이 떨어질 우려가 있는 위험한 장소에서 견고한 낙하물 보호구조를 갖춰야 할 차량계건설기계의 종류를 5가지 쓰시오.

해답 ① 불도저 ② 트랙터 ③ 굴착기 ④ 로더(loader : 흙 따위를 퍼올리는 데 쓰는 기계)
⑤ 스크레이퍼(scraper : 흙을 절삭·운반하거나 펴 고르는 등의 작업을 하는 토공기계)
⑥ 덤프트럭 ⑦ 모터그레이더(motor grader : 땅 고르는 기계)
⑧ 롤러(roller : 지반 다짐용 건설기계) ⑨ 천공기 ⑩ 항타기 및 항발기

66. 프레스 및 전단기의 제작 및 안전기준에서 조작버튼의 색상에 따른 의미를 쓰시오.

해답 ① 적색-비상 ② 황색-비정상 ③ 녹색-정상 ④ 청색-의무
⑤ 흰색, 회색 또는 흑색-지정된 의미 없음

67. 곤돌라의 자율안전확인에서 제작 및 안전기준에 해당하는 곤돌라의 명판에 표시해야하는 사항을 3가지 쓰시오.

해답 ① 적재하중 ② 형식번호 ③ 제조번호 ④ 제조년월
⑤ 제조자명 ⑥ 자율안전확인 표시

68. 프레스의 방호장치 중 손쳐내기식 방호장치의 설치방법을 3가지 쓰시오.

해답 ① 슬라이드 하행정거리의 3/4 위치에서 손을 완전히 밀어내어야 한다.
② 손쳐내기봉의 행정(Stroke) 길이를 금형의 높이에 따라 조정할 수 있고 진동폭은 금형폭 이상이어야 한다.
③ 방호판과 손쳐내기봉은 경량이면서 충분한 강도를 가져야 한다.
④ 방호판의 폭은 금형폭의 1/2 이상이어야 하고, 행정길이가 300mm 이상의 프레스기계에는 방호판 폭을 300mm로 해야 한다.
⑤ 손쳐내기봉은 손 접촉 시 충격을 완화할 수 있는 완충재를 붙이는 등의 조치가 강구되어야 한다.
⑥ 부착볼트 등의 고정금속부분은 예리한 돌출현상이 없어야 한다.

69. 프레스의 방호장치 중 가드식 방호장치의 설치방법을 4가지 쓰시오.

해답 ① 가드는 금형의 착탈이 용이하도록 설치
② 가드의 용접부위는 완전 용착되고 면이 미려해야 한다.
③ 가드에 인체가 접촉하여 손상될 우려가 있는 곳은 부드러운 고무 등을 입혀야 한다.
④ 게이트 가드 방호장치는 가드가 열린 상태에서 슬라이드를 동작시킬 수 없고 또한 슬라이드 작동 중에는 게이트 가드를 열 수 없어야 한다.
⑤ 게이트 가드 방호장치에 설치된 슬라이드 동작용 리미트스위치는 신체의 일부나 재료 등의 접촉을 방지할 수 있는 구조
⑥ 가드의 닫힘으로 슬라이드의 기동신호를 알리는 구조의 것은 닫힘을 표시하는 표시램프를 설치
⑦ 수동으로 가드를 닫는 구조의 것은 가드의 닫힘 상태를 유지하는 기계적 잠금장치를 작동한 후가 아니면 슬라이드 기동이 불가능한 구조

70. 프레스 등을 사용하여 작업을 하는때 작업시작전 점검해야할 사항을 4가지 쓰시오.

> **해답** ① 클러치 및 브레이크의 기능
> ② 크랭크축·플라이휠·슬라이드·연결봉 및 연결나사의 풀림유무
> ③ 1행정 1정지기구·급정지장치 및 비상정지장치의 기능
> ④ 슬라이드 또는 칼날에 의한 위험방지 기구의 기능
> ⑤ 프레스의 금형 및 고정볼트 상태
> ⑥ 방호장치의 기능
> ⑦ 전단기의 칼날 및 테이블의 상태

71. 고소작업대를 사용하여 작업을 하는 경우 작업시작전 점검 사항을 3가지 쓰시오.

> **해답** ① 비상정지 및 비상하강방지장치 기능의 이상유무
> ② 과부하방지장치의 작동유무(와이어로프 또는 체인구동방식의 경우)
> ③ 아웃트리거 또는 바퀴의 이상유무
> ④ 작업면의 기울기 또는 요철유무

72. 컨베이어 등을 사용하여 작업을 하는 때 작업시작전 점검해야할 사항을 3가지 쓰시오.

> **해답** ① 원동기 및 풀리기능의 이상유무
> ② 이탈 등의 방지장치기능의 이상유무
> ③ 비상정지장치 기능의 이상유무
> ④ 원동기·회전축·기어 및 풀리 등의 덮개 또는 울 등의 이상유무

73. 지게차를 사용하여 작업을 하는 때 작업시작전 점검해야할 사항을 3가지 쓰시오.

> **해답** ① 제동장치 및 조종장치 기능의 이상유무
> ② 하역장치 및 유압장치 기능의 이상유무
> ③ 바퀴의 이상유무
> ④ 전조등·후미등·방향지시기 및 경보장치 기능의 이상유무

Memo

5과목

전기작업안전관리 및 화공안전점검

5과목 전기작업안전관리 및 화공안전점검

I 전기안전일반

1. 감전재해 유해요소

1) 1차적 감전요소(위험도 결정조건)

(1) 통전 전류의 크기

인체에 흐르는 전류의 양에 따라 위험성이 결정되므로 비록 저압의 전기라 하더라도 취급에 있어 주의하여야 한다.

(2) 통전 경로

같은 전류값이라 하여도 통전 경로에 따라 위험성이 다르다. 사람의 심장은 왼쪽에 있으므로 왼손으로 전기 기구를 취급하면 전류가 심장을 통해 흐르게 되어 오른손으로 사용할 경우 보다 더욱 위험하게 된다.

(3) 통전 시간

심실세동전류는 통전시간에 크게 관계되며, 시간이 길수록 위험하다.
$$\left(I = \frac{165}{\sqrt{T}}(\mathrm{mA})\right)$$

(4) 전원의 종류

전압이 동일한 경우에도 교류는 직류보다 위험하다.

2) 2차적 감전 요소

(1) 인체의 조건

땀에 젖어있거나 물에 젖어있는 경우 인체의 저항이 감소하므로 위험성이 높아진다.

(2) 전압

전압값도 인체의 저항값의 변화요인이므로 위험하다.

(3) 계절

여름에는 땀을 많이 흘리는 계절이므로 인체저항값이 감소하여 위험성이 높아진다.

2. 통전전류가 인체에 미치는 영향

1) 전류에 따른 인체의 영향

분류	인체에 미치는 전류의 영향	통전 전류 (60Hz 교류에서 성인남자)
최소감지전류	전류의 흐름을 느낄 수 있는 최소전류	1 mA
고통한계전류	고통을 참을 수 있는 한계전류	7~8 mA
마비한계전류	신경이 마비되고 신체를 움직일 수 없으며 말을 할 수 없는 상태	10~15 mA
심실세동전류	심장의 맥동에 영향을 주어 심장마비 상태를 유발	$I = \dfrac{165}{\sqrt{T}}$ mA

> **Tip 가수전류와 불수전류**
>
> 가수전류는 인체가 자력으로 이탈할수 있는 전류를 말하며, 60Hz 정현파 교류에 의한 가수전류(이탈전류 또는 마비한계전류)는 10~15mA이고, 불수전류는 자력으로 이탈할수 없는 전류를 말한다.

2) 심실 세동 전류

(1) 심실 세동을 일으키면 통전 전류가 멈춘다 해도 자연회복은 어려우며, 그대로 방치하면 수분 이내에 사망에 이르게 되므로 즉시 인공 호흡 실시

(2) 통전 시간과 전류의 관계식(위험 한계 에너지)

인체의 전기저항을 500Ω으로 가정하면,

$$Q = I^2 RT \, [\text{J/S}] = \left(\frac{165 \sim 185}{\sqrt{T}} \times 10^{-3}\right)^2 \times 500 \times T = 13.61 \sim 17.11 \, [\text{J}]$$

(3) 상용주파수(60Hz)에 의해 감전되는 경우 주로 심장의 중추를 통과하는 전류량에 의해 사망하는 경우가 많으며, 흉부수축으로 인한 질식이나 호흡중추부로 흘러 호흡기능 장애를 발생하여 사망에 이르는 경우도 있다.

3) 인체에 대한 감전의 영향

(1) 신경과 근육을 자극해서 정상적인 기능을 저해 (신경과 근육에 전기 신호가 가해져 근육의 수축 또는 심실 세동을 일으키는 현상)
(2) 전기에너지가 생체조직을 파괴 또는 소손 등의 구조적 손상을 유발

4) 감전 발생시 증상의 관찰순서

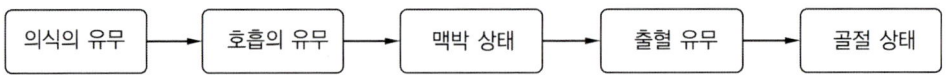

5) 인체의 저항

(1) 옴(ohm)의 법칙

$$I = \frac{E}{R} \quad E = IR$$

I = 전류(A), R = 저항(Ω), E = 전압(V)

(2) 인체의 전기저항
① 피부저항 : 2500Ω
② 내부조직 저항 : 300Ω
③ 발과 신발사이 저항 : 1500Ω
④ 신발과 대지저항 : 700Ω
※ 인체의 전기저항 : 5000Ω

* 위 조건시 습기가 많을 경우 1/10로 감소
* 위 조건시 땀에 젖어 있는 경우 1/12로 감소
* 위 조건시 물에 젖어 있는 경우 1/25로 감소
* 전원전압이 200V일 때 인체에 흐르는 전류는 40mA로 위험. 이때 손, 신발이 젖는 경우 0.3초 이내에 사망 가능

3. 감전사고 방지대책

1) 직접 접촉에 의한 방지대책(충전 부분에 대한 감전 방지)

① 충전부가 노출되지 않도록 폐쇄형 외함이 있는 구조로 할 것
② 충전부에 충분한 절연효과가 있는 방호망이나 절연덮개를 설치할 것
③ 충전부는 내구성이 있는 절연물로 완전히 덮어 감쌀 것

④ 발전소·변전소 및 개폐소 등 구획되어 있는 장소로서 관계근로자가 아닌 사람의 출입이 금지되는 장소에 충전부를 설치하고, 위험표시 등의 방법으로 방호를 강화할 것
⑤ 전주 위 및 철탑 위 등 격리되어 있는 장소로서 관계근로자가 아닌 사람이 접근할 우려가 없는 장소에 충전부를 설치할 것

2) 간접 접촉에 의한 방지대책

(1) 보호절연
누전 발생기기에 접촉되더라도 인체 전류의 통전 경로를 절연시킴으로 전류를 안전한계 이하로 낮추는 방법

(2) 안전 전압 이하의 기기 사용

(3) 접지
누전이 발생한 기계 설비에 인체가 접촉하더라도 인체에 흐르는 감전전류를 억제하여 안전한계 이하로 낮추고 대부분의 누설 전류를 접지선을 통해 흐르게 하므로 감전사고를 예방하는 방법

(4) 누전차단기의 설치
전기기계 기구중 대지전압이 150볼트를 초과하는 이동형 또는 휴대형 등에 설치하며 누전을 자동으로 감지하여 0.1초 이내에 전원을 차단하는 장치를 말한다.

(5) 비접지식 전로의 채용
전기기계·기구의 전원측의 전로에 설치한 절연변압기의 2차 전압이 300볼트이하이고 정격용량이 3킬로볼트 암페어 이하이며 절연 변압기의 부하측의 전로가 접지되어 있지 아니한 경우

(6) 이중절연구조
충전부를 2중으로 절연한 구조로서 기능절연과는 별도로 감전 방지를 위한 보호 절연을 한 경우 (누전차단기 없이 보통 콘센트사용가능)

3) 전기 기계 기구 등의 충전부 방호

근로자가 작업 또는 통행 등으로 인하여 전기기계기구 또는 전로의 충전부분에 접촉하거나 접근함으로 감전위험이 있는 충전부분에 대한 감전 방지조치
① 충전부가 노출되지 않도록 폐쇄형 외함이 있는 구조로 할 것
② 충전부에 충분한 절연효과가 있는 방호망이나 절연덮개를 설치할 것
③ 충전부는 내구성이 있는 절연물로 완전히 덮어 감쌀 것

④ 발전소·변전소 및 개폐소 등 구획되어 있는 장소로서 관계근로자가 아닌 사람의 출입이 금지되는 장소에 충전부를 설치하고, 위험표시 등의 방법으로 방호를 강화할 것
⑤ 전주 위 및 철탑 위 등 격리되어 있는 장소로서 관계근로자가 아닌 사람이 접근할 우려가 없는 장소에 충전부를 설치할 것

4) 전기기계·기구의 조작시 등의 안전조치

감전 또는 오조작에 의한 위험 방지	전기기계·기구의 조작부분은 150럭스 이상의 조도 유지
전기기계·기구의 조작부분 점검보수시 안전한 작업을 위해	전기기계·기구로부터 70cm이상의 작업공간 확보
전기적 불꽃 또는 아크에 의한 화상의 우려가 높은 600V 이상 전압의 충전전로작업시	방염처리된 작업복 또는 난연성능을 가진 작업복 착용

5) 임시로 사용하는 전등 등의 위험방지

(1) 이동전선에 접속하여 임시로 사용하는 전등 등에 접촉함으로 인한 감전 및 전구파손에 의한 위험방지 : 보호망 부착
(2) 보호망 설치시 준수사항
　① 전구의 노출된 금속부분에 근로자가 용이하게 접촉되지 아니하는 구조로 할 것
　② 재료는 용이하게 파손되거나 변형되지 아니하는 것으로 할 것

4. 개폐기의 분류

1) 종류

부하 개폐기	평상시의 부하전류(정격전류) 정도의 전류를 개폐하는 장치로서 차단기와 병용하면 경제적(종류는 오일스위치, 나이프스위치, 각종저압스위치 등)
선로 개폐기 (line switch)	보수점검시 전로를 구분하기 위하여 시설하며, 반드시 무부하 상태에서 개방해야 하고 조작봉에 의해 조작
저압 개폐기	저압회로에 사용하는 개폐기
전자 개폐기	전자 접촉기와 과부하 보호장치 등을 하나의 용기내에 수용한 것으로 전동기 회로등의 개폐에 사용
제어 개폐기	전력개폐기에서 원격으로 다른 장치를 제어하기 위한 제어, 계측측정, 보호계전, 혹은 조정장치를 포함하는 전력개폐기의 한 형태

제한 개폐기 (limit switch)	어떤 위험이 생길 때 자동적으로 정지시킬 목적으로 사용하는 개폐장치
주상 개폐기	배전선로의 지지물에 설치되는 유입개폐기 및 배전전압기의 1차측에 설치하여 변압기 보호를 위해 사용하는 애자형 개폐기의 총칭
퓨즈 개폐기	전력개폐기에서 퓨즈링크나 퓨즈단위를 가지고 있는 개폐기
주상 유입 개폐기 (P. O. S)	① 선로의 개폐가 절연유를 매질로 하여 동작하는 개폐기로서 전주에 설치하여 전주아래에서 조작로프에 의해 개폐되도록 한 구조 ② 고압 개폐기로 배전선의 개폐, 타계통으로의 변환, 접지사고의 차단, 부하전류의 차단 및 콘덴서의 개폐등에 사용 ③ 반드시 「개폐」 표시가 있어야함 ④ 교류 1,000V이상 7,000V 이하의 고압 전선로
나이프 스위치	저압(600V이하의 교류 및 직류회로)전로의 개폐에 사용하는 개폐기

2) 자동개폐기의 종류

① 전자 개폐기　　　② 압력 개폐기
③ 시한 개폐기　　　④ Snap switch

3) 단로기

(1) 고압 또는 특별고압 회로로부터 기기를 분리하거나 변경할 때 사용하는 개폐장치로써 단지 충전된 전로(무부하)를 개폐하기 위해 사용하며, 부하전류의 개폐는 원칙적으로 할 수 없는 개폐장치

(2) 단로기 사용방법
① 단로기를 끊을 경우 : 차단기를 개로한 후에 끊는다.
② 단로기를 넣을 경우 : 차단기를 폐로하기 전에 넣는다.

(3) 인터록 장치
차단기가 개로상태가 아니면 단로기를 조작할수 없도록 또는 사람의 실수로 인하여 단로기를 조작하지 않도록 차단기와 단로기는 전기적, 기계적인 연동장치로 설치

5. 퓨즈

1) 정의 및 구분

전기회로에서 규정보다 큰 과전류가 흐를 경우 전류의 열작용에 의해 용단됨으로 회로, 기기를 전원으로부터 분리시켜 보호하는 장치

보통 퓨즈	과전류에 의해 용단	저 전류용	납, 주석, 카드뮴등의 합금 사용
		고 전류용	아연, 구리, 알루미늄 등 사용
온도 퓨즈	기기 주위온도가 일정한 값 이상일 경우 용단되어 회로전류 차단		

2) 종류

(1) 고리 퓨즈 (2) 방출 퓨즈 (3) 비포장 퓨즈 (4) 실 퓨즈
(5) 통형 퓨즈 (6) 포장 퓨즈 (7) 한류 퓨즈

3) 과전류 차단기용 퓨즈 등

(1) 저압 전로 사용 퓨즈
   ① 정격 전류의 1.1배의 전류에 견딜 것
   ② 정격전류의 1.6배 및 2배의 전류를 통한 경우에는 정한 시간 안에 용단될 것

(2) 저압 전로 사용 배선용 차단기
   ① 정격전류에 1배의 전류로 자동적으로 동작하지 아니할 것
   ② 정격전류의 1.25배 및 2배의 전류를 통한 경우에는 정한 시간 안에 자동적으로 동작

(3) 단락보호전용 차단기 및 퓨즈

단락보호 전용 차단기	단락보호 전용 퓨즈
1. 정격전류가 1배의 전류에서 자동적으로 작동하지 아니할 것 2. 정정 전류는 정격전류의 13배 이하일 것 3. 정정 전류의 전류와 1.2배의 전류를 통하였을 경우에 0.2초 이내에 자동적으로 작동할 것	1. 정격전류의 1.3배의 전류에 견딜 것 2. 정정전류의 10배의 전류를 통하였을 경우에 20초 이내에 용단될 것

(4) 고압 전로에 사용하는 퓨즈

포 장 퓨 즈	비 포 장 퓨 즈
㉠ 정격전류의 1.3배의 전류에 견딜 것 ㉡ 2배의 전류로 120분 안에 용단되는 것	㉠ 정격전류의 1.25배의 전류에 견딜 것 ㉡ 2배의 전류로 2분 안에 용단되는 것 *비포장 퓨즈는 고리퓨즈를 사용.

6. 누전차단기

1) 누전 차단기의 종류

구 분	동작시간	구 분	정격감도전류[mA]
고속형	정격감도전류에서 0.1초 이내 (감전보호용은 0.03초이내)	고감도형	5, 10, 15, 30
		중감도형	50, 100, 200, 500, 1000
		저감도형	3, 5, 10, 20 [A]
반한시형	정격감도전류에서 0.2~1초 정격감도전류의 1.4배에서 0.1~0.5초 정격감도전류의 4.4배에서 0.05초 이내	고감도형	5, 10, 15, 30
시연형	정격감도전류에서 0.1초~2초	고감도형	5, 10, 15, 30
		중감도형	50, 100, 200, 500, 1000
		저감도형	3, 5, 10, 20 [A]

2) 누전차단기의 선정 시 주의사항

(1) 사용목적에 따른 누전차단기의 선정기준

선정기준(목적)	구 분	
	동작시간에 따른 종류	감도전류에 따른 종류
감전보호를 목적으로 하는 경우 (분기회로마다 사용하는 것이 좋다)	고속형	고감도형
보호협조를 목적으로 사용하는 경우	시연형	
불요동작을 방지한 감전보호의 경우	반한시형	
간선에 사용하여 보호접지저항을 규정값 이하로 하여 감전보호를 하는 경우	고속형	중감도형
전로거리가 긴 경우나 회로용량이 큰 경우 보호협조를 목적하여 사용하는 경우는 분기회로에 고감도·고속형을, 간선에 지연형을 사용하면 보호협조가 된다. 누전화재를 목적하는 경우	시연형	
아크 지락 손상보호를 목적으로 하는 경우	고속형	저감도형
	시연형	

(2) 장소에 따른 설치 방법

장 소	설치방법
물기 있는 장소 이외의 장소에 시설하는 저압용의 개별 기계기구에 전기를 공급하는 전로	인체감전보호용 누전차단기(정격감도전류 : 30[mA] 이하 동작시간 : 0.03초 이하의 전류동작형)
주택의 전로 인입구	인체감전보호용 누전차단기를 시설할 것. 다만, 전로의 전원 측에 정격용량이 3[kVA] 이하인 절연변압기(1차 전압이 저압이고, 2차 전압이 300[V] 이하인 것)를 사람이 쉽게 접촉할 우려가 없도록 시설하고, 또한 그 절연변압기의 부하 측 전로를 접지하지 않는 경우에는 그러하지 아니하다.
욕조나 샤워시설이 있는 욕실 또는 화장실 등 인체가 물에 젖어있는 상태에서 전기를 사용하는 장소에 콘센트를 시설하는 경우	인체감전보호용 누전차단기(정격감도전류 : 15[mA] 이하 동작시간 : 0.03초 이하의 전류동작형의 것) 또는 절연변압기(정격용량 3[kVA] 이하인 것)로 보호된 전로에 접속하거나, 인체감전보호용 누전차단기가 부착된 콘센트 시설
의료장소의 전로	정격감도전류 : 30[mA] 이하, 동작시간 : 0.03초 이내의 누전차단기 설치

3) 누전 차단기의 기본원리

전압 동작형	부하기기의 절연상태에 따라 기기 자체가 충전되면 대지와의 사이에 접지선을 통하여 전압이 발생하며, 이것을 입력신호로 전로를 차단하는 방식(부하기기의 접지를 할 수 없는 등의 관리상 문제가 있어 잘 사용하지 않음)
전류 동작형	지락 전류를 영상 변류기로 검출하고, 검출한 것을 입력신호로 하여 전로를 차단하는 방식 [현재 주로 사용되는 것이며 전자식(電磁式)과 전자식(電子式)의 2 종류]

4) 감전방지용 누전차단기의 적용범위(정격감도전류 30mA이하, 작동시간 0.03초 이내)

① 대지전압이 150 볼트를 초과하는 이동형 또는 휴대형 전기기계·기구
② 물 등 도전성이 높은 액체가 있는 습윤장소에서 사용하는 저압(1.5천볼트 이하 직류전압이나 1천볼트 이하의 교류전압)용 전기기계·기구
③ 철판·철골위 등 도전성이 높은 장소에서 사용하는 이동형 또는 휴대형 전기기계·기구
④ 임시배선의 전로가 설치되는 장소에서 사용하는 이동형 또는 휴대형 전기기계·기구

5) 적용제외

① 「전기용품 및 생활용품 안전관리법」이 적용되는 이중절연 또는 이와 같은 수준 이상으로 보호되는 구조로 된 전기기계·기구
② 절연대 위 등과 같이 감전 위험이 없는 장소에서 사용하는 전기기계·기구

③ 비접지방식의 전로

〈누전차단기〉

7. 피뢰설비

1) 피뢰기

(1) 피뢰기의 설치장소 (고압 및 특별고압의 전로 중)
   ① 발전소, 변전소 또는 이에 준하는 장소의 가공전선 인입구 및 인출구
   ② 가공전선로에 접속하는 배전용 변압기의 고압측 및 특별고압측
   ③ 고압 또는 특별고압의 가공전선로로부터 공급을 받는 수용장소의 인입구
   ④ 가공전선로와 지중전선로가 접속되는 곳

(2) 피뢰기의 종류

저항형 피뢰기	① 각형 피뢰기 ② 밴드만 피뢰기 ③ 멀티캡 피뢰기 등
밸브형 피뢰기	① 알루미늄 셀 피뢰기 ② 산화막 피뢰기 ③ 오토밸브 피뢰기 ④ 벨트형 산화막 피뢰기(구조가 간단하며 배전선로용에 사용)등
밸브저항형 피뢰기	① 레지스트 밸브(Resist Vlave)피뢰기 ② 드라이 밸브(Dry Valve)피뢰기 ③ 사이라이트(Thyrite)피뢰기 등
방출형 피뢰기	간이형으로 배전선용 주상변압기의 보호에 사용

(3) 피뢰기의 구비 성능
   ① 충격방전 개시전압과 제한전압이 낮을 것
   ② 반복동작이 가능할 것
   ③ 속류차단능력과 방전내량이 충분할 것

④ 점검, 보수가 간단할 것
⑤ 구조가 견고하며 특성이 변화하지 않을 것

2) 수뢰부 시스템

(1) 수뢰부 시스템의 선정

돌침	○ 뇌격을 선단으로 흡입하여 선단과 대지사이를 연결한 도체를 이용 뇌격전류를 안전하게 대지로 방류 ○ 돌침이 길어질 경우 보호효과가 불확실해지는 부분이 생겨 차폐가 실패할수 있으므로 주의가 필요 ○ 보호하려는 대상물의 면적이 좁을수록 유리
수평도체	○ 건축물 상부에 수평도체를 가설하여 뇌격을 흡입하여 대지 사이를 연결하는 도체를 이용 대지로 방류하는 방식(송전선의 가공지선)
그물망도체	○ 피보호물 주위를 적당한 간격의 망상도체로 감싸는 방식 ○ 철골조 또는 철근 콘크리트조 빌딩(자체가 케이지 형성)에서는 전등, 전화선등에 대한 별도의 보호 필요 ○ 내부의 사람이나 물체만 보호할 목적이라면 접지 불필요

(2) 수뢰부 시스템의 배치 및 보호법

① 수뢰부 시스템의 배치방법

회전구체법	복합모양의 구조물에 적합(회전구체법은 보호각법의 사용이 제외된 구조물의 일부와 영역의 보호공간을 확인하는데 사용)
보호각법	단순한 구조물이나 큰 구조물의 작은 일부분에 적합(간단한 형상의 건물). 이방법은 선정된 피뢰시스템의 보호레벨에 따라 회전구체의 반경보다 높은 건축물에는 적합하지 않다.
그물망법	보호대상 구조물의 표면이 평평한 경우에 적합

㉠ 그물망법의 보호조건

㉮ 수뢰도체를 배치하는 위치

- 지붕 가장자리선
- 지붕 돌출부
- 지붕경사가 1/10을 넘는 경우 지붕 마루선
- 높이 60m 이상인 구조물의 경우 구조물 높이의 80%를 넘는 부분의 측면

㉯ 수뢰망의 메시치수는 정해진 값이하로 한다.

㉰ 수뢰부 시스템망은 뇌격전류가 항상 최소한 2개 이상의 금속루트를 통하여 대지에 접속되도록 구성해야 하며, 수뢰부 시스템으로 보호되는 영역밖으로 금속체 설비가 돌출되지 않도록 한다.

㉱ 수뢰도체는 가능한 짧고 직선경로로 한다.

② 피뢰시스템의 레벨별 보호법

피뢰시스템의 레벨	보호법		
	회전구체 반경 γ (m)	메시치수 W (m)	보호각 $\alpha°$
I	20	5×5	(아래그림 참고)
II	30	10×10	
III	45	15×15	
IV	60	20×20	

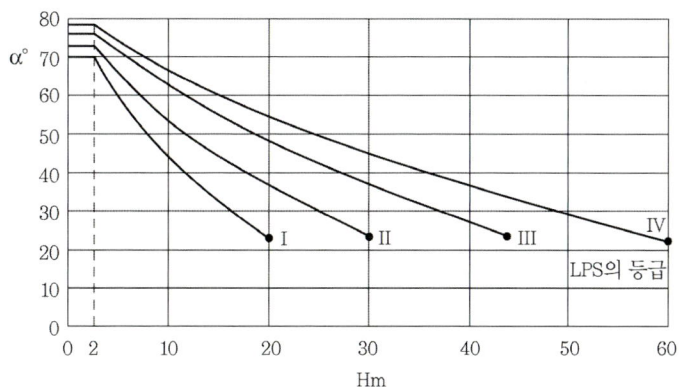

* ● 표를 넘는 범위에는 적용할 수 없으며, 단지 회전구체법과 그물망법만 적용할 수 있다.
* H는 보호대상 지역 기준평면으로 부터의 높이이다.
* 높이 H가 2m 이하인 경우 보호각은 불변이다.

(3) 피뢰침의 보호 여유도

$$여유도(\%) = \frac{충격절연강도 - 제한전압}{제한전압} \times 100$$

(4) 피뢰기 설치

① 고압 및 특고압의 전로에 시설하는 피뢰기 접지저항 값은 10Ω 이하로 하여야 한다.

② 인하도선 시스템

㉠ 인하도선 시스템의 설치

㉮ 여러개의 병렬 전류통로를 형성할 것

㉯ 전류통로의 길이는 최소로 유지할 것

㉰ 구조물의 도전성 부분에 등전위 본딩을 실시할 것

㉡ 피뢰시스템의 레벨별 대표적인 인하도선사이의 간격과 환상도체사이의 간격

피뢰시스템의 레벨	I	II	III	IV
간격(m)	10	10	15	20

* 표에 따라 지표면과 매 10~20m 높이마다 측면에서 인하도선을 서로 접속하는 것이 바람직하다.

③ 접지 시스템

위험한 과전압을 최소화하고 뇌격전류를 대지로 방류하는 데에 있어 접지시스템의 형상과 크기가 중요한 요소이다.

㉠ 일반적으로 낮은 접지저항(가능한한 저주파수에서 10Ω 이하의 접지저항)이 바람직
㉡ 피뢰의 관점에서 구조체를 사용한 통합 단일의 접지 시스템이 바람직
㉢ 접지시스템은 정해진 요건에 적합하도록 등전위 본딩을 해야한다.
㉣ 등전위화는 다음과 같은 피뢰시스템을 서로 접속함으로서 등전위화를 이룰 수 있다.
　㉮ 구조물 금속부분　　㉯ 금속제 설비　　㉰ 내부시스템
　㉱ 구조물에 접속된 외부 도전성 부분과 선로

8. 정전작업

1) 정전 전로에서의 전기작업

(1) 전로차단

근로자가 노출된 충전부 또는 그 부분에서 작업함으로써 감전될 우려가 있는 경우에는 작업에 들어가기 전에 해당 전로를 차단하여야 한다.

전로차단 절차	① 전기기기 등에 공급되는 모든 전원을 관련 도면, 배선도 등으로 확인할 것 ② 전원을 차단한 후 각 단로기 등을 개방하고 확인할 것 ③ 차단장치나 단로기 등에 잠금장치 및 꼬리표를 부착할 것 ④ 개로된 전로에서 유도전압 또는 전기에너지가 축적되어 근로자에게 전기위험을 끼칠 수 있는 전기기기 등은 접촉하기 전에 잔류전하를 완전히 방전시킬 것 ⑤ 검전기를 이용하여 작업 대상 기기가 충전되었는지를 확인할 것 ⑥ 전기기기 등이 다른 노출 충전부와의 접촉, 유도 또는 예비동력원의 역송전 등으로 전압이 발생할 우려가 있는 경우에는 충분한 용량을 가진 단락 접지기구를 이용하여 접지할 것
전로차단의 예외	① 생명유지장치, 비상경보설비, 폭발위험장소의 환기설비, 비상조명설비 등의 장치·설비의 가동이 중지되어 사고의 위험이 증가되는 경우 ② 기기의 설계상 또는 작동상 제한으로 전로차단이 불가능한 경우 ③ 감전, 아크 등으로 인한 화상, 화재·폭발의 위험이 없는 것으로 확인된 경우
감전위험 방지	전로차단 예외 규정의 각호 외의 부분 본문에 따른 작업 중 또는 작업을 마친 후 전원을 공급하는 경우에는 작업에 종사하는 근로자 또는 그 인근에서 작업하거나 정전된 전기기기 등(고정 설치된 것으로 한정)과 접촉할 우려가 있는 근로자에게 감전의 위험이 없도록 준수해야 할 사항 ① 작업기구, 단락 접지기구 등을 제거하고 전기기기 등이 안전하게 통전될 수 있는지를 확인할 것 ② 모든 작업자가 작업이 완료된 전기기기 등에서 떨어져 있는 지를 확인할 것 ③ 잠금장치와 꼬리표는 설치한 근로자가 직접 철거할 것 ④ 모든 이상 유무를 확인한 후 전기기기 등의 전원을 투입할 것

(2) 정전 작업시 5대 안전수칙
① 작업 전 전원차단   ② 전원투입방지   ③ 작업장소의 무전압 여부확인
④ 단락접지   ⑤ 작업장소의 보호

(3) 정전전로 인근에서의 전기작업
근로자가 전기위험에 노출될 수 있는 정전전로 또는 그 인근에서 작업하거나 정전된 전기기기 등(고정설치된 것 한정)과 접촉할 우려가 있는 경우 차단장치나 단로기 등에 잠금장치 및 꼬리표를 부착했는지 확인할 것

2) 작업 중, 종료후 조치사항

작업 중	작업 종료 후
· 작업지휘는 작업지휘자가 담당한다. · 개폐기에 대한 관리를 철저히 한다. · 단락접지 상태를 수시로 확인한다. · 근접활선에 대한 방호상태를 유지한다.	· 작업기구, 단락 접지기구 등을 제거하고 전기기기 등이 안전하게 통전될 수 있는지를 확인할 것 · 모든 작업자가 작업이 완료된 전기기기 등에서 떨어져 있는지를 확인할 것 · 잠금장치와 꼬리표는 설치한 근로자가 직접 철거할 것 · 모든 이상 유무를 확인한 후 전기기기 등의 전원을 투입할 것

9. 충진진로에서의 전기작업

1) 충전전로 취급 및 인근에서의 작업

(1) 충전전로를 정전시키는 경우에는 정전전로에서의 전기작업에 따른 조치를 할 것
(2) 충전전로를 방호, 차폐하거나 절연 등의 조치를 하는 경우에는 근로자의 신체가 전로와 직접 접촉하거나 도전재료, 공구 또는 기기를 통하여 간접 접촉되지 않도록 할 것
(3) 충전전로를 취급하는 근로자에게 그 작업에 적합한 절연용 보호구를 착용시킬 것
(4) 충전전로에 근접한 장소에서 전기작업을 하는 경우에는 해당 전압에 적합한 절연용 방호구를 설치할 것. 다만, 저압인 경우에는 해당 전기작업자가 절연용 보호구를 착용하되, 충전전로에 접촉할 우려가 없는 경우에는 절연용 방호구를 설치하지 아니할 수 있다.
(5) 고압 및 특별고압의 전로에서 전기작업을 하는 근로자에게 활선작업용 기구 및 장치를 사용하도록 할 것
(6) 근로자가 절연용 방호구의 설치·해체작업을 하는 경우에는 절연용 보호구를 착용하거나 활선작업용 기구 및 장치를 사용하도록 할 것

(7) 유자격자가 아닌 근로자가 충전전로 인근의 높은 곳에서 작업할 때에 근로자의 몸 또는 긴 도전성 물체가 방호되지 않은 충전전로에서 대지전압이 50킬로볼트 이하인 경우에는 300센티미터 이내로, 대지전압이 50킬로볼트를 넘는 경우에는 10킬로볼트당 10센티미터씩 더한 거리 이내로 각각 접근할 수 없도록 할 것

(8) 유자격자가 충전전로 인근에서 작업하는 경우에는 다음 각 목의 경우를 제외하고는 노출 충전부에 다음 표에 제시된 접근한계거리 이내로 접근하거나 절연 손잡이가 없는 도전체에 접근할 수 없도록 할 것
  ① 근로자가 노출 충전부로부터 절연된 경우 또는 해당 전압에 적합한 절연장갑을 착용한 경우
  ② 노출 충전부가 다른 전위를 갖는 도전체 또는 근로자와 절연된 경우
  ③ 근로자가 다른 전위를 갖는 모든 도전체로부터 절연된 경우

충전전로의 선간전압 (단위 : 킬로볼트)	충전전로에 대한 접근한계거리 (단위 : 센티미터)
0.3 이하	접촉금지
0.3 초과 0.75 이하	30
0.75 초과 2 이하	45
2 초과 15 이하	60
15 초과 37 이하	90
37 초과 88 이하	110
88 초과 121 이하	130
121 초과 145 이하	150
145 초과 169 이하	170
169 초과 242 이하	230
242 초과 362 이하	380
362 초과 550 이하	550
550 초과 800 이하	790

〈참고 1〉 절연이 되지않은 충전부나 그 인근에 근로자가 접근하는 것을 막거나 제한할 필요가 있는 경우에는 울타리(방책)를 설치하고 근로자가 쉽게 알아볼 수 있도록 하여야 한다. 다만, 전기와 접촉할 위험이 있는 경우에는 도전성이 있는 금속제 울타리(방책)를 사용하거나, 충전전로에서의 표에 정한 접근 한계거리 이내에 설치해서는 아니된다.

〈참고 2〉 참고1에서의 조치가 곤란한 경우에는 근로자를 감전위험에서 보호하기 위하여 사전에 위험을 경고하는 감시인을 배치하여야 한다.

2) 충전전로 인근에서의 차량·기계장치 작업

(1) 충전전로 인근에서 차량, 기계장치 등의 작업이 있는 경우
  차량 등을 충전전로의 충전부로부터 300센티미터 이상 이격시켜 유지시키되, 대지전압이 50킬로볼트를 넘는 경우 이격시켜 유지하여야 하는 거리(이격거리)는 10킬로볼트 증가할 때마다 10센티미터씩 증가시켜야 한다. 다만, 차량 등의 높이를 낮춘 상태에서 이동하는 경우에는 이격거리를 120센티미터 이상(대지전압이 50킬로볼트

를 넘는 경우에는 10킬로볼트 증가할 때마다 이격거리를 10센티미터씩 증가)으로 할 수 있다.
(2) 충전전로의 전압에 적합한 절연용 방호구 등을 설치한 경우
이격거리를 절연용 방호구 앞면까지로 할 수 있으며, 차량 등의 가공 붐대의 버킷이나 끝부분 등이 충전전로의 전압에 적합하게 절연되어 있고 유자격자가 작업을 수행하는 경우에는 붐대의 절연되지 않은 부분과 충전전로 간의 이격거리는 충전전로에서의 전기작업 표에 따른 접근 한계거리까지로 할 수 있다.
(3) 다음 각 호의 경우를 제외하고는 근로자가 차량 등의 그 어느 부분과도 접촉하지 않도록 울타리(방책)를 설치하거나 감시인 배치 등의 조치를 하여야 한다.
① 근로자가 해당 전압에 적합한 절연용 보호구 등을 착용하거나 사용하는 경우
② 차량 등의 절연되지 않은 부분이 접근 한계거리 이내로 접근하지 않도록 하는 경우

3) 절연용 보호구 등의 사용

(1) 다음 각 호의 작업에 사용하는 절연용 보호구, 절연용 방호구, 활선작업용 기구, 활선작업용 장치에 대하여 각각의 사용목적에 적합한 종별·재질 및 치수의 것을 사용
① 노출 충전부가 있는 맨홀 또는 지하실 등의 밀폐공간에서의 전기작업
② 이동 및 휴대장비 등을 사용하는 전기작업
③ 정전전로 또는 그 인근에서의 전기작업
④ 충전전로에서의 전기작업
⑤ 충전전로 인근에서의 차량·기계장치 등의 작업
(2) 절연용 보호구 등이 안전한 성능을 유지하고 있는지를 정기적으로 확인
(3) 근로자가 절연용 보호구 등을 사용하기 전에 홈·균열·파손, 그 밖의 손상 유무를 발견하여 정비 또는 교환을 요구하는 경우에는 즉시 조치

10. 접지 시스템

1) 접지 시스템의 구분 및 구성요소

(1) 구분 및 종류

구분	① 계통접지(TN, TT, IT 계통) ② 보호접지 ③ 피뢰시스템 접지
종류	① 단독접지 ② 공통접지 ③ 통합접지

보충강의

TN 계통의 분류

TN-S 계통	계통 전체에 대해 별도의 중성선 또는 PE 도체를 사용. 배전계통에서 PE 도체를 추가로 접지할 수 있다.
TN-C 계통	계통 전체에 대해 중성선과 보호도체의 기능을 동일도체로 겸용한 PEN 도체를 사용. 배전계통에서 PEN 도체를 추가로 접지할 수 있다.
TN-C-S 계통	계통의 일부분에서 PEN 도체를 사용하거나, 중성선과 별도의 PE 도체를 사용하는 방식. 배전계통에서 PEN 도체와 PE 도체를 추가로 접지할 수 있다.

(2) 구성요소 및 연결방법

구성요소	① 접지극 ② 접지도체 ③ 보호도체 및 기타 설비
연결방법	접지극은 접지도체를 사용하여 주 접지단자에 연결

(3) 주접지단자의 접속도체
① 등전위본딩 ② 접지도체 ③ 보호도체 ④ 기능성 접지도체

2) 접지를 해야 하는 대상부분

(1) 전기기계·기구의 금속제 외함, 금속제 외피 및 철대
(2) 고정 설치되거나 고정배선에 접속된 전기기계·기구의 노출된 비충전 금속체중 충전될 우려가 있는 다음에 해당하는 비충전 금속체
 ① 지면이나 접지된 금속체로부터 수직거리 2.4미터, 수평거리 1.5미터 이내의 것
 ② 물기 또는 습기가 있는 장소에 설치되어 있는 것
 ③ 금속으로 되어있는 기기접지용 전선의 피복·외장 또는 배선관 등
 ④ 사용전압이 대지전압 150볼트를 넘는 것
(3) 전기를 사용하지 아니하는 설비중 다음에 해당하는 금속체
 ① 전동식 양중기의 프레임과 궤도
 ② 전선이 붙어있는 비전동식 양중기의 프레임
 ③ 고압(1.5천볼트 초과 7천볼트 이하의 직류전압 또는 1천볼트 초과 7천볼트 이하의 교류전압) 이상의 전기를 사용하는 전기기계·기구 주변의 금속제 칸막이·망 및 이와 유사한 장치
(4) 코드와 플러그를 접속하여 사용하는 전기기계·기구중 다음에 해당하는 노출된 비충전 금속체
 ① 사용전압이 대지전압 150볼트를 넘는 것

② 냉장고·세탁기·컴퓨터 및 주변기기 등과 같은 고정형 전기기계·기구
③ 고정형·이동형 또는 휴대형 전동기계·기구
④ 물 또는 도전성이 높은 곳에서 사용하는 전기기계·기구, 비접지형 콘센트
⑤ 휴대형 손전등

(5) 수중펌프를 금속제 물탱크 등의 내부에 설치하여 사용하는 경우 그 탱크(이 경우 탱크를 수중펌프의 접지선과 접속)

3) 접지를 하지 않아도 되는 안전한 부분

(1) 「전기용품 및 생활용품 안전관리법」이 적용되는 이중절연 또는 이와 같은 수준 이상으로 보호되는 구조로 된 전기기계·기구
(2) 절연대 위 등과 같이 감전 위험이 없는 장소에서 사용하는 전기기계·기구
(3) 비접지방식의 전로(그 전기기계·기구의 전원측의 전로에 설치한 절연변압기의 2차전압이 300볼트 이하, 정격용량이 3킬로볼트암페어 이하이고 그 절연변압기의 부하측의 전로가 접지되어 있지 아니한 것으로 한정)에 접속하여 사용되는 전기기계·기구

4) 접지극 및 중성점 접지

(1) 접지극 매설방법
① 접지극은 매설하는 토양을 오염시키지 않아야 하며, 가능한 다습한 부분에 설치한다.
② 접지극은 지표면으로부터 지하 0.75 m 이상으로 하되 동결 깊이를 감안하여 매설 깊이를 정해야 한다.
③ 접지도체를 철주 기타의 금속체를 따라서 시설하는 경우에는 접지극을 철주의 밑면으로부터 0.3 m 이상의 깊이에 매설하는 경우 이외에는 접지극을 지중에서 그 금속체로부터 1 m 이상 떼어 매설하여야 한다.

(2) 변압기 중성점 접지 저항값
① 일반적으로 변압기의 고압·특고압측 전로 1선 지락전류로 150을 나눈 값과 같은 저항 값 이하
② 변압기의 고압·특고압측 전로 또는 사용전압이 35 kV 이하의 특고압전로가 저압측 전로와 혼촉하고 저압전로의 대지전압이 150 V를 초과하는 경우
㉠ 1초 초과 2초 이내에 고압·특고압 전로를 자동으로 차단하는 장치를 설치할 때는 300을 나눈 값 이하
㉡ 1초 이내에 고압·특고압 전로를 자동으로 차단하는 장치를 설치할 때는 600을 나눈 값 이하

※ 전로의 1선 지락전류는 실측값에 의한다. 다만, 실측이 곤란한 경우에는 선로정수 등으로 계산한 값에 의한다.

11. 교류아크용접기의 방호장치 및 성능조건

1) 방호장치 : 자동전격방지기

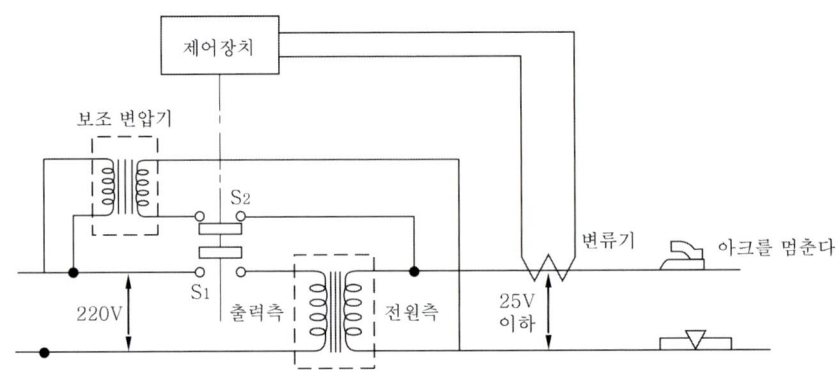

전격 방지 장치의 구조

대상으로 하는 용접기의 주회로(변압기의 경우는 1차 회로 또는 2차 회로)를 제어하는 장치를 가지고 있어, 용접봉의 조작에 따라 용접할 때에만 용접기의 주회로를 형성하고, 그 외에는 용접기의 출력측의 무부하전압을 25V 이하로 저하시키도록 동작하는 장치를 말한다.

2) 방호장치의 성능조건

① 교류아크 용접기는 안정성있는 아크발생을 위해 구조상 65~90V의 2차 무부하 전압이 부과되어 충전부에 접촉함으로 인하여 감전사고가 일어나기 쉽다. 따라서 자동전격방지기는 아크발생을 중지하였을 때 지동시간이 1.0초 이내에 2차 무부하 전압을 25V 이하로 감압시켜 안전을 유지할 수 있어야 한다.

② 시동시간은 0.04초 이내에서 또한 전격방지기를 시동시키는데 필요한 용접봉의 접촉소요시간은 0.03초 이내일 것

> **용어설명**
> • 지동시간 : 용접봉 홀더에 용접기 출력측의 무부하 전압이 발생한 후 주접점이 개방될 때까지의 시간
> • 시동시간 : 용접봉을 피용접물에 접촉시켜서 전격방지기의 주접점이 폐로될 때까지의 시간

③ 일정장소에 설치의무가 있는 자동전격방지기의 시동감도기준은 200Ω 이하로 한다.

3) 자동전격 방지기의 종류

① 종류는 외장형과 내장형, 저저항시동형(L형) 및 고저항시동형(H형)으로 구분한다.
② 외장형 : 용접기 외함에 부착하여 사용(SP)
③ 내장형 : 용접기함 안에 설치하여 사용(SPB)

4) 자동전격방지기의 설치

① 설치방법
  ㉠ 직각으로 부착할 것(부득이할 경우 직각에서 20°를 넘지 않을 것)
  ㉡ 용접기의 이동·진동·충격으로 이완되지 않도록 이완 방지 조치를 취할 것
  ㉢ 전방 장치의 작동 상태를 알기 위한 표시등은 보기쉬운 곳에 설치할 것
  ㉣ 전방 장치의 작동 상태를 실험하기 위한 테스트 스위치는 조작하기 쉬운 곳에 설치할 것
② 외함이 금속제인 경우는 이것에 적당한 접지단자를 설치하여야 한다.
③ 설치장소
  ㉠ 선박의 이중 선체 내부, 밸러스트(Ballast) 탱크, 보일러 내부 등 도전체에 둘러싸인 장소
  ㉡ 추락할 위험이 있는 높이 2미터 이상의 장소로 철골 등 도전성이 높은 물체에 근로자가 접촉할 우려가 있는 장소
  ㉢ 근로자가 물·땀 등으로 인하여 도전성이 높은 습윤 상태에서 작업하는 장소

12. 전기화재의 원인

1) 단락

원인	① 전기 기기 내부나 배선 회로상에서 절연체가 전기 또는 기계적 원인으로 노화 또는 파괴되어 합선에 의해 발화 ② 충전부 회로가 금속체 등에 의해 합선되면 단락전류가 순간적으로 흘러 매우 많은 열이 발생되어 화재로 이어짐 ③ 과전류에 의해 단락점이 용융되어 단선 되었을 경우 발생하는 불꽃으로 절연피복 또는 주위의 가연물에 착화의 가능성
대책	① 규격에 맞는 적당한 퓨즈 및 배선용 차단기 설치하여 단속예방 ② 고압 또는 특별 고압전로와 저압전로를 결합하는 변압기의 저압측 중성점에 접지공사를 하여 혼촉방지

2) 누전

　(1) 원인

　　① 전기기기 또는 전선의 절연이 파괴되어 규정된 전로를 이탈하여 전기가 흐르는 것
　　② 누전 전류가 장시간 흐르면 이로인한 발열이 주위 인화물에 대한 착화원이 되어 발화
　　③ 허용 누설 전류 ≤ 최대공급전류/ 2000

　(2) 전기누전으로 인한 화재의 조사사항

　　① 누전점 : 전류가 유입된 것으로 예상되는 곳
　　② 발화점 : 발화된 곳으로 예상되는 장소
　　③ 접지점 : 접지의 위치 및 저항값의 적정성

　(3) 발화단계에 이르는 누전전류의 최소한계 : 300~500 mA

3) 과전류

　(1) 원인

　　① 전선에 전류가 흐르면서 발생한 열이 전선에서의 방열보다 커져, 과부하가 발생하면 불량한 전선에 발화 (줄의 법칙 $Q = I^2RT$)
　　② 전선 피복의 변질 또는 탈락, 발연, 발화 등의 현상
　　③ 과전류에 의한 전선의 발화단계 (전선의 연소 과정)

단계	인화단계	착화단계	발화단계		순시용단단계
	허용전류의 3배정도	큰 전류, 점화원 없이 착화연소	심선이 용단		심선용단 및 도선폭발
전류밀도 (A/mm^2)	40~43	43~60	발화후 용단	용단과 동시발화	120 이상
			60~70	75~120	

　(2) 과전류 차단기용 퓨즈 등

　　① 단락보호전용 차단기 및 퓨즈

단락보호 전용 차단기	단락보호 전용 퓨즈
1. 정격전류가 1배의 전류에서 자동적으로 작동하지 아니할 것 2. 정정 전류는 정격전류의 13배 이하일 것 3. 정정 전류의 전류와 1.2배의 전류를 통하였을 경우에 0.2초 이내에 자동적으로 작동할 것	1. 정격전류의 1.3배의 전류에 견딜 것 2. 정정전류의 10배의 전류를 통하였을 경우에 20초 이내에 용단될 것

② 과부하 보호장치와 단락보호 전용 차단기 또는 단락보호 전용퓨즈를 하나의 전용 함 속에 넣어 시설한 것일 것
③ 과부하 보호장치가 단락전류에 의하여 소손하기 전에 그 단락전류를 차단하는 능력을 가진 단락보호 전용 차단기 또는 단락보호 전용 퓨즈를 시설한 것일 것
④ 과부하 보호장치의 단락보호 전용 퓨즈를 조합한 장치는 단락보호 전용 퓨즈의 정격 전류가 과부하 보호장치의 정정전류의 값 이하가 되도록 시설한 것일 것

(3) 고압 전로에 사용하는 퓨즈

포 장 퓨 즈	비 포 장 퓨 즈
㉠ 정격전류의 1.3배의 전류에 견딜 것 ㉡ 2배의 전류로 120분 안에 용단되는 것	㉠ 정격전류의 1.25배의 전류에 견딜 것 ㉡ 2배의 전류로 2분 안에 용단되는 것 *비포장 퓨즈는 고리퓨즈를 사용.

4) 스파크

원인	① 스위치의 개폐시에 발생되는 스파크가 주위 가연성 물질에 인화 ② 콘센트에 플러그를 꽂거나 뽑을 경우 스파크로 인하여 주위 가연물에 착화될 가능성
대책	① 개폐기, 차단기, 피뢰기등 아크를 발생하는 기구의 시설 　㉠ 고압용 : 목재의 벽 또는 천정 기타 가연성 물체로부터 1m 이상 격리 　㉡ 특고압용 : 목재의 벽 또는 천정 기타 가연성 물체로부터 2m 이상 격리 ② 개폐기를 불연성의 외함내에 내장 하거나 통형퓨즈 사용 ③ 접촉부분의 산화, 변형, 퓨즈의 나사풀림으로 인한 접촉저항의 증가 방지 ④ 가연성, 증기, 분진 등 위험한 물질이 있는 곳은 방폭형 개폐기 사용 ⑤ 유입 개폐기는 절연유의 열화강도 유량에 주의하고 내화벽 설치

5) 접촉부 과열

원인	① 전선에 규정된 허용전류를 초과한 전류가 발생하여 생기는 과열로 인한 위험 ② 전선로의 전류가 흘러서 발생하는 전열은 대기중으로 방열하게 되는데 이열이 평형을 이루지 못하고 과전류로 인하여 발열량이 커지면 피복부가 변질하거나 발화현상 발생 ③ 전선등의 접속상태가 불완전할 경우 접촉저항이 커져 발열하게 되며 주위가연성 물질에 착화
대책	① 정격용량에 맞는 퓨즈 및 규격에 맞는 전선의 사용 ② 가연성 물질의 전열기구 부근 방치 금지 ③ 하나의 콘센트에 여러 가지 전기기구 사용금지 ④ 과전류 차단기를 사용하고 차단기의 정격전류는 전선의 허용전류이하의 것으로 선택

6) 절연열화에 의한 발열

(1) 원인

옥내배선이나 배선기구의 절연피복이 노화되어 절연성이 저하되면 부분적으로 탄화현상이 발생하고 이것이 촉진되면 전기 화재를 유발

(2) 탄화 시 착화온도
① 보통목재의 착화온도 : 220~270℃
② 탄화목재의 착화온도 : 180℃

7) 지락

(1) 원인
① 전기 회로를 통하여 전류가 대지로 흐르는 현상
② 금속체 등에 지락될 때의 스파크 또는 목재 등에 전류가 흐를 때의 발화현상

(2) 지락차단장치 설치대상

금속제 외함을 가지는 사용전압 50 V를 초과하는 저압의 기계기구로서 사람이 쉽게 접촉할 우려가 있는 곳에 시설하는 것에 전기를 공급하는 전로에는 지락이 생겼을 때에 자동적으로 전로를 차단하는 장치를 하여야 한다.

(3) 지락 차단 장치 설치 제외 대상
① 기계기구를 발전소·변전소·개폐소 또는 이에 준하는 곳에 시설하는 경우
② 기계기구를 건조한 곳에 시설하는 경우
③ 대지전압이 150V 이하인 기계기구를 물기가 있는 곳 이외의 곳에 시설하는 경우
④ 전기용품안전관리법의 적용을 받는 2중 절연구조의 기계기구를 시설하는 경우
⑤ 전로의 전원측에 절연변압기(2차 전압이 300V 이하인 경우)를 시설하고 또한 절연 변압기의 부하측의 전로에 접지하지 아니하는 경우
⑥ 기계기구가 고무·합성수지 기타 절연물로 피복된 경우
⑦ 기계기구가 유도전동기의 2차측 전로에 접속되는 것일 경우
⑧ 전기욕기(電氣浴器)·전기로·전기보일러등 절연할수 없는 경우
⑨ 기계기구내에 누전차단기를 설치하고 또한 기계기구의 전원연결선이 손상을 받을 우려가 없도록 시설하는 경우

(4) 기타 지락차단장치 설치 장소
① 특별고압 전로 또는 고압 전로에 변압기에 의하여 결합되는 사용전압 400볼트 이상의 저압전로 또는 발전기에서 공급하는 사용전압 400볼트 이상의 저압전로

② 고압 및 특별고압 전로중 다음의 장소
  ㉠ 발전소·변전소 또는 이에 준하는 곳의 인출구
  ㉡ 다른 전기사업자로부터 공급받는 수전점
  ㉢ 배전용 변압기(단권변압기를 제외)의 시설장소

8) 기타 전기화재의 원인

낙뢰	원인	구름과 대지간의 방전현상으로, 낙뢰가 발생하면 전기회로에 이상전압이 발생하여 절연물 파괴 및 화재발생
	대책	① 높이 20m를 넘는 건축물등 낙뢰의 가능성이 있는 시설은 규정된 피뢰설비 설치 ② 나무아래로 대피하는 것은 위험. 실내에서도 기둥근처는 피하는 것이 좋다(피뢰설비로부터는 1.5m 떨어진 장소가 안전범위) ③ 몸에 있는 금속물을 제거하고 돌출된 곳에서 최소한 2m 이상 떨어진다. ④ 가급적 낮은곳으로 이동하여 자세를 낮춘다.
정전기 스파크	원인	이물질의 마찰 혹은 정전유도에 의해 발생되어 방전할 때 에너지에 의해 인화성 물질 등에 착화
	대책	① 도체의 대전방지를 위해서는 도체와 대지 사이를 접지하여 정전기 축적방지 ② 부도체에서의 정전기 대책은 정전기의 발생억제가 기본이며 인위적인 중화방법으로 제거 ③ 대전 방지제, 제전기 사용, 가습, 정치시간의 확보, 액체의 유속제한 등의 적절한 방법을 작업공정에 맞도록 선택하여 제거

13. 저압전로의 절연성능

전로의 사용전압 (V)	DC 시험전압 (V)	절연저항 (MΩ 이상)
SELV 및 PELV	250	0.5
FELV, 500V 이하	500	1.0
500V 초과	1,000	1.0

[주] 특별저압(Extra Low Voltage : 2차 전압이 AC 500V, DC 120 V 이하)으로 SELV(비접지회로구성) 및 PELV(접지회로 구서어)은 1차와 2차가 전기적으로 절연된 회로, FELV 1차와 2차가 전기적으로 절연되지 않은 회로

※ 측정시 영향을 주거나 손상을 받을 수 있는 SPD 또는 기타 기기 등은 측정 전에 분리시켜야 하고 부득이하게 분리가 어려운 경우에는 시험전압을 250V DC로 낮추어 측정할 수 있지만 절연저항 값은 1 MΩ 이상이어야 한다.

14. 정전기 발생과 안전대책

1) 정전기 발생현상

마찰 대전	① 두 물질이 접촉과 분리과정이 반복되면서 마찰을 일으킬 때 전하분리가 생기면서 정전기가 발생 ② 고체 액체류 및 분체류에서의 정전기 발생이 여기에 해당.
박리 대전	① 상호 밀착해 있던 물체가 떨어지면서 전하 분리가 생겨 정전기가 발생 ② 접착면의 밀착정도, 박리속도 등에 의해 영향을 받으며 일반적으로 마찰대전보다 큰 정전기가 발생
유동 대전	① 액체류를 파이프 등으로 수송할 때 액체류가 파이프 등과 접촉하여 두 물질의 경계에 전기 2중층이 형성되어 정전기가 발생 ② 액체류의 유동속도가 정전기 발생에 큰 영향을 준다.
분출 대전	① 분체류, 액체류, 기체류가 단면적이 작은 개구부를 통해 분출할 때 분출물질과 개구부의 마찰로 인하여 정전기가 발생. ② 분출물과 개구부의 마찰 이외에도 분출물의 입자 상호간의 충돌로 인한 미립자의 생성으로 정전기가 발생하기도 한다.
충돌 대전	분체류에 의한 입자끼리 또는 입자와 고정된 고체의 충돌, 접촉, 분리 등에 의해 정전기가 발생
유도 대전	접지되지 않은 도체가 대전물체 가까이 있을 경우 전하의 분리가 일어나 가까운 쪽은 반대극성의 전하가 먼 쪽은 같은 극성의 전하로 대전되는 현상
비말 대전	액체류가 공간으로 분출할 경우 미세하게 비산하여 분리되면서 새로운 표면을 형성하게 되어 정전기가 발생 (액체의 분열)

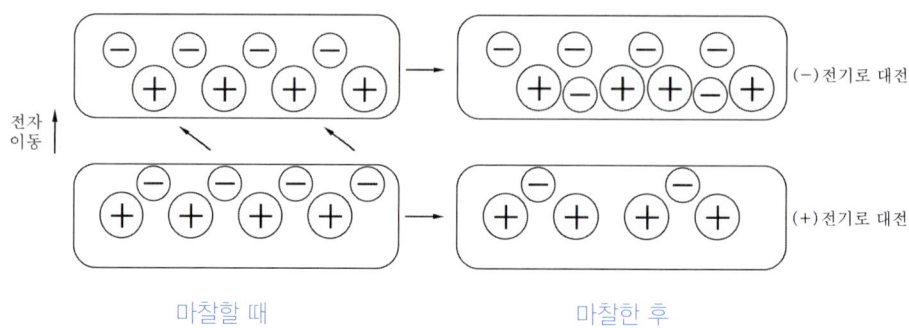

2) 정전기 발생의 영향 요인

(1) 물체의 특성
(2) 물체의 표면상태
(3) 물체의 이력
(4) 접촉면적 및 압력
(5) 분리 속도
(6) 완화시간

3) 방전(discharge)의 형태

코로나 (corona) 방전	① 일반적으로 대기중에서 발생하는 방전으로 방전 물체에 날카로운 돌기 부분이 있는 경우 이 선단 부근에서 "쉿"하는 소리와 함께 미약한 발광이 일어나는 방전현상으로 공기중에서 오존을 생성한다. ② 방전에너지의 밀도가 작아서 장해나 재해의 원인이 될 가능성이 비교적 작다.
스트리머 (streamer) 방전	① 비교적 대전량이 큰 대전물체(부도체)와 비교적 평활한 형상을 가진 접지도체와의 사이에서 강한 파괴음과 수지상의 발광을 동반하는 방전현상 ② 코로나 방전에 비해 방전에너지 밀도가 높기 때문에 착화원으로 될 확률과 장해 및 재해의 원인이 될 가능성이 크다.
불꽃 (spark) 방전	① 대전 물체와 접지도체의 형태가 비교적 평활하고 간격이 좁은 경우 강한 발광과 파괴음을 동반하여 발생하는 방전현상 ② 접지불량으로 절연된 대전물체 또는 인체에서 발생하는 불꽃방전은 방전 에너지밀도가 높아 장해 및 재해의 원인이 되기 쉽다.
연면 (surface) 방전	① 정전기가 대전된 부도체에 접지도체가 접근 할 경우 대전물체와 접지도체 사이에서 발생하는 방전과 동시에 부도체의 표면을 따라 수지상의 발광을 동반하여 발생하는 방전현상 (star-check mark) ② 부도체의 대전량이 매우 클 경우와 대전된 부도체의 표면과 접지체가 매우 가까울 경우 발생 (접지된 도체상에 대전 가능한 물체가 엷은층을 형성할 경우) ③ 연면 방전은 방전에너지 밀도가 높아 불꽃방전처럼 착화원이 되거나 장해 및 재해의 원인이 될 확률이 높다
브러쉬 (brush) 방전	① 비교적 평활한 대전물체가 만드는 불평등전계 중에서 발생하는 나뭇가지모양의 방전 ② 코로나 방전의 일종으로 부분적인 절연파괴이지만 방전 에너지는 통상의 코로나 방전보다 크고, 가연성 가스나 증기등의 착화원이 될 확률이 높다.

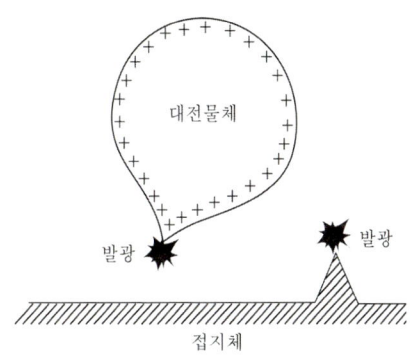

Corona 방전

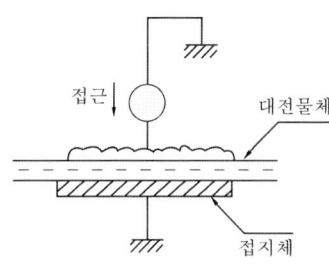 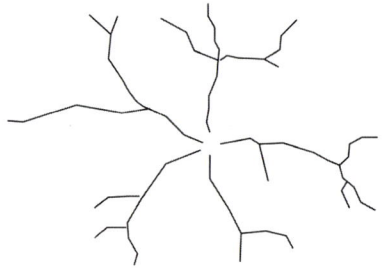

(a) 접지도체의 접근에 의한 연면방전의 발생　　　(b) star – check mark

연면 방전

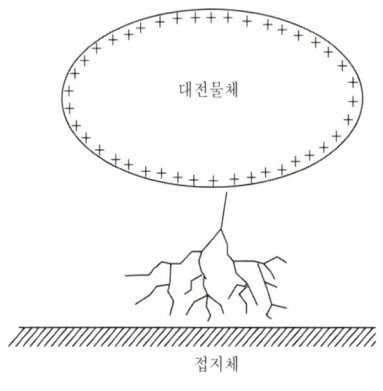 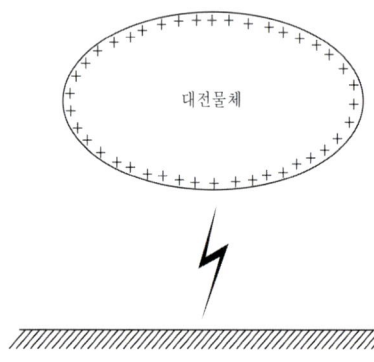

Streamer 방전　　　　　　　　　　　불꽃 방전

4) 방전에너지(정전기 에너지)

$$W = \frac{1}{2}QV = \frac{1}{2}CV^2 = \frac{1}{2}\frac{Q^2}{C}(J)$$

W : 정전기 에너지(J)
C : 도체의 정전용량(F)
V : 대전 전위(V)
Q : 대전전하량 (C)

5) 정전기 재해 방지대책

접지, 도전성 재료사용, 가습 및 점화원이 될 우려가 없는 제전장치 사용 등 대상 설비	① 위험물을 탱크로리·탱크차 및 드럼 등에 주입하는 설비 ② 탱크로리·탱크차 및 드럼 등 위험물저장설비 ③ 인화성 액체를 함유하는 도료 및 접착제등을 제조·저장·취급 또는 도포하는 설비 ④ 위험물 건조설비 또는 그 부속설비 ⑤ 인화성 고체를 저장하거나 취급하는 설비 ⑥ 드라이클리닝설비, 염색가공설비 또는 모피류 등을 씻는 설비 등 인화성 유기용제를 사용하는 설비 ⑦ 유압, 압축공기 또는 고전위정전기 등을 이용하여 인화성 액체나 인화성 고체를 분무하거나 이송하는 설비 ⑧ 고압가스를 이송하거나 저장·취급하는 설비 ⑨ 화약류 제조설비 ⑩ 발파공에 장전된 화약류를 점화시키는 경우에 사용하는 발파기
인체에 대전된 정전기	인체에 대전된 정전기에 의한 화재 또는 폭발 위험이 있는 경우 : 정전기 대전방지용 안전화착용, 제전복 착용, 정전기 제전용구 사용, 작업장 바닥에 도전성을 갖추도록 하는 등의 조치
초기 배관 내 유속 제한	① 도전성 위험물로써 저항률이 $10^{10}(\Omega cm)$ 미만의 배관유속을 7(m/s) 이하 ② 이황화탄소, 에테르등과 같이 폭발위험성이 높고 유동대전이 심한 액체는 1(m/s) 이하 ③ 비수용성이면서 물기가 기체를 혼합한 위험물은 1(m/s)이하
보호구 착용	① 대전 방지 작업화 (정전화) : 작업화의 바닥 저항을 $10^8 \sim 10^5(\Omega)$정도로 하여 인체의 누설 저항을 저하시켜 대전방지(보통작업화의 바닥저항은 $10^{12}(\Omega)$) ② 정전 작업복 착용 : 전도성 섬유를 첨가하여 코로나 방전을 유도, 대전된 전기에너지를 열에너지로 변화하여 정전기 제거 ③ 손목띠(wrist strap) 착용 등
대전방지제 사용	① 섬유등에 흡습성과 이온성을 부여하여 도전성을 증가하여 대전방지 ② 대전방지제로 많이 사용되는 계면 활성제는 친수성기 및 배수성기와 극성기 및 무극성기가 있어 친화성이 강하게 작용
가습	① 플라스틱 섬유 및 제품은 습도의 증가로 표면 저항이 감소하므로 대전방지. ② 공기중의 상대습도를 60~70%정도 유지하기 위해 가습 방법을 사용 ③ 가습방법 : 물의 분무법, 증발법, 습기분무법 등
제전기 사용	① 전압 인가식 제전기 : 7000V 정도의 고전압으로 코로나 방전을 일으켜 발생하는 이온으로 대전체 전하를 중화시키는 방법 (고압 전원은 교류방식이 많이 사용) ② 자기 방전식 제전기 : 제전 대상물체의 정전 에너지를 이용하여 제전에 필요한 이온을 발생시키는 장치로 50kV정도의 높은 대전을 제거할 수 있으나 2kV 정도의 대전이 남는 단점이 있다. 전원이 필요하지 않아 구조와 취급이 간단하며 점화원이 될 염려가 없어 안전성이 높은 장점이 있다. ③ 방사선식 제전기 : 방사선 동위원소의 전리작용을 이용하여 제전에 필요한 이온을 만드는 장치로서 방사선 장해로 인한 사용상의 주의가 요구되며 제전능력이 작아 제전 시간이 오래 걸리는 단점과 움직이는 물체의 제전에는 적합하지 못하다.

15. 전기설비의 방폭화 방법

점화원의 방폭적 격리	압력, 유입 방폭구조	점화원을 가연성 물질과 격리
	내압 방폭구조	설비 내부 폭발이 주변 가연성물질로 파급되지 않도록 격리
전기설비의안전도 증강	안전증 방폭구조	안전도를 증가시켜 고장발생확률을 zero에 접근
점화능력의 본질적 억제	본질안전 방폭구조	본질적으로 점화능력이 없는 상태로써 사고가 발생하여도 착화 위험이 없어야 한다

16. 폭발등급

폭 발 등 급	간극의 깊이 25(mm)에서 화염일주가 생기는 문제의 최소치
1	0.6(mm) 초과하는 것
2	0.4(mm) 초과 0.6(mm) 이하의 것
3	0.4(mm) 이하의 것

> **참 고** 최대안전 틈새의 한계(KSCIEC)
>
> | 가스 및 증기 그룹 A | 0.9mm 이상의 최대안전틈새 |
> |---|---|
> | 가스 및 증기 그룹 B | 0.5mm 초과 0.9mm 미만의 최대안전틈새 |
> | 가스 및 증기 그룹 C | 0.5mm 이하의 최대안전틈새 |
>
> 「**최대안전틈새**」라 함은 대상으로 한 가스 또는 증기와 공기와의 혼합가스에 대하여 화염일주가 일어나지 않는 틈새의 최대치

17. 위험장소

분 류		적 요	예
가스 폭발 위험 장소	0종 장소	인화성 액체의 증기 또는 가연성 가스에 의한 폭발위험이 지속적으로 또는 장기간 존재하는 장소	용기·장치·배관 등의 내부 등 (Zone 0)
	1종 장소	정상 작동상태에서 인화성 액체의 증기 또는 가연성 가스에 의한 폭발위험분위기가 존재하기 쉬운 장소	맨홀·벤트·피트 등의 주위 (Zone 1)
	2종 장소	정상작동상태에서 인화성 액체의 증기 또는 가연성 가스에 의한 폭발위험분위기가 존재할 우려가 없으나, 존재할 경우 그 빈도가 아주 적고 단기간만 존재할 수 있는 장소	개스킷·패킹 등의 주위 (Zone 2)

분류		적요	예
분진 폭발 위험 장소	20종 장소	분진운 형태의 가연성 분진이 폭발농도를 형성할 정도로 충분한 양이 정상작동 중에 연속적으로 또는 자주 존재하거나, 제어할 수 없을 정도의 양 및 두께의 분진층이 형성될 수 있는 장소	호퍼 · 분진저장소 · 집진장치 · 필터 등의 내부
	21종 장소	20종 장소 외의 장소로서, 분진운 형태의 가연성 분진이 폭발농도를 형성할 정도의 충분한 양이 정상작동 중에 존재할 수 있는 장소	집진장치 · 백필터 · 배기구 등의 주위, 이송밸트 샘플링 지역 등
	22종 장소	21종 장소 외의 장소로서, 가연성 분진운 형태가 드물게 발생 또는 단기간 존재할 우려가 있거나, 이상작동 상태하에서 가연성 분진층이 형성될 수 있는 장소	21종 장소에서 예방조치가 취하여진 지역, 환기설비 등과 같은 안전장치 배출구 주위 등

18. 방폭구조의 기호

내압 방폭구조	압력 방폭구조	유입 방폭구조	안전증 방폭구조	특수 방폭구조	본질안전 방폭구조	몰드 방폭구조	충전 방폭구조	비점화 방폭구조
d	p	o	e	s	i	m	q	n

19. 방폭구조의 종류

내압 방폭구조(d)	① 점화원에 의해 용기 내부에서 폭발이 발생할 경우, 용기가 폭발압력에 견딜 수 있고, 화염이 용기 외부의 폭발성 분위기로 전파되지 않도록 한 방폭구조 ② 폭발 후에는 크레아런스가 있어 고온의 가스를 서서히 방출시킴으로 냉각
압력 방폭구조(p)	① 용기내부에 보호가스(신선한 공기 또는 질소, 탄산가스등의 불연성 가스)를 압입하여 내부 압력을 외부 환경보다 높게 유지함으로서 폭발성 가스 또는 증기가 용기내부로 유입되지 않도록 한 구조(전폐형의 구조) ② 종류 : 봉입식, 통풍식, 연속 희석식
유입 방폭구조(o)	① 유체 상부 또는 용기 외부에 존재할 수 있는 폭발성 분위기가 발화할 수 없도록 전기설비 또는 전기설비의 부품을 보호액에 함침시키는 방폭구조의 형식 ② 보호 액체로는 광유 또는 특수요건에 적합한 기타 액체
안전증 방폭구조(e)	① 전기기기의 과도한 온도 상승, 아크 또는 스파크 발생의 위험을 방지하기 위해 추가적인 안전조치를 통한 안진도를 증가시킨 방폭구조 ② 정상운전 중에 아크나 스파크를 발생시키는 전기기기는 안전증방폭구조의 전기기기 범위에서 제외
특수 방폭구조(s)	① 여기서 기술한 구조 이외의 방폭구조로서 폭발성 가스 또는 증기에 점화를 또는 위험분위기로 인화를 방지할 수 있는 것이 시험, 기타에 의하여 확인된 구조 ② 예로서 단락불꽃이 폭발성 가스에 점화되지 않게 하는 기기로 이것은 계측제어, 통신관계등의 미소한 전력회로의 기기에 많이 이용될 전망 ③ 용기내부에 모래등의 입자를 채워서 안전을 유지하는 사입 방폭구조 등도 특수방폭구조의 종류

본질안전 방폭구조(i)	① 정상작동 및 고장상태에서 발생한 불꽃이나 고온부분이 해당 폭발성가스분위기에 점화를 발생시킬 수 없는 구조 ② 열전대의 지락, 단선 등으로 발생한 불꽃이나 과열로 인하여 생기는 열에너지가 충분히 작아 폭발성 가스에 착화하지 않는 것이 확인된 구조
몰드 방폭구조(m)	전기기기의 스파크 또는 열로 인해 폭발성 위험분위기에 점화되지 않도록 컴파운드를 충전해서 보호한 방폭구조
충전방폭구조(q)	폭발성 가스 분위기를 점화시킬 수 있는 부품을 고정하여 설치하고, 그 주위를 충전재로 완전히 둘러쌈으로서 외부의 폭발성 가스 분위기를 점화시키지 않도록 하는 방폭구조
비점화 방폭구조(n)	전기기기가 정상작동과 규정된 특정한 비정상상태에서 주위의 폭발성 가스 분위기를 점화시키지 못하도록 만든 방폭구조로서 nA(스파크를 발생하지 않는 장치), nC(장치와 부품), nL(에너지제한 기기)등에 해당하는 것

II. 화공안전 일반

1. 연소의 정의

1) 정의

(1) 물질이 산소와 반응하면서 빛과 열을 발생하는 현상.
(2) 가연성 물질 + 조연성 물질 + 점화원 = 연소 (빛과 열 수반)
(3) 산화반응으로 그 반응이 급격하여 열과 빛을 동반하는 발열반응

2) 연소의 3요소

가연물	① 산소와 친화력이 좋고 표면적이 넓을 것 ② 반응열(발열량)이 클 것 ③ 열전도율이 작을 것 ④ 활성화 에너지가 작을 것 * 가연물이 될 수 없는 조건 : ① 주기율표의 0족 원소 　　　　　　　　　　　　② 이미 산화반응이 완결된 산화물 　　　　　　　　　　　　③ 질소 또는 질소산화물(흡열반응)
산소 공급원	① 공기중의 산소(약 21%) ② 자기연소성 물질(5류 위험물) ③ 할로겐 원소 및 KNO_3 등의 산화제
점화원	① 연소반응을 일으킬 수 있는 최소의 에너지(활성화 에너지) ② 불꽃, 단열압축, 산화열의 축적, 정전기 불꽃, 아크불꽃 등 ③ 전기 불꽃 에너지 식 $E = \dfrac{1}{2}CV^2 = \dfrac{1}{2}QV$ 　여기서) E : 전기불꽃에너지, C : 전기용량, Q : 전기량, V : 방전전압

2. 연소형태

기체 연소	확산 (발염)연소	연소버너 주변에서 일어나는 연소로 가연성가스를 확산시켜 연소범위에 도달했을 때 연소하는 현상으로 기체의 일반적인 연소 형태(아세틸렌-산소, LPG-공기, LNG-공기 등)
	예혼합 연소	연소되기 전에 미리 연소 가능한 연소범위의 혼합가스를 만들어 연소시키는 형태
액체 연소	증발 연소	액체의 가장 일반적인 연소형태로 점화원에 의해 액체에서 가연성 증기가 발생하여 공기와 혼합, 연소범위를 형성하게 되어 연소하는 형태로 액체가 연소하는 것이 아니라 가연성 증기가 연소하는 현상(석유류, 에테르, 알콜류, 아세톤 등)
	분무 연소	중유와 같이 점도가 높고 비휘발성인 액체의 경우 분무기를 사용하여 액체입자를 안개상으로 분무하여 연소하게 되는데 이것은 액체의 표면적을 넓혀 공기와의 접촉면을 넓게 하기 위함이다[중유, 벙커C유 등]. 액적 연소
	분해연소	액체가 비휘발성인 경우에 열 분해해서 그 분해가스가 공기와 혼합하여 연소
고체 연소	표면 연소	연소물 표면에서 산소와 급격한 산화반응으로 열과 빛을 발생하는 현상으로 가연성가스 발생이나 열분해 반응이 없어 불꽃이 없는 것이 특징(코크스, 금속분, 목탄 등)
	분해 연소	고체 가연물이 점화원에 의해 복잡한 경로의 열분해 반응으로 가연성 증기가 발생하여 공기와 연소범위를 형성하게 되어 연소하는 형태(목재, 종이, 플라스틱, 석탄 등)
	증발 연소	고체 가연물이 점화원에 의해 상태변화(융해)를 일으켜 액체가 되고 일정 온도에서 가연성 증기가 발생, 공기와 혼합하여 연소하는 형태(나프탈렌, 황, 파라핀 등)
	자기 연소	분자내에 산소를 함유하고 있는 고체 가연물이 외부의 산소 공급원 없이 점화원에 의해 연소하는 형태(제5류 위험물, 니트로 글리세린, 니트로 셀룰로우스, 트리 니트로 톨루엔, 질산 에틸 등)

3. 인화점

1) 정의

(1) 점화원에 의하여 인화될 수 있는 최저온도
(2) 연소가능한 가연성 증기를 발생시킬 수 있는 최저온도

2) 가연성 액체의 인화점

(1) 가연성 액체의 인화에 대한 위험성을 결정하는 요소로 인화점을 사용
(2) 가연성 액체의 경우 인화점 이상에서 점화원의 접촉에 의해 인화
(3) 인화점이 낮을수록 위험한 물질

4. 발화점

1) 정의
외부에서의 직접적인 점화원 없이 열의 축적에 의하여 발화되는 최저의 온도

2) 발화점의 조건 및 영향인자

발화점이 낮아지는 조건	(1) 분자의 구조가 복잡할수록 (2) 발열량이 높을수록 (3) 반응 활성도가 클수록 (4) 열전도율이 낮을수록 (5) 산소와의 친화력이 좋을수록 (6) 압력이 클수록
발화점에 영향을 주는 인자	(1) 가연성가스와 공기와의 혼합비 (2) 용기의 크기와 형태 (3) 기벽의 재질 (4) 가열속도와 지속시간 (5) 압력 (6) 산소농도 (7) 유속 등

3) 발화의 발생 요인

(1) 온도 (2) 조성
(3) 압력 (4) 용기의 모양과 크기

4) 자연발화

자연발화의 형태	① 산화열에 의한 발열(석탄, 건성유) ② 분해열에 의한 발열(셀룰로이드, 니트로셀룰로오스) ③ 흡착열에 의한 발열(활성탄, 목탄분말) ④ 미생물에 의한 발열(퇴비, 먼지)
자연발화의 조건	① 표면적이 넓을 것 ② 열전도율이 작을 것 ③ 발열량이 클 것 ④ 주위의 온도가 높을 것(분자운동 활발)
자연발화의 인자	① 열의축적 ② 발열량 ③ 열전도율 ④ 수분 ⑤ 퇴적방법 ⑥ 공기의 유동
자연발화 방지법	① 통풍이 잘되게 할 것 ② 저장실 온도를 낮출 것 ③ 열이 축적되지 않는 퇴적방법을 선택할 것 ④ 습도가 높지 않도록 할 것

5. 폭발의 성립조건

1) 폭발의 성립조건

(1) 가연성가스, 증기, 분진 등이 공기 또는 산소와 접촉 또는 혼합되어 있는 경우(폭발 범위내 존재)
(2) 혼합되어 있는 가스 및 분진이 어떤 구획된 공간이나 용기 등의 공간에 존재하고 있는 경우(밀폐된 공간)
(3) 혼합된 물질의 일부에 점화원이 존재하고 그것이 매개체가 되어 최소 착화 에너지 이상의 에너지를 줄 경우

> **참 고** 폭발에 영향을 주는 인자
> ① 온도 ② 초기압력
> ③ 용기의 모양과 크기 ④ 초기농도 및 조성(폭발범위%)

2) 폭발등급과 안전간격

(1) 안전간격
   화염이 틈새를 통하여 바깥쪽의 폭발성 가스에 전달되지 않는 한계의 틈새

(2) 폭발 등급

구분	안전간격	대상가스
1급	0.6mm 초과	일산화탄소, 메탄, 암모니아, 프로판, 가솔린, 벤젠 등
2급	0.4mm 초과 0.6mm 이하	에틸렌, 석탄가스
3급	0.4mm 이하	수소, 수성가스, 아세틸렌, 이황화탄소

6. 폭발의 종류

1) 폭발의 종류

화학적 폭발	폭발성 혼합가스에 점화할 경우 또는 화약의 폭발.
압력 폭발	보일러의 폭발, 고압가스 용기 등 내압에 의한 폭발.
분해 폭발	가압하에서 아세틸렌가스 분해 등에 의한 단일가스의 폭발
중합 폭발	시안화수소 등의 중합열에 의한 폭발
촉매 폭발	수소 및 염소 등에 직사광선이 촉매로 작용하여 폭발

2) 폭발의 분류

공정별 분류	핵 폭발	원자핵의 분열이나 융합에 의한 강열한 에너지의 방출
	물리적 폭발	화학적 변화없이 물리 변화를 주체로한 폭발의 형태
	화학적 폭발	화학반응이 관여하는 화학적 특성 변화에 의한 폭발
물리적 상태	기상 폭발	가스폭발, 분무폭발, 분진폭발, 가스분해폭발
	응상 폭발	수증기폭발, 증기폭발

3) BLEVE와 UVCE

(1) BLEVE(Boiling Liquid Expanding Vapor Explosion)

비등점이 낮은 인화성액체 저장탱크가 화재로 인한 화염에 장시간 노출되어 탱크내 액체가 급격히 증발하여 비등하고 증기가 팽창하면서 탱크내 압력이 설계압력을 초과하여 폭발을 일으키는 현상으로, BLEVE를 방지하기 위해서는 용기의 압력상승을 방지하여 용기내 압력이 대기압 근처에서 유지되도록 하고, 살수설비 등으로 용기를 냉각하여 온도상승을 방지하는 조치를 하여야 한다.

(2) UVCE(증기운폭발, Unconfined Vapor Cloud Explosion)

가연성 가스 또는 기화하기 쉬운 가연성 액체 등이 저장된 고압가스 용기(저장탱크)의 파괴로 인하여 대기중으로 유출된 가연성 증기가 구름을 형성(증기운)한 상태에서 점화원이 증기운에 접촉하여 폭발(가스폭발)하는 현상으로, 이를 예방하기 위해서는 물질의 방출을 방지해야하며, 누설을 감지할수 있는 검지기 등을 설치하여야 한다.

7. 혼합가스의 폭발범위

1) 폭발범위

가연성 가스	폭발하한 값(%)	폭발상한 값(%)
아세틸렌(C_2H_2)	2.5	81
산화에틸렌(C_2H_4O)	3	80
수소(H_2)	4	75
일산화탄소(CO)	12.5	74
프로판(C_3H_8)	2.1	9.5
에탄(C_2H_6)	3	12.5
메탄(CH_4)	5	15
부탄(C_4H_{10})	1.8	8.4

2) 르샤틀리에의 법칙(혼합가스의 폭발범위 계산)

$$\frac{100}{L} = \frac{V_1}{L_1} + \frac{V_2}{L_2} + \frac{V_3}{L_3} \cdots\cdots$$

여기서, L_1, L_2, L_3 : 각 성분 단일의 연소한계 (상한 또는 하한)
V_1, V_2, V_3 : 각 성분 기체의 체적%
L : 혼합 기체의 연소 범위(상한 또는 하한)

8. 위험도

1) 위험도 계산식

(1) 폭발 범위를 이용한 가연성가스 및 증기의 위험성 판단 방법

$$H = \frac{UFL - LFL}{LFL}$$

여기서, UFL : 연소 상한값, LFL : 연소 하한값, H : 위험도
(2) 위험도 값이 클수록 위험성이 높은 물질이다.

2) 위험도 증가요인

(1) 하한농도가 낮을수록 위험도 증가
(2) 폭발 상한값과 하한값의 차이가 클수록 위험도 증가

9. 화재의 종류

화재 급수	정의
A급 화재	일반화재, 물을 사용하는 냉각효과가 제일 우선하는 것으로, 목재, 섬유류, 나무, 종이, 플라스틱처럼 타고난 후 재를 남기는 보통화재.
B급 화재	유류화재, 가연성액체인 에테르, 가솔린, 등유, 경유 등(고체 유지류 포함)과 프로판가스와 같은 가연성가스 등에서 발생하는 것으로 연소 후 아무것도 남기지 않는 유류. 가스화재
C급 화재	전기화재, 소화시 전기절연성을 갖는 소화제를 사용하여야 하는 변압기, 전기다리미 등 전기기구에 전기가 통하고 있는 기계. 기구 등에서 발생하는 화재
D급 화재	금속화재, 금속의 열전도에 따른 화재나 금속 분에 의한 분진의 폭발 등 철분, 마그네슘, 금속분류에 의한 화재로 일반적으로 건조사에 의한 소화방법 사용

10. 폭발의 방호방법

1) 방지대책

(1) 불활성화
① 가연성 혼합가스에 불활성 가스를 주입, 산소의 농도를 최소산소농도 이하로 하여 연소를 방지하는 공정
② 불활성 가스
  ㉠ 질소   ㉡ 이산화탄소   ㉢ 수증기
③ 최소 산소 농도(MOC)
  ㉠ 대부분의 가스는 10% 정도   ㉡ 분진인 경우 약 8%정도

(2) 퍼지의 종류

진공퍼지 (Vacuum purging)	① 용기에 대한 가장 일반화된 인너팅장치 ② 용기를 진공으로 한 후 불활성가스 주입 ③ 저압에만 견딜 수 있도록 설계된 큰 저장용기에서는 사용될 수 없다.
압력퍼지 (Pressure purging)	① 가압하에서 인너트가스 주입하여 퍼지(압력용기에 주로 사용) ② 주입한 가스가 용기내에 충분히 확산된 후 대기중으로 방출 ③ 진공퍼지 보다 시간이 크게 감소하나 대량의 인너트가스 소모
스위프 퍼지 (Sweep-Through Purging)	① 용기의 한쪽 개구부로 퍼지가스 가하고 다른 개구부로 혼합가스 방출 ② 용기나 장치에 가압 하거나 진공으로 할 수 없는 경우 사용 ③ 대형 저장용기를 치환할 경우 많은 양의 불활성가스를 필요로 하여 경비가 많이 소요되므로 액체를 용기 내에 채운 다음 용기 상부의 잔류산소를 제거하는 스위프치환 방법의 사용이 바람직
사이폰치환 (Siphon purging)	① 용기에 물 또는 비가연성, 비반응성의 적합한 액체를 채운 후 액체를 뽑아내면서 증기층에 불활성가스를 주입하는 방법 ② 산소의 농도를 매우 낮은 수준으로 줄일 수 있음.

(3) 방폭구조
① 종류
  ㉠ 내압 방폭 구조(d)   ㉡ 유입 방폭 구조(o)
  ㉢ 압력 방폭 구조(p)   ㉣ 안전증 방폭 구조(e)
  ㉤ 본질안전 방폭 구조(i)   ㉥ 특수 방폭 구조(s)
② 방폭 구조의 기호 표시

$$d_2 G_4$$

발화도 (135℃ 초과 200℃ 이하)
폭발등급 (틈새 최소치 0.4~0.6mm)
방폭구조 (내압 방폭형)

d ⅡA T₄

d : 방폭 구조의 종류(내압 방폭구조)
ⅡA : 그룹을 나타낸 기호(가스 그룹)
T₄ : 온도등급, 최고표면온도(135℃)

※ 방폭구조의 기호표시 방법은 본 교재 필기 제4과목 05 전기설비의 방폭 Ⅱ 전기설비의 방폭 및 대책 4. 방폭화 이론 단원에서 관련된 자세한 내용을 확인하여 두 가지 방법(모두 기출된 문제)을 모두 알아두시기 바랍니다.

2) 가스 또는 분진 폭발 위험장소의 건축물

(1) 다음에 해당하는 부분은 내화구조로 한다.
① 건축물의 기둥 및 보는 지상 1층(지상 1층의 높이가 6미터를 초과하는 경우에는 6미터)까지
② 위험물 저장·취급용기의 지지대(높이가 30센티미터 이하인 것 제외)는 지상으로부터 지지대의 끝부분까지
③ 배관·전선관 등의 지지대는 지상으로부터 1단(1단의 높이가 6미터를 초과하는 경우에는 6미터)까지

(2) 물분무시설 또는 폼헤드설비 등의 자동소화설비를 설치하여 화재시 2시간 이상 안전성을 유지할 경우 내화구조로 하지 아니할 수 있다.

3) 인화성액체의 증기, 인화성가스 또는 인화성고체가 존재하여 폭발이나 화재가 발생할 우려가 있을 경우의 예방대책

① 환풍기, 배풍기(排風機) 등 환기장치를 적절하게 설치
② 폭발이나 화재를 미리 감지하기 위하여 가스검지 및 경보성능을 갖춘 가스 검지 및 경보장치 설치

 위험물이 있어 폭발이나 화재가 발생할 우려가 있는 장소 또는 그 상부에서 불꽃이나 아크를 발생하거나 고온으로 될 우려가 있는 화기·기계·기구 및 공구 등을 사용해서는 아니 된다.

11. 고압가스 용기의 도색

1) 인화성, 독성 및 그 밖의 가스용기

가스의 종류	도색 구분	가스의 종류	도색 구분
액화 석유가스	회색	액화암모니아	백색
수소	주황색	액화염소	갈색
아세틸렌	황색	산소	녹색
액화탄산가스	청색	질소	회색
소방용 용기	소방법에 의한 도색	그 밖의 가스	회색

2) 의료용 가스용기

가스의 종류	도색의 구분	가스의 종류	도색의 구분
산소	백색	질소	흑색
액화탄산가스	회색	아산화질소	청색
헬륨	갈색	싸이크로프로판	주황색
에틸렌	자색	그 밖의 가스	회색

* 용기의 상단부에 폭 2cm의 백색(산소는 녹색)의 띠를 두줄로 표시

12. 소화이론

제거소화	정의	가연물을 연소하고 있는 구역에서 제거하거나 공급을 중단시켜 소화하는 방법
	대상	① 촛불 : 입김으로 불어서 가연성 증기를 제거하여 소화 ② 유전의 화재 : 폭탄을 투하하여 순간적인 폭풍을 이용한 소화 ③ 가스의 화재 : 주밸브를 차단하여 가스의 공급을 중단시켜 소화 ④ 산불화재 : 화재가 진행하고 있는 방향의 나무를 제거하여 소화
질식소화	정의	공기중의 산소농도(21%)를 15%이하로 낮추어 연소를 중단시키는 방법(B급 화재인 4류 위험물의 소화에 가장 적당)
	대상 소화기 종류	① 포말소화기(A급, B급) ② 분말소화기(BC급, ABC급) ③ 탄산가스 소화기(B급, C급) ④ 간이 소화제
	질식 소화 방법	① 포(거품)를 사용하여 연소물을 덮는 방법 ② 소화 분말로 연소물을 덮는 방법 ③ 할로겐 화합물의 증기로 연소물을 덮는 방법 ④ 이산화탄소로 연소물을 덮는 방법 ⑤ 불연성 고체로 연소물을 덮는 방법
냉각소화	정의	① 액체 또는 고체화재에 물 등을 사용하여 가연물을 냉각시켜 인화점 및 발화점 이하로 낮추어 소화시키는 방법 ② 주로 물이 사용되는 데 이는 물의 기화잠열이 크기 때문
	대상소화기	① 물소화기 (A급) ② 강화액 소화기 (ABC급) ③ 산. 알칼리 소화기 (A급
억제소화	정의	연소의 연속적인 관계를 억제하는 부촉매 효과와 상승효과인 질식 및 냉각 효과
	대상소화기	① 사염화탄소(C.T.C)소화기 (B.C급) ② 일염화 일취화 메탄(C.B)소화기(B.C급) ③ 이취화 사불화 에탄(F.B)소화기(B.C급) ④ 일취화 삼불화 메탄 소화기(B.C급) ⑤ 일취화 일염화 이불화메탄(B.C.F) 소화기(A.B.C급)
	원리	할로겐화 탄화수소는 연소를 진행하는데 필요한 OH, O 및 H 등의 활성라디칼이나 원자와 반응함으로 연소를 억제시키는 효과를 가져온다.

13. 소화기의 종류

1) 소화기의 종류별 특징

포 소화기	구조상 분류	① 보통 전도식 ② 내통 밀폐식 ③ 내통 밀봉식
	화학 반응식	$6NaHCO_3 + Al_2(SO_4)_3 \cdot 18H_2O \rightarrow 3Na_2SO_4 + 2Al(OH)_3 + 6CO_2 + 18H_2O$
	특징	화학 반응 중 생긴 CO_2가스의 압력에 의해 거품이 방출
	포말의 조건	① 부착성 ② 응집성 ③ 유동성
분말 소화기	구조상 분류	① 축압식 ② 가스가압식
	특징	① 인산 암모늄은 ABC소화제라 하며 부착성이 좋은 메타인산을 만들어 다른 소화 분말 보다 30% 이상 소화능력이 향상 ② 전기에 대한 절연성이 우수
탄산 가스 소화기	성질	① 더 이상 산소와 반응하지 않는 안전한 가스이며 공기보다 무겁다. (분자량 44) ② 전기에 대한 절연성이 우수하다.
	특징	① 이음매 없는 고압가스 용기 사용 ② 용기 내의 액화탄산가스를 줄 톰슨 효과에 의해 드라이 아이스로 방출 ③ 질식 및 냉각 효과이며 전기화재에 가장 적당. 유류 화재에도 사용 ④ 소화 후 증거 보존이 용이하나 방사거리가 짧은 단점 ⑤ 반도체 및 컴퓨터 설비 등에 사용가능
증발성 액체 소화기 (할로겐 화합물 소화기)	소화 원리	① 증발성이 강한 액체가 연소물에 뿌려지면 화재의 열을 흡수하여 액체가 증발 → 증발된 증기는 불연성이고 공기보다 무거워서 공기침투 못하고 질식소화 ② 증기는 화재의 불꽃에 의해 할로겐 원소가 유리되어 가연물이 산소와 결합 하기 전가연성 유리기와 결합 → 부촉매 효과
	반응식	① 건조 공기 : $2CCl_4 + O_2 \rightarrow 2COCl_2 + 2Cl_2$ ② 습한 상태 : $CCl_4 + H_2O \rightarrow COCl_2 + 2HCl$ ③ 탄산 가스 : $CCl_4 + CO_2 \rightarrow 2COCl_2$ ④ 철제와 반응 : $3CCl_4 + Fe_2O_3 \rightarrow 3COCl_2 + 2FeCl_3$
	사용금지 장소	① 지하층 ② 무창층 ③ 거실 또는 사무실로서 바닥면적이 $20m^2$ 미만
강화액 소화기	방출 방식	① 반응식(파병식) ② 가스가압식 ③ 축압식
	특징	① 물에 탄산칼륨을 보강시킨 소화기 ② 탄산칼륨으로 빙점을 $-30 \sim -25℃$까지 낮춘 한냉지 또는 겨울철 사용 소화기

2) 소화기의 종류별 적응화재

소화기명	적응화재	소화효과	형식
분말 소화기	B, C급 (단, 인산염 ABC)	질식(냉각)	축압식, 가스가압식
할로겐화물 (증발성 액체)소화기	B, C급	부촉매(억제)효과, 질식효과, 냉각효과	축압식, 자기증기압식
CO_2소화기	B, C급	질식(냉각)	고압가스용기

소화기명	적응화재	소화효과	형식
포말소화기	A, B급	질식(냉각)	전도식, 파병식(반응식)
강화액 소화기	A급(분무상 : A, C)	냉각	가스가압식, 축압식, 반응식
산·알칼리 소화기	A급	냉각	파병식, 전도식(반응식)

14. 화학설비의 안전장치 종류

1) 안전장치의 종류

(1) 안전밸브

① 화학변화에 의한 에너지 증가 및 물리적 상태 변화에 의한 압력증가를 제어하기 위해사용하는 안전장치

② 구조 : 스프링같이 기계적 하중을 일정한 비율로 조절할 수 있는 장치에 의해 밸브의 개폐 또는 개방시의 양을 조절

③ 구분

safety valve	스팀, 공기	순간적으로 개방
relief valve	액체	압력증가에 의해 천천히 개방
safety-relief valve	가스, 증기 및 액체	중간정도의 속도로 개방

※ 배기에 의한 안전밸브의 분류
㉠ 개방형 안전밸브 : 보일러 등에 사용
㉡ 밀폐형 안전밸브 : 화학설비 등에 사용
㉢ bellows형 안전밸브 : 부식성이 강한 가스나 독성이 강한 가스 등에 사용

(2) 파열판

압력용기, 배관, 덕트 등의 밀폐장치가 압력의 과다 또는 진공에 의해 파손될 위험 발생시 이를 예방하기 위한 안전장치

(3) 안전밸브와 파열판의 비교

안전밸브	① 압력상승의 우려가 있는 경우 ② 반응생성물의 성상에 따라 안전밸브 설치가 적절한 경우 ③ 액체의 열팽창에 의한 압력상승방지를 위한 경우

파열판	① 급격한 압력상승의 우려가 있는 경우
	② 순간적으로 많은 방출이 필요한 경우
	③ 반응생성물의 성상에 따라 안전밸브를 설치하는 것이 부적당한 경우
	  ㉠ 내부 물질이 액체와 분말의 혼합상태이거나 비교적 점성이 큰 물질
	  ㉡ 중합을 일으키기 쉬운 물질
	  ㉢ 심한 침전물이나 응착물 등)
	④ 적은량의 유체라도 누설이 허용되지 않을 때

| 안전밸브 · 파열판병용 | ① 압력변동이 심하고 부식성이 심한 물질을 취급하거나 저장하는 경우
② 독성물질을 취급하거나 저장하는 경우 |

(4) 기타 안전장치

체크(check)밸브	유체의 역류를 방지하기 위한 밸브이며 리프트(lift)형과 스윙(swing)형이 있다.
블로우 밸브	수동이나 자동제어에 의한 과잉의 압력을 방출할 수 있도록 한 안전장치로서 자압형, solenoid형, diaphragm형 등이 있다.
대기밸브 (통기 밸브, breather valve)	인화성 물질을 저장 한 탱크내의 압력과 대기압 사이에 차가 발생할 경우 대기를 탱크내에 흡입하기도 하고, 탱크내 압력을 밖으로 방출하여 탱크내의 압력을 대기압과 평형한 상태로 유지하게 하는 밸브.
Flame arrester	가연성 증기가 발생하는 유류저장 탱크에서 증기를 방출하거나 외기를 흡입하는 부분에 설치하는 안전장치로서 화염의 차단을 목적으로 하며 40mesh이상의 가는 눈금의 금망이 여러개 겹쳐져 있다.
Ventstack	① 탱크내의 압력을 정상적인 상태로 유지하기 위한 안전장치 ② 상압탱크에서 직사광선으로 온도 상승시 탱크 내 공기를 대기로 방출하여 내압 상승 방지 ③ 가연성가스나 증기 등을 직접방출 할 경우 그 선단은 지상보다 높고 안전한 장소에 설치

2) 설비의 안전설계(안전밸브 등)

(1) 안전밸브, 파열판 설치대상 설비(최고사용압력 이선에 작동되도록 설정)

① 압력용기(안지름이 150밀리미터 이하인 압력용기는 제외, 관형 열교환기는 관의 파열로 인하여 상승한 압력이 압력용기의 최고사용압력을 초과할 우려가 있는 경우)
② 정변위 압축기
③ 정변위 펌프(토출축에 차단밸브가 설치된 것)
④ 배관(2개 이상의 밸브에 의하여 차단되어 대기온도에서 액체의 열팽창에 의하여 구조적으로 파열이 우려되는 것)
⑤ 그 밖의 화학설비 및 그 부속설비로서 해당 설비의 최고사용압력을 초과할 우려가 있는 것

(2) 설치대상 설비 중 파열판을 설치해야 하는 경우

① 반응폭주등 급격한 압력상승의 우려가 있는 경우
② 급성 독성물질의 누출로 인하여 주위의 작업환경을 오염시킬 우려가 있는 경우
③ 운전중 안전밸브에 이상물질이 누적되어 안전밸브가 작동되지 아니할 우려가 있는 경우

(3) 안전 밸브의 작동요건 등

작동요건	① 안전밸브 등을 통하여 보호하려는 설비의 최고사용압력 이하에서 작동 ② 다만 안전밸브 등이 2개 이상 설치된 경우에 1개는 최고사용압력의 1.05배 (외부 화재를 대비한 경우 1.1배) 이하에서 작동 되도록 설치
배출용량	작동원인에 따라 소요 분출량을 계산, 가장 큰 수치를 배출용량으로 선정
배출물질 처리방법	① 연소 ② 세정 ③ 포집 ④ 회수 ⑤ 흡수

3) 특수화학설비의 안전조치 사항

(1) 계측장치의 설치(내부이상상태의 조기파악)
① 온도계
② 유량계
③ 압력계 등

(2) 자동경보장치의 설치 : 내부이상상태의 조기파악

(3) 이상 상태의 발생에 따른 폭발, 화재 또는 위험물 누출 방지
① 원재료 공급의 긴급차단
② 제품 등의 방출
③ 불활성 가스의 주입이나 냉각 용수 등의 공급 등의 장치 설치

(4) 예비동력원의 준수사항
① 동력원의 이상에 의한 폭발이나 화재를 방지하기 위하여 즉시 사용할 수 있는 예비동력원을 갖추어 둘 것
② 밸브·콕·스위치 등에 대해서는 오조작을 방지하기 위하여 잠금장치를 하고 색채표시 등으로 구분할 것

4) 증류탑의 보수 및 점검사항

일상점검항목 (운전중에 점검 가능한 항목)	① 보온재, 보냉재의 파손상황 ② 도장상황 ③ flange부, 맨홀부, 용접부에서의 외부 누출여부 ④ 기초볼트의 느슨함 정도 ⑤ 증기배관에 열팽창에 의한 무리한 힘이 가해지는지 여부. 부식 등으로 두께가 얇아 지는 지의 여부
개방 때 점검항목	① tray의 부식상태 및 부식의 정도와 범위 ② 고분자 등 생성물, 녹등으로 포종이 막히는지 여부. 밸러스트 유닛트의 고정 여부 ③ 넘쳐흐르는 둑의 높이가 설계와 같은지의 여부 ④ 용접선의 상황 및 포종이 선반에 고정되어 있는지 여부 ⑤ 누출의 원인이 되는 갈라짐이나 상처의 여부 ⑥ 라이닝 코팅의 상황

III. 작업환경 안전일반

1. 작업환경 개선의 기본원칙

대 치	① 물질의 변경 ② 공정의 변경 ③ 시설의 변경
격 리	① 원격조정 ② 교대작업 ③ 근로시간 단축 등
환 기	① 국소환기 방식 ② 전체 환기방식
교 육	① 경영자 ② 감독자 ③ 작업자 ④ 공정 및 시설 설계자 등

2. 배기 및 환기

1) 배기 및 환기관련 안전기준

배풍기	국소배기장치에 공기정화장치를 설치한 때에는 정화 후의 공기가 통하는 위치에 배풍기 설치
배기구	분진배출을 위한 국소배기장치의 배기구는 직접 외기로 향하도록 개방하여 실외에 설치
배기의 처리	흡수, 연소, 집진, 그밖의 적절한 공기정화장치 설치
전체환기 장치	① 송풍기 또는 배풍기는 가능한 한 당해 분진등의 발산원에 가장 가까운 위치에 설치할 것 ② 송풍기 또는 배풍기는 직접 외기로 향하도록 개방하여 실외에 설치하는 등 배출되는 분진등이 작업장으로 재유입 되지 아니하는 구조로 할 것
환기장치의 가동	조정판을 설치하여 환기를 방해하는 기류를 배제하는 등 당해 장치를 충분히 가동하기 위한 조치를 할 것

2) 후드 및 닥트의 설치기준

후드	① 유해물질이 발생하는 곳마다 설치할 것 ② 유해인자의 발생형태와 비중, 작업방법 등을 고려하여 당해 분진 등의 발산원을 제어할 수 있는 구조로 설치할 것 ③ 후드형식은 가능하면 포위식 또는 부스식 후드를 설치할 것 ④ 외부식 또는 리시버식 후드는 해당 분진 등의 발산원에 가장 가까운 위치에 설치할 것
덕트	① 가능하면 길이는 짧게 하고 굴곡부의 수는 적게 할 것 ② 접속부의 안쪽은 돌출된 부분이 없도록 할 것 ③ 청소구를 설치하는 등 청소하기 쉬운 구조로 할 것 ④ 덕트 내부에 오염물질이 쌓이지 않도록 이송속도를 유지할 것 ⑤ 연결부위 등은 외부공기가 들어오지 않도록 할 것

3. 조명관리

1) 등 및 조명기구

(1) 등의 종류
① 백열등 : 필라멘트를 전기 가열하여 빛을 생성
② 개스방전등 : 개스속을 통과하는 전류에 의해 빛 생성(고강도 방전등, 저압 나트륨등, 형광등)

(2) 등색
① 가시광선의 파장별 분포특성에 의해 다양한 색 → 사람들의 주관적 인상에 영향
② 백열등과 형광등 하에서의 조작적 임무 → 형광등 하에서 악영향이 적고 빠른 수행

2) 추천반사율

바닥	가구, 사무용기기, 책상	창문 발(blind), 벽	천정
20~40%	25~45%	40~60%	80~90%

3) 휘광의 처리

광원으로부터의 직사휘광 처리	① 광원의 휘도를 줄이고 수를 늘린다. ② 광원을 시선에서 멀리위치 시킨다. ③ 휘광원 주위를 밝게하여 광도비를 줄인다. ④ 가리개(shield), 갓(hood), 혹은 차양(visor)을 사용한다.
창문으로부터의 직사휘광 처리	① 창문을 높이 단다. ② 창위(옥외)에 드리우개(overhang)를 설치한다. ③ 창문에 수직 날개(fin)를 달아 직(直)시선을 제한한다. ④ 차양(shade) 혹은 발(blind)을 사용한다.
반사휘광의 처리	① 발광체의 휘도를 줄인다. ② 일반(간접)조명수준을 높인다. ③ 산란광, 간접광, 조절판(baffle), 창문에 차양(shade)등을 사용한다. ④ 반사광이 눈에 비치지 않게 광원을 위치시킨다. ⑤ 무광택 도료, 빛을 산란시키는 표면색을 한 사무용 기기, 윤을 없앤 종이 등을 사용한다.

4) 작업장의 조도 기준

초정밀 작업	정밀 작업	보통 작업	그 밖의 작업
750 럭스 이상	300 럭스 이상	150 럭스 이상	75 럭스 이상

4. 소음 및 진동방지 대책

1) 소음기준

(1) 소음작업의 기준

1일 8시간 작업을 기준으로 85데시벨 이상의 소음이 발생하는 작업

(2) 소음작업(강렬한 소음, 충격소음 포함)의 근로자 주지사항
① 해당 작업장소의 소음 수준
② 인체에 미치는 영향과 증상
③ 보호구의 선정과 착용방법
④ 그밖에 소음으로 인한 건강장해 방지에 필요한 사항

(3) 소음관리(소음통제 방법)
① 소음원의 제거 - 가장 적극적인 대책
② 소음원의 통제 - 안전설계, 정비 및 주유, 고무 받침대 부착, 소음기 사용 등
③ 소음의 격리 - 씌우개(enclosure), 방이나 장벽을 이용(창문을 닫으면 10dB감음 효과)
④ 차음 장치 및 흡음재 사용
⑤ 음향 처리제 사용
⑥ 적절한 배치(lay out)

(4) OSHA 허용 소음노출

음압수준 (dB-A)	80	85	90	95	100	105	110	115	120	125	130
허용시간	32	16	8	4	2	1	0.5	0.25	0.125	0.063	0.031

2) 진동

(1) 진동의 영향

공진과 주파수	① 각부위와 기관은 각각 다른 공진 주파수 → 인체진동 시 → 다른 진동수에 의한 장력과 변형은 국소통증과 두통, 불안감의 원인 ② 전신진동은 자세, 좌석의 종류, 진동수등에 따라 증폭되거나 감쇄
진동의 생리적 영향	① 단기간 노출시 → 약간의 과도호흡, 심전수 증가, 혈액이나 내분비 화학적성질은 불변 → 생리적 영향 미약 ② 장기간 노출시 → 근육긴장의 증가

전신진동이 성능에 끼치는 영향	① 진동은 진폭에 비례하여 시력 손상 (10~25Hz의 경우 가장 극심) ② 진동은 진폭에 비례하여 추적능력을 손상(5Hz이하의 낮은 진동수에서 가장 극심) ③ 안정되고 정확한 근육 조절을 요하는 작업은 진동에 의해 기능저하 ④ 반응시간, 감시(monitoring), 형태 식별(pattern recognition) 등 주로 중앙 신경 처리에달린 임무는 진동의 영향 미약.

(2) 진동 대책

국소 진동 (hand transmitted vibration)	① 진동공구에서의 진동 발생을 감소 ② 적절한 휴식 ③ 진동공구의 무게를 10kg 이상 초과하지 않게 할 것 ④ 손에 진동이 도달하는 것을 감소시키며, 진동의 감폭을 위하여 장갑(glove) 사용	
전신 진동 대책 (근로자와 발진원 사이의 진동대책)	① 구조물의 진동을 최소화 ③ 전파 경로에 대한 수용자의 위치 ⑤ 측면 전파 방지	② 발진원의 격리 ④ 수용자의 격리 ⑥ 작업시간 단축(1일 2시간 초과금지)

예상문제 5과목 전기작업안전관리 및 화공안전점검

1. 감전의 위험을 결정하는 1차적요인과 2차적요인을 쓰시오.

해답 (1) 1차적 요인 : ① 통전 전류의 크기 ② 통전 경로 ③ 통전 시간 ④ 전원의 종류
(2) 2차적 요인 : 인체의 조건 ② 전압 ③ 계절

2. 통전전류가 인체에 미치는 영향과 그 전류값을 쓰시오.

해답

분 류	인체에 미치는 전류의 영향	통전 전류 (60Hz 교류에서 성인남자)
최소감지전류	전류의 흐름을 느낄 수 있는 최소전류	1mA
고통한계전류	고통을 참을 수 있는 한계전류	7～8mA
마비한계전류	신경이 마비되고 신체를 움직일 수 없으며 말을 할 수 없는 상태	10～15mA
심실세동전류	심장의 맥동에 영향을 주어 심장마비 상태를 유발	$I=\frac{165\sim185}{\sqrt{T}}$ mA

3. 인체의 전기저항이 500Ω 일 경우 위험한계 에너지 값을 구하시오.

해답

$$Q = I^2RT\,[\mathrm{J/S}] = \left(\frac{165\sim185}{\sqrt{T}}\times10^{-3}\right)^2\times500\times T = 13.61\sim17.11\,[\mathrm{J}]$$

4. 100V 단상 2선식 회로의 전류를 물에 젖은 손으로 조작하여 감전으로 인한 심실세동을 일으켰다. 이때 인체에 흐른 전류와 심실세동을 일으킨 시간을 구하시오.(단, 인체의 저항은 5,000Ω이며, 길버트의 이론에 의해 계산할 것)

해답 ① 인체가 물에 젖은 경우 저항은 1/25로 감소하므로

$$\text{전류}(I) = \frac{V}{R} = \frac{100}{5{,}000\times\frac{1}{25}}\times1{,}000 = 500(\mathrm{mA})$$

② 시간 : $500(\mathrm{mA}) = \frac{165}{\sqrt{T}}$ $\quad\therefore \sqrt{T}=0.33$

따라서, $T=0.1089=0.11$(초)

5. 직접접촉에 의한 감전사고 방지대책을 4가지 쓰시오.

> **해답** ① 충전부가 노출되지 아니하도록 폐쇄형 외함이 있는 구조로 할 것
> ② 충전부에 충분한 절연효과가 있는 방호망 또는 절연덮개를 설치할 것
> ③ 충전부는 내구성이 있는 절연물로 완전히 덮어 감쌀 것
> ④ 발전소·변전소 및 개폐소등 구획되어 있는 장소로서 관계근로자외의 자의 출입이 금지되는 장소에 충전부를 설치하고, 위험표시 등의 방법으로 방호를 강화할 것
> ⑤ 전주 위 및 철탑 위 등 격리되어 있는 장소로서 관계근로자외의 자가 접근할 우려가 없는 장소에 충전부를 설치할 것

6. 간접접촉에 의한 감전사고 방지대책을 4가지 쓰시오.

> **해답** ① 보호절연 ② 안전 전압 이하의 기기 사용 ③ 접지 ④ 누전차단기의 설치
> ⑤ 비접지식 전로의 채용 ⑥ 이중절연구조

7. 근로자가 작업 또는 통행 등으로 인하여 전기기계기구 또는 전로의 충전부분에 접촉 또는 접근함으로 감전위험이 있는 충전부분에 대한 감전 방지조치를 4가지 쓰시오.

> **해답** ① 충전부가 노출되지 아니하도록 폐쇄형 외함이 있는 구조로 할 것
> ② 충전부에 충분한 절연효과가 있는 방호망 또는 절연덮개를 설치할 것
> ③ 충전부는 내구성이 있는 절연물로 완전히 덮어 감쌀 것
> ④ 발전소·변전소 및 개폐소등 구획되어 있는 장소로서 관계근로자외의 자의 출입이 금지되는 장소에 충전부를 설치하고, 위험표시 등의 방법으로 방호를 강화할 것
> ⑤ 전주 위 및 철탑 위 등 격리되어 있는 장소로서 관계근로자외의 자가 접근할 우려가없는 장소에 충전부를 설치할 것

8. 고압 또는 특별고압 회로로부터 기기를 분리하거나 변경할 때 사용하는 개폐장치로써 단지 충전된 전로(무부하)를 개폐하기 위해 사용하며, 부하전류의 개폐는 원칙적으로 할 수 없는 개폐장치의 명칭과 사용방법을 쓰시오.

> **해답** (1) 명칭 : 단로기
> (2) 단로기 사용방법
> ① 단로기를 끊을 경우 : 차단기를 개로한 후에 끊는다
> ② 단로기를 넣을 경우 : 차단기를 폐로하기 전에 넣는다.

9. 저압기기의 누전에 의한 재해방지대책을 4가지 쓰시오.

> **해답** ① 비접지식 전로의 채용 ② 보호접지
> ③ 감전방지용 누전차단기 설치 ④ 이중 절연기기의 사용

10. 절연용 방호구의 설치방법을 3가지 쓰시오.

> **해답** ① 필요한 장소에 덮을 경우에는 부속이 헐거워 이탈하지 않도록 견고하게 연결할 것
> ② 먼지, 습기 등이 있는 상태로 사용하지 말 것
> ③ 사용전에 손상유무를 점검할 것
> ④ 장시간 또는 작업시간 이외에 설치하지 말 것
> ⑤ 손상을 방지하기 위해 다른 재료나 공구등과 분리 보관할 것

11. 퓨즈의 종류를 4가지 쓰시오.

> **해답** ① 고리 퓨즈 ② 방출 퓨즈 ③ 비포장 퓨즈 ④ 통형 퓨즈 ⑤ 포장 퓨즈 ⑥ 한류 퓨즈

12. 저압 및 고압전로에 사용하는 퓨즈의 성능기준을 쓰시오.

> **해답** (1) 저압 전로 사용 퓨즈 : 정격 전류의 1.1배의 전류에 견딜 것
> (2) 고압 전로에 사용하는 퓨즈
>
> | 포 장 퓨 즈 | 비 포 장 퓨 즈 |
> |---|---|
> | ① 정격전류의 1.3배의 전류에 견딜것
② 2배의 전류로 120분안에 용단되는 것 | ① 정격전류의 1.25배의 전류에 견딜 것
② 2배의전류로 2분안에 용단되는 것 |

13. 누전차단기의 종류를 쓰고 각각의 동작시간을 쓰시오.

> **해답**
>
> | 구 분 | 동작시간 |
> |---|---|
> | 고속형 | 정격감도전류에서 0.1초 이내 (감전보호용은 0.03초 이내) |
> | 반한시형 | 정격감도전류에서 0.2~1초
정격감도전류의 1.4배에서 0.1~0.5초
정격감도전류의 4.4배에서 0.05초 이내 |
> | 시연형 | 정격감도전류에서 0.1초~2초 |

14. 감전방지용 누전차단기의 적용범위(설치장소)를 쓰시오.

> **해답** ① 대지전압이 150 볼트를 초과하는 이동형 또는 휴대형 전기기계·기구
> ② 물 등 도전성이 높은 액체가 있는 습윤장소에서 사용하는 저압(1.5천볼트 이하 직류전압이나 1천볼트 이하의 교류전압)용 전기기계·기구
> ③ 철판·철골위 등 도전성이 높은 장소에서 사용하는 이동형 또는 휴대형 전기기계·기구
> ④ 임시배선의 전로가 설치되는 장소에서 사용하는 이동형 또는 휴대형 전기기계·기구

15. 감전방지용 누전차단기의 정격감도전류 및 작동시간을 쓰시오.

해답 ① 정격감도전류 30mA 이하
② 작동시간 0.03초 이내

16. 누전차단기의 적용이 제외되는 경우를 3가지 쓰시오.

해답 ① 「전기용품 및 생활용품 안전관리법」이 적용되는 이중절연 또는 이와 같은 수준 이상으로 보호되는 구조로 된 전기기계・기구
② 절연대 위 등과 같이 감전 위험이 없는 장소에서 사용하는 전기기계・기구
③ 비접지방식의 전로

17. 고압 및 특별고압의 전로 중에서 피뢰기를 설치해야하는 장소를 쓰시오.

해답 ① 발전소, 변전소 또는 이에 준하는 장소의 가공전선 인입구 및 인출구
② 가공전선로에 접속하는 배전용 변압기의 고압측 및 특별고압측
③ 고압 또는 특별고압의 가공전선로로부터 공급을 받는 수용장소의 인입구
④ 가공전선로와 지중전선로가 접속되는 곳

18. 피뢰기의 종류를 4가지 쓰시오

해답 ① 밸브형 피뢰기   ② 방출통형 피뢰기
③ 저항형 피뢰기   ④ 밸브저항형 피뢰기
⑤ 종이 피뢰기

19. 피뢰기가 구비해야할 성능조건을 4가지 쓰시오.

해답 ① 충격방전 개시전압과 제한전압이 낮을 것
② 반복동작이 가능할 것
③ 뇌 전류의 방전능력이 크고 속류의 차단이 확실하게될 것
④ 점검, 보수가 간단할 것
⑤ 구조가 견고하며 특성이 변화하지 않을 것

20. 피뢰시스템의 레벨별 회전구체 반경을 쓰시오.

해답

피뢰시스템의 레벨	I	II	III	IV
회전구체 반경 γ(m)	20	30	45	60

21. 외부 피뢰시스템에 해당하는 수뢰부 시스템의 배치방법 3가지를 쓰시오.

해답 ① 회전구체법 ② 보호각법 ③ 그물망법

22. 피뢰침의 보호 여유도를 구하는 공식을 쓰시오.

해답 여유도(%) = $\dfrac{\text{충격절연강도} - \text{제한전압}}{\text{제한전압}} \times 100$

23. 외부 피뢰시스템에 해당하는 수뢰부 시스템의 배치방법 중 보호대상 구조물의 표면이 평평한 경우에 적합한 방법은?

해답 그물망법

24. 피뢰침에서 수뢰부 시스템의 배치방법중 그물망법의 보호조건에 대하여 3가지 쓰시오.

해답
① 수뢰도체를 배치하는 위치
  ㉠ 지붕 가장자리선
  ㉡ 지붕 돌출부
  ㉢ 지붕경사가 1/10을 넘는 경우 지붕 마루선
  ㉣ 높이 60m이상인 구조물의 경우 구조물 높이의 80%를 넘는 부분의 측면
② 수뢰망의 메시치수는 정해진 값이하로 한다.
③ 수뢰부 시스템망은 뇌격전류가 항상 최소한 2개 이상의 금속루트를 통하여 대지에 접속되도록 구성해야하며, 수뢰부 시스템으로 보호되는 영역밖으로 금속체 설비가 돌출되지 않도록 한다.
④ 수뢰도체는 가능한 짧고 직선경로로 한다.

25. 피뢰침 설치시 접지극의 저항은 얼마이하로 해야 하는가?

해답 접지극의 저항은 10(Ω) 이하

26. 피뢰침은 뇌우기가 되기 전 연 1회 이상 검사하여 적합 여부를 확인하고 그 내용을 3년간 기록 보존하여야 한다. 점검할 사항을 3가지 쓰시오.

해답
① 접지저항의 측정
② 지상각 접속부의 검사
③ 지상에서의 용융, 단선, 기타 손상 부분의 유무 점검

27. 근로자가 노출된 충전부 또는 그 부근에서 작업함으로써 감전될 우려가 있는 경우에는 작업에 들어가기 전에 해당 전로를 차단하여야 한다. 전로차단 절차에 대해 쓰시오.

> **해답** ① 전기기기 등에 공급되는 모든 전원을 관련 도면, 배선도 등으로 확인할 것
> ② 전원을 차단한 후 각 단로기 등을 개방하고 확인할 것
> ③ 차단장치나 단로기 등에 잠금장치 및 꼬리표를 부착할 것
> ④ 개로된 전로에서 유도전압 또는 전기에너지가 축적되어 근로자에게 전기위험을 끼칠 수 있는 전기기기 등은 접촉하기 전에 잔류전하를 완전히 방전시킬 것
> ⑤ 검전기를 이용하여 작업 대상 기기가 충전되었는지를 확인할 것
> ⑥ 전기기기 등이 다른 노출 충전부와의 접촉, 유도 또는 예비동력원의 역송전 등으로 전압이 발생할 우려가 있는 경우에는 충분한 용량을 가진 단락 접지기구를 이용하여 접지할 것

28. 작업 중 또는 작업을 마친 후 전원을 공급하는 경우에는 작업에 종사하는 근로자 또는 그 인근에서 작업하거나 정전된 전기기기등(고정 설치된 것으로 한정)과 접촉할 우려가 있는 근로자에게 감전의 위험이 없도록 준수해야 할 사항을 4가지 쓰시오.

> **해답** ① 작업기구, 단락 접지기구 등을 제거하고 전기기기 등이 안전하게 통전될 수 있는지를 확인할 것
> ② 모든 작업자가 작업이 완료된 전기기기 등에서 떨어져 있는지를 확인할 것
> ③ 잠금장치와 꼬리표는 설치한 근로자가 직접 철거할 것
> ④ 모든 이상 유무를 확인한 후 전기기기 등의 전원을 투입할 것

29. 정전 작업 시 5대 안전수칙을 쓰시오.

> **해답** ① 작업 전 전원차단 ② 전원투입방지 ③ 작업장소의 무전압 여부확인
> ④ 단락접지 ⑤ 작업장소의 보호

30. 정전작업 시 작업 중 및 종료 후 조치사항을 각각 쓰시오.

> **해답**
>
> | 작업 중 | 작업 종료 후 |
> |---|---|
> | • 작업지휘는 작업지휘자가 담당한다.
• 개폐기에 대한 관리를 철저히 한다.
• 단락접지 상태를 수시로 확인한다.
• 근접활선에 대한 방호상태를 유지한다. | • 작업기구, 단락 접지기구 등을 제거하고 전기기기 등이 안전하게 통전될 수 있는지를 확인할 것
• 모든 작업자가 작업이 완료된 전기기기 등에서 떨어져 있는지를 확인할 것
• 잠금장치와 꼬리표는 설치한 근로자가 직접 철거할 것
• 모든 이상 유무를 확인한 후 전기기기 등의 전원을 투입할 것 |

31. 단락접지기구의 사용목적을 3가지 쓰시오.

> **해답** ① 오통전 방지 ② 다른 전로와의 혼촉방지
> ③ 다른 전로로부터의 유도 또는 예비동력원의 역송전에 의한 감전의 위험을 방지

32. 충전전로 인근에서 차량, 기계장치 등의 작업이 있는 경우 안전조치사항을 쓰시오.

> **해답** 차량 등을 충전전로의 충전부로부터 300센티미터 이상 이격시켜 유지시키되, 대지전압이 50킬로볼트를 넘는 경우 이격시켜 유지하여야 하는 거리는 10킬로볼트 증가할 때마다 10센티미터씩 증가시켜야 한다. 다만, 차량등의 높이를 낮춘 상태에서 이동하는 경우에는 이격거리를 120센티미터 이상(대지전압이 50킬로볼트를 넘는 경우에는 10킬로볼트 증가할 때마다 이격거리를 10센티미터씩 증가)으로 할 수 있다.

33. 충전전로 인근에서의 차량·기계장치 작업에서 근로자가 차량등의 그 어느 부분과도 접촉하지 않도록 울타리(방책)를 설치하거나 감시인 배치 등의 조치를 하지 않아도 되는 경우를 2가지 쓰시오.

> **해답** ① 근로자가 해당 전압에 적합한 절연용 보호구 등을 착용하거나 사용하는 경우
> ② 차량 등의 절연되지 않은 부분이 접근 한계거리 이내로 접근하지 않도록 하는 경우

34. 유자격자가 충전전로 인근에서 작업하는 경우에는 노출 충전부에 접근한계거리 이내로 접근하거나 절연 손잡이가 없는 도전체에 접근할 수 없도록 해야 하는데 이규정에서 제외되는 경우를 3가지 쓰시오.

> **해답** ① 근로자가 노출 충전부로부터 절연된 경우 또는 해당 전압에 적합한 절연장갑을 착용한 경우
> ② 노출 충전부가 다른 전위를 갖는 도전체 또는 근로자와 절연된 경우
> ③ 근로자가 다른 전위를 갖는 모든 도전체로부터 절연된 경우

35. 충전전로에 대한 접근한계거리를 쓰시오.

> **해답**
>
> | 충전전로의 선간전압
(단위 : 킬로볼트) | 충전전로에 대한 접근한계거리
(단위 : 센티미터) |
> |:---:|:---:|
> | 0.3 이하 | 접촉금지 |
> | 0.3 초과 0.75 이하 | 30 |
> | 0.75 초과 2 이하 | 45 |
> | 2 초과 15 이하 | 60 |
> | 15 초과 37 이하 | 90 |
> | 37 초과 88 이하 | 110 |
> | 88 초과 121 이하 | 130 |
> | 121 초과 145 이하 | 150 |
> | 145 초과 169 이하 | 170 |
> | 169 초과 242 이하 | 230 |
> | 242 초과 362 이하 | 380 |
> | 362 초과 550 이하 | 550 |
> | 550 초과 800 이하 | 790 |

36. 고압 및 특별고압의 전로에서 전기작업을 하는 근로자에게 해야하는 안전조치 사항을 쓰시오.

> **해답** 활선작업용 기구 및 장치를 사용하도록 할 것

37. 다음의 ( )에 알맞은 내용을 넣으시오.
1) 근로자가 절연용 방호구의 설치·해체작업을 하는 경우에는 (①)를 착용하거나 (②)를 사용하도록 할 것
2) 유자격자가 아닌 근로자가 충전전로 인근의 높은 곳에서 작업할 때에 근로자의 몸 또는 긴 도전성 물체가 방호되지 않은 충전전로에서 대지전압이 (③)인 경우에는 (④)로, 대지전압이 (⑤)를 넘는 경우에는 10킬로볼트당 (⑥)씩 더한 거리 이내로 각각 접근할 수 없도록 할 것

> **해답** ① 절연용 보호구 ② 활선작업용 기구 및 장치 ③ 50킬로볼트 이하
> ④ 300센티미터 이내 ⑤ 50킬로볼트 ⑥ 10센티미터

38. 접지계통 분류에서 TN 접지방식의 종류를 쓰시오.

> **해답** ① TN-S 방식 ② TN-C 방식 ③ TN-C-S 방식
>
> **Tip** TN 계통의 분류
>
> | | |
> |---|---|
> | TN-S 계통 | 계통 전체에 대해 별도의 중성선 또는 PE 도체를 사용. 배전계통에서 PE 도체를 추가로 접지할 수 있다. |
> | TN-C 계통 | 계통 전체에 대해 중성선과 보호도체의 기능을 동일도체로 겸용한 PEN 도체를 사용. 배전계통에서 PEN 도체를 추가로 접지할 수 있다. |
> | TN-C-S계통 | 계통의 일부분에서 PEN 도체를 사용하거나, 중성선과 별도의 PE 도체를 사용하는 방식. 배전계통에서 PEN 도체와 PE 도체를 추가로 접지할 수 있다. |

39. 계통접지의 종류를 3가지 쓰시오.

> **해답** ① TN ② TT ③ IT
>
> **Tip** 접지시스템의 구분 및 구성요소
>
> | 구 분 | ① 계통접지(TN, TT, IT계통) ② 보호접지 ③ 피뢰시스템 접지 |
> |---|---|
> | 종 류 | ① 단독접지 ② 공통접지 ③ 통합접지 |
> | 구성요소 | ① 접지극 ② 접지도체 ③ 보호도체 및 기타 설비 |
> | 연결방법 | 접지극은 접지도체를 사용하여 주 접지단자에 연결 |

40. 코드 및 플러그를 접속하여 사용하는 것으로 노출된 비충전 금속체에 접지를 해야하는 전기기계·기구를 4가지 쓰시오.

해답
① 사용전압이 대지전압 150볼트를 넘는 것
② 냉장고·세탁기·컴퓨터 및 주변기기 등과 같은 고정형 전기기계·기구
③ 고정형·이동형 또는 휴대형 전동기계·기구
④ 물 또는 도전성이 높은 곳에서 사용하는 전기기계·기구
⑤ 휴대형 손전등

41. 접지를 하지 않아도 되는 안전한 부분에 해당하는 전기기계·기구를 3가지 쓰시오.

해답
① 「전기용품 및 생활용품 안전관리법」이 적용되는 이중절연 또는 이와 같은 수준 이상으로 보호되는 구조로 된 전기기계·기구
② 절연대 위 등과 같이 감전 위험이 없는 장소에서 사용하는 전기기계·기구
③ 비접지방식의 전로(그 전기기계·기구의 전원측의 전로에 설치한 절연변압기의 2차전압이 300볼트 이하, 정격용량이 3킬로볼트암페어 이하이고 그 절연변압기의 부하측의 전로가 접지되어 있지 아니한 것으로 한정)에 접속하여 사용되는 전기기계·기구

42. 접지 시스템을 구성하는 요소를 3가지 쓰시오.

해답 ① 접지극 ② 접지도체 ③ 보호도체 및 기타설비

43. 접지도체의 단면적에 관한 내용이다. (   )에 알맞은 단면적을 쓰시오.

(1) 큰 고장전류가 접지도체를 통하여 흐르지 않을 경우 : 구리 (①) 이상
(2) 접지도체에 피뢰시스템이 접속되는 경우 : 구리 (②) 이상

해답 ① $6\,mm^2$ ② $16\,mm^2$

44. 교류아크 용접기의 방호장치명과 그 성능조건을 쓰시오.

해답
① 방호장치명 : 자동전격방지기
② 성능조건 : 아크발생을 중지하였을 때 지동시간이 1.0초 이내에 2차 무부하 전압을 25V 이내로 감압시켜 안전을 유지할 수 있어야 한다.

45. 자동전격방지기의 종류 중 출력회로의 시동감도가 3Ω미만인 것으로 저저항시동형(L형)을 사용하는 장소를 쓰시오

해답
① 선박 또는 탱크의 내부, 보일러 동체 등 대부분의 공간이 금속 등 도전성 물질로 둘러 쌓여 있어 용접작업시 신체의 일부분이 도전성 물질에 쉽게 접촉될 수 있는 장소
② 높이 2m 이상 철골 고소작업 장소
③ 물 등 도전성이 높은 액체에 의한 습윤 장소

46. 전격방지기를 용접기에 설치할 때 주의 하여야할 사항을 5가지 쓰시오.

해답
① 연직(불가피한 경우는 연직에서 20도 이내)으로 설치할 것
② 용접기의 이동, 전자접촉기의 작동 등으로 인한 진동, 충격에 견딜 수 있도록 할 것
③ 표시등(외부에서 전격방지기의 작동상태를 판별할 수 있는 램프)이 보기 쉽고, 점검용 스위치(전격방지기의 작동상태를 점검하기위한 스위치)의 조작이 용이하도록 설치할 것
④ 용접기의 전원측에 접속하는 선과 출력측에 접속하는 선을 혼동하지 않도록 할 것
⑤ 접속부분은 확실하게 접속하여 이완되지 않도록 할 것
⑥ 접속부분을 절연테이프, 절연카바 등으로 절연시킬 것
⑦ 전격방지기의 외함은 접시시킬 것
⑧ 용접기 단자의 극성이 정해져 있는 경우에는 접속시 극성이 맞도록 할 것
⑨ 전격방지기와 용접기 사이의 배선 및 접속부분에 외부의 힘이 가해지지 않도록 할 것

47. 전기화재의 원인에 해당하는 단락의 원인을 3가지 쓰시오.

해답
① 전기 기기 내부나 배선 회로상에서 절연체가 전기 또는 기계적 원인으로 노화 또는 파괴되어 합선에 의해 발화
② 충전부 회로가 금속체 등에 의해 합선되면 단락전류가 순간적으로 흘러 매우 많은 열이 발생되어 화재로 이어짐
③ 과전류에 의해 단락점이 용융되어 단선 되었을 경우 발생하는 불꽃으로 절연피복 또는 주위의 가연물에 착화의 가능성

48. 전기누전으로 인한 화재의 조사사항을 3가지 쓰고, 발화단계에 이르는 누전전류의 최소한계를 쓰시오.

해답
(1) 조사사항 : ① 누전점 ② 발화점 ③ 접지점
(2) 발화단계에 이르는 누전전류의 최소한계 : 300~500mA

49. 과전류에 의한 전선의 발화단계(연소 과정)를 쓰시오.

해답
① 제1단계 : 인화단계   ② 제2단계 : 착화단계
③ 제3단계 : 발화단계   ④ 제4단계 : 순시용단단계

50. 전격방지기를 설치한 용접기의 사용상 주의사항을 5가지 쓰시오.

해답
① 주위 온도가 -20℃ 이상 40℃ 이하의 범위에 있을 것
② 습기, 분진, 유증, 부식성가스, 다량의 염분이 포함된 공기 등을 피할수 있도록 할 것
③ 비바람이 노출되지 않을 것
④ 전격방지기의 설치면이 연직에 대하여 20도를 넘는 경사가 되지 않도록 할 것
⑤ 폭발성 가스가 존재하지 않는 장소일 것
⑥ 진동 또는 충격이 가해질 우려가 없을 것

51. 전기화재의 원인 중 스파크의 발생원인과 대책을 쓰시오.

해답		
	원인	① 스위치의 개폐시에 발생되는 스파크가 주위 가연성 물질에 인화 ② 콘센트에 플러그를 꽂거나 뽑을 경우 스파크로 인하여 주위 가연물에 착화될 가능성
	대책	① 개폐기, 차단기, 피뢰기등 아크를 발생하는 기구의 시설 　㉠ 고압용 : 목재의 벽 또는 천정 기타 가연성 물체로부터 1m 이상 격리 　㉡ 특별고압용 : 목재의 벽 또는 천정 기타 가연성 물체로부터 2m 이상 격리 ② 개폐기를 불연성의 외함내에 내장 하거나 통형퓨즈 사용 ③ 접촉부분의 산화, 변형, 퓨즈의 나사풀림으로 인한 접촉저항의 증가 방지 ④ 가연성, 증기, 분진 등 위험한 물질이 있는 곳은 방폭형 개폐기 사용 ⑤ 유입 개폐기는 절연유의 열화강도 유량에 주의하고 내화벽 설치

52. 지락에 의한 전기화재를 예방하기 위하여 지락차단장치를 설치해야하는 대상을 쓰시오.

해답 금속제 외함을 가지는 사용전압이 50 V를 초과하는 저압의 기계 기구로서 사람이 쉽게 접촉할 우려가 있는 곳에 시설하는 것에 전기를 공급하는 전로에는 지락이 생겼을 때에 자동적으로 전로를 차단하는 장치를 하여야 한다.

53. 고압 및 특별고압의 전로 등에 지락차단장치를 설치해야 하는 장소

해답 (1) 특별고압 전로 또는 고압 전로에 변압기에 의하여 결합되는 사용전압 400볼트 이상의 저압전로 또는 발전기에서 공급하는 사용전압 400볼트 이상의 저압전로
(2) 고압 및 특별고압 전로 중 다음의 장소
　① 발전소·변전소 또는 이에 준하는 곳의 인출구
　② 다른 전기사업자로부터 공급받는 수전점
　③ 배전용 변압기(단권변압기를 제외)의 시설장소

54. 낙뢰에 의한 전기화재를 예방하기 위한 대책을 3가지 쓰시오.

해답 ① 높이20m를 넘는 건축물등 낙뢰의 가능성이 있는 시설은 규정된 피뢰설비 설치
② 나무아래로 대피하는 것은 위험. 실내에서도 기둥근처는 피하는 것이 좋다(피뢰설비로 부터는 1.5m 떨어진 장소가 안전범위)
③ 몸에 있는 금속물을 제거하고 돌출된 곳에서 최소한 2m 이상 떨어진다.
④ 가급적 낮은곳으로 이동하여 자세를 낮춘다.

55. 정전기 발생현상(대전)의 종류를 5가지 쓰시오.

해답 ① 마찰대전　② 박리대전　③ 유동대전　④ 분출대전
⑤ 충돌대전　⑥ 유도대전　⑦ 비말대전

56. 전로의 사용전압에 따른 절연저항을 쓰시오.

해답

전로의 사용전압 (V)	DC 시험전압 (V)	절연저항 (MΩ 이상)
SELV 및 PELV	250	0.5
FELV, 500V 이하	500	1.0
500V 초과	1,000	1.0

[주] 특별저압(Extra Low Voltage : 2차 전압이 AC 500V, DC 120 V 이하)으로 SELV(비접지회로 구성) 및 PELV(접지회로 구서어)은 1차와 2차가 전기적으로 절연된 회로, FELV 1차와 2차가 전기적으로 절연되지 않은 회로

Tip 2021년 시행되는 개정된 법령을 적용하였습니다.

57. 분출대전이 발생하는 원인을 쓰시오.

해답 ① 분체류, 액체류, 기체류가 단면적이 작은 개구부를 통해 분출할 때 분출물질과 개구부의 마찰로 인하여 정전기가 발생.
② 분출물과 개구부의 마찰 이외에도 분출물의 입자 상호간의 충돌로 인한 미립자의 생성으로 정전기가 발생하기도 한다.

58. 정전기 발생의 영향 요인을 5가지 쓰시오.

해답 ① 물체의 특성 ② 물체의 표면상태 ③ 물체의 이력 ④ 접촉면적 및 압력
⑤ 분리속도 ⑥ 완화시간

59. 방전의 형태에 해당하는 종류를 5가지 쓰시오.

해답 ① 코로나(corona) 방전 ② 스트리머(streamer) 방전
③ 불꽃(spark) 방전 ④ 연면(surface) 방전 ⑤ 브러쉬(brush)방전

60. 대전 물체와 접지도체의 형태가 비교적 평활하고 간격이 좁은 경우 강한 발광과 파괴음을 동반하여 발생하는 방전현상은 무엇인가?

해답 불꽃(spark) 방전

61. 방전에너지(정전기 에너지)를 구하는 공식을 쓰시오.

해답 $W = \frac{1}{2}QV = \frac{1}{2}CV^2 = \frac{1}{2}\frac{Q^2}{C} (J)$
W : 정전기 에너지(J), C : 도체의 정전용량 (F), V : 대전 전위(V), Q : 대전전하량 (C)

62. 정전기 재해를 방지하기 위한 대책을 4가지 쓰시오.

해답 ① 접지 ② 초기 배관 내 유속 제한 ③ 보호구 착용 ④ 대전방지제 사용
⑤ 가습(60~70%) ⑥ 제전기 사용

63. 정전기재해를 방지하는 배관 내 유속 제한에서 다음물질에 해당하는 유속을 쓰시오.

해답 ① 도전성 위험물로써 저항률이 $10^{10}(\Omega cm)$ 미만의 배관유속 : 7(m/s) 이하
② 이황화탄소, 에테르등과 같이 폭발위험성이 높고 유동대전이 심한 액체 : 1(m/s) 이하
③ 비수용성이면서 물기가 기체를 혼합한 위험물 : 1(m/s) 이하

64. 제전기의 종류를 3가지 쓰시오.

해답 ① 전압 인가식 제전기 ② 자기 방전식 제전기 ③ 방사선식 제전기

65. 자기 방전식 제전기를 간단히 설명하시오.

해답 ① 제전 대상물체의 정전 에너지를 이용하여 제전에 필요한 이온을 발생시키는 장치로 50kV정도의 높은 대전을 제거할 수 있으나 2kV 정도의 대전이 남는 단점
② 전원이 필요하지 않아 구조와 취급이 간단
③ 점화원이 될 염려기 없이 안전성이 높은 장점

66. 가스폭발위험장소의 종류를 쓰고 정의 및 해당되는 장소의 예를 쓰시오.

해답

0종 장소	인화성 액체의 증기 또는 가연성 가스에 의한 폭발위험이 지속적으로 또는 장기간 존재하는 장소	용기·장치·배관 등의 내부 등 (Zone 0)
1종 장소	정상 작동상태에서 인화성 액체의 증기 또는 가연성 가스에 의한 폭발위험분위기가 존재하기 쉬운 장소	맨홀·벤트·피트 등의 주위 (Zone 1)
2종 장소	정상작동상태에서 인화성 액체의 증기 또는 가연성 가스에 의한 폭발위험분위기가 존재할 우려가 없으나, 존재할 경우 그 빈도가 아주 적고 단기간만 존재할 수 있는 장소	개스킷·패킹 등의 주위 (Zone 2)

67. 방폭구조의 종류별 기호를 쓰시오.

해답

내압 방폭구조	압력 방폭구조	유입 방폭구조	안전증 방폭구조	특수 방폭구조	본질안전 방폭구조	몰드 방폭구조	충전 방폭구조	비점화 방폭구조
d	p	o	e	s	i	m	q	n

68. 내압방폭구조(d)의 특징을 3가지 쓰시오.

> **해답** ① 용기내부에서 폭발성 가스 또는 증기가 폭발하였을 때 용기가 그 압력에 견디며 또한 접합면, 개구부 등을 통하여 외부의 폭발성 가스증기에 인화되지 않도록 한 구조
> ② 전폐형으로 내부에서의 가스등의 폭발압력에 견디고 그 주위의 폭발 분위기하의 가스등에 점화되지 않도록 하는 방폭구조
> ③ 폭발 후에는 크레아런스가 있어 고온의 가스를 서서히 방출시킴으로 냉각

69. 압력방폭구조(p)의 정의와 종류를 쓰시오.

> **해답** ① 용기내부에 보호가스(신선한 공기 또는 질소, 탄산가스등의 불연성 가스)를 압입하여 내부 압력을 외부 환경보다 높게 유지함으로서 폭발성 가스 또는 증기가 용기내부로 유입되지 않도록 한 구조(전폐형의 구조)
> ② 종류 : 봉입식, 통풍식, 연속 희석식

70. 폭발성 가스 또는 증기에 점화시킬 수 있는 전기불꽃이나 고온발생부분을 콤파운드로 밀폐시킨 방폭구조는 무엇인가?

> **해답** 몰드방폭구조(m)

71. 전기기기의 최고 표면온도의 분류에서 온도등급에 따른 최고표면온도의 범위를 쓰시오.

> **해답** 그룹 II 전기기기에 대한 최고표면온도의 분류
>
> | 온도등급 | T_1 | T_2 | T_3 | T_4 | T_5 | T_6 |
> |---|---|---|---|---|---|---|
> | 최고표면온도(℃) | 450 | 300 | 200 | 135 | 100 | 85 |

72. 분진폭발 위험장소의 종류를 쓰시오.

> **해답** ① 20종 장소 ② 21종 장소 ③ 22종 장소

73. 연소의 3요소에 해당하는 내용을 쓰시오.

> **해답** ① 가연물 ② 산소 공급원 ③ 점화원

74. 연소의 조건에서 가연물이 되기위한 조건을 4가지 쓰시오.

> **해답**
> ① 산소와 친화력이 좋고 표면적이 넓을 것
> ② 반응열(발열량)이 클 것
> ③ 열전도율이 작을 것
> ④ 활성화 에너지가 작을 것

75. 연소의 조건에서 가연물이 될 수 없는 조건을 3가지 쓰시오.

> **해답**
> ① 주기율표의 0족 원소
> ② 이미 산화반응이 완결된 산화물
> ③ 질소 또는 질소산화물(흡열반응)

76. 연소의 형태중에서 고체연소에 해당하는 종류를 4가지 쓰시오.

> **해답** ① 표면 연소 ② 분해 연소 ③ 증발 연소 ④ 자기 연소

77. 석유류, 에테르, 알콜류, 아세톤등의 연소형태는 어디에 해당되는가?

> **해답** 액체연소 중에서 증발연소에 해당된다.

78. 인화점과 발화점의 정의를 쓰시오.

> **해답**
> ① 인화점 : 점화원에 의하여 인화될 수 있는 최저온도 또는 연소가능한 가연성 증기를 발생시킬 수 있는 최저온도
> ② 발화점 : 외부에서의 직접적인 점화원 없이 열의 축적에 의하여 발화되는 최저의 온도

79. 발화점이 낮아지는 조건을 3가지 쓰시오.

> **해답**
> ① 분자의 구조가 복잡할수록   ② 발열량이 높을수록
> ③ 반응 활성도가 클수록   ④ 열전도율이 낮을수록
> ⑤ 산소와의 친화력이 좋을수록   ⑥ 압력이 클수록

80. 발화점에 영향을 주는 인자를 5가지 쓰시오.

> **해답** ① 가연성가스와 공기와의 혼합비 ② 용기의 크기와 형태 ③ 기벽의 재질
> ④ 가열속도와 지속시간 ⑤ 압력 ⑥ 산소농도 ⑦ 유속 등

81. 발화의 발생요인을 4가지 쓰시오.

해답 ① 온도 ② 조성 ③ 압력 ④ 용기의 모양과 크기

82. 자연발화의 형태에 해당하는 종류를 4가지 쓰시오.

해답 ① 산화열에 의한 발열(석탄, 건성유)
② 분해열에 의한 발열(셀룰로이드, 니트로셀룰로오스)
③ 흡착열에 의한 발열(활성탄, 목탄분말)
④ 미생물에 의한 발열(퇴비, 먼지)

83. 자연발화가 일어나기 위한 조건을 3가지 쓰시오.

해답 ① 표면적이 넓을 것 ② 열전도율이 작을 것
③ 발열량이 클 것 ④ 주위의 온도가 높을 것(분자운동 활발)

84. 자연발화의 인자를 5가지 쓰시오.

해답 ① 열의축적 ② 발열량 ③ 열전도율 ④ 수분 ⑤ 퇴적방법 ⑥ 공기의 유동

85. 자연발화를 방지하기 위한 방법을 4가지 쓰시오.

해답 ① 통풍이 잘되게 할 것 ② 저장실 온도를 낮출 것
③ 열이 축적되지 않는 퇴적방법을 선택할 것 ④ 습도가 높지 않도록 할 것

86. 폭발의 성립조건을 3가지 쓰시오.

해답 ① 가연성가스, 증기, 분진 등이 공기 또는 산소와 접촉 또는 혼합되어 있는 경우(폭발범위내 존재)
② 혼합되어 있는 가스 및 분진이 어떤 구획된 공간이나 용기 등의 공간에 존재하고 있는 경우(밀폐된 공간)
③ 혼합된 물질의 일부에 점화원이 존재하고 그것이 매개체가 되어 최소 착화 에너지 이상의 에너지를 줄 경우

87. 폭발에 영향을 주는 인자를 4가지 쓰시오.

해답 ① 온도 ② 초기압력
③ 용기의 모양과 크기 ④ 초기농도 및 조성(폭발범위%)

88. 안전간격의 정의를 쓰시오.

해답 화염이 틈새를 통하여 바깥쪽의 폭발성 가스에 전달되지 않는 한계의 틈새

89. 폭발의 종류를 4가지 쓰시오.

해답 ① 화학적 폭발 ② 압력 폭발 ③ 분해 폭발 ④ 중합 폭발 ⑤ 촉매 폭발

90. 아세틸렌 가스의 위험도를 계산식에 의해 구하시오.

해답 위험도$(H) = \dfrac{\text{폭발상한}(U) - \text{폭발하한}(L)}{\text{폭발하한}(L)} = \dfrac{81 - 2.5}{2.5} = 31.4$

91. LPG가스가 공기중에서 누출되어 공기와 혼합된 상태이다. 기체의 조성은 공기 55%, 프로판 40%, 부탄 5% 라면, 혼합기체의 폭발하한계를 계산하시오.(단, 프로판 및 부탄의 공기중 폭발하한계는 각각 2.1%, 1.8%이다.)

해답 르샤틀리에의 법칙(혼합가스의 폭발범위 계산)

$$\dfrac{100}{L} = \dfrac{V_1}{L_1} + \dfrac{V_2}{L_2} + \dfrac{V_3}{L_3} \cdots\cdots$$

여기서) L_1, L_2, L_3 : 각 성분 단일의 연소한계 (상한 또는 하한)
V_1, V_2, V_3 : 각 성분 기체의 체적%
L : 혼합 기체의 연소 범위(상한 또는 하한)

(1) 공기중 가스의 조성
① 프로판가스 : $\dfrac{40}{45} \times 100 ≒ 88.89$ ② 부탄가스 : $\dfrac{5}{45} \times 100 ≒ 11.11$

(2) 혼합가스의 폭발하한계 $\dfrac{100}{\dfrac{88.89}{2.1} + \dfrac{11.11}{1.8}} ≒ 2.06(\%)$

92. 화재의 종류를 4가지 쓰시오.

해답 ① A급 화재(일반화재) ② B급 화재(유류화재) ③ C급 화재(전기화재) ④ D급 화재(금속화재)

93. 폭발의 방지를 위한 퍼지의 종류를 3가지 쓰시오.

해답 ① 진공퍼지(Vacuum purging) ② 압력퍼지(Pressure purging)
③ 스위프 퍼지(Sweep-Through Purging) ④ 사이폰치환(Siphon purging)

94. 인화성물질의 증기, 가연성가스 또는 가연성분진이 존재하여 폭발 또는 화재가 발생할 우려가 있을 경우의 예방대책을 3가지 쓰시오.

> **해답** ① 통풍·환기 및 제진 등의 조치를 할 것
> ② 폭발 또는 화재를 미리 감지할 수 있는 가스검지 및 경보장치를 설치하고 그 성능이 발휘될 수 있도록 할 것
> ③ 불꽃 또는 아크를 발생하거나 고온으로 될 우려가 있는 화기 또는 기계·기구 및 공구 등을 사용하지 말 것

95. 다음에 해당하는 고압가스의 도색구분에 해당하는 색을 쓰시오.

가스의 종류	도색 구분	가스의 종류	도색 구분
액화 석유가스	회색	액화암모니아	(④)
수소	(①)	액화염소	갈색
아세틸렌	(②)	산소	(⑤)
액화탄산가스	(③)	질소	회색

> **해답** ① 주황색 ② 황색 ③ 청색 ④ 백색 ⑤ 녹색

96. 소화이론에 해당하는 소화의 종류를 쓰시오.

> **해답** ① 제거소화 ② 질식소화 ③ 냉각소화 ④ 억제소화

97. 질식소화의 정의와 해당하는 대상 소화기의 종류를 3가지 쓰시오.

> **해답** (1) 정의 : 공기중의 산소농도(21%)를 15%이하로 낮추어 연소를 중단시키는 방법(B급 화재인 4류 위험물의 소화에 가장 적당)
> (2) 대상 소화기 종류
> ① 포말소화기(A급, B급) ② 분말소화기(BC급, ABC급)
> ③ 탄산가스 소화기(B급, C급) ④ 간이 소화제

98. 촛불, 유전의 화재, 가스의 화재, 산불화재 등을 소화하는 가장 적당한 소화방법을 쓰시오.

> **해답** 제거소화

99. 소화기의 종류를 5가지 쓰시오.

> **해답** ① 포 소화기 ② 분말 소화기 ③ 탄산가스 소화기
> ④ 증발성 액체 소화기(할로겐 화합물 소화기) ⑤ 강화액 소화기

100. 분말소화기의 인산암모늄에 대하여 간단히 설명하시오.

> **해답** 인산 암모늄은 ABC소화제라 하며 부착성이 좋은 메타인산을 만들어 다른 소화 분말 보다 30% 이상 소화능력이 향상

101. 증발성 액체 소화기를 사용할 수 없는 장소를 쓰시오.

> **해답** ① 지하층　② 무창층　③ 거실 또는 사무실로서 바닥면적이 20m^2 미만

102. 탄산가스 소화기에 해당하는 적응화재와 소화효과를 쓰시오.

> **해답** ① 적응화재 : B, C급　② 소화효과 : 질식(냉각)

103. 화학설비의 안전장치에서 안전밸브의 정의 및 구분하는 방법과 각각의 특징을 쓰시오.

> **해답** ① 정의 : 화학변화에 의한 에너지 증가 및 물리적 상태 변화에 의한 압력증가를 제어하기 위해 사용하는 안전장치
> ② 구분
>
> | safety valve | 스팀, 공기 | 순간적으로 개방 |
> |---|---|---|
> | relief valve | 액체 | 압력증가에 의해 천천히 개방 |
> | safety-relief valve | 가스, 증기 및 액체 | 중간정도의 속도로 개방 |

104. 설치대상 설비 중 파열판을 설치해야 하는 경우를 3가지 쓰시오.

> **해답** ① 반응폭주등 급격한 압력상승의 우려가 있는 경우
> ② 독성물질의 누출로 인하여 주위의 작업환경을 오염시킬 우려가 있는 경우
> ③ 운전중 안전밸브에 이상물질이 누적되어 안전밸브가 작동되지 아니할 우려가 있는 경우

105. 안전밸브 및 파열판 설치 대상 설비를 4가지 쓰시오.

> **해답** ① 압력용기(안지름이 150밀리미터 이하인 압력용기는 제외, 관형 열교환기는 관의 파열로 인하여 상승한 압력이 압력용기의 최고사용압력을 초과할 우려가 있는 경우)
> ② 정변위 압축기
> ③ 정변위 펌프(토출축에 차단밸브가 설치된 것)
> ④ 배관(2개 이상의 밸브에 의하여 차단되어 대기온도에서 액체의 열팽창에 의하여 파열될것이 우려되는 것)
> ⑤ 그밖의 화학설비 및 그 부속설비로서 해당 설비의 최고사용압력을 초과할 우려가 있는것

106. Ventstack의 역할과 설치방법을 쓰시오.

> **해답**
> ① 탱크내의 압력을 정상적인 상태로 유지하기 위한 안전장치
> ② 상압탱크에서 직사광선으로 온도 상승시 탱크 내 공기를 대기로 방출하여 내압상승 방지
> ③ 가연성가스나 증기 등을 직접방출 할 경우 그 선단은 지상보다 높고 안전한 장소에 설치

107. 화학설비에 설치하는 안전밸브의 작동요건을 쓰시오.

> **해답**
> ① 화학설비 등의 최고사용압력 이하에서 작동 되도록 설치
> ② 안전밸브가 2개 이상 설치된 경우 1개는 최고사용압력의 1.05배 (외부 화재를 대비한 경우 1.1배) 이하에서 작동 되도록 설치

108. 특수화학설비의 안전조치 사항을 쓰시오.

> **해답**
> (1) 계측장치의 설치(내부이상상태의 조기파악)
>   ① 온도계 ② 유량계 ③ 압력계 등
> (2) 자동경보장치의 설치 : 내부이상상태의 조기파악
> (3) 긴급차단장치의 설치 : 폭발, 화재 또는 위험물 누출 방지
> (4) 예비동력원의 준수사항 :
>   ① 동력원의 이상에 의한 폭발 또는 화재를 방지하기 위하여 즉시 사용할 수 있는 예비동력원을 비치할 것
>   ② 밸브·콕·스위치등에 대하여는 오조작을 방지하기 위하여 잠금장치를 하고 색체표시 등으로 구분할 것

109. 작업환경 개선의 기본원칙을 4가지 쓰시오.

> **해답** ① 대치 ② 격리 ③ 환기 ④ 교육

110. 후드 및 닥트의 설치기준을 4가지씩 쓰시오.

> **해답**
>
> | | |
> |---|---|
> | 후드 | ① 유해물질이 발생하는 곳마다 설치할 것
② 유해인자의 발생형태 및 비중, 작업방법등을 고려하여 당해 분진등의 발산원을 제어할 수 있는 구조로 설치할 것
③ 후드형식은 가능한 포위식 또는 부스식 후드를 설치할 것
④ 외부식 또는 레시버식 후드를 설치하는 때에는 당해 분진등의 발산원에 가장 가까운 위치에 설치할 것 |
> | 닥트 | ① 가능한 한 길이는 짧게하고 굴곡부의 수는 적게 할 것
② 접속부의 내면은 돌출된 부분이 없도록 할 것
③ 청소구를 설치하는 등 청소하기 쉬운 구조로 할 것
④ 닥트내 오염물질이 쌓이지 아니하도록 이송속도를 유지할 것
⑤ 연결부위 등은 외부공기가 들어오지 아니하도록 할 것 |

111. 광원으로부터의 직사휘광 처리방법을 4가지 쓰시오.

해답 ① 광원의 휘도를 줄이고 수를 늘린다.
② 광원을 시선에서 멀리위치 시킨다.
③ 휘광원 주위를 밝게하여 광도비를 줄인다.
④ 가리개(shield), 갓(hood), 혹은 차양(visor)을 사용한다.

112. 소음작업의 기준을 쓰시오.

해답 1일 8시간 작업을 기준으로 85데시벨 이상의 소음이 발생하는 작업

113. 국소진동을 방지하기 위한 대책을 3가지 쓰시오.

해답 ① 진동공구에서의 진동 발생을 감소
② 적절한 휴식
③ 진동공구의 무게를 10kg 이상 초과하지 않게 할 것
④ 손에 진동이 도달하는 것을 감소시키며, 진동의 감폭을 위하여 장갑(glove) 사용

114. 소음을 방지하기 위한 소음관리(소음통제)방법을 4가지 쓰시오.

해답 ① 소음원의 제거
② 소음원의 통제 (안전설계, 정비 및 주유, 고무 받침대 부착, 소음기 사용 등)
③ 소음의 격리 (씌우개(enclosure), 방이나 장벽을 이용)
④ 차음 장치 및 흡음재 사용
⑤ 음향 처리제 사용
⑥ 적절한 배치(lay out)

115. TLV-TWA에 관하여 간략히 설명하시오.

해답 TLV-TWA(시간가중 평균 노출기준)
① 1일 8시간 작업기준으로 유해 요인의 측정치에 발생시간을 곱하여 8시간으로 나눈 값으로 1일 8시간, 주 40시간을 기준으로 유해물질에 매일 노출되어도 거의 모든 근로자에게 건강상의 장해가 없을 것으로 생각되는 농도
② 산출공식

$$TWA \text{ 환산값} = \frac{C_1 \cdot T_1 + C_2 \cdot T_2 + \cdots\cdots + C_n \cdot T_n}{8}$$

주) C : 유해요인의 측정치 (단위 : ppm 또는 mg/㎥)
   T : 유해요인의 발생시간 (단위 : 시간)

Memo

6과목

건설현장 안전시설관리

6과목 건설현장 안전시설관리

I. 건설안전일반

1. 토질시험 방법

1) 지하 탐사법

(1) 짚어 보기 : 직경 9mm 철봉 이용 인력으로 삽입, 저항정도로 분석
(2) 터 파보기 : 소규모공사, 삽으로 파기, 간격 5~10m, 깊이 1.5~3m
(3) 물리적 탐사 : 전기 저항식, 강제 진동식, 탄성파식

2) 보링 (Boring)

종류	특징	적용토질
오거(Auger)보링	연약점성토 및 중간정도의 점성토, 깊이 10m 이내	공벽 붕괴 없는 지반
수세식 보링	충격을 가하며, 펌프로 압송한 물의 수압에 의해 물과 함께 배출. 깊이 30m 내외	매우 연약한 점토
충격식 보링	Bit 끝에 천공구를 부착하여 상하 충격에 의해 천공, 토사암반에도 가능	거의 모든 지층
회전식 보링	Bit를 회전시켜 천공하며, 비교적 자연상태 그대로 채취가능	토사 및 암반

3) Sounding

(1) 표준 관입 시험(S. P. T)
  ① 질량 63.5±0.5kg의 드라이브 해머를 760±10mm 높이에서 자유낙하 시키고 보링로드 머리부에 부착한 노킹블록을 타격하여 보링로드 앞 끝에 부착한 표준관입 시험용 샘플러를 지반에 300mm 박아 넣는데 필요한 타격횟수 N값을 측정
  ② 흙의 지내력 판단, 사질토 적용

(2) Vane test
　① 연약점토 지반에 십자형날개 달린 rod를 흙속에 관입
　② rod에 회전 Moment측정

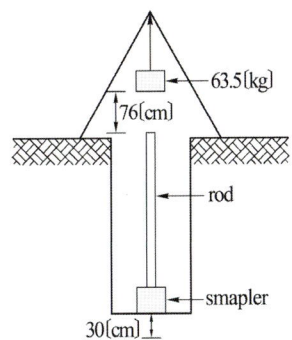 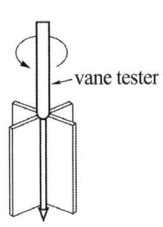

4) Sampling(시료 채취)

구 분	Sampler	시 험	특 징	비 고
교 란 시 료	Split spon sampler	토성시험	Auger에 의한 연속적 샘플 채취	SPT
불교란시료	Thin wall Samplor Tube	역학적특성	자연상태로 채취	주로 점성토

5) 지내력 시험

(1) 평판 재하 시험(P.B.T)
　① 하중을 평판에 가하여 하중과 변위량의 관계에서 지반강도 특성을 파악
　② 단기하중은 장기하중의 2배

(2) 말뚝 박기 시험
　말뚝 박기 장비를 이용하여 직접 관입

(3) 말뚝 재하 시험
　평판재하 시험과 같은 원리, 말뚝의 지지력을 실물재하에 의해 판단

2. 지반의 이상현상

사질토 연약지반 개량공법		진동 다짐 공법 (vibro floatation)	수평방향으로 진동하는 vibro float를 이용 사수와 진동을 동시에 일으켜 느슨한 모래지반 개량
		다짐 모래 말뚝 공법 (vibro composer, sand compaction pile)	충격, 진동, 타입에 의해서 지반에 모래를 삽입하여 모래 말뚝을 만드는 방법
		폭파 다짐 공법	다이너마이트를 이용, 인공지진을 일으켜 느슨한 사질지반을 다지는 공법
		전기 충격 공법	지반 속에 방전 전극을 삽입한 후 대전류를 흘려 지반속에서 고압방전을 일으켜 발생하는 충격력으로 다지는 공법
		약액 주입 공법	지반내에 주입관을 삽입, 화학약액을 지중에 충진하여 gel time이 경과한 후 지반을 고결하는 공법
		동다짐 공법	무거운 추를 자유낙하 시켜 연약 지반을 다지는 공법
점성토 연약지반 개량공법	치환 공법	굴착 치환	굴착기계로 연약층 제거후 양질의 흙으로 치환
		미끄럼 치환	양질토를 연약지반에 재하하여 미끄럼 활동으로 치환
		폭파 치환	연약지반이 넓게 분포할 경우 폭파에너지 이용, 치환
	압밀 (재하) 공법	Preloading 공법	연약지반에 하중을 가하여 압밀시키는 공법(샌드드레인공법 병용)
		사면선단 재하공법	성토한 비탈면 옆 부분을 더돋움하여 전단강도 증가후 제거하는 공법
		압성토 공법 (sur charge)	토사의 측방에 압성토 하거나 법면 구배를 작게 하여 활동에 저항하는 모멘트 증가
	탈수 공법	sand drain 공법	지반에 sand pile을 형성한 후 성토하중을 가하여 간극수를 단시간내 탈수하는 공법
		paper drain공법	드레인 paper를 특수기계로 타입하여 설치하는 공법
		pack drain 공법	sand drain의 결점인 절단, 잘록함을 보완. 개량형인 포대에 모래를 채워 말뚝을 만드는 공법
	배수 공법	Deep well 공법	우물관을 설치하여 수중 펌프로 배수하는 공법
		Well point 공법	투수성이 좋은 사질지반에 well point를 설치하여 배수하는 공법
	기타공법		고결공법(생석회말뚝, 동결, 소결), 동치환공법, 전기침투 공법 등

3. 유해위험방지 계획서

1) 대상사업장 (건설업)

① 다음 각목의 어느 하나에 해당하는 건축물 또는 시설 등의 건설, 개조 또는 해체공사
  ㉠ 지상 높이가 31미터 이상인 건축물 또는 인공구조물

　　ⓒ 연면적 3만제곱미터 이상인 건축물
　　ⓒ 연면적 5천제곱미터 이상인 시설로서 다음의 어느 하나에 해당하는 시설
　　　㉮ 문화 및 집회시설　　㉯ 판매시설, 운수시설　　㉰ 종교시설
　　　㉱ 의료시설 중 종합병원　㉲ 숙박시설 중 관광숙박시설
　　　㉳ 지하도 상가　　　　　㉴ 냉동, 냉장 창고시설
② 최대 지간 길이가 50미터 이상인 다리의 건설 등 공사
③ 연면적 5천 제곱 미터 이상인 냉동, 냉장창고 시설의 설비공사 및 단열공사
④ 다목적댐, 발전용댐, 저수용량 2천만톤 이상의 용수전용댐 및 지방 상수도 전용댐의 건설 등 공사
⑤ 터널의 건설등 공사
⑥ 깊이 10미터 이상인 굴착 공사

2) 제출시 첨부서류

(1) 공사개요 및 안전보건관리계획
　　① 공사개요서
　　② 공사현장의 주변현황 및 주변과의 관계를 나타내는 도면(매설물 현황 포함)
　　③ 전체공정표　　　　④ 산업안전보건관리비 사용계획서
　　⑤ 안전관리 조직표　　⑥ 재해발생 위험 시 연락 및 대피방법

(2) 작업공사 종류별 유해·위험방지계획

대상 공사	작업 공사 종류	첨부 서류
건축물 또는 시설 등의 건설·개조 또는 해체 (건설등) 공사	1. 가설공사 2. 구조물공사 3. 마감공사 4. 기계 설비공사 5. 해체공사	1. 해당 작업공사 종류별 작업개요 및 재해예방 계획 2. 위험물질의 종류별 사용량과 저장·보관 및 사용 시의 안전작업 계획 [비고] 1. 밀폐공간내 작업에 대한 유해위험방지계획에는 질식·화재 및 폭발 예방 계획이 포함되어야 한다. 2. 각 목의 작업과정에서 통풍이나 환기가 충분하지 않거나 가연성 물질이 있는 건축물 내부나 설비 내부에서 단열재 취급·용접·용단 등과 같은 화기작업이 포함되어 있는 경우에는 세부계획이 포함되어야 한다.
냉동·냉장창고시설의 설비공사 및 단열공사	1. 가설공사 2. 단열공사 3. 기계 설비공사	
다리 건설 등의 공사	1. 가설공사 2. 다리 하부(하부공) 공사 3. 다리 상부(상부공) 공사	1. 해당 작업공사 종류별 작업개요 및 재해예방 계획 2. 위험물질의 종류별 사용량과 저장·보관 및 사용 시의 안전작업 계획
터널 건설등의 공사	1. 가설공사 2. 굴착 및 발파 공사 3. 구조물공사	1. 해당 작업공사 종류별 작업개요 및 재해예방 계획 2. 위험물질의 종류별 사용량과 저장·보관 및 사용 시의 안전작업 계획 [비고] 1. 기타 터널공법의 작업에 대한 유해위험방지계획에는 굴진(갱구부, 본선, 수직갱, 수직구 등을 말한다) 및 막장 내 붕괴·낙석 방지 계획이 포함되어야 한다.

대상 공사	작업 공사 종류	첨부 서류
댐 건설 등의 공사	1. 가설공사 2. 굴착 및 발파 공사 3. 댐 축조공사	1. 해당 작업공사 종류별 작업개요 및 재해예방 계획 2. 위험물질의 종류별 사용량과 저장·보관 및 사용 시의 안전작업 계획
굴착공사	1. 가설공사 2. 굴착 및 발파 공사 3. 흙막이 지보공공사	

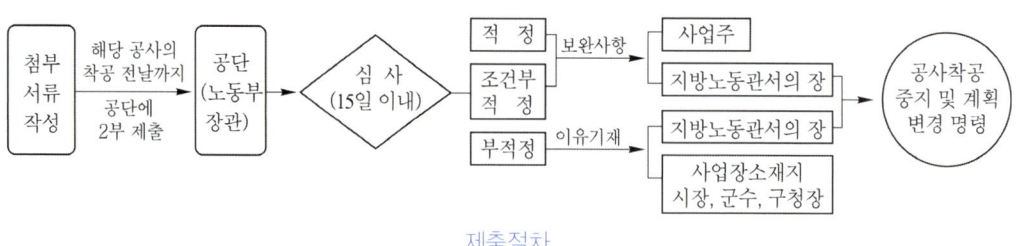

제출절차

4. 산업안전보건관리비

1) 공사 종류 및 규모별 안전보건관리비 계상기준표(단위: 원)

공사종류 \ 대상액	5억원 미만	5억원 이상 50억원 미만		50억원 이상	보건관리자선임 대상 건설공사
		비율(X)	기초액(C)		
건 축 공 사	2.93%	1.86%	5,349,000원	1.97%	2.15%
토 목 공 사	3.09%	1.99%	5,499,000원	2.10%	2.29%
중 건 설 공 사	3.43%	2.35%	5,400,000원	2.44%	2.66%
특 수 건 설 공 사	1.85%	1.20%	3,250,000원	1.27%	1.38%

안전관리비 대상액 = (공사원가계산서 구성항목 중) 직접재료비, 간접재료비와 직접노무비를 합한 금액

2) 안전관리비의 계상 및 사용

(1) 계상기준

① 대상액이 5억원 미만 또는 50억원 이상인 경우

대상액 × 계상기준표의 비율

② 대상액이 5억원 이상 50억원 미만인 경우

대상액 × 계상기준표의 비율 + 기초액

③ 대상액이 명확하지 않은 경우: 도급계약 또는 자체사업계획상 책정된 총공사금액의 10분의 7에 해당하는 금액을 대상액으로 하고 제①호 및 제②호에서 정한 기준에 따라 계상

④ 발주자가 재료를 제공하거나 일부 물품이 완제품의 형태로 제작·납품되는 경우 해당 재료비 또는 완제품 가액을 대상액에 포함하여 산출한 안전보건관리비와 해당 재료비 또는 완제품 가액을 대상액에서 제외하고 산출한 안전보건관리비의 1.2배에 해당하는 값을 비교하여 그 중 작은 값 이상의 금액으로 계상한다.

(2) 계상의무 및 사용내역 확인
① 건설공사발주자가 도급계약 체결을 위한 원가계산에 의한 예정가격을 작성하거나, 자기공사자가 건설공사 사업 계획을 수립할 때에는 안전보건관리비를 계상하여야 한다
② 도급인은 안전보건관리비 사용내역에 대하여 공사 시작 후 6개월마다 1회 이상 발주자 또는 감리자의 확인을 받아야 한다. 다만, 6개월 이내에 공사가 종료되는 경우에는 종료 시 확인을 받아야 한다.

(3) 사용명세서 작성 및 보존
건설공사도급인은 산업안전보건관리비를 사용하는 해당 건설공사의 금액이 4천만원 이상인 때에는 매월(건설공사가 1개월 이내에 종료되는 사업의 경우에는 해당 건설공사가 끝나는 날이 속하는 달)사용명세서를 작성하고, 건설공사 종료 후 1년 동안 보존해야 한다.

(4) 공사진처에 따른 안전보건관리비 사용기준

공정율	50% 이상 70% 미만	70%이상 90% 미만	90% 이상
사용기준	50% 이상	70% 이상	90% 이상

※ 공정율은 기성공정율을 기준으로 한다.

(5) 건설재해예방전문지도기관과 지도계약을 체결해야하는 공사
공사금액 1억원 이상 120억원(토목공사업에 속하는 공사는 150억원) 미만인 공사와 「건축법」에 따른 건축허가의 대상이 되는 공사

3) 산업안전보건관리비의 사용기준

① 안전관리자·보건관리자의 임금 등   ② 안전시설비 등
③ 보호구 등   ④ 안전보건진단비 등
⑤ 안전보건교육비 등   ⑥ 근로자 건강장해예방비 등
⑦ 건설재해예방전문지도기관의 지도에 대한 대가로 지급하는 비용
⑧ 「중대재해 처벌 등에 관한 법률」에 해당하는 건설사업자가 아닌 자가 운영하는 사업에서 안전보건 업무를 총괄·관리하는 3명 이상으로 구성된 본사 전담조직에 소속된 근로자의 임금 및 업무수행 출장비 전액. 다만, 계상된 안전보건관리비 총액의 20분

의 1을 초과할 수 없다.
⑨ 위험성평가 또는 「중대재해 처벌 등에 관한 법률 시행령」에 따라 유해·위험요인 개선을 위해 필요하다고 판단하여 산업안전보건위원회 또는 노사협의체에서 사용하기로 결정한 사항을 이행하기 위한 비용. 다만, 계상된 안전보건관리비 총액의 10분의 1을 초과할 수 없다.

5. 셔블계 굴착기계

파워 셔블 (Power shovel)	① 굴착공사와 싣기에 많이 사용 ② 기계가 위치한 지반보다 높은 굴착에 유리 ③ 작업대가 견고하여 굳은 토질의 굴착에도 용이
드래그 셔블 (Back Hoe)	① 기계가 위치한 지반보다 낮은 굴착에 사용 ② power shovel 의 몸체에 앞을 긁어낼 수 있는 arm과 bucket을 달고 굴착 ③ 기초 굴착, 수중굴착, 좁은 도랑 및 비탈면 절취 등의 작업
드래그 라인 (Drag Line)	① 연한토질을 광범위하게 굴착 할 때 사용되며 굳은 지반의 굴착에는 부적합 ② 골재 채취 등에 사용되며 기계의 위치보다 낮은 곳 또는 높은 곳 작업도 가능
크렘 쉘 (Clam Shell)	① 지반아래 협소하고 깊은 수직굴착에 주로 사용 (수중굴착 및 구조물기초바닥, 우물통 기초의 내부굴착 등) ② Bucket 이 양쪽으로 개폐되며 Bucket을 열어서 굴삭 ③ 모래, 자갈 등을 채취하여 트럭에 적재

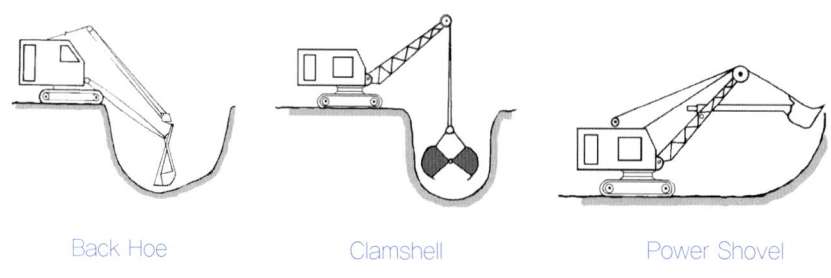

Back Hoe　　　　Clamshell　　　　Power Shovel

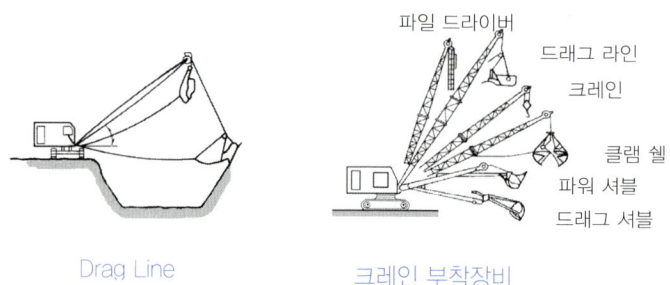

Drag Line　　　　크레인 부착장비

6. 토공기계

1) Bull Dozer (불도저)

(1) 특징
① 굴착, 절토, 운반 정지작업 등을 할 수 있는 만능토공기계
② 크기는 전 장비의 중량으로 표시
③ 작업량 산정

$$Q = \frac{60 \cdot q \cdot f \cdot E}{C_m}$$

여기서, Q : 1시간당 작업량(m³/hr)
q : 1회 토압량(m³)
f : 토량 환산계수
E : 도저의 작업 효율
C_m : 1회 cycle Time(min)

(2) Blade(배토판)의 형태 및 작동방법에 의한 분류

Straight Dozer	트랙터의 종방향 중심축에 배토판을 직각으로 설치하여 직선적인 굴착 및 압토작업에 효율적
Angle Dozer	배토판을 20°~30°의 수평방향으로 돌릴 수 있도록 만든 장치, 측면굴착에 유리
Tilt Dozer	배토판 좌우를 상하 25~30° 까지 기울일 수 있어 도랑파기, 경사면 굴착에 유리
Hinge dozer	배토판 중앙에 힌지를 붙여 안팎으로 V자형으로 꺾을 수 있으며, 삽을 밖으로 꺾으면 흙을 옆으로 밀어내면서 전진하므로 제토·제설작업 및 다량의 흙을 앞으로 밀고 가는데 적합

(3) 사용목적에 따른 분류
① rake dozer(blade 대신 rake 부착)
② 습지 dozer (낮은 접지압으로 습지작업용이)
③ U-dozer(배토판U형, 제설작업)
④ bucket dozer(흙을 긁어모으고 퍼올리는 작업)
⑤ ripper dozer (후미에 ripper 장착, 연암, 풍화암, 포장도로의 노반 파쇄, 제거 및 압토작업)

(4) 주행 방법에 의한 분류
① 무한궤도식 : 경사지 또는 연약 지반에 유리
② 차륜식 : 속도개선 효과가 증대

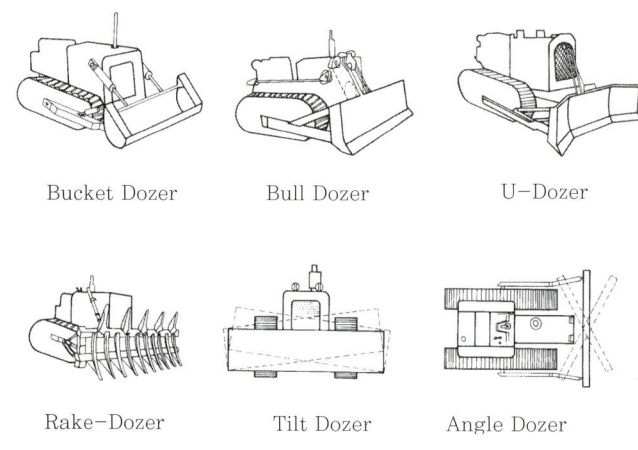

도저의 종류

2) Scraper (스크레이퍼)

(1) 특징
① 굴착, 운반, 하역, 적재, 사토, 흙깔기 작업을 연속적으로 할 수 있는 중거리 토공기계
② 불도저보다 중량이 크고 고속운전이 가능

(2) 종류
① 피견인식 : 100~500m 정도의 중거리에 적합
② Motor Scraper(자주식) : 500~2000m 정도의 중장거리에 적합

모터 스크레이퍼

3) Motor Grader (자주식 그레이더)

(1) 끝마무리 작업, 정지작업에 유효 : 전륜을 기울게 할 수 있어 비탈면 고르기 작업도 가능
(2) 상하작동, 좌우회전 및 경사, 수평선회가 가능

4) 다짐기계의 특성

(1) 전압식

머캐덤 롤러(Macadam Roller)	3륜으로 구성, 쇄석기층 및 자갈층 다짐에 효과적
탠덤 롤러(Tandem Roller)	도로용 롤러이며, 2륜으로 구성되어 있고, 아스팔트 포장의 끝손질, 점성토 다짐에 사용
타이어 롤러(Tire Roller)	① Ballast 아래에 다수의 고무타이어를 달아서 다짐 ② 사질토, 소성이 낮은 흙에 적합하며 주행속도 개선
탬핑 롤러(Tamping Roller)	① 롤러 표면에 돌기를 만들어 부착, 땅 깊숙이 다짐 가능 ② 토립자를 이동 혼합하여 함수비 조절 용이(간극수압제거) ③ 고함수비의 점성토 지반에 효과적, 유효다짐 깊이가 깊다. ④ 흙덩어리(풍화암 등)의 파쇄 효과 및 맞물림 효과가 크다.

머캐덤 롤러   탠덤 롤러   타이어 롤러

(2) 충격식 다짐기계

사질토의 다짐에 효과적인 기계

(3) 진동식 Compactor

점토질이 함유되지 않은 사질토의 다짐에 적합하며 도로, 제방, 활주로 등의 보수공사

5) 준설기계

종 류	특 징
그래브 준설선 (Grab Dredger)	소규모 협소한 곳에 적합하여 단단한 땅에는 부적당하다
딥퍼 준설선 (Dipper Dredger)	굴착량이 그래브 준설선보다 크며 굳은 토질에 적합하다
버킷 준설선 (Bucket Dredger)	준설 능력이 크고 풍랑이 강한 곳에서 작업이 용이하다
펌프 준설선 (Pump Dredger)	준설 매립을 동시에 할 수 있으며 파도의 영향을 받기 쉽다

7. 운반기계

1) 차량계하역 운반기계의 안전기준

종 류	지게차·구내운반차·화물자동차 및 고소작업대
작업계획서 내용	① 해당 작업에 따른 추락, 낙하, 전도, 협착 및 붕괴 등의 위험 예방대책 ② 차량계 하역운반기계 등의 운행경로 및 작업방법
작업지휘자 지정	화물자동차를 사용하는 도로상의 주행작업은 제외한다.
제한속도의 지정	최대제한속도가 시속 10킬로미터 이하인 것을 제외한다
전도 등의 방지	① 유도자 배치 ② 부동침하 방지조치 ③ 갓길의 붕괴방지조치
화물적재시의 조치	① 하중이 한쪽으로 치우치지 않도록 적재할 것 ② 구내운반차 또는 화물자동차의 경우 화물의 붕괴 또는 낙하에 의한 위험을 방지하기 위하여 화물에 로프를 거는 등 필요한 조치를 할 것 ③ 운전자의 시야를 가리지 않도록 화물을 적재할 것
탑승 제한	승차석 외의 위치에 근로자 탑승금지(화물자동차 제외)
운전위치 이탈시의 조치	① 포크, 버킷, 디퍼 등의 장치를 가장 낮은 위치 또는 지면에 내려 둘 것 ② 원동기를 정지시키고 브레이크를 확실히 거는 등 갑작스러운 주행이나 이탈을 방지하기 위한 조치를 할 것 ③ 운전석을 이탈하는 경우에는 시동키를 운전대에서 분리시킬 것. 다만, 운전석에 잠금장치를 하는 등 운전자가 아닌 사람이 운전하지 못하도록 조치한 경우는 그렇지 않다.
차량계 하역운반기계의 이송	① 싣거나 내리는 작업은 평탄하고 견고한 장소에서 할 것 ② 발판을 사용하는 경우에는 충분한 길이·폭 및 강도를 가진 것을 사용하고 적당한 경사를 유지하기 위하여 견고하게 설치할 것 ③ 가설대 등을 사용하는 경우에는 충분한 폭 및 강도와 적당한 경사를 확보할 것 ④ 지정운전자의 성명·연락처 등을 보기 쉬운 곳에 표시하고 지정운전자 외에는 운전하지 않도록 할 것
수리 등의 작업시 작업지휘자 준수사항	① 작업순서를 결정하고 작업을 지휘할 것 ② 안전지지대 또는 안전블록 등의 사용상황 등을 점검할 것
단위화물의 무게 100kg 이상 화물취급시 작업지휘자 준수사항	① 작업순서 및 그 순서마다의 작업방법을 정하고 작업을 지휘할 것 ② 기구와 공구를 점검하고 불량품을 제거할 것 ③ 해당 작업을 하는 장소에 관계근로자가 아닌 사람이 출입하는 것을 금지할 것 ④ 로프 풀기 작업 또는 덮개 벗기기 작업은 적재함의 화물이 떨어질 위험이 없음을 확인한 후에 하도록 할 것

2) 구내운반차 및 화물자동차의 안전기준

구내 운반차	제동장치 등의 준수사항	① 주행을 제동하거나 정지상태를 유지하기 위하여 유효한 제동장치를 갖출 것 ② 경음기를 갖출 것 ③ 운전자석이 차실내에 있는 것은 좌우에 한개씩 방향지시기를 갖출 것 ④ 전조등과 후미등을 갖출 것(작업을 안전하게 하기 위하여 필요한 조명이 있는 장소에서 사용하는 구내운반차는 제외)

화물 자동차	승강설비 설치	바닥으로부터 짐 윗면까지의 높이가 2미터 이상인 화물자동차에 짐을 싣는 작업 또는 내리는 작업을 하는 경우 근로자의 추가위험을 방지하기 위해 근로자가 바닥과 적재함의 짐 윗면 간을 오르내리기 위한 설비 설치
	섬유로프 등의 사용금지	① 꼬임이 끊어진 것 ② 심하게 손상 또는 부식된 것
	섬유로프 등의 작업시작전 조치사항(사업주)	① 작업순서와 순서별 작업방법을 결정하고 작업을 직접 지휘하는 일 ② 기구와 공구를 점검하고 불량품을 제거하는 일 ③ 해당 작업을 하는 장소에 관계근로자가 아닌 사람의 출입을 금지하는 일 ④ 로프 풀기 작업 및 덮개 벗기기 작업을 하는 경우에는 적재함의 화물에 낙하위험이 없음을 확인한 후에 해당 작업의 착수를 지시하는 일
	화물 빼내기 금지	화물을 내리는 작업을 하는 경우 쌓여 있는 화물의 중간에서 화물 빼내기 금지

3) 고소 작업대 설치 및 사용시 준수사항

설치 기준	① 작업대를 와이어로프 또는 체인으로 올리거나 내릴 경우에는 와이어로프 또는 체인이 끊어져 작업대가 떨어지지 아니하는 구조여야 하며, 와이어로프 또는 체인의 안전율은 5 이상일 것 ② 작업대를 유압에 의해 올리거나 내릴 경우는 작업대를 일정한 위치에 유지할 수 있는 장치를 갖추고 압력의 이상저하를 방지할 수 있는 구조일 것 ③ 권과방지장치를 갖추거나 압력의 이상상승을 방지할 수 있는 구조일 것 ④ 붐의 최대 지면 경사각을 초과 운전하여 전도되지 않도록 할 것 ⑤ 작업대에 정격하중(안전율 5 이상)을 표시할 것 ⑥ 작업대에 끼임·충돌 등 재해를 예방하기 위한 가드 또는 과상승방지장치를 설치할 것 ⑦ 조작반의 스위치는 눈으로 확인할 수 있도록 명칭 및 방향표시를 유지할 것
설치시 준수 사항	① 바닥과 고소작업대는 가능하면 **수평**을 유지하도록 할 것 ② 갑작스러운 이동을 방지하기 위하여 **아웃트리거(outrigger)** 또는 **브레이크** 등을 확실히 사용할 것
이동시 준수 사항	① 작업대를 가장 낮게 내릴 것 ② 작업자를 태우고 이동하지 말 것(다만, 이동중 전도 등의 위험 예방을 위하여 유도하는 사람을 배치하고 짧은 구간을 이동하는 경우에는 작업대를 가장 낮게 내린 상태에서 작업자를 태우고 이동할 수 있다.) ③ 이동통로의 요철상태 또는 장애물의 유무 등을 확인할 것
사용시 준수 사항	① 작업자가 안전모·안전대 등의 보호구를 착용하도록 할 것 ② 관계자가 아닌 사람이 작업구역에 들어오는 것을 방지하기 위하여 필요한 조치를 할 것 ③ 안전한 작업을 위하여 적정수준의 조도를 유지할 것 ④ 전로(電路)에 근접하여 작업을 하는 경우에는 작업감시자를 배치하는 등 감전사고를 방지하기 위하여 필요한 조치를 할 것 ⑤ 작업대를 정기적으로 점검하고 붐·작업대 등 각 부위의 이상 유무를 확인할 것 ⑥ 전환스위치는 다른 물체를 이용하여 고정하지 말 것 ⑦ 작업대는 정격하중을 초과하여 물건을 싣거나 탑승하지 말 것 ⑧ 작업대의 붐대를 상승시킨 상태에서 탑승자는 작업대를 벗어나지 말 것. 다만, 작업대에 안전대 부착설비를 설치하고 안전대를 연결하였을 때에는 그러하지 아니하다.

고소작업대의 분류	무게중심에 의한 분류	① A그룹(적재화물 무게 중심의 수직 투영이 항상 전복선 안에 있는 고소작업대) ② B그룹(적재화물 무게 중심의 수직 투영이 전복선 밖에 있을 수 있는 고소작업대)
	주행장치에 따른 분류	① 제1종(적재위치에서만 주행할 수 있는 고소작업대) ② 제2종(차대의 제어위치에서 조작하여 작업대를 상승한 상태로 주행하는 고소작업대) ③ 제3종(작업대의 제어위치에서 조작하여 작업대를 상승한 상태로 주행하는 고소작업대)
하중과 힘(설계시 고려해야 할 하중)		① 정격하중 ② 구조물하중(자중) ③ 풍하중 ④ 인력(manual forces) ⑤ 특수하중과 힘

8. 건설용 양중기

1) 크레인의 방호장치

권과방지 장치	양중기의 권상용 와이어로프 또는 지브등의 붐 권상용 와이어로프의 권과방지 ㉠ 나사형 제동개폐기 ㉡ 롤러형 제동개폐기 ㉢ 캠형 제동개폐기
과부하 방지 장치	정격하중 이상의 하중 부하시 자동으로 상승정지되면서 경보음이나 경보등 발생
비상 정지장치	돌발사태 발생시 안전유지 위한 전원차단 및 크레인 급정지시키는 장치
제동 장치	운동체와 정지체의 기계적 접촉에 의해 운동체를 감속 하거나 정지 상태로 유지하는 기능을 가진 장치
기타 방호장치	① 해지장치 ② 스토퍼(Stopper) ③ 이탈방지장치 ④ 안전밸브 등

2) 종류별 재해방지 대책

(1) 타워크레인
  ① 순간풍속이 초당 15미터 초과 시 타워크레인의 운전작업 중지(순간풍속이 초당 10미터를 초과 시 설치·수리·점검 또는 해체작업 중지)
  ② 성능 및 안전장치 기능을 숙지하고 반드시 유자격자가 운전
  ③ 충분한 기초응력을 갖는 기초설치
  ④ 작업순서에 의해 작업하고 작업반경내 관계근로자 외 출입금지
  ⑤ 타워크레인마다 근로자와 조종작업을 하는 사람 간에 신호업무를 담당하는 사람 배치
  ⑥ 권상하중을 작업자 위로 통과 금지

⑦ 권상, 권하, 선회, 주행 등의 조작시 급격한 기동 및 정지금지
⑧ 동작시 이상음이나 이상진동이 있을 경우 즉시 운전을 정지하고 점검 및 보수
⑨ 리미트스위치 및 제동장치는 작업시작전 반드시 점검

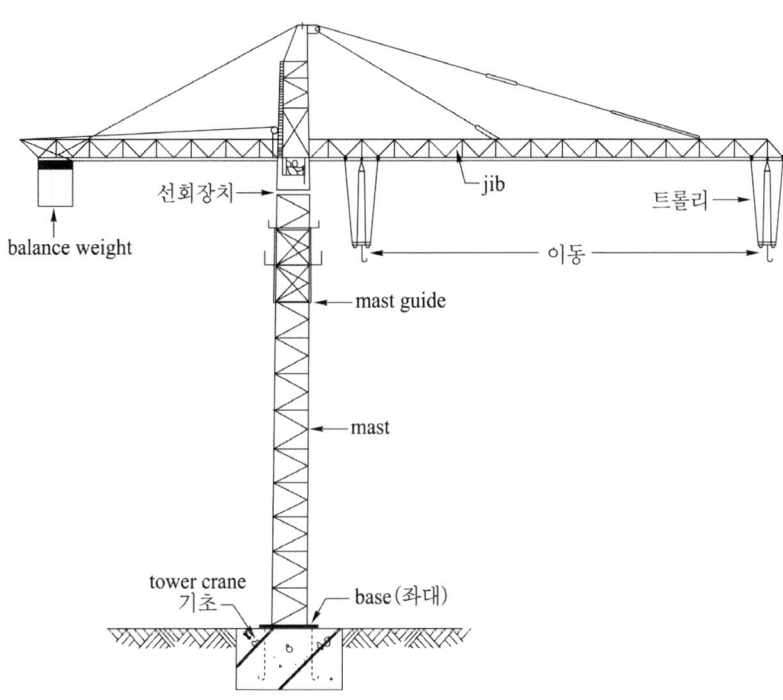

Tower crane

참고 1. 타워크레인의 설치·조립·해체작업을 하는 때 작업계획서에 포함되어야 할 사항

① 타워크레인의 종류 및 형식
② 설치·조립 및 해체순서
③ 작업도구·장비·가설설비 및 방호설비
④ 작업인원의 구성 및 작업근로자의 역할 범위
⑤ 타워크레인의 지지 규정에 의한 지지방법

2. 타워크레인의 작업제한

순간풍속이 초당 10미터 초과	설치, 수리, 점검 또는 해체작업 중지
순간풍속이 초당 15미터 초과	타워크레인의 운전작업 중지

(2) 이동식 크레인
    ① 종류
        ㉠ 트럭 크레인
        ㉡ 크롤러 크레인
        ㉢ 휠 크레인
        ㉣ 플로팅 크레인 등
    ② 재해 유형의 순위
        ㉠ 크레인의 전도(가장 많음)
        ㉡ 매단 물건의 낙하
        ㉢ 협착에 의한 재해
    ③ 작업안전 조치(재해방지 대책)
        ㉠ 이동식 크레인의 구조부분을 구성하는 강재 등의 변형방지를 위해 설계기준 준수
        ㉡ 과도한 압력상승을 방지하기 위한 안전밸브의 조정
        ㉢ 하물을 운반하는 경우 반드시 해지장치 사용
        ㉣ 이동식 크레인 명세서에 적혀있는 지브의 경사각의 범위에서 사용
        ㉤ 권과 방지장치 및 과부하방지장치 등 방호장치 설치
        ㉥ 안전기준에 적합한 와이어로프 사용
        ㉦ 적재물에 탑승금지 및 부득이한 경우 전용 탑승설비 설치
        ㉧ 작업반경 내 관계자 외 출입금지 및 신호수 배치
        ㉨ 아웃트리거 및 가대의 침하를 방지하기 위한 조치
        ㉩ 인양하물이 흔들리지 않도록 유도로프 설치

(3) 데릭
    ① 구조 : 동력을 이용하여 물건을 달아 올리는 기계장치로써 마스트 또는 붐, 달아 올리는 기구와 기타 부속물로 구성
    ② 종류
        ㉠ 가이데릭
        ㉡ 진포올데릭
        ㉢ 스티프레그데릭(삼각데릭) 등

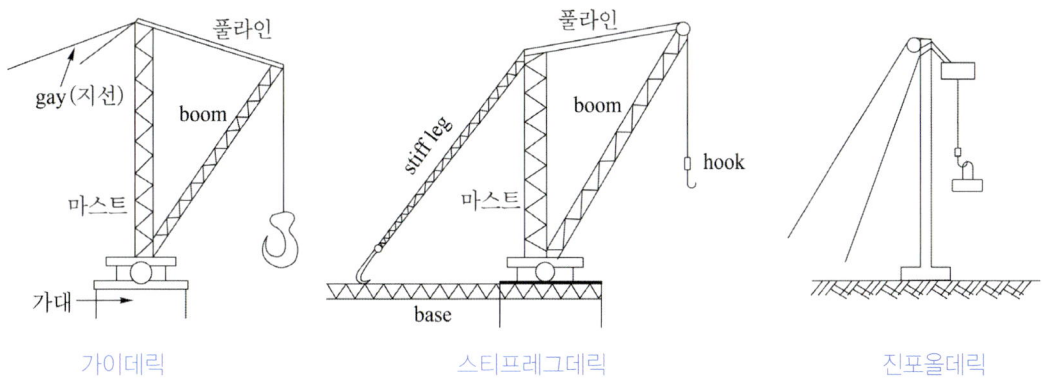

| 가이데릭 | 스티프레그데릭 | 진포올데릭 |

③ 재해유형
　㉠ 매단 짐의 낙하
　㉡ 본체의 무너짐

항만에 설치된 데릭

(4) 승강기의 방호장치

파이널 리미트 스위치	카가 승강로의 최상단보 또는 승강로 바닥에 충돌하기 전 동력을 차단하는 장치
완충기	카가 어떠한 원인으로 최하층을 통과하여 피트에 급속 강하할 때 충격을 완화시키기 위함(스프링 완충기, 유압완충기)
속도조절기 (governor)	전동기 고장 또는 적재하중의 초과로 인한 과속 제어계의 이상 등으로 과속 발생시 정격속도의 1.3배가 되면 속도조절기 스위치가 작동하여 1차 전동기 입력을 차단하고 2차로 브레이크 작동시켜 카를 비상 정지시키는 이상속도 감지장치
출입문 인터록 장치	카가 정지하고 있지 않은 곳에서의 승강 도어가 열리는 것을 방지하기 위해 인터록 기능

9. 항타기 및 항발기

무너짐 방지 준수사항		① 연약한 지반에 설치하는 경우에는 아웃트리거·받침 등 지지구조물의 침하를 방지하기 위하여 깔판·받침목 등을 사용할 것 ② 시설 또는 가설물 등에 설치하는 경우에는 그 내력을 확인하고 내력이 부족하면 그 내력을 보강할 것 ③ 아웃트리거·받침 등 지지구조물이 미끄러질 우려가 있는 경우에는 말뚝 또는 쐐기 등을 사용하여 해당 지지구조물을 고정시킬 것 ④ 궤도 또는 차로 이동하는 항타기 또는 항발기에 대해서는 불시에 이동하는 것을 방지하기 위하여 레일 클램프(rail clamp) 및 쐐기 등으로 고정시킬 것 ⑤ 상단 부분은 버팀대·버팀줄로 고정하여 안정시키고, 그 하단 부분은 견고한 버팀·말뚝 또는 철골 등으로 고정시킬 것
권상용 와이어로프	사용제한 조건	① 이음매가 있는 것 ② 와이어로프의 한 꼬임(스트랜드)에서 끊어진 소선(필러선 제외)의 수가 10% 이상(비자전로프의 경우에는 끊어진 소선의 수가 와이어로프 호칭지름의 6배 길이 이내에서 4개 이상이거나 호칭지름 30배 길이 이내에서 8개 이상)인 것 ③ 지름의 감소가 공칭지름의 7%를 초과하는 것 ④ 꼬인 것 ⑤ 심하게 변형되거나 부식된 것 ⑥ 열과 전기충격에 의해 손상된 것
	안전계수	항타기 또는 항발기의 권상용 와이어로프의 안전계수는 5 이상
	사용시 준수사항	① 권상용 와이어로프는 추 또는 해머가 최저의 위치에 있을 때 또는 널말뚝을 빼내기 시작할 때를 기준으로 권상장치의 드럼에 적어도 2회 감기고 남을 수 있는 충분한 길이일 것 ② 권상용 와이어로프는 권상장치의 드럼에 클램프·클립 등을 사용하여 견고하게 고정할 것 ③ 권상용 와이어로프에서 추·해머 등과의 연결은 클램프·클립 등을 사용하여 견고하게 할 것 ④ 제②호 및 제③호의 클램프·클립 등은 한국산업표준 제품이거나 한국산업표준이 없는 제품의 경우에는 이에 준하는 규격을 갖춘 제품을 사용할 것
항타기 항발기의 도르래의 부착		① 사업주는 항타기나 항발기에 도르래나 도르래 뭉치를 부착하는 경우에는 부착부가 받는 하중에 의하여 파괴될 우려가 없는 브래킷·샤클 및 와이어로프 등으로 견고하게 부착하여야 한다. ② 사업주는 항타기 또는 항발기의 권상장치의 드럼축과 권상장치로부터 첫 번째 도르래의 축 간의 거리를 권상장치 드럼폭의 15배 이상으로 하여야 한다. ③ 제②항의 도르래는 권상장치의 드럼 중심을 지나야 하며 축과 수직면상에 있어야 한다. ④ 항타기나 항발기의 구조상 권상용 와이어로프가 꼬일 우려가 없는 경우에는 제②항과 제③항을 적용하지 아니한다
조립·해체 시 점검사항	준수사항	① 항타기 또는 항발기에 사용하는 권상기에 쐐기장치 또는 역회전방지용 브레이크를 부착할 것 ② 항타기 또는 항발기의 권상기가 들리거나 미끄러지거나 흔들리지 않도록 설치할 것 ③ 그 밖에 조립·해체에 필요한 사항은 제조사에서 정한 설치·해체 작업 설명서에 따를 것
	점검사항	① 본체 연결부의 풀림 또는 손상의 유무 ② 권상용 와이어로프·드럼 및 도르래의 부착상태의 이상유무 ③ 권상장치의 브레이크 및 쐐기장치 기능의 이상유무 ④ 권상기의 설치상태의 이상유무 ⑤ 리더(leader)의 버팀 방법 및 고정상태의 이상 유무 ⑥ 본체·부속장치 및 부속품의 강도가 적합한지 여부 ⑦ 본체·부속장치 및 부속품에 심한 손상·마모·변형 또는 부식이 있는지 여부

항타기

항발기

10. 추락재해의 위험성 및 안전조치

1) 추락재해 예방대책

(1) 추락의 방지(작업발판의 끝, 개구부 등 제외)
  ① 추락하거나 넘어질 위험이 있는 장소 또는 기계·설비·선박블록 등에서 작업할 때
    ㉠ 비계를 조립하는 등의 방법으로 작업발판 설치
    ㉡ 발판설치가 곤란한 경우 추락방호망 설치
    ㉢ 추락방호망 설치가 곤란한 경우 안전대 착용 등 추락위험방지 조치

방호망의 설치기준	① 추락방호망의 설치위치는 가능하면 작업면으로부터 가까운 지점에 설치하여야 하며, 작업면으로부터 망의 설치지점까지의 수직거리는 10미터를 초과하지 아니할 것 ② 추락방호망은 수평으로 설치하고, 망의 처짐은 짧은 변 길이의 12퍼센트 이상이 되도록 할 것 ③ 건축물 등의 바깥쪽으로 설치하는 경우 망의 내민 길이는 벽면으로부터 3미터 이상 되도록 할 것. 다만, 그물코가 20밀리미터 이하인 망을 사용한 경우에는 낙하물에 의한 위험 방지에 따른 낙하물방지망을 설치한 것으로 본다.

  ② 악천후시 작업금지 : 비, 눈 바람 또는 그 밖의 기상상태의 불안정으로 인하여 근로자가 위험해질 우려가 있는 경우(다만, 태풍 등으로 위험이 예상되거나 발생되어 긴급 복구작업을 필요로 하는 경우에는 그렇지 않다.)
  ③ 높이가 2m 이상인 장소에서의 위험방지 조치사항
    ㉠ 안전대의 부착설비 : 지지로프 설치시 처지거나 풀리는 것을 방지하기 위한 조치
    ㉡ 조명의 유지 : 당해 작업을 안전하게 수행하는데 필요한 조명 유지
    ㉢ 승강설비(건설용 리프트 등) 설치 : 높이 또는 깊이가 2m 초과하는 장소에서의 안전한 작업을 위한 승강설비 설치

(2) 지붕위에서 작업시 추락하거나 넘어질 위험이 있는 경우 조치 사항
① 지붕의 가장자리에 안전난간을 설치할 것
  - 안전난간 설치가 곤란한 경우 추락방호망 설치
  - 추락방호망 설치가 곤란한 경우 안전대 착용 등의 추락 위험 방지조치
② 채광창(skylight)에는 견고한 구조의 덮개를 설치할 것
③ 슬레이트 등 강도가 약한 재료로 덮은 지붕에는 폭 30센티미터 이상의 발판을 설치할 것

(3) 울타리의 설치
① 대상 : 작업 중 또는 통행 시 굴러 떨어짐(전락)으로 인한 화상, 질식 등의 위험에 처할 우려가 있는 케틀, 호퍼, 피트 등
② 조치사항 : 높이 90cm 이상의 울타리 설치

11. 추락재해의 방호설비

1) 안전대 부착설비의 기능 및 의의

(1) 안전대는 신체에 착용 하는 것만으로는 아무런 의의가 없으며 안전대를 걸 수 있는 부착설비가 반드시 수반하여 부착설비에 로프를 걸어서 신체를 지지

(2) 안전대 로프의지지
① 일반작업 : 비계의 강관 또는 틀비계
② 강관이나 틀비계 외에는 별도의 지지로프나 철물의 부착 필요

(3) 지지로프의 기능
① 안전난간의 기능(근로자가 잡고 이동)
② 추락시 추락을 저지하는 기능

2) 안전대 부착설비의 종류

(1) 비계   (2) 지지로프   (3) 건립중인 구조체(철골 등)
(4) 전용 철물   (5) 수평지지로프   (6) 수직 지지로프

3) 안전대 부착설비의 안전기준

(1) 높이 2m 이상 장소에서 안전대 착용시 안전대 부착설비 설치
(2) 지지로프 등의 처짐 또는 풀림 방지를 위한 필요한 조치
(3) 작업 시작 전 이상유무 점검

(4) 철골 작업시에는 전용지주나 지지로프 반드시 설치(작업발판미설치)
(5) 지지로프는 1인 1가닥 사용이 원칙

4) 개구부 등의 방호조치

(1) 작업발판 및 통로의 끝이나 개구부로 추락위험장소
   ① 안전난간, 울타리, 수직형 추락방망 또는 덮개 등의 방호조치를 충분한 강도를 가진 구조로 튼튼하게 설치하고, 덮개 설치시 뒤집히거나 떨어지지 않도록 설치(어두운 장소에서도 알아볼 수 있도록 개구부임을 표시)
   ② 안전난간 등의 설치가 매우 곤란하거나 작업의 필요상 임시로 난간 등을 해체하는 경우 추락방호망 설치(추락방호망 설치가 곤란한 경우 안전대 착용 등의 추락위험 방지조치)

(2) 안전난간의 설치기준

구 성	상부난간대·중간난간대·발끝막이판 및 난간기둥으로 구성(중간난간대·발끝막이판 및 난간기둥은 이와 비슷한 구조 및 성능을 가진 것으로 대체가능)
상부난간대	바닥면·발판 또는 경사로의 표면으로부터 90센티미터 이상 지점에 설치하고, 상부난간대를 120센티미터 이하에 설치하는 경우에는 중간난간대는 상부난간대와 바닥면 등의 중간에 설치하여야 하며, 120센티미터 이상 지점에 설치하는 경우에는 중간 난간대를 2단 이상으로 균등하게 설치하고 난간의 상하 간격은 60센티미터 이하가 되도록 할 것(다만, 난간기둥간의 간격이 25센티미터 이하인 경우 중간난간대를 설치하지 아니할 수 있다.)
발끝막이판	바닥면 등으로부터 10센티미터 이상의 높이를 유지할 것(물체가 떨어지거나 날아올 위험이 없거나 그 위험을 방지할 수 있는 망을 설치하는 등 필요한 예방조치를 한 장소 제외)
난간기둥	상부난간대와 중간난간대를 견고하게 떠받칠 수 있도록 적정간격을 유지할 것
상부난간대와 중간난간대	난간길이 전체에 걸쳐 바닥면 등과 평행을 유지할 것
난 간 대	지름 2.7센티미터 이상의 금속제파이프나 그 이상의 강도가 있는 재료일 것
하 중	안전난간은 구조적으로 가장 취약한 지점에서 가장 취약한 방법으로 작용하는 100킬로그램 이상의 하중에 견딜 수 있는 튼튼한 구조일 것

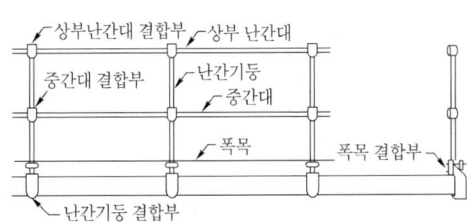

안전난간의 설치기준

계단에 설치된 안전난간

12. 추락방지용 방망의 구조등 안전기준

1) 방망의 구조 및 치수

구성	방망사, 테두리로프, 달기로프, 재봉사(필요따라 생략가능)
방망사	그물코는 사각 또는 마름모 형상, 한변의 길이(매듭의 중심간거리)는 10cm 이하
테두리로프	① 방망의 각 그물코를 통하는 방법으로 방망과 결합 ② 연속한 2개 이상의 그물코가 동일 방향에 위치하지 않도록 하고 적당한 간격마다 로프와 그물코를 재봉사 등으로 묶어 고정
달기로프	길이는 2m 이상(다만, 1개의 지지점에 2개의 달기로프로 체결하는 경우 각각의 길이는 1m 이상)

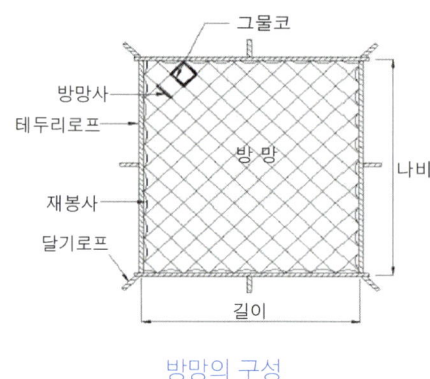

방망의 구성

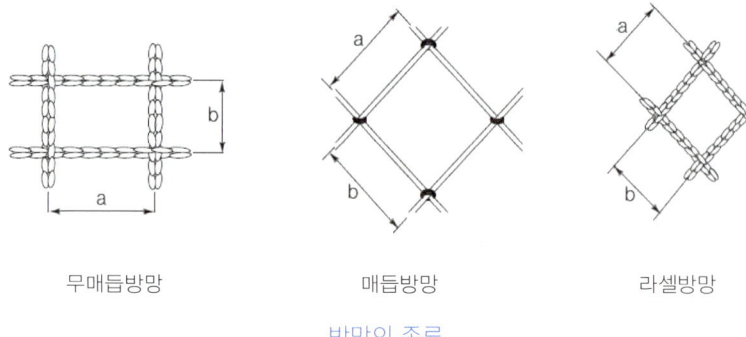

방망의 종류

2) 방망의 강도

지지점의 강도는 600kg의 외력에 견딜 수 있는 강도 보유(다만, 연속적인 구조물이 방망 지지점인 경우의 외력이 다음식에 계산한 값에 견딜 수 있는 것은 제외)

$$F = 200B$$

여기서, F : 외력(킬로그램)
B : 지지점 간격(미터)

② 지지대의 휨강도는 지지대 길이의 80%를 지점거리로하여 이 지점거리를 3등분하는 2지점에 하중을 가하여 전체 하중의 최대치가 6kN 이상이어야 한다.

3) 방망의 관리기준

① 정기점검 : 최초 설치 후 3개월 이내 점검실시(그 이후는 환경여건에 따라 정기적으로 점검하여 손상 등이 있는 경우 즉시 폐기)
② 사용상태가 비슷한 방망이 다수 설치된 경우 5개소 이상 무작위 추출하여 점검하고 나머지는 생략가능
③ 마모가 현저하거나 유해가스에 노출된 장소에 설치한 방망은 수시로 점검

4) 방망 설치전 확인(표시사항)

① 제조회사　　　② 제조년월
③ 안전인증번호　④ 그물코의 크기

방망설치작업

설치완료된 방망

13. 낙하 · 비래의 위험방지 및 안전조치

1) 물체낙하에 의한 위험방지

(1) 대상 : 높이 3m 이상인 장소에서 물체 투하시
(2) 조치사항
　① 투하설비설치
　② 감시인배치

2) 일반적인 낙하위험 방지대책

(1) 필요한 법적 조치사항
① 낙하물 방지망 설치　　② 수직 보호망 설치
③ 방호선반 설치　　　　④ 출입금지구역 설정
⑤ 보호구착용

(2) 낙하물방지망 또는 방호선반 설치시 준수사항
① 설치높이는 10m 이내마다 설치하고, 내민길이는 벽면으로부터 2m 이상으로 할 것
② 수평면과의 각도는 20도 이상 30도 이하를 유지할 것

3) 비래재해의 예방 대책
(1) 고소 작업장 작업공간 및 안전한 자재 적치장소 확보
(2) 낙하, 비래물에 대한 방호시설 설치
(3) 안전한 작업방법 및 자재 취급방법에 대한 안전교육 실시

14. 낙하·비래재해의 발생원인

(1) 고소 작업장의 자재, 공구 등의 정리정돈 불량
(2) 작업장 바닥의 폭 및 간격 등이 불량
(3) 투하 설비 미설치
(4) 위험구역 내 출입금지 표지판 및 감시인 미배치
(5) 안전모 등 보호구 미착용
(6) 낙하 비래 위험장소 내 방지 시설 미설치

15. 낙하·비래재해의 방호설비

1) 수직 보호망

(1) 현장에서 비계 등 가설구조물 외 측면에 수직으로 설치하여 외부로 물체가 낙하하는 것을 방지하기 위한 설비

(2) 설치 방법

강관비계	비계기둥과 띠장 간격에 맞추어 제작 설치
강관틀비계	수평 지지대 설치간격을 5.5m 이하로 설치
철골구조물	수직 지지대 설치간격을 4m 이하로 설치

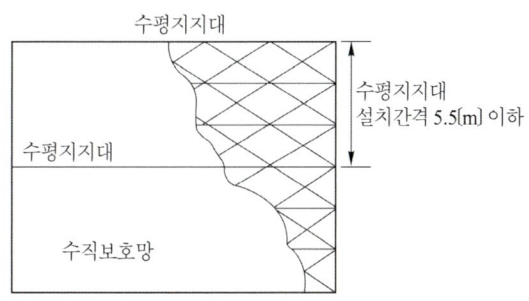

강관틀 비계에 설치하는 경우

수직보호망

2) 낙하물 방지망

(1) 작업중 재료나 공구 등의 낙하로 인하여 근로자, 통행인 및 통행차량 등에 발생할 수 있는 재해를 예방하기 위하여 설치하는 설비

(2) 설치기준
① 그물코는 사각 또는 마름모로서 크기는 가로, 세로 각 2cm 이하
② 방지망의 설치 간격은 매 10m 이내
  (첫단의 설치높이는 근로자를 방호할 수 있는 가능한 낮은 위치에 설치)

③ 방망이 수평면과 이루는 각도는 20~30°
④ 내민 길이는 비계 외측으로부터 수평거리 2.0m 이상
⑤ 방망을 지지하는 긴결재의 강도는 15kN 이상의 인장력에 견딜수 있는 로프사용
⑥ 방지망의 겹침폭은 30cm 이상
⑦ 최하단의 방지망은 작은 못, 볼트 등의 낙하물이 떨어지지 못하도록 방망의 그물코 크기가 0.3cm 이하인 망을 설치(낙하물 방호선반 설치시 예외)

(3) 설치후 3개월 이내마다 정기점검 실시

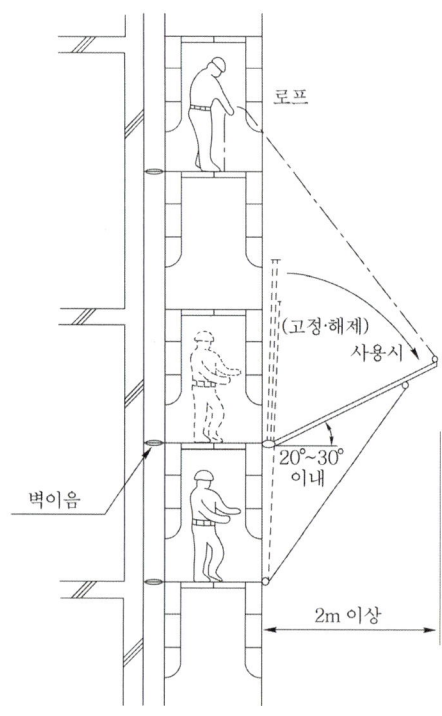

낙하물 방지망 설치 예

3) 낙하물 방호선반

(1) 작업 중 재료나 공구 등 낙하물의 위험이 있는 장소에서 근로자 통행인 및 통행차량 등에 낙하물로 인한 재해를 예방하기 위해 설치하는 설비
(2) 설치기준
　① 풍압, 진동, 충격 등으로 탈락하지 않도록 견고하게 설치
　② 방호선반의 바닥판은 틈새가 없도록 설치
　③ 내민 길이는 비계의 외측으로부터 수평거리 2m 이상 돌출 되도록 설치

④ 수평으로 설치하는 방호선반의 끝단에는 수평면으로부터 높이 60cm 이상의 난간 설치(낙하한 낙하물이 외부로 튕겨 나감을 방지)
⑤ 수평면과 이루는 각도는 방호선반의 최외측이 구조물 쪽보다 20° 이상 30° 이내
⑥ 설치 높이는 근로자를 낙하물에 의한 위험으로부터 방호할 수 있도록 가능한 낮은 위치에 설치하여야 하며 8m를 초과하여 설치할 수 없다.

방호선반

16. 토사붕괴 위험성 및 안전조치

1) 경사면의 안전성 검토사항

(1) **지질조사** : 층별 또는 경사면의 구성 토질구조
(2) **토질시험** : 최적함수비, 삼축압축강도, 전단시험, 점착도 등의 시험
(3) **사면붕괴 이론적 분석** : 원호활절법, 유한요소법 해석
(4) 과거의 붕괴된 사례유무
(5) 토층의 방향과 경사면의 상호관련성
(6) 단층, 파쇄대의 방향 및 폭
(7) 풍화의 정도
(8) 용수의 상황

2) 흙막이 공법의 종류

(1) Open-cut 공법

경사면 Open cut 공법		① 지반의 자립성에 의존하는 공법 ② 토질이 양호하고 부지에 여유가 충분할 경우 ③ 굴착 단면을 안정경사각으로 하며 지하수가 낮아야 함 ④ 지보공 불필요
흙막이 Open cut 공법	자립식	① 흙막이 벽체의 강성에만 의존 ② 근입 깊이가 충분해야하며 얕은 굴착에 가능
	타이로드 앵커식	① 어스앵커를 설치하여 일반저항에 의해 지지 ② 굴착 면적이 넓고 굴착깊이를 깊게 해야할 경우
	버팀대식	① 띠장, 버팀대, 지지말뚝을 설치하여 토압, 수압에 저항 ② 지반 종류에 무관하나 지보공에 의한 작업에 제약

(2) 부분 굴착 공법

아일랜드 (Island)공법	① 흙막이 open cut공법과 경사면 open cut 공법의 절충 ② 1단계 중앙부를 굴착하여 기초를 구축한 후 주변부로 굴착해 나가는공법
트랜치 컷 (Trench Cut)공법	아일랜드 공법과 반대로 주변부를 먼저 시공한 후 나중에 중앙부를 굴착하는 공법

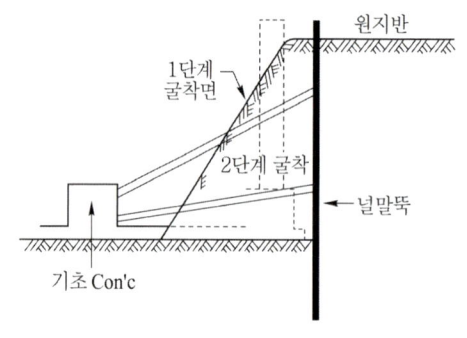
아일랜드 공법

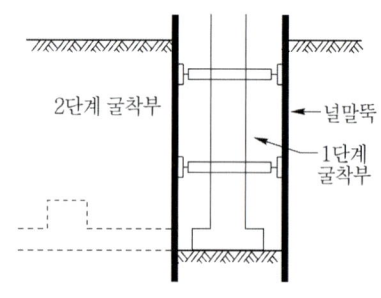
트랜치 컷 공법

(3) 굴착면의 높이가 2미터 이상이 되는 지반의 굴착작업

사전조사 내용	작업계획서 내용
가. 형상·지질 및 지층의 상태 나. 균열·함수(含水)·용수 및 동결의 유무 또는 상태 다. 매설물 등의 유무 또는 상태 라. 지반의 지하수위 상태	가. 굴착방법 및 순서, 토사 반출 방법 나. 필요한 인원 및 장비 사용계획 다. 매설물 등에 대한 이설·보호대책 라. 사업장 내 연락방법 및 신호방법 마. 흙막이 지보공 설치방법 및 계측계획 바. 작업지휘자의 배치계획 사. 그 밖에 안전·보건에 관련된 사항

3) 굴착작업 시 위험방지

토사등의 붕괴 또는 낙하에 의하여 근로자에게 위험을 미칠 우려가 있는 경우
① 흙막이 지보공의 설치
② 방호망의 설치
③ 근로자의 출입 금지 등

4) 흙막이 굴착시 주의사항

구분	정의	방지대책
히빙 (Heaving)현상	연약성 점토지반 굴착시 굴착외측 흙의 중량에 의해 굴착저면의 흙이 활동 전단 파괴되어 굴착내측으로 부풀어 오르는 현상	① 흙막이 근입깊이를 깊게 ② 표토제거 하중감소 ③ 지반개량 ④ 굴착면 하중증가 ⑤ 어스앵커설치 등
보일링 (Boiling)현상	투수성이 좋은 사질지반의 흙막이 저면에서 수두차로 인한 상향의 침투압이 발생 유효응력이 감소하여 전단강도가 상실되는 현상으로 지하수가 모래와 같이 솟아오르는 현상	① Filter 및 차수벽설치 ② 흙막이 근입깊이를 깊게(불투수층까지) ③ 약액주입등의 굴착면 고결 ④ 지하수위저하 ⑤ 압성토 공법 등
파이핑 (Piping)현상	사질 지반의 지하수위 이하 굴착시 수위차로 인해 상향의 침투류가 발생하여 전단강도 상실, 흙이 물과 함께 분출하는 Quick sand의 진전된 현상	
액화 또는 액상화 (Liguefaction) 현상	느슨하고 포화된 사질토가 진동에 의해 간극수압이 발생하여 유효응력이 감소하고 전단강도가 상실되는 현상	① 간극수압제거 ② well point등의 배수공법 ③ 치환 및 다짐공법 ④ 지중연속벽 설치 등

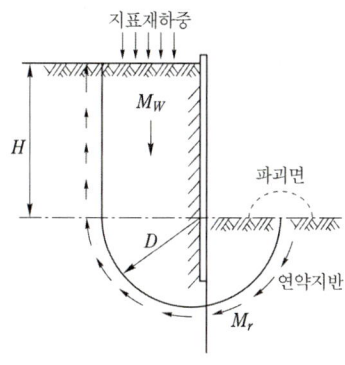

Heaving 현상

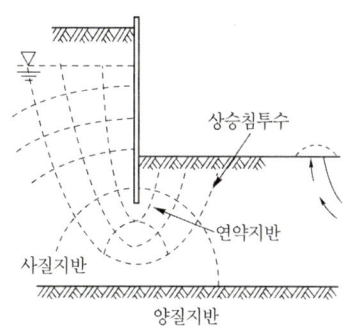

Boiling 현상

17. 토사붕괴 재해의 형태 및 발생원인

1) 붕괴 원인

외적 원인	① 사면, 법면의 경사 및 기울기의 증가　② 절토 및 성토 높이의 증가 ③ 공사에 의한 진동 및 반복 하중의 증가 ④ 지표수 및 지하수의 침투에 의한 토사 중량의 증가 ⑤ 지진, 차량, 구조물의 하중작용　　　⑥ 토사 및 암석의 혼합층두께
내적 원인	① 절토 사면의 토질·암질　② 성토 사면의 토질구성 및 분포　③ 토석의 강도 저하

2) 붕괴 형태

(1) 토사의 미끄러져 내림(Sliding)은 광범위한 붕괴현상(완만한 경사에서 완만한 속도)

① 원호 활동

사면선(선단)파괴 (toe failure)	경사가 급하고 비점착성 토질
사면저부(바닥면)파괴 (base failure)	경사가 완만하고 점착성인 경우, 사면의 하부에 암반 또는 굳은 지층이 있을 경우
사면 내 파괴 (slope failure)	견고한 지층이 얕게 있는 경우

② 대수나선 활동 : 토층, 토성이 불균일할 때
③ 복합곡선 활동 : 기초지반에 얇은 연약지반이 있는 경우 직선과 곡선의 복합형태로 발생

> **참고　사면붕괴의 형태**
> ① 무한사면 활동 : 완만한 사면에 이동이 서서히 일어나는 현상
> ② 유한사면 활동 : 비교적 급경사에서 급격히 변형하여 붕괴가 발생(사면내, 사면선단, 사면저부)

(2) 얕은 표층의 붕괴

경사면이 침식되기 쉬운 토사로 구성된 경우 지표수와 지하수가 침투하여 경사면이 부분적으로 붕괴되는 현상

(3) 깊은 절토 법면의 붕괴

사질암과 전석토층으로 구성된 심층부의 단층이 경사면 방향으로 하중응력이 발생하는 경우(대량의 붕괴재해)

(4) 성토경사면의 붕괴

성토직후에 발생, 다짐 불충분 상태에서 빗물, 지표수, 지하수 등이 침투하여 공극수압이 증가되어 단위중량 증가에 의해 붕괴되는 현상

18. 토사붕괴시 조치사항

1) 붕괴 조치사항

(1) 동시 작업 금지 : 붕괴 토석의 최대 도달거리 범위 내
(2) 대피 공간 확보 : 붕괴 속도는 높이에 비례하므로 수평방향 활동에 대비, 작업장 좌우에 피난통로 확보
(3) 2차 재해 방지 : 주변 상황 확인 및 2중 안전조치 강구 후 복구작업

2) 붕괴예방대책

(1) 적절한 경사면 기울기 계획(굴착면 기울기 기준)

지반의 종류	모래	연암 및 풍화암	경암	그 밖의 흙
굴착면의 기울기	1 : 1.8	1 : 1.0	1 : 0.5	1 : 1.2

(2) 경사면 기울기가 초기계획과 차이 발생 시 즉시 재검토 및 계획 변경
(3) 활동성 토석의 제거
(4) 경사면 하단부 : 압성토 등 보강공법으로 활동에 대한 저항대책 강구
(5) 말뚝 (강관, H형강, 철근 콘크리트)을 타입 하여 지반강화

19. 경사로

1) 경사로의 설치 및 사용시 준수사항

① 시공 하중 또는 폭풍, 진동 등 외력에 대하여 안전한 설계
  ㉠ 목재 경사로   ㉡ 철재 경사로

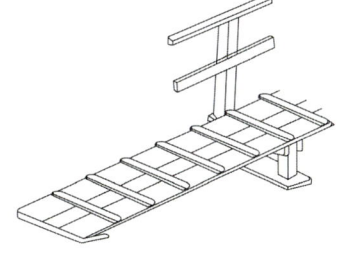
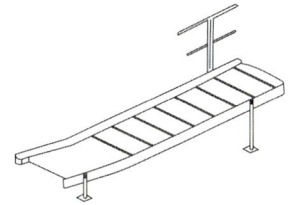

② 경사로는 항상 정비하고 안전통로를 확보하여야 한다.
③ 비탈면의 경사각은 30도 이내로 하고 미끄럼막이 간격은 다음 표에 의한다.

경사각	미끄럼막이 간격	경사각	미끄럼막이 간격
30도	30센티미터	22도	40센티미터
29도	33센티미터	19도 20분	43센티미터
27도	35센티미터	17도	45센티미터
24도 15분	37센티미터	14도	47센티미터

가설 경사로

④ 경사로의 폭은 최소 90cm 이상
⑤ 높이 7m 이내마다 계단참 설치
⑥ 추락방지용 안전난간 설치
⑦ 경사로 지지기둥은 3m 이내마다 설치
⑧ 목재는 미송, 육송 또는 그 이상의 재질을 가진 것이어야 한다.
⑨ 발판은 폭 40cm 이상으로 하고, 틈은 3cm 이내로 설치
⑩ 발판이 이탈하거나 한쪽 끝을 밟으면 다른쪽이 들리지 않게 장선에 결속
⑪ 결속용 못이나 철선이 발에 걸리지 않아야 한다.

20. 가설계단

1) 계단의 안전기준

계단 및 계단참의 강도	① 매제곱미터당 500킬로그램 이상의 하중에 견딜 수 있는 강도를 가진 구조로 설치 ② 안전율(재료의 파괴응력도와 허용응력도의 비율을 말한다)은 4 이상 ③ 계단 및 승강구 바닥을 구멍이 있는 재료로 만드는 경우 렌치나 그 밖의 공구 등이 낙하할 위험이 없는 구조
계단의 폭	폭은 1미터 이상(급유용·보수용·비상용 계단 및 나선형 계단이거나 높이 1미터 미만의 이동식 계단은 제외)이며 손잡이 외 다른 물건 설치, 적재금지
계단참의 높이	높이가 3미터를 초과하는 계단에 높이 3미터 이내마다 진행방향으로 길이 1.2미터 이상의 계단참 설치

천장의 높이	바닥면으로부터 높이 2미터 이내의 공간에 장애물이 없을 것(급유용·보수용·비상용 계단 및 나선형 계단은 제외)
계단의 난간	높이 1미터 이상인 계단의 개방된 측면에는 안전난간설치

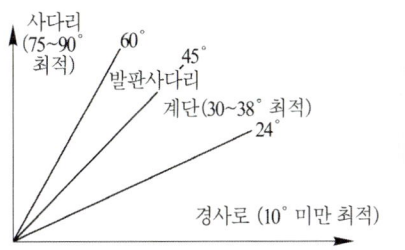

경사각에 따른 접근통로의 형식 선정

2) 통로의 설치 및 가설통로의 안전기준

통로의 설치	① 작업장으로 통하는 장소 또는 작업장 내에 근로자가 사용할 안전한 통로를 설치하고 항상 사용할 수 있는 상태로 유지하여야 한다. ② 통로의 주요부분에는 통로 표시를 하고 근로자가 안전하게 통행할 수 있도록 하여야 한다. ③ 통로면으로부터 높이 2미터 이내에는 장애물이 없도록 하여야 한다.(부득이할 경우 안전조치)
가설 통로	① 견고한 구조로 할 것 ② 경사는 30도 이하로 할 것(계단을 설치하거나 높이 2미터 미만의 가설통로로서 튼튼한 손잡이를 설치한 경우에는 그렇지 않다.) ③ 경사가 15도를 초과하는 경우에는 미끄러지지 아니하는 구조로 할 것 ④ 추락할 위험이 있는 장소에는 안전난간을 설치할 것(작업상 부득이한 경우에는 필요한 부분만 임시로 해체할 수 있다.) ⑤ 수직갱에 가설된 통로의 길이가 15미터 이상인 경우에는 10미터 이내마다 계단참을 설치할 것 ⑥ 건설공사에 사용하는 높이 8미터 이상인 비계다리에는 7미터 이내마다 계단참을 설치할 것

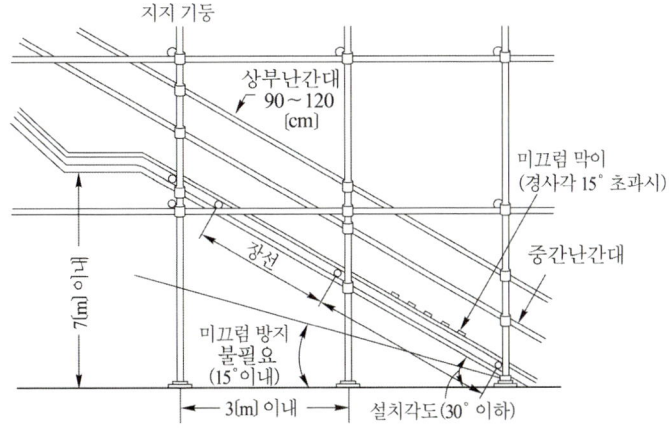

가설통로 (경사로)

21. 사다리식 통로

사다리식 통로	① 견고한 구조로 할 것 ② 심한 손상·부식 등이 없는 재료를 사용할 것 ③ 발판의 간격은 일정하게 할 것 ④ 발판과 벽과의 사이는 15센티미터 이상의 간격을 유지할 것 ⑤ 폭은 30센티미터 이상으로 할 것 ⑥ 사다리가 넘어지거나 미끄러지는 것을 방지하기 위한 조치를 할 것 ⑦ 사다리의 상단은 걸쳐놓은 지점으로부터 60센티미터 이상 올라가도록 할 것 ⑧ 사다리식 통로의 길이가 10미터 이상인 경우에는 5미터 이내마다 계단참을 설치할 것 ⑨ 사다리식 통로의 기울기는 75도 이하로 할 것. 다만, 고정식 사다리식 통로의 기울기는 90도 이하로 하고, 그 높이가 7미터 이상인 경우에는 바닥으로부터 높이가 2.5미터 되는 지점부터 등받이울을 설치할 것 ⑩ 접이식 사다리 기둥은 사용시 접혀지거나 펼쳐지지 않도록 철물 등을 사용하여 견고하게 조치할 것
	※ 잠함내 사다리식 통로와 건조·수리 중인 선박의 구명줄이 설치된 사다리식 통로(건조·수리 작업을 위하여 임시로 설치한 사다리식 통로는 제외)에 대해서는 사다리식 통로구조의 제⑤호부터 제⑩호까지의 규정을 적용하지 아니한다.

22. 사다리

1) 사다리의 안전기준

옥외용 사다리	① 철재를 원칙 ② 길이가 10미터 이상일 때 5미터 이내의 간격으로 계단참설치 ③ 사다리전면 사방 75센티미터 이내에는 장애물 없어야 함
목재 사다리	① 재질은 건조된 것 사용 ② 발 받침대의 간격은 25~35센티미터 ③ 벽면과의 이격거리는 20센티미터 이상 ④ 수직재와 발 받침대는 장부족 맞춤으로 하고 사개를 파서 제작 ⑤ 이음 또는 맞춤부분은 20센티미터 이상
철재 사다리	① 수직재와 발 받침대는 충분한 강도 가진 것 사용 ② 발 받침대는 미끄럼방지 장치 ③ 받침대의 간격은 25~35센티미터 ④ 사다리 몸체 또는 전면에 기름 등과 같은 미끄러운 물질이 묻어있어서는 안된다.
기계 사다리	① 추락방지용 보호손잡이 및 발판구비 ② 안전대 착용 ③ 사다리가 움직이는 동안 작업자가 움직이지 않도록 충분한 교육
연장 사다리	① 총 길이 15미터 초과금지 ② 사다리 길이를 고정시키는 잠금쇠와 브라켓구비 ③ 도르레 및 로프는 충분한 강도를 가진 것

23. 통로발판

1) 작업 발판의 재료

(1) 최대 적재하중 초과 적재금지

(2) 달비계의 안전계수(최대적재하중 결정할 때)

구 분		안 전 계 수
달기 와이어로프 및 달기강선		10 이상
달기 체인 및 달기 훅		5 이상
달기강대와 달비계의 하부 및 상부지점	강재	2.5 이상
	목재	5 이상

* 안전계수 = 와이어로프의 절단하중 / 와이어로프에 걸리는 하중의 최대값

(3) 비계높이 2m 이상 장소의 작업발판 설치기준(달비계, 달대비계 및 말비계 제외)
① 발판재료는 작업할 때의 하중을 견딜 수 있도록 견고한 것으로 할 것
② 작업발판의 **폭은 40센티미터 이상**으로 하고, 발판재료 간의 **틈은 3센티미터 이하**로 할 것
③ 제②호에도 불구하고 선박 및 보트 건조작업의 경우 선박블록 또는 엔진실 등의 좁은 작업공간에 작업발판을 설치하기 위하여 필요하면 작업발판의 폭을 30센티미터 이상으로 할 수 있고, 걸침비계의 경우 강관기둥 때문에 발판재료 간의 틈을 3센티미터 이하로 유지하기 곤란하면 5센티미터 이하로 할 수 있다. 이 경우 그 틈 사이로 물체 등이 떨어질 우려가 있는 곳에는 출입금지 등의 조치를 할 것
④ 추락의 위험성이 있는 장소에는 **안전난간**을 설치할 것(안전난간설치가 곤란한 경우, 작업의 필요상 임시로 안전난간 해체시 추락방호망 또는 안전대 사용 등 추락에 의한 위험방지조치)
⑤ 작업발판의 지지물은 하중에 의하여 파괴될 우려가 없는 것을 사용할 것
⑥ 작업발판재료는 뒤집히거나 떨어지지 않도록 **둘 이상의 지지물**에 연결하거나 고정시킬 것
⑦ 작업발판을 작업에 따라 이동시킬 경우에는 위험방지에 필요한 조치를 할 것

24. 비계의 종류 및 설치시 준수사항

1) 비계의 점검 보수

점검 보수 시기	① 비, 눈 그 밖의 기상 상태의 악화로 작업을 중지시킨 후 그 비계에서 작업할 경우 ② 비계를 조립, 해체하거나 변경한 후에 그 비계에서 작업을 하는 경우
작업 시작전 점검사항	① 발판재료의 손상여부 및 부착 또는 걸림상태 ② 당해 비계의 연결부 또는 접속부의 풀림상태 ③ 연결재료 및 연결철물의 손상 또는 부식상태 ④ 손잡이의 탈락여부 ⑤ 기둥의 침하·변형·변위 또는 흔들림 상태 ⑥ 로프의 부착상태 및 매단장치의 흔들림 상태

2) 통나무 비계

(1) 조립 시 준수사항
① 비계기둥의 간격은 2.5미터 이하로 하고 지상으로부터 첫 번째 띠장은 3미터 이하의 위치에 설치할 것
② 비계기둥이 미끄러지거나 침하하는 것을 방지하기 위하여 비계기둥의 하단부를 묻고, 밑둥잡이를 설치하거나 깔판을 사용하는 등의 조치를 할 것
③ 비계기둥의 이음이 겹침이음인 경우에는 이음부분에서 1미터 이상을 서로 겹쳐서 두 군데 이상을 묶고, 비계기둥의 이음이 맞댄이음인 경우에는 비계기둥을 쌍기둥틀로 하거나 1.8미터 이상의 덧댐목을 사용하여 네 군데 이상을 묶을 것
④ 비계기둥·띠장·장선 등의 접속부 및 교차부는 철선 기타의 튼튼한 재료로 견고하게 묶을 것
⑤ 교차가새로 보강할 것
⑥ 외줄비계·쌍줄비계 또는 돌출비계에 대해서는 다음 각 목에 따른 벽이음 및 버팀을 설치할 것
　㉠ 간격은 수직방향에서 5.5미터 이하, 수평방향에서는 7.5미터 이하로 할 것
　㉡ 강관·통나무 등의 재료를 사용하여 견고한 것으로 할 것
　㉢ 인장재와 압축재로 구성되어 있는 경우에는 인장재와 압축재의 간격은 1미터 이내로 할 것

(2) 통나무 비계 사용기준
지상높이 4층 이하 또는 12미터 이하인 건축물, 공작물 등의 건조, 해체 및 조립작업에서만 사용

3) 강관비계 및 강관틀 비계

(1) 강관비계

① 조립시 준수사항

㉠ 비계기둥에는 미끄러지거나 침하하는 것을 방지하기 위하여 밑받침철물을 사용하거나 깔판·받침목 등을 사용하여 밑둥잡이를 설치하는 등의 조치를 할 것

㉡ 강관의 접속부 또는 교차부는 적합한 부속철물을 사용하여 접속하거나 단단히 묶을 것

㉢ 교차가새로 보강할 것

㉣ 외줄비계·쌍줄비계 또는 돌출비계에 대하여는 다음에 정하는 바에 따라 벽이음 및 버팀을 설치할 것

㉮ 강관비계의 조립간격은 다음의 기준에 적합하도록 정해진 기준 이내로 할 것

강관비계의 종류	조립간격(단위 : m)	
	수직방향	수평방향
단관비계	5	5
틀비계 (높이가 5m 미만의 것 제외)	6	8

㉯ 강관·통나무 등의 재료를 사용하여 견고한 것으로 할 것

㉰ 인장재와 압축재로 구성되어 있는 때에는 인장재와 압축재의 간격을 1미터 이내로 할 것

㉱ 가공전로에 근접하여 비계를 설치하는 때에는 가공전로를 이설하거나 가공전로에 절연용 방호구를 장착하는 등 가공전로와의 접촉을 방지하기 위한 조치를 할 것

② 강관(단관)비계의 구조

㉠ 비계기둥의 간격은 띠장방향에서는 1.85미터 이하, 장선방향에서는 1.5미터 이하로 할 것(다만, 선박 및 보트 건조작업 및 그 밖에 장비 반입·반출을 위하여 공간 등을 확보할 필요가 있는 등 작업의 성질상 비계기둥 간격에 관한 기준을 준수하기 곤란한 작업의 경우 안전성에 대한 구조검토를 실시하고 조립도를 작성하면 띠장 방향 및 장선 방향으로 각각 2.7미터 이하로 할 수 있다.

㉡ 띠장간격은 2.0미터 이하로 설치할 것(다만, 작업의 성질상 이를 준수하기가 곤란하여 쌍기둥틀 등에 의하여 해당 부분을 보강한 경우에는 그렇지 않다.)

㉢ 비계기둥의 제일 윗부분으로부터 31미터 되는 지점 밑부분의 비계기둥은 2개의 강관으로 묶어세울 것(다만, 브라켓(bracket, 까치발) 등으로 보강하여 2개의 강관으로 묶을 경우 이상의 강도가 유지되는 경우에는 그렇지 않다.)

㉣ 비계기둥간의 적재하중은 400킬로그램을 초과하지 않도록 할 것

(2) 강관 틀비계 조립시 준수사항
① 비계기둥의 밑둥에는 밑받침철물을 사용하여야 하며 밑받침에 고저차가 있는 경우에는 조절형 밑받침철물을 사용하여 각각의 강관틀비계가 항상 수평 및 수직을 유지하도록 할 것
② 높이가 20미터를 초과하거나 중량물의 적재를 수반하는 작업을 할 경우에는 주틀 간의 간격이 1.8미터 이하로 할 것
③ 주틀간에 교차가새를 설치하고 최상층 및 5층 이내마다 수평재를 설치할 것
④ 수직방향으로 6미터, 수평방향으로 8미터 이내마다 벽이음을 할 것
⑤ 길이가 띠장방향으로 4미터 이하이고 높이가 10미터를 초과하는 경우에는 10미터 이내마다 띠장방향으로 버팀기둥을 설치할 것

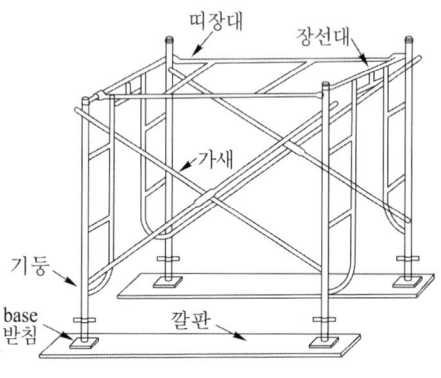

강관틀 비계

4) 달비계 및 달대비계

(1) 곤돌라형 달비계의 구조(설치시 준수사항)
① 달비계 등의 사용금지 조건

달비계의 와이어로프	㉠ 이음매가 있는 것 ㉡ 와이어로프의 한 꼬임(스트랜드)에서 끊어진 소선(필러선 제외)의 수가 10% 이상(비자전로프의 경우에는 끊어진 소선의 수가 와이어로프 호칭지름의 6배 길이 이내에서 4개 이상이거나 호칭지름 30배 길이 이내에서 8개 이상)인 것 ㉢ 지름의 감소가 공칭지름의 7%를 초과하는 것 ㉣ 꼬인 것 ㉤ 심하게 변형되거나 부식된 것 ㉥ 열과 전기충격에 의해 손상된 것
달비계의 달기체인	㉠ 달기체인의 길이가 달기체인이 제조된 때의 길이의 5퍼센트를 초과한 것 ㉡ 링의 단면지름이 달기체인이 제조된 때의 해당 링의 지름의 10퍼센트를 초과하여 감소한 것 ㉢ 균열이 있거나 심하게 변형된 것

| 달기강선 및 달기강대 | 심하게 손상·변형 또는 부식된 것을 사용하지 않도록 할 것 |

② 달기 와이어로프·달기체인·달기강선·달기강대는 한쪽 끝을 비계의 보 등에, 다른쪽 끝을 내민 보·앵커볼트 또는 건축물의 보 등에 각각 풀리지 않도록 설치할 것
③ 작업발판은 폭을 40cm 이상으로 하고 틈새가 없도록 할 것
④ 작업발판의 재료는 뒤집히거나 떨어지지 않도록 비계의 보 등에 연결하거나 고정시킬 것
⑤ 비계가 흔들리거나 뒤집히는 것을 방지하기 위하여 비계의 보·작업발판 등에 버팀을 설치하는 등 필요한 조치를 할 것
⑥ 선반비계에서는 보의 접속부 및 교차부를 철선·이음철물 등을 사용하여 확실하게 접속시키거나 단단하게 연결시킬 것
⑦ 근로자의 추락 위험을 방지하기 위하여 다음의 조치를 할 것
  ㉠ 달비계에 구명줄을 설치할 것
  ㉡ 근로자에게 안전대를 착용하도록 하고 근로자가 착용한 안전줄을 달비계의 구명줄에 체결하도록 할 것
  ㉢ 달비계에 안전난간을 설치할 수 있는 구조인 경우에는 안전난간을 설치할 것

(2) 작업의자형 달비계 설치시 준수사항

작업대	㉠ 달비계의 작업대는 나무 등 근로자의 하중을 견딜 수 있는 강도의 재료를 사용하여 견고한 구조로 제작할 것 ㉡ 작업대의 4개 모서리에 로프를 매달아 작업대가 뒤집히거나 떨어지지 않도록 연결할 것
작업용 섬유로프	㉠ 작업용 섬유로프는 콘크리트에 매립된 고리, 건축물의 콘크리트 또는 철재 구조물 등 2개 이상의 견고한 고정점에 풀리지 않도록 결속(結束)할 것 ㉡ 근로자가 작업용 섬유로프에 작업대를 연결하여 하강하는 방법으로 작업을 하는 경우 근로자의 조종 없이는 작업대가 하강하지 않도록 할 것
작업용 섬유로프와 구명줄	㉠ 작업용 섬유로프와 구명줄은 다른 고정점에 결속되도록 할 것 ㉡ 작업하는 근로자의 하중을 견딜 수 있을 정도의 강도를 가진 작업용 섬유로프, 구명줄 및 고정점을 사용할 것 ㉢ 작업용 섬유로프 또는 구명줄이 결속된 고정점의 로프는 다른 사람이 풀지 못하게 하고 작업 중임을 알리는 경고표지를 부착할 것 ㉣ 작업용 섬유로프와 구명줄이 건물이나 구조물의 끝부분, 날카로운 물체 등에 의하여 절단되거나 마모될 우려가 있는 경우에는 로프에 이를 방지할 수 있는 보호 덮개를 씌우는 등의 조치를 할 것
작업용 섬유로프 또는 안전대의 섬유벨트 사용금지	㉠ 꼬임이 끊어진 것 ㉡ 심하게 손상되거나 부식된 것 ㉢ 2개 이상의 작업용 섬유로프 또는 섬유벨트를 연결한 것 ㉣ 작업높이보다 길이가 짧은 것

근로자 추락위험 방지조치	㉠ 달비계에 구명줄을 설치할 것 ㉡ 근로자에게 안전대를 착용하도록 하고 근로자가 착용한 안전줄을 달비계의 구명줄에 체결하도록 할 것

(3) 달대비계

설치목적	철골공사의 리벳치기 작업이나 볼트작업을 위해 작업발판을 철골에 매달아 사용하는 것으로 바닥에 외부비계의 설치가 부적절한 높은곳의 작업공간을 확보하기 위한 목적으로 설치
조립 시 준수사항	① 달대비계를 매다는 철선은 #8소성철선을 사용하며 4가닥정도로 꼬아서 하중에 대한 안전계수가 8 이상 확보되어야 한다. ② 철근을 사용할 경우 19mm 이상을 쓰며 작업자는 반드시 안전모와 안전대를 착용해야 한다.

5) 말비계 및 이동식 비계

(1) 말비계의 조립시 준수사항
  ① 지주부재의 하단에는 미끄럼 방지장치를 하고, 양측 끝부분에 올라서서 작업하지 않도록 할 것
  ② 지주부재와 수평면과의 기울기를 75도 이하로 하고, 지주부재와 지주부재 사이를 고정시키는 보조부재를 설치할 것
  ③ 말비계의 높이가 2미터를 초과할 경우에는 작업발판의 폭을 40센티미터 이상으로 할 것

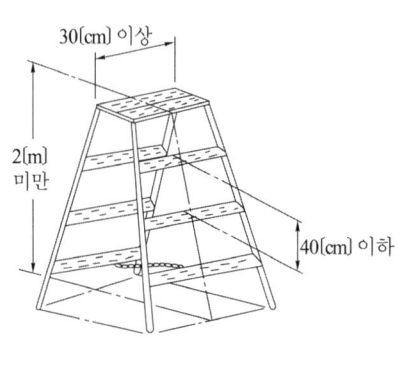

말비계 설치도

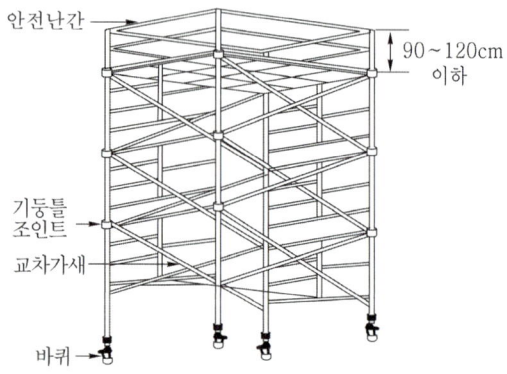

이동식 비계 설치도

(2) 이동식비계(일시적으로 이동하면서 실시하며, 작업에 효율적)

조립하여 작업하는 경우 준수사항	① 이동식비계의 바퀴에는 뜻밖의 갑작스러운 이동 또는 전도를 방지하기 위하여 브레이크·쐐기 등으로 바퀴를 고정시킨 다음 비계의 일부를 견고한 시설물에 고정하거나 아웃트리거를 설치하는 등 필요한 조치를 할 것 ② 승강용 사다리는 견고하게 설치할 것 ③ 비계의 최상부에서 작업을 하는 경우에는 안전난간을 설치할 것 ④ 작업발판은 항상 수평을 유지하고 작업발판 위에서 안전난간을 딛고 작업을 하거나 받침대 또는 사다리를 사용하여 작업하지 않도록 할 것 ⑤ 작업발판의 최대적재하중은 250킬로그램을 초과하지 않도록 할 것
사용상 준수사항	① 승강용 사다리는 견고하게 부착 ② 비계의 최대높이는 밑변 최소 폭의 4배 이하 ③ 최대 적재 하중 표시 ④ 안전모 착용 및 지지로프 설치 ⑤ 상하 동시 작업시에는 충분한 연락을 취하면서 작업 ⑥ 재료, 공구의 오르내리기에는 포대, 로프 등 이용

6) 시스템 비계

구조	① 수직재·수평재·가새재를 견고하게 연결하는 구조가 되도록 할 것 ② 비계 밑단의 수직재와 받침철물은 밀착되도록 설치하고, 수직재와 받침철물의 연결부의 겹침길이는 받침철물 전체길이의 3분의 1 이상이 되도록 할 것 ③ 수평재는 수직재와 직각으로 설치하여야 하며, 체결 후 흔들림이 없도록 견고하게 설치할 것 ④ 수직재와 수직재의 연결철물은 이탈되지 않도록 견고한 구조로 할 것 ⑤ 벽 연결재의 설치간격은 제조사가 정한 기준에 따라 설치할 것
조립작업시 준수사항	① 비계 기둥의 밑둥에는 밑받침 철물을 사용하여야 하며, 밑받침에 고저차가 있는 경우에는 조절형 밑받침 철물을 사용하여 시스템 비계가 항상 수평 및 수직을 유지하도록 할 것 ② 경사진 바닥에 설치하는 경우에는 피벗형 받침 철물 또는 쐐기 등을 사용하여 밑받침 철물의 바닥면이 수평을 유지하도록 할 것 ③ 가공전로에 근접하여 비계를 설치하는 경우에는 가공전로를 이설하거나 가공전로에 절연용 방호구를 설치하는 등 가공전로와의 접촉을 방지하기 위하여 필요한 조치를 할 것 ④ 비계 내에서 근로자가 상하 또는 좌우로 이동하는 경우에는 반드시 지정된 통로를 이용하도록 주지시킬 것 ⑤ 비계 작업 근로자는 같은 수직면상의 위와 아래 동시 작업을 금지할 것 ⑥ 작업발판에는 제조사가 정한 최대적재하중을 초과하여 적재해서는 아니되며, 최대적재하중이 표기된 표지판을 부착하고 근로자에게 주지시키도록 할 것

7) 자율안전확인 가설기자재

(1) 종류

종류	① 선반지주　　　　　　　　　② 단관비계용 강관 ③ 고정형 받침철물　　　　　　④ 달기체인 ⑤ 달기틀　　　　　　　　　　⑥ 방호선반 ⑦ 엘리베이터 개구부용 난간틀　⑧ 측벽용 브래킷

(2) 성능기준

달기체인	인장강도는 16,000N 이상	
달기틀	① 처짐량(30mm 이하) ③ 수평이동량(100mm 이하)	② 휨강도(10,000N 이상)
방호선반(바닥판)	① 수직처짐량(11mm 이하)	② 휨강도 [나비(mm)×7N 이상]
엘리베이터 개구부용 난간틀	① 처짐량(50mm 이하)	② 휨강도(파괴되지 않을 것)
측벽용 브래킷	① 수직처짐량(10mm 이하)	② 최대하중(52,800N 이상)

II 건설공사 위험성 평가

1. 위험성 평가의 정의 및 개요

1) 정의

위험성 평가	사업주가 스스로 유해·위험요인을 파악하고 해당 유해·위험요인의 위험성 수준을 결정하여, 위험성을 낮추기 위한 적절한 조치를 마련하고 실행하는 과정.
유해·위험요인	유해·위험을 일으킬 잠재적 가능성이 있는 것의 고유한 특징이나 속성
위험성	유해·위험요인이 사망, 부상 또는 질병으로 이어질 수 있는 가능성과 중대성 등을 고려한 위험의 정도

2) 개요

(1) 위험성평가의 특징
  ① 산업재해를 사전에 예방하는 자기규율 예방체계의 핵심수단
  ② 사업주와 근로자가 함께 참여하여 개선해 가는 과정
  ③ 위험성의 수준을 판단하고 결정만 하는 것이 아니라 개선대책을 수립하고 시행하는 지속적인 과정

(2) 위험성평가의 실시
  ① 사업주는 건설물, 기계·기구·설비, 원재료, 가스, 증기, 분진, 근로자의 작업행동 또는 그 밖의 업무로 인한 유해·위험 요인을 찾아내어
  ② 부상 및 질병으로 이어질 수 있는 위험성의 크기가 허용 가능한 범위인지를 평가하여야 하고,

③ 그 결과에 따라 법에 따른 명령에 따른 조치를 하여야 하며,
④ 근로자에 대한 위험 또는 건강장해를 방지하기 위하여 필요한 경우에는 추가적인 조치를 하여야 한다.

(3) 위험성 평가의 절차

사전준비	① 실시규정 작성 ② 위험성수준과 그 수준을 판단하는기준 확정 ③ 허용가능한 위험성의 수준 확정 ④ 사업장 안전보건정보 활용(재해사례, 재해통계, 작업표준, 작업절차, MSDS, 작업환경 측정 등에 관한 정보)
유해·위험요인 파악	방법 : ① 사업장 순회점검(특별한사정이 없으면 포함) ② 근로자들의 상시적 제안 ③ 설문조사·인터뷰 등 청취조사 ④ 안전보건 체크리스트 ⑤ MSDS 등 안전보건자료에 의한 방법 등
위험성 결정	① 위험성 수준 판단 및 결정 ② 허용가능한 위험성의 판단 및 결정
위험성 감소대책 수립 및 실행	위험성의 수준, 영향을 받는 근로자 수 및 다음 순서를 고려하여 대책수립 및 실행 ① 위험한 작업의 폐지·변경, 유해·위험물질 대체 등의 조치 또는 설계나 계획 단계에서 위험성을 제거 또는 저감하는 조치 ② 연동장치, 환기장치 설치 등의 공학적 대책 ③ 사업장 작업절차서 정비 등의 관리적 대책 ④ 개인용 보호구의 사용
위험성평가 실시내용 및 결과에 관한 기록 및 보존	① 위험성평가 대상의 유해·위험요인 ② 위험성 결정의 내용 ③ 위험성 결정에 따른 조치의 내용 ④ 그 밖에 위험성평가의 실시내용을 확인하기 위하여 필요한 사항으로서 고용노동부장관이 정하여 고시하는 사항(위험성평가를 위해 사전조사 한 안전보건정보, 그 밖에 사업장에서 필요하다고 정한 사항) * 보존기간 : 3년간 보존
위험성평가의 공유	다음 사항을 게시 또는 작업전안전점검회의(TBM)등의 방법으로 공유. ① 근로자가 종사하는 작업과 관련된 유해·위험요인 ② 유해·위험요인의 위험성 결정 결과 ③ 유해·위험요인의 위험성 감소대책과 그 실행 계획 및 실행 여부 ④ 위험성 감소대책에 따라 근로자가 준수하거나 주의하여야 할 사항

* 상시근로자 5인 미만 사업장(건설공사의 경우 1억원 미만)의 경우 사전준비는 생략할 수 있다.

2. 평가대상 선정

위험성평가 대상	① 위험성평가의 대상이 되는 유해·위험요인은 업무 중 근로자에게 노출된 것이 확인되었거나 노출될 것이 합리적으로 예견 가능한 모든 유해·위험요인(다만, 매우 경미한 부상 및 질병만을 초래할 것으로 명백히 예상되는 유해·위험요인은 평가 대상에서 제외) ② 사업장 내 부상 또는 질병으로 이어질 가능성이 있었던 상황(아차사고)을 확인한 경우에는 해당 사고를 일으킨 유해·위험요인을 위험성평가의 대상에 포함 ③ 중대재해가 발생한 때에는 지체 없이 중대재해의 원인이 되는 유해·위험요인에 대해 위험성평가를 실시하고, 그 밖의 사업장 내 유해·위험요인에 대해서는 위험성평가 재검토를 실시

위험성평가 대상 선정	사업장의 공정, 작업, 장소, 기계·기구, 물질, 부품, 작업행동, 가스, 분진 등을 꼼꼼히 살펴보고, 그간 있었던 산업재해나 아차사고 등을 고려하여 위험성평가 대상을 선정

3. 평가항목

위험성 평가 항목	① 평가항목을 작성할 때는 위험한 상황에 노출되는 현장 근로자의 아차사고, 위험을 느꼈던 순간 등 경험을 반영하도록 하고, 우리 사업장의 안전보건자료 등도 참고 ② 체크리스트 항목을 가지고 현장을 점검하다가 누락된 사항이 발견 되면, 수시로 평가항목을 추가하여 지속적으로 활용

4. 관련법에 관한 사항

1) 위험성평가 방법(한 가지 이상 선정)

① 위험 가능성과 중대성을 조합한 빈도·강도법
② 체크리스트(Checklist)법
③ 위험성 수준 3단계(저·중·고) 판단법
④ 핵심요인 기술(One Point Sheet)법
⑤ 그 외 공정안전보고서 위험성평가 기법[위험과운전분석(HAZOP), 결함수분석(FTA), 사건수분석(ETA) 등]

2) 위험성평가의 실시시기

최초평가	사업장 성립(사업개시·실 착공일) 이후 1개월 이내 착수
수시평가	기계·기구 등의 신규 도입·변경 등으로 인한 추가적 유해·위험요인에 대해 실시
정기평가	매년 전체 위험성평가 결과의 적정성을 재검토하고, 필요시 감소대책 시행
상시평가	월·주·일 단위의 주기적 위험성평가 및 결과 공유·주지 등의 조치를 실시하는 경우 수시·정기평가를 실시한 것으로 간주

3) 위험성 평가 인정

인정신청 대상 사업장	① 상시 근로자 수 100명 미만 사업장(건설공사 제외) ② 총 공사금액 120억원(토목공사는 150억원) 미만의 건설공사
인정심사 항목	① 사업주의 관심도 ② 위험성평가 실행수준 ③ 구성원의 참여 및 이해 수준 ④ 재해발생 수준

III. 위험성 감소 대책 수립 및 실행

1. 위험성 개선대책(공학적·관리적)의 종류

1) 위험성 감소대책 수립 및 실행

(1) 위험성의 수준, 영향을 받는 근로자 수 및 다음 순서를 고려하여 대책수립 및 실행
① 위험한 작업의 폐지·변경, 유해·위험물질 대체 등의 조치 또는 설계나 계획 단계에서 위험성을 제거 또는 저감하는 조치
② 연동장치, 환기장치 설치 등의 공학적 대책
③ 사업장 작업절차서 정비 등의 관리적 대책
④ 개인용 보호구의 사용

제거 → 대체 → 공학적 통제 → 행정적 통제 → 개인보호구

(2) 개선대책(공학적·관리적)의 종류

공학적 방법	① 인터록 ② 안전장치 ③ 방호문 ④ 국소배기장치 설치 등
관리적 방법	① 작업매뉴얼을 정비 ② 출입금지·작업허가 제도를 도입 ③ 근로자들에게 주의사항을 교육하는 등

(3) 3대 재해 유형별 대책

재해유형	공학적 대책	관리적 대책
추락	① 작업발판 설치 ② 안전난간 설치 ③ 추락방호망 설치 ④ 전도방지 조치 등	① 특별교육 ② 작업전 관리감독 ③ 2인 1조작업 ④ 작업계획서 작성 ⑤ 유도자 배치 등
끼임	① 기동스위치 잠금장치 ② 안전블록 사용 ③ 방호장치 ④ 방호덮개 ⑤ 울타리 설치 등	① 전원투입금지 표지판 설치 ② 정비작업 절차 수립 ③ 작업허가제 운영 ④ 작업전 작동여부 점검 등
부딪힘	① 지게차 후방경보장치 및 경광등 설치 ② 스마트 안전장치 사용 ③ 안전통행로 설치 등	① 작업계획서 작성 ② 작업지휘자 배치 ③ 유도자 배치 ④ 출입통제 등

2. 허용가능한 위험수준 분석

1) 위험성평가에서의 위험성의 분류

수용가능한 위험성	문제가 되지 않는 상태의 위험성으로 위험성이 매우 적어 안전한 상태라 할 수 있는 상태의 위험성(이상적인 상태)
허용가능한 위험성	기계·설비·비용 등 현실적인 요소를 반영하여 위험성을 통제, 관리하여 합리적으로 실행 가능한 수준까지 낮추어 대다수가 받아들이는 상태의 위험성
허용 불가능한 위험성	사고 및 재해 발생의 위험성이 있어 허용할수 없는 상태의 위험성으로 위험성 감소대책을 수립·시행해야 함

2) 허용가능한 위험수준 분석

(1) 근로자 참여

① 유해·위험요인의 위험성 수준이 높은지 낮은지 판단하는 기준을 마련할 때는 사업장에서 위험에 직접 노출되는 근로자가 반드시 참여해야 한다.

② 사업장에서 허용 가능한 위험성의 수준이 어떤 수준인지를 결정할 때에도 위험에 직접 노출되는 근로자들의 참여가 필수적이다.

(2) 허용가능한 위험성의 수준

위험성의 수준	① 최소한 법에서 정한 기준 이상으로 설정 ② 일반 상식 수준에서 재해를 발생시키지 않거나, 경미한 재해가 드물게 일어나는 수준으로 정하도록 권할 수 있음
위험성의 수준기준	① 법적인 기준, 사고로 이어질 가능성과 그 크기 등을 고려하여 판단 ② 위험성의 수준이 높게 나타나는 경우, 반드시 위험성 감소대책을 마련·시행 ③ 위험성의 수준과 허용 가능한 위험성의 수준은 법령 개정, 사업장 환경, 기술 발전 등에 따라 변화할 수 있음
수준을 높게 분류하여야 하는 경우	①「산업안전보건법」등에서 규정하는 사항을 만족하지 않는 경우 ② 중대재해나 건강장해가 일어날 것이 명확하게 예상되는 경우 ③ 많은 근로자가 위험에 노출될 것이 예상되는 경우 ④ 동종업계 등에서 발생한 중대재해와 연관이 있는 유해·위험요인 등

6과목 건설현장 안전시설관리

1. 토질시험을 위한 지하 탐사법의 종류를 3가지 쓰시오.

> **해답**
> ① 짚어 보기
> ② 터 파보기
> ③ 물리적 탐사

2. 보링(Boring)의 종류와 적용토질을 쓰시오.

> **해답**
> ① 오거(Auger)보링 : 공벽 붕괴 없는 지반
> ② 수세식 보링 : 매우 연약한 점토
> ③ 충격식 보링 : 거의 모든 지층
> ④ 회전식 보링 : 토사 및 암반

3. Sounding에 해당하는 표준관입시험(S. P. T)과 Vane test에 관하여 간단히 설명하시오.

> **해답**
> (1) 표준관입시험(S. P. T) :
>   ① 질량 63.5±0.5kg의 드라이브 해머를 760±10mm 자유낙하 시키고 보링로드 머리부에 부착된 노킹블록을 타격하여 보링로드 앞끝에 부착한 표준관입 시험용 샘플러를 지반에 300mm 박아 넣는 데 필요한 타격횟수 N값을 측정
>   ② 흙의 지내력 판단, 사질토 적용
> (2) Vane test : 연약점토 지반에 십자형날개가 달린 rod를 흙 속에 관입한 후 rod를 회전시켜 회전 Moment를 측정하여 판단하는 방법

4. 지내력 시험의 종류를 3가지 쓰시오.

> **해답**
> ① 평판 재하 시험(P.B.T)
> ② 말뚝 박기 시험
> ③ 말뚝 재하 시험

5. 사질토에 해당하는 연약지반 개량공법의 종류를 5가지 쓰시오.

> **해답**
> ① 진동 다짐 공법(vibro floatation)
> ② 다짐 모래 말뚝 공법(vibro composer, sand compaction pile)
> ③ 폭파 다짐 공법
> ④ 전기 충격 공법
> ⑤ 약액 주입 공법
> ⑥ 동다짐 공법

6. 점성토지반에서 주로 사용하는 연약지반 개량공법의 종류를 쓰시오.

   해답 ① 치환 공법(굴착 치환, 미끄럼 치환, 폭파 치환)
   ② 압밀(재하)공법(Preloading 공법, 압성토 공법)
   ③ 탈수공법(sand drain공법, paper drain공법, pack drain공법)
   ④ 배수공법(Deep well 공법, Well point 공법)
   ⑤ 고결공법(생석회말뚝, 동결, 소결)
   ⑥ 동치환공법
   ⑦ 전기침투 공법 등

7. 유해위험 방지 계획서를 작성해야하는 대상 건설업을 5가지 쓰시오.

   해답 ① 다음 각목의 어느 하나에 해당하는 건축물 또는 시설 등의 건설, 개조 또는 해체공사
   　　㉠ 지상 높이가 31미터 이상인 건축물 또는 인공구조물
   　　㉡ 연면적 3만제곱미터 이상인 건축물
   　　㉢ 연면적 5천제곱미터 이상인 시설로서 다음의 어느 하나에 해당하는 시설
   　　　　㉮ 문화 및 집회시설 ㉯ 판매시설, 운수시설 ㉰ 종교시설 ㉱ 의료시설 중 종합병원
   　　　　㉲ 숙박시설 중 관광숙박시설 ㉳ 지하도 상가 ㉴ 냉동, 냉장 창고시설
   ② 최대 지간 길이가 50미터 이상인 다리의 건설 등 공사
   ③ 연면적 5천 제곱 미터 이상인 냉동, 냉장창고 시설의 설비공사 및 단열공사
   ④ 다목적댐, 발전용댐, 저수용량 2천만톤 이상의 용수전용댐 및 지방 상수도 전용댐의 건설 등 공사
   ⑤ 터널의 건설등 공사
   ⑥ 깊이 10미터 이상인 굴착 공사

8. 유해위험 방지계획서의 제출시 첨부해야할 서류를 쓰시오

   해답 (1) 공사개요 및 안전보건관리계획
   　① 공사개요서
   　② 공사현장의 주변현황 및 주변과의 관계를 나타내는 도면(매설물 현황 포함)
   　③ 전체공정표
   　④ 산업안전보건관리비 사용계획
   　⑤ 안전관리 조직표
   　⑥ 재해발생 위험 시 연락 및 대피방법
   (2) 작업공사 종류별 유해·위험방지계획

9. 유해위험 방지 계획서의 첨부서류 중 작업공사종류별 유해위험방지계획에 해당하는 대상 공사의 종류를 6가지 쓰시오.

   해답 ① 건축물 또는 시설 등의 건설·개조 또는 해체(건설 등) 공사
   ② 냉동·냉장창고시설의 설비공사 및 단열공사
   ③ 다리건설 등의 공사
   ④ 터널건설 등의 공사
   ⑤ 댐 건설 등의 공사
   ⑥ 굴착공사

10. 유해위험 방지 계획서(건설업)의 제출시기 및 방법을 쓰시오.

> **해답** 공사착공전일까지 노동부 장관(산업안전공단)에게 작성한 첨부서류 2부를 제출

11. 안전보건관리비의 안전시설비 등에 관한 사용기준을 2가지 쓰시오.

> **해답** 안전시설비 등
> ① 산업재해 예방을 위한 안전난간, 추락방호망, 안전대 부착설비, 방호장치(기계·기구와 방호장치가 일체로 제작된 경우, 방호장치 부분의 가액에 한함) 등 안전시설의 구입·임대 및 설치를 위해 소요되는 비용
> ② 「건설기술진흥법」에 따른 스마트 안전장비 구입·임대 비용의 5분의 1에 해당하는 비용. 다만, 계상된 안전보건관리비 총액의 10분의 1을 초과할 수 없다.
> ③ 용접작업 등 화재 위험작업 시 사용하는 소화기의 구입·임대비용

12. 건설재해예방전문지도기관과 건설산업재해 예방을 위한 지도계약을 체결해야하는 대상공사를 쓰시오.

> **해답** 공사금액 1억원 이상 120억원(토목공사업에 속하는 공사는 150억원) 미만인 공사와 「건축법」에 따른 건축허가의 대상이 되는 공사

13. 산업안전보건관리비의 사용기준에 대하여 쓰시오.

> **해답** ① 안전관리자·보건관리자의 임금 등   ② 안전시설비 등   ③ 보호구 등
> ④ 안전보건진단비 등   ⑤ 안전보건교육비 등   ⑥ 근로자 건강장해예방비 등
> ⑦ 건설재해예방전문지도기관의 지도에 대한 대가로 지급하는 비용
> ⑧ 「중대재해 처벌 등에 관한 법률」에 해당하는 건설사업자가 아닌 자가 운영하는 사업에서 안전보건 업무를 총괄·관리하는 3명 이상으로 구성된 본사 전담조직에 소속된 근로자의 임금 및 업무수행 출장비 전액
> ⑨ 위험성평가 또는 「중대재해 처벌 등에 관한 법률 시행령」에 따라 유해·위험요인 개선을 위해 필요하다고 판단하여 산업안전보건위원회 또는 노사협의체에서 사용하기로 결정한 사항을 이행하기 위한 비용

14. 셔블계 굴착기계의 종류를 4가지 쓰시오.

> **해답** ① 파워셔블(Power shovel)
> ② 드레그 셔블(Back Hoe)
> ③ 드래그라인(Drag Line)
> ④ 크램쉘(Clam Shell)

15. 드레그 셔블(Back Hoe)의 특징을 2가지 쓰시오.

> **해답** ① 기계가 위치한 지반보다 낮은 굴착에 사용
> ② power shovel 의 몸체에 앞을 긁어낼 수 있는 arm과 bucket을 달고 굴착
> ③ 기초 굴착, 수중굴착, 좁은 도랑 및 비탈면 절취 등의 작업

16. Blade(배토판)의 형태 및 작동방법에 의한 불도저의 분류를 쓰고 특징을 간단히 쓰시오.

> **해답**
>
> | | |
> |---|---|
> | Straight Dozer | 트랙터의 종방향 중심축에 배토판을 직각으로 설치하여 직선적인 굴착 및 압토작업에 효율적 |
> | Angle Dozer | 배토판을 20°~30°의 수평방향으로 돌릴 수 있도록 만든 장치, 측면굴착에 유리 |
> | Tilt Dozer | 배토판 좌우를 상하 25~30°까지 기울일 수 있어 도랑파기, 경사면 굴착에 유리 |
> | Hinge dozer | 배토판 중앙에 힌지를 붙여 안팎으로 V자형으로 꺾을 수 있으며, 삽을 밖으로 꺾으면 흙을 옆으로 밀어내면서 전진하므로 제토·제설작업 및 다량의 흙을 앞으로 밀고 가는데 적합 |

17. 굴착공사(굳은토질의 굴착에도 용이)와 싣기에 많이 사용하며 기계가 위치한 지반보다 높은 굴착에 유리한 셔블계 굴착기계는 무엇인가?

> **해답** 파워셔블(Power shovel)

18. 연암, 풍화암, 포장도로의 노반 파쇄, 제거 및 압토작업 등을 하는 도저는 무엇인가?

> **해답** ripper dozer(후미에 ripper 장착)

19. Scraper(스크레이퍼)의 특징을 간단히 쓰시오.

> **해답**
> ① 굴착, 운반, 하역, 적재, 사토, 흙깎기 작업을 연속적으로 할 수 있는 중거리 토공기계
> ② 불도저보다 중량이 크고 고속운전이 가능

20. 전압식에 해당하는 다짐기계의 종류를 4가지 쓰시오.

> **해답**
> ① 머캐덤 롤러(MacadamRoller)
> ② 탠덤 롤러(Tandem Roller)
> ③ 타이어 롤러(Tire Roller)
> ④ 탬핑 롤러(Tamping Roller)

21. 탬핑 롤러(Tamping Roller)의 특징을 3가지 쓰시오.

> **해답**
> ① 롤러 표면에 돌기를 만들어 부착, 땅 깊숙이 다짐 가능
> ② 토립자를 이동 혼합하여 함수비 조절 용이(간극수압제거)
> ③ 고함수비의 점성토 지반에 효과적, 유효다짐 깊이가 깊다.
> ④ 흙덩어리(풍화암 등)의 파쇄 효과 및 맞물림 효과가 크다.

22. 차량계하역 운반기계의 종류를 쓰시오.

> **해답** 지게차·구내운반차·화물자동차

23. 차량계하역 운반기계 등의 작업계획 작성시 포함되어야할 내용을 쓰시오.

> **해답** 그 작업에 따른 추락, 낙하, 전도, 협착 및 붕괴 등의 위험을 예방할 수 있는 안전대책에 관한 작업계획 작성 → 포함사항 : 그 차량계 하역운반기계등의 운행경로 및 작업방법

24. 차량계하역 운반기계 등의 전도 등의 방지를 위해 취해야할 조치사항을 3가지 쓰시오.

> **해답**
> ① 유도자 배치
> ② 부동침하 방지조치
> ③ 갓길의 붕괴방지조치

25. 차량계하역 운반기계 등의 화물적재시의 조치사항을 3가지 쓰시오.

> **해답**
> ① 하중이 한쪽으로 치우치지 않도록 적재할것
> ② 구내운반차 또는 화물자동차의 경우 화물의 붕괴 또는 낙하에 의한 위험을 방지하기 위하여 화물에 로프를 거는 등 필요한 조치를 할 것
> ③ 운전자의 시야를 가리지 않도록 화물을 적재할 것
>
> **Tip** 2012년법 개정으로 일부사항이 수정되었으므로 해답의 내용으로 알아두세요.
>
> **focus** 본 교재 제6과목 I. 7. 운반기계 단원에서 관련내용 확인

26. 차량계 하역운반기계의 이송시 전도 또는 전락에 의한 위험을 방지하기 위하여 준수해야할 사항을 3가지 쓰시오.

> **해답**
> ① 싣거나 내리는 작업은 평탄하고 견고한 장소에서 할 것
> ② 발판을 사용하는 경우에는 충분한 길이·폭 및 강도를 가진 것을 사용하고 적당한 경사를 유지하기 위하여 견고하게 설치할 것
> ③ 가설대 등을 사용하는 경우에는 충분한 폭 및 강도와 적당한 경사를 확보할 것
> ④ 지정운전자의 성명·연락처 등을 보기 쉬운 곳에 표시하고 지정운전자 외에는 운전하지 않도록 할 것

27. 차량계 하역운반기계 등의 운전자가 운전위치 이탈시 조치해야할 사항을 2가지 쓰시오.

> **해답**
> ① 포크, 버킷, 디퍼 등의 장치를 가장 낮은 위치 또는 지면에 내려 둘 것
> ② 원동기를 정지시키고 브레이크를 확실히 거는 등 갑작스러운 주행이나 이탈을 방지하기 위한 조치를 할 것
> ③ 운전석을 이탈하는 경우에는 시동키를 운전대에서 분리시킬 것. 다만, 운전석에 잠금장치를 하는 등 운전자가 아닌 사람이 운전하지 못하도록 조치한 경우는 그렇지 않다.

28. 차량계하역 운반기계를 이용한 화물작업시 작업지휘자를 지정해야 하는 단위화물의 무게는 얼마 이상인가?

> **해답** 단위화물의 무게가 100kg이상

29. 차량계 하역운반기계 작업시 작업지휘자의 준수사항을 4가지 쓰시오.

> **해답**
> ① 작업순서 및 그 순서마다의 작업방법을 정하고 작업을 지휘할 것
> ② 기구 및 공구를 점검하고 불량품을 제거할 것
> ③ 당해 작업을 행하는 장소에 관계근로자외의 자의 출입을 금지시킬 것
> ④ 로프를 풀거나 덮개를 벗기는 작업을 행하는 때에는 적재함의 화물이 낙하할 위험이 없음을 확인한 후에 당해 작업을 하도록 할 것

30. 구내운반차를 사용하는 경우 사업주가 준수해야할 사항을 4가지 쓰시오.

> **해답**
> ① 주행을 제동하고, 정지상태를 유지하기 위하여 유효한 제동장치를 갖출 것
> ② 경음기를 갖출 것
> ③ 운전자석이 차실내에 있는 것은 좌우에 한개씩 방향지시기를 갖출 것
> ④ 전조등 및 후미등을 갖출 것
>
> **Tip** 본 문제는 2021년 법령개정으로 수정된 내용입니다.(해답은 개정된 내용 적용)

31. 바닥으로부터 짐 윗면과의 높이가 2미터 이상인 화물자동차에 짐을 싣거나 내리는 작업을 할 경우 취해야할 안전조치 사항을 쓰시오.

> **해답** 승강설비 설치 및 안전모 착용

32. 섬유로프 등을 화물자동차의 짐걸이에 사용하는 경우 작업시작전에 해야할 안전조치사항을 4가지 쓰시오.

> **해답**
> ① 작업순서 및 작업순서마다의 작업방법을 결정하고 작업을 직접 지휘하는 일
> ② 기구 및 공구를 점검하고 불량품을 제거하는 일
> ③ 당해 작업을 행하는 장소에는 관계근로자외의 자의 출입을 금지시키는 일
> ④ 로프풀기작업 및 덮개를 벗기는 작업을 행하는 때에는 적재함의 화물에 낙하위험이 없음을 확인한 후에 당해 작업의 착수를 지시하는 일

33. 고소작업대를 설치할 때 설치기준을 3가지 쓰시오.

> **해답** 고소 작업대 설치기준
> ① 작업대를 와이어로프 또는 체인으로 올리거나 내릴경우에는 와이어로프 또는 체인이 끊어져 작업대가 떨어지지 아니하는 구조여야 하며, 와이어로프 또는 체인의 안전율은 5 이상일 것
> ② 작업대를 유압에 의해 올리거나 내릴경우에는 작업대를 일정한 위치에 유지할 수 있는 장치를 갖추고 압력의 이상저하를 방지할 수 있는 구조일 것
> ③ 권과방지장치를 갖추거나 압력의 이상상승을 방지할 수 있는 구조일 것
> ④ 붐의 최대 지면경사각을 초과 운전하여 전도되지 않도록 할 것
> ⑤ 작업대에 정격하중(안전율 5 이상)을 표시할 것
> ⑥ 작업대에 끼임·충돌 등 재해를 예방하기 위한 가드 또는 과상승방지장치를 설치할 것
> ⑦ 조작반의 스위치는 눈으로 확인할 수 있도록 명칭 및 방향표시를 유지할 것

34. 고소작업대 설치시 준수해야할 사항을 2가지 쓰시오.

해답 ① 바닥과 고소작업대는 가능한 한 수평을 유지하도록 할 것
② 갑작스러운 이동을 방지하기 위하여 아웃트리거(outrigger) 또는 브레이크 등을 확실히 사용할 것

35. 고소작업대를 이동할 때에 준수해야할 사항을 3가지 쓰시오.

해답 ① 작업대를 가장 낮게 하강시킬 것
② 작업자를 태우고 이동하지 말 것(다만, 이동중 전도 등의 위험 예방을 위하여 유도하는 사람을 배치하고 짧은 구간을 이동하는 경우에는 작업대를 가장 낮게 내린 상태에서 작업자를 태우고 이동할 수 있다.)
③ 이동통로의 요철상태 또는 장애물의 유무 등을 확인할 것

Tip 2023년 법령개정. 문제 및 해답은 개정된 내용 적용.

36. 고소작업대를 사용할때에 준수해야할 사항을 3가지 쓰시오.

해답 ① 작업자가 안전모·안전대 등의 보호구를 착용하도록 할 것
② 관계자가 아닌 사람이 작업구역에 들어오는 것을 방지하기 위하여 필요한 조치를 할 것
③ 안전한 작업을 위하여 적정수준의 조도를 유지할 것
④ 전로(電路)에 근접하여 작업을 하는 경우에는 작업감시자를 배치하는 등 감전사고를 방지하기 위하여 필요한 조치를 할 것
⑤ 작업대를 정기적으로 점검하고 붐·작업대 등 각 부위의 이상 유무를 확인할 것
⑥ 전환스위치는 다른 물체를 이용하여 고정하지 말 것
⑦ 작업대는 정격하중을 초과하여 물건을 싣거나 탑승하지 말 것
⑧ 작업대의 붐대를 상승시킨 상태에서 탑승자는 작업대를 벗어나지 말 것. 다만, 작업대에 안전대 부착 설비를 설치하고 안전대를 연결하였을 때에는 그렇지 않다.

37. 고소작업대를 사용함에 있어 악천후로 인하여 작업을 중지해야할 경우를 쓰시오.

해답 비, 눈 그밖의 기상상태의 불안정으로 10m 이상 높이에서 고소작업대를 사용함에 있어 근로자에게 위험을 미칠 우려가 있을 경우 작업을 중지하여야 한다.

38. 산업안전보건법상 양중기의 종류를 4가지 쓰시오.

해답 ① 크레인(호이스트 포함)
② 이동식 크레인
③ 리프트(이삿짐운반용 리프트의 경우 적재하중 0.1톤 이상인 것)
④ 곤돌라
⑤ 승강기

39. 건설용 리프트의 정의를 쓰시오.

해답 동력을 사용하여 가이드레일을 따라 상하로 움직이는 운반구를 매달아 화물을 운반할 수 있는 설비 또는 이와 유사한 구조 및 성능을 가진 것으로서 건설현장에서 사용하는 것

40. 건설용 리프트의 용도별 종류를 쓰시오.

해답 ① 화물용 리프트
② 인화공용 리프트 (건물외벽에서의 작업 등에 적합하도록 근로자가 타거나 화물, 작업자재 등을 실을 수 있는 작업대 등을 구비한 작업대 겸용 운반구를 포함한다)

41. 건설용 리프트의 방호장치를 3가지 쓰시오.

해답 ① 권과방지장치
② 과부하 방지장치
③ 비상정지장치

42. 건설용 리프트에 사용하는 다음의 용어를 간단히 설명하시오.

해답

적재하중(Movable Load)	리프트의 구조나 재료에 따라 운반구에 화물을 적재하고 상승할 수 있는 최대 하중
시험하중(Test Load)	제작된 리프트의 안전성 시험시 적용되는 하중으로 적재정량의 1.1배의 하중
정격속도(Rated Speed)	운반구에 적재하중을 싣고 상승할 수 있는 최고 속도

43. 와이어로프식 건설용리프트에 해당하는 주요구조부, 구동부 및 동력전달 장치의 종류를 4가지 쓰시오.

해답 ① 가이드레일 ② 운반구 ③ 설치기초 ④ 전동기
⑤ 감속기 ⑥ 와이어로프 ⑦ 제어반

44. 크레인의 방호장치의 종류를 쓰시오.

해답 ① 권과방지 장치 ② 과부하 방지 장치 ③ 비상 정지장치 ④ 브레이크 장치

45. 타워 크레인(Tower Crane)을 선정하기 위한 사전 검토사항을 3가지 쓰시오.

해답 ① 인양능력 ② 작업반경 ③ 붐의 높이 등

46. 이동식 크레인의 재해 방지 대책을 3가지 쓰시오.

해답 ① 이동식 크레인의 구조부분을 구성하는 강재 등의 변형방지를 위해 설계기준 준수
② 과도한 압력상승을 방지하기 위한 안전밸브의 조정
③ 하물을 운반하는 경우 반드시 해지장치 사용

④ 이동식 크레인 명세서에 적혀있는 지브의 경사각의 범위에서 사용
⑤ 권과 방지장치 및 과부하방지장치 등 방호장치 설치
⑥ 안전기준에 적합한 와이어로프 사용
⑦ 적재물에 탑승금지 및 부득이한 경우 전용 탑승설비 설치
⑧ 작업반경 내 관계자 외 출입금지 및 신호수 배치
⑨ 아웃트리거 및 가대의 침하를 방지하기 위한 조치
⑩ 인양하물이 흔들리지 않도록 유도로프 설치

47. 데릭의 구조를 간단히 설명하고 종류를 3가지 쓰시오.

해답 (1) 구조 : 동력을 이용하여 물건을 달아 올리는 기계장치로써 마스트 또는 붐, 달아 올리는 기구와 기타 부속물로 구성
(2) 종류 : ① 가이데릭 ② 진포올데릭 ③ 스티프레그 데릭 등

48. 승강기의 방호장치를 4가지 쓰시오.

해답 ① 파이널 리미트 스위치
② 완충기
③ 속도조절기(governor)
④ 출입문 인터록 장치

49. 동력을 사용하는 항타기 또는 항발기에 대하여 무너짐방지를 위하여 준수하여야할 사항을 4가지 쓰시오.

해답 ① 연약한 지반에 설치하는 경우에는 아웃트리거·받침 등 지지구조물의 침하를 방지하기 위하여 깔판·받침목 등을 사용할 것
② 시설 또는 가설물 등에 설치하는 경우에는 그 내력을 확인하고 내력이 부족하면 그 내력을 보강할 것
③ 아웃트리거·받침 등 지지구조물이 미끄러질 우려가 있는 경우에는 말뚝 또는 쐐기 등을 사용하여 해당 지지구조물을 고정시킬 것
④ 궤도 또는 차로 이동하는 항타기 또는 항발기에 대해서는 불시에 이동하는 것을 방지하기 위하여 레일 클램프(rail clamp) 및 쐐기 등으로 고정시킬 것
⑤ 상단 부분은 버팀대·버팀줄로 고정하여 안정시키고, 그 하단 부분은 견고한 버팀·말뚝 또는 철골 등으로 고정시킬 것

50. 항타기 항발기의 권상용 와이어로프의 안전계수는 얼마 이상인가?

해답 5 이상

51. 항타기 또는 항발기의 권상용와이어로프의 사용금지 사항을 5가지 쓰시오.

해답 ① 이음매가 있는 것
② 와이어로프의 한 꼬임(스트랜드)에서 끊어진 소선(필러선 제외)의 수가 10% 이상(비자전로프의 경우에는 끊어진 소선의 수가 와이어로프 호칭지름의 6배 길이 이내에서 4개 이상이거나 호칭지름 30

배 길이 이내에서 8개 이상)인 것
③ 지름의 감소가 공칭지름의 7%를 초과하는 것
④ 꼬인 것
⑤ 심하게 변형되거나 부식된 것
⑥ 열과 전기충격에 의해 손상된 것

52. 항타기 또는 항발기의 권상용와이어로프의 사용시 준수사항을 3가지 쓰시오.

> **해답** ① 권상용 와이어로프는 추 또는 해머가 최저의 위치에 있을 때 또는 널말뚝을 빼내기 시작할 때를 기준으로 권상장치의 드럼에 적어도 2회 감기고 남을 수 있는 충분한 길이일 것
> ② 권상용 와이어로프는 권상장치의 드럼에 클램프·클립 등을 사용하여 견고하게 고정할 것
> ③ 권상용 와이어로프에서 추·해머 등과의 연결은 클램프·클립 등을 사용하여 견고하게 할 것
> ④ 제②호 및 제③호의 클램프·클립 등은 한국산업표준 제품이거나 한국산업표준이 없는 제품의 경우에는 이에 준하는 규격을 갖춘 제품을 사용할 것

53. 항타기 또는 항발기의 도르래의 위치를 쓰시오.

> **해답** ① 권상장치의 드럼축과 권상장치로부터 첫번째 도르래의 축과의 거리를 권상장치의 드럼폭의 15배이상으로 하여야 한다.
> ② 도르래는 권상장치의 드럼의 중심을 지나야 하며 축과 수직면상에 있어야한다

54. 추락 위험을 예방하기 위한 조치사항을 3가지 쓰시오.

> **해답** 추락의 방지(작업발판의 끝, 개구부등 제외)
> ① 추락하거나 넘어질 위험이 있는 장소 또는 기계·설비·선박블록 등에서 작업할 때
>   ㉠ 비계를 조립하는 등의 방법으로 작업발판 설치
>   ㉡ 발판설치가 곤란한 경우 추락방호망 설치
>   ㉢ 추락방호망 설치가 곤란한 경우 안전대 착용 등 추락위험방지조치
>
> | 방호망의
설치기준 | ㉮ 추락방호망의 설치위치는 가능하면 작업면으로부터 가까운 지점에 설치하여야 하며, 작업면으로부터 망의 설치지점까지의 수직거리는 10미터를 초과하지 아니할 것
㉯ 추락방호망은 수평으로 설치하고, 망의 처짐은 짧은 변 길이의 12퍼센트 이상이 되도록 할 것
㉰ 건축물 등의 바깥쪽으로 설치하는 경우 망의 내민 길이는 벽면으로부터 3미터 이상 되도록 할 것. 다만, 그물코가 20밀리미터 이하인 망을 사용한 경우에는 낙하물에 의한 위험방지에 따른 낙하물방지망을 설치한 것으로 본다. |
> |---|---|
>
> ② 악천후시 작업금지 : 비, 눈, 바람 또는 그밖의 기상상태의 불안정으로 인하여 근로자가 위험해질 우려가 있는경우(다만, 태풍등으로 위험이 예상되거나 발생되어 긴급 복구작업을 필요로 하는 경우에는 그렇지 않다.)
> ③ 높이가 2m 이상인 장소에서의 위험방지 조치사항
>   ㉠ 안전대의 부착설비 : 지지로프 설치시 처지거나 풀리는 것을 방지하기위한 조치
>   ㉡ 조명의 유지 : 당해 작업을 안전하게 수행하는데 필요한 조명 유지
>   ㉢ 승강설비(건설용 리프트 등) 설치 : 높이 또는 깊이가 2m 초과하는 장소에서의 안전한 작업을 위한 승강설비 설치

55. 항타기 또는 항발기를 조립하거나 해체하는 경우 점검해야 할 사항을 4가지 쓰시오.

해답
① 본체 연결부의 풀림 또는 손상의 유무
② 권상용 와이어로프·드럼 및 도르래의 부착상태의 이상유무
③ 권상장치의 브레이크 및 쐐기장치 기능의 이상유무
④ 권상기의 설치상태의 이상유무
⑤ 리더(leader)의 버팀 방법 및 고정상태의 이상 유무
⑥ 본체·부속장치 및 부속품의 강도가 적합한지 여부
⑦ 본체·부속장치 및 부속품에 심한 손상·마모·변형 또는 부식이 있는지 여부

56. 통로의 설치기준을 3가지 쓰시오.

해답
① 작업장으로 통하는 장소 또는 작업장내에 근로자가 사용할 안전한 통로를 설치하고 항상 사용할수 있는 상태로 유지하여야 한다.
② 통로의 주요부분에는 통로 표시를 하고 근로자가 안전하게 통행할수 있도록 하여야 한다.
③ 통로면으로부터 높이 2미터 이내에는 장애물이 없도록 하여야 한다.

57. 추락방호망의 설치기준을 3가지 쓰시오.

해답
① 추락방호망의 설치위치는 가능하면 작업면으로부터 가까운 지점에 설치하여야 하며, 작업면으로부터 망의 설치지점까지의 수직거리는 10미터를 초과하지 아니할 것
② 추락방호망은 수평으로 설치하고, 망의 처짐은 짧은 변 길이의 12퍼센트 이상이 되도록 할 것
③ 건축물 등의 바깥쪽으로 설치하는 경우 망의 내민 길이는 벽면으로부터 3미터 이상 되도록 할 것. 다만, 그물코가 20밀리미터 이하인 망을 사용한 경우에는 낙하물에 의한 위험방지에 따른 낙하물방지망을 실시한 것으로 본다.

58. 근로자가 지붕위에서 작업시 추락하거나 넘어질 위험이 있는 경우 조치해야 할 사항을 쓰시오.

해답 지붕위에서 작업시 추락하거나 넘어질 위험이 있는 경우 조치 사항
① 지붕의 가장자리에 안전난간을 설치할 것
   – 안전난간 설치가 곤란한 경우 추락방호망 설치
   – 추락방호망 설치가 곤란한 경우 안전대 착용 등의 추락 위험 방지조치
② 채광창(skylight)에는 견고한 구조의 덮개를 설치할 것
③ 슬레이트 등 강도가 약한 재료로 덮은 지붕에는 폭 30센티미터 이상의 발판을 설치할 것

59. 권상용 와이어로프의 사용제한조건을 쓰시오.

해답
① 이음매가 있는 것
② 와이어로프의 한 꼬임(스트랜드)에서 끊어진 소선(필러선 제외)의 수가 10% 이상(비자전로프의 경우에는 끊어진 소선의 수가 와이어로프 호칭지름의 6배 길이 이내에서 4개 이상이거나 호칭지름 30배 길이 이내에서 8개 이상)인 것
③ 지름의 감소가 공칭지름의 7%를 초과하는 것
④ 꼬인 것
⑤ 심하게 변형되거나 부식된 것
⑥ 열과 전기충격에 의해 손상된 것

60. 작업 중 또는 통행시 굴러 떨어짐(전락)으로 인한 화상, 질식 등의 위험을 미칠 케틀, 호퍼, 핏트 등에 안전을 위해 조치해야할 사항을 쓰시오.

> **해답** 높이 90cm 이상의 울 설치

61. 추락재해를 방지하기 위한 안전대 부착설비의 종류를 4가지 쓰시오.

> **해답**
> ① 비계
> ② 지지로프
> ③ 건립중인 구조체(철골 등)
> ④ 전용 철물
> ⑤ 수평지지로프
> ⑥ 수직 지지로프

62. 안전대 부착설비의 안전기준을 3가지 쓰시오.

> **해답**
> ① 높이 2m 이상 장소에서 안전대 착용시 안전대 부착설비 설치
> ② 지지로프 등의 처짐 또는 풀림 방지를 위한 필요한 조치
> ③ 작업 시작 전 이상유무 점검
> ④ 철골 작업시에는 전용지주나 지지로프 반드시 설치(작업발판미설치)
> ⑤ 지지로프는 1인 1가닥 사용이 원칙

63. 작업발판 및 통로의 끝이나 개구부로 추락위험장소에 대한 방호조치를 쓰시오.

> **해답**
> ① 안전난간, 울타리, 수직형 추락방망 또는 덮개 등의 방호조치를 충분한 강도를 가진 구조로 튼튼하게 설치하고, 덮개 설치 시 뒤집히거나 떨어지지 않도록 설치(어두운 장소에서도 알아볼 수 있도록 개구부임을 표시)
> ② 안전난간 등의 설치가 매우 곤란하거나 작업의 필요상 임시로 난간등을 해체하는 경우 추락방호망 설치(추락방호망 설치가 곤란한 경우 안전대 착용 등의 추락위험 방지조치)

64. 추락방지를 위한 방망의 정기시험주기와 시험방법을 쓰시오.

> **해답**
> ① 기간 : 사용 개시 후 1년이내 그후 6개월마다 1회씩
> ② 시험방법 : 시험용사에 대한 등속인장시험

65. 안전난간의 설치기준을 쓰시오.

> **해답**
>
> | 상부난간대 | 바닥면·발판 또는 경사로의 표면으로부터 90센티미터 이상 지점에 설치하고, 상부 난간대를 120센티미터 이하에 설치하는 경우에는 중간 난간대는 상부 난간대와 바닥면등의 중간에 설치하여야 하며, 120센티미터 이상 지점에 설치하는 경우에는 중간 난간대를 2단 이상으로 균등하게 설치하고 난간의 상하 간격은 60센티미터 이하가 되도록 할 것 |
> |---|---|

발끝막이판	바닥면 등으로부터 10센티미터 이상의 높이를 유지할 것(물체가 떨어지거나 날아올 위험이 없거나 그 위험을 방지할 수 있는 망을 설치하는 등 필요한 예방조치를 한 장소 제외)
난간기둥	상부난간대와 중간난간대를 견고하게 떠받칠 수 있도록 적정간격을 유지할 것
상부난간대와 중간난간대	난간길이 전체에 걸쳐 바닥면등과 평행을 유지할 것
난간대	지름 2.7센티미터 이상의 금속제파이프나 그 이상의 강도가 있는 재료일 것
하중	안전난간은 구조적으로 가장 취약한 지점에서 가장 취약한 방향으로 작용하는 100킬로그램 이상의 하중에 견딜 수 있는 튼튼한 구조일 것

66. 추락방지를 위한 방망 지지점의 강도기준을 쓰시오.

해답 ① 600kg의 외력에 견딜 수 있는 강도 보유
② 연속적인 구조물이 방망 지지점인 경우

$$F = 200B$$

여기서, F = 외력(킬로그램)
B : 지지점간격(미터)

67. 높이 3m 이상인 장소에서 물체 투하시 낙하에 의한 위험방지를 위한 조치사항을 쓰시오.

해답 ① 투하설비설치 ② 감시인배치

68. 낙하에 의한 위험을 방지하기 위한 법적인 조치사항을 4가지 쓰시오.

해답 ① 낙하물 방지망 설치 ② 수직 보호망 설치 ③ 방호선반 설치
④ 출입금지구역 설정 ⑤ 보호구착용

69. 낙하물방지망 또는 방호선반 설치시 준수해야할 사항을 2가지 쓰시오.

해답 ① 설치높이는 10m 이내마다 설치하고, 내민길이는 벽면으로부터 2m 이상으로 할 것
② 수평면과의 각도는 20도 이상 30도 이하를 유지할 것

70. 낙하 · 비래재해의 발생원인을 4가지 쓰시오.

해답 ① 고소 작업장의 자재, 공구 등의 정리정돈 불량
② 작업장 바닥의 폭 및 간격 등이 불량
③ 투하 설비 미설치
④ 위험구역 내 출입금지 표지판 및 감시인 미 배치

⑤ 안전모 등 보호구 미 착용
⑥ 낙하 비래 위험장소 내 방지 시설 미설치

71. 낙하·비래재해의 방호설비에 해당하는 수직보호망의 정의와 설치방법을 쓰시오.

해답 ① 정의 : 현장에서 비계 등 가설구조물 외 측면에 수직으로 설치하여 외부로 물체가 낙하하는 것을 방지하기 위한 설비
② 설치 방법

강관비계	비계기둥과 띠장 간격에 맞추어 제작 설치
강관틀비계	수평 지지대 설치간격을 5.5m 이하로 설치
철골구조물	수직 지지대 설치간격을 4m 이하로 설치

72. 낙하·비래재해의 방호설비에 해당하는 낙하물 방지망의 설치기준을 4가지 쓰시오.

해답 ① 그물코는 사각 또는 마름모로서 크기는 가로, 세로 각 2cm 이하
② 방지망의 설치 간격은 매 10m 이내(첫단의 설치높이는 근로자를 방호할 수 있는 가능한 낮은 위치에 설치)
③ 수평면과 이루는 각도는 20~30°
④ 내민 길이는 비계 외측으로부터 수평거리 2.0m 이상
⑤ 방지망을 지지하는 긴결재의 강도는 100kgf 이상 외력에 견디는 로프사용
⑥ 방지망의 겹침폭은 30cm 이상
⑦ 최하단의 방지망은 작은 못, 볼트 등의 낙하물이 떨어지지 않도록 방지망 위에 그물코 크기가 0.3cm 이하인 망을 추가설치

73. 낙하물 방호선반의 설치시 준수사항을 2가지 쓰시오.

해답 ① 높이 10미터 이내마다 설치하고, 내민 길이는 벽면으로부터 2미터 이상으로 할 것
② 수평면과의 각도는 20도 이상 30도 이하를 유지할 것

74. 흙막이 공법중 경사면 Open cut 공법의 특징을 3가지 쓰시오.

해답 ① 지반의 자립성에 의존하는 공법
② 토질이 양호하고 부지에 여유가 충분할 경우
③ 굴착 단면을 안정경사각으로 하며 지하수가 낮아야 함
④ 지보공 불필요

75. 흙막이 공법 중 흙막이 Open cut 공법의 종류를 3가지 쓰시오.

해답 ① 자립식 ② 타이로드 앵커식 ③ 버팀대 식

76. 흙막이 벽체의 강성에만 의존하며 근입 깊이가 충분해야하고 얕은 굴착에 가능한 흙막이 Open cut 공법은 무엇인가?

> **해답** 자립식 흙막이 공법

77. 흙막이 공법 중 부분 굴착 공법의 종류와 특징을 각각 쓰시오.

> **해답**
>
> | | |
> |---|---|
> | 아일랜드
(Island)공법 | ① 흙막이 open cut공법과 경사면 open cut 공법의 절충
② 1단계 중앙부를 굴착하여 기초를 구축한 후 주변부로 굴착해 나가는공법 |
> | 트랜치 컷
(Trench Cut)공법 | 아일랜드 공법과 반대로 주변부를 먼저 시공한 후 나중에 중앙부를 굴착하는 공법 |

78. 굴착작업시 지반 조사사항을 4가지 쓰시오.

> **해답**
> ① 형상·지질 및 지층의 상태
> ② 균열·함수(솜水)·용수 및 동결의 유무 또는 상태
> ③ 매설물 등의 유무 또는 상태
> ④ 지반의 지하수위 상태

79. 굴착작업 시 토사등의 붕괴 또는 낙하에 의하여 근로자에게 위험을 미칠 우려가 있는 경우 사업주가 위험을 방지하기 위해 해야하는 필요한 조치를 3가지 쓰시오.

> **해답**
> ① 흙막이 지보공 설치
> ② 방호망 설치
> ③ 근로자의 출입금지

80. 흙막이 굴착시 주의해야할 현상을 3가지 쓰시오.

> **해답**
> ① 히빙(Heaving)현상
> ② 보일링(Boiling)현상
> ③ 파이핑(Piping)현상
> ④ 액화 또는 액상화(Liguefaction)현상

81. 히빙(Heaving)현상의 정의 및 방지대책을 3가지 쓰시오.

> **해답** (1) 정의 : 연약성 점토지반 굴착시 굴착외측 흙의 중량에 의해 굴착저면의 흙이 활동 전단 파괴되어 굴착 내측으로 부풀어오르는 현상
> (2) 방지대책
>   ① 흙막이 근입깊이를 깊게   ② 표토제거 하중감소   ③ 지반개량
>   ④ 굴착면 하중증가   ⑤ 어스앵커설치 등

82. 보일링(Boiling)현상의 정의 및 방지대책을 3가지 쓰시오.

해답 (1) 정의 : 투수성이 좋은 사질지반의 흙막이 저면에서 수두차로 인한 상향의 침투압이 발생 유효응력이 감소하여 전단강도가 상실되는 현상으로 지하수가 모래와 같이 솟아오르는 현상
(2) 방지대책
① Filter 및 차수벽설치   ② 흙막이 근입깊이를 깊게(불투수층까지)
③ 약액주입등의 굴착면 고결   ④ 지하수위저하   ⑤ 압성토 공법 등

83. 토사붕괴재해의 붕괴 형태를 3가지 쓰시오.

해답 ① 사면 천단부 붕괴   ② 사면 중심부 붕괴   ③ 사면 하단부 붕괴

84. 토사붕괴 재해의 붕괴원인을 외적원인과 내적원인으로 구분하여 쓰시오.

해답

외적 원인	① 사면, 법면의 경사 및 기울기의 증가 ② 절토 및 성토 높이의 증가 ③ 공사에 의한 진동 및 반복 하중의 증가 ④ 지표수 및 지하수의 침투에 의한 토사 중량의 증가 ⑤ 지진, 차량, 구조물의 하중작용 ⑥ 토사 및 암석의 혼합층두께
내적 원인	① 절토 사면의 토질·암질 ② 성토 사면의 토질구성 및 분포 ③ 토석의 강도 저하

85. 경사로의 설치 및 사용시 준수해야할 사항을 4가지 쓰시오.

해답 ① 시공 하중 또는 폭풍, 진동 등 외력에 대하여 안전한 설계
② 경사로는 항상 정비하고 안전한 통로확보
③ 비탈면의 경사각은 30도 이내
④ 경사로의 폭은 최소 90cm 이상
⑤ 높이 7m 이내마다 계단참 설치
⑥ 추락방지용 안전난간 설치
⑦ 경사로 지지기둥은 3m 이내마다 설치
⑧ 목재는 미송, 육송 또는 그 이상의 재질을 가진 것
⑨ 발판은 폭 40cm 이상으로 하고, 틈은 3cm 이내로 설치
⑩ 발판이 이탈하거나 한쪽 끝을 밟으면 다른쪽이 들리지 않게 장선에 결속
⑪ 결속용 못이나 철선이 발에 걸리지 않아야 한다.

86. 토사붕괴를 예방하기 위한 대책을 3가지 쓰시오.

해답 ① 적절한 경사면 기울기 계획
② 경사면 기울기가 초기계획과 차이 발생 시 즉시 재검토 및 계획 변경
③ 활동성 토석의 제거
④ 경사면 하단부는 압성토 등 보강공법으로 활동에 대한 저항대책 강구
⑤ 말뚝(강관, H형강, 철근 콘크리트)을 타입 하여 지반강화

87. 지반등을 굴착하는 경우 사업주가 준수해야 할 굴착면의 기울기 기준에 관한 다음 사항에서 ( )에 알맞은 내용을 쓰시오.

지반의 종류	(①)	연암 및 풍화암	(②)	그 밖의 흙
굴착면의 기울기	1 : 1.8	(③)	1 : 0.5	(④)

해답 ① 모래 ② 경암 ③ 1 : 1.0 ④ 1 : 1.2

Tip 2023년 법령개정. 문제 및 해답은 개정된 내용 적용.

88. 통로의 설치 기준을 쓰시오.

해답
① 작업장으로 통하는 장소 또는 작업장내에 근로자가 사용할 안전한 통로를 설치하고 항상 사용할 수 있는 상태로 유지하여야 한다.
② 통로의 주요부분에는 통로 표시를 하고 근로자가 안전하게 통행할수 있도록 하여야 한다.
③ 통로면으로부터 높이 2미터 이내에는 장애물이 없도록 하여야 한다.

89. 계단의 안전기준에 관한 내용 중 주어진 항목에 해당되는 내용을 쓰시오.

해답 계단의 안전

계단 및 계단참의 강도	① 매제곱미터당 500킬로그램 이상의 하중에 견딜 수 있는 강도를 가진 구조로 설치 ② 안전율[재료의 파괴응력도와 허용응력도의 비율을 말한다)]은 4 이상 ③ 계단 및 승강구 바닥을 구멍이 있는 재료로 만드는 경우 렌치나 그 밖의 공구 등이 낙하할 위험이 없는 구조
계단의 폭	폭은 1미터 이상(급유용·보수용·비상용 계단 및 나선형 계단이거나 높이 1미터 미만의 이동식 계단은 제외)이며 손잡이 외 다른 물건 설치, 적재금지
계단참의 높이	높이가 3미터를 초과하는 계단에 높이 3미터 이내마다 진행방향으로 길이 1.2미터 이상의 계단참설치
천장의 높이	바닥면으로부터 높이 2미터 이내의 공간에 장애물 없을 것(급유용·보수용·비상용 계단 및 나선형 계단은 제외)
계단의 난간	높이 1미터 이상인 계단의 개방된 측면에 안전난간 설치

90. 가설통로 설치시 준수해야 할 사항을 3가지 쓰시오.

해답
① 견고한 구조로 할 것
② 경사는 30도 이하로 할 것(계단을 설치하거나 높이2m 미만의 가설통로로서 튼튼한 손잡이를 설치한 때에는 그렇지 않다.)
③ 경사가 15도를 초과하는 때에는 미끄러지지 아니하는 구조로 할 것
④ 추락의 위험이 있는 장소에는 안전난간을 설치할 것(작업상 부득이한 때에는 필요한 부분에 한하여 임시로 이를 해체할 수 있다)
⑤ 수직갱에 가설된 통로의 길이가 15m이상인 때에는 10m 이내마다 계단참을 설치할 것
⑥ 건설공사에 사용하는 높이 8m 이상인 비계다리에는 7m 이내마다 계단참을 설치할 것

91. 사다리식 통로 설치시 준수해야할 사항을 5가지 쓰시오.

해답
① 견고한 구조로 할 것
② 심한 손상·부식 등이 없는 재료를 사용할 것
③ 발판의 간격은 일정하게 할 것
④ 발판과 벽과의 사이는 15센티미터 이상의 간격을 유지할 것
⑤ 폭은 30센티미터 이상으로 할 것
⑥ 사다리가 넘어지거나 미끄러지는 것을 방지하기 위한 조치를 할 것
⑦ 사다리의 상단은 걸쳐놓은 지점으로부터 60센티미터 이상 올라가도록 할 것
⑧ 사다리식 통로의 길이가 10미터 이상인 경우에는 5미터 이내마다 계단참을 설치할 것
⑨ 사다리식 통로의 기울기는 75도 이하로 할 것. 다만, 고정식 사다리식 통로의 기울기는 90도 이하로 하고, 그 높이가 7미터 이상인 경우에는 바닥으로부터 높이가 2.5미터 되는 지점부터 등받이울을 설치할 것
⑩ 접이식 사다리 기둥은 사용 시 접혀지거나 펼쳐지지 않도록 철물 등을 사용하여 견고하게 조치할 것
* 잠함내 사다리식 통로와 건조·수리 중인 선박의 구명줄이 설치된 사다리식 통로(건조·수리작업을 위하여 임시로 설치한 사다리식 통로는 제외)에 대해서는 사다리식 통로구조의 제⑤호부터 제⑩호까지의 규정을 적용하지 아니한다.

92. 사다리의 종류를 4가지 쓰시오.

해답 ① 옥외용 사다리 ② 목재 사다리 ③ 철재 사다리 ④ 기계 사다리 ⑤ 연장 사다리

93. 달비계의 최대적재하중을 정하기 위하여 필요한 안전계수를 쓰시오.

구 분		안 전 계 수
달기와이어로프 및 달기강선		(①)
달기체인 및 달기훅		(②)
달기강대와 달비계의 하부 및 상부지점	강재	(③)
	목재	(④)

해답 ① 10이상 ② 5이상 ③ 2.5이상 ④ 5이상

94. 연장 사다리의 안전기준을 3가지 쓰시오.

해답
① 총 길이 15m 초과금지
② 사다리 길이를 고정시키는 잠금쇠와 브라켓구비
③ 도르래 및 로프는 충분한 강도를 가진 것

95. 비계의 높이가 2m 이상인 작업장소에 설치해야 하는 작업발판의 안전기준을 쓰시오.

해답
① 발판재료는 작업시의 하중을 견딜 수 있도록 견고한 것으로 할 것
② 작업발판의 폭은 40cm 이상으로 하고, 발판재료 간의 틈은 3cm 이하로 할 것
③ ③ 제②호에도 불구하고 선박 및 보트 건조작업의 경우 선박블록 또는 엔진실 등의 좁은 작업공간에

작업발판을 설치하기 위하여 필요하면 작업발판의 폭을 30cm 이상으로 할 수 있고, 걸침비계의 경우 강관기둥 때문에 발판재료 간의 틈을 3cm 이하로 유지하기 곤란하면 5cm 이하로 할 수 있다. 이 경우 그 틈 사이로 물체 등이 떨어질 우려가 있는 곳에는 출입금지 등의 조치를 할 것
④ 추락의 위험성이 있는 장소에는 안전난간을 설치할 것(안전난간설치가 곤란한 경우, 작업의 필요상 임시로 안전난간 해체 시 추락방지망 또는 안전대 사용 등 추락에 의한 위험방지조치)
⑤ 작업발판의 지지물은 하중에 의하여 파괴될 우려가 없는 것을 사용할 것
⑥ 작업발판재료는 뒤집히거나 떨어지지 않도록 둘 이상의 지지물에 연결하거나 고정시킬 것
⑦ 작업발판을 작업에 따라 이동시킬 경우에는 위험방지에 필요한 조치를 할 것

96. 비, 눈 등 기상상태 불안정으로 작업을 중지 시킨 후 또는 비계를 조립, 해체, 변경 한 후 그 비계에서 작업할 경우 작업시작전 점검해야할 사항을 5가지 쓰시오.

해답
① 발판재료의 손상여부 및 부착 또는 걸림상태
② 당해 비계의 연결부 또는 접속부의 풀림상태
③ 연결재료 및 연결철물의 손상 또는 부식상태
④ 손잡이의 탈락여부
⑤ 기둥의 침하·변형·변위 또는 흔들림 상태
⑥ 로프의 부착상태 및 매단장치의 흔들림 상태

97. 통나무 비계의 조립 시 준수해야할 사항을 4가지 쓰시오.

해답
① 비계기둥의 간격은 2.5m이하로 하고 지상으로부터 첫 번째 띠장은 3m이하의 위치에 설치할 것
② 비계기둥이 미끄러지거나 침하하는 것을 방지하기 위하여 비계기둥의 하단부를 묻고, 밑둥잡이를 설치하거나 깔판을 사용하는 등의 조치를 할 것
③ 비계기둥의 이음이 겹침이음인 때에는 이음부분에서 1m이상을 서로 겹쳐서 2개소이상을 묶고, 비계기둥의 이음이 맞댄 이음인 때에는 비계기둥을 쌍기둥틀로 하거나 1.8m이상의 덧댐목을 사용하여 4개소이상을 묶을 것
④ 비계기둥·띠장·장선 등의 접속부 및 교차부는 철선 기타의 튼튼한 재료로 견고하게 묶을 것
⑤ 교차가새로 보강할 것
⑥ 외줄비계·쌍줄비계 또는 돌출비계에 대하여는 다음에 정하는 바에 의하여 벽이음 및 버팀을 설치할 것
　㉠ 간격은 수직방향에서는 5.5m 이하, 수평방향에서는 7.5m 이하로 할 것
　㉡ 강관·통나무 등의 재료를 사용하여 견고한 것으로 할 것
　㉢ 인장재와 압축재로 구성되어 있는 때에는 인장재와 압축재의 간격은 1m 이내로 할 것)

98. 통나무 비계를 사용할 수 있는 대상조건을 쓰시오.

해답 지상높이 4층 이하 또는 지상높이 12m 이하인 건축물, 공작물 등의 건조, 해체 및 조립작업에서만 사용

99. 강관비계의 조립시 준수해야할 사항을 3가지 쓰시오.

해답 ① 비계기둥에는 미끄러지거나 침하하는 것을 방지하기 위하여 밑받침철물을 사용하거나 깔판·받침목 등을 사용하여 밑둥잡이를 설치하는 등의 조치를 할 것

② 강관의 접속부 또는 교차부는 적합한 부속철물을 사용하여 접속하거나 단단히 묶을 것
③ 교차가새로 보강할 것
④ 가공전로에 근접하여 비계를 설치하는 때에는 가공전로를 이설하거나 가공전로에 절연용 방호구를 장착하는 등 가공전로와의 접촉을 방지하기 위한 조치를 할 것

100. 강관을 사용하여 비계를 구성하는 경우 준수해야할 사항을 4가지 쓰시오.

해답 ① 비계기둥의 간격은 띠장방향에서는 1.85m, 장선방향에서는 1.5m 이하로 할 것
② 띠장간격은 2.0미터 이하로 설치할 것
③ 비계기둥의 최고부로부터 31m되는 지점 밑부분의 비계기둥은 2본의 강관으로 묶어세울 것
④ 비계기둥간의 적재하중은 400kg을 초과하지 아니하도록 할 것

Tip 2020년 시행. 관련법령 개정으로 변경된 내용이며, 해답은 변경된 내용에 맞도록 수정했으니 착오없으시기 바랍니다.

101. 다음의 내용을 보고 알맞은 강관비계의 조립간격을 쓰시오.

강관비계의 종류	조립간격(단위 : m)	
	수직방향	수평방향
단관비계	5	(①)
틀비계 (높이가 5m 미만의 것 제외)	(②)	(③)

해답 ① 5 ② 6 ③ 8

102. 강관 틀비계를 조립할 경우 준수해야할 사항을 4가지 쓰시오.

해답 ① 비계기둥의 밑둥에는 밑받침철물을 사용하여야 하며 밑받침에 고저차가 있는 경우에는 조절형 밑받침철물을 사용하여 각각의 강관틀 비계가 항상 수평 및 수직을 유지하도록 할 것
② 높이가 20m를 초과하거나 중량물의 적재를 수반하는 작업을 할 경우에는 주틀간의 간격이 1.8m 이하로 할 것
③ 주틀간에 교차가새를 설치하고 최상층 및 5층이내마다 수평재를 설치할 것
④ 수직방향으로 6m, 수평방향으로 8m 이내마다 벽이음을 할 것
⑤ 길이가 띠장방향으로 4m 이하이고 높이가 10m를 초과하는 경우에는 10m 이내마다 띠장방향으로 버팀기둥을 설치할 것

103. 달비계 와이어로프의 사용금지 조건을 쓰시오.

해답 ① 이음매가 있는 것
② 와이어로프의 한 꼬임(스트랜드)에서 끊어진 소선(필러선 제외)의 수가 10% 이상(비자전로프의 경우에는 끊어진 소선의 수가 와이어로프 호칭지름의 6배 길이 이내에서 4개 이상이거나 호칭지름 30배 길이 이내에서 8개이상)인 것
③ 지름의 감소가 공칭지름의 7%를 초과하는 것

④ 꼬인 것
⑤ 심하게 변형되거나 부식된 것
⑥ 열과 전기충격에 의해 손상된 것

104. 달비계 달기체인의 사용금지 조건을 쓰시오.

해답 ① 달기체인의 길이가 달기체인이 제조된 때의 길이의 5퍼센트를 초과한 것
② 링의 단면지름이 달기체인이 제조된 때의 해당 링의 지름의 10퍼센트를 초과하여 감소한 것
③ 균열이 있거나 심하게 변형된 것

105. 곤돌라형 달비계의 설치시 준수해야할 사항을 3가지 쓰시오.(단, 달비계에 사용해서는 안되는 와이어로프 및 달기체인에 관한 사항은 제외한다)

해답 ① 달기 와이어로프, 달기 체인, 달기 강선, 달기 강대는 한쪽 끝을 비계의 보 등에, 다른 쪽 끝을 내민 보, 앵커볼트 또는 건축물의 보 등에 각각 풀리지 않도록 설치할 것
② 작업발판은 폭을 40센티미터 이상으로 하고 틈새가 없도록 할 것
③ 작업발판의 재료는 뒤집히거나 떨어지지 않도록 비계의 보 등에 연결하거나 고정시킬 것
④ 비계가 흔들리거나 뒤집히는 것을 방지하기 위하여 비계의 보·작업발판 등에 버팀을 설치하는 등 필요한 조치를 할 것
⑤ 선반 비계에서는 보의 접속부 및 교차부를 철선·이음철물 등을 사용하여 확실하게 접속시키거나 단단하게 연결시킬 것
⑥ 근로자의 추락 위험을 방지하기 위하여 다음의 조치를 할 것
　㉠ 달비계에 구명줄을 설치할 것
　㉡ 근로자에게 안전대를 착용하도록 하고 근로자기 착용한 안전줄을 달비계의 구명줄에 체결하도록 할 것
　㉢ 달비계에 안전난간을 설치할 수 있는 구조인 경우에는 안전난간을 설치할 것

106. 말비계의 조립시 준수해야할 사항을 3가지 쓰시오.

해답 ① 지주부재의 하단에는 미끄럼 방지장치를 하고, 양측 끝부분에 올라서서 작업하지 아니하도록 할 것
② 지주부재와 수평면과의 기울기를 75도 이하로 하고, 지주부재와 지주부재 사이를 고정시키는 보조부재를 설치할 것
③ 말비계의 높이가 2미터를 초과할 경우에는 작업발판의 폭을 40cm 이상으로 할 것

107. 이동식비계의 조립시 준수해야할 사항을 3가지 쓰시오.

해답 ① 이동식비계의 바퀴에는 뜻밖의 갑작스러운 이동 또는 전도를 방지하기 위하여 브레이크·쐐기 등으로 바퀴를 고정시킨 다음 비계의 일부를 견고한 시설물에 고정하거나 아웃트리거를 설치하는 등 필요한 조치를 할 것
② 승강용 사다리는 견고하게 설치할 것
③ 비계의 최상부에서 작업을 하는 경우에는 안전난간을 설치할 것
④ 작업발판은 항상 수평을 유지하고 작업발판 위에서 안전난간을 딛고 작업을 하거나 받침대 또는 사다리를 사용하여 작업하지 않도록 할 것
⑤ 작업발판의 최대적재하중은 250킬로그램을 초과하지 않도록 할 것

108. 이동식 비계의 사용상 준수해야할 사항을 3가지 쓰시오.

해답
① 승강용사다리는 견고하게 부착
② 비계의 최대높이는 밑변 최소 폭의 4배 이하
③ 최대 적재 하중 표시
④ 안전모 착용 및 지지로프 설치
⑤ 상하 동시 작업시에는 충분한 연락 취하면서 작업
⑥ 재료, 공구의 오르내리기에는 포대, 로프 등 이용

7과목

산업안전 보호장비 관리

7과목 산업안전 보호장비 관리

 호흡용 보호구

1. 보호구 선택시 유의사항

1) 보호구 선택시 유의사항

(1) 사용목적 또는 작업에 적합한 보호구 일 것
(2) 검정기관의 검정에 합격한 것으로 방호성능이 보장되는 것일 것
(3) 작업에 방해되지 않을 것
(4) 착용하기 쉽고 크기 등이 사용자에게 적합할 것

2) 보호구의 선정조건

(1) 종류
(2) 형상
(3) 성능
(4) 수량
(5) 강도

3) 보호구의 개념 및 구분

(1) 근로자가 직접 착용함으로 위험을 방지하거나 유해물질로부터의 신체보호를 목적으로 사용
(2) 구분
  ① 재해방지를 대상으로 하면 안전보호구(안전대, 안전모, 안전화, 안전장갑)
  ② 건강장해 방지를 목적으로 사용하면 위생보호구(각종 마스크, 보호복, 보안경, 방음보호구, 특수복 등)

4) 유해위험한 보호구

(1) 대상 보호구

안전 인증대상	① 추락 및 감전 위험방지용 안전모 ② 안전화 ③ 안전장갑 ④ 방진마스크 ⑤ 방독마스크 ⑥ 송기마스크 ⑦ 전동식 호흡보호구 ⑧ 보호복 ⑨ 안전대 ⑩ 차광 및 비산물 위험방지용 보안경 ⑪ 용접용 보안면 ⑫ 방음용 귀마개 또는 귀덮개
자율안전 확인대상	① 안전모(안전인증대상보호구에 해당되는 안전모는 제외) ② 보안경(안전인증대상보호구에 해당되는 보안경은 제외) ③ 보안면(안전인증대상보호구에 해당되는 보안면은 제외)

(2) 안전인증의 표시

안전인증대상기계 등의 안전인증 및 자율안전 확인	KCs
안전인증대상기계 등이 아닌 유해·위험한 기계 등의 안전인증	Ⓢ

(3) 안전인증 기관의 확인

① 확인 사항
  ㉠ 안전인증시에 직힌 제조 사업장에서 해당 유해·위험 기계 등을 생산하고 있는지 여부
  ㉡ 안전인증을 받은 유해·위험 기계 등이 안전인증기준에 적합한지 여부
  ㉢ 제조자가 안전인증을 받을 당시의 기술능력·생산체계를 지속적으로 유지하고 있는지 여부
  ㉣ 유해·위험 기계 등이 서면심사 내용과 같은 수준 이상의 재료 및 부품을 사용하고 있는지 여부

② 확인 주기
  ㉠ 안전인증을 받은 자가 안전인증기준을 지키고 있는지를 2년에 1회 이상 확인
  ㉡ 다음 각 호에 모두 해당하는 경우에는 3년에 1회 확인
    - 최근 3년 동안 안전인증이 취소되거나 안전인증표시의 사용금지 또는 개선명령을 받은 사실이 없는 경우
    - 최근 2회의 확인 결과 기술능력 및 생산 체계가 고용노동부장관이 정하는 기준 이상인 경우

5) 대상 보호구별 작업장

안전모	물체가 떨어지거나 날아올 위험 또는 근로자가 추락할 위험이 있는 작업
안전대	높이 또는 깊이 2미터 이상의 추락할 위험이 있는 장소에서 하는 작업
안전화	물체의 낙하·충격, 물체에의 끼임, 감전 또는 정전기의 대전에 의한 위험이 있는 작업
보안경	물체가 흩날릴 위험이 있는 작업
보안면	용접시 불꽃이나 물체가 흩날릴 위험이 있는 작업
절연용 보호구	감전의 위험이 있는 작업
방열복	고열에 의한 화상 등의 위험이 있는 작업
방진마스크	선창 등에서 분진이 심하게 발생하는 하역작업
방한모·방한복·방한화·방한장갑	섭씨 영하 18도 이하인 급냉동어창에서 하는 하역작업
기준에 적합한 승차용 안전모	물건을 운반하거나 수거·배달하기 위하여 이륜자동차를 운행하는 작업

2. 보호구 구비조건

① 착용시 작업이 용이할 것 (간편한 착용)
② 유해 위험물에 대한 방호성능이 충분할 것 (대상물에 대한 방호가 완전)
③ 작업에 방해요소가 되지 않도록 할 것
④ 재료의 품질이 우수할 것 (특히 피부접촉에 무해할 것)
⑤ 구조와 끝마무리가 양호할 것 (충분한 강도와 내구성 및 표면 가공이 우수)
⑥ 외관 및 전체적인 디자인이 양호할 것

3. 방진마스크

1) 종류

종류	분리식		안면부 여과식	사용조건
	격리식	직결식		
형태	전면형	전면형	반면형	산소농도 18% 이상인 장소에서 사용
	반면형	반면형		

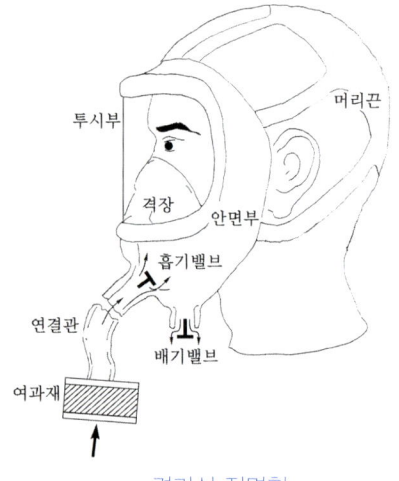

격리식 전면형

2) 등급 및 사용장소

등급	특급	1급	2급
사용 장소	· 베릴륨 등과 같이 독성이 강한 물질들을 함유한 분진등 발생 장소 · 석면 취급장소	· 특급 마스크 착용 장소를 제외한 분진 등 발생장소 · 금속흄 등과 같이 열적으로 생기는 분진 등 발생장소 · 기계적으로 생기는 분진 등 발생장소(규소 등과 같이 2급 마스크를 착용하여도 무방한 경우는 제외)	특급 및 1급 마스크 착용장소를 제외한 분진 등 발생장소

* 단. 배기밸브가 없는 안면부 여과식 마스크는 특급 및 1급 사용장소에서 사용금지.

3) 재료의 조건

① 안면에 밀착하는 부분은 피부에 장해를 주지 않아야 한다.
② 여과재는 여과성능이 우수하고 인체에 장해를 주지 않아야 한다.
③ 방진마스크에 사용하는 금속부품은 부식되지 않아야 한다.
④ 전면형의 경우 사용할 때 충격을 받을 수 있는 부품은, 충격시에 마찰 스파크가 발생되어 가연성의 가스혼합물을 점화시킬 수 있는 알루미늄, 마그네슘, 티타늄 또는 이의 합금으로 만들어서는 안된다.
⑤ 반면형의 경우 사용할 때 충격을 받을 수 있는 부품은, 충격시에 마찰 스파크가 발생되어 가연성의 가스혼합물을 점화시킬 수 있는 알루미늄, 마그네슘, 티타늄 또는 이의 합금을 최소한 사용하여 만들어야 한다.

4) 방진마스크의 구비조건

① 여과 효율이 좋을 것
② 흡배기 저항이 낮을 것
③ 사용적이 적을 것
④ 중량이 가벼울 것
⑤ 시야가 넓을 것
⑥ 안면 밀착성이 좋을 것
⑦ 피부 접촉 부위의 고무질이 좋을 것

5) 방진마스크의 성능기준

종류		등급	염화나트륨(NaCl) 및 파라핀오일(Paraffin oil)시험(%)	종류		유량 (ℓ/min)	차압 (Pa)	
여과재 분진등 포집 효율	분리식	특급	99.95% 이상	안면부 배기저항	분리식	160	300 이하	
		1급	94.0% 이상					
		2급	80.0% 이상		안면부 여과식	160	300 이하	
	안면부 여과식	특급	99.0% 이상	시야	형태	부품	시야 (%)	
		1급	94.0% 이상				유효시야	겹침시야
		2급	80.0% 이상		전면형	1안식	70 이상	80 이상
여과재 질량	종류	형태	질량(g)			2안식	70 이상	20 이상
	분리식	전면형	500 이하	여과재 호흡저항 (분리식)	등급	유량 (ℓ/min)	차압 (Pa)	
		반면형	300 이하		특급	30	120 이하	
안면부 누설율	형태	등급	누설률 (%)			95	420 이하	
	분리식	전면형	0.05 이하		1급	30	70 이하	
		반면형	5 이하			95	240 이하	
	안면부 여과식	특급	5 이하		2급	30	60 이하	
		1급	11 이하			95	210 이하	
		2급	25 이하					

* 안면부 내부의 이산화탄소 농도가 부피분율 1% 이하일 것

분진포집효율

$$P(\%) = \frac{C_1 - C_2}{C_1} \times 100$$

P : 분진포집 효율
C_1 : 여과재 통과전의 염화나트륨 농도
C_2 : 여과재 통과후의 염화나트륨 농도

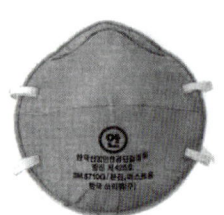
방진마스크(안면부 여과식)

방진마스크(2급)

방진마스크(1급)

방진필터의 종류

4. 방독마스크

1) 종류

종 류	시 험 가 스	정화통외부측면 표시색
유기화합물용	시클로헥산(C_6H_{12})	갈색
	디메틸에테르(CH_3OCH_3)	
	이소부탄(C_4H_{10})	
할로겐용	염소가스 또는 증기(Cl_2)	회색
황화수소용	황화수소가스(H_2S)	회색
시안화수소용	시안화수소가스(HCN)	회색
아황산용	아황산가스(SO_2)	노랑색
암모니아용	암모니아가스(NH_3)	녹색

* 복합용 및 겸용의 정화통 : ① 복합용〔해당가스 모두 표시(2층분리)〕
　　　　　　　　　　　　　② 겸용〔백색과 해당가스 모두 표시(2층분리)〕

2) 등급 및 사용장소

등 급	사 용 장 소
고농도	가스 또는 증기의 농도가 100분의 2(암모니아에 있어서는 100분의 3) 이하의 대기 중에서 사용하는 것
중농도	가스 또는 증기의 농도가 100분의 1(암모니아에 있어서는 100분의 1.5)이하의 대기 중에서 사용하는 것
저농도 및 최저농도	가스 또는 증기의 농도가 100분의 0.1 이하의 대기 중에서 사용하는 것으로서 긴급용이 아닌 것

비고 : 방독마스크는 산소농도가 18% 이상인 장소에서 사용하여야 하고, 고농도와 중농도에서 사용하는 방독마스크는 전면형(격리식, 직결식)을 사용해야 한다.

3) 형태 및 구조

종류	격리식		직결식	
	전면형	반면형	전면형	반면형
구성	정화통, 연결관(직결식제외), 흡기밸브, 안면부, 배기밸브, 머리끈			
흡입	정화통 → 연결관		정화통 → 흡기밸브	
배기	배기밸브 → 외기중 으로			
구조	안면부 전체를 덮음	코 및 입 부분을 덮음	정화통이 직접연결된 상태로 안면부 전체 덮음	안면부와 정화통이 직접 연결된 상태로 코 및 입부분을 덮음

4) 시험 성능기준

	형태		유량 (ℓ/min)	차압(Pa)	안면부 누설율	형태		누설률(%)
안면부 흡기저항	격리식 및 직결식	전면형	160	250 이하		격리식 및 직결식	전면형	0.05 이하
			30	50 이하			반면형	5 이하
			95	150 이하	정화통 질량	형태		질량(g)
			160	200 이하		격리식 및 직결식	전면형	500 이하
		반면형	30	50 이하			반면형	300 이하
			95	130 이하	시야	형태		시야(%)
안면부 배기저항	격리식 및 직결식		160	300 이하				유효시야 / 겹침시야
						전면형	1안식	70 이상 / 80 이상
							2안식	20 이상

5) 안전인증 방독마스크에 안전인증의 표시에 따른 표시 외에 추가로 표시해야할 사항

① 파과곡선도
② 사용시간 기록카드
③ 정화통의 외부측면의 표시 색
④ 사용상의 주의사항

6) 방독마스크 흡수제의 유효 사용시간(파과시간)

$$유효사용시간 = \frac{표준유효시간 \times 시험가스농도}{공기중유해가스농도}$$

직결식 소형

직결식

격리식

방독마스크의 종류

저농도 정화통

중농도 정화통

고농도 정화통

방독마스크 정화통

5. 송기마스크

1) 송기마스크의 종류 및 등급

종류	등급		구분
호스마스크	폐력흡인형		안면부
	송풍기형	전동	안면부, 페이스실드, 후드
		수동	안면부
에어라인마스크	일정유량형		안면부, 페이스시드, 후드
	디맨드형		안면부
	압력디맨드형		안면부
복합식 에어라인마스크	디맨드형		안면부
	압력디맨드형		안면부

전동송풍기형   수동송풍기형

 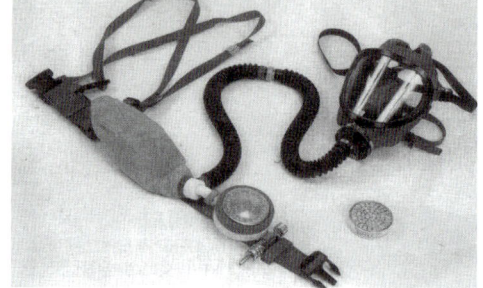

일정유량형

 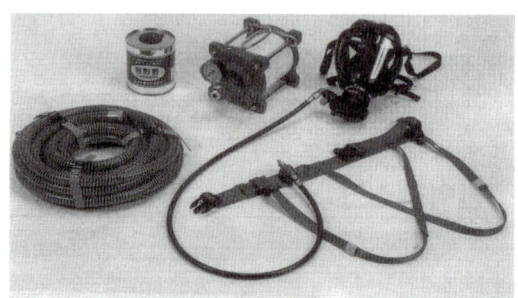

압력디멘드형

송기마스크의 종류

2) 송기 마스크의 시험성능기준

	종류	등급		누설율(%)	종류	등급	누설율(%)
안면부 누설율	호스마스크	폐력흡인형		0.05 이하	에어라인 마스크	일정유량형	0.05 이하
		송풍기형	전동	2 이하		디맨드형	
			수동	2 이하			
	복합식에어 라인마스크	디맨드형		0.05 이하		압력디맨드형	
		압력디맨드형			페이스실드 또는 후드	5 이하	
일정유량형 에어라인 마스크의 공기공급량	등급별 구분			공기공급량 (ℓ/min)	송풍기형 호스마스크의 분진포집효율	등급	효율(%)
	안면부			85 이상		전동	99.8 이상
	페이스실드 및 후드			120 이상		수동	95.0 이상

3) 전동식 호흡보호구의 분류 및 성능기준

분류	전동식 방진마스크	분진 등이 호흡기를 통하여 체내에 유입되는 것을 방지하기 위하여 고효율 여과재를 전동장치에 부착하여 사용하는 것(산소농도 18% 이상인 장소에서 사용)				
	전동식 방독마스크	유해물질 및 분진 등이 호흡기를 통하여 체내에 유입되는 것을 방지하기 위하여 고효율 정화통 및 여과재를 전동장치에 부착하여 사용하는 것(등급 및 사용 장소는 방독마스크와 동일)				
	전동식 후드 및 전동식보안면	유해물질 및 분진 등이 호흡기를 통하여 체내에 유입되는 것을 방지하기 위하여 고효율 정화통 및 여과재를 전동장치에 부착하여 사용함과 동시에 머리, 안면부, 목, 어깨부분 까지 보호하기 위해 사용하는 것(산소농도 18% 이상인 장소에서 사용)				
여과재의 분진등 포집효율	형태 및 등급		염화나트륨 및 파라핀오일시험(%)	형태 및 등급		염화나트륨 및 파라핀오일시험(%)
	전동식방진마스크 (전면형, 반면형)	전동식특급	99.95 이상	전동식 후드 및 보안면	전동식특급	99.8 이상
		전동식1급	99.5 이상		전동식1급	98.0 이상
		전동식2급	95.0 이상		전동식2급	90.0 이상

II. 보안경

1. 보안경의 종류

1) 종류 및 사용구분

(1) 자율안전확인

종류	사용구분
유리보안경	비산물로부터 눈을 보호하기 위한 것으로 렌즈의 재질이 유리인 것
프라스틱보안경	비산물로부터 눈을 보호하기 위한 것으로 렌즈의 재질이 프라스틱인 것
도수렌즈보안경	비산물로부터 눈을 보호하기 위한 것으로 도수가 있는 것

(2) 안전인증(차광보안경)

종류	사용구분
자외선용	자외선이 발생하는 장소
적외선용	적외선이 발생하는 장소
복합용	자외선 및 적외선이 발생하는 장소
용접용	산소용접작업 등과 같이 자외선, 적외선 및 강렬한 가시광선이 발생하는 장소

일반보안경

차광보안경

고글보안경

보안경의 종류

III. 기타 보호장구

1. 안전모

1) 추락 및 감전 위험방지용 안전모의 종류

종류(기호)	사용구분	비고
AB	물체의 낙하 또는 비래 및 추락에 의한 위험을 방지 또는 경감시키기 위한 것	
AE	물체의 낙하 또는 비래에 의한 위험을 방지 또는 경감하고, 머리부위 감전에 의한 위험을 방지하기 위한 것	내전압성[주1]
ABE	물체의 낙하 또는 비래 및 추락에 의한 위험을 방지 또는 경감하고, 머리부위 감전에 의한 위험을 방지하기 위한 것	내전압성

(주1) 내전압성이란 7,000볼트 이하의 전압에 견디는 것을 말한다.

2) 안전모의 성능기준

구분	항목	시험성능기준
시험 성능 기준	내관통성	AE, ABE종 안전모는 관통거리가 9.5mm 이하이고, AB종 안전모는 관통거리가 11.1mm 이하이어야 한다.(자율안전확인에서는 관통거리가 11.1mm 이하)
	충격 흡수성	최고전달충격력이 4,450N 을 초과해서는 안되며, 모체와 착장체의 기능이 상실되지 않아야 한다.
	내전압성	AE, ABE종 안전모는 교류 20kW에서 1분간 절연파괴 없이 견뎌야 하고, 이때 누설되는 충전전류는 10mA 이하이어야 한다.(자율안전확인에서는 제외)
	내 수 성	AE, ABE종 안전모는 질량증가율이 1% 미만이어야 한다.(자율안전확인에서는제외)
	난 연 성	모체가 불꽃을 내며 5초 이상 연소되지 않아야 한다.
	턱끈풀림	150N 이상 250N 이하에서 턱끈이 풀려야 한다.
부가 성능 기준	측면 변형 방호	최대 측면변형은 40mm, 잔여변형은 15mm 이내이어야 한다.
	금속 용융물 분사 방호	- 용융물에 의해 10mm 이상의 변형이 없고 관통되지 않아야 한다. - 금속 용융물의 방출을 정지한 후 5초 이상 불꽃을 내며 연소되지 않을 것 (자율안전확인에서는 제외)

안전모의 종류

2. 안전화

1) 안전화의 종류 및 구분

종류	성능구분
가죽제 안전화	물체의 낙하, 충격 및 바닥으로 날카로운 물체에 의한 찔림 위험으로부터 발을 보호하기 위한 것
고무제 안전화	물체의 낙하, 충격 및 바닥으로 날카로운 물체에 의한 찔림 위험으로부터 발을 보호하고 내수성을 겸한 것
정전기 안전화	물체의 낙하, 충격 및 바닥으로 날카로운 물체에 의한 찔림 위험으로부터 발을 보호하고 아울러 정전기의 인체 대전을 방지하기 위한 것
발등 안전화	물체의 낙하, 충격 및 바닥으로 날카로운 물체에 의한 찔림 위험으로부터 발 및 발등을 보호하기 위한 것
절연화	물체의 낙하, 충격 및 바닥으로 날카로운 물체에 의한 찔림 위험으로부터 발을 보호하고 아울러 저압의 전기에 의한 감전을 방지하기 위한 것
절연장화	고압에 의한 감전을 방지하고 아울러 방수를 겸한 것
화학물질용 안전화	물체의 낙하, 충격 또는 날카로운 물체에 의한 찔림 위험으로부터 발을 보호하고 화학물질로부터 유해위험을 방지하기 위한 것

| 안전화 | 정전화 | 절연화 |

안전화의 종류

2) 안전화의 등급

작업구분	내충격성 및 내압박성 시험방법	사 용 장 소
중작업용	1,000mm의 낙하높이, (15.0 ± 0.1)kN의 압축하중 시험	광업, 건설업 및 철광업에서 원료취급, 가공, 강재취급 및 강재 운반, 건설업 등에서 중량물 운반작업, 가공대상물의 중량이 큰 물체를 취급하는 작업장으로서 날카로운 물체에 의해 찔릴 우려가 있는 장소
보통 작업용	500mm의 낙하높이, (10.0 ± 0.1)kN의 압축하중 시험	기계공업, 금속가공업, 운반, 건축업 등 공구 가공품을 손으로 취급하는 작업 및 차량사업장, 기계 등을 운전조작하는 일반작업장으로서 날카로운 물체에 의해 찔릴 우려가 있는 장소
경작업용	250mm의 낙하높이, (4.4 ± 0.1)kN의 압축하중 시험	금속선별, 전기제품 조립, 화학제품 선별, 반응장치 운전, 식품 가공업 등 비교적 경량의 물체를 취급하는 작업장으로서 날카로운 물체에 의해 찔릴 우려가 있는 장소

3) 발등 안전화의 구분

구 분	형 식
고정식	안전화에 방호대를 고정한 것
탈착식	안전화의 끈 등을 이용하여 안전화에 방호대를 결합한 것으로 그 탈착이 가능한 것

4) 시험방법

가죽제 안전화	은면결렬시험, 인열강도시험, 내부식성시험, 인장강도시험, 내유성시험, 내압박성시험, 내충격성시험, 박리저항시험, 내답발성시험 등
고무제 안전화	인장강도시험, 내유성시험, 내화학성시험, 완성품의 내화학성시험, 파열강도시험, 선심 및 내답판의 내부식성시험, 누출방지시험 등

5) 정전기 안전화의 성능기준

구분	사용작업장	대전방지성능 (저항)
1종	착화에너지가 0.1mJ 이상의 가연성물질 또는 가스(메탄, 프로판 등)를 취급하는 작업장	$0.1M\Omega < R < 100M\Omega$
2종	착화에너지가 0.1mJ 미만의 가연성물질 또는 가스(수소, 아세틸렌 등)를 취급하는 작업장	$0.1M\Omega < R < 10M\Omega$

6) 내전압성 시험

절연화	14,000 볼트에 1분간 견디고 충전전류가 5mA 이하일 것
절연장화	20,000 볼트에 1분간 견디고 이때의 충전전류가 20mA 이하일 것

3. 안전대

1) 안전대의 종류 및 등급

종 류	사 용 구 분
벨트식 안전그네식	1개 걸이용
	U자 걸이용
	추락방지대(안전그네식에만 적용)
	안전블록(안전그네식에만 적용)

2) 최하 사점

추락방지용 보호구인 안전대는 적정길이의 로프를 사용하여야 추락시 근로자의 안전을 확보할수 있다는 이론

$$H > h = 로프길이(l) + 로프의 신장(율)길이(l \times a) + 작업자의 키 \times \frac{1}{2}$$

h : 추락시 로프지지 위치에서 신체 최하사점까지의 거리(최하사점)
H : 로프지지 위치에서 바닥면까지의 거리

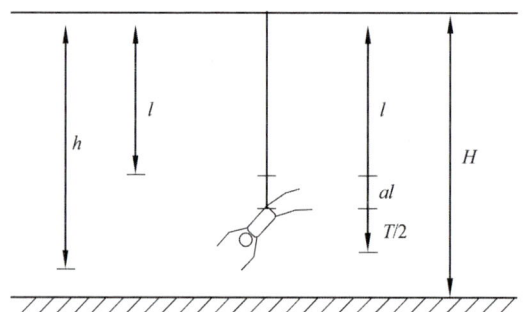

$H > h$: 안전
$H = h$: 위험
$H < h$: 사망 또는 중상

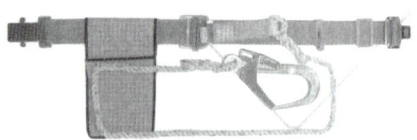

1개걸이 전용

U자걸이 전용(주상용 안전벨트)

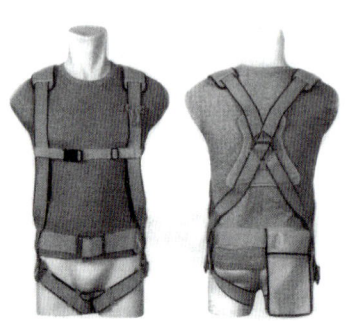

안전그네식

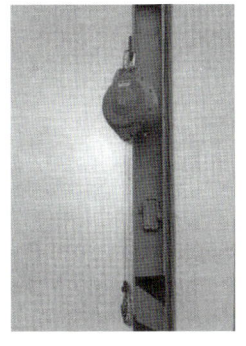
안전블록(4종)

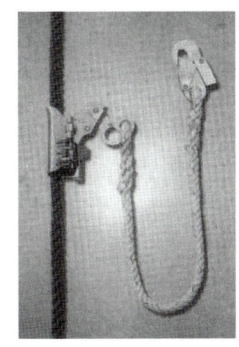
추락방지대(5종)

안전대의 종류

기타 보호구의 종류

1. 귀마개 및 귀덮개

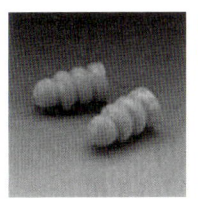 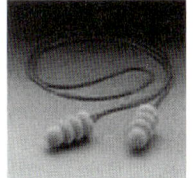 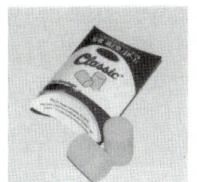  

귀마개   귀덮개

2. 방열복(방열제품)

방열복 상의   방열복 하의   방열두건

방열장갑   방열화   방열복

보충강의

7과목 산업안전 보호장비 관리 **361**

3. 안전장갑

안전장갑의 종류

절연장갑의 종류

4. 안전장화

| 일반안전장화 | 절연장화 | 내유안전장화 | 안전단화 |

5. 용접면

용접면의 종류

7과목 산업안전 보호장비 관리

1. 보호구의 종류를 안전보호구와 위생보호구로 구분하여 간단히 설명하시오.

   해답 ① 재해방지를 대상으로 하면 안전보호구 : 안전대, 안전모, 안전화, 안전장갑
   ② 건강장해 방지를 목적으로 사용하면 위생보호구 : 각종 마스크, 보호복, 보안경, 방음보호구, 특수복 등

2. 내전압용 절연장갑의 등급별 색상을 쓰시오.

   해답 내전압용 절연장갑의 등급별 색상

등급	00	0	1	2	3	4
등급별 색상	갈색	빨강색	흰색	노랑색	녹색	등색

3. 고열에 의한 화상위험이 있는 3m높이의 철골작업장에서 용접작업을 하는 근로자가 착용해야할 보호구의 종류를 4가지 쓰시오.

   해답 ① 방열복 ② 안전대 ③ 안전모 ④ 보안면 ⑤ 안전화 등

4. 보호구 선택시 유의해야할 사항을 3가지 쓰시오.

   해답 ① 사용목적 또는 작업에 적합한 보호구 일 것
   ② 검정기관의 검정에 합격한 것으로 방호성능이 보장되는 것일 것
   ③ 작업에 방해되지 않을 것
   ④ 착용하기 쉽고 크기등이 사용자에게 적합할 것

5. 보호구의 선정조건을 5가지 쓰시오.

   해답 ① 종류 ② 형상 ③ 성능 ④ 수량 ⑤ 강도

6. 보호구의 구비조건을 5가지 쓰시오.

   해답 ① 착용시 작업이 용이할 것 (간편한 착용)
   ② 유해 위험물에 대한 방호성능이 충분할 것 (대상물에 대한 방호가 완전)
   ③ 작업에 방해요소가 되지 않도록 할 것

④ 재료의 품질이 우수할 것 (특히 피부접촉에 무해할 것)
⑤ 구조와 끝마무리가 양호할 것(충분한 강도와 내구성 및 표면 가공이 우수)
⑥ 외관 및 전체적인 디자인이 양호할 것

7. 방진마스크의 사용조건을 쓰시오.

> **해답** 산소농도 18% 이상인 장소에서 사용

8. 방진마스크의 종류를 쓰시오.

> **해답** ① 분리식(격리식, 직결식) ② 안면부여과식

9. 특급 방진마스크를 사용해야하는 장소를 쓰시오.

> **해답** 베릴륨 등과 같이 독성이 강한 물질들을 함유한 분진등 발생 장소

10. 방진마스크의 구비조건을 5가지 쓰시오.

> **해답**
> ① 여과 효율이 좋을 것   ② 흡배기 저항이 낮을 것
> ③ 중량이 가벼울 것   ④ 시야가 넓을 것
> ⑤ 사용적이 적을 것   ⑥ 안면 밀착성이 좋을 것
> ⑦ 피부 접촉 부위의 고무질이 좋을 것

11. 분리식 방진마스크의 염화나트륨 및 파라핀오일시험에 대한 여과재 분진등의 포집효율을 쓰시오.

> **해답** ① 특급 : 99.95% 이상   ② 1급 : 94.0% 이상   ③ 2급 : 80.0% 이상

12. 방진마스크중 분리식 마스크에 대한 여과재의 분진 등 포집효율 시험에서 여과재 통과전의 염화나트륨 농도는 $20\text{mg}/\text{m}^3$이고, 여과재 통과 후의 염화나트륨 농도는 $4\text{mg}/\text{m}^3$이었다. 분진 등 포집효율을 계산하시오.

> **해답**
> $$P(\%) = \frac{C_1 - C_2}{C_1} \times 100$$
>
> P : 분진 등 포집 효율 C_1 : 여과재 통과전의 염화나트륨 농도
> C_2 : 여과재 통과후의 염화나트륨 농도
>
> $$\therefore \text{포집효율(P)} = \frac{20-4}{20} \times 100 = 80(\%)$$

13. 다음의 대상가스(등급)에 대한 방독마스크의 흡수제 주성분을 쓰시오.

   해답 ① 할로겐 가스용 : 활성탄, 소다라임
   ② 일산화탄소용 : 호프카라이트
   ③ 암모니아용 : 큐프라마이트

14. 방독마스크의 등급에 따른 사용장소에 대하여 설명하시오.

   해답

등 급	사 용 장 소
고농도	가스 또는 증기의 농도가 100분의 2(암모니아에 있어서는 100분의 3) 이하의 대기 중에서 사용하는 것
중농도	가스 또는 증기의 농도가 100분의 1(암모니아에 있어서는 100분의 1.5) 이하의 대기 중에서 사용하는 것
저농도 및 최저농도	가스 또는 증기의 농도가 100분의 0.1 이하의 대기 중에서 사용하는 것으로서 긴급용이 아닌 것

   비고 : 방독마스크는 산소농도가 18% 이상인 장소에서 사용하여야 하고, 고농도와 중농도에서 사용하는 방독마스크는 전면형(격리식, 직결식)을 사용해야 한다.

15. 방독마스크의 종류별 파과농도(ppm, ±20%)를 쓰시오.

   해답 ① 유기 화합물용 : 10.0   ② 할로겐용 : 0.5   ③ 황화수소용 : 10.0
   ④ 시안화수소용 : 10.0   ⑤ 아황산용 : 5.0   ⑥ 암모니아용 : 25.0

16. 방독마스크의 등급별 유해물질의 종류에 해당되는 다음의 내용 중에서 ( )에 알맞은 내용을 쓰시오.

종 류	정화통외부측면 표시색
(①)	갈색
할 로 겐 용	(②)
황 화 수 소 용	③
(④)	회색
아 황 산 용	(⑤)
암 모 니 아 용	(⑥)

   해답 ① 유기화합물용   ② 회색
   ③ 회색   ④ 시안화수소용
   ⑤ 노랑색   ⑥ 녹색

17. 방독마스크의 안면부 배기저항에 관한 성능기준을 쓰시오.

> **해답** ① 유량 : 160(L/min) ② 차압 : 300Pa 이하

18. 사염화탄소 농도 0.2% 작업장에서, 사용하는 흡수관의 제품(흡수)능력이 사염화탄소 0.5%이며 표준유효시간이 100분일 때 방독마스크의 파과(유효)시간을 계산하시오.

> **해답**
> $$\text{유효사용시간} = \frac{\text{표준유효시간} \times \text{시험가스농도}}{\text{공기중유해가스농도}}$$
> $$\therefore \text{유효사용시간} = \frac{100 \times 0.5}{0.2} = 250(분)$$

19. 송기마스크의 종류를 쓰시오.

> **해답** ① 호스마스크 ② 에어라인마스크 ③ 복합식 에어라인마스크

20. 송기마스크 중 에어라인 마스크의 등급의 종류를 쓰시오.

> **해답** ① 일정유량형 ② 디맨드형 ③ 압력디맨드형

21. 송풍기형 호스마스크의 분진포집효율을 등급별로 구분하여 쓰시오.

> **해답** ① 전동 : 99.8(%) 이상 ② 수동 : 95.0(%) 이상

22. 일정유량형 에어라인마스크의 안면부에 대한 공기공급량은 얼마 이상인가?

> **해답** 85(L/min) 이상

23. 전동식 호흡보호구의 종류(분류) 3가지를 쓰시오.

> **해답** ① 전동식 방진마스크 ② 전동식 방독마스크 ③ 전동식 후드 및 전동식 보안면

24. 안전모의 부가성능 기준 항목을 2가지 쓰시오.

> **해답** ① 측면변형 방호 ② 금속용융물 분사방호

25. 보안경의 종류 및 사용구분에 대하여 안전인증과 자율안전확인으로 구분하여 쓰시오.

해답 ① 자율안전확인

종류	사용구분
유리보안경	비산물로부터 눈을 보호하기 위한 것으로 렌즈의 재질이 유리인 것
플라스틱보안경	비산물로부터 눈을 보호하기 위한 것으로 렌즈의 재질이 플라스틱인 것
도수렌즈보안경	비산물로부터 눈을 보호하기 위한 것으로 도수가 있는 것

② 안전인증(차광보안경)

종류	사용구분
자외선용	자외선이 발생하는 장소
적외선용	적외선이 발생하는 장소
복합용	자외선 및 적외선이 발생하는 장소
용접용	산소용접작업 등과 같이 자외선, 적외선 및 강렬한 가시광선이 발생하는 장소

26. 안전모의 종류별 사용구분을 간단히 쓰시오.

해답

종류(기호)	사용구분
AB	물체의 낙하 또는 비래 및 추락에 의한 위험을 방지 또는 경감시키기 위한 것
AE	물체의 낙하 또는 비래에 의한 위험을 방지 또는 경감하고, 머리부위 감전에 의한 위험을 방지하기 위한 것
ABE	물체의 낙하 또는 비래 및 추락에 의한 위험을 방지 또는 경감하고, 머리부위 감전에 의한 위험을 방지하기 위한 것

27. 안전모의 시험성능기준에 해당하는 항목을 5가지 쓰시오.

해답 ① 내관통성 ② 충격흡수성 ③ 내전압성 ④ 내수성
⑤ 난연성 ⑥ 턱끈풀림

28. 안전모의 내관통성 시험의 성능기준(안전인증)을 쓰시오.

해답 ① AE, ABE종 안전모 : 관통거리가 9.5mm 이하
② AB종 안전모 : 관통거리가 11.1mm 이하

29. 안전모의 모체를 수중에 담그기 전 무게가 440g, 모체를 20~25℃의 수중에 24시간 담근 후의 무게가 443.5g 이었다면 무게 증가율과 합격여부를 판단하시오.

해답 ① 무게(질량)증가율 : 질량증가율(%) = $\frac{\text{담근후의질량} - \text{담그기전의질량}}{\text{담그기전의질량}} \times 100$

∴ 무게(질량) 증가율 = $\frac{443.5 - 440}{440} \times 100 ≒ 0.795 = 0.80(\%)$

② 합격여부 : 1(%) 미만이므로 합격

30. 차광보안경의 성능기준 항목을 3가지 쓰시오.

해답 ① 시야범위 ② 표면 ③ 내노후성 ④ 내충격성 ⑤ 굴절력 ⑥ 차광능력
⑦ 시감투과율 차이 ⑧ 내식성

31. 전동식 방진마스크(전면형, 반면형)의 염화나트륨 및 파라핀오일시험에 대한 등급별 여과재의 분진등 포집효율에 대하여 쓰시오.

해답 ① 전동식 특급 : 99.95% 이상
② 전동식 1급 : 99.5% 이상
③ 전동식 2급 : 95.0% 이상

32. 안전모의 내전압성시험의 성능기준을 쓰시오.

해답 AE, ABE종 안전모는 교류 20kV에서 1분간 절연파괴없이 견뎌야 하고, 이때 누설되는 충전전류는 10mA 이내이어야 한다.

33. 용접용 보안면의 형태 및 구조에 대하여 쓰시오.

해답

형 태	구 조
헬멧형	안전모나 착용자의 머리에 지지대나 헤드밴드 등을 이용하여 적정위치에 고정, 사용하는 형태(자동용접필터형, 일반용접필터형)
핸드실드형	손에 들고 이용하는 보안면으로 적절한 필터를 장착하여 눈 및 안면을 보호하는 형태

34. 안전화의 종류를 쓰시오.

해답 ① 가죽제 안전화 ② 고무제 안전화 ③ 정전기 안전화
④ 발등 안전화 ⑤ 절연화 ⑥ 절연장화

35. 물체의 낙하, 충격 및 바닥으로부터의 날카로운 물체에 의한 찔림 위험으로부터 발을 보호하고 아울러 저압의 전기에 의한 감전을 방지하기 위해 착용하는 안전화의 종류는 무엇인가?

해답 절연화

36. 물체의 낙하, 충격 및 바닥으로 날카로운 물체에 의한 찔림 위험으로부터 발을 보호하고 아울러 방수 또는 내화학성을 겸한 안전화의 종류를 쓰시오.

해답 고무제 안전화

37. 안전화의 등급에 따른 작업을 구분하여 쓰시오.

해답 ① 중작업용   ② 보통작업용   ③ 경작업용

38. 일반적으로 기계공업, 금속가공업, 운반, 건축업 등 공구가공품을 손으로 취급하는 작업 및 차량사업장, 기계 등을 운전조작하는 일반작업장에서 착용하는 안전화의 종류는?

해답 보통 작업용

39. 발등 안전화의 종류를 2가지로 구분하여 쓰시오.

해답

구 분	형 식
고정식	안전화에 방호대를 고정한 것
탈착식	안전화의 끈 등을 이용하여 안전화에 방호대를 결합한 것으로 그 탈착이 가능한 것

40. 가죽제 안전화의 성능시험의 종류를 4가지 쓰시오.

해답 ① 내압박성 시험 ② 내충격성 시험 ③ 박리저항 시험 ④ 내답발성 시험 ⑤ 은면결렬 시험
⑥ 인열강도 시험 ⑦ 내부식성 시험 ⑧ 인장강도 시험 ⑨ 내유성시험 등

41. 안전대의 구조에서 다음에 해당하는 사항을 간단히 설명하시오.

해답 ① 신축조절기 : 죔줄의 길이를 조절하기 위해 죔줄에 부착된 금속장치

② 안전블록 : 안전그네와 연결하여 추락발생시 추락을 억제할수 있는 자동잠김 장치가 갖추어져 있고 죔줄이 자동적으로 수축되는 금속장치
③ 수직구명줄 : 로프 또는 레일등과 같은 유연하거나 단단한 고정줄로서 추락 발생시 추락을 저지시키는 추락방지대를 지탱해 주는 줄모양의 부품
④ 보조죔줄 : 안전대를 U자걸이로 사용할 때 U자걸이를 위해 훅 또는 카라비나를 지탱벨트의 D링에 걸거나 떼어낼 때 잘못하여 추락하는 것을 방지하기 위하여 링과 걸이 설비연결에 사용하는 훅 또는 카라비나를 갖춘 줄모양의 부품

42. 산업안전보건법상 안전대의 종류를 쓰시오.

해답

사 용 구 분	종 류
벨 트 식 안전그네식	1개 걸이용
	U자 걸이용
	추락방지대(안전그네식에만 적용)
	안전블록(안전그네식에만 적용)

43. 추락방지대 부착 안전대의 구조를 4가지 쓰시오.

해답
① 신체지지의 방법으로 안전그네만을 사용하여야 하며 수직구명줄 포함
② 추락방지대와 안전그네간의 연결 죔줄은 가능한 짧고 로프, 웨빙, 체인 등일 것
③ 수직구명줄에서 걸이설비와의 연결부위는 훅 또는 카라비나 등이 장착되어 걸이설비와 확실히 연결되어야 한다.
④ 유연한 수직구명줄은 로프 등이고 구명줄이 고정되지 않아 흔들림에 의한 추락방지대의 오작동을 막기위하여 적절한 긴장수단을 이용 팽팽히 당겨져야 한다.

44. 추락방지용 보호구인 안전대는 적정길이의 로프를 사용하여야 추락시 근로자의 안전을 확보할 수 있다는 최하사점을 구하는 공식을 쓰시오.

해답
$H > h =$ 로프길이(l) + 로프의 신장(율)길이$(l \times a)$ + 작업자의 키 $\times \dfrac{1}{2}$

h : 추락시 로프지지 위치에서 신체 최하사점까지의 거리(최하사점)
H : 로프지지 위치에서 바닥면까지의 거리

45. 방독마스크의 사용에 관한 다음 사항에서 ( )안에 알맞은 말을 넣으시오.

방독마스크는 산소농도가 (①)인 장소에서 사용하여야 하고, 고농도와 중농도에서 사용하는 방독마스크는 (②)을 사용해야 한다.

해답 ① 18% 이상
② 전면형(격리식, 직결식)

46. 화합물질용 안전장갑에 표시해야할 사항을 3가지 쓰시오.

해답 ① 안전장갑의 치수
② 보관·사용 및 세척상의 주의사항
③ 화학물질목록에 따른 3가지 화학물질 구분문자와 안전장갑을 표시하는 화학물질 보호성능표시 및 제품 사용에 대한 설명
④ 화학물질목록의 화학물질 외 제조자가 다른 화학물질에 대한 투과저항시험을 실시하고, 성능수준을 사용설명서에 표시하는 경우 제조회사의 시험 결과임을 명시
⑤ 재료시험의 각 성능 수준을 사용설명서에 표시

47. 방열복의 종류를 쓰시오.

해답 ① 방열상의 ② 방열하의 ③ 방열일체복 ④ 방열장갑 ⑤ 방열두건

48. 다음 보기의 내용 중에서 안전인증 대상 기계 또는 설비, 방호장치 또는 보호구에 해당하는 것을 4가지 골라 번호를 쓰시오.

> [보기] ① 산업용 로봇 ② 혼합기 ③ 연삭기 덮개
> ④ 안전대 ⑤ 교류아크용접기용 자동전격방지기 ⑥ 인쇄기
> ⑦ 동력식 수동대패용 칼날 접촉방지장치
> ⑧ 용접용 보안면 ⑨ 압력용기 ⑩ 양중기용 과부하방지장치

해답 ④ ⑧ ⑨ ⑩

49. 방음 보호구의 종류 및 등급에 관하여 쓰시오.

해답

종 류	등 급	기 호	성 능
귀마개	1 종	EP-1	저음부터 고음까지 차음하는 것
	2 종	EP-2	주로 고음을 차음하고, 저음(회화음 영역)은 차음하지 않는 것
귀덮개	–	EM	

50. 보안면의 종류와 사용구분에 대하여 쓰시오.

일반보안면 (자율안전)	작업시 발생하는 각종 비산물과 유해한 액체로부터 얼굴(머리의 전면, 이마, 턱, 목 앞부분, 코, 입)을 보호하기 위해 착용하는 것
용접용 보안면 (안전인증)	용접작업시 머리와 안면을 보호하기 위한 것으로 통상적으로 지지대를 이용하여 고정하며 적합한 필터를 통해서 눈과 안면을 보호하는 보호구

51. 안전인증 방독마스크에 안전인증의 표시에 따른 표시 외에 추가로 표시해야할 사항을 4가지 쓰시오.

해답 ① 파과곡선도
② 사용시간 기록카드
③ 정화통의 외부측면의 표시 색
④ 사용상의 주의사항

52. 안전인증 전동식 호흡보호구에 안전인증의 표시에 따른 표시외에 추가로 표시해야할 사항을 3가지 쓰시오.

해답 ① 전동기 등이 본질안전 방폭구조로 설계된 경우 해당내용 표시
② 사용범위, 사용상주의사항, 파과곡선도(정화통에 부착)
③ 정화통의 외부측면의 표시 색

8과목

산업안전보건법

8과목 산업안전보건법

I. 산업안전보건법

1. 도급사업에 있어서의 안전조치

1) 대상 사업장
사무직에 종사하는 근로자만 사용하는 사업을 제외한 사업

2) 도급인의 안전조치 및 보건조치
(1) 도급인은 관계수급인 근로자가 도급인의 사업장에서 작업을 하는 경우에 자신의 근로자와 관계수급인 근로자의 산업재해를 예방하기 위하여 안전 및 보건 시설의 설치 등 필요한 안전조치 및 보건조치를 하여야 한다.
(2) 다만, 보호구 착용의 지시 등 관계수급인 근로자의 작업행동에 관한 직접적인 조치는 제외한다.

3) 도급에 따른 산업재해 예방조치(도급인의 이행사항)
(1) 도급인과 수급인을 구성원으로 하는 안전 및 보건에 관한 협의체의 구성 및 운영
　① 도급인 및 그의 수급인 전원으로 구성
　② 협의사항
　　㉠ 작업의 시작 시간
　　㉡ 작업 또는 작업장 간의 연락 방법
　　㉢ 재해발생 위험이 있는 경우 대피 방법
　　㉣ 작업장에서의 위험성평가의 실시에 관한 사항
　　㉤ 사업주와 수급인 또는 수급인 상호 간의 연락 방법 및 작업공정의 조정
　③ 매월 1회 이상 정기적으로 회의 개최(결과기록 보존)

(2) 작업장의 순회점검

점검횟수	대상사업
2일에 1회 이상	① 건설업 ② 제조업 ③ 토사석 광업 ④ 서적, 잡지 및 기타 인쇄물 출판업 ⑤ 음악 및 기타 오디오물 출판업 ⑥ 금속 및 비금속 원료 재생업
1주일에 1회 이상	2일에 1회 이상의 사업을 제외한 사업

(3) 관계수급인이 근로자에게 하는 안전보건교육을 위한 장소 및 자료의 제공 등 지원
(4) 관계수급인이 근로자에게 하는 안전보건교육의 실시 확인
(5) 다음 각 목의 어느 하나의 경우에 대비한 경보체계 운영과 대피방법 등 훈련
 ① 작업장소에서 발파작업을 하는 경우
 ② 작업장소에서 화재・폭발, 토사・구축물 등의 붕괴 또는 지진 등이 발생한 경우
(6) 위생시설 등 고용노동부령으로 정하는 시설의 설치 등을 위하여 필요한 장소의 제공 또는 도급인이 설치한 위생시설 이용의 협조
(7) 같은 장소에서 이루어지는 도급인과 관계수급인 등의 작업에 있어서 관계수급인 등의 작업시기・내용, 안전조치 및 보건조치 등의 확인
(8) (7)호에 따른 확인결과 관계수급인 등의 작업 혼재로 인하여 화재・폭발 등 위험이 발생할 우려가 있는 경우 관계수급인 등의 작업시기・내용 등의 조정

4) 도급사업에 있어서의 합동 안전보건 점검

(1) 점검반 구성
 ① 도급인(같은 사업 내에 지역을 달리하는 사업장이 있는 경우 그 사업장의 안전보건관리책임자)
 ② 관계수급인(같은 사업 내에 지역을 달리하는 사업장이 있는 경우 그 사업장의 안전보건관리책임자)
 ③ 도급인 및 관계수급인의 근로자 각 1명(관계수급인의 근로자의 경우 해당 공정에만 해당)

(2) 점검 실시 횟수

실시횟수	대상사업
2개월에 1회 이상	① 건설업 ② 선박 및 보트 건조업
분기에 1회 이상	①, ② 사업을 제외한 사업

5) 노사 협의체 구성 및 운영

(1) 설치대상 사업
 공사금액 120억원(건설산업기본법 시행령에 따른 토목공사업은 150억원) 이상인 건

설업

(2) 노사 협의체 구성

노사 협의체의 근로자 위원과 사용자 위원은 합의를 통하여 노사협의체에 공사금액이 20억원 미만인 도급 또는 하도급 사업의 사업주 및 근로자대표를 위원으로 위촉할 수 있다.

(3) 노사 협의체의 운영
① 회의의 진행
  ㉠ 정기회의 : 2개월 마다 노사 협의체의 위원장이 소집
  ㉡ 임시회의 : 위원장이 필요하다고 인정할 때 소집
② 협의사항
  ㉠ 산업재해 예방방법 및 산업재해가 발생한 경우의 대피방법
  ㉡ 작업의 시작시간 및 작업 및 작업장 간의 연락방법
  ㉢ 그 밖의 산업재해 예방과 관련된 사항

6) 위생시설의 설치 등 협조

(1) 휴게시설 (2) 세면·목욕시설 (3) 세탁시설 (4) 탈의시설 (5) 수면시설

2. 물질안전보건자료의 작성비치 등

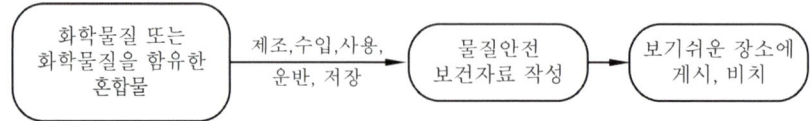

1) 작성내용

① 제품명
② 물질안전보건자료대상물질을 구성하는 화학물질 중 유해인자의 분류기준에 해당하는 화학물질의 명칭 및 함유량
③ 안전 및 보건상의 취급주의 사항
④ 건강 및 환경에 대한 유해성, 물리적 위험성
⑤ 물리·화학적 특성 등 고용노동부령으로 정하는 사항
  ㉠ 물리·화학적 특성   ㉡ 독성에 관한 정보
  ㉢ 폭발·화재시의 대처 방법   ㉣ 응급조치 요령
  ㉤ 그 밖에 고용노동부장관이 정하는 사항

2) 작성요령 및 방법

① 작성시 인용된 자료 출처 기재 : 신뢰성 확보 방안
② 경고표지 부착
　㉠ 물질을 담은 용기 또는 포장에 부착하거나 인쇄
　㉡ 경고표지에 포함해야 할 사항

명칭	제품명
그림문자	화학물질의 분류에 따라 유해위험의 내용을 나타내는 그림
신호어	유해위험의 심각성 정도에 따라 표시하는 "위험" 또는 "경고" 문구
유해위험 문구	화학물질의 분류에 따라 유해위험을 알리는 문구
예방조치 문구	화학물질에 노출되거나 부적절한 저장취급 등으로 발생하는 유해위험을 방지하기 위하여 알리는 주요 유의사항
공급자 정보	물질안전 보건자료 대상물질의 제조자 또는 공급자의 이름 및 전화번호 등

③ 물질안전보건자료에 관한 교육의 시기·내용

시기	㉠ 물질안전보건자료대상물질을 제조·사용·운반 또는 저장하는 작업에 근로자를 배치하게 된 경우 ㉡ 새로운 물질안전보건자료대상물질이 도입된 경우 ㉢ 유해성·위험성 정보가 변경된 경우
내용	㉠ 대상화학물질의 명칭(또는 제품명)　　㉡ 물리적 위험성 및 건강 유해성 ㉢ 취급상의 주의사항　　　　　　　　　㉣ 적절한 보호구 ㉤ 응급조치 요령 및 시고시 대치방법 ㉥ 물질안전보건자료 및 경고표지를 이해하는 방법

④ 작업공정별 관리요령 게시
　㉠ 제품명
　㉡ 건강 및 환경에 대한 유해성, 물리적 위험성
　㉢ 안전 및 보건상의 취급주의 사항
　㉣ 적절한 보호구
　㉤ 응급조치 요령 및 사고 시 대처방법
⑤ 물질안전보건자료의 제공
　㉠ 대상물질을 양도하거나 제공하는 자는 이를 양도받거나 제공받는 자에게 물질안전보건자료를 제공하여야 한다.(제조하거나 수입한 자는 변경이 필요한 경우 변경된 자료 제공)
　㉡ 대상물질을 양도하거나 제공한 자는 변경된 물질안전보건자료를 제공받은 경우 이를 물질안전보건자료대상물질을 양도받거나 제공받은 자에게 제공하여야 한다.
　㉢ 동일한 상대방에게 같은 대상물질을 2회 이상 계속하여 양도 또는 제공하는 경우에는 해당 대상물질에 대한 물질안전보건자료의 변경이 없는 한 추가로

물질안전보건자료를 제공하지 않을 수 있다. 다만, 상대방이 물질안전보건자료의 제공을 요청한 경우에는 그렇지 않다.

3) 물질안전보건자료(MSDS) 작성 시 포함되어야 할 항목 및 순서

(1) 화학제품과 회사에 관한 정보
(2) 유해성·위험성
(3) 구성성분의 명칭 및 함유량
(4) 응급조치요령
(5) 폭발·화재시 대처방법
(6) 누출사고시 대처방법
(7) 취급 및 저장방법
(8) 노출방지 및 개인보호구
(9) 물리화학적 특성
(10) 안정성 및 반응성
(11) 독성에 관한 정보
(12) 환경에 미치는 영향
(13) 폐기 시 주의사항
(14) 운송에 필요한 정보
(15) 법적규제 현황
(16) 그 밖의 참고사항(자료의 출처, 작성일자 등)

3. 안전성 검토 (유해위험 방지 계획서)

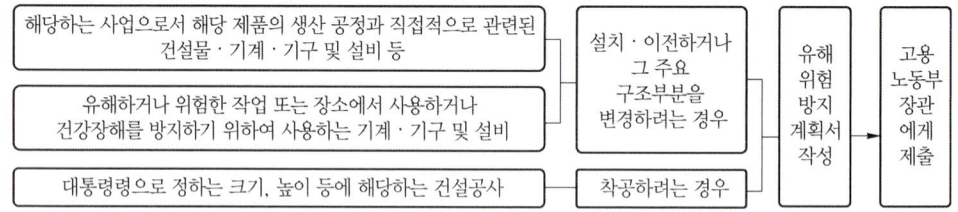

1) 대상 사업장 및 기계기구 설비

(1) 대상사업장 및 제출서류
① 대상 사업장 : 전기 계약용량이 300킬로와트 이상인 다음의 사업
㉠ 금속가공제품(기계 및 가구는 제외)제조업
㉡ 비금속 광물제품 제조업
㉢ 기타 기계 및 장비 제조업
㉣ 자동차 및 트레일러 제조업
㉤ 식료품 제조업
㉥ 고무제품 및 플라스틱제품 제조업
㉦ 목재 및 나무제품 제조업
㉧ 기타 제품 제조업
㉨ 1차 금속제조업
㉩ 가구 제조업
㉪ 화학물질 및 화학제품 제조업
㉫ 반도체 제조업
㉬ 전자부품 제조업
② 제출서류(제조업 등 유해위험방지계획서. 작업시작 15일 전까지 공단에 2부 제출)

㉠ 건축물 각 층의 평면도
㉡ 기계 · 설비의 개요를 나타내는 서류
㉢ 기계 · 설비의 배치도면
㉣ 원재료 및 제품의 취급, 제조 등의 작업방법의 개요
㉤ 그 밖에 고용노동부장관이 정하는 도면 및 서류

(2) 대상기계기구 설비 및 제출서류
① 대상기계기구 설비
㉠ 금속이나 그 밖의 광물의 용해로
㉡ 화학설비
㉢ 건조설비
㉣ 가스집합 용접장치
㉤ 근로자의 건강에 상당한 장해를 일으킬 우려가 있는 물질로서 고용노동부령으로 정하는 물질의 밀폐 · 환기 · 배기를 위한 설비
② 제출서류(해당 작업 시작 15일 전까지 공단에 2부 제출)
㉠ 설치장소의 개요를 나타내는 서류
㉡ 설비의 도면
㉢ 그 밖에 고용노동부장관이 정하는 도면 및 서류

(3) 대상 건설업
① 다음 각목의 어느 하나에 해당하는 건축물 또는 시설 등의 건설, 개조 또는 해체공사
㉠ 지상 높이가 31미터 이상인 건축물 또는 인공구조물
㉡ 연면적 3만제곱미터 이상인 건축물
㉢ 연면적 5천제곱미터 이상인 시설로서 다음의 어느 하나에 해당하는 시설
　㉮ 문화 및 집회시설　　㉯ 판매시설, 운수시설　㉰ 종교시설
　㉱ 의료시설 중 종합병원　㉲ 숙박시설 중 관광숙박시설
　㉳ 지하도 상가　　　　　㉴ 냉동, 냉장 창고시설
② 최대 지간 길이가 50미터 이상인 다리의 건설 등 공사
③ 연면적 5천 제곱 미터 이상인 냉동, 냉장창고 시설의 설비공사 및 단열공사
④ 다목적댐, 발전용댐, 저수용량 2천만톤 이상의 용수전용댐 및 지방 상수도 전용댐의 건설 등 공사
⑤ 터널의 건설등 공사
⑥ 깊이 10미터 이상인 굴착 공사
* 제출시 첨부서류는 제6장 건설안전 I. 3. 유해위험방지 계획서 단원에서 참고

4. 공장 설비의 안전성 평가(공정안전보고서)

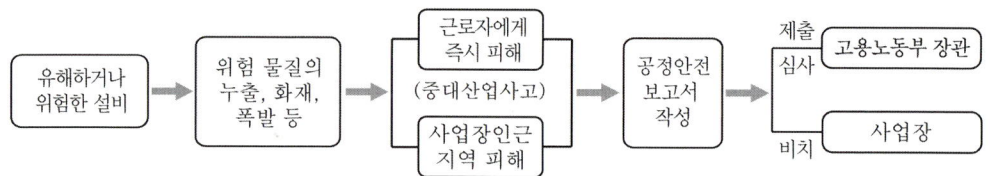

1) 공정 안전보고서 제출대상

(1) 다음 사업장의 보유설비
① 원유정제 처리업
② 기타 석유정제물 재처리업
③ 석유화학계 기초화학물질 제조업 또는 합성수지 및 기타 플라스틱물질 제조업
④ 질소 화합물, 질소 인산 및 칼리질 화학비료 제조업 중 질소질 비료 제조
⑤ 복합비료 및 기타 화학비료 제조업 중 복합비료 제조(단순혼합 또는 배합에 의한 경우는 제외)
⑥ 화학살균 살충제 및 농업용 약제 제조업(농약 원제 제조만 해당)
⑦ 화약 및 불꽃제품 제조업

> **참 고** 유해 위험설비 제외대상
> 1. 원자력 설비
> 2. 군사시설
> 3. 사업주가 해당 사업장 내에서 직접 사용하기 위한 난방용 연료의 저장설비 및 사용설비
> 4. 도매·소매 시설
> 5. 차량 등의 운송설비
> 6. 「액화석유가스의 안전관리 및 사업법」에 따른 액화석유가스의 충전·저장시설
> 7. 「도시가스사업법」에 따른 가스공급시설
> 8. 그 밖에 고용노동부장관이 누출·화재·폭발 등으로 인한 피해의 정도가 크지 않다고 인정하여 고시하는 설비

(2) 유해위험물질을 규정량 이상 제조·취급·저장하는 설비
① 인화성가스라 함은 인화한계 농도의 최저 한도가 13퍼센트 이하 또는 최고 한도와 최저 한도의 차가 12퍼센트 이상인 것으로서 표준압력(101.3kPa)하의 20℃에서 가스상태인 물질을 말한다.
② 인화성액체란 표준압력(101.3kPa)하에서 인화점이 60℃ 이하이거나 고온·고압의 공정운전조건으로 인하여 화재·폭발위험이 있는 상태에서 취급되는 가연성

물질을 말한다.
③ 인화점의 수치는 타구밀폐식 또는 펜스키말테식 등의 인화점 측정기에 의하여 표준압력(101.3kPa)에서 측정한 수치중 작은 수치임
④ 유해·위험물질의 규정량이라 함은 제조·취급 등 설비에 있어서 공정과정 중에 저장되는 양을 포함하여 하루동안 최대로 제조 또는 취급할 수 있는 수량을 말함
⑤ 규정량은 화학물질의 순도 100퍼센트를 기준으로 하여 산출한 수치임
⑥ 두 종류 이상의 유해·위험물질을 제조·취급·저장하는 경우에는 유해·위험물질별로 가장 큰 값 $\left(\dfrac{C}{T}\right)$을 각각 구하여 합산한 값($R$)이 1 이상인 경우 유해·위험설비로 본다.

$$R = C_1/T_1 + C_2/T_2 + \cdots\cdots + C_n/T_n$$

주) C_n : 유해·위험물질별(n) 규정량과 비교하여 하루동안 제조·취급·저장할 수 있는 최대치 중 가장 큰 값
T_n : 유해위험물질별 규정량

⑦ 가스를 전문으로 저장·판매하는 시설 내의 가스를 제외한다.

유해·위험물질 규정량

번호	물질명	규정량(kg)	번호	물질명	규정량(kg)
1	인화성 가스	제조·취급 : 5,000 저장 : 200,000	12	불화수소	1,000
2	인화성 액체	제조·취급 : 5,000 저장 : 200,000	13	염화수소	10,000
3	메틸이소시아네이트	1,000	14	황화수소	1,000
4	포스겐	500	15	질산암모늄	500,000
5	아크릴로니트릴	10,000	16	니트로글리세린	10,000
6	암모니아	10,000	17	트리니트로톨루엔	50,000
7	염소	1,500	18	수소	5,000
8	이산화황	10,000	19	산화에틸렌	1,000
9	삼산화황	10,000	20	포스핀	500
10	이황화탄소	10,000	21	실란(Silane)	1,000
11	시안화수소	500		〈이하 생략〉	

2) 공정안전 보고서 내용

포함 사항	세부 내용
공정 안전 자료	가. 취급·저장하고 있거나 취급·저장하고자 하는 유해·위험물질의 종류 및 수량 나. 유해·위험물질에 대한 물질안전보건자료 다. 유해하거나 위험한 설비의 목록 및 사양 라. 유해하거나 위험한 설비의 운전방법을 알 수 있는 공정도면 마. 각종 건물·설비의 배치도 바. 폭발위험장소 구분도 및 전기단선도 사. 위험설비의 안전설계·제작 및 설치관련 지침서
공정 위험성 평가서 및 잠재위험에 대한 사고예방·피해 최소화 대책	가. 체크리스트(Check List) 나. 상대위험순위 결정(Dow and Mond Indices) 다. 작업자 실수분석(HEA)　　라. 사고예상 질문분석(What-if) 마. 위험과 운전분석(HAZOP)　바. 이상위험도 분석(FMECA) 사. 결함수 분석(FTA)　　　　아. 사건수 분석(ETA) 자. 원인결과 분석(CCA)　　　차. 가목 내지 자목과 동등이상의 기술적 평가기법
안전 운전 계획	가. 안전운전지침서　　　　　나. 설비점검·검사 및 보수계획, 유지계획 및 지침서 다. 안전작업허가　　　　　　라. 도급업체 안전관리계획 마. 근로자등 교육계획　　　　바. 가동전 점검지침 사. 변경요소 관리계획　　　　아. 자체감사 및 사고조사계획 자. 그 밖에 안전운전에 필요한 사항
비상 조치 계획	가. 비상조치를 위한 장비·인력보유현황 나. 사고발생시 각부서·관련기관과의 비상연락체계 다. 사고발생시 비상조치를 위한 조직의 임무 및 수행절차 라. 비상조치계획에 따른 교육계획 마. 주민홍보계획 바. 그 밖에 비상조치 관련사항

3) 공정 안전 보고서의 제출절차

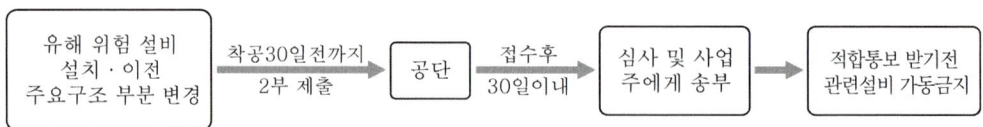

II. 산업안전보건법 시행령

1. 관리감독자의 업무내용

작업의 종류	직 무 수 행 내 용
1. 프레스 등을 사용하는 작업	가. 프레스등 및 그 방호장치를 점검하는 일 나. 프레스등 및 그 방호장치에 이상이 발견되면 즉시 필요한 조치를 하는 일 다. 프레스등 및 그 방호장치에 전환스위치를 설치했을 때 그 전환스위치의 열쇠를 관리하는 일 라. 금형의 부착·해체 또는 조정작업을 직접 지휘하는 일
2. 목재가공용 기계를 취급하는 작업	가. 목재가공용 기계를 취급하는 작업을 지휘하는 일 나. 목재가공용 기계 및 그 방호장치를 점검하는 일 다. 목재가공용 기계 및 그 방호장치에 이상이 발견된 즉시 보고 및 필요한 조치를 하는 일 라. 작업중 지그 및 공구 등의 사용상황을 감독하는 일
3. 크레인을 사용하는 작업	가. 작업방법과 근로자 배치를 결정하고 그 작업을 지휘하는 일 나. 재료의 결함유무 또는 기구 및 공구의 기능을 점검하고 불량품을 제거하는 일 다. 작업중 안전대 또는 안전모의 착용상황을 감시하는 일
4. 위험물을 제조하거나 취급하는 작업	가. 작업을 지휘하는 일 나. 위험물을 제조하거나 취급하는 설비 및 그 설비의 부속설비가 있는 장소의 온도·습도·차광 및 환기상태 등을 수시로 점검하고 이상을 발견하면 즉시 필요한 조치를 하는 일 다. 나목에 따라 한 조치를 기록하고 보관하는 일
5. 건조설비를 사용하는 작업	가. 건조설비를 처음으로 사용하거나 건조방법 또는 건조물의 종류를 변경했을 때에는 근로자에게 미리 그 작업방법을 교육하고 작업을 직접 지휘하는 일 나. 건조설비가 있는 장소를 항상 정리정돈하고 그 장소에 가연성물질을 두지 않도록 하는 일
6. 아세틸렌 용접장치를 사용하는 금속의 용접·용단 또는 가열작업	가. 작업방법을 결정하고 작업을 지휘하는 일 나. 아세틸렌 용접장치의 취급에 종사하는 근로자로 하여금 다음의 작업요령을 준수하도록 하는 일 　(1) 사용중인 발생기에 불꽃을 발생시킬 우려가 있는 공구를 사용하거나 그 발생기에 충격을 가하지 않도록 할 것 　(2) 아세틸렌 용접장치의 가스누출을 점검할 때에는 비눗물을 사용하는 등 안전한 방법으로 할 것 　(3) 발생기실의 출입구 문을 열어두지 않도록 할 것 　(4) 이동식 아세틸렌 용접장치의 발생기에 카바이드를 교환할 때에는 옥외의 안전한 장소에서 할 것 다. 아세틸렌 용접작업을 시작할 때에는 아세틸렌 용접장치를 점검하고 발생기 내부로부터 공기와 아세틸렌의 혼합가스를 배제하는 일 라. 안전기는 작업중 그 수위를 쉽게 확인할 수 있는 장소에 놓고 1일 1회 이상 점검하는 일 마. 아세틸렌 용접장치내의 물이 동결되는 것을 방지하기 위하여 아세틸렌 용접장치를 보온하거나 가열할 때에는 온수나 증기를 사용하는 등 안전한 방법으로 하도록 하는 일 바. 발생기 사용을 중지하였을 때에는 물과 잔류카바이드가 접촉하지 않은 상태로 유지하는 일 사. 발생기를 수리·가공·운반 또는 보관할 때에는 아세틸렌 및 카바이드에 접촉하지 않은 상태로 유지하는 일 아. 작업에 종사하는 근로자의 보안경 및 안전장갑의 착용상황을 감시하는 일

작업의 종류	직 무 수 행 내 용

7. 가스집합용접장치의 취급작업	가. 작업방법을 결정하고 작업을 직접 지휘하는 일
	나. 가스집합장치의 취급에 종사하는 근로자로 하여금 다음의 작업요령을 준수하도록 하는 일
	   (1) 부착할 가스용기의 마개 및 배관 연결부에 붙어있는 유류·찌꺼기 등을 제거할 것
	   (2) 가스용기를 교환할 때에는 그 용기의 마개 및 배관연결부 부분의 가스누출을 점검하고 배관내의 가스가 공기와 혼합되지 않도록 할 것
	   (3) 가스누출 점검은 비눗물을 사용하는 등 안전한 방법으로 할 것
	   (4) 밸브 또는 콕은 서서히 열고 닫을 것
	다. 가스용기의 교환작업을 감시하는 일
	라. 작업을 시작할 때에는 호스·취관·호스밴드 등의 기구를 점검하고 손상·마모 등으로 인하여 가스나 산소가 누출될 우려가 있다고 인정할 때에는 보수하거나 교환하는 일
	마. 안전기는 작업중 그 기능을 쉽게 확인할 수 있는 장소에 두고 1일 1회 이상 점검하는 일
	바. 작업에 종사하는 근로자의 보안경 및 안전장갑의 착용상황을 감시하는 일

8. 거푸집동바리의 고정·조립 또는 해체 작업/지반의 굴착작업/흙막이지보공의 고정·조립 또는 해체 작업/터널의 굴착작업/건물 등의 해체작업	가. 안전한 작업방법을 결정하고 작업을 지휘하는 일 나. 재료·기구의 결함유무를 점검하고 불량품을 제거하는 일 다. 작업중 안전대 및 안전모 등 보호구 착용상황을 감시하는 일
9. 높이 5미터 이상의 비계를 조립·해체하거나 변경하는 작업(해체작업의 경우 가목의 규정 적용제외)	가. 재료의 결함유무를 점검하고 불량품을 제거하는 일 나. 기구·공구·안전대 및 안전모 등의 기능을 점검하고 불량품을 제거하는 일 다. 작업방법 및 근로자 배치를 결정하고 작업진행상태를 감시하는 일 라. 안전대와 안전모 등의 착용상황을 감시하는 일
10. 달비계 작업	가. 작업용 섬유로프, 작업용 섬유로프의 고정점, 구명줄의 조정점, 작업대, 고리걸이용 철구 및 안전대 등의 결손 여부를 확인하는 일 나. 작업용 섬유로프 및 안전대 부착설비용 로프가 고정점에 풀리지 않는 매듭방법으로 결속되었는지 확인하는 일 다. 근로자가 작업대에 탑승하기 전 안전모 및 안전대를 착용하고 안전대를 구명줄에 체결했는지 확인하는 일 라. 작업방법 및 근로자 배치를 결정하고 작업 진행 상태를 감시하는 일
11. 발파작업	가. 점화전에 점화작업에 종사하는 근로자가 아닌 사람에게 대피를 지시하는 일 나. 점화작업에 종사하는 근로자에게 대피장소 및 경로를 지시하는 일 다. 점화전에 위험구역내에서 근로자가 대피한 것을 확인하는 일 라. 점화순서 및 방법에 대하여 지시하는 일 마. 점화신호를 하는 일 바. 점화작업에 종사하는 근로자에게 대피신호를 하는 일 사. 발파후 터지지 않은 장약이나 남은 장약의 유무, 용수의 유무 및 암석·토사의 낙하 여부 등을 점검하는 일 아. 점화하는 사람을 정하는 일 자. 공기압축기의 안전밸브 작동유무를 점검하는 일 차. 안전모 등 보호구 착용상황을 감시하는 일
12. 채석을 위한 굴착작업	가. 대피방법을 미리 교육하는 일 나. 작업을 시작하기전 또는 폭우가 내린 후에는 암석·토사의 낙하·균열의 유무 또는 함수(含水)·용수 및 동결의 상태를 점검하는 일 다. 발파한 후에는 발파장소 및 그 주변의 암석·토사의 낙하·균열의 유무를 점검하는 일

작업의 종류	직 무 수 행 내 용
13. 화물취급작업	가. 작업방법 및 순서를 결정하고 작업을 지휘하는 일 나. 기구 및 공구를 점검하고 불량품을 제거하는 일 다. 그 작업장소에는 관계근로자외의 자의 출입을 금지하는 일 라. 로프 등의 해체작업을 할 때에는 하대(荷臺) 위의 화물의 낙하위험 유무를 확인하고 작업의 착수를 지시하는 일
14. 부두와 선박에서의 하역작업	가. 작업방법을 결정하고 작업을 지휘하는 일 나. 통행설비・하역기계・보호구 및 기구・공구를 점검・정비하고 이들의 사용상황을 감시하는 일 다. 주변 작업자간의 연락을 조정하는 일
15. 전로 등 전기작업 또는 그 지지물의 설치, 점검, 수리 및 도장 등의 작업	가. 작업구간 내의 충전전로 등 모든 충전 시설을 점검하는 일 나. 작업방법 및 그 순서를 결정(근로자 교육 포함)하고 작업을 지휘하는 일 다. 작업근로자의 보호구 또는 절연용 보호구 착용 상황을 감시하고 감전재해 요소를 제거하는 일 라. 작업 공구, 절연용 방호구 등의 결함 여부와 기능을 점검하고 불량품을 제거하는 일 마. 작업장소에 관계 근로자 외에는 출입을 금지하고 주변 작업자와의 연락을 조정하며 도로작업 시 차량 및 통행인 등에 대한 교통통제 등 작업전반에 대해 지휘・감시하는 일 바. 활선작업용 기구를 사용하여 작업할 때 안전거리가 유지되는지 감시하는 일 사. 감전재해를 비롯한 각종 산업재해에 따른 신속한 응급처치를 할 수 있도록 근로자들을 교육하는 일

16. 관리대상 유해물질을 취급하는 작업	가. 관리대상 유해물질을 취급하는 근로자가 물질에 오염되지 않도록 작업방법을 결정하고 작업을 지휘하는 업무
	나. 관리대상 유해물질을 취급하는 장소나 설비를 매월 1회 이상 순회점검하고 국소배기장치 등 환기설비에 대해서는 다음 각 호의 사항을 점검하여 필요한 조치를 하는 업무. 단, 환기설비를 점검하는 경우에는 다음의 사항을 점검
	  (1) 후드(hood)나 덕트(duct)의 마모・부식, 그 밖의 손상 여부 및 정도
	  (2) 송풍기와 배풍기의 주유 및 청결 상태
	  (3) 덕트 접속부가 헐거워졌는지 여부
	  (4) 전동기와 배풍기를 연결하는 벨트의 작동 상태
	  (5) 흡기 및 배기 능력 상태
	다. 보호구의 착용 상황을 감시하는 업무
	라. 근로자가 탱크 내부에서 관리대상 유해물질을 취급하는 경우에 다음의 조치를 했는지 확인하는 업무
	  (1) 관리대상 유해물질에 관하여 필요한 지식을 가진 사람이 해당 작업을 지휘
	  (2) 관리대상 유해물질이 들어올 우려가 없는 경우에는 작업을 하는 설비의 개구부를 모두 개방
	  (3) 근로자의 신체가 관리대상 유해물질에 의하여 오염되었거나 작업이 끝난 경우에는 즉시 몸을 씻는 조치
	  (4) 비상시에 작업설비 내부의 근로자를 즉시 대피시키거나 구조하기 위한 기구와 그 밖의 설비를 갖추는 조치
	  (5) 작업을 하는 설비의 내부에 대하여 작업 전에 관리대상 유해물질의 농도를 측정하거나 그 밖의 방법으로 근로자가 건강에 장해를 입을 우려가 있는지를 확인하는 조치
	  (6) 제(5)에 따른 설비 내부에 관리대상 유해물질이 있는 경우에는 설비 내부를 충분히 환기하는 조치
	  (7) 유기화합물을 넣었던 탱크에 대하여 제(1)부터 제(6)까지의 조치 외에 다음의 조치
	    (가) 유기화합물이 탱크로부터 배출된 후 탱크 내부에 재유입되지 않도록 조치
	    (나) 물이나 수증기 등으로 탱크 내부를 씻은 후 그 씻은 물이나 수증기 등을 탱크로부터 배출

작업의 종류	직 무 수 행 내 용
	(다) 탱크 용적의 3배 이상의 공기를 채웠다가 내보내거나 탱크에 물을 가득 채웠다가 내보내거나 탱크에 물을 가득 채웠다가 배출 마. 나목에 따른 점검 및 조치 결과를 기록·관리하는 업무
17. 허가대상 유해물질 취급작업	가. 근로자가 허가대상 유해물질을 들이마시거나 허가대상 유해물질에 오염되지 않도록 작업수칙을 정하고 지휘하는 업무 나. 작업장에 설치되어 있는 국소배기장치나 그 밖에 근로자의 건강장해 예방을 위한 장치 등을 매월 1회 이상 점검하는 업무 다. 근로자의 보호구 착용 상황을 점검하는 업무
18. 석면 해체·제거작업	가. 근로자가 석면분진을 들이마시거나 석면분진에 오염되지 않도록 작업방법을 정하고 지휘하는 업무 나. 작업장에 설치되어 있는 석면분진 포집장치, 음압기 등의 장비의 이상 유무를 점검하고 필요한 조치를 하는 업무 다. 근로자의 보호구 착용 상황을 점검하는 업무

19. 고압작업	가. 작업방법을 결정하여 고압작업자를 직접 지휘하는 업무
	나. 유해가스의 농도를 측정하는 기구를 점검하는 업무
	다. 고압작업자가 작업실에 입실하거나 퇴실하는 경우에 고압작업자의 수를 점검하는 업무
	라. 작업실에서 공기조절을 하기 위한 밸브나 콕을 조작하는 사람과 연락하여 작업실 내부의 압력을 적정한 상태로 유지하도록 하는 업무
	라. 공기를 기압조절실로 보내거나 기압조절실에서 내보내기 위한 밸브나 콕을 조작하는 사람과 연락하여 고압작업자에 대하여 가압이나 감압을 다음과 같이 따르도록 조치하는 업무
	  (1) 가압을 하는 경우 1분에 제곱센티미터당 0.8킬로그램 이하의 속도로 함
	  (2) 감압을 하는 경우에는 고용노동부장관이 정하여 고시하는 기준에 맞도록 함
	바. 작업실 및 기압조절실 내 고압작업자의 건강에 이상이 발생한 경우 필요한 조치를 하는 업무

20. 밀폐공간 작업	가. 산소가 결핍된 공기나 유해가스에 노출되지 않도록 작업 시작 전에 해당 근로자의 작업을 지휘하는 업무 나. 작업을 하는 장소의 공기가 적절한지를 작업 시작 전에 측정하는 업무 다. 측정장치·환기장치 또는 공기호흡기 또는 송기마스크 등을 작업 시작 전에 점검하는 업무 라. 근로자에게 공기 호흡기 또는 송기마스크 등의 착용을 지도하고 착용 상황을 점검하는 업무

2. 안전보건총괄책임자 지정대상 사업 및 직무 등

도급인은 관계수급인 근로자가 도급인의 사업장에서 작업을 하는 경우에는 그 사업장의 안전보건관리책임자를 도급인의 근로자와 관계수급인 근로자의 산업재해를 예방하기 위한 업무를 총괄하여 관리하는 안전보건총괄책임자로 지정

1) 대상 사업장

① 관계수급인에게 고용된 근로자를 포함한 상시 근로자가 100명(선박 및 보트 건조업, 1차 금속 제조업 및 토사석 광업의 경우에는 50명) 이상인 사업
② 관계수급인의 공사금액을 포함한 해당 공사의 총공사금액이 20억원 이상인 건설업

2) 직무
　① 위험성 평가의 실시에 관한 사항
　② 산업재해가 발생할 급박한 위험이 있거나, 중대재해가 발생하였을 때에는 즉시 작업의 중지
　③ 도급시 산업재해 예방조치
　④ 산업안전보건관리비의 관계수급인간의 사용에 관한 협의·조정 및 그 집행의 감독
　⑤ 안전인증대상기계 등과 자율안전확인대상기계 등의 사용 여부 확인

3. 유해·위험성조사 제외 화학물질

1) 원소
2) 천연으로 산출된 화학물질
3) 방사성 물질
4) 신규화학물질의 유해·위험성조사보고서가 제출되어 고용노동부장관이 명칭을 공표한 물질
5) 고용노동부장관이 환경부장관과 협의하여 고시하는 화학물질목록에 기록되어 있는 물질

4. 물질안전보건자료의 작성·제출 제외 대상 화학물질 등

① 「건강기능식품에 관한 법률」에 따른 건강기능식품
② 「농약관리법」에 따른 농약
③ 「마약류 관리에 관한 법률」에 따른 마약 및 향정신성의약품
④ 「비료관리법」에 따른 비료
⑤ 「사료관리법」에 따른 사료
⑥ 「생활주변방사선 안전관리법」에 따른 원료물질
⑦ 「생활화학제품 및 살생물제의 안전관리에 관한 법률」에 따른 안전확인대상생활화학제품 및 살생물제품 중 일반소비자의 생활용으로 제공되는 제품
⑧ 「식품위생법」에 따른 식품 및 식품첨가물
⑨ 「약사법」에 따른 의약품 및 의약외품
⑩ 「원자력안전법」에 따른 방사성물질
⑪ 「위생용품 관리법」에 따른 위생용품
⑫ 「의료기기법」에 따른 의료기기
⑬ 「총포·도검·화약류 등의 안전관리에 관한 법률」에 따른 화약류
⑭ 「폐기물관리법」에 따른 폐기물

⑮ 「화장품법」에 따른 화장품
⑯ 제①호부터 제⑮호까지의 규정 외의 화학물질 또는 혼합물로서 일반소비자의 생활용으로 제공되는 것(일반소비자의 생활용으로 제공되는 화학물질 또는 혼합물이 사업장 내에서 취급되는 경우를 포함)
⑰ 고용노동부장관이 정하여 고시하는 연구·개발용 화학물질 또는 화학제품
⑱ 그 밖에 고용노동부장관이 독성·폭발성 등으로 인한 위해의 정도가 적다고 인정하여 고시하는 화학물질

III. 산업안전보건법 시행규칙

1. 유해위험한 기계·기구 등의 방호조치

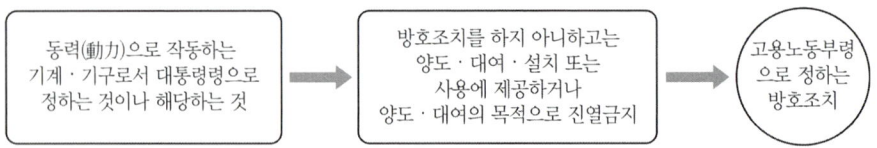

1) 대상기계·기구 및 방호장치

대상 기계·기구	방호장치
1. 예초기	날접촉예방장치
2. 원심기	회전체 접촉 예방장치
3. 공기압축기	압력방출장치
4. 금속절단기	날접촉예방장치
5. 지게차	헤드가드, 백레스트, 전조등, 후미등, 안전벨트
6. 포장기계(진공포장기, 래핑기로 한정)	구동부 방호 연동장치
1. 작동부분에 돌기 부분이 있는 것	묻힘형으로 하거나 덮개를 부착할 것
2. 동력전달 부분 또는 속도조절 부분이 있는 것	덮개를 부착하거나 방호망을 설치할 것
3. 회전기계에 물체 등이 말려 들어갈 부분이 있는 것	회전기계의 물림점(롤러나 톱니바퀴 등 반대방향의 두 회전체에 물려 들어가는 위험점)에는 덮개 또는 울을 설치할 것

2) 방호조치를 해체하려는 경우 안전조치 및 보건조치

1. 방호조치를 해체하려는 경우	사업주의 허가를 받아 해체할 것
2. 방호조치를 해체한 후 그 사유가 소멸된 경우	지체없이 원상으로 회복시킬 것
3. 방호조치의 기능이 상실된 것을 발견한 경우	지체없이 사업주에게 신고할 것

2. 석면 해체작업

석면조사 결과 기록보존 해야할 사항	일반석면 조사	① 해당 건축물이나 설비에 석면이 함유되어 있는지 여부 ② 해당 건축물이나 설비 중 석면이 함유된 자재의 종류, 위치 및 면적
	기관석면 조사	① 일반석면조사 사항 ② 해당 건축물이나 설비에 함유된 석면의 종류 및 함유량
석면해체·제거작업의 안전성의 평가기준		① 석면해체·제거작업 기준의 준수 여부 ② 장비의 성능 ③ 보유인력의 교육이수, 능력개발, 전산화 정도 및 그 밖에 필요한 사항
석면해체·제거작업 완료 후의 석면농도기준		1세제곱센티미터당 0.01개 이하
석면농도의 측정방법		① 석면해체·제거작업장 내의 작업이 완료된 상태를 확인한 후 공기가 건조한 상태에서 측정할 것 ② 작업장 내에 침전된 분진을 흩날린 후 측정할 것 ③ 시료채취기를 작업이 이루어진 장소에 고정하여 공기 중 입자상 물질을 채취하는 지역시료채취방법으로 측정할 것

 IV. 산업안전에 관한 기준

1. 차량계건설기계

1) 차량계 건설기계의 종류

(1) 도저형 건설기계(불도저, 스트레이트도저, 틸트도저, 앵글도저, 버킷도저 등)
(2) 모터그레이더(motor grader, 땅 고르는 기계)
(3) 로더(포크 등 부착물 종류에 따른 용도 변경 형식을 포함한다.)
(4) 스크레이퍼
(5) 크레인형 굴착기계(크램쉘, 드래그라인 등)
(6) 굴착기(브레이커, 크러셔, 드릴 등 부착물 종류에 따른 용도 변경 형식을 포함한다.)

(7) 항타기 및 항발기
(8) 천공용 건설기계(어스드릴, 어스오거, 크롤러드릴, 점보드릴 등)
(9) 지반 압밀침하용 건설기계(샌드드레인머신, 페이퍼드레인머신, 팩드레인머신 등)
(10) 지반 다짐용 건설기계(타이어롤러, 매커덤 롤러, 탠덤롤러 등)
(11) 준설용 건설기계(버킷준설선, 그래브준설선, 펌프준설선 등)
(12) 콘크리트 펌프카
(13) 덤프트럭
(14) 콘크리트 믹서 트럭
(15) 도로포장용 건설기계(아스팔트 살포기, 콘크리트 살포기, 아스팔트 피니셔, 콘크리트 피니셔 등)
(16) 골재채취 및 살포용 건설기계(쇄석기, 자갈채취기, 골재살포기 등)
(17) 제1호부터 제15호까지와 유사한 구조 또는 기능을 갖는 건설기계로서 건설작업에 사용하는 것

2. 차량계건설기계의 사용에 의한 위험의 방지

구조	① 전조등 설치 ② 낙하물 보호구조를 갖춰야할 대상(불도저, 트랙터, 굴착기, 로더, 스크레이퍼, 덤프트럭, 모터그레이더, 롤러, 천공기, 항타기 및 항발기)
작업 계획서 내용	① 사용하는 차량계 건설기계의 종류 및 성능 ② 차량계 건설기계의 운행경로 ③ 차량계 건설기계에 의한 작업방법
전도 등의 방지 조치	① 유도하는 사람 배치 ② 지반의 부동침하방지 ③ 갓길의 붕괴방지 ④ 도로 폭의 유지
운전위치이탈시 조치사항	① 포크, 버킷, 디퍼 등의 장치를 가장 낮은 위치 또는 지면에 내려 둘 것 ② 원동기를 정지시키고 브레이크를 확실히 거는 등 갑작스러운 주행이나 이탈을 방지하기 위한 조치를 할 것 ③ 운전석을 이탈하는 경우에는 시동키를 운전대에서 분리시킬 것. 다만, 운전석에 잠금장치를 하는 등 운전자가 아닌 사람이 운전하지 못하도록 조치한 경우는 그러하지 아니하다.
차량계 건설기계 이송시 준수사항	① 싣거나 내리는 작업은 평탄하고 견고한 장소에서 할 것 ② 발판을 사용하는 경우에는 충분한 길이·폭 및 강도를 가진 것을 사용하고 적당한 경사를 유지하기 위하여 견고하게 설치할 것 ③ 자루·가설대 등을 사용하는 경우에는 충분한 폭 및 강도와 적당한 경사를 확보할 것
붐등의 강하	갑자기 내려옴으로써 발생하는 위험 방지 ① 안전지지대사용 ② 안전블록사용
제한속도의 지정	최대제한속도가 시속 10킬로미터 이하인 것은 제외

3. 거푸집 및 동바리

1) 거푸집 및 동바리 조립도

(1) 구조를 검토한 후 조립도를 작성하여 조립도에 의해 조립
(2) 조립도에 명시해야할 사항
  ① 부재의 재질
  ② 단면규격
  ③ 설치간격 및 이음방법 등

2) 조립시 안전조치

거푸집 조립 시의 안전조치	① 거푸집이 콘크리트 하중이나 그 밖의 외력에 견딜 수 있거나, 넘어지지 않도록 견고한 구조의 긴결재, 버팀대 또는 지지대를 설치하는 등 필요한 조치를 할 것 ② 거푸집이 곡면인 경우에는 버팀대의 부착 등 그 거푸집의 부상을 방지하기 위한 조치를 할 것
동바리 조립 시의 안전조치	① 받침목이나 깔판의 사용, 콘크리트 타설, 말뚝박기 등 동바리의 침하를 방지하기 위한 조치를 할 것 ② 동바리의 상하 고정 및 미끄러짐 방지 조치를 할 것 ③ 상부·하부의 동바리가 동일 수직선상에 위치하도록 하여 깔판·받침목에 고정시킬 것 ④ 개구부 상부에 동바리를 설치하는 경우에는 상부하중을 견딜 수 있는 견고한 받침대를 설치할 것 ⑤ U헤드 등이 단판이 없는 동바리의 상단에 멍에 등을 올릴 경우에는 해당 상단에 U헤드 등의 단판을 설치하고, 멍에 등이 전도되거나 이탈되지 않도록 고정시킬 것 ⑥ 동바리의 이음은 같은 품질의 재료를 사용할 것 ⑦ 강재의 접속부 및 교차부는 볼트·클램프 등 전용철물을 사용하여 단단히 연결할 것 ⑧ 거푸집의 형상에 따른 부득이한 경우를 제외하고는 깔판이나 받침목은 2단 이상 끼우지 않도록 할 것 ⑨ 깔판이나 받침목을 이어서 사용하는 경우에는 그 깔판·받침목을 단단히 연결할 것
동바리 유형에 따른 동바리 조립 시의 안전조치	① 동바리로 사용하는 파이프 서포트의 경우 　가. 파이프 서포트를 3개 이상 이어서 사용하지 않도록 할 것 　나. 파이프 서포트를 이어서 사용하는 경우에는 4개 이상의 볼트 또는 전용철물을 사용하여 이을 것 　다. 높이가 3.5미터를 초과하는 경우에는 높이 2미터 이내마다 수평연결재를 2개 방향으로 만들고 수평연결재의 변위를 방지할 것 ② 동바리로 사용하는 강관틀의 경우 　가. 강관틀과 강관틀 사이에 교차가새를 설치할 것 　나. 최상단 및 5단 이내마다 동바리의 측면과 틀면의 방향 및 교차가새의 방향에서 5개 이내마다 수평연결재를 설치하고 수평연결재의 변위를 방지할 것 　다. 최상단 및 5단 이내마다 동바리의 틀면의 방향에서 양단 및 5개틀 이내마다 교차가새의 방향으로 띠장틀을 설치할 것 ③ 동바리로 사용하는 조립강주의 경우: 조립강주의 높이가 4미터를 초과하는 경우에는 높이 4미터 이내마다 수평연결재를 2개 방향으로 설치하고 수평연결재의 변위를 방지할 것 ④ 시스템 동바리의 경우 　가. 수평재는 수직재와 직각으로 설치해야 하며, 흔들리지 않도록 견고하게 설치할 것 　나. 연결철물을 사용하여 수직재를 견고하게 연결하고, 연결부위가 탈락 또는 꺾어지지 않도록 할 것

| | 다. 수직 및 수평하중에 대해 동바리의 구조적 안정성이 확보되도록 조립도에 따라 수직재 및 수평재에는 가새재를 견고하게 설치할 것
라. 동바리 최상단과 최하단의 수직재와 받침철물은 서로 밀착되도록 설치하고 수직재와 받침철물의 연결부의 겹침길이는 받침철물 전체길이의 3분의 1 이상 되도록 할 것
⑤ 보 형식의 동바리[강제 갑판(steel deck), 철재트러스 조립 보 등 수평으로 설치하여 거푸집을 지지하는 동바리]의 경우
가. 접합부는 충분한 걸침 길이를 확보하고 못, 용접 등으로 양끝을 지지물에 고정시켜 미끄러짐 및 탈락을 방지할 것
나. 양끝에 설치된 보 거푸집을 지지하는 동바리 사이에는 수평연결재를 설치하거나 동바리를 추가로 설치하는 등 보 거푸집이 옆으로 넘어지지 않도록 견고하게 할 것
다. 설계도면, 시방서 등 설계도서를 준수하여 설치할 것 |

> **Key Point** 거푸집 조립순서
>
> 기둥철근 배근 → 기둥과 벽의 내측 거푸집 → 벽체 철근배근 → 벽의 외측조립 → 보 및 바닥판 거푸집조립 → 보철근배근 → 바닥판철근배근 → 콘크리트 타설
> (기둥 → 보받이 내력벽 → 큰보 → 작은보 → 바닥판 → 내벽 → 외벽)

3) 계단 형상으로 조립하는 거푸집 및 동바리 준수사항

(1) 거푸집의 형상에 따른 부득이한 경우를 제외하고는 깔판·받침목 등을 2단 이상 끼우지 아니하도록 할 것
(2) 깔판·받침목 등을 이어서 사용하는 경우에는 그 깔판·받침목 등을 단단히 연결할 것
(3) 동바리는 상·하부의 동바리가 동일 수직선상에 위치하도록 하여 깔판·받침목 등에 고정시킬 것

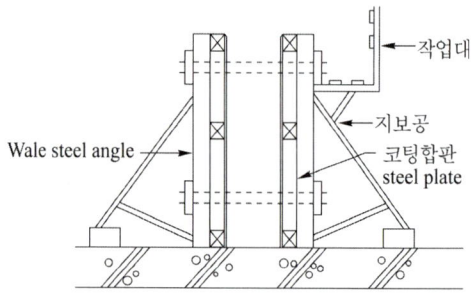

벽 전용 거푸집(갱폼)

4) 거푸집 해체 작업시 준수사항

(1) 순서에 의하여 실시하여야 하며 관리감독자의 지휘하에 작업
(2) 콘크리트 자중 및 시공 중에 가해지는 기타 하중에 충분히 견딜 만한 강도를 가질 때까지는 해체 금지

(3) 거푸집 해체 시 유념해야 할 사항
① 안전모등 안전 보호장구 착용
② 관계자를 제외하고는 출입금지 조치
③ 상하 동시 작업은 원칙적으로 금지하며 부득이한 경우에는 긴밀히 연락
④ 거푸집 해체 때 구조체에 무리한 충격이나 큰 힘에 의한 지렛대 사용은 금지
⑤ 보 또는 스라브 거푸집을 제거할 때에는 거푸집의 낙하 충격으로 인한 작업자의 돌발적 재해를 방지
⑥ 못 또는 날카로운 돌출물은 즉시 제거
⑦ 재사용 가능한 것과 보수하여야 할 것을 선별 분리하여 적치하고 정리정돈

(4) 기타 제3자의 보호조치에 대하여도 완전한 조치를 강구

5) 지보공 조립 및 설치시 점검사항

흙막이 지보공	붕괴 등의 방지를 위한 점검사항 (정기적으로 점검)	① 부재의 손상·변형·부식·변위 및 탈락의 유무와 상태 ② 버팀대의 긴압의 정도 ③ 부재의 접속부·부착부 및 교차부의 상태 ④ 침하의 정도
	조립도 명시사항	흙막이판·말뚝·버팀대 및 띠장 등 부재의 배치·치수·재질 및 설치방법과 순서
터널 지보공	붕괴 능의 방지를 위한 점검사항 (수시로 점검)	① 부재의 손상·변형·부식·변위 탈락의 유무 및 상태 ② 부재의 긴압 정도 ③ 부재의 접속부 및 교차부의 상태 ④ 기둥침하의 유무 및 상태
	조립도 명시사항	재료의 재질·단면규격·설치간격 및 이음방법 등

6) 거푸집 존치기간(건축공사 표준시방서)

(1) 기초, 보 옆, 기둥, 벽의 측벽 등의 존치기간

평균기온	시멘트의 종류	조강 포틀랜드 시멘트	보통 포틀랜드 시멘트, 고로슬래그 시멘트 특급, 포틀랜드 포졸란 시멘트 A종, 플라이애시 시멘트 A종	고로 슬래그 시멘트1급, 포틀랜드 포졸란 시멘트B종, 플라이애시 시멘트 B종
콘크리트의 재령(일)	20℃ 이상	2	4	5
	20℃ 미만 10℃ 이상	3	6	8
압축강도		5 N/mm² 이상		

(2) 바닥슬래브 밑, 지붕슬래브 밑 및 보 밑의 거푸집판재는 원칙적으로 받침기둥 해체 후 떼어낸다.

(3) 받침기둥 존치기간은 슬래브 밑, 보 밑 모두 설계기준강도의 100% 이상 콘크리트 압축강도가 얻어진 것이 확인될 때까지로 한다.(다만, 해체가능한 압축강도는 계산 결과에 관계없이 최저 12 N/mm² 이상이어야 한다.)

7) 거푸집 및 동바리의 해체 〈개정 콘크리트 표준 시방서〉

* 철근 콘크리트 구조물의 거푸집을 떼어내어도 좋은 시기의 콘크리트 압축강도

(1) 콘크리트 압축강도를 시험할 경우

부 재	콘크리트 압축강도(f_{cu})
확대기초, 보 옆, 기둥 등의 측벽	5 MPa 이상
슬래브 및 보의 밑면	설계기준강도 × 2/3 ($f_{cu} \geq 2/3 f_{ck}$) [다만, 14 MPa (140 kgf/cm²) 이상]

(2) 콘크리트 압축강도를 시험하지 않을 경우 기초, 보옆, 기둥 및 벽의 측벽
→ 건축공사 표준시방서의 내용과 동일

8) 거푸집 및 동바리의 설계 및 선정기준

(1) 거푸집 및 동바리의 하중(설계기준)

구 분	내 용
1. 연직방향하중	거푸집, 지보공(동바리), 콘크리트, 철근, 작업원, 타설용기계기구, 가설설비 등의 중량 및 충격하중
2. 횡방향 하중	작업할때의 진동, 충격, 시공오차 등에 기인되는 횡방향 하중 이외에 필요에 따라 풍압, 유수압, 지진 등
3. 콘크리트의 측압	굳지 않은 콘크리트의 측압
4. 특수하중	시공 중에 예상되는 특수한 하중
5. 상기 1~4호의 하중에 안전율을 고려한 하중	

(2) 거푸집 및 동바리의 연직방향 하중

① 계산식

$$W = 고정하중 + 충격하중 + 작업하중$$
$$= \gamma \cdot t + 0.5\gamma \cdot t + 150 (\text{kgf/m}^2)$$
$$= 1.5\gamma \cdot t + 150 (\text{kgf/m}^2)$$

여기서, γ : 철근콘크리트 단위중량(kgf/m³)
t : 슬래브 두께(m)

② 고정하중(철근콘크리트의 중량)

종류		보통 콘크리트	경량콘크리트
콘크리트의 중량(kgf/m³)	무근 콘크리트	2,300	1,700~2,000
	철근 콘크리트	2,400	

③ 충격하중 : 콘크리트 타설이나 중기작업의 경우에 발생하는 하중으로 고정하중의 50% 적용
④ 작업하중 : 작업 중에 발생하는 근로자와 소도구의 하중으로 150kgf/m²(충격하중 및 작업하중을 합한 값은 250kgf/m² 이상되어야 한다.)

Key Point 개정 시방서 내용

* 거푸집 및 동바리의 안전성 검토(설계시공 시 유의사항)
1. 연직방향 하중 = 고정하중 + 활하중
   1) 고정하중 = 철근콘크리트 + 거푸집중량

거푸집하중	최소 0.4 kN/m³(40 kgf/m³) 이상	특수 거푸집은 실제의 중량 적용	
콘크리트 하중	24 kN/m³(철근포함) × t (슬래브두께)	제1종 경량 콘크리트	20 kN/m³
		제2종 경량 콘크리트	17 kN/m³

   2) 활하중 = 시공하중(작업원, 장비, 자재, 공구) + 충격하중
      • 수평투영면적(연직방향투영)당 최소 2.5 kN/m² 이상
      • 전동식 카트장비 이용시 3.7 kN/m² 이상
   3) 연직 하중 (고정하중 + 활하중)
      • 슬래브 두께에 관계없이 최소 5.0 kN/m² 이상
      • 전동식 카트장비 사용시 6.25 kN/m² 이상
2. 수평방향 하중(횡방향 하중)

동바리에 작용하는 수평방향 하중(횡방향)	① 고정하중(사하중)의 2% 이상 ② 동바리 상단 수평방향의 단위 길이당 1.5 kN/m 이상 중에서 큰 쪽이 동바리 머리부분에 작용하는 것으로 가정
옹벽 거푸집	거푸집 측면에 0.5 kN/m² 이상 작용

4. 철골작업 해체작업

1) 재해 방지 설비

(1) 용도. 사용장소. 조건에 따른 재해방지 설비

구분	기능	용도. 사용장소. 조건	설비
추락 방지	안전한 작업이 가능한 작업대	높이 2미터 이상의 장소로서 추락의 우려가 있는 작업	비계, 달비계, 수평통로, 안전난간대
	추락자를 보호할 수 있는 것	작업대 설치가 어렵거나 개구부주위로 난간설치가 어려운 곳	추락방지용 방망
	추락의 우려가 있는 위험 장소에서 작업자의 행동을 제한하는 것	개구부 및 작업대의 끝	난간, 울타리
	작업자의 신체를 유지시키는 것	안전한 작업대나 난간 설비를 할 수 없는 곳	안전대 부착설비, 안전대, 구명줄
비래 낙하 및 비산 방지	위에서 낙하된 것을 막는 것	철골 건립. 볼트 체결 및 기타 상하 작업	방호철망, 방호울타리, 가설앵커설비
	제3자의 위해방지	볼트, 콘크리트덩어리, 형틀재, 일반 자재, 먼지 등이 낙하 비산 할 우려가 있는 작업	방호철망, 방호시트, 방호울타리, 방호선반, 안전망
	불꽃의 비산방지	용접, 용단을 수반하는작업	석면포

(2) 고소 작업시 추락 방지 설비
  ① 방망설치
  ② 안전대 및 안전대 부착설비 설치

(3) 구명줄설치
  ① 1가닥에 여러명 동시사용 금지
  ② 마닐라 로프 직경 16mm를 기준

(4) 낙하 비래 및 비산 방지 설비
  ① 지상층 철골 건립 개시전 설치
  ② 20m이하일 경우 1단이상, 20m이상일 경우 2단 이상의 방호선반 설치
  ③ 건물 외부비계 방호시트에서 수평거리 2m 이상돌출, 20도 이상 각도 유지

(5) 철골 건물내에 낙하비래 방지 시설을 설치할 경우 3층 간격마다 수평으로 철망 설치

(6) 화기 사용시 불연재료의 울타리 및 석면포 설치

(7) 승강 설비 설치

(기둥승강용 트랩은 16mm 철근으로 30cm 이내 간격 30cm 이상 폭)

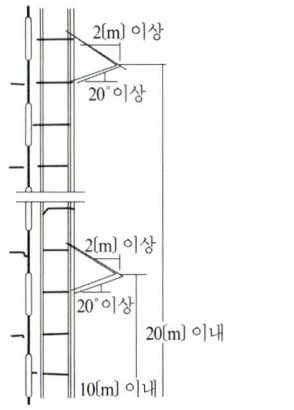

낙하비래 방지시설의 설치기준

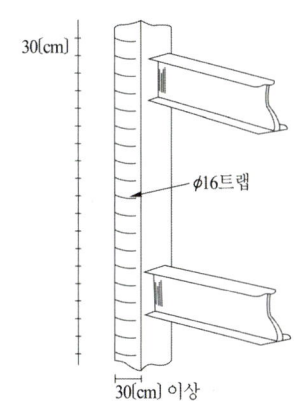

기둥승강용 트랩

2) 철골작업 안전기준

철골 조립시 위험 방지	① 철골의 접합부가 충분히 지지되도록 볼트 체결 ② 견고한 구조가 되기전에는 들어올린 철골을 걸이로프로부터 분리금지
승강로 설치	① 수직 방향으로 이동하는 철골부재 : 답단간격이 30cm이내인 고정된 승강로 설치 ② 수평방향 철골과 수직방향 철골 연결 부분 : 연결작업을 위한 작업 발판 설치
가설 통로 설치	철골작업중 근로자의 주요 이동통로에는 고정된 가설통로 설치 또는 안전대 부착설비 설치
작업의 제한 (작업중지)	① 풍속이 **초당 10미터** 이상인 경우 ② 강우량이 **시간당 1밀리미터** 이상인 경우 ③ 강설량이 **시간당 1센티미터** 이상인 경우

5. 중량물 취급시 작업계획

1) 중량물 취급

중량물을 운반하거나 취급하는 경우 하역운반기계·운반용구 사용(사용이 곤란한 경우는 그러하지 아니하다)

2) 중량물 취급 시 준수사항

(1) 하역운반기계·운반용구사용
(2) 작업계획서 작성
(3) 2명 이상의 근로자가 취급하거나 운반하는 작업일 경우 신호방법 정하고 신호에 따라 작업(체력, 신장고려)
(4) 작업지휘자 지정(단위화물의 무게가 100kg 이상인 화물을 차량계 하역운반기계 등에 싣거나 내리는 작업)
　① 작업순서 및 그 순서마다의 작업방법을 정하고 작업을 지휘할 것
　② 기구와 공구를 점검하고 불량품을 제거할 것
　③ 해당 작업을 하는 장소에 관계 근로자가 아닌 사람이 출입하는 것을 금지시킬 것
　④ 로프 풀기 작업 또는 덮개 벗기기 작업은 적재함의 화물이 떨어질 위험이 없음을 확인한 후에 하도록 할 것

3) 경사면에서 중량물 취급(드럼통 등)

(1) 구름멈춤대·쐐기 등을 이용하여 중량물의 동요나 이동을 조절할 것
(2) 중량물이 구를 위험이 있는 방향 앞의 일정거리 이내로는 근로자의 출입을 제한할 것. 다만, 중량물을 보관하거나 작업 중인 장소가 경사면인 경우에는 경사면 아래로는 근로자의 출입을 제한해야 한다.

6. 휴게시설(세척시설)

설치대상 업무	세척시설
① 환경미화 업무 ② 음식물쓰레기·분뇨 등 오물의 수거·처리 업무 ③ 폐기물·재활용품의 선별·처리 업무 ④ 그 밖에 미생물로 인하여 신체 또는 피복이 오염될 우려가 있는 업무	① 세면·목욕시설 ② 탈의 및 세탁시설

8과목 산업안전보건법

1. 관계수급인 근로자가 도급인의 사업장에서 작업하는 경우 도급인이 이행하여야 할 산업재해 예방조치 사항을 3가지 쓰시오.

   해답 도급에 따른 산업재해 예방조치(도급인의 이행사항)
   (1) 도급인과 수급인을 구성원으로 하는 안전 및 보건에 관한 협의체의 구성 및 운영
   (2) 작업장 순회점검
   (3) 관계수급인이 근로자에게 하는 안전보건교육을 위한 장소 및 자료의 제공 등 지원
   (4) 관계수급인이 근로자에게 하는 안전보건교육의 실시 확인
   (5) 다음 각목의 어느 하나의 경우에 대비한 경보체계 운영과 대피방법 등 훈련
   　㉠ 작업장소에서 발파작업을 하는 경우
   　㉡ 작업장소에서 화재·폭발, 토사·구축물 등의 붕괴 또는 지진 등이 발생한 경우
   (6) 위생시설 등 고용노동부령으로 정하는 시설의 설치 등을 위하여 필요한 장소제공 또는 도급인이 설치한 위생시설 이용의 협조
   (7) 같은 장소에서 이루어지는 도급인과 관계수급인 등의 작업에 있어서 관계수급인 등의 작업시기·내용, 안전조치 및 보건조치 등의 확인
   (8) (7)호에 따른 확인결과 관계수급인 등의 작업 혼재로 인하여 화재·폭발 등 위험이 발생할 우려가 있는 경우 관계수급인 등의 작업시기·내용 등의 조정

   Tip 본 문제는 2021년 법령개정으로 수정된 내용입니다.(해답은 개정된 내용 적용)

2. 도급에 따른 산업재해 예방조치 중 경보체계 운영과 대피방법 등 훈련이 필요한 경우를 쓰시오.

   해답 경보체계 운영과 대피방법 등 훈련
   ① 작업 장소에서 발파작업을 하는 경우
   ② 작업 장소에게 화재·폭발, 토사·구축물 등의 붕괴 또는 지진 등이 발생한 경우

3. 도급사업에 있어서 안전 및 보건에 관한 협의체의 구성 및 운영에 관한 내용을 쓰시오.

   해답 (1) 도급인 및 그의 수급인 전원으로 구성
   (2) 협의사항
   　① 작업의 시작 시간
   　② 작업 또는 작업장 간의 연락 방법
   　③ 재해발생 위험이 있는 경우 대피 방법
   　④ 작업장에서의 위험성평가의 실시에 관한 사항
   　⑤ 사업주와 수급인 또는 수급인 상호 간의 연락 방법 및 작업공정의 조정
   (3) 매월 1회 이상 정기적으로 회의개최(결과 기록보존)

4. 도급사업에 있어서의 합동 안전보건 점검실시 횟수를 업종별로 쓰시오.

해답

실시횟수	대상사업
2개월에 1회 이상	① 건설업 ② 선박 및 보트 건조업
분기에 1회 이상	①, ② 사업을 제외한 사업

5. 물질안전보건자료의 작성내용을 3가지 쓰시오.

    해답 ① 제품명
    ② 물질안전보건자료대상물질을 구성하는 화학물질 중 유해인자의 분류기준에 해당하는 화학물질의 명칭 및 함유량
    ③ 안전 및 보건상의 취급주의 사항
    ④ 건강 및 환경에 대한 유해성, 물리적 위험성
    ⑤ 물리·화학적 특성 등 고용노동부령으로 정하는 사항
       ㉠ 물리·화학적 특성
       ㉡ 독성에 관한 정보
       ㉢ 폭발·화재시의 대처 방법
       ㉣ 응급조치 요령
       ㉤ 그 밖에 고용노동부장관이 정하는 사항

6. 물질안전보건자료의 경고표지에 포함해야할 사항을 4가지 쓰시오.

    해답 ① 명칭 ② 그림문자 ③ 신호어 ④ 유해위험 문구 ⑤ 예방조치 문구 ⑥ 공급자 정보

7. 유해위험방지 계획서의 제출 대상 기계기구설비의 종류를 4가지 쓰시오.

    해답 ① 금속이나 그 밖의 광물의 용해로 ② 화학설비 ③ 건조설비 ④ 가스집합 용접장치
    ⑤ 근로자의 건강에 상당한 장해를 일으킬 우려가 있는 물질로서 고용노동부령으로 정하는 물질의 밀폐·환기·배기를 위한 설비

8. 공정 안전보고서를 제출해야 하는 대상설비를 쓰시오.

    해답 ① 원유정제 처리업
    ② 기타 석유정제물 재처리업
    ③ 석유화학계 기초화학물질 제조업 또는 합성수지 및 기타 플라스틱물질 제조업
    ④ 질소 화합물, 질소 인산 및 칼리질 화학비료 제조업 중 질소질 비료 제조
    ⑤ 복합비료 및 기타 화학비료 제조업 중 복합비료 제조(단순혼합 또는 배합에 의한 경우는 제외)
    ⑥ 화학살균 살충제 및 농업용 약제 제조업(농약 원제 제조만 해당)
    ⑦ 화약 및 불꽃제품 제조업

9. 인화성가스와 인화성 액체의 정의를 쓰시오.

    해답 ① 인화성가스 : 인화한계 농도의 최저 한도가 13퍼센트 이하 또는 최고 한도와 최저 한도의 차가 12퍼센트 이상인 것으로서 표준압력(101.3kPa)하의 20℃에서 가스상태인 물질을 말한다.

② 인화성액체 : 표준압력(101.3kPa)하에서 인화점이 60℃ 이하이거나 고온·고압의 공정운전조건으로 인하여 화재·폭발위험이 있는 상태에서 취급되는 가연성물질을 말한다.

10. 공정안전보고서에 포함되어야할 사항을 3가지 쓰시오.

> **해답** ① 공정 안전 자료 ② 공정 위험성 평가서 ③ 안전 운전 계획 ④ 비상 조치 계획

11. 프레스등을 사용하는 작업에서의 관리감독자의 업무내용을 3가지 쓰시오.

> **해답** ① 프레스등 및 그 방호장치를 점검하는 일
> ② 프레스등 및 그 방호장치에 이상이 발견된 때 즉시 필요한 조치를 하는 일
> ③ 프레스등 및 그 방호장치에 전환스위치를 설치한 때 그 전환스위치의 열쇠를 관리하는 일
> ④ 금형의 부착·해체 또는 조정작업을 직접 지휘하는 일

12. 밀폐된 공간에서의 작업 시 관리감독자의 업무내용을 3가지 쓰시오.

> **해답** ① 산소가 결핍된 공기나 유해가스에 노출되지 않도록 작업 시작 전에 해당 근로자의 작업을 지휘하는 업무
> ② 작업을 하는 장소의 공기가 적절한지를 작업 시작 전에 측정하는 업무
> ③ 측정장치·환기장치 또는 공기호흡기 또는 송기 마스크 등을 작업 시작 전에 점검하는 업무
> ④ 근로자에게 공기호흡기 또는 송기 마스크의 착용을 지도하고, 착용상황을 점검하는 업무

13. 크레인을 사용하는 작업에서의 관리감독자의 업무내용을 3가지 쓰시오.

> **해답** ① 작업방법과 근로자의 배치를 결정하고 그 작업을 지휘하는 일
> ② 재료의 결함유무 또는 기구 및 공구의 기능을 점검하고 불량품을 제거하는 일
> ③ 작업중 안전대 또는 안전모의 착용상황을 감시하는 일

14. 동일한 장소에서 행하여지는 사업의 일부를 도급에 의하여 행하는 사업에서 산업재해 예방을 위하여 안전보건총괄책임자를 지정해야하는 대상 사업장을 쓰시오.

> **해답** ① 관계수급인에게 고용된 근로자를 포함한 상시 근로자가 100명(선박 및 보트 건조업, 1차 금속 제조업 및 토사석 광업의 경우에는 50명) 이상인 사업
> ② 관계수급인의 공사금액을 포함한 해당 공사의 총공사금액이 20억원 이상인 건설업

15. 안전보건총괄책임자의 직무를 4가지 쓰시오.

> **해답** ① 위험성 평가의 실시에 관한 사항
> ② 산업재해가 발생할 급박한 위험이 있거나, 중대재해가 발생하였을 때에는 즉시 작업의 중지
> ③ 도급시 산업재해 예방조치
> ④ 산업안전보건관리비의 관계수급인간의 사용에 관한 협의·조정 및 그 집행의 감독
> ⑤ 안전인증대상기계 등과 자율안전확인대상기계 등의 사용여부 확인

16. 유해·위험성조사에서 제외되는 화학물질의 종류를 3가지 쓰시오

> **해답**
> ① 원소
> ② 천연으로 산출된 화학물질
> ③ 방사성 물질
> ④ 신규화학물질의 유해·위험성조사보고서가 제출되어 고용노동부장관이 명칭을 공표한 물질
> ⑤ 노동부장관이 환경부장관과 협의하여 고시하는 화학물질목록에 기록되어 있는 물질

17. 전기사용설비의 정격용량의 합이 300킬로와트 이상인(구조변경시에는 전기 정격용량 증가의 합이 100킬로와트 이상일 경우)사업에 해당하는 유해위험방지 계획서 제출대상 사업의 종류를 2가지 쓰시오

> **해답**
> ① 금속가공제품(기계 및 가구는 제외)제조업
> ② 비금속 광물제품 제조업

18. 사출성형기의 안전 및 제작기준에서 비상정지장치에 관한 기준을 쓰시오.

> **해답** 비상정지용 누름버튼은 적색으로 머리 부분이 돌출되고 수동복귀되는 형식

19. 산업안전보건법상 사업장의 산업재해 발생건수 등 공표대상 사업장을 3가지 쓰시오.

> **해답**
> ① 산업재해로 인한 사망자(사망재해자)가 연간 2명 이상 발생한 사업장
> ② 사망만인율(연간 상시근로자 1만명당 발생하는 사망재해자 수의 비율)이 규모별 같은 업종의 평균 사망만인율 이상인 사업장
> ③ 중대산업사고가 발생한 사업장
> ④ 산업재해 발생 사실을 은폐한 사업장
> ⑤ 산업재해의 발생에 관한 보고를 최근 3년 이내 2회 이상 하지 않은 사업장
>
> **Tip** 2020년 시행되는 법령전부개정으로 변경된 내용입니다. 해답은 변경된 내용에 맞도록 수정하였으니 착오없으시기 바랍니다.

20. 산업안전보건법령상 사업주가 근로자에게 실시해야하는 근로자 안전보건교육 중 정기교육 내용을 4가지 쓰시오.

> **해답**
> ① 산업안전 및 사고 예방에 관한 사항
> ② 산업보건 및 직업병 예방에 관한 사항
> ③ 위험성 평가에 관한 사항
> ④ 건강증진 및 질병 예방에 관한 사항
> ⑤ 유해·위험 작업환경 관리에 관한 사항
> ⑥ 산업안전보건법령 및 산업재해보상보험 제도에 관한 사항
> ⑦ 직무스트레스 예방 및 관리에 관한 사항
> ⑧ 직장 내 괴롭힘, 고객의 폭언 등으로 인한 건강장해 예방 및 관리에 관한 사항
>
> **Tip** 2023년 법령개정. 문제 및 해답은 개정된 내용 적용.

21. 프레스의 방호장치중 수인식 방호장치의 설치방법을 5가지 쓰시오.

> **해답** ① 손목밴드(wrist band)의 재료는 유연한 내유성 피혁 또는 이와 동등한 재료사용
> ② 손목밴드는 착용감이 좋으며 쉽게 착용할 수 있는 구조
> ③ 수인끈의 재료는 합성섬유로 직경이 4mm 이상
> ④ 수인끈은 작업자와 작업공정에 따라 그 길이를 조정할 수 있어야 한다.
> ⑤ 수인끈의 안내통은 끈의 마모와 손상을 방지할 수 있는 조치
> ⑥ 각종 레버는 경량이면서 충분한 강도를 가져야 한다.
> ⑦ 수인량의 시험은 수인량이 링크에 의해서 조정될 수 있도록 되어야 하며 금형으로부터 위험한계 밖으로 당길 수 있는 구조

22. 차량계 건설기계의 종류를 5가지 쓰시오.

> **해답** ① 도저형 건설기계(불도저, 스트레이트도저, 틸트도저, 앵글도저, 버킷도저 등)
> ② 모터그레이더(motor grader, 땅 고르는 기계)
> ③ 로더(포크 등 부착물 종류에 따른 용도 변경 형식을 포함한다)
> ④ 스크레이퍼
> ⑤ 크레인형 굴착기계(크램쉘, 드래그라인 등)
> ⑥ 굴착기(브레이커, 크러셔, 드릴 등 부착물 종류에 따른 용도 변경 형식을 포함한다)
> ⑦ 항타기 및 항발기
> ⑧ 천공용 건설기계(어스드릴, 어스오거, 크롤러드릴, 점보드릴 등)
> ⑨ 지반 압밀침하용 건설기계(샌드드레인머신, 페이퍼드레인머신, 팩드레인머신 등)
> ⑩ 지반 다짐용 건설기계(타이어롤러, 매커덤롤러, 탠덤롤러 등)
> ⑪ 준설용 건설기계(버킷준설선, 그래브준설선, 펌프준설선 등)
> ⑫ 콘크리트 펌프카
> ⑬ 덤프트럭
> ⑭ 콘크리트 믹서 트럭
> ⑮ 도로포장용 건설기계(아스팔트 살포기, 콘크리트 살포기, 아스팔트 피니셔, 콘크리트 피니셔 등)
> ⑯ 골재 채취 및 살포용 건설기계(쇄석기, 자갈채취기, 골재살포기 등)
> ⑰ 제①호부터 제⑯호까지와 유사한 구조 또는 기능을 갖는 건설기계로서 건설작업에 사용하는 것

23. 차량계건설기계를 사용하여 작업하는 경우 작업계획서 내용을 3가지 쓰시오.

> **해답** ① 사용하는 차량계 건설기계의 종류 및 성능
> ② 차량계 건설기계의 운행경로
> ③ 차량계 건설기계에 의한 작업방법

24. 차량계건설기계의 운전자가 운전위치를 이탈할 경우 조치해야할 사항을 2가지 쓰시오.

> **해답** ① 포크, 버킷, 디퍼 등의 장치를 가장 낮은 위치 또는 지면에 내려 둘 것
> ② 원동기를 정지시키고 브레이크를 확실히 거는 등 갑작스러운 주행이나 이탈을 방지하기 위한 조치를 할 것
> ③ 운전석을 이탈하는 경우에는 시동키를 운전대에서 분리시킬 것. 다만, 운전석에 잠금장치를 하는 등 운전자가 아닌 사람이 운전하지 못하도록 조치한 경우는 그러하지 아니하다.

25. 차량계건설기계를 사용하여 작업하는 경우 전도등의 방지를 위한 조치사항을 4가지 쓰시오.

> **해답** ① 유도하는 사람 배치   ② 지반의 부동침하방지
> ③ 갓길의 붕괴방지   ④ 도로 폭의 유지

26. 차량계건설기계의 이송시 전도 또는 전락에 의한 위험을 방지하기 위하여 준수해야할 사항을 3가지 쓰시오.

> **해답** ① 싣거나 내리는 작업은 평탄하고 견고한 장소에서 할 것
> ② 발판을 사용하는 때에는 충분한 길이·폭 및 강도를 가진 것을 사용하고 적당한 경사를 유지하기 위하여 견고하게 설치할 것
> ③ 자루·가설대 등을 사용하는 때에는 충분한 폭 및 강도와 적당한 경사를 확보할 것

27. 차량계건설기계의 붐, 암등이 갑자기 하강함으로써 발생하는 위험을 방지하기 위한 조치를 쓰시오.

> **해답** ① 안전지지대사용
> ② 안전블록사용

28. 거푸집 동바리의 조립도에 명시해야할 사항을 4가지 쓰시오.

> **해답** ① 부재의 재질   ② 단면규격
> ③ 설치간격   ④ 이음방법

29. 거푸집 동바리 조립시 동바리로 사용하는 파이프서포트에 대한 안전조치 사항을 쓰시오.

> **해답** ① 파이프서포트를 3본 이상이어서 사용하지 아니하도록 할 것
> ② 파이프서포트를 이어서 사용할 때에는 4개이상의 볼트 또는 전용철물을 사용하여 이을 것
> ③ 높이가 3.5미터를 초과할 때에는 높이 2미터이내마다 수평연결재를 2개 방향으로 만들고 수평연결재의 변위를 방지할 것

30. 거푸집 해체시 유의해야할 사항을 4가지 쓰시오.

> **해답** ① 순서에 의하여 실시하여야 하며 관리감독자의 지휘하에 작업
> ② 콘크리트 자중 및 시공 중에 가해지는 기타 하중에 충분히 견딜 만한 강도를 가질 때까지는 해체 금지
> ③ 안전모 등 안전 보호장구 착용
> ④ 관계자를 제외하고는 출입금지 조치
> ⑤ 상하 동시 작업은 원칙적으로 금지하며 부득이한 경우에는 긴밀히 연락
> ⑥ 거푸집 해체 때 구조체에 무리한 충격이나 큰 힘에 의한 지렛대 사용은 금지
> ⑦ 보 또는 스라브 거푸집을 제거할 때에는 거푸집의 낙하 충격으로 인한 작업자의 돌발적 재해를 방지
> ⑧ 못 또는 날카로운 돌출물은 즉시 제거
> ⑨ 재사용 가능한 것과 보수하여야 할 것을 선별 분리하여 적치하고 정리정돈

31. 흙막이 지보공 설치시 점검해야할 사항을 3가지 쓰시오.

> **해답** ① 부재의 손상·변형·부식·변위 및 탈락의 유무와 상태
> ② 버팀대의 긴압의 정도
> ③ 침하의 정도
> ④ 부재의 접속부·부착부 및 교차부의 상태

32. 흙막이 지보공 조립시 조립도에 명시해야할 사항을 쓰시오.

> **해답** 흙막이판·말뚝·버팀대 및 띠장등 부재의 배치·치수·재질 및 설치방법과 순서

33. 터널지보공 설치시 점검해야할 사항을 3가지 쓰시오.

> **해답** ① 부재의 손상·변형·부식·변위 탈락의 유무 및 상태
> ② 부재의 긴압의 정도
> ③ 기둥침하의 유무 및 상태
> ④ 부재의 접속부 및 교차부의 상태

34. 터널지보공 조립시 조립도에 명시해야할 사항을 쓰시오.

> **해답** 부재의 재질·단면규격·설치간격 및 이음방법 등

35. 기초, 보 옆, 기둥, 벽의 측벽 등의 거푸집 존치기간에 관한 다음사항에 알맞은 내용을 쓰시오.(건축공사 표준시방서)

평균기온	시멘트의 종류	조강 포틀랜드 시멘트	보통 포틀랜드 시멘트, 고로슬래그 시멘트 특급, 포틀랜드 포졸란 시멘트 A종, 플라이애시 시멘트 A종	고로 슬래그 시멘트1급, 포틀랜드 포졸란 시멘트B종, 플라이애시 시멘트 B종
콘크리트의 재령(일)	20℃ 이상	2	(①)	5
	20℃ 미만 10℃ 이상	(②)	6	(③)
압축강도		(④) N/mm² 이상		

> **해답** ① 4 ② 3 ③ 8 ④ 5

36. 철근 콘크리트 구조물의 거푸집을 떼어내어도 좋은 시기의 콘크리트 압축강도에 관한 다음의 내용에서 ( )안에 알맞은 내용을 쓰시오.(개정 콘크리트 표준 시방서)

부 재	콘크리트 압축강도(f_{cu})
확대기초, 보 옆, 기둥 등의 측벽	(①) MPa 이상
슬래브 및 보의 밑면	(②) [다만, 14MPa(140kgf/cm²) 이상]

해답 ① 5
② 설계기준강도 × 2/3 ($f_{cu} \geq 2/3 f_{ck}$)

37. 거푸집 동바리의 연직방향 하중의 종류를 쓰시오.

해답 ① 고정하중 ② 충격하중 ③ 작업하중

38. 철골작업 해체작업에서 추락의 우려가 있는 위험장소에서 작업자의 행동을 제한하기 위하여 개구부 및 작업대의 끝에 설치하는 재해방지 설비를 쓰시오.

해답 난간, 울타리

39. 철골 건립, 볼트 체결 및 기타 상하작업에서 비래 낙하 및 비산방지를 위하여 위에서 낙하된 것을 막는 재해방지 설비의 종류를 쓰시오.

해답 방호철망, 방호울타리, 가설앵커설비

40. 철골해체작업에서 낙하 비래 및 비산을 방지하기위한 설비의 설치기준을 쓰시오.

해답 ① 지상층 철골 건립 개시전 설치
② 20m 이하일 경우 1단 이상, 20m 이상일 경우 2단 이상의 방호선반 설치
③ 건물 외부비계 방호시트에서 수평거리 2m 이상 돌출, 20도 이상 각도 유지

41. 철골작업 중 악천후로 인하여 작업을 중지해야하는 사항을 쓰시오.

해답 ① 풍속 : 초당 10m 이상인 경우
② 강우량 : 시간당 1mm 이상인 경우
③ 강설량 : 시간당 1cm 이상인 경우

42. 중량물 취급작업의 작업계획서 내용에 대하여 쓰시오.

해답
① 추락위험을 예방할 수 있는 안전대책
② 낙하위험을 예방할 수 있는 안전대책
③ 전도위험을 예방할수 있는 안전대책
④ 협착위험을 예방할 수 있는 안전대책
⑤ 붕괴위험을 예방할 수 있는 안전대책

43. 중량물 취급시 준수해야할 사항을 3가지 쓰시오.

해답
① 하역운반기계 · 운반용구사용
② 작업계획서 작성
③ 2명 이상의 근로자가 취급하거나 운반하는 작업일 경우 신호방법 정하고 신호에 따라 작업(체력, 신장고려)
④ 작업지휘자 지정(단위화물의 무게가 100kg 이상인 화물을 차량계 하역운반기계 등에 싣거나 내리는 작업)

44. 중량물 취급시 작업지휘자가 준수해야할 사항을 4가지 쓰시오.

해답
① 작업순서 및 그 순서마다의 작업방법을 정하고 작업을 지휘할 것
② 기구와 공구를 점검하고 불량품을 제거할 것
③ 해당 작업을 하는 장소에 관계 근로자가 아닌 사람이 출입하는 것을 금지시킬 것
④ 로프 풀기 작업 또는 덮개 벗기기 작업은 적재함의 화물이 떨어질 위험이 없음을 확인한 후에 하도록 할 것

45. 잠함 또는 우물통의 내부에서 굴착작업시 급격한 침하로 인한 위험을 방지하기 위하여 준수해야할 사항을 2가지 쓰시오.

해답
① 침하관계도에 따라 굴착방법 및 재하량 등을 정할 것
② 바닥으로부터 천장 또는 보까지의 높이는 1.8m 이상으로 할 것

46. 잠함등의 내부에서 굴착작업을 하는 경우 준수해야할 사항을 3가지 쓰시오.

해답
① 산소결핍의 우려가 있는 때에는 산소의 농도를 측정하는 자를 지명하여 측정하도록 할 것
② 근로자가 안전하게 승강 하기 위한 설비를 설치할 것
③ 굴착깊이가 20m를 초과하는 때에는 당해 작업장소와 부와의 연락을 위한 통신설비 등을 설치할 것

47. 산업안전보건관리비의 사용에 있어 공사진척에 따른 안전관리비 사용기준을 쓰시오.

해답

공정율	50% 이상 70% 미만	70% 이상 90% 미만	90% 이상
사용기준	50% 이상	70% 이상	90% 이상

Memo

작업형 문제

1회 **작업형 문제**
2회 **작업형 문제**
3회 **작업형 문제**
4회 **작업형 문제**
5회 **작업형 문제**
6회 **작업형 문제**
7회 **작업형 문제**
8회 **작업형 문제**

1회 작업형 문제

기계안전

<영상화면 상황 1>
작업장 내에서 근로자가 프레스 작업을 하고 있는 상황.

※ 본 사진은 문제의 이해를 돕기 위한 것으로 실제 출제된 문제와 동일하지 않습니다.

1. 화면은 프레스 작업을 하는 근로자의 모습이다. 작업을 안전하게 하기 위하여 설치해야 할 방호장치의 종류를 2가지 쓰시오. (단, 급정지기구가 미부착된 프레스)

> **해답** ① 손쳐내기식 ② 수인식

2. 프레스 작업중 금형파손에 의한 위험을 방지하기 위한 안전대책을 3가지 쓰시오.

> **해답**
> ① 맞춤핀 등은 낙하방지 대책을 세우고 인서트 부품은 이탈방지대책을 수립
> ② 캠 및 그 밖의 충격이 반복되어 부가되는 부분에는 완충장치 설치
> ③ 금형의 조립에 사용되는 볼트 및 너트는 작업 중의 진동에 의해 느슨해질 위험성이 있으므로 스프링와셔, 로크너트, 등의 느슨해지는 것을 방지하는 대책수립
>
> **Tip** 금형설치시 점검사항
> ① 다이홀더와 펀치의 직각도, 생크홀과 펀치의 직각도
> ② 펀치와 다이의 평행도
> ③ 펀치와 볼스터면의 평행도
> ④ 다이와 볼스터의 평행도

전기안전

〈영상화면 상황 2〉
변압기 테스트 작업을 하고 있는 동영상으로 방은 두 개로 구획되어 있으며 방에는 각각 한 명씩의 작업자가 있고 한 작업자가 테스트를 한 후 전원을 차단하고 수신호로 표시한 후 다른 방의 작업자가 다시 테스트하던 변압기에 손을 대는 순간 감전되는 상황.

3. 화면에서의 작업상황을 보고 위험 예지 포인트를 쓰시오.

   해답 ① 대화창이 설치되어있지 않아서 의사소통이 원활하지 못했다.
   ② 수신호만 확인하고 전원이 차단되었는지 재확인하지 않았다.
   ③ 절연용 보호구를 착용하지 않았다.

4. 화면에서 작업자가 착용해야할 보호구를 2가지 쓰시오.

   해답 ① 절연장갑 ② 절연화

화학설비 안전

〈영상화면 상황 3〉
밀폐된 LPG 용기 저장소 안으로 근로자가 들어가서 전원스위치를 켜는 순간 폭발사고가 발생하는 상황.

5. 화면에서와 같은 작업장에 공기와 혼합된 가연성가스의 조성이 공기 50%, 프로판 45%, 부탄 5%라 가정하면 이때 혼합된 가스의 폭발하한계를 구하시오.(단, 프로판과 부탄의 폭발하한계 값은 2.1%와 1.8%이다.)

해답
① 프로판 조성비 : $\dfrac{45\text{vol\%}}{50\text{vol\%}} \times 100 = 90\text{vol\%}$

② 부탄 조성비 : $\dfrac{5\text{vol\%}}{50\text{vol\%}} \times 100 = 10\text{vol\%}$

③ 혼합가스의 폭발하한계 : $L = \dfrac{100}{\dfrac{V_1}{L_1} + \dfrac{V_2}{L_2} + \cdots + \dfrac{V_n}{L_n}} = \dfrac{100}{\dfrac{90}{2.1} + \dfrac{10}{1.8}} = 2.07\ \text{vol\%}$

6. 화면의 작업장처럼 LPG 용기 저장소로서 부적절한 장소를 쓰시오.

해답
① 통풍이나 환기가 불충분한 장소
② 화기를 사용하는 장소 및 그 부근
③ 위험물 또는 인화성 액체를 취급하는 장소 및 그 부근

Tip LPG의 주성분인 프로판(C_3H_8) 가스의 최소산소농도(MOC)를 구하시오.(단, 프로판의 연소범위는 2.1~9.5vol%, 연소반응식은 $C_3H_8 + 5O_2 \rightarrow 3CO_2 + 4H_2O$ 이다)

해답
① MOC 구하는 공식
$$\text{MOC} = \left(\text{LFL}\dfrac{\text{연료 mol}}{\text{연료 mol} + \text{공기 mol}}\right)\left(\dfrac{O_2\text{mol}}{\text{연료 mol}}\right)$$
② 실험데이터가 불충분할 경우(대부분의 탄화수소)
LFL × 산소의 양론계수(연소반응식)
∴ MOC = 2.1 × 5 = 10.5%

건설안전

〈영상화면 상황 4〉
이동식 크레인을 사용하여 강구조물을 운반하는 철골조립 작업장에서 한 작업자가 철골 위에서 작업현장을 지휘하고 있다. 이때 크레인으로 운반하던 구조물이 철골에 부딪히는 상황.

7. 화면에서와 같은 이동식 크레인은 작업시작전 점검을 하여야 한다. 점검사항을 3가지 쓰시오.

   해답 ① 권과방지장치 그 밖의 경보장치의 기능
          ② 브레이크·클러치 및 조정장치의 기능
          ③ 와이어로프가 통하고 있는 곳 및 작업장소의 지반상태

8. 화면의 작업상황을 보고 위험요인을 3가지 쓰시오.

   해답 ① 신호수 미배치 또는 신호수와 운전자와의 원활하지 못한 신호
          ② 크레인의 작업 범위 내(크레인의 운행경로 및 통로)에 철골구조물 위치
          ③ 크레인 작업 범위 내 근로자 출입
          ④ 크레인 작업 전 운행경로에 대한 점검 및 통제미흡

9. 산소농도가 18% 미만인 지하탱크작업에서 근로자가 착용해야 할 보호구의 명칭과 화면에서 해당하는 번호를 쓰시오.(해당사항 모두 기재)

   해답 호스마스크, 송기마스크, 공기호흡기 등(해당되는 보호구를 모두 고르세요)
          (해당번호는 화면에서 주어지므로 생략합니다. 보호구와 번호가 반드시 일치해야 합니다.)

2회 작업형 문제

기계안전

> ⟨영상화면 상황 1⟩
> 인쇄 윤전기를 사용하는 작업자가 장갑을 착용하고 작업을 하던 중 윤전기 롤러에 작업자의 손이 말려 들어가는 상황.

1. 화면에서 인쇄 윤전기에 설치한 방호장치의 성능을 확인하기 위하여 윤전기 롤러의 표면원주속도를 구하려고 한다. 표면원주속도(m/min)를 구하는 공식을 쓰시오.

   해답 표면원주속도(V) = $\dfrac{\pi DN}{1,000}$[m/min]
   여기서, D : 로울러의 직경(mm), N : 회전수(rpm)

2. 화면에서와 같이 롤러에 작업자의 손이 말려 들어가는 부분에서 형성되는 위험점의 종류를 쓰고, 그 정의에 대해 간략히 설명하시오.

   해답 ① 위험점 : 물림점(Nip-point)
   ② 정의 : 회전하는 두 개의 회전축에 의해 형성(회전체가 서로 반대방향으로 회전하는 경우)

   Tip 기계 설비에 의해 형성되는 위험점

(1) 협착점 (Squeeze-point)	왕복 운동하는 운동부와 고정부 사이에 형성(작업점이라 부르기도 함)	① 프레스 금형 조립부위 ② 전단기의 누름판 및 칼날부위 ③ 선반 및 평삭기의 베드 끝 부위
(2) 끼임점 (Shear-point)	고정부분과 회전 또는 직선운동부분에 의해 형성	① 연삭 숫돌과 작업대 ② 반복동작되는 링크기구 ③ 교반기의 교반날개와 몸체사이
(3) 절단점 (Cutting-point)	회전운동부분 자체와 운동하는 기계 자체에 의해 형성	① 밀링컷터 ② 둥근톱 날 ③ 목공용 띠톱 날 부분
(4) 물림점 (Nip-point)	회전하는 두 개의 회전축에 의해 형성(회전체가 서로 반대방향으로 회전하는 경우)	① 기어와 피니언 ② 롤러의 회전 등

(5) 접선 물림점 (Tangential Nip-point)	회전하는 부분이 접선방향으로 물려 들어가면서 형성	① V벨트와 풀리 ② 기어와 랙 ③ 롤러와 평벨트 등
(6) 회전 말림점 (Trapping-point)	회전체의 불규칙 부위와 돌기 회전 부위에 의해 형성	① 회전축 ② 드릴축 등

전기안전

<영상화면 상황 2>
영상표시단말기 작업(VDT 작업)에서 작업자가 불량한 작업자세로 작업을 하고 있는 상황.

3. 화면에서 작업자의 올바르지 못한 작업상황 포인트를 3가지 찾아 쓰시오.

해답 ① 화면과 근로자의 눈과의 거리가 너무 가깝다.(40cm이상 확보)
② 의자 등받이에 작업자의 등이 충분히 지지되어 있지 않다.
③ 작업자의 시선이 수평선상에서 위로 향하고 있다.
④ 아래팔과 손등이 수평을 유지하지 않아서 손목이 꺽인 자세가 되어 위험하다.

Tip 영상표시단말기 취급근로자의 안전한 작업자세
① 시선은 화면상단과 눈높이가 일치할 정도로 하고 작업 화면상의 시야범위는 수평선상으로부터 10~15° 밑에 오도록 하며 화면과 근로자의 눈과의 거리(시거리 : EYE-SCREEN DISTANCE)는 적어도 40cm 이상이 확보될 수 있도록 할 것
② 윗팔(UPPER ARM)은 자연스럽게 늘어뜨리고, 작업자의 어깨가 들리지 않아야 하며, 팔꿈치의 내각은 90° 이상이 되어야 하고, 아랫팔(FOREARM)은 손등과 수평을 유지하여 키보드를 조작하도록 할 것
③ 연속적인 자료의 입력 작업 시에는 서류받침대(DOCUMENT HOLDER)를 사용하도록 하고, 서류받침대는 높이·거리·각도 등을 조절하여 화면과 동일한 높이 및 거리에 두어 작업하도록 할 것

④ 의자에 앉을 때는 의자 깊숙히 앉아 의자등받이에 작업자의 등이 충분히 지지되도록 할 것
⑤ 영상표시단말기 취급근로자의 발바닥 전면이 바닥면에 닿는 자세를 기본으로 하되, 그러하지 못할 때에는 발 받침대(FOOT REST)를 조건에 맞는 높이와 각도로 설치할 것
⑥ 무릎의 내각(KNEE ANGLE)은 90°전후가 되도록 하되, 의자의 앉는 면의 앞부분과 영상표시단말기 취급근로자의 종아리 사이에는 손가락을 밀어 넣을 정도의 틈새가 있도록 하여 종아리와 대퇴부에 무리한 압력이 가해지지 않도록 할 것
⑦ 키보드를 조작하여 자료를 입력할 때 양 손목을 바깥으로 꺾은 자세가 오래 지속되지 않도록 주의할 것

4. 화면의 영상표시단말기 작업을 하는 근로자에게 작업으로 인하여 발생할 수 있는 장해를 쓰시오.

해답 VDT 증후군 (영상 표시단말기를 취급하는 작업으로 인하여 발생되는 경견완증후군 및 기타 근골격계 증상·눈의 피로·피부증상·정신신경계증상 등을 말한다)

Tip 컴퓨터 단말기 조작업무에 대한 조치기준
① 실내는 명암의 차이가 심하지 아니하도록 하고 직사광선이 들어오지 아니하는 구조로 할 것
② 저휘도형의 조명기구를 사용하고 창·벽면 등은 반사되지 아니하는 재질을 사용할 것
③ 컴퓨터단말기 및 키보드를 설치하는 책상 및 의자는 작업에 종사하는 근로자에 따라 그 높낮이를 조절할 수 있는 구조로 할 것
④ 연속적인 컴퓨터단말기작업에 종사하는 근로자에 대하여는 작업시간 중에 적정한 휴식시간을 부여할 것

화학설비 안전

〈영상화면 상황 3〉
화학 설비가 설치된 작업장에서 한 작업자가 설비 위에서 너트를 조이는 작업을 하다가 몸의 중심을 잃고 추락하는 상황.

5. 안전밸브 또는 파열판을 설치하여 그 성능이 발휘될수 있도록 하여야하는 화학설비 및 그 부속설비에 해당하는 종류를 3가지 쓰시오.

해답 ① 압력용기(안지름이 150밀리미터 이하인 압력용기는 제외, 관형 열교환기는 관의 파열로 인하여 상승한 압력이 압력용기의 최고사용압력을 초과할 우려가 있는경우)
② 정변위 압축기
③ 정변위 펌프(토출축에 차단밸브가 설치된 것)
④ 배관(2개 이상의 밸브에 의하여 차단되어 대기온도에서 액체의 열팽창에 의하여 파열될 것이 우려되는 것)
⑤ 그 밖의 화학설비 및 그 부속설비로서 해당 설비의 최고사용압력을 초과할 우려가 있는 것

Tip 위의 내용에 해당하는 설비가 다음에 해당하는 경우 파열판을 설치하여야 한다.
① 반응폭주등 급격한 압력상승의 우려가 있는 경우
② 독성물질의 누출로 인하여 주위의 작업환경을 오염시킬 우려가 있는 경우
③ 운전중 안전밸브에 이상물질이 누적되어 안전밸브가 작동되지 아니할 우려가 있는 경우

6. 화면의 작업과 관련된 특수화학설비 내부의 이상상태를 조기에 파악하기 위하여 설치해야 하는 안전장치의 종류를 3가지 쓰시오.

해답 내부의 이상상태를 조기에 파악하기 위한 장치는
① 온도계 ② 유량계 ③ 압력계 ④ 자동경보장치

Tip 특수화학설비의 안전조치 사항
(1) 계측장치의 설치(내부이상상태의 조기파악)
① 온도계 ② 유량계 ③ 압력계 등
(2) 자동경보장치의 설치 : 내부이상상태의 조기파악
(3) 긴급차단장치의 설치 : 이상상태 발생으로 인한 폭발, 화재 또는 위험물 누출 방지
(4) 예비동력원의 준수사항
① 동력원의 이상에 의한 폭발 또는 화재를 방지하기 위하여 즉시 사용할 수 있는 예비동력원을 비치할 것
② 밸브·콕·스위치등에 대하여는 오조작을 방지하기 위하여 잠금장치를 하고 색체표시 등으로 구분할 것

건설안전

<영상화면 상황 4>
교량에서 볼트를 조이는 작업을 하던 근로자가 다른 근로자에게 공구를 받아오기 위해 이동했다가 작업장소로 돌아오던 중 추락하는 상황.

7. 화면의 작업상황을 참고로 하여 철골작업 시 작업을 중지해야 하는 경우를 3가지 쓰시오.

   해답 ① 풍속 : 초당 10m 이상인 경우
   ② 강우량 : 시간당 1mm 이상인 경우
   ③ 강설량 : 시간당 1cm 이상인 경우

8. 화면의 교량공사에서 강교량의 조립 시에는 고장력 볼트를 주로 사용하며, 고장력 볼트 이음에서 볼트에 도입되는 축력이 매우 중요하다. 볼트의 축력(N)을 측정하기 위하여 토크렌치를 이용하여 토크를 측정하였더니 80(kg·m)였다. 볼트의 축력(ton)을 계산하시오.
   (단, 토크계수 K=0.15, 볼트직경 d=22mm)

   해답 $T = KdN$ 이므로
   축력 $(N) = \dfrac{T}{Kd} = \dfrac{80\,\text{kg}\cdot\text{m}}{0.15 \times 0.022\,\text{m}} = 24242.424\,\text{kg} = 24.24$

9. 보호장구 화면에서 발파공 천공 작업을 할 때 근로자가 착용하여야 할 보호구와 화면에서의 해당 번호를 쓰시오.

   해답 ① 안전모 ② 안전화 ③ 보안경 ④ 귀덮개 및 귀마개 ⑤ 방진마스크
   (해당번호는 화면에서 주어지므로 생략합니다. 보호구와 번호가 반드시 일치해야합니다.)

3회 작업형 문제

기계안전

<영상화면 상황 1>
지게차를 이용하는 운반작업장에서 한 근로자가 다른 작업을 하고 있다. 운전자가 일을 빨리 끝낼 욕심으로 지게차를 빠르게 몰다가 다른 일을 하고있던 근로자와 충돌하는 상황.

1. 화면에서의 작업상황을 보고 위험예지 포인트를 3가지 쓰시오.

해답
① 차량계 하역 운반작업장내에 다른 근로자가 작업을 하고 있어 충돌의 위험이 있다.
② 화물을 무리하게 과적하여 시야가 확보되지 않아 사람 및 물체에 충돌할 위험이 있다.
③ 과속 및 난폭 운행으로 인하여 화물의 낙하 및 충돌 등의 사고로 다른 근로자 및 운전자가 다칠 위험이 있다.
④ 화물의 적재상태가 불량하여 낙하로 인한 사고의 위험이 있다.

2. 화면에서 화물이 운전자 쪽으로 낙하할 경우 운전자를 보호할 수 있는 방호장치를 쓰시오.

해답 헤드가드(head guard)

Tip 헤드가드의 안전기준
① 강도는 지게차의 최대하중의 2배의 값(4톤을 넘는 값에 대하여서는 4톤으로 한다)의 등분포정하중에 견딜 수 있는 것일 것

② 상부틀의 각 개구의 폭 또는 길이가 16cm 미만일 것
③ 운전자가 앉아서 조작하거나 서서 조작하는 지게차의 헤드가드는 한국산업표준에서 정하는 높이 기준 이상일 것

전기안전

<영상화면 상황 2>
전주 위에서 작업자가 담배를 피우면서 형강 교체 작업을 하고있는 상황.

3. 화면의 작업상황에서 작업자가 작업에 집중할 수 없는 요인을 3가지 찾아 쓰시오.

   해답 ① 작업중 흡연으로 인한 불안정
   ② 작업발판의 폭이 좁고 발판설치가 불안정하여 작업자의 안정된 자세유지가 안되고 있음.
   ③ C.O.S(Cut Out Switch)를 C.O.S 브라켓를 이용하시 않고 발받용 볼트에 임시로 실치
   ④ 안전벨트 및 보호구 미착용으로 인한 자세의 불안정(화면에서 보호구 착용 시 제외)
   ⑤ 안전벨트의 착용이 불안정하여 추락위험 노출

4. 화면의 작업상황에서 취해야할 작업 중 안전조치 사항을 3가지 쓰시오.

   해답 ① 작업지휘자에 의한 지휘 및 감시인 배치
   ② 개폐기에 대한 관리 철저
   ③ 단락접지 상태를 수시로 확인
   ④ 근접활선에 대한 방호상태를 유지

   Tip 활선작업에 관련된 사항은 2011년 법이 개정되면서 전면적으로 내용이 수정되었습니다. 본문내용에서 관련사항을 반드시 확인하세요.

   focus 본 교재 제5과목 I. 9. 활선작업 단원에서 관련내용 확인

화학설비 안전

〈영상화면 상황 3〉
크롬도금 작업장에서 근로자가 도금한 제품을 옮기고 있는 상황.

5. 화면에서와 같은 유해물질 취급시 주의해야 할 사항을 5가지 쓰시오.

해답
① 가스·증기 또는 분진의 발산원을 밀폐하는 설비 또는 국소배기장치 설치
② 시간당 필요환기량 이상의 전체 환기장치 설치
③ 실내작업장의 바닥은 불침투성 재료 사용 및 청소가 쉬운구조로 할 것
④ 뚜껑·후렌지·밸브 등의 접합부에는 새지 않도록 가스켓 사용 등의 조치
⑤ 유해물질이 샐 우려가 있을 경우 경보설비 및 긴급차단장치 설치
⑥ 중독발생의 우려가 있을 경우 즉시 작업중지 후 대피
⑦ 유해물질 취급작업장에는 명칭등의 사항 게시
⑧ 운반 및 저장시에는 샐 우려가 없는 뚜껑 또는 마개가 있는 견고한 용기 사용
⑨ 유해성의 정도에 따라 송기마스크 등의 호흡용보호구 착용
⑩ 자극성 또는 부식성 유해물질 취급시 불침투성 보호복·보호장갑·보호장화 및 피부보호용 바르는 약품을 비치하고 사용할 것
⑪ 유해물질이 흩날리는 업무일 경우 보안경 착용
(화면의 내용을 잘 살펴보고 가장 적합한 답안을 5가지 골라서 쓰시면 됩니다)

Tip 유해물질 작업장에 게시해야 하는 사항[관리(허가)대상유해물질]
① 관리대상유해물질(허가대상유해물질)의 명칭
② 인체에 미치는 영향
③ 취급상 주의사항
④ 착용하여야할 보호구
⑤ 응급조치(처치)와 긴급 방재 요령

6. 화면에 나오는 작업장에 국소배기장치를 설치할 경우 준수해야할 사항을 3가지 쓰시오.

해답 (1) 국소배기장치의 후드 및 닥트 설치 요령

후드	① 유해물질이 발생하는 곳마다 설치할 것 ② 유해인자의 발생형태 및 비중, 작업방법등을 고려하여 당해 분진등의 발산원을 제어할 수 있는 구조로 설치할 것 ③ 후드형식은 가능한 포위식 또는 부스식 후드를 설치할 것 ④ 외부식 또는 레시버식 후드를 설치하는 때에는 당해 분진등의 발산원에 가장 가까운 위치에 설치할 것
닥트	① 가능한 한 길이는 짧게하고 굴곡부의 수는 적게 할 것 ② 접속부의 내면은 돌출된 부분이 없도록 할 것 ③ 청소구를 설치하는 등 청소하기 쉬운 구조로 할 것 ④ 닥트내 오염물질이 쌓이지 아니하도록 이송속도를 유지할 것 ⑤ 연결부위 등은 외부공기가 들어오지 아니하도록 할 것

(2) 공기정화장치를 설치할 때에는 정화후의 공기가 통하는 위치에 배풍기 설치
(3) 분진배출을 위한 국소배기장치의 배기구는 직접외기로 향하도록 개방하여 실외에 설치하는 등 재유입 방지조치
(후드 및 닥트의 설치요령을 3가지 적으셔도 됩니다. 항상 답안은 자신 있는 부분을 먼저 적고 아시는 만큼 더 적으시면 됩니다)

Tip 크롬 또는 크롬화합물의 흄, 분진, 미스트 등을 장기간 흡입 시 발생할 수 있는 대표적인 직업병의 명칭은? (비중격 천공)

건설안전

〈영상화면 상황 4〉
터널공사 현장에서 암벽에 천공을 한 후 화약을 충전하는 상황.

7. 화면에서와 같은 터널굴착공사에서의 계측의 종류를 3가지 쓰시오.

   해답 ① 내공변위 측정
   ② 천단 침하 측정
   ③ 지표면 침하 측정
   ④ 록볼트(Rock Bolt) 인발 시험
   ⑤ 뿜어 붙이기 콘크리트 응력 측정
   ⑥ 지중 변위 측정
   ⑦ 지하 수위 측정
   ⑧ 지중 침하 측정 등

8. 화면의 발파작업에서 발파공의 충진재료로 사용하는 것을 쓰시오.

   해답 점토·모래 등 발화성 또는 인화성의 위험이 없는 재료(점토, 모래 등을 비벼 사용하고 작은돌을 사용치 않아야 하며 처음에는 느슨하게 하고 점차 단단하게 하여 구멍 입구부위 까지 채워야 한다)

   Tip (1) 전기뇌관에 의한 발파의 경우 점화하기 전 전선에 대한 저항측정 및 도통시험을 하고 그 결과를 기록 관리하는데 이러한 시험은 화약류를 장전한 장소로부터 얼마나 떨어진 장소에서 실시하는가? (30m 이상 떨어진 안전한 장소)
   (2) 점화후 장진된 화약류가 폭발하지 아니하거나 장진된 화약류의 폭발여부를 확인하기 곤란한 경우 어느 정도의 시간이 경과한 후에 장진장소에 접근하여야 하는가?
   ① 전기뇌관에 의한 경우 : 발파모선을 점화기에서 떼어 그 끝을 단락 시켜 놓는 등 재점화 되지 아니하도록 조치한 후 5분 이상 경과한 후
   ② 전기뇌관 외의 것 : 점화한 때부터 15분 이상 경과한 후

9. 보호구 화면에서 다량의 고열물체를 취급하거나 현저히 더운 장소에서 작업하는 근로자에게 착용하도록 해야 할 보호구의 종류와 해당하는 번호를 쓰시오.

   해답 방열장갑 및 방열복 등(해당사항을 모두 기재하세요)

   Tip 다량의 저온물체를 취급하거나 현저히 추운 장소에서 작업하는 근로자에게 착용하도록 해야하는 보호구는? (방한모, 방한화, 방한장갑 및 방한복)

4회 작업형 문제

기계안전

〈영상화면 상황 1〉
톱날덮개가 설치되어있지 아니한 목재가공용 둥근톱으로 근로자가 목재가공 작업을 하다가 톱날에 손이 접촉하면서 재해가 발생하는 상황.

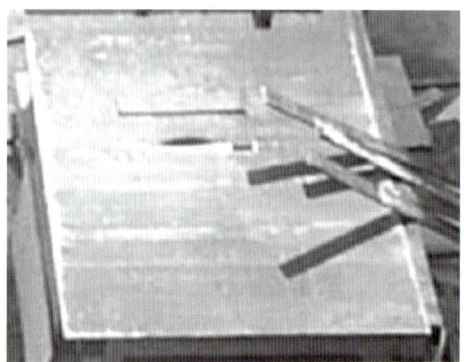

1. 화면에서의 목재가공용 둥근톱기계에는 덮개가 설치되어 있지 않다. 이 기계에 고정식 접촉예방장치를 설치할 경우 설치기준을 쓰시오.

   해답 덮개하단과 테이블 사이의 높이를 최대 25mm로 제한하고, 덮개하단과 가공재의 상면과의 간격을 8mm 이내로 조정.

2. 화면에서의 사고는 목재가공용 둥근톱 작업 시 자주 발생하는 사례이다. 안전한 작업을 위하여 필요한 안전 및 보조장치를 쓰시오.

   해답 ① 분할날
   ② 평행조정기
   ③ 직각정규
   ④ 밀대
   ⑤ 톱날덮개

전기안전

> 〈영상화면 상황 2〉
> 1만 볼트의 전압이 인가된 배전판에서 근로자가 작업 중 "악" 하는 소리와 함께 쓰러지는 상황.

3. 화면에서의 전기작업은 안전담당자를 지정해야 하는 대상 작업인지 판단하고 사고유형 및 그 용어에 대하여 간략히 설명하시오.

   해답 ① 법개정 전 「전압이 75V이상의 정전 및 활선작업」은 안전담당자 지정 대상 작업장이었으나 법이 개정되어 안전담당자라는 직책은 앞으로 사용하지 않습니다. 관리감독자로 알아두세요.(정전 및 활선작업시 에는 작업책임자 임명)
   ② 사고유형 : 감전
   ③ 용어의 정의 : 전기접촉이나 방전에 의해 사람이 충격을 받은 경우.

4. 화면에서의 근로자가 안전한 작업을 위하여 착용해야할 보호구의 종류를 쓰시오.

   해답 ① 절연안전모(AE, ABE형)
   ② 절연안전장갑
   ③ 절연안전화

화학설비 안전

> **〈영상화면 상황 3〉**
> 석면을 취급하는 작업장에서 근로자가 호흡용 보호구를 착용하고 석면해체·제거 작업을 실시하고 있는 상황.

5. 화면에서와 같은 석면 취급작업장에 장기간 근무할 경우 석면으로 인하여 발생할 수 있는 직업병의 명칭을 쓰시오.

> **해답** 석면폐증(폐암발생률을 높이는 진폐증), 중피종 유발

6. 화면에서와 같은 석면 해체·제거 작업에 근로자가 종사할 경우 작업의 종류에 따른 안전조치사항을 쓰시오.

> **해답** (1) 분무(噴霧)된 석면이나 석면이 함유된 보온재 또는 내화피복재의 해체, 제거작업
> ① 창문·벽·바닥 등은 비닐 등 불침투성 차단재로 밀폐하고 해당 장소를 음압(陰壓)으로 유지하고 그 결과를 기록·보존할 것(작업장이 실내인 경우에만 해당)
> ② 작업시 석면분진이 흩날리지 아니하도록 고성능 필터가 장착된 석면분진 포집장치(捕集裝置)를 가동하는 등 필요한 조치를 할 것(실외 작업장)
> ③ 물이나 습윤제를 사용하여 습식(濕式)으로 작업할 것
> ④ 평상복 탈의실, 샤워실 및 작업복 탈의실 등의 위생설비를 작업장과 연결하여 설치할 것(실내 작업장)
> (2) 석면이 함유된 벽체, 바닥타일 및 천장재의 해체·제거작업
> ① 창문·벽·바닥 등은 비닐 등 불침투성 차단재로 밀폐할 것
> ② 물이나 습윤제를 사용하여 습식으로 작업할 것
> ③ 작업장소를 음압으로 유지하고 그 결과를 기록·보존할 것(석면함유 벽체·바닥타일·천장재를 물

리적으로 깨거나 기계 등을 이용하여 절단하는 작업인 경우에만 해당한다)
(3) 석면이 함유된 지붕재의 해체 · 제거작업
① 해체된 지붕재는 직접 땅으로 떨어뜨리거나 던지지 말 것
② 물이나 습윤제를 사용하여 습식으로 작업할 것. 다만, 습식작업시 안전상 위험이 있는 경우에는 그러하지 아니하다.
③ 난방 또는 환기를 위한 통풍구가 지붕 근처에 있는 경우에는 이를 밀폐하고 환기설비의 가동을 중단할 것
(4) 석면이 함유된 그 밖의 자재의 해체. 제거작업
① 창문 · 벽 · 바닥 등은 비닐 등 불침투성 차단재로 밀폐할 것(실내 작업장)
② 석면분진이 흩날리지 아니하도록 석면분진 포집장치를 가동하는 등 필요한 조치를 할 것(실외 작업장)
③ 물이나 습윤제를 사용하여 습식으로 작업할 것

Tip
(1) 석면 해체 · 제거 작업시 작업계획에 포함되어야 할 사항
 ① 석면 해체 · 제거작업의 절차 및 방법
 ② 석면 흩날림방지 및 폐기방법
 ③ 근로자 보호조치
(2) 석면해체 · 제거작업에 근로자를 종사하도록 하는 경우 지급하여 착용하도록 해야 할 개인보호구
 ① 방진마스크(특등급만 해당)나 송기마스크 또는 전동식 호흡보호구[전동식 방진마스크(전면형 특등급만 해당), 전동식 후드 또는 전동식 보안면(분진 · 미스트 · 흄에 대한 용도로 안면부 누설율이 0.05% 이하인 특등급에만 해당)]. 다만, 분무된 석면이나 석면이 함유된 보온재 또는 내화피복재의 해체 · 제거 작업에 종사하는 경우에는 송기마스크 또는 전동식 호흡보호구를 지급하여 착용하도록 하여야 한다.
 ② 고글(Goggles)형 보호안경
 ③ 신체를 감싸는 보호복, 보호장갑 및 보호신발
(2) 석면 해체 작업

석면조사기관의 석면조사사항	① 해당 건축물이나 설비에 석면이 함유되어 있는지 여부 ② 건축물이나 설비에 함유된 석면의 종류 및 함유량 ③ 석면이 함유된 제품의 위치 및 면적
석면해체 · 제거작업의 안전성의 평가기준	① 석면해체 · 제거작업 기준의 준수 여부 ② 장비의 성능 ③ 보유인력의 교육이수, 능력개발, 전산화 정도 및 그 밖에 필요한 사항
석면해체 · 제거작업 완료 후의 석면농도기준	1세제곱센티미터당 0.01개 이하
석면농도의 측정방법	① 석면해체 · 제거작업장 내의 작업이 완료된 상태를 확인한 후 공기가 건조한 상태에서 측정할 것 ② 작업장 내에 침전된 분진을 비산(飛散)시킨 후 측정할 것 ③ 시료채취기를 작업이 이루어진 장소에 고정하여 공기 중 입자상 물질을 채취하는 지역시료채취방법으로 측정할 것

(4) 석면해체 · 제거작업시 특별안전보건교육의 교육내용
 ① 석면의 특성과 위험성
 ② 석면해체 · 제거의 작업방법에 관한 사항
 ③ 장비 및 보호구 사용에 관한 사항
 ④ 그 밖에 안전 · 보건관리에 필요한 사항

건설안전

> 〈영상화면 상황 4〉
> 해체장비를 이용하여 구조물 해체작업을 하고있는 상황.

7. 해체작업을 하는 때에는 미리 해체건물의 조사결과에 따른 작업계획을 작성하고 그 작업계획에 의해 작업하도록 하여야 한다. 작업계획서에 포함되어야할 사항을 5가지 쓰시오.

해답 ① 해체의 방법 및 해체순서도면
② 가설설비·방호설비·환기설비 및 살수·방화설비 등의 방법
③ 사업장내 연락방법
④ 해체물의 처분계획
⑤ 해체작업용 기계·기구 등의 작업계획서
⑥ 해체작업용 화약류 등의 사용계획서
⑦ 그 밖에 안전·보건에 관련된 사항

8. 동영상의 해체작업에서 해체장비와 해체구조물 사이의 거리간격은 얼마가 적당한지 계산하시오.(단, 해체구조물의 높이는 7m이다.)

해답 ① 안전거리 ≥ 0.5 H(구조물의 높이) ∴ 0.5 × 7 = 3.5m
② 끌어당겨서 무너뜨릴 경우 : 안전거리 ≥ 1.5 H(구조물의 높이) ∴ 1.5 × 7 = 10.5m
(화면의 작업상황을 보고 해당되는 공식을 사용하면 됩니다. 일반적인 작업은 ① 의 공식)

Tip 해체작업시 일반적인 안전기준 사항
① 작업구역내에는 관계자 이외의 자에 대하여 출입 금지
② 강풍, 폭우, 폭설 등 악천후시에는 작업중지
③ 사용기계·기구 등을 인양하거나 내릴 때에는 그물망이나 그물포대 등을 사용

④ 외벽, 기둥 등을 전도하는 작업을 할 경우에는 전도 위치와 파편 비산거리 등을 예측하여 작업반경 설정
⑤ 전도작업을 할 때에는 작업자 이외에는 모두 대피시킨 뒤 전도작업
⑥ 해체구조물 외곽에 방호용 울타리를 설치하고 해체물의 전도, 낙하비산에 대비하여 안전거리 유지
⑦ 파쇄공법의 특성에 따라 방진벽, 비산차단벽 및 분진억제 살수시설 설치
⑧ 작업자 상호간에 적정한 신호규정을 준수하고 신호방식 및 신호기기 사용법은 사전교육에 의해 숙지
⑨ 적정한 위치에 대피소 설치

9. 화면의 보호장구 사진 중 크롬도금작업장에서 작업자가 안전을 위해 착용해야할 보호구의 종류와 해당하는 번호를 쓰시오.

해답
① 방진마스크
② 보호장화
③ 보호장갑
④ 불침투성 보호복
⑤ 유해물질이 흩날릴 경우 보안경

5회 작업형 문제

기계안전

> 〈영상화면 상황 1〉
> 지게차의 포크가 올라가 있는 상태에서 수리작업을 하다가 포크가 불시에 하강하면서 아래에 있던 근로자가 재해를 당하는 상황

1. 화면에서와 같은 지게차 수리작업 시 안전한 작업을 위하여 취해야할 조치사항을 쓰시오.

   해답 (1) 안전지지대 또는 안전블록을 사용하여 포크를 받쳐놓고 작업해야 한다.
   (2) 작업지휘자를 지정하여 다음과 같은 사항을 준수하도록 해야 한다.
   ① 작업순서를 결정하고 작업을 지휘할 것
   ② 안전지지대 또는 안전블록 등의 사용상황 등을 점검할 것

2. 지게차에 의한 하역운반작업에 사용하는 팔레트(pallet) 또는 스키드(skid)의 안전한 기준을 쓰시오.

   해답 ① 적재하는 화물의 중량에 따른 충분한 강도를 가질 것
   ② 심한 손상·변형 또는 부식이 없을 것

전기안전

〈영상화면 상황 2〉
1만 볼트의 전압이 흐르는 고압선 아래에서 크레인 작업을 하고 있는 상황.

3. 화면에서와 같은 크레인 작업 또는 충전전로에 접근하는 장소에서 시설물 건설·해체등의 작업으로 인하여 감전의 위험이 발생할 우려가 있는 경우 취해야할 안전조치 사항을 쓰시오.

해답 충전전로 인근에서의 차량·기계장치 작업
(1) 충전전로 인근에서 차량, 기계장치 등의 작업이 있는 경우
차량등을 충전전로의 충전부로부터 300센티미터 이상 이격시켜 유지시키되, 대지전압이 50킬로볼트를 넘는 경우 이격시켜 유지하여야 하는 거리(이격거리)는 10킬로볼트 증가할 때마다 10센티미터씩 증가시켜야 한다. 다만, 차량등의 높이를 낮춘 상태에서 이동하는 경우에는 이격거리를 120센티미터 이상(대지전압이 50킬로볼트를 넘는 경우에는 10킬로볼트 증가할 때마다 이격거리를 10센티미터씩 증가)으로 할 수 있다.
(2) 충전전로의 전압에 적합한 절연용 방호구 등을 설치한 경우
이격거리를 절연용 방호구 앞면까지로 할 수 있으며, 차량등의 가공 붐대의 버킷이나 끝부분 등이 충전전로의 전압에 적합하게 절연되어 있고 유자격자가 작업을 수행하는 경우에는 붐대의 절연되지 않은 부분과 충전전로 간의 이격거리는 충전전로에서의 전기작업 표에 따른 접근 한계거리까지로 할 수 있다.
(3) 다음 각 호의 경우를 제외하고는 근로자가 차량등의 그 어느 부분과도 접촉하지 않도록 울타리(방책)를 설치하거나 감시인 배치 등의 조치를 하여야 한다.
① 근로자가 해당 전압에 적합한 절연용 보호구등을 착용하거나 사용하는 경우
② 차량 등의 절연되지 않은 부분이 접근 한계거리 이내로 접근하지 않도록 하는 경우

Tip 본 문제는 2011년 법이 개정되면서 전면적으로 내용이 수정되었으며, 해답은 개정된 내용으로 작성하였습니다. 본문내용에서 관련사항을 반드시 확인하세요.

focus 본 교재 제5과목 I. 9. 활선작업 단원에서 관련내용 확인

4. 화면의 작업에서 고압선아래 위치한 변압기 등의 수리작업을 하기 위하여 충전부분에 접촉 또는 접근함으로 감전의 위험이 있을 경우 충전부분에 대한 안전조치 사항을 쓰시오.

   해답 ① 충전부가 노출되지 아니하도록 폐쇄형 외함(外函)이 있는 구조로 할 것
   ② 충전부에 충분한 절연효과가 있는 방호망 또는 절연덮개를 설치할 것
   ③ 충전부는 내구성이 있는 절연물로 완전히 덮어 감쌀 것
   ④ 발전소·변전소 및 개폐소 등 구획되어 있는 장소로서 관계근로자외의 자의 출입이 금지되는 장소에 충전부를 설치하고 위험표시 등의 방법으로 방호를 강화할 것
   ⑤ 전주 위 및 철탑 위 등 격리되어 있는 장소로서 관계근로자외의 자가 접근할 우려가없는 장소에 충전부를 설치할 것

화학설비 안전

〈영상화면 상황 3〉
지하에 설치된 폐수처리조에서 슬러지 처리 작업을 하던 근로자가 갑자기 쓰러지는 상황.

5. 화면에서의 작업을 할 경우 작업장으로 들어가는 근로자가 안전을 위하여 착용해야할 보호구의 종류를 2가지 쓰시오.

   해답 ① 공기 호흡기
   ② 송기 마스크

6. 화면과 같은 산소가 결핍된 밀폐공간에서 근로자가 작업 중 실신 혼절하여 7~8분 이내에 사망하였다면 이 장소의 산소농도는 어느 정도로 추정할 수 있는가?

> **해답** 약 8% 정도
>
> **Tip** 산소결핍장소에서 근로자가 순간에 혼절, 호흡정지, 경련 등으로 6분이내 사망하였다면 산소의 농도는?
> (약 6% 정도)

건설안전

> 〈영상화면 상황 4〉
> 구조물 신축공사 현장에서 타워크레인으로 철근인양 작업을 하던 중 달기 와이어 로프가 절단되면서 철근이 낙하하여 아래에서 작업하던 근로자가 재해를 당하는 상황.

7. 화면에서의 와이어로프 절단은 사용금지된 로프일 가능성이 높다. 와이어로프의 사용금지에 해당하는 기준을 쓰고, 위험의 포인트를 2가지 쓰시오.

> **해답** (1) 와이어로프의 사용금지
> ① 이음매가 있는 것
> ② 와이어로프의 한 꼬임(스트랜드)에서 끊어진 소선(필러선 제외)의 수가 10% 이상(비자전로프의 경우에는 끊어진 소선의 수가 와이어로프 호칭지름의 6배 길이 이내에서 4개 이상이거나 호칭지름 30배 길이 이내에서 8개 이상)인 것

③ 지름의 감소가 공칭지름의 7%를 초과하는 것
④ 꼬인 것
⑤ 심하게 변형되거나 부식된 것
⑥ 열과 전기충격에 의해 손상된 것
(2) 위험포인트
① 자재인양작업전 와이어로프의 점검 미실시.
② 신호수 미배치
③ 작업을 하는 위험반경내 근로자 출입통제 미실시

Tip 2011년 법 개정으로 내용이 수정되었으며, 해답은 수정된 내용으로 작성하였습니다.

8. 화면에서처럼 화물의 하중을 직접 지지하는 경우의 와이어로프 안전계수는 얼마 이상이어야 하는가?

   해답 5이상

   Tip ① 근로자가 탑승하는 운반구를 지지하는 경우 : 10 이상
   ② 기타의 경우 : 4 이상

9. 분말 또는 액체상태의 방사성물질에 오염된 장소에 방사성물질의 흩날림 등으로 근로자의 신체가 오염될 우려가 있을 경우 착용해야 하는 보호구의 종류와 해당되는 번호를 쓰시오.

   해답 ① 호흡용보호구(방진마스크) ② 보호복 ③ 보호장갑
   ④ 신발덮개 ⑤ 보호모 등

6회 작업형 문제

기계안전

<영상화면 상황 1>
안전장치가 미부착된 프레스에서 근로자가 프레스 작업을 하던 중 절편(chip)을 제거하기 위해 손을 프레스 안쪽으로 이동하다가 실수로 페달을 밟아 금형이 낙하하면서 재해가 발생하는 상황.

1. 화면의 프레스 작업에서 안전한 작업을 위하여 광전자식 안전장치를 설치하고자 한다. 손이 광선을 차단했을때부터 슬라이드가 정지할때까지의 시간이 5ms였다면 방호장치와 위험한 계 사이의 거리(안전거리)를 계산하시오.

   해답 $D = 1600 \times (Tc + Ts)$
   D : 안전거리(mm)
   Tc : 방호장치의 작동시간 [즉 손이 광선을 차단했을 때부터 급정지기구가 작동을 개시할 때까지의 시간(초)]
   Ts : 프레스의 급정지시간 [즉 급정지기구가 작동을 개시했을 때부터 슬라이드가 정지할 때까지의 시간(초)]
   그러므로, 안전거리(mm) = $1600 \times 5 \times 10^{-3} = 8$(mm)

2. 화면에서와 같은 프레스 재해를 예방하기 위한 안전조치 사항을 2가지 쓰시오.

   해답 ① chip의 제거는 압축공기 또는 핀셋류 등의 수공구를 사용할 것
   ② 페달의 불시작동에 의한 사고를 예방하기 위하여 U지형의 이중 상자(덮개)로 덮고 연속 작업 외에는 1회전마다 발을 페달에서 빼서 상자 위에 놓을 것

전기안전

> 〈영상화면 상황 2〉
> 자연재해로 인한 전주복구공사현장에서 전주에 승주하여 정전작업을 하던중 예비동력원의 역송전으로 인한 감전사고가 발생하는 상황.

3. 화면에서와 같은 정전작업시 안전을 위해 취해야할 조치사항을 3가지 쓰시오.

   해답 근로자가 노출된 충전부 또는 그 부근에서 작업함으로써 감전될 우려가 있는 경우에는 작업에 들어가기 전에 해당 전로를 차단하여야 하며, 전로 차단절차는 다음과 같다.
   ① 전기기기 등에 공급되는 모든 전원을 관련 도면, 배선도 등으로 확인할 것
   ② 전원을 차단한 후 각 단로기 등을 개방하고 확인할 것
   ③ 차단장치나 단로기 등에 잠금장치 및 꼬리표를 부착할 것
   ④ 개로된 전로에서 유도전압 또는 전기에너지가 축적되어 근로자에게 전기위험을 끼칠 수 있는 전기기기등은 접촉하기 전에 잔류전하를 완전히 방전시킬 것
   ⑤ 검전기를 이용하여 작업 대상 기기가 충전되었는지를 확인할 것
   ⑥ 전기기기 등이 다른 노출 충전부와의 접촉, 유도 또는 예비동력원의 역송전 등으로 전압이 발생할 우려가 있는 경우에는 충분한 용량을 가진 단락 접지기구를 이용하여 접지할 것

   Tip 본문제에 해당하는 정전전로에서의 작업에 관한 사항은 2011년 관련법이 전면개정 되었으므로, 반드시 본문내용에서 관련사항을 확인하시기 바랍니다. 해답의 내용은 개정된 내용으로 작성하였습니다.

   focus 본 교재 제5과목 I. 8. 정전작업 단원에서 관련된 내용확인

4. 화면의 정전작업은 근로자의 감전을 방지하기 위해 정전작업요령을 작성하여 관계근로자에게 교육하여야 한다. 정전작업요령에 포함되어야할 사항을 4가지 쓰시오.

> **해답** ① 작업책임자의 임명, 정전범위·절연용보호구의 이상유무 점검 및 활선접근경보장치의 휴대 등 작업 시작전에 필요한 사항
> ② 전로 또는 설비의 정전순서에 관한 사항
> ③ 개폐기관리 및 표지판 부착에 관한 사항
> ④ 정전확인순서에 관한 사항
> ⑤ 단락접지실시에 관한 사항
> ⑥ 전원재투입 순서에 관한 사항
> ⑦ 점검 또는 시운전을 위한 일시운전에 관한 사항
> ⑧ 교대근무시 근무인계에 필요한 사항
>
> **Tip** 본문제는 2011년 법 개정으로 삭제된 내용입니다. 본문제에 해당하는 정전전로에서의 작업에 관한 사항은 2011년 관련법이 전면개정 되었으므로, 반드시 본문내용에서 관련사항을 확인하시기 바랍니다.
>
> **focus** 본 교재 제5과목 I. 8. 정전작업 단원에서 관련된 내용확인

화학설비 안전

> 〈영상화면 상황 3〉
> 아파트 신축 공사현장에서 콘크리트 타설 후 갈탄화로를 이용해 양생중인 지하 피트층 내부를 점검하기 위하여 근로자가 진입하여 점검 중 쓰러지는 상황.

5. 화면에서의 작업을 안전하게 실시하기 위하여 취해야할 안전조치 사항을 3가지 쓰시오.

해답 (1) 작업시작 전 및 작업 중에 당해 작업장을 적정한 공기상태로 유지하기 위한 환기조치
(2) 당해 작업장과 외부의 감시인사이에 상시 연락을 취할 수 있는 설비 설치
(3) 다음의 내용이 포함된 밀폐공간 작업프로그램을 수립하여 시행
   ① 사업장 내 밀폐공간의 위치 파악 및 관리방안
   ② 밀폐공간 내 질식·중독 등을 일으킬 수 있는 유해·위험 요인의 파악 및 관리 방안
   ③ ②항에 따라 밀폐공간 작업 시 사전 확인이 필요한 사항에 대한 확인 절차
   ④ 안전 보건 교육 및 훈련
   ⑤ 그 밖에 밀폐공간 작업 근로자의 건강장해 예방에 관한 사항
(4) 당해 장소에 근로자를 입장시킬 때와 퇴장시킬 때의 인원점검 등
(5) 출입금지 표지를 밀폐공간 근처의 보기 쉬운 곳에 게시

6. 화면에서와 같은 밀폐공간작업에서 정하고 있는 적정한 공기와 산소결핍공기의 기준을 쓰시오.

해답 ① 적정한 공기 : 적정공기란 산소 농도의 범위가 18% 이상 23.5% 미만, 이산화탄소의 농도가 1.5% 미만, 일산화탄소의 농도가 30ppm 미만, 황화수소의 농도가 10ppm 미만인 수준의 공기
② 산소결핍 : 공기 중의 산소농도가 18% 미만인 상태

Tip 밀폐공간 작업에서 근로자를 피난시키거나 구출하기 위하여 비치해야 하는 기구의 종류를 쓰시오. (공기호흡기 또는 송기마스크 등, 사다리 및 섬유로프 등)

건설안전

〈영상화면 상황 4〉
건설현장에서 건물외벽공사를 위해 비계 조립공사를 하고 있는 상황. 근로자 1명은 상부에서 조립작업을 하고 나머지 근로자는 이미 조립된 비계의 중간부분에서 자재인양 작업을 보조하던 중 한 근로자가 몸의 중심을 잃고 바닥으로 추락하는 재해가 발행.

7. 화면에서의 추락재해 발생원인과 대책을 각각 2가지씩 쓰시오.

   해답 (1) 발생원인
   ① 견고한 작업발판 및 추락방지망 미설치
   ② 수직구명줄 등의 안전대 부착설비 미설치 및 안전대 미착용
   (2) 안전대책
   ① 안전난간이 설치된 가설통로 및 안전한 작업발판 설치
   ② 안전대 부착설비 설치 및 안전대 착용

8. 화면에서의 작업처럼 비계의 높이가 2m 이상인 경우 작업발판을 설치하여야 한다. 작업발판의 기준 또는 구조에 관하여 3가지 쓰시오.

   해답 ① 발판재료는 작업시의 하중을 견딜 수 있도록 견고한 것으로 할 것
   ② 작업발판의 폭은 40cm 이상으로 하고, 발판재료 간의 틈은 3cm 이하로 할 것
   ③ 제②호에도 불구하고 선박 및 보트 건조작업의 경우 선박블록 또는 엔진실 등의 좁은 작업공간에 작업발판을 설치하기 위하여 필요하면 작업발판의 폭을 30cm 이상으로 할 수 있고, 걸침비계의 경우 강관기둥 때문에 발판재료 간의 틈을 3cm 이하로 유지하기 곤란하면 5cm 이하로 할 수 있다. 이 경우 그 틈 사이로 물체 등이 떨어질 우려가 있는 곳에는 출입금지 등의 조치를 할 것
   ④ 추락의 위험성이 있는 장소에는 안전난간을 설치할 것(안전난간설치가 곤란한 경우, 작업의 필요상 임시로 안전난간 해체 시 추락방호망 또는 안전대 사용 등 추락에 의한 위험방지조치)
   ⑤ 작업발판의 지지물은 하중에 의하여 파괴될 우려가 없는 것을 사용할 것
   ⑥ 작업발판재료는 뒤집히거나 떨어지지 않도록 둘 이상의 지지물에 연결하거나 고정시킬 것
   ⑦ 작업발판을 작업에 따라 이동시킬 경우에는 위험방지에 필요한 조치를 할 것

   Tip 달비계의 안전계수
   ① 달기와이어로프 및 달기강선의 안선계수는 10 이상
   ② 달기체인 및 달기 훅의 안전계수는 5 이상
   ③ 달기강대와 달비계의 하부 및 상부지점의 안전계수는 강재의 경우 2.5 이상, 목재의 경우 5 이상

9. 안전대 구조에 관한 다음의 설명을 보고 해당되는 장치를 화면에서 찾아 명칭과 번호를 쓰시오.
   ① 신체의 추락을 방지하기 위해 자동잠김장치를 갖추고 죔줄과 수직구명줄에 연결된 금속장치
   ② 안전그네와 연결하여 추락발생시 추락을 억제할 수 있는 자동잠김 장치가 갖추어져 있고 죔줄이 자동적으로 수축되는 금속장치

   해답 ① 추락방지대
   ② 안전블록

7회 작업형 문제

기계안전

〈영상화면 상황 1〉
환봉을 연마하기 위해 회전하는 탁상용연삭기로 작업하던중 환봉이 튕겨서 근로자를 가격하는 장면.

1. 화면의 재해상황에서 기인물과 가해물은 무엇이며, 연삭작업에 의한 파편이나 칩의 비래에 의한 위험을 예방하기 위한 방호장치의 종류와 연마가공 작업시 숫돌과 가공면과의 각도는 어느정도를 유지하여야 하는지 쓰시오.

    해답
    ① 기인물 : 탁상용 연삭기
    ② 가해물 : 환봉
    ③ 방호장치의 종류 : 투명비산 방지판
    ④ 숫돌과 가공면과의 각도 : 15°~ 30°

2. 연삭숫돌에 의한 재해를 예방하기 위한 안전기준을 3가지 쓰시오.

    해답
    ① 회전중인 연삭숫돌(직경이 5cm이상인 것)이 근로자에게 위험을 미칠 우려가 있는 때에는 해당부위에 덮개를 설치하여야 한다.
    ② 연삭숫돌을 사용하는 작업에 있어서 작업을 시작하기 전에 1분이상, 연삭숫돌을 교체한 후에 3분이상 시운전을 하고 당해 기계에 이상이 있는지의 여부를 확인하여야 한다.

③ 제2항의 규정에 의한 시운전에 사용하는 연삭숫돌은 작업시작전에 결함유무를 확인한 후 사용하여야 한다.
④ 연삭숫돌의 최고사용회전속도를 초과하여 사용하도록 하여서는 아니된다.
⑤ 측면을 사용하는 것을 목적으로 하는 연삭숫돌 이외의 연삭숫돌은 측면을 사용하도록 하여서는 아니된다.

전기안전

〈영상화면 상황 2〉
옥내 도장작업장에서 작업을 시작하기 위해 전원스위치를 투입하려고 분전반으로 접근하던 중 내부절연이 파괴되어 외함으로 전기가 누전된 교류아크용접기에 근로자가 접촉하면서 감전재해를 당하는 상황.

3. 화면의 상황에서 감전재해가 발생하게된 원인을 3가지 쓰시오.

해답 (1) 재해발생 원인
① 교류아크용접기의 누전여부 확인 및 절연조치 미실시
② 금속제 외함의 접지 미실시
③ 2차무부하 전압을 안전전압으로 감압하는 자동전격방지기 미설치

4. 화면의 작업장에 설치된 교류아크용접기에 설치해야할 자동전격방지기의 성능기준을 쓰시오.

해답 자동전격방지기는 아크발생을 중지하였을 때 지동시간이 1.0초 이내에 2차 무부하 전압을 25V 이하로 감압시켜 안전을 유지할 수 있어야 한다.

화학설비 안전

> 〈영상화면 상황 3〉
> 폭발성 화학물질 취급 작업장에 작업자들이 신발에 물을 묻히고 들어가서 화학물질을 이용하여 작업하던 중 부주의로 인하여 재해가 발생하는 상황.

5. 화면에 나오는 폭발성 화학물질 작업장에 근로자들이 들어갈 때 신발에 물을 묻히는 이유는 무엇이며, 화재발생 시 적합한 소화방법을 쓰시오.

해답
① 이유 : 폭발성 화학물질 작업장에는 정전기에 의한 점화로 폭발이 발생할 수 있으므로 작업화와 바닥의 마찰로 인한 정전기 발생을 방지하기 위하여.
② 소화방법 : 다량의 주수에 의한 냉각소화

건설안전

> 〈영상화면 상황 4〉
> 건설현장에서 콘크리트 파일을 설치하기 위한 항타기 작업이 진행되고 있는 상황.

6. 화면에서와 같은 항타기에 사용되는 권상용 와이어로프의 안전계수를 고려할 때 인양하고자 하는 파일의 하중이 2톤이라면 권상용 로프의 절단 하중은 몇 톤 이상이어야 하는가?

해답 와이어로프의 안전계수 = $\dfrac{절단하중}{와이어로프에\ 걸리는\ 하중의\ 최대값}$

∴ 절단하중 = 5(항타기 항발기의 권상용 와이어로프의 안전계수) × 2ton = 10ton

7. 항타기 또는 항발기의 권상장치의 드럼축과 권상장치로부터 첫 번째 도르래의 축과의 거리는 권상장치의 드럼폭의 몇배이상으로 하여야 하는가?

해답 15배 이상

Tip (1) 항타기 또는 항발기의 권상용 와이어로프의 사용금지 조건
① 이음매가 있는 것
② 와이어로프의 한 꼬임(스트랜드)에서 끊어진 소선(필러선 제외)의 수가 10% 이상(비자전로프의 경우에는 끊어진 소선의 수가 와이어로프 호칭지름의 6배 길이 이내에서 4개 이상이거나 호칭지름 30배 길이 이내에서 8개 이상)인 것
③ 지름의 감소가 공칭지름의 7%를 초과하는 것
④ 꼬인 것
⑤ 심하게 변형되거나 부식된 것
⑥ 열과 전기충격에 의해 손상된 것
(2) 2011년 법 개정으로 내용이 수정되었으며, 해답은 수정된 내용으로 작성하였습니다.

8. 화면에 나오는 보호장구의 사진 중 방수를 중요한 목적으로 하고 내화학성을 겸한것으로 물체의 낙하, 충격 및 바닥으로부터의 날카로운 물체에 의한 찔림 위험으로부터 발을 보호하기 위해 사용하는 보호구의 명칭과 해당되는 번호를 쓰시오.

해답 고무제 안전화

8회 작업형 문제

기계안전

> 〈영상화면 상황 1〉
> 무채를 써는 기계로 작업하던 근로자가 이상작동으로 인하여 기계가 갑자기 정지하자 아무런 조치없이 기계의 덮개를 열고 점검하고 있는 상황

1. 화면의 작업상황을 보고 위험예지 포인트를 2가지 쓰시오.

   해답 ① 기계의 전원스위치를 off 시키지 않아 기계가 불시에 작동할 경우 손을 다칠 위험이 있다.
   ② 기계의 덮개를 열면 기계가 작동되지 않도록 연동장치가 되어 있어야 하는데 연동장치가 설치되어있지 않아 작동될 경우 위험하다.

2. 화면의 작업상황에서 기계가 갑자기 작동할 경우 발생할 수 있는 재해를 예방하기 위하여 기계의 덮개를 열었을 경우 또는 기계의 정상적인 작동을 위한 조건이 만족되지 않았을 경우 기계가 작동하지 않도록 하는 안전장치를 무엇이라 하는가?

   해답 inter lock 장치(연동장치)

전기안전

> **〈영상화면 상황 2〉**
> 습윤한 작업장소에서 수중펌프를 이용한 작업을 하기위해 배선공사 및 점검을 하고 있는 상황.

3. 화면의 작업상황에서 발생할 수 있는 감전재해를 예방하기 위한 조치사항을 3가지 쓰시오.

> **해답** ① 전선의 접속부분을 가능한 적게하고 테이프 처리 등을 할 때에 절연처리에 특히 주의하여 충분한 절연효과가 있는 것으로 시설할 것
> ② 이동전선은 가능한 중간에 접속점이 없어야 하며 부득이한 경우 방수형으로 하고 외부손상으로 인한 감전을 방지하기 위해 캡타이어 케이블을 사용하는 것이 바람직하다.
> ③ 작업시작전 전선 피복 등의 손상유무, 접속부위의 절연상태 및 절연저항을 측정하여 이상유무를 확인할 것
> ④ 감전방지용 누전차단기를 설치하고 작업 전 작동상태를 반드시 점검할 것

4. 화면의 작업상황에서 근로자에게 발생할 수 있는 감전을 방지하기 위하여 설치하는 누전차단기의 성능기준을 쓰시오.

> **해답** 전기기계기구에 설치하는 누전차단기는 정격감도전류가 30밀리암페어 이하이고 작동시간은 0.03초 이내일 것 (다만, 정격전부하전류가 50암페어 이상인 전기기계기구에 접속되는 누전차단기는 오작동을 방지하기 위하여 정격감도전류는 200밀리암페어 이하로, 작동시간은 0.1초 이내로 할 수 있다)

> **Tip** (1) 작업자가 물에 젖어있는 상황에서 쉽게 감전되었다면 그 이유는 무엇인가?
> (인체가 젖어있는 경우 피부저항은 보통상태의 1/25로 감소되므로 쉽게 감전된다)
> (2) 누전차단기 설치장소
> ① 물 등 도전성이 높은 액체에 의한 습윤장소
> ② 철판·철골위 등 도전성이 높은 장소
> ③ 임시배선의 전로가 설치되는 장소

화공안전

> 〈영상화면 상황 3〉
> 헬륨, 아르곤, 질소, 탄산가스 그 밖의 불활성가스가 들어있었던 보일러 또는 탱크 시설의 내부작업을 위해 퍼지를 하고있는 상황.

5. 화면의 작업에서 실시하고 있는 퍼지 작업의 목적을 간략히 쓰시오.

　해답　① 가연성 가스 및 조연성 가스에 의한 화재폭발사고의 방지
　　　　② 독성가스에 의한 중독사고의 방지
　　　　③ 불활성 가스 및 유해가스 등에 의한 밀폐공간에서의 산소결핍에 의한 사고예방

6. 퍼지의 종류를 3가지 쓰시오.

　해답　① 진공퍼지
　　　　② 압력퍼지
　　　　③ 스위프 퍼지

　Tip　퍼지의 종류별 특징

진공퍼지 (Vacuum purging)	① 용기에 대한 가장 일반화된 인너팅장치 ② 용기를 진공으로 한 후 불활성가스 주입 ③ 저압에만 견딜 수 있도록 설계된 큰 저장용기에서는 사용될 수 없다.
압력퍼지 (Pressure purging)	① 가압하에서 인너트가스 주입하여 퍼지(압력용기에 주로 사용) ② 주입한 가스가 용기내에 충분히 확산된 후 대기중으로 방출 ③ 진공퍼지 보다 시간이 크게 감소하나 대량의 인너트가스 소모

스위프 퍼지 (Sweep-Through Purging)	① 용기의 한쪽 개구부로 퍼지가스 가하고 다른 개구부로 혼합가스 방출 ② 용기나 장치에 가압 하거나 진공으로 할 수 없는 경우 사용 ③ 대형 저장용기를 치환할 경우 많은 양의 불활성가스를 필요로 하여 경비가 많이 소요되므로 액체를 용기 내에 채운 다음 용기 상부의 잔류산소를 제거하는 스위프 치환 방법의 사용이 바람직
사이폰치환 (Siphon purging)	① 용기에 물 또는 비가연성, 비반응성의 적합한 액체를 채운 후 액체를 뽑아내면서 증기층에 불활성가스를 주입하는 방법 ② 산소의 농도를 매우 낮은 수준으로 줄일 수 있음.

건설안전

〈영상화면 상황 4〉
신축아파트 건설현장에서 건설용 리프트를 이용한 자재운반 작업을 하고 있는 상황.

7. 화면의 작업에서 사용하고 있는 리프트의 안전장치의 종류를 쓰고 순간 풍속이 얼마 이상일 때 받침 수를 증가시키는 등의 붕괴방지를 위한 조치를 해야 하는지 쓰시오.

해답 (1) 안전장치의 종류
① 과부하방지장치
② 권과방지장치
③ 비상정지장치
④ 조작반에 잠금장치
(2) 순간풍속 : 매초당 35미터를 초과하는 바람이 불어올 우려가 있을 때

Tip 순간풍속이 얼마 이상 불어온 후 작업할 경우 리프트의 이상 유무를 점검해야 하는가?
(매초당 30미터 초과 및 중진 이상의 지진 후)

8. 리프트의 수리, 점검 또는 해체작업 시 취해야 할 안전조치 사항을 3가지 쓰시오.

   해답 ① 작업을 지휘하는 자를 선임하여 그 자의 지휘하에 작업을 실시할 것
   ② 작업을 할 구역에 관계근로자외의 자의 출입을 금지하고 그 취지를 보기 쉬운 장소에 표시할 것
   ③ 비·눈 그 밖의 기상상태의 불안정으로 인하여 날씨가 몹시 나쁠 때에는 그 작업을 중지시킬 것

   Tip 화면에서와 같은 리프트 작업 시 작업지휘자의 이행사항을 3가지 쓰시오.
   ① 작업방법과 근로자의 배치를 결정하고 당해 작업을 지휘하는 일
   ② 재료의 결함유무 또는 기구 및 공구의 기능을 점검하고 불량품을 제거하는 일
   ③ 작업중 안전대 등 보호구의 착용상황을 감시하는 일

9. 고소작업을 할 때 근로자의 안전을 위해 착용하는 보호구인 안전대 중에서 추락 시 받는 하중을 신체에 고루 분산시킬 수 있는 구조의 명칭과 해당번호를 쓰시오.

   해답 안전 그네

필답형 출제문제

산업안전기사실기

2000년~2023년 출제문제

산업안전기사 실기 (필답형)
2000년 2월 20일 시행

1. 재해사례연구의 전제조건에서 재해상황파악의 내용을 쓰시오.

해답
① 발생일시, 장소
② 업종, 규모
③ 상해 상황(상해부위, 정도 등)
④ 물적피해(물적손실, 생산정지일수 등)
⑤ 가해물, 기인물
⑥ 사고의 형태(추락, 전도, 낙하 비래 등)
⑦ 피해자 특성(성명, 소속 등)
⑧ 조직도
⑨ 재해현장도

focus 본 교재 제1과목 III. 14. 재해사례연구순서 단원에서 관련내용 확인

2. 건축공사에서 재료비가 500,000,000원이고, 직접노무비가 300,000,000원이라면 안전관리비는?

해답
(1) 안전관리비의 대상액
   안전관리비 대상액 = (공사원가 계산서에서 정하는) 재료비 + 직접노무비
(2) 계상기준(대상액이 5억원 이상 50억원 미만일 경우)
   대상액 × 계상기준표의 비율(1.81%) + 기초액(3,294,000원)
   ∴ 안전관리비 = 800,000,000 × 0.0181 + 3,294,000 = 17,774,000 원

Tip 2023년 법령개정. 문제 및 해답은 개정된 내용 적용.

focus 본 교재 제6과목 I. 4. 산업안전보건관리비 단원에서 관련된 내용 확인

3. TBM은 즉시 즉응법이라고도 하며 현장에서 그때그때 주어진 상황에 즉응 하여 실시하는 위험예지활동으로 단시간 미팅훈련이다. 작업 시작전 실시하는 TBM의 5단계 진행요령에 관하여 순서대로 쓰시오.

해답

1단계	도입	직장체조, 상호인사, 목표제창
2단계	점검정비	건강, 복장, 공구, 보호구, 안전장치, 사용기기 등 점검정비
3단계	작업지시	당일작업에 대한 설명 및 지시를 받고 복창하여 확인
4단계	위험예측	당일 작업의 위험을 예측하고 대책 토의. 원포인트 위험예지훈련
5단계	확인	대책을 수립하고 팀의 목표 확인. 원포인트 지적확인. 터치 앤 콜

focus 본 교재 제 2과목 II. 8. 무재해 운동과 위험예지 훈련 단원에서 확인

4. "안전의식을 높이기 위하여 베르크호프의 재해정의를 정의한다"라는 학습목적에서 목표, 주제, 학습정도를 구분하여 쓰시오.

해답
① 목표 : 안전의식의 고양
② 주제 : 베르크호프의 재해정의
③ 학습정도 : 이해한다.

5. 산업안전표지의 색채에 대한용도 및 사용례를 간단히 쓰시오.

해답 안전표지의 색채 및 색도기준

색채	색도기준	용도	사 용 례	형태별 색체기준
빨간색	7.5R 4/14	금지	정지신호, 소화설비 및 그 장소, 유해행위의 금지	바탕은 흰색, 기본모형은 빨간색, 관련부호 및 그림은 검은색
		경고	화학물질 취급장소에서의 유해위험 경고	
노란색	5Y 8.5/12	경고	화학물질 취급장소에서의 유해위험 경고 그 밖의 위험경고, 주의표지 또는 기계 방호물	바탕은 노란색, 기본모형·관련부호 및 그림은 검은색 (주1)
파란색	2.5PB 4/10	지시	특정행위의 지시 및 사실의 고지	바탕은 파란색, 관련 그림은 흰색
녹색	2.5G 4/10	안내	비상구 및 피난소, 사람 또는 차량의 통행표지	바탕은 흰색, 기본모형 및 관련부호는 녹색, 바탕은 녹색, 관련부호 및 그림은 흰색
흰색	N 9.5		파란색 또는 녹색에 대한 보조색	
검은색	N 0.5		문자 및 빨간색 또는 노란색에 대한 보조색	

(주1) 다만, 인화성물질경고·산화성물질경고·폭발성물질경고·급성독성물질경고·부식성물질경고 및 발암성·변이원성·생식독성·전신독성·호흡기과민성물질경고의 경우 바탕은 무색, 기본모형은 빨간색(검은색도 가능)

focus 본 교재 제 2과목 Ⅱ. 8. 무재해운동과 위험예지훈련 단원에서 관련된 내용 확인

6. 1,000(kg)의 화물을 두 줄걸이 로프로 상부각도 60°로 들어올릴 때 한쪽 와이어로프에 걸리는 하중을 계산하시오.

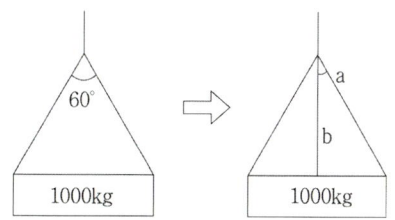

해답 $b \div a = \cos\theta$, 그러므로 $a = b \div \cos\theta$ 여기서

$$\theta = \frac{60°}{2} = 30°, \quad b = \frac{1,000}{2} = 500\text{kg}$$
$$\therefore a = \frac{b}{\cos\theta} = \frac{500}{\cos30°} = \frac{500}{\frac{\sqrt{3}}{2}} = \frac{1,000}{\sqrt{3}} = 577.35(\text{kg})$$

focus 본 교재(필기) 제3과목 05. III. 2. 방호장치의 종류 단원에서 내용 확인

7. 특수화학설비의 안전장치를 3가지 쓰시오.

해답 (1) 계측장치의 설치(내부이상상태의 조기파악)
① 온도계 ② 유량계 ③ 압력계 등
(2) 자동경보장치의 설치 : 내부이상상태의 조기파악
(3) 긴급차단장치의 설치 : 폭발, 화재 또는 위험물 누출 방지

focus 본 교재(필기) 제5과목 03. III. 6. 계측장치 단원에서 확인

8. 공정안전보고서 작성시 포함해야 할 내용 4가지를 쓰시오.

해답 ① 공정안전자료
② 공정위험성 평가서
③ 안전운전계획
④ 비상조치 계획

focus 본 교재 제8과목 I. 4. 공정안전보고서 단원에서 관련된 내용 확인

9. 전기절연불량의 원인에 관하여 4가지 쓰시오.

해답 ① 높은 이상전압 등에 의한 전기적 요인
② 진동, 충격 등에 의한 기계적 요인
③ 산화 등에 의한 화학적 요인
④ 온도상승에 의한 열적 요인

10. 표준관입시험에 관하여 간략히 설명하시오.

해답 표준 관입 시험(S. P. T)
① 질량 63.5±0.5kg의 드라이브 해머를 760±10mm 높이에서 자유낙하 시키고 보링로드 머리부에 부착한 노킹블록을 타격하여 보링로드 앞 끝에 부착한 표준관입 시험용 샘플러를 지반에 300mm 박아 넣는데 필요한 타격횟수 N값을 측정
② 흙의 지내력 판단, 사질토 적용

focus 본 교재 제6과목 I. 1. 토질시험방법 단원에서 자세한 내용 확인

11. 아세틸렌 가스의 위험도를 계산식에 의해 구하시오.

해답: 위험도$(H) = \dfrac{\text{폭발상한}(U) - \text{폭발하한}(L)}{\text{폭발하한}(L)} = \dfrac{81 - 2.5}{2.5} = 31.4$

focus 본 교재 제5과목 II. 8. 위험도 단원에서 자세한 내용 확인

12. 폭발이 성립되기 위한 조건 3가지를 쓰시오.

해답:
(1) 가연성가스, 증기, 분진 등이 공기 또는 산소와 접촉 또는 혼합되어 있는 경우(폭발범위내 존재)
(2) 혼합되어 있는 가스 및 분진이 어떤 구획된 공간이나 용기 등의 공간에 존재하고 있는 경우
(3) 혼합된 물질의 일부에 점화원이 존재하고 그것이 매개체가 되어 최소 착화 에너지 이상의 에너지를 줄 경우

focus 본 교재 제5과목 II. 5. 폭발의 성립조건 단원에서 관련내용 확인

13. 자동전격방지기에 관한 다음의 설명 중 ( )에 맞는 내용을 쓰시오.

> 교류아크 용접기는 안정성있는 아크발생을 위해 구조상 (①)V의 2차 무부하 전압이 부과되어 충전부에 접촉함으로 인하여 감전사고가 일어나기 쉽다. 따라서 자동전격방지기는 아크발생을 중지하였을 때 지동시간이 (②)초 이내에 2차 무부하 전압을 (③)V 이내로 감압시켜 안전을 유지할 수 있어야 한다.

해답:
① 65~90
② 1.0
③ 25

focus 본 교재 제5과목 I. 11. 교류아크용접기의 방호장치 및 성능조건 단원에서 확인

14. 안전보건개선계획의 작성내용 중에서 중점개선사항 항목에 관하여 5가지 쓰시오.

해답:
① 시설
② 기계장치
③ 원료 재료
④ 작업방법
⑤ 작업환경

Tip 안전보건 개선계획에 포함되어야 할 사항
① 시설
② 안전·보건관리체제
③ 안전·보건교육
④ 산업재해예방 및 작업환경 개선을 위하여 필요한 사항

focus 본 교재 제1과목 II. 4. 안전보건개선계획 단원에서 관련내용 확인

15. 맥그리거의 X이론과 Y이론에 관한 특징을 표로 작성하시오.

해답

X 이론	Y 이론
인간불신감	상호신뢰감
성악설	성선설
인간은 본래 게으르고 태만, 수동적, 남의 지배받기를 즐긴다	인간은 본래 부지런하고 근면, 적극적, 스스로 일을 자기 책임하에 자주적
저차적 욕구(물질 욕구)	고차적 욕구(정신 욕구)
명령, 통제에 의한 관리	목표통합과 자기통제에 의한 관리
저개발국형	선진국형
보수적, 자기본위, 자기방어적 어리석기 때문에 선동되고 변화와 혁신을 거부	자아실현을 위해 스스로 목표를 달성하려고 노력
조직의 욕구에 무관심	조직의 방향에 적극적으로 관여하고 노력
권위주의적 리더쉽	민주적 리더쉽

focus 본 교재 제 2과목 II. 7. 동기부여에 관한 이론 단원에서 관련내용 확인

16. Fail-safe의 정의에 관하여 간략하게 설명하시오.

해답 조작상의 과오로 기기의 일부에 고장이 발생해도 다른 부분의 고장이 발생하는 것을 방지하거나 또는 어떤 사고를 사전에 방지하고 안전 측으로 작동하도록 설계하여 2중, 3중으로 통제를 가해두는 안전 대책.

focus 본 교재(필기) 제2과목 07. II. 1. 신뢰도 및 불신뢰도의 계산 단원에서 관련내용 확인

17. 사고의 본질적 특성에 관한 내용을 4가지 쓰시오.

해답
① 사고의 시간성
② 우연성 중의 법칙성
③ 필연성 중의 우연성
④ 사고의 재현 불가능성

focus 본 교재 제1과목 III. 5. 재해발생 메카니즘 단원에서 자세한 내용 확인

산업안전기사 실기 (필답형)
2000년 11월 12일 시행

1. 다음의 용어에 대하여 간략히 설명하시오.

① FTA ② FMEA ③ ETA

해답
① FTA : 결함수법으로 게이트, 이벤트, 부호 등의 그래픽 기호를 사용하여 재해의 발생요인을 FT도에 표현하며, 각각의 단계에 확률을 부여하여 어떤 상황의 실패확률계산이 가능한 연역적이고 정량적인 해석방법(사고의 원인이 되는 장치의 이상이나 고장의 다양한 조합 및 작업자 실수 원인을 연역적으로 분석하는 방법)
② FMEA : 시스템 안전 분석에 이용되는 전형적인 정성적 귀납적 분석방법으로 시스템에 영향을 미치는 전체요소의 고장을 형별로 분석하여 그 영향을 검토하는 것(각 요소의 1형식 고장이 시스템의 1영향에 대응)
③ ETA : 사상의 안전도를 사용한 시스템의 안전도를 나타내는 시스템 모델의 하나로 귀납적이기는 하나 정량적인 해석 기법(초기사건으로 알려진 특정한 장치의 이상 또는 운전자의 실수에 의해 발생되는 잠재적인 사고결과를 정량적으로 평가·분석하는 방법)

focus 본 교재 제3과목 II. 3. 고장형과 영향분석 단원. 5. ETA 단원. 8. FTA 단원에서 관련된 내용 확인

2. 동력에 의해 작동되는 원심기의 자체검사 항목을 5가지 쓰시오.

해답
① 방호장치의 이상유무
② 회전체의 이상유무
③ 주축 베어링의 이상유무
④ 브레이크의 이상유무
⑤ 외함의 이상유무
⑥ ①목 내지 ④목에 규정된 부분의 볼트·너트의 풀림유무

Tip
(1) 본 문제는 2009년부터 적용된 법 개정으로 아래의 내용으로 변경되었으므로 주의 바람.(자체검사 제도가 전면 폐지되고 안전검사로 관련법이 제정됨) – 앞으로 자체검사로는 출제되지 않으며 해답 내용은 개정전 자체검사에 대한 내용이므로 참고만 할 것
(2) 안전검사 대상 유해·위험기계
① 프레스
② 전단기
③ 크레인(정격하중 2톤 미만 제외)
④ 리프트
⑤ 압력용기
⑥ 곤돌라
⑦ 국소배기장치(이동식 제외)
⑧ 원심기(산업용만 해당)
⑨ 롤러기(밀폐형 구조제외)
⑩ 사출성형기 [형 체결력 294킬로뉴튼(KN) 미만 제외]
⑪ 고소작업대(화물자동차 또는 특수자동차에 탑재한 것으로 한정)
⑫ 컨베이어
⑬ 산업용 로봇

Tip 2020년 시행. 관련법령 전부개정으로 변경된 내용입니다. Tip은 개정된 내용에 맞게 수정했으니 착오없으시기 바랍니다.

focus 본 교재 제1과목 IV. 9. 안전검사 단원에서 관련내용 확인

3. 다음의 Fault Tree에서 Cut Set을 구하시오.

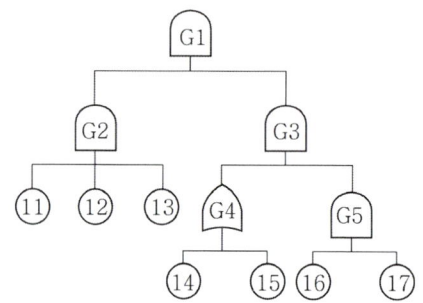

해답 $G_1 = G_2 \cdot G_3 = ⑪⑫⑬G_3 = ⑪⑫⑬G_4G_5 = \begin{matrix}⑪⑫⑬⑭⑯⑰\\⑪⑫⑬⑮⑯⑰\end{matrix}$
∴ Cut Set = (⑪⑫⑬⑭⑯⑰), (⑪⑫⑬⑮⑯⑰)

focus 본 교재 제3과목 II. 11. 미니멀 컷과 미니멀 패스 단원에서 관련내용 참고.

4. 인간-기계체계의 기본기능 4가지를 쓰시오.

해답 ① 감지기능
② 정보보관기능
③ 정보처리 및 의사결정기능
④ 행동기능

focus 본 교재 제3과목 I. 1. 인간-기계 체계 단원에서 관련내용 확인

5. 크레인 등(특정기계)에 대한 위험방지를 위해 부착해야 할 방호장치를 쓰시오.

해답 ① 과부하방지장치
② 권과방지장치
③ 비상정지장치
④ 제동장치

focus 본 교재 제4과목 I. 12. 양중기의 방호장치 및 재해유형 단원에서 확인

6. 안전에 관한 중대성의 차이를 비교하기 위하여 과거의 안전성적과 현재의 안전성적을 비교 평가하는 방식으로 다음과 같은 Safe-T-Score를 사용한다. ( )안에 알맞은 내용을 쓰시오.

$$\text{Safe-T-Score} = \frac{(①)-(②)}{\sqrt{\frac{(③)}{\text{근로총시간수(현재)}} \times 1{,}000{,}000}}$$

해답
① 현재 빈도율(F.R)
② 과거 빈도율(F.R)
③ 과거 빈도율(F.R)

focus 본 교재 제1과목 Ⅲ. 12. 재해율 단원에서 관련내용 확인

7. 근로자의 안전을 위해 사용하는 개인 보호구의 구비조건을 5가지 쓰시오.

해답
① 착용시 작업이 용이할 것 (간편한 착용)
② 유해 위험물에 대한 방호성능이 충분할 것 (대상물에 대한 방호가 완전)
③ 작업에 방해요소가 되지 않도록 할 것
④ 재료의 품질이 우수할 것 (특히 피부접촉에 무해할 것)
⑤ 구조와 끝마무리가 양호할 것 (충분한 강도와 내구성 및 표면 가공이 우수)
⑥ 외관 및 전체적인 디자인이 양호할 것

focus 본 교재 제7과목 Ⅰ. 2. 보호구 구비조건 단원에서 관련내용 확인

8. 재해방지 대책에서 시정책의 적용에 사용되는 3S원칙과 3E원칙을 쓰시오.

해답

3E	① Engineering(기술) ② Education(교육) ③ Enforcement(규제, 감독, 독려)
3S	① Standardization(표준화) ② Specialization(전문화) ③ Simplification(단순화)

focus 본 교재 제1과목 Ⅲ. 11. 재해예방대책의 기본원리 5단계 단원에서 확인

9. 500명의 근로자가 1년간 작업하는 동안 신체장해등급 11급 10명, 사망 및 영구근로장해 2명이 발생하였다. 강도율을 구하시오.(단, 근로손실년수는 25년, 1인당 근로시간은 년 2,400시간)

해답
$$강도율(S.R) = \frac{근로손실일수}{연간총근로시간수} \times 1,000$$
$$\therefore 강도율 = \frac{(7,500 \times 2) + (400 \times 10)}{500 \times 2,400} \times 1,000 ≒ 15.833 = 15.83$$

focus 본 교재 제1과목 Ⅲ. 12. 재해율 단원에서 관련내용 확인

10. 안전심리의 5대요소를 쓰시오.

해답 ① 기질 ② 동기 ③ 습관 ④ 습성 ⑤ 감정

focus 본 교재 제 2과목 Ⅱ. 3. 안전사고와 사고심리 단원에서 관련내용 확인

11. 산소소비량을 측정하기 위하여 5분간 배기하여 성분을 분석한 결과 O_2 = 16(%), CO_2 = 4(%)이고, 총배기량은 90(l)일 경우 분당 산소소비량과 에너지를 구하시오. [단, 산소 1(l)의 에너지가는 5(kcal)이다]

해답 흡기부피를 V_1, 배기부피를 V_2(분당배기량)라 하면 $79\% \times V_1 = N_2\% \times V_2$

$$V_1 = \frac{(100 - O_2\% - CO_2\%)}{79} \times V_2$$

산소소비량 $= (21\% \times V_1) - (O_2\% \times V_2)$

① 분당 배기량 : $\frac{90}{5} = 18(l/분)$

② 분당 흡기량 : $\frac{(100-16-4)}{79} \times 18 = 18.227(l/분)$

③ 분당 산소소비량 : $(18.227 \times 0.21) - (18 \times 0.16) = 0.947(l/분)$

④ 분당 에너지 소비량 : $0.947 \times 5 = 4.74(kcal/분)$

focus 본 교재(필기) 제2과목 03. I. 3. 신체반응의 측정 단원에서 관련된 내용 확인

산업안전기사 실기 (필답형)
2001년 4월 22일 시행

1. 특수화학설비의 안전조치 사항을 3가지 쓰시오.

> **해답** (1) 계측장치의 설치(내부이상상태의 조기파악) : ① 온도계 ② 유량계 ③ 압력계 등
> (2) 자동경보장치의 설치 : 내부이상상태의 조기파악
> (3) 긴급차단장치의 설치 : 폭발, 화재 또는 위험물 누출 방지
>
> **focus** 본 교재 제5과목 II. 14. 화학설비의 안전장치 종류 단원에서 관련내용 확인

2. 테니스 엘보, 방아쇠 손가락 등의 근골격계 질환을 유발하는 대표적인 원인을 3가지 쓰시오.

> **해답** ① 부적절한 작업자세
> ② 무리한 반복작업
> ③ 과도한 힘
> ④ 부족한 휴식시간
> ⑤ 신체적 압박
> ⑥ 차가운 온도나 무더운 온도의 작업환경
>
> **focus** 본 교재(필기) 제2과목 03. IV. 5. 근골격계 질환 단원에서 관련내용 확인

3. 콘크리트 구조물에 해당하는 옹벽의 안정조건을 3가지 쓰시오.

> **해답** ① 전도(over turning)에 대한 안정
> ② 활동(sliding)에 대한 안정
> ③ 지반지지력 [침하(settlement)] 에 대한 안정
>
> **focus** 본 교재(필기) 제6과목 04. II. 6. 콘크리트 구조물 붕괴안전대책, 터널굴착 단원에서 관련내용 확인

4. 안전태도교육의 기본과정을 쓰시오.

> **해답** ① 청취
> ② 이해납득
> ③ 모범
> ④ 평가(권장)
> ⑤ 장려 및 처벌
>
> **focus** 본 교재 제 2과목 I. 4. 안전교육의 단계 단원에서 관련내용 확인

5. 가설통로 설치시 준수해야할 사항을 5가지 쓰시오.

해답
① 견고한 구조로 할 것
② 경사는 30도 이하로 할 것(계단을 설치하거나 높이 2m 미만의 가설통로로서 튼튼한 손잡이를 설치한 때에는 그렇지 않다.)
③ 경사가 15도를 초과하는 때에는 미끄러지지 아니하는 구조로 할 것
④ 추락의 위험이 있는 장소에는 안전난간을 설치할 것(작업상 부득이한 때에는 필요한 부분에 한하여 임시로 이를 해체할 수 있다.)
⑤ 수직갱에 가설된 통로의 길이가 15m 이상인 때에는 10m 이내마다 계단참을 설치할 것
⑥ 건설공사에 사용하는 높이 8m 이상인 비계다리에는 7m 이내마다 계단참을 설치할 것

focus 본 교재 제6과목 I. 20. 가설계단 단원에서 관련내용 확인

6. 작업점 가드의 구비조건에 관하여 4가지 쓰시오.

해답
① 충분한 강도를 유지할 것
② 구조가 단순하고 조정이 용이할 것
③ 작업, 점검, 주유시 등 장애가 없을 것
④ 위험점 방호가 확실할 것
⑤ 개구부등 간격(틈새)이 적정할 것

focus 본 교재(필기) 제3과목 01. II. 3. 작업점 가드 단원에서 확인

7. 안전밸브 또는 파열판을 설치하여야 하는 화학설비 및 그 부속설비 중 파열판을 설치해야 하는 경우를 3가지 쓰시오.

해답
① 반응폭주등 급격한 압력상승의 우려가 있는 경우
② 급성 독성물질의 누출로 인하여 주위의 작업환경을 오염시킬 우려가 있는 경우
③ 운전중 안전밸브에 이상물질이 누적되어 안전밸브가 작동되지 아니할 우려가 있는 경우

focus 본 교재 제5과목 II. 14. 화학설비의 안전장치 종류 단원에서 관련내용 확인

8. 안전보건개선계획을 수립해야 하는 대상사업장을 쓰시오.

해답 안전보건 개선계획 수립 대상 사업장
① 산업 재해율이 같은 업종의 규모별 평균 산업 재해율보다 높은 사업장
② 사업주가 필요한 안전조치 또는 보건조치를 이행하지 아니하여 중대재해가 발생한 사업장
③ 직업성 질병자가 연간 2명 이상 발생한 사업장
④ 유해인자의 노출기준을 초과한 사업장

Tip 안전보건 진단을 받아 개선계획을 수립해야 하는 사업장
① 산업재해율이 같은 업종 평균 산업재해율의 2배 이상인 사업장
② 사업주가 필요한 안전조치 또는 보건조치를 이행하지 아니하여 중대재해가 발생한 사업장
③ 직업성 질병자가 연간 2명 이상(상시근로자 1천명 이상 사업장의 경우 3명 이상) 발생한 사업장
④ 그 밖에 작업환경 불량, 화재·폭발 또는 누출사고 등으로 사업장 주변까지 피해가 확산된 사업장으로서 고용노동부령으로 정하는 사업장

> **Tip** 2020년 시행되는 법령전부개정으로 변경된 내용입니다. 해답은 변경된 내용에 맞도록 수정하였으니 착오없으시기 바랍니다.

focus 본 교재 제1과목 II. 4. 안전보건개선계획 단원에서 관련내용 확인

9. 다음은 보일러의 안전장치인 압력방출장치에 관한 사항이다. ( )안에 맞는 내용을 적으시오.

> (1) 보일러 규격에 맞는 압력방출장치를 (①) 이하에서 작동되도록 1개 또는 2개 이상 설치
> (2) 2개 이상 설치된 경우 최고사용압력 이하에서 1개가 작동되고, 다른 압력방출장치는 최고사용압력 (②) 이하에서 작동되도록 부착
> (3) 1년에 (③) 이상 (④) 시험 후 납으로 봉인(공정 안전관리 이행수준 평가결과가 우수한 사업장은 4년에 1회 이상 토출 압력 시험 실시)

해답 ① 최고사용압력 ② 1.05배 ③ 1회 ④ 토출 압력

focus 본 교재 제4과목 I. 13. 보일러의 방호장치 단원에서 관련내용 확인

10. 정전기 발생에 영향을 미치는 요인을 4가지 쓰시오.

해답 ① 물체의 특성 ② 물체의 표면상태 ③ 물체의 이력 ④ 접촉면적 및 압력
      ⑤ 분리 속도 ⑥ 완화시간

focus 본 교재 제5과목 I. 14. 정전기 발생과 안전대책 단원에서 관련내용 확인

11. 산업용로봇의 안전기준에 관하여 3가지 쓰시오.

해답 (1) 작업에 종사하고 있는 근로자 또는 당해 근로자를 감시하는 자가 이상을 발견한 때에는 즉시 로봇의 운전을 정지시키기 위한 조치를 할 것
(2) 작업을 하고 있는 동안 로봇의 기동스위치 등에 작업중이라는 표시를 하는 등 작업에 종사하고 있는 근로자외의 자가 당해 스위치 등을 조작할 수 없도록 필요한 조치를 할 것
(3) 운전중 위험 방지 조치
  ① 높이 1.8미터 이상의 울타리 설치
  ② 컨베이어 시스템의 설치 등으로 울타리를 설치할 수 없는 일부 구간
    – 안전매트 또는 광전자식 방호장치 등 감응형(感應形) 방호장치 설치
(4) 수리등 작업시의 조치사항
  ① 당해로봇의 운전정지함과 동시에 작업중 로봇의 기동스위치를 잠근 후 열쇠별도관리
  ② 당해로봇의 기동스위치에 작업중이란 취지의 표지판 부착(필요한 조치를 통하여 근로자 외의 자가 당해 기동스위치를 조작할 수 없도록 하여야한다)

focus 본 교재 제4과목 I. 19. 산업용 로봇의 방호장치 단원에서 관련내용 확인

12. 이동식 사다리의 조립시 준수해야할 사항을 4가지 쓰시오.

해답
① 견고한 구조로 할 것
② 재료는 심한 손상·부식 등이 없는 것으로 할 것
③ 폭은 30cm 이상으로 할 것
④ 다리부분에는 미끄럼방지장치를 설치하는 등 미끄러지거나 넘어지는 것을 방지하기 위한 필요한 조치를 할 것
⑤ 발판의 간격은 동일하게 할 것

Tip 본 문제는 2012년 법 개정으로 삭제된 내용입니다. 앞으로 출제되지 않습니다.

focus 본 교재 제6과목 I. 22. 사다리 단원에서 관련내용 확인

산업안전기사 실기 (필답형)
2002년 7월 7일 시행

1. 다음과 같은 안전표지의 색채에 따른 색도기준 및 용도에서 ( )안에 알맞은 내용을 쓰시오.

색채	색도기준	용도
빨간색	7.5R 4/14	금지표지
		경고표지
(①)	5Y 8.5/12	경고표지
파란색	2.5PB 4/10	(②)
녹색	(③)	안내표지

해답 ① 노란색 ② 지시표지 ③ 2.5G 4/10

Tip ① 본 문제는 출제이후 법령이 개정된 사항으로, 문제 및 해답은 개정법에 맞도록 수정하였습니다.
② 안전표지의 색채 및 색도기준

색채	색도기준	용도	사 용 례	형태별 색채기준
빨간색	7.5R 4/14	금지	정지신호, 소화설비 및 그 장소, 유해행위의 금지	바탕은 흰색, 기본모형은 빨간색, 관련부호 및 그림은 검은색
		경고	화학물질 취급장소에서의 유해위험 경고	
노란색	5Y 8.5/12	경고	화학물질 취급장소에서의 유해위험 경고 그밖의 위험경고, 주의표지 또는 기계 방호물	바탕은 노란색, 기본모형ㆍ관련부호 및 그림은 검은색
파란색	2.5PB 4/10	지시	특정행위의 지시 및 사실의 고지	바탕은 파란색, 관련 그림은 흰색
녹색	2.5G 4/10	안내	비상구 및 피난소, 사람 또는 차량의 통행표지	바탕은 흰색, 기본모형 및 관련부호는 녹색, 바탕은 녹색, 관련부호 및 그림은 흰색
흰색	N 9.5		파란색 또는 녹색에 대한 보조색	
검은색	N 0.5		문자 및 빨간색 또는 노란색에 대한 보조색	

focus 본 교재 제 2과목 II. 8. 무재해운동과 위험예지훈련 단원에서 안전표지에 관련된 내용 확인

2. FTA에 있어서 cut set와 path set를 간략히 설명하시오.

해답 ① 컷셋(cut set) : 정상사상을 발생시키는 기본사상의 집합으로 그 안에 포함되는 모든 기본사상이 발생할 때 정상사상을 발생시킬 수 있는 기본사상의 집합
② 패스셋(path set) : 그 안에 포함되는 모든 기본사상이 일어나지 않을 때 처음으로 정상사상이 일어나지 않는 기본사상의 집합

focus 본 교재(필기) 제2과목 06. I. 4. 컷셋 및 패스셋 단원에서 관련내용 확인

3. 산업안전보건법에서 정하는 목재가공용 둥근톱기계의 방호조치를 2가지 쓰시오.

해답 목재 가공용 둥근톱 기계의 방호장치
① 분할날 등 반발예방장치
② 톱날접촉 예방장치

Tip 목재가공용 둥근톱(반발예방장치 및 날접촉예방장치)과는 다른 내용이므로 반드시 구분하여 알아둘 것

focus 본 교재 제4과목 I. 18. 동력식 수동대패기 단원 보충강의에서 관련내용 확인

4. 예비사고분석(PHA)의 목적에 관하여 간략히 설명하시오.

해답 시스템 개발 단계에 있어서 시스템 고유의 위험상태를 식별하고 예상되는 재해의 위험수준을 결정하는 것이다.

focus 본 교재 제3과목 II. 2. 예비사고 분석 단원에서 관련내용 확인

5. 다음 신뢰도의 공식을 쓰시오.

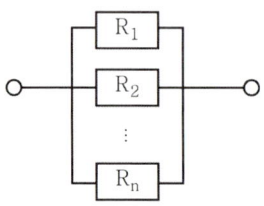

해답 병렬(페일세이프티 : fail safety)

$$R = 1-(1-R_1)(1-R_2)\cdots(1-R_n) = 1-\prod_{i=1}^{n}(1-R_i)$$

focus 본 교재 제3과목 I. 5. 신뢰도 단원에서 관련내용 확인

6. 다음과 같은 기계장치들의 방호장치명을 쓰시오.

> ① 사출성형기   ② 연삭기   ③ 띠톱기계   ④ 롤러기   ⑤ 모떼기기계

해답
① 게이트 가아드 또는 양수조작식의 방호장치
② 덮개
③ 덮개 또는 울
④ 급정지장치
⑤ 날 접촉예방장치

focus 본 교재(필기) 제3과목 02. I. 5. 연삭기 단원 보충강의에서 관련된 내용 참고

7. 금속의 용접·용단, 가열에 사용되는 가스등의 용기취급 시 준수해야할 사항을 5가지 쓰시오.

해답
(1) 다음에 해당하는 장소에서 사용하거나 당해 장소에 설치·저장 또는 방치하지 아니하도록 할 것
　① 통풍 또는 환기가 불충분한 장소
　② 화기를 사용하는 장소 및 그 부근
　③ 위험물·화약류 또는 가연성 물질을 취급하는 장소 및 그 부근
(2) 용기의 온도를 섭씨 40도 이하로 유지할 것　(3) 전도의 위험이 없도록 할 것
(4) 충격을 가하지 아니하도록 할 것　(5) 운반할 때에는 캡을 씌울 것
(6) 밸브의 개폐는 서서히 할 것　(7) 용해아세틸렌의 용기는 세워둘 것
(8) 사용할 때에는 용기의 마개에 부착되어 있는 유류 및 먼지를 제거할 것
(9) 사용전 또는 사용중인 용기와 그 외의 용기를 명확히 구별하여 보관할 것
(10) 용기의 부식·마모 또는 변형상태를 점검한 후 사용한 것

focus 본 교재(필기) 제3과목 04. III. 3. 가스용접 작업의 안전 단원에서 관련된 내용 확인

8. 다음 FT도의 고장 발생확률을 계산하시오.

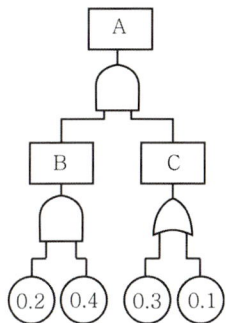

해답
① A = B × C
② B = 0.2 × 0.4 = 0.08
③ C = 1 - (1 - 0.3)(1 - 0.1) = 0.37
∴ A의 발생확률 = 0.08 × 0.37 = 0.0296 ≒ 0.03

focus 본 교재(필기) 제2과목 06. II. 1. 확률사상의 계산 단원에서 확인

9. 교류아크 용접기의 방호장치명과 그 성능기준을 쓰시오.

해답 ① 방호장치명 : 자동전격 방지기
② 성능기준 : 아크발생을 중지하였을 때 지동시간이 1.0초 이내에 2차 무부하 전압을 25V 이하로 감압시켜 안전을 유지할 수 있어야 한다.

focus 본 교재 제5과목 I. 11. 교류아크용접기의 방호장치 및 성능조건 단원에서 관련내용 확인

10. 산업안전보건법에서 정하는 중대재해의 종류를 3가지 쓰시오.

해답 중대재해
① 사망자가 1명 이상 발생한 재해
② 3개월 이상의 요양이 필요한 부상자가 동시에 2명 이상 발생한 재해
③ 부상자 또는 직업성 질병자가 동시에 10명 이상 발생한 재해

Tip 법 개정으로 일부용어가 수정되었으므로 개정된 내용(해답참고)으로 알아두세요. 사소한 부분이라도 정확한 답안작성이 중요

focus 본 교재 제1과목 III. 1. 재해조사 목적 단원에서 관련된 내용 확인

11. 매슬로우(Abraham Maslow)의 욕구 5단계를 순서대로 쓰시오.

해답 ① 제1단계 : 생리적 욕구   ② 제2단계 : 안전의 욕구   ③ 제3단계 : 사회적 욕구
④ 제4단계 : 인정받으려는 욕구   ⑤ 제5단계 : 자아실현의 욕구

focus 본 교재 제 2과목 II. 7. 동기부여에 관한 이론 단원에서 관련내용 확인

산업안전기사 실기 (필답형)
2002년 7월 7일 시행

1. 재해예방과 피해의 최소화를 위한 시스템 안전 설계원칙을 3가지 쓰시오.

   해답
   ① 위험 상태의 존재 최소화
   ② 안전 장치의 채용
   ③ 경보 장치의 채택
   ④ 특수 수단 개발과 표식 등의 규격화

   focus 본 교재 제3과목 II. 1. 시스템안전을 달성하기 위한 4단계 단원에서 확인

2. 습윤한 장소에서의 배선작업 중 이동전선 등을 사용하는 경우 감전방지 대책 2가지를 쓰시오.

   해답
   ① 전선을 서로 접속하는 때에는 당해 전선의 절연성능 이상으로 절연될 수 있는 것으로 충분히 피복하거나 적합한 접속기구를 사용하여야 한다.
   ② 물 등의 전도성이 높은 액체가 있는 습윤한 장소에서 근로자가 작업 또는 통행 등으로 인하여 접촉할 우려가 있는 이동전선 및 이에 부속하는 접속기구는 당해 전도성이 높은 액체에 대하여 충분한 절연효과가 있는 것을 사용하여야 한다.

   focus 본 교재(필기) 제4과목 01. III. 1. 감전사고에 대한 사고대책 단원에서 참고.

3. 방진마스크중 분리식 마스크에 대한 여과재의 분진 등 포집효율 시험에서 여과재 통과전의 염화나트륨 농도는 $20mg/m^3$이고, 여과재 통과 후의 염화나트륨 농도는 $4mg/m^3$이었다. 분진 등 포집효율을 계산하시오.

   해답
   $$P(\%) = \frac{C_1 - C_2}{C_1} \times 100$$
   P : 분진 등 포집 효율 C_1 : 여과재 통과전의 염화나트륨 농도
   C_2 : 여과재 통과후의 염화나트륨 농도
   $$\therefore 포집효율(P) = \frac{20-4}{20} \times 100 = 80(\%)$$

   focus 본 교재 제7과목 I. 3. 방진마스크 단원에서 관련내용 확인

4. 인간-기계 시스템의 구성요소에 있어서 다음에 들어갈 내용을 쓰시오.

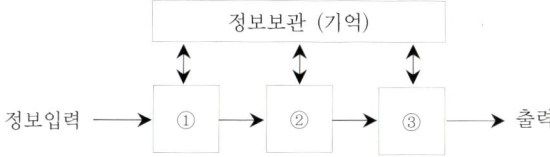

해답 ① 감지(정보수용)
② 정보처리 및 의사결정
③ 행동기능(신체제어 및 통신)

focus 본 교재 제3과목 I. 1. 인간-기계 체계 단원에서 관련내용 확인

5. 인간의 행동특성과 관련된 다음의 설명에서 해당하는 용어를 보기에서 골라 넣으시오.

   ① 감각차단현상 ② 시배분 ③ 착시현상 ④ 실수(Slip) ⑤ 착오(Mistake) ⑥ 억측판단

   해답 (1) 단조로운 업무가 장시간 지속 될 경우 작업자의 감각기능 및 판단능력이 둔화 또는 마비되는 현상 : ① 감각차단현상
   (2) 사람이 주의를 번갈아 가며 두 가지 이상 일을 돌보아야 하는 상황 : ② 시배분
   (3) 자신의 생각대로 주관적인 판단이나 희망적 관찰에 의해 행동으로 실행하는 현상 : ⑥ 억측판단
   (4) 상황해석을 잘못하거나 목표를 잘못이해하고 착각하여 행하는 경우 : ⑤ 착오(Mistake)

6. 화학설비 중 증류탑의 개방 시 점검해야할 사항을 5가지 쓰시오.

   해답 ① tray의 부식상태 및 부식의 정도와 범위
   ② 고분자등 생성물, 녹등으로 포종이 막히는지의 여부, 밸러스트 유닛트의 고정 여부
   ③ 넘쳐흐르는 둑의 높이가 설계와 같은 지의 여부
   ④ 용접선의 상황 및 포종이 선반에 고정되어 있는지 여부
   ⑤ 누출의 원인이 되는 갈라짐이나 상처의 여부
   ⑥ 라이닝 코팅의 상황

   focus 본 교재 제5과목 II. 14. 화학설비의 안전장치 종류 단원에서 관련내용 확인

7. 근로자 400명이 작업하는 사업장에서 1일 8시간씩 년간 300일 근무하는 동안 10건의 재해가 발생하였다. 도수율(빈도율)은 얼마인가? (단, 결근율은 10%이다)

   해답 빈도율$(F.R) = \dfrac{재해건수}{연간총근로시간수} \times 1,000,000$

   $\therefore 도수율 = \dfrac{10}{(400 \times 8 \times 300 \times 0.9)} \times 10^6 ≒ 11.574 = 11.57$

   focus 본 교재 제1과목 III. 12. 재해율 단원에서 관련내용 확인

8. 산업안전보건법상 화물용 승강기는 매월 1회 이상 정기적으로 자체검사를 실시하여야한다. 자체검사 항목 3가지를 쓰시오.

   해답 ① 과부하 방지장치·권과방지장치 그 밖의 방호장치의 이상유무
   ② 브레이크 및 클러치의 이상유무

③ 와이어로프 및 달기체인의 이상유무
④ 가이드레일의 상태
⑤ 옥외에 설치된 화물용 승강기의 가이드로프를 연결한 부위의 이상유무

Tip ① 본 문제는 2009년부터 적용된 법 개정으로 아래의 내용으로 변경되었으므로 주의 바람.(자체검사 제도가 전면 폐지되고 안전검사로 관련법이 제정됨) - 앞으로 자체검사로는 출제되지 않으며 해답 내용은 개정전 자체검사에 대한 내용이므로 참고만 할 것
② 안전검사의 주기

크레인(이동식크레인 제외), 리프트(이삿짐운반용리프트 제외) 및 곤돌라	사업장에 설치가 끝난 날부터 3년 이내에 최초 안전검사를 실시하되, 그 이후부터 2년마다(건설현장에서 사용하는 것은 최초로 설치한 날부터 6개월마다)
이동식크레인, 이삿짐운반용리프트, 고소작업대	자동차 관리법에 따른 신규 등록 이후 3년 이내에 최초 안전검사를 실시하되, 그 이후부터는 2년마다
프레스, 전단기, 압력용기, 국소배기장치, 원심기, 롤러기, 사출성형기, 컨베이어 및 산업용 로봇	사업장에 설치가 끝난 날부터 3년 이내에 최초 안전검사를 실시하되, 그 이후부터 2년마다(공정안전보고서를 제출하여 확인을 받은 압력용기는 4년마다)

③ 안전검사 대상과 주기에 관한 사항은 2020년부터 적용되는 관련법령 전부개정으로 일부 내용이 수정되었으니 tip ② 내용을 참고하시기 바랍니다.

focus 본 교재 제1과목 Ⅳ. 9. 안전검사 단원에서 관련내용 확인

9. 다음은 산업재해 발생시의 조치내용을 순서대로 표시하였다. 아래의 빈칸에 알맞은 내용을 적으시오.

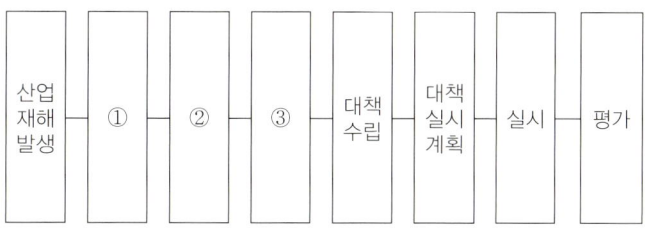

해답 ① 긴급처리   ② 재해조사   ③ 원인강구

focus 본 교재 제1과목 Ⅲ. 4. 재해발생시 조치사항 단원에서 관련내용 확인

10. 컨베이어가 설치된 작업장에 근로자의 안전한 통행을 위해 건널다리를 설치하고자 한다. 손잡이의 높이는 얼마로 하여야하는가? 그리고, 바닥으로부터 2m 이상 높이에 설치된 벨트가 매초당 10m 이상으로 회전할 경우 위험방지 조치로 설치해야 하는 방호장치는?

해답 ① 덮개·울·슬리브 및 건널다리 등을 설치
② 건널다리에는 안전난간 및 미끄러지지 아니하는 구조의 발판 설치

Tip 관련된 법규의 개정으로 손잡이 높이에 관련된 내용은 삭제됨. 개정된 법규의 내용으로 해답을 작성했음(참고로 개정전의 손잡이 높이는 90cm) focus 본교재 제4과목 I. 8. 동력전달장치의 방호장치 단원 및 본 교재(필기) 제3과목 01. I. 2. 기계의 일반적인 안전사항 단원 및 제6과목 04. I. 3. 개구부등의 방호조치 단원에서 관련된 내용 확인

11. 재해를 발생시킬 수 있는 요인, 또는 재해발생의 환경적 요인으로 분류되는 대표적인 불안전한 상태에 해당되는 요소 3가지와 그 예를 각각 3가지씩 쓰시오.

해답 (1) 기술적 원인
　　　① 건물, 기계장치 설계불량　② 생산공정의 부적당
　　　③ 구조, 재료의 부적합　　　④ 점검 및 보존불량
(2) 교육적 원인 :
　　　① 안전지식의 부족　　　② 경험훈련의 미숙
　　　③ 안전수칙의 오해　　　④ 작업방법의 교육 불충분
(3) 작업관리상의 원인
　　　① 안전수칙 미제정　② 작업준비 불충분　③ 안전조직 결함
　　　④ 인원배치 부적당　⑤ 작업지시 부적당

focus 본 교재 제1과목 III. 7. 재해발생 원인 단원에서 관련내용 확인

12. 안전점검 기준을 정하여 점검을 실시하고자 한다. 체크리스트내용에 포함시켜야할 내용을 5가지 쓰시오.

해답 ① 점검대상　② 점검부분　③ 점검항목　④ 실시주기
　　　⑤ 점검방법　⑥ 판정기준　⑦ 조치

focus 본 교재 제1과목 IV. 3. 안전점검 기준 단원에서 관련내용 확인

13. 정전기 제거를 위한 제전기 중 화재 발생의 요인이 없는 제전기는 무엇인가?

해답 방폭형 제전기

14. 콘크리트 타설작업시 거푸집의 측압에 영향을 미치는 요인을 5가지 쓰시오.

해답 ① 거푸집 수평단면 : 클수록 측압이 크다.
② 콘크리트 슬럼프치 : 클수록 측압이 크다.
③ 거푸집 표면 : 평탄할수록 측압이 크다.
④ 외기의 온도, 습도 : 낮을수록 측압이 크다.
⑤ 타설속도 : 빠를수록 측압이 크다.
⑥ 다짐 : 충분할수록 측압이 크다.
⑦ 거푸집 강성 : 클수록 측압이 크다.
⑧ 벽두께 : 두꺼울수록 측압이 크다.
⑨ 콘크리트 타설 : 상부에서 직접 낙하할 경우 측압이 크다.
⑩ 콘크리트 시공연도 : 시공연도가 좋을수록 측압이 크다.
⑪ 철골, 철근량 : 적을수록 측압이 크다.
⑫ 콘크리트의 비중(단위중량) : 클수록 측압이 크다.

focus 본 교재(필기) 제6과목 06. II. 2. 측압이 커지는 조건 단원에서 확인

산업안전기사 실기 (필답형)
2002년 9월 29일 시행

1. 안전 조직 중 라인형의 특징을 2가지 쓰시오.

해답
① 명령과 보고가 상하관계 뿐이므로 간단명료(모든 권한이 포괄적이고 직선적으로 행사)
② 명령이나 지시가 신속 정확하게 전달되어 개선조치가 빠르게 진행
③ 안전보건에 관한 전문지식이나 기술이 결여되어 안전보건관리가 원만하게 이루어지지 못함(고도의 안전관리 기대불가)
④ 전문적인 기술을 필요로 하지 않는 100인 미만의 소규모 사업장에 적합

focus 본 교재 제1과목 I. 2. 안전관리조직의 종류 단원에서 관련내용 확인

2. 차량계 하역운반 기계(지게차)의 운전 위치 이탈시 조치사항 2가지를 쓰시오.

해답
① 포크, 버킷, 디퍼 등의 장치를 가장 낮은 위치 또는 지면에 내려 둘 것
② 원동기를 정지시키고 브레이크를 확실히 거는 등 갑작스러운 주행이나 이탈을 방지하기 위한 조치를 할 것
③ 운전석을 이탈하는 경우에는 시동키를 운전대에서 분리시킬 것. 다만, 운전석에 잠금장치를 하는 등 운전자가 아닌 사람이 운전하지 못하도록 조치한 경우는 그렇지 않다.

Tip 2012년 법 개정으로 내용이 수정되었습니다. 해답은 수정된 내용으로 작성했으니 착오없으시기 바랍니다.

focus 본 교재 제6과목 I. 7. 운반기계 단원에서 관련내용 확인

3. 톨루엔 도장작업시 정전기로 인한 재해를 방지하기 위한 안전 조치사항을 3가지 쓰시오.

해답
① 정전기 축적을 방지하기 위한 접지 조치
② 도전성 재료 사용
③ 작업장의 습도가 60~70% 이상 유지되도록 가습
④ 점화원이 될 우려가 없는 제전장치 사용

focus 본 교재 제5과목 I. 14. 정전기 발생과 안전대책 단원에서 관련내용 확인

4. 관리대상 유해물질 취급작업장에 게시해야할 사항을 4가지 쓰시오.

해답
① 관리대상 유해물질의 명칭   ② 인체에 미치는 영향   ③ 취급상 주의사항
④ 착용하여야할 보호구   ⑤ 응급조치와 긴급 방재 요령

focus 본 교재(필기) 제5과목 01. II. 4. 유해화학물질 취급시 주의사항 단원에서 관련내용 확인

5. 피로의 종류 2가지와 피로를 판정하는 방법 2가지를 쓰시오.

해답 (1) 피로의 종류 : ① 육체적 피로 ② 정신적 피로
(2) 피로 판정 방법
① 생리적 방법 [근전계(EMG), 플리커 검사, 뇌파계(EEG) 등]
② 심리학적 방법 [연속 촬영법, 피부 전기 반사(GSR), CMI, THI 등]
③ 생화학적 방법 [뇨단백 검사, Donaggio 검사 등]

focus 본 교재 제 2과목 II. 5. 노동과 피로 단원에서 관련내용 참고

6. 100V 단상 2선식 회로의 전류를 물에 젖은 손으로 조작하여 감전으로 인한 심실세동을 일으켰다. 이때 인체에 흐른 전류와 심실세동을 일으킨 시간을 구하시오.(단, 인체의 저항은 5,000Ω이며, 길버트의 이론에 의해 계산할 것)

해답 ① 전류 $(I) = \dfrac{V}{R} = \dfrac{100}{5,000 \times \dfrac{1}{25}} \times 1,000 = 500(mA)$

② 시간 : $500mA = \dfrac{165}{\sqrt{T}}$ ∴ $\sqrt{T} = 0.33$

따라서, $T = 0.1089 = 0.11$(초)

focus 본 교재 제5과목 I. 2. 통전전류가 인체에 미치는 영향 단원에서 관련내용 확인

7. 연간 평균 근로자 100명의 사업장에서 1일 8시간 년간 300일 작업하는 가운데 산업재해로 인한 신체 장해등급 2급 1명, 3급 2명이 발생하였다. 강도율은 얼마인지 계산하시오.

해답 강도율$(S.R) = \dfrac{\text{근로손실일수}}{\text{연간총근로시간수}} \times 1,000$

∴ 강도율 $= \dfrac{7500 + (7,500 \times 2)}{100 \times 8 \times 300} \times 1,000 = 93.75$

focus 본 교재 제1과목 III. 12. 재해율 단원에서 관련내용 확인

8. 작업장 바닥에 기름이 있는 통로를 지나다가 작업자가 기름에 미끄러져 넘어져 기계에 부딪히는 사고가 발생했다. 재해 발생 형태, 기인물, 가해물, 불안전한 상태를 쓰시오.

해답 ① 재해 발생 형태 : 전도
② 기인물 : 기름
③ 가해물 : 기계
④ 불안전한 상태 : 작업장 통로의 청소불량(기름이 있어 안전한 통로를 확보하지 못함)

9. 인간의 과오나 실수를 유발시키는 요인 중에서 환경적 요인을 쓰시오.

해답 (1) 인간관계요인(인간관계 불량으로 작업의욕침체, 능률저하, 안전의식 저하 등을 초래)
(2) 설비적(물적)요인(인간공학적 배려 및 작업성, 보전성, 신뢰성 등을 고려)

(3) 작업적 요인(① 작업의 내용, 방법 등의 작업방법적 요인 ② 작업을 실시하는 장소에 관한 작업환경적 요인)
(4) 관리적 요인(① 교육훈련 부족 ② 감독지도 불충분 ③ 적성배치 불충분)

focus 본 교재(필기) 제1과목 04. III. 1. 안전사고 요인 단원에서 관련내용 확인

10. 작업환경개선을 위한 원칙을 4가지 쓰시오.

해답
(1) 대치(① 물질의 변경 ② 공정의 변경 ③ 시설의 변경)
(2) 격리(① 원격조정 ② 교대작업 ③ 근로시간 단축 등)
(3) 환기(① 국소환기 방식 ② 전체 환기방식)
(4) 교육(① 경영자 ② 감독자 ③ 작업자 ④ 공정 및 시설 설계자 등)

focus 본 교재 제5과목 III. 1. 작업환경 개선의 기본원칙 단원에서 관련내용 확인

11. 시험가스의 농도 0.2%에서 표준유효시간이 150분인 정화통을 유해가스농도가 0.5%인 작업장에서 사용할 경우 유효사용 가능시간을 계산하시오.

해답
$$유효사용시간 = \frac{표준유효시간 \times 시험가스농도}{공기중유해가스농도}$$
$$\therefore 유효사용시간 = \frac{150 \times 0.2}{0.5} = 60(분)$$

focus 본 교재 제7과목 I. 4. 방독마스크 단원에서 관련내용 확인

12. 해체 공법은 여러 가지 현장 상황을 고려하여 안전하고 효율적인 공법을 선정하여야한다. 해체공법 선정시 고려해야할 사항을 쓰시오.

해답
① 해체대상물의 구조   ② 해체대상물의 부재단면
③ 해체대상물의 바닥강도 ④ 해체대상물의 높이
⑤ 해체대상물의 평면적   ⑥ 부지 주변의 도로상황

13. 연삭작업시 숫돌의 파괴원인을 4가지 쓰시오.

해답
① 숫돌의 회전 속도가 너무 빠를 때
② 숫돌 자체에 균열이 있을 때
③ 숫돌에 과대한 충격을 가할 때
④ 숫돌의 측면을 사용하여 작업할 때
⑤ 숫돌의 불균형이나 베어링 마모에 의한 진동이 있을 때
⑥ 숫돌 반경 방향의 온도 변화가 심할 때
⑦ 플랜지가 현저히 작을 때
⑧ 작업에 부적당한 숫돌을 사용할 때
⑨ 숫돌의 치수가 부적당할 때

focus 본 교재 제4과목 I. 16. 연삭숫돌의 파괴원인 단원에서 관련내용 확인

산업안전기사 실기 (필답형)
2003년 4월 27일 시행

1. 방폭구조의 종류와 종류별 기호를 표시하시오.

해답

내압 방폭구조	압력 방폭구조	유입 방폭구조	안전증 방폭구조	특수 방폭구조	본질안전 방폭구조	몰드 방폭구조	충전 방폭구조	비점화 방폭구조
d	p	o	e	s	i	m	q	n

focus 본 교재 제5과목 I. 18. 방폭구조의 기호 단원에서 관련내용 확인

2. 건설공사에 있어서 가설구조의 특징을 4가지 쓰시오.

해답
① 연결재가 부족한 구조로 되기 쉽다.
② 부재의 결합이 간략하여 불완전 결합이 되기 쉽다.
③ 구조물에 대한 개념이 확고하지 않아 조립의 정밀도가 낮다.
④ 부재는 단면이 너무 작거나 결함이 있는 재료가 사용되기 쉽다.
⑤ 구조계산의 기준이 부족하여 구조적인 문제점이 많다.

focus 본 교재(필기) 제6과목 05. I. 4. 비계의 결속재료 단원에서 확인

3. 산업안전기준에서 정하는 사다리식 통로의 설치 시 준수사항 5가지를 쓰시오.

해답 사다리식 통로의 구조(설치시 준수사항)
① 견고한 구조로 할 것
② 심한 손상·부식 등이 없는 재료를 사용할 것
③ 발판의 간격은 일정하게 할 것
④ 발판과 벽과의 사이는 15센티미터 이상의 간격을 유지할 것
⑤ 폭은 30센티미터 이상으로 할 것
⑥ 사다리가 넘어지거나 미끄러지는 것을 방지하기 위한 조치를 할 것
⑦ 사다리의 상단은 걸쳐놓은 지점으로부터 60센티미터 이상 올라가도록 할 것
⑧ 사다리식 통로의 길이가 10미터 이상인 경우에는 5미터 이내마다 계단참을 설치할 것
⑨ 사다리식 통로의 기울기는 75도 이하로 할 것. 다만, 고정식 사다리식 통로의 기울기는 90도 이하로 하고, 그 높이가 7미터 이상인 경우에는 바닥으로부터 높이가 2.5미터 되는 지점부터 등받이울을 설치할 것
⑩ 접이식 사다리 기둥은 사용 시 접혀지거나 펼쳐지지 않도록 철물 등을 사용하여 견고하게 조치할 것
 * 잠함내 사다리식 통로와 건조·수리 중인 선박의 구명줄이 설치된 사다리식 통로(건조·수리작업을 위하여 임시로 설치한 사다리식 통로는 제외)에 대해서는 사다리식 통로구조의 제⑤호부터 제⑩호까지의 규정을 적용하지 아니한다.

Tip 2012년 적용되는 법 개정으로 내용이 수정되었으며, 해답은 개정된 내용으로 정리하였습니다.

focus 본 교재 제6과목 I. 21. 사다리식 통로 단원에서 관련내용 확인

4. 교육방법의 여러 가지 종류 중에서 가장 많이 사용되고 있는 강의식 교육의 장점 3가지를 쓰시오.

해답
① 가장 오래된 전통 교수방법으로 안전지식의 전달방법으로 유용하다
② 집단적 지도법으로 많은 인원(최적인원40~50명)을 단시간에 교육할 수 있으며, 교육내용이 많을 경우에 효율적인 방법이다.
③ 교육 준비가 간단하며 언제 어디서나 가능하다
④ 적절한 학습기자재의 활용은 동기유발 및 교과과정의 이해력을 높일 수 있다.
⑤ 수업의 도입이나 초기단계에 적용하는 것이 효과적이다
⑥ 새로운 지식에 대한 체계적인 교육과 개념정리에 유리하다

focus 본 교재(필기) 제1과목 07. III. 1. 강의법 단원에서 관련내용 확인

5. 산업안전보건법상 화학설비 및 그 부속설비에 대하여 사업주는 2년에 1회이상 자체검사를 실시해야 한다. 해당되는 자체검사항목 6가지를 쓰시오.

해답
① 그 설비내부에 폭발 또는 화재의 우려가 있는 물질이 있는지 여부
② 내면 및 외면의 현저한 손상·변형 및 부식의 유무
③ 뚜껑·플랜지·밸브 및 콕의 접합상태의 이상유무
④ 안전밸브·긴급차단장치 그 밖의 방호장치 기능의 이상유무
⑤ 냉각장치·가열장치·교반장치·압축장치·계측장치 및 제어장치 기능의 이상유무
⑥ 예비동력원 기능의 이상유무

Tip
① 본 문제는 2009년부터 적용된 법 개정으로 아래의 내용으로 변경되었으므로 주의 바람.(자체검사 제도가 전면 폐지되고 안전검사로 관련법이 제정됨) – 앞으로 자체검사로는 출제되지 않으며 해답 내용은 개정전 자체검사에 대한 내용이므로 참고만 할 것
② 안전검사의 주기

크레인(이동식크레인 제외), 리프트(이삿짐운반용리프트 제외) 및 곤돌라	사업장에 설치가 끝난 날부터 3년 이내에 최초 안전검사를 실시하되, 그 이후부터 2년마다(건설현장에서 사용하는 것은 최초로 설치한 날부터 6개월마다)
이동식크레인, 이삿짐운반용리프트, 고소작업대	자동차 관리법에 따른 신규 등록 이후 3년 이내에 최초 안전검사를 실시하되, 그 이후부터는 2년마다
프레스, 전단기, 압력용기, 국소배기장치, 원심기, 롤러기, 사출성형기, 컨베이어 및 산업용 로봇	사업장에 설치가 끝난 날부터 3년 이내에 최초 안전검사를 실시하되, 그 이후부터 2년마다(공정안전보고서를 제출하여 확인을 받은 압력용기는 4년마다)

③ 안전검사 대상과 주기에 관한 사항은 2020년부터 적용되는 관련법령 전부개정으로 일부 내용이 수정되었으니 tip ② 내용을 참고하시기 바랍니다.

focus 본 교재 제 1과목 IV. 9. 안전검사 단원에서 관련내용 확인

6. 재해조사를 실시할 경우 안전관리자로서 유의해야할 사항 4가지를 쓰시오.

해답
① 사실을 수집한다. 그 이유는 뒤로 미룬다.
② 목격자가 발언하는 사실 이외의 추측의 말은 참고로 한다.
③ 조사는 신속히 행하고 2차 재해의 방지를 도모한다.

④ 사람, 설비, 환경의 측면에서 재해요인을 도출한다.
⑤ 제3의 입장에서 공정하게 조사하며, 그러기 위해 조사는 2인 이상이 한다.
⑥ 책임추궁보다 재발방지를 우선하는 기본태도를 견지한다.

focus 본 교재 제1과목 III. 2. 재해조사시 유의사항 단원에서 관련내용 확인

7. 상시 근로자 100명이 작업하는 어느 사업장에서 3건의 재해가 발생하여 사망 2명, 휴업일수 35일 1명이 발생하였다. 연간근로시간이 2400시간일 경우 강도율을 계산하시오?

해답
$$강도율(S.R) = \frac{근로손실일수}{연간총근로시간수} \times 1,000$$
$$\therefore 강도율 = \frac{(7,500 \times 2) + \left(35 \times \frac{300}{365}\right)}{100 \times 2,400} \times 1,000 ≒ 62.619 = 62.62$$

focus 본 교재 제1과목 III. 12. 재해율 단원에서 관련내용 확인

8. 인체 계측자료를 장비나 설비의 설계에 응용하는 경우 활용되는 3가지 원칙을 쓰시오.

해답
① 극단적인 사람을 위한 설계(극단치 설계)
② 조절 범위
③ 평균치를 기준으로 한 설계

focus 본 교재 제3과목 I. 9. 인체계측 단원에서 관련내용 확인

9. 교류 220V용 변압기 등 전기기계기구의 절연내력시험의 전압과 시간을 쓰시오.

해답
① 절연 내력 시험 전압
500V (220 × 1.5 = 330V이나 7,000V 이하 전선로, 변압기 등의 최저시험 전압은 500V이므로)
② 시험 시간 : 10분

10. 승강기에 있어서 카만의 무게가 3,000(kg), 정격적재하중이 2,000(kg), 오버밸런스율이 40(%) 일 때 평형추의 무게를 구하시오

해답
평형추의 중량 = 카중량 + 적재하중 × f(오버밸런스율)
= 3,000kg + (2,000kg × 0.4) = 3,800(kg)

11. 토질조사방법에 해당하는 표준관입시험(S. P. T)에 관하여 간략히 설명하시오.

해답 표준 관입 시험(S. P. T)
① 질량 63.5±0.5kg의 드라이브 해머를 760±10mm 높이에서 자유낙하 시키고 보링로드 머리부에 부

착한 노킹블록을 타격하여 보링로드 앞 끝에 부착한 표준관입 시험용 샘플러를 지반에 300mm 박아 넣는데 필요한 타격횟수 N값을 측정
② 흙의 지내력 판단, 사질토 적용

focus 본 교재 제6과목 I. 1. 토질시험방법 단원에서 관련내용 확인

12. 송풍기형 호스마스크의 종류 2가지를 쓰고 각각의 분진포집효율(%)을 기술하시오

해답 ① 전동식 : 99.8%이상
② 수동식 : 95.0% 이상

focus 본 교재 제7과목 I. 5. 송기마스크 단원에서 관련내용 확인

13. 동작상의 실패를 방지하기 위한 일반적인 조건 3가지를 쓰시오.

해답 ① 착각을 일으킬 수 있는 외부조건이 없어야 한다.
② 감각기의 기능이 정상적이어야 한다.
③ 올바른 판단을 내리기 위해 필요한 지식을 가지고 있어야한다.
④ 대뇌의 명령으로부터 근육의 활동이 일어나기까지의 신경계의 저항이 작아야한다.
⑤ 시간적, 수량적 및 정도적으로 능력을 발휘할 수 있는 체력이 있어야한다.
⑥ 의식동작을 필요로 하는 때에 무의식동작을 행하지 않아야 한다.

focus 본 교재 제 2과목 II. 1. 착각현상 단원에서 관련내용 확인

산업안전기사 실기 (필답형)
2003년 7월 13일 시행

1. 재해사례 연구순서 중에서 전제조건을 제외한 4단계를 쓰시오.

> **해답**   ① 제1단계 : 사실의 확인   ② 제2단계 : 문제점의 발견
> ③ 제3단계 : 근본적 문제점의 결정   ④ 제4단계 : 대책수립
>
> **focus**   본 교재 제1과목 III. 14. 재해사례 연구순서 단원에서 관련내용 확인

2. 인체 계측 자료의 응용 3원칙을 쓰시오.

> **해답**   ① 극단적인 사람을 위한 설계(극단치 설계)
> ② 조절 범위
> ③ 평균치를 기준으로 한 설계
>
> **focus**   본 교재 제3과목 I. 9. 인체계측 단원에서 관련된 내용 확인

3. 근로자가 착용하는 보호구 중 가죽제안전화의 성능시험 종류를 4가지 쓰시오.

> **해답**   ① 내압박성시험   ② 내충격성시험   ③ 박리저항시험   ④ 내답발성시험
> ⑤ 은면결렬시험   ⑥ 인열강도시험   ⑦ 6가크롬함량   ⑧ 내부식성시험
> ⑨ 인장강도시험   ⑩ 내유성시험 등
>
> **Tip**   본 문제는 관련법의 개정으로 내용이 일부 수정되었으므로 개정된 내용(해답내용 참고)으로 알아둘 것
>
> **focus**   본 교재 제7과목 III. 2. 안전화 단원에서 관련내용 확인

4. 산업안전보건법에서 정하고 있는 양중기의 종류에 해당하는 이삿짐 운반용 리프트의 적재하중은 얼마 이상인가? (단, 단위를 반드시 기록할 것)

> **해답**   적재하중이 0.1톤 이상인 것으로 한정
>
> **focus**   본 교재 제4과목 I. 12. 양중기의 방호장치 및 재해유형 단원에서 확인

5. 상시근로자 500명이 작업하는 어느 사업장에서 년간 재해가 6건(6명) 발생하여 신체장해 등급 3급, 5급, 7급, 11급 각 1명씩 발생하였으며, 기타 사상자의 총 휴업일수가 438일 이었다. 도수율과 강도율을 구하시오.(단, 5급 4,000일, 7급 2,200일, 11급 400일이며, 소수 셋째자리에서 반올림하시오.)

> **해답**   ① 도수율(빈도율)
> $$ 빈도율(F.R) = \frac{재해건수}{연간총근로시간수} \times 1,000,000 $$

$$\therefore 도수율 = \frac{6}{500 \times 8 \times 300} \times 10^6 = 5.00$$

② 강도율

$$강도율(S.R) = \frac{근로손실일수}{연간총근로시간수} \times 1,000$$

$$\therefore 강도율 = \frac{7,500 + 4,000 + 2,200 + 400 + \left(438 \times \dfrac{300}{365}\right)}{500 \times 8 \times 300} \times 1,000 = 12.05$$

focus 본 교재 제1과목 III. 12. 재해율 단원에서 관련내용 확인

6. 파브로브의 조건 반사설에서 학습 이론의 원리 4가지를 쓰시오.

해답 ① 일관성의 원리 ② 강도의 원리 ③ 시간의 원리 ④ 계속성의 원리

focus 본 교재(필기) 제1과목 06. II. 4. 학습이론 단원에서 관련내용 확인

7. 상시근로자 1,500명이 근로하는 H기업의 연간재해건수는 45건이며, 지난해에 납부한 산재보험료는 25,000,000원, 산재보상금은 15,800,000원을 받았다. H기업의 재해건수 중 휴업상해(A)건수는 12건, 통원상해(B)건수는 10건, 구급처치(C)건수는 8건, 무상해사고(D)건수는 15건 발생하였다면 Heinrich 방식과 Simonds방식에 의한 재해손실비용을 각각 계산하시오.(단, A : 850,000원, B : 320,000원, C : 220,000원, D : 120,000원)

해답 ① Heinrich 방식 (1 : 4의 원칙)
∴ 15,800,000 + (15,800,000 × 4) = 79,000,000(원)
② Simonds(시몬즈) 방식
재해 코스트 = 보험 cost + 비보험cost
= 산재 보험 cost + (A × 휴업 상해 건수) + (B × 통원 상해 건수)
+ (C × 구급 상해 건수) + (D × 무상해 사고 건수)
∴ 25,000,000 + {(850,000 × 12) + (320,000 × 10) + (220,000 × 8) + (120,000 × 15)}
= 41,960,000(원)

focus 본 교재 제1과목 III. 13. 재해코스트 단원에서 관련된 내용 확인

8. SLOP OVER(슬롭 오버)에 관하여 간략히 설명하시오.

해답 원유나 인화점이 높은 유류 화재에서 물이나 수분이 포함된 소화약제를 투입하면 물의 급격한 증발로 인한 비등현상으로 유포가 탱크 외부로 넘쳐 나오는 현상

9. 차광용 보안경의 사용 목적을 3가지 쓰시오.

해답 ① 해로운 자외선으로부터 눈의 보호
② 강렬한 가시광선으로부터 눈의 보호
③ 해로운 적외선으로부터 눈의 보호

focus 본 교재 제7과목 II. 1. 보안경의 종류 단원에서 관련내용 확인

10. 목재가공용 둥근톱의 방호장치인 반발예방장치의 종류를 2가지 쓰시오.

해답
① 분할날
② 반발방지기구(반발방지롤러)

11. 산업안전보건법상 이동식 크레인의 방호장치 4가지를 쓰시오.

해답 ① 과부하방지장치 ② 권과방지장치 ③ 비상정지장치 ④ 제동장치

focus 본 교재 제4과목 I. 12. 양중기의 방호장치 및 재해유형 단원에서 참고.

12. 화학설비의 안전성평가 5단계를 순서대로 쓰시오.

해답
① 제1단계 : 관계자료의 정비검토
② 제2단계 : 정성적 평가
③ 제3단계 : 정량적 평가
④ 제4단계 : 안전대책
⑤ 제5단계 : 재평가(재해정보에 의한 재평가, FTA에 의한 재평가)

focus 본 교재 제3과목 II. 12. 안전성 평가 단원에서 관련내용 확인

13. 다음 보기는 폭발성 물질과 발화성 물질을 나열하였다. 발화성 물질의 해당 번호를 모두 쓰시오.

① 니트로글리세린 ② 금속나트륨 ③ 황인 ④ 염소산칼륨 ⑤ 질산나트륨
⑥ 탄화칼슘 ⑦ 셀룰로이드류 ⑧ 알루미늄 분말

해답 ② ③ ⑥ ⑦ ⑧

14. 폭발성의 분위기에서 사용하는 전기기기의 내부 또는 배선 사이의 단선의 문제가 일어나더라도 외부의 분위기에 의해 착화되지 않도록 설계된 구조를 가르키는 말이었으나, 지금은 더욱 넓은 개념으로 확장되어 현재 일반적으로 우리가 사용하는 설비에서 사용자가 의도적으로 혹은 실수로 위험기기나 설비를 작동시키더라도 사고가 발생하지 않게 하는 설계기능을 무엇이라고 하는가?

해답 Fool proof(본질안전구조)

focus 본 교재 제4과목 I. 2. 기계설비의 본질적 안전화 단원 및 4. Fool proof 단원에서 관련된 내용 확인

산업안전기사 실기 (필답형)
2003년 10월 5일 시행

1. 폭발등급을 구분하여 안전간격과 등급별 가스의 종류를 쓰시오.

   해답

등급구분	안전간격	가스의 종류
1등급	0.6(mm)초과	아세톤, 일산화탄소, 암모니아, 프로판, 메탄, 에탄, 톨루엔 등
2등급	0.4(mm)초과 0.6(mm) 이하	에틸렌, 석탄가스, 황화수소, 이소프렌 등
3등급	0.4(mm)이하	아세틸렌, 수소, 이황화탄소, 수성가스, 질산에틸 등

   focus 본 교재 제5과목 I. 16. 폭발등급 단원. 그리고 본 교재(필기) 제4과목 05. II. 2. 발화도 단원에서 관련된 내용 확인

2. 어떤 기계가 1시간 가동했을 때 고장발생확률이 0.0005일 경우 MTBF와 1,000시간 가동할 경우의 신뢰도 및 불신뢰도를 각각 구하시오.

   해답
   ① MTBF(평균고장간격) $= \dfrac{1}{\lambda} = \dfrac{1}{0.0005} = 2,000$(시간)
   ② 신뢰도 $R(t) = e^{-\lambda t} = e^{-0.0005 \times 1,000} = 0.6065(60.65\%)$
   ③ 불신뢰도 $F(t) = 1 - R(t) = 1 - 0.6065 = 0.3935(39.35\%)$

   focus 본 교재 제3과목 I. 6. 고장율 단원에서 관련내용 확인

3. 동기부여에 관한 이론 중에서 매슬로우의 욕구이론과 허즈버그, 알더퍼의 이론을 각각 쓰시오.

   해답
   (1) 매슬로우의 욕구이론
   　　① 제1단계 : 생리적 욕구
   　　② 제2단계 : 안전의 욕구
   　　③ 제3단계 : 사회적 욕구
   　　④ 제4단계 : 인정받으려는 욕구
   　　⑤ 제5단계 : 자아실현의 욕구
   (2) 허즈버그의 두 요인 이론
   　　① 위생요인(조직의 정책과 방침, 작업조건, 대인관계, 임금, 신분, 지위, 감독 등)
   　　② 동기유발요인(직무상의 성취, 인정, 성장 또는 발전, 책임의 증대, 도전, 직무내용자체 등)
   (3) 알더퍼의 ERG이론
   　　① 생존(존재)욕구(임금, 안전한 작업조건)
   　　② 관계욕구(개인간 관계, 소속감)
   　　③ 성장욕구(개인의 능력 개발, 창의력 발휘)

   focus 본 교재 제 2과목 II. 7. 동기부여에 관한 이론 단원에서 관련내용 확인

4. 프레스 및 전단기에 설치해야할 방호장치의 종류를 3가지 쓰시오.

> **해답** ① 양수조작식 방호장치
> ② 수인식 방호장치
> ③ 손쳐내기식 방호장치
> ④ 게이트 가드식 방호장치
> ⑤ 감응식 방호장치
>
> **focus** 본 교재 제4과목 I. 10. 프레스의 방호장치 및 설치방법 단원에서 관련내용 확인

5. 다음 시스템의 전체 신뢰도가 0.8일 때 Rx를 구하시오.

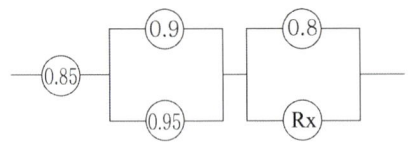

> **해답** $0.8 = 0.85 \times 1-(1-0.9)(1-0.95) \times 1-(1-0.8)(1-Rx)$
> ∴ Rx = 0.72953 ≒ 0.73
>
> **focus** 본 교재 제3과목 I. 5. 신뢰도 단원에서 관련내용 참고

6. 체크리스트(check list)작성시 유의해야할 사항을 3가지 쓰시오.

> **해답** ① 사업장에 적합하고 쉽게 이해되도록 작성
> ② 재해예방에 실효가 있도록 작성
> ③ 내용은 구체적으로 표현하고 위험도가 높은 것부터 순차적으로 작성
> ④ 일정한 양식을 정하고 가능하면 점검대상 마다 별도로 작성
> ⑤ 주관적 판단을 배제하기 위해 점검 방법과 결과에 대한 판단기준을 정하여 결과를 평가
> ⑥ 정기적으로 적정성 여부를 검토하여 수정 보완하여 사용
>
> **focus** 본 교재 제1과목 IV. 3. 안전점검 기준 단원에서 관련내용 확인

7. 건설현장에서 주로 발생하는 토석붕괴의 원인 중 외적원인을 쓰시오.

> **해답** ① 사면, 법면의 경사 및 기울기의 증가
> ② 절토 및 성토 높이의 증가
> ③ 공사에 의한 진동 및 반복 하중의 증가
> ④ 지표수 및 지하수의 침투에 의한 토사 중량의 증가
> ⑤ 지진, 차량, 구조물의 하중작용
> ⑥ 토사 및 암석의 혼합층 두께
>
> **focus** 본 교재 제6과목 I. 17. 토사붕괴 재해의 형태 및 발생원인 단원에서 관련내용 확인

8. 고압의 충전전로의 점검 및 수리 등 당해 충전전로를 취급하는 작업에 있어서 당해 작업에 종사하는 근로자에게 감전의 위험이 발생할 우려가 있는 경우 취해야할 조치사항을 3가지 쓰시오.

   해답 ① 근로자에게 절연용 보호구를 착용시키고, 당해 충전전로 중 근로자가 취급하고 있는 부분 외의 부분에 근로자의 신체 등이 접촉 또는 접근함으로 인하여 감전의 위험이 발생할 우려가 있는 것에 대하여는 절연용 방호구를 설치할 것
   ② 근로자에게 활선작업용 기구를 사용하도록 할 것
   ③ 근로자에게 활선작업용 장치를 사용하도록 할 것(이 경우 근로자가 취급하고 있는 충전 전로의 전위와 전위가 다른 물체와 근로자의 신체 등이 접촉하거나 접근함으로 인하여 감전의 위험이 발생하지 아니하도록 하여야 한다)

   Tip 본 문제는 2011년 법개정으로 삭제된 내용입니다. 새롭게 개정된 내용을 본문내용에서 반드시 확인하세요.

   focus 본 교재 제5과목 I. 9. 활선작업 단원에서 관련내용 확인

9. 안전을 위하여 근로자가 착용하는 보호구 중 가죽제안전화의 성능시험 종류를 4가지 쓰시오.

   해답 ① 내압박성시험 ② 내충격성시험 ③ 박리저항시험 ④ 내답발성시험
   ⑤ 은면결렬시험 ⑥ 인열강도시험 ⑦ 6가크롬함량 ⑧ 내부식성시험
   ⑨ 인장강도시험 ⑩ 내유성시험 등

   Tip 본 문제는 관련법의 개정으로 내용이 일부 수정되었으므로 개정된 내용(해답내용 참고)으로 알아둘 것

   focus 본 교재 제7과목 III. 2. 안전화 단원에서 관련내용 확인

10. 비, 눈 그 밖의 기상상태의 불안정으로 인하여 날씨가 몹시 나빠서 작업을 중지시킨 후 또는 비계를 조립·해체하거나 또는 변경한 후 그 비계에서 작업을 할 때 당해 작업시작전에 점검해야할 사항을 구체적으로 4가지 쓰시오.

    해답 ① 발판재료의 손상여부 및 부착 또는 걸림상태
    ② 당해 비계의 연결부 또는 접속부의 풀림상태
    ③ 연결재료 및 연결철물의 손상 또는 부식상태
    ④ 손잡이의 탈락여부
    ⑤ 기둥의 침하·변형·변위 또는 흔들림 상태
    ⑥ 로프의 부착상태 및 매단장치의 흔들림 상태

    focus 본 교재 제6과목 I. 24. 비계의 종류 및 설치시 준수사항 단원에서 확인

11. 산업재해 조사시 유의해야할 사항을 3가지 쓰시오.

    해답 ① 사실을 수집한다. 그 이유는 뒤로 미룬다.
    ② 목격자가 발언하는 사실 이외의 추측의 말은 참고로 한다.

③ 조사는 신속히 행하고 2차 재해의 방지를 도모한다.
④ 사람, 설비, 환경의 측면에서 재해요인을 도출한다.
⑤ 제3의 입장에서 공정하게 조사하며, 그러기 위해 조사는 2인 이상이 한다.
⑥ 책임추궁보다 재발방지를 우선하는 기본태도를 견지한다.

focus 본 교재 제1과목 III. 2. 재해조사시 유의사항 단원에서 관련내용 확인

12. 보일러의 사고형태는 다음과 같다.

> 1. 구조상의 결함
> 2. 구성재료의 결함
> 3. 보일러 내부의 압력
> 4. 고열에 의한 배관의 강도저하

위의 내용을 토대로 보일러 사고를 방지하기 위한 대책을 간략히 기술하시오.

해답 ① 구조상의 결함, 구성재료의 결함 등을 예방하기 위하여 안전한 설계 및 품질 또는 성능검사에 합격한 안전한 재료를 사용하여야 한다.
② 보일러내부의 압력상승으로 인한 폭발을 예방하기 위하여 압력방출장치, 고저수위조절장치, 화염검출기 등의 기능이 정상적으로 작동할 수 있도록 유지·관리하여야 한다.
③ 고열에 의한 배관의 강도저하를 위하여 과열을 사전에 예방할 수 있는 압력제한스위치를 부착하여 사용하여야 한다.

focus 본 교재 제4과목 I. 13. 보일러의 방호장치 단원 참고.

13. 다음 보기의 가연성 기체, 액체, 고체의 연소의 형태에 관하여 쓰시오.

> 1. 수소   2. 알코올   3. 석탄   4. 알루미늄

해답 ① 수소 : 확산(발염) 연소
② 알코올 : 증발연소
③ 석탄 : 분해연소
④ 알루미늄 : 표면연소

focus 본 교재 제5과목 II. 2. 연소형태 단원에서 관련내용 확인

산업안전기사 실기 (필답형)
2004년 4월 25일 시행

1. 승강기 와이어 로프 검사 후 사용가능여부를 판단하는 항목 기준에 대해 쓰시오.

해답
① 이음매가 있는 것
② 와이어로프의 한 꼬임(스트랜드)에서 끊어진 소선(필러선 제외)의 수가 10% 이상(비자전로프의 경우에는 끊어진 소선의 수가 와이어로프 호칭지름의 6배 길이 이내에서 4개 이상이거나 호칭지름 30배 길이 이내에서 8개 이상)인 것
③ 지름의 감소가 공칭지름의 7%를 초과하는 것
④ 꼬인 것
⑤ 심하게 변형되거나 부식된 것
⑥ 열과 전기충격에 의해 손상된 것

Tip 2011년 법 개정으로 내용이 수정되었으며, 해답은 수정된 내용으로 작성하였습니다.

focus 본 교재 제4과목 II. 4. 와이어로프 단원에서 관련내용 확인

2. 3개월 동안 건설현장에서 항타기 작업을 하던 근로자가 건강진단 결과 기계의 소음으로 인한 소음성 난청 장해로 진단되었다. 이와 같은 장해를 사전에 예방하기 위하여 취해야할 조치사항을 3가지 쓰시오.

해답
① 당해 작업장의 소음성난청 발생 원인조사
② 청력손실감소 및 재발방지대책마련
③ 제②호 규정에 의한 대책의 이행여부 확인
④ 작업전환 등 의사의 소견에 따른 조치

focus 본 교재(필기) 제3과목 06. III. 1. 소음방지방법 단원에서 관련내용 확인

3. 프레스 작업이 끝난 후 페달에 U자형 커버를 씌우는 이유를 간략히 설명하시오.

해답 근로자가 부주의로 인하여 페달을 작동시키거나 낙하물 등에 의해 페달이 예상치 못한 상황에서 작동하는 등, 페달에 의한 불시작동을 방지하고 안전을 유지하기 위하여 설치.

focus 본 교재 제4과목 I. 10. 프레스의 방호장치 및 설치방법 단원에서 관련내용 확인

4. 거푸집에 사용되는 재료에 해당하는 금속재 패널의 장단점을 쓰시오

해답
(1) 장 점
① 강성이 크고 정밀도가 높다.
② 평면이 평활한 콘크리트가 된다.
③ 수밀성이 좋으며 강도가 크다.
④ 전용도가 매우 좋다.

(2) 단점
① 콘크리트가 녹물에 의해 오염될 가능성이 있다.
② 중량이 무거워 취급에 불편함이 있다.
③ 초기 투자율이 높은 단점이 있다.
④ 외부온도의 영향을 받기 쉬우므로 한냉기 작업에는 특히 주의해야 한다.

5. 프레스기의 방호장치 중에서 양수조작식 방호장치의 설치 방법 3가지를 쓰시오.

   해답 ① 안전거리(mm) = 1600×sec(프레스작동 후 작업점 까지의 도달시간)
   ② 반드시 양손을 사용하여 동시에 조작(0.5초 이내 시차)하도록 설치(1행정 1정지 기구에만 사용 가능)
   ③ 누름버튼 또는 조작 레버의 간격은 300mm 이상(누름버튼, 조작레버는 매립형 구조)

   focus 본 교재 제4과목 I. 10. 프레스의 방호장치 및 설치방법 단원에서 관련내용 확인

6. 산업안전보건법상 위험물 제조, 취급시 화재, 폭발재해를 방지하기 위해 제한해야 할 사항을 3가지 쓰시오.

   해답 ① 폭발성 물질, 유기과산화물을 화기나 그 밖에 점화원이 될 우려가 있는 것에 접근시키거나 가열하거나 마찰시키거나 충격을 가하는 행위
   ② 물반응성 물질, 인화성고체를 각각 그 특성에 따라 화기나 그 밖에 점화원이 될 우려가 있는 것에 접근시키거나 발화를 촉진하는 물질 또는 물에 접촉시키거나 가열하거나 마찰시키거나 충격을 가하는 행위
   ③ 산화성액체·산화성고체를 분해가 촉진될 우려가 있는 물질에 접촉시키거나 가열하거나 마찰시키거나 충격을 가하는 행위
   ④ 인화성 액체를 화기나 그 밖에 점화원이 될 우려가 있는 것에 접근시키거나 주입 또는 가열하거나 증발시키는 행위
   ⑤ 인화성 가스를 화기나 그 밖에 점화원이 될 우려가 있는 것에 접근시키거나 압축·가열 또는 주입하는 행위
   ⑥ 부식성 물질 또는 급성 독성물질을 누출시키는 등으로 인체에 접촉시키는 행위
   ⑦ 위험물을 제조하거나 취급하는 설비가 있는 장소에 인화성 가스 또는 산화성 액체 및 산화성 고체를 방치하는 행위

   focus 본 교재(필기) 제5과목 01. I. 2. 위험물의 정의 단원에서 확인

7. 산업안전보건법상 취급근로자가 쉽게 볼 수 있는 장소에 게시 또는 비치해야하는 물질 안전 보건 자료(MSDS)에 기재해야 할 사항을 4가지 쓰시오.

   해답 ① 제품명
   ② 물질안전보건자료대상물질을 구성하는 화학물질 중 유해인자의 분류기준에 해당하는 화학물질의 명칭 및 함유량
   ③ 안전 및 보건상의 취급주의 사항
   ④ 건강 및 환경에 대한 유해성, 물리적 위험성
   ⑤ 물리·화학적 특성 등 고용노동부령으로 정하는 사항
   ㉠ 물리·화학적 특성

㉡ 독성에 관한 정보
㉢ 폭발・화재시의 대처 방법
㉣ 응급조치 요령
㉤ 그 밖에 고용노동부장관이 정하는 사항

Tip 2020년 시행. 관련법령 전부개정으로 변경된 내용입니다. 해답은 개정된 내용에 맞게 수정했으니 착오없으시기 바랍니다.

focus 본 교재 제8과목 I. 2. 물질안전보건자료의 작성 비치 등 단원에서 관련내용 확인

8. 클러치 맞물림 개소수 4개, spm 200인 프레스의 양수 기동식 방호 장치의 안전거리를 구하시오.

해답 (1) 양수기동식의 안전거리

$$D_m = 1.6 Tm$$

D_m : 안전 거리(mm)
Tm : 양손으로 누름단추 누르기 시작할 때부터 슬라이드가 하사점에 도달하기까지 소요시간(ms)

$$Tm = \left(\frac{1}{\text{클러치맞물림개소수}} + \frac{1}{2}\right) \times \frac{60000}{\text{매분행정수}} (ms)$$

(2) ∴ $D_m = 1.6 \times \left\{\left(\frac{1}{4} + \frac{1}{2}\right) \times \left(\frac{60,000}{200}\right)\right\} = 360 (mm)$

focus 본 교재 제4과목 I. 10. 프레스의 방호장치 및 설치방법 단원에서 관련내용 확인

9. 기계의 원동기, 회전축, 기어, 풀리, 플라이휠, 벨트 및 체인 등 근로자에게 위험을 미칠 우려가 있는 부위에 사업주가 설치해야하는 방호장치를 쓰시오.

해답 ① 덮개 ② 울 ③ 슬리이브 ④ 건널다리

focus 본 교재 제4과목 I. 8. 동력전달장치의 방호장치 단원에서 관련내용 확인

10. 근로자 400명이 1일 8시간, 연간 300일 작업하는 어떤 작업장의 연간10건의 재해가 발생하였다. 2건은 사망, 8건은 신체장해등급 14급일 때 연천인율, 강도율, 도수율을 구하시오.

해답 ① 연천인율 $= \dfrac{\text{연간재해자수}}{\text{연평균근로자수}} \times 1,000 = \dfrac{10}{400} \times 1,000 = 25$

② 강도율$(S.R) = \dfrac{\text{근로손실일수}}{\text{연간총근로시간수}} \times 1,000 = \dfrac{(7,500 \times 2) + (50 \times 8)}{400 \times 8 \times 300} \times 1,000 = 16.04$

③ 빈도율$(F.R) = \dfrac{\text{재해건수}}{\text{연간총근로시간수}} \times 1,000,000 = \dfrac{10}{400 \times 8 \times 300} \times 10^6 = 10.42$

focus 본 교재 제1과목 III. 12. 재해율 단원에서 관련내용 확인

11. 송풍기형 호스마스크의 종류 2가지를 쓰고 각각의 분진포집효율(%)을 기술하시오

> **해답** ① 전동식 : 99.8% 이상
> ② 수동식 : 95.0% 이상
>
> **focus** 본 교재 제7과목 I. 5. 송기마스크 단원에서 관련내용 확인

12. 어떤 부품 10,000개를 1,000시간 가동 중에 5개의 불량품이 발생하였다면 고장률과 MTBF는?

> **해답** ① 고장율 $= \dfrac{5}{10,000 \times 1,000} = 5 \times 10^{-7}$ (건/시간)
>
> ② MTBF $= \dfrac{1}{5 \times 10^{-7}} = 2 \times 10^{6}$ (시간)
>
> **focus** 본 교재 제3과목 I. 6. 고장율 단원에서 관련된 내용 확인

13. 외부피뢰시스템에 해당하는 수뢰부 시스템에 관한 다음 사항에서 ( )에 알맞은 내용을 쓰시오.

가. 수뢰부시스템의 선정은 (①), (②), 그물망도체의 요소 중에 한가지 또는 이를 조합한 형식으로 시설하여야 한다.

나. 수뢰부시스템의 배치는 (③), (④), 그물망법 중 하나 또는 조합된 방법으로 배치하여야 한다.

> **해답** ① 돌침   ② 수평도체   ③ 보호각법   ④ 회전구체법
>
> **focus** 본 교재 제5과목 I. 7. 피뢰설비 단원에서 관련내용 확인

14. 산업안전보건법상 말비계를 조립하여 사용할 경우 준수해야할 사항을 3가지 쓰시오.

> **해답** ① 지주부재의 하단에는 미끄럼 방지장치를 하고, 양측 끝부분에 올라서서 작업하지 아니하도록 할 것
> ② 지주부재와 수평면과의 기울기를 75° 이하로 하고, 지주부재와 지주부재 사이를 고정시키는 보조부재를 설치할 것
> ③ 말비계의 높이가 2m를 초과할 경우에는 작업발판의 폭을 40cm 이상으로 할 것
>
> **focus** 본 교재 제6과목 I. 24. 비계의 종류 및 설치시 준수사항 단원에서 확인

산업안전기사 실기 (필답형)
2004년 7월 4일 시행

1. 방독마스크를 착용할 수 없는 장소에 관하여 설명하시오.

해답 산소농도가 18% 미만 되는 장소 또는 가스, 증기의 농도가 2%(암모니아3%)를 초과하는 장소에서 사용금지

Tip ① 본 문제는 관련법의 개정으로 일부내용이 수정되었음.(해답내용은 개정전의 내용이므로 참고만 할 것) – 개정된 Tip ②의 내용으로 알아두세요.
② 방독마스크의 등급 및 사용장소

등급	사용장소
고농도	가스 또는 증기의 농도가 100분의 2(암모니아에 있어서는 100분의 3) 이하의 대기 중에서 사용하는 것
중농도	가스 또는 증기의 농도가 100분의 1(암모니아에 있어서는 100분의 1.5)이하의 대기 중에서 사용하는 것
저농도 및 최저농도	가스 또는 증기의 농도가 100분의 0.1 이하의 대기 중에서 사용하는 것으로서 긴급용이 아닌 것

비고 : 방독마스크는 산소농도가 18% 이상인 장소에서 사용하여야 하고, 고농도와 중농도에서 사용하는 방독마스크는 전면형(격리식, 직결식)을 사용해야 한다.

focus 본 교재 제7과목 I. 4. 방독마스크 단원에서 관련된 내용 확인

2. 연평균근로자 600명이 작업하는 어느 사업장에서 15건의 재해가 발생하였다. 근로시간은 48시간×50주이며, 잔업시간이 1인당 100시간일 때 도수율을 구하시오.

해답 빈도율$(F.R) = \dfrac{재해건수}{연간총근로시간수} \times 1,000,000$

$\therefore \dfrac{15}{(600 \times 48 \times 50) + (600 \times 100)} \times 10^6 = 10.00$

focus 본 교재 제1과목 III. 12. 재해율 단원에서 관련내용 확인

3. 하인리히의 안전사고의 연쇄성 이론 5단계를 순서대로 쓰고, 어느 단계를 제거하는 것이 가장 효과적인지 쓰시오.

해답 (1) 사고 연쇄성 이론 5단계
① 제1단계 : 사회적 환경 및 유전적 요인
② 제2단계 : 개인적 결함
③ 제3단계 : 불안전 행동 및 불안전 상태
④ 제4단계 : 사고
⑤ 제5단계 : 재해(상해)

(2) 제거해야할 단계 : 제3단계(불안전행동 및 불안전상태)

focus 본 교재(필기) 제1과목 01. I. 2. 안전관리 제이론 단원에서 관련내용 확인

4. 산업안전보건법상 안정인증대상 보호구를 5가지 쓰시오.

해답 ① 안전대 ② 안전화 ③ 안전장갑 ④ 방진마스크 ⑤ 방독마스크
　　 ⑥ 송기마스크 ⑦ 보호복

Tip

안전 인증대상 보호구	① 추락 및 감전 위험방지용 안전모 ② 안전화 ③ 안전장갑 ④ 방진마스크 ⑤ 방독마스크 ⑥ 송기마스크 ⑦ 전동식 호흡보호구 ⑧ 보호복 ⑨ 안전대 ⑩ 차광 및 비산물 위험방지용 보안경 ⑪ 용접용 보안면 ⑫ 방음용 귀마개 또는 귀덮개
자율안전 확인대상 보호구	① 안전모(안전인증대상보호구에 해당되는 안전모는 제외) ② 보안경(안전인증대상보호구에 해당되는 보안경은 제외) ③ 보안면(안전인증대상보호구에 해당되는 보안면은 제외)

Tip 2020년 시행. 관련법령 전부개정으로 변경된 내용입니다. 문제와 해답 및 Tip은 개정된 내용에 맞게 수정했으니 착오없으시기 바랍니다.

focus 본 교재 제7과목 I. 1. 보호구 선택시 유의사항 단원에서 관련된 내용 확인

5. 폭발의 성립 조건에 관하여 3가지 쓰시오.

해답 ① 가연성가스, 증기, 분진 등이 공기 또는 산소와 접촉 또는 혼합되어 있는 경우(폭발범위내 존재)
　　 ② 혼합되어 있는 가스 및 분진이 어떤 구획된 공간이나 용기 등의 공간에 존재하고 있는 경우(밀폐된 공간)
　　 ③ 혼합된 물질의 일부에 점화원이 존재하고 그것이 매개체가 되어 최소 착화 에너지 이상의 에너지를 줄 경우

focus 본 교재 제5과목 II. 5. 폭발의 성립조건 단원에서 관련내용 확인

6. 정전기 발생에 영향을 주는 요인 4가지를 쓰시오.

해답 ① 물체의 특성 ② 물체의 표면상태 ③ 물체의 이력 ④ 접촉면적 및 압력
　　 ⑤ 분리 속도 ⑥ 완화시간

focus 본 교재 제5과목 I. 14. 정전기 발생과 안전대책 단원에서 확인

7. 산업안전보건법상 차량계 건설기계를 사용하여 작업할 경우 작업계획작성시 포함해야 할 사항을 3가지 쓰시오.

해답 ① 사용하는 차량계 건설기계의 종류 및 성능
② 차량계 건설기계의 운행경로
③ 차량계 건설기계에 의한 작업방법

focus 본 교재 제8과목 IV. 2. 차량계건설기계의 사용에 의한 위험의 방지 단원에서 확인

8. 보일링 현상 방지를 위한 안전대책을 3가지 쓰시오.

해답 ① Filter 및 차수벽 설치
② 흙막이 근입깊이를 깊게(불투수층까지)
③ 약액주입등의 굴착면 고결
④ 지하수위저하
⑤ 압성토 공법 등

focus 본 교재 제6과목 I. 16. 토사붕괴 위험성 및 안전조치 단원에서 관련내용 확인

9. 어느 소음 작업장에서 8시간 동안 소음을 측정한 결과 85dB(A) 2시간, 90dB(A) 4시간, 95dB(A) 2시간 동안 노출되었다면, 소음노출지수(%)를 구하고, 소음노출기준 초과여부를 쓰시오.

해답 ① 소음노출지수(%) $= \left(\dfrac{2}{16} + \dfrac{4}{8} + \dfrac{2}{4}\right) \times 100 = 112.5(\%)$
② 소음노출기준 초과 어부 : 100(%)를 초과했으므로 소음노출기준 초과.

focus 본 교재 제3과목 I. 21. 소음대책 단원에서 관련된 자세한 내용 반드시 확인

10. FMEA에 의한 시스템위험 분석시 고장영향과 발생확률에서 $\beta = 1.00$과 $\beta = 0$일때 재해 발생확률을 쓰시오.

해답 ① $\beta = 1.00$일 때 : 실제의 손실
② $\beta = 0$일 때 : 영향없음

focus 본 교재 제3과목 II. 3. 고장형과 영향분석 단원에서 관련내용 확인

11. 동기부여에 관한 이론 3가지를 쓰시오.

해답 ① 매슬로우(Abraham Maslow)의 욕구(위계이론)
② 맥그리거(D.McGregor)의 X, Y이론
③ 허즈버그의 두 요인이론(동기, 위생 이론)
④ 알더퍼의 ERG이론
⑤ 데이비스의 동기 부여 이론

focus 본 교재 제 2과목 II. 7. 동기부여에 관한 이론 단원에서 관련내용 확인

산업안전기사 실기 (필답형)
2004년 9월 19일 시행

1. 전구가 2개 있는 방에서 X_1(정전 또는 퓨즈나감), X_2(전구1고장), X_3(전구2고장)가 다음과 같은 시스템일 경우, 방이 어두워지는 사상(A)을 정상사상으로 FT도를 작성하고 최소컷셋(Minimal cut set)을 구하시오.

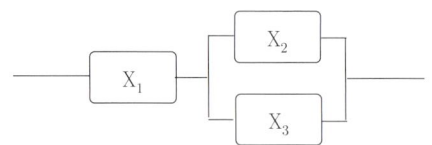

해답 ① FT도 작성

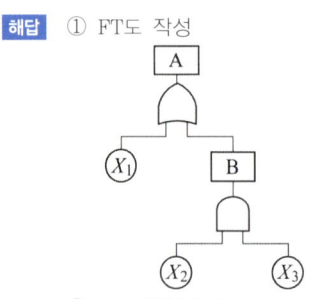

② 최소컷셋(Minimal cut set)을 구하면

$$\therefore A \rightarrow \begin{matrix} X_1 \\ B \end{matrix} \rightarrow \begin{matrix} X_1 \\ X_2 \ X_3 \end{matrix}$$

그러므로 최소컷셋은 (X_1) $(X_2 \ X_3)$

focus 본 교재 제3과목 II. 11. 미니멀 컷과 미니멀 패스 단원에서 관련내용 확인

2. 다음과 같은 안전표지의 색채에 따른 색도기준 및 용도에서 ( )에 알맞은 내용을 쓰시오.

색채	색도기준	용도
빨간색	7.5R 4/14	금지표지
		경고표지
노란색	5Y 8.5/12	(①)
파란색	2.5PB 4/10	(②)
녹색	(③)	안내표지

해답 ① 경고표지 ② 지시표지 ③ 2.5G 4/10

Tip ① 본 문제는 출제이후 법령이 개정된 사항으로, 문제 및 해답은 개정법에 맞도록 수정하였습니다.

② 안전표지의 색채 및 색도기준

색채	색도기준	용도	사용 례	형태별 색채기준
빨간색	7.5R 4/14	금지	정지신호, 소화설비 및 그 장소, 유해행위의 금지	바탕은 흰색, 기본모형은 빨간색, 관련부호 및 그림은 검은색
노란색	5Y 8.5/12	경고	화학물질 취급장소에서의 유해위험 경고	바탕은 노란색, 기본모형·관련부호 및 그림은 검은색
		경고	화학물질 취급장소에서의 유해위험 경고 그 밖의 위험경고, 주의표지 또는 기계 방호물	
파란색	2.5PB 4/10	지시	특정행위의 지시 및 사실의 고지	바탕은 파란색, 관련 그림은 흰색
녹색	2.5G 4/10	안내	비상구 및 피난소, 사람 또는 차량의 통행표지	바탕은 흰색, 기본모형 및 관련부호는 녹색, 바탕은 녹색, 관련부호 및 그림은 흰색
흰색	N 9.5		파란색 또는 녹색에 대한 보조색	
검은색	N 0.5		문자 및 빨간색 또는 노란색에 대한 보조색	

focus 본 교재 제 2과목 II. 8. 무재해운동과 위험예지훈련 단원에서 안전표지에 관련된 내용 확인

3. 다음 보기의 유속제한 속도를 쓰시오.

> 1. 에테르, 이황화탄소 등 폭발성 물질 유속제한 : (①) m/s 이하
> 2. 저항률이 10^{10} (Ω cm) 미만의 배관유속제한 : (②) m/s 이하

해답 ① 1 ② 7

focus 본 교재 제5과목 I. 14. 정전기 발생과 안전대책 단원에서 관련내용 확인

4. 산업안전보건법상 아세틸렌 용접장치 및 가스 집합 용접장치의 자체검사주기와 검사내용을 쓰시오.

해답 (1) 검사주기 : 1년에 1회 이상
(2) 검사내용 : ① 손상·변형 또는 부식의 유무
② 그 성능 및 방호장치의 이상유무

Tip ① 본 문제는 2009년부터 적용된 법 개정으로 아래의 내용으로 변경되었으므로 주의 바람.(자체검사 제도가 전면 폐지되고 안전검사로 관련법이 제정됨) - 앞으로 자체검사로는 출제되지 않으며 해답 내용은 개정전 자체검사에 대한 내용이므로 참고만 할 것
② 안전검사의 주기

크레인(이동식크레인 제외), 리프트(이삿짐운반용리프트 제외) 및 곤돌라	사업장에 설치가 끝난 날부터 3년 이내에 최초 안전검사를 실시하되, 그 이후부터 2년마다(건설현장에서 사용하는 것은 최초로 설치한 날부터 6개월마다)
이동식크레인, 이삿짐운반용리프트, 고소작업대	자동차 관리법에 따른 신규 등록 이후 3년 이내에 최초 안전검사를 실시하되, 그 이후부터는 2년마다
프레스, 전단기, 압력용기, 국소배기장치, 원심기, 롤러기, 사출성형기, 컨베이어 및 산업용 로봇	사업장에 설치가 끝난 날부터 3년 이내에 최초 안전검사를 실시하되, 그 이후부터 2년마다(공정안전보고서를 제출하여 확인을 받은 압력용기는 4년마다)

③ 안전검사 대상과 주기에 관한 사항은 2020년부터 적용되는 관련법령 전부 개정으로 일부 내용이 수정되었으니 tip ② 내용을 참고하시기 바랍니다.

focus 본 교재 제 1과목 IV. 9. 안전검사 단원에서 관련내용 확인

5. 정전 작업시 취해야할 5가지 안전수칙을 쓰시오.

   해답
   ① 작업 전 전원차단
   ② 전원투입방지
   ③ 작업장소의 무전압 여부확인
   ④ 단락접지
   ⑤ 작업장소의 보호

   focus 본 교재 제5과목 I. 8. 정전작업 단원에서 관련내용 확인

6. 피로는 작업으로 인하여 발생하는 것으로 그 특징이 있다. 피로의 3가지 특징을 쓰시오.

   해답
   ① 능률의 저하
   ② 생체의 타각적인 기능의 변화
   ③ 피로의 자각 등의 변화 발생

   focus 본 교재 제 2과목 II. 5. 노동과 피로 단원에서 관련내용 확인

7. 기초대사량이 7,000[kJ/day]이고 작업시 소비에너지가 20,000[kJ/day], 안정시 소비에너지가 6,000[kJ/day]일 때 RMR을 구하시오.

   해답
   $$RMR = \frac{작업시\ 소비에너지 - 안정시\ 소비에너지}{기초대사시\ 소비에너지} = \frac{작업대사량}{기초대사량}$$
   $$\therefore RMR = \frac{20,000 - 6,000}{7,000} = 2$$

   focus 본 교재 제 2과목 II. 5. 노동과 피로 단원에서 관련내용 확인

8. 방진마스크 선택시 고려해야할 사항 5가지를 쓰시오.

   해답
   ① 여과 효율이 좋을 것
   ② 흡배기 저항이 낮을 것
   ③ 사용적이 적을 것
   ④ 중량이 가벼울 것
   ⑤ 시야가 넓을 것
   ⑥ 안면 밀착성이 좋을 것
   ⑦ 피부 접촉 부위의 고무질이 좋을 것

   focus 본 교재 제7과목 I. 3. 방진마스크 단원에서 관련내용 확인

9. 크레인의 권과방지 장치에서 사용하는 리미트 스위치 종류 3가지를 쓰시오.

해답
① 나사형 또는 스크류형 리미트 스위치
② 캠형 리미트 스위치
③ 중추형 리미트 스위치
④ 롤러형 리미트 스위치

10. 작업자가 회전중인 롤러기를 청소하던 중 롤러에 손이 말려 들어가는 재해가 발생하였다.
(1) 기인물
(2) 가해물
(3) 사고유형
(4) 불안전한 행동
(5) 불안전한 상태로 재해를 분석하시오.

해답
① 기인물 : 롤러기
② 가해물 : 롤러
③ 사고유형 : 협착
④ 불안전한 행동 : 운전중 청소
⑤ 불안전한 상태 : 방호장치 미부착(롤러의 방호장치 : 급정지 장치)

Tip 관련법의 개정으로 로울러의 명칭이 롤러로 수정되었음

11. 직접접촉에 의한 감전방지대책 4가지를 쓰시오.

해답
① 충전부가 노출되지 아니하도록 폐쇄형 외함이 있는 구조로 할 것
② 충전부에 충분한 절연효과가 있는 방호망 또는 절연덮개를 설치할 것
③ 충전부는 내구성이 있는 절연물로 완전히 덮어 감쌀 것
④ 발전소·변전소 및 개폐소등 구획되어 있는 장소로서 관계근로자외의 자의 출입이 금지되는 장소에 충전부를 설치하고, 위험표시 등의 방법으로 방호를 강화할 것
⑤ 전주 위 및 철탑 위 등 격리되어 있는 장소로서 관계근로자외의 자가 접근할 우려가 없는 장소에 충전부를 설치할 것

focus 본 교재 제5과목 I. 3. 감전사고 방지대책 단원에서 관련내용 확인

12. 교량건설 현장에서 작업장간의 이동을 원활하게 하기 위하여 가설통로를 설치하고자 한다. 가설통로 설치시 준수해야할 사항 5가지를 쓰시오.

해답
① 견고한 구조로 할 것
② 경사는 30도 이하로 할 것(계단을 설치하거나 높이2m 미만의 가설통로로서 튼튼한 손잡이를 설치한 때에는 그렇지 않다.)
③ 경사가 15도를 초과하는 때에는 미끄러지지 아니하는 구조로 할 것
④ 추락의 위험이 있는 장소에는 안전난간을 설치할 것(작업상 부득이한 때에는 필요한 부분에 한하여 임시로 이를 해체할 수 있다.)

⑤ 수직갱에 가설된 통로의 길이가 15m이상인 때에는 10m 이내마다 계단참을 설치할 것
⑥ 건설공사에 사용하는 높이 8m 이상인 비계다리에는 7m 이내마다 계단참을 설치할 것

focus 본 교재 제6과목 I. 20. 가설계단 단원에서 관련된 내용 확인

13. 토공사시 연약지반을 보강하는 방법 5가지를 쓰시오.

해답
① 진동 다짐 공법(vibro floatation)
② 다짐 모래 말뚝 공법(vibro composer, sand compaction pile)
③ 폭파 다짐 공법
④ 전기 충격 공법
⑤ 약액 주입 공법
⑥ 동다짐 공법
⑦ 치환 공법
⑧ 압밀(재하)공법
⑨ 탈수공법
⑩ 배수공법

focus 본 교재 제6과목 I. 2. 지반의 이상현상 단원에서 관련내용 확인

14. 연간 평균근로자 100명이 작업하는 어느 사업장에서 연간 5건의 재해가 발생하여, 사망자가 1명 발생하고 장해등급 14급 2명, 1명은 입원가료 30일, 다른 1명은 입원가료 7일 이었다. 강도율을 계산하시오.

해답
$$강도율(S.R) = \frac{근로손실일수}{연간총근로시간수} \times 1,000$$

$$\therefore \frac{7,500 + (2 \times 50) + \left((30+7) \times \frac{300}{365}\right)}{100 \times 8 \times 300} \times 1,000 ≒ 31.793 = 31.79$$

focus 본 교재 제1과목 III. 12. 재해율 단원에서 관련내용 참고

산업안전기사 실기 (필답형)
2005년 4월 30일 시행

1. 다음은 Y기업체에서 발생한 산업재해 비용이다. 직접비와 간접비 그리고, 총재해 비용을 구하시오.

   > 1. 의료비 : 200만원   2. 생산손실비 : 1,000만원   3. 설비 개선비 : 300만원
   > 4. 교육 훈련비 : 500만원   5. 작업 개선비 : 700만원   6. 휴업보상비 : 800만원

   해답
   ① 직접비 : 의료비 + 휴업보상비 = 1,000만원
   ② 간접비 : 생산손실비 + 설비개선비 + 교육훈련비 + 작업개선비 = 2,500만원
   ③ 총재해 손실비 = 직접비 + 간접비 = 3,500만원

   focus 본 교재 제1과목 III. 13. 재해코스트 단원에서 관련내용 참고.

2. 연평균 440명의 근로자가 작업하는 어느 사업장에서 4건의 재해가 발생하였다. 장해등급 13급(100일) 1건, 장해등급 12급(200일) 1건, 나머지 2건은 휴업27일 이었다. 강도율을 구하시오.

   해답
   $$강도율(S.R) = \frac{근로손실일수}{연간총근로시간수} \times 1,000$$

   $$\therefore \frac{(100 \times 1) + (200 \times 1) + \left(27 \times \frac{300}{365}\right)}{440 \times 8 \times 300} \times 1,000 ≒ 0.305 = 0.31$$

   focus 본 교재 제1과목 III. 12. 재해율 단원에서 관련내용 참고

3. 지게차를 사용하여 작업을 할 경우 작업시작전 점검해야할 사항을 4가지 쓰시오.

   해답
   ① 제동장치 및 조종장치 기능의 이상유무
   ② 하역장치 및 유압장치 기능의 이상유무
   ③ 바퀴의 이상유무
   ④ 전조등·후미등·방향지시기 및 경보장치 기능의 이상유무

   focus 본 교재 제1과목 IV. 8. 작업시작전 점검사항 단원에서 확인

4. 가죽제 안전화의 성능시험항목을 4가지 쓰시오.

   해답
   ① 내압박성시험   ② 내충격성시험   ③ 박리저항시험   ④ 내답발성시험   ⑤ 은면결렬시험
   ⑥ 인열강도시험   ⑦ 6가크롬함량   ⑧ 내부식성시험   ⑨ 인장강도시험   ⑩ 내유성시험 등

> **Tip** 본 문제는 관련법의 개정으로 내용이 일부 수정되었으므로 개정된 내용(해답내용 참고)으로 알아둘 것
>
> **focus** 본 교재 제7과목 Ⅲ. 2. 안전화 단원에서 관련내용 확인

5. 봄에 많이 발생하는 정전기의 방지대책을 4가지 쓰시오.

> **해답**
> ① 접지조치
> ② 초기배관내 유속제한
> ③ 대전방지제 사용
> ④ 가습(상대습도 60~70%정도 이상)
> ⑤ 제전기 사용
> ⑥ 대전방지용 보호구 착용
>
> **focus** 본 교재 제5과목 Ⅰ. 14. 정전기 발생과 안전대책 단원에서 관련내용 확인

6. 재해사례연구순서에서 가장 중요한 제1단계 사실의 확인 단계의 4가지 확인사항을 쓰시오.

> **해답**
> ① 사람에 관한 사항   ② 물(物)에 관한 사항
> ③ 관리에 관한 사항   ④ 재해발생까지의 경과
>
> **focus** 본 교재 제1과목 Ⅲ. 14. 재해사례연구순서 단원에서 관련내용 확인

7. FTA에 의한 재해사례연구순서 4단계를 쓰시오.

> **해답**
> ① 제1단계 : 톱 사상의 선정
> ② 제2단계 : 사상마다 재해원인·요인의 규명
> ③ 제3단계 : FT도의 작성
> ④ 제4단계 : 개선계획의 작성
>
> **focus** 본 교재 제3과목 Ⅱ. 9. FTA에 의한 재해사례연구순서 단원에서 확인

8. A. F. Osborn의 브레인 스토밍(Brain Storming) 4원칙을 쓰시오.

> **해답** ① 비판금지   ② 자유분방   ③ 대량발언   ④ 수정발언
>
> **focus** 본 교재 제2과목 Ⅱ. 8. 무재해운동과 위험예지훈련 단원에서 관련내용 확인

9. 물자취급 운반공정은 최근 자동화 및 시스템화되어 운반안전이 많이 발전되어 가고 있으나 여전히 사람의 조작을 필요로 하는 경우가 많다. 취급운반의 안전관리 관점에서 고려해야 할 조건 3가지를 쓰시오.

해답 ① 운반거리를 단축할 것
② 운반 하역을 기계화 할 것
③ 손이 많이 가지 않는 (힘들이지 않는) 운반 하역 방식으로 할 것

focus 본 교재(필기) 제6과목 07. I. 2. 취급운반의 원칙 단원에서 관련내용 확인

10. 단락상태의 전로를 개폐할 수 있는 차단기(C.B)의 역할을 2가지 쓰시오.

해답 ① 부하측 단락사고시 회로를 신속히 차단하여 송배전선이나 기기를 보호한다.
② 일반적인 부하전류의 개폐 및 단락전류와 같은 사고시의 대전류도 개폐가 가능하다.

11. 철골공사에서 강풍에 의한 풍압등 외압에 대한 내력설계 확인이 필요한 구조안전의 위험이 큰 구조물의 종류를 4가지 쓰시오

해답 ① 높이 20m이상 구조물
② 구조물 폭과 높이의 비가 1:4 이상인 구조물
③ 연면적당 철골량이 50kg/m² 이하인 구조물
④ 단면 구조에 현저한 차이가 있는 구조물
⑤ 기둥이 타이 플래이트 형인 구조물
⑥ 이음부가 현장 용접인 구조물

focus 본 교재(필기) 제6과목 06. IV. 2. 철골공사전 검토사항 단원 참고.

12. 전기설비가 원인이 되어 발생할 수 있는 폭발의 성립조건을 3가지 쓰시오.

해답 ① 가연성가스, 증기, 분진 등이 공기 또는 산소와 접촉 또는 혼합되어 있는 경우(폭발범위내 존재)
② 혼합되어 있는 가스 및 분진이 어떤 구획된 공간이나 용기 등의 공간에 존재하고 있는 경우(밀폐된 공간)
③ 혼합된 물질의 일부에 점화원이 존재하고 그것이 매개체가 되어 최소 착화 에너지 이상의 에너지를 줄 경우

focus 본 교재 제5과목 II. 5. 폭발의 성립조건 단원에서 관련내용 확인

13. 다음은 인간의 "주의"에 관한 설명이다. ( )안에 알맞은 기호를 쓰시오.

| ① 선택성 | ② 방향성 | ③ 변동성 |

가. 주의는 동시에 두 개 이상의 자극에 집중할 수 없다.( )
나. 고도의 주의는 장시간 지속되지 않는다.( )
다. 한 지점에 집중하면 다른 곳에는 약해진다.( )

해답 가.(①)   나.(③)   다.(②)

focus 본 교재 제2과목 II. 2. 주의력과 부주의 단원에서 관련내용 확인

산업안전기사 실기 (필답형)
2005년 7월 10일 시행

1. 시스템위험분석에 해당하는 PHA(예비사고분석)에서 목표달성을 위한 특징 4가지를 쓰시오.

    해답
    ① 시스템에 관한 주요한 모든 사고식별(대략적인 말로표시, 발생확률 미고려)
    ② 사고를 초래하는 요인식별
    ③ 사고가 생긴다는 가정하에 시스템에 발생하는 결과를 식별하여 평가
    ④ 식별된 사고를 4가지 범주(카테고리)로 분류(㉠ 파국적 ㉡ 위기적(중대) ㉢ 한계적 ㉣ 무시가능)

    focus 본 교재 제3과목 II. 2. 예비사고 분석 단원에서 관련된 내용 확인

2. 부주의에 해당하는 부주의 현상 4가지를 쓰시오.

    해답 ① 의식의 단절(중단) ② 의식의 우회 ③ 의식수준의 저하 ④ 의식의 과잉 ⑤ 의식의 혼란

    focus 본 교재 제2과목 II. 2. 주의력과 부주의 단원에서 관련내용 확인

3. 산업안전보건법상 양중기의 종류 4가지를 쓰시오.

    해답 양중기의 종류
    ① 크레인(호이스트 포함)   ② 이동식 크레인
    ③ 리프트(이삿짐운반용 리프트의 경우 적재하중 0.1톤 이상인 것)
    ④ 곤돌라   ⑤ 승강기

    Tip 2019년 법개정으로 내용이 수정되었으며, 해답은 수정된 내용으로 작성했습니다.

    focus 본 교재 제4과목 I. 12. 양중기의 방호장치 및 재해유형 단원에서 확인

4. 2m에서의 조도가 150lux일 경우, 3m에서의 조도는 얼마인가?

    해답 조도 = $\dfrac{광도}{(거리)^2}$

    ① $150(\text{lux}) = \dfrac{광도}{2^2}$ 따라서, 광도 = 600(cd)

    ② 3m 일 때의 조도(lux) = $\dfrac{600}{3^2} ≒ 66.666 ≒ 66.67(\text{lux})$

    focus 본 교재 제3과목 I. 18. 조도 단원에서 관련된 내용 확인

5. 악천후 및 기상상태 불안정으로 작업을 중지하거나 비계의 조립·해체 또는 변경 후 그 비계에서 작업을 할 경우 작업시작전 점검해야할 사항 6가지를 쓰시오.

해답
① 발판재료의 손상여부 및 부착 또는 걸림상태
② 당해 비계의 연결부 또는 접속부의 풀림상태
③ 연결재료 및 연결철물의 손상 또는 부식상태
④ 손잡이의 탈락여부
⑤ 기둥의 침하·변형·변위 또는 흔들림 상태
⑥ 로프의 부착상태 및 매단장치의 흔들림 상태

focus 본 교재 제6과목 I. 24. 비계의 종류 및 설치시 준수사항 단원에서 관련내용 확인

6. 아세틸렌용접장치의 안전장치인 안전기의 설치위치를 쓰시오.

해답
① 취관마다 안전기설치
② 주관 및 취관에 가장 가까운 분기관마다 안전기부착
③ 가스용기가 발생기와 분리되어 있는 아세틸렌 용접장치는 발생기와 가스용기 사이(흡입관)에 안전기 설치

focus 본 교재 제4과목 I. 11. 아세틸렌용접장치 및 가스집합용접장치의 방호장치 및 설치방법 단원에서 관련된 내용 확인

7. 정보의 측정단위인 bit에 관하여 간략히 설명하시오.

해답 bit란 실현가능성이 같은 2개의 대안 중 하나가 명시되었을 때 얻을 수 있는 정보량

focus 본 교재(필기) 제2과목 03. IV. 3. 인간의 정보처리 단원에서 관련된 내용 확인

8. 100V 단상 2선식 회로의 전류를 물에젖은 손으로 조작하여 감전으로인한 심실세동을 일으켰다. 이때 인체에 흐른 전류와 심실세동을 일으킨 시간을 구하시오.(단, 인체의 저항은 5,000Ω이며, 길버트의 이론에 의해 계산할 것)

해답
① 전류$(I) = \dfrac{V}{R} = \dfrac{100}{5,000 \times \dfrac{1}{25}} \times 1,000 = 500(\text{mA})$

② 시간 : $500\text{mA} = \dfrac{165}{\sqrt{T}}$ ∴ $\sqrt{T} = 0.33$ 따라서, $T = 0.1089 \fallingdotseq 0.11$(초)

focus 본 교재 제5과목 I. 2. 통전전류가 인체에 미치는 영향 단원에서 관련내용 확인

9. Fail safe를 기능적인 측면에서 3단계로 분류하여 간략히 설명하시오.

해답

Fail-passive	부품이 고장났을 경우 통상기계는 정지하는 방향으로 이동(일반적인 산업기계)
Fail-active	부품이 고장났을 경우 기계는 경보를 울리는 가운데 짧은 시간동안 운전 가능
Fail-operational	부품의 고장이 있더라도 기계는 추후 보수가 이루어 질 때까지 안전한 기능 유지 (병렬구조 등으로 되어 있으며 운전상 가장 선호하는 방법)

focus 본 교재 제3과목 I. 7. Fail safe 단원에서 관련내용 확인

10. 다음과 같은 병렬 시스템의 신뢰도 공식을 쓰시오.

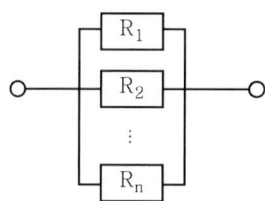

해답 $R = 1-(1-R_1)(1-R_2)\cdots(1-R_n) = 1 - \prod_{i=1}^{n}(1-R_i)$

focus 본 교재 제3과목 I. 5. 신뢰도 단원에서 관련내용 확인

11. 전격의 위험을 결정하는 1차적요인 4가지를 쓰시오.

해답
① 통전 전류의 크기
② 통전 경로
③ 통전 시간
④ 전원의 종류

focus 본 교재 제5과목 I. 1. 감전재해 유해요소 단원에서 관련내용 확인

12. 휴먼에러(Human Error)의 분류방법을 3가지 쓰고, 각각의 예를 적으시오.

해답 (1) 스웨인(A.D.Swain)의 심리적 분류
① Omission error
② Commission error
③ Sequential error
④ Time error
⑤ Extraneous error
(2) 행동 과정을 통한 분류
① input error
② information processing error
③ decision making error
④ out put error
⑤ feedback error
(3) 대뇌의 정보처리 에러
① 인지 과정 착오
② 판단 과정 착오
③ 조작 과정 실수
(4) 원인의 레벨적 분류
① Primary error
② Secondary error
③ Command error

focus 본 교재 제3과목 I. 4. 휴먼에러 단원에서 관련내용 확인

산업안전기사 실기 (필답형) 2005년 9월 25일 시행

1. 산업안전보건법상 작업장의 조도기준에 관하여 쓰시오.

해답
① 초정밀 작업 : 750럭스 이상
② 정밀작업 : 300럭스 이상
③ 보통작업 : 150럭스 이상
④ 그밖의 작업 : 75럭스 이상

focus 본 교재 제3과목 I. 18. 조도 단원에서 관련내용 확인

2. 자동차로부터 25(m)떨어진 장소에서의 음압수준이 120(dB)이라면 4,000(m)에서의 음압은 몇(dB)인지 계산하시오.

해답 d_1에서 I_1의 단위면적당 출력을 갖는 음은 거리 d_2에서는

$$dB_2 = dB_1 - 20\log\left(\frac{d_2}{d_1}\right)$$

$$\therefore dB_2 = 120 - 20\log\left(\frac{4,000}{25}\right) \fallingdotseq 75.917 = 75.92(dB)$$

focus 본 교재(필기) 제2과목 02. II. 1. 청각과정 단원에서 관련내용 확인

3. 지반굴착작업을 실시하기 전 사전에 조사해야할 사항 3가지를 쓰시오.

해답
① 형상·지질 및 지층의 상태
② 균열·함수(含水)·용수 및 동결의 유무 또는 상태
③ 매설물등의 유무 또는 상태
④ 지반의 지하수위 상태

focus 본 교재 제6과목 I. 16. 토사붕괴 위험성 및 안전조치 단원에서 확인

4. 물체의 낙하·비래로 인한 근로자의 위험을 방지하기 위한 시설이나 대책을 3가지 쓰시오.

해답
① 낙하물 방지망 설치
② 수직 보호망 설치
③ 방호선반 설치
④ 출입금지구역 설정
⑤ 보호구착용

focus 본 교재 제6과목 I. 13. 낙하·비래의 위험방지 및 안전조치 단원에서 관련된 내용 확인

5. 평균강도율의 공식을 쓰시오.

   해답 평균강도율 = $\dfrac{강도율}{도수율} \times 1,000$

   focus 본 교재 제1과목 III. 12. 재해율 단원에서 관련내용 확인

6. 인화성물질의 증기, 가연성가스 등으로 인한 폭발 또는 화재를 예방하기 위한 조치를 3가지 쓰시오.

   해답
   ① 통풍·환기 및 제진 등의 조치를 할 것
   ② 폭발 또는 화재를 미리 감지할 수 있는 가스검지 및 경보장치를 설치하고 그 성능이 발휘될 수 있도록 할 것
   ③ 불꽃 또는 아크를 발생하거나 고온으로 될 우려가 있는 화기 또는 기계·기구 및 공구 등을 사용하지 말 것

   focus 본 교재 제5과목 II. 10. 폭발의 방호방법 단원에서 관련내용 확인

7. 안전교육의 단계에서 기능교육의 3단계를 쓰시오.

   해답
   ① 준비
   ② 위험작업의 규제
   ③ 안전작업의 표준화

   focus 본 교재 제2과목 I. 4. 안전교육의 단계 단원에서 관련된 내용 확인

8. 근로자 400명이 작업하는 어느 작업장에서 1일 8시간, 년 300일 근무하는 동안 지각 및 조퇴 500시간, 잔업시간 10,000시간, 사망재해건수 2건, 기타휴업일수가 27일 이다. 이 작업장의 강도율을 구하시오.

   해답 강도율(S.R) = $\dfrac{근로손실일수}{연간 총근로 시간수} \times 1,000$

   ∴ 강도율 = $\dfrac{(7,500 \times 2) + \left(27 \times \dfrac{300}{365}\right)}{(400 \times 8 \times 300) - 500 + 10,000} \times 1,000 ≒ 15.494 = 15.49$

   focus 본 교재 제1과목 III. 12. 재해율 단원에서 관련내용 참고.

9. 건조설비를 사용하는 작업에서 안전담당자의 직무내용을 쓰시오.

   해답 ① 건조설비를 처음으로 사용하거나 건조방법 또는 건조물의 종류를 변경한 때에는 근로자에게 미리 그 작업방법을 교육하고 작업을 직접 지휘하는 일

② 건조설비가 있는 장소를 항상 정리정돈하고 그 장소에 가연성물질을 내버려두지 아니하도록 하는 일

focus 법개정으로 안전담당자 직책은 사용하지 않습니다. 앞으로는 관리감독자로 알아두세요. 본 교재 제8과목 II. 1. 관리감독자의 업무내용 단원에서 자세한 내용 확인

10. 다음과 같은 FT도에서 고장발생확률을 계산하시오.

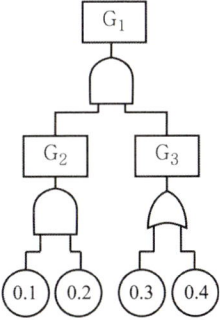

해답 (1) G_1의 발생확률 : $G_2 \times G_3 = 0.02 \times 0.58 = 0.0116$
(2) G_2의 발생확률 : $0.1 \times 0.2 = 0.02$
(3) G_3의 발생확률 : $1 - (1-0.3)(1-0.4) = 0.58$

focus 본 교재(필기) 제2과목 06. II. 1. 확률사상의 계산 단원에서 확인

11. MSDS(물질안전보건자료)의 작성내용을 쓰시오.

해답 ① 제품명
② 물질안전보건자료대상물질을 구성하는 화학물질 중 유해인자의 분류기준에 해당하는 화학물질의 명칭 및 함유량
③ 안전 및 보건상의 취급주의 사항
④ 건강 및 환경에 대한 유해성, 물리적 위험성
⑤ 물리·화학적 특성 등 고용노동부령으로 정하는 사항
　㉠ 물리·화학적 특성
　㉡ 독성에 관한 정보
　㉢ 폭발·화재시의 대처 방법
　㉣ 응급조치 요령
　㉤ 그 밖에 고용노동부장관이 정하는 사항

Tip 2020년 시행. 관련법령 전부개정으로 변경된 내용입니다. 해답은 개정된 내용에 맞게 수정했으니 착오없으시기 바랍니다.

focus 본 교재 제8과목 I. 2. 물질안전보건자료의 작성비치 등 단원에서 관련내용 확인

12. 년간 1,500명의 근로자가 작업하는 어느 업체에서 연간 20명의 재해자가 발생하였다면 연천인율은 얼마인가?

    해답 연천인율 = $\dfrac{\text{연간 재해자수}}{\text{연평균 근로자수}} \times 1,000$

    ∴ 연천인율 = $\dfrac{20}{1,500} \times 1,000 ≒ 13.333 ≒ 13.33$

    focus 본 교재 제1과목 III. 12. 재해율 단원에서 관련내용 확인

13. 버드의 최신의 도미노(연쇄성) 이론을 순서대로 쓰시오.

    해답 ① 제1단계 : 제어(통제)의 부족(관리)   ② 제2단계 : 기본원인(기원)
          ③ 제3단계 : 직접원인(징후)   ④ 제4단계 : 사고(접촉)
          ⑤ 제5단계 : 상해(손실)

    focus 본 교재(필기) 제1과목 01. I. 2. 안전관리 제이론 단원에서 관련된 내용 확인

14. 전기 활선작업을 할 경우 가죽장갑과 고무장갑의 올바른 착용방법을 쓰시오.

    해답 고무장갑을 먼저 착용하고 외부에 가죽장갑을 착용한다.

    focus 본 교재(필기) 제4과목 02. IV. 1. 절연용보호구 단원에서 관련내용 확인

15. 보호구의 종류 중에서 위생보호구를 5가지 쓰고, 산소농도 18%미만 장소에서 사용해야하는 보호구를 한가지 쓰시오.

    해답 (1) 위생보호구
              ① 방독마스크 ② 방진마스크 ③ 송기마스크 ④ 보호복
              ⑤ 보안경   ⑥ 방음보호구 ⑦ 특수복 등
          (2) 산소농도 18%미만 장소 : 송기마스크

    focus 본 교재 제7과목 I. 1. 보호구 선택시 유의사항 단원에서 관련내용 확인

산업안전기사 실기 (필답형)
2006년 4월 23일 시행

1. 근로자수 1,200명인 어느 사업장에서 1주일에 54시간, 연 50주를 근무하는 동안 77건의 재해가 발생했다면 도수율(빈도율)은 얼마인가? (단, 결근율은 5.5%이다.)

   해답 빈도율$(F.R) = \dfrac{\text{재해건수}}{\text{연간총근로시간수}} \times 1,000,000$

   $\therefore \dfrac{77}{1200 \times 54 \times 50 \times 0.945} \times 10^6 ≒ 25.148 = 25.15$

   focus 본 교재 제1과목 III. 12. 재해율 단원에서 관련내용 확인

2. 컨베이어 작업시 작업시작전에 점검해야할 사항 4가지를 쓰시오.

   해답 ① 원동기 및 풀리기능의 이상유무
   ② 이탈 등의 방지장치기능의 이상유무
   ③ 비상정지장치 기능의 이상유무
   ④ 원동기·회전축·기어 및 풀리 등의 덮개 또는 울 등의 이상유무

   focus 본 교재 제1과목 IV. 8. 작업시작전 점검사항 단원에서 관련내용 확인

3. 연소의 3가지 요소를 쓰시오.

   해답 ① 가연물   ② 산소공급원   ③ 점화원

   focus 본 교재 제5과목 II. 1. 연소의 정의 단원에서 관련된 내용 확인

4. 하인리히의 재해예방 대책 5단계를 쓰시오.

   해답 ① 제1단계 : 안전관리조직   ② 제2단계 : 사실의 발견
   ③ 제3단계 : 평가 및 분석   ④ 제4단계 : 시정책의 선정
   ⑤ 제5단계 : 시정책의 적용

   focus 본 교재 제1과목 III. 11. 사고예방대책의 기본원리 5단계 단원에서 확인

5. 근로자수 300명인 어느 사업장에서 1일 8시간, 연 300일 근로하는 동안 발생한 10명의 재해자중 3급 장해등급 2명, 기타휴업일수총계가 219일 이라면 강도율은 얼마인가?

해답 강도율$(S.R) = \dfrac{\text{근로손실일수}}{\text{연간총근로시간수}} \times 1,000$

∴ $\dfrac{(7500 \times 2) + \left(219 \times \dfrac{300}{365}\right)}{300 \times 8 \times 300} \times 1,000 ≒ 21.083 = 21.08$

focus 본 교재 제1과목 III. 12. 재해율 단원에서 관련내용 확인

---

6. 안전모의 성능기준에서 내관통성 시험에 해당하는 다음의 보기에 해당하는 거리를 쓰시오.

① AE형 및 ABE형의 관통거리 : (   )mm 이하
② A형 및 AB형의 관통거리 : (   )mm 이하

해답 ① 9.5 ② 11.1

Tip 본 문제는 관련법이 개정되어 일부내용이 수정되었음.(해답은 개정전의 내용이며, 해답의 내용에서 A형 안전모는 삭제되었으므로 제외해야함.) - 관련된 자세한 내용은 본문내용에서 참고하세요.

focus 본 교재 제7과목 III. 1. 안전모 단원에서 관련내용 확인

---

7. 차량계하역운반기계(지게차)의 운전위치 이탈 시 운전자가 준수해야할 사항을 2가지 쓰시오.

해답
① 포크, 버킷, 디퍼 등의 장치를 가장 낮은 위치 또는 지면에 내려 둘 것
② 원동기를 정지시키고 브레이크를 확실히 거는 등 갑작스러운 주행이나 이탈을 방지하기 위한 조치를 할 것
③ 운전석을 이탈하는 경우에는 시동키를 운전대에서 분리시킬 것. 다만, 운전석에 잠금장치를 하는 등 운전자가 아닌 사람이 운전하지 못하도록 조치한 경우는 그렇지 않다.

Tip 2012년 법 개정으로 내용이 수정되었습니다. 해답은 수정된 내용으로 작성했으니 착오없으시기 바랍니다.

focus 본 교재 제6과목 I. 7. 운반기계 단원에서 관련된 내용 확인

---

8. 항타기 항발기의 권상용 와이어로프의 안전계수는?

해답 안전계수는 5이상

focus 본 교재 제6과목 I. 9. 항타기 및 항발기 단원에서 관련된 내용 확인

---

9. 승강기의 자체검사 항목을 쓰시오(4가지)

해답
① 과부하 방지장치 · 권과방지장치 그 밖의 방호장치의 이상유무
② 브레이크 및 클러치의 이상유무

③ 와이어로프 및 달기체인의 이상유무
④ 가이드레일의 상태
⑤ 옥외에 설치된 화물용 승강기의 가이드로프를 연결한 부위의 이상유무

Tip (1) 본 문제는 2009년부터 적용된 법 개정으로 아래의 내용으로 변경되었으므로 주의 바람.(자체검사 제도가 전면 폐지되고 안전검사로 관련법이 제정됨) – 앞으로 자체검사로는 출제되지 않으며 해답 내용은 개정전 자체검사에 대한 내용이므로 참고만 할 것
(2) 안전검사 대상 유해·위험기계
　　① 프레스　　　　　　　② 전단기
　　③ 크레인(정격하중 2톤 미만 제외)
　　④ 리프트　　　　　　　⑤ 압력용기
　　⑥ 곤돌라　　　　　　　⑦ 국소배기장치(이동식 제외)
　　⑧ 원심기(산업용만 해당)　⑨ 롤러기(밀폐형 구조제외)
　　⑩ 사출성형기 [형 체결력 294킬로뉴튼(KN) 미만 제외]
　　⑪ 고소작업대(화물자동차 또는 특수자동차에 탑재한 것으로 한정)
　　⑫ 컨베이어　　　　　　⑬ 산업용 로봇

Tip 2020년 시행. 관련법령 전부개정으로 변경된 내용입니다. Tip은 개정된 내용에 맞게 수정했으니 착오없으시기 바랍니다.

focus 본 교재 제 1과목 Ⅳ. 9. 안전검사 단원에서 관련내용 확인

10. 다음과 같은 시스템의 신뢰도를 계산하시오.

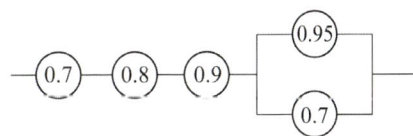

해답 $R_s = 0.7 \times 0.8 \times 0.9 \times \{1-(1-0.95)(1-0.7)\} = 0.49644 = 49.6\%$

focus 본 교재 제3과목 Ⅰ. 5. 신뢰도 단원에서 관련내용 확인

11. 산업안전보건법상 양중기의 종류 4가지를 쓰시오(세부사항까지 쓰시오)

해답 양중기의 종류
(1) 크레인(호이스트 포함)
(2) 이동식 크레인
(3) 리프트
　　① 건설용 리프트　② 산업용 리프트　③ 자동차 정비용 리프트
　　④ 이삿짐운반용 리프트(적재하중이 0.1톤 이상인 것으로 한정)
(4) 곤돌라
(5) 승강기
　　① 승객용 엘리베이터　② 승객 화물용 엘리베이터　③ 화물용 엘리베이터
　　④ 소형 화물용 엘리베이터　⑤ 에스컬레이터

Tip 본 문제는 2021년 법령개정으로 수정된 내용입니다.(해답은 개정된 내용 적용)

focus 본 교재 (필기) 제3과목 05. Ⅲ. 1. 양중기의 정의 단원 참고

산업안전기사 실기 (필답형) 2006년 7월 9일 시행

1. 프레스의 방호장치의 종류를 4가지 쓰시오.

> **해답** ① 양수조작식 ② 게이트 가드식 ③ 수인식 ④ 손쳐내기식 ⑤ 감응식
>
> **focus** 본 교재 제4과목 I. 10. 프레스의 방호장치 및 설치방법 단원에서 확인

2. 프레스의 양수조작식 방호장치의 누름버튼 거리는 얼마이상으로 하여야 하는가?

> **해답** 300mm 이상 (매립형 구조)
>
> **focus** 본 교재 제4과목 I. 10. 프레스의 방호장치 및 설치방법 단원에서 확인

3. 동력프레스의 자체검사 항목을 3가지 쓰시오.

> **해답** ① 방호장치의 이상유무
> ② 크랭크축 또는 플라이휠 그 밖의 동력전달장치의 이상유무
> ③ 클러치·브레이크 그 밖의 제어장치의 이상유무
> ④ 1행정 1정지기구·급정지장치 및 비상정지장치의 이상유무
> ⑤ 연결봉과 슬라이드와의 상호기능 상태의 이상유무
> ⑥ 전자밸브·압력조정밸브 그 밖의 유압제품의 이상유무
> ⑦ 전자밸브·유압펌프 그 밖의 유압계통의 이상유무
> ⑧ 리밋스위치·릴레이 그 밖의 전자부품의 이상유무
> ⑨ 배선·퓨즈·배선반·조직반 등 전기계통 이상유무
>
> **Tip** (1) 본 문제는 2009년부터 적용된 법 개정으로 아래의 내용으로 변경되었으므로 주의 바람.(자체검사 제도가 전면 폐지되고 안전검사로 관련법이 제정됨) – 앞으로 자체검사로는 출제되지 않으며 해답 내용은 개정전 자체검사에 대한 내용이므로 참고만 할 것
> (2) 안전검사 대상 유해·위험기계
> ① 프레스 ② 전단기
> ③ 크레인(정격하중 2톤 미만 제외)
> ④ 리프트 ⑤ 압력용기
> ⑥ 곤돌라 ⑦ 국소배기장치(이동식 제외)
> ⑧ 원심기(산업용만 해당) ⑨ 롤러기(밀폐형 구조제외)
> ⑩ 사출성형기 [형 체결력 294킬로뉴튼(KN) 미만 제외]
> ⑪ 고소작업대(화물자동차 또는 특수자동차에 탑재한 것으로 한정)
> ⑫ 컨베이어 ⑬ 산업용 로봇
>
> **Tip** 2020년 시행. 관련법령 전부개정으로 변경된 내용입니다. Tip은 개정된 내용에 맞게 수정했으니 착오없으시기 바랍니다.

4. 안전모의 모체를 수중에 담그기 전 무게가 440g, 모체를 20~25℃의 수중에 24시간 담근 후의 무게가 443.5g이었다면 무게 증가율과 합격여부를 판단하시오.

해답 ① 무게(질량)증가율

$$질량증가율(\%) = \frac{담근후의\ 질량 - 담그기전의\ 질량}{담그기전의\ 질량} \times 100$$

$$\therefore\ 무게(질량)\ 증가율 = \frac{443.5 - 440}{440} \times 100 ≒ 0.795 = 0.80(\%)$$

② 합격여부 : 1(%) 미만이므로 합격

focus 본 교재(필기) 제1과목 03. II. 3. 보호구의 시험 및 검정방법 단원에서 관련내용 확인

5. 차량계 하역운반기계에 화물을 적재할 경우 준수해야할 사항 3가지를 쓰시오.

해답 ① 하중이 한쪽으로 치우치지 않도록 적재할 것
② 구내운반차 또는 화물자동차의 경우 화물의 붕괴 또는 낙하에 의한 위험을 방지하기 위하여 화물에 로프를 거는 등 필요한 조치를 할 것
③ 운전자의 시야를 가리지 않도록 화물을 적재할 것

Tip 2012년 법 개정으로 일부사항이 수정되었으므로 해답의 내용으로 알아두세요.

focus 본 교재 제6과목 I. 7. 운반기계 단원에서 관련내용 확인

6. 보일링 현상을 방지하기 위한 대책 3가지를 쓰시오.

해답 ① Filter 및 차수벽설치
② 흙막이 근입깊이를 깊게(불투수층까지)
③ 약액주입등의 굴착면 고결
④ 지하수위저하
⑤ 압성토 공법 등

focus 본 교재 제6과목 I. 16. 토사붕괴 위험성 및 안전조치 단원에서 관련내용 확인

7. 산업안전보건법령상 사업주가 근로자에게 실시해야하는 근로자 안전보건교육 중 채용시 교육 및 작업내용 변경시 교육내용을 4가지 쓰시오.

해답 ① 산업안전 및 사고 예방에 관한 사항   ② 산업보건 및 직업병 예방에 관한 사항
③ 위험성 평가에 관한 사항
④ 산업안전보건법령 및 산업재해보상보험 제도에 관한 사항
⑤ 직무스트레스 예방 및 관리에 관한 사항
⑥ 직장 내 괴롭힘, 고객의 폭언 등으로 인한 건강장해 예방 및 관리에 관한 사항
⑦ 기계·기구의 위험성과 작업의 순서 및 동선에 관한 사항
⑧ 작업 개시 전 점검에 관한 사항   ⑨ 정리정돈 및 청소에 관한 사항
⑩ 사고 발생 시 긴급조치에 관한 사항   ⑪ 물질안전보건자료에 관한 사항

Tip 2023년 법령개정. 문제 및 해답은 개정된 내용 적용.

focus 본 교재 제2과목 I. 10. 산업안전보건법상의 교육의 종류와 교육시간 및 교육내용 단원에서 관련된 내용 확인

8. 작업환경조사시 사용되는 다음의 단위에 대하여 간략히 설명하시오.

   ① ppm   ② mg/m³   ③ Lux   ④ dB(A)

   해답
   ① ppm : 화학물질의 가스, 증기, 미스트, 흄 등의 농도를 표시하는 단위
   ② mg/m³ : 화학물질의 가스, 증기, 미스트, 흄 등의 농도와 분진의 농도를 표시하는 단위
   $$mg/m^3 = \frac{ppm \times 분자량(g)}{24.45(25℃ \cdot 1기압)}$$
   ③ Lux : 표면밝기의 정도를 나타내는 조도의 단위
   $$조도 = \frac{광도}{(거리)^2}$$
   ④ dB(A) : 소음수준의 측정단위

   focus 본 교재(필기) 제5과목 01. I. 4. 허용농도 단원과 인간공학 및 시스템안전공학 및 04. I. 작업조건과 환경조건 단원에서 관련내용 참고

9. 가설통로 설치시 준수사항을 3가지 쓰시오.

   해답
   ① 견고한 구조로 할 것
   ② 경사는 30도 이하로 할 것(계단을 설치하거나 높이 2m 미만의 가설통로로서 튼튼한 손잡이를 설치한 때에는 그렇지 않다.)
   ③ 경사가 15도를 초과하는 때에는 미끄러지지 아니하는 구조로 할 것
   ④ 추락의 위험이 있는 장소에는 안전난간을 설치할 것(작업상 부득이한 때에는 필요한 부분에 한하여 임시로 이를 해체할 수 있다.)
   ⑤ 수직갱에 가설된 통로의 길이가 15m 이상인 때에는 10m 이내마다 계단참을 설치할 것
   ⑥ 건설공사에 사용하는 높이 8m 이상인 비계다리에는 7m 이내마다 계단참을 설치할 것

   focus 본 교재 제6과목 I. 20. 가설계단 단원에서 관련된 내용 확인

10. 화학설비 설치 시 내부의 이상상태를 조기에 파악하기 위한 계측장치의 종류를 3가지 쓰시오.

    해답 ① 온도계 ② 유량계 ③ 압력계

    focus 본 교재 제5과목 II. 14. 화학설비의 안전장치 종류 단원에서 관련내용 확인

11. 년 평균근로자가 500명인 H사업장에서 연간 25명의 사상자가 발생하였다. 연천인율을 계산하시오.(단, 결근율은 3%이다)

    해답
    $$연천인율 = \frac{연간재해자수}{연평균근로자수} \times 1,000$$
    $$\therefore \frac{25}{500} \times 1,000 = 50$$

    focus 본 교재 제1과목 III. 12. 재해율 단원에서 관련된 내용 확인

12. 다음은 상해의 종류에 해당되는 내용이다. 간략히 설명하시오.

① 골절   ② 자상   ③ 좌상   ④ 창상

해답
① 골절 : 뼈가 부러진 상해
② 자상(찔림) : 칼날등 날카로운 물건에 찔린 상해
③ 좌상(타박상) : 타박·충돌·추락 등으로 피부표면 보다는 피하조직 또는 근육부를 다친 상해(삔 것 포함)
④ 창상(베임) : 창, 칼등에 베인 상해

focus 본 교재 제1과목 III. 8. 상해의 종류 단원에서 관련내용 확인

13. 스팀이 누출되는 장소를 확인하기 위해 증기배관의 보온커버를 벗기는 작업을 하고 있다. 위험요인 및 안전대책을 3가지 쓰시오.

해답
(1) 위험요인
① 안전장갑을 착용하고 있지 않아 고온의 배관에 의한 화상위험.
② 고온의 증기가 계속 누출되고 있어 얼굴에 화상위험.
③ 보온커버 등에서 발생하는 가루나 분진 등에 의한 눈의 상해위험
(2) 안전대책
① 방열장갑을 착용하고 작업한다.
② 보안면을 착용하여 얼굴을 보호한다.
③ 보안경을 착용하여 눈을 보호한다.
④ 공정에 지장이 없다면 스팀밸브를 차단한 후 작업을 한다.

14. 검사공정에서 제품을 검사하는 작업자가 한로트에 10,000개의 제품을 검사하여 200개의 불량품을 발견 하였으나 이 로트 에는 실제로 500개의 불량품이 있었다. 이때의 인간과오률(Human Error Probability)을 계산하시오.

해답 이산적 직무에서의 휴먼에러 확률

휴먼에러 확률(HEP) = $\dfrac{\text{인간오류의 수}}{\text{전체오류발생기회의 수}}$

∴ HEP = $\dfrac{300}{10,000}$ = 0.03

focus 본 교재 제3과목 I. 4. 휴먼에러 단원에서 관련된 구체적인 내용 반드시 확인

산업안전기사 실기 (필답형)
2006년 9월 17일 시행

1. 터널굴착작업시 시공계획에 포함되어야할 사항을 2가지 쓰시오.

해답
① 굴착의 방법
② 터널지보공 및 복공의 시공방법과 용수의 처리방법
③ 환기 또는 조명시설을 하는 때에는 그 방법

focus 본 교재(필기) 제6과목 04. Ⅱ. 6. 콘크리트 구조물 붕괴안전대책, 터널굴착 단원에서 관련내용 확인

2. 감전방지용 누전차단기의 정격감도전류와 동작시간을 쓰시오.

해답
① 정격감도전류 : 30mA 이하
② 작동시간 : 0.03초 이내

focus 본 교재 제5과목 Ⅰ. 6. 누전차단기 단원에서 관련내용 확인

3. 기업내 정형교육인 TWI 의 교육내용을 4가지 쓰시오.

해답
① J. M. T(Job Method Training) : 작업방법훈련(작업개선법)
② J. I. T(Job Instruction Training) : 작업지도훈련(작업지도법)
③ J. R. T(Job Relations Training) : 인간관계훈련(부하통솔법)
④ J. S. T(Job Safety Training) : 작업안전훈련(안전관리법)

focus 본 교재(필기) 제1과목 07. Ⅱ. 3. TWI 단원에서 관련내용 확인

4. 관리대상 유해물질을 취급하는 작업장에 게시해야할 사항을 5가지 쓰시오.

해답
① 관리대상 유해물질의 명칭   ② 인체에 미치는 영향   ③ 취급상 주의사항
④ 착용하여야할 보호구   ⑤ 응급조치와 긴급 방재 요령

focus 본 교재(필기) 제5과목 01. Ⅱ. 4. 유해화학물질 취급시 주의사항 단원에서 관련된 내용 확인

5. 근로자의 안전을 위해 착용하는 보호구의 관리요령을 3가지 쓰시오.

해답
① 상시 사용할 수 있도록 관리해야하며 청결을 유지할 것
② 햇빛이 들지 않고 통풍이 잘 되는 장소에 보관할 것
③ 부식성 액체, 유기용제, 기름, 산등과 혼합하여 보관하지 않을 것
④ 모래, 진흙 등이 묻은 경우는 세척하고 그늘에서 말려 보관할 것
⑤ 땀 등으로 오염된 경우는 세척하고 건조 시킨 후 보관할 것
⑥ 발열체가 주변에 없을 것

6. 프레스 및 전단기의 방호장치 설치방법을 4가지 쓰시오.

   해답 ① 양수조작식 ② 게이트 가드식 ③ 수인식 ④ 손쳐내기식 ⑤ 감응식(광전자식)

   focus 본 교재 제4과목 I. 10. 프레스의 방호장치 및 설치방법 단원에서 확인

7. 다음에 해당하는 근로불능 상해의 종류에 관하여 간략히 설명하시오.

   ① 영구전 노동불능 상해 ② 영구일부 노동불능 상해
   ③ 일시전 노동불능 상해 ④ 일시일부 노동불능 상해

   해답

영구전노동불능 상해	부상결과 근로자로서의 근로기능을 완전히 잃은 경우 (신체장해등급 제1급~제3급)
영구일부노동불능 상해	부상결과 신체의 일부, 즉, 근로기능의 일부를 상실한 경우 (신체장해등급 제4급~제14급)
일시전노동불능 상해	의사의 진단에 따라 일정기간 근로를 할 수 없는 경우 (신체장해가 남지 않는 일반적 휴업재해)
일시일부노동불능 상해	의사의 진단에 따라 부상다음날 혹은 그 이후에 정규근로에 종사할 수 없는 휴업재해 이외의 경우 (일시적으로 작업시간 중에 업무를 떠나 치료를 받는 정도의 상해)

   focus 본 교재 제1과목 III. 9. 통계적 원인분석 방법 단원에서 관련내용 확인

8. 다음에 해당하는 위험물질의 종류를 찾아서 번호를 쓰시오.

   ① 니트로 화합물 ② 마그네슘분말 ③ 과산화수소 ④ 가솔린 ⑤ 테레핀유
   ⑥ 질산칼륨 ⑦ 황화인 ⑧ 아조화합물

   해답 (1) 폭발성 물질 및 유기과산화물 : ①⑧ (2) 물반응성 물질 및 인화성 고체 : ②⑦
   (3) 산화성 액체 및 산화성 고체 : ③⑥ (4) 인화성 액체 : ④⑤

   Tip 2011년 법개정으로 내용이 수정되었으며, 해답은 수정된 내용으로 작성하였습니다.

   focus 본 교재(필기) 제5과목 01. I. 3. 위험물의 종류 단원에서 관련내용 확인

9. 다음의 위험장소에 해당하는 전기설비의 방폭구조를 쓰시오.

   (1) 0종 장소   (2) 1종 장소

   해답 (1) 0종 장소
   ① 본질안전방폭구조(ia)
   ② 그 밖에 관련 공인 인증기관이 0종 장소에서 사용이 가능한 방폭구조로 인증한 방폭구조

(2) 1종 장소
　① 내압방폭구조(d)　　② 압력방폭구조(p)
　③ 충전방폭구조(q)　　④ 유입방폭구조(o)
　⑤ 안전증방폭구조(e)　⑥ 본질안전방폭구조(ia, ib)
　⑦ 몰드방폭구조(m)
　⑧ 그 밖에 관련 공인 인증기관이 1종 장소에서 사용이 가능한 방폭구조로 인증한 방폭구조

focus 본 교재(필기) 제4과목 05. Ⅲ. 1. 방폭구조 선정 및 유의사항 단원에서 관련된 내용 확인

10. 동바리를 조립하는 경우 하중의 지지상태를 유지할 수 있도록 사업주가 준수해야할 사항을 4가시 쓰시오.

해답
① 받침목이나 깔판의 사용, 콘크리트 타설, 말뚝박기 등 동바리의 침하를 방지하기 위한 조치를 할 것
② 동바리의 상하 고정 및 미끄러짐 방지 조치를 할 것
③ 상부·하부의 동바리가 동일 수직선상에 위치하도록 하여 깔판·받침목에 고정시킬 것
④ 개구부 상부에 동바리를 설치하는 경우에는 상부하중을 견딜 수 있는 견고한 받침대를 설치할 것
⑤ U헤드 등의 단판이 없는 동바리의 상단에 멍에 등을 올릴 경우에는 해당 상단에 U헤드 등의 단판을 설치하고, 멍에 등이 전도되거나 이탈되지 않도록 고정시킬 것
⑥ 동바리의 이음은 같은 품질의 재료를 사용할 것
⑦ 강재의 접속부 및 교차부는 볼트·클램프 등 전용철물을 사용하여 단단히 연결할 것
⑧ 거푸집의 형상에 따른 부득이한 경우를 제외하고는 깔판이나 받침목은 2단 이상 끼우지 않도록 할 것
⑨ 깔판이나 받침목을 이어서 사용하는 경우에는 그 깔판·받침목을 단단히 연결할 것

Tip 2023년 법령개정. 문제 및 해답은 개정된 내용 적용.

focus 본 교재 제8과목 Ⅳ. 3. 거푸집 및 동바리 단원에서 관련내용 확인

11. 사염화탄소 농도 0.2% 작업장에서, 사용하는 흡수관의 제품(흡수)능력이 사염화탄소 0.5%이며 사용시간이 100분일 때 방독마스크의 파과(유효)시간을 계산하시오.

해답
$$유효사용시간 = \frac{표준 유효시간 \times 시험가스농도}{공기중 유해가스농도}$$
$$\therefore 유효사용시간 = \frac{100 \times 0.5}{0.2} = 250(분)$$

focus 본 교재 제7과목 Ⅰ. 4. 방독마스크 단원에서 관련된 내용 확인

12. 안전관리자수를 정수 이상으로 증원, 개임 해야 하는 경우에 해당하는 내용을 3가지 쓰시오.

해답 안전관리자 증원 교체임명 대상사업장
① 해당 사업장의 연간재해율이 같은 업종의 평균재해율의 2배 이상인 경우
② 중대재해가 연간 2건 이상 발생한 경우(해당 사업장의 전년도 사망만인율이 같은 업종의 평균 사망만인율 이하인 경우는 제외)
③ 관리자가 질병이나 그 밖의 사유로 3개월 이상 직무를 수행할 수 없게 된 경우
④ 화학적 인자로 인한 직업성질병자가 연간 3명 이상 발생한 경우

> **Tip** 2020년 시행. 관련법령 전부개정으로 변경된 내용이며, 해답은 개정된 내용에 맞게 수정했으니 착오 없으시기 바랍니다.

> **focus** 본 교재 제1과목 I. 5. 안전관리자의 직무 단원에서 관련된 내용 확인

13. 부품배치의 4원칙을 쓰시오.

> **해답**
> ① 중요성의 원칙
> ② 사용빈도의 원칙
> ③ 기능별 배치의 원칙
> ④ 사용 순서의 원칙

> **focus** 본 교재 제3과목 I. 12. 부품배치의 원칙 단원에서 관련내용 확인

14. 상시근로자 1,000명이 근로하는 H기업의 연간재해건수는 60건이며, 지난해에 납부한 산재보험료는 18,000,000원, 산재보상금은 12,650,000원을 받았다. H기업의 재해건수 중 휴업상해(A)건수는 10건, 통원상해(B)건수는 15건, 구급처치(C)건수는 8건, 무상해사고 (D)건수는 20건 발생하였다면 Heinrich 방식과 Simonds방식에 의한 재해손실비용을 각각 계산하시오.(단, A : 900,000원, B : 290,000원, C : 150,000원, D : 200,000원, 공식과 계산식도 함께 쓸 것)

> **해답**
> ① Heinrich 방식 (1 : 4의 원칙)
> 재해 코스트 = 직접손실비용 + 간접손실비용
> (간접손실비용 = 직접손실비용 × 4)
> ∴ 12,650,000 + (12,650,000 × 4) = 63,250,000(원)
> ② Simonds(시몬즈) 방식
> 재해 코스트 = 보험 cost + 비보험cost
>   = 산재 보험 cost + (A × 휴업 상해 건수) + (B × 통원 상해 건수)
>   + (C × 구급 상해 건수) + (D × 무상해 사고 건수)
> ∴ 18,000,000 + {(900,000 × 10) + (290,000 × 15) + (150,000 × 8) + (200,000 × 20)}
>   = 36,550,000(원)

> **focus** 본 교재 제1과목 III. 13. 재해코스트 단원에서 관련된 내용 확인

15. 평균근로자 400명이 작업하는 프레스 금형공장에서 재해자수 11명, 재해건수 11건, 장해등급 1급 1명, 14급 3명이 발생하였으며, 총 재해 코스트는 5,000만원 이었다. 1일 8시간, 년간 300일 근로한다면 FSI는 얼마인지 계산하시오.

> **해답** FSI를 구하기 위해서는 도수(빈도)율과 강도율 값을 먼저 계산해야 하므로
>
> 빈도율$(F.R) = \dfrac{재해건수}{연간 총근로시간수} \times 1,000,000$
>
> ∴ $\dfrac{11}{400 \times 8 \times 300} \times 10^6 ≒ 11.458 = 11.46$

$$강도율(S.R) = \frac{근로손실일수}{연간 총근로시간수} \times 1,000$$

$$\therefore \frac{7500 + (50 \times 3)}{400 \times 8 \times 300} \times 1,000 ≒ 7.968 = 7.97$$

그러므로 FSI는

$$FSI = \sqrt{도수율(FR) \times 강도율(SR)} = \sqrt{11.46 \times 7.97} ≒ 9.556 = 9.56$$

focus 본 교재 제1과목 III. 12. 재해율 단원에서 관련내용 참고

산업안전기사 실기 (필답형)
2007년 4월 22일 시행

1. 근로자수 500명, 1일 9시간 작업, 연간 300일 근로하는 동안 8건의 재해가 발생하였으며, 총 휴업일수가 300일 이었다. 종합재해지수(FSI)를 구하시오. (4점)

해답 $FSI = \sqrt{도수율(FR) \times 강도율(SR)}$

(1) 빈도율$(F.R) = \dfrac{재해건수}{연간 총근로시간수} \times 1,000,000 = \dfrac{8}{500 \times 9 \times 300} \times 10^6 ≒ 5.9259$

(2) 강도율$(S.R) = \dfrac{근로손실일수}{연간 총근로시간수} \times 1,000 = \dfrac{300 \times \left(\dfrac{300}{365}\right)}{500 \times 9 \times 300} \times 1000 ≒ 0.1826$

∴ 종합재해지수$(FSI) = \sqrt{5.9259 \times 0.1826} = 1.04$

focus 본 교재 제1과목 III. 12. 재해율 단원에서 관련된 계산공식 확인

2. 트랜지스터 고장율 : 0.00002, 저항 고장율 : 0.0001, 트랜지스터 5개와 저항 10개가 모두 직렬로 연결된 회로가 있을 때 다음에 답하시오. (6점)
(1) 이 회로를 1500시간 가동 시 신뢰도는?
(2) 이 회로의 평균수명은?

해답 (1) 신뢰도 $R(t) = e^{-\lambda t} = e^{-[(0.00002 \times 5) + (0.0001 \times 10)] \times 1500} ≒ 0.192 = 0.19$

(2) MTBF(평균수명) $= \dfrac{1}{\lambda} = \dfrac{1}{[(0.00002 \times 5) + (0.0001 \times 10)]} = 909.09 (시간)$

focus 본 교재 제3과목 I. 6. 고장율 단원에서 관련된 내용 확인

3. 보일링 현상 방지대책을 3가지 쓰시오. (3점)

해답 보일링 방지대책
① Filter 및 차수벽 설치
② 흙막이 근입깊이를 깊게(불투수층까지)
③ 약액주입 등의 굴착면 고결
④ 지하수위저하
⑤ 압성토 공법 등

focus 본 교재 제6과목 I. 16. 토사붕괴 위험성 및 안전조치 단원에서 관련내용 확인

4. 다음 고체의 연소형태를 쓰시오. (4점)
(1) 목탄   (2) 종이   (3) 파라핀   (4) 피크린산

해답 (1) 표면연소 (2) 분해연소 (3) 증발연소 (4) 자기연소

focus 본 교재 제5과목 II. 2. 연소형태 단원에서 고체연소에 관한 자세한 내용 반드시 확인

5. 안전모의 성능시험 항목을 5가지 쓰시오. (5점)

해답 ① 내관통성 시험 ② 충격흡수성 시험 ③ 내전압성 시험 ④ 내수성 시험 ⑤ 난연성 시험

Tip ① 본 문제는 관련법이 개정되어 일부내용이 다음(Tip ②)과 같이 개정되었으므로 주의할 것
② 안전모의 성능기준

구분	항목	시험성능기준
시험 성능 기준	내관통성	AE, ABE종 안전모는 관통거리가 9.5mm 이하이고, AB종 안전모는 관통거리가 11.1mm 이하이어야 한다.(자율안전확인에서는 관통거리가 11.1mm 이하)
	충격흡수성	최고전달충격력이 4,450N 을 초과해서는 안되며, 모체와 착장체의 기능이 상실되지 않아야 한다.
	내전압성	AE, ABE종 안전모는 교류 20kW에서 1분간 절연파괴 없이 견뎌야 하고, 이때 누설되는 충전전류는 10mA 이하이어야 한다.(자율안전확인에서는 제외)
	내수성	AE, ABE종 안전모는 질량증가율이 1% 미만이어야 한다.(자율안전확인에서는 제외)
	난연성	모체가 불꽃을 내며 5초 이상 연소되지 않아야 한다.
	턱끈풀림	150N 이상 250N 이하에서 턱끈이 풀려야 한다.

focus 본 교재 제7과목 III. 1. 안전모 단원에서 관련된 내용 확인

6. 안면부 여과식 방진마스크의 분진 초기농도가 30mg/L, 여과 후 농도가 0.2mg/L 일 때 다음에 답하시오. (4점)
   (1) 포집효율(여과효율)은?
   (2) 등급과 기준(이유)은?

해답 (1) 포집효율 : $P(\%) = \dfrac{C_1 - C_2}{C_1} \times 100 = \dfrac{30 - 0.2}{30} \times 100 = 99.33(\%)$
(2) 등급 : 특급(안면부 여과식에서 99.0% 이상은 특급이므로)

focus 본 교재 제7과목 I. 3. 방진마스크 단원에서 포집 효율에 관련된 자세한 내용 반드시 확인

7. 신체내에서 1L의 산소를 소비하면 5kcal의 에너지가 소모되며, 작업시 산소소비량 측정결과 분당 1.5L를 소비한다면 작업시간 60분 동안 포함되어야 하는 휴식시간은?(단, 평균에너지 상한 5kcal, 휴식시간 에너지 소비량 1.5kcal) (5점)

해답 (1) 작업시 평균에너지 소비량 = 5kcal/L × 1.5 L/min = 7.5kcal/min

(2) 휴식시간 $(R) = \dfrac{60(E-5)}{E-1.5} = \dfrac{60(7.5-5)}{7.5-1.5} = 25(분)$

focus 본 교재 제2과목 II. 5. 노동과 피로 단원에서 관련된 계산공식 확인

---

8. 방폭기기의 등급에 따른 표면온도의 범위를 쓰시오. (4점)

(1) T_1 : 300 초과 450 이하   (2) T_2 : (①)

(3) T_3 : (②)   (4) T_4 : (③)

(5) T_5 : (④)   (6) T_6 : 85 이하

해답 ① 200 초과 300 이하   ② 135 초과 200 이하
③ 100 초과 135 이하   ④ 85초과 100이하

focus 본 교재(필기) 제4과목 05. II. 2. 발화도 단원에서 관련된 내용 확인

---

9. 전압이 300V이고 인체저항이 1000Ω일 때 물에젖은 손으로 회로의 전류를 조작하여 감전으로 인한 심실세동을 일으켰다. 인체에 흐른 전류와 심실세동을 일으킨 시간을 구하시오. (4점)

해답 (1) 전류 $(I) = \dfrac{V}{R} = \dfrac{300}{1,000 \times \dfrac{1}{25}} \times 1,000 = 7500(\text{mA})$

(2) 시간 : $7500(\text{mA}) = \dfrac{165}{\sqrt{T}}$ $\therefore \sqrt{T} = 0.022$ 양변을 제곱하면,

따라서, $T = 4.84 \times 10^{-4}(\text{sec}) = 0.484(\text{ms}) = 0.48(\text{ms})$

focus 본 교재 제5과목 I. 2. 통전전류가 인체에 미치는 영향 단원에서 관련내용 확인

---

10. 중대재해 발생 시 모사전송 등의 방법으로 연락해야할 사항 2가지(기타 중요한 사항 제외)와 보고시점을 쓰시오. (3점)

해답 (1) 보고사항
    ① 발생개요 및 피해 상황
    ② 조치 및 전망
    ③ 그 밖의 중요한 사항
(2) 보고시점 : 중대재해 발생사실을 알게 된 경우에는 지체없이 관할지방고용노동관서의 장에게 전화
    · 팩스, 또는 그 밖에 기타 적절한 방법으로 보고

focus 본 교재 제1과목 III. 3. 재해조사 항목내용 단원에서 관련된 내용 확인

11. MSDS(물질안전보건자료) 내용에 포함되어야할 항목 중에서 알맞은 내용을 쓰시오. (6점)

(1) 화학제품과 회사에 관한 정보 　　(2) (①)
(3) 구성성분의 명칭 및 함유량 　　(4) 응급조치요령
(5) 폭발·화재시 대처방법 　　(6) (②)
(7) 취급 및 저장방법 　　(8) 노출방지 및 개인보호구
(9) 물리화학적 특성 　　(10) (③)
(11) (④) 　　(12) 환경에 미치는 영향
(13) 폐기 시 주의사항 　　(14) (⑤)
(15) (⑥) 　　(16) 기타 참고사항

해답 ① 유해·위험성　　② 누출사고 시 대처방법　　③ 안정성 및 반응성
　　　④ 독성에 관한 정보　　⑤ 운송에 필요한 정보　　⑥ 법적규제 현황

focus 본 교재 제8과목 I. 2. 물질안전보건자료의 작성비치 등 단원에서 관련된 내용 확인

12. 자체검사 후 기록 보존해야할 사항 4가지를 쓰시오. (4점)

해답 ① 검사연월일　　② 검사방법　　③ 검사항목　　④ 검사결과
　　　⑤ 검사자의 성명　　⑥ 검사결과에 따른 조치사항

Tip 본 문제는 관련법의 개정으로 삭제된 내용임(자체검사라는 용어는 앞으로 사용하지 않으며, 안전검사에 관련된 내용으로 법이 새로이 제정됨) – 해답의 내용은 개정전의 내용이므로 참고만할 것

focus 본 교재 제1과목 IV. 9. 안전검사 단원에서 관련된 내용 확인

13. 롤러 맞물림 전방에 개구간격 12mm인 가드를 설치할 경우 안전거리를 ILO기준으로 계산하시오. (3점)

해답 롤러기 가드의 개구부 간격(ILO 기준)

$$Y = 6 + 0.15X$$

여기서, X : 가드와 위험점간의 거리(안전 거리) (mm) (단, $X < 160$)
　　　　Y : 가드 개구부 간격(안전 거리) (mm) (단, $X \geq 160$이면 $Y = 30$)

∴ $12 = 6 + (0.15 \times X)$
　$X = \dfrac{12-6}{0.15} = 40 \text{(mm)}$

focus 본 교재 제4과목 I. 14. 롤러기의 방호장치 및 설치방법 단원에서 내용 확인

산업안전기사 실기 (필답형)
2007년 7월 8일 시행

1. 다음 그림에서 공통적인 위험점의 종류를 쓰고 간단히 설명하시오(3점)

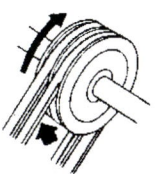 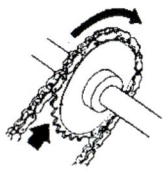 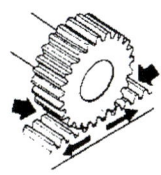

해답 종류 : 접선 물림점(V벨트와 풀리, 기어와 랙, 롤러와 평벨트 등)
설명 : 회전하는 부분이 접선방향으로 물려 들어가면서 형성되는 위험점

focus 본 교재 제4과목 기계 및 운반안전 I. 기계안전일반 1. 기계설비의 위험점 단원에서 관련내용 확인

2. 아세틸렌용접장치의 저압용수봉식 안전기 그림에서 다음에 알맞은 내용을 쓰시오(5점)

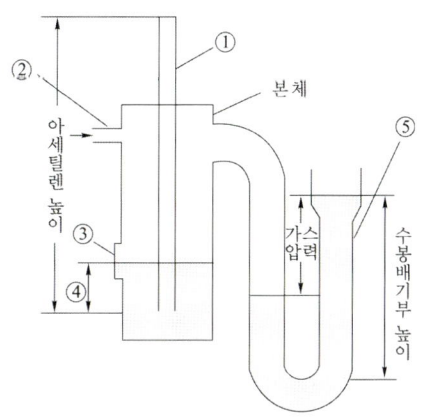

해답 ① 아세틸렌 도입관   ② 아세틸렌출구   ③ 검수창   ④ 유효수주   ⑤ 수봉배기관

focus 본 교재 (필기) 제3과목 04. III. 2. 방호장치의 종류 및 설치방법 단원에서 관련내용 확인

3. 연천인율이 36인 어느 사업장에서 근로 총 시간이 120,000시간이고, 근로손실일수가 219일 일때 다음을 구하시오(4점)
   (1) 도수율을 구하시오.
   (2) 강도율을 계산하시오.

(3) 이 사업장에서 어느 작업자가 평생 근무한다면 몇건의 재해를 당하겠는가?
(4) 이 사업장에서 어느 작업자가 평생 근무한다면 몇일의 근로손실을 당하겠는가?

해답
(1) 도수율 = $\dfrac{\text{연천인율}}{2.4} = \dfrac{36}{2.4} = 15$

(2) 강도율($S.R$) = $\dfrac{\text{근로 손실 일수}}{\text{연간 총근로 시간수}} \times 1{,}000$

그러므로, $\dfrac{219}{120{,}000} \times 1{,}000 = 1.825 ≒ 1.83$

(3) 환산 도수율 = 도수율 $\times \dfrac{1}{10} = 15 \times \dfrac{1}{10} = 1.5$(건)

(4) 환산 강도율 = 강도율 $\times 100 = 1.83 \times 100 = 183$(일)

focus 본 교재 제1과목 III. 12. 재해율 단원에서 관련내용 확인

---

4. 안전보건표지 중 출입금지 표지판을 그리시오(단, 색깔은 글로 표시하시오)(3점)

해답 바탕은 흰색, 기본모형은 빨간색, 관련부호 및 그림은 검정색

focus 본 교재 제2과목 II. 산업심리 8. 무재해 운동과 위험예지훈련 3) 안전보건표지 단원에서 관련내용 확인

---

5. 건축물의 해체공사시 사전에 확인해야할 사항을 5가지 쓰시오.(5점)

해답
① 해체 대상구조물의 구조의 특성, 치수, 층수, 건물높이, 기준층면적, 연면적 등
② 평면 구성상태, 폭, 층고, 벽등의 배치상태
③ 부재별 치수, 배근상태, 해체시 주의하여야할 구조적으로 약한 부분
④ 해체시 전도의 우려가 있는 내외장재
⑤ 설비기구, 전기배선, 배관설비 계통의 상세 확인
⑥ 부지내 공지유무, 해체용 기계설비위치, 발생재 처리장소
⑦ 도로상황조사, 가공 고압선 유무
⑧ 진동, 소음발생 영향권 조사 등

Tip 해체작업시 작업계획에 포함되어야할 사항과 반드시 구분할 것
① 해체의 방법 및 해체순서도면
② 가설설비・방호설비・환기설비 및 살수・방화설비 등의 방법
③ 사업장내 연락방법
④ 해체물의 처분계획
⑤ 해체작업용 기계・기구 등의 작업계획서
⑥ 해체작업용 화약류 등의 사용계획서
⑦ 그 밖에 안전・보건에 관련된 사항

focus 본 교재 (필기) 제6과목 03. I. 2. 해체용 기구의 취급안전 단원에서 관련내용 확인

6. 가스 폭발 위험 장소 3가지를 분류하고 간단히 설명하시오(6점)

해답

분류		적요	예
가스 폭발 위험 장소	0종 장소	인화성 액체의 증기 또는 가연성 가스에 의한 폭발위험이 지속적으로 또는 장기간 존재하는 장소	용기 · 장치 · 배관 등의 내부 등(Zone 0)
	1종 장소	정상 작동상태에서 인화성 액체의 증기 또는 가연성 가스에 의한 폭발위험분위기가 존재하기 쉬운 장소	맨홀 · 벤트 · 피트 등의 주위(Zone 1)
	2종 장소	정상작동상태에서 인화성 액체의 증기 또는 가연성 가스에 의한 폭발위험분위기가 존재할 우려가 없으나, 존재할 경우 그 빈도가 아주 적고 단기간만 존재할 수 있는 장소	개스킷 · 패킹 등의 주위(Zone 2)

focus 본 교재 제5과목 I 전기안전일반 17. 위험장소 단원에서 관련내용 확인

7. 아담스의 사고 연쇄성 이론중 다음 빈칸을 채우시오(3점)

(①) - (②) - (③) - 사고 - 상해

해답 ① 관리구조 ② 작전적 에러 ③ 전술적 에러

focus 본 교재 (필기) 제1과목 01. I. 2. 안전관리 제 이론 단원에서 관련내용 확인

8. 정전 작업전 조치해야할 사항을 5가지 쓰시오(5점).

해답 근로자가 노출된 충전부 또는 그 부근에서 작업함으로써 감전될 우려가 있는 경우에는 작업에 들어가기 전에 해당 전로를 차단하여야 하며, 전로 차단절차는 다음과 같다.
① 전기기기등에 공급되는 모든 전원을 관련 도면, 배선도 등으로 확인할 것
② 전원을 차단한 후 각 단로기 등을 개방하고 확인할 것
③ 차단장치나 단로기 등에 잠금장치 및 꼬리표를 부착할 것
④ 개로된 전로에서 유도전압 또는 전기에너지가 축적되어 근로자에게 전기위험을 끼칠 수 있는 전기기기 등은 접촉하기 전에 잔류전하를 완전히 방전시킬 것
⑤ 검전기를 이용하여 작업 대상 기기가 충전되었는지를 확인할 것
⑥ 전기기기 등이 다른 노출 충전부와의 접촉, 유도 또는 예비동력원의 역송전 등으로 전압이 발생할 우려가 있는 경우에는 충분한 용량을 가진 단락 접지기구를 이용하여 접지할 것

Tip 2011년 관련법이 개정되었으며, 해답의 내용은 개정된 내용으로 작성하였습니다.

focus 본 교재 제5과목 I. 8. 정전작업 단원에서 관련된 내용 확인

9. 어떤 기계를 1시간 가동하였을 때 고장발생 확률이 0.004일 경우 다음 물음에 답하시오 (6점).
 (1) 평균고장간격
 (2) 10시간 가동하였을 때 기계의 신뢰도
 (3) 10시간 가동하였을 때 고장발생 확률

해답
(1) MTBF(평균고장간격) $= \dfrac{1}{\lambda} = \dfrac{1}{0.004} = 250(\text{시간})$
(2) 신뢰도 $R(t) = e^{-\lambda t} = e^{-(0.004 \times 10)} = 0.9608(96.08\%)$
(3) 불신뢰도 $F(t) = 1 - R(t) = 1 - 0.9608 = 0.0392(3.92\%)$

focus 본 교재 제3과목 I. 인간공학 6. 고장율 단원에서 관련내용 확인

10. 다음 FT도에서 컷셋(cut set)을 모두 구하시오(5점)

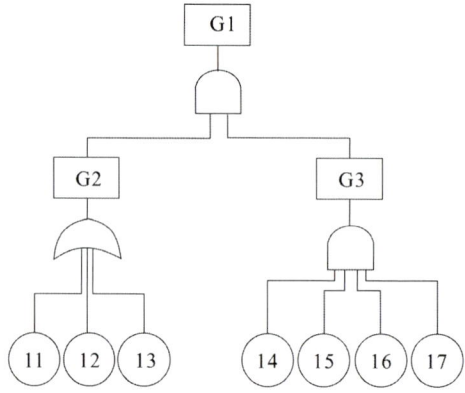

해답
$G_1 \to G_2 \, G_3 \to \begin{matrix} 11G_3 \\ 12G_3 \\ 13G_3 \end{matrix} \to \begin{matrix} 11 \ 14 \ 15 \ 16 \ 17 \\ 12 \ 14 \ 15 \ 16 \ 17 \\ 13 \ 14 \ 15 \ 16 \ 17 \end{matrix}$

그러므로 컷셋은 (11, 14, 15, 16, 17) (12, 14, 15, 16, 17) (13, 14, 15, 16, 17)

focus 본 교재 제3과목 II. 시스템 위험분석 11. 미니멀 컷과 미니멀 패스 단원에서 관련내용 확인

11. 다음과 같은 방폭구조의 표시에서 밑줄친 부분을 설명하시오(4점)

Ex <u>d</u> <u>IIA</u> <u>T₄</u> IP54

해답
① d : 방폭구조의 종류(내압 방폭구조)
② IIA : 그룹을 나타낸 기호(가스그룹)
③ T_4 : 온도등급, 최고표면온도(135℃)

focus 본 교재 (필기) 제4과목 05. II. 4. 방폭화 이론 단원에서 관련된 내용 확인

12. 목재가공용 둥근톱에서 분할날이 갖추어야할 사항 3가지를 쓰시오(3점)

해답 분할날의 설치기준
① 분할 날의 두께는 둥근톱 두께의 1.1배 이상이어야 한다.
   $1.1\, t_1 \leqq t_2 < b$ (t_1 : 톱두께, t_2 : 분할날두께, b : 치진폭)

② 견고히 고정할 수 있으며 분할날과 톱날 원주면과의 거리는 12mm 이내로 조정, 유지할 수 있어야 한다.
③ 표준 테이블면 상의 톱 뒷날의 2/3 이상을 덮도록 하여야 한다.

focus 본 교재 제4과목 I. 기계안전일반 18. 동력식 수동 대패기 〈보충강의〉목재가공용 둥근톱 단원에서 관련내용 확인

13. 유해물질의 취급 등으로 근로자에게 유해한 작업에 있어서 그 원인을 제거하기 위하여 조치해야할 사항을 3가지 쓰시오(3점)

해답 ① 대체물의 사용   ② 작업방법 및 시설의 변경   ③ 작업방법 및 시설의 개선 등

focus 본 문제는 법이 개정되기 전 산안법 보건기준에 있던 내용으로 개정 후 삭제된 조항이지만 일반적인 사항으로 적용할 수 있는 문제이므로 참고하시기 바랍니다.

산업안전기사 실기 (필답형)
2007년 10월 7일 시행

1. 롤러 방호장치(급정지장치)의 종류 3가지와 조작부의 설치위치를 쓰시오. (6점)

   해답

조작부의 종류	설치 위치	비 고
손 조 작 식	밑면에서 1.8m 이내	위치는 급정지 장치의 조작부의 중심점을 기준으로 함
복 부 조 작 식	밑면에서 0.8m 이상 1.1m 이내	
무 릎 조 작 식	밑면에서 0.4m 이상 0.6m 이내	

   focus 본 교재 제4과목 I. 14. 롤러기의 방호장치 및 설치방법 단원에서 관련내용 확인

2. 지상높이 31m 이상의 건축공사에서 유해위험방지계획서 제출대상 작업공종(건축물, 공작물 등의 건설공사)의 종류를 5개 쓰시오. (기타공사 및 해체공사제외) (5점)

   해답
   ① 가설공사   ② 굴착 및 발파공사   ③ 강구조물 공사
   ④ 마감공사   ⑤ 전기 및 기계 설비공사   ⑥ 기타공사(해체공사 등)

   Tip 유해위험 방지 계획서 제출대상 사업장(본 문제와 다른 내용이므로 확실히 구분하여 알아둘 것)
   ① 다음 각목의 어느하나에 해당하는 건축물 또는 시설 등의 건설, 개조 또는 해체공사
       ㉠ 지상 높이가 31미터 이상인 건축물 또는 인공구조물
       ㉡ 연면적 3만제곱미터 이상인 건축물
       ㉢ 연면적 5천제곱미터 이상인 시설로서 다음의 어느 하나에 해당하는 시설
           ㉮ 문화 및 집회시설 ㉯ 판매시설, 운수시설 ㉰ 종교시설 ㉱ 의료시설 중 종합병원
           ㉲ 숙박시설 중 관광숙박시설 ㉳ 지하도 상가 ㉴ 냉동, 냉장 창고시설
   ② 최대 지간 길이가 50미터 이상인 다리의 건설 등 공사
   ③ 연면적 5천 제곱 미터 이상인 냉동, 냉장창고 시설의 설비공사 및 단열공사
   ④ 다목적댐, 발전용댐, 저수용량 2천만톤 이상의 용수전용댐 및 지방 상수도 전용댐의 건설 등 공사
   ⑤ 터널의 건설등 공사
   ⑥ 깊이 10미터 이상인 굴착 공사

   focus 본 교재 제6과목 건설안전 I. 건설안전일반 3. 유해위험 방지계획서 단원에서 관련내용 반드시 확인

3. 외부피뢰시스템에 해당하는 수뢰부 시스템에 관한 다음 사항에서 ( )에 알맞은 내용을 쓰시오. (4점)

   가. 수뢰부시스템의 선정은 (①), (②), 그물망도체의 요소 중에 한가지 또는 이를 조합한 형식으로 시설하여야 한다.

   나. 수뢰부시스템의 배치는 (③), (④), 그물망법 중 하나 또는 조합된 방법으로 배치하여야 한다.

해답 ① 돌침   ② 수평도체   ③ 보호각법   ④ 회전구체법

focus 본 교재 제5과목 Ⅰ. 7. 피뢰설비 단원에서 관련내용 확인

4. 다음의 고압가스용기에 해당하는 색을 쓰시오. (4점)
   ① 산소   ② 아세틸렌
   ③ 액화암모니아   ④ 질소

해답 ① 녹색   ② 황색   ③ 백색   ④ 회색

가스의 종류	도색 구분	가스의 종류	도색 구분
액화 석유가스	회색	액화암모니아	백색
수소	주황색	액화염소	갈색
아세틸렌	황색	산소	녹색
액화탄산가스	청색	질소	회색
소방용 용기	소방법에 의한 도색	그 밖의 가스	회색

focus 본 교재 제5과목 전기 및 화공안전 Ⅱ. 화공안전일반 11. 고압가스 용기의 도색 단원에서 관련내용 확인

5. 중량물 취급시 작업계획서 내용을 3가지 쓰시오. (3점)

해답 ① 추락위험을 예방할 수 있는 안전대책
② 낙하위험을 예방할 수 있는 안전대책
③ 전도위험을 예방할 수 있는 안전대책
④ 협착위험을 예방할 수 있는 안전대책
⑤ 붕괴위험을 예방할 수 있는 안전대책

Tip 본 문제는 2012년 관련법의 개정으로 내용이 변경되었음. 해답은 변경된 내용으로 작성하였으니 착오 없으시기 바랍니다.

focus 본 교재 제8과목 산업안전보건법 Ⅳ. 산업안전에 관한 기준 5. 중량물 취급시 작업계획 단원에서 관련내용 확인

6. 산업안전 보건법상 검정대상 보호구를 5가지 쓰시오. (5점)

해답 ① 안전모   ② 안전대
③ 안전화   ④ 보안경
⑤ 안전장갑   ⑥ 방진마스크
⑦ 방독마스크   ⑧ 귀마개 또는 귀덮개
⑨ 송기 마스크   ⑩ 보호복

Tip ① 본 문제는 관련법의 개정으로 삭제된 내용임(해답은 개정전의 내용이므로 참고만할 것) – 앞으로 검정대상 보호구로는 출제되지 않음. 새로이 개정된(Tip ②참고) 유해·위험한 보호구로 알아두세요.

② 유해·위험한 보호구(2014년 법개정 내용임)

안전 인증대상	① 추락 및 감전 위험방지용 안전모 ② 안전화 ③ 안전장갑 ④ 방진마스크 ⑤ 방독마스크 ⑥ 송기마스크 ⑦ 전동식 호흡보호구 ⑧ 보호복 ⑨ 안전대 ⑩ 차광 및 비산물 위험방지용 보안경 ⑪ 용접용 보안면 ⑫ 방음용 귀마개 또는 귀덮개
자율안전 확인대상	① 안전모(안전인증대상기계기구에 해당되는 사항 제외) ② 보안경(안전인증대상기계기구에 해당되는 사항 제외) ③ 보안면(안전인증대상기계기구에 해당되는 사항 제외) ④ 잠수기(잠수헬멧 및 잠수마스크 포함)

focus 본 교재 제7과목 I. 1. 보호구 선택시 유의사항 4) 안전인증 보호구 단원에서 관련내용 확인

7. 기체의 조성비가 아세틸렌70%, 클로로벤젠30%일때 아세틸렌의 위험도와 혼합기체의 폭발하한계를 구하시오(단, 아세틸렌 폭발범위 2.5 – 81, 클로로벤젠 폭발범위 1.3 – 7.1) (4점)

해답 ① 아세틸렌의 위험도

$$H = \frac{UFL - LFL}{LFL}$$

여기서) UFL : 연소 상한값, LFL : 연소 하한값, H : 위험도

$$\therefore H = \frac{81 - 2.5}{2.5} = 31.40$$

② 르샤틀리에의 법칙(혼합가스의 폭발범위 계산)

$$\frac{100}{L} = \frac{V_1}{L1} + \frac{V_2}{L_2} + \frac{V_3}{L_3} \cdots\cdots$$

여기서) L_1, L_2, L_3 : 각 성분 단일의 연소한계 (상한 또는 하한)
V_1, V_2, V_3 : 각 성분 기체의 체적%
L : 혼합 기체의 연소 범위(상한 또는 하한)

∴ 혼합가스의 폭발하한계

$$\frac{100}{\frac{70}{2.5} + \frac{30}{1.3}} = 1.957 ≒ 1.96(\%)$$

focus 본 교재 제5과목 전기 및 화공안전 II. 화공안전 일반 8. 위험도 단원에서 관련된 내용 확인

8. 다음 물질에 해당하는 연소의 종류를 쓰시오(4점)
① 수소   ② 알콜   ③ TNT   ④ 알루미늄가루

해답 ① 수소-확산연소   ② 알콜-증발연소   ③ TNT-자기연소   ④ 알루미늄가루-표면연소

focus 본 교재 제5과목 전기 및 화공안전 II. 화공안전 일반 2. 연소형태 단원에서 관련내용 확인

9. 다음의 Fault Tree에서 Cut Set을 구하시오(5점)

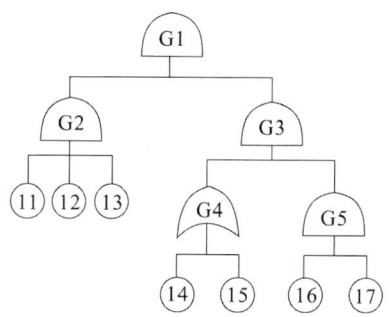

해답 $G_1 = G_2 \cdot G_3 = ⑪⑫⑬G_3 = ⑪⑫⑬G_4G_5$

$$= \begin{matrix} ⑪⑫⑬⑭⑯⑰ \\ ⑪⑫⑬⑭⑰⑰ \end{matrix}$$

∴ Cut Set = (⑪⑫⑬⑭⑯⑰), (⑪⑫⑬⑮⑯⑰)

focus 본 교재 제3과목 인간공학 및 시스템 위험분석 II. 시스템 위험분석 11. 미니멀 컷과 미니멀 패스 단원에서 관련내용 참고.

10. 안전에 관한 중대성의 차이를 비교하기 위하여 과거의 안전성적과 현재의 안전성적을 비교평가하는 방식으로 다음과 같은 Safe-T-Score를 사용한다. ( )안에 알맞은 내용을 쓰고 Safe-T-Score가 1.5일때 판정기준을 쓰시오(4점)

$$Safe-T-Score = \frac{(①)-(②)}{\sqrt{\frac{(③)}{근로총시간수(현재)} \times 1,000,000}}$$

해답 ① 현재 빈도율(F.R)   ② 과거 빈도율(F.R)   ③ 과거 빈도율(F.R)
Safe-T-Score 판정기준

  +2.00 이상 : 과거보다 심각하게 나쁨
  +2.00에서 -2.00 사이 : 과거에 비해 심각한 차이없음
  -2.00 이하 : 과거보다 좋아짐

그러므로 Safe-T-Score가 1.5일 경우 : 과거에 비해 심각한 차이없음

focus 본 교재 제1과목 안전관리 III. 산업재해 발생 및 재해조사 분석 12. 재해율 단원에서 관련내용 확인

11. H기업의 지난해에 납부한 산재보험료는 18,300,000원, 산재보상금은 12,650,000원을 받았다. H기업의 총재해 48건 중 휴업상해(A)건수는 10건, 통원상해(B)건수는 8건, 구급처치(C)건수는 10건, 무상해사고(D)건수는 20건 발생하였다면 Heinrich 방식과 Simonds 방식에 의한 재해손실비용을 각각 계산하시오(단, A : 950,000원, B : 528,000원, C : 325,000원, D : 193,200원)(4점)

해답 ① Heinrich 방식 (1 : 4의 원칙)
∴ 12,650,000 + (12,650,000 × 4) = 63,250,000(원)
② Simonds(시몬즈) 방식
재해 코스트 = 보험 cost + 비보험cost
= 산재 보험 cost + (A × 휴업 상해 건수) + (B × 통원 상해 건수)
+ (C × 구급 상해 건수) + (D × 무상해 사고 건수)
∴ 18,300,000 + {(950,000 × 10) + (528,000 × 8) + (325,000 × 10) + (193,200 × 20)}
= 39,138,000(원)

focus 본 교재 제1과목 안전관리 III. 산업재해 발생 및 재해조사 분석 13. 재해코스트 단원에서 관련내용 확인

12. Fail safe를 기능적인 측면에서 3단계로 분류하여 간략히 설명하시오(3점)

해답

Fail-passive	부품이 고장났을 경우 통상기계는 정지하는 방향으로 이동(일반적인 산업기계)
Fail-active	부품이 고장났을 경우 기계는 경보를 울리는 가운데 짧은 시간동안 운전 가능
Fail-operational	부품의 고장이 있더라도 기계는 추후 보수가 이루어 질 때까지 안전한 기능 유지(병렬구조 등으로 되어 있으며 운전상 가장 선호하는 방법)

focus 본 교재 제3과목 인간공학 및 시스템 위험분석 I. 인간공학 7. Fail safe 단원에서 관련내용 확인

13. 직접접촉에 의한 감전방지대책을 4가지 쓰시오.(4점)

해답 ① 충전부가 노출되지 아니하도록 폐쇄형 외함이 있는 구조로 할 것
② 충전부에 충분한 절연효과가 있는 방호망 또는 절연덮개를 설치할 것
③ 충전부는 내구성이 있는 절연물로 완전히 덮어 감쌀 것
④ 발전소·변전소 및 개폐소등 구획되어 있는 장소로서 관계근로자외의 자의 출입이 금지되는 장소에 충전부를 설치하고, 위험표시 등의 방법으로 방호를 강화할 것
⑤ 전주 위 및 철탑 위 등 격리되어 있는 장소로서 관계근로자외의 자가 접근할 우려가 없는 장소에 충전부를 설치할 것

focus 본 교재 제5과목 전기 및 화공안전 I. 전기안전 일반 3. 감전사고 방지대책 단원에서 관련내용 확인

산업안전기사 실기 (필답형)
2008년 4월 20일 시행

1. 내전압용 안전장갑의 종류에 따른 명판색을 쓰시오.(3점)

해답 ① A종 : 검정 ② B종 : 빨강 ③ C종 : 노랑

Tip 본 문제는 법 개정으로 아래의 내용으로 변경되었으므로 주의바람

등급	00	0	1	2	3	4
등급별 색상	갈색	빨강색	흰색	노랑색	녹색	등색

focus 본 교재(필기) 제1과목 03. II. 2. 보호구의 종류별 특성 단원에서 관련내용 확인

2. 산업안전 보건법상 1년에 1회 이상 자체검사를 실시하여야 하는 대상기계 기구를 4가지 쓰시오.(4점)

해답 ① 동력프레스 ② 전단기 ③ 원심기 ④ 아세틸렌용접장치 ⑤ 가스집합용접장치 ⑥ 롤러기

Tip (1) 본 문제는 2009년부터 적용된 법 개정으로 아래의 내용으로 변경되었으므로 주의 바람.(자체검사 제도가 전면 폐지되고 안전검사로 관련법이 제정됨) - 해답은 개정전의 내용이며, 앞으로 자체검사로는 출제되지 않으므로 참고만할 것
(2) 안전검사 대상 유해·위험기계
① 프레스   ② 전단기
③ 크레인(정격하중 2톤 미만 제외)
④ 리프트   ⑤ 압력용기
⑥ 곤돌라   ⑦ 국소배기장치(이동식 제외)
⑧ 원심기(산업용만 해당) ⑨ 롤러기(밀폐형 구조제외)
⑩ 사출성형기 [형 체결력 294킬로뉴튼(KN) 미만 제외]
⑪ 고소작업대(화물자동차 또는 특수자동차에 탑재한 것으로 한정)
⑫ 컨베이어   ⑬ 산업용 로봇

Tip 2020년 시행. 관련법령 전부개정으로 변경된 내용입니다. Tip은 개정된 내용에 맞게 수정했으니 착오없으시기 바랍니다.

focus 본 교재 제1과목 IV. 9. 안전검사 단원에서 관련된 내용 확인

3. 정전기 대전형태를 4가지 쓰시오.(4점)

해답 ① 마찰대전 ② 분출대전 ③ 유동대전 ④ 박리대전 ⑤ 충돌대전 ⑥ 비말대전
⑦ 유도대전 등

focus 본 교재 제5과목 I. 14. 정전기 발생과 안전대책 단원에서 관련된 내용 확인

4. 다음 보기 중 통전 경로별 인체의 위험도가 큰 것부터 순서대로 나열 하시오. (3점)
(1) 왼손 - 오른손   (2) 양손 - 양발   (3) 왼손 - 등   (4) 왼손 - 가슴

> **해답** 통전경로별 위험도
> (1) 왼손-오른손 : 0.4   (2) 양손-양발 : 1.0   (3) 왼손-등 : 0.7   (4) 왼손-가슴 : 1.5
> 그러므로, (4) 〉 (2) 〉 (3) 〉 (1)
>
> **focus** 본 교재(필기) 제4과목 01. I. 1. 감전재해 단원에서 관련된 내용 확인

5. 고장율이 1시간당 0.01로 일정한 기계가 있다. 이 기계가 처음 100시간동안에 고장이 발생할 확률을 구하시오. (5점)

> **해답** ① 신뢰도 $R(t=100) = e^{-0.01 \times 100} = 0.37$
> ② 불신뢰도 $F(t) = 1 - R(t)$ 이므로 $F(t=100) = 1 - 0.37 = 0.63$
>
> **focus** 본 교재 제3과목 I. 6. 고장율 단원에서 관련된 내용 확인

6. 작업시 추락에 의해 근로자에게 위험을 미칠 우려가 있는 경우 비계를 조립하는 등의 방법으로 작업발판을 설치해야 하는 높이의 기준을 쓰시오. (3점)

> **해답** 지면으로부터 2미터 이상
>
> **focus** 본 교재 제6과목 I. 10. 추락재해의 위험성 및 안전장치 단원에서 관련된 내용 확인

7. 화학설비 및 그 부속설비의 자체검사 항목을 5가지 쓰시오. (5점)

> **해답** ① 그 설비 내부에 폭발 또는 화재의 우려가 있는 물질이 있는지 여부
> ② 내면 및 외면의 현저한 손상, 변형 및 부식의 유무
> ③ 뚜껑 플랜지 밸브 및 콕의 접합상태의 이상유무
> ④ 안전밸브, 긴급차단장치 그 밖의 방호장치 기능의 이상유무
> ⑤ 예비동력원 기능의 이상유무
>
> **Tip** ① 본 문제는 2009년부터 적용된 법 개정으로 앞으로는 출제되지 않음.(자체검사제도가 전면 폐지되고 안전검사로 관련법이 제정됨)
> ② 좀더 자세한 내용은 2번 문제 참고
>
> **focus** 본 교재 제1과목 IV. 9. 안전검사 단원에서 관련된 내용 확인

8. 방폭구조의 표시에서 d IIA T4를 설명하시오. (5점)

> **해답** ① d : 방폭구조의 종류(내압방폭구조)
> ② IIA : 그룹을 나타낸 기호(가스그룹)
> ③ T4 : 온도등급, 최고표면온도(135℃)
>
> **focus** 본 교재 제5과목 II. 10. 폭발의 방호방법 단원에서 관련된 내용 확인

9. 화물의 낙하로 인하여 지게차의 운전자에게 위험을 미칠 우려가 있는 작업장에서 사용되는 지게차의 헤드가드가 갖추어야할 사항 2가지를 쓰시오.(4점)

해답 ① 강도는 지게차의 최대하중의 2배의 값(4톤을 넘는 값에 대하여서는 4톤으로 한다)의 등분포정하중에 견딜 수 있는 것일 것
② 상부 틀의 각 개구의 폭 또는 길이가 16센티미터 미만일 것
③ 운전자가 앉아서 조작하거나 서서 조작하는 지게차의 헤드가드는 「산업표준화법」에 따른 한국산업표준에서 정하는 높이 기준 이상일 것(2019년 법령 개정 내용)

focus 본 교재 제4과목 II. 3. 헤드가드 단원에서 관련된 내용 확인

10. 1,000명이 근무하는 A사업장에서 전년도에 3건의 산업재해가 발생하였다. 이에따라 이 사업장의 안전관리 부서 주관으로 6개월 동안 다음과 같은 안전활동을 전개 하였다. 1일 8시간, 월 26일 근무하였다면 안전활동율을 구하시오.(4점)

(1) 불안전행동의 발견 및 조치건수 : 21건
(2) 안전제안건수 : 8건
(3) 안전홍보건수 : 12건
(4) 안전회의 건수 : 8건

해답 안전활동율 $= \dfrac{\text{안전활동건수}}{\text{총근로시간수}} \times 10^6$

$= \dfrac{21+8+12+8}{8 \times 26 \times 6 \times 1{,}000} \times 10^6 = 39.26$

focus 본 교재 제1과목 III. 12. 재해율 단원에서 관련된 내용 확인

11. 산업안전보건법상 산업재해를 예방하기 위하여 필요하다고 인정하는 경우 산업재해 발생건수, 재해율 또는 그 순위 등을 공표할 수 있는 대상사업장을 쓰시오.(6점)

해답 사업장의 산업재해 발생건수 등 공표대상 사업장
① 산업재해로 인한 사망자(사망재해자)가 연간 2명 이상 발생한 사업장
② 사망만인율(연간 상시근로자 1만명당 발생하는 사망재해자 수의 비율)이 규모별 같은 업종의 평균 사망만인율 이상인 사업장
③ 중대산업사고가 발생한 사업장
④ 산업재해 발생 사실을 은폐한 사업장
⑤ 산업재해의 발생에 관한 보고를 최근 3년 이내 2회 이상 하지 않은 사업장

Tip 2020년 시행. 관련법령 전부개정으로 변경된 내용입니다. 해답은 개정된 내용에 맞게 수정했으니 착오없으시기 바랍니다.

focus 본 교재 제1과목 III. 3. 재해조사 항목내용 단원에서 관련된 내용 확인

12. X_1, X_2, X_3, X_4가 다음과 같을 경우 X_2의 고장시 이벤트 트리와 작동여부를 판단하시오. (5점)

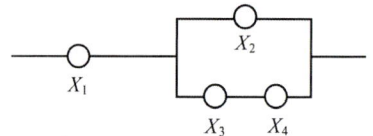

해답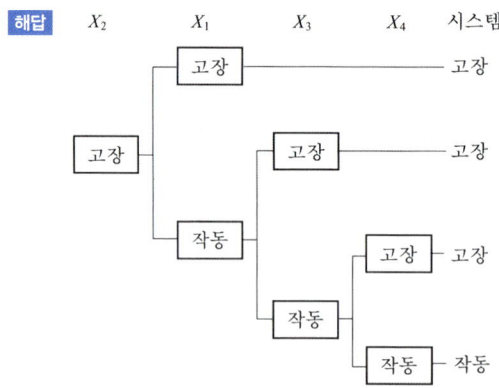

그러므로 X_1, X_3, X_4가 정상적으로 작동할 경우 시스템은 작동한다.

focus 본 교재 제3과목 II. 5. ETA 단원에서 관련된 내용 확인

13. 누적손상장애(근골격계 질환)의 원인을 4가지 쓰시오. (4점)

해답 ① 부적절한 자세 ② 무리한 힘의 사용 ③ 과도한 반복작업
④ 연속작업(비휴식) ⑤ 낮은 작업온도 등

focus 본 교재(필기) 제2과목 03. I. 10. 수공구 단원에서 관련된 내용 확인

산업안전기사 실기 (필답형)
2008년 7월 6일 시행

1. 근로자수 1440명이며, 주당 40시간씩 년간 50주 근무하는 A사업장에서 발생한 재해건수는 40건, 근로손실일수 1200일, 사망재해 1건이 발생하였다면 강도율은 얼마인가?(단, 조기출근 및 잔업시간의 합계는 100,000시간, 조퇴 5,000시간, 결근율 6%이다.) (3점)

   해답
   $$강도율 = \frac{근로손실일수}{연간총근로시간수} \times 1,000$$
   $$= \frac{7,500 + 1,200}{(1,440 \times 40 \times 50 \times 0.94) + (100,000 - 5,000)} \times 1,000 = 3.10$$

   focus 본 교재 제1과목 III. 12. 재해율 단원에서 관련된 내용 확인

2. 다음 FT도에서 미니멀 컷을 구하시오. (5점)

   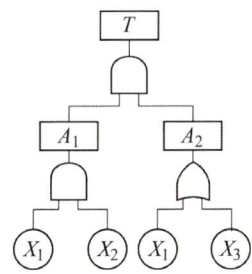

   해답 $T \to A_1 \; A_2 \to X_1 \; X_2 \; A_2 \to \begin{matrix} X_1 \; X_2 \; X_1 \\ X_1 \; X_2 \; X_3 \end{matrix}$

   그러므로, 미니멀 컷은 $(X_1 \; X_2)$

   focus 본 교재 제3과목 II. 11. 미니멀 컷과 미니멀 패스 단원에서 관련된 내용 확인

3. 다음의 물질중 발화성 물질을 고르시오. (4점)
   (1) 니트로 글리세린   (2) 리튬   (3) 황   (4) 염소산 칼륨   (5) 질산 나트륨
   (6) 셀룰로이드   (7) 마그네슘 분말   (8) 질산에스테르

   해답 (2) (3) (6) (7)

   Tip 본문제는 2011년 법개정으로 내용이 수정되어 '발화성 물질'이 '물반응성 물질 및 인화성 고체'로 바뀌었습니다. 개정된 내용으로 알아두세요.

   focus 본 교재(필기) 제5과목 01. I. 3. 위험물의 종류 단원에서 관련된 내용 확인

4. 화학설비 및 그 부속설비의 자체검사주기 및 검사내용을 4가지 쓰시오. (5점)

해답 (1) 검사주기 : 2년에 1회 이상
(2) 검사내용
① 그 설비내부에 폭발 또는 화재의 우려가 있는 물질이 있는지 여부
② 내면 및 외면의 현저한 손상・변형 및 부식의 유무
③ 뚜껑・플랜지・밸브 및 콕의 접합상태의 이상유무
④ 안전밸브・긴급차단장치 그 밖의 방호장치 기능의 이상유무
⑤ 냉각장치・가열장치・교반장치・압축장치・계측장치 및 제어장치 기능의 이상유무
⑥ 예비동력원 기능의 이상유무

Tip ① 본 문제는 2009년부터 적용된 법 개정으로 아래의 내용으로 변경되었으므로 주의바람. (자체검사제도가 전면 폐지되고 안전검사로 관련법이 제정됨) – 해답은 개정전의 내용이므로 참고만할 것
② 안전검사의 주기

크레인(이동식크레인 제외), 리프트(이삿짐운반용리프트 제외) 및 곤돌라	사업장에 설치가 끝난 날부터 3년 이내에 최초 안전검사를 실시하되, 그 이후부터 2년마다(건설현장에서 사용하는 것은 최초로 설치한 날부터 6개월마다)
이동식크레인, 이삿짐운반용리프트, 고소작업대	자동차 관리법에 따른 신규 등록 이후 3년 이내에 최초 안전검사를 실시하되, 그 이후부터는 2년마다
프레스, 전단기, 압력용기, 국소배기장치, 원심기, 롤러기, 사출성형기, 컨베이어 및 산업용 로봇	사업장에 설치가 끝난 날부터 3년 이내에 최초 안전검사를 실시하되, 그 이후부터 2년마다(공정안전보고서를 제출하여 확인을 받은 압력용기는 4년마다)

③ 안전검사 대상과 주기에 관한 사항은 2020년부터 적용되는 관련법령 전부개정으로 일부 내용이 수정되었으니 Tip ② 내용을 참고하시기 바랍니다.

focus 본 교재 제1과목 Ⅳ. 9. 안전검사 단원에서 관련된 내용 확인

5. 안전인증 방독마스크에 안전인증의 표시에 따른 표시 외에 추가로 표시해야할 사항을 4가지 쓰시오. (4점)

해답 ① 파과곡선도　　　　　　② 사용시간 기록카드
③ 정화통의 외부측면의 표시 색　　④ 사용상의 주의사항

Tip (1) 이 문제는 2009년부터 적용된 법 개정으로 내용이 변경되어 개정된 법에 맞추어 문제 및 답을 수정하였습니다.
(2) 안전인증 전동식 호흡보호구에는 안전인증의 표시에 따른 표시외에 다음의 내용을 추가로 표시해야 한다.
① 전동기 등이 본질안전 방폭구조로 설계된 경우 해당내용 표시
② 사용범위, 사용상주의사항, 파과곡선도(정화통에 부착)
③ 정화통의 외부측면의 표시 색

focus 본 교재 제7과목 Ⅰ. 4. 방독마스크 단원에서 관련된 내용 확인

6. 인간공학에서 사용하는 인체계측자료의 응용원칙 3가지를 쓰시오. (3점)

해답 ① 극단적인 사람을 위한설계(극단치 설계)
② 조절범위
③ 평균치를 기준으로 한 설계

focus 본 교재 제3과목 I. 9. 인체계측 단원에서 관련된 내용 확인

7. 연삭숫돌에 관한 다음의 내용에서 빈곳에 알맞은 단어(숫자)를 넣으시오. (3점)

> 산업안전보건법상 사업주는 회전중인 연삭숫돌(직경 5센티미터 이상)이 근로자에게 위험을 미칠 우려가 있는 때에는 해당부위에 ( )를 설치하여야 하며, 작업을 시작하기 전에 ( )분 이상, 연삭숫돌을 교체한 후에 ( )분 이상 시운전을 하고 당해기계에 이상이 있는지의 여부를 확인하여야 한다.

해답 ① 덮개 ② 1 ③ 3

focus 본 교재(필기) 제3과목 02. I. 5. 연삭기 단원에서 관련된 내용 확인

8. 휴먼에러에 관한 다음내용을 설명하시오. (4점)

   (1) Omission error
   (2) Commission error

해답 ① Omission error(부작위 실수) : 직무의 한 단계 또는 전체직무를 누락시킬 때 발생하는 실수로 필요한 직무나 단계를 수행하지 않은(생략)에러
② Commission error(작위 실수) : 직무를 수행하지만 잘못 수행할 때 발생하는 실수로 직무나 순서 등을 착각하여 잘못 수행(불확실한 수행)한 에러

focus 본 교재 제3과목 I. 4. 휴먼에러 단원에서 관련된 내용 확인

9. 철골작업을 중지하여야 하는 조건을 3가지 쓰시오. (3점)

해답 ① 풍속이 초당 10미터 이상인 경우
② 강우량이 시간당 1밀리미터 이상인 경우
③ 강설량이 시간당 1센티미터 이상인 경우

focus 본 교재 제8과목 IV. 4. 철골작업 해체작업 단원에서 관련된 내용 확인

10. 유해 위험한 기계 기구의 방호조치 중 롤러기의 방호장치를 쓰고 ( )안에 알맞은 내용을 쓰시오. (4점)

방호장치	(①)
손으로 조작하는 것	밑면으로부터 (②) m 이내
복부로 조작하는 것	밑면으로부터 (③) m 이상 (④) m 이내
무릎으로 조작하는 것	밑면으로부터 (⑤) m 이상 (⑥) m 이내

해답 ① 급정지 장치 ② 1.8 ③ 0.8 ④ 1.1 ⑤ 0.4 ⑥ 0.6

> **Tip** 2009년 8월 관련법의 개정으로 로울러의 명칭이 롤러로 수정되었음. 실기시험에서는 사소한 부분도 확실히 알아둡시다.

> **focus** 본 교재 제4과목 I. 14. 롤러기의 방호장치 및 설치방법 단원에서 관련된 내용 확인

11. 다음과 같은 자료의 내용을 기준으로 2006년도와 2007년도의 Safe-T-Score를 구하고 안전도에 대한 심각성 여부를 판정하시오. (6점)

구 분	2006년	2007년
인 원	80	100
재해 건수	100	125
총 근로시간수	1,000,000	1,100,000

> **해답**
> $$\text{Safe}-\text{T}-\text{Score} = \frac{\text{F.R(현재빈도율)} - \text{F.R(과거빈도율)}}{\sqrt{\frac{\text{F.R(과거빈도율)}}{\text{근로총시간수(현재)}} \times 1,000,000}}$$
>
> ① 2006년 빈도율 $= \frac{100}{1,000,000} \times 10^6 = 100$
>
> ② 2007년 빈도율 $= \frac{125}{1,100,000} \times 10^6 = 113.64$
>
> ③ Safe-T-Score $= \frac{113.64 - 100}{\sqrt{\frac{100}{1,100,000} \times 10^6}} = 1.43$
>
> ④ Safe-T-Score 판정기준
>   +2.00 이상 : 과거보다 심각하게 나쁨
>   +2.00에서 -2.00 사이 : 과거에 비해 심각한 차이없음
>   -2.00 이하 : 과거보다 좋아짐
> ⑤ 그러므로 Safe-T-Score가 1.43일 경우 : 과거에 비해 심각한 차이 없음

> **focus** 본 교재 제1과목 III. 산업재해 발생 및 재해조사 분석 12. 재해율 단원에서 관련내용 확인

12. 도급에 따른 산업재해 예방조치 중 경보체계 운영과 대피방법 등 훈련이 필요한 경우를 쓰시오.

> **해답** 경보체계 운영과 대피방법 등 훈련
> ① 작업 장소에서 발파작업을 하는 경우
> ② 작업 장소에게 화재·폭발, 토사·구축물 등의 붕괴 또는 지진 등이 발생한 경우

> **Tip** 2020년 시행되는 법령전부개정으로 변경된 내용입니다. 문제와 해답은 변경된 내용에 맞도록 수정하였으니 착오없으시기 바랍니다.

> **focus** 본 교재 제8과목 I. 1. 도급사업에 있어서의 안전조치 단원에서 관련된 내용 확인

13. Fail Safe와 Fool proof를 간단히 설명하시오. (4점)

해답
① Fail Safe : 조작상의 과오로 기기의 일부에 고장이 발생해도 다른 부분의 고장이 발생하는 것을 방지하거나 또는 어떤 사고를 사전에 방지하고 안전 측으로 작동하도록 설계하여 2중, 3중으로 통제를 가해두는 안전대책.
② Fool proof : 바보같은 행동(인간의 착오 및 미스 등 포함)을 방지한다는 뜻으로 사용자가 비록 잘못된 조작을 하더라도 이로 인해 전체의 고장이 발생하지 아니하도록 하는 설계방법(작업자의 오조작이 있어도 위험이나 실수가 발생하지 않도록 설계된 구조를 말하며 본질적인 안전화를 의미한다)

focus 본 교재(필기) 제2과목 07. II. 1. 신뢰도 및 불신뢰도의 계산 단원에서 관련내용 확인

14. 폭발의 정의에서 UVCE와 BLEVE에 대하여 간단히 설명하시오. (4점)

해답
① BLEVE(Boiling Liquid Expanding Vapor Explosion)
비등점이 낮은 인화성액체 저장탱크가 화재로 인한 화염에 장시간 노출되어 탱크내 액체가 급격히 증발하여 비등하고 증기가 팽창하면서 탱크내 압력이 설계압력을 초과하여 폭발을 일으키는 현상으로, BLEVE를 방지하기 위해서는 용기의 압력상승을 방지하여 용기내 압력이 대기압 근처에서 유지되도록 하고, 살수설비 등으로 용기를 냉각하여 온도상승을 방지하는 조치를 하여야 한다.
② UVCE(증기운폭발, Unconfined Vapor Cloud Explosion)
가연성 가스 또는 기화하기 쉬운 가연성 액체등이 저장된 고압가스 용기(저장탱크)의 파괴로 인하여 대기중으로 유출된 가연성 증기가 구름을 형성(증기운)한 상태에서 점화원이 증기운에 접촉하여 폭발(가스폭발)하는 현상으로, 이를 예방하기 위해서는 물질의 방출을 방지해야하며, 누설을 감지할 수 있는 검지기 등을 설치하여야한다.

focus 본 교재 제5과목 II. 6. 폭발의 종류 단원에서 관련된 내용 확인

산업안전기사 실기 (필답형)
2008년 9월 28일 시행

1. 다음은 보일러에 설치하는 압력방출 장치에 대한 안전기준이다. ( ) 안에 적당한 수치나 내용을 써 넣으시오. (4점)

   (1) 사업주는 보일러의 안전한 가동을 위하여 보일러규격에 맞는 압력 방출장치를 1개 또는 2개 이상 설치하고, 최고 사용 압력 이하에서 작동되도록 하여야 한다. 다만, 압력방출장치가 2개 이상 설치된 경우에는 최고 사용압력 이하에서 1개가 작동되고, 다른 압력 방출장치는 최고 사용압력의 (①) 배 이하에서 작동되도록 부착하여야 한다.
   (2) 압력방출장치는 (②)년에 1회 이상 지식경제부장관의 지정을 받은 국가교정업무 전담기관으로부터 교정을 받은 압력계를 이용하여 토출(吐出)압력을 시험한 후 (③)으로 봉인하여 사용하여야 한다.
   (3) 다만, 공정안전보고서 제출 대상으로서 노동부장관이 실시하는 공정안전관리 이행기준 평가 결과가 우수한 사업장은 압력방출장치에 대하여 (④)년에 1회 이상 토출압력을 시험할 수 있다.

   해답 ① 1.05 ② 1 ③ 납 ④ 4

   focus 본 교재 제4과목 I. 13. 보일러의 방호장치 단원에서 관련된 내용 확인

2. 발화점과 인화점에 대하여 간단히 설명하시오. (4점)

   해답 ① 발화점 : 외부에서의 직접적인 점화원 없이 열의 축적에 의하여 발화(연소)되는 최저의 온도
   ② 인화점 : 점화원에 의하여 인화(연소)될 수 있는 최저온도(연소 가능한 가연성 증기를 발생시킬 수 있는 최저온도)

   focus 본 교재 제5과목 II. 3. 인화점 4. 발화점 단원에서 관련된 내용 확인

3. 재해예방의 기본 4원칙을 쓰시오. (4점)

   해답 ① 손실우연의 원칙 ② 예방가능의 원칙 ③ 원인계기의 원칙 ④ 대책선정의 원칙

   focus 본 교재 제1과목 III. 10. 재해예방의 4원칙 단원에서 관련된 내용 확인

4. 산업안전보건법상 안전보건관리 책임자의 업무를 심의 또는 의결하기 위하여 설치, 운영하여야 할 기구에 대한 다음 물음에 답하시오. (5점)
   (1) 해당하는 기구의 명칭을 쓰시오.

(2) 기구의 구성에 있어 근로자위원과 사용자 위원에 해당하는 위원의 기준을 각각 2가지씩 쓰시오.

해답 ① 해당하는 기구의 명칭 : 산업안전보건위원회
② 구성위원

구분	산업안전 보건위원회 구성위원
사용자 위원	⊙ 해당 사업의 대표자 ⓒ 안전관리자 1명 ⓒ 보건관리자 1명 ② 산업보건의(선임되어 있는 경우) ◎ 해당 사업의 대표자가 지명하는 9명 이내의 해당 사업장 부서의 장
근로자 위원	⊙ 근로자대표 ⓒ 근로자대표가 지명하는 1명이상의 명예산업안전감독관(위촉되어있는 사업장의 경우) ⓒ 근로자대표가 지명하는 9명이내의 해당 사업장의 근로자(명예감독관이 근로자위원으로 지명되어 있는 경우 그 수를 제외)

Tip 본 문제의 내용은 2009년 8월 법이 개정되어 일부내용이 수정되었으므로 개정된 내용(해답내용참고)으로 알아둘 것

focus 본 교재 제1과목 I. 7. 산업안전보건위원회 단원에서 관련된 내용 확인

5. 보호구성능 검정규정에서 정한 방독마스크의 사용에 대한 다음 물음에 답하시오.(3점)
(1) 산소농도가 몇% 미만 되는 장소에서 방독마스크를 사용하여서는 아니 되는가?
(2) 유해물질인 유기화합물의 가스 또는 증기의 농도가 몇 %를 초과하는 장소에서 방독마스크를 사용하여서는 아니 되는가?
(3) 암모니아에 있어서는 그 농도가 몇 %를 초과하는 장소에서 방독마스크를 사용하여서는 아니 되는가?

해답 (1) 18% (2) 2% (3) 3%

Tip ① 본 문제 및 해답은 법이 개정되기 전의 내용임. 2009년 보호구 성능검정 규정이 폐지되고 안전인증에 관한 법이 새로이 제정됨. 개정된 내용(Tip ② 내용참고)으로 알아두세요.
② 방독마스크의 등급 및 사용장소

등급	사용장소
고농도	가스 또는 증기의 농도가 100분의 2(암모니아에 있어서는 100분의 3) 이하의 대기 중에서 사용하는 것
중농도	가스 또는 증기의 농도가 100분의 1(암모니아에 있어서는 100분의 1.5)이하의 대기 중에서 사용하는 것
저농도 및 최저농도	가스 또는 증기의 농도가 100분의 0.1 이하의 대기 중에서 사용하는 것으로서 긴급용이 아닌 것

비고 : 방독마스크는 산소농도가 18% 이상인 장소에서 사용하여야 하고, 고농도와 중농도에서 사용하는 방독마스크는 전면형(격리식, 직결식)을 사용해야 한다.

focus 본 교재 제7과목 I. 4. 방독마스크 단원에서 관련된 내용 확인

6. 산업안전보건법상 이동식 크레인을 사용하여 작업을 할 때의 작업시작전 점검사항을 3가지 쓰시오. (3점)

> **해답**
> ① 권과방지장치 그 밖의 경보장치의 기능
> ② 브레이크·클러치 및 조정장치의 기능
> ③ 와이어로프가 통하고 있는 곳 및 작업장소의 지반상태
>
> **focus** 본 교재 제1과목 Ⅳ. 8. 작업시작전 점검사항 단원에서 관련된 내용 확인

7. 목재가공용 둥근톱기계를 사용하는 목재가공공장에서 근로자의 안전을 유지하기 위하여 설치하여야 하는 방호장치를 2가지만 쓰시오. (단, 가로 절단용 둥근톱기계 및 자동이송장치를 부착한 둥근톱기계는 제외한다.) (4점)

> **해답** ① 분할날 등 반발예방장치   ② 톱날접촉예방장치
>
> **Tip** 유해위험한 기계·기구에 해당하는 목재가공용 둥근톱에는 반발예방장치 및 날접촉예방장치를 하여야 한다.(문제와 다른 내용이므로 구분하여 정리할 것)
>
> **focus** 본 교재 제4과목 Ⅰ. 18. (보충강의) 목재가공용 둥근톱 단원에서 관련된 내용 참고

8. 콘크리트 구조물로 옹벽을 축조할 경우, 필요한 안정조건을 3가지만 쓰시오. (3점)

> **해답**
> ① 전도(over turning)에 대한 안정
> ② 활동(sliding)에 대한 안정
> ③ 지반지지력 [침하(settlement)]에 대한 안정
>
> **focus** 본 교재(필기) 제6과목 04. Ⅱ. 6. 콘크리트 구조물 붕괴안전 대책 단원에서 옹벽의 안정에 관한 내용 확인

9. 접지 시스템의 구분 및 종류에 관한 다음사항에서 (   )에 알맞은 내용을 쓰시오. (6점)
가. 접지시스템은 (①), 보호접지, (②) 등으로 구분한다.
나. 접지시스템의 시설종류에는 단독접지, (③), (④)가 있다.

> **해답** ① 계통접지   ② 피뢰시스템 접지   ③ 공통접지   ④ 통합접지
>
> **focus** 본 교재 제5과목 Ⅰ. 10. 접지시스템 단원에서 관련내용 확인

10. 연간근로자수가 600명인 A사업장의 강도율이 4.68, 종합재해지수가 2.55일 때 이 사업장의 연천인율을 구하시오. (단, 연간근로시간수는 ILO 기준에 따른다.) (5점)

해답 ① 종합재해지수 $(FSI) = \sqrt{도수율(FR) \times 강도율(SR)}$

$2.55 = \sqrt{도수율 \times 4.68}$ 이므로, 도수율 $= \dfrac{2.55^2}{4.68} = 1.39$

② 연천인율 = 도수율 × 2.4 = 1.39 × 2.4 = 3.34

※ 다른방법

① 도수율$(F.R) = \dfrac{재해건수}{연간총근로시간수} \times 1,000,000$

도수율이 1.39 이므로,

$1.39 = \dfrac{재해건수}{600 \times 8 \times 300} \times 10^6$

여기서, 재해건수 $= \dfrac{1.39 \times (600 \times 8 \times 300)}{10^6} = 2.0016$건

② 연천인율 $= \dfrac{연간재해건수}{연평균근로자수} \times 1,000 = \dfrac{2.0016}{600} \times 1,000 = 3.34$

focus 본 교재 제1과목 III. 12. 재해율 단원에서 관련된 계산공식 확인

---

11. 산업안전보건법상 위험물질의 종류를 물질의 성질에 따라 7가지로 구분하여 쓰시오. (5점)

해답 ① 폭발성 물질 및 유기과산화물
② 물반응성 물질 및 인화성 고체
③ 산화성 액체 및 산화성 고체
④ 인화성 액체
⑤ 인화성 가스
⑥ 부식성 물질
⑦ 급성 독성 물질

Tip 2011년 법 개정으로 내용이 수정되었으며, 해답은 수정된 내용으로 작성하였습니다

focus 본 교재(필기) 제5과목 01. I. 3. 위험물의 종류 단원 참고

---

12. A사에서 생산하는 제품의 평균수명은 1,000시간이다. 이 제품을 500시간 사용하였을 때의 신뢰도를 구하시오. (단, 이 제품의 고장까지의 시간분포는 지수분포를 따른다.) (5점)

해답 ① 고장율$(\lambda) = \dfrac{1}{MTBF} = \dfrac{1}{1,000} = 1 \times 10^{-3}$

② 500시간 사용시 신뢰도는
신뢰도 $R(t) = e^{-\lambda t} = e^{-(1 \times 10^{-3} \times 500)} = 0.61 (60.65\%)$

focus 본 교재 제3과목 I. 인간공학 6. 고장율 단원에서 관련내용 확인

13. 가스폭발 위험장소에 설치하여 사용 할 수 있는 방폭구조의 종류 4가지와 그 표시기호를 [예시]와 같이 다음 표에 써 넣으시오. (4점)

방폭구조의 종류	표시기호
[예시] 압력방폭구조	p
①	
②	
③	
④	

해답
① 내압방폭구조 : d ② 유입방폭구조 : o ③ 안전증방폭구조 : e
④ 본질안전방폭구조 : i ⑤ 특수방폭구조 : s ⑥ 몰드방폭구조 : m
⑦ 충전방폭구조 : q ⑧ 비점화방폭구조 : n

focus 본 교재 제5과목 I. 18. 방폭구조의 기호 단원에서 관련된 내용 확인

산업안전기사 실기 (필답형)
2009년 4월 19일 시행

1. 다음의 설명에 맞는 방폭구조의 명칭을 쓰시오. (4점)

   - 유체 상부 또는 용기 외부에 존재할 수 있는 폭발성 분위기가 발화할 수 없도록 전기설비 또는 전기설비의 부품을 보호액에 함침시키는 방폭구조 (①)
   - 전기기기가 정상작동과 규정된 특정한 비정상상태에서 주위의 폭발성 가스 분위기를 점화시키지 못하도록 만든 방폭구조 (②)
   - 전기기기의 스파크 또는 열로 인해 폭발성 위험분위기에 점화되지 않도록 컴파운드를 충전해서 보호한 방폭구조 (③)
   - 폭발성 가스 분위기를 점화시킬 수 있는 부품을 고정하여 설치하고, 그 주위를 충전재로 완전히 둘러쌈으로서 외부의 폭발성 가스 분위기를 점화시키지 않도록 하는 방폭구조 (④)

   해답 ① 유입방폭구조(o) ② 비점화방폭구조(n) ③ 몰드방폭구조(m) ④ 충전방폭구조(q)

   Tip 2009년부터 적용된 법 개정으로 수정된 내용이므로 반드시 알아둘 것.

   focus 본 교재 제5과목 I. 19. 방폭구조의 종류 단원에서 관련된 내용 확인

2. 산업안전보건법상 자율안전확인 대상 기계 또는 설비 3가지를 쓰시오. (3점)

   해답 ① 연삭기 또는 연마기(휴대형은 제외)   ② 산업용 로봇   ③ 혼합기
   ④ 파쇄기 또는 분쇄기   ⑤ 식품가공용기계(파쇄·절단·혼합·제면기만 해당)
   ⑥ 컨베이어   ⑦ 자동차 정비용 리프트
   ⑧ 공작기계(선반, 드릴기, 평삭·형삭기, 밀링만 해당)
   ⑨ 고정형 목재가공용 기계(둥근톱, 대패, 루타기, 띠톱, 모떼기 기계만 해당)
   ⑩ 인쇄기

   Tip 2020년 시행. 관련법령 전부개정으로 변경된 내용입니다. 문제와 해답은 개정된 내용에 맞게 수정했으니 착오없으시기 바랍니다.

   focus 본 교재 제1과목 IV. 7. 안전인증(자율안전확인)단원에서 관련된 내용 확인

3. 목재가공용 둥근톱기계에 부착하여야 하는 방호장치 2가지를 쓰시오. (4점)

   해답 ① 분할날 등 반발예방장치   ② 톱날접촉예방장치

   Tip 목재가공용 둥근톱(반발예방장치 및 날접촉예방장치)의 방호장치와는 다른 내용이므로 구분하여 알아둘 것

   focus 본 교재 제4과목 I. 18. (보충강의) 목재가공용 둥근톱 단원에서 관련된 내용참고

4. 건물의 해체작업시 작업계획에 포함되어야 하는 사항을 4가지 쓰시오. (4점)

해답 ① 해체의 방법 및 해체순서도면
② 가설설비·방호설비·환기설비 및 살수·방화설비 등의 방법
③ 사업장내 연락방법 ④ 해체물의 처분계획 ⑤ 해체작업용 기계·기구 등의 작업계획서
⑥ 해체작업용 화약류 등의 사용계획서 ⑦ 기타 안전·보건에 관련된 사항

focus 본 교재(필기) 제6과목 03. Ⅰ. 2. 해체용 기구의 취급안전 단원에서 관련내용 확인

5. 다음의 그림을 보고 전체의 신뢰도를 0.85로 설계하고자 할 때 부품 Rx의 신뢰도를 구하시오. (5점)

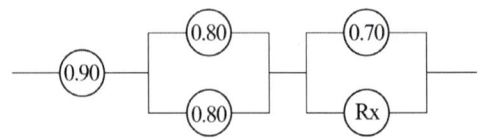

해답 $0.85 = 0.90 \times \{1-(1-0.80)(1-0.80) \times 1-(1-0.70)(1-Rx)\}$
$0.85 = 0.9 \times (1-0.04) \times \{1-(0.3)(1-Rx)\}$
$\dfrac{0.85}{0.9 \times 0.96} = 1 - 0.3 + 0.3Rx$
$0.3Rx = \dfrac{0.85}{0.864} - 0.7$
∴ $Rx = 0.945 ≒ 0.95$

focus 본 교재 제3과목 Ⅰ. 5. 신뢰도 단원에서 관련내용 참고

6. 안면부 여과식 방진마스크의 성능기준에서 각 등급별 여과제 분진 등 포집효율을 쓰시오. (3점)
  ○ 특급 (①)   ○ 1급 (②)   ○ 2급 (③)

해답 ① 특급 : 99.0% 이상   ② 1급 : 94.0% 이상   ③ 2급 : 80.0% 이상

Tip 분리식의 경우 : 특급(99.95% 이상), 1급(94.0% 이상), 2급(80.0% 이상)

focus 본 교재 제7과목 Ⅰ. 3. 방진마스크 단원에서 포집 효율에 관련된 내용 확인

7. 다음 휴먼에러에 대하여 설명하시오. (6점)
  ○ Omission error (①)
  ○ Commission error (②)
  ○ Sequential error (③)

> **해답**
> ① Omission error(부작위 실수) : 직무의 한 단계 또는 전체직무를 누락시킬 때 발생하는 실수로 필요한 직무나 단계를 수행하지 않은(생략)에러
> ② Commission error(작위 실수) : 직무를 수행하지만 잘못 수행할 때 발생하는 실수로 직무나 순서 등을 착각하여 잘못 수행(불확실한 수행)한 에러
> ③ Sequential error(순서에러) : 직무 수행과정에서 순서를 잘못 지켜(순서착오) 발생한 에러

focus 본 교재 제3과목 I. 4. 휴먼에러 단원에서 관련된 내용 확인

8. 차량계 건설기계를 사용하여 작업을 하는 때에는 작업계획을 작성하고 그 작업계획에 따라 작업을 실시하도록 해야 하는데 이 작업계획에 포함되어야 하는 사항을 3가지 쓰시오.(3점)

> **해답**
> ① 사용하는 차량계 건설기계의 종류 및 성능
> ② 차량계 건설기계의 운행경로
> ③ 차량계 건설기계에 의한 작업방법

Tip 차량계 건설기계의 안전수칙(2012년 개정된 내용임)

작업계획서 내용	① 사용하는 차량계 건설기계의 종류 및 성능 ② 차량계 건설기계의 운행경로 ③ 차량계 건설기계에 의한 작업방법
전도 등의 방지 조치	① 유도하는 사람 배치 ② 지반의 부동침하방지 ③ 갓길의 붕괴방지 ④ 도로 폭의 유지
운전위치이탈시 조치사항	① 포크, 버킷, 디퍼 등의 장치를 가장 낮은 위치 또는 지면에 내려 둘 것 ② 원동기를 정지시키고 브레이크를 확실히 거는 등 갑작스러운 주행이나 이탈을 방지하기 위한 조치를 할 것 ③ 운전석을 이탈하는 경우에는 시동키를 운전대에서 분리시킬 것. 다만, 운전석에 잠금장치를 하는 등 운전자가 아닌 사람이 운전하지 못하도록 조치한 경우는 그렇지 않다.
차량계 건설기계 이송시 준수사항	① 싣거나 내리는 작업은 평탄하고 견고한 장소에서 할 것 ② 발판을 사용하는 경우에는 충분한 길이·폭 및 강도를 가진 것을 사용하고 적당한 경사를 유지하기 위하여 견고하게 설치할 것 ③ 자루·가설대 등을 사용하는 경우에는 충분한 폭 및 강도와 적당한 경사를 확보할 것

focus 본 교재 제8과목 IV. 2. 차량계건설기계의 사용에 의한 위험의 방지 단원에서 확인

9. 어느 철강 회사에서 연간 10명의 사상자가 발생하여, 신체장해등급 14급인 근로자 1명과 456일의 휴업일수가 발생하였고, 도수율은 6.5였다고 한다. 이 회사의 연천인율을 구하시오.(3점)

> **해답** 연천인율 = 도수율×2.4 = 6.5×2.4 = 15.6

focus 본 교재 제1과목 III. 12. 재해율 단원에서 관련된 계산공식 확인

10. 본질적 안전화에 대한 다음의 용어를 설명하시오. (4점)

○ Fail Safe   ○ Fool proof

해답
① Fail Safe : 인간 또는 기계의 조작상의 과오로 기기의 일부에 고장이 발생해도 다른 부분의 고장이 발생하는 것을 방지하거나 또는 어떤 사고를 사전에 방지하고 안전 측으로 작동하도록 설계하여 2중, 3중으로 통제를 가해두는 안전대책.

② Fool proof : 바보같은 행동(인간의 착오 및 미스 등 포함)을 방지한다는 뜻으로 사용자가 비록 잘못된 조작을 하더라도 이로 인해 전체의 고장이 발생하지 아니하도록 하는 설계방법(작업자의 오조작이 있어도 위험이나 실수가 발생하지 않도록 설계된 구조를 말하며 본질적인 안전화를 의미한다)

focus 본 교재(필기) 제2과목 07. II. 1. 신뢰도 및 불신뢰도의 계산 단원에서 관련내용 확인

---

11. 기체의 연소형태 2가지와 고체의 연소형태 4가지를 쓰시오. (6점)

해답
(1) 기체의 연소형태 : ① 확산(발염)연소 ② 예혼합연소
(2) 고체의 연소형태 : ① 분해연소 ② 증발연소 ③ 표면연소 ④ 자기연소

Tip 가연물의 연소(화재) 형태

기체 연소	확산 (발염)연소	연소버너 주변에서 일어나는 연소로 가연성가스를 확산시켜 연소범위에 도달했을 때 연소하는 현상으로 기체의 일반적인 연소 형태(아세틸렌-산소, LPG-공기, LNG-공기 등)
	예혼합 연소	연소되기 전에 미리 연소 가능한 연소범위의 혼합가스를 만들어 연소시키는 형태
액체 연소	증발 연소	액체의 가장 일반적인 연소형태로 점화원에 의해 액체에서 가연성 증기가 발생하여 공기와 혼합, 연소범위를 형성하게 되어 연소하는 형태로 액체가 연소하는 것이 아니라 가연성 증기가 연소하는 현상(석유류, 에테르, 알콜류, 아세톤 등)
	액적 연소	중유와 같이 점도가 높고 비휘발성인 액체의 경우 분무기를 사용하여 액체입자를 안개상으로 분무하여 연소하게 되는데 이것은 액체의 표면적을 넓혀 공기와의 접촉면을 넓게 하기 위함이다(중유, 벙커C유 등).
	분해연소	액체가 비휘발성인 경우에 열 분해해서 그 분해가스가 공기와 혼합하여 연소
고체 연소	표면 연소	연소물 표면에서 산소와 급격한 산화반응으로 열과 빛을 발생하는 현상으로 가연성가스 발생이나 열분해 반응이 없어 불꽃이 없는 것이 특징 (코크스, 금속분, 목탄 등)
	분해 연소	고체 가연물이 점화원에 의해 복잡한 경로의 열분해 반응으로 가연성 증기가 발생하여 공기와 연소범위를 형성하게 되어 연소하는 형태 (목재, 종이, 플라스틱, 석탄 등)
	증발 연소	고체 가연물이 점화원에 의해 상태변화(융해)를 일으켜 액체가 되고 일정 온도에서 가연성 증기가 발생, 공기와 혼합하여 연소하는 형태(나프탈렌, 황, 파라핀 등)
	자기 연소	분자내에 산소를 함유하고 있는 고체 가연물이 외부의 산소 공급원 없이 점화원에 의해 연소하는 형태(제5류 위험물, 니트로 글리세린, 니트로 셀룰로우스, 트리 니트로 톨루엔, 질산 에틸 등)

focus 본 교재 제5과목 II. 화공안전일반 2. 연소형태 단원에서 관련된 내용 확인

12. 산업안전보건위원회의 설치 대상 사업장의 규모와 위원회의 구성에 있어 사용자 및 근로자 위원의 자격을 각각 1가지만 쓰시오.(단, 산업안전보건위원회의 구성에 있어 사업자대표와 근로자대표는 제외한다). (4점)

해답 (1) 설치대상사업장

사업의 종류	규모
1. 토사석 광업 2. 목재 및 나무제품 제조업 ; 가구제외 3. 화학물질 및 화학제품 제조업 ; 의약품 제외(세제, 화장품 및 광택제 제조업과 화학섬유 제조업은 제외한다) 4. 비금속 광물제품 제조업 5. 1차 금속 제조업 6. 금속가공제품 제조업 ; 기계 및 가구 제외 7. 자동차 및 트레일러 제조업 8. 기타 기계 및 장비 제조업(사무용 기계 및 장비 제조업은 제외한다) 9. 기타 운송장비 제조업(전투용 차량 제조업은 제외한다)	상시 근로자 50명 이상
10. 농업 11. 어업 12. 소프트웨어 개발 및 공급업 13. 컴퓨터 프로그래밍, 시스템 통합 및 관리업 14. 정보서비스업 15. 금융 및 보험업 16. 임대업:부동산 제외 17. 전문, 과학 및 기술 서비스업(연구개발업은 제외한다) 18. 사업지원 서비스업 19. 사회복지 서비스업	상시 근로자 300명 이상
20. 건설업	공사금액 120억원 이상 (「건설산업기본법 시행령」에 따른 토목공사업에 해당하는 공사의 경우에는 150억원 이상)
21. 제1호부터 제20호까지의 사업을 제외한 사업	상시 근로자 100명 이상

(2) 구성위원

구분	산업안전 보건위원회 구성위원
사용자 위원	㉠ 해당 사업의 대표자 ㉡ 안전관리자 1명 ㉢ 보건관리자 1명 ㉣ 산업보건의(선임되어 있는 경우) ㉤ 해당 사업의 대표자가 지명하는 9명 이내의 해당 사업장 부서의 장
근로자 위원	㉠ 근로자대표 ㉡ 근로자대표가 지명하는 1명 이상의 명예산업안전감독관(위촉되어있는 사업장의 경우) ㉢ 근로자대표가 지명하는 9명 이내의 해당 사업장의 근로자(명예감독관이 근로자위원으로 지명되어 있는 경우 그 수를 제외)

Tip 2014년 적용되는 법개정으로 인하여 수정된 내용으로 풀이를 정리하였으니 착오없으시기 바랍니다.

focus 본 교재 제1과목 I. 7. 산업안전보건위원회 단원에서 관련된 내용 확인

13. 산업안전보건법상 산업안전보건관련 교육과정별 교육에 있어 다음 교육대상에 대한 신규 교육시간을 쓰시오. (3점)
  ○ 안전보건관리책임자
  ○ 안전관리자
  ○ 보건관리자

해답
① 안전보건관리책임자 : 6시간 이상
② 안전관리자 : 34시간 이상
③ 보건관리자 : 34시간 이상

Tip 안전보건관리책임자 등에 대한 교육

교육대상	교육시간	
	신규	보수
안전보건관리책임자	6시간 이상	6시간 이상
안전관리자, 안전관리전문기관의 종사자	34시간 이상	24시간 이상
보건관리자, 보건관리전문기관의 종사자	34시간 이상	24시간 이상
재해예방전문지도기관의 종사자	34시간 이상	24시간 이상
석면조사기관의 종사자	34시간 이상	24시간 이상
안전보건관리담당자	—	8시간 이상
안전검사기관, 자율안전검사기관의 종사자	34시간 이상	24시간 이상

Tip 2020년 시행. 관련법령 전부개정으로 변경된 내용이며, 개정된 내용에 맞게 수정했으니 착오없으시기 바랍니다.

focus 본 교재(필기) 제1과목 07. I. 1. 근로자 정기안전 보건 교육 내용 단원에서 관련내용 확인

산업안전기사 실기 (필답형)
2009년 7월 5일 시행

1. 산업안전보건법령상 사업주가 실시해야하는 관리감독자 안전보건교육 중 정기교육의 내용을 4가지 쓰시오. (4점)

해답 ① 산업안전 및 사고 예방에 관한 사항   ② 산업보건 및 직업병 예방에 관한 사항
③ 위험성평가에 관한 사항   ④ 유해·위험 작업환경 관리에 관한 사항
⑤ 산업안전보건법령 및 산업재해보상보험 제도에 관한 사항
⑥ 직무스트레스 예방 및 관리에 관한 사항
⑦ 직장 내 괴롭힘, 고객의 폭언 등으로 인한 건강장해 예방 및 관리에 관한 사항
⑧ 작업공정의 유해·위험과 재해 예방대책에 관한 사항
⑨ 사업장 내 안전보건관리체제 및 안전·보건조치 현황에 관한 사항
⑩ 표준안전 작업방법 결정 및 지도·감독 요령에 관한 사항
⑪ 현장근로자와의 의사소통능력 및 강의능력 등 안전보건교육 능력 배양에 관한 사항
⑫ 비상시 또는 재해 발생 시 긴급조치에 관한 사항
⑬ 그 밖의 관리감독자의 직무에 관한 사항

Tip 2023년 법령개정. 문제 및 해답은 개정된 내용 적용.

focus 본 교재 제2과목 I. 10. 산업안전보건법상의 교육의 종류와 교육시간 및 교육내용 단원에서 관련내용 확인

2. 인체계측 자료를 장비나 설비의 설계에 응용하는 경우 활용되는 3가지 원칙을 쓰시오. (3점)

해답 ① 극단적인 사람을 위한설계(극단치 설계)   ② 조절범위   ③ 평균치를 기준으로 한 설계

Tip 인체계측자료의 응용원칙
(1) 극단적인 사람을 위한 설계(극단치 설계)

구분	최대 집단치	최소 집단치
개념	대상 집단에 대한 인체 측정 변수의 상위 백분위수(percentile)를 기준으로 90, 95, 99%치가 사용	관련 인체 측정 변수 분포의 하위 백분위수를 기준으로 1, 5, 10%치가 사용
사용 예	① 출입문, 통로, 의자사이의 간격 등의 공간 여유의 결정 ② 줄사다리, 그네 등의 지지물의 최소 지지중량(강도)	선반의 높이 또는 조정장치까지의 거리, 버스나 전철의 손잡이 등의 결정

(2) 조절 범위 : 사무실 의자의 높낮이 조절, 자동차 좌석의 전후조절 등
(3) 평균치를 기준으로 한 설계 : 가게나 은행의 계산대 등

focus 본 교재 제3과목 I. 9. 인체계측 단원에서 관련내용 확인

3. 다음의 물질이 공기 중에서 연소할 때 이루어지는 주된 연소의 종류를 쓰시오. (3점)
  ○ 수소   ○ 알코올   ○ TNT   ○ 알루미늄가루

해답 ① 수소-확산연소 ② 알코올-증발연소 ③ TNT-자기연소 ④ 알루미늄가루-표면연소

focus 본 교재 제5과목 II. 화공안전 일반 2. 연소형태 단원에서 관련내용 확인

4. 도급에 따른 산업재해 예방조치 중 경보체계 운영과 대피방법 등 훈련이 필요한 경우를 쓰시오.

해답 경보체계 운영과 대피방법 등 훈련
① 작업 장소에서 발파작업을 하는 경우
② 작업 장소에게 화재·폭발, 토사·구축물 등의 붕괴 또는 지진 등이 발생한 경우

Tip 2020년 시행되는 법령전부개정으로 변경된 내용입니다. 문제와 해답은 변경된 내용에 맞도록 수정하였으니 착오없으시기 바랍니다.

focus 본 교재 제8과목 I. 1. 도급사업에 있어서의 안전조치 단원에서 관련내용 확인

5. 산업안전보건법상 안전·보건 표지중 "응급구호 표지"를 그리시오.
(단, 색상표시는 글자로 나타내도록 하고 크기에 대한 기준은 표시하지 않는다) (4점)

해답 응급구호표지

 (바탕은 녹색, 관련부호 및 그림은 흰색)

Tip 안전표지의 색채 및 색도기준(2009년 8월 개정된 법규내용)

색채	색도기준	용도	사 용 례	형태별 색채기준
빨간색	7.5R 4/14	금지	정지신호, 소화설비 및 그 장소, 유해행위의 금지	바탕은 흰색, 기본모형은 빨간색, 관련부호 및 그림은 검은색
		경고	화학물질 취급장소에서의 유해위험경고	
노란색	5Y 8.5/12	경고	화학물질 취급장소에서의 유해위험경고 그밖의 위험경고, 주의표지 또는 기계 방호물	바탕은 노란색, 기본모형·관련부호 및 그림은 검은색 (주1)
파란색	2.5PB 4/10	지시	특정행위의 지시 및 사실의 고지	바탕은 파란색, 관련 그림은 흰색
녹색	2.5G 4/10	안내	비상구 및 피난소, 사람 또는 차량의 통행표지	바탕은 흰색, 기본모형 및 관련부호는 녹색, 바탕은 녹색, 관련부호 및 그림은 흰색
흰색	N 9.5		파란색 또는 녹색에 대한 보조색	
검은색	N 0.5		문자 및 빨간색 또는 노란색에 대한 보조색	

(주1) 다만, 인화성물질경고·산화성물질경고·폭발성물질경고·급성독성물질경고·부식성물질경고 및 발암성·변이원성·생식독성·전신독성·호흡기과민성물질경고의 경우 바탕은 무색, 기본모형은 빨간색(검은색도 가능)

focus 본 교재 제2과목 II. 8. 무재해운동과 위험예지훈련 단원에서 안전표지에 관련된 내용 확인

6. 산업안전보건법상 보호구의 안전인증 제품에 표시하여야 하는 사항을 4가지만 쓰시오. (4점)

   해답 ① 형식 또는 모델명 ② 규격 또는 등급 등 ③ 제조자명
   ④ 제조번호 및 제조연월 ⑤ 안전인증 번호

   Tip 2009년부터 적용된 법제정으로 새롭게 출제되는 문제유형이므로 확실히 알아둘 것

   focus 본 교재 제1과목 Ⅳ. 7. 안전인증(자율안전확인)단원에서 관련내용 확인

7. 깊이 10.5 m 이상의 굴착의 경우 흙막이 구조의 안전을 예측하기 위해 설치하여야 하는 계측기기를 3가지만 쓰시오. (3점)

   해답 ① 수위계 ② 경사계 ③ 하중 및 침하계 ④ 응력계

8. 화재에 대한 다음 소화 방법에 대하여 설명하시오. (4점)
   ○ 제거소화법   ○ 질식소화법

   해답 ① 제거소화 : 연소의 3요소 중에서 가연물을 연소하고 있는 구역에서 제거하거나 공급을 중단시켜 소화하는 방법
   ② 질식소화 : 연소의 3요소 중에서 산소의 농도를 낮추거나 공급을 차단함으로 공기중의 산소농도(21%)를 15%이하로 낮추어 연소를 중단시키는 방법(B급 화재인 4류 위험물의 소화에 가장 적당)

   focus 본 교재 제5과목 Ⅱ. 12. 소화이론 단원에서 관련내용 확인

9. 다음 〈보기〉의 통전 경로에서 위험도가 가장 높은 경로와 가장 낮은 경로를 번호로 쓰시오. (4점)

   [보기] ① 왼손 → 가슴   ② 오른손 → 가슴   ③ 왼손 → 왼발
           ④ 오른손 → 양발   ⑤ 왼손 → 오른손

   해답 (1) 위험도가 가장 높은 경로 : ① 왼손 - 가슴
   (2) 위험도가 가장 낮은 경로 : ⑤ 왼손 - 오른손

   Tip 통전 경로별 위험도

통전 경로	위험도	통전 경로	위험도
왼손 - 가슴	1.5	왼손 - 등	0.7
오른손 - 가슴	1.3	한손 또는 양손 - 앉아 있는 자리	0.7
왼손 - 한발 또는 양발	1.0	왼손 - 오른손	0.4
양손 - 양발	1.0	오른손 - 등	0.3
오른손 - 한발 또는 양발	0.8		

   focus 본 교재 (필기) 제4과목 01. I. 2. 감전의 위험요소 단원에서 관련내용 확인

10. 산업안전보건법 상 노사협의체의 설치대상 사업 1가지와 노사협의체의 운영에 있어 정기 회의의 개최 주기를 쓰시오. (4점)

해답　① 설치대상 사업 : 공사금액 120억원(건설기본법 시행령에 따른 토목공사업은 150억원)이상인 건설업
　　　　② 정기회의 : 2개월 마다 노사 협의체의 위원장이 소집

Tip　노사 협의체의 협의 사항(관련법의 개정된 내용임)
　　　① 산업재해 예방방법 및 산업재해가 발생한 경우의 대피방법
　　　② 작업의 시작시간 및 작업 및 작업장 간의 연락방법
　　　③ 그 밖의 산업재해 예방과 관련된 사항

focus　본 교재 제 8과목 I. 1. 도급사업에 있어서의 안전조치 단원에서 관련내용 확인

11. 부도체에 대한 대전 방지대책을 3가지만 쓰시오. (3점)

해답　① 부도체는 정전기 발생 억제가 기본이며 정전기를 중화시켜 제거
　　　② 유체, 분체 등에는 대전방지제 첨가
　　　③ 제전기 사용
　　　④ 유속의 저하 및 정치시간 확보
　　　⑤ 대전방지 처리된 대전방지용품 사용
　　　⑥ 가급적 도전성 재료 사용

focus　본 교재 제 5과목 I. 12. 전기화재의 원인 단원에서 관련내용 확인

12. 체계나 설비를 설계함에 있어 부품들을 배치하는 경우 고려해야 하는 부품배치의 원칙 4가지를 쓰시오. (4점)

해답　① 중요성의 원칙　② 사용빈도의 원칙　③ 기능별 배치의 원칙　④ 사용 순서의 원칙

focus　본 교재 제3과목 I. 12. 부품배치의 원칙 단원에서 관련내용 확인

13. A사업장의 근무 및 재해발생현황이 다음과 같을 때 이 사업장의 종합재해지수(FSI)를 구하시오. (5점)
- 평균근로자수 : 800명
- 연간재해자수 : 50명
- 연간재해발생건수 : 45건
- 총근로손실일수 : 8900일
- 근로시간 : 1일8시간, 연간 280일 근무

해답　$FSI = \sqrt{도수율(FR) \times 강도율(SR)}$
　　　① 도수율$(F.R) = \dfrac{재해건수}{연간총근로시간수} \times 1{,}000{,}000$
　　　　　　　　　$= \dfrac{45}{800 \times 8 \times 280} \times 10^6 ≒ 25.112$

② 강도율$(S.R) = \dfrac{\text{근로손실일수}}{\text{연간총근로시간수}} \times 1,000$

$= \dfrac{8900}{800 \times 8 \times 280} \times 1000 ≒ 4.967$

③ 종합재해지수(FSI) $= \sqrt{25.112 \times 4.967} = 11.168 = 11.17$

focus 본 교재 제 1과목 III. 12. 재해율 단원에서 관련된 계산공식 확인

14. 광전자식 방호장치가 설치된 마찰클러치식 기계프레스에서 급정지시간이 200ms로 측정되었을 경우 안전거리(mm)를 구하시오. (5점)

해답 ① $D = 1600 \times (Tc + Ts) = 1600 \times$ 급정지시간(초)

D : 안전거리(mm)

Tc : 방호장치의 작동시간 [즉 손이 광선을 차단했을 때부터 급정지기구가 작동을 개시할 때까지의 시간 (초)]

Ts : 프레스의 최대정지시간 [즉 급정지기구가 작동을 개시했을 때부터 슬라이드가 정지할 때까지의 시간 (초)]

② $D = 1600 \times 200 \times \dfrac{1}{1000} = 320 \text{(mm)}$

focus 본 교재 제 4과목 I. 10. 프레스의 방호장치 및 설치방법 단원에서 관련된 계산공식 확인

산업안전기사 실기 (필답형)
2009년 9월 13일 시행

1. 내전압용 절연장갑 성능기준에 있어 각 등급에 대한 최대 사용전압을 쓰시오. (4점)

교류(V, 실효값)	직류
500	①
②	1500
7500	11250
17000	25500
26500	39750
③	④

해답 ① 750   ② 1000   ③ 36000   ④ 54000

Tip ① 절연장갑의 등급 및 표시(개정된 내용)

등급	최대사용전압		등급별 색상
	교류 (V, 실효값)	직류 (V)	
00	500	750	갈색
0	1,000	1,500	빨강색
1	7,500	11,250	흰색
2	17,000	25,500	노랑색
3	26,500	39,750	녹색
4	36,000	54,000	등색

② 등급별 색상에 관한 문제도 출제빈도가 높으므로 반드시 기억할 것.

focus 본 교재(필기) 제 1과목 03. Ⅱ. 2. 보호구의 종류별 특성 단원에서 관련내용 확인

2. 산업안전보건법상 사업주가 보일러의 안전운전을 위해 근로자에게 교육하여야 하는 사항을 4가지 쓰시오. (4점)

해답 운전방법의 교육
① 가동중인 보일러에는 작업자가 항상 정위치를 떠나지 아니할 것
② 압력방출장치·압력제한스위치·화염검출기의 설치 및 정상 작동여부를 점검할 것
③ 압력방출장치의 봉인상태를 점검할 것
④ 고저수위조절장치와 급수펌프와의 상호기능상태를 점검할 것
⑤ 보일러의 각종 부속장치의 누설상태를 점검할 것
⑥ 노내의 환기 및 통풍장치를 점검할 것

3. 위험예지훈련에서 활용하는 기법중, 브레인스토밍 4원칙을 쓰시오. (4점)

> **해답** 브레인 스토밍(Brain Storming, B·S 4원칙)
> ① 비판금지 : 「좋다」 또는 「나쁘다」라고 비판하지 않는다.
> ② 자유분방 : 자유로운 분위기에서 편안한 마음으로 발표한다.
> ③ 대량발언 : 내용의 질적인 수준보다 양적으로 많이 발언한다.
> ④ 수정발언 : 타인의 발표내용을 수정하거나 개조하여 관련된 내용을 추가 발표하여도 좋다.
>
> **Tip** 답안작성시 추가설명에 대한 내용은 생략해도 됨(확실히 알고 있다면 함께 작성할 것)
>
> **focus** 본 교재 제 2과목 II. 8. 무재해운동과 위험예지훈련 단원에서 관련내용 확인

4. 연평균 근로자 1000명, 도수율 11.37, 강도율 6.3 (연간 근로일수 275일, 1일 8시간 근로)일 때 다음을 구하시오. (4점)
(1) 종합재해 지수를 구하시오.
(2) 재해발생 건수를 구하시오.
(3) 연간근로손실일수를 구하시오.
(4) 재해자수가 30일 경우 연천인율을 구하시오.

> **해답** (1) 종합재해지수(frequency severity indicator : FSI)
> $$FSI = \sqrt{도수율(FR) \times 강도율(SR)}$$
> $$\therefore FSI = \sqrt{11.37 \times 6.3} = 8.46$$
>
> (2) 재해발생 건수(빈도율)
> $$빈도율(F.R) = \frac{재해건수}{연간총근로시간수} \times 1,000,000$$
> $$\therefore 재해건수 = \frac{빈도율 \times 연간총근로시간수}{10^6}$$
> $$= \frac{11.37 \times 1,000 \times 8 \times 275}{10^6} = 25.01(건)$$
>
> (3) 근로손실일수(강도율)
> $$강도율(S.R) = \frac{근로손실일수}{연간총근로시간수} \times 1,000$$
> $$\therefore 연간근로손실일수 = \frac{강도율 \times 연간총근로시간수}{1,000}$$
> $$= \frac{6.3 \times 1,000 \times 8 \times 275}{1,000} = 13,860(일)$$
>
> (4) 연천인율
> $$연천인율 = \frac{연간재해자수}{연평균근로자수} \times 1,000 = \frac{30}{1,000} \times 1,000 = 30$$
>
> **Tip** 재해율에 관한 문제는 기본적으로 알아두어야 하며, 특히 단위와 계산식에 관하여 확실한 이해가 필요함(재해율에 해당하는 연천인율, 빈도율, 강도율은 단위가 없음)
>
> **focus** 본 교재 제 1과목 III. 12. 재해율 단원에서 관련내용 확인

5. 산업안전보건법상의 안전 · 보건표지 중 안내표지종류를 3가지 쓰시오. (비상구, 좌측비상구, 우측비상구 제외) (3점)

해답 ① 응급구호표지 ② 녹십자표지 ③ 세안 장치 ④ 들것

Tip ① 안내표지의 종류

녹십자표지	응급구호표지	들것	세안장치	비상구	좌측비상구	우측비상구

② 안전표지는 그림을 보고 명칭을 쓰는 문제도 출제될 수 있으며, 녹십자표지 및 응급구호의 표지는 그림을 그리는 문제로도 출제될 수 있으므로 참고할 것
③ 2011년 법개정으로 "비상용기구"가 추가되었으니 확인후 함께 알아두세요.

focus 본 교재 제 2과목 II. 8. 무재해운동과 위험예지훈련 단원에서 관련내용 확인

6. 실현가능성이 동일한 대안이 4개 있을 때 총 정보량(bit)을 구하시오. (3점)

해답 정보량(실현가능성이 같은 n개의 대안이 있을 때 총 정보량 H는)
$H = \log_2 n$
$\therefore H = \log_2 4 = 2(\text{bit})$

focus 본 교재 제 3과목 I. 5. 신뢰도 단원에서 관련내용 확인

7. B공장에서 사용하는 프레스는 양수조작식 방호장치를 장착하고 있다. 이 프레스의 양단에 있는 동작용 누름 버튼의 스위치의 최소거리(mm)를 쓰시오. (3점)

해답 누름버튼의 상호간 내측거리는 300mm 이상

focus 본 교재 제 4과목 I. 10. 프레스의 방호장치 및 설치방법 단원에서 관련내용 확인

8. 산업안전보건법에 따른 안전, 보건에 관한 노사협의체의 구성에 있어 근로자 위원과, 사용자위원의 자격을 각각 2가지씩 쓰시오. (4점)

해답 노사 협의체 구성 위원
(1) 사용자 위원
　　① 도급 또는 하도급 사업을 포함한 전체 사업의 대표자
　　② 안전관리자 1명
　　③ 보건관리자 1명(선임대상건설업에 한정)
　　④ 공사금액이 20억원 이상인 공사의 관계 수급인의 각 대표자
(2) 근로자 위원
　　① 도급 또는 하도급 사업을 포함한 전체 사업의 근로자 대표
　　② 근로자 대표가 지명하는 명예 산업안전감독관 1명. 다만 위촉되어 있지 않은 경우 근로자 대표가 지명하는 해당 사업장 근로자 1명
　　③ 공사금액이 20억원 이상인 공사의 관계수급인의 각 근로자 대표

focus 본 교재 제 1과목 I. 7. 산업안전 보건위원회 단원에서 관련내용 확인

9. 건설업 중 건설공사 유해·위험방지계획서의 제출기한과 첨부되어야 하는 서류를 2가지 쓰시오. (5점)

   해답 유해·위험방지계획서
   (1) 제출기한 : 공사 착공 전날까지
   (2) 첨부서류
      ① 공사개요 및 안전보건관리계획
      ② 작업공사 종류별 유해·위험방지계획

   Tip 건설업이 아닌 제조업 등의 사업장일 경우 제출기한은 공사착공 15일 전까지 공단에 2부 제출

   focus 본 교재 제 6과목 I. 3. 유해위험방지 계획서 단원에서 관련내용 확인

10. 공정안전보건서의 내용 중, '공정위험성 평가서'에서 적용될 위험성 평가 기법에 있어 저장탱크 설비, 유틸리티 설비 및 제조공정 중 고체건조 분쇄설비등 간단한 단위공정에 대한 위험성 평가기법을 4가지 쓰시오. (4점)

   해답 위험성 평가기법
      ① 체크리스트기법   ② 작업자실수분석기법
      ③ 사고예상질문분석기법 ④ 위험과 운전분석기법
      ⑤ 상대 위험순위결정기법

   Tip 제조공정 중 반응, 분리(증류, 추출 등), 이송시스템 및 전기·계장시스템 등의 단위공정에 대한 평가기법으로는 위험과 운전분석기법, 공정위험분석기법, 이상위험도분석기법, 원인결과분석기법, 결함수분석기법, 사건수분석기법 등이 있다.

11. B급 화재에 적응성이 있는 소형수동식 소화기의 종류를 4가지 쓰시오. (4점)

   해답 ① 포말 소화기
        ② 분말 소화기
        ③ CO_2 소화기
        ④ 증발성 액체 소화기(할로겐화물 소화기)

   focus 본 교재 제 5과목 II. 13. 소화기의 종류 단원에서 관련내용 확인

12. 파블로브의 조건반사설에 의거한 학습이론을 4가지 쓰시오. (4점)

   해답 ① 일관성의 원리   ② 강도의 원리
        ③ 시간의 원리   ④ 계속성의 원리

> **Tip** 시행착오설에 해당하는 3가지 법칙 ① 효과의 법칙 ② 연습의 법칙 ③ 준비성의 법칙도 함께 알아둘 것

> **focus** 본 교재(필기) 제 1과목 06. II. 4. 학습이론 단원에서 관련내용 확인

13. 정격부하전류가 50A 이하, 대지전압이 150V를 초과하는 이동형 전기기계·기구에 대하여 감전방지용 누전차단기를 설치할 경우 정격감도전류와 작동시간의 기준을 쓰시오. (4점)

> **해답** ① 정격감도전류 : 30mA 이하
> ② 작동시간 : 0.03초 이내

> **Tip** 감전방지용 누전차단기 설치 장소
> 전기기계·기구중 대지전압이 150볼트를 초과하는 이동형 또는 휴대형의 것이나 다음에 해당하는 장소
> ① 물등 도전성이 높은 액체에 의한 습윤장소
> ② 철판·철골위등 도전성이 높은 장소
> ③ 임시배선의 전로가 설치되는 장소

> **focus** 본 교재 제 5과목 I. 6. 누전 차단기 단원에서 관련내용 확인

14. 다음 그림의 시스템에 관하여 답하시오. (5점)

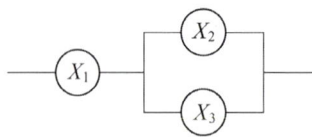

① 시스템 고장을 정상사상으로 하는 FT도를 그리시오.
② 최소 컷셋을 구하시오.

> **해답** ① FT도 작성
>
>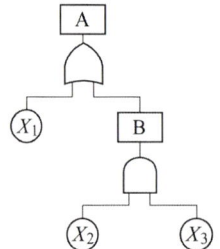
>
> ② 최소컷셋(Minimal cut set)을 구하면
>
> $$A \rightarrow \begin{matrix} X_1 \\ B \end{matrix} \rightarrow \begin{matrix} X_1 \\ X_2 X_3 \end{matrix}$$
>
> 그러므로, 최소 컷셋은 (X_1), $(X_2 \ X_3)$

> **focus** 본 교재 제 3과목 II. 11. 미니멀 컷과 미니멀 패스 단원에서 관련내용 확인

산업안전기사 실기 (필답형)
2010년 4월 18일 시행

1. 산업안전보건법상 안전 인증 대상 보호구를 5가지 쓰시오. (5점)

> **해답** 안전 인증 대상 보호구
> ① 추락 및 감전 위험방지용 안전모   ② 안전화   ③ 안전장갑
> ④ 방진마스크   ⑤ 방독마스크   ⑥ 송기마스크   ⑦ 전동식 호흡보호구
> ⑧ 보호복   ⑨ 안전대   ⑩ 차광 및 비산물 위험방지용 보안경
> ⑪ 용접용 보안면   ⑫ 방음용 귀마개 또는 귀덮개
>
> **Tip** 2014년 적용되는 법개정으로 내용이 일부 개정되어 현행법에 맞도록 수정하였으니 착오없으시기 바랍니다.
>
> **focus** 본 교재 제7과목 I. 1. 보호구 선택시 유의사항 단원에서 관련내용 확인

2. 다음 보기의 위험물질 중에서 폭발성 물질과 발화성 물질을 각각 2가지 고르시오. (4점)

> [보기] ① 니트로화합물 ② 리튬 ③ 황 ④ 질산 및 그 염류 ⑤ 산화프로필렌
> ⑥ 아세틸렌 ⑦ 하이드라진 ⑧ 수소
>
> **해답** (1) 폭발성 물질 및 유기과산화물 : ① 니트로화합물 ⑦ 하이드라진
> (2) 물반응성 물질 및 인화성 고체 : ② 리튬 ③ 황
>
> **Tip** 2011년 법개정으로 내용이 수정되었으며, 해답은 수정된 내용으로 작성하였습니다. 발화성물질은 물반응성 물질 및 인화성 고체로 명칭이 바뀌었습니다.
>
> **focus** 본 교재(필기) 제5과목 01. I. 3. 위험물의 종류 단원에서 관련내용 확인

3. 지반의 굴착작업에 있어서 지반의 붕괴 등에 의해 근로자에게 위험을 미칠 우려가 있을 경우 실시하는 지반조사사항을 3가지 쓰시오. (3점)

> **해답** 지반굴착작업 시 사전조사 사항
> ① 형상 · 지질 및 지층의 상태
> ② 균열 · 함수 · 용수 및 동결의 유무 또는 상태
> ③ 매설물등의 유무 또는 상태
> ④ 지반의 지하수위 상태
>
> **focus** 본 교재 제6과목 I. 16. 토사붕괴 위험성 및 안전조치 단원에서 확인

4. 다음에 해당하는 방폭구조의 기호를 쓰시오. (5점)

> ① 내압 방폭구조 ② 충전 방폭구조 ③ 본질안전 방폭구조 ④ 몰드 방폭구조
> ⑤ 비점화 방폭구조

해답 ① 내압 방폭구조 : d ② 충전 방폭구조 : q ③ 본질안전 방폭구조 : I
④ 몰드 방폭구조 : m ⑤ 비점화 방폭구조 : n

Tip 방폭구조의 기호

내압 방폭구조	압력 방폭구조	유입 방폭구조	안전증 방폭구조	특수 방폭구조	본질안전 방폭구조	몰드 방폭구조	충전 방폭구조	비점화 방폭구조
d	p	o	e	s	i(ia,ib)	m	q	n

focus 본 교재 제5과목 I. 18. 방폭구조의 기호 단원에서 관련내용 확인

5. 컨베이어 작업시 작업시작전에 점검해야할 사항 3가지를 쓰시오. (3점)

해답 컨베이어작업시 작업시작전 점검사항
① 원동기 및 풀리기능의 이상유무
② 이탈 등의 방지장치기능의 이상유무
③ 비상정지장치 기능의 이상유무
④ 원동기·회전축·기어 및 풀리 등의 덮개 또는 울 등의 이상유무

focus 본 교재 제1과목 IV. 8. 작업시작전 점검사항 단원에서 관련내용 확인

6. 다음에 해당하는 기계의 방호장치를 각각 1가지 쓰시오. (4점)

> ① 롤러기 ② 복합동작을 할 수 있는 산업용 로봇

해답 ① 롤러기 : 급정지 장치
② 복합동작을 할수 있는 산업용 로봇 : 높이 1.8미터 이상의 울타리 설치(컨베이어 시스템의 설치 등으로 울타리를 설치할 수 없는 일부 구간 - 안전매트 또는 광전자식 방호장치 등 감응형(感應形) 방호장치 설치)

focus 본 교재 제4과목 I. 9. 산업안전보건법상의 유해위험기계기구 단원에서 관련내용 확인

7. 하역작업을 할때 화물운반용 또는 고정용으로 사용할 수 없는 섬유로프를 쓰시오. (4점)

해답 섬유로프 등의 사용금지
① 꼬임이 끊어진 것
② 심하게 손상 또는 부식된 것

focus 본 교재 제6과목 I. 7. 운반기계 단원에서 관련내용 확인

8. 다음 FT도에서 컷셋(cut set)을 모두 구하시오.(4점)

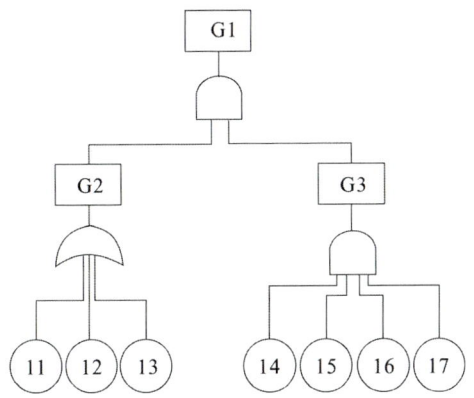

해답
$$G_1 \to G_2\ G_3 \to \begin{matrix} 11G_3 \\ 12G_3 \\ 13G_3 \end{matrix} \to \begin{matrix} 11\ 14\ 15\ 16\ 17 \\ 12\ 14\ 15\ 16\ 17 \\ 13\ 14\ 15\ 16\ 17 \end{matrix}$$

그러므로 컷셋은 (11, 14, 15, 16, 17) (12, 14, 15, 16, 17) (13, 14, 15, 16, 17)

focus 본 교재 제3과목 II. 시스템 위험분석 11. 미니멀 컷과 미니멀 패스 단원에서 관련내용 확인

9. 근로자 1500명중 사망자 2명과 영구전노동불능상해 2명, 기타 재해로 인한 부상자 72명의 근로손실일수는 1200일이었다. 강도율을 구하시오. (1일 작업시간 8시간, 연근로일수 280일) (4점)

해답
$$강도율(S.R) = \frac{근로손실일수}{연간총근로시간수} \times 1,000$$

$$\therefore 강도율 = \frac{(7,500 \times 2) + (7500 \times 2) + 1,200}{1500 \times 8 \times 280} \times 1,000 = 9.2857 ≒ 9.29$$

focus 본 교재 제1과목 III. 12. 재해율 단원에서 관련내용 확인

10. 부품배치의 4원칙을 쓰시오. (4점)

해답 부품배치의 4원칙
① 중요성의 원칙 ② 사용빈도의 원칙 ③ 기능별 배치의 원칙 ④ 사용 순서의 원칙

focus 본 교재 제3과목 I. 12. 부품배치의 원칙 단원에서 관련내용 확인

11. 산업안전보건법령상 사업주가 실시해야하는 관리감독자 안전보건교육 중 정기교육의 내용을 4가지 쓰시오. (4점)

해답
① 산업안전 및 사고 예방에 관한 사항　　　② 산업보건 및 직업병 예방에 관한 사항
③ 위험성평가에 관한 사항　　　　　　　　④ 유해·위험 작업환경 관리에 관한 사항
⑤ 산업안전보건법령 및 산업재해보상보험 제도에 관한 사항
⑥ 직무스트레스 예방 및 관리에 관한 사항
⑦ 직장 내 괴롭힘, 고객의 폭언 등으로 인한 건강장해 예방 및 관리에 관한 사항
⑧ 작업공정의 유해·위험과 재해 예방대책에 관한 사항
⑨ 사업장 내 안전보건관리체제 및 안전·보건조치 현황에 관한 사항
⑩ 표준안전 작업방법 결정 및 지도·감독 요령에 관한 사항
⑪ 현장근로자와의 의사소통능력 및 강의능력 등 안전보건교육 능력 배양에 관한 사항
⑫ 비상시 또는 재해 발생 시 긴급조치에 관한 사항
⑬ 그 밖의 관리감독자의 직무에 관한 사항

Tip 2023년 법령개정. 문제 및 해답은 개정된 내용 적용.

focus 본 교재 제2과목 I. 10. 산업안전보건법상의 교육의 종류와 교육시간 및 교육내용 단원에서 관련내용 확인

---

12. 재해예방의 기본 4원칙 중 2가지를 쓰고 설명하시오. (4점)

해답 재해예방의 기본 4원칙

손실우연의 원칙	사고에 의해서 생기는 상해의 종류 및 정도는 우연적이라는 원칙
예방가능의 원칙	재해는 원칙적으로 예방이 가능하다는 원칙
원인계기의 원칙	재해의 발생은 직접 원인으로만 일어나는 것이 아니라 간접원인이 연계되어 일어난다는 원칙
대책선정의 원칙	원인의 정확한 분석에 의해 가장 타당한 재해예방 대책이 선정되어야 한다는 원칙(3E 적용단계)

focus 본 교재 제1과목 III. 10. 재해예방의 4원칙 단원에서 관련된 내용 확인

---

13. 경고표지를 4가지 쓰시오. (단, 위험장소 경고는 제외한다) (4점)

해답
① 인화성물질경고　② 산화성물질경고　③ 폭발성물질경고　④ 급성독성물질경고
⑤ 부식성물질경고　⑥ 방사성물질경고　⑦ 고압전기경고　⑧ 매달린물체경고
⑨ 낙하물경고　⑩ 고온경고　⑪ 저온경고　⑫ 몸균형상실경고　⑬ 레이저광선경고
⑭ 발암성·변이원성·생식독성·전신독성·호흡기과민성 물질 경고　⑮ 위험장소경고

focus 본 교재 제2과목 II. 8. 무재해 운동과 위험예지훈련 3) 안전보건 표지 단원에서 관련내용 확인

---

14. 공정안전보고서에 포함되어야할 사항을 4가지 쓰시오. (4점)

해답 공정안전보고서 포함사항
① 공정안전자료　② 공정위험성평가서　③ 안전운전계획　④ 비상조치계획
⑤ 그 밖에 공정상의 안전과 관련하여 고용노동부장관이 필요하다고 인정하여 고시하는 사항

focus 본 교재 제8과목 I. 4. 공정안전보고서 단원에서 관련내용 확인

산업안전기사 실기 (필답형)
2010년 7월 4일 시행

1. 산업안전보건법상 다음 그림에 해당하는 안전보건표지의 명칭을 쓰시오. (4점)

| ① | ② | ③ | ④ |

해답 ① 화기금지 ② 폭발성물질경고 ③ 부식성물질경고 ④ 고압전기경고

focus 본 교재 제2과목 II. 8. 무재해 운동과 위험예지훈련 3) 안전보건 표지 단원에서 관련내용 확인

2. 산업재해예방을 목적으로 사용해야 하는 산업안전보건관리비의 사용기준에 해당하는 항목을 4가지 쓰시오. (4점)

해답
① 안전관리자·보건관리자의 임금 등 ② 안전시설비 등
③ 보호구 등 ④ 안전보건진단비 등
⑤ 안전보건교육비 등 ⑥ 근로자 건강장해예방비 등
⑦ 건설재해예방전문지도기관의 지도에 대한 대가로 지급하는 비용

focus 본 교재 6과목 I. 4. 산업안전보건관리비 단원에서 내용 확인

3. 접지 시스템의 구성요소를 3가지 쓰시오. (5점)

해답 ① 접지극 ② 접지도체 ③ 보호도체 및 기타 설비

focus 본 교재 제5과목 I. 10. 접지시스템 단원에서 관련내용 확인

4. 부탄(C_4H_{10})이 완전연소하기위한 화학양론식을 쓰고, 완전연소에 필요한 최소산소농도를 추정하시오. (단, 부탄의 폭발하한계는 1.6vol%이다.) (5점)

해답 (1) 화학양론식
$$C_4H_{10} + 6.5O_2 \rightarrow 4CO_2 + 5H_2O$$
(2) 최소 산소농도(MOC)
① 구하는 공식
$$MOC = \left(LFL \frac{연료mol}{연료mol + 공기mol}\right)\left(\frac{O_2 mol}{연료mol}\right)$$
② 실험데이터가 불충분할 경우(대부분의 탄화수소)
LFL × 산소의 양론계수(연소반응식)

③ 부탄(C_4H_{10})의 MOC

화학양론식 $C_4H_{10} + 6.5O_2 \rightarrow 4CO_2 + 5H_2O$ 에서

$MOC = \left(1.6 \dfrac{연료 mol}{연료 mol + 공기 mol}\right)\left(\dfrac{6.5O_2 mol}{1.0 연료 mol}\right) = 10.4 (vol\%)$

또는, 부탄의 LFL은 1.6 (vol%) 이므로 1.6 × 6.5 = 10.4 (vol%)

focus 본 교재(필기) 제5과목 04. I. 6. 연소범위 단원에서 관련내용 확인

---

5. 산업안전보건법상 사업장에 안전보건관리규정을 작성하고자 할때 포함되어야할 사항을 4가지 쓰시오. (단, 그 밖에 안전보건에 관한 사항은 제외한다) (4점)

해답 안전보건관리규정에 포함되어야 할 사항
① 안전 및 보건에 관한 관리조직과 그 직무에 관한 사항
② 안전보건교육에 관한 사항
③ 작업장의 안전 및 보건관리에 관한 사항
④ 사고조사 및 대책수립에 관한 사항
⑤ 그 밖에 안전 및 보건에 관한 사항

focus 본 교재 제1과목 II. 1. 안전관리 규정 단원에서 관련내용 확인

---

6. 다음은 산업재해 발생시의 조치내용을 순서대로 표시하였다. 아래의 빈칸에 알맞은 내용을 쓰시오. (4점)

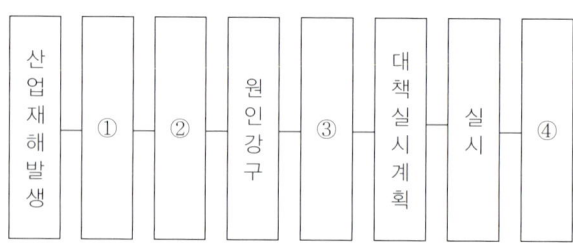

해답 ① 긴급처리 ② 재해조사 ③ 대책수립 ④ 평가

focus 본 교재 제1과목 III. 4. 재해발생시 조치사항 단원에서 관련내용 확인

---

7. 근로자의 추락 등에 의한 위험을 방지하기 위하여 설치하는 안전난간의 주요구성 요소 4가지를 쓰시오. (4점)

해답 ① 상부난간대
② 중간난간대
③ 발끝막이판
④ 난간기둥

Tip 안전난간의 설치기준

구성	상부난간대·중간난간대·발끝막이판 및 난간기둥으로 구성(중간난간대·발끝막이판 및 난간기둥은 이와 비슷한 구조 및 성능을 가진 것으로 대체가능)
상부난간대	바닥면·발판 또는 경사로의 표면으로부터 90센티미터 이상 지점에 설치하고, 상부난간대를 120센티미터 이하에 설치하는 경우에는 중간 난간대는 상부 난간대와 바닥면등의 중간에 설치하여야 하며, 120센티미터 이상 지점에 설치하는 경우에는 중간난간대를 2단 이상으로 균등하게 설치하고 난간의 상하 간격은 60센티미터 이하가 되도록 할 것
발끝막이판	바닥면 등으로부터 10센티미터 이상의 높이를 유지할 것(물체가 떨어지거나 날아올 위험이 없거나 그 위험을 방지할 수 있는 망을 설치하는 등 필요한 예방조치를 한 장소 제외)
난간기둥	상부난간대와 중간난간대를 견고하게 떠받칠 수 있도록 적정간격을 유지할 것
상부난간대와 중간난간대	난간길이 전체에 걸쳐 바닥면등과 평행을 유지할 것
난간대	지름 2.7센티미터 이상의 금속제파이프나 그 이상의 강도가 있는 재료일 것
하중	안전난간은 구조적으로 가장 취약한 지점에서 가장 취약한 방향으로 작용하는 100킬로그램 이상의 하중에 견딜 수 있는 튼튼한 구조일 것

focus 본 교재 제6과목 I. 11. 추락재해의 방호설비 단원에서 관련내용 확인

---

8. 산업안전보건법상 다음 기계·기구에 설치하여야 할 방호장치를 쓰시오(4점)
① 아세틸렌용접장치 ② 교류아크용접기 ③ 압력용기 ④ 연삭기

해답 ① 안전기 ② 자동전격방지기 ③ 압력방출장치 ④ 덮개

focus 본 교재 제 4과목 I. 9. 산업안전보건법상 유해위험 기계기구 단원에서 관련내용 확인

---

9. 인간의 주의에 대한 다음 특성에 대하여 설명하시오(3점)
① 선택성 ② 변동성 ③ 방향성

해답 주의의 특성

선택성	동시에 두개 이상의 방향에 집중하지 못하고 소수의 특정한 것에 한하여 선택한다.
변동성	고도의 주의는 장시간 지속할 수 없고 주기적으로 부주의 리듬이 존재한다.
방향성	한 지점에 주의를 집중하면 주변 다른 곳의 주의는 약해진다(주시점만 인지)

focus 본 교재 제2과목 II. 2. 주의력과 부주의 단원에서 관련내용 확인

---

10. 산업안전보건법상 원동기·회전축 등의 위험 방지를 위한 기계적인 안전조치를 3가지 쓰시오.(3점)

해답 원동기 · 회전축 등의 위험방지
① 덮개 ② 울 ③ 슬리브 ④ 건널다리

focus 본 교재 제4과목 I. 8. 동력전달장치의 방호장치 단원에서 관련내용 확인

11. 중량물 취급시 작업계획서 내용을 3가지 쓰시오(3점)

해답 ① 추락위험을 예방할 수 있는 안전대책 ② 낙하위험을 예방할 수 있는 안전대책
③ 전도위험을 예방할수 있는 안전대책 ④ 협착위험을 예방할수 있는 안전대책
⑤ 붕괴위험을 예방할 수 있는 안전대책

Tip 본 문제는 2012년 관련법의 개정으로 내용이 변경되었음. 해답은 변경된 내용으로 작성하였으니 착오 없으시기 바랍니다.

focus 본 교재 제8과목 산업안전보건법 IV. 산업안전에 관한 기준 5. 중량물 취급시 작업계획 단원에서 관련내용 확인

12. 산업안전보건법상 작업장의 조도기준에 관한 다음사항에서 ( )에 알맞은 내용을 쓰시오. (4점)

초정밀작업	정밀작업	보통작업	그 밖의 작업
(①) Lux 이상	(②) Lux 이상	(③) Lux 이상	(④) Lux 이상

해답 : ① 750 ② 300 ③ 150 ④ 75

focus 본 교재 제3과목 I. 18. 조도 단원에서 관련내용 확인

13. 방독마스크에 관한 용어를 설명한 것이다. 각각의 설명에 해당하는 용어를 쓰시오(4점)
① 대응하는 가스에 대하여 정화통내부의 흡착제가 포화상태가 되어 흡착력을 상실한 상태
② 방독마스크(복합형 포함)의 성능에 방진마스크의 성능이 포함된 방독마스크

해답 ① 파과 ② 겸용 방독마스크

Tip 방독 마스크에 관련된 용어의 정의

파과	대응하는 가스에 대하여 정화통 내부의 흡착제가 포화상태가 되어 흡착능력을 상실한 상태
파과시간	어느 일정농도의 유해물질 등을 포함한 공기를 일정 유량으로 정화통에 통과하기 시작부터 파과가 보일 때까지의 시간
파과곡선	파과시간과 유해물질 등에 대한 농도와의 관계를 나타낸 곡선
전면형 방독마스크	유해물질 등으로부터 안면부 전체(입, 코, 눈)를 덮을 수 있는 구조의 방독마스크

반면형 방독마스크	유해물질 등으로부터 안면부의 입과 코를 덮을 수 있는 구조의 방독마스크
복합용 방독마스크	2종류 이상의 유해물질 등에 대한 제독능력이 있는 방독마스크
겸용 방독마스크	방독마스크(복합용 포함)의 성능에 방진마스크의 성능이 포함된 방독마스크

focus 본 교재 제7과목 I. 4. 방독마스크 단원에서 관련된 내용 확인

14. A회사의 제품은 10,000시간 동안 10개의 제품에 고장이 발생된다고 한다. 이 제품의 수명이 지수분포를 따른다고 할 경우 ① 고장율과 ② 900시간 동안 적어도 1개의 제품이 고장날 확률을 구하시오(4점)

해답 ① 고장율
평균고장율$(\lambda) = \dfrac{r(\text{그 기간중의 총고장수})}{T(\text{총동작시간})} = \dfrac{10}{10,000} = 0.001(\text{건/시간})$

② 900시간동안 적어도 1개의 제품이 고장날 확률
불신뢰도 $F(t) = 1 - R(t) = 1 - e^{-\lambda t} = 1 - e^{-(0.001 \times 900)} = 0.5934(59.34\%)$

focus 본 교재 제3과목 I. 6. 고장율 단원에서 관련된 내용 확인

산업안전기사 실기 (필답형) 2010년 9월 12일 시행

1. 산업안전보건법상 산업안전 보건 관련 교육과정과 교육시간에 관한 다음 각 물음에 답하시오. (5점)
① 근로자 안전 보건교육에 있어 사무직 종사근로자의 정기교육시간을 쓰시오.
② 근로자 안전 보건교육에 있어 일용근로자의 채용시 교육시간을 쓰시오.
③ 근로자 안전 보건교육에 있어 그 밖의 근로자의 작업내용변경시 교육시간을 쓰시오.
④ 안전보건 관리책임자의 신규교육시간이 6시간일 때 보수교육시간을 쓰시오.
⑤ 안전관리자의 보수교육시간을 쓰시오.

해답 ① 매반기 6시간 이상 ② 1시간 이상
③ 2시간 이상 ④ 6시간 이상
⑤ 24시간 이상

Tip1 교육과정 및 대상별 교육시간
① 근로자 안전보건교육

교육과정	교육대상		교육시간
가. 정기교육	사무직 종사 근로자		매반기 6시간 이상
	그 밖의 근로자	판매업무에 직접 종사하는 근로자	매반기 6시간 이상
		판매업무에 직접 종사하는 근로자 외의 근로자	매반기 12시간 이상
나. 채용 시 교육	일용근로자 및 근로계약기간이 1주일 이하인 기간제근로자		1시간 이상
	근로계약기간이 1주일 초과 1개월 이하인 기간제근로자		4시간 이상
	그 밖의 근로자		8시간 이상
다. 작업내용 변경 시 교육	일용근로자 및 근로계약기간이 1주일 이하인 기간제근로자		1시간 이상
	그 밖의 근로자		2시간 이상
라. 특별교육	일용근로자 및 근로계약기간이 1주일 이하인 기간제근로자: 특별교육대상 작업별 교육에 해당하는 작업 종사 근로자	타워크레인 작업시 신호업무 작업에 종사하는 근로자 제외	2시간 이상
		타워크레인 작업시 신호업무 작업에 종사하는 근로자에 한정	8시간 이상
	일용근로자 및 근로계약기간이 1주일 이하인 기간제근로자를 제외한 근로자: 특별교육대상 작업별 교육에 해당하는 작업 종사 근로자에 한정		16시간 이상 (분할 실시 가능) 단기간 작업 또는 간헐적 작업인 경우에는 2시간 이상
마. 건설업 기초안전·보건교육	건설 일용근로자		4시간 이상

② 안전보건관리책임자 등에 대한 교육

교육대상	교육시간	
	신규	보수
안전보건관리책임자	6시간 이상	6시간 이상
안전관리자, 안전관리전문기관의 종사자	34시간 이상	24시간 이상
보건관리자, 보건관리전문기관의 종사자	34시간 이상	24시간 이상
재해예방전문지도기관의 종사자	34시간 이상	24시간 이상
석면조사기관의 종사자	34시간 이상	24시간 이상
안전보건관리담당자	—	8시간 이상
안전검사기관, 자율안전검사기관의 종사자	34시간 이상	24시간 이상

Tip2 2023년 법령개정, 문제 및 해답, Tip은 개정된 내용 적용

focus 본 교재 제2과목 I. 10. 산업안전보건법상의 교육의 종류와 교육시간 및 교육내용 단원에서 관련내용 확인

2. 빈칸에 산업안전보건법상 안전보건 표지의 색체에 대한 색도기준을 써 넣으시오. (4점)

색체	빨강	노랑	파랑	녹색	흰색	검정
색도기준	①	②	③	2.5G 4/10	N9.5	④

해답 ① 7.5R 4/14 ② 5Y 8.5/12 ③ 2.5PB 4/10 ④ N 0.5

Tip 안전표지의 색채 및 색도기준

색채	색도기준	용도	사용 례	형태별 색채기준
빨간색	7.5R 4/14	금지	정지신호, 소화설비 및 그 장소, 유해행위의 금지	바탕은 흰색, 기본모형은 빨간색, 관련부호 및 그림은 검은색
		경고	화학물질 취급장소에서의 유해위험 경고	바탕은 노란색, 기본모형·관련부호 및 그림은 검은색 (주1)
노란색	5Y 8.5/12	경고	화학물질 취급장소에서의 유해위험 경고 그 밖의 위험경고, 주의표지 또는 기계 방호물	
파란색	2.5PB 4/10	지시	특정행위의 지시 및 사실의 고지	바탕은 파란색, 관련 그림은 흰색
녹색	2.5G 4/10	안내	비상구 및 피난소, 사람 또는 차량의 통행표지	바탕은 흰색, 기본모형 및 관련부호는 녹색, 바탕은 녹색, 관련부호 및 그림은 흰색
흰색	N 9.5		파란색 또는 녹색에 대한 보조색	
검은색	N 0.5		문자 및 빨간색 또는 노란색에 대한 보조색	

(참고) 허용차 $H=\pm 2$, $V=\pm 0.3$, $C=\pm 1$ (H는 색상, V는 명도, C는 채도)
(주1) 다만, 인화성물질경고·산화성물질경고·폭발성물질경고·급성독성물질경고·부식성물질경고 및 발암성·변이원성·생식독성·전신독성·호흡기과민성물질경고의 경우 바탕은 무색, 기본모형은 빨간색(검은색도 가능)

focus 본 교재 제2과목 II. 8. 무재해운동과 위험예지훈련 단원에서 관련내용 확인

3. 안전인증대상 보호구중 차광보안경의 사용구분에 따른 종류 4가지를 쓰시오. (4점)

해답 ① 자외선용 ② 적외선용 ③ 복합용 ④ 용접용

Tip 안전인증(차광보안경)

종류	사용구분
자외선용	자외선이 발생하는 장소
적외선용	적외선이 발생하는 장소
복합용	자외선 및 적외선이 발생하는 장소
용접용	산소용접작업 등과 같이 자외선, 적외선 및 강렬한 가시광선이 발생하는 장소

focus 본 교재 제7과목 I. 1. 보호구 선택시 유의사항 단원에서 관련내용 확인

4. 산업안전보건법에 따른 산업안전보건위원회의 심의 의결사항을 4가지 쓰시오. (4점)

해답 산업안전 보건위원회 심의 의결사항
① 사업장의 산업재해예방계획의 수립에 관한 사항
② 안전보건관리규정의 작성 및 변경에 관한 사항
③ 근로자에 대한 안전·보건교육에 관한 사항
④ 작업환경 측정 등 작업환경의 점검 및 개선에 관한 사항
⑤ 근로자의 건강진단 등 건강관리에 관한 사항
⑥ 산업재해의 원인조사 및 재발방지대책 수립에 관한 사항중 중대재해에 관한 사항
⑦ 산업재해에 관한 통계의 기록 및 유지에 관한 사항
⑧ 유해하거나 위험한 기계기구와 그 밖의 설비를 도입한 경우 안전 및 보건관련 조치에 관한 사항
⑨ 그 밖에 해당 사업장 근로자의 안전 및 보건을 유지·증진시키기 위하여 필요한 사항

Tip 산업안전보건위원회의 구성위원에 관한 사항도 출제빈도가 높은 내용이므로 함께 알아둘 것

focus 본 교재 제 1과목 I. 7. 산업안전 보건위원회 단원에서 관련내용 확인

5. 안전인증대상 기계 또는 설비 방호장치 또는 보호구에 해당하는 것을 5가지 고르시오. (4점)

① 안전대 ② 연삭기 덮개 ③ 아세틸렌 용접장치용 안전기 ④ 산업용 로봇
⑤ 압력용기 ⑥ 양중기용 과부하 방지장치 ⑦ 교류아크 용접기용 자동전격방지기
⑧ 곤돌라 ⑨ 동력식 수동대패용 칼날접촉방지장치 ⑩ 보호복

해답 ① 안전대 ⑤ 압력용기 ⑥ 양중기용 과부하 방지장치 ⑧ 곤돌라 ⑩ 보호복

Tip 안전인증대상 기계·기구

기계 또는 설비	① 프레스 ② 전단기 및 절곡기 ③ 크레인 ④ 리프트 ⑤ 압력용기 ⑥ 롤러기 ⑦ 사출성형기 ⑧ 고소 작업대 ⑨ 곤돌라

방호장치	① 프레스 및 전단기 방호장치 ② 양중기용 과부하방지장치 ③ 보일러 압력방출용 안전밸브 ④ 압력용기 압력방출용 안전밸브 ⑤ 압력용기 압력방출용 파열판 ⑥ 절연용 방호구 및 활선작업용 기구 ⑦ 방폭구조 전기기계 · 기구 및 부품 ⑧ 추락 · 낙하 및 붕괴 등의 위험 방지 및 보호에 필요한 가설기자재로서 고용노동부 장관이 정하여 고시하는 것 ⑨ 충돌 · 협착 등의 위험방지에 필요한 산업용 로봇 방호장치로서 고용노동부장관이 정하여 고시하는 것
보호구	① 추락 및 감전 위험방지용 안전모 ② 안전화 ③ 안전장갑 ④ 방진마스크 ⑤ 방독마스크 ⑥ 송기마스크 ⑦ 전동식 호흡보호구 ⑧ 보호복 ⑨ 안전대 ⑩ 차광 및 비산물 위험방지용 보안경 ⑪ 용접용 보안면 ⑫ 방음용 귀마개 또는 귀덮개

Tip 2020년 시행. 관련법령 전부개정으로 변경된 내용입니다. Tip은 개정된 내용에 맞게 수정했으니 착오없으시기 바랍니다.

focus 본 교재 제1과목 Ⅳ. 7. 안전인증 단원에서 관련내용 확인

6. 프레스의 방호장치에 관한 설명중 ( )안에 알맞은 내용이나 수치를 써 넣으시오. (4점)
가. 광전자식 방호장치의 일반구조에 있어 정상동작표시램프는 (①)색 위험표시램프는 (②)색으로 하여 쉽게 근로자가 볼 수 있는 곳에 설치하여야 한다.
나. 양수조작식 방호장치의 일반구조에 있어 누름버튼의 상호간 내측거리는 (③)mm 이상이어야 한다.
다. 손쳐내기식 방호장치의 일반구조에 있어 슬라이드 하행정거리의 (④)위치 내에 손을 완전히 밀어내야 한다.
라. 수인식 방호장치의 일반구조에 있어 수인끈의 재료는 합성섬유로 직경이 (⑤)mm 이상이어야 한다.

해답 ① 녹색 ② 붉은 ③ 300 ④ 3/4 ⑤ 4

Tip (1) 광전자식 방호장치 설치방법
① 정상동작표시램프는 녹색, 위험표시램프는 붉은색으로 하며, 쉽게 근로자가 볼 수 있는 곳에 설치
② 슬라이드 하강 중 정전 또는 방호장치의 이상 시에 정지할 수 있는 구조
③ 방호장치는 릴레이, 리미트스위치 등의 전기부품의 고장, 전원전압의 변동 및 정전에 의해 슬라이드가 불시에 동작하지 않아야 하며, 사용전원전압의 ±(100분의 20)의 변동에 대하여 정상으로 작동
④ 방호장치의 정상작동 중에 감지가 이루어지거나 공급전원이 중단되는 경우 적어도 두개 이상의 출력신호개폐장치가 꺼진 상태로 돼야 한다.
⑤ 방호장치에 제어기(Controller)가 포함되는 경우에는 이를 연결한 상태에서 모든 시험을 한다.
(2) 광전자식 외의 방호장치에 대한 사항들도 본문내용에서 반드시 정리할 것

focus 본 교재 제4과목 Ⅰ. 10. 프레스의 방호장치 및 설치방법 단원에서 관련내용 확인

7. A사업장의 도수율이 12였고 지난한해동안 12건의 재해로 인하여 15명의 재해자가 발생하였고 총 휴업일수는 146일 이었다. 사업장의 강도율을 구하시오. (근로자는 1일 10시간씩 연간 250일 근무) (4점)

> **해답**
> ① 빈도율$(F.R) = \dfrac{\text{재해건수}}{\text{연평균근로자수} \times \text{일일근로시간} \times \text{연근로일수}} \times 1,000,000$
>
> 연평균근로자수 $= \dfrac{12 \times 10^6}{12} \div (10 \times 250) = 400$(명)
>
> ② 강도율$(S.R) = \dfrac{\text{근로손실일수}}{\text{연간총근로시간수}} \times 1,000$
>
> 그러므로, 강도율 $= \dfrac{146 \times \dfrac{250}{365}}{400 \times 10 \times 250} \times 1000 = 0.1$

> **focus** 본 교재 제1장 III. 12. 재해율 단원에서 관련내용 확인

8. 굴착공사에서 발생할수 있는 보일링현상 방지대책을 3가지만 쓰시오. (단, 원상매립, 또는 작업의 중지를 제외함) (3점)

> **해답**
> ① 주변수위를 저하시킨다.(deep well 공법 등)
> ② 흙막이벽 근입도를 증가하여 동수구배를 저하시킨다.
> ③ 약액주입에 의해 지수벽 또는 지수층을 설치하여 침투류의 발생을 방지
> ④ 터파기한 바닥을 밀실하게 다져(지반 개량) 지하수가 용출되지 않도록 하는 방법 등

> **Tip** 보일링(Boiling)이라 함은 사질토 지반에서 굴착저면과 흙막이 배면과의 수위차로 인해 굴착저면의 흙과 물이 함께 위로 솟구쳐 오르는 현상을 말한다.

> **focus** 본 교재 제6과목 I. 16. 토사 붕괴 위험성 및 안전조치 단원에서 관련내용 확인

9. 산업안전보건법에 따라 이상 화학반응, 밸브의 막힘 등 이상상태로 인한 압력상승으로 당해설비의 최고 사용압력을 구조적으로 초과할 우려가 있는 화학설비 및 그 부속설비에 안전밸브 또는 파열판을 설치하여야 한다. 이때 반드시 파열판을 설치해야 하는 경우 2가지를 쓰시오. (4점)

> **해답**
> ① 반응폭주등 급격한 압력상승의 우려가 있는 경우
> ② 급성 독성물질의 누출로 인하여 주위의 작업환경을 오염시킬 우려가 있는 경우
> ③ 운전중 안전밸브에 이물질이 누적되어 안전밸브가 작동되지 아니할 우려가 있는 경우

> **focus** 본 교재 제5과목 II. 14. 화학설비의 안전장치 종류 단원에서 관련내용 확인

10. 고장율이 시간당 0.01로 일정한 기계가 있다. 이 기계가 처음 100시간동안 고장이 발생할 확률을 구하시오. (4점)

해답
① 신뢰도 $R(t=100) = e^{-0.01 \times 100} = 0.37$
② 불신뢰도 $F(t) = 1 - R(t)$ 이므로 $F(t=100) = 1 - 0.37 = 0.63$

focus 본 교재 제3과목 I. 6. 고장율 단원에서 관련내용 확인

11. FT의 각 단계별 내용이 다음과 같을 때 올바른 순서대로 번호를 나열하시오. (4점)

① 정상사상의 원인이 되는 기초사상을 분석한다.
② 정상사상과의 관계는 논리게이트를 이용하여 도해한다.
③ 분석현상이 된 시스템을 정의한다.
④ 이전단계에서 결정된 사상이 좀더 전개가 가능한지 점검한다.
⑤ 정성, 정량적으로 해석 평가한다.
⑥ FT를 간소화 한다.

해답 ③ - ① - ② - ④ - ⑥ - ⑤

Tip FTA 작성순서
(1) 일반적인 방법(해석의 목적 등에 따라 차별화)
① 해석하려는 시스템의 공정과 작업내용 파악 및 예상되는 재해의 조사
② 재해의 위험도를 검토하여 해석할 재해 결정(필요하면 PHA실시)
③ 재해의 위험도를 고려하여 발생확률의 목표값 결정
④ 재해에 관련된 기계의 불량이나 작업자에러에 대한 원인과 영향조사(필요하면 PHA나 FMEA 실시)
⑤ FT를 작성하고 수식화하여 불대수를 이용 간소화
⑥ 기계 불량 상태 또는 작업자에러의 발생확률 FT에 표시
⑦ 해석하는 재해의 발생확률을 계산하고 과거자료와 비교
⑧ 코스트나 기술 등의 조건을 고려하여 유효한 재해 방지 대책 수립
(2) FT(Fault Tree)의 작성

해석하려는 재해(Top event, 정상사상, 목표사상) 작성
↓
그 아랫단에 재해의 직접 원인인 불안전 행동이나 불안전 상태(결함사상) 나열, 정상사상과 게이트로 연결
↓
결함사상의 직접 원인인 사상을 아래에 작성, 결함사상과 게이트로 연결(더이상 전개되지 않을 때까지 반복)

focus 본 교재 제3과목 06. II. 8. FTA 단원에서 관련내용 확인

12. 산업안전보건법에 따라 비계 작업시 비, 눈, 그밖의 기상상태의 불안전으로 날씨가 몹시나빠서 작업을 중지시킨후 그 비계에서 작업을 할 때 당해 작업시작전에 점검해야할 사항을 4가지 쓰시오. (4점)

해답 비계의 점검 보수
① 발판재료의 손상여부 및 부착 또는 걸림상태
② 당해 비계의 연결부 또는 접속부의 풀림상태
③ 연결재료 및 연결철물의 손상 또는 부식상태
④ 손잡이의 탈락여부
⑤ 기둥의 침하·변형·변위 또는 흔들림 상태
⑥ 로프의 부착상태 및 매단장치의 흔들림 상태

focus 본 교재 제6과목 I. 24. 비계의 종류 및 설치시 준수사항 단원에서 확인

13. 산업안전보건법에 따라 구내운반차를 사용하여 작업을 하고자 할 때 작업시작전 점검사항을 3가지만 쓰시오. (3점)

해답 구내운반차의 작업시작전 점검사항
① 제동장치 및 조종장치 기능의 이상유무
② 하역장치 및 유압장치 기능의 이상유무
③ 바퀴의 이상유무
④ 전조등·후미등·방향지시기 및 경음기 기능의 이상유무
⑤ 충전장치를 포함한 홀더 등의 결합상태의 이상유무

focus 본 교재 제1과목 IV. 8. 작업 시작 전 점검사항 단원에서 관련내용 확인

14. 산업안전보건법에 따라 정전작업시 관계근로자의 감전을 방지하기 위해 사업주가 직접 교육하여야 하는 정전작업 요령에 포함되어야 할 사항 4가지를 쓰시오. (4점)

해답 정전 작업요령에 포함되어야 할 사항
① 작업책임자의 임명, 정전범위·절연용보호구의 이상유무 점검 및 활선접근경보장치의 휴대 등 작업시작전에 필요한 사항
② 전로 또는 설비의 정전순서에 관한 사항
③ 개폐기관리 및 표지판 부착에 관한 사항
④ 정전확인순서에 관한 사항
⑤ 단락접지실시에 관한 사항
⑥ 전원재투입 순서에 관한 사항
⑦ 점검 또는 시운전을 위한 일시운전에 관한 사항
⑧ 교대근무시 근무인계에 필요한 사항

Tip 본 문제는 2011년 법개정으로 삭제된 내용이므로, 본문 8. 정전작업 단원에서 개정된 내용을 반드시 확인하시기 바랍니다.

focus 본 교재 제5과목 I. 8. 정전작업 단원에서 관련내용 확인

산업안전기사 실기 (필답형)
2011년 5월 1일 시행

1. 산업안전보건법상 안전보건표지에 있어 경고표지의 종류를 4가지 쓰시오(4점)

> **해답**
> ① 인화성물질경고 ② 산화성물질경고 ③ 폭발성물질경고 ④ 급성독성물질경고
> ⑤ 부식성물질경고 ⑥ 방사성물질경고 ⑦ 고압전기경고 ⑧ 매달린물체경고
> ⑨ 낙하물경고 ⑩ 고온경고 ⑪ 저온경고 ⑫ 몸균형상실경고
> ⑬ 레이저광선경고 ⑭ 발암성·변이원성·생식독성·전신독성·호흡기과민성 물질 경고
> ⑮ 위험장소경고
>
> **focus** 본 교재 제2과목 Ⅱ. 8. 무재해 운동과 위험예지훈련 3) 안전보건 표지 단원에서 관련내용 확인

2. 니트로글리세린, 리튬, 황, 염소산 칼륨, 질산 나트륨, 셀룰로이드류, 마그네슘 분말, 질산 에스테르류 중 산화성 물질과 폭발성 물질을 각각 2가지씩 고르시오(4점)

> **해답**
> ① 산화성 액체 및 산화성 고체 : 염소산칼륨, 질산나트륨
> ② 폭발성 물질 및 유기과산화물 : 니트로글리세린, 질산에스테르류
>
> **Tip** 2011년 법개정으로 산화성 물질은 산화성 액체 및 산화성 고체로, 폭발성 물질은 폭발성 물질 및 유기 과산화물로 수정되었으니 착오 없으시기 바랍니다.
>
> **focus** 본 교재(필기) 제5과목 제1장 Ⅰ. 3. 위험물의 종류 단원에서 관련내용 확인

3. 이동식 사다리의 조립시 준수사항 4가지를 쓰시오(4점)

> **해답**
> ① 견고한 구조로 할 것
> ② 재료는 심한 손상·부식 등이 없는 것으로 할 것
> ③ 폭은 30센티미터 이상으로 할 것
> ④ 다리부분에는 미끄럼방지장치를 설치하는 등 미끄러지거나 넘어지는 것을 방지하기 위한 필요한 조치를 할 것
> ⑤ 발판의 간격은 동일하게 할 것
>
> **Tip** 본문제는 2011년 법 개정으로 삭제된 내용입니다. 따라서 앞으로 출제되지 않습니다. 참고만 하세요.
>
> **focus** 본 교재 제6과목 Ⅰ. 22. 사다리 단원에서 관련내용 확인

4. 물질안전보건자료(MSDS) 작성 시 포함사항 16가지 중 제외사항을 뺀 4가지를 쓰시오(4점)

> **제외사항** ① 화학제품과 회사에 관한 정보 ② 구성성분의 명칭 및 함유량
> ③ 취급 및 저장 방법 ④ 물리화학적 특성 ⑤ 폐기 시 주의사항
> ⑥ 법적규제 현황 ⑦ 그 밖의 참고사항

해답 ① 유해성, 위험성　② 응급조치 요령　③ 폭발·화재 시 대처방법
④ 누출 사고 시 대처방법　⑤ 노출방지 및 개인보호구　⑥ 안정성 및 반응성
⑦ 독성에 관한 정보　⑧ 환경에 미치는 영향　⑨ 운송에 필요한 정보

focus 본 교재 제8과목 I. 2. 물질안전보건자료의 작성비치 등 단원에서 관련된 내용 확인

5. 산업재해 조사표의 주요항목에 해당하지 않는 것을 3가지 보기에서 고르시오(3점)

|보기|　① 재해자의 국적　② 재발방지 계획　③ 재해발생 일시　④ 고용형태
　　　⑤ 휴업예상일수　⑥ 급여수준　⑦ 응급조치 내역　⑧ 가해물
　　　⑨ 재해 관련 작업 유형

해답　⑥ 급여수준　⑦ 응급조치 내역　⑧ 가해물

6. 기계설비의 설치에 있어 시스템 안전의 5단계를 순서에 맞게 보기에서 골라 적으시오(3점)

|보기|　① 조업단계　② 구상단계　③ 사양결정 단계　④ 설계단계　⑤ 제작단계

해답　시스템 안전 달성을 위한 프로그램 진행단계
② 구상단계 → ③ 사양결정 단계 → ④ 설계단계 → ⑤ 제작단계 → ① 조업단계

focus 본 교재(필기) 제2과목 05. I. 2. 시스템안전공학 단원에서 관련내용 확인

7. 하인리히 도미노 이론 5단계, 아담스의 이론 5단계를 적으시오(4점)

해답　(1) 하인리히의 도미노 이론
　　　　① 제1단계 : 사회적 환경 및 유전적 요인　② 제2단계 : 개인적 결함
　　　　③ 제3단계 : 불안전한 행동 및 상태　④ 제4단계 : 사고
　　　　⑤ 제5단계 : 상해(재해)
　　　(2) 아담스의 이론
　　　　① 제1단계 : 관리구조　② 제2단계 : 작전적 에러
　　　　③ 제2단계 : 전술적 에러　④ 제4단계 : 사고
　　　　⑤ 제5단계 : 상해 또는 손해

focus 본 교재(필기) 제 1과목 01. I. 2. 안전관리 제이론 단원에서 관련내용 확인

8. 다음의 설명에 해당하는 양중기 방호장치를 쓰시오.
① 양중기에 있어서 정격하중 이상의 하중이 부하되었을 경우 자동적으로 동작을 정지시켜 주는 장치는? (2점)

② 양중기의 훅 등에 물건을 매달아 올릴 때 일정 높이 이상으로 감아올리는 것을 방지하는 장치는? (2점)

해답 ① 과부하방지장치   ② 권과방지장치

focus 본 교재 제 6과목 I. 8. 건설용 양중기 단원에서 관련내용 확인

9. 안전보건관리 책임자 등에 대한 교육 시간은?(4점)
① 안전보건관리 책임자 신규교육 시간( )
② 안전보건 관리 책임자 보수교육 시간( )
③ 안전관리자 신규교육 시간( )
④ 재해예방 전문지도기관 종사자의 보수교육 시간 ( )

해답 ① 6시간 이상   ② 6시간 이상   ③ 34시간 이상   ④ 24시간 이상

Tip 안전보건관리책임자 등에 대한 교육(2020년 시행. 개정된 내용임)

교육대상	교육시간	
	신규	보수
안전보건관리책임자	6시간 이상	6시간 이상
안전관리자, 안전관리전문기관의 종사자	34시간 이상	24시간 이상
보건관리자, 보건관리전문기관의 종사자	34시간 이상	24시간 이상
재해예방전문지도기관의 종사자	34시간 이상	24시간 이상
석면조사기관의 송사자	34시간 이상	24시간 이상
안전보건관리담당자	—	8시간 이상
안전검사기관, 자율안전검사기관의 종사자	34시간 이상	24시간 이상

focus 본 교재(필기) 제 1과목 07. I. 1. 근로자 정기안전보건교육 내용 단원에서 관련내용 확인

10. 트랜지스터 5개와 10개 저항을 직렬로 연결되어 있다. 트랜지스터 평균 고장율 = 0.00002, 저항 평균 고장율 = 0.0001 일 때 다음에 답하시오(5점)
① 이 회로를 1500시간 가동 시 신뢰도는?
② 이 회로의 평균수명은?

해답 ① 신뢰도 $R(t) = e^{-\lambda t} = e^{-[(0.00002 \times 5) + (0.0001 \times 10)] \times 1500} ≒ 0.192 = 0.19$

② $MTBF(평균수명) = \dfrac{1}{\lambda} = \dfrac{1}{[(0.00002 \times 5) + (0.0001 \times 10)]} = 909.09(시간)$

focus 본 교재 제3과목 I. 6. 고장율 단원에서 관련내용 확인

11. 안전보건 총괄 책임자 지정대상사업 2가지를 쓰시오. (단, 상시근로자수와 금액은 제외한다.) (4점)

해답 안전보건총괄책임자 선임 대상 사업장
① 관계수급인에게 고용된 근로자를 포함한 상시 근로자가 100명(선박 및 보트 건조업, 1차 금속 제조업 및 토사석 광업의 경우에는 50명) 이상인 사업
② 관계수급인의 공사금액을 포함한 해당 공사의 총공사금액이 20억원 이상인 건설업

Tip 법개정으로 내용이 수정됨(해답은 개정된 내용으로 작성함)

focus 본 교재 제8과목 II. 2. 안전보건총괄책임자 지정대상 사업 및 직무 등 단원에서 관련내용 확인

12. 페일세이프와 풀 루르프에 대해 정의 하시오(4점)

해답
① Fail Safe(페일세이프) : 인간 또는 기계의 조작상의 과오로 기기의 일부에 고장이 발생해도 다른 부분의 고장이 발생하는 것을 방지하거나 또는 어떤 사고를 사전에 방지하고 안전 측으로 작동하도록 설계하는 안전대책
② Fool proof(풀푸르프) : 바보같은 행동(인간의 착오 및 미스 등 포함)을 방지한다는 뜻으로 사용자가 비록 잘못된 조작을 하더라도 이로 인해 재해가 발생하지 아니하도록 하는 설계방법(작업자의 오조작이 있어도 위험이나 실수가 발생하지 않도록 설계된 구조를 말하며 본질적인 안전화를 의미한다)

focus 본 교재(필기) 인간공학 및 시스템 안전공학 제7장 II. 1. 신뢰도 및 불신뢰도의 계산 단원에서 관련내용 확인

13. 보일러의 안전한 가동을 위하여 보일러 규격에 맞는 압력방출장치를 1개 또는 2개 이상 설치하고 (①) 이하에서 작동되도록 한다. 다만 압력방출장치가 2개 이상 설치된 경우 (①) 이하에서 1개가 작동되고 다른 압력방출장치는 (①)의 (②) 이하에서 작동되도록 부착 한다. 괄호안에 알맞은 것을 답하시오.(4점)

해답 ① 최고사용압력   ② 1.05배

focus 본 교재 제4과목 I. 13. 보일러의 방호장치 단원에서 관련내용 확인

14. 정전작업 요령에 포함되어야 할 사항 4가지를 쓰시오(4점)

해답 정전 작업요령에 포함되어야 할 사항
① 작업책임자의 임명, 정전범위·절연용보호구의 이상유무 점검 및 활선접근경보장치의 휴대 등 작업시작전에 필요한 사항
② 전로 또는 설비의 정전순서에 관한 사항
③ 개폐기관리 및 표지판 부착에 관한 사항
④ 정전확인순서에 관한 사항
⑤ 단락접지실시에 관한 사항
⑥ 전원재투입 순서에 관한 사항
⑦ 점검 또는 시운전을 위한 일시운전에 관한 사항
⑧ 교대근무시 근무인계에 필요한 사항

Tip 본 문제는 2011년 법개정으로 삭제된 내용이므로, 참고만 하시고, 본문 내용에서 개정된 사항을 반드시 확인하시기 바랍니다.

focus 본 교재 제5과목 I. 8. 정전작업 단원에서 관련내용 확인

산업안전기사 실기 (필답형)
2011년 7월 24일 시행

1. 산업안전보건위원회 구성위원중 근로자 위원의 자격 3가지를 쓰시오(3점)

해답 산업안전 보건위원회 구성위원

구분	산업안전 보건위원회 구성위원
사용자 위원	㉠ 해당 사업의 대표자 ㉡ 안전관리자 1명 ㉢ 보건관리자 1명 ㉣ 산업보건의(선임되어 있는 경우) ㉤ 해당 사업의 대표자가 지명하는 9명 이내의 해당 사업장 부서의 장
근로자 위원	㉠ 근로자대표 ㉡ 근로자대표가 지명하는 1명 이상의 명예산업안전감독관(위촉되어있는 사업장의 경우) ㉢ 근로자대표가 지명하는 9명 이내의 해당 사업장의 근로자(명예감독관이 근로자위원으로 지명되어 있는 경우 그 수를 제외)

focus 본 교재 제1과목 I. 7. 산업안전보건위원회 단원에서 관련된 내용 확인

2. FTA에 의한 재해사례연구순서 4단계를 쓰시오.(3점)

해답 FTA에 의한 재해사례연구순서 4단계
① 제1단계 : 톱 사상의 선정
② 제2단계 : 사상마다 재해원인·요인의 규명
③ 제3단계 : FT도의 작성
④ 제4단계 : 개선계획의 작성

focus 본 교재 제3과목 II. 9. FTA에 의한 재해사례연구순서 단원에서 확인

3. 공정안전보고서 제출대상이 되는 유해위험 설비로 보지 않는 설비 2가지를 쓰시오(4점)

해답 유해위험설비로 보지 않는 설비
① 원자력 설비
② 군사시설
③ 사업주가 해당 사업장 내에서 직접 사용하기 위한 난방용 연료의 저장설비 및 사용설비
④ 도매·소매시설
⑤ 차량 등의 운송설비
⑥ 「액화석유가스의 안전관리 및 사업법」에 따른 액화석유가스의 충전·저장시설
⑦ 「도시가스사업법」에 따른 가스공급시설
⑧ 그 밖에 고용노동부장관이 누출·화재·폭발 등으로 인한 피해의 정도가 크지 않다고 인정하여 고시하는 설비

focus 본 교재 제8과목 I. 4. 공정안전보고서 단원에서 관련내용 확인

4. 롤러기 급정지 장치 원주속도와 안전거리(4점)
   ① (　) m/min 이상 – 앞면 롤러 원주의 (　)
   ② (　) m/min 미만 – 앞면 롤러 원주의 (　)

   해답

앞면 롤러의 표면 속도(m/분)	급 정 지 거 리
30 미만	앞면 롤러 원주의 1/3 이내
30 이상	앞면 롤러 원주의 1/2.5 이내

   focus 본 교재 제4과목 I. 14. 롤러기의 방호장치 및 설치방법 단원에서 확인

5. 무재해 운동 추진 중 사고나 재해가 발생하여도 무재해로 인정되는 경우 4가지를 쓰시오. (4점)

   해답 무재해로 인정되는 경우
   ① 업무수행 중의 사고 중 천재지변 또는 돌발적인 사고로 인한 구조행위 또는 긴급피난 중 발생한 사고
   ② 출·퇴근 도중에 발생한 재해
   ③ 운동경기 등 각종 행사 중 발생한 재해
   ④ 특수한 장소에서의 사고 중 천재지변 또는 돌발적인 사고 우려가 많은 장소에서 사회통념상 인정되는 업무수행 중 발생한 사고
   ⑤ 제3자의 행위에 의한 업무상 재해
   ⑥ 업무상 질병에 대한 구체적인 인정기준 중 뇌혈관질환 또는 심장질환에 의한 재해

6. 곤돌라의 방호장치 4가지를 쓰시오. (4점)

   해답 곤돌라의 방호장치
   ① 과부하방지장치   ② 권과방지장치   ③ 비상정지장치   ④ 제동장치

   Tip 양중기의 방호장치(2019년 개정된 내용)

방호장치의 조정 대상	① 크레인 ② 이동식 크레인 ③ 리프트 ④ 간곤돌라 ⑤ 승강기
방호장치의 종류	① 과부하방지장치 ② 권과방지장치 ③ 비상정지장치 및 제동장치 ④ 그 밖의 방호장치(승강기의 파이널 리미트 스위치, 속도조절기, 출입문 인터록 등)

   focus 본 교재 제4과목 I. 12. 양중기의 방호장치 및 재해유형 단원에서 관련내용 확인

7. 할로겐소화약제의 할로겐원소 4가지를 쓰시오(4점)

   해답 할로겐원소
   ① F : 불소(플루오르)   ② Cl : 염소   ③ Br : 취소(브롬)   ④ I (요오드)

focus 본 교재(필기) 제5과목 04. II. 5. 소화기의 종류 단원에서 관련된 내용 확인

8. 와이어로프의 꼬임방향을 쓰시오(4점)

해답 와이어로프 꼬는 방법

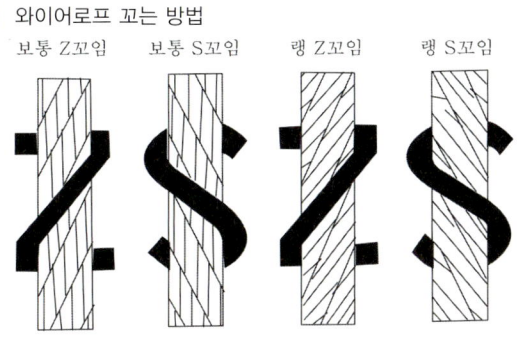

보통 Z꼬임   보통 S꼬임   랭 Z꼬임   랭 S꼬임

focus 본 교재 제4과목 II. 4. 와이어로프 단원에서 관련내용 확인

9. 위험장소경고표지를 그리고 색을 표현하시오(4점)

해답 위험장소 경고표지

색체기준 : 바탕은 노란색, 기본모형·관련부호 및 그림은 검은색

Tip 경고표지의 색체기준에서 인화성물질경고·산화성물질경고·폭발성물질경고·급성독성물질경고·부식성물질경고 및 발암성·변이원성·생식독성·전신독성·호흡기과민성물질경고의 경우 바탕은 무색, 기본모형은 빨간색(검은색도 가능)

focus 본 교재 제2과목 II. 8. 무재해 운동과 위험예지훈련 3) 안전보건 표지 단원에서 관련내용 확인

10. 자율검사 프로그램의 인정을 취소하거나 인정받은 자율검사 프로그램의 내용에 따라 검사를 하도록 하는 등 개선을 명할 수 있는 경우를 2가지 쓰시오.(4점)

해답 인정취소 또는 개선을 명할 수 있는 경우
  ① 거짓이나 그 밖의 부정한 방법으로 자율검사프로그램을 인정받은 경우
  ② 자율검사프로그램을 인정받고도 검사를 하지 아니한 경우
  ③ 인정받은 자율검사프로그램의 내용에 따라 검사를 하지 아니한 경우
  ④ 자격을 가진 사람(안전에 관한 성능검사 교육을 이수하고 해당 분야의 실무 경험이 있는 사람) 또는 자율안전검사기관이 검사를 하지 아니한 경우

focus 본 교재 제1과목 IV. 9. 안전검사 단원에서 관련내용 확인

11. 방폭구조의 표시(5점)
- 방폭구조 : 외부가스가 용기내로 침입하여 폭발하더라도 용기는 그 압력에 견디고 외부의 폭발성가스에 착화될 우려가 없도록 만들어진 구조
- 그룹 : Ⅱ B
- 최고표면온도 : 90도

해답 방폭구조의 표시
Ex d ⅡB T5

focus 본 교재 제5과목 Ⅱ. 10. 폭발의 방호방법 단원에서 관련된 내용 확인

12. 종합재해지수 구하기(4점)
- 근로자수 : 400명
- 8시간/280일
- 연간재해발생건수 : 80건
- 근로손실일수 : 800일
- 재해자수 : 100명

해답 종합재해지수 $FSI = \sqrt{도수율(FR) \times 강도율(SR)}$

① 도수율(F.R) = $\dfrac{재해건수}{연간총근로시간수} \times 1,000,000 = \dfrac{80}{400 \times 8 \times 280} \times 10^6 ≒ 89.2857$

② 강도율(S.R) = $\dfrac{근로손실일수}{연간총근로시간수} \times 1,000 = \dfrac{800}{400 \times 8 \times 280} \times 1000 ≒ 0.8928$

③ 종합재해지수(FSI) = $\sqrt{89.2857 \times 0.8928} = 8.9282 ≒ 8.93$

focus 본 교재 제1과목 Ⅲ. 12. 재해율 단원에서 관련된 계산공식 확인

13. 타워 크레인의 작업 중지(4점)
- 운전 중 작업 중지 풍속 (①)m/s
- 설치, 수리, 점검 작업 중지 풍속 (②)m/s

해답 타워 크레인의 작업 중지
① 15   ② 10

Tip 타워크레인의 작업제한

순간풍속이 초당 10미터 초과	설치, 수리, 점검 또는 해체작업 중지
순간풍속이 초당 15미터 초과	타워크레인의 운전 작업 중지

focus 본 교재 제 6과목 Ⅰ. 8. 건설용 양중기 단원에서 관련내용 확인

산업안전기사 실기 (필답형)
2011년 10월 16일 시행

1. 산업안전보건법 상 노사협의체의 설치대상 사업 1가지와 노사협의체의 운영에 있어 정기회의의 개최 주기를 쓰시오. (4점)

    해답 노사 협의체 설치대상사업 및 정기회의
    ① 설치대상 사업 : 공사금액 120억원(건설기본법 시행령에 따른 토목공사업은 150억원) 이상인 건설업
    ② 정기회의 : 2개월 마다 노사 협의체의 위원장이 소집

    Tip 노사 협의체의 협의 사항(관련법의 개정된 내용임)
    ① 산업재해 예방방법 및 산업재해가 발생한 경우의 대피방법
    ② 작업의 시작시간 및 작업 및 작업장 간의 연락방법
    ③ 그 밖의 산업재해 예방과 관련된 사항

    focus 본 교재 제 8과목 I. 1. 도급사업에 있어서의 안전조치 단원에서 관련내용 확인

2. 다음의 그림에서 지게차의 중량(G)이 1000kg이고, 앞바퀴에서 화물의 중심까지의 거리(a)가 1.2m, 앞바퀴로부터 차의 중심까지의 거리(b)가 1.5m일 경우 지게차의 안정을 유지하기 위한 최대 화물중량(W)은 얼마 미만으로 해야 하는가?

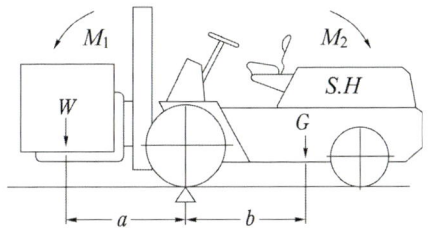

   해답 지게차의 안정을 유지하기 위한 식
   $M_1 = W \times a$(화물의모멘트) $< M_2 = G \times b$(지게차의모멘트)
   $W \times 1.2 < 1000\text{kg} \times 1.5$
   $W < 1250\text{kg}$ ∴ 1250kg 미만

   focus 본 교재 제4과목 II. 1. 지게차의 재해유형 단원에서 관련내용 확인

3. 정전기에 의한 화재 또는 폭발 등의 위험이 발생할 우려가 있는 경우 해당설비에 필요한 조치사항을 4가지 쓰시오.

    해답 정전기로 인한 화재 폭발 방지
    ① 확실한 방법으로 접지

② 도전성 재료사용
③ 가습
④ 점화원이 될 우려가 없는 제전장치 사용

> **Tip** 인체에 대전된 정전기의 위험방지를 위한 조치
> ① 대전방지용 안전화 착용 ② 제전복 착용
> ③ 정전기 제전용구 사용 ④ 작업장 바닥 등에 도전성을 갖추도록 하는 등의 조치

> **focus** 본 교재 제5과목 I. 14. 정전기 발생과 안전대책 단원에서 관련내용 확인

4. 안전인증 심사의 종류 4가지를 쓰시오.

   > **해답** 안전인증 심사의 종류
   > ① 예비심사 ② 서면심사 ③ 기술능력 및 생산체계 심사
   > ④ 제품심사(개별제품심사, 형식별제품심사)

   > **focus** 본 교재 제1과목 IV. 7. 안전인증 단원에서 관련된 내용 확인

5. 파블로브의 조건반사설에 의거한 학습이론을 4가지 쓰시오. (4점)

   > **해답** 조건반사설의 학습이론
   > ① 일관성의 원리 ② 강도의 원리 ③ 시간의 원리 ④ 계속성의 원리

   > **Tip** 시행착오설에 해당하는 3가지 법칙 ① 효과의 법칙 ② 연습의 법칙 ③ 준비성의 법칙도 함께 알아두세요.

   > **focus** 본 교재(필기) 제 1과목 06. II. 4. 학습이론 단원에서 관련내용 확인

6. 위험물에 해당하는 급성독성물질의 다음에 해당하는 기준치를 쓰시오.
   ① LD50(경구, 쥐)   ② LD50(경피, 토끼 또는 쥐)
   ③ 가스 LC50(쥐, 4시간 흡입)   ④ 증기 LC50(쥐, 4시간 흡입)

   > **해답** 급성 독성물질
   > ① LD50(경구, 쥐) : 킬로그램당 300밀리그램(체중) 이하인 화학물질
   > ② LD50(경피, 토끼 또는 쥐) : 킬로그램당 1000밀리그램(체중) 이하인 화학물질
   > ③ 가스 LC50(쥐, 4시간 흡입) : 2,500ppm 이하인 화학물질
   > ④ 증기 LC50(쥐, 4시간 흡입) : 10mg/L 이하인 화학물질

   > **focus** 본 교재(필기) 제 5과목 01. I. 3. 위험물의 종류 단원에서 관련내용 확인

7. 다음과 같은 재해 발생시 분류되는 재해의 발생형태를 쓰시오.
   ① 폭발과 화재, 두 현상이 복합적으로 발생된 경우
   ② 재해당시 바닥면과 신체가 떨어진 상태로 더 낮은 위치로 떨어진 경우

③ 재해당시 바닥면과 신체가 접해있는 상태에서 더 낮은 위치로 떨어진 경우
④ 재해자가 전도로 인하여 기계의 동력전달부위 등에 협착되어 신체부위가 절단된 경우

해답 재해 발생형태
① 폭발   ② 추락   ③ 전도   ④ 협착

Tip 재해 발생형태
① 두 가지 이상의 발생형태가 연쇄적으로 발생된 재해의 경우는 상해결과 또는 피해를 크게 유발한 형태로 분류한다.
  (예) 재해자가 「전도(넘어짐)」로 인하여 기계의 동력전달부위 등에 「협착(끼임)」되어 신체 부위가 「절단」된 경우에는 「협착(끼임)」으로 분류한다.
② 폭발과 화재, 두 현상이 복합적으로 발생된 경우에는 발생형태를 「폭발」로 분류한다.

focus 본 교재(필기) 제 1과목 02. I. 4. 재해의 원인분석 및 조사기법 단원에서 관련내용 확인

8. 시스템 안전을 실행하기 위한 시스템 안전프로그램(SSPP) 포함되어야할 사항을 4가지 쓰시오.

해답 시스템 안전 프로그램에 포함해야 할 사항
① 계획의 개요   ② 안전조직
③ 계약조건   ④ 관련부분과의 조정
⑤ 안전기준   ⑥ 안전해석
⑦ 안전성의 평가 등   ⑧ 안전 데이터의 수집과 갱신
⑨ 경과 및 결과의 보고

focus 본 교재(필기) 제 2과목 05. I. 3. 시스템 안전관리 단원에서 관련내용 확인

9. 클러치 맞물림 개소수 5개, spm 200인 프레스의 양수 기동식 방호 장치의 안전거리를 구하시오.

해답 (1) 양수기동식의 안전거리
$$D_m = 1.6\,T_m$$
D_m : 안전 거리 (mm)
T_m : 양손으로 누름단추 누르기 시작할 때부터 슬라이드가 하사점에 도달하기까지 소요시간(ms)
$$T_m = \left(\frac{1}{\text{클러치맞물림개소수}} + \frac{1}{2}\right) \times \frac{60000}{\text{매분행정수}} \text{ (ms)}$$
(2) ∴ $D_m = 1.6 \times \left\{\left(\frac{1}{5} + \frac{1}{2}\right) \times \left(\frac{60,000}{200}\right)\right\} = 336(\text{mm})$

focus 본 교재 제4과목 I. 10. 프레스의 방호장치 및 설치방법 단원에서 관련내용 확인

10. 미 국방성의 위험성 평가에서 분류한 재해의 위험수준(MIL-STD-882B)을 4가지 범주로 설명하시오.

해답 위험성의 분류

범주 I	파국적(catastrophic : 대재앙)	인원의 사망 또는 중상, 또는 완전한 시스템 손실
범주 II	위기적(critical : 심각한)	인원의 상해 또는 중대한 시스템의 손상으로 인원이나 시스템 생존을 위해 즉시 시정조치 필요
범주 III	한계적(marginal : 경미한)	인원의 상해 또는 중대한 시스템의 손상 없이 배제 또는 제어 가능
범주 IV	무시(negligible : 무시할만한)	인원의 손상이나 시스템의 손상은 초래하지 않는다.

focus 본 교재(필기) 제 2과목 05. II. 1. 시스템 위험성의 분류 단원에서 관련내용 확인

11. 산업안전보건법상 안전보건표지의 종류에서 "관계자외 출입금지" 표지의 종류 3가지를 쓰시오.

해답 관계자외 출입금지 표지
① 허가대상물질 작업장
② 석면취급/해체 작업장
③ 금지대상물질의 취급 실험실 등

Tip 본문제는 2011년 법개정으로 새롭게 신설된 내용이므로 본문내용에서 확인하시고 반드시 알아두세요.

focus 본 교재 제2과목 II. 8. 무재해운동과 위험예비훈련 단원에서 산업안전표지에 관한 관련내용 확인

12. 굴착면의 높이가 2미터 이상이 되는 지반의 굴착작업을 하는 경우 작업계획서 포함사항 4가지를 쓰시오.

해답 굴착작업시 작업계획서 내용
① 굴착방법 및 순서, 토사 반출 방법   ② 필요한 인원 및 장비 사용계획
③ 매설물 등에 대한 이설·보호대책   ④ 사업장 내 연락방법 및 신호방법
⑤ 흙막이 지보공 설치방법 및 계측계획 ⑥ 작업지휘자의 배치계획
⑦ 그 밖에 안전·보건에 관련된 사항

Tip 굴착작업시 사전조사 내용(본문제와 구분하여 알아두세요)
① 형상·지질 및 지층의 상태   ② 균열·함수(含水)·용수 및 동결의 유무 또는 상태
③ 매설물 등의 유무 또는 상태   ④ 지반의 지하수위 상태

focus 본 교재 제6과목 I. 16. 토사붕괴 위험성 및 안전조치 단원에서 확인

13. 안전난간대 구조에 관한 다음의 사항에서 ( )안에 해당하는 내용을 넣으시오.
① 상부난간대 : 바닥면·발판 또는 경사로의 표면으로부터 (①)m 이상
② 발끝막이판 : 바닥면 등으로 부터 (②)cm 이상
③ 난간대 : 지름 (③)cm 이상 금속제 파이프
④ 하중 : (④)kg 이상 하중에 견딜 수 있는 튼튼한 구조

해답 안전난간의 구조
① 0.9 ② 10 ③ 2.7 ④ 100

Tip 안전난간의 설치기준

구성	상부난간대·중간난간대·발끝막이판 및 난간기둥으로 구성(중간난간대·발끝막이판 및 난간기둥은 이와 비슷한 구조 및 성능을 가진 것으로 대체가능)
상부난간대	바닥면·발판 또는 경사로의 표면으로부터 90센티미터 이상 지점에 설치하고, 상부난간대를 120센티미터 이하에 설치하는 경우에는 중간 난간대는 상부 난간대와 바닥면등의 중간에 설치하여야 하며, 120센티미터 이상 지점에 설치하는 경우에는 중간 난간대를 2단 이상으로 균등하게 설치하고 난간의 상하 간격은 60센티미터 이하가 되도록 할 것
발끝막이판	바닥면등으로부터 10센티미터 이상의 높이를 유지할 것(물체가 떨어지거나 날아올 위험이 없거나 그 위험을 방지할 수 있는 망을 설치하는 등 필요한 예방조치를 한 장소 제외)
난간대	지름 2.7센티미터 이상의 금속제파이프나 그 이상의 강도가 있는 재료일 것
하중	안전난간은 구조적으로 가장 취약한 지점에서 가장 취약한 방향으로 작용하는 100킬로그램 이상의 하중에 견딜 수 있는 튼튼한 구조일 것

focus 본 교재 제6과목 I. 11. 추락재해의 방호설비 단원에서 관련내용 확인

14. 다음설명은 산업안전보건법상 신규화학물질의 제조 및 수입 등에 관한 설명이다. ( )안에 해당하는 내용을 넣으시오.

> "신규화학물질을 제조하거나 수입하려는 자는 제조하거나 수입하려는 날 (①)일 전까지 해당 신규화학물질의 안전·보건에 관한 자료, 독성시험 성적서, 제조 또는 사용·취급방법을 기록한 서류 및 제조 또는 사용 공정도, 그 밖의 관련 서류를 첨부하여 (②)에게 제출하여야 한다."

해답 유해성·위험성 조사보고서의 제출
① 30
② 고용노동부장관

산업안전기사 실기 (필답형)
2012년 4월 22일 시행

1. 산업안전보건법에 따라 산업재해조사표를 작성하고자 할 때 다음 [보기]에서 산업재해 조사표의 주요 작성항목이 아닌것 3가지를 골라 쓰시오 (3점)

   [보기] ① 발생일시 ② 목격자 인적사항 ③ 발생형태 ④ 상해종류 ⑤ 고용형태
   ⑥ 가해물 ⑦ 근로자 수 ⑧ 재해발생원인 ⑨ 재해발생 후 첫 출근일자

   해답 ② ⑥ ⑨

2. 폭풍, 폭우 및 폭설 등의 악천후로 인하여 작업을 중지시킨 후 또는 비계를 조립해체하거나 또는 변경한 후 작업재개 시 작업시작 전 점검항목을 구체적으로 4가지 쓰시오. (4점)

   해답 비계 조립해체 변경 시 작업시작 전 점검항목
   ① 발판재료의 손상여부 및 부착 또는 걸림 상태
   ② 해당 비계의 연결부 또는 접속부의 풀림 상태
   ③ 연결재료 및 연결철물의 손상 또는 부식 상태
   ④ 손잡이의 탈락여부
   ⑤ 기둥의 침하・변형・변위 또는 흔들림 상태
   ⑥ 로프의 부착상태 및 매단장치의 흔들림 상태

   focus 본 교재 제6과목 I. 24. 비계의 종류 및 설치 시 준수사항 단원에서 관련내용 확인

3. 철골공사 작업을 중지해야 하는 조건을 3가지 쓰시오 (3점)

   해답 철골공사 작업중지
   ① 풍속이 초당 10미터 이상인 경우
   ② 강우량이 시간당 1밀리미터 이상인 경우
   ③ 강설량이 시간당 1센티미터 이상인 경우

   focus 본 교재 제8과목 IV. 4. 철골작업 해체작업 단원에서 관련된 내용 확인

4. 사람이 작업할 때 느끼는 체감온도 또는 실효온도에 영향을 주는 요인을 3가지 쓰시오. (3점)

   해답 실효온도 [체감온도, 감각온도(Effective Temperature)] 영향인자
   ① 온도 ② 습도 ③ 공기의 유동(기류)

   focus 본 교재 제 3과목 I. 16. 실효온도 단원에서 관련내용 확인

5. 산업용 로봇의 작동범위내에서 해당 로봇에 대하여 교시등의 작업을 할 경우에는 해당 로봇의 예기치 못한 작동 또는 오조작에의한 위험을 방지하기 위하여 관련 지침을 정하여 그 지침에 따라 작업을 하도록 하여야 하는데, 이해 관련 지침에 포함되어야할 사항을 4가지 쓰시오. (단, 기타 로봇의 예기치 못한 작동 또는 오동작에 의한 위험 방지를 하기 위하여 필요한 조치제외) (4점)

해답 교시 등의 작업시 관련지침
① 로봇의 조작방법 및 순서
② 작업중의 매니퓰레이터의 속도
③ 2명 이상의 근로자에게 작업을 시킬 경우의 신호방법
④ 이상을 발견한 경우의 조치
⑤ 이상을 발견하여 로봇의 운전을 정지시킨 후 이를 재가동시킬 경우의 조치
⑥ 그 밖에 로봇의 예기치 못한 작동 또는 오조작에 의한 위험을 방지하기 위하여 필요한 조치

focus 본 본 교재 제 4과목 I. 19. 산업용로봇의 방호장치 단원에서 관련내용 확인

6. 산업안전보건법상 물질안전보건자료의 작성, 비치, 대상제외, 제제 대상 5가지를 쓰시오. (5점)

해답 물질안전보건자료의 작성 · 비치 대상 제외 제제
① 「원자력안전법」에 따른 방사성물질
② 「화장품법」에 따른 화장품
③ 「마약류관리에 관한 법률」에 따른 마약 및 향정신성 의약품
④ 「농약관리법」에 따른 농약
⑤ 「사료관리법」에 따른 사료
⑥ 「비료관리법」에 따른 비료
⑦ 「식품위생법」에 따른 식품 및 식품첨가물
⑧ 「폐기물관리법」에 따른 폐기물

focus 본 교재 제 8과목 II. 4. 물질안전보건자료의 작성 · 비치 대상 제외 제제 단원에서 관련내용 확인

7. 정전기로 인한 화재 폭발 방지대책을 4가지 쓰시오? (4점)

해답 정전기로 인한 화재 폭발 방지
① 확실한 방법으로 접지
② 도전성 재료사용
③ 가습
④ 점화원이 될 우려가 없는 제전장치 사용

Tip 인체에 대전된 정전기의 위험방지를 위한 조치
① 대전방지용 안전화 착용
② 제전복 착용
③ 정전기 제전용구 사용
④ 작업장 바닥 등에 도전성을 갖추도록 하는 등의 조치

focus 본 교재 제5과목 I. 14. 정전기 발생과 안전대책 단원에서 관련내용 확인

8. 평균근로자수가 540명인 A 사업장에서 연간 12건의 재해 발생과 15명의 재해자 발생으로 인하여 근로손실일수 총 6500일 발생하였다. 다음을 구하시오 (단, 근무시간은 1일 9시간, 근무일수는 연간 280일이다.) (5점)
   ① 도수율(빈도율)　　　　② 강도율
   ③ 연천인율　　　　　　　④ 종합재해지수

   해답 재해율 계산
   ① 빈도율 $= \dfrac{\text{재해건수}}{\text{연간 총근로시간수}} \times 1,000,000 = \dfrac{12}{540 \times 9 \times 280} \times 10^6 ≒ 8.82$
   ② 강도율 $= \dfrac{\text{근로손실일수}}{\text{연간 총근로시간수}} \times 1,000 = \dfrac{6500}{540 \times 9 \times 280} \times 1000 ≒ 4.78$
   ③ 연천인율 $= \dfrac{\text{연간재해자수}}{\text{연평균근로자수}} \times 1,000 = \dfrac{15}{540} \times 1,000 = 27.78$
   ④ 종합재해지수 $= \sqrt{\text{도수율} \times \text{강도율}} = \sqrt{8.82 \times 4.78} = 6.49$

   focus 본 교재 제1과목 III. 12. 재해율 단원에서 관련된 계산공식 확인

9. 압력용기의 표시사항을 3가지 쓰시오. (3점)

   해답 압력용기의 표시
   ① 압력용기 등의 최고사용압력　② 제조연월일　③ 제조회사명

10. 차광보안경의 종류 4가지를 쓰시오. (4점)

    해답 ① 자외선용　② 적외선용　③ 복합용　④ 용접용

    Tip 안전인증(차광보안경)

종류	사용구분
자외선용	자외선이 발생하는 장소
적외선용	적외선이 발생하는 장소
복합용	자외선 및 적외선이 발생하는 장소
용접용	산소용접작업등과 같이 자외선, 적외선 및 강렬한 가시광선이 발생하는 장소

    focus 본 교재 제7과목 I. 1. 보호구 선택시 유의사항 단원에서 관련내용 확인

11. 공정안전보고서의 내용 중 '공정위험성 평가서'에서 적용하는 위험성 평가기법에 있어 '저장탱크, 유틸리티 설비 및 제조공정 중 고체건조, 분쇄설비' 등 간단한 단위공정에 대한 위험성 평가기법 4가지를 쓰시오. (4점)

    해답 위험성 평가기법
    ① 체크리스트기법　② 작업자실수분석기법　③ 사고예상질문분석기법
    ④ 위험과 운전분석기법　⑤ 상대 위험순위결정기법

Tip 제조공정 중 반응, 분리(증류, 추출 등), 이송시스템 및 전기·계장시스템 등의 단위공정에 대한 평가 기법으로는 위험과 운전 분석기법, 공정위험 분석기법, 이상위험도 분석기법, 원인결과 분석기법, 결함수 분석기법, 사건수 분석기법 등이 있다.

12. 아래 가스 용기의 색채를 쓰시오. (4점)

① 산소 ② 아세틸렌 ③ 암모니아 ④ 질소

해답 용기의 색채
① 녹색 ② 황색 ③ 백색 ④ 회색

Tip 고압가스 용기의 도색

가스의 종류	도색 구분	가스의 종류	도색 구분
액화 석유가스	회색	액화암모니아	백색
수소	주황색	액화염소	갈색
아세틸렌	황색	산소	녹색
액화탄산가스	청색	질소	회색
소방용 용기	소방법에 의한 도색	그 밖의 가스	회색

focus 본 교재 제5과목 II. 11. 고압가스 용기의 도색 단원에서 관련된 내용 확인

13. 다음의 교육 시간을 쓰시오. (4점)

교육 대상	교육 시간	
	신규	보수
안전관리자	34시간 이상	(①)시간 이상
보건관리자	(②)시간 이상	24시간 이상
안전보건관리책임자	6시간 이상	(③)시간 이상
재해예방전문지도기관 종사자	—	(④)시간 이상

해답 안전보건관리책임자 등에 대한 교육
① 24 ② 34 ③ 6 ④ 24

Tip 안전보건관리책임자 등에 대한 교육(2020년 개정된 내용임)

교육대상	교육시간	
	신규	보수
안전보건관리책임자	6시간 이상	6시간 이상
안전관리자, 안전관리전문기관의 종사자	34시간 이상	24시간 이상
보건관리자, 보건관리전문기관의 종사자	34시간 이상	24시간 이상
재해예방전문지도기관의 종사자	34시간 이상	24시간 이상
석면조사기관의 종사자	34시간 이상	24시간 이상
안전보건관리담당자	—	8시간 이상
안전검사기관, 자율안전검사기관의 종사자	34시간 이상	24시간 이상

focus 본 교재(필기) 제 1과목 07. I. 1. 근로자 정기안전보건교육 내용 단원에서 관련내용 확인

14. 다음 보기는 Rook에 보고한 오류 중 일부이다. 각각 omission error와 commission error로 분류하시오(5점)

> ① 납 접합을 빠트렸다   ② 전선의 연결이 바뀌었다
> ③ 부품을 빠트렸다.   ④ 부품이 거꾸로 배열   ⑤ 틀린부품을 사용하였다.

해답 휴먼에러
① omission error ② commission error ③ omission error ④ commission error
⑤ commission error

Tip 휴먼에러의 분류

생략에러(Omission error)	필요한 직무나 단계를 수행하지 않은(생략) 에러(부작위 실수)
착각수행에러(Commission error)	직무나 순서 등을 착각하여 잘못 수행(불확실한 수행)한 에러
순서에러(Sequential error)	직무 수행과정에서 순서를 잘못 지켜(순서착오) 발생한 에러
시간적에러(Time error)	정해진 시간내 직무를 수행하지 못하여(수행지연)발생한 에러
과잉행동에러(Extraneous error)	불필요한 직무 또는 절차를 수행하여 발생한 에러

focus 본 교재 제 3과목 I. 4. 휴먼에러 단원에서 관련내용 확인

산업안전기사 실기 (필답형)
2012년 7월 8일 시행

1. [보기]를 참고하여 다음 이론에 해당하는 번호를 고르시오 (3점)

> [보기] ① 사회적 환경 및 유전적 요소(유전과 환경) ② 기본적 원인
> ③ 불안전한 행동 및 불안전한 상태(직접원인) ④ 작전적에러 ⑤ 사고
> ⑥ 재해 ⑦ 관리(통제)의 부족 ⑧ 개인적 결함 ⑨ 관리적 결함
> ⑩ 전술적 에러

(1) 하인리히   (2) 버드   (3) 아담스

해답 재해 발생에 관한 이론
(1) 하인리히 : ① ⑧ ③ ⑤ ⑥
(2) 버   드 : ⑦ ② ③ ⑤ ⑥
(3) 아 담 스 : ⑨ ④ ⑩ ⑤ ⑥

focus 본 교재(필기) 제1과목 01. I. 2. 안전관리 제이론 단원에서 확인

2. 안전인증대상 보호구중 안전화에 있어 성능구분에 따른 안전화의 종류 5가지를 쓰시오 (5점)

해답 안전화의 종류
① 가죽제 안전화 ② 고무제 안전화 ③ 정전기 안전화 ④ 발등 안전화
⑤ 절연화 ⑥ 절연장화

focus 본 교재(필기) 제1과목 03. II. 2. 보호구의 종류별 특성 단원에서 관련내용 확인

3. 1000rpm으로 회전하는 롤러기의 앞면 롤러의 지름이 50cm인 경우 앞면 롤러의 표면속도와 관련 규정에 따른 급정지거리[cm]를 구하시오(4점)

해답 롤러의 급정지 거리
① 표면속도(V) = $\dfrac{\pi DN}{1,000} = \dfrac{\pi \times 500 \times 1,000}{1,000} = 1570.80$[m/min]
② 급정지거리 기준

앞면 롤러의 표면 속도(m/분)	급 정 지 거 리
30 미만	앞면 롤러 원주의 1/3 이내
30 이상	앞면 롤러 원주의 1/2.5 이내

③ 급정지 거리 = $\pi D \times \dfrac{1}{2.5} = \pi \times 50 \times \dfrac{1}{2.5} = 62.83$[cm] 이내

focus 본 교재 제4과목 I. 14. 롤러기의 방호장치 및 설치방법 단원에서 확인

4. C. F. DALZIEL의 관계식을 이용하여 심실세동을 일으킬 수 있는 에너지[J]를 구하시오. (단, 통전시간은 1초, 인체의 전기저항은 500Ω이다.) (4점)

   해답 심실세동전류
   $$W = I^2 RT = \left(\frac{165}{\sqrt{T}} \times 10^{-3}\right)^2 \times 500 \times T = 13.61 [J]$$

   focus 본 교재 제5과목 I. 2. 통전전류가 인체에 미치는 영향 단원에서 관련된 내용 확인

5. 아세틸렌용접장치 검사시 안전기의 설치 위치를 확인하려고 한다. 안전기가 설치되어야 할 위치는? (3점)

   해답 안전기 설치위치
   ① 취관 ② 분기관 ③ 발생기와 가스용기 사이

   Tip 안전기 설치위치
   ① 취관마다 안전기설치
   ② 주관 및 취관에 가장 가까운 분기관마다 안전기부착
   ③ 가스용기가 발생기와 분리되어 있는 아세틸렌 용접장치는 발생기와 가스용기 사이(흡입관)에 안전기 설치

   focus 본 교재 제4과목 I. 11. 아세틸렌용접장치 및 가스집합용접장치의 방호장치 및 설치방법 단원에서 관련내용 확인

6. 산업안전보건법상 유해·위험한 기계·기구·설비 등이 안전기준에 적합한지를 확인하기 위하여 안전인증기관이 심사하는 심사의 종류 4가지를 쓰시오 (4점)

   해답 안전인증 심사의 종류
   ① 예비심사   ② 서면심사
   ③ 기술능력 및 생산체계 심사 ④ 제품심사

   Tip 2014년 적용되는 법개정으로 '안전인증대상기계기구 등'은 '유해·위험한 기계·기구·설비 등'으로 현행법에 맞도록 수정하였으니 착오없으시기 바랍니다.

   focus 본 교재 제1과목 IV. 7. 안전인증 단원에서 관련된 내용 확인

7. 다음의 양립성에 대하여 사례를 들어 설명하시오. (4점)
   ① 공간 양립성
   ② 운동 양립성

   해답 양립성 이론
   ① 공간 양립성 : 가스버너에서 오른쪽 조리대는 조절장치를 오른쪽에, 왼쪽 조리대는 조절장치를 왼쪽에 설치한다(표시장치나 조정장치에서 물리적 형태 및 공간적 배치)
   ② 운동 양립성 : 표시장치의 움직이는 방향과 조정장치의 방향이 사용자의 기대와 일치하게 하는 것

으로 표시장치의 움직임이 오른쪽으로 움직인다면 조절장치도 오른쪽으로 움직이게 하여 같은 방향이 되게한다.

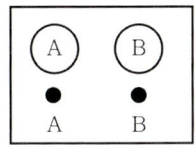
〈공간적 양립성〉

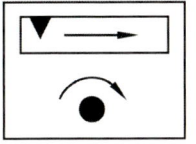
〈운동 양립성〉

focus 본 교재(필기) 제2과목 03. I. 9. 양립성 단원에서 관련내용 확인

8. 산업안전보건법상 방사선 업무에 관계되는 작업(의료 및 실험용은 제외)에 종사하는 근로자에게 실시하여야하는 특별 안전·보건교육 내용 4가지를 쓰시오 (4점)

   해답 ① 방사선의 유해·위험 및 인체에 미치는 영향
        ② 방사선의 측정기기 기능의 점검에 관한 사항
        ③ 방호거리·방호벽 및 방사선물질의 취급 요령에 관한 사항
        ④ 응급처치 및 보호구 착용에 관한 사항
        ⑤ 그 밖에 안전·보건 관리에 필요한 사항

   focus 본 교재 제 2과목 I. 10. 산업안전보건법상의 교육의 종류와 교육시간 및 교육내용 단원에서 관련내용 확인

9. 지상높이가 31m 이상 되는 건축물을 건설하는 공사현장에서 건설공사 유해·위험방지계획서를 작성하여 제출하고자 할 때 첨부하여야 하는 작업공사종류별 유해위험방지계획의 해당 작업공사종류를 4가지 쓰시오.

   해답 건축물, 시설 등의 건설·개조 또는 해체(건설등) 공사의 작업공사 종류
        ① 가설공사
        ② 구조물 공사
        ③ 마감공사
        ④ 기계 설비공사
        ⑤ 해체공사

   focus 본 교재 제6과목 건설안전 I. 건설안전일반 3. 유해위험 방지계획서 단원에서 관련내용 확인

10. 산업안전보건법상 안전보건총괄책임자의 직무를 4가지 쓰시오 (4점)

    해답 안전보건 총괄 책임자의 직무
         ① 위험성 평가의 실시에 관한 사항
         ② 산업재해가 발생할 급박한 위험이 있거나, 중대재해가 발생하였을 때에는 즉시 작업의 중지
         ③ 도급시 산업재해 예방조치
         ④ 산업안전보건관리비의 관계수급인간의 사용에 관한 협의·조정 및 그 집행의 감독
         ⑤ 안전인증대상기계 등과 자율안전확인대상기계 등의 사용여부 확인

focus 본 교재 제8과목 II. 2. 안전보건총괄책임자 지정대상 사업 및 직무 등 단원에서 관련내용 확인

11. 공사용 가설도로를 설치하는 경우 준수사항 3가지를 쓰시오. (3점)

해답 가설도로 및 우회로의 설치시 준수사항
① 도로는 장비 및 차량이 안전하게 운행할 수 있도록 견고하게 설치할 것
② 도로와 작업장이 접하여 있을 경우에는 방책등을 설치할 것
③ 도로는 배수를 위하여 경사지게 설치하거나 배수시설을 설치할 것
④ 차량의 속도제한 표지를 부착할 것

focus 본 교재(필기) 제 6과목 05. II. 1. 건설통로의 종류 및 설치시 준수사항 단원에서 관련내용 확인

12. HAZOP 기법에 사용되는 가이드 워드에 관한 의미를 쓰시오. (4점)
① AS WELL AS　　　　　　② PART OF
③ OTHER THAN　　　　　　④ REVERSE

해답 HAZOP에서 유인어의 의미
① AS WELL AS – 성질상의 증가(정성적 증가)
② PART OF – 성질상의 감소(정성적 감소)
③ OTHER THAN – 완전한 대체의 필요
④ REVERSE – 설계의도의 논리적인 역(설계의도와 반대 현상)

Tip 위험요소 및 운전성 검토(HAZOP)에서 유인어의 의미

GUIDE WORD	의 미	해 설
NO 혹은 NOT	설계의도의 완전한 부정	설계의도의 어떤 부분도 성취되지 않으며 아무것도 일어나지 않음
MORE LESS	양의 증가 혹은 감소 (정량적)	'가압', '반응' 등과 같은 행위뿐만 아니라 Flow rate 그리고 온도 등과 같이 양과 성질을 함께 나타낸다
AS WELL AS	성질상의 증가 (정성적 증가)	모든 설계의도와 운전조건이 어떤 부가적인 행위와 함께 일어남
PART OF	성질상의 감소 (정성적 감소)	어떤 의도는 성취되나 어떤 의도는 성취되지 않음
REVERSE	설계의도의 논리적인 역 (설계의도와 반대 현상)	이것은 주로 행위로 적용됨. 예) 역반응이나 역류 등 물질에도 적응될 수 있음. 예) 해독제 대신 독물
OTHER THAN	완전한 대체의 필요	설계의도의 어느 부분도 성취되지 않고 전혀 다른 것이 일어남

focus 본 교재(필기) 제2과목 05. I. 4. 위험분석과 위험관리 단원에서 내용 확인

13. 사업주는 잠함 또는 우물통의 내부에서 근로자가 굴착작업을 하는 경우에 잠함 또는 우물통의 급격한 침하에 의한 위험을 방지하기 위하여 준수해야 할 사항을 쓰시오.

> **해답** 급격한 침하로 인한 위험방지
> ① 침하관계도에 따라 굴착방법 및 재하량 등을 정할 것
> ② 바닥으로부터 천장 또는 보까지의 높이는 1.8미터 이상으로 할 것
>
> **focus** 본 교재(필기) 제 6과목 01. II. 3. 건설공사의 안전관리(잠함내 굴착작업)단원에서 관련내용 확인

14. 공정안전보고서 내용 중 안전작업허가 지침에 포함되어야하는 위험작업의 종류 5가지를 쓰시오. (5점)

> **해답** 안전작업 허가(위험작업의 종류)
> ① 화기작업   ② 일반위험작업   ③ 정전작업   ④ 굴착작업   ⑤ 방사선사용
> ⑥ 고소작업   ⑦ 중장비작업

산업안전기사 실기 (필답형)
2012년 10월 14일 시행

1. 다음 FT도에서 정상사상 T의 고장 발생 확률을 구하시오 (단, 발생확률은 각각 0.1이다) (4점)

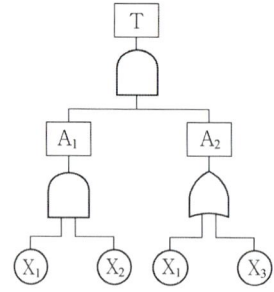

해답 미니멀 컷과 발생확률

① 미니멀 컷 T → $A_1 A_2$ → $X_1 X_2 A_2$ → $\begin{matrix} X_1 X_2 X_1 \\ X_1 X_2 X_3 \end{matrix}$

② 미니멀 컷을 구하면 (X_1, X_2)

③ 발생확률 = $X_1 \times X_2$ = 0.1 × 0.1 = 0.01

focus 본 교재(필기) 제2과목 06. II. 1. 확률사상의 계산 단원에서 확인

2. 비, 눈 그 밖의 기상 상태의 악화로 작업을 중지시킨 후 그 비계에서 작업할 경우 작업시작 전 점검사항을 4가지 쓰시오. (4점)

해답 비계의 작업시작전 점검사항
① 발판재료의 손상여부 및 부착 또는 걸림상태
② 당해 비계의 연결부 또는 접속부의 풀림상태
③ 연결재료 및 연결철물의 손상 또는 부식상태
④ 손잡이의 탈락여부
⑤ 기둥의 침하·변형·변위 또는 흔들림 상태
⑥ 로프의 부착상태 및 매단장치의 흔들림 상태

focus 본 교재 제6과목 I. 24. 비계의 종류 및 설치시 준수사항 단원에서 관련내용 확인

3. 산업안전보건법상 산업재해를 예방하기 위하여 필요하다고 인정하는 경우 산업재해 발생건수, 재해율 또는 그 순위 등을 공표할 수 있는 대상사업장을 2가지 쓰시오. (4점)

해답 사업장의 산업재해 발생건수 등 공표대상 사업장
① 산업재해로 인한 사망자(사망재해자)가 연간 2명 이상 발생한 사업장

② 사망만인율(연간 상시근로자 1만명당 발생하는 사망재해자 수의 비율)이 규모별 같은 업종의 평균 사망만인율 이상인 사업장
③ 중대산업사고가 발생한 사업장
④ 산업재해 발생 사실을 은폐한 사업장
⑤ 산업재해의 발생에 관한 보고를 최근 3년 이내 2회 이상 하지 않은 사업장

Tip 2020년 시행. 관련법령 전부개정으로 변경된 내용입니다. 해답은 개정된 내용에 맞게 수정했으니 착오없으시기 바랍니다.

focus 본 교재 제1과목 III. 3. 재해조사 항목내용 단원에서 관련된 내용 확인

4. 다음 그림을 보고 기계 설비에 의해 형성되는 위험점의 명칭을 쓰시오. (4점)

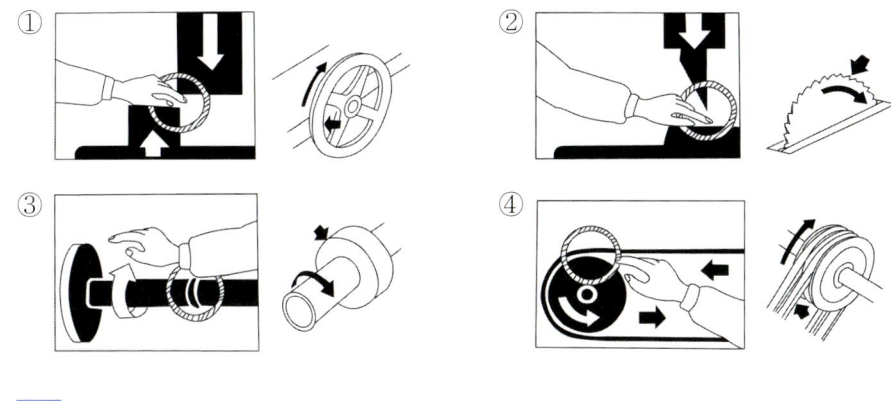

해답 기계 설비에 의해 형성되는 위험점
① 끼임점   ② 절단점   ③ 회전말림점   ④ 접선물림점

focus 본 교재 제4과목 I. 1. 기계설비의 위험점 단원에서 관련내용 확인

5. 산업안전보건법상 양중기 안전에 관한 다음사항에서 (   )에 알맞은 내용을 쓰시오. (3점)
① 양중기에 대한 권과방지장치는 훅・버킷 등 달기구의 윗면이 드럼, 상부 도르래, 트롤리프레임 등 권상장치의 아랫면과 접촉할 우려가 있는 경우에 그 간격이 (   ) 이상이 되도록 조정하여야 한다.
② 사업주는 순간풍속이 초당 (   )를 초과하는 바람이 불어올 우려가 있는 경우 옥외에 설치되어 있는 주행 크레인에 대하여 이탈방지장치를 작동시키는 등 이탈 방지를 위한 조치를 하여야 한다.
③ 사업주는 갠트리 크레인 등과 같이 작업장 바닥에 고정된 레일을 따라 주행하는 크레인의 새들(saddle) 돌출부와 주변 구조물 사이의 안전공간이 (   ) 이상 되도록 바닥에 표시를 하는 등 안전공간을 확보하여야 한다.

해답 ① 0.25미터   ② 30미터   ③ 40센티미터

focus 본 교재 제4과목 I. 12. 양중기의 방호장치 및 재해유형 단원에서 관련내용 확인

6. 다음과 같은 조건에서의 안전관리자 최소 인원수를 쓰시오.(4점)
   ① 펄프 제조업 상시근로자 600명
   ② 고무제품 제조업 상시근로자 300명
   ③ 운수·통신업 상시근로자 500명
   ④ 건설업 상시근로자 500명

   해답 안전관리자수
   ① 2명   ② 1명   ③ 1명   ④ 1명

   focus 본 교재(필기) 제 1과목 01. II. 3. 운용요령 단원에서 관련내용 확인

7. 밀폐된 장소(탱크 내 또는 환기가 극히 불량한 좁은 장소를 말한다)에서 하는 용접작업 또는 습한 장소에서 하는 전기용접 작업시 특별안전보건교육의 내용을 4가지 쓰시오.
   (단, 공통사항 및 그 밖에 안전·보건 관리에 필요한 사항은 뺀다) (4점)

   해답 특별안전보건교육의 내용
   ① 작업순서·안전작업 방법 및 수칙에 관한 사항
   ② 환기설비에 관한 사항
   ③ 전격방지 및 보호구 착용에 관한 사항
   ④ 질식시 응급조치에 관한 사항
   ⑤ 작업환경점검에 관한 사항
   ⑥ 그 밖에 안전·보건 관리에 필요한 사항

   focus 본 교재 제 2과목 I. 10. 산업안전보건법상의 교육의 종류와 교육시간 및 교육내용 단원에서 관련내용 확인

8. 안전보건표지의 종류에서 응급구호 표지를 그리고 관련색상을 쓰시오.(5점)
   (단, 색상 표시는 글자로 나타내도록 하고, 크기에 대한 기준은 표시하지 않아도 된다)

   해답 응급구호표지(바탕은 녹색, 관련부호 및 그림은 흰색)

   focus 본 교재 제2과목 II. 8. 무재해 운동과 위험예지훈련 3) 안전보건 표지 단원에서 관련내용 확인

9. 다음 내용에 가장 적합한 위험분석기법을 쓰시오.
   ① 인간과오를 정량적으로 평가하기위한 기법
   ② 모든 요소의 고장을 형태별로 분석하여 그 영향을 검토하는 기법
   ③ 초기사상의 고장영향에 의해 사고나 재해를 발전해 나가는 과정을 분석하는 기법

해답 ① THERP ② FMEA ③ ETA

Tip 시스템 위험분석 기법
① THERP [시스템에 있어서 인간의 과오를 정량적으로 평가하기 위해 개발된 기법(Swain 등에 의해 개발된 인간실수 예측기법)]
② FMEA [시스템 안전 분석에 이용되는 전형적인 정성적 귀납적 분석방법으로 시스템에 영향을 미치는 전체요소의 고장을 형별로 분석하여 그 영향을 검토하는 것(각 요소의 1형식 고장이 시스템의 1영향에 대응)]
③ ETA [특정한 장치의 이상이나 운전자의 실수로부터 발생되는 초기 사상으로서 시스템에 들어온 경우에 그 영향으로 계속해서 어떠한 부적합한 사상으로 발전해 가는지 그 과정을 분석하는 방법]

focus 본 교재 제 3과목 II. 시스템 위험분석 단원에서 관련내용 확인

10. A 사업장에 근로자수가(3월말 300명, 6월말 320명, 9월말 270명, 12월말 260명)이고, 연간 15건의 재해 발생으로 인한 휴업일수 288일 발생하였다. 도수율과 강도율을 구하시오. (단, 근무시간은 1일 8시간, 근무일수는 연간 280일이다.) (4점)

해답
① 평균근로자수(분기별) $= \dfrac{300+320+270+260}{4} = 287.5 = 288$명

② 도수율 $= \dfrac{\text{재해건수}}{\text{연근로시간수}} \times 1,000,000 = \dfrac{15}{288 \times 8 \times 280} \times 1,000,000 = 23.251 = 23.25$

③ 강도율 $= \dfrac{\text{총근로손실일수}}{\text{연근로시간수}} \times 1,000 = \dfrac{288 \times \dfrac{280}{365}}{288 \times 8 \times 280} \times 1,000 = 0.342 = 0.34$

focus 본 교재 제1과목 III. 12. 재해율 단원에서 관련내용 확인

11. 니트로화합물을 취급하는 작업장과 그 작업장이 있는 건축물에 출입구외에 안전한 장소로 대피할수 있는 비상구의 기준을 쓰시오. (4점)
① 출입구로부터 (　) 떨어져 있을 것
② 출입구까지의 수평거리가 (　)가 되도록 할 것
③ 너비는 (　)으로 할 것
④ 높이는 (　)으로 할 것

해답 ① 3미터 이상 ② 50미터 이하 ③ 0.75미터 이상 ④ 1.5미터 이상

focus 본 교재(필기) 제3과목 01. III. 3. 통행과 통로(계단의 안전)단원에서 관련내용 확인(본교재 실기 예상문제 61번 문제와 동일)

12. 다음과 같은 방폭구조의 기호를 설명하시오. (4점)

　　　　d IIA T$_4$

해답 ① d : 방폭구조의 종류(내압 방폭구조)
② IIA : 그룹을 나타낸 기호(가스그룹)
③ T_4 : 온도등급, 최고표면온도(135℃)

focus 본 교재 (필기) 제4과목 05. Ⅱ. 4. 방폭화 이론 단원에서 관련된 내용 확인

13. 다음의 빈칸을 채우시오. (4점)

> 사업주는 화학설비 또는 그 배관의 밸브나 콕에는 (①), (②)·(③)·(④) 등에 따라 내구성이 있는 재료를 사용하여야 한다.

해답 ① 개폐의 빈도   ② 위험물질 등의 종류   ③ 온도   ④ 농도

14. 보일러 운전 중 플라이밍의 발생원인 3가지를 쓰시오. (3점)

해답 ① 고수위 ② 주증기 밸브의 급개 ③ 급격한 과열

산업안전기사 실기 (필답형)
2013년 4월 20일 시행

1. 충전전로의 선간전압이 다음과 같을 때 충전전로에 대한 접근한계거리를 쓰시오.
① 380V   ② 1.5kV   ③ 6.6kV   ④ 22.9kV

해답 충전전로에 대한 접근한계 거리
① 30cm   ② 45cm   ③ 60cm   ④ 90cm

Tip 충전전로의 접근한계거리

충전전로의 선간전압 (단위 : 킬로볼트)	충전전로에 대한 접근한계거리 (단위 : 센티미터)	충전전로의 선간전압 (단위 : 킬로볼트)	충전전로에 대한 접근한계거리 (단위 : 센티미터)
0.3 이하	접촉금지	121 초과 145 이하	150
0.3 초과 0.75 이하	30	145 초과 169 이하	170
0.75 초과 2 이하	45	169 초과 242 이하	230
2 초과 15 이하	60	242 초과 362 이하	380
15 초과 37 이하	90	362 초과 550 이하	550
37 초과 88 이하	110	550 초과 800 이하	790
88 초과 121 이하	130		

focus 본 교재 제5과목 I. 9. 충전전로에서의 전기작업 단원에서 관련내용 확인

2. 재해 코스트 계산방식 중 시몬즈법을 사용할 경우 비보험 코스트에 해당하는 항목을 4가지 쓰시오.

해답 비보험 코스트 항목
① A×휴업상해건수   ② B×통원상해건수   ③ C×응급처치건수   ④ D×무상해사고건수
(단, A, B, C, D는 장해 정도별 비보험 코스트의 평균치)

focus 본 교재 제1과목 III. 13. 재해 코스트 단원에서 관련내용 확인

3. 거푸집을 작업발판과 일체로 제작하여 사용하는 작업발판 일체형거푸집의 종류 4가지를 쓰시오.

해답 ① 갱폼 (gang form)
② 슬립폼 (slip form)
③ 클라이밍폼(climbing form)
④ 터널 라이닝폼(tunnel lining form)
⑤ 그 밖에 거푸집과 작업발판이 일체로 제작된 거푸집 등

focus 본 교재(필기) 제6과목 05. V. 3. 거푸집 동바리의 조립시 안전조치 사항 단원에서 관련내용 확인

4. 산업안전보건법에 따른 산업안전보건위원회의 심의 의결사항을 4가지 쓰시오.

해답 산업안전 보건위원회 심의 의결사항
① 사업장의 산업재해예방계획의 수립에 관한 사항
② 안전보건관리규정의 작성 및 변경에 관한 사항
③ 근로자에 대한 안전·보건교육에 관한 사항
④ 작업환경 측정 등 작업환경의 점검 및 개선에 관한 사항
⑤ 근로자의 건강진단 등 건강관리에 관한 사항
⑥ 산업재해의 원인조사 및 재발방지대책 수립에 관한 사항중 중대재해에 관한 사항
⑦ 산업재해에 관한 통계의 기록 및 유지에 관한 사항
⑧ 유해하거나 위험한 기계기구와 그 밖의 설비를 도입한 경우 안전 및 보건관련 조치에 관한 사항
⑨ 그 밖에 해당 사업장 근로자의 안전 및 보건을 유지·증진시키기 위하여 필요한 사항

Tip 산업안전보건위원회의 구성위원에 관한 사항도 출제빈도가 높은 내용이므로 함께 알아둘 것

focus 본 교재 제 1과목 I. 7. 산업안전 보건위원회 단원에서 관련내용 확인

5. 프레스와 전단기에 관한 다음의 설명에 맞는 방호장치를 각각 쓰시오.
① 방호장치의 감지기능은 규정한 검출영역 전체에 걸쳐 유효하여야 하며, 슬라이드 하강 중 정전 또는 방호장치의 이상 시에 정지할 수 있는 구조이어야 한다
② 1행정 1정지 기구에 사용할 수 있어야 하며, 슬라이드 하강 중 정전 또는 방호장치의 이상 시에 정지할 수 있는 구조이어야 한다
③ 부착볼트 등의 고정금속부분은 예리한 돌출현상이 없어야 하며, 슬라이드 하행정거리의 3/4 위치에서 손을 완전히 밀어내어야 한다.
④ 손목밴드(wrist band)의 재료는 유연한 내유성 피혁 또는 이와 동등한 재료를 사용하고, 착용감이 좋으며 쉽게 착용할 수 있는 구조이고, 수인끈은 작업자와 작업공정에 따라 그 길이를 조정할 수 있어야 한다.

해답 ① 광전자식(감응식) 방호장치 ② 양수조작식 방호장치
③ 손쳐내기식 방호장치 ④ 수인식 방호장치

Tip 가드식 : 가드의 닫힘으로 슬라이드의 기동신호를 알리는 구조의 것은 닫힘을 표시하는 표시램프를 설치하여야 하며, 수동으로 가드를 닫는 구조의 것은 가드의 닫힘 상태를 유지하는 기계적 잠금장치를 작동한 후가 아니면 슬라이드 기동이 불가능한 구조이어야 한다.

focus 본 교재 제4과목 I. 10. 프레스의 방호장치 및 설치방법 단원에서 관련내용 확인

6. HAZOP 기법에 사용되는 가이드 워드에 관한 의미이다. 해당되는 가이드 워드를 영문으로 쓰시오.
① 완전대체
② 성질상증가
③ 설계의도의 완전한 부정
④ 설계 의도의 정반대

해답 ① OTHER THAN ② AS WELL AS ③ NO 혹은 NOT ④ REVERSE

Tip HAZOP 기법에서 유인어의 의미

GUIDE WORD	의 미	GUIDE WORD	의 미
NO 혹은 NOT	설계의도의 완전한 부정	PART OF	성질상의 감소 (정성적 감소)
MORE LESS	양의 증가 혹은 감소 (정량적)	REVERSE	설계의도의 논리적인 역 (설계의도와 반대 현상)
AS WELL AS	성질상의 증가 (정성적 증가)	OTHER THAN	완전한 대체의 필요

focus 본 교재(필기) 제2과목 05. I. 4. 위험분석과 위험관리 단원에서 내용 확인

---

7. 다음 연삭기의 방호장치에 해당하는 각도를 쓰시오.

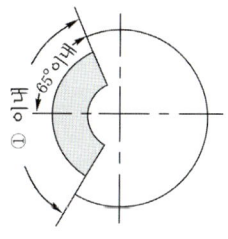

① 일반연삭작업 등에 사용하는 것을 목적으로 하는 탁상용 연삭기의 덮개 각도

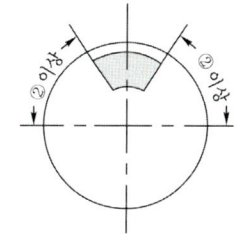

② 연삭숫돌의 상부를 사용하는 것을 목적으로 하는 탁상용 연삭기의 덮개 각도

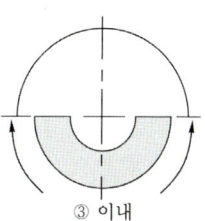

③ 휴대용 연삭기, 스윙연삭기, 스라브연삭기, 기타 이와 비슷한 연삭기의 덮개 각도

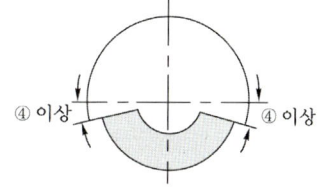

④ 평면연삭기, 절단연삭기, 기타 이와 비슷한 연삭기의 덮개 각도

해답 ① 125° ② 60° ③ 180° ④ 15°

Tip 각도에 해당하는 이상, 이내를 포함하여 답안을 작성하도록 출제할 수도 있습니다.

focus 본 교재 제 4과목 I. 17. 연삭기의 방호장치 및 설치방법 단원에서 관련내용 확인

8. 산업재해예방을 목적으로 사용해야 하는 산업안전보건관리비의 사용기준에 해당하는 항목을 4가지 쓰시오.

   해답
   ① 안전관리자·보건관리자의 임금 등
   ② 안전시설비 등
   ③ 보호구 등
   ④ 안전보건진단비 등
   ⑤ 안전보건교육비 등
   ⑥ 근로자 건강장해예방비 등
   ⑦ 건설재해예방전문지도기관의 지도에 대한 대가로 지급하는 비용

   focus 본 교재 6과목 Ⅰ. 4. 산업안전보건관리비 단원에서 내용 확인

9. 추락 등에 의한 위험을 방지하기 위하여 설치하는 안전난간의 주요구성 요소를 4가지 쓰시오.

   해답 ① 상부난간대 ② 중간난간대 ③ 발끝막이판 ④ 난간기둥

   Tip 안전난간의 설치기준

구성	상부난간대·중간난간대·발끝막이판 및 난간기둥으로 구성(중간난간대·발끝막이판 및 난간기둥은 이와 비슷한 구조 및 성능을 가진 것으로 대체가능)
상부난간대	바닥면·발판 또는 경사로의 표면으로부터 90센티미터 이상 지점에 설치하고, 상부 난간대를 120센티미터 이하에 설치하는 경우에는 중간 난간대는 상부 난간대와 바닥등의 중간에 설치하여야 하며, 120센티미터 이상 지점에 설치하는 경우에는 중간 난간대를 2단 이상으로 균등하게 설치하고 난간의 상하 간격은 60센티미터 이하가 되도록 할 것
발끝막이판	바닥면 등으로부터 10센티미터 이상의 높이를 유지할 것(물체가 떨어지거나 날아올 위험이 없거나 그 위험을 방지할 수 있는 망을 설치하는 등 필요한 예방조치를 한 장소 제외)
난간대	지름 2.7센티미터 이상의 금속제파이프나 그 이상의 강도가 있는 재료일 것
하중	안전난간은 구조적으로 가장 취약한 지점에서 가장 취약한 방향으로 작용하는 100킬로그램 이상의 하중에 견딜 수 있는 튼튼한 구조일 것

   Tip 안전난간의 설치기준에 해당하는 내용 중 숫자에 관련된 내용들도 함께 알아두세요.

   focus 본 교재 제6과목 Ⅰ. 11. 추락재해의 방호설비 단원에서 관련내용 확인

10. 시험가스의 농도 1.2%에서 표준유효시간이 80분인 정화통을 유해가스농도가 0.8%인 작업장에서 사용할 경우 유효사용 가능시간을 계산하시오.

    해답
    $$유효사용시간 = \frac{표준유효시간 \times 시험가스농도}{공기중유해가스농도}$$
    $$\therefore 유효사용시간 = \frac{80 \times 1.2}{0.8} = 120(분)$$

    focus 본 교재 제7과목 Ⅰ. 4. 방독마스크 단원에서 관련내용 확인

11. 다음 보기 중에서 노출기준(ppm)이 가장 낮은 것과 높은 것을 찾아 쓰시오.

[보기] ① 이황화탄소 ② 불소 ③ 이산화황 ④ 암모니아
        ⑤ 염화수소 ⑥ 과산화수소 ⑦ 사염화탄소

해답
(1) 가장 낮은 것 : ② 불소
(2) 가장 높은 것 : ④ 암모니아

Tip 유해물질의 노출기준(ppm)
① 이황화탄소 : 10ppm   ② 불소 : 0.1ppm
③ 이산화황 : 2ppm   ④ 암모니아 : 25ppm
⑤ 염화수소 : 1ppm   ⑥ 과산화수소 : 1ppm
⑦ 사염화탄소 : 5ppm

12. 산업안전보건법상 산업안전 보건 관련 교육시간에 관한 다음 내용에 알맞은 답을 쓰시오.
① 안전보건관리책임자 등에 대한 교육에서 안전관리자의 신규교육시간을 쓰시오.
② 안전보건관리책임자 등에 대한 교육에서 안전보건관리책임자의 보수교육시간을 쓰시오.
③ 근로자 안전보건교육에서 근로계약기간이 1주일 초과 1개월 이하인 기간제근로자의 채용시 교육시간을 쓰시오.
④ 근로자 안전보건교육에서 사무식 종사근로자의 정기교육시간을 쓰시오.
⑤ 근로자 안전보건교육에서 그 밖의 근로자에 해당하는 작업내용 변경시 교육시간을 쓰시오.
⑥ 근로자 안전보건교육에서 건설일용근로자의 건설업 기초안전 · 보건교육시간을 쓰시오.

해답
① 34시간 이상   ② 6시간 이상   ③ 4시간 이상
④ 매반기 6시간 이상   ⑤ 2시간 이상   ⑥ 4시간 이상

Tip1 교육과정 및 대상별 교육시간
① 근로자 안전보건교육

교육과정	교육대상		교육시간
가. 정기교육	사무직 종사 근로자		매반기 6시간 이상
	그 밖의 근로자	판매업무에 직접 종사하는 근로자	매반기 6시간 이상
		판매업무에 직접 종사하는 근로자 외의 근로자	매반기 12시간 이상
나. 채용 시 교육	일용근로자 및 근로계약기간이 1주일 이하인 기간제근로자		1시간 이상
	근로계약기간이 1주일 초과 1개월 이하인 기간제근로자		4시간 이상
	그 밖의 근로자		8시간 이상

교육과정	교육대상		교육시간
다. 작업내용 변경 시 교육	일용근로자 및 근로계약기간이 1주일 이하인 기간제근로자		1시간 이상
	그 밖의 근로자		2시간 이상
라. 특별교육	일용근로자 및 근로계약기간이 1주일 이하인 기간제근로자: 특별교육대상 작업별 교육에 해당하는 작업 종사 근로자	타워크레인 작업시 신호업무 작업에 종사하는 근로자 제외	2시간 이상
		타워크레인 작업시 신호업무 작업에 종사하는 근로자에 한정	8시간 이상
	일용근로자 및 근로계약기간이 1주일 이하인 기간제근로자를 제외한 근로자: 특별교육대상 작업별 교육에 해당하는 작업 종사 근로자에 한정		16시간 이상 (분할 실시 가능) 단기간 작업 또는 간헐적 작업인 경우에는 2시간 이상
마. 건설업 기초안전·보건교육	건설 일용근로자		4시간 이상

② 안전보건관리책임자 등에 대한 교육

교육대상	교육시간	
	신규	보수
안전보건관리책임자	6시간 이상	6시간 이상
안전관리자, 안전관리전문기관의 종사자	34시간 이상	24시간 이상
보건관리자, 보건관리전문기관의 종사자	34시간 이상	24시간 이상
재해예방전문지도기관의 종사자	34시간 이상	24시간 이상
석면조사기관의 종사자	34시간 이상	24시간 이상
안전보건관리담당자	―	8시간 이상
안전검사기관, 자율안전검사기관의 종사자	34시간 이상	24시간 이상

Tip2 2023년 법령개정. 문제 및 해답, Tip은 개정된 내용 적용.

focus 본 교재 제2과목 I. 10. 산업안전보건법상의 교육의 종류와 교육시간 및 교육내용 단원에서 관련내용 확인

13. 다음의 위험물질과 혼재가능한 물질을 보기의 유별 위험물의 종류에서 모두 찾아 쓰시오.
(1) 산화성고체   (2) 가연성고체   (3) 자기반응성물질
(4) 자연발화성 및 금수성   (5) 인화성 액체

> [보기]   ① 산화성고체   ② 가연성고체   ③ 자연발화성 물질 및 금수성 물질
>   ④ 인화성액체   ⑤ 자기반응성물질   ⑥ 산화성액체

해답 혼재 가능한 위험물질
(1) 산화성고체 : ⑥ 산화성액체
(2) 가연성고체 : ④ 인화성액체   ⑤ 자기반응성물질
(3) 자기반응성물질 : ② 가연성고체   ④ 인화성액체
(4) 자연발화성 및 금수성 : ④ 인화성액체
(5) 인화성 액체 : ② 가연성고체   ③ 자연발화성 물질 및 금수성 물질   ⑤ 자기반응성물질

Tip 유별을 달리하는 위험물의 혼재 기준

위험물의구분	제1류	제2류	제3류	제4류	제5류	제6류
제 1 류		×	×	×	×	○
제 2 류	×		×	○	○	×
제 3 류	×	×		○	×	×
제 4 류	×	○	○		○	×
제 5 류	×	○	×	○		×
제 6 류	○	×	×	×	×	

비고) 1. "×"표시는 혼재할 수 없음을 표시한다.
　　　2. "○" 표시는 혼재할 수 있음을 표시한다.
　　　3. 이 표는 지정수량의 $\frac{1}{10}$ 이하의 위험물에 대하여는 적용하지 아니한다.

focus 본 교재(필기) 제5과목 01. II. 2. 위험물의 저장 및 취급방법 단원에서 관련내용 확인

14. 다음과 같이 4m 거리에서 Landolt ring을 1.2mm까지 구분할 수 있는 사람의 시력은 얼마인가?

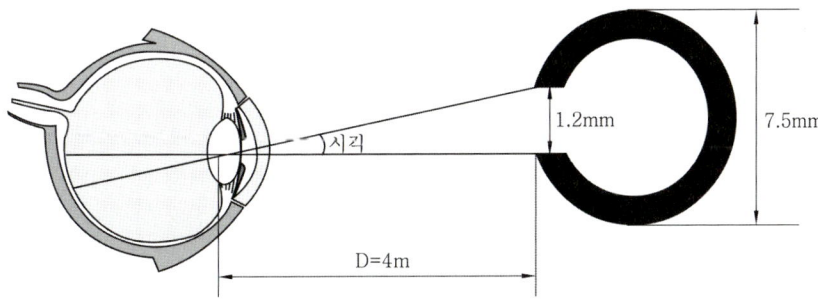

해답 시력의 척도
① 시각 $= \frac{L}{D}(rad) = \frac{L \times 57.3 \times 60}{D}$ (분) $= \frac{1.2 \times 57.3 \times 60}{4000} = 1.0314$(분)
② 시력 $= \frac{1}{\text{시각}} = \frac{1}{1.0314} = 0.969 ≒ 0.97$

여기서, L : 시선과 직각으로 측정한 물체의 크기(글자일 경우 획폭 등)
　　　　D : 물체와 눈 사이의 거리

focus 본 교재(필기) 제2과목 02. I. 1. 시각과정 단원의 예제문제에서 관련내용 확인

산업안전기사 실기 (필답형)
2013년 7월 13일 시행

1. 변압기 중성점 접지 저항값에 관한 다음 사항에서 ( )에 알맞은 내용을 쓰시오.
   가. 일반적으로 변압기의 고압·특고압측 전로 1선 지락전류로 150을 나눈 값과 같은 저항값 이하
   나. 변압기의 고압·특고압측 전로 또는 사용전압이 (①) kV 이하의 특고압전로가 저압측 전로와 혼촉하고 저압전로의 대지전압이 150 V를 초과하는 경우는 저항 값은 다음에 의한다.
   (1) (②) 초과 (③) 이내에 고압·특고압 전로를 자동으로 차단하는 장치를 설치할 때는 300을 나눈 값 이하
   (2) 1초 이내에 고압·특고압 전로를 자동으로 차단하는 장치를 설치할 때는 (④)을 나눈 값 이하

   해답 ① 35 ② 1초 ③ 2초 ④ 600

   focus 본 교재 제5과목 I. 10. 접지시스템 단원에서 관련내용 확인

2. 다음은 계단과 계단참에 관한 안전기준이다. ( )에 맞는 내용을 쓰시오.
   (1) 사업주는 계단 및 계단참을 설치할 때에는 매제곱미터당 (①)kg 이상의 하중에 견딜 수 있는 강도를 가진 구조로 설치하여야 하며, 안전율은 (②) 이상으로 하여야 한다.
   (2) 높이가 3m를 초과하는 계단에는 높이(③)m 이내마다 진행방향으로 길이 (④)m 이상의 계단참을 설치하여야 한다.
   (3) 높이 (⑤)미터 이상인 계단의 개방된 측면에는 안전난간을 설치하여야 한다.

   해답 ① 500 ② 4 ③ 3 ④ 1.2 ⑤ 1

   focus 본 교재 제6과목 I. 20. 가설계단 단원에서 관련된 내용 확인

3. 잠함 또는 우물통의 내부에서 굴착작업시 급격한 침하로 인한 위험을 방지하기 위하여 준수해야할 사항을 2가지 쓰시오.

   해답 ① 침하관계도에 따라 굴착방법 및 재하량 등을 정할 것
   ② 바닥으로부터 천장 또는 보까지의 높이는 1.8m 이상으로 할 것

   focus 본 교재(필기) 제6과목 01. II. 3. 건설공사의 안전관리 단원에서 관련내용 확인

4. 비, 눈 그 밖의 기상상태의 불안정으로 인하여 날씨가 몹시 나빠서 작업을 중지시킨 후 또는 비계를 조립·해체하거나 또는 변경한 후 그 비계에서 작업을 할 때 해당 작업시작전에 점검해야할 사항을 4가지 쓰시오.

해답 ① 발판재료의 손상여부 및 부착 또는 걸림상태
② 해당 비계의 연결부 또는 접속부의 풀림상태
③ 연결재료 및 연결철물의 손상 또는 부식상태
④ 손잡이의 탈락여부
⑤ 기둥의 침하·변형·변위 또는 흔들림 상태
⑥ 로프의 부착상태 및 매단장치의 흔들림 상태

focus 본 교재 제6과목 I. 24. 비계의 종류 및 설치시 준수사항 단원에서 확인

5. A회사의 제품은 10,000시간 동안 10개의 제품에 고장이 발생된다고 한다. 이 제품의 수명이 지수분포를 따른다고 할 경우 ① 고장율과 ② 900시간 동안 적어도 1개의 제품이 고장날 확률을 구하시오.

해답 ① 고장율
평균고장율$(\lambda) = \dfrac{r(\text{그 기간중의 총고장수})}{T(\text{총동작시간})} = \dfrac{10}{10,000} = 0.001(\text{건/시간})$

② 900시간동안 적어도 1개의 제품이 고장날 확률
불신뢰도 $F(t) = 1 - R(t) = 1 - e^{-\lambda t} = 1 - e^{-(0.001 \times 900)} = 0.5934(59.34\%)$

focus 본 교재 제3과목 I. 6. 고장율 단원에서 관련된 내용 확인

6. 다음 보기의 착용부위에 따른 방열복의 종류를 쓰시오.

① 상체 ② 하체 ③ 몸체(상·하체) ④ 손 ⑤ 머리

해답 ① 방열상의 ② 방열하의 ③ 방열일체복 ④ 방열장갑 ⑤ 방열두건

focus 본 교재 제7과목 보호장구 단원별 문제 47번 및 본 교재(필기) 제 1과목 03. II. 2. 보호구의 종류별 특성 단원에서 관련내용 확인

7. 할로겐화합물 소화기에 부촉매제로 사용되는 할로겐원소의 종류를 4가지 쓰시오.

해답 ① F : 불소(플루오르) ② Cl : 염소 ③ Br : 취소(브롬) ④ I : 요오드

focus 본 교재(필기) 제5과목 04. II. 5. 소화기의 종류 단원에서 관련된 내용 확인

8. 화물의 낙하로 인하여 지게차의 운전자에게 위험을 미칠 우려가 있는 작업장에서 사용되는 지게차의 헤드가드가 갖추어야할 사항들이다. 빈칸에 알맞은 내용을 쓰시오.
   (1) 강도는 지게차의 최대하중의 (①)배 값(4톤을 넘는 값에 대해서는 4톤으로 한다)의 등분포정하중에 견딜 수 있을 것
   (2) 상부틀의 각 개구의 폭 또는 길이가 (②)센티미터 미만일 것
   (3) 운전자가 앉아서 조작하는 방식의 지게차의 경우에는 운전자의 좌석 윗면에서 헤드가드의 상부틀 아랫면까지의 높이가 (③)미터 이상일 것
   (4) 운전자가 서서 조작하는 방식의 지게차의 경우에는 운전석의 바닥면에서 헤드가드의 상부틀 하면까지의 높이가 (④)미터 이상일 것

   해답 ① 2 ② 16 ③ 1 ④ 2

   Tip1 운전자가 앉아서 조작하거나 서서 조작하는 지게차의 헤드가드는 「산업표준화법」에 따른 한국산업표준에서 정하는 높이 기준 이상일 것

   Tip2 2019년 법개정으로 내용 수정되었으니 Tip 1 내용과 본문내용을 참고하세요.

   focus 본 교재 제4과목 II. 3. 헤드가드 단원에서 관련된 내용 확인

9. 미 국방성의 위험성 평가에서 분류한 재해의 위험수준(MIL-STD-882B) 4가지를 쓰시오.

   해답
   ① 범주 I : 파국적(catastrophic : 대재앙)
   ② 범주 II : 위기적(critical : 심각한)
   ③ 범주 III : 한계적(marginal : 경미한)
   ④ 범주 IV : 무시(negligible : 무시할만한)

   focus 본 교재(필기) 제 2과목 05. II. 1. 시스템 위험성의 분류 단원에서 관련내용 확인

10. 연천인율, 평균강도율, 환산도수율, 안전활동율을 구하는 공식을 쓰시오.

    해답
    ① 연천인율 = $\dfrac{\text{연간재해자수}}{\text{연평균근로자수}} \times 1,000$

    ② 평균강도율 = $\dfrac{\text{강도율}}{\text{도수율}} \times 1,000$

    ③ 환산도수율 = 도수율 × $\dfrac{\text{평생근로시간수}}{1,000,000}$

    ④ 안전활동율 = $\dfrac{\text{안전활동건수}}{\text{총근로시간수}} \times 1,000,000$

    focus 본 교재 제1장 III. 12. 재해율 단원에서 관련내용 확인

11. 다음은 보일러의 이상현상에 관한 설명이다. 해당되는 현상을 쓰시오.
① 보일러의 과부하로 보일러수가 극심하게 끓어서 수면에서 계속하여 물방울이 비산하고 증기부가 물방울로 충만하여 수위가 불안정하게 되는 현상
② 보일러수에 불순물이 많이 포함되었을 경우, 보일러수의 비등과 함께 수면부위에 거품층을 형성하여 수위가 불안정하게 되는 현상

해답
① 플라이밍(priming)
② 포밍(foaming)

focus 본 교재 제4과목 I. 13. 보일러의 방호장치 단원에서 관련내용 확인

12. 굴착공사에서 발생할수 있는 보일링현상 방지대책을 3가지만 쓰시오. (단, 원상매립, 또는 작업의 중지를 제외함)

해답
① 주변수위를 저하시킨다.(deep well 공법 등)
② 흙막이벽 근입도를 증가하여 동수구배를 저하시킨다.
③ 약액주입에 의해 지수벽 또는 지수층을 설치하여 침투류의 발생을 방지
④ 터파기한 바닥을 밀실하게 다져(지반 개량) 지하수가 용출되지 않도록 하는 방법
⑤ Filter 및 차수벽 설치 등

Tip 보일링(Boiling)이라 함은 사질토 지반에서 굴착저면과 흙막이 배면과의 수위차이로 인해 굴착저면의 흙과 물이 함께 위로 솟구쳐 오르는 현상을 말한다.

focus 본 교재 제6과목 I. 16. 투사 붕괴 위험성 및 안전조치 단원에서 관련내용 확인

13. 데이비스의 동기부여 이론에 관한 내용이다. 빈칸에 알맞은 내용을 쓰시오.
(1) 능력 = (①) × (②)
(2) 동기유발 = (③) × (④)

해답 ① 지식(knowledge) ② 기능(skill) ③ 상황(situation) ④ 태도(attitude)

Tip 데이비스의 동기 부여 이론

　　　인간의 성과 × 물적인 성과 = 경영의 성과

① 지식(knowledge) × 기능(skill) = 능력(ability)
② 상황(situation) × 태도(attitude) = 동기유발(motivation)
③ 능력(ability) × 동기유발(motivation) = 인간의 성과(human performance)

focus 본 교재 제 2과목 II. 7. 동기부여에 관한 이론 단원에서 관련내용 확인

산업안전기사 실기 (필답형)
2013년 10월 5일 시행

1. 다음 FT도에서 컷셋(cut set)을 구하시오 (4점)

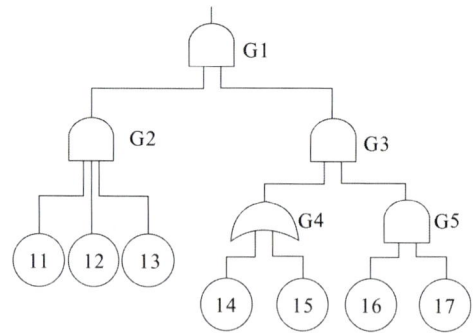

해답 컷셋(cut set)

$G_1 = G_2 G_3 = ⑪⑫⑬ G_4 G_5 = \begin{matrix} ⑪⑫⑬⑭ G_5 \\ ⑪⑫⑬⑮ G_5 \end{matrix} = \begin{matrix} ⑪⑫⑬⑭⑯⑰ \\ ⑪⑫⑬⑮⑯⑰ \end{matrix}$

그러므로, cut set은 (⑪⑫⑬⑭⑯⑰) (⑪⑫⑬⑮⑯⑰)

focus 본 교재 제3과목 II. 11. 미니멀 컷과 미니멀 패스 단원에서 관련내용 확인

2. 악천후 및 기상상태 불안정으로 작업을 중지하거나 비계의 조립·해체 또는 변경 후 그 비계에서 작업을 할 경우 작업시작전 점검해야할 사항 3가지를 쓰시오.(3점)

해답 작업시작전 점검사항
① 발판재료의 손상여부 및 부착 또는 걸림상태
② 당해 비계의 연결부 또는 접속부의 풀림상태
③ 연결재료 및 연결철물의 손상 또는 부식상태
④ 손잡이의 탈락여부
⑤ 기둥의 침하·변형·변위 또는 흔들림 상태
⑥ 로프의 부착상태 및 매단장치의 흔들림 상태

focus 본 교재 제6과목 I. 24. 비계의 종류 및 설치시 준수사항 단원에서 관련내용 확인

3. 공정안전보고서의 내용 중 '공정위험성 평가서'에서 적용하는 위험성 평가기법에 있어 '제조공정 중 반응, 분리(증류, 추출 등), 이송시스템 및 전기·계장시스템' 등 간단한 단위공정에 대한 위험성 평가 기법 4가지를 쓰시오. (4점)

해답 위험성 평가기법
① 위험과 운전분석기법 ② 공정위험분석기법 ③ 이상위험도분석기법 ④ 원인결과분석기법
⑤ 결함수분석기법 ⑥ 사건수분석기법 등

4. 연삭숫돌에 관한 다음 내용에서 빈칸을 채우시오.(4점)

   사업주는 연삭숫돌을 사용하는 작업의 경우 작업을 시작하기 전에는 (①) 이상, 연삭숫돌을 교체한 후에는 (②) 이상 시험운전을 하고 해당 기계에 이상이 있는지를 확인하여야 한다.

   해답 ① 1분   ② 3분

   Tip 연삭숫돌의 안전기준
   ① 덮개의 설치 기준 : 직경이 50mm 이상인 연삭숫돌
   ② 작업 시작하기 전 1분 이상, 연삭 숫돌을 교체한 후 3분 이상 시운전
   ③ 시운전에 사용하는 연삭 숫돌은 작업시작 전 결함유무 확인후 사용
   ④ 연삭숫돌의 최고 사용회전속도 초과 사용금지
   ⑤ 측면을 사용하는 것을 목적으로 하는 연삭숫돌 이외의 연삭숫돌은 측면 사용금지

   focus 본 교재(필기) 제3과목 02. I. 5. 연삭기 단원에서 관련내용 확인

5. 근로자가 반복하여 계속적으로 중량물을 취급하는 작업을 할 때 작업 시작전 점검사항을 2가지 쓰시오. 단, 그 밖에 하역운반기계 등의 적절한 사용방법은 제외한다.) (4점)

   해답 중량물 취급시 작업 시작전 점검사항
   ① 중량물 취급의 올바른 자세 및 복장
   ② 위험물이 날아 흩어짐에 따른 보호구의 착용
   ③ 카바이드·생석회(산화캄슘) 등과 같이 온도상승이나 습기에 의하여 위험성이 존재하는 중량물의 취급방법

   focus 본 교재 제1과목 IV. 8. 작업시작전 점검사항 단원에서 관련된 내용 확인

6. 다음 보기의 안전밸브 형식표시사항을 상세히 기술하시오.(4점)

   [보기] SF II1-B

   해답 안전밸브의 형식표시
   ① S : 요구성능(증기의 분출압력을 요구)   ② F : 유량제한기구(전량식)
   ③ II : 호칭입구 크기구분(25mm 초과 50mm 이하)   ④ 1 : 호칭압력구분(1MPa 이하)
   ⑤ B : 평형형

   Tip 안전밸브와 파열판의 형식표시

   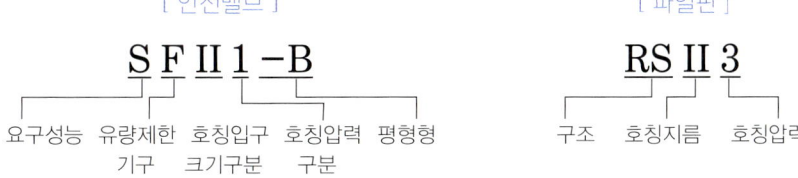

   focus 본 교재(필기) 제 5과목 03. III. 2. 안전장치의 종류 단원에서 관련내용 확인

7. 사업주는 인체에 해로운 분진, 흄(fume), 미스트(mist), 증기 또는 가스 상태의 물질을 배출하기 위하여 설치하는 국소배기장치의 후드설치시 기준을 4가지 쓰시오. (4점)

해답 ① 유해물질이 발생하는 곳마다 설치할 것
② 유해인자의 발생형태와 비중, 작업방법 등을 고려하여 해당 분진등의 발산원을 제어할 수 있는 구조로 설치할 것
③ 후드(hood) 형식은 가능하면 포위식 또는 부스식 후드를 설치할 것
④ 외부식 또는 리시버식 후드는 해당 분진등의 발산원에 가장 가까운 위치에 설치할 것

Tip 덕트의 설치 기준
① 가능하면 길이는 짧게 하고 굴곡부의 수는 적게 할 것
② 접속부의 안쪽은 돌출된 부분이 없도록 할 것
③ 청소구를 설치하는 등 청소하기 쉬운 구조로 할 것
④ 덕트 내부에 오염물질이 쌓이지 않도록 이송속도를 유지할 것
⑤ 연결부위 등은 외부공기가 들어오지 않도록 할 것

focus 본 교재 제5과목 Ⅲ. 2. 배기 및 환기 단원에서 관련내용 확인

8. 경고표지에 관한 용도 및 사용 장소에 관한 다음의 내용에 알맞은 종류를 쓰시오. (4점)

① 폭발성 물질이 있는 장소 : (   )
② 돌 및 블록 등의 물체가 떨어질 우려가 있는 장소 : (   )
③ 넘어질 위험이 있는 경사진 통로 입구 : (   )
④ 휘발유 등 화기의 취급을 극히 주의해야 하는 물질이 있는 장소 : (   )

해답 ① 폭발성 물질 경고   ② 낙하물 경고   ③ 몸균형 상실 경고   ④ 인화성물질 경고

focus 본 교재 제2과목 Ⅱ. 8. 무재해 운동과 위험예지훈련 3) 안전보건 표지 단원에서 관련내용 확인

9. 안전성평가의 단계를 순서대로 나열하시오. (4점)

① 정성적평가   ② 재해정보에 의한 재평가   ③ FTA에 의한 재평가
④ 안전대책   ⑤ 관계자료의 정비   ⑥ 정량적평가

해답 안전성 평가의 단계
⑤ 관계자료의 정비 → ① 정성적 평가 → ⑥ 정량적 평가 → ④ 안전대책 →
② 재해정보에 의한 재평가 → ③ FTA에 의한 재평가

focus 본 교재 제3과목 Ⅱ. 12. 안전성 평가 단원에서 관련내용 확인

10. 안전인증의 전부 또는 일부를 면제할 수 있는 경우를 3가지 쓰시오. (3점)

해답 안전인증의 면제
① 연구·개발을 목적으로 제조·수입하거나 수출을 목적으로 제조하는 경우
② 고용노동부장관이 정하여 고시하는 외국의 안전인증기관에서 인증을 받은 경우
③ 다른 법령에 따라 안전성에 관한 검사나 인증을 받은 경우로서 고용노동부령으로 정하는 경우

focus 본 교재 제1과목 Ⅳ. 7. 안전인증 단원에서 관련된 내용 확인

11. A 사업장의 근무 및 재해발생현황이 다음과 같을 때, 이 사업장의 종합재해 지수를 구하시오. (4점)

· 평균근로자수 : 300명   · 월평균 재해건수 : 2건
· 휴업일수 : 219일   · 근로시간 : 1일 8시간 연간, 280일 근무

해답 종합재해지수 $FSI = \sqrt{도수율(FR) \times 강도율(SR)}$

① 도수율(F.R) = $\dfrac{요양재해건수}{연근로시간수} \times 1,000,000 = \dfrac{2 \times 12}{300 \times 8 \times 280} \times 10^6 = 35.714$

② 강도율(S.R) = $\dfrac{총요양근로손실일수}{연근로시간수} \times 1,000 = \dfrac{219 \times \dfrac{280}{365}}{300 \times 8 \times 280} \times 1000 = 0.25$

③ 종합재해지수(FSI) = $\sqrt{35.714 \times 0.25} = 2.988 = 2.99$

focus 본 교재 제1과목 Ⅲ. 12. 재해율 단원에서 관련된 계산공식 확인

12. 건설업 중 고용노동부령으로 정하는 공사착공 시 유해·위험방지계획서를 작성하여 제출하는 경우 제출기한과 첨부서류 2가지를 쓰시오. (5점)

해답 건설업 유해·위험방지계획서
(1) 제출기한 : 해당 공사의 착공 전날까지 공단에 2부를 제출
(2) 첨부서류 :
① 공사개요 및 안전보건 관리계획
② 작업공사 종류별 유해·위험방지계획

focus 본 교재 제6과목 건설안전 Ⅰ. 건설안전일반 3. 유해위험 방지계획서 단원에서 관련내용 확인

13. 대상화학물질을 취급하는 근로자의 안전·보건을 위하여 작업장에서 취급하는 대상화학물질의 물질안전보건자료에 해당되는 내용을 근로자에게 교육하여야 한다. 해당되는 교육내용을 4가지 쓰시오. (4점)

해답 물질안전보건자료에 관한 교육내용
① 대상화학물질의 명칭(또는 제품명)
② 물리적 위험성 및 건강 유해성

③ 취급상의 주의사항
④ 적절한 보호구
⑤ 응급조치 요령 및 사고시 대처방법
⑥ 물질안전보건자료 및 경고표지를 이해하는 방법

focus 본 교재(필기) 제1과목 08. VII. 2. 물질안전보건자료의 작성 단원에서 내용 확인

14. 소형전기기기와 방폭부품의 경우 표시크기를 줄일 수 있다. 해당되는 표시사항을 4가시 쓰시오. (4점)

해답 표시사항
① 제조자의 이름 또는 등록상표
② 형식
③ 기호 Ex 및 방폭구조의 기호
④ 인증서 발급기관의 이름 또는 마크, 합격번호
⑤ X 또는 U 기호 (다만, 기호 X와 U를 함께 사용하지 않음)

focus 본 교재 제4과목 05. II. 4. 방폭화 이론 단원에서 관련내용 확인

산업안전기사 실기 (필답형)
2014년 4월 19일 시행

1. 산업안전보건법상 안전·보건 표지 중 "응급구호 표지"를 그리시오. (단, 색상표시는 글자로 나타내도록 하고 크기에 대한 기준은 표시하지 않는다)

   해답 응급구호표지

    (바탕은 녹색, 관련부호 및 그림은 흰색)

   Tip

색채	색도기준	용도	사용 례	형태별 색체기준
빨간색	7.5R 4/14	금지	정지신호, 소화설비 및 그 장소, 유해행위의 금지	바탕은 흰색, 기본모형은 빨간색, 관련부호 및 그림은 검은색
		경고	화학물질 취급장소에서의 유해위험 경고	바탕은 노란색, 기본모형·관련부호 및 그림은 검은색 (주1)
노란색	5Y 8.5/12	경고	화학물질 취급장소에서의 유해위험 경고 그밖의 위험경고, 주의표지 또는 기계 방호물	
파란색	2.5PB 4/10	지시	특정행위의 지시 및 사실의 고지	바탕은 파란색, 관련 그림은 흰색
녹색	2.5G 4/10	안내	비상구 및 피난소, 사람 또는 차량의 통행표지	바탕은 흰색, 기본모형 및 관련부호는 녹색, 바탕은 녹색, 관련부호 및 그림은 흰색
흰색	N 9.5		파란색 또는 녹색에 대한 보조색	
검은색	N 0.5		문자 및 빨간색 또는 노란색에 대한 보조색	

   (주1) 다만, 인화성물질경고·산화성물질경고·폭발성물질경고·급성독성물질경고·부식성물질경고 및 발암성·변이원성·생식독성·전신독성·호흡기과민성물질경고의 경우 바탕은 무색, 기본모형은 빨간색(검은색도 가능)

   focus 본 교재 제2과목 II. 8. 무재해운동과 위험예지훈련 단원에서 안전표지에 관련된 내용 확인

2. 사업주가 근로자로 하여금 환경미화 업무 등에 상시적으로 종사하도록 하는 경우 근로자가 접근하기 쉬운 장소에 설치해야 하는 세척시설 4가지를 쓰시오.

   해답 ① 세면시설   ② 목욕시설   ③ 탈의시설   ④ 세탁시설

   focus 본 교재 제 8과목 IV. 6. 휴게시설(세척시설)단원에서 관련내용 확인

3. 파브로브의 조건 반사설에서 학습 이론의 원리 4가지를 쓰시오.

   해답 ① 일관성의 원리   ② 강도의 원리   ③ 시간의 원리   ④ 계속성의 원리

focus 본 교재(필기) 제1과목 06. II. 4. 학습이론 단원에서 관련내용 확인

4. 무재해운동 추진 중 사고나 재해가 발생하여도 무재해로 인정되는 경우 4가지를 쓰시오.

해답
① 업무수행 중의 사고 중 천재지변 또는 돌발적인 사고로 인한 구조행위 또는 긴급피난 중 발생한 사고
② 출·퇴근 도중에 발생한 재해
③ 운동경기 등 각종 행사 중 발생한 재해
④ 제3자의 행위에 의한 업무상 재해
⑤ 특수한 장소에서의 사고 중 천재지변 또는 돌발적인 사고 우려가 많은 장소에서 사회통념상 인정되는 업무수행 중 발생한 사고
⑥ 업무상 질병에 대한 구체적인 인정기준 중 뇌혈관질환 또는 심장질환에 의한 재해
⑦ 업무시간외에 발생한 재해. 다만, 사업주가 제공한 사업장내의 시설물에서 발생한 재해 또는 작업 개시전의 작업준비 및 작업종료후의 정리정돈과정에서 발생한 재해는 제외한다.
⑧ 도로에서 발생한 사업장 밖의 교통사고, 소속 사업장을 벗어난 출장 및 외부기관으로 위탁교육 중 발생한 사고, 회식중의 사고, 전염병 등 사업주의 법 위반으로 인한 것이 아니라고 인정되는 재해

focus 본 교재(필기) 제 1과목 03. I. 1. 무재해의 정의 단원에서 관련내용 확인

5. 산업안전보건법상 안전인증대상 기계·기구 등이 안전기준에 적합한지를 확인하기위하여 안전인증기관이 심사하는 심사의 종류를 4가지 쓰시오.

해답 안전인증 심사의 종류
① 예비심사
② 서면심사
③ 기술능력 및 생산체계 심사
④ 제품심사(개별제품심사, 형식별제품심사)

focus 본 교재 제1과목 IV. 7. 안전인증 단원에서 관련된 내용 확인

6. 굴착공사에서 발생할수 있는 보일링현상 방지대책을 3가지만 쓰시오. (단, 원상매립, 또는 작업의 중지를 제외함)

해답
① 주변수위를 저하시킨다.(deep well 공법 등)
② 흙막이벽 근입도를 증가하여 동수구배를 저하시킨다.
③ 약액주입에 의해 지수벽 또는 지수층을 설치하여 침투류의 발생을 방지
④ 터파기한 바닥을 밀실하게 다져(지반 개량) 지하수가 용출되지 않도록 하는 방법
⑤ Filter 및 차수벽 설치 등

Tip 보일링(Boiling)이라 함은 사질토 지반에서 굴착저면과 흙막이 배면과의 수위차이로 인해 굴착저면의 흙과 물이 함께 위로 솟구쳐 오르는 현상을 말한다.

focus 본 교재 제6과목 I. 16. 토사 붕괴 위험성 및 안전조치 단원에서 관련내용 확인

7. 페일세이프와 풀 푸르프에 대해 간단히 설명하시오.

    해답
    ① Fail Safe(페일세이프) : 인간 또는 기계의 조작상의 과오로 기기의 일부에 고장이 발생해도 다른 부분의 고장이 발생하는 것을 방지하거나 또는 어떤 사고를 사전에 방지하고 안전 측으로 작동하도록 설계하는 안전대책
    ② Fool proof(풀푸르프) : 바보같은 행동(인간의 착오 및 미스 등 포함)을 방지한다는 뜻으로 사용자가 비록 잘못된 조작을 하더라도 이로 인해 재해가 발생하지 아니하도록 하는 설계방법(작업자의 오조작이 있어도 위험이나 실수가 발생하지 않도록 설계된 구조를 말하며 본질적인 안전화를 의미한다)

    focus 본 교재(필기) 인간공학 및 시스템 안전공학 제7장 II. 1. 신뢰도 및 불신뢰도의 계산 단원에서 관련내용 확인

8. 타워크레인의 설치·조립·해체작업시 작업계획서 작성에 포함되어야할 사항을 4가지 쓰시오.

    해답
    ① 타워크레인의 종류 및 형식
    ② 설치·조립 및 해체순서
    ③ 작업도구·장비·가설설비 및 방호설비
    ④ 작업인원의 구성 및 작업근로자의 역할범위
    ⑤ 타워크레인의 지지 규정에 의한 지지방법

    focus 본 교재 제6과목 I. 8. 건설용 양중기 단원에서 관련된 내용 확인

9. 산업안전보건법상의 사업주의 의무와 근로자의 의무를 2가지 쓰시오.

    해답
    (1) 사업주의 의무
        ① 해당 사업장의 안전 및 보건에 관한 정보를 근로자에게 제공함으로써 근로자의 안전 및 건강을 유지·증진시키고 국가의 산업재해 예방정책을 따라야 한다.
        ② 근로자의 신체적 피로와 정신적 스트레스 등을 줄일 수 있는 쾌적한 작업환경의 조성 및 근로조건 개선을 이행함으로써 근로자의 안전 및 건강을 유지·증진시키고 국가의 산업재해 예방정책을 따라야 한다.
    (2) 근로자의 의무
        ① 근로자는 산업안전보건법과 이 법에 따른 명령으로 정하는 산업재해 예방을 위한 기준을 지켜야 한다.
        ② 사업주 또는 「근로기준법」에 따른 근로감독관, 공단 등 관계자가 실시하는 산업재해 방지에 관한 조치에 따라야 한다.

    Tip 사업주 등의 의무
    ① 사업주는 다음 각 호의 사항을 이행함으로써 근로자의 안전 및 건강을 유지·증진시키고 국가의 산업재해 예방정책에 따라야 한다.
        ㉮ 이 법과 이 법에 따른 명령으로 정하는 산업재해 예방을 위한 기준
        ㉯ 근로자의 신체적 피로와 정신적 스트레스 등을 줄일 수 있는 쾌적한 작업환경의 조성 및 근로조건 개선
        ㉰ 해당 사업장의 안전·보건에 관한 정보를 근로자에게 제공

10. 100V 단상 2선식 회로의 전류를 물에 젖은 손으로 조작하여 감전으로 인한 심실세동을 일으켰다. 이때 인체에 흐른 심실세동전류(mA)와 심실세동을 일으킨 시간을 구하시오. (단, 인체의 저항은 5,000Ω이며, 소수넷째자리에서 반올림하여 셋째자리까지 표기할 것)

해답 ① 전류$(I) = \dfrac{V}{R} = \dfrac{100}{5,000 \times \dfrac{1}{25}} \times 1,000 = 500(\text{mA})$

② 시간 : $500\text{mA} = \dfrac{165}{\sqrt{T}}$ ∴ $\sqrt{T} = 0.33$

따라서, $T = 0.1089 ≒ 0.109$(초)

focus 본 교재 제5과목 I. 2. 통전전류가 인체에 미치는 영향 단원에서 관련내용 확인

---

11. 공정안전보고서 이행상태의 평가에 관한 내용이다. ( )에 알맞은 내용을 넣으시오.
(1) 고용노동부장관은 공정안전보고서의 확인 후 1년이 경과한 날부터 (①)년 이내에 공정안전보고서 이행 상태의 평가를 하여야 한다.
(2) 고용노동부장관은 이행상태평가 후 (②)년마다 이행상태평가를 하여야 한다. 다만, 사업주의 요청에 따라 (③)마다 실시할 수 있다.

해답 ① 2 ② 4 ③ 1년 또는 2년

---

12. 휴먼에러에서 독립행동에 관한 분류와 원인의 레벨적 분류를 2가지씩 쓰시오.

해답 (1) 독립행동에 관한 분류
① 생략에러(Omission error) ② 착각수행에러(Commission error)
③ 순서에러(Sequential error) ④ 시간적에러(Time error)
⑤ 과잉행동에러(Extraneous error)
(2) 원인의 레벨적 분류
① Primary error ② Secondary error ③ Command erro

focus 본 교재 제3과목 I. 4. 휴먼에러 단원에서 관련내용 확인

---

13. 직·병렬구조로 구성된 시스템이 아닌 복잡한 구조로 구성된 시스템의 신뢰도나 고장확률을 평가하는 기법 3가지를 쓰시오.

해답 ① 사상공간법 ② 경로추적법 ③ 분해법

Tip ① 사상 공간법(Event Space Method) : 시스템의 발생가능한 모든 경우의 상태를 나열하고 시스템이 작동 가능한 경우와 작동 불가능한 경우로 나누어 신뢰도를 계산하는 방법
② 경로 추적법(Path Tracing Method) : 시스템의 정상작동 경로를 알고 있는 경우 각 경로의 발생확률을 집합사상들의 합을 구하여 시스템 신뢰도를 계산하는 방법

③ 분해법(Pivotal Decomposition Method) : 핵심부품(중추부품, 축부품)의 작동여부를 근거로 하여 시스템의 신뢰도 구조를 간단한 하부구조로 분해하여 각각의 신뢰도를 구한 후, 조건부 확률이론을 이용하여 다시 통합하여 시스템의 신뢰도를 계산하는 방법

14. 광전자식 방호장치 프레스에 관한 설명 중 ( )안에 알맞은 내용이나 수치를 써넣으시오.
(1) 프레스 또는 전단기에서 일반적으로 많이 활용하고 있는 형태로서 투광부, 수광부, 컨트롤부분으로 구성된 것으로서 신체의 일부가 광선을 차단하면 기계를 급정지시키는 방호장치는 (①)분류에 해당한다.
(2) 정상동작표시램프는 (②)색, 위험표시램프는 (③)색으로 하며, 쉽게 근로자가 볼수 있는 곳에 설치하여야 한다.
(3) 방호장치는 릴레이, 리미트 스위치 등의 전기부품의 고장, 전원전압의 변동 및 정전에 의해 슬라이드가 불시에 동작하지 않아야 하며, 사용전원전압의 ±(④)의 변동에 대하여 정상으로 작동되어야 한다.

해답 ① A-1 ② 녹 ③ 붉은 ④ 100분의 20

focus 본 교재 제4과목 I. 10. 프레스의 방호장치 및 설치방법 단원에서 관련내용 확인

산업안전기사 실기 (필답형)
2014년 7월 5일 시행

1. 재해예방대책 4원칙을 쓰고 설명하시오.

해답 재해예방의 기본 4원칙

손실우연의 원칙	사고에 의해서 생기는 상해의 종류 및 정도는 우연적이라는 원칙
예방가능의 원칙	재해는 원칙적으로 예방이 가능하다는 원칙
원인계기의 원칙	재해의 발생은 직접원인으로만 일어나는 것이 아니라 간접원인이 연계되어 일어난다는 원칙
대책선정의 원칙	원인의 정확한 분석에 의해 가장 타당한 재해예방 대책이 선정되어야 한다는 원칙(3E 적용단계)

focus 본 교재 제1과목 III. 10. 재해예방의 4원칙 단원에서 관련된 내용 확인

2. 산업안전보건법상 도급사업에 있어서 안전보건총괄책임자를 선임하여야할 사업을 4가지 쓰시오.

해답 대상 사업장
① 관계 수급인에게 고용된 근로자를 포함한 상시 근로자가 100명 이상인 사업
② 관계 수급인에게 고용된 근로자를 포함한 상시근로자 50명 이상인 선박 및 보트 건조업
③ 관계 수급인에게 고용된 근로자를 포함한 상시근로자 50명 이상인 1차 금속 제조업 및 토사석 광업
④ 관계 수급인의 공사금액을 포함한 해당 공사의 총공사금액이 20억원 이상인 건설업

focus 본 교재 제8과목 II. 2. 안전보건총괄책임자 지정대상 사업 및 직무 등 단원에서 관련내용 확인

3. 다음 물음에 적응성이 있는 소화기의 답을 보기에서 모두 골라 기호와 함께 쓰시오.
(1) 전기설비에 사용하는 소화기
(2) 인화성 액체에 사용하는 소화기
(3) 자기반응성 물질에 사용하는 소화기

|보기| ① 포 소화기 ② 이산화탄소소화기 ③ 봉상수소화기
④ 물통 또는 수조 ⑤ 할로겐화합물소화기 ⑥ 건조사

해답 대상물에 따른 소화기의 종류
(1) 전기설비에 사용하는 소화기 : ② 이산화탄소소화기 ⑤ 할로겐화합물소화기
(2) 인화성 액체에 사용하는 소화기 : ① 포 소화기 ② 이산화탄소소화기 ⑤ 할로겐화합물소화기 ⑥ 건조사
(3) 자기반응성 물질에 사용하는 소화기 : ① 포 소화기 ③ 봉상수소화기 ④ 물통 또는 수조 ⑥ 건조사

Tip 소화설비의 적응성(대형·소형 수동식 소화기)

소화설비의 구분		대상물 구분			
		전기설비	인화성액체	자기반응성물질	산화성액체
봉상수소화기				○	○
무상수소화기		○		○	○
봉상강화액소화기				○	○
무상강화액소화기		○	○	○	○
포소화기			○	○	○
이산화탄소소화기		○	○		△
할로겐화합물소화기		○	○		
분말소화기	인산염류소화기	○	○		○
	탄산수소염류소화기	○	○		
	그 밖의 것				

focus 본 교재 제 5과목 II. 13. 소화기의 종류 단원에서 관련내용 확인

---

4. 위험물질을 제조·취급하는 작업장과 그 작업장이 있는 건축물에 출입구 외에 안전한 장소로 대피할 수 있는 비상구 1개 이상을 정해진 기준에 맞는 구조로 설치하여야 한다. 그 기준을 2가지 쓰시오.

해답 위험물질 제조·취급 작업장의 비상구 설치 기준(출입구외 1개 이상)
① 출입구와 같은 방향에 있지 아니하고, 출입구로부터 3미터 이상 떨어져 있을 것
② 작업장의 각 부분으로부터 하나의 비상구 또는 출입구까지의 수평거리가 50미터 이하가 되도록 할 것
③ 비상구의 너비는 0.75미터 이상으로 하고, 높이는 1.5미터 이상으로 할 것
④ 비상구의 문은 피난방향으로 열리도록 하고, 실내에서 항상 열 수 있는 구조로 할 것

focus 본 교재(필기) 제3과목 01. III. 3. 통행과 통로(계단의 안전)단원에서 관련내용 확인

---

5. 건설업 산업안전보건관리비의 계상 및 사용에 관한 사항이다. 다음의 물음에 알맞은 답을 쓰시오.

(1) 발주자가 재료를 제공하거나 물품이 완제품의 형태로 제작 또는 납품되어 설치되는 경우에 해당 재료비 또는 완제품의 가액을 대상액에 포함시킬 경우의 안전관리비는 해당 재료비 또는 완제품의 가액을 포함시키지 않은 대상액을 기준으로 계상한 안전관리비의 (①)를 초과할 수 없다.

(2) 대상액이 명확하지 않은 경우에는 도급계약 또는 자체사업계획상 책정된 총공사금액의 (②)에 해당하는 금액을 대상액으로 하여 정한 기준에 따라 계상한다.

(3) 수급인 또는 자기공사자는 안전관리비 사용내역에 대하여 공사 시작 후 (③)마다 1회 이상 발주자 또는 감리원의 확인을 받아야 한다.

해답 ① 1.2배   ② 10분의 7   ③ 6개월

focus 본 교재(필기) 제6과목 01. III. 1. 산업안전보건 관리비의 계상 및 사용 단원에서 관련내용 확인

---

6. 작업자가 도끼로 나무를 자르는데 소요되는 에너지는 분당 8kcal 이며, 작업에 대한 평균 에너지는 5kcal/min이다. 작업시간 60분에 대한 휴식시간을 구하시오.(단, 휴식시간중의 에너지 소비량은 1.5kcal/min이다.)

해답 휴식시간 산출 $R = \dfrac{60(E-5)}{E-1.5}$

여기서, R : 휴식시간(분), E : 작업시 평균 에너지 소비량(kcal/분)
60분 : 총작업 시간, 1.5kcal/분 : 휴식시간 중의 에너지 소비량

그러므로, 휴식시간(R) : $\dfrac{60(8-5)}{8-1.5} = 27.69$(분)

focus 본 교재 제 2과목 II. 5. 노동과 피로 단원에서 관련내용 확인

---

7. 누전차단기에 관련된 내용이다. ( )에 알맞은 답을 쓰시오.
(1) 누전차단기는 지락검출장치, (①), 개폐기구 등으로 구성
(2) 중감도형 누전차단기는 정격감도전류가 (②)mA~1,000mA 이하
(3) 시연형 누전차단기는 동작시간이 0.1초 초과 (③)초 이내

해답 ① 트립장치   ② 50   ③ 2

focus 본 교재 제5과목 I. 6. 누전차단기 단원에서 관련내용 확인

---

8. 에어컨 스위치의 수명은 지수분포를 따르며, 평균수명은 1000시간이다. 새로 구입한 스위치가 향후 500시간 동안 고장 없이 작동할 확률(①)과 이미 1000시간을 사용한 스위치가 향후 500시간 이상 견딜 확률(②)을 각각 구하시오.

해답 고장율(λ) = $\dfrac{1}{MTBF} = \dfrac{1}{1,000} = 1 \times 10^{-3}$

① $R(t) = e^{-\lambda t} = e^{-(1 \times 10^{-3}) \times 500} = 0.6065 = 0.61$
② $R(t) = e^{-\lambda t} = e^{-(1 \times 10^{-3}) \times 500} = 0.6065 = 0.61$

focus 본 교재 제3과목 I. 인간공학 6. 고장율 단원에서 관련내용 확인

9. 양립성의 종류를 2가지 쓰고 사례를 들어 설명하시오.

    해답 ① 운동 양립성 : 라디오의 볼륨을 올리기 위해 시계방향으로 조정장치를 움직이니 표시장치의 지침도 시계방향으로 움직이는 것. 자동차의 핸들을 왼쪽으로 돌리면 좌회전하고 오른쪽으로 돌리면 우회전하는 것 등
    ② 공간 양립성 : 가스버너에서 오른쪽에 있는 조절장치를 작동하니 오른쪽 조리대에 불이 들어오는 것. 왼쪽의 조작버튼을 누르면 왼쪽기계가 작동하는 것 등
    ③ 개념 양립성 : 정수기의 파란색 손잡이는 냉수에 해당하고 빨간색 손잡이는 온수에 해당하는 것. 비상정지장치는 빨간색으로 정상작동스위치는 녹색으로 하는 것 등

    focus 본 교재(필기) 제2과목 03. I. 9. 양립성 단원에서 관련내용 확인

10. 보일러의 폭발사고를 예방하고 정상적인 기능이 유지되도록 하기 위해 설치해야하는 방호장치를 3가지 쓰시오.

    해답 ① 압력 방출장치 ② 압력제한 스위치 ③ 고저수위 조절장치 ④ 화염 검출기 등

    focus 본 교재 제4과목 I. 13. 보일러의 방호장치 단원에서 관련내용 확인

11. 안전보건표지 중에서 출입금지 표지를 그리고, 표지판의 색과 문자의 색을 쓰시오.

    해답  바탕은 흰색, 기본모형은 빨간색, 관련부호 및 그림(화살표)은 검정색

    focus 본 교재 제2과목 II. 8. 무재해 운동과 위험예지훈련 3) 안전보건표지 단원에서 확인

12. 컨베이어 작업시 작업시작전에 점검해야할 사항 3가지를 쓰시오.

    해답 컨베이어작업시 작업시작전 점검사항
    ① 원동기 및 풀리기능의 이상유무
    ② 이탈 등의 방지장치기능의 이상유무
    ③ 비상정지장치 기능의 이상유무
    ④ 원동기·회전축·기어 및 풀리 등의 덮개 또는 울 등의 이상유무

    focus 본 교재 제1과목 IV. 8. 작업시작전 점검사항 단원에서 관련내용 확인

13. 대상화학물질을 양도하거나 제공하는 자는 물질안전보건자료의 기재 내용을 변경할 필요가 생긴 때에는 이를 물질안전보건자료에 반영하여 대상화학물질을 양도받거나 제공받은 자에게 신속하게 제공하여야 한다. 기재내용을 변경할 필요가 있는 사항 중 상대방에게 제공하여야 할 내용을 3가지 쓰시오.

해답 ① 화학제품과 회사에 관한 정보 ② 유해성·위험성
③ 구성성분의 명칭 및 함유량 ④ 응급조치 요령
⑤ 폭발·화재시 대처방법 ⑥ 누출사고시 대처방법
⑦ 취급 및 저장방법 ⑧ 노출방지 및 개인보호구
⑨ 법적 규제 현황

Tip1 다음의 내용과 구분하여 정리할 것

> 문1) 화학물질 및 화학물질을 함유한 제제(대상화학물질)를 양도하거나 제공하는 자는 이를 양도받거나 제공받는 자에게 법에서 정하는 사항을 기재한 자료를 작성하여 제공하여야 한다. 기재해야 할 내용을 쓰시오.
> 문2) 산업안전보건법상 취급근로자가 쉽게 볼 수 있는 장소에 게시 또는 비치해야하는 물질 안전 보건 자료(MSDS)에 기재해야 할 사항을 쓰시오.

문1), 문2)의 해답
① 제품명
② 물질안전보건자료대상물질을 구성하는 화학물질 중 유해인자의 분류기준에 해당하는 화학물질의 명칭 및 함유량
③ 안전 및 보건상의 취급주의 사항
④ 건강 및 환경에 대한 유해성, 물리적 위험성
⑤ 물리·화학적 특성 등 고용노동부령으로 정하는 사항

Tip2 2020년 시행. 관련법령 전부개정으로 변경된 내용입니다. Tip은 개정된 내용에 맞게 수정했으니 착오없으시기 바랍니다.

focus 본 교재 제8과목 I. 2. 물질안전보건자료의 작성 비치 등 단원에서 관련내용 확인

14. 자율안전 확인을 필한 제품에 대한 부분적 변경의 허용범위를 3가지 쓰시오.

해답 ① 자율안전기준에서 정한 기준에 미달되지 않는 것
② 주요구조부의 변경이 아닌 것
③ 방호장치가 동일 종류로서 동등급 이상인 것
④ 스위치, 계전기, 계기류 등의 부품이 동등급 이상인 것

산업안전기사 실기 (필답형)
2014년 10월 4일 시행

1. 보기의 물질은 산업안전보건법상 위험물의 종류이다. 문제에서 주어진 물질에 해당하는 것을 보기에서 골라 2가지씩 번호를 쓰시오.

   [보기] ① 황 ② 아세톤 ③ 하이드라진 유도체 ④ 염소산 ⑤ 수소
   ⑥ 니트로소화합물 ⑦ 과망간산 ⑧ 리튬

   (1) 폭발성 물질 및 유기과산화물
   (2) 물 반응성 물질 및 인화성 고체

   해답 (1) 폭발성 물질 및 유기과산화물 : ③, ⑥
   (2) 물 반응성 물질 및 인화성 고체 : ①, ⑧

   Tip ② 아세톤 - 인화성 액체
   ④ 염소산 - 산화성 액체 및 산화성 고체
   ⑤ 수소 - 인화성가스
   ⑦ 과망간산 - 산화성 액체 및 산화성 고체

   focus 본 교재(필기) 제5과목 01. I. 3. 위험물의 종류 단원에서 관련내용 확인

2. 용접작업을 하는 작업자가 전압이 300V인 충전부분에 물에 젖은 손으로 접촉하여 감전으로 인한 심실세동을 일으켰다. 이때 인체에 흐른 심실세동전류[mA]와 통전시간[ms]을 구하시오. (단, 인체의 저항은 1,000Ω으로 한다.)

   해답 ① 전류$(I) = \dfrac{V}{R} = \dfrac{300}{1,000 \times \dfrac{1}{25}} \times 1,000 = 7,500[\mathrm{mA}]$

   ② 시간 : $7,500\mathrm{mA} = \dfrac{165}{\sqrt{T}}$ ∴ $\sqrt{T} = 0.022$
   따라서, $T = 0.000484[초] = 0.48[\mathrm{ms}]$

   focus 본 교재 제5과목 I. 2. 통전전류가 인체에 미치는 영향 단원에서 관련내용 확인

3. 콘크리트 구조물로 옹벽을 축조할 경우, 필요한 안정조건을 3가지만 쓰시오.

   해답 ① 전도(over turning)에 대한 안정
   ② 활동(sliding)에 대한 안정
   ③ 지반지지력[침하(settlement)]에 대한 안정

   focus 본 교재(필기) 제6과목 04. II. 6. 콘크리트 구조물 붕괴안전 대책 단원에서 내용 확인

4. 무재해운동 추진 중 사고나 재해가 발생하여도 무재해로 인정되는 경우 4가지를 쓰시오.

   해답
   ① 업무수행 중의 사고 중 천재지변 또는 돌발적인 사고로 인한 구조행위 또는 긴급피난 중 발생한 사고
   ② 출·퇴근 도중에 발생한 재해
   ③ 운동경기 등 각종 행사 중 발생한 재해
   ④ 제3자의 행위에 의한 업무상 재해
   ⑤ 특수한 장소에서의 사고 중 천재지변 또는 돌발적인 사고 우려가 많은 장소에서 사회통념상 인정되는 업무수행 중 발생한 사고
   ⑥ 업무상 질병에 대한 구체적인 인정기준 중 뇌혈관질환 또는 심장질환에 의한 재해
   ⑦ 업무시간외에 발생한 재해. 다만, 사업주가 제공한 사업장내의 시설물에서 발생한 재해 또는 작업 개시전의 작업준비 및 작업종료후의 정리정돈과정에서 발생한 재해는 제외한다.
   ⑧ 도로에서 발생한 사업장 밖의 교통사고, 소속 사업장을 벗어난 출장 및 외부기관으로 위탁교육 중 발생한 사고, 회식중의 사고, 전염병 등 사업주의 법 위반으로 인한 것이 아니라고 인정되는 재해

   focus 본 교재(필기) 제 1과목 03. I. 1. 무재해의 정의 단원에서 관련내용 확인

5. 기계설비의 근원적인 안전화 확보를 위한 고려사항(안전조건)을 4가지 쓰시오.

   해답
   ① 외관상의 안전화 ② 작업의 안전화
   ③ 작업점의 안전화 ④ 기능상의 안전화
   ⑤ 구조부분의 안전화 ⑥ 보전작업의 안전화

   focus 본 교재 제4과목 I. 3. 기계설비의 안전조건 단원에서 관련내용 확인

6. 아세틸렌 또는 가스집합 용접장치에 설치하는 역화방지기(안전기)의 성능시험 종류를 4가지 쓰시오.

   해답
   ① 내압시험 ② 기밀시험
   ③ 역류방지시험 ④ 역화방지시험
   ⑤ 가스압력손실시험 ⑥ 방출장치동작시험

   focus 본 교재 제4과목 I. 11. 아세틸렌용접장치 및 가스집합용접장치의 방호장치 및 설치방법 단원에서 내용 확인

7. 산업안전보건법상의 안전·보건표지 중 안내표지종류를 4가지 쓰시오.

   해답
   ① 응급구호표지
   ② 녹십자표지
   ③ 세안 장치
   ④ 들것

Tip 1. 안내표지의 종류

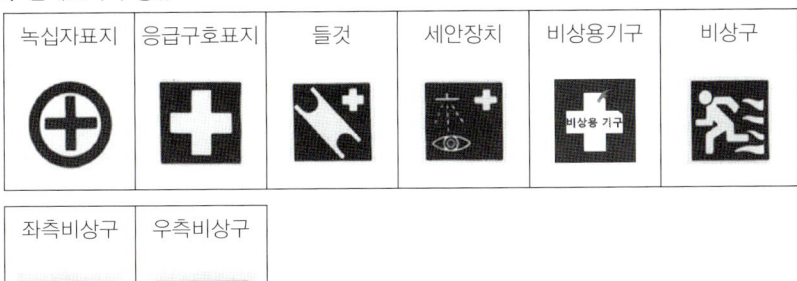

2. 법개정으로 비상용기구가 추가되었으니 꼭 확인하시기 바라며, 문제에서 '몇 가지를 제외하고 쓰라'는 형태로 출제될 수 있으니 전체 종류를 기억하셔야 합니다.

focus 본 교재 제2과목 II. 8. 무재해운동과 위험예지훈련 단원에서 관련내용 확인

8. 산업안전보건법상 공정안전보고서에 포함되어야 할 내용을 4가지 쓰시오. (4점)

해답 ① 공정 안전 자료 ② 공정 위험성 평가서 ③ 안전 운전 계획 ④ 비상조치 계획

focus 본 교재 제8과목 I. 4. 공정안전보고서 단원에서 관련내용 확인

9. 다음과 같은 시스템에서 X_2의 고장을 초기사상으로 하여 이벤트 트리를 그리고 각 가지마다 시스템의 작동여부를 "작동" 또는 "고장"으로 표시하시오.

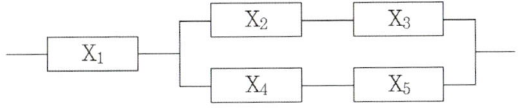

해답 X_2가 고장이므로 X_3는 제외함

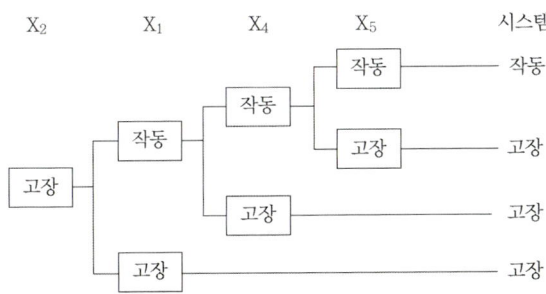

Tip 그러므로, X_1, X_4, X_5가 정상적으로 작동할 경우 시스템은 작동한다.

focus 본 교재 제3과목 II. 5. ETA 단원에서 관련된 내용 확인

10. 재해 통계지수에 해당하는 ① 연천인율과 ② 강도율에 대해 설명하시오.

> **해답** ① 연천인율 = $\dfrac{\text{연간재해자수}}{\text{연평균근로자수}} \times 1{,}000$
>
> 연천인율은 근로자 1000명당 1년간에 발생하는 재해발생자수의 비율을 말한다.
>
> ② 강도율 = $\dfrac{\text{근로손실일수}}{\text{연근로시간수}} \times 1{,}000$
>
> 강도율은 재해의 경중(강도)의 정도를 손실일수로 나타내는 것으로, 근로시간 1000시간당 재해발생으로 인한 근로손실일수를 말한다.
>
> **focus** 본 교재 제1과목 02. II. 1. 재해율의 종류 및 계산 단원에서 관련 내용 확인

11. 인간-기계 기능 체계의 기본기능 4가지를 쓰시오.

> **해답** ① 감지기능 ② 정보보관기능 ③ 정보처리 및 의사결정기능 ④ 행동기능
>
> **focus** 본 교재 제3과목 I. 1. 인간-기계 체계 단원에서 관련내용 확인

12. 산업안전보건법에서 굴착면의 높이가 2미터 이상이 되는 지반의 굴착작업을 할 경우 근로자의 위험을 방지하기 위하여 해당 작업, 작업장의 지형·지반 및 지층 상태 등에 대한 사전조사를 하고 조사결과를 고려하여 작성해야하는 작업계획서에 포함되어야할 사항을 4가지 쓰시오. (단, 그 밖에 안전·보건에 관련된 사항은 제외한다)

> **해답** 굴착작업시 작업계획서 내용
> ① 굴착방법 및 순서, 토사 반출 방법   ② 필요한 인원 및 장비 사용계획
> ③ 매설물 등에 대한 이설·보호대책   ④ 사업장 내 연락방법 및 신호방법
> ⑤ 흙막이 지보공 설치방법 및 계측계획 ⑥ 작업지휘자의 배치계획
>
> **focus** 본 교재 제6과목 I. 16. 토사붕괴 위험성 및 안전조치 단원에서 확인

13. 다음 보기의 내용 중에서 안전인증 대상 기계 또는 설비, 방호장치 또는 보호구에 해당하는 것을 4가지 골라 번호를 쓰시오.

> [보기] ① 산업용 로봇 ② 혼합기 ③ 연삭기 덮개
>   ④ 안전대 ⑤ 교류아크용접기용 자동전격방지기 ⑥ 인쇄기
>   ⑦ 동력식 수동대패용 칼날 접촉방지장치 ⑧ 용접용 보안면
>   ⑨ 압력용기 ⑩ 양중기용 과부하방지장치

> **해답** ④ ⑧ ⑨ ⑩
>
> **focus** 본 교재 제1과목 IV. 7. 안전인증(자율안전확인)단원에서 관련된 내용 확인

14. 다음은 안전과 밀접한 관련이 있는 생산관리의 주요대상인 4M과 안전대책에 해당하는 3E의 관계도이다. 빈칸에 알맞은 내용을 쓰시오.

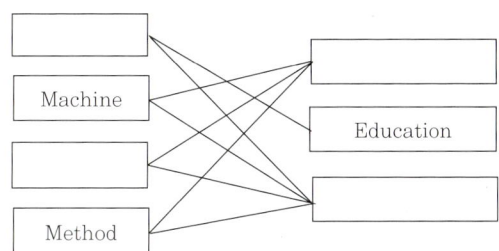

해답

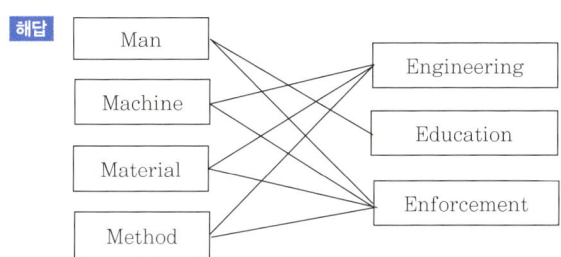

산업안전기사 실기 (필답형)
2015년 4월 19일 시행

1. 다음 보기의 내용에 해당하는 방폭구조의 표시를 쓰시오.

> [보기]
> - 방폭구조 : 외부가스가 용기내로 침입하여 폭발하더라도 용기는 그 압력에 견디고 외부의 폭발성가스에 착화될 우려가 없도록 만들어진 구조
> - 그룹 : 잠재적 폭발성 위험분위기를 갖는 장소에 설치하는 전기기기(광산용 전기기기는 제외)
> - 최대안전틈새 : 0.8mm
> - 최고표면온도 : 180℃

해답 방폭구조의 표시   Ex d IIB T_3

focus 본 교재 제5과목 II. 10. 폭발의 방호방법 단원에서 내용 확인

2. 유해물질의 취급 등으로 근로자에게 유해한 작업환경을 개선하고 원인을 제거하기 위한 조치사항을 3가지 쓰시오.

해답 ① 대치
② 격리
③ 환기

focus 본 교재 제5과목 III. 1. 작업환경 개선의 기본원칙 단원에서 내용 확인

3. 보일러에서 발생할수 있는 캐리오버의 원인을 4가지 쓰시오.

해답 ① 보일러의 구조상 공기실이 적고 증기수면이 좁을 때
② 보일러 수면이 너무 높을 때
③ 기수분리장치가 불완전할 경우
④ 보일러 증기 부하가 과대한 경우
⑤ 주 증기를 멈추는 밸브를 급히 열었을 경우
⑥ 보일러수가 농축된 경우

focus 본 교재(필기) 제3과목 04. IV. 3. 보일러의 취급시 이상현상 단원에서 내용 확인

4. 산업안전보건법령상 물질안전보건자료의 작성, 제출 제외 대상 화학물질을 5가지 쓰시오. (단, 그 밖에 고용노동부장관이 독성·폭발성 등으로 인한 위해의 정도가 적다고 인정하여 고시하는 화학물질은 제외한다)

> **해답**
> ① 「건강기능식품에 관한 법률」에 따른 건강기능식품
> ② 「농약관리법」에 따른 농약
> ③ 「마약류 관리에 관한 법률」에 따른 마약 및 향정신성의약품
> ④ 「비료관리법」에 따른 비료
> ⑤ 「사료관리법」에 따른 사료
> ⑥ 「생활주변방사선 안전관리법」에 따른 원료물질
> ⑦ 「생활화학제품 및 살생물제의 안전관리에 관한 법률」에 따른 안전확인대상생활화학제품 및 살생물제품 중 일반소비자의 생활용으로 제공되는 제품
> ⑧ 「식품위생법」에 따른 식품 및 식품첨가물
> ⑨ 「약사법」에 따른 의약품 및 의약외품
> ⑩ 「원자력안전법」에 따른 방사성물질
> ⑪ 「위생용품 관리법」에 따른 위생용품
> ⑫ 「의료기기법」에 따른 의료기기
> ⑬ 「첨단재생의료 및 첨단바이오의약품 안전 및 지원에 관한 법률」에 따른 첨단바이오의약품
> ⑭ 「총포·도검·화약류 등의 안전관리에 관한 법률」에 따른 화약류
> ⑮ 「폐기물관리법」에 따른 폐기물
> ⑯ 「화장품법」에 따른 화장품

> **focus** 본 교재 제 8과목 II. 4. 물질안전보건자료의 작성·비치 대상 제외 제제 단원에서 내용 확인

5. 로봇작업에 대한 특별안전보건 교육의 내용을 4가지 쓰시오.

> **해답**
> ① 로봇의 기본원리·구조 및 작업방법에 관한 사항
> ② 이상발생시 응급조치에 관한 사항
> ③ 안전시설 및 안전기준에 관한 사항
> ④ 조작방법 및 작업순서에 관한 사항

> **focus** 본 교재 제 2과목 I. 10. 산업안전보건법상의 교육의 종류와 교육시간 및 교육내용 단원에서 내용 확인

6. 다음 괄호 안에 들어갈 알맞은 내용을 쓰시오.
   (1) 화물취급 등에 있어서 바닥으로부터의 높이가 2미터 이상 되는 하적단과 인접 하적단 사이의 간격을 하적단의 밑부분을 기준하여 (①)센티미터 이상으로 하여야 한다
   (2) 부두 또는 안벽의 선을 따라 통로를 설치하는 경우에는 폭을 (②)미터 이상으로 할 것
   (3) 육상에서의 통로 및 작업장소로서 다리 또는 선거 갑문을 넘는 보도 등의 위험한 부분에는 (③) 또는 울타리 등을 설치할 것

> **해답** ① 10 ② 0.9 ③ 안전난간

> **focus** 본 교재(필기) 제6과목 07. II. 1. 하역작업의 안전수칙 단원에서 내용 확인

7. 하인리히의 재해예방 대책 5단계를 쓰시오.

해답
① 제1단계 : 안전관리조직
② 제2단계 : 사실의 발견
③ 제3단계 : 평가 및 분석
④ 제4단계 : 시정책의 선정
⑤ 제5단계 : 시정책의 적용

focus 본 교재 제1과목 Ⅲ. 11. 사고예방대책의 기본원리 5단계 단원에서 확인

8. 산업재해 조사표의 주요항목에 해당하지 않는 것을 3가지 보기에서 고르시오.

[보기]
① 재해자의 국적   ② 보호자의 성명   ③ 재해발생 일시
④ 고용형태   ⑤ 휴업예상일수   ⑥ 급여수준
⑦ 응급조치 내역 ⑧ 재해자의 직업   ⑨ 복귀 가능 여부
⑩ 재발방지 계획

해답 ② 보호자의 성명   ⑥ 급여수준   ⑦ 응급조치 내역   ⑨ 복귀 가능 여부

9. 어떤 기계를 1시간 가동하였을 때 고장발생 확률이 0.004일 경우 다음 물음에 답하시오.
① 평균고장간격
② 10시간 가동하였을 때 기계의 신뢰도

해답
① MTBF(평균고장간격) $= \dfrac{1}{\lambda} = \dfrac{1}{0.004} = 250(시간)$
② 신뢰도 $R(t) = e^{-\lambda t} = e^{-(0.004 \times 10)} = 0.9608 = 0.96$

focus 본 교재 제3과목 Ⅰ. 인간공학 6. 고장율 단원에서 내용 확인

10. 크레인을 사용하여 작업할 때 작업시작 전 점검해야 할 사항을 3가지 쓰시오.

해답
① 권과방지장치 · 브레이크 · 클러치 및 운전장치의 기능
② 주행로의 상측 및 트롤리가 횡행하는 레일의 상태
③ 와이어로프가 통하고 있는 곳의 상태

focus 본 교재 제1과목 Ⅳ. 8. 작업시작전 점검사항 단원에서 내용 확인

11. 산업안전보건법상 안전 · 보건 표지중 "응급구호 표지"를 그리시오.
(단, 색상표시는 글자로 나타내도록 하고 크기에 대한 기준은 표시하지 않는다)

해답 응급구호표지

 (바탕은 녹색, 관련부호 및 그림은 흰색)

focus 본 교재 제2과목 II. 8. 무재해운동과 위험예지훈련 단원에서 내용 확인

12. 달비계의 최대적재하중을 정하고자 한다. 다음에 해당하는 안전계수를 쓰시오.
(1) 달기와이어로프 및 달기강선의 안전계수 : (①) 이상
(2) 달기체인 및 달기훅의 안전계수 : (②) 이상
(3) 달기강대와 달비계의 하부 및 상부지점의 안전계수는 강재의 경우 (③) 이상, 목재의 경우 (④) 이상

해답 ① 10 ② 5 ③ 2.5 ④ 5

focus 본 교재(필기) 제6과목 05. III. 1. 작업발판설치 시 주의사항 단원에서 내용 확인

13. 시스템 안전을 실행하기 위한 시스템 안전프로그램(SSPP)에 포함되어야 할 사항을 4가지 쓰시오.

해답 시스템 안전 프로그램에 포함해야 할 사항
① 계획의 개요   ② 안전조직   ③ 계약조건
④ 관련부분과의 조정   ⑤ 안전기준   ⑥ 안전해석
⑦ 안전성의 평가 등   ⑧ 안전 데이터의 수집과 갱신   ⑨ 경과 및 결과의 보고

focus 본 교재(필기) 제 2과목 05. I. 3. 시스템 안전관리 단원에서 내용 확인

14. 다음은 목재가공용 둥근톱에서 분할날이 갖추어야할 사항들이다. 괄호에 알맞은 내용을 쓰시오(3점)
(1) 분할 날의 두께는 둥근톱 두께의 (①)배 이상이어야 한다.
(2) 견고히 고정할 수 있으며 분할날과 톱날 원주면과의 거리는 (②)mm 이내로 조정, 유지할 수 있어야 한다.
(3) 표준 테이블면 상의 톱 뒷날의 (③) 이상을 덮도록 하여야 한다.

해답 ① 1.1 ② 12 ③ 2/3

focus 본 교재 제4과목 I. 기계안전일반 18.〈보충강의〉목재가공용 둥근톱 단원에서 내용 확인

산업안전기사 실기 (필답형)
2015년 7월 12일 시행

1. 산업안전보건법에 의한 산업재해조사표를 작성하고자 한다. 재해 상황을 보고 조사표를 작성하시오.

   > 2013년 6월 20일 목요일 14시 30분, 사출성형부 플라스틱 용기 생산 1팀 사출공정에서 재해자 (A)가 사출성형기 2호기에서 플라스틱 용기를 꺼낸 후 금형을 점검하던 중 재해자가 점검중임을 모르던 동료근로자 (B)가 사출성형기 조작 스위치를 가동하여 금형 사이에 재해자가 끼어 사망하는 사고가 발생했다.

   해답

발생일시	2013년 6월 20일 목요일 14시 30분
발생장소	사출성형부 플라스틱 용기 생산 1팀 사출공정에서
재해관련 작업유형	재해자 (A)가 사출성형기 2호기에서 플라스틱 용기를 꺼낸 후 금형을 점검하던 중
재해발생 당시상황	재해자가 점검중임을 모르던 동료근로자 (B)가 사출성형기 조작 스위치를 가동하여 금형 사이에 재해자가 끼어 사망하였음

   Tip 본문제에 관련된 산업재해조사표의 서식이 2017년부터 적용되는 법개정으로 출제당시의 문제가 법령에 맞지 않아 개정된 내용에 맞도록 문제와 해답을 새롭게 작성하였으니 착오없으시기 바랍니다.

   focus 본 교재 제1과목 Ⅲ. 3. 재해조사 항목내용 단원에서 관련된 내용 확인

2. 산업안전보건법상의 사업주의 의무와 근로자의 의무를 2가지씩 쓰시오.

   해답 (1) 사업주의 의무
   ① 해당 사업장의 안전 및 보건에 관한 정보를 근로자에게 제공함으로써 근로자의 안전 및 건강을 유지·증진시키고 국가의 산업재해 예방정책을 따라야 한다.
   ② 근로자의 신체적 피로와 정신적 스트레스 등을 줄일 수 있는 쾌적한 작업환경의 조성 및 근로조건 개선을 이행함으로써 근로자의 안전 및 건강을 유지·증진시키고 국가의 산업재해 예방정책을 따라야 한다.
   (2) 근로자의 의무
   ① 근로자는 산업안전보건법과 이 법에 따른 명령으로 정하는 산업재해 예방을 위한 기준을 지켜야 한다.
   ② 사업주 또는 「근로기준법」에 따른 근로감독관, 공단 등 관계자가 실시하는 산업재해 방지에 관한 조치에 따라야 한다.

3. Fail safe를 기능적인 측면에서 3단계로 분류하여 간략히 설명하시오.

   해답

Fail-passive	부품이 고장났을 경우 통상기계는 정지하는 방향으로 이동(일반적인 산업기계)
Fail-active	부품이 고장났을 경우 기계는 경보를 울리는 가운데 짧은 시간동안 운전 가능
Fail-operational	부품의 고장이 있더라도 기계는 추후 보수가 이루어 질 때까지 안전한 기능 유지(병렬구조 등으로 되어 있으며 운전상 가장 선호하는 방법)

   focus 본 교재 제3과목 I. 7. Fail safe 단원에서 관련내용 확인

4. 와이어로프의 꼬임 방향을 쓰시오.

   해답
   ① Z꼬임
   ② S꼬임

   focus 본 교재 제4과목 II. 4. 와이어로프 단원에서 관련내용 확인

5. 산업안전보건법에서 정하고 있는 산업안전보건위원회의 회의록 작성사항을 3가지 쓰시오.

   해답
   ① 개최일시 및 장소
   ② 출석위원
   ③ 심의내용 및 의결·결정사항
   ④ 그 밖의 토의사항

   focus 본 교재 제 1과목 I. 7. 산업안전 보건위원회 단원에서 관련내용 확인

6. 연소의 3요소와 그에 따른 소화방법을 쓰시오.

   해답
   ① 가연물(가연성물질) : 제거소화
   ② 산소공급원 : 질식소화
   ③ 점화원 : 냉각소화

   focus 본 교재 제5과목 II. 1. 연소의 정의 단원과 II. 12. 소화이론 단원에서 내용 확인

7. 다음 보기의 설명은 산업안전보건법상 신규화학물질의 제조 및 수입 등에 관한 내용이다. ( )안에 해당하는 내용을 넣으시오.

> 신규화학물질을 제조하거나 수입하려는 자는 제조하거나 수입하려는 날 (①)일 전까지 해당 신규화학물질의 안전·보건에 관한 자료, 독성시험 성적서, 제조 또는 사용·취급방법을 기록한 서류 및 제조 또는 사용 공정도, 그 밖의 관련 서류를 첨부하여 (②)에게 제출하여야 한다.

해답 유해성·위험성 조사보고서의 제출
① 30 ② 고용노동부장관

Tip 신규화학물질의 유해성·위험성 조사보고서 제출 : 30일 전까지(연간 제조하거나 수입하려는 양이 100킬로그램 이상 1톤 미만인 경우에는 14일)

8. 고장율이 시간당 0.01로 일정한 기계가 있다. 이 기계가 처음 100시간동안 고장이 발생할 확률을 구하시오.

해답 ① 신뢰도 $R(t=100) = e^{-0.01 \times 100} = 0.37$
② 불신뢰도 $F(t) = 1 - R(t)$ 이므로 $F(t=100) = 1 - 0.37 = 0.63$

focus 본 교재 제3과목 I. 6. 고장율 단원에서 관련내용 확인

9. 인간-기계 기능 체계의 기본기능 4가지를 쓰시오.

해답 ① 감지기능
② 정보보관기능
③ 정보처리 및 의사결정기능
④ 행동기능

focus 본 교재 제3과목 I. 1. 인간-기계 체계 단원에서 관련내용 확인

10. 산업안전보건법령상 사업주가 근로자에게 실시해야하는 근로자 안전보건교육 중 채용시 교육 및 작업내용 변경시 교육내용을 4가지 쓰시오. (4점)

해답 ① 산업안전 및 사고 예방에 관한 사항
② 산업보건 및 직업병 예방에 관한 사항
③ 위험성 평가에 관한 사항
④ 산업안전보건법령 및 산업재해보상보험 제도에 관한 사항
⑤ 직무스트레스 예방 및 관리에 관한 사항
⑥ 직장 내 괴롭힘, 고객의 폭언 등으로 인한 건강장해 예방 및 관리에 관한 사항
⑦ 기계·기구의 위험성과 작업의 순서 및 동선에 관한 사항
⑧ 작업 개시 전 점검에 관한 사항 ⑨ 정리정돈 및 청소에 관한 사항
⑩ 사고 발생 시 긴급조치에 관한 사항 ⑪ 물질안전보건자료에 관한 사항

Tip 2023년 법령개정. 문제 및 해답은 개정된 내용 적용.

focus 본 교재 제2과목 I. 10. 산업안전보건법상의 교육의 종류와 교육시간 및 교육내용 단원에서 내용 확인

11. 감전방지용 누전차단기의 정격감도전류와 동작시간을 쓰시오.

해답 ① 정격감도전류 : 30mA 이하
② 작동시간 : 0.03초 이내

focus 본 교재 제5과목 I. 6. 누전차단기 단원에서 관련내용 확인

12. 다음의 안전보건표지에서 경고표지와 지시표지를 고르시오.

해답 1) 경고표지 : ① ③ ⑤ ⑥ ⑨ ⑩
2) 지시표지 : ② ④ ⑦ ⑧

Tip
① 낙하물 경고　② 안전장갑 착용　③ 고압전기 경고
④ 귀마개 착용　⑤ 부식성물질 경고　⑥ 몸균형상실 경고
⑦ 방독마스크 착용　⑧ 안전화 착용　⑨ 고온 경고
⑩ 인화성물질 경고　⑪ 금연　⑫ 세안장치

focus 본 교재 제2과목 II. 8. 무재해운동과 위험예비훈련 단원에서 산업안전표지에 관한내용 확인

13. 거푸집동바리 작업에서 콘크리트 타설 작업시 준수해야 할 사항을 3가지 쓰시오.

해답 콘크리트 타설 작업시 준수사항
① 당일의 작업을 시작하기 전에 해당 작업에 관한 거푸집 및 동바리의 변형·변위 및 지반의 침하 유무 등을 점검하고 이상이 있으면 보수할 것
② 작업 중에는 감시자를 배치하는 등의 방법으로 거푸집 및 동바리의 변형·변위 및 침하 유무 등을 확인해야 하며, 이상이 있으면 작업을 중지하고 근로자를 대피시킬 것
③ 콘크리트 타설작업 시 거푸집 붕괴의 위험이 발생할 우려가 있으면 충분한 보강조치를 할 것

④ 설계도서상의 콘크리트 양생기간을 준수하여 거푸집 및 동바리를 해체할 것
⑤ 콘크리트를 타설하는 경우에는 편심이 발생하지 않도록 골고루 분산하여 타설할 것

Tip 2023년 법령개정. 문제 및 해답은 개정된 내용 적용.

focus 본 교재(필기) 제6과목 06. I. 1. 콘크리트 타설 작업의 안전 단원에서 관련된 내용 확인

14. 도급사업에 있어서의 합동 안전보건 점검을 할때 점검반으로 구성하여야할 사람을 3가지 쓰시오.

해답 점검반 구성
① 도급인(같은 사업 내에 지역을 달리하는 사업장이 있는 경우 그 사업장의 안전보건관리책임자)
② 관계수급인(같은 사업 내에 지역을 달리하는 사업장이 있는 경우 그 사업장의 안전보건관리책임자)
③ 도급인 및 관계수급인의 근로자 각 1명(관계수급인의 근로자의 경우 해당 공정에만 해당)

Tip 2020년 시행. 법령전부개정으로 내용이 수정되었으니 해답 내용과 본문 내용을 참고하세요.

focus 본 교재 제8과목 I. 1. 도급사업에 있어서의 안전조치 단원에서 관련된 내용 확인

산업안전기사 실기 (필답형)
2015년 10월 4일 시행

1. 다음 연삭기의 덮개 각도를 쓰시오(단, 이상, 이하, 이내를 정확히 구분하여 쓰시오)

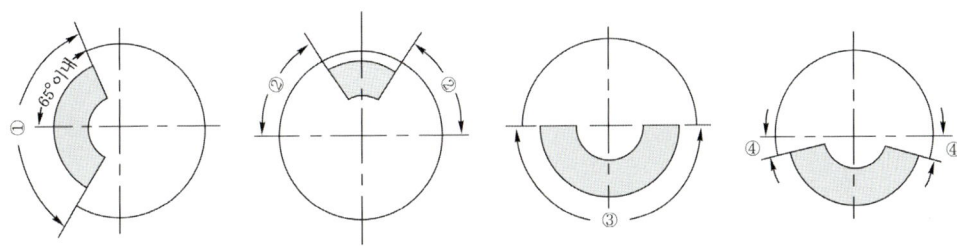

해답 ① 125° 이내　② 60° 이상　③ 180° 이내　④ 15° 이상

focus 본 교재 제 4과목 I. 17. 연삭기의 방호장치 및 설치방법 단원에서 내용 확인

2. 공업용으로 사용되는 다음 고압가스 용기의 색상을 쓰시오.

| ① 산소 | ② 질소 | ③ 아세틸렌 | ④ 수소 | ⑤ 암모니아 |

해답 ① 산소 : 녹색　② 질소 : 회색　③ 아세틸렌 : 황색
④ 수소 : 주황색　⑤ 암모니아 : 백색

Tip 고압가스 용기의 도색

가스의 종류	도색 구분	가스의 종류	도색 구분
액화 석유가스	회색	액화암모니아	백색
수소	주황색	액화염소	갈색
아세틸렌	황색	산소	녹색
액화탄산가스	청색	질소	회색
소방용 용기	소방법에 의한 도색	그 밖의 가스	회색

focus 본 교재 제5과목 II. 11. 고압가스 용기의 도색 단원에서 내용 확인

3. 무재해 운동의 위험예지 훈련에서 실시하는 문제해결 4라운드 진행법을 순서대로 쓰시오.

해답 ① 제1단계 : 현상파악　② 제2단계 : 본질추구
③ 제3단계 : 대책수립　④ 제4단계 : 목표설정

focus 본 교재 제2과목 II. 8. 무재해운동과 위험예지훈련 단원에서 내용 확인

4. 접지 시스템의 구성요소를 3가지 쓰시오.

   해답 ① 접지극 ② 접지도체 ③ 보호도체 및 기타 설비

   focus 본 교재 제5과목 I. 10. 접지시스템 단원에서 관련내용 확인

5. 고장율이 1시간당 0.01로 일정한 기계가 있다. 이 기계가 처음 100시간동안에 고장이 발생할 확률을 구하시오.

   해답 ① 신뢰도 $R(t=100) = e^{-0.01 \times 100} = 0.37$
   ② 불신뢰도 $F(t) = 1 - R(t)$ 이므로 $F(t=100) = 1 - 0.37 = 0.63$

   focus 본 교재 제3과목 I. 6. 고장율 단원에서 내용 확인

6. 사업주는 잠함 또는 우물통의 내부에서 근로자가 굴착작업을 하는 경우에 잠함 또는 우물통의 급격한 침하에 의한 위험을 방지하기 위하여 준수해야 할 사항을 쓰시오

   해답 급격한 침하로 인한 위험방지
   ① 침하관계도에 따라 굴착방법 및 재하량 등을 정할 것
   ② 바닥으로부터 천장 또는 보까지의 높이는 1.8미터 이상으로 할 것

   focus 본 교재(필기) 제 6과목 01. II. 3. 건설공사의 안전관리 단원에서 내용 확인

7. PHA(예비사고분석)의 목표를 달성하기 위한 4가지 특징을 쓰시오.

   해답 ① 시스템에 관한 주요한 모든 사고식별(대략적인 말로표시, 발생확률미고려)
   ② 사고를 초래하는 요인식별
   ③ 사고가 생긴다는 가정하에 시스템에 발생하는 결과를 식별하여 평가
   ④ 식별된 사고를 4가지 범주(카테고리)로 분류(㉠ 파국적 ㉡ 위기적(중대) ㉢ 한계적 ㉣ 무시가능)

   focus 본 교재 제3과목 II. 2. 예비사고 분석 단원에서 내용 확인

8. 타워크레인에 사용하여서는 아니되는 와이어로프의 기준을 4가지 쓰시오.(단, 부식된 것, 손상된 것 제외)

   해답 ① 이음매가 있는 것
   ② 와이어로프의 한 꼬임(스트랜드)에서 끊어진 소선(필러선 제외)의 수가 10% 이상인 것
   ③ 지름의 감소가 공칭지름의 7%를 초과하는 것
   ④ 꼬인 것
   ⑤ 심하게 변형되거나 부식된 것
   ⑥ 열과 전기충격에 의해 손상된 것

   focus 본 교재 제4과목 II. 4. 와이어로프 단원에서 내용 확인

9. 다음 그림을 보고 기계 설비에 의해 형성되는 위험점의 명칭을 쓰시오. (4점)

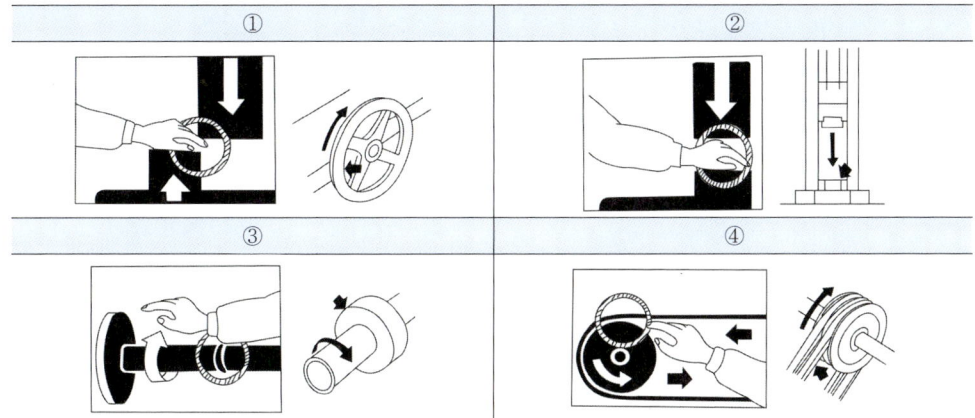

해답 기계 설비에 의해 형성되는 위험점
① 끼임점
② 협착점
③ 회전말림점
④ 접선물림점

focus 본 교재 제4과목 I. 1. 기계설비의 위험점 단원에서 내용 확인

10. 산업안전보건법상 관리감독자의 업무내용을 4가지 쓰시오.

해답 ① 사업장내 관리감독자가 지휘·감독하는 작업과 관련된 기계·기구 또는 설비의 안전·보건점검 및 이상유무의 확인
② 관리감독자에게 소속된 근로자의 작업복·보호구 및 방호장치의 점검과 그 착용·사용에 관한 교육·지도
③ 해당 작업에서 발생한 산업재해에 관한 보고 및 이에 대한 응급조치
④ 해당 작업의 작업장 정리·정돈 및 통로확보에 대한 확인·감독
⑤ 사업장의 다음 각 목의 어느 하나에 해당하는 사람의 지도·조언에 대한 협조
  가. 안전관리자 또는 안전관리자의 업무를 안전관리전문기관에 위탁한 사업장의 경우에는 그 안전관리전문기관의 해당 사업장 담당자
  나. 보건관리자 또는 보건관리자의 업무를 보건관리전문기관에 위탁한 사업장의 경우에는 그 보건관리전문기관의 해당 사업장 담당자
  다. 안전보건관리담당자 또는 안전보건관리담당자의 업무를 안전관리전문기관 또는 보건관리전문기관에 위탁한 사업장의 경우에는 그 안전관리전문기관 또는 보건관리전문기관의 해당 사업장 담당자
  라. 산업보건의
⑥ 위험성평가에 관한 다음 각 목의 업무
  가. 유해·위험요인의 파악에 대한 참여
  나. 개선조치의 시행에 대한 참여
⑦ 그 밖에 해당작업의 안전 및 보건에 관한 사항으로서 고용노동부령으로 정하는 사항

focus 본 교재 제1과목 I. 안전관리 조직 6. 관리감독자의 업무 단원에서 내용 확인

11. 다음 보기에서 산업재해 조사표의 주요항목에 해당하지 않는 것을 고르시오.

> [보기] ① 발생일시 ② 목격자 인적사항 ③ 발생형태 ④ 상해종류
> ⑤ 고용형태 ⑥ 기인물 ⑦ 가해물 ⑧ 재해발생후 첫 출근일자

해답 ② ⑦ ⑧

12. 내전압용 절연장갑 성능기준에 있어 각 등급에 대한 최대 사용전압을 쓰시오. (4점)

등급	교류(V, 실효값)	직류(V)
00	500	①
0	②	1500
1	7500	11250
2	17000	25500
3	26500	39750
4	③	④

해답 ① 750 ② 1000 ③ 36000 ④ 54000

Tip 등급별 색상

등급	00	0	1	2	3	4
색상	갈색	빨강색	흰색	노랑색	녹색	등색

focus 본 교재(필기) 제 1과목 03. II. 2. 보호구의 종류별 특성 단원에서 내용 확인

13. 자율검사 프로그램의 인정을 취소하거나 인정받은 자율검사 프로그램의 내용에 따라 검사를 하도록 하는 등 개선을 명할 수 있는 경우를 2가지 쓰시오.

해답 인정 취소 및 개선을 명할 수 있는 경우
① 거짓이나 그 밖의 부정한 방법으로 자율검사프로그램을 인정받은 경우
② 자율검사프로그램을 인정받고도 검사를 하지 아니한 경우
③ 인정받은 자율검사프로그램의 내용에 따라 검사를 하지 아니한 경우
④ 자격을 가진 사람(안전에 관한 성능검사 교육을 이수하고 해당 분야의 실무 경험이 있는 사람) 또는 자율안전검사기관이 검사를 하지 아니한 경우

focus 본 교재 제1과목 IV. 9. 안전검사 단원에서 내용 확인

14. 위험성 평가를 실시할 경우 따라야하는 절차의 순서를 번호로 쓰시오.

① 근로자의 작업과 관계되는 유해·위험요인의 파악
② 평가대상의 선정 등 사전준비
③ 파악된 유해·위험요인별 위험성의 추정
④ 추정한 위험성이 허용 가능한 위험성인지 여부의 결정
⑤ 위험성평가 실시내용 및 결과에 관한 기록
⑥ 위험성 감소대책의 수립 및 실행

해답 ② → ① → ③ → ④ → ⑥ → ⑤

focus 본 교재(필기) 제 1과목 08. Ⅷ. 7. 위험성 평가 단원에서 내용 확인

산업안전기사 실기 (필답형)
2016년 4월 16일 시행

1. 화물의 낙하로 인하여 지게차의 운전자에게 위험을 미칠 우려가 있는 작업장에서 사용되는 지게차의 헤드가드가 갖추어야 할 사항 2가지를 쓰시오.

   해답
   ① 강도는 지게차의 최대 하중의 2배의 값(4톤을 넘는 값에 대해서는 4톤으로 한다)의 등분포정하중에 견딜 수 있는 것일 것.
   ② 상부 틀의 각 개구의 폭 또는 길이가 16센티미터 미만일 것.
   ③ 운전자가 앉아서 조작하거나 서서 조작하는 지게차의 헤드가드는 「산업표준화법」에 따른 한국산업표준에서 정하는 높이 기준 이상일 것

   focus 본 교재 제4과목 II. 3. 헤드가드 단원에서 관련된 내용 확인

2. 폭발등급을 구분하여 안전간격과 등급별 가스의 종류를 쓰시오.

   해답

등급 구분	안전간격	가스의 종류
1등급	0.6(mm) 초과	아세톤, 일산화탄소, 암모니아, 프로판, 메탄, 에탄, 톨루엔 등
2등급	0.4(mm) 초과 0.6(mm) 이하	에틸렌, 석탄가스, 황화수소, 이소프렌 등
3등급	0.4(mm) 이하	아세틸렌, 수소, 이황화탄소, 수성가스, 질산에틸 등

   focus 본 교재 제5과목 I. 16. 폭발등급 단원, 그리고 본 교재(필기) 제4과목 05. II. 2 발화도 단원에서 관련된 내용 확인

3. 다음 FT도에서 미니멀 컷셋(minimal cut set)을 구하시오.

   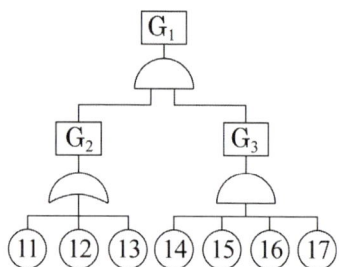

   해답

   $G_1 \to G_2\ G_3 \to \begin{matrix} 11G_3 \\ 12G_3 \\ 13G_3 \end{matrix} \to \begin{matrix} 11\ 14\ 15\ 16\ 17 \\ 12\ 14\ 15\ 16\ 17 \\ 13\ 14\ 15\ 16\ 17 \end{matrix}$

   그러므로 미니멀 컷셋은 (11, 14, 15, 16, 17) (12, 14, 15, 16, 17) (13, 14, 15, 16, 17)

   focus 본 교재 제3과목 II. 시스템 위험분석 11. 미니멀 컷과 미니멀 패스 단원에서 관련내용 확인

4. 근로자가 반복하여 계속적으로 중량물을 취급하는 작업을 할 때 작업시작 전 점검사항을 2가지 쓰시오. (단, 그 밖에 하역운반기계 등의 적절한 사용방법은 제외한다.)

   해답 중량물 취급 시 작업시작 전 점검사항
   ① 중량물 취급의 올바른 자세 및 복장
   ② 위험물이 날아 흩어짐에 따른 보호구의 착용
   ③ 카바이드·생석회(산화칼슘) 등과 같이 온도상승이나 습기에 의하여 위험성이 존재하는 중량물의 취급 방법

   focus 본 교재 제1과목 Ⅳ. 8. 작업시작 전 점검사항 단원에서 관련된 내용 확인

5. 아세틸렌 용접장치 도관의 검사항목을 3가지 쓰시오.

   해답 ① 밸브의 작동상태
   ② 누출의 유무
   ③ 역화방지기 접속부 및 밸브코크의 작동상태의 이상 유무

6. 화재의 분류와 분류에 따른 표시색을 쓰시오.

유형	화재의 분류	표시색
A급	일반 화재	(④)
B급	(①)	(⑤)
C급	(②)	청색
D급	(③)	없음

   해답 ① 유류화재
   ② 전기화재
   ③ 금속화재
   ④ 백색
   ⑤ 황색

   focus 본 교재 제5과목 Ⅱ. 9. 화재의 종류 및(필기) 제5과목 04. Ⅱ. 4 억제소화 단원에서 관련내용 확인

7. 광전자식(감응식) 방호장치가 설치된 프레스에서 광선이 차단된 후 200ms 후에 슬라이드가 정지하였을 경우 방호장치의 안전거리(mm)를 구하시오.

   해답 ① $D = 1.6 \times T = 1.6 \times$ 급정지시간(ms)
   D : 안전거리
   T : 손이 광선을 차단했을 때부터 슬라이드가 정지할 때까지의 시간(ms)
   ② $D = 1.6 \times 200 = 320$(mm)

   focus 본 교재 제4과목 Ⅰ. 10. 프레스의 방호장치 및 설치방법 단원에서 관련된 계산공식 확인

8. 도수율이 18.73인 사업장에서 어느 근로자가 평생 작업한다면 약 몇 건의 재해가 발생하겠는가? (단, 근로 시간은 1일 8시간, 월 25일, 12개월 근무하며, 평생 근로연수는 35년, 연간 잔업시간은 240시간으로 한다.)

해답 환산도수율 = 도수율 × $\dfrac{\text{평생 근로시간 수}}{1,000,000}$ = $18.73 \times \dfrac{(8 \times 25 \times 12 \times 35) + (240 \times 35)}{1,000,000}$ = 1.73

그러므로 1.73건 또는 약 2건

focus 본 교재 제1과목 III. 12. 재해율 단원에서 관련내용 확인

9. 보안경의 종류별 사용 구분과 일반적인 구조에 대하여 쓰시오.

해답 (1) 종류 및 사용 구분
① 자율안전 확인

종 류	사용 구분
유리 보안경	비산물로부터 눈을 보호하기 위한 것으로, 렌즈의 재질이 유리인 것
플라스틱 보안경	비산물로부터 눈을 보호하기 위한 것으로, 렌즈의 재질이 플라스틱인 것
도수 렌즈 보안경	비산물로부터 눈을 보호하기 위한 것으로, 도수가 있는 것.

② 안전인증(차광보안경)

종 류	사용 구분
자외선용	자외선이 발생하는 장소
적외선용	적외선이 발생하는 장소
복합용	자외선 및 적외선이 발생하는 장소
용접용	산소용접작업 등과 같이 자외선, 적외선 및 강렬한 가시광선이 발생하는 장소

(2) 일반 구조
① 보안경에는 돌출 부분, 날카로운 모서리, 혹은 사용도중 불편하거나 상해를 줄 수 있는 결함이 없어야 한다.
② 착용자와 접촉하는 보안경의 모든 부분에는 피부 자극을 유발하지 않는 재질을 사용해야 한다.
③ 머리띠를 착용하는 경우, 착용자의 머리와 접촉하는 모든 부분의 폭이 최소한 10밀리미터 이상 되어야 하며, 머리띠는 조절이 가능해야 한다.

focus 본 교재 제7과목 II. 1. 보안경의 종류 단원에서 관련내용 확인

10. 산업안전보건법에서 정하고 있는 사업주가 근로자에게 시행해야 할 근로자 안전보건교육의 교육과정을 4가지 쓰시오.

해답 근로자 안전보건교육의 종류
① 정기교육
② 채용 시 교육
③ 작업내용 변경 시 교육
④ 특별교육
⑤ 건설업 기초안전보건교육

Tip 2023년 법령개정. 문제 및 해답은 개정된 내용 적용.

focus 본 교재 제2과목 I. 10. 산업안전보건법상의 교육의 종류와 교육시간 및 교육내용 단원에서 관련내용 확인

11. 산업안전보건법에서 정하고 있는 양중기의 종류 4가지를 쓰시오.

해답 양중기의 종류
① 크레인(호이스트 포함)
② 이동식 크레인
③ 리프트(이삿짐 운반용 리프트의 경우 적재하중이 0.1톤 이상인 것으로 한정)
④ 곤돌라
⑤ 승강기

focus 본 교재(필기) 제3과목 05. III. 1. 양중기의 정의 단원 참고.

12. 양중기에 사용하는 와이어로프의 사용금지 기준을 4가지 쓰시오. (단, 부식된 것, 손상된 것은 제외한다.)

해답 ① 이음매가 있는 것
② 와이어로프의 한 꼬임(스트랜드)에서 끊어진 소선(필러선 제외)의 수가 10% 이상인 것
③ 지름의 감소가 공칭지름의 7%를 초과하는 것
④ 꼬인 것

focus 본 교재 제4과목 II. 4. 와이어로프 단원에서 관련내용 확인

13. 중대재해가 발생한 사실을 알게 될 경우 지체 없이 관할 지방고용노동관서의 장에게 전화·팩스, 또는 그 밖에 적절한 방법으로 보고하여야 할 사항을 2가지 쓰시오. (단, 그 밖의 중요한 사항은 제외)

해답 보고사항
① 발생 개요 및 피해 상황
② 조치 및 전망

focus 본 교재 제1과목 III. 3. 재해조사 항목 내용 단원에서 관련된 내용 확인

14. 스웨인(A.D.Swain)은 인간의 실수를 작위적 실수(commission error)와 부작위적 실수(omission error)로 구분하였다. 작위적 실수와 부작위적 실수에 대해 간단히 설명하시오.

해답 ① 작위 실수(commission error) : 직무를 수행하지만 잘못 수행할 때 발생(넓은 의미로 선택착오, 순서착오, 시간착오, 정성적착오 포함)
② 부작위 실수(omission error) : 직무의 한 단계 또는 전체직무를 누락시킬 때 발생

focus 본 교재 제3과목 I. 4. 휴먼에러 단원에서 관련된 자세한 내용 확인

산업안전기사 실기 (필답형) 2016년 5월 8일 시행

1. 물질안전보건자료(MSDS) 작성 시 포함사항 16가지 중 다음의 [제외]사항을 뺀 4가지를 쓰시오.

   [제외] ① 화학제품과 회사에 관한 정보 ② 구성성분의 명칭 및 함유량
          ③ 취급 및 저장 방법   ④ 물리화학적 특성
          ⑤ 폐기 시 주의사항   ⑥ 그 밖의 참고사항

   해답
   ① 유해·위험성   ② 응급조치 요령
   ③ 폭발·화재 시 대처방법 ④ 누출사고 시 대처방법
   ⑤ 노출방지 및 개인보호구 ⑥ 안정성 및 반응성
   ⑦ 독성에 관한 정보   ⑧ 환경에 미치는 영향
   ⑨ 운송에 필요한 정보   ⑩ 법적규제 현황

   focus 본 교재 제8과목 I. 2. 물질안전보건자료의 작성비치 등 단원에서 내용 확인

2. 공정안전보고서에 포함되어야 할 사항을 4가지 쓰시오.

   해답
   ① 공정안전자료   ② 공정위험성평가서
   ③ 안전운전계획   ④ 비상조치계획
   ⑤ 그 밖에 공정상의 안전과 관련하여 고용노동부장관이 필요하다고 인정하여 고시하는 사항

   focus 본 교재 제8과목 I. 4. 공정안전보고서 단원에서 내용 확인

3. 산업안전보건법에 따라 비계 작업 시 비, 눈 그 밖의 기상상태의 불안전으로 날씨가 몹시 나빠서 작업을 중지시킨 후 그 비계에서 작업을 할 때 당해 작업시작 전에 점검해야 할 사항을 4가지 쓰시오.

   해답 비계의 점검 보수
   ① 발판재료의 손상 여부 및 부착 또는 걸림 상태
   ② 당해 비계의 연결부 또는 접속부의 풀림 상태
   ③ 연결재료 및 연결철물의 손상 또는 부식 상태
   ④ 손잡이의 탈락 여부
   ⑤ 기둥의 침하·변형·변위 또는 흔들림 상태
   ⑥ 로프의 부착상태 및 매단장치의 흔들림 상태

   focus 본 교재 제6과목 I. 24. 비계의 종류 및 설치 시 준수사항 단원에서 내용 확인

4. 어느 소음 작업장에서 8시간 동안 소음을 측정한 결과 85dB(A) 2시간, 90dB(A) 4시간, 95dB(A) 2시간 동안 노출되었다면, 소음노출지수(%)를 구하고, 소음노출기준 초과 여부를 쓰시오.

해답
① 소음노출지수(%) = $\left(\dfrac{2}{16}+\dfrac{4}{8}+\dfrac{2}{4}\right)\times 100 = 112.5[\%]$
② 소음노출기준 초과 여부 : 100[%]를 초과하였으므로 소음노출 기준 초과

focus 본 교재 제3과목 I. 21. 소음대책 단원에서 내용 확인

5. 공기압축기의 작업시작 전 점검해야 할 사항을 4가지 쓰시오.

해답
① 공기저장 압력용기의 외관 상태 ② 드레인 밸브의 조작 및 배수
③ 압력방출장치의 기능   ④ 언로드 밸브의 기능
⑤ 윤활유의 상태   ⑥ 회전부의 덮개 또는 울
⑦ 그 밖의 연결부위의 이상 유무

focus 본 교재 제 1과목 IV. 8. 작업시작 전 점검사항 단원에서 내용 확인

6. 매슬로우, 허즈버그, 알더퍼의 이론을 상호비교한 아래의 표에서 빈 칸에 알맞은 내용을 쓰시오.

매슬로우의 욕구이론	허즈버그의 2요인 이론	알더퍼의 ERG이론
생리적 욕구	(③)	생존욕구
(①)		
(②)		(⑤)
인정받으려는 욕구	(④)	(⑥)
자아실현의 욕구		

해답
① 안전의 욕구   ② 소속의(사회적) 욕구
③ 위생요인   ④ 동기요인
⑤ 관계욕구   ⑥ 성장욕구

focus 본 교재 제2과목 II. 7. 동기부여에 관한 이론 단원에서 내용 확인

7. 다음에 해당하는 근로 불능 상해의 종류에 관하여 간략히 설명하시오.

① 영구 전 노동불능 상해   ② 영구 일부 노동불능 상해
③ 일시 전 노동불능 상해   ④ 일시 일부 노동불능 상해

해답

영구 전 노동불능 상해	부상결과 근로자로서의 근로기능을 완전히 잃은 경우 (신체장해등급 제1급~제3급)
영구 일부 노동불능 상해	부상결과 신체의 일부, 즉, 근로기능의 일부를 상실한 경우 (신체장해등급 제4급~제14급)
일시 전 노동불능 상해	의사의 진단에 따라 일정기간 근로를 할 수 없는 경우 (신체장해가 남지 않는 일반적 휴업재해)
일시 일부 노동불능 상해	의사의 진단에 따라 부상다음 날 혹은 그 이후에 정규근로에 종사할 수 없는 휴업재해 이외의 경우 (일시적으로 작업시간 중에 업무를 떠나 치료를 받는 정도의 상해)

focus 본 교재 제1과목 III. 9. 통계적 원인분석 방법 단원에서 내용 확인

---

8. 유해·위험 방지를 위한 방호조치를 하지 아니하고는 양도·대여·설치·사용하거나 양도·대여를 목적으로 진열해서는 아니 되는 기계·기구를 5가지 쓰시오.

해답
① 예초기   ② 원심기   ③ 공기압축기
④ 금속절단기   ⑤ 지게차   ⑥ 포장기계

Tip 유해·위험 방지를 위하여 방호조치가 필요한 기계·기구 등

대상 기계·기구	방호장치
1. 예초기	날 접촉 예방장치
2. 원심기	회전체 접촉 예방장치
3. 공기압축기	압력방출장치
4. 금속절단기	날 접촉 예방장치
5. 지게차	헤드가드, 백레스트, 전조등, 후미등, 안전벨트
6. 포장기계(진공포장기, 랩핑기로 한정)	구동부 방호 연동장치

focus 본 교재 제4과목 I. 9. 산업안전보건법상 유해위험 기계기구 단원에서 내용 확인

---

9. FT의 각 단계별 내용이 다음과 같을 때 올바른 순서대로 번호를 나열하시오.

① 정상사상의 원인이 되는 기초사상을 분석한다.
② 정상사상과의 관계는 논리게이트를 이용하여 도해한다.
③ 분석현상이 된 시스템을 정의한다.
④ 이전 단계에서 결정된 사상이 좀 더 전개가 가능한지 점검한다.
⑤ 정성, 정량적으로 해석 평가한다.
⑥ FT를 간소화한다.

해답 ③ - ① - ② - ④ - ⑥ - ⑤

focus 본 교재 제3과목 06. II. 8. FTA 단원에서 내용 확인

10. 다음과 같은 안전표지의 색채에 따른 색도기준, 용도 및 사용례에서 ( )안에 알맞은 내용을 쓰시오.

색 채	색도기준	용 도	사 용 례
(①)	7.5R 4/14	금지	정지신호, 소화설비 및 그 장소, 유해행위의 금지
		(③)	화학물질 취급장소에서의 유해위험 경고
파란색	2.5PB 4/10	(④)	특정행위의 지시 및 사실의 고지
흰색	N 9.5		(⑤)
검은색	(②)		문자 및 빨간색 또는 노란색에 대한 보조색

해답 ① 빨간색 ② N 0.5 ③ 경고
④ 지시 ⑤ 파란색 또는 녹색에 대한 보조색

Tip

| 노란색 | 5Y 8.5/12 | 경고 | 화학물질 취급장소에서의 유해위험 경고 그 밖의 위험경고, 주의표지 또는 기계 방호물 |
| 녹색 | 2.5G 4/10 | 안내 | 비상구 및 피난소, 사람 또는 차량의 통행표지 |

focus 본 교재 제2과목 II. 8. 무재해운동과 위험예지훈련 단원에서 내용 확인

11. 폭발의 정의에서 UVCE와 BLEVE에 대하여 간단히 설명하시오.

해답 ① BLEVE(비등액체증기폭발, Boiling Liquid Expanding Vapor Explosion)
비등점이 낮은 인화성 액체 저장 탱크가 화재로 인한 화염에 장시간 노출되어 탱크 내 액체가 급격히 증발하여 비등하고 증기가 팽창하면서 탱크 내 압력이 설계 압력을 초과하여 폭발을 일으키는 현상.
② UVCE(개방계 증기운 폭발, Unconfined Vapor Cloud Explosion)
가연성 가스 또는 기화하기 쉬운 가연성 액체 등이 저장된 고압가스 용기(저장탱크)의 파괴로 인하여 대기 중으로 유출된 가연성 증기가 구름을 형성(증기운)한 상태에서 점화원이 증기운에 접촉하여 폭발(가스 폭발)하는 현상.

Tip 방지 방법
① BLEVE를 방지하기 위해서는 용기의 압력상승을 방지하여 용기 내 압력이 대기압 근처에서 유지되도록 하고, 살수설비 등으로 용기를 냉각하여 온도상승을 방지하는 조치를 하여야 한다.
② UVCE를 예방하기 위해서는 물질의 방출을 방지해야 하며, 누설을 감지할 수 있는 검지기 등을 설치하여야 한다.

focus 본 교재 제5과목 II. 6. 폭발의 종류 단원에서 내용 확인

12. 다음은 산업재해 발생 시의 조치내용을 순서대로 표시하였다. 아래의 빈 칸에 알맞은 내용을 쓰시오.

해답 ① 긴급처리　② 재해조사　③ 대책수립　④ 평가

focus　본 교재 제1과목 III. 4. 재해발생 시 조치사항 단원에서 내용 확인

13. 다음 설명에 해당하는 방폭구조의 표시를 쓰시오.

- 방폭구조 : 외부 가스가 용기 내로 침입하여 폭발하더라도 용기는 그 압력에 견디고, 외부의 폭발성 가스에 착화될 우려가 없도록 만들어진 구조
- 그룹 : II B
- 최고 표면온도 : 90도

해답　방폭구조의 표시
　　　　EX d IIB T5

focus　본 교재 제5과목 II. 10. 폭발의 방호방법 단원에서 내용 확인

14. 차량계 하역 운반기계 운전자가 운전위치 이탈 시 준수해야 할 사항 2가지를 쓰시오.

해답　① 포크, 버킷, 디퍼 등의 장치를 가장 낮은 위치 또는 지면에 내려 둘 것.
　　　　② 원동기를 정지시키고 브레이크를 확실히 거는 등 갑작스러운 주행이나 이탈을 방지하기 위한 조치를 할 것.
　　　　③ 운전석을 이탈하는 경우에는 시동키를 운전대에서 분리시킬 것. 다만, 운전석에 잠금장치를 하는 등 운전자가 아닌 사람이 운전하지 못하도록 조치한 경우는 그렇지 않다.

focus　본 교재 제6과목 I. 7. 운반기계 단원에서 내용 확인

산업안전기사 실기 (필답형)
2016년 10월 8일 시행

1. 산업안전보건법상 작업장의 조도기준에 관한 다음 사항에서 괄호에 알맞은 내용을 쓰시오.

초정밀작업	정밀작업	보통 작업	그 밖의 작업
(①)Lux 이상	(②)Lux 이상	(③)Lux 이상	(④)Lux 이상

해답 ① 750 ② 300 ③ 150 ④ 75

focus 본 교재 제3과목 I. 18. 조도 단원에서 관련내용 확인

2. 관리대상 유해물질을 취급하는 작업장에 게시해야 할 사항을 5가지 쓰시오.

해답 ① 관리대상 유해물질의 명칭 ② 인체에 미치는 영향 ③ 취급상 주의사항
④ 착용하여야 할 보호구 ⑤ 응급조치와 긴급 방재 요령

focus 본 교재(필기) 제5과목 01. II. 4. 유해화학물질 취급 시 주의사항 단원에서 내용 확인

3. 산업안전보건법령상 사업주가 실시해야하는 관리감독자 안전보건교육 중 정기교육의 내용을 4가지 쓰시오.

해답 ① 산업안전 및 사고 예방에 관한 사항
② 산업보건 및 직업병 예방에 관한 사항
③ 위험성평가에 관한 사항
④ 유해·위험 작업환경 관리에 관한 사항
⑤ 산업안전보건법령 및 산업재해보상보험 제도에 관한 사항
⑥ 직무스트레스 예방 및 관리에 관한 사항
⑦ 직장 내 괴롭힘, 고객의 폭언 등으로 인한 건강장해 예방 및 관리에 관한 사항
⑧ 작업공정의 유해·위험과 재해 예방대책에 관한 사항
⑨ 사업장 내 안전보건관리체제 및 안전·보건조치 현황에 관한 사항
⑩ 표준안전 작업방법 결정 및 지도·감독 요령에 관한 사항
⑪ 현장근로자와의 의사소통능력 및 강의능력 등 안전보건교육 능력 배양에 관한 사항
⑫ 비상시 또는 재해 발생 시 긴급조치에 관한 사항
⑬ 그 밖의 관리감독자의 직무에 관한 사항

Tip 2023년 법령개정. 문제 및 해답은 개정된 내용 적용.

focus 본 교재 제2과목 I. 10. 산업안전보건법상의 교육의 종류와 교육시간 및 교육내용 단원에서 내용 확인

4. 산업안전보건법상 이동식 크레인을 사용하여 작업을 할 때의 작업시작 전 점검사항을 3가지 쓰시오.

해답
① 권과 방지장치 그 밖의 경보장치의 기능
② 브레이크·클러치 및 조정장치의 기능
③ 와이어로프가 통하고 있는 곳 및 작업장소의 지반 상태

focus 본 교재 제1과목 Ⅳ. 8. 작업시작 전 점검사항 단원에서 내용 확인

5. 안전인증 대상 기계기구를 3가지 쓰시오.(단, 프레스, 크레인은 제외한다.)

해답
① 전단기 및 절곡기 ② 리프트 ③ 압력용기 ④ 롤러기
⑤ 사출성형기 ⑥ 고소작업대 ⑦ 곤돌라

focus 본 교재 제1과목 Ⅳ. 7. 안전인증 단원에서 내용 확인

6. 기체의 조성비가 아세틸렌 70%, 클로로벤젠 30%일 때 아세틸렌의 위험도와 혼합기체의 폭발 하한계를 구하시오.(단, 아세틸렌 폭발범위 2.5~81, 클로로벤젠 폭발범위 1.3~7.1)

해답
① 아세틸렌의 위험도
$$H = \frac{UFL - LFL}{LFL} = \frac{81 - 2.5}{2.5} = 31.40$$
② 폭발하한계(르샤틀리에의 법칙)
$$L = \frac{100}{\frac{V_1}{L_1} + \frac{V_2}{L_2}} = \frac{100}{\frac{70}{2.5} + \frac{30}{1.3}} = 1.957 ≒ 1.96[\%]$$

focus 본 교재 제5과목 Ⅱ. 화공안전 일반 8. 위험도 단원에서 내용 확인

7. 산업안전보건법에서 정하고 있는 계단에 관한 안전기준이다. 괄호에 맞는 내용을 쓰시오.

> (1) 사업주는 계단 및 계단참을 설치하는 경우 매 제곱미터당 (①)킬로그램 이상의 하중에 견딜 수 있는 강도를 가진 구조로 설치하여야 하며, 안전율은 (②) 이상으로 하여야 한다.
> (2) 사업주는 계단을 설치하는 경우 그 폭을 (③)미터 이상으로 하여야 한다.
> (3) 사업주는 높이가 (④)미터를 초과하는 계단에 높이 3미터 이내마다 진행방향으로 길이 1.2미터 이상의 계단참을 설치하여야 한다.
> (4) 사업주는 높이 (⑤)미터 이상인 계단의 개방된 측면에 안전 난간을 설치하여야 한다.

해답 ① 500 ② 4 ③ 1 ④ 3 ⑤ 1

focus 본 교재 제6과목 Ⅰ. 20. 가설계단 단원에서 관련된 내용 확인

8. 산업안전보건법 시행규칙에서 산업재해 조사표에 작성해야 할 상해의 종류를 4가지 쓰시오.

   해답 상해 종류(질병명)
   ① 골절   ② 절단   ③ 타박상   ④ 찰과상   ⑤ 중독·질식   ⑥ 화상   ⑦ 감전
   ⑧ 뇌진탕   ⑨ 고혈압   ⑩ 뇌졸중   ⑪ 피부염   ⑫ 진폐   ⑬ 수근관 증후군 등

   focus 본 교재 제1과목 III. 8. 상해의 종류 단원에서 내용 확인

9. 산업안전보건기준에 관한 규칙에서 정하는 누전에 의한 감전의 위험을 방지하기 위하여 접지를 하여야 하는 노출된 비충전 금속체 중에서 코드와 플러그를 접속하여 사용하는 전기기계·기구를 3가지 쓰시오.

   해답 ① 사용전압이 대지전압 150V를 넘는 것
   ② 냉장고·세탁기·컴퓨터 및 주변기기 등과 같은 고정형 전기기계·기구
   ③ 고정형·이동형 또는 휴대형 전동기계·기구
   ④ 물 또는 도전성이 높은 곳에서 사용하는 전기기계·기구, 비접지형 콘센트
   ⑤ 휴대형 손전등

10. 분진 등이 발생하는 장소 중에서 1급 방진마스크를 사용해야 하는 장소를 3곳 쓰시오.

    해답 ① 특급 마스크 착용 장소를 제외한 분진 등 발생장소
    ② 금속흄 등과 같이 열적으로 생기는 분진 등 발생장소
    ③ 기계적으로 생기는 분진 등 발생장소(규소 등과 같이 2급 마스크를 착용하여도 무방한 경우는 제외)

    focus 본 교재 제7과목 I. 3. 방진마스크 단원에서 내용 확인

11. 광전자식 방호장치 프레스에 관한 설명 중 ( ) 안에 알맞은 내용이나 수치를 써 넣으시오.

    (1) 프레스 또는 전단기에서 일반적으로 많이 활용하고 있는 형태로서 투광부, 수광부, 컨트롤 부분으로 구성된 것으로서 신체의 일부가 광선을 차단하면 기계를 급정지시키는 방호장치는 (①) 분류에 해당된다.
    (2) 정상동작표시 램프는 (②)색, 위험표시 램프는 (③)색으로 하며, 쉽게 근로자가 볼 수 있는 곳에 설치하여야 한다.
    (3) 방호장치는 릴레이, 리미트 스위치 등의 전기부품의 고장, 전원전압의 변동 및 정전에 의해 슬라이드가 불시에 동작하지 않아야 하며, 사용전원전압의 ±(④)의 변동에 대하여 정상으로 작동되어야 한다.

    해답 ① A-1   ② 녹   ③ 붉은   ④ 100분의 20

    focus 본 교재 제4과목 I. 10. 프레스의 방호장치 및 설치방법 단원에서 내용 확인

12. 산업안전보건법상 가설통로 설치 시 준수해야 할 사항이다. 괄호에 알맞은 내용을 쓰시오.

> (1) 경사는 (①)도 이하로 할 것
> (2) 경사가 (②)도를 초과하는 때에는 미끄러지지 아니하는 구조로 할 것
> (3) 추락의 위험이 있는 장소에는 (③)을 설치할 것
> (4) 수직갱에 가설된 통로의 길이가 15m 이상인 때에는 (④)m 이내마다 계단참을 설치할 것
> (5) 건설공사에 사용하는 높이 8m 이상인 비계다리에는 (⑤)m 이내마다 계단참을 설치할 것

해답 ① 30 ② 15 ③ 안전난간 ④ 10 ⑤ 7

focus 본 교재 제6과목 I. 20. 가설계단 단원에서 내용 확인

13. 980[kg]의 화물을 두 줄 걸이 로프로 상부각도 90°로 들어 올릴 때 한쪽 와이어로프에 걸리는 하중(kg)을 계산하시오.

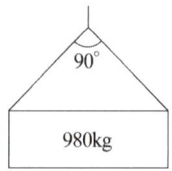

해답 슬링 와이어로프의 한 가닥에 걸리는 하중

$$하중 = \frac{화물의\ 무게(W_1)}{2} \div \cos\frac{\theta}{2} = \frac{980}{2} \div \cos\frac{90}{2} = 692.964 ≒ 692.96[kg]$$

focus 본 교재 제4과목 II. 5. 와이어로프에 걸리는 하중 단원에서 내용 확인

14. 산업안전보건법상 안전보건표지의 종류에서 '관계자 외 출입금지' 표지의 종류 3가지를 쓰시오.

해답 관계자 외 출입금지 표지
① 허가대상물질 작업장
② 석면취급/해체 작업장
③ 금지대상물질의 취급 실험실 등

focus 본 교재 제2과목 II. 8. 무재해운동과 위험예비훈련 단원에서 내용 확인

산업안전기사 실기 (필답형)
2017년 4월 16일 시행

1. 다음 FT도에서 최소 컷셋(Minimal cut set)을 구하시오

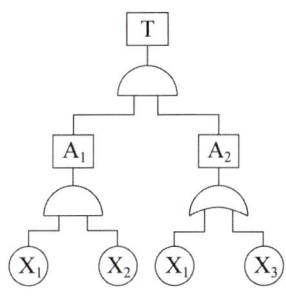

해답 미니멀 컷셋(cut sets)

$$T \to A_1 A_2 \to X_1 X_2 A_2 \to \begin{matrix} X_1 X_2 X_1 \\ X_1 X_2 X_3 \end{matrix}$$

그러므로 미니멀 컷셋은 $(X_1 X_2)$

focus 본 교재 제 3과목 II. 11. 미니멀 컷과 미니멀 패스 단원에서 내용 확인

2. A 사업장의 근무 및 재해발생 현황이 다음과 같을 때, 이 사업장의 종합재해지수를 구하시오. (4점)

[보기] · 평균 근로자수 : 400명 · 년간 재해발생건수 : 80건 · 재해자수 : 100명 · 근로손실일수 : 800일 · 근로시간 : 1일 8시간, 연간 280일 근무

해답 종합재해지수 FSI = $\sqrt{도수율(F.R) \times 강도율(S.R)}$

① 도수율(F.R) = $\dfrac{재해건수}{연근로시간수} \times 1,000,000 = \dfrac{80}{400 \times 8 \times 280} \times 10^6 = 89.286$

② 강도율(S.R) = $\dfrac{근로손실일수}{연근로시간수} \times 1,000 = \dfrac{800}{400 \times 8 \times 280} \times 1,000 = 0.893$

③ 종합재해지수(FSI) = $\sqrt{89.286 \times 0.893} = 8.929 = 8.93$

focus 본 교재 제1과목 III. 12. 재해율 단원에서 관련된 계산 공식 확인

3. 산업안전보건법상 건설업 중 유해위험방지계획서 제출 대상 사업장을 4가지 쓰시오.

해답 유해위험방지 계획서 제출대상 사업장(건설업)
① 다음 각목의 어느하나에 해당하는 건축물 또는 시설 등의 건설, 개조 또는 해체공사

⊙ 지상 높이가 31미터 이상인 건축물 또는 인공구조물
⊙ 연면적 3만제곱미터 이상인 건축물
⊙ 연면적 5천제곱미터 이상인 시설로서 다음의 어느 하나에 해당하는 시설
㉮ 문화 및 집회시설 ㉯ 판매시설, 운수시설 ㉰ 종교시설 ㉱ 의료시설 중 종합병원
㉲ 숙박시설 중 관광숙박시설 ㉳ 지하도 상가 ㉴ 냉동, 냉장 창고시설
② 최대 지간 길이가 50미터 이상인 다리의 건설 등 공사
③ 연면적 5천 제곱 미터 이상인 냉동, 냉장창고 시설의 설비공사 및 단열공사
④ 다목적댐, 발전용댐, 저수용량 2천만톤 이상의 용수전용댐 및 지방 상수도 전용댐의 건설 등 공사
⑤ 터널의 건설등 공사
⑥ 깊이 10미터 이상인 굴착 공사

focus 본 교재 제 6과목 Ⅰ. 3. 유해위험방지 계획서 단원에서 내용확인

4. 건물의 해체작업 시 작업계획에 포함되어야 하는 사항을 4가지 쓰시오. (4점)

해답 작업계획에 포함 사항
① 해체의 방법 및 해체순서도면
② 가설설비·방호설비·환기설비 및 살수·방화설비 등의 방법
③ 사업장 내 연락방법   ④ 해체물의 처분계획
⑤ 해체작업용 기계·기구 등의 작업계획서   ⑥ 해체작업용 화약류 등의 사용계획서
⑦ 그 밖에 안전·보건에 관련된 사항

focus 본 교재(필기) 제6과목 03. Ⅰ. 2. 해체용 기구의 취급안전 단원에서 내용 확인

5. 클러치 맞물림 개소 수 5개, spm 200인 프레스의 양수 기동식 방호 장치의 설치거리를 구하시오.

해답 ① 양수기동식의 안전거리 $D_m = 1.6\,T_m$
  D_m : 안전 거리[mm]
  T_m : 양손으로 누름단추 누르기 시작할 때부터 슬라이드가 하사점에 도달하기까지 소요시간[ms]
② $T_m = (\dfrac{1}{\text{클러치맞물림개소수}} + \dfrac{1}{2}) \times \dfrac{60{,}000}{\text{매분행정수}}$ [ms]
③ $D_m = 1.6 \times \left\{ \left(\dfrac{1}{5} + \dfrac{1}{2}\right) \times \left(\dfrac{60{,}000}{200}\right) \right\} = 336$ [mm]

focus 본 교재 제4과목 Ⅰ. 10. 프레스의 방호장치 및 설치방법 단원에서 내용확인

6. 누전에 의한 감전의 위험을 방지하기 위하여 접지를 해야 하는 대상부분 중에서 전기를 사용하지 않는 설비 중 접지를 해야 하는 금속체를 3가지 쓰시오.

해답 전기를 사용하지 않는 설비 중 다음에 해당하는 금속체
① 전동식 양중기의 프레임과 궤도
② 전선이 붙어있는 비전동식 양중기의 프레임
③ 고압(1.5천볼트 초과 7천볼트 이하의 직류전압 또는 1천볼트 초과 7천볼트 이하의 교류전압) 이상의 전기를 사용하는 전기기계·기구 주변의 금속제 칸막이·망 및 이와 유사한 장치

focus 본 교재 제5과목 Ⅰ. 10. 접지설비의 종류 및 공사 시 안전 단원에서 내용 확인

7. 안전 인증의 전부 또는 일부를 면제할 수 있는 경우를 3가지 쓰시오.

    해답 안전 인증의 면제
    ① 연구·개발을 목적으로 제조·수입하거나 수출을 목적으로 제조하는 경우
    ② 고용노동부장관이 정하여 고시하는 외국의 안전 인증 기관에서 인증을 받은 경우
    ③ 다른 법령에 따라 안전성에 관한 검사나 인증을 받은 경우로서 고용노동부령으로 정하는 경우

    focus 본 교재 제1과목 Ⅳ. 7. 안전인증 단원에서 내용 확인

8. 안전모의 성능기준에서 내관통성 시험에 해당하는 다음의 보기에 해당하는 거리를 쓰시오.

    [보기] ① AE형 및 ABE형의 관통거리 : (　)[mm] 이하
    　　　② AB형의 관통거리 : (　)[mm] 이하

    해답 ① 9.5　② 11.1

    focus 본 교재 제7과목 Ⅲ. 1. 안전모 단원에서 내용 확인

9. 양중기 달기 체인 사용금지 기준을 2가지 쓰시오. (단, 균열이 있거나 심하게 변형된 것은 제외)

    해답 양중기 달기 체인 사용금지 조건
    ① 달기 체인의 길이가 달기체인이 제조된 때의 길이의 5[%]를 초과한 것
    ② 링의 단면지름이 달기 체인이 제조된 때의 해당 링의 지름의 10[%]를 초과하여 감소한 것

    focus 본 교재 제4과목 Ⅱ. 4. 와이어로프 단원에서 내용확인

10. 산업안전보건법상 말비계를 조립하여 사용할 경우 준수해야 할 사항을 3가지 쓰시오.

    해답 ① 지주부재의 하단에는 미끄럼 방지장치를 하고, 근로자가 양측 끝부분에 올라서서 작업하지 않도록 할 것
    ② 지주부재와 수평면의 기울기를 75° 이하로 하고, 지주부재와 지주부재 사이를 고정시키는 보조부재를 설치할 것
    ③ 말비계의 높이가 2[m]를 초과하는 경우에는 작업발판의 폭을 40[cm] 이상으로 할 것

    focus 본 교재 제6과목 Ⅰ. 24. 비계의 종류 및 설치 시 준수사항 단원에서 확인

11. 위험물에 해당하는 급성 독성물질에 관한 다음 내용의 (　)에 알맞은 내용을 쓰시오.

    가) 쥐에 대한 경구투입실험에 의하여 실험동물의 50[%]를 사망시킬 수 있는 물질의 양, 즉 LD50(경구, 쥐)이 [kg]당 (①)[mg]-(체중) 이하인 화학물질
    나) 쥐 또는 토끼에 대한 경피 흡수실험에 의하여 실험동물의 50[%]를 사망시킬 수 있는 물질

의 양, 즉 LD50(경피, 토끼 또는 쥐)이 [kg]당 (②)[mg]-(체중) 이하인 화학물질
다) 쥐에 대한 4시간 동안의 흡입실험에 의하여 실험동물의 50[%]를 사망시킬 수 있는 물질의 농도, 즉 가스 LC50(쥐, 4시간 흡입)이 (③)[ppm] 이하인 화학물질, 증기 LC50(쥐, 4시간 흡입)이 (④)[mg/L] 이하인 화학물질.

해답 ① 300 ② 1,000 ③ 2,500 ④ 10

focus 본 교재(필기) 제5과목 01. I. 3. 위험물의 종류 단원에서 관련내용 확인

12. 잠함, 우물통, 수직갱, 그 밖에 이와 유사한 건설물 또는 설비의 내부에서 굴착작업을 하는 경우 사업주가 준수해야 할 사항을 3가지 쓰시오.

해답 ① 산소 결핍 우려가 있는 경우에는 산소의 농도를 측정하는 사람을 지명하여 측정하도록 할 것
② 근로자가 안전하게 오르내리기 위한 설비를 설치할 것
③ 굴착 깊이가 20[m]를 초과하는 경우에는 해당 작업장소와 외부와의 연락을 위한 통신설비 등을 설치할 것

focus 본 교재(필기) 제6과목 01. II. 3. 건설공사의 안전관리(잠함 내 굴착작업)단원에서 내용 확인

13. U자 걸이를 사용할 수 있는 안전대의 구조를 4가지 쓰시오.

해답 ① 지탱 벨트, 각 링, 신축 조절기가 있을 것.
② U자 걸이 사용 시 D링, 각 링은 안전대 착용자의 몸통 양 측면에 해당하는 곳에 고정되도록 지탱벨트 또는 안전 그네에 부착할 것.
③ 신축조절기는 죔줄로부터 이탈하지 않도록 할 것.
④ U자 걸이 사용 상태에서 신체의 추락을 방지하기 위하여 보조 죔줄을 사용할 것.
⑤ 보조 훅 부착 안전대는 신축조절기의 역방향으로 낙하저지 기능을 갖출 것 다만 죔줄에 스토퍼가 부착될 경우에는 이에 해당하지 않는다.
⑥ 보조 훅이 없는 U자 걸이 안전대는 1개걸이로 사용할 수 없도록 훅이 열리는 너비가 죔줄의 직경보다 작고 8자형 링 및 이음형 고리를 갖추지 않을 것.

14. 타워크레인을 설치·해체하는 작업 시 근로자 특별안전보건교육의 내용을 4가지 쓰시오.

해답 근로자 특별 안전 보건 교육의 내용
① 붕괴·추락 및 재해 방지에 관한 사항
② 설치·해체 순서 및 안전작업방법에 관한 사항
③ 부재의 구조·재질 및 특성에 관한 사항
④ 신호방법 및 요령에 관한 사항
⑤ 이상 발생 시 응급조치에 관한 사항
⑥ 그 밖에 안전·보건관리에 필요한 사항

산업안전기사 실기 (필답형)
2017년 6월 25일 시행

1. 아세틸렌 용접장치의 안전기 설치에 관한 사항이다. 괄호 안에 들어갈 내용을 쓰시오.

   - 사업주는 아세틸렌 용접장치의 (①) 마다 안전기를 설치하여야 한다. 다만, 주관 및 (①)에 가장 가까운 (②)마다 안전기를 부착한 경우에는 그렇지 않다.
   - 사업주는 가스용기가 (③)와 분리되어 있는 아세틸렌 용접장치에 대하여 (③)와 가스용기 사이에 안전기를 설치하여야 한다.

   해답
   ① 취관
   ② 분기관
   ③ 발생기

   focus 본 교재 제4과목 I. 11. 아세틸렌 용접장치 및 가스집합용접장치의 방호장치 및 설치방법 단원에서 내용 확인

2. 근로자수 1,440명이며, 주당 40시간씩 연간 50주 근무하는 A 사업장에서 발생한 재해건수는 40건, 근로손실일수 1,200일, 사망재해 1건이 발생하였다면 강도율은 얼마인가?(단, 조기출근 및 잔업시간의 합계는 100,000시간, 조퇴 5,000시간, 결근율 6[%]이다.)

   해답
   $$강도율 = \frac{근로손실일수}{연간총근로시간수} \times 1,000 = \frac{7,500 + 1,200}{(1,440 \times 40 \times 50 \times 0.94) + (100,000 - 5,000)} \times 1,000 = 3.10$$

   focus 본 교재 제1과목 III. 12. 재해율 단원에서 내용 확인

3. 경고표지에 관한 용도 및 사용 장소에 관한 다음의 내용에 알맞은 종류를 쓰시오.

   ① 폭발성 물질이 있는 장소 : (   )
   ② 돌 및 블록 등의 물체가 떨어질 우려가 있는 장소 : (   )
   ③ 미끄러지거나 넘어질 위험이 있는 경사진 통로 입구 : (   )
   ④ 휘발유 등 화기의 취급을 극히 주의해야 하는 물질이 있는 장소 : (   )

   해답
   ① 폭발성 물질 경고
   ② 낙하물 경고
   ③ 몸 균형 상실 경고
   ④ 인화성 물질 경고

   focus 본 교재 제2과목 II. 8. 무재해 운동과 위험예지훈련 3) 안전보건 표지 단원에서 내용 확인

4. 지상높이가 31[m] 이상 되는 건축물을 건설하는 공사현장에서 건설공사 유해·위험방지계획서를 작성하여 제출하고자 할 때 첨부하여야 하는 작업공사종류별 유해위험방지계획의 해당 작업공사종류를 4가지 쓰시오.

   해답 건축물, 시설 등의 건설·개조 또는 해체(건설등) 공사의 작업공사 종류
   ① 가설공사 ② 구조물 공사 ③ 마감공사 ④ 기계 설비공사 ⑤ 해체공사

   focus 본 교재 제6과목 건설안전 I. 건설안전 일반 3. 유해위험 방지계획서 단원에서 내용 확인

5. 산업안전보건법령상 사업주가 가연성물질이 있는 장소에서 화재위험작업을 하는 경우 화재예방을 위해 준수해야할 사항을 3가지 쓰시오.

   해답 ① 작업 준비 및 작업 절차 수립
   ② 작업장 내 위험물의 사용·보관 현황 파악
   ③ 화기작업에 따른 인근 가연성물질에 대한 방호조치 및 소화기구 비치
   ④ 용접불티 비산방지덮개, 용접방화포 등 불꽃, 불티 등 비산방지조치
   ⑤ 인화성 액체의 증기 및 인화성 가스가 남아 있지 않도록 환기 등의 조치
   ⑥ 작업근로자에 대한 화재예방 및 피난교육 등 비상조치

6. 사업주는 해당 화학설비 또는 그 부속설비의 용도를 변경하는 경우(사용하는 원재료의 종류를 변경하는 경우를 포함한다) 해당 설비를 사용하기 전 점검해야 할 사항을 3가지 쓰시오.

   해답 ① 그 설비 내부에 폭발이나 화재의 우려가 있는 물질이 있는지의 여부
   ② 안전밸브·긴급차단장치 및 그 밖의 방호장치 기능의 이상 유무
   ③ 냉각장치·가열장치교반장치·압축장치·계측장치 및 제어장치 기능의 이상 유무

7. 산업안전보건법상 물질안전보건자료의 작성, 비치, 대상제외, 제제 대상 5가지를 쓰시오. (단, 일반 소비자의 생활용으로 제공되는 제제 및 그 밖에 고용노동부장관이 독성·폭발성 등으로 인한 정도가 적다고 인정하여 고시하는 제제는 제외)

   해답 물질안전보건자료의 작성·비치 대상 제외 제제
   ① 「원자력 안전법」에 따른 방사성 물질
   ② 「화장품법」에 따른 화장품
   ③ 「마약류관리에 관한 법률」에 따른 마약 및 향정신성 의약품
   ④ 「농약관리법」에 따른 농약
   ⑤ 「사료 관리법」에 따른 사료
   ⑥ 「비료 관리법」에 따른 비료
   ⑦ 「식품위생법」에 따른 식품 및 식품첨가물
   ⑧ 「폐기물 관리법」에 따른 폐기물

   focus 본 교재 제 8과목 II. 4. 물질안전보건자료의 작성·비치 대상 제외 제제 단원에서 내용 확인

8. 산업안전보건법상 지게차의 작업시작 전 점검사항 4가지를 쓰시오.

해답
① 제동장치 및 조종 장치 기능의 이상 유무
② 하역장치 및 유압 장치 기능의 이상 유무
③ 바퀴의 이상 유무
④ 전조등 · 후미등 · 방향지시기 및 경보장치 기능의 이상 유무

focus 본 교재 제1과목 IV. 8. 작업시작 전 점검사항 단원에서 내용 확인

9. 다음 보기는 Rook에 보고한 오류 중 일부이다. 각각 omission error와 commission error로 분류하시오.

① 납 접합을 빠뜨렸다. ② 전선의 연결이 바뀌었다.
③ 부품을 빠뜨렸다. ④ 부품이 거꾸로 배열 ⑤ 틀린 부품을 사용하였다.

해답
① omission error ② commission error ③ omission error
④ commission error ⑤ commission error

focus 본 교재 제 3과목 I. 4. 휴먼 에러 단원에서 내용 확인

10. 정전기로 인한 화재 폭발 등 방지에 관한 다음 사항에서 괄호 안에 들어갈 내용을 쓰시오.

사업주는 정전기에 의한 화재 또는 폭발 등의 위험이 발생할 우려가 있는 경우에는 해당 설비에 대하여 확실한 방법으로 (①)를 하거나, (②) 재료를 사용하거나 가습 및 점화원이 될 우려가 없는 (③)장치를 사용하는 등 정전기의 발생을 억제하거나 제거하기 위하여 필요한 조치를 하여야 한다.

해답 ① 접지 ② 도전성 ③ 제전

focus 본 교재 제5과목 I. 14. 정전기 발생과 안전대책 단원에서 내용 확인

11. 타워크레인에 관한 다음사항에 해당하는 풍속기준을 쓰시오.

① 타워크레인의 설치 · 수리 · 점검 또는 해체작업을 중지
② 타워크레인의 운전 작업 중지

해답
① 순간풍속이 매 초당 10[m] 초과
② 순간풍속이 매 초당 15[m] 초과

focus 본 교재 제 6과목 I. 8. 건설용 양중기 단원에서 내용 확인

12. 낙하물 방지망 또는 방호선반 설치 시 준수사항이다. 괄호에 알맞은 내용을 쓰시오.

> 1. 설치 높이는 (①) 이내마다 설치하고, 내민 길이는 벽면으로부터 (②) 이상으로 할 것
> 2. 수평면과의 각도는 (③)[°] 이상 (④)[°] 이하를 유지할 것

해답 ① 10[m] ② 2[m] ③ 20 ④ 30

focus 본 교재 제6과목 I. 13. 낙하·비래의 위험방지 및 안전조치 단원에서 내용 확인

13. 건설용 리프트 곤돌라를 이용한 작업을 할 경우 근로자에게 실시하는 특별안전보건교육의 내용을 4가지 쓰시오.

해답 건설용 리프트, 곤돌라를 이용한 작업
① 방호장치 기능 및 사용에 관한 사항
② 기계, 기구, 달기체인 및 와이어 등의 점검에 관한 사항
③ 화물의 권상·권하 작업방법 및 안전작업 지도에 관한 사항
④ 기계·기구의 특성 및 동작원리에 관한 사항
⑤ 신호방법 및 공동 작업에 관한 사항
⑥ 그 밖에 안전·보건 관리에 필요한 사항

focus 본 교재 제2과목 I. 10. 산업안전보건법상의 교육의 종류와 교육시간 및 교육내용 단원에서 내용 확인

14. 산업안전보건법상 사업장에 안전보건관리규정을 작성하고자 할 때 포함되어야 할 사항을 4가지 쓰시오. (단, 그 밖에 안전보건에 관한 사항은 제외한다)

해답 안전보건관리규정에 포함되어야 할 사항
① 안전 및 보건에 관한 관리조직과 그 직무에 관한 사항
② 안전보건교육에 관한 사항
③ 작업장의 안전 및 보건관리에 관한 사항
④ 사고 조사 및 대책 수립에 관한 사항
⑤ 그 밖에 안전 및 보건에 관한 사항

focus 본 교재 제1과목 II. 1. 안전관리 규정 단원에서 내용 확인

산업안전기사 실기 (필답형)
2017년 10월 15일 시행

1. 안전 관리자를 정수 이상으로 증원·교체 임명할 수 있는 사유 3가지를 쓰시오.

> **해답** 안전 관리자 증원 교체임명 대상 사업장
> ① 해당 사업장의 연간재해율이 같은 업종의 평균재해율의 2배 이상인 경우
> ② 중대재해가 연간 2건 이상 발생한 경우(해당 사업장의 전년도 사망만인율이 같은 업종의 평균 사망만인율 이하인 경우는 제외)
> ③ 관리자가 질병이나 그 밖의 사유로 3개월 이상 직무를 수행할 수 없게 된 경우
> ④ 화학적 인자로 인한 직업성질병자가 연간 3명 이상 발생한 경우
>
> **Tip** 2020년 시행. 관련법령 전부개정으로 변경된 내용이며, 해답은 개정된 내용에 맞게 수정했으니 착오 없으시기 바랍니다.
>
> **focus** 본 교재 제1과목 I. 5. 안전관리자의 직무 단원에서 내용 확인

2. 신체 내에서 1[ℓ]의 산소를 소비하면 5[kcal]의 에너지가 소모되며, 작업 시 산소 소비량 측정 결과 분당 1.5[ℓ]를 소비한다면 작업시간 60분 동안 포함되어야 하는 휴식 시간은? (단, 평균 에너지 상한 5[kcal], 휴식 시간 에너지 소비량 1.5[kcal])

> **해답** (1) 작업 시 평균 에너지 소비량 = 5[kcal/ℓ] × 1.5[ℓ/min] = 7.5[kcal/min]
> (2) 휴식시간(R) = $\dfrac{60(E-5)}{E-1.5} = \dfrac{60(7.5-5)}{7.5-1.5} = 25$[분]
>
> **focus** 본 교재 제2과목 II. 5. 노동과 피로 단원에서 내용 확인

3. 공정안전보고서 작성 시 내용에 포함하여야 할 사항을 4가지 쓰시오.

> **해답** ① 공정안전자료 ② 공정위험성평가서 ③ 안전운전계획 ④ 비상조치계획
> ⑤ 그 밖에 공정상의 안전과 관련하여 고용노동부장관이 필요하다고 인정하여 고시하는 사항
>
> **focus** 본 교재 제8과목 I. 4. 공정안전보고서 단원에서 내용 확인

4. 산업안전보건법상 크레인, 리프트 및 곤돌라의 안전검사 주기에 관련된 사항이다. 괄호에 알맞은 내용을 쓰시오.

> 크레인(이동식 크레인은 제외한다), 리프트(이삿짐 운반용 리프트는 제외한다) 및 곤돌라: 사업장에 설치가 끝난 날부터 (①)년 이내에 최초 안전검사를 실시하되, 그 이후부터 (②)년마다(건설현장에서 사용하는 것은 최초로 설치한 날부터 (③)개월마다)

해답 ① 3   ② 2   ③ 6

focus 본 교재 제1과목 Ⅳ. 9. 안전검사 단원에서 내용 확인

5. 산업안전보건법상 구내 운반차를 사용하여 작업을 하는 때의 작업 시작 전 점검사항을 4가지 쓰시오.

해답 구내운반차의 작업시작 전 점검사항
① 제동장치 및 조종 장치 기능의 이상 유무
② 하역장치 및 유압장치 기능의 이상 유무
③ 바퀴의 이상 유무
④ 전조등·후미등·방향 지시기 및 경음기 기능의 이상 유무
⑤ 충전장치를 포함한 홀더 등의 결합상태의 이상 유무

focus 본 교재 제1과목 Ⅳ. 8. 작업 시작 전 점검사항 단원에서 내용 확인

6. 산업안전보건법에서 정하고 있는 가설통로 설치 시 준수해야 할 사항을 4가지 쓰시오.

해답 ① 견고한 구조로 할 것
② 경사는 30° 이하로 할 것(계단을 설치하거나 높이 2[m] 미만의 가설 통로로서 튼튼한 손잡이를 설치한 때에는 그렇지 않다.)
③ 경사가 15°를 초과하는 때에는 미끄러지지 않는 구조로 할 것.
④ 추락할 위험이 있는 장소에는 안전난간을 설치할 것.
⑤ 수직갱에 가설된 통로의 길이가 15[m] 이상인 때에는 10[m] 이내마다 계단참을 설치할 것.
⑥ 건설공사에 사용하는 높이 8[m] 이상인 비계다리에는 7[m] 이내마다 계단참을 설치할 것.

focus 본 교재 제6과목 Ⅰ. 20. 가설계단 단원에서 내용 확인

7. 산업안전보건법상 방독마스크의 정화통 외부측면의 표시 색에 해당하는 정화통의 종류를 구분하여 쓰시오.

종류	표시색
①	갈색
②	회색
③	
④	
⑤	노랑색

해답 ① 유기화합물용 정화통   ② 할로겐용 정화통
③ 황화수소용 정화통   ④ 시안화수소용 정화통   ⑤ 아황산용 정화통

focus 본 교재 제7과목 Ⅰ. 4. 방독 마스크 단원에서 내용 확인

8. 안전 난간대 구조에 관한 다음의 사항에서 괄호에 알맞은 내용을 쓰시오.

> 1. 상부 난간대 : 바닥면·발판 또는 경사로의 표면으로부터 (①)[cm] 이상
> 2. 난 간 대 : 지름 (②)[cm] 이상 금속제 파이프
> 3. 하 중 : (③)[kg] 이상 하중에 견딜 수 있는 튼튼한 구조

해답 ① 90　② 2.7　③ 100

focus 본 교재 제6과목 I. 11. 추락재해의 방호설비 단원에서 내용 확인

9. 다음과 같은 재해 발생 시 분류되는 재해의 발생 형태를 쓰시오.

> ① 폭발과 화재, 두 현상이 복합적으로 발생된 경우
> ② 재해당시 바닥면과 신체가 떨어진 상태로 더 낮은 위치로 떨어진 경우
> ③ 재해당시 바닥면과 신체가 접해있는 상태에서 더 낮은 위치로 떨어진 경우
> ④ 재해자가 전도로 인하여 기계의 동력전달부위 등에 협착되어 신체부위가 절단된 경우

해답 재해 발생 형태
① 폭발　② 추락　③ 전도　④ 협착

focus 본 교재(필기) 제 1과목 02. I. 4. 재해의 원인분석 및 조사기법 단원에서 내용 확인

10. 충전전로의 선간전압이 다음과 같을 때 충전전로에 대한 접근 한계 거리를 쓰시오.

> ① 380[V]　② 1.5k[V]　③ 6.6[kV]　④ 22.9[kV]

해답 충전전로에 대한 접근한계 거리
① 30[cm]　② 45[cm]　③ 60[cm]　④ 90[cm]

focus 본 교재 제5과목 I. 9. 충전전로에서의 전기 작업 단원에서 내용 확인

11. 산업안전보건법에서 정하고 있는 설비에 대해서는 폭발을 방지하기 위하여 폭발 방지 성능과 규격을 갖춘 안전밸브 또는 파열판을 설치하여야 한다. 이때 파열판을 설치해야 하는 경우를 3가지를 쓰시오.

해답 ① 반응 폭주 등 급격한 압력 상승 우려가 있는 경우
② 급성 독성물질의 누출로 인하여 주위의 작업환경을 오염시킬 우려가 있는 경우
③ 운전 중 안전밸브에 이상 물질이 누적되어 안전밸브가 작동되지 아니할 우려가 있는 경우

focus 본 교재 제5과목 II. 14. 화학설비의 안전장치 종류 단원에서 내용 확인

12. 가스 폭발 위험장소 또는 분진폭발 위험장소에 설치되는 건축물 등에 대해서는 산업안전보건법에서 정하고 있는 해당하는 부분을 내화구조로 하여야 하며, 그 성능이 항상 유지될 수 있도록 점검 · 보수 등 적절한 조치를 하여야 한다. 여기에 해당하는 부분을 2가지 쓰시오.

> **해답** ① 건축물의 기둥 및 보 : 지상 1층(지상 1층의 높이가 6[m]를 초과하는 경우에는 6[m])까지
> ② 위험물 저장 · 취급 용기의 지지대(높이가 30[cm] 이하인 것은 제외) : 지상으로부터 지지대의 끝부분까지
> ③ 배관 · 전선관 등의 지지대 : 지상으로부터 1단(1단의 높이가 6[m]를 초과하는 경우에는 6[m])까지
>
> **focus** 본 교재 제5과목 II. 10. 폭발의 방호방법 단원에서 관련 내용 확인

13. 화학설비의 안전성 평가 6단계를 순서대로 쓰시오.

> **해답** ① 제1단계 : 관계 자료의 정비 검토
> ② 제2단계 : 정성적 평가
> ③ 제3단계 : 정량적 평가
> ④ 제4단계 : 안전대책
> ⑤ 제5단계 : 재해 정보에 의한 재평가
> ⑥ 제6단계 : FTA에 의한 재평가
>
> **focus** 본 교재 제3과목 II. 12. 안전성 평가 단원에서 내용 확인

14. 롤러기 급정지 장치의 원주 속도와 안전거리를 쓰시오.

> - 30[m/min] 미만 – 앞면 롤러 원주의 (①)
> - 30[m/min] 이상 – 앞면 롤러 원주의 (②)

> **해답** ① 1/3 이내   ② 1/2.5 이내

Tip

앞면 롤러의 표면 속도([m/분])	급정지 시 거리
30 미만	앞면 롤러 원주의 1/3 이내
30 이상	앞면 롤러 원주의 1/2.5 이내

focus 본 교재 제4과목 I. 14. 롤러기의 방호장치 및 설치 방법 단원에서 내용 확인

산업안전기사 실기 (필답형)
2018년 4월 14일 시행

1. 산업안전보건기준에 관한 규칙 상 근로자가 작업이나 통행 등으로 인해 전기기계, 기구 등 충전부분에 접촉하거나 접근함으로써 감전 위험이 있는 충전부분에 대하여 감전을 방지하기 위한 방법을 3가지 쓰시오.

   해답 ① 충전부가 노출되지 않도록 폐쇄형 외함(外函)이 있는 구조로 할 것
   ② 충전부에 충분한 절연효과가 있는 방호망이나 절연덮개를 설치할 것
   ③ 충전부는 내구성이 있는 절연물로 완전히 덮어 감쌀 것
   ④ 발전소·변전소 및 개폐소 등 구획되어 있는 장소로서 관계 근로자가 아닌 사람의 출입이 금지되는 장소에 충전부를 설치하고, 위험표시 등의 방법으로 방호를 강화할 것
   ⑤ 전주 위 및 철탑 위 등 격리되어 있는 장소로서 관계 근로자가 아닌 사람이 접근할 우려가 없는 장소에 충전부를 설치할 것.

   focus 본 교재 제5과목 I. 3. 감전사고 방지대책 단원에서 관련내용 확인

2. 기계의 원동기·회전축·기어·풀리·플라이휠·벨트 및 체인 등 근로자에게 위험을 미칠 우려가 있는 부위에 설치해야하는 기계적인 안전조치를 3가지 쓰시오.

   해답 ① 덮개 ② 울 ③ 슬리브, 건널다리

   focus 본 교재 제4과목 I. 8. 동력전달장치의 방호장치 단원에서 관련내용 확인

3. 공장의 설비 배치 3단계를 보기에서 찾아 순서대로 나열 하시오.

① 건물배치 ② 기계배치 ③ 지역배치

   해답 ③ 지역배치 → ① 건물배치 → ② 기계배치

4. 철골 공사 작업을 중지하여야 하는 기상 조건 3가지를 쓰시오.

   (1) 풍속 (①)m/s   (2) 강우 (②)mm/h   (3) 강설 (③)cm/h

   해답 ① 10 ② 1 ③ 1

   focus 본 교재 제8과목 IV. 4. 철골작업 해체작업 단원에서 관련내용 확인

5. 공장의 연 평균 근로자수는 1500명이며 연간재해건수가 60건 발생하며 이중 사망이 2건, 근로손실일수가 1200일인 경우의 연천인율을 구하시오.

> **해답** ① 도수율 = $\dfrac{\text{재해건수}}{\text{년간총근로시간수}} \times 1,000,000$
> $= \dfrac{60}{1500 \times 8 \times 300} \times 1,000,000 = 16.666$
> ② 연천인율 = 도수율 × 2.4 = 16.67 × 2.4 = 40.01

focus 본 교재 제1과목 III. 12. 재해율 단원에서 관련된 계산공식 확인

6. 휴먼에러 분류 중 심리적 분류(독립행동에 관한 분류)와 원인의 레벨적 분류에 해당되는 종류를 각각 2가지씩 쓰시오. (4점)

> **해답** (1) 심리적 분류(독립 행동에 관한 분류)
> ① 생략 에러(omission error)
> ② 착각 수행(작위) 에러(commission error)
> ③ 순서 에러(sequential error)
> ④ 시간 에러(time error)
> ⑤ 불필요한 수행 에러(extraneous error)
> (2) 원인의 레벨적 분류
> ① 1차 에러(Primary Error)
> ② 2차 에러(Secondary Error)
> ③ 지시 에러(Command Error)

focus 본 교재 제3과목 I. 4. 휴먼에러 단원에서 관련내용 확인

7. 유해·위험 방지를 위한 방호조치를 하지 아니하고는 양도·대여·설치·사용하거나, 양도·대여를 목적으로 진열해서는 아니 되는 기계·기구를 4가지 쓰시오.

> **해답** ① 예초기　　② 원심기
> ③ 공기압축기　④ 금속절단기
> ⑤ 지게차　　　⑥ 포장기계(진공포장기, 랩핑기로 한정)

focus 본 교재 제 4과목 I. 9. 산업안전보건법상 유해위험 기계기구 단원에서 관련내용 확인

8. 연삭기 덮개의 시험방법 중 작동시험에 관련된 다음 사항의 ( )에 알맞은 내용을 쓰시오.

> (1) 연삭(①)과 덮개의 접촉여부
> (2) 탁상용 연삭기는 덮개, (②) 및 (③) 부착상태의 적합성 여부

> **해답** ① 숫돌　② 워크레스트　③ 조정편

9. 가설통로의 안전기준에 관한 다음의 설명 중 ( )에 알맞은 사항을 쓰시오.

    (1) 경사가 (①)도를 초과하는 때에는 미끄러지지 아니하는 구조로 할 것
    (2) 수직갱에 가설된 통로의 길이가 15m 이상인 때에는 (②)m 이내마다 계단참을 설치할 것
    (3) 건설공사에 사용하는 높이 8m 이상인 비계다리에는 (③)m 이내마다 계단참을 설치할 것

    해답 ① 15 ② 10 ③ 7

    focus 본 교재 제6과목 I. 20. 가설계단 단원에서 관련내용 확인

10. 공정안전보고서 제출대상이 되는 유해위험 설비로 보지 않는 시설이나 설비의 종류를 2가지 쓰시오.

    해답
    ① 원자력 설비
    ② 군사시설
    ③ 사업주가 해당 사업장 내에서 직접 사용하기 위한 난방용 연료의 저장설비 및 사용설비
    ④ 도매·소매시설
    ⑤ 차량 등의 운송설비
    ⑥ 「액화석유가스의 안전관리 및 사업법」에 따른 액화석유가스의 충전·저장시설
    ⑦ 「도시가스사업법」에 따른 가스공급시설
    ⑧ 그 밖에 고용노동부장관이 누출·화재·폭발 등으로 인한 피해의 정도가 크지 않다고 인정하여 고시하는 설비

    focus 본 교재 제8과목 I. 4. 공정안전보고서 단원에서 관련내용 확인

11. 보호구 안전인증 고시에서 정하는 방독마스크의 성능기준 중 사용장소에 따른 등급분류에 관한 ( )에 알맞은 내용을 쓰시오.

등급	사용장소
고농도	가스 또는 증기의 농도가 100분의 (①)(암모니아에 있어서는 100분의 3) 이하의 대기 중에서 사용하는 것
중농도	가스 또는 증기의 농도가 100분의 (②)(암모니아에 있어서는 100분의 1.5)이하의 대기 중에서 사용하는 것
비 고	방독마스크는 산소농도가 (③)% 이상인 장소에서 사용하여야 하고, 고농도와 중농도에서 사용하는 방독마스크는 전면형(격리식, 직결식)을 사용해야 한다.

    해답 ① 2 ② 1 ③ 18

    Tip
저농도 및 최저농도	가스 또는 증기의 농도가 100분의 0.1 이하의 대기 중에서 사용하는 것으로서 긴급용이 아닌 것

    focus 본 교재 제7과목 I. 4. 방독마스크 단원에서 관련내용 확인

12. 비등액체팽창증기 폭발(BLEVE)에 영향을 주는 인자를 3가지 쓰시오.

> **해답** ① 저장용기의 재질　　② 주위온도와 압력상태　　③ 저장된 물질의 종류와 형태
> ④ 내용물의 물질적 역학상태　⑤ 내용물의 인화성 및 독성 여부

13. 산업안전보건법령상 사업주가 실시해야하는 관리감독자 안전보건교육 중 채용시 교육 및 작업내용 변경시 교육내용을 4가지 쓰시오.

> **해답**
> ① 산업안전 및 사고 예방에 관한 사항
> ② 산업보건 및 직업병 예방에 관한 사항
> ③ 위험성평가에 관한 사항
> ④ 산업안전보건법령 및 산업재해보상보험 제도에 관한 사항
> ⑤ 직무스트레스 예방 및 관리에 관한 사항
> ⑥ 직장 내 괴롭힘, 고객의 폭언 등으로 인한 건강장해 예방 및 관리에 관한 사항
> ⑦ 기계·기구의 위험성과 작업의 순서 및 동선에 관한 사항
> ⑧ 작업 개시 전 점검에 관한 사항
> ⑨ 물질안전보건자료에 관한 사항
> ⑩ 사업장 내 안전보건관리체제 및 안전·보건조치 현황에 관한 사항
> ⑪ 표준안전 작업방법 결정 및 지도·감독 요령에 관한 사항
> ⑫ 비상시 또는 재해 발생 시 긴급조치에 관한 사항
> ⑬ 그 밖의 관리감독자의 직무에 관한 사항

Tip 2023년 법령개정. 문제 및 해답은 개정된 내용 적용.

focus 본 교재 제2과목 I. 10. 산업안전보건법상의 교육의 종류와 교육시간 및 교육내용 단원에서 내용 확인

14. 산업안전보건법령상 고속회전체의 회전시험을 하는 경우 비파괴검사에 관한 다음 ( ) 안에 알맞은 말을 쓰시오.

> 사업주는 고속 회전체(회전축의 중량이 (①)톤을 초과하고 원주 속도가 초당 (②)m 이상인 것으로 한정한다)의 회전시험을 하는 경우 미리 회전축의 재질 및 형상 등에 상응하는 종류의 비파괴검사를 해서 결함 여부를 확인하여야 한다.

> **해답** ① 1톤　② 120

focus 본 교재(필기) 제3과목 04. II. 2. 방호장치 단원에서 내용 확인

산업안전기사 실기 (필답형)
2018년 6월 30일 시행

1. 위험물질을 제조·취급하는 작업장과 그 작업장이 있는 건축물에 출입구 외에 안전한 장소로 대피할 수 있는 비상구 1개 이상을 정해진 기준에 맞는 구조로 설치하여야 한다. 다음 기준에서 괄호에 알맞은 내용을 쓰시오.

   (가) 출입구와 같은 방향에 있지 아니하고, 출입구로부터 (①) 이상 떨어져 있을 것
   (나) 작업장의 각 부분으로부터 하나의 비상구 또는 출입구까지의 수평거리가 (②) 이하가 되도록 할 것
   (다) 비상구의 너비는 (③) 이상으로 하고, 높이는 (④) 이상으로 할 것
   (라) 비상구의 문은 피난방향으로 열리도록 하고, 실내에서 항상 열 수 있는 구조로 할 것

   해답
   ① 3미터
   ② 50미터
   ③ 0.75미터
   ④ 1.5미터

   focus 본 교재(필기) 제3과목 01. III. 3. 통행과 통로 단원에서 내용 확인

2. 화물의 낙하로 인하여 지게차의 운전자에게 위험을 미칠 우려가 있는 작업장에서 사용되는 지게차의 헤드가드가 갖추어야 할 사항 2가지를 쓰시오.

   해답
   ① 강도는 지게차의 최대 하중의 2배의 값(4톤을 넘는 값에 대해서는 4톤으로 한다)의 등분포정하중에 견딜 수 있는 것일 것
   ② 상부 틀의 각 개구의 폭 또는 길이가 16센티미터 미만일 것
   ③ 운전자가 앉아서 조작하거나 서서 조작하는 지게차의 헤드가드는 한국산업표준에서 정하는 높이 기준 이상일 것

   focus 본 교재 제4과목 II. 3. 헤드가드 단원에서 내용 확인

3. 아세틸렌 용접장치의 안전기 설치에 관한 사항이다. 괄호 안에 들어갈 내용을 쓰시오.

   (가) 사업주는 아세틸렌 용접장치의 (①)마다 안전기를 설치하여야 한다. 다만, (②) 및 취관에 가장 가까운 분기관마다 안전기를 부착한 경우에는 그렇지 않다.
   (나) 사업주는 가스용기가 발생기와 분리되어 있는 아세틸렌 용접장치에 대하여 (③)에 안전기를 설치하여야 한다.

해답 ① 취관
② 주관
③ 발생기와 가스용기 사이

focus 본 교재 제4과목 I. 11. 아세틸렌 용접장치 및 가스집합용접장치의 방호장치 및 설치방법 단원에서 내용 확인

4. 가스 장치실을 설치하는 경우 갖추어야할 구조에 대하여 3가지 쓰시오.

해답 ① 가스가 누출된 경우에는 그 가스가 정체되지 않도록 할 것
② 지붕과 천장에는 가벼운 불연성 재료를 사용할 것
③ 벽에는 불연성 재료를 사용할 것

5. 콘크리트 타설 작업을 하는 경우 준수해야할 사항을 2가지 쓰시오.

해답 콘크리트 타설 작업시 준수사항
① 당일의 작업을 시작하기 전에 해당 작업에 관한 거푸집 및 동바리의 변형·변위 및 지반의 침하 유무 등을 점검하고 이상이 있으면 보수할 것
② 작업 중에는 감시자를 배치하는 등의 방법으로 거푸집 및 동바리의 변형·변위 및 침하 유무 등을 확인해야 하며, 이상이 있으면 작업을 중지하고 근로자를 대피시킬 것
③ 콘크리트 타설작업 시 거푸집 붕괴의 위험이 발생할 우려가 있으면 충분한 보강조치를 할 것
④ 설계도서상의 콘크리트 양생기간을 준수하여 거푸집 및 동바리를 해체할 것
⑤ 콘크리트를 타설하는 경우에는 편심이 발생하지 않도록 골고루 분산하여 타설할 것

Tip 2023년 법령개정. 문제 및 해답은 개정된 내용 적용.

focus 본 교재 (필기) 제6과목 06. I. 1. 콘크리트 타설 작업의 안전 단원에서 내용 확인

6. 크레인을 사용하여 작업할 때 작업시작 전 점검해야 할 사항을 3가지 쓰시오.

해답 ① 권과방지장치·브레이크·클러치 및 운전장치의 기능
② 주행로의 상측 및 트롤리가 횡행하는 레일의 상태
③ 와이어로프가 통하고 있는 곳의 상태

focus 본 교재 제1과목 IV. 8. 작업시작 전 점검사항 단원에서 내용 확인

7. 산업안전보건법에서 정하고 있는 사업주가 근로자에게 시행해야 할 산업안전보건관련 교육과정을 4가지 쓰시오.

해답 ① 정기교육 ② 채용 시 교육 ③ 작업내용 변경 시 교육
④ 특별교육 ⑤ 건설업 기초안전보건교육

Tip 2023년 법령개정. 문제 및 해답은 개정된 내용 적용.

focus 본 교재 제2과목 I. 10. 산업안전보건법상의 교육의 종류와 교육시간 및 교육내용 단원에서 내용확인

8. 산업안전보건법에서 정하는 중대재해의 정의에 관한 다음 사항에서 괄호에 알맞은 내용을 쓰시오.

   (가) 사망자가 (①) 이상 발생한 재해
   (나) 3개월 이상의 요양이 필요한 부상자가 동시에 (②) 이상 발생한 재해
   (다) 부상자 또는 직업성 질병자가 동시에 (③) 이상 발생한 재해

   해답 ① 1명   ② 2명   ③ 10명

   focus 본 교재 제1과목 III. 1. 재해조사 목적 단원에서 내용확인

9. 산업안전보건법상 다음 그림에 해당하는 안전보건표지의 명칭을 쓰시오.

   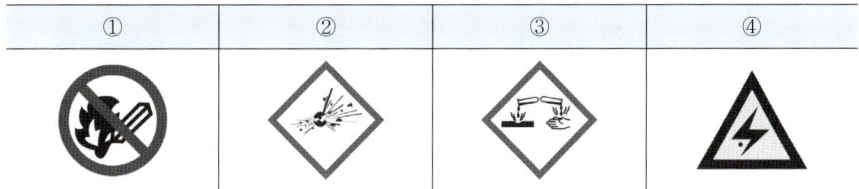

   해답 ① 화기금지   ② 폭발성물질경고   ③ 부식성물질경고   ④ 고압전기경고

   focus 본 교재 제2과목 II. 8. 무재해 운동과 위험예지훈련 3) 안전보건 표지 단원에서 내용확인

10. 프레스의 광전자식 방호장치의 형식을 구분하는 광축의 범위를 쓰시오.

    해답 광전자식 방호장치의 형식구분

형식구분	광축의 범위
Ⓐ	12광축 이하
Ⓑ	13~56광축 미만
Ⓒ	56광축 이상

11. 기계설비에 의해 형성되는 위험점의 종류 중에서 다음 설명에 해당하는 위험점을 쓰시오.

    (가) 왕복 운동하는 운동부와 고정부 사이에 형성되는 위험점(①)
    (나) 고정부분과 회전 또는 직선운동부분에 의해 형성되는 위험점(②)
    (다) 회전하는 부분이 접선방향으로 물려 들어가면서 형성되는 위험점(③)

해답 ① 협착점 ② 끼임점 ③ 접선 물림점

focus 본 교재 제4과목 I. 1. 기계설비의 위험점 단원에서 내용확인

12. 인체계측 자료를 장비나 설비의 설계에 응용하는 경우 활용되는 3가지 원칙을 쓰시오.

해답 ① 극단적인 사람을 위한설계(극단치 설계)
② 조절범위
③ 평균치를 기준으로 한 설계

focus 본 교재 제3과목 I. 9. 인체계측 단원에서 내용확인

13. 소음원으로부터 20m 떨어진 곳에서의 음압수준이 100dB이라면 동일한 기계에서 200m 떨어진 곳에서의 음압수준은 얼마인가?

해답 d_1에서 I_1의 단위면적당 출력을 갖는 음은 거리 d_2에서는

$$dB_2 = dB_1 - 20\log\left(\frac{d_2}{d_1}\right)$$

$$\therefore dB_2 = 100 - 20\log\left(\frac{200}{20}\right) = 80(\text{dB})$$

focus 본 교재 (필기) 제2과목 02. II. 1. 청각과정 단원에서 내용확인

14. 전로의 사용전압에 해당하는 시험전압과 절연저항을 쓰시오.

전로의 사용전압 (V)	DC 시험전압 (V)	절연저항 (MΩ 이상)
SELV 및 PELV	(①)	(②)
FELV, 500V 이하	(③)	(④)
500V 초과	1,000	(⑤)

해답 ① 250 ② 0.5 ③ 500 ④ 1.0 ⑤ 1.0

Tip 문제와 해답은 2021년 시행되는 개정된 법령을 적용하였습니다.

focus 본 교재 제5과목 I. 13. 절연저항 단원에서 내용확인

산업안전기사 실기 (필답형)
2018년 10월 6일 시행

1. 달비계에 사용해서는 안 되는 와이어로프의 기준을 4가지 쓰시오.

해답 달비계 와이어로프의 사용금지 기준
① 이음매가 있는 것
② 와이어로프의 한 꼬임(스트랜드(strand))에서 끊어진 소선의 수가 10[%] 이상인 것
③ 지름의 감소가 공칭지름의 7[%]를 초과하는 것
④ 꼬인 것
⑤ 심하게 변형되거나 부식된 것
⑥ 열과 전기충격에 의해 손상된 것

Tip 2021년 법령개정으로 달비계는 곤돌라형 달비계와 작업의자형 달비계로 구분하여 정리해야 하니 본문 내용을 참고하시기 바랍니다.

focus 본 교재 제6과목 I. 23. 통로발판 단원과 24. 비계의 종류 및 설치 시 준수사항 단원에서 내용확인

2. 산업안전보건법상 자율안전 확인 대상 기계 또는 설비 4가지를 쓰시오.

해답 자율안전 확인 대상 기계 또는 설비
① 연삭기 또는 연마기(휴대형은 제외)
② 산업용 로봇
③ 혼합기
④ 파쇄기 또는 분쇄기
⑤ 식품가공용 기계(파쇄·절단·혼합·제면기만 해당)
⑥ 컨베이어
⑦ 자동차 정비용 리프트
⑧ 공작기계(선반, 드릴기, 평삭·형삭기, 밀링만 해당)
⑨ 고정형 목재 가공용 기계(둥근톱, 대패, 루타기, 띠톱, 모 떼기 기계만 해당)
⑩ 인쇄기

Tip 2020년 시행되는 법령전부개정으로 변경된 내용입니다. 문제와 해답은 변경된 내용에 맞도록 수정하였으니 착오없으시기 바랍니다.

focus 본 교재 제1과목 IV. 7. 안전 인증(자율안전 확인)단원에서 내용확인

3. 철골공사 작업을 중지해야 하는 조건을 3가지 쓰시오.

해답 철골공사 작업 중지
① 풍속이 초당 10미터 이상인 경우
② 강우량이 시간당 1밀리미터 이상인 경우
③ 강설량이 시간당 1센티미터 이상인 경우

focus 본 교재 제8과목 IV. 4. 철골작업 해체작업 단원에서 내용확인

4. 벌목작업(유압식 벌목기 사용 제외) 등을 하는 경우 사업주가 준수해야 할 사항을 2가지 쓰시오.

   해답 벌목작업 시 준수사항
   ① 벌목하려는 경우에는 미리 대피로 및 대피장소를 정해 둘 것
   ② 벌목하려는 나무의 가슴높이지름이 20센티미터 이상인 경우에는 수구(베어지는 쪽의 밑동 부근에 만드는 쐐기 모양의 절단면)의 상면·하면의 각도를 30도 이상으로 하며, 수구 깊이는 뿌리부분 지름의 4분의 1 이상 3분의 1 이하로 만들 것
   ③ 벌목작업 중에는 벌목하려는 나무로부터 해당 나무 높이의 2배에 해당하는 직선거리 안에서 다른 작업을 하지 않을 것
   ④ 나무가 다른 나무에 걸려있는 경우에는 다음의 사항을 준수할 것
      ㉠ 걸려있는 나무 밑에서 작업을 하지 않을 것
      ㉡ 받치고 있는 나무를 벌목하지 않을 것

   Tip1 유압식 벌목기에는 견고한 헤드 가드(head guard)를 부착하여야 한다.

   Tip2 2021년 법령개정으로 수정된 내용입니다.(해답은 개정된 내용 적용)

5. 산업안전보건법상 안전 인증 대상 보호구를 6가지 쓰시오.

   해답 안전 인증 대상 보호구
   ① 추락 및 감전 위험방지용 안전모   ② 안전화
   ③ 안전장갑   ④ 방진마스크
   ⑤ 방독마스크   ⑥ 송기마스크
   ⑦ 전동식 호흡보호구   ⑧ 보호복
   ⑨ 안전대   ⑩ 차광 및 비산물 위험방지용 보안경
   ⑪ 용접용 보안면   ⑫ 방음용 귀마개 또는 귀덮개

   focus 본 교재 제7과목 I. 1. 보호구 선택 시 유의사항 단원에서 내용확인

6. 분진 등을 배출하기 위하여 설치하는 국소배기장치(이동식 제외)의 덕트 설치 기준을 3가지 쓰시오.

   해답 덕트의 설치 기준
   ① 가능하면 길이는 짧게 하고 굴곡부의 수는 적게 할 것
   ② 접속부의 안쪽은 돌출된 부분이 없도록 할 것
   ③ 청소구를 설치하는 등 청소하기 쉬운 구조로 할 것
   ④ 덕트 내부에 오염물질이 쌓이지 않도록 이송속도를 유지할 것
   ⑤ 연결부위 등은 외부공기가 들어오지 않도록 할 것

   focus 본 교재 제5과목 III. 2. 배기 및 환기 단원에서 내용확인

7. 부탄(C_4H_{10})이 완전연소하기위한 화학양론식을 쓰고, 완전연소에 필요한 최소산소농도를 추정하시오.(단, 부탄의 폭발하한계는 1.9vol%이다.)

해답
① 화학양론식
$$C_4H_{10} + 6.5O_2 \rightarrow 4CO_2 + 5H_2O$$
② 최소 산소농도(MOC)
LFL×산소의 양론계수(연소반응식)
부탄의 LFL은 1.9(vol%)이므로 1.9×6.5 = 12.35 (vol%)

focus 본 교재(필기) 제5과목 04. I. 6. 연소범위 단원에서 내용확인

8. 부두·안벽 등 하역작업을 하는 장소에 사업주가 조치해야할 사항을 3가지 쓰시오.

해답 부두 등 하역작업장 조치사항
① 작업장 및 통로의 위험한 부분에는 안전하게 작업할 수 있는 조명을 유지할 것
② 부두 또는 안벽의 선을 따라 통로를 설치하는 경우에는 폭을 90cm 이상으로 할 것
③ 육상에서의 통로 및 작업장소로서 다리 또는 선거 갑문을 넘는 보도 등의 위험한 부분에는 안전난간 또는 울타리 등을 설치할 것

focus 본 교재(필기) 제6과목 07. II. 1. 하역작업의 안전수칙 단원에서 내용확인

9. 재해예방의 기본 4원칙을 쓰시오.

해답 재해예방의 4원칙
① 손실우연의 원칙   ② 예방가능의 원칙
③ 원인계기의 원칙   ④ 대책선정의 원칙

focus 본 교재 제1과목 III. 10. 재해예방의 4원칙 단원에서 내용확인

10. 인간-기계 체계의 기본기능 4가지를 쓰시오.

해답 인간-기계 체계 기본기능
① 감지기능   ② 정보보관기능
③ 정보처리 및 의사결정기능   ④ 행동기능

focus 본 교재 제3과목 I. 1. 인간-기계 체계 단원에서 내용확인

11. 미 국방성의 위험성 평가에서 분류한 재해의 위험수준(MIL-STD-882B) 4가지를 쓰시오.

해답 재해의 위험수준
① 범주 I : 파국적(catastrophic : 대재앙)
② 범주 II : 위기적(critical : 심각한)
③ 범주 III : 한계적(marginal : 경미한)
④ 범주 IV : 무시(negligible : 무시할만한)

focus 본 교재(필기) 제 2과목 05. II. 1. 시스템 위험성의 분류 단원에서 내용확인

12. 정전기의 방지대책을 4가지 쓰시오.

> **해답** 정전기 예방대책
> ① 접지조치
> ② 초기배관 내 유속제한
> ③ 대전방지제 사용
> ④ 가습(상대습도 60~70% 정도 이상)
> ⑤ 제전기 사용
> ⑥ 대전방지용 보호구 착용
>
> **focus** 본 교재 제5과목 I. 14. 정전기 발생과 안전대책 단원에서 내용확인

13. 이동식 비계를 조립하여 작업하는 경우 준수해야할 사항을 4가지 쓰시오.

> **해답** 이동식 비계 조립하여 작업하는 경우 준수사항
> ① 이동식 비계의 바퀴에는 뜻밖의 갑작스러운 이동 또는 전도를 방지하기 위하여 브레이크·쐐기 등으로 바퀴를 고정시킨 다음 비계의 일부를 견고한 시설물에 고정하거나 아웃트리거를 설치하는 등 필요한 조치를 할 것
> ② 승강용 사다리는 견고하게 설치할 것
> ③ 비계의 최상부에서 작업을 하는 경우에는 안전난간을 설치할 것
> ④ 작업발판은 항상 수평을 유지하고 작업발판 위에서 안전난간을 딛고 작업을 하거나 받침대 또는 사다리를 사용하여 작업하지 않도록 할 것
> ⑤ 작업발판의 최대 적재하중은 250킬로그램을 초과하지 않도록 할 것
>
> **focus** 본 교재 제6과목 I. 24. 비계의 종류 및 설치 시 준수사항 단원에서 내용확인

14. 다음은 적응의 기제에 관한 설명이다. 해당되는 적응의 기제를 쓰시오.

> ① 다른 사람의 행동양식이나 태도를 투입하거나 다른 사람 가운데서 자기와 비슷한 것을 발견하게 되는 것
> ② 받아들일 수 없는 충동이나 욕망 또는 실패 등을 타인의 탓으로 돌리는 행위
> ③ 다른 사람의 행동이나 판단을 표본으로 하여 그것과 같거나 비슷한 행위로 재현하거나 실행하려는 것

> **해답** ① 동일화 ② 투사 ③ 모방
>
> **focus** 본 교재(필기) 제1과목 06. II. 6. 적응기제 단원에서 내용확인

산업안전기사 실기 (필답형)
2019년 4월 13일 시행

1. 산업안전보건법상 안전보건총괄책임자의 직무를 4가지 쓰시오.

   해답 안전보건 총괄 책임자의 직무
   ① 위험성 평가의 실시에 관한 사항
   ② 산업재해가 발생할 급박한 위험이 있거나, 중대재해가 발생하였을 때에는 즉시 작업의 중지
   ③ 도급시 산업재해 예방조치
   ④ 산업안전보건관리비의 관계수급인간의 사용에 관한 협의·조정 및 그 집행의 감독
   ⑤ 안전인증대상기계 등과 자율안전확인대상기계 등의 사용여부 확인

   focus 본 교재 제8과목 Ⅱ. 2. 안전보건총괄책임자 지정대상 사업 및 직무 등 단원에서 관련내용 확인

2. 하중을 직접 지지하는 달기와이어로프 또는 달기체인의 경우 절단하중이 2,000kg이면 안전하중은 얼마인가?

   해답 안전하중 = $\dfrac{절단하중}{안전율} = \dfrac{2,000}{5} = 400\,kg$

   Tip 와이어로프의 안전계수는 그 절단하중의 값을 와이어로프에 걸리는 하중의 최대값으로 나눈 값이다.

   focus 본 교재 제3과목 05. Ⅲ. 2. 방호장치의 종류 단원에서 내용 확인

3. 정전기에 의한 화재 또는 폭발 등의 위험을 방지하기 위한 정전기 발생 방지대책을 5가지 쓰시오. (단, 보호구 착용은 제외)

   해답 정전기로 인한 화재 폭발 방지
   ① 확실한 방법으로 접지   ② 도전성 재료사용
   ③ 가습(60~70% 정도)   ④ 점화원이 될 우려가 없는 제전장치 사용
   ⑤ 대전 방지제 사용

   Tip 인체에 대전된 정전기의 위험방지를 위한 조치
   ① 대전방지용 안전화 착용   ② 제전복 착용
   ③ 정전기 제전용구 사용   ④ 작업장 바닥 등에 도전성을 갖추도록 하는 등의 조치

   focus 본 교재 제5과목 Ⅰ. 14. 정전기 발생과 안전대책 단원에서 관련내용 확인

4. 산업용 로봇의 작동범위 내에서 해당 로봇에 대하여 교시등의 작업을 할 경우에는 해당 로봇의 예기치 못한 작동 또는 오조작에의한 위험을 방지하기 위하여 관련 지침을 정하여 그 지침에 따라 작업을 하도록 하여야 하는데, 관련 지침에 포함되어야할 사항을 4가지 쓰시오.

해답 교시 등의 작업시 관련지침
① 로봇의 조작방법 및 순서
② 작업중의 매니퓰레이터의 속도
③ 2명 이상의 근로자에게 작업을 시킬 경우의 신호방법
④ 이상을 발견한 경우의 조치
⑤ 이상을 발견하여 로봇의 운전을 정지시킨 후 이를 재가동시킬 경우의 조치
⑥ 그 밖에 로봇의 예기치 못한 작동 또는 오조작에 의한 위험을 방지하기 위하여 필요한 조치

focus 본 교재 제 4과목 I. 19. 산업용로봇의 방호장치 단원에서 관련내용 확인

6. 양립성(compatibility)의 종류를 3가지 쓰시오.

해답 양립성의 종류
① 공간적 양립성 ② 운동 양립성 ③ 개념적 양립성 ④ 양식 양립성

Tip 양립성의 종류

공간적(spatial)양립성	표시장치나 조정장치에서 물리적 형태 및 공간적 배치
운동(movement)양립성	표시장치의 움직이는 방향과 조정장치의 방향이 사용자의 기대와 일치
개념적(conceptual)양립성	이미 사람들이 학습을 통해 알고있는 개념적 연상
양식(modality) 양립성	직무에 알맞은 자극과 응답의 양식의 존재에 대한 양립성. 예) 소리로 제시된 정보는 말로 반응하게 하고, 시각적으로 제시된 정보는 손으로 반응하는 것이 양립성이 높다.

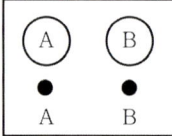  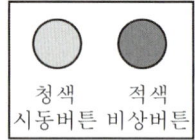

▲ 공간적 양립성　　　▲ 운동 양립성　　　▲ 개념적 양립성

focus 본 교재(필기) 제2과목 03. I. 9. 양립성 단원에서 관련내용 확인

7. 산업안전보건법에서 굴착면의 높이가 2미터 이상이 되는 지반의 굴착작업을 할 경우 근로자의 위험을 방지하기 위하여 해당 작업, 작업장의 지형·지반 및 지층 상태 등에 대한 사전조사를 하고 조사결과를 고려하여 작성해야하는 작업계획서에 포함되어야할 사항을 4가지 쓰시오. (단, 그 밖에 안전·보건에 관련된 사항은 제외한다)

해답 굴착작업시 작업계획서 내용
① 굴착방법 및 순서, 토사 반출 방법　　② 필요한 인원 및 장비 사용계획
③ 매설물 등에 대한 이설·보호대책　　④ 사업장 내 연락방법 및 신호방법
⑤ 흙막이 지보공 설치방법 및 계측계획　　⑥ 작업지휘자의 배치계획

focus 본 교재 제6과목 I. 16. 토사붕괴 위험성 및 안전조치 단원에서 확인

8. 기초대사량이 7,000[kJ/day]이고 작업시 소비에너지가 20,000[kJ/day], 안정시 소비에너지가 6,000[kJ/day]일 때 에너지 대사율(RMR)을 구하시오.

> **해답** 에너지 대사율(RMR)
> $$RMR = \frac{\text{작업시 소비에너지} - \text{안정시 소비에너지}}{\text{기초대사시 소비에너지}} = \frac{\text{작업대사량}}{\text{기초대사량}}$$
> $$\therefore RMR = \frac{20,000 - 6,000}{7,000} = 2$$
>
> **focus** 본 교재 제 2과목 II. 5. 노동과 피로 단원에서 관련내용 확인

9. A사업장의 도수율이 12였고 지난한해동안 12건의 재해로 인하여 15명의 재해자가 발생하였고 총 휴업일수는 146일 이었다. 사업장의 강도율을 구하시오. (근로자는 1일 10시간씩 연간 250일 근무)

> **해답** ① 빈도율$(F.R) = \frac{\text{재해건수}}{\text{연평균근로자수} \times \text{일일근로시간} \times \text{연근로일수}} \times 1,000,000$
>
> 연평균근로자수 $= \frac{12 \times 10^6}{12} \div (10 \times 250) = 400$(명)
>
> ② 강도율$(S.R) = \frac{\text{근로손실일수}}{\text{연간총근로시간수}} \times 1,000 = \frac{146 \times \frac{250}{365}}{400 \times 10 \times 250} \times 1000 = 0.1$
>
> **focus** 본 교재 제1장 III. 12. 재해율 단원에서 관련내용 확인

10. 특급 방진마스크를 착용해야 하는 장소를 2곳 쓰시오.

> **해답** 특급 방진마스크 착용장소
> ① 베릴륨 등과 같이 독성이 강한 물질들을 함유한 분진등 발생 장소
> ② 석면 취급장소
>
> **focus** 본 교재 제7과목 I. 3. 방진마스크 단원에서 내용 확인

11. 사업주는 잠함 또는 우물통의 내부에서 근로자가 굴착작업을 하는 경우에 잠함 또는 우물통의 급격한 침하에 의한 위험을 방지하기 위하여 준수해야 할 사항을 2가지 쓰시오.

> **해답** 급격한 침하로 인한 위험방지
> ① 침하관계도에 따라 굴착방법 및 재하량 등을 정할 것
> ② 바닥으로부터 천장 또는 보까지의 높이는 1.8미터 이상으로 할 것
>
> **focus** 본 교재(필기) 제 6과목 01. II. 3. 건설공사의 안전관리(잠함내 굴착작업)단원에서 관련내용 확인

12. 거리가 2m에서의 조도가 150lux일 경우, 3m에서의 조도는 얼마인가?

> **해답** 조도 = $\dfrac{광도}{(거리)^2}$
>
> ① $150(\text{lux}) = \dfrac{광도}{2^2}$ 따라서, 광도 = 600(cd)
>
> ② 3m일 때의 조도(lux) = $\dfrac{600}{3^2} ≒ 66.666 = 66.67(\text{lux})$
>
> **focus** 본 교재 제3과목 I. 18. 조도 단원에서 관련된 내용 확인

13. 산업안전보건법상 위험물질의 종류를 5가지 쓰시오.

> **해답** 위험물질의 종류
> ① 폭발성 물질 및 유기과산화물 ② 물반응성 물질 및 인화성 고체
> ③ 산화성 액체 및 산화성 고체 ④ 인화성 액체
> ⑤ 인화성 가스 ⑥ 부식성 물질
> ⑦ 급성 독성 물질
>
> **focus** 본 교재(필기) 제5과목 01. I. 3. 위험물의 종류 단원 참고

14. 보일러의 폭발사고를 예방하고 정상적인 기능이 유지되도록 하기 위해 설치해야하는 방호장치를 3가지 쓰시오.

> **해답** 보일러의 방호장치
> ① 압력 방출장치 ② 압력제한 스위치 ③ 고저수위 조절장치 ④ 화염 검출기 등
>
> **focus** 본 교재 제4과목 I. 13. 보일러의 방호장치 단원에서 관련내용 확인

15. 굴착작업중 보일링 현상을 방지하기 위한 대책을 3가지 쓰시오.

> **해답** 보일링 방지대책
> ① Filter 및 차수벽 설치
> ② 흙막이 근입깊이를 깊게(불투수층까지)
> ③ 약액주입등의 굴착면 고결
> ④ 지하수위저하
> ⑤ 압성토 공법 등
>
> **focus** 본 교재 제6과목 I. 16. 토사붕괴 위험성 및 안전조치 단원에서 관련내용 확인

산업안전기사 실기 (필답형)
2019년 6월 29일 시행

1. 산업안전보건법에서 정하는 중대재해의 종류를 3가지 쓰시오.

> **해답** 중대재해
> ① 사망자가 1명 이상 발생한 재해
> ② 3개월 이상의 요양이 필요한 부상자가 동시에 2명 이상 발생한 재해
> ③ 부상자 또는 직업성 질병자가 동시에 10명 이상 발생한 재해
>
> **focus** 본 교재 제1과목 III. 1. 재해조사 목적 단원에서 내용 확인

2. 산업안전보건법상 이동식 크레인을 사용하여 작업을 할 때의 작업시작 전 점검사항을 3가지 쓰시오.

> **해답** ① 권과 방지장치 그 밖의 경보장치의 기능
> ② 브레이크·클러치 및 조정장치의 기능
> ③ 와이어로프가 통하고 있는 곳 및 작업장소의 지반 상태
>
> **focus** 본 교재 제1과목 IV. 8. 작업시작 전 점검사항 단원에서 내용 확인

3. 안전모의 성능시험 항목을 5가지 쓰시오.

> **해답** ① 내관통성 시험 ② 충격흡수성 시험 ③ 난연성 시험 ④ 턱끈풀림 시험
> ⑤ 내수성 시험 ⑥ 내전압성 시험
>
> **focus** 본 교재 제7과목 III. 1. 안전모 단원에서 관련된 내용 확인

4. LD_{50}을 간단하게 정의하시오.

> **해답** 한 무리의 실험동물 50%를 사망시키는 독성물질의 양으로 반수 치사량이라고도 하며 독성물질의 경우는 동물체중 1kg에 대한 독물량(mg)으로 나타낸다.
>
> **focus** 본 교재(필기)제 5과목 01. I. 4. 허용농도 단원에서 관련내용 확인

5. 보일러의 폭발사고를 예방하기 위하여 기능이 정상적으로 작동될수 있도록 유지 관리하여야 하는 부속품을 3가지 쓰시오.

> **해답** ① 압력방출장치 ② 압력제한스위치 ③ 고저수위조절장치 ④ 화염검출기
>
> **focus** 본 교재 제4과목 I. 13. 보일러의 방호장치 단원에서 관련내용 확인

6. 무재해 운동의 위험예지 훈련에서 실시하는 문제해결 4라운드 진행법을 순서대로 쓰시오.

> **해답** ① 제1단계 : 현상파악   ② 제2단계 : 본질추구   ③ 제3단계 : 대책수립   ④ 제4단계 : 목표설정
>
> **focus** 본 교재 제2과목 II. 8. 무재해운동과 위험예지훈련 단원에서 내용 확인

7. 인체계측 자료를 장비나 설비의 설계에 응용하는 경우 활용되는 3가지 원칙을 쓰시오.

> **해답** ① 극단적인 사람을 위한설계(극단치 설계)   ② 조절범위   ③ 평균치를 기준으로 한 설계
>
> **focus** 본 교재 제3과목 I. 9. 인체계측 단원에서 내용확인

8. 공기 압축기의 작업시작 전 점검해야 할 사항을 4가지 쓰시오.(그 밖의 연결 부위의 이상 유무는 제외)

> **해답** 공기 압축기의 작업시작 전 점검사항
> ① 공기저장 압력용기의 외관 상태   ② 드레인 밸브의 조작 및 배수
> ③ 압력방출장치의 기능   ④ 언로드 밸브의 기능
> ⑤ 윤활유의 상태   ⑥ 회전부의 덮개 또는 울
> ⑦ 그 밖의 연결 부위의 이상 유무
>
> **focus** 본 교재 제1과목 IV. 8. 작업 시작 전 점검사항 단원에서 내용확인

9. HAZOP 기법에 사용되는 가이드 워드에 관한 의미를 쓰시오.
① AS WELL AS
② PART OF
③ OTHER THAN
④ REVERSE

> **해답** HAZOP에서 유인어의 의미
> ① AS WELL AS - 성질상의 증가(정성적 증가)
> ② PART OF - 성질상의 감소(정성적 감소)
> ③ OTHER THAN - 완전한 대체의 필요
> ④ REVERSE - 설계의도의 논리적인 역(설계의도와 반대 현상)
>
> **focus** 본 교재(필기) 제2과목 05. I. 4. 위험분석과 위험관리 단원에서 내용 확인

10. 달비계의 최대적재하중을 정하고자 한다. 달기와이어로프 및 달기강선에 해당하는 안전계수를 쓰시오.

> **해답** 10
>
> **focus** 본 교재(필기) 제6과목 05. III. 1. 작업발판설치 시 주의사항 단원에서 내용 확인

11. 다음과 같은 조건에서의 안전관리자 최소 인원수를 쓰시오.
① 펄프 제조업 : 상시근로자 600명
② 고무제품 제조업 : 상시근로자 300명
③ 우편 및 통신업 : 상시근로자 500명

해답 안전관리자수
① 2명   ② 1명   ③ 1명

focus 본 교재(필기) 제 1과목 01. Ⅱ. 3. 운용요령 단원에서 관련내용 확인

12. 산업안전보건법상 안전인증대상 기계·기구 등이 안전기준에 적합한지를 확인하기위하여 안전인증기관이 심사하는 심사의 종류를 3가지 쓰시오.

해답 안전인증 심사의 종류
① 예비심사
② 서면심사
③ 기술능력 및 생산체계 심사
④ 제품심사(개별제품심사, 형식별제품심사)

focus 본 교재 제1과목 Ⅳ. 7. 안전인증 단원에서 관련된 내용 확인

13. 근로자수기 300명인 A 사업장에 연간 15건의 재해 발생으로 인한 휴업일수가 288일 발생하였다. 도수율과 강도율을 구하시오. (단, 근무시간은 1일 8시간, 근무일수는 연간 280일이다.)

해답 ① 도수율 $= \dfrac{\text{재해건수}}{\text{연근로시간수}} \times 1{,}000{,}000 = \dfrac{15}{300 \times 8 \times 280} \times 1{,}000{,}000 = 22.321 = 22.32$

② 강도율 $= \dfrac{\text{총근로손실일수}}{\text{연근로시간수}} \times 1{,}000 = \dfrac{288 \times \dfrac{280}{365}}{300 \times 8 \times 280} \times 1{,}000 = 0.3288 = 0.33$

focus 본 교재 제1과목 Ⅲ. 12. 재해율 단원에서 관련내용 확인

14. 전기 기계·기구를 적절하게 설치하려는 경우 고려해야할 사항을 3가지를 쓰시오.

해답 ① 전기 기계·기구의 충분한 전기적 용량 및 기계적 강도
② 습기·분진 등 사용장소의 주위 환경
③ 전기적·기계적 방호수단의 적정성

산업안전기사 실기 (필답형)
2019년 10월 12일 시행

1. 산업안전보건위원회 구성위원 중 근로자 위원의 자격 3가지를 쓰시오.

해답 근로자 위원
  ㉠ 근로자대표
  ㉡ 근로자대표가 지명하는 1명 이상의 명예산업안전감독관(위촉되어있는 사업장의 경우)
  ㉢ 근로자대표가 지명하는 9명 이내의 해당 사업장의 근로자(명예산업안전감독관이 근로자위원으로 지명되어 있는 경우 그 수를 제외))

Tip 사용자 위원
  ㉠ 해당 사업의 대표자
  ㉡ 안전관리자 1명
  ㉢ 보건관리자 1명
  ㉣ 산업보건의(선임되어 있는 경우)
  ㉤ 해당 사업의 대표자가 지명하는 9명 이내의 해당 사업장 부서의 장

focus 본 교재 제1과목 I. 7. 산업안전보건위원회 단원에서 관련된 내용 확인

2. 동력으로 작동하는 기계·기구로서 방호조치를 하지 아니하고는 양도, 대여, 설치 또는 사용에 제공하거나 양도·대여의 목적으로 진열해서는 아니 되는 기계·기구를 5가지 쓰시오.

해답
① 예초기　② 원심기　③ 공기압축기
④ 금속절단기　⑤ 지게차　⑥ 포장기계

Tip 유해하거나 위험한 기계·기구에 대한 방호조치

대상 기계·기구	방호 장치
1. 예초기	날접촉예방장치
2. 원심기	회전체 접촉 예방장치
3. 공기압축기	압력방출장치
4. 금속절단기	날접촉예방장치
5. 지게차	헤드가드, 백레스트, 전조등, 후미등, 안전벨트
6. 포장기계(진공포장기, 래핑기로 한정)	구동부 방호 연동장치

focus 본 교재 제 4과목 I. 9. 산업안전보건법상 유해위험 기계기구 단원에서 관련내용 확인

3. 달비계에 사용해서는 안되는 와이어로프의 기준을 4가지 쓰시오.

해답 달비계 와이어로프의 사용금지 기준
  ① 이음매가 있는 것
  ② 와이어로프의 한 꼬임(스트랜드(strand))에서 끊어진 소선의 수가 10[%] 이상인 것

③ 지름의 감소가 공칭지름의 7[%]를 초과하는 것
④ 꼬인 것
⑤ 심하게 변형되거나 부식된 것
⑥ 열과 전기충격에 의해 손상된 것

Tip 2021년 법령개정으로 달비계는 곤돌라형 달비계와 작업의자형 달비계로 구분하여 정리해야 하니 본문 내용을 참고하시기 바랍니다.

focus 본 교재 제6과목 I. 23. 통로발판 단원과 24. 비계의 종류 및 설치 시 준수사항 단원에서 내용확인

4. 근로자가 착용하는 보호구 중 가죽제안전화의 성능시험 종류를 4가지 쓰시오.

   해답 ① 내압박성시험 ② 내충격성시험 ③ 박리저항시험 ④ 내답발성시험
   ⑤ 은면결렬시험 ⑥ 인열강도시험 ⑦ 6가크롬함량 ⑧ 내부식성시험
   ⑨ 인장강도시험 ⑩ 내유성시험 등

   focus 본 교재 제7과목 III. 2. 안전화 단원에서 관련내용 확인

5. 공정안전보고서 이행상태의 평가에 관한 내용이다. (   )에 알맞은 내용을 넣으시오.
   (1) 고용노동부장관은 공정안전보고서의 확인 후 1년이 경과한 날부터 (①)이내에 공정안전보고서 이행 상태의 평가를 하여야 한다.
   (2) 사업주가 이행상태 평가를 추가로 요청하는 경우 (②)마다 실시할 수 있다.

   해답 ① 2년 ② 1년 또는 2년

6. 기계화 체계의 기본요소인 인간기계 시스템에서의 구성요소 중 (   )에 알맞은 내용을 쓰시오.

   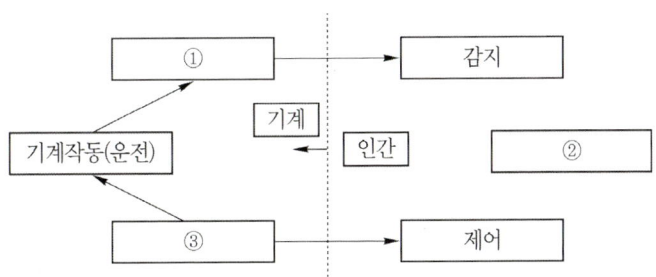

   해답 ① 표시장치(표시기) ② 정보처리 ③ 조종장치(조절기)

   focus 본 교재 제3과목 I. 1. 인간-기계 체계 단원에서 관련내용 확인

7. 산업재해 조사시 유의해야할 사항을 4가지 쓰시오.

해답
① 사실을 수집한다. 그 이유는 뒤로 미룬다.
② 목격자가 발언하는 사실 이외의 추측의 말은 참고로 한다.
③ 조사는 신속히 행하고 2차 재해의 방지를 도모한다.
④ 사람, 설비, 환경의 측면에서 재해요인을 도출한다.
⑤ 제3의 입장에서 공정하게 조사하며, 그러기 위해 조사는 2인 이상이 한다.
⑥ 책임추궁보다 재발방지를 우선하는 기본태도를 견지한다.

focus 본 교재 제1과목 III. 2. 재해조사시 유의사항 단원에서 관련내용 확인

8. 산업안전보건법상 보호구의 안전인증 제품에 안전인증의 표시외에 표시하여야 하는 사항을 4가지 쓰시오.

해답 보호구의 안전인증 제품에 표시해야할 사항
① 형식 또는 모델명   ② 규격 또는 등급 등   ③ 제조자명
④ 제조번호 및 제조연월   ⑤ 안전인증 번호

focus 본 교재 제1과목 IV. 7. 안전인증(자율안전확인)단원에서 관련내용 확인

9. 산업안전보건법상 안전보건총괄책임자의 직무를 4가지 쓰시오.

해답 안전보건 총괄 책임자의 직무
① 위험성 평가의 실시에 관한 사항
② 산업재해가 발생할 급박한 위험이 있거나, 중대재해가 발생하였을 때에는 즉시 작업의 중지
③ 도급시 산업재해 예방조치
④ 산업안전보건관리비의 관계수급인간의 사용에 관한 협의·조정 및 그 집행의 감독
⑤ 안전인증대상기계 등과 자율안전확인대상기계 등의 사용여부 확인

focus 본 교재 제8과목 II. 2. 안전보건총괄책임자 지정대상 사업 및 직무 등 단원에서 관련내용 확인

10. 인간기계 시스템에서 제어의 정도에 따른 분류 3가지를 쓰시오.

해답 ① 수동 시스템   ② 기계화 시스템(반자동 시스템)   ③ 자동화 시스템

focus 본 교재 필기 2과목 II. 1. 인간 - 기계 시스템의 정의 및 유형 단원에서 내용확인

11. 다음 [보기] 중에서 안전인증 대상 기계 또는 설비, 방호장치, 보호구에 해당하는 것을 4가지 골라 번호를 쓰시오.

[보기]
① 안전대 ② 연삭기 덮개 ③ 파쇄기 ④ 아세틸렌 용접장치용 안전기
⑤ 압력용기 ⑥ 양중기용 과부하방지장치 ⑦ 교류아크용접기용 자동전격방지기
⑧ 컨베이어 ⑨ 동력식 수동대패용 칼날접촉방지장치 ⑩ 용접용 보안면

해답 ① ⑤ ⑥ ⑩

Tip 2020년 시행되는 개정법령을 적용하였으니 착오없으시기 바랍니다.

focus 본 교재 제7과목 I. 1. 보호구 선택시 유의사항 단원에서 관련내용 확인

12. 산업안전보건법령상 사업주가 근로자에게 실시해야하는 근로자 안전보건교육 중 정기교육 내용을 4가지 쓰시오.

해답
① 산업안전 및 사고 예방에 관한 사항
② 산업보건 및 직업병 예방에 관한 사항
③ 위험성 평가에 관한 사항
④ 건강증진 및 질병 예방에 관한 사항
⑤ 유해·위험 작업환경 관리에 관한 사항
⑥ 산업안전보건법령 및 산업재해보상보험 제도에 관한 사항
⑦ 직무스트레스 예방 및 관리에 관한 사항
⑧ 직장 내 괴롭힘, 고객의 폭언 등으로 인한 건강장해 예방 및 관리에 관한 사항

Tip 2023년 법령개정. 문제 및 해답은 개정된 내용 적용.

focus 본 교재 제2과목 I. 10. 산업안전보건법상의 교육의 종류와 교육시간 및 교육내용 단원에서 관련내용 확인

13. 흙막이 지보공을 설치 하였을 때 정기적으로 점검하고 이상 발견시 속시 보수하여야 하는 사항을 3가지 쓰시오.

해답
① 부재의 손상·변형·부식·변위 및 탈락의 유무와 상태
② 버팀대의 긴압의 정도
③ 부재의 접속부·부착부 및 교차부의 상태
④ 침하의 정도

focus 본교재 필기 6과목 Ⅳ. 2. 거푸집 동바리의 조립시 안전조치 사항 단원에서 내용확인

14. 동력식 수동대패기의 방호장치를 쓰고 방호장치의 종류를 2가지 쓰시오.

해답
(1) 방호장치 : 칼날접촉방지장치
(2) 종류 : ① 가동식 덮개 ② 고정식 덮개

focus 본 교재 제4과목 I. 18. 동력식 수동대패기 단원 보충강의에서 내용확인

산업안전기사 실기 (필답형)
2020년 5월 9일 시행

1. 비, 눈, 그 밖의 기상상태의 악화로 작업을 중지시킨 후 또는 비계를 조립, 해체하거나 변경한 후에 그 비계에서 작업을 하는 경우 해당 작업을 시작하기 전에 점검해야 할 사항을 3가지 쓰시오.

   해답
   ① 발판재료의 손상여부 및 부착 또는 걸림상태
   ② 당해 비계의 연결부 또는 접속부의 풀림상태
   ③ 연결재료 및 연결철물의 손상 또는 부식상태
   ④ 손잡이의 탈락여부
   ⑤ 기둥의 침하·변형·변위 또는 흔들림 상태
   ⑥ 로프의 부착상태 및 매단장치의 흔들림 상태

   focus 본 교재 제6과목 I. 24. 비계의 종류 및 설치시 준수사항 단원에서 관련내용 확인

2. 유해위험방지계획서를 제출해야할 사업에 해당하는 제조업을 3가지 쓰시오.

   해답
   ① 금속가공제품 제조업; 기계 및 가구 제외   ② 비금속 광물제품 제조업
   ③ 기타 기계 및 장비 제조업   ④ 자동차 및 트레일러 제조업   ⑤ 식료품 제조업
   ⑥ 고무제품 및 플라스틱제품 제조업   ⑦ 목재 및 나무제품 제조업   ⑧ 기타 제품 제조업
   ⑨ 1차 금속 제조업   ⑩ 가구 제조업   ⑪ 화학물질 및 화학제품 제조업
   ⑫ 반도체 제조업   ⑬ 전자부품 제조업

   focus 본 교재 제8과목 I. 3. 안전성검토(유해위험 방지계획서) 단원에서 내용 확인

3. 롤러기 급정지장치에서 앞면롤러의 표면속도에 따른 급정지거리를 쓰시오.

   • 30[m/min] 미만 – 앞면 롤러 원주의 (①)
   • 30[m/min] 이상 – 앞면 롤러 원주의 (②)

   해답 ① 1/3 이내   ② 1/2.5 이내

   focus 본 교재 제4과목 I. 14. 롤러기의 방호장치 및 설치 방법 단원에서 내용 확인

4. 산업안전보건법에 따라 이상 화학반응, 밸브의 막힘 등 이상상태로 인한 압력상승으로 당해설비의 최고 사용압력을 구조적으로 초과할 우려가 있는 화학설비 및 그 부속설비에 안전밸브 또는 파열판을 설치하여야 한다. 이때 반드시 파열판을 설치해야 하는 경우를 2가지 쓰시오.

해답 ① 반응폭주등 급격한 압력상승의 우려가 있는 경우
② 급성 독성물질의 누출로 인하여 주위의 작업환경을 오염시킬 우려가 있는 경우
③ 운전중 안전밸브에 이상물질이 누적되어 안전밸브가 작동되지 아니할 우려가 있는 경우

focus 본 교재 제5과목 II. 14. 화학설비의 안전장치 종류 단원에서 관련내용 확인

5. 산업안전보건법상 사업장에 안전보건관리규정을 작성하고자 할때 포함되어야할 사항을 4가지 쓰시오. (단, 그 밖에 안전보건에 관한 사항은 제외한다)

해답 안전보건관리규정에 포함되어야 할 사항
① 안전 및 보건에 관한 관리조직과 그 직무에 관한 사항
② 안전보건교육에 관한 사항
③ 작업장의 안전 및 보건관리에 관한 사항
④ 사고조사 및 대책수립에 관한 사항

focus 본 교재 제1과목 II. 1. 안전관리 규정 단원에서 관련내용 확인

6. 안전보건표지 중에서 출입금지 표지를 그리고 기본모형, 바탕, 그림의 색을 쓰시오.

해답  바탕은 흰색
기본모형은 빨간색
관련부호 및 그림(화살표)은 검은색

focus 본 교재 제2과목 II. 8. 무재해 운동과 위험예지훈련 3) 안전보건표지 단원에서 확인

7. 중량물 취급시 작업계획서에 포함되어야할 내용을 3가지 쓰시오.

해답 ① 추락위험을 예방할 수 있는 안전대책
② 낙하위험을 예방할 수 있는 안전대책
③ 전도위험을 예방할수 있는 안전대책
④ 협착위험을 예방할수 있는 안전대책
⑤ 붕괴위험을 예방할 수 있는 안전대책

focus 본 교재 제8과목 산업안전보건법 IV. 산업안전에 관한 기준 5. 중량물 취급시 작업계획 단원에서 내용 확인

8. 산업안전보건기준에 관한 규칙에서 정하는 누전에 의한 감전의 위험을 방지하기 위하여 접지를 하여야 하는 노출된 비충전 금속체 중에서 코드와 플러그를 접속하여 사용하는 전기기계 · 기구를 4가지 쓰시오.

해답 ① 사용전압이 대지전압 150V를 넘는 것
② 냉장고 · 세탁기 · 컴퓨터 및 주변기기 등과 같은 고정형 전기기계 · 기구

③ 고정형·이동형 또는 휴대형 전동기계·기구
④ 물 또는 도전성이 높은 곳에서 사용하는 전기기계·기구, 비접지형 콘센트
⑤ 휴대형 손전등

focus 본 교재 제5과목 I. 10. 접지설비의 종류 및 공사 시 안전 단원에서 내용 확인

9. 로봇작업에 대한 특별안전보건 교육의 내용을 4가지 쓰시오.

해답
① 로봇의 기본원리·구조 및 작업방법에 관한 사항
② 이상발생시 응급조치에 관한 사항
③ 안전시설 및 안전기준에 관한 사항
④ 조작방법 및 작업순서에 관한 사항

focus 본 교재 제 2과목 I. 10. 산업안전보건법상의 교육의 종류와 교육시간 및 교육내용 단원에서 내용확인

10. 아세틸렌발생기실의 설치장소에 관한 기준이다. 괄호에 알맞은 내용을 쓰시오.

(1) 발생기실은 건물의 (①)에 위치하여야 하며, 화기를 사용하는 설비로부터 (②)를 초과하는 장소에 설치하여야 한다.
(2) 발생기실을 옥외에 설치하는 경우에는 그 개구부를 다른 건축물로부터 (③) 이상 떨어지도록 하여야 한다.

해답 ① 최상층 ② 3미터 ③ 1.5미터

focus 본 교재 제4과목 I. 11. 아세틸렌 용접장치 및 가스집합용접장치의 방호장치 및 설치방법 단원에서 내용 확인

11. 재해율에 해당하는 강도율의 공식에서 괄호에 알맞은 내용을 쓰시오.(4점)

$$강도율 = \frac{(\ 1\ )}{연근로총시간수} \times (\ 2\ )$$

해답 ① 근로손실일수 ② 1,000

focus 본 교재 제1과목 III. 12. 재해율 단원에서 관련내용 확인

12. A회사의 제품은 10,000시간 동안 10개의 제품에 고장이 발생된다고 한다. 이 제품의 수명이 지수분포를 따른다고 할 경우 ① 고장율과 ② 900시간 동안 적어도 1개의 제품이 고장 날 확률을 구하시오

해답 ① 고장율

$$평균고장율(\lambda) = \frac{r(\text{그 기간중의 총고장수})}{T(\text{총동작시간})} = \frac{10}{10,000} = 0.001/\text{시간}$$

② 900시간 동안 적어도 1개의 제품이 고장날 확률

$$\text{고장확률} = 1 - R(t) = 1 - e^{-\lambda t} = 1 - e^{-(0.001 \times 900)} = 0.5934 = 0.59$$

focus 본 교재 제3과목 I. 6. 고장율 단원에서 관련된 내용 확인

13. 양중기에 사용하는 달기체인의 사용금지 기준을 3가지 쓰시오.

해답 ① 달기체인의 길이가 달기체인이 제조된 때의 길이의 5퍼센트를 초과한 것
② 링의 단면지름이 달기체인이 제조된 때의 해당 링의 지름의 10퍼센트를 초과하여 감소한 것
③ 균열이 있거나 심하게 변형된 것

focus 본 교재 제4과목 II. 4. 와이어로프 단원에서 관련내용 확인

14. 화학설비의 안전성평가 6단계를 순서대로 쓰시오.

해답 ① 제1단계 : 관계 자료의 정비 검토
② 제2단계 : 정성적 평가
③ 제3단계 : 정량적 평가
④ 제4단계 : 안전대책
⑤ 제5단계 : 재해정보에 의한 재평가
⑥ 제6단계 : FTA에 의한 재평가

focus 본 교재 제3과목 II. 12. 안전성 평가 단원에서 내용 확인

산업안전기사 실기 (필답형)
2020년 7월 25일 시행

1. 광전자식 방호장치가 설치된 프레스에서 급정지시간이 200ms인 경우 방호장치 설치 안전거리(mm)를 구하시오.

해답 ① $D = 1.6T$
  D : 안전거리(mm)
  T : 급정지시간[광선을 차단했을 때부터 슬라이드가 정지할 때까지의 시간(ms)]
② $D = 1.6 \times 200 = 320(\text{mm})$

focus 본 교재 제 4과목 I. 10. 프레스의 방호장치 및 설치방법 단원에서 내용확인

2. 공장의 연 평균 근로자수는 1500명이며 연간재해건수가 60건 발생하며 이중 사망이 2건, 근로손실일수가 1200일인 경우의 연천인율을 구하시오.

해답 ① 도수율 = $\dfrac{\text{재해건수}}{\text{년간총근로시간수}} \times 1{,}000{,}000 = \dfrac{60}{1500 \times 8 \times 300} \times 1{,}000{,}000 = 16.666$
② 연천인율 = 도수율 $\times 2.4 = 16.67 \times 2.4 = 40.01$

focus 본 교재 제1과목 III. 12. 재해율 단원에서 관련된 계산공식 확인

3. 연삭숫돌에 관한 다음 내용에서 빈칸을 채우시오.

> 사업주는 연삭숫돌을 사용하는 작업의 경우 작업을 시작하기 전에는 (①) 이상, 연삭숫돌을 교체한 후에는 (②) 이상 시험운전을 하고 해당 기계에 이상이 있는지를 확인하여야 한다.

해답 ① 1분 ② 3분

Tip 연삭숫돌의 안전기준
① 덮개의 설치 기준 : 직경이 50mm 이상인 연삭숫돌
② 작업 시작하기 전 1분 이상, 연삭 숫돌을 교체한 후 3분 이상 시운전
③ 시운전에 사용하는 연삭 숫돌은 작업시작 전 결함유무 확인후 사용
④ 연삭숫돌의 최고 사용회전속도 초과 사용금지
⑤ 측면을 사용하는 것을 목적으로 하는 연삭숫돌 이외의 연삭숫돌은 측면 사용금지

focus 본 교재(필기) 제3과목 02. I. 5. 연삭기 단원에서 내용확인

4. 양립성의 종류를 2가지 쓰고 사례를 들어 설명하시오.

   해답
   ① 운동 양립성 : 라디오의 볼륨을 올리기 위해 시계방향으로 조정장치를 움직이니 표시장치의 지침도 시계방향으로 움직이는 것 등
   ② 공간 양립성 : 가스버너에서 오른쪽에 있는 조절장치를 작동하니 오른쪽 조리대에 불이 들어오는 것. 왼쪽의 조작버튼을 누르면 왼쪽기계가 작동하는 것 등
   ③ 개념 양립성 : 정수기의 파란색 손잡이는 냉수에 해당하고 빨간색 손잡이는 온수에 해당하는 것 등

   focus 본 교재(필기) 제2과목 03. I. 9. 양립성 단원에서 내용확인

5. 산업안전보건법상 산업안전보건관련 교육과정별 교육에 있어 다음 교육대상에 대한 교육시간을 쓰시오.

   ① 안전보건관리책임자 신규교육
   ② 안전보건관리책임자 보수교육
   ③ 안전관리자 신규교육
   ④ 재해예방전문지도기관의 종사자 보수교육

   해답
   ① 6시간 이상
   ② 6시간 이상
   ③ 34시간 이상
   ④ 24시간 이상

   focus 본 교재(필기) 제1과목 07. I. 1. 근로자 정기안전 보건 교육 내용 단원에서 내용확인

6. 자율검사 프로그램의 인정을 취소하거나 인정받은 자율검사 프로그램의 내용에 따라 검사를 하도록 하는 등 개선을 명할 수 있는 경우를 2가지 쓰시오.
   (단, 거짓이나 그 밖의 부정한 방법으로 자율검사프로그램을 인정받은 경우는 제외)

   해답 인정취소 또는 개선을 명할 수 있는 경우
   ① 자율검사프로그램을 인정받고도 검사를 하지 아니한 경우
   ② 인정받은 자율검사프로그램의 내용에 따라 검사를 하지 아니한 경우
   ③ 자격을 가진 사람(안전에 관한 성능검사 교육을 이수하고 해당 분야의 실무 경험이 있는 사람) 또는 자율안전검사기관이 검사를 하지 아니한 경우

   focus 본 교재 제1과목 IV. 9. 안전검사 단원에서 관련내용 확인

7. 근로자가 통로를 걷다가 바닥의 기름에 미끄러져 넘어지면서 선반에 머리를 부딪혀 부상을 당했다. 다음에 해당하는 내용으로 재해를 분석하시오.

   ① 사고유형   ② 기인물   ③ 가해물

해답 ① 넘어짐(전도)　　② 기름　　③ 선반

focus 본 교재(필기) 제1과목 02. I. 4. 재해의 원인 분석 및 조사기법 단원에서 내용 확인

8. 안전 관리자를 정수 이상으로 증원·교체 임명할 수 있는 사유 3가지를 쓰시오.

해답 안전 관리자 증원 교체임명 대상 사업장
① 해당 사업장의 연간재해율이 같은 업종의 평균재해율의 2배 이상인 경우
② 중대재해가 연간 2건 이상 발생한 경우(다만, 해당 사업장의 전년도 사망만인율이 같은 업종의 평균 사망만인율 이하인 경우는 제외)
③ 관리자가 질병이나 그 밖의 사유로 3개월 이상 직무를 수행할 수 없게 된 경우
④ 화학적 인자로 인한 직업성질병자가 연간 3명 이상 발생한 경우

focus 본 교재 제1과목 I. 5. 안전관리자의 직무 단원에서 내용 확인

9. 접지 시스템의 구분 및 종류에 관한 다음사항에서 (　)에 알맞은 내용을 쓰시오.
가. 접지시스템은 (　①　), 보호접지, (　②　) 등으로 구분한다.
나. 접지시스템의 시설종류에는 단독접지, (　③　), (　④　)가 있다.

해답 ① 계통접지　　② 피뢰시스템 접지　　③ 공통접지　　④ 통합접지

focus 본 교재 제5과목 I. 10. 접지시스템 단원에서 관련내용 확인

10. 차광보안경의 사용목적에 따른 예를 3가지를 쓰시오.

해답 ① 유해한 자외선을 차단
② 열작업에서 발생하는 적외선을 차단
③ 강열한 가시광선을 약하게 하여 광원의 상태를 관측가능하게 함

11. 타워 크레인의 작업 중지에 관한 사항이다. 빈칸에 알맞은 내용을 쓰시오.

- 운전작업을 중지하여야 하는 순간풍속 (　①　)m/s
- 설치, 수리, 점검 또는 해체작업 중지하여야 하는 순간풍속 (　②　)m/s

해답 ① 15　　② 10

focus 본 교재 제 6과목 I. 8. 건설용 양중기 단원에서 관련내용 확인

12. 다음 FT도에서 최소컷셋((Minimal cut set)을 구하시오.

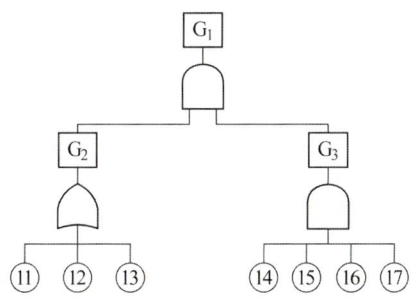

해답

$G_1 \to G_2\ G_3 \to \begin{matrix} 11G_3 \\ 12G_3 \\ 13G_3 \end{matrix} \to \begin{matrix} 11\ 14\ 15\ 16\ 17 \\ 12\ 14\ 15\ 16\ 17 \\ 13\ 14\ 15\ 16\ 17 \end{matrix}$

그러므로, 최소컷셋은 (11, 14, 15, 16, 17) (12, 14, 15, 16, 17) (13, 14, 15, 16, 17)

focus 본 교재 제3과목 Ⅱ. 시스템 위험분석 11. 미니멀 컷과 미니멀 패스 단원에서 내용확인

13. 낙하물 방지망 또는 방호선반 설치 시 준수사항이다. 괄호에 알맞은 내용을 쓰시오.

> 1. 설치 높이는 (①) m 이내마다 설치하고, 내민 길이는 벽면으로부터 (②) m 이상으로 할 것
> 2. 수평면과의 각도는 (③)도 이상 (④)도 이하를 유지할 것

해답 ① 10 ② 2 ③ 20 ④ 30

focus 본 교재 제6과목 Ⅰ. 13. 낙하·비래의 위험방지 및 안전조치 단원에서 내용 확인

14. 가스폭발 위험장소 또는 분진폭발 위험장소에 설치되는 건축물 등에 대해서는 산업안전보건법에서 정하고 있는 해당하는 부분을 내화구조로 하여야 하며, 그 성능이 항상 유지될 수 있도록 점검·보수 등 적절한 조치를 하여야 한다. 여기에 해당하는 부분을 2가지 쓰시오.

해답
① 건축물의 기둥 및 보 : 지상 1층(지상 1층의 높이가 6m를 초과하는 경우에는 6m)까지
② 위험물 저장·취급용기의 지지대(높이가 30cm 이하인 것은 제외) : 지상으로부터 지지대의 끝부분까지
③ 배관·전선관 등의 지지대 : 지상으로부터 1단(1단의 높이가 6m를 초과하는 경우에는 6m)까지

focus 본 교재 제5과목 Ⅱ. 10. 폭발의 방호방법 단원에서 관련 내용 확인

산업안전기사 실기 (필답형)
2020년 10월 17일 시행

1. 산업안전보건법령상 사업주가 실시해야하는 관리감독자 안전보건교육 중 채용시 교육 및 작업내용 변경시 교육내용을 4가지 쓰시오.

> **해답**
> ① 산업안전 및 사고 예방에 관한 사항
> ② 산업보건 및 직업병 예방에 관한 사항
> ③ 위험성평가에 관한 사항
> ④ 산업안전보건법령 및 산업재해보상보험 제도에 관한 사항
> ⑤ 직무스트레스 예방 및 관리에 관한 사항
> ⑥ 직장 내 괴롭힘, 고객의 폭언 등으로 인한 건강장해 예방 및 관리에 관한 사항
> ⑦ 기계·기구의 위험성과 작업의 순서 및 동선에 관한 사항
> ⑧ 작업 개시 전 점검에 관한 사항
> ⑨ 물질안전보건자료에 관한 사항
> ⑩ 사업장 내 안전보건관리체제 및 안전·보건조치 현황에 관한 사항
> ⑪ 표준안전 작업방법 결정 및 지도·감독 요령에 관한 사항
> ⑫ 비상시 또는 재해 발생 시 긴급조치에 관한 사항
> ⑬ 그 밖의 관리감독자의 직무에 관한 사항
>
> **Tip** 2023년 법령개정. 문제 및 해답은 개정된 내용 적용.
>
> **focus** 본 교재 제2과목 I. 10. 산업안전보건법상의 교육의 종류와 교육시간 및 교육내용 단원에서 내용 확인

2. 사업주는 해당 화학설비 또는 그 부속설비의 용도를 변경하는 경우(사용하는 원재료의 종류를 변경하는 경우를 포함한다) 해당 설비를 사용하기 전 점검해야 할 사항을 3가지 쓰시오.

> **해답**
> ① 그 설비 내부에 폭발이나 화재의 우려가 있는 물질이 있는지의 여부
> ② 안전밸브·긴급차단장치 및 그 밖의 방호장치 기능의 이상 유무
> ③ 냉각장치·가열장치교반장치·압축장치·계측장치 및 제어장치 기능의 이상 유무

3. 연삭숫돌에 관한 다음 내용에서 빈칸을 채우시오.

> 사업주는 연삭숫돌을 사용하는 작업의 경우 작업을 시작하기 전에는 (①) 이상, 연삭숫돌을 교체한 후에는 (②) 이상 시험운전을 하고 해당 기계에 이상이 있는지를 확인하여야 한다.

> **해답** ① 1분 ② 3분
>
> **focus** 본 교재(필기) 제3과목 02. I. 5. 연삭기 단원에서 관련된 내용 확인

4. 다음 FT도에서 최소 컷셋(Minimal cut set)을 구하시오.

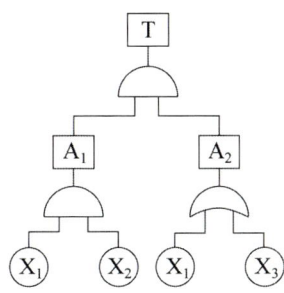

해답 미니멀 컷셋(cut sets)

$$T \to A_1 A_2 \to X_1 X_2 A_2 \to \begin{matrix} X_1 X_2 X_1 \\ X_1 X_2 X_3 \end{matrix}$$

그러므로, 미니멀 컷셋은 (X_1, X_2)

focus 본 교재 제 3과목 II. 11. 미니멀 컷과 미니멀 패스 단원에서 내용 확인

5. A 사업장의 근무 및 재해발생 현황이 다음과 같을 때, 이 사업장의 종합재해지수를 구하시오.

|보기| · 평균 근로자수 : 400명
· 년간 재해발생건수 : 80건
· 재해자수 : 100명
· 근로손실일수 : 800일
· 근로시간 : 1일 8시간, 연간 280일 근무

해답 종합재해지수 $FSI = \sqrt{도수율(F.R) \times 강도율(S.R)}$

① 도수율(F.R) = $\dfrac{재해건수}{연근로시간수} \times 1,000,000 = \dfrac{80}{400 \times 8 \times 280} \times 10^6 = 89.286$

② 강도율(S.R) = $\dfrac{근로손실일수}{연근로시간수} \times 1,000 = \dfrac{800}{400 \times 8 \times 280} \times 1,000 = 0.893$

③ 종합재해지수(FSI) = $\sqrt{89.286 \times 0.893} = 8.929 = 8.93$

focus 본 교재 제1과목 III. 12. 재해율 단원에서 관련된 내용 확인

6. 건물의 해체작업 시 작업계획에 포함되어야 하는 사항을 4가지 쓰시오.

해답 작업계획에 포함 사항
① 해체의 방법 및 해체순서도면
② 가설설비·방호설비·환기설비 및 살수·방화설비 등의 방법
③ 사업장 내 연락방법
④ 해체물의 처분계획

⑤ 해체작업용 기계·기구 등의 작업계획서
⑥ 해체작업용 화약류 등의 사용계획서
⑦ 그 밖에 안전·보건에 관련된 사항

focus 본 교재(필기) 제6과목 03. I. 2. 해체용 기구의 취급안전 단원에서 내용 확인

7. 산업안전보건법 상 프레스를 사용하여 작업을 할 때의 작업시작 전 점검사항을 2가지를 쓰시오.

해답
① 클러치 및 브레이크의 기능
② 크랭크축·플라이휠·슬라이드·연결봉 및 연결나사의 풀림유무
③ 1행정 1정지기구·급정지장치 및 비상정지장치의 기능
④ 슬라이드 또는 칼날에 의한 위험방지 기구의 기능
⑤ 프레스의 금형 및 고정볼트 상태
⑥ 방호장치의 기능
⑦ 전단기의 칼날 및 테이블의 상태

focus 본 교재 제1과목 IV. 8. 작업시작전 점검사항 단원에서 관련내용 확인

8. 굴착공사에서 발생할 수 있는 보일링현상 방지대책을 3가지만 쓰시오.
(단, 원상매립, 또는 작업의 중지를 제외함)

해답
① 주변수위를 저하시킨다.(deep well 공법 등)
② 흙막이벽 근입도를 증가하여 동수구배를 저하시킨다.
③ 약액주입에 의한 지수벽 또는 지수층을 설치하여 침투류의 발생을 방지
④ 터파기한 바닥을 밀실하게 다져(지반 개량) 지하수가 용출되지 않도록 하는 방법 등

Tip 보일링(Boiling)이라 함은 사질토 지반에서 굴착저면과 흙막이 배면과의 수위차이로 인해 굴착저면의 흙과 물이 함께 위로 솟구쳐 오르는 현상을 말한다.

focus 본 교재 제6과목 I. 16. 토사 붕괴 위험성 및 안전조치 단원에서 관련내용 확인

9. 누전에 의한 감전위험을 방지하기 위하여 해당 전로의 정격에 적합하고 감도가 양호하며 확실하게 작동하는 감전방지용 누전차단기를 설치하여야 하는 전기 기계·기구를 3가지 쓰시오.

해답
① 대지전압이 150볼트를 초과하는 이동형 또는 휴대형 전기기계·기구
② 물 등 도전성이 높은 액체가 있는 습윤장소에서 사용하는 저압(1.5천볼트 이하 직류전압이나 1천볼트 이하의 교류전압)용 전기기계·기구
③ 철판·철골 위 등 도전성이 높은 장소에서 사용하는 이동형 또는 휴대형 전기기계·기구
④ 임시배선의 전로가 설치되는 장소에서 사용하는 이동형 또는 휴대형 전기기계·기구

focus 본 교재 제5과목 I. 6. 누전차단기 단원에서 관련내용 확인

10. 소음원으로부터 20m 떨어진 곳에서의 음압수준이 100dB이라면 동일한 기계에서 200m 떨어진 곳에서의 음압수준은 얼마인가?

해답 d_1에서 I_1의 단위면적당 출력을 갖는 음은 거리 d_2에서는

$$dB_2 = dB_1 - 20\log\left(\frac{d_2}{d_1}\right)$$

그러므로, $dB_2 = 100 - 20\log\left(\frac{200}{20}\right) = 80(\text{dB})$

focus 본 교재 (필기) 제2과목 02. II. 1. 청각과정 단원에서 내용확인

11. 유해·위험 방지를 위한 방호조치를 하지 아니하고는 양도·대여·설치·사용하거나, 양도·대여를 목적으로 진열해서는 아니 되는 기계·기구를 2가지 쓰시오.

해답
① 예초기   ② 원심기
③ 공기압축기 ④ 금속절단기
⑤ 지게차   ⑥ 포장기계(진공포장기, 래핑기로 한정)

Tip 기계·기구와 해당 방호장치
① 예초기 : 날접촉예방장치
② 원심기 : 회전체 접촉 예방장치
③ 공기압축기 : 압력방출장치
④ 금속절단기 : 날접촉예방장치
⑤ 지게차 : 헤드가드, 백레스트, 전조등, 후미등, 안전벨트
⑥ 포장기계(진공포장기, 래핑기로 한정) : 구동부 방호 연동장치

focus 본 교재 제 4과목 I. 9. 산업안전보건법상 유해위험 기계기구 단원에서 관련내용 확인

12. 아세틸렌 용접장치의 안전기 설치에 관한 사항이다. 안전기 설치 위치에 관한 괄호 안에 들어갈 내용을 쓰시오.

- 사업주는 아세틸렌 용접장치의 (①) 마다 안전기를 설치하여야 한다. 다만, (②) 및 (①)에 가장 가까운 분기관마다 안전기를 부착한 경우에는 그렇지 않다.
- 사업주는 가스용기가 발생기와 분리되어 있는 아세틸렌 용접장치에 대하여 (③)사이에 안전기를 설치하여야 한다.

해답
① 취관
② 주관
③ 발생기와 가스용기

focus 본 교재 제4과목 I. 11. 아세틸렌 용접장치 및 가스집합용접장치의 방호장치 및 설치방법 단원에서 내용확인

13. Fool proof의 대표적인 기구를 3가지 쓰시오.

해답
① 가드(Guard)
② 록기구(Lock기구)
③ 오버런기구(Overun기구)
④ 트립 기구(Trip 기구)
⑤ 밀어내기기구(Push&Pull 기구)
⑥ 기동방지 기구

focus 본 교재 제4과목 I. 4. Fool proof 단원에서 관련내용 확인

14. 내전압용 절연장갑 성능기준에 있어 각 등급에 대한 최대 사용전압을 쓰시오.

등급	교류(V, 실효값)	직류(V)
00	500	①
0	②	1500
1	7500	11250
2	17000	25500
3	26500	39750
4	③	④

해답 ① 750 ② 1000 ③ 36000 ④ 54000

Tip 등급별 색상

등급	00	0	1	2	3	4
색상	갈색	빨강색	흰색	노랑색	녹색	등색

focus 본 교재(필기) 제 1과목 03. II. 2. 보호구의 종류별 특성 단원에서 내용 확인

산업안전기사 실기 (필답형)
2020년 11월 14일 시행

1. 안전보건표지의 종류에서 응급구호 표지를 그리고 관련색상을 쓰시오.
   (단, 색상 표시는 글자로 나타내도록 하고, 크기에 대한 기준은 표시하지 않아도 된다)

   해답 응급구호 표지(바탕은 녹색, 관련부호 및 그림은 흰색)

   focus 본 교재 제2과목 II. 8. 무재해 운동과 위험예지훈련 3) 안전보건 표지 단원에서 관련내용 확인

2. 다음 내용에 가장 적합한 위험분석기법을 (보기)에서 골라 한가지씩만 쓰시오.

[보기]	① FMEA	② FHA	③ THERP	④ ETA
	⑤ MORT	⑥ PHA	⑦ FTA	⑧ HAZOP

   (1) 모든 요소의 고장을 형태별로 분석하여 그 영향을 검토하는 기법
   (2) 인간과오를 정량적으로 평가하기위한 기법
   (3) 초기사상의 고장영향에 의해 사고나 재해를 발전해 나가는 과정을 분석하는 기법
   (4) 결함수법이라 하며 재해발생을 연역적, 정량적으로 해석. 예측할 수 있는 기법

   해답 (1) ① FMEA (2) ③ THERP (3) ④ ETA (4) ⑦ FTA

   focus focus 본 교재 제 3과목 II. 시스템 위험분석 단원에서 관련내용 확인

3. 다음에 해당하는 방폭구조의 기호를 쓰시오.(2점)

① 내압방폭구조	② 충전방폭구조

   해답 ① Ex d   ② Ex q

   Tip 방폭구조의 기호

내압 방폭구조	압력 방폭구조	유입 방폭구조	안전증 방폭구조	특수 방폭구조	본질안전 방폭구조	몰드 방폭구조	충전 방폭구조	비점화 방폭구조
d	p	o	e	s	i(ia,ib)	m	q	n

   focus 본 교재 제5과목 I. 18. 방폭구조의 기호 단원에서 관련내용 확인

4. 관리대상 유해물질을 취급하는 작업장에 게시해야 할 사항을 5가지 쓰시오.

   해답 ① 관리대상 유해물질의 명칭
   ② 인체에 미치는 영향
   ③ 취급상 주의사항
   ④ 착용하여야 할 보호구
   ⑤ 응급조치와 긴급 방재 요령

   focus 본 교재(필기) 제5과목 01. II. 4. 유해화학물질 취급 시 주의사항 단원에서 내용확인

5. 연평균근로자 500명이 작업하는 사업장에서 3건의 재해가 발생하였다. 연근로시간 3,000시간일 때 도수율을 구하시오.

   해답 $도수율 = \dfrac{재해건수}{연간총근로시간수} \times 1,000,000 = \dfrac{3}{500 \times 3000} \times 10^6 = 2$

   focus 본 교재 제1과목 III. 12. 재해율 단원에서 관련내용 확인

6. 산업안전보건법상 유해·위험 방지를 위한 방호조치를 해야만 하는 다음 보기의 기계·기구에 설치해야할 방호장치를 쓰시오.

   |보기| ① 예초기   ② 원심기
         ③ 공기압축기 ④ 금속절단기
         ⑤ 지게차   ⑥ 포장기계(진공포장기, 래핑기로 한정)

   해답 ① 예초기 : 날접촉예방장치
   ② 원심기 : 회전체 접촉 예방장치
   ③ 공기압축기 : 압력방출장치
   ④ 금속절단기 : 날접촉예방장치
   ⑤ 지게차 : 헤드가드, 백레스트, 전조등, 후미등, 안전밸트
   ⑥ 포장기계(진공포장기, 랩핑기로 한정) : 구동부 방호 연동장치

   focus 본 교재 제 4과목 I. 9. 산업안전보건법상 유해위험 기계기구 단원에서 내용확인

7. 산업안전보건법에서 정하고 있는 설비에 대해서는 폭발을 방지하기 위하여 폭발 방지 성능과 규격을 갖춘 안전밸브 또는 파열판을 설치하여야 한다. 이때 파열판을 설치해야 하는 경우를 2가지를 쓰시오.

   해답 ① 반응 폭주 등 급격한 압력 상승 우려가 있는 경우
   ② 급성 독성물질의 누출로 인하여 주위의 작업환경을 오염시킬 우려가 있는 경우
   ③ 운전 중 안전밸브에 이상 물질이 누적되어 안전밸브가 작동되지 아니할 우려가 있는 경우

   focus 본 교재 제5과목 II. 14. 화학설비의 안전장치 종류 단원에서 내용 확인

8. 산업안전보건법령상 사업주가 근로자에게 실시해야하는 근로자 안전보건교육 중 채용시 교육 및 작업내용 변경시 교육내용을 4가지 쓰시오.

   해답
   ① 산업안전 및 사고 예방에 관한 사항
   ② 산업보건 및 직업병 예방에 관한 사항
   ③ 위험성 평가에 관한 사항
   ④ 산업안전보건법령 및 산업재해보상보험 제도에 관한 사항
   ⑤ 직무스트레스 예방 및 관리에 관한 사항
   ⑥ 직장 내 괴롭힘, 고객의 폭언 등으로 인한 건강장해 예방 및 관리에 관한 사항
   ⑦ 기계·기구의 위험성과 작업의 순서 및 동선에 관한 사항
   ⑧ 작업 개시 전 점검에 관한 사항
   ⑨ 정리정돈 및 청소에 관한 사항
   ⑩ 사고 발생 시 긴급조치에 관한 사항
   ⑪ 물질안전보건자료에 관한 사항

   Tip 2023년 법령개정. 문제 및 해답은 개정된 내용 적용.

   focus 본 교재 제2과목 I. 10. 산업안전보건법상의 교육의 종류와 교육시간 및 교육내용 단원에서 내용확인

9. 정전기에 의한 화재 또는 폭발 등의 위험을 방지하기 위한 정전기 발생 방지대책을 3가지 쓰시오. (단, 보호구 착용은 제외)

   해답 정전기로 인한 화재 폭발 방지
   ① 확실한 방법으로 접지
   ② 도전성 재료 사용
   ③ 가습(60~70% 정도)
   ④ 점화원이 될 우려가 없는 제전장치 사용
   ⑤ 대전방지제 사용

   focus 본 교재 제5과목 I. 14. 정전기 발생과 안전대책 단원에서 관련내용 확인

10. 상시근로자 400명이 작업하는 어느 사업장에서 년간 재해자수 10명이 발생하였으며, 총근로손실일수가 100일이었다. 강도율을 구하시오.(단, 근로시간은 1일 8시간, 년간 250일 근로)

    해답 강도율

    $$강도율(S.R) = \frac{근로손실일수}{연간총근로시간수} \times 1,000$$

    $$강도율 = \frac{100}{400 \times 8 \times 250} \times 1,000 = 0.125 ≒ 0.13$$

    focus 본 교재 제1과목 III. 12. 재해율 단원에서 관련내용 확인

11. 타워크레인의 설치·조립·해체작업시 작업계획서 작성에 포함되어야할 사항을 4가지 쓰시오.

해답
① 타워크레인의 종류 및 형식
② 설치·조립 및 해체순서
③ 작업도구·장비·가설설비 및 방호설비
④ 작업인원의 구성 및 작업근로자의 역할범위
⑤ 타워크레인의 지지 규정에 의한 지지방법

focus 본 교재 제6과목 I. 8. 건설용 양중기 단원에서 관련된 내용 확인

12. 작업발판 일체형 거푸집의 종류를 4가지 쓰시오.

해답
① 갱 폼(gang form)
② 슬립 폼(slip form)
③ 클라이밍 폼(climbing form)
④ 터널 라이닝 폼(tunnel lining form)
⑤ 그 밖에 거푸집과 작업발판이 일체로 제작된 거푸집 등

focus 본 교재(필기) 제6과목 05. V. 3. 거푸집 동바리의 조립 시 안전조치 사항 단원에서 내용확인

13. 다음 FT도에서 컷셋(cut set)을 모두 구하시오.

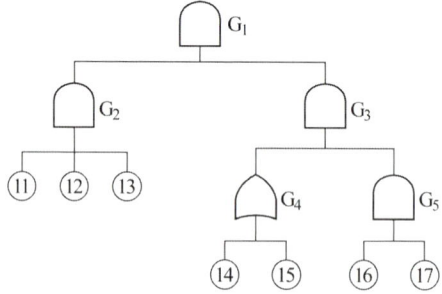

해답
$G_1 \rightarrow G_2\ G_3 \rightarrow 11\ 12\ 13\ G_3 \rightarrow 11\ 12\ 13\ G_4\ G_5 \rightarrow \begin{matrix} 11\ 12\ 13\ 14\ G_5 \\ 11\ 12\ 13\ 15\ G_5 \end{matrix} \rightarrow \begin{matrix} 11\ 12\ 13\ 14\ 16\ 17 \\ 11\ 12\ 13\ 15\ 16\ 17 \end{matrix}$

그러므로,
(11, 12, 13, 14, 16, 17)
(11, 12, 13, 15, 16, 17)

focus 본 교재 제3과목 II. 시스템 위험분석 11. 미니멀 컷과 미니멀 패스 단원에서 관련내용 확인

14. 아세틸렌용접장치에 관한 다음 내용에서 ( )에 알 맞은 내용을 넣으시오.

사업주는 아세틸렌 용접장치를 사용하여 금속의 용접·용단 또는 가열작업을 하는 경우에 다음 각호의 사항을 준수해야 한다.

1. 발생기(이동식 아세틸렌 용접장치의 발생기는 제외한다)의 (①), (②), (③), 매 시 평균 가스발생량 및 1회 카바이드 공급량을 발생기실 내의 보기 쉬운 장소에 게시할 것
2. 발생기실에는 관계 근로자가 아닌 사람이 출입하는 것을 금지할 것
3. 발생기에서 (④) 이내 또는 발생기실에서 (⑤) 이내의 장소에서는 흡연, 화기의 사용 또는 불꽃이 발생할 위험한 행위를 금지시킬 것

해답 ① 종류   ② 형식   ③ 제작업체명   ④ 5미터   ⑤ 3미터

focus 본 교재(필기) 제3과목 04. III. 3. 가스용접작업의 안전 단원에서 내용확인

산업안전기사 실기 (필답형)
2021년 4월 25일 시행

1. 용접작업을 하는 작업자가 전압이 300V인 충전부분에 물에 젖은 손으로 접촉하여 감전으로 인한 심실세동을 일으켰다. 이때 인체에 흐른 심실세동전류[mA]와 통전시간[ms]을 구하시오.(단, 인체의 저항은 1,000Ω으로 한다.)

    해답 물에 젖을 경우 저항이 1/25로 감소하므로
    ① 전류 $(I) = \dfrac{V}{R} = \dfrac{300}{1,000 \times \dfrac{1}{25}} \times 1,000 = 7,500 [mA]$

    ② 시간 : $7,500 mA = \dfrac{165}{\sqrt{T}}$ ∴ $\sqrt{T} = 0.022$
    따라서, $T = 0.000484[초] = 0.48[ms]$

    focus 본 교재 제5과목 I. 2. 통전전류가 인체에 미치는 영향 단원에서 관련내용 확인

2. 산업안전보건법령상 사업주가 실시해야하는 관리감독자 안전보건교육 중 채용시 교육 및 작업내용 변경시 교육내용을 4가지 쓰시오.

    해답
    ① 산업안전 및 사고 예방에 관한 사항
    ② 산업보건 및 직업병 예방에 관한 사항
    ③ 위험성평가에 관한 사항
    ④ 산업안전보건법령 및 산업재해보상보험 제도에 관한 사항
    ⑤ 직무스트레스 예방 및 관리에 관한 사항
    ⑥ 직장 내 괴롭힘, 고객의 폭언 등으로 인한 건강장해 예방 및 관리에 관한 사항
    ⑦ 기계·기구의 위험성과 작업의 순서 및 동선에 관한 사항
    ⑧ 작업 개시 전 점검에 관한 사항
    ⑨ 물질안전보건자료에 관한 사항
    ⑩ 사업장 내 안전보건관리체제 및 안전·보건조치 현황에 관한 사항
    ⑪ 표준안전 작업방법 결정 및 지도·감독 요령에 관한 사항
    ⑫ 비상시 또는 재해 발생 시 긴급조치에 관한 사항
    ⑬ 그 밖의 관리감독자의 직무에 관한 사항

    Tip 2023년 법령개정. 문제 및 해답은 개정된 내용 적용.

    focus 본 교재 제2과목 I. 10. 산업안전보건법상의 교육의 종류와 교육시간 및 교육내용 단원에서 내용확인

3. 공사용 가설도로를 설치하는 경우 사업주가 준수해야할 사항 3가지를 쓰시오.

    해답 가설도로 및 우회로의 설치시 준수사항
    ① 도로는 장비 및 차량이 안전하게 운행할 수 있도록 견고하게 설치할 것
    ② 도로와 작업장이 접하여 있을 경우에는 울타리등을 설치할 것
    ③ 도로는 배수를 위하여 경사지게 설치하거나 배수시설을 설치할 것
    ④ 차량의 속도제한 표지를 부착할 것

focus 본 교재(필기) 제 6과목 05. II. 1. 건설통로의 종류 및 설치시 준수사항 단원에서 관련내용 확인

4. 평균근로자 300명이 작업하는 사업장에서 1일 8시간, 년간 300일 근로하는 경우 한해 동안 사망 2명, 장해등급 4급 1명, 10급 1명, 기타 휴업일수가 300일 발생한 경우 강도율을 계산하시오.(단, 근로손실일수는 사망 : 7500일, 4급 : 5500일, 10급 : 600일)

해답 강도율$(S.R) = \dfrac{근로손실일수}{연간총근로시간수} \times 1{,}000$

$= \dfrac{(7{,}500 \times 2) + 5500 + 600 + \left(300 \times \dfrac{300}{365}\right)}{300 \times 8 \times 300} \times 1{,}000 = 29.65$

focus 본 교재 제1과목 III. 12. 재해율 단원에서 관련내용 참고

5. 산업안전보건법상 가설통로 설치 시 준수해야 할 사항이다. ( )에 알맞은 내용을 쓰시오.

> (1) 경사가 (①)도를 초과하는 때에는 미끄러지지 아니하는 구조로 할 것.
> (2) 수직갱에 가설된 통로의 길이가 15m 이상인 때에는 (②)m 이내마다 계단참을 설치할 것.
> (3) 건설공사에 사용하는 높이 8m 이상인 비계다리에는 (③)m 이내마다 계단참을 설치할 것.

해답 ① 15   ② 10   ③ 7

focus 본 교재 제6과목 I. 20. 가설계단 단원에서 내용 확인

6. 보호구 안전인증 고시에 따른 방진마스크의 시험성능기준을 5가지 쓰시오.

해답
① 안면부 흡기저항   ② 여과재 분진등 포집효율
③ 안면부 배기저항   ④ 안면부 누설율
⑤ 배기밸브 작동   ⑥ 시야
⑦ 강도, 신장율 및 영구변형율   ⑧ 불연성
⑨ 음성전달판   ⑩ 투시부의내충격성
⑪ 여과재 질량   ⑫ 여과재 호흡저항
⑬ 안면부 내부의 이산화탄소농도

7. 사업주는 인체에 해로운 분진, 흄(fume), 미스트(mist), 증기 또는 가스 상태의 물질을 배출하기 위하여 설치하는 국소배기장치의 후드설치시 기준을 4가지 쓰시오.

해답
① 유해물질이 발생하는 곳마다 설치할 것
② 유해인자의 발생형태와 비중, 작업방법 등을 고려하여 해당 분진등의 발산원을 제어할 수 있는 구조로 설치할 것
③ 후드(hood) 형식은 가능하면 포위식 또는 부스식 후드를 설치할 것
④ 외부식 또는 리시버식 후드는 해당 분진등의 발산원에 가장 가까운 위치에 설치할 것

Tip 덕트의 설치 기준
① 가능하면 길이는 짧게 하고 굴곡부의 수는 적게 할 것
② 접속부의 안쪽은 돌출된 부분이 없도록 할 것
③ 청소구를 설치하는 등 청소하기 쉬운 구조로 할 것
④ 덕트 내부에 오염물질이 쌓이지 않도록 이송속도를 유지할 것
⑤ 연결부위 등은 외부공기가 들어오지 않도록 할 것

focus 본 교재 제5과목 III. 2. 배기 및 환기 단원에서 관련내용 확인

---

8. 롤러기의 방호장치인 급정지장치 조작부 설치위치에 관한 다음 사항에서 ( )안에 알맞은 내용을 쓰시오.

손 조작식	밑면으로부터 (①)
복부 조작식	밑면으로부터 (②)
무릎 조작식	밑면으로부터 (③)

해답 ① 1.8m 이내   ② 0.8m 이상 1.1m 이내   ③ 0.6m 이내

focus 본 교재 제4과목 I. 14. 롤러기의 방호장치 및 설치방법 단원에서 관련된 내용 확인

---

9. FTA에 의한 재해사례연구순서 4단계를 쓰시오.

해답
① 제1단계 : 톱 사상의 선정
② 제2단계 : 사상마다 재해원인·요인의 규명
③ 제3단계 : FT도의 작성
④ 제4단계 : 개선계획의 작성

focus 본 교재 제3과목 II. 9. FTA에 의한 재해사례연구순서 단원에서 확인

---

10. 산업안전보건법상 작업장의 조도기준에 관한 다음 사항에서 ( )에 알맞은 내용을 쓰시오.

초정밀작업	정밀작업	보통 작업	그 밖의 작업
(①)Lux 이상	(②)Lux 이상	(③)Lux 이상	(④)Lux 이상

해답 ① 750   ② 300   ③ 150   ④ 75

focus 본 교재 제3과목 I. 18. 조도 단원에서 내용 확인

11. 산업안전보건법상 노사협의체의 설치대상 사업 1가지와 노사협의체의 운영에 있어 정기회의의 개최 주기를 쓰시오.

해답
① 설치대상 사업 : 공사금액 120억원(건설기본법 시행령에 따른 토목공사업은 150억원)이상인 건설업
② 정기회의 : 2개월 마다 노사 협의체의 위원장이 소집

focus 본 교재 제 8과목 I. 1. 도급사업에 있어서의 안전조치 단원에서 관련내용 확인

12. 산업안전보건법상 공정안전보고서에 포함되어야 할 내용을 4가지 쓰시오.

해답
① 공정 안전 자료
② 공정 위험성 평가서
③ 안전 운전 계획
④ 비상조치 계획

focus 본 교재 제8과목 I. 4. 공정안전보고서 단원에서 관련내용 확인

13. 연삭작업시 숫돌의 파괴원인을 4가지 쓰시오.

해답
① 숫돌의 회전 속도가 너무 빠를 때
② 숫돌 자체에 균열이 있을 때
③ 숫돌에 과대한 충격을 가할 때
④ 숫돌의 측면을 사용하여 작업할 때
⑤ 숫돌의 불균형이나 베어링 마모에 의한 진동이 있을 때
⑥ 숫돌 반경 방향의 온도 변화가 심할 때
⑦ 플랜지가 현저히 작을 때
⑧ 작업에 부적당한 숫돌을 사용할 때
⑨ 숫돌의 치수가 부적당할 때

focus 본 교재 제4과목 I. 16. 연삭숫돌의 파괴원인 단원에서 관련내용 확인

14. 재해발생에 관련된 이론 중 하인리히의 도미노 이론 5단계, 아담스의 이론 5단계를 쓰시오.

해답
(1) 하인리히의 도미노 이론
　① 제1단계 : 사회적 환경 및 유전적 요인　② 제2단계 : 개인적 결함
　③ 제3단계 : 불안전한 행동 및 상태　　　 ④ 제4단계 : 사고
　⑤ 제5단계 : 상해(재해)
(2) 아담스의 이론
　① 제1단계 : 관리구조　　　　　　　　　 ② 제2단계 : 작전적 에러
　③ 제2단계 : 전술적 에러　　　　　　　　 ④ 제4단계 : 사고
　⑤ 제5단계 : 상해 또는 손해

focus 본 교재(필기) 제 1과목 01. I. 2. 안전관리 제이론 단원에서 관련내용 확인

산업안전기사 실기 (필답형)
2021년 7월 10일 시행

1. 연삭기 덮개의 시험방법 중 작동시험에 관련된 다음 사항의 ( )에 알맞은 내용을 쓰시오.

   가. 연삭(①)과 덮개의 접촉여부
   나. 탁상용 연삭기는 덮개, (②) 및 (③) 부착상태의 적합성 여부

   해답 ① 숫돌   ② 워크레스트   ③ 조정편

2. 다음의 그림을 보고 전체의 신뢰도를 0.85로 설계하고자 할 때 부품 Rx의 신뢰도를 구하시오.

   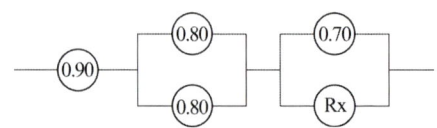

   해답
   $0.85 = 0.90 \times \{1-(1-0.80)(1-0.80) \times 1-(1-0.70)(1-\text{Rx})\}$
   $0.85 = 0.9 \times (1-0.04) \times \{1-(0.3)(1-\text{Rx})\}$
   $\dfrac{0.85}{0.9 \times 0.96} = 1 - 0.3 + 0.3\text{Rx}$
   $0.3\text{Rx} = \dfrac{0.85}{0.864} - 0.7$
   $\text{Rx} = 0.945 ≒ 0.95$

   focus 본 교재 제3과목 I. 5. 신뢰도 단원에서 관련내용 참고

3. 다음 보기와 같은 경우 계상해야 할 산업안전보건관리비는 얼마인가?

   |보기| ① 건축공사   ② 낙찰률 70%   ③ 재료비 25억
   ④ 관급재료비 3억   ⑤ 직접노무비 10억

   해답
   ① 안전관리비의 대상액
      안전관리비 대상액 = (공사원가 계산서에서 정하는) 재료비 + 직접노무비
   ② 계상기준(대상액이 5억원 이상 50억원 미만일 경우)
      대상액 × 계상기준표의 비율(1.86%) + 기초액(5,349,000원)
   ③ {(25억+3억+10억)×0.0186} + 5,349,000 = 76,029,000
   ④ {(25억+10억)×0.0186 + 5,349,000}×1.2 = 84,538,800
   ⑤ 관급재료비를 대상액에 포함하여 계상한 안전관리비는 관급재료비를 포함하지 않은 대상액을 기준으로 계상한 안전관리비의 1.2배를 초과할수 없으므로
      계상해야 할 산업안전보건관리비는 76,029,000원

Tip 2023년 법령개정. 문제 및 해답은 개정된 내용 적용.

focus 본 교재 제6과목 I. 4. 산업안전보건관리비 단원에서 내용 확인

4. 산업안전보건법령상 사업주가 실시해야하는 관리감독자 안전보건교육 중 정기교육의 내용을 4가지 쓰시오.

해답
① 산업안전 및 사고 예방에 관한 사항
② 산업보건 및 직업병 예방에 관한 사항
③ 위험성평가에 관한 사항
④ 유해·위험 작업환경 관리에 관한 사항
⑤ 산업안전보건법령 및 산업재해보상보험 제도에 관한 사항
⑥ 직무스트레스 예방 및 관리에 관한 사항
⑦ 직장 내 괴롭힘, 고객의 폭언 등으로 인한 건강장해 예방 및 관리에 관한 사항
⑧ 작업공정의 유해·위험과 재해 예방대책에 관한 사항
⑨ 사업장 내 안전보건관리체제 및 안전·보건조치 현황에 관한 사항
⑩ 표준안전 작업방법 결정 및 지도·감독 요령에 관한 사항
⑪ 현장근로자와의 의사소통능력 및 강의능력 등 안전보건교육 능력 배양에 관한 사항
⑫ 비상시 또는 재해 발생 시 긴급조치에 관한 사항
⑬ 그 밖의 관리감독자의 직무에 관한 사항

Tip 2023년 법령개정. 문제 및 해답은 개정된 내용 적용.

focus 본 교재 제2과목 I. 10. 산업안전보건법상의 교육의 종류와 교육시간 및 교육내용 단원에서 확인

5. 하인리히의 재해구성 비율 1 : 29 : 300의 법칙에 대해 설명하시오.

해답 하인리히의 재해구성 비율(1 : 29 : 300의 법칙)
① 330번의 사고가 발생된다면 그 중에 중상이 1건, 경상이 29건, 무상해 사고가 300건 발생한다는 뜻
② 하인리히(H.W.Heinrich)가 발표한 이론으로 한사람의 중상자가 발생하면 동일한 원인으로 29명의 경상자가 생기고 부상을 입지 않은 무상해사고가 300번 발생한다는 것으로 이론의 핵심은 사고 발생 자체(무상해 사고)를 근원적으로 예방해야 한다는 원리를 강조하고 있다.

focus 본 교재(필기) 제1과목 01. I. 2. 안전관리 제이론 단원에서 내용확인

6. 산업안전보건기준에 관한 규칙에서 근로자의 위험을 방지하기 위하여 차량계하역운반기계를 사용하여 작업할 경우 작업계획서를 작성하고 그 계획에 따라 작업을 하여야 한다. 작업계획서에 포함해야할 사항을 2가지 쓰시오.

해답 차량계하역운반기계 작업계획서 포함사항
① 해당 작업에 따른 추락·낙하·전도·협착 및 붕괴 등의 위험 예방대책
② 차량계 하역운반기계등의 운행경로 및 작업방법

focus 본 교재 제6과목 I. 7. 운반기계 단원에서 관련된 자세한 내용확인

7. 연평균근로자 400명이 작업하는 작업장에서 연간 재해로 인한 재해자 수가 8명이라면 이 작업장의 연천인율은 얼마인가?

해답 ① 연천인율 $= \dfrac{\text{연간재해자수}}{\text{연평균근로자수}} \times 1,000$

② 연천인율 $= \dfrac{8}{400} \times 1,000 = 20$

focus 본 교재 제1과목 III. 12. 재해율 단원에서 관련내용 확인

8. 기체의 조성비가 아세틸렌 70%, 클로로벤젠 30%일 때 아세틸렌의 위험도와 혼합기체의 폭발하한계(Vol%)를 구하시오.
(단, 아세틸렌 폭발범위 2.5 – 81, 클로로벤젠 폭발범위 1.3 – 7.1)

해답 ① 아세틸렌의 위험도
$$H = \dfrac{UFL - LFL}{LFL} = \dfrac{81 - 2.5}{2.5} = 31.40$$
여기서, UFL : 연소 상한값, LFL : 연소 하한값, H : 위험도

② 르사틀리에의 법칙(혼합가스의 폭발범위 계산)
$$\dfrac{100}{L} = \dfrac{V_1}{L_1} + \dfrac{V_2}{L_2} + \dfrac{V_3}{L_3} \cdots\cdots$$
여기서, L_1, L_2, L_3 : 각 성분 단일의 연소한계 (상한 또는 하한)
V_1, V_2, V_3 : 각 성분 기체의 체적%
L : 혼합 기체의 연소 범위(상한 또는 하한)
그러므로, 혼합가스의 폭발하한계
$$\dfrac{100}{\dfrac{70}{2.5} + \dfrac{30}{1.3}} = 1.957 ≒ 1.96(\text{Vol}\%)$$

focus 본 교재 제5과목 전기 및 화공안전 II. 화공안전 일반 8. 위험도 단원에서 내용확인

9. 위험장소 경고표지를 그리고 색을 표현하시오.

해답 위험장소 경고표지

색체기준 : 바탕은 노란색, 기본모형·관련부호 및 그림은 검은색

focus 본 교재 제2과목 II. 8. 무재해 운동과 위험예지훈련 3) 안전보건 표지 단원에서 내용확인

10. 산업안전보건법령상 비계(달비계, 달대비계 및 말비계는 제외)의 높이가 2미터 이상인 작업장소에 설치하여야 하는 작업발판의 설치기준에 관한 다음 사항에서 ( )에 알맞은 내용을 쓰시오.

> 가. 발판재료는 작업시의 하중을 견딜 수 있도록 견고한 것으로 할 것
> 나. 작업발판의 폭은 (①)cm 이상으로 하고, 발판재료 간의 틈은 (②)cm 이하로 할 것. 다만, 외줄비계의 경우에는 고용노동부장관이 별도로 정하는 기준에 따른다.
> 다. 추락의 위험성이 있는 장소에는 (③)을 설치할 것.

해답 ① 40 ② 3 ③ 안전난간

focus 본 교재 제6과목 I. 23. 통로발판 단원에서 관련된 내용확인

11. 크레인을 사용하여 작업할 때 작업시작 전 점검해야 할 사항을 3가지 쓰시오.

해답
① 권과 방지장치·브레이크·클러치 및 운전 장치의 기능
② 주행로의 상측 및 트롤리가 횡행하는 레일의 상태
③ 와이어로프가 통하고 있는 곳의 상태

focus 본 교재 제1과목 IV. 8. 작업시작 전 점검사항 단원에서 내용 확인

12. 양립성의 종류를 3가지 쓰고 사례를 들어 설명하시오.

해답
① 운동 양립성 : 라디오의 볼륨을 올리기 위해 시계방향으로 조정장치를 움직이니 표시장치의 지침도 시계방향으로 움직이는 것 등
② 공간 양립성 : 가스버너에서 오른쪽에 있는 조절장치를 작동하니 오른쪽 조리대에 불이 들어오는 것, 왼쪽의 조작버튼을 누르면 왼쪽기계가 작동하는 것 등
③ 개념 양립성 : 정수기의 파란색 손잡이는 냉수에 해당하고 빨간색 손잡이는 온수에 해당하는 것 등

focus 본 교재(필기) 제2과목 03. I. 9. 양립성 단원에서 내용확인

13. 화물의 낙하로 인하여 지게차의 운전자에게 위험을 미칠 우려가 있는 작업장에서 사용되는 지게차의 헤드가드가 갖추어야할 사항 2가지를 쓰시오.

해답
① 강도는 지게차의 최대하중의 2배의 값(4톤을 넘는 값에 대하여서는 4톤으로 한다)의 등분포정하중에 견딜 수 있는 것일 것
② 상부 틀의 각 개구의 폭 또는 길이가 16센티미터 미만일 것
③ 운전자가 앉아서 조작하거나 서서 조작하는 지게차의 헤드가드는 한국산업표준에서 정하는 높이 기준 이상일 것

focus 본 교재 제4과목 II. 3. 헤드가드 단원에서 관련된 내용확인

14. 다음 충전전로에 대한 접근한계거리(센티미터)를 쓰시오.

가. 충전전로 380V 일 때 (①)
나. 충전전로 1.5kV 일 때 (②)
다. 충전전로 6.6kV 일 때 (③)
라. 충전전로 22.9kV 일 때 (④)

해답 ① 30 ② 45 ③ 60 ④ 90

Tip 충전전로의 접근한계거리

충전전로의 선간전압 (단위 : 킬로볼트)	충전전로에 대한 접근한계거리 (단위 : 센티미터)	충전전로의 선간전압 (단위 : 킬로볼트)	충전전로에 대한 접근한계거리 (단위 : 센티미터)
0.3 이하	접촉금지	121 초과 145 이하	150
0.3 초과 0.75 이하	30	145 초과 169 이하	170
0.75 초과 2 이하	45	169 초과 242 이하	230
2 초과 15 이하	60	242 초과 362 이하	380
15 초과 37 이하	90	362 초과 550 이하	550
37 초과 88 이하	110	550 초과 800 이하	790
88 초과 121 이하	130		

focus 본 교재 제5과목 I. 9. 충전전로에서의 전기작업 단원에서 관련내용 확인

산업안전기사 실기 (필답형)
2021년 10월 16일 시행

1. 산업안전보건법령상 사업주는 대통령령으로 정하는 크기, 높이 등에 해당하는 건설공사를 착공하려는 경우 이 법 또는 이 법에 따른 명령에서 정하는 유해·위험 방지에 관한 사항을 적은 계획서를 작성하여 고용노동부장관에게 제출하고 심사를 받아야 한다. 해당하는 건설공사의 종류를 4가지 쓰시오.

    해답 유해위험방지계획서 제출 대상 건설공사
    ① 연면적 5천제곱미터 이상인 냉동·냉장 창고시설의 설비공사 및 단열공사
    ② 최대 지간길이(다리의 기둥과 기둥의 중심사이의 거리)가 50미터 이상인 다리의 건설등 공사
    ③ 터널의 건설등 공사
    ④ 다목적댐, 발전용댐, 저수용량 2천만톤 이상의 용수 전용 댐 및 지방상수도 전용 댐의 건설등 공사
    ⑤ 깊이 10미터 이상인 굴착공사
    ⑥ 다음 각 목의 어느 하나에 해당하는 건축물 또는 시설 등의 건설·개조 또는 해체(건설등) 공사
      가. 지상높이가 31미터 이상인 건축물 또는 인공구조물
      나. 연면적 3만제곱미터 이상인 건축물
      다. 연면적 5천제곱미터 이상인 시설로서 다음의 어느 하나에 해당하는 시설
        ㉠ 문화 및 집회시설(전시장 및 동물원·식물원은 제외)
        ㉡ 판매시설, 운수시설(고속철도의 역사 및 집배송시설은 제외)
        ㉢ 종교시설
        ㉣ 의료시설 중 종합병원
        ㉤ 숙박시설 중 관광숙박시설
        ㉥ 지하도상가
        ㉦ 냉동·냉장 창고시설

    focus 본 교재 제 6과목 I. 3. 유해위험방지 계획서 단원에서 내용확인

2. 사업주는 산업용 로봇의 작동범위에서 해당 로봇에 대하여 교시(敎示) 등의 작업을 하는 경우에는 해당 로봇의 예기치 못한 작동 또는 오조작에 의한 위험을 방지하기 위하여 지침을 정하고 그 지침에 따라 작업하여야 한다. 해당 지침에 포함되어야 하는 사항을 5가지 쓰시오.

    해답 지침에 포함되어야 할 사항
    ① 로봇의 조작방법 및 순서
    ② 작업 중의 매니퓰레이터의 속도
    ③ 2명 이상의 근로자에게 작업을 시킬 경우의 신호방법
    ④ 이상을 발견한 경우의 조치
    ⑤ 이상을 발견하여 로봇의 운전을 정지시킨 후 이를 재가동시킬 경우의 조치
    ⑥ 그 밖에 로봇의 예기치 못한 작동 또는 오조작에 의한 위험을 방지하기 위하여 필요한 조치

    focus 본 교재 제 4과목 I. 19. 산업용로봇의 방호장치 단원에서 관련내용 확인

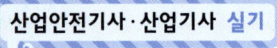

3. 다음은 산업안전보건법령에 따른 안전난간대 구조에 관한 설명이다. ( )에 알맞은 내용을 쓰시오.

> 가. 상부난간대 : 바닥면·발판 또는 경사로의 표면으로부터 (①) cm 이상 지점에 설치할 것
> 나. 난간대 : 지름 (②) cm 이상의 금속제 파이프나 그 이상의 강도가 있는 재료일 것
> 다. 하중 : 구조적으로 가장 취약한 지점에서 가장 취약한 방향으로 작용하는 (③) kg 이상의 하중에 견딜수 있는 튼튼한 구조일 것

해답 ① 90 ② 2.7 ③ 100

focus 본 교재 제6과목 I. 11. 추락재해의 방호설비 단원에서 관련내용 확인

4. 산업안전보건법령에 따라 사업주가 용융고열물을 취급하는 설비를 내부에 설치한 건축물에 대하여 수증기 폭발을 방지하기 위해 해야하는 조치를 2가지 쓰시오.

해답 ① 바닥은 물이 고이지 아니하는 구조로 할 것
② 지붕·벽·창 등은 빗물이 새어들지 아니하는 구조로 할 것

5. 산업안전보건법령에 따라 사업주는 화물의 낙하에 의하여 지게차의 운전자에게 위험을 미칠 우려가 있을 경우 규정에 적합한 헤드가드를 갖추어 작업하도록해야 한다. 헤드가드에 관한 다음 내용에서 ( )에 알맞은 내용을 쓰시오.

> 가. 강도는 지게차의 최대하중의 (①)배 값(4톤을 넘는 값에 대해서는 4톤으로 한다)의 등분포정하중에 견딜 수 있을 것
> 나. 상부틀의 각 개구의 폭 또는 길이가 (②)센티미터 미만일 것

해답 ① 2 ② 16

focus 본 교재 제4과목 II. 3. 헤드가드 단원에서 관련된 내용 확인

6. 산업안전보건법령에서 정하는 누전에 의한 감전의 위험을 방지하기 위하여 접지를 하여야 하는 노출된 비충전 금속체 중에서 코드와 플러그를 접속하여 사용하는 전기기계·기구를 5가지 쓰시오.

해답 ① 사용전압이 대지전압 150V를 넘는 것
② 냉장고·세탁기·컴퓨터 및 주변기기 등과 같은 고정형 전기기계·기구
③ 고정형·이동형 또는 휴대형 전동기계·기구

④ 물 또는 도전성이 높은 곳에서 사용하는 전기기계·기구, 비접지형 콘센트
⑤ 휴대형 손전등

focus 본 교재 제5과목 I. 10. 접지설비의 종류 및 공사 시 안전 단원에서 내용 확인

---

7. 미 국방성의 위험성 평가에서 분류한 재해의 위험수준을 4가지 쓰시오.

해답
① 범주 Ⅰ : 파국적(catastrophic : 대재앙)
② 범주 Ⅱ : 위기적(critical : 심각한)
③ 범주 Ⅲ : 한계적(marginal : 경미한)
④ 범주 Ⅳ : 무시가능(negligible : 무시할만한)

focus 본 교재(필기) 제2과목 05. Ⅱ. 1. 시스템 위험성의 분류 단원에서 내용확인

---

8. 사업주는 근로자가 상시 작업하는 장소의 작업면 조도를 작업장별 기준에 맞도록 하여야 한다. 정밀작업 기준에 해당하는 선반작업의 현재 조도는 120럭스(lux) 이다. 산업안전보건법령의 기준에 맞는 선반작업의 조도기준을 쓰시오.

해답 300럭스(lux) 이상

Tip 작업면 조도기준

초정밀작업	정밀작업	보통작업	그 밖의 작업
750럭스(lux) 이상	300럭스(lux) 이상	150럭스(lux) 이상	75럭스(lux) 이상

focus 본 교재 제3과목 I. 18. 조도 단원에서 내용 확인

---

9. 사업장의 근로조건 및 재해상황이 다음과 같을 경우 종합재해지수를 구하시오.
단, 소수네째자리에서 반올림하여 소수 셋째자리까지 쓰시오.

- 평균 근로자수 : 500명
- 연간근로시간 : 2400시간
- 연간재해발생건수 : 210건
- 근로손실일수 : 900일

해답 종합재해지수 $FSI = \sqrt{도수율(F.R) \times 강도율(S.R)}$

① 도수율(F.R) = $\dfrac{재해건수}{연근로시간수} \times 1,000,000 = \dfrac{210}{500 \times 2400} \times 10^6 = 175$

② 강도율(S.R) = $\dfrac{근로손실일수}{연근로시간수} \times 1,000 = \dfrac{900}{500 \times 2400} \times 1,000 = 0.75$

③ 종합재해지수(FSI) = $\sqrt{175 \times 0.75} = 11.456439 = 11.456$

focus 본 교재 제1과목 Ⅲ. 12. 재해율 단원에서 관련된 계산 공식 확인

10. 분리식 방독마스크의 분진포집효율에 관한 다음 내용에서 ( )에 알맞은 내용을 쓰시오.

형태 및 등급		염화나트륨(NaCl) 및 파라핀 오일(Paraffin oil) 시험(%)
분리식 방독마스크	특급	(①)
	1급	(②)
	2급	(③)

해답 ① 99.95 이상 ② 94.0 이상 ③ 80.0 이상

focus 본 교재(필기)제1과목 03. Ⅱ. 3. 보호구의 성능기준 및 시험방법 단원에서 내용확인

11. 산업안전보건법령에 의한 산업안전보건위원회의 회의록 작성시 기록해야할 사항을 3가지 쓰시오.

해답
① 개최 일시 및 장소
② 출석위원
③ 심의 내용 및 의결·결정 사항
④ 그 밖의 토의사항

focus 본 교재 제 1과목 I. 7. 산업안전 보건위원회 단원에서 관련내용 확인

12. 산업안전보건법령에 의해 사업주가 가스 장치실을 설치하는 경우 갖추어야할 구조에 대하여 3가지 쓰시오.

해답
① 가스가 누출된 경우에는 그 가스가 정체되지 않도록 할 것
② 지붕과 천장에는 가벼운 불연성 재료를 사용할 것
③ 벽에는 불연성 재료를 사용할 것

13. 산업안전보건법령상 곤돌라형 달비계에 사용해서는 안되는 달기체인의 기준을 3가지 쓰시오.

해답
① 달기 체인의 길이가 달기 체인이 제조된 때의 길이의 5퍼센트를 초과한 것
② 링의 단면지름이 달기 체인이 제조된 때의 해당 링의 지름의 10퍼센트를 초과하여 감소한 것
③ 균열이 있거나 심하게 변형된 것

focus 본 교재 제6과목 I. 24. 비계의 종류 및 설치시 준수사항 단원에서 확인

14. 인간의 주의에 대한 특성을 3가지 쓰시오.

해답 ① 선택성 ② 변동성 ③ 방향성

focus 본 교재 제2과목 Ⅱ. 2. 주의력과 부주의 단원에서 관련내용 확인

산업안전기사 실기 (필답형)
2022년 4월 4일 시행

1. 산업안전보건법령상 2줄걸이로 인양작업을 하는 경우 화물의 하중을 직접지지하는 달기와 이어로프의 절단하중이 2000kg일 때 최대 안전하중(kg)은 얼마인가? (4점)

   해답 안전율
   ① 안전율 = $\dfrac{\text{절단하중} \times \text{줄수}}{\text{최대안전하중}}$
   ② 화물의 하중을 직접지지하는 경우 안전율 : 5
   ③ 최대안전하중 = $\dfrac{2000 \times 2}{5}$ = 800kg

   focus 본 교재 제3과목 05. Ⅲ. 2. 방호장치의 종류 단원에서 내용 확인

2. 산업안전보건법령상 아세틸렌 용접장치 검사시 안전기의 설치위치를 확인하려고 한다. 안전기의 설치위치 관련 ( )에 알맞은 내용을 쓰시오. (3점)

   1. 사업주는 아세틸렌 용접장치의 (①) 마다 안전기를 설치하여야 한다. 다만, 주관 및 취관에 가장 가까운 (②) 마다 안전기를 부착한 경우에는 그러하지 아니하다.
   2. 사업주는 가스용기가 발생기와 분리되어 있는 아세틸렌 용접장치에 대하여 (③)와 가스용기 사이에 안전기를 설치하여야 한다.

   해답 ① 취관 ② 분기관 ③ 발생기

   focus 본 교재 제4과목 Ⅰ. 11. 아세틸렌용접장치 및 가스집합용접장치의 방호장치 및 설치방법 단원에서 관련내용 확인

3. 산업안전보건법령상 건설공사의 산업재해예방을 위한 다음 조치사항에서 ( )에 알맞은 내용을 쓰시오. (4점)

   ■ 총공사금액이 (①) 이상인 건설공사의 건설공사발주자는 산업재해 예방을 위하여 건설공사의 계획, 설계 및 시공 단계에서 다음 각 호의 구분에 따른 조치를 하여야 한다.
   1. 건설공사 계획단계: 해당 건설공사에서 중점적으로 관리하여야 할 유해·위험요인과 이의 감소방안을 포함한 기본안전보건대장을 작성할 것
   2. 건설공사 설계단계: 제1호에 따른 (②)을 설계자에게 제공하고, 설계자로 하여금 유해·위험요인의 감소방안을 포함한 (③)을 작성하게 하고 이를 확인할 것

3. 건설공사 시공단계: 건설공사발주자로부터 건설공사를 최초로 도급받은 수급인에게 제2호에 따른 설계안전보건대장을 제공하고, 그 수급인에게 이를 반영하여 안전한 작업을 위한 (④)을 작성하게 하고 그 이행 여부를 확인할 것

해답 ① 50억원   ② 기본안전보건대장   ③ 설계안전보건대장   ④ 공사안전보건대장

4. 산업안전보건법상 안전인증 대상 보호구를 3가지 쓰시오. (3점)

해답 안전 인증 대상 보호구
① 추락 및 감전 위험방지용 안전모   ② 안전화
③ 안전장갑   ④ 방진마스크
⑤ 방독마스크   ⑥ 송기마스크
⑦ 전동식 호흡보호구   ⑧ 보호복
⑨ 안전대   ⑩ 차광 및 비산물 위험방지용 보안경
⑪ 용접용 보안면   ⑫ 방음용 귀마개 또는 귀덮개

focus 본 교재 제7과목 I. 1. 보호구 선택 시 유의사항 단원에서 내용확인

5. 산업안전보건법령상 타워크레인의 설치·조립·해체작업시 작업계획서 작성에 포함되어야 할 사항을 3가지 쓰시오. (3점)

해답 ① 타워크레인의 종류 및 형식
② 설치·조립 및 해체순서
③ 작업도구·장비·가설설비 및 방호설비
④ 작업인원의 구성 및 작업근로자의 역할범위
⑤ 타워크레인의 지지 규정에 의한 지지방법

focus 본 교재 제6과목 I. 8. 건설용 양중기 단원에서 관련된 내용확인

6. 유해·위험 방지를 위한 방호조치를 하지 아니하고는 양도·대여·설치·사용하거나, 양도·대여를 목적으로 진열해서는 아니 되는 기계·기구를 2가지 쓰시오. (4점)

해답 ① 예초기   ② 원심기
③ 공기압축기   ④ 금속절단기
⑤ 지게차   ⑥ 포장기계(진공포장기, 래핑기로 한정)

Tip 기계·기구와 해당 방호장치
① 예초기 : 날접촉예방장치
② 원심기 : 회전체 접촉 예방장치
③ 공기압축기 : 압력방출장치
④ 금속절단기 : 날접촉예방장치
⑤ 지게차 : 헤드가드, 백레스트, 전조등, 후미등, 안전벨트
⑥ 포장기계(진공포장기, 래핑기로 한정) : 구동부 방호 연동장치

focus 본 교재 제 4과목 I. 9. 산업안전보건법상 유해위험 기계기구 단원에서 내용확인

7. 거리가 2m 떨어진 곳에서의 조도가 150lux일 경우, 3m에서의 조도는 얼마인가?(4점)

   해답 조도 = $\dfrac{광도}{(거리)^2}$

   ① $150(\text{lux}) = \dfrac{광도}{2^2}$ 따라서, 광도 = 600(cd)

   ② 3m일 때의 조도(lux) = $\dfrac{600}{3^2} ≒ 66.666 = 66.67(\text{lux})$

   focus 본 교재 제3과목 I. 18. 조도 단원에서 관련된 내용 확인

8. 다음과 같은 조건에 해당하는 사업장의 사망만인율을 구하시오.(단, 근로자수는 「산업재해보상보험법」이 적용되는 근로자수를 말한다)(5점)

   - 연근로시간 : 2400시간
   - 임금근로자수 : 2000명
   - 사망자수 : 2명
   - 재해건수 : 11건
   - 재해자수 : 10명

   해답 사망만인율

   ① 사망만인율 = $\dfrac{사고사망자수}{상시근로자수} \times 10000$

   ② $\dfrac{2}{2000} \times 10000 = 10$

   focus 본 교재 제1과목 III. 12. 재해율 단원에서 관련내용 확인

9. 차량계 하역운반기계등을 이송하기 위하여 자주(自走) 또는 견인에 의하여 화물자동차에 싣거나 내리는 작업을 할 때에 발판·성토 등을 사용하는 경우 해당 차량계 하역운반기계 등의 전도 또는 굴러 떨어짐에 의한 위험을 방지하기 위하여 사업주가 준수하여야 할 사항을 4가지 쓰시오.(4점)

   해답 ① 싣거나 내리는 작업은 평탄하고 견고한 장소에서 할 것
   ② 발판을 사용하는 경우에는 충분한 길이·폭 및 강도를 가진 것을 사용하고 적당한 경사를 유지하기 위하여 견고하게 설치할 것
   ③ 가설대 등을 사용하는 경우에는 충분한 폭 및 강도와 적당한 경사를 확보할 것
   ④ 지정운전자의 성명·연락처 등을 보기 쉬운 곳에 표시하고 지정운전자 외에는 운전하지 않도록 할 것

   focus 본 교재 제8과목 IV. 2. 차량계건설기계의 사용에 의한 위험의 방지 단원에서 확인

10. 산업안전보건기준에 관한 규칙에서 정하는 근로자가 작업이나 통행 등으로 인해 전기기계, 기구 등 충전부분에 접촉하거나 접근함으로써 감전 위험이 있는 충전부분에 대하여 감전을 방지하기 위한 방법을 5가지 쓰시오.(5점)

해답
① 충전부가 노출되지 않도록 폐쇄형 외함이 있는 구조로 할 것
② 충전부에 충분한 절연효과가 있는 방호망이나 절연덮개를 설치할 것
③ 충전부는 내구성이 있는 절연물로 완전히 덮어 감쌀 것
④ 발전소·변전소 및 개폐소 등 구획되어 있는 장소로서 관계 근로자가 아닌 사람의 출입이 금지되는 장소에 충전부를 설치하고, 위험표시 등의 방법으로 방호를 강화할 것
⑤ 전주 위 및 철탑 위 등 격리되어 있는 장소로서 관계 근로자가 아닌 사람이 접근할 우려가 없는 장소에 충전부를 설치할 것

focus 본 교재 제5과목 Ⅰ. 3. 감전사고 방지대책 단원에서 관련내용 확인

11. 산업안전보건기준에 관한 규칙에서 정하는 사다리식 통로의 설치 시 준수사항 5가지를 쓰시오. (5점)

해답 사다리식통로 설치 시 준수사항
① 견고한 구조로 할 것
② 심한 손상·부식 등이 없는 재료를 사용할 것
③ 발판의 간격은 일정하게 할 것
④ 발판과 벽과의 사이는 15센티미터 이상의 간격을 유지할 것
⑤ 폭은 30센티미터 이상으로 할 것
⑥ 사다리가 넘어지거나 미끄러지는 것을 방지하기 위한 조치를 할 것
⑦ 사다리의 상단은 걸쳐놓은 지점으로부터 60센티미터 이상 올라가도록 할 것
⑧ 사다리식 통로의 길이가 10미터 이상인 경우에는 5미터 이내마다 계단참을 설치할 것
⑨ 사다리식 통로의 기울기는 75도 이하로 할 것. 다만, 고정식 사다리식 통로의 기울기는 90도 이하로 하고, 그 높이가 7미터 이상인 경우에는 바닥으로부터 높이가 2.5미터 되는 지점부터 등받이울을 설치할 것
⑩ 접이식 사다리 기둥은 사용 시 접혀지거나 펼쳐지지 않도록 철물 등을 사용하여 견고하게 조치할 것

focus 본 교재 제6과목 Ⅰ. 21. 사다리식 통로 단원에서 내용확인

12. 스웨인(A.D.Swain)은 인간의 실수를 작위적 실수(commission error)와 부작위적 실수(omission error)로 구분하였다. 작위적 실수와 부작위적 실수에 대해 간단히 설명하시오. (4점)

해답 ① 작위 실수(commission error) : 필요한 직무를 수행하지만 잘못 수행하거나 불확실하게 수행할 때 발생(넓은 의미로 선택착오, 순서착오, 시간착오, 정성적착오 포함)
② 부작위 실수(omission error) : 필요한 직무의 한 단계 또는 전체직무를 누락시킬 때 발생

focus 본 교재 제3과목 Ⅰ. 4. 휴먼에러 단원에서 관련된 자세한 내용 확인

13. 사업주는 위험물을 저장·취급하는 화학설비 및 그 부속설비를 설치하는 경우 폭발이나 화재에 따른 피해를 줄일 수 있도록 설비 및 시설 간에 충분한 안전거리를 유지하여야 한다. 안전거리에 관한 다음의 내용에서 ( )에 알맞은 내용을 쓰시오. (4점)

1. 단위공정시설 및 설비로부터 다른 단위공정시설 및 설비의 사이 : 설비의 바깥 면으로부터 (①)미터 이상
2. 플레어스택으로부터 단위공정시설 및 설비, 위험물질 저장탱크 또는 위험물질 하역설비의 사이 : 플레어스택으로부터 반경 (②)미터 이상. 다만, 단위공정시설 등이 불연재로 시공된 지붕 아래에 설치된 경우에는 그러하지 아니하다.
3. 위험물질 저장탱크로부터 단위공정시설 및 설비, 보일러 또는 가열로의 사이 : 저장탱크의 바깥 면으로부터 (③)미터 이상. 다만, 저장탱크의 방호벽, 원격조종 화설비 또는 살수설비를 설치한 경우에는 그러하지 아니하다.
4. 사무실·연구실·실험실·정비실 또는 식당으로부터 단위공정시설 및 설비, 위험물질 저장탱크, 위험물질 하역설비, 보일러 또는 가열로의 사이 : 사무실 등의 바깥 면으로부터 (④)미터 이상. 다만, 난방용 보일러인 경우 또는 사무실 등의 벽을 방호구조로 설치한 경우에는 그러하지 아니하다.

해답 ① 10 ② 20 ③ 20 ④ 20

focus 본 교재 (필기) 제5과목 01. Ⅱ. 2. 위험물의 저장 및 취급방법 단원에서 내용확인

14. 다음은 인간관계 매커니즘에 관한 설명이다. ( )안에 알맞은 내용을 쓰시오.(3점)

(①) : 다른 사람의 행동양식이나 태도를 투입하거나 다른 사람 가운데서 자기와 비슷한 것을 발견하게 되는 것
(②) : 받아들일 수 없는 충동이나 욕망 또는 실패 등을 타인의 탓으로 돌리는 행위
(③) : 다른 사람의 행동이나 판단을 표본으로 하여 그것과 같거나 비슷한 행위로 재현하거나 실행하려는 것

해답 ① 동일화 ② 투사 ③ 모방

focus 본 교재(필기) 제1과목 06. Ⅱ. 6. 적응기제 단원에서 내용확인

산업안전기사 실기 (필답형)
2022년 6월 20일 시행

1. 사업주가 전기기계·기구를 설치하려는 경우에는 산업안전보건법령에서 정하는 사항을 고려하여 적절하게 설치해야 한다. 사업주가 고려해야할 사항을 3가지 쓰시오. (6점)

   해답
   ① 전기기계·기구의 충분한 전기적 용량 및 기계적 강도
   ② 습기·분진 등 사용장소의 주위 환경
   ③ 전기적·기계적 방호수단의 적정성

2. 산업안전보건법상 다음 그림에 해당하는 안전보건표지의 명칭을 쓰시오. (4점)

①	②	③	④
 (화기금지)	 (폭발성물질경고)	 (부식성물질경고)	 (고압전기경고)

   해답 ① 화기금지   ② 폭발성물질경고   ③ 부식성물질경고   ④ 고압전기경고

   focus 본 교재 제2과목 II. 8. 무재해 운동과 위험예지훈련 3) 안전보건 표지 단원에서 관련내용 확인

3. 산업안전보건기준에 관한 규칙에서 정하는 사다리식 통로의 설치 시 준수사항 4가지를 쓰시오.

   해답 사다리식통로 설치 시 준수사항
   ① 견고한 구조로 할 것
   ② 심한 손상·부식 등이 없는 재료를 사용할 것
   ③ 발판의 간격은 일정하게 할 것
   ④ 발판과 벽과의 사이는 15센티미터 이상의 간격을 유지할 것
   ⑤ 폭은 30센티미터 이상으로 할 것
   ⑥ 사다리가 넘어지거나 미끄러지는 것을 방지하기 위한 조치를 할 것
   ⑦ 사다리의 상단은 걸쳐놓은 지점으로부터 60센티미터 이상 올라가도록 할 것
   ⑧ 사다리식 통로의 길이가 10미터 이상인 경우에는 5미터 이내마다 계단참을 설치할 것
   ⑨ 사다리식 통로의 기울기는 75도 이하로 할 것. 다만, 고정식 사다리식 통로의 기울기는 90도 이하로 하고, 그 높이가 7미터 이상인 경우에는 바닥으로부터 높이가 2.5미터 되는 지점부터 등받이울을 설치할 것
   ⑩ 접이식 사다리 기둥은 사용 시 접혀지거나 펼쳐지지 않도록 철물 등을 사용하여 견고하게 조치할 것

   focus 본 교재 제6과목 I. 21. 사다리식 통로 단원에서 내용확인

4. Fail Safe와 Fool proof를 간단히 설명하시오. (4점)

해답
① Fail Safe : 조작상의 과오로 기기의 일부에 고장이 발생해도 다른 부분의 고장이 발생하는 것을 방지하거나 또는 어떤 사고를 사전에 방지하고 안전 측으로 작동하도록 설계하여 2중, 3중으로 통제를 가해두는 안전대책.
② Fool proof : 바보같은 행동(인간의 착오 및 미스 등 포함)을 방지한다는 뜻으로 사용자가 비록 잘못된 조작을 하더라도 이로 인해 전체의 고장이 발생하지 아니하도록 하는 설계방법(작업자의 오조작이 있어도 위험이나 실수가 발생하지 않도록 설계된 구조를 말하며 본질적인 안전화를 의미한다)

focus 본 교재(필기) 제2과목 07. II. 1. 신뢰도 및 불신뢰도의 계산 단원에서 관련내용 확인

5. 사상의 안전도를 사용한 시스템의 안전도를 나타내는 시스템 모델의 하나로 귀납적이기는 하나 정량적인 해석 기법의 명칭을 쓰시오. (3점)

해답 ETA(Event Tree Analysis, 사건수 분석)

focus 본 교재 제3과목 II. 5.ETA 단원에서 관련된 내용 확인

6. 산업안전보건법령상 특수형태근로종사자로부터 노무를 제공받는 자가 특수형태근로종사자에 대하여 실시해야 하는 최초 노무제공 시 안전 및 보건에 관한 교육내용을 5가지 쓰시오. (5점)

해답
① 산업안전 및 사고 예방에 관한 사항
② 산업보건 및 직업병 예방에 관한 사항
③ 건강증진 및 질병 예방에 관한 사항
④ 유해·위험 작업환경 관리에 관한 사항
⑤ 산업안전보건법령 및 산업재해보상보험 제도에 관한 사항
⑥ 직무스트레스 예방 및 관리에 관한 사항
⑦ 직장 내 괴롭힘, 고객의 폭언 등으로 인한 건강장해 예방 및 관리에 관한 사항
⑧ 기계·기구의 위험성과 작업의 순서 및 동선에 관한 사항
⑨ 작업 개시 전 점검에 관한 사항
⑩ 정리정돈 및 청소에 관한 사항
⑪ 사고 발생 시 긴급조치에 관한 사항
⑫ 물질안전보건자료에 관한 사항
⑬ 교통안전 및 운전안전에 관한 사항
⑭ 보호구 착용에 관한 사항

7. 사업장의 안전 및 보건을 유지하기 위하여 작성하여야 하는 안전보건관리규정에 포함되어야할 사항을 4가지 쓰시오. (단, 그 밖에 안전보건에 관한 사항은 제외한다) (4점)

해답 안전보건관리규정에 포함되어야 할 사항
① 안전 및 보건에 관한 관리조직과 그 직무에 관한 사항
② 안전보건교육에 관한 사항

③ 작업장의 안전 및 보건관리에 관한 사항
④ 사고조사 및 대책수립에 관한 사항
⑤ 그 밖에 안전 및 보건에 관한 사항

focus 본 교재 제1과목 II. 1. 안전관리 규정 단원에서 관련내용 확인

8. 비, 눈, 그 밖의 기상상태의 악화로 작업을 중지시킨 후 또는 비계를 조립, 해체하거나 변경한 후에 그 비계에서 작업을 하는 경우 해당 작업을 시작하기 전에 점검하고 이상을 발견하면 즉시 보수하여야 한다. 해당되는 점검 사항을 4가지 쓰시오. (4점)

해답 ① 발판재료의 손상여부 및 부착 또는 걸림상태
② 당해 비계의 연결부 또는 접속부의 풀림상태
③ 연결재료 및 연결철물의 손상 또는 부식상태
④ 손잡이의 탈락여부
⑤ 기둥의 침하·변형·변위 또는 흔들림 상태
⑥ 로프의 부착상태 및 매단장치의 흔들림 상태

focus 본 교재 제6과목 I. 24. 비계의 종류 및 설치시 준수사항 단원에서 관련내용 확인

9. 다음 표에서 화재의 분류와 분류에 따른 표시색을 쓰시오. (4점)

유형	화재의 분류	표시색
A급	일반화재	(④)
B급	(①)	(⑤)
C급	(②)	청색
D급	(③)	없음

해답 ① 유류화재   ② 전기화재   ③ 금속화재   ④ 백색   ⑤ 황색

focus 본 교재 제5과목(필기) II. 9. 화재의 종류 및 제5과목 04. II. 4 억제소화 단원에서 내용확인

10. 용접·용단 작업을 하는 경우 사업주가 화재감시자를 지정하여 배치해야 하는 장소를 3가지 쓰시오. (3점)

해답 ① 작업반경 11미터 이내에 건물구조 자체나 내부(개구부 등으로 개방된 부분을 포함한다)에 가연성물질이 있는 장소
② 작업반경 11미터 이내의 바닥 하부에 가연성물질이 11미터 이상 떨어져 있지만 불꽃에 의해 쉽게 발화될 우려가 있는 장소
③ 가연성물질이 금속으로 된 칸막이·벽·천장 또는 지붕의 반대쪽 면에 인접해 있어 열전도나 열복사에 의해 발화될 우려가 있는 장소

11. 부두·안벽 등 하역작업을 하는 장소에 사업주가 조치하여야 할 사항을 3가지 쓰시오. (3점)

해답
① 작업장 및 통로의 위험한 부분에는 안전하게 작업할 수 있는 조명을 유지할 것
② 부두 또는 안벽의 선을 따라 통로를 설치하는 경우에는 폭을 90센티미터 이상으로 할 것
③ 육상에서의 통로 및 작업장소로서 다리 또는 선거, 갑문을 넘는 보도 등의 위험한 부분에는 안전난간 또는 울타리 등을 설치할 것

focus 본 교재(필기) 제6과목 07. Ⅱ. 1. 하역작업의 안전수칙 단원에서 내용확인

12. 다음 보기 중에서 근로자의 안전 및 보건에 위해를 미칠 수 있다고 인정되어 안전인증을 받아야 하는 안전인증대상 기계 또는 설비에 해당하는 것을 3가지 고르시오. (3점)

[보기] ① 프레스 ② 혼합기 ③ 크레인 ④ 컨베이어 ⑤ 파쇄기
⑥ 자동차정비용리프트 ⑦ 산업용 로봇 ⑧ 압력용기

해답 ① 프레스 ③ 크레인 ⑧ 압력용기

focus 본 교재 제1과목 Ⅳ. 7. 안전인증 단원에서 관련내용 확인

13. 어떤 기계를 1시간 가동하였을 때 고장발생 확률이 0.004일 경우 다음 물음에 답하시오. (5점)
① 평균고장간격(MTBF)
② 10시간 가동하였을 때 기계의 신뢰도

해답
① MTBF(평균고장간격) $= \dfrac{1}{\lambda} = \dfrac{1}{0.004} = 250(시간)$
② 신뢰도 $R(t) = e^{-\lambda t} = e^{-(0.004 \times 10)} = 0.9608 = 0.96$

focus 본 교재 제3과목 Ⅰ. 인간공학 6. 고장율 단원에서 관련내용 확인

14. 유해하거나 위험한 설비가 있는 경우 위험물질의 누출, 화재 및 폭발 등으로 인하여 사업장 내의 근로자에게 즉시 피해를 주거나 사업장 인근 지역에 피해를 줄 수 있는 사고를 예방하기 위하여 작성해야 하는 공정안전보고서에 포함되어야할 사항을 4가지 쓰시오. (4점)

해답
① 공정안전자료
② 공정위험성평가서
③ 안전운전계획
④ 비상조치계획
⑤ 그 밖에 공정상의 안전과 관련하여 고용노동부장관이 필요하다고 인정하여 고시하는 사항

focus 본 교재 제8과목 Ⅰ. 4. 공정안전보고서 단원에서 내용 확인

산업안전기사 실기 (필답형)
2022년 9월 5일 시행

1. 교류아크용접기에 자동전격방지기를 설치해야 하는 장소를 2가지 쓰시오. (4점)

   해답 ① 선박의 이중 선체 내부, 밸러스트 탱크(ballast tank, 평형수 탱크), 보일러 내부 등 도전체에 둘러싸인 장소
   ② 추락할 위험이 있는 높이 2미터 이상의 장소로 철골 등 도전성이 높은 물체에 근로자가 접촉할 우려가 있는 장소
   ③ 근로자가 물·땀 등으로 인하여 도전성이 높은 습윤 상태에서 작업하는 장소

   focus 본 교재 제5과목 I. 11. 교류아크용접기의 방호장치 및 성능조건 단원에서 확인

2. 산업안전보건법상 안전인증 대상 보호구를 8가지 쓰시오. (4점)

   해답 안전 인증 대상 보호구
   ① 추락 및 감전 위험방지용 안전모   ② 안전화
   ③ 안전장갑   ④ 방진마스크
   ⑤ 방독마스크   ⑥ 송기마스크
   ⑦ 전동식 호흡보호구   ⑧ 보호복
   ⑨ 안전대   ⑩ 차광 및 비산물 위험방지용 보안경
   ⑪ 용접용 보안면   ⑫ 방음용 귀마개 또는 귀덮개

   focus 본 교재 제7과목 I. 1. 보호구 선택 시 유의사항 단원에서 내용확인

3. 인간-기계 기능 체계의 기본기능 4가지를 쓰시오.

   해답 ① 감지기능   ② 정보보관기능
   ③ 정보처리 및 의사결정기능   ④ 행동기능

   focus 본 교재 제3과목 I. 1. 인간-기계 체계 단원에서 관련내용 확인

4. 산업안전보건법령상 로봇의 작동 범위에서 그 로봇에 관하여 교시 등(로봇의 동력원을 차단하고 하는 것은 제외)의 작업을 할 때 작업시작전 점검사항을 3가지 쓰시오. (5점)

   해답 ① 외부전선의 피복 또는 외장의 손상유무
   ② 매니퓰레이터(manipulator)작동의 이상유무
   ③ 제동장치 및 비상정지장치의 기능

   focus 본 교재 제1과목 IV. 8. 작업 시작 전 점검사항 단원에서 관련내용 확인

5. 다음 FT도에서 정상사상 T의 발생확률(%)을 구하시오. (단, 소수 5번째 자리까지 표기) (4점)

- ①, ③, ⑤, ⑦ 발생확률 : 20%
- ②, ④, ⑥ 발생확률 : 10%

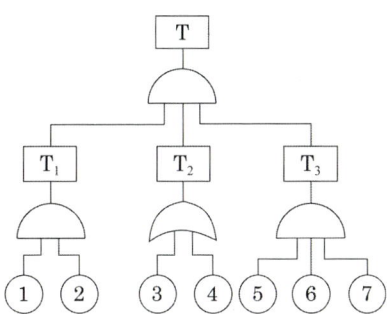

해답
$T = T_1 \times T_2 \times T_3$
$T_1 = ① \times ② = 0.2 \times 0.1 = 0.02$
$T_2 = 1 - (1-③)(1-④) = 1 - (1-0.2)(1-0.1) = 0.28$
$T_3 = ⑤ \times ⑥ \times ⑦ = 0.2 \times 0.1 \times 0.2 = 0.004$
그러므로,
$T = 0.02 \times 0.28 \times 0.004 = 0.0000224 = 0.00224(\%)$

6. 다음은 산업안전보건법상 말비계를 조립하여 사용할 경우 준수해야 할 사항이다. ( )에 알맞은 내용을 쓰시오. (4점)

가. 지주부재의 하단에는 (①)를 하고, 근로자가 양측 끝부분에 올라서서 작업하지 않도록 할 것
나. 지주부재와 수평면의 기울기를 (②)도 이하로 하고, 지주부재와 지주부재 사이를 고정시키는 보조부재를 설치할 것
다. 말비계의 높이가 (③)m를 초과하는 경우에는 작업발판의 폭을 (④)cm 이상으로 할 것

해답 ① 미끄럼 방지장치 ② 75 ③ 2 ④ 40

focus 본 교재 제6과목 I. 24. 비계의 종류 및 설치 시 준수사항 단원에서 확인

7. 안전보건관리담당자의 업무내용을 4가지 쓰시오. (4점)

해답
① 안전보건교육 실시에 관한 보좌 및 지도·조언
② 위험성평가에 관한 보좌 및 지도·조언
③ 작업환경측정 및 개선에 관한 보좌 및 지도·조언
④ 건강진단에 관한 보좌 및 지도·조언
⑤ 산업재해 발생의 원인 조사, 산업재해 통계의 기록 및 유지를 위한 보좌 및 지도·조언

⑥ 산업안전·보건과 관련된 안전장치 및 보호구 구입 시 적격품 선정에 관한 보좌 및 지도·조언

focus 본 교재 제1과목 I. 5. 안전관리자의 직무 단원에서 내용 확인

8. 근로자가 추락하거나 넘어질 위험이 있는 장소 등에 설치해야할 추락방호망 설치기준에서 ( )에 알맞은 것을 쓰시오.(4점)

> 가. 추락방호망의 설치위치는 가능하면 작업면으로부터 가까운 지점에 설치하여야 하며, 작업면으로부터 망의 설치지점까지의 수직거리는 (①)를 초과하지 아니할 것
> 나. 추락방호망은 수평으로 설치하고, 망의 처짐은 짧은 변 길이의 (②) 이상이 되도록 할 것
> 다. 건축물 등의 바깥쪽으로 설치하는 경우 추락방호망의 내민 길이는 벽면으로부터 (③) 이상 되도록 할 것. 다만, 그물코가 (④) 이하인 추락방호망을 사용한 경우에는 낙하물 방지망을 설치한 것으로 본다.

해답 ① 10미터 ② 12퍼센트 ③ 3미터 ④ 20밀리미터

focus 본 교재 제6과목 I. 10. 추락재해의 위험성 및 안전장치 단원에서 내용확인

9. 재해로 인한 신체장해등급 판정자가 다음과 같을 경우 요양 근로손실일수를 쓰시오.(3점)

> • 사망 2명, • 1급 1명, • 2급 1명, • 3급 1명, • 9급 1명, • 10급 4명

해답 근로손실일수 = $(7500 \times 2) + 7500 + 7500 + 7500 + 1000 + (600 \times 4) = 40900$(일)

Tip 영구일부 노동불능(요양근로손실일수 산정요령)

구분	사망	신체 장해자 등급											
		1~3	4	5	6	7	8	9	10	11	12	13	14
근로손실일수	7,500	7,500	5,500	4,000	3,000	2,200	1,500	1,000	600	400	200	100	50

focus 본 교재 제1과목 III. 12. 재해율 단원에서 관련내용 확인

10. 산업안전보건법령상 화학설비 및 압력용기 등의 안전기준에 관한 다음 내용에서 ( )에 알맞은 것을 쓰시오.(4점)

> 사업주는 급성 독성물질이 지속적으로 외부에 유출될 수 있는 화학설비 및 그 부속설비에 파열판과 안전밸브를 (①)로 설치하고 그 사이에는 (②) 또는 (③)를 설치하여야 한다.

해답 ① 직렬 ② 압력지시계 ③ 자동경보장치

focus 본 교재(필기) 제 5과목 03. III. 2. 안전장치의 종류 단원에서 내용확인

11. 정전기로 인한 화재 폭발 등 방지에 관한 다음 사항에서 괄호 안에 들어갈 내용을 쓰시오.

> 사업주는 정전기에 의한 화재 또는 폭발 등의 위험이 발생할 우려가 있는 경우에는 해당 설비에 대하여 확실한 방법으로 (①)를 하거나, (②) 재료를 사용하거나 가습 및 점화원이 될 우려가 없는 (③)장치를 사용하는 등 정전기의 발생을 억제하거나 제거하기 위하여 필요한 조치를 하여야 한다.

해답 ① 접지 ② 도전성 ③ 제전

focus 본 교재 제5과목 I. 14. 정전기 발생과 안전대책 단원에서 내용확인

12. 산업안전보건법령상 사업주가 근로자에게 실시해야하는 근로자 안전보건교육 중 정기교육 내용을 4가지 쓰시오.

해답
① 산업안전 및 사고 예방에 관한 사항
② 산업보건 및 직업병 예방에 관한 사항
③ 위험성 평가에 관한 사항
④ 건강증진 및 질병 예방에 관한 사항
⑤ 유해·위험 작업환경 관리에 관한 사항
⑥ 산업안전보건법령 및 산업재해보상보험 제도에 관한 사항
⑦ 직무스트레스 예방 및 관리에 관한 사항
⑧ 직장 내 괴롭힘, 고객의 폭언 등으로 인한 건강장해 예방 및 관리에 관한 사항

Tip 2023년 법령개정. 문제 및 해답은 개정된 내용 적용.

focus 본 교재 제2과목 I. 10. 산업안전보건법상의 교육의 종류와 교육시간 및 교육내용 단원에서 내용확인

13. 산업안전보건법령상 사업장에 안전보건관리규정을 작성하고자 할때 포함되어야할 사항 4가지를 쓰시오. (단, 그 밖에 안전 및 보건에 관한 사항은 제외한다) (4점)

해답 안전보건관리규정에 포함되어야 할 사항
① 안전 및 보건에 관한 관리조직과 그 직무에 관한 사항
② 안전보건교육에 관한 사항
③ 작업장의 안전 및 보건관리에 관한 사항
④ 사고조사 및 대책수립에 관한 사항
⑤ 그 밖에 안전 및 보건에 관한 사항

focus 본 교재 제1과목 II. 1. 안전관리 규정 단원에서 내용확인

14. 기계설비의 방호의 기본원리를 3가지 쓰시오. (3점)

해답 ① 위험제거 ② 차단 ③ 덮어씌움 ④ 위험에 적응

산업안전기사 실기 (필답형)
2023년 4월 22일 시행

1. 위험성 평가를 실시할 경우 사업주가 따라야 하는 절차의 순서를 번호로 쓰시오.

   ① 위험성 결정
   ② 유해·위험요인 파악
   ③ 위험성 감소대책 수립 및 실행
   ④ 사전준비
   ⑤ 위험성평가 실시내용 및 결과에 관한 기록 및 보존

   해답 ④ ② ① ③ ⑤

   Tip 2023년 5월 법령개정으로 문제와 해답을 개정된 내용으로 수정했으니 착오없으시기 바랍니다.

   focus 본 교재(필기) 제 1과목 08. Ⅷ. 7. 위험성 평가 단원에서 내용확인

2. 다음 보기에 해당하는 작업에서 사업주가 작업조건에 맞는 보호구를 작업하는 근로자 수 이상으로 지급하고 착용하도록 해야하는 보호구의 명칭을 쓰시오. (4점)

   [보기]
   ① 물체가 떨어지거나 날아올 위험 또는 근로자가 추락할 위험이 있는 작업
   ② 높이 또는 깊이 2미터 이상의 추락할 위험이 있는 장소에서 하는 작업
   ③ 물체가 흩날릴 위험이 있는 작업
   ④ 고열에 의한 화상 등의 위험이 있는 작업

   해답 ① 안전모 ② 안전대 ③ 보안경 ④ 방열복

   focus 본 교재 제7과목 Ⅰ. 1. 보호구 선택 시 유의사항 단원에서 내용확인

3. 산업안전보건법령상 비, 눈, 그 밖의 기상상태의 악화로 작업을 중지시킨 후 또는 비계를 조립·해체하거나 변경한 후에 그 비계에서 작업을 하는 경우 사업주가 해당 작업을 시작하기 전에 점검하고, 이상을 발견하면 즉시 보수하여야 하는 사항을 5가지 쓰시오. (5점)

   해답
   ① 발판 재료의 손상 여부 및 부착 또는 걸림 상태
   ② 해당 비계의 연결부 또는 접속부의 풀림 상태
   ③ 연결 재료 및 연결 철물의 손상 또는 부식 상태
   ④ 손잡이의 탈락 여부
   ⑤ 기둥의 침하, 변형, 변위 또는 흔들림 상태
   ⑥ 로프의 부착 상태 및 매단 장치의 흔들림 상태

focus 본 교재 제6과목 I. 24. 비계의 종류 및 설치시 준수사항 단원에서 내용확인

4. A 사업장의 근무 및 재해발생 현황이 다음과 같을 때, 이 사업장의 종합재해지수를 구하시오. (4점)

   [보기]
   - 평균 근로자수 : 400명
   - 년간 재해발생건수 : 80건
   - 재해자수 : 100명
   - 근로손실일수 : 800일
   - 근로시간 : 1일 8시간, 연간 280일 근무

   해답 종합재해지수 $FSI = \sqrt{도수율(F.R) \times 강도율(S.R)}$
   ① 도수율$(F.R) = \dfrac{재해건수}{연근로시간수} \times 1,000,000 = \dfrac{80}{400 \times 8 \times 280} \times 10^6 = 89.286$
   ② 강도율$(S.R) = \dfrac{근로손실일수}{연근로시간수} \times 1,000 = \dfrac{800}{400 \times 8 \times 280} \times 1,000 = 0.893$
   ③ 종합재해지수$(FSI) = \sqrt{89.286 \times 0.893} = 8.929 ≒ 8.93$

   focus 본 교재 제1과목 III. 12. 재해율 단원에서 관련 내용확인

5. 산업안전보건법령상 가설통로를 설치하는 경우 사업주가 준수해야할 사항을 3가지 쓰시오. (4점)

   해답
   ① 견고한 구조로 할 것
   ② 경사는 30도 이하로 할 것. 다만, 계단을 설치하거나 높이 2미터 미만의 가설통로로서 튼튼한 손잡이를 설치한 경우에는 그러하지 아니하다.
   ③ 경사가 15도를 초과하는 경우에는 미끄러지지 아니하는 구조로 할 것
   ④ 추락할 위험이 있는 장소에는 안전난간을 설치할 것. 다만, 작업상 부득이한 경우에는 필요한 부분만 임시로 해체할 수 있다.
   ⑤ 수직갱에 가설된 통로의 길이가 15미터 이상인 경우에는 10미터 이내마다 계단참을 설치할 것
   ⑥ 건설공사에 사용하는 높이 8미터 이상인 비계다리에는 7미터 이내마다 계단참을 설치할 것

   focus 본 교재 제6과목 I. 20. 가설계단 단원에서 내용확인

6. 산업안전보건법령상 사업주는 유자격자가 충전전로 인근에서 작업하는 경우 절연된 경우나 절연장갑을 착용한 경우를 제외하고는 노출충전부에 접근한계거리 이내로 접근하거나 절연 손잡이가 없는 도전체에 접근할 수 없도록 해야한다. 다음 [보기]의 충전전로 선간전압(킬로볼트)에 따른 충전전로에 대한 접근한계거리(센티미터)를 쓰시오. (4점)

[보기] 충전전로의 선간전압(단위:킬로볼트)	충전전로에 대한 접근한계거리(센티미터)
0.38	①
1.5	②
6.6	③
22.9	④

해답 ① 30 ② 45 ③ 60 ④ 90

focus 본 교재 제5과목 I. 9. 충전전로에서의 전기 작업 단원에서 내용확인

7. 안전인증대상 보호구 중 차광보안경의 사용구분에 따른 종류 4가지를 쓰시오.(4점)

해답 ① 자외선용 ② 적외선용 ③ 복합용 ④ 용접용

Tip 안전인증(차광보안경)

종류	사용구분
자외선용	자외선이 발생하는 장소
적외선용	적외선이 발생하는 장소
복합용	자외선 및 적외선이 발생하는 장소
용접용	산소용접작업 등과 같이 자외선, 적외선 및 강렬한 가시광선이 발생하는 장소

focus 본 교재 제7과목 I. 1. 보호구 선택시 유의사항 단원에서 내용확인

8. 산업안전보건법령상 사업주가 과압에 따른 폭발을 방지하기 위하여 폭발방지 성능과 규격을 갖춘 안전밸브 또는 파열판을 설치하여야 하는 대상 설비 중 파열판을 설치하여야 하는 경우를 3가지 쓰시오.(단, 배관은 2개 이상의 밸브에 의하여 차단되어 대기온도에서 액체의 열팽창에 의하여 파열될 우려가 있는 것으로 한정한다)(5점)

해답 ① 반응 폭주 등 급격한 압력 상승 우려가 있는 경우
② 급성 독성물질의 누출로 인하여 주위의 작업환경을 오염시킬 우려가 있는 경우
③ 운전 중 안전밸브에 이상 물질이 누적되어 안전밸브가 작동되지 아니할 우려가 있는 경우

focus 본 교재 제5과목 II. 14. 화학설비의 안전장치 종류 단원에서 관련내용 확인

9. 산업안전보건법령상 사업주가 가연성물질이 있는 장소에서 화재위험작업을 하는 경우 화재예방을 위해 준수해야 할 사항을 3가지 쓰시오.(3점)

해답 ① 작업 준비 및 작업 절차 수립
② 작업장 내 위험물의 사용·보관 현황 파악

③ 화기작업에 따른 인근 가연성물질에 대한 방호조치 및 소화기구 비치
④ 용접불티 비산방지덮개, 용접방화포 등 불꽃, 불티 등 비산방지조치
⑤ 인화성 액체의 증기 및 인화성 가스가 남아 있지 않도록 환기 등의 조치
⑥ 작업근로자에 대한 화재예방 및 피난교육 등 비상조치

focus 본 교재 제1과목 Ⅳ. 8. 작업 시작 전 점검사항 단원에서 관련내용 확인

10. 산업안전보건법령상 근로자가 상시 작업하는 [보기]의 장소에 대한 작업면 조도기준(단위 포함)을 쓰시오.(4점) (단, 갱내 작업장과 감광재료를 취급하는 작업장은 제외)

[보기] 1. 초정밀작업 : ①   2. 정밀작업: ②
       3. 보통작업 : ③   4. 그 밖의 작업: ④

해답 ① 750럭스 이상 ② 300럭스 이상 ③ 150럭스 이상 ④ 75럭스 이상

focus 본 교재 제3과목 Ⅰ. 18. 조도 단원에서 내용 확인

11. 유해하거나 위험한 작업 또는 장소에서 사용하거나 건강장해를 방지하기 위하여 사용하는 기계·기구 및 설비로서 설치·이전하거나 그 주요 구조부분을 변경하려는 경우 사업주가 유해위험방지계획서를 작성하여 고용노동부장관에게 제출하고 심사를 받아야 하는 대상을 3가지 쓰시오.(3점)

해답 ① 금속이나 그 밖의 광물의 용해로
② 화학설비
③ 건조설비
④ 가스집합 용접장치
⑤ 근로자의 건강에 상당한 장해를 일으킬 우려가 있는 물질로서 고용노동부령으로 정하는 물질의 밀폐·환기·배기를 위한 설비

focus 본 교재 제8과목 Ⅰ. 3. 안전성검토(유해위험 방지계획서) 단원에서 내용 확인

12. 산업안전보건법령상 사업주는 사업장에 유해하거나 위험한 설비가 있는 경우 그 설비로부터의 위험물질 누출, 화재 및 폭발 등으로 인하여 사업장 내의 근로자에게 즉시 피해를 주거나 사업장 인근 지역에 피해를 줄 수 있는 중대산업사고를 예방하기 위하여 법령에서 정하는 사업장의 보유설비 또는 유해위험물질의 규정량 이상 제조, 취급, 저장하는 설비에 대해 공정안전보고서를 작성하고 고용노동부장관에게 제출하여 심사를 받아야 한다. 다음 [보기]에 해당하는 물질의 공정안전보고서를 작성해야 하는 규정량(kg)을 쓰시오.(4점)

[보기] 단위 : kg
1. 인화성 가스 : 제조·취급(①)/ 저장 200,000
2. 암모니아 : 제조·취급·저장 (②)
3. 염산(중량 20% 이상) : 제조·취급·저장 (③)
4. 황산(중량 20% 이상) : 제조·취급·저장 (④)

해답 ① 5,000   ② 10,000   ③ 20,000   ④ 20,000

focus 본 교재 제8과목 I. 4.공장 설비의 안전성 평가(공정안전보고서) 단원에서 내용확인

13. 산업안전보건법령상 소음에 관한 다음 [보기]에서 (   )에 알맞은 내용을 쓰시오.(3점)

[보기]
1. "소음작업"이란 1일 8시간 작업을 기준으로 (①)dB이상의 소음이 발생하는 작업을 말한다.
2. "강열한 소음작업"이란 다음에 해당하는 작업을 말한다.
   가. 90dB 이상의 소음이 1일 (②)시간 이상 발생하는 작업
   나. 100dB 이상의 소음이 1일 (③)시간 이상 발생하는 작업

해답 ① 85   ② 8   ③ 2

focus 본 교재 제5과목 III. 4. 소음 및 진동방지대책 단원에서 내용확인

14. 산업안전보건법령상 타워크레인을 설치(상승작업포함)·해체하는 작업 시 근로자 특별안전보건교육의 내용을 4가지 쓰시오.(단, 채용시 및 작업내용 변경 시 교육 공통 내용 제외, 그 밖에 안전·보건관리에 필요한 사항 제외)(4점)

해답
① 붕괴·추락 및 재해 방지에 관한 사항
② 설치·해체 순서 및 안전작업방법에 관한 사항
③ 부재의 구조·재질 및 특성에 관한 사항
④ 신호방법 및 요령에 관한 사항
⑤ 이상 발생 시 응급조치에 관한 사항

focus 본 교재 제 2과목 I. 10. 산업안전보건법상의 교육의 종류와 교육시간 및 교육내용 단원에서 내용확인

산업안전기사 실기 (필답형)
2023년 7월 22일 시행

1. 산업안전보건법령상 터널 지보공을 조립하거나 변경하는 경우 강아치 지보공의 조립시 따라야 하는 사항을 4가지 쓰시오. (4점)

   해답
   ① 조립간격은 조립도에 따를 것
   ② 주재가 아치작용을 충분히 할 수 있도록 쐐기를 박는 등 필요한 조치를 할 것
   ③ 연결볼트 및 띠장 등을 사용하여 주재 상호간을 튼튼하게 연결할 것
   ④ 터널 등의 출입구 부분에는 받침대를 설치할 것
   ⑤ 낙하물이 근로자에게 위험을 미칠 우려가 있는 경우에는 널판 등을 설치할 것

2. 달비계의 최대적재하중을 정하고자 한다. 다음에 해당하는 안전계수를 쓰시오. (3점)
   가. 달기와이어로프 및 달기강선의 안전계수 : (①) 이상
   나. 달기체인 및 달기훅의 안전계수 : (②) 이상
   다. 달기강대와 달비계의 하부 및 상부지점의 안전계수는 강재의 경우 (③) 이상, 목재의 경우 5 이상

   해답 ① 10 ② 5 ③ 2.5

   focus 본 교재(필기) 제6과목 05. III. 1. 작업발판설치 시 주의사항 단원에서 내용 확인

3. 산업안전보건법령상 경고표지에 관한 용도 및 설치 · 부착장소에 관한 다음 내용에 알맞은 종류를 쓰시오. (4점)

   가. 가열·압축하거나 강산·알칼리 등을 첨가하면 강한 산화성을 띠는 물질이 있는 장소 : (①)
   나. 돌 및 블록 등의 물체가 떨어질 우려가 있는 장소 : (②)
   다. 미끄러운 장소 등 넘어지기 쉬운 장소 : (③)
   라. 휘발유 등 화기의 취급을 극히 주의해야 하는 물질이 있는 장소 : (④)

   해답
   ① 산화성 물질 경고
   ② 낙하물 경고
   ③ 몸균형 상실 경고
   ④ 인화성물질 경고

   focus 본 교재 제2과목 II. 8. 무재해 운동과 위험예지훈련 3) 안전보건 표지 단원에서 관련내용 확인

4. 사업주는 잠함 또는 우물통의 내부에서 근로자가 굴착작업을 하는 경우에 잠함 또는 우물통의 급격한 침하에 의한 위험을 방지하기 위하여 준수해야 할 사항을 2가지 쓰시오. (5점)

   해답 급격한 침하로 인한 위험방지
   ① 침하관계도에 따라 굴착방법 및 재하량 등을 정할 것
   ② 바닥으로부터 천장 또는 보까지의 높이는 1.8미터 이상으로 할 것

   focus 본 교재(필기) 제 6과목 01. Ⅱ. 3. 건설공사의 안전관리 단원에서 내용 확인

5. 누전에 의한 감전위험을 방지하기 위하여 해당 전로의 정격에 적합하고 감도가 양호하며 확실하게 작동하는 감전방지용 누전차단기를 설치해야 하는 전기기계·기구를 3가지 쓰시오. (3점)

   해답 ① 대지전압이 150볼트를 초과하는 이동형 또는 휴대형 전기기계·기구
   ② 물 등 도전성이 높은 액체가 있는 습윤장소에서 사용하는 저압(1.5천볼트 이하 직류전압이나 1천볼트 이하의 교류전압)용 전기기계·기구
   ③ 철판·철골 위 등 도전성이 높은 장소에서 사용하는 이동형 또는 휴대형 전기기계·기구
   ④ 임시배선의 전로가 설치되는 장소에서 사용하는 이동형 또는 휴대형 전기기계·기구

   focus 본 교재 제5과목 Ⅰ. 6. 누전차단기 단원에서 관련내용 확인

6. 사업장의 안전 및 보건을 유지하기 위하여 작성하여야 하는 안전보건관리규정을 작성해야 하는 (가)상시근로자수와 (나)포함되어야할 사항을 3가지 쓰시오. 단, 사업의 종류는 소프트웨어 개발 및 공급업에 해당된다. (4점)

   해답 가. 상시근로자수 : 300명
   나. 안전보건관리규정에 포함되어야 할 사항
   ① 안전 및 보건에 관한 관리조직과 그 직무에 관한 사항
   ② 안전보건교육에 관한 사항
   ③ 작업장의 안전 및 보건관리에 관한 사항
   ④ 사고조사 및 대책수립에 관한 사항
   ⑤ 그 밖에 안전 및 보건에 관한 사항

   focus 본 교재 제1과목 Ⅱ. 1. 안전관리 규정 단원에서 관련내용 확인

7. 사업주가 제출해야하는 유해위험방지계획서에서 건설공사의 경우 제출해야하는 첨부서류의 제출기한과 첨부되어야 하는 서류를 3가지 쓰시오. (5점)

   해답 유해위험방지계획서
   가. 제출기한 : 해당 공사의 착공 전날까지
   나. 첨부서류
   (1) 공사개요 및 안전보건관리계획
   ① 공사 개요서

② 공사현장의 주변 현황 및 주변과의 관계를 나타내는 도면(매설물 현황을 포함)
③ 전체 공정표
④ 산업안전보건관리비 사용계획서
⑤ 안전관리 조직표
⑥ 재해 발생 위험 시 연락 및 대피방법
(2) 작업공사 종류별 유해위험방지계획

Tip 건설업이 아닌 제조업 등의 사업장일 경우 제출기한은 공사착공 15일 전까지 공단에 2부 제출

focus 본 교재 제 6과목 I. 3. 유해위험방지 계획서 단원에서 관련내용 확인

8. 1200kg의 화물을 파단하중이 42.8kN인 와이어로프로 들어올리고자 한다.
(단, 두 줄걸이로 상부각도 108°로 들어올릴 경우)(5점)

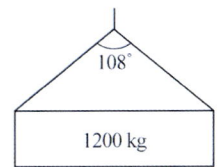

가. 안전율을 구하시오.

해답 ① 와이어로프에 걸리는 하중

$$하중 = \frac{화물의\ 무게(W_1)}{2} \div \cos\frac{\theta}{2} = \frac{1200 \times 9.8}{2} \div \cos\frac{108}{2} = 10003.653\text{N} = 10\text{kN}$$

② 안전율 $= \frac{42.8}{10} = 4.28$

나. 위의 들기작업에서 안전율의 만족/불만족 여부와 그 이유를 쓰시오.

해답 ① 만족/불만족 여부 : 불만족
② 이유 : 화물의 하중을 직접지지하는 달기와이어로프 또는 달기체인의 경우 안전율은 5이상인데, 5 미만이므로 불만족

9. 다음은 목재가공용 둥근톱에서 분할날이 갖추어야할 사항들이다. 괄호에 알맞은 내용을 쓰시오.(3점)

가. 분할 날의 두께는 둥근톱 두께의 (①)배 이상이어야 한다.
나. 견고히 고정할 수 있으며 분할날과 톱날 원주면과의 거리는 (②)mm 이내로 조정, 유지할 수 있어야 하고, 표준 테이블면상의 톱 뒷날의 2/3이상을 덮도록 할 것
다. 재료는 KS D 3751(탄소공구강재)에서 정한 STC 5(탄소공구강) 또는 이와 동등이상의 재료를 사용할 것
라. 분할날 조임볼트는 (③)개 이상일 것
마. 분할날 조임볼트는 (④)조치가 되어 있을 것

해답 ① 1.1 ② 12 ③ 2 ④ 이완방지

focus 본 교재 제4과목 I. 기계안전일반 18.〈보충강의〉목재가공용 둥근톱 단원에서 내용 확인

10. 산업안전보건법령상 산업안전보건위원회 구성위원 중 근로자 위원의 자격 3가지를 쓰시오.(3점)

해답 근로자 위원
① 근로자대표
② 근로자대표가 지명하는 1명 이상의 명예산업안전감독관(위촉되어있는 사업장의 경우)
③ 근로자대표가 지명하는 9명 이내의 해당 사업장의 근로자(명예산업안전감독관이 근로자위원으로 지명되어 있는 경우 그 수를 제외))

focus 본 교재 제1과목 I. 7. 산업안전보건위원회 단원에서 관련된 내용 확인

11. 사업주는 근로자가 충전전로를 취급하거나 그 인근에서 작업할 때 유자격자가 충전전로 인근에서 작업하는 경우에는 절연장갑을 착용하거나 도전체로부터 절연된 경우 등을 제외하고는 법령에서 정한 접근한계 거리 이내로 접근하거나 절연손잡이가 없는 도전체에 접근할 수 없도록 규정하고 있다. 충전전로의 선간전압이 아래와 같을 때 접근한계거리를 쓰시오.(3점)

충전전로의 선간전압 (단위:킬로볼트)	충전전로에 대한 접근한계거리 (단위: 센티미터)
2 초과 15 이하	(①)
37 초과 88 이하	(②)
145초과 169이하	(③)

해답 ① 60 ② 110 ③ 170

Tip 충전전로의 접근한계거리

충전전로의 선간전압 (단위 : 킬로볼트)	충전전로에 대한 접근한계거리 (단위 : 센티미터)	충전전로의 선간전압 (단위 : 킬로볼트)	충전전로에 대한 접근한계거리 (단위 : 센티미터)
0.3 이하	접촉금지	121 초과 145 이하	150
0.3 초과 0.75 이하	30	145 초과 169 이하	170
0.75 초과 2 이하	45	169 초과 242 이하	230
2 초과 15 이하	60	242 초과 362 이하	380
15 초과 37 이하	90	362 초과 550 이하	550
37 초과 88 이하	110	550 초과 800 이하	790
88 초과 121 이하	130		

focus 본 교재 제5과목 I. 9. 충전전로에서의 전기작업 단원에서 관련내용 확인

12. 산업안전보건법령상 사업주가 근로자에게 실시해야하는 로봇작업에 대한 특별안전보건 교육의 내용을 4가지 쓰시오.(단, 채용시 교육 및 작업내용 변경시 교육내용과 중복되는 사항은 제외)(4점)

해답
① 로봇의 기본원리 · 구조 및 작업방법에 관한 사항
② 이상발생시 응급조치에 관한 사항
③ 안전시설 및 안전기준에 관한 사항
④ 조작방법 및 작업순서에 관한 사항

focus 본 교재 제 2과목 I. 10. 산업안전보건법상의 교육의 종류와 교육시간 및 교육내용 단원에서 내용확인

13. 동력으로 작동하는 기계 · 기구로서 유해 · 위험 방지를 위한 방호조치를 하지 아니하고는 양도, 대여, 설치 또는 사용에 제공하거나 양도 · 대여의 목적으로 진열해서는 아니 되는 유해하거나 위험한 기계 · 기구의 종류를 4가지 쓰시오.(4점)

해답
① 예초기   ② 원심기
③ 공기압축기   ④ 금속절단기
⑤ 지게차   ⑥ 포장기계(진공포장기, 래핑기로 한정)

Tip 대상 기계 · 기구와 방호장치
① 예초기 : 날접촉예방장치
② 원심기 : 회전체 접촉 예방장치
③ 공기압축기 : 압력방출장치
④ 금속절단기 : 날접촉예방장치
⑤ 지게차 : 헤드가드, 백레스트, 전조등, 후미등, 안전밸트
⑥ 포장기계(진공포장기, 래핑기로 한정) : 구동부 방호 연동장치

focus 본 교재 제 4과목 I. 9. 산업안전보건법상 유해위험 기계기구 단원에서 관련내용 확인

14. 다음에 해당하는 방폭구조의 기호를 쓰시오.(4점)

① 안전증방폭구조   ② 충전방폭구조   ③ 유입방폭구조   ④ 특수방폭구조

해답 ① Ex e   ② Ex q   ③ Ex o   ④ Ex s

Tip 방폭구조의 기호

내압 방폭구조	압력 방폭구조	유입 방폭구조	안전증 방폭구조	특수 방폭구조	본질안전 방폭구조	몰드 방폭구조	충전 방폭구조	비점화 방폭구조
d	p	o	e	s	i(ia,ib)	m	q	n

focus 본 교재 제5과목 I. 18. 방폭구조의 기호 단원에서 관련내용 확인

산업안전기사 실기 (필답형)
2023년 10월 7일 시행

1. HAZOP 기법에 사용되는 가이드 워드에 관한 의미를 영문으로 쓰시오. (4점)

가. 설계의도 외에 다른 변수가 부가되는 상태 (①)

나. 설계의도대로 완전히 이루어지지 않는 상태 (②)

다. 설계의도대로 설치되지 않거나 운전 유지되지 않는 상태 (③)

라. 변수가 양적으로 증가되는 상태 (④)

해답 ① As well as ② Parts of ③ Other than ④ More

focus 본 교재(필기) 제2과목 05. I. 4. 위험분석과 위험관리 단원에서 내용 확

2. 사망만인율 계산식과 사망자수에 포함되지 않는 경우 2가지를 쓰시오. (4점)

해답 ① 계산식 : $\dfrac{\text{사망자수}}{\text{산재보험적용근로자수}} \times 10{,}000$

② 사망자수에 포함되지 않는 경우 : 사업장 밖의 교통사고(운수업, 음식숙박업은 사업장 밖의 교통사고도 포함)·체육행사·폭력행위·통상의 출퇴근에 의한 사망, 사고발생일로부터 1년을 경과하여 사망한 경우.

focus 본 교재 제1과목 III. 12. 재해율 단원에서 내용 확인

3. 미니멀 컷셋(Minimal cut set)과 미니멀패스셋(Minimal path set)을 간단히 설명하시오. (4점)

해답 ① Minimal cutset(최소컷셋) : 컷셋의 집합중에서 정상사상을 일으키기 위하여 필요한 기본사상의 최소한의 집합(시스템의 기능을 마비시키는 사고요인의 최소집합)

② Minimal path set(최소패스셋) 그 안에 포함되는 모든 기본사상이 일어나지 않을 때 처음으로 정상사상이 일어나지 않는 기본사상의 집합에서 필요최소한의 집합(시스템이 고장나지 않도록 하는 최소한의 기본사상의 집합)

focus 본 교재 제3과목 II. 시스템 위험분석 11. 미니멀 컷과 미니멀 패스 단원에서 내용확인

4. 산업안전보건법령상 와이어로프 등 달기구의 안전계수와 관련된 기준에서 ( )에 알맞은 내용을 쓰시오. (3점)

가. 근로자가 탑승하는 운반구를 지지하는 달기와이어로프 또는 달기체인의 경우 (①) 이상

나. 화물의 하중을 직접 지지하는 경우 달기와이어로프 또는 달기체인의 경우 (②) 이상

다. 훅, 샤클, 클램프, 리프팅 빔의 경우 (③) 이상

해답 ① 10 ② 5 ③ 3

focus 본 교재 제3과목 05. Ⅲ. 2. 방호장치의 종류 단원에서 내용 확인

5. 산업안전보건법령상 안전 관리자를 정수 이상으로 증원·교체 임명할 수 있는 사유 3가지를 쓰시오.(단, 화학적인자로 인한 직업성 질병자 관련 사항과 해당 사업장의 전년도 사망만인율이 같은 업종의 평균 사망만인율 이하인 경우는 제외))(4점)

해답 안전 관리자 증원 교체임명 대상 사업장
① 해당 사업장의 연간재해율이 같은 업종의 평균재해율의 2배 이상인 경우
② 중대재해가 연간 2건 이상 발생한 경우
③ 관리자가 질병이나 그 밖의 사유로 3개월 이상 직무를 수행할 수 없게 된 경우

focus 본 교재 제1과목 Ⅰ. 5. 안전관리자의 직무 단원에서 내용 확인

6. 보호구 안전인증 고시상 특급 방진마스크를 착용해야 하는 장소를 2곳 쓰시오.(4점)

해답 특급 방진마스크 착용장소
① 베릴륨 등과 같이 독성이 강한 물질들을 함유한 분진등 발생 장소
② 석면 취급장소

focus 본 교재 제7과목 Ⅰ. 3. 방진마스크 단원에서 내용 확인

7. 산업안전보건법령상 유해·위험방지를 위한 방호조치를 해야하는 다음 기계·기구의 방호장치를 1가지씩 쓰시오.(3점)
① 원심기
② 공기압축기
③ 금속절단기

해답 ① 회전체 접촉 예방장치
② 압력방출장치
③ 날접촉 예방장치

Tip 기계·기구와 해당 방호장치
① 예초기 : 날접촉예방장치
② 원심기 : 회전체 접촉 예방장치
③ 공기압축기 : 압력방출장치
④ 금속절단기 : 날접촉예방장치
⑤ 지게차 : 헤드가드, 백레스트, 전조등, 후미등, 안전밸트
⑥ 포장기계(진공포장기, 래핑기로 한정) : 구동부 방호 연동장치

focus 본 교재 제 4과목 Ⅰ. 9. 산업안전보건법상 유해위험 기계기구 단원에서 관련내용 확인

8. 산업안전보건법령상 사업장의 안전 및 보건에 관한 중요 사항을 심의·의결하기 위하여 사업장에 근로자위원과 사용자위원이 같은 수로 구성하여 운영하는 기구에 대한 다음 사항에 알맞은 내용을 쓰시오.(6점)

가. 해당하는 기구의 명칭을 쓰시오.
나. 해당하는 기구의 정기회의 주기를 쓰시오.
다. 근로자 위원, 사용자 위원 자격을 각각 1명씩 쓰시오.

해답
가. 산업안전보건위원회
나. 분기마다
다. ① 근로자 위원 : 근로자 대표   ② 사용자 위원 : 해당사업의 대표자

Tip 산업안전보건위원회의 구성

근로자 위원	① 근로자대표 ② 명예산업안전감독관이 위촉되어 있는 사업장의 경우 근로자대표가 지명하는 1명 이상의 명예산업안전감독관 ③ 근로자대표가 지명하는 9명(근로자인 명예산업안전감독관 위원이 있는 경우 9명에서 그 위원의 수를 제외한 수) 이내의 해당 사업장의 근로자
사용자 위원	① 해당 사업의 대표자 ② 안전관리자 1명 ③ 보건관리자 1명 ④ 산업보건의(해당 사업장에 선임되어 있는 경우로 한정) ⑤ 해당 사업의 대표자가 지명하는 9명 이내의 해당 사업장 부서의 장

focus 본 교재 제1과목 I. 7. 산업안전보건위원회 단원에서 관련된 내용 확인

9. 산업안전보건법령상 화학설비 및 부속설비의 안전기준에 관한 다음 사항에서 ( )에 알맞은 내용을 쓰시오.(4점)

가. 사업주는 급성 독성물질이 지속적으로 외부에 유출될 수 있는 화학설비 및 그 부속설비에 파열판과 안전밸브를 (①)로 설치하고 그 사이에는 압력지시계 또는 (②)를 설치하여야 한다.

나. 사업주는 안전밸브등이 안전밸브등을 통하여 보호하려는 설비의 최고사용압력 이하에서 작동되도록 하여야 한다. 다만, 안전밸브등이 2개 이상 설치된 경우에 1개는 최고사용압력의 (③)배 [외부화재를 대비한 경우에는 (④)배] 이하에서 작동되도록 설치할 수 있다.

해답 ① 직렬   ② 자동경보장치   ③ 1.05   ④ 1.1

focus 본 교재(필기) 제 5과목 03. III. 2. 안전장치의 종류 단원에서 내용확인

10. 산업안전보건법령상 다음 보기와 같은 조건일 경우 안전관리자의 최소인원수를 쓰시오. (4점)

① 식료품 제조업 - 상시근로자 600명
② 1차 금속 제조업 - 상시근로자 200명
③ 플라스틱제품 제조업 - 상시근로자 300명
④ 총공사금액 1,000억원인 건설업(전체 공사기간을 100으로 할 때 15에서 85에 해당하는 기간)

해답 ① 2명 ② 1명 ③ 1명 ④ 2명

focus 본 교재(필기) 제 1과목 01. II. 3. 운용요령 단원에서 관련내용 확인

11. 산업안전보건법령상 사업주가 근로자에게 실시해야 하는 안전보건교육중 건설업 기초안전보건교육에 대한 교육내용을 2가지 쓰시오. (4점)

해답 ① 건설공사의 종류(건축·토목 등) 및 시공 절차
② 산업재해 유형별 위험요인 및 안전보건조치
③ 안전보건관리체제 현황 및 산업안전보건 관련 근로자 권리·의무

12. 용접작업을 하는 작업자가 전압이 300V인 충전부분에 물에 젖은 손으로 접촉하여 감전으로 인한 심실세동을 일으켰다. 이때 인체에 흐른 심실세동전류[mA]와 통전시간[ms]을 구하시오. (단, 인체의 저항은 1,000Ω으로 한다.)

해답 ① 심실세동전류 $(I) = \dfrac{V}{R} = \dfrac{300}{1,000 \times \dfrac{1}{25}} \times 1,000 = 7,500 \text{[mA]}$

② 통전시간 : $7,500\text{mA} = \dfrac{165}{\sqrt{T}}$ ∴ $\sqrt{T} = 0.022$

따라서, $T = 0.000484\text{[s]} = 0.484\text{[ms]}$

focus 본 교재 제5과목 I. 2. 통전전류가 인체에 미치는 영향 단원에서 관련내용 확인

13. 인체측정치를 이용하여 작업장 레이아웃, 기계기구 및 설비 등을 공학적으로 개선할 때 활용하는 원칙 3가지를 쓰시오. (3점)

해답 인체측정치를 이용한 설계
① 조절가능한 설계 ② 극단치를 이용한 설계 ③ 평균치를 이용한 설계

focus 본 교재 제3과목 I. 9. 인체계측 단원에서 내용확인

14. 연삭작업시 숫돌의 파괴원인을 4가지 쓰시오.(4점)

해답
① 숫돌의 회전 속도가 너무 빠를 때
② 숫돌 자체에 균열이 있을 때
③ 숫돌에 과대한 충격을 가할 때
④ 플랜지 직경이 현저히 작을 때(숫돌직경의 1/3이하)
⑤ 숫돌의 불균형이나 베어링 마모에 의한 진동이 있을 때
⑥ 숫돌 반경 방향의 온도 변화가 심할 때
⑦ 숫돌의 치수가 부적당할 때
⑧ 작업에 부적당한 숫돌을 사용할 때
⑨ 숫돌의 측면을 사용하여 작업할 때(측면을 사용하는 것을 목적으로 하는 연삭숫돌 제외)

focus 본 교재 제4과목 I. 16. 연삭숫돌의 파괴원인 단원에서 관련내용 확인

필답형 출제문제

산업안전산업기사실기

2000년~2023년 출제문제

산업안전산업기사 실기 (필답형)
2000년 11월 12일 시행

1. 산업안전보건법상 승강기에 설치해야하는 방호장치의 종류를 4가지 쓰시오.

> **해답** 승강기의 방호장치
> ① 파이널 리미트 스위치 ② 속도조절기 ③ 출입문 인터록
> ④ 과부하방지장치 ⑤ 권과방지장치 등
>
> **focus** 본 교재 제4과목 I. 12. 양중기의 방호장치 및 재해유형 단원에서 확인

2. 사다리식 통로의 설치기준을 5가지 쓰시오.

> **해답** 사다리식 통로의 구조(설치 시 준수사항)
> ① 견고한 구조로 할 것
> ② 심한 손상·부식 등이 없는 재료를 사용할 것
> ③ 발판의 간격은 일정하게 할 것
> ④ 발판과 벽과의 사이는 15센티미터 이상의 간격을 유지할 것
> ⑤ 폭은 30센티미터 이상으로 할 것
> ⑥ 사다리가 넘어지거나 미끄러지는 것을 방지하기 위한 조치를 할 것
> ⑦ 사다리의 상단은 걸쳐놓은 지점으로부터 60센티미터 이상 올라가도록 할 것
> ⑧ 사다리식 통로의 길이가 10미터 이상인 경우에는 5미터 이내마다 계단참을 설치할 것
> ⑨ 사다리식 통로의 기울기는 75도 이하로 할 것. 다만, 고정식 사다리식 통로의 기울기는 90도 이하로 하고, 그 높이가 7미터 이상인 경우에는 바닥으로부터 높이가 2.5미터 되는 지점부터 등받이울을 설치할 것
> ⑩ 접이식 사다리 기둥은 사용 시 접혀지거나 펼쳐지지 않도록 철물 등을 사용하여 견고하게 조치할 것
> * 잠함내 사다리식 통로와 건조·수리 중인 선박의 구명줄이 설치된 사다리식 통로(건조·수리작업을 위하여 임시로 설치한 사다리식 통로는 제외)에 대해서는 사다리식 통로구조의 제⑤호부터 제⑩호까지의 규정을 적용하지 아니한다.
>
> **Tip** 2012년 적용되는 법 개정으로 내용이 수정되었으며, 해답은 개정된 내용으로 정리하였습니다.
>
> **focus** 본 교재 제6과목 I. 21. 사다리식 통로 단원에서 관련된 내용 확인

3. 이동전선에 접속하여 임시로 사용하는 전등 등에 접촉함으로 인한 감전 및 전구파손에 의한 위험방지를 위하여 보호망을 부착할 때 준수해야 할 사항을 2가지 쓰시오.

> **해답** ① 전구의 노출된 금속부분에 근로자가 용이하게 접촉되지 아니하는 구조로 할 것
> ② 재료는 용이하게 파손되거나 변형되지 아니하는 것으로 할 것
>
> **focus** 본 교재 제5과목 I. 3. 감전사고 방지대책 단원에서 관련내용 확인

4. 통제표시비의 설계시 고려해야할 사항 4가지를 쓰시오.

   해답 ① 계기의 크기   ② 공차   ③ 목측거리   ④ 조작시간   ⑤ 방향성

   focus 본 교재 제3과목 I. 14. 통제장치의 유형 단원에서 관련내용 확인

5. 인간공학에 관한 다음의 설명 중 ( )안에 알맞은 내용을 쓰시오.

   > (1) 단조로운 업무가 장시간 지속될 때 작업자의 감각기능, 판단기능이 둔화 또는 마비되는 현상을 (①)이라 한다.
   > (2) (②)란 인간 또는 기계의 과오나 동작상의 실패가 있어도 안전사고를 발생시키지 않도록 2중, 3중으로 통제를 가하는 것을 말한다.
   > (3) 인간공학의 목적은 (③)에 있다.
   > (4) 인간시스템의 신뢰도에서 결함을 찾아내어 고장율을 안정시키는 기간은 (④)이다.
   > (5) (⑤)은 작업대사량과 기초대사량의 비로서 작업대사량은 작업시 소비된 에너지와 안정시 소비된 에너지와의 차를 말한다.

   해답 ① 감각차단현상   ② fail-safe   ③ 안전과 능률
   ④ 디버깅 기간   ⑤ 에너지 대사율(R.M.R)

6. 근로자의 신체보호를 위하여 착용하는 보호구의 구비조건을 4가지 쓰시오.

   해답 ① 착용시 작업이 용이할 것 (간편한 착용)
   ② 유해 위험물에 대한 방호성능이 충분할 것 (대상물에 대한 방호가 완전)
   ③ 작업에 방해요소가 되지 않도록 할 것
   ④ 재료의 품질이 우수할 것 (특히 피부접촉에 무해할 것)
   ⑤ 구조와 끝마무리가 양호할 것 (충분한 강도와 내구성 및 표면 가공이 우수)
   ⑥ 외관 및 전체적인 디자인이 양호할 것

   focus 본 교재 제7과목 I. 2. 보호구 구비조건 단원에서 관련내용 확인

7. T.B.M(Tool Box Meeting) 위험예지훈련에 관하여 간략하게 설명하시오.

   해답 ① 즉시 즉응법 이라고도 하며 현장에서 그때그때 주어진 상황에 즉응 하여 실시하는 위험예지활동으로 단시간 미팅훈련이다.
   ② TBM 5단계 진행요령(1. 도입 2. 점검정비 3. 작업지시 4. 위험예측 5. 확인)

   focus 본 교재 제 2과목 II. 8. 무재해운동과 위험예비훈련 단원에서 관련내용 확인

8. 400명의 근로자가 1일 8시간, 연간 300일 근무하는 어느 사업장에서 11건의 재해가 발생하여 신체장해등급 11급 10명, 1급 1명이 발생하였다. 연천인율과 강도율을 구하시오.

해답

$$연천인율 = \frac{연간재해자수}{연평균근로자수} \times 1,000$$

$$\therefore 연천인율 = \frac{11}{400} \times 1,000 = 27.5$$

$$강도율(S.R) = \frac{근로손실일수}{연간총근로시간수} \times 1,000$$

$$\therefore 강도율 = \frac{7500 + (400 \times 10)}{400 \times 8 \times 300} \times 1,000 ≒ 11.979 = 11.98$$

focus 본 교재 제1과목 III. 12. 재해율 단원에서 관련내용 확인

---

9. 보호안경 착용에 관하여 안전관리자가 안전조회를 실시하고자 한다. 아래의 교육내용을 도입, 전개, 결말의 순서로 정리하여 번호를 쓰시오.

> (1) 연삭기 작업은 비록 짧은시간(20~30분)이라 할지라도 반드시 보안경을 착용한다. 칩은 어디로부터도 눈에 들어올 수 있다.
> (2) 아무리 귀찮아도 잊지말고 연삭작업시에는 반드시 보안경을 착용하자.
> (3) 오늘은 보호안경 착용에 관한 안전교육을 실시한다.

해답
① 도입 : (3)
② 전개 : (1)
③ 결말 : (2)

---

10. 터널굴착작업시 시공계획에 포함되어야 할 사항을 3가지 쓰시오.

해답
① 굴착의 방법
② 터널지보공 및 복공의 시공방법과 용수의 처리방법
③ 환기 또는 조명시설을 하는 때에는 그 방법

focus 본 교재(필기) 제6과목 04. II. 6. 콘크리트 구조물 붕괴안전 대책, 터널굴착 단원에서 관련내용 확인

---

11. 다음의 FT를 간략화 하시오.

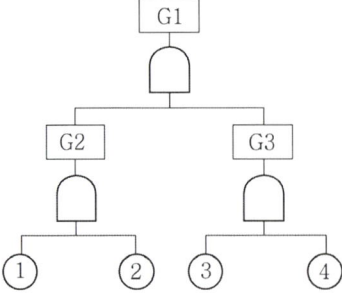

해답

```
        G1
        △
   ┌────┼────┬────┐
   ①    ②    ③    ④
```

focus 본 교재(필기) 제2과목 06. I. 3. FTA의 순서 및 작성방법 단원에서 관련된 내용 확인

12. 동력에 의해 작동되는 원심기의 자체검사 항목을 5가지 쓰시오.

해답
① 방호장치의 이상유무
② 회전체의 이상유무
③ 주축 베어링의 이상유무
④ 브레이크의 이상유무
⑤ 외함의 이상유무
⑥ ① 내지 ④에 규정된 부분의 볼트·너트의 풀림유무

Tip
① 본 문제는 2009년부터 적용된 법 개정으로 아래의 내용으로 변경되었으므로 주의 바람.(자체검사 제도가 전면 폐지되고 안전검사로 관련법이 제정됨) - 앞으로 자체검사로는 출제되지 않으며 해답 내용은 개정전 자체검사에 대한 내용이므로 참고만 할 것
② 안전검사의 주기

크레인(이동식크레인 제외), 리프트(이삿짐운반용리프트 제외) 및 곤돌라	사업장에 설치가 끝난 날부터 3년 이내에 최초 안전검사를 실시하되, 그 이후부터 2년마다(건설현장에서 사용하는 것은 최초로 설치한 날부터 6개월마다)
이동식크레인, 이삿짐운반용리프트, 고소작업대	자동차 관리법에 따른 신규 등록 이후 3년 이내에 최초 안전검사를 실시하되, 그 이후부터는 2년마다
프레스, 전단기, 압력용기, 국소배기장치, 원심기, 롤러기, 사출성형기, 컨베이어 및 산업용 로봇	사업장에 설치가 끝난 날부터 3년 이내에 최초 안전검사를 실시하되, 그 이후부터 2년마다(공정안전보고서를 제출하여 확인을 받은 압력용기는 4년마다)

③ 2020년 시행. 관련법령 전부개정으로 변경된 내용입니다. Tip은 개정된 내용에 맞게 수정했으니 착오없으시기 바랍니다.

focus 본 교재 제1과목 Ⅳ. 9. 안전검사 단원에서 관련내용 확인

산업안전산업기사 실기 (필답형) 2001년 7월 15일 시행

1. 연약지반 개량공법에서 점성토지반에 해당하는 공법을 5가지 쓰시오.

해답
(1) 치환공법(① 굴착치환 ② 미끄럼치환 ③ 폭파치환)
(2) 압밀(재하)공법(① Preloading 공법 ② 압성토 공법)
(3) 탈수공법(① sand drain 공법 ② paper drain공법 ③ pack drain 공법)
(4) 배수공법(① Deep well 공법 ② Well point 공법)
(5) 고결공법
(6) 전기침투공법 등

focus 본 교재 제6과목 I. 2. 지반의 이상현상 단원에서 관련내용 확인

2. 다음은 재해발생 형태별 분류항목이다. 해당되는 항목을 간략하게 설명하시오.

① 전도   ② 낙하, 비래   ③ 협착   ④ 충돌

해답
① 전도 : 사람이 평면상으로 넘어졌을 때를 말함(과속, 미끄러짐 포함)
② 낙하, 비래 : 물건이 주체가 되어 사람이 맞은 경우
③ 협착 : 물건에 끼워진 상태, 말려든 상태
④ 충돌 : 사람이 정지물에 부딪친 경우

focus 본 교재(필기) 제1과목 02. I. 4. 재해의 원인분석 및 조사기법 단원에서 관련내용 확인

3. 화학설비 및 그 부속설비의 자체검사 항목 6가지를 쓰시오.

해답
① 그 설비내부에 폭발 또는 화재의 우려가 있는 물질이 있는지 여부
② 내면 및 외면의 현저한 손상·변형 및 부식의 유무
③ 뚜껑·플랜지·밸브 및 콕의 접합상태의 이상유무
④ 안전밸브·긴급차단장치 그 밖의 방호장치 기능의 이상유무
⑤ 냉각장치·가열장치·교반장치·압축장치·계측장치 및 제어장치 기능의 이상유무
⑥ 예비동력원 기능의 이상유무

Tip
(1) 본 문제는 2009년부터 적용된 법 개정으로 아래의 내용으로 변경되었으므로 주의 바람.(자체검사 제도가 전면 폐지되고 안전검사로 관련법이 제정됨) – 앞으로 자체검사로는 출제되지 않으며 해답 내용은 개정전 자체검사에 대한 내용이므로 참고만 할 것
(2) 안전검사 대상 유해·위험기계
① 프레스 ② 전단기 ③ 크레인(정격하중 2톤 미만 제외) ④ 리프트 ⑤ 압력용기
⑥ 곤돌라 ⑦ 국소배기장치(이동식 제외) ⑧ 원심기(산업용만 해당)
⑨ 롤러기(밀폐형 구조제외) ⑩ 사출성형기 [형 체결력 294킬로뉴튼(KN) 미만 제외]
⑪ 고소작업대(화물자동차 또는 특수자동차에 탑재한 것으로 한정)
⑫ 컨베이어 ⑬ 산업용 로봇

Tip 2020년 시행. 관련법령 전부개정으로 변경된 내용입니다. Tip은 개정된 내용에 맞게 수정했으니 착오없으시기 바랍니다.

focus 본 교재 제1과목 IV. 9. 안전검사 단원에서 관련내용 확인

4. 공정안전보고서를 제출해야 되는 대상 사업장을 쓰시오

해답
① 원유정제 처리업
② 기타 석유정제물 재처리업
③ 석유화학계 기초화학물질 제조업 또는 합성수지 및 기타 플라스틱물질 제조업
④ 질소 화합물, 질소 인산 및 칼리질 화학비료 제조업 중 질소질 비료 제조
⑤ 복합비료 및 기타 화학비료 제조업 중 복합비료 제조(단순혼합 또는 배합에 의한 경우는 제외)
⑥ 화학살균 살충제 및 농업용 약제 제조업(농약 원제 제조만 해당)
⑦ 화약 및 불꽃제품 제조업

focus 본 교재 제8과목 I. 4. 공정안전보고서 단원에서 관련된 내용 확인

5. 다음은 통전전류에 따른 인체의 영향을 나타낸 것이다. 빈칸에 알맞은 내용을 쓰시오.

분류	인체에 미치는 전류의 영향	통전 전류
최소감지전류	전류의 흐름을 느낄 수 있는 최소전류	60Hz 교류에서 성인남자 1mA
①	고통을 참을 수 있는 한계전류	60Hz 교류에서 성인남자 7~8mA
마비한계전류	신경이 마비되고 신체를 움직일 수 없으며 말을 할 수 없는 상태	②
심실세동전류	심장의 맥동에 영향을 주어 심장마비 상태를 유발	③

해답
① 고통한계전류
② 60Hz 교류에서 성인남자 10~15mA
③ 60Hz 교류에서 성인남자 $I = \dfrac{165 \sim 185}{\sqrt{T}}$ mA

focus 본 교재 제5과목 I. 2. 통전전류가 인체에 미치는 영향 단원에서 확인

6. 다음 시스템의 신뢰도를 구하시오.

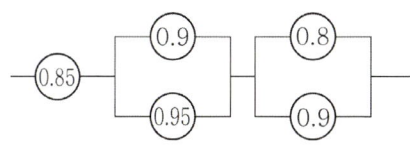

해답 $R_s = 0.85 \times \{1-(1-0.9)(1-0.95)\} \times \{1-(1-0.8)(1-0.9)\}$
∴ $R_s = 0.8288 = 0.83$

focus 본 교재 제3과목 I. 5. 신뢰도 단원에서 관련내용 참고

7. 보호구 검정에 합격한 보호구에 표시해야할 사항을 4가지 쓰시오.

해답 ① (검정기관명) 검정필 ② 규격 및 형식명 ③ 합격번호 ④ 합격연월일
⑤ 제조연월일 ⑥ 검정유효기간 ⑦ 제조(수입)회사명

Tip (1) 본문제는 2009년부터 적용된 관련법의 제정으로 폐지된 내용임. 앞으로 출제되지 않음. 다음의 안전인증에 관한 사항으로 알아둘 것(해답내용은 개정전 내용이므로 참고만 할 것)
(2) 안전인증 및 자율안전 확인 제품의 표시

안전인증 제품	자율안전 확인 제품
① 형식 또는 모델명 ② 규격 또는 등급 등 ③ 제조자명 ④ 제조번호 및 제조연월 ⑤ 안전인증 번호	① 형식 또는 모델명 ② 규격 또는 등급 등 ③ 제조자명 ④ 제조번호 및 제조연월 ⑤ 자율안전확인 번호

focus 본 교재 제1과목 IV. 7. 안전인증 단원에서 관련내용 확인

8. 파괴하중이 600(kg)이고 최대사용하중이 300(kg)인 재료의 안전율을 계산하시오.

해답 안전율 $F_1 = \dfrac{극한강도}{최대설계응력} = \dfrac{파괴하중}{최대사용하중}$

∴ 안전율 $= \dfrac{600}{300} = 2$

focus 본 교재 제4과목 I. 3. 기계설비의 안전조건 단원에서 관련내용 확인

9. 허즈버그의 두 요인이론에서 위생요인과 동기요인에 해당되는 내용을 각각 5가지 쓰시오.

해답 (1) 위생요인
① 조직의 정책과 방침 ②작업조건 ③대인관계 ④ 임금, 신분, 지위 ⑤감독 등
(2) 동기요인 :
① 직무상의 성취 ② 인정 ③ 성장 또는 발전 ④ 책임의 증대 ⑤ 도전
⑥ 직무내용자체(보람된직무) 등

focus 본 교재 제 2과목 II. 7. 동기부여에 관한 이론 단원에서 관련내용 확인

10. 구조물 해체 작업시 작업계획에 포함되어야할 내용을 5가지 쓰시오.

해답 ① 해체의 방법 및 해체순서도면
② 가설설비・방호설비・환기설비 및 살수・방화설비 등의 방법
③ 사업장내 연락방법
④ 해체물의 처분계획
⑤ 해체작업용 기계・기구 등의 작업계획서
⑥ 해체작업용 화약류 등의 사용계획서
⑦ 그 밖에 안전・보건에 관련된 사항

focus 본 교재(필기) 제6과목 03. I. 2. 해체용 기구의 취급안전 단원에서 관련내용 확인

11. 안전밸브 또는 파열판을 설치하여 그 성능이 발휘될수 있도록 하여야 하는 화학설비 및 그 부속설비의 종류를 4가지 쓰시오.

해답
① 압력용기(안지름이 150밀리미터 이하인 압력용기는 제외, 관형 열교환기는 관의 파열로 인하여 상승한 압력이 압력용기의 최고사용압력을 초과할 우려가 있는경우)
② 정변위 압축기
③ 정변위 펌프(토출축에 차단밸브가 설치된 것)
④ 배관(2개 이상의 밸브에 의하여 차단되어 대기온도에서 액체의 열팽창에 의하여 파열될 것이 우려되는 것)
⑤ 그 밖의 화학설비 및 그 부속설비로서 해당 설비의 최고사용압력을 초과할 우려가 있는 것

focus 본 교재 제5과목 II. 14. 화학설비의 안전장치 종류 단원에서 관련내용 확인

산업안전산업기사 실기 (필답형)
2002년 7월 7일 시행

1. 다음은 화학설비의 안전성에 대한 정량적 평가이다. 위험등급에 따른 점수를 계산하고 해당되는 항목을 쓰시오.
① 위험등급 I : ( )
② 위험등급 II : ( )
③ 위험등급 III : ( )

항목분류	A급(10점)	B급(5점)	C급(2점)	D급(0점)
취급물질			○	○
화학설비의 용량		○	○	
온도	○	○		
압력	○	○	○	
조작			○	○

해답
① 합산점수 16점 이상 : 압력(17점)
② 합산점수 11~15점 : 온도(15점)
③ 합산점수 0~10점 : 화학설비의 용량(7점), 조작(2점), 취급물질(2점)

focus 본 교재 제3과목 II. 15. 정량적 평가항목 단원에서 관련내용 확인

2. 폭발은 3가지 조건이 갖추어져야 가능하다. 폭발의 성립조건 3가지를 쓰시오.

해답
① 가연성가스, 증기, 분진 등이 공기 또는 산소와 접촉 또는 혼합되어 있는 경우(폭발범위내 존재)
② 혼합되어 있는 가스 및 분진이 어떤 구획된 공간이나 용기 등의 공간에 존재하고 있는 경우(밀폐된 공간)
③ 혼합된 물질의 일부에 점화원이 존재하고 그것이 매개체가 되어 최소 착화 에너지 이상의 에너지를 줄 경우

focus 본 교재 제5과목 II. 5. 폭발의 성립조건 단원에서 관련내용 확인

3. 산업안전보건법상 안전표지의 종류를 4가지 쓰시오.

해답 ① 금지 표지 ② 경고 표지 ③ 지시 표지 ④ 안내 표지

Tip 2012년 법개정으로 '관계자외 출입금지' 표지가 추가되었으므로 함께 알아두세요.

focus 본 교재 제 2과목 II. 8. 무재해운동과 위험예지훈련 단원에서 관련내용 확인

4. 안전 조직 중 라인형의 특징을 2가지 쓰시오.

   해답 ① 명령과 보고가 상하관계 뿐이므로 간단명료(모든 권한이 포괄적이고 직선적으로 행사)
   ② 명령이나 지시가 신속 정확하게 전달되어 개선조치가 빠르게 진행
   ③ 안전보건에 관한 전문지식이나 기술이 결여되어 안전보건관리가 원만하게 이루어지지 못함(고도의 안전관리 기대불가)
   ④ 전문적인 기술을 필요로 하지 않는 100인 미만의 소규모 사업장에 적합

   focus 본 교재 제1과목 I. 2. 안전관리조직의 종류 단원에서 관련내용 확인

5. 저압전기기기의 누전으로 인한 감전재해 방지를 위한 안전대책을 3가지 쓰시오.

   해답 ① 보호절연   ② 안전 전압 이하의 기기 사용   ③ 접지
   ④ 누전차단기의 설치   ⑤ 비접지식 전로의 채용   ⑥ 이중절연구조

   focus 본 교재 제5과목 I. 3. 감전사고 방지대책 단원에서 관련내용 확인

6. 선반 작업장에서 신입사원 A군이 관리감독자의 허가없이 변속부분의 덮개를 열고 회전상태에서 기어에 주유를 하다 손가락이 절단되는 재해가 발생했다. 재해분석을 위한 다음사항을 기술하시오.

   | ① 사고형태 | ② 가해물 | ③ 기인물 | ④ 불안전행동 |
   | ⑤ 불안전상태 | ⑥ 관리적원인 | ⑦ 기술적원인 | ⑧ 교육적 원인 |

   해답 ① 절단   ② 기어   ③ 선반   ④ 회전상태에서 기어에 주유(운전중 주유)
   ⑤ 변속부분 덮개의 인터록장치 불량   ⑥ 관리감독자의 관리소홀
   ⑦ 덮개의 설계불량   ⑧ 작업방법에 관한 교육 및 안전의식 불충분

7. 감각차단현상에 관하여 간략히 설명하시오.

   해답 단조로운 업무가 장시간 지속될 때 작업자의 감각기능 및 판단능력이 둔화 또는 마비되는 현상(의식수준 I단계에 해당)

   focus 본 교재 제3과목 I. 4.휴먼에러 단원에서 관련내용 확인

8. 전기재해예방을 위하여 절연용 방호구를 장착함으로 근로자가 접근할 수 있는 이격거리를 전로의 전압별로 구분하여 쓰시오.

   해답

전로의 전압	이 격 거 리
특별고압 (7,000V 이상)	2m (단, 60kV 이상은 10kV 마다 그 단수에 따라 20cm를 추가한다)
고 압 (600V 이상, 7,000V 미만)	1.2m
저 압 (600V 미만)	1m

Tip 본 문제의 내용은 관련법이 개정되면서 삭제된 내용이므로 주의할 것.(해답은 삭제되기 전의 내용이므로 참고만 할 것)

9. 인간이 기계를 조종하는 인간-기계 체계에서 인간의 신뢰도가 0.8일 때 체계의 전체 신뢰도가 0.7 이상이 되려면 기계의 신뢰도는 얼마 이상이어야 하는가?

해답 $R_S = R_E \cdot R_H$
기계의신뢰도(R_E) $= \dfrac{0.7}{0.8} = 0.875 = 0.88$

focus 본 교재 제3과목 I. 5. 신뢰도 단원에서 관련내용 확인

10. 비계공사의 작업 시작전 점검사항을 4가지 쓰시오.

해답
① 발판재료의 손상여부 및 부착 또는 걸림상태
② 당해 비계의 연결부 또는 접속부의 풀림상태
③ 연결재료 및 연결철물의 손상 또는 부식상태
④ 손잡이의 탈락여부
⑤ 기둥의 침하·변형·변위 또는 흔들림 상태
⑥ 로프의 부착상태 및 매단장치의 흔들림 상태

focus 본 교재 제6과목 I. 24. 비계의 종류 및 설치시 준수사항 단원에서 관련내용 확인

11. 굴착작업 시 토사등의 붕괴 또는 낙하에 의하여 근로자에게 위험을 미칠 우려가 있는 경우 사업주가 위험을 방지하기 위해 해야하는 필요한 조치를 3가지 쓰시오.

해답
① 흙막이 지보공 설치
② 방호망 설치
③ 근로자의 출입금지

focus 본 교재 제6과목 I. 16. 토사붕괴 위험성 및 안전조치 단원에서 관련내용 확인

12. 안전 경고등을 작동시킬 때 스위치가 on-off로 작동된다면 정보량은 몇 bit인가?

해답 실현가능성이 같은 n개의 대안이 있을 때
총 정보량 H는 $H = \log_2 n$
∴ $H = \log_2 2 = 1 bit$

focus 본 교재 제3과목 I. 5. 신뢰도 단원에서 관련된 내용 확인

산업안전산업기사 실기 (필답형)
2002년 9월 29일 시행

1. 산업안전보건법상 양중기의 종류를 4가지 쓰시오.

> **해답** 양중기의 종류
> ① 크레인(호이스트 포함) ② 이동식 크레인
> ③ 리프트(이삿짐운반용 리프트의 경우 적재하중 0.1톤 이상인 것)
> ④ 곤돌라 ⑤ 승강기
>
> **Tip** 2019년 법개정으로 내용이 수정되었으며, 해답은 수정된 내용으로 작성했습니다.
>
> **focus** 본 교재 제4과목 Ⅰ. 12. 양중기의 방호장치 및 재해유형 단원에서 확인

2. 페인트통이 쌓여있는 작업장 부근에서 용접작업을 하고자 한다. 당신이 관리감독자라면 어떠한 사전 안전조치를 취하겠는가?

> **해답** ① 작업시작전 작업장 정리정돈을 실시하여 페인트통 등의 인화성물질을 제거하거나 방책 등을 설치하여 격리시킨다.
> ② 용접불꽃으로 인한 화재에 대비하여 소화기를 준비한다.
> ③ 용접작업에 필요한 보호구(보안경, 보안면, 안전장갑 등)를 착용하도록 한다.
> ④ 교류아크용접기를 사용할 경우 자동전격방지기를 부착한다.
> ⑤ 감시인 배치 및 작업방법을 개선한다.

3. 보호구 중 안전모의 종류 및 사용구분에 관하여 간략히 쓰시오.

> **해답** 추락 및 감전 위험방지용 안전모의 종류
>
> | 종류(기호) | 사용구분 | 비고 |
> |---|---|---|
> | AB | 물체의 낙하 또는 비래 및 추락에 의한 위험을 방지 또는 경감시키기 위한 것 | |
> | AE | 물체의 낙하 또는 비래에 의한 위험을 방지 또는 경감하고, 머리부위 감전에 의한 위험을 방지하기 위한 것 | 내전압성 |
> | ABE | 물체의 낙하 또는 비래 및 추락에 의한 위험을 방지 또는 경감하고, 머리부위 감전에 의한 위험을 방지하기 위한 것 | 내전압성 |
>
> **focus** 본 교재 제7과목 Ⅲ. 1. 안전모 단원에서 관련된 내용 확인

4. 고변압기 중성점 접지 저항값에 관한 다음 사항에서 ( )에 알맞은 내용을 쓰시오.
   가. 일반적으로 변압기의 고압·특고압측 전로 1선 지락전류로 150을 나눈 값과 같은 저항값 이하
   나. 변압기의 고압·특고압측 전로 또는 사용전압이 (①) kV 이하의 특고압전로가 저압측 전로와 혼촉하고 저압전로의 대지전압이 150 V를 초과하는 경우는 저항 값은 다음에 의한다.
   (1) (②) 초과 (③) 이내에 고압·특고압 전로를 자동으로 차단하는 장치를 설치할 때는 300을 나눈 값 이하
   (2) 1초 이내에 고압·특고압 전로를 자동으로 차단하는 장치를 설치할 때는 (④)을 나눈 값 이하

   해답 ① 35   ② 1초   ③ 2초   ④ 600

   focus 본 교재 제5과목 I. 10. 접지시스템 단원에서 관련내용 확인

5. 다음 표에서 전원에 따른 전압을 구분하여 적으시오.

전원의 종류	저압	고압	특별고압
직류	①	②	
교류	③	④	⑤

   해답 ① 1,500V 이하   ② 1,500V 초과 7,000V 이하
   ③ 1,000V 이하   ④ 1,000V 초과 7,000V 이하
   ⑤ 7,000V 초과

   Tip 2021년 적용 법제정으로 변경된 내용. 문제와 해답은 제정된 법에 맞도록 수정하였습니다.

   focus 본 교재(필기) 제4과목 02. II. 4. 전압의 구분 단원에서 확인

6. 사업장 안전관리규정의 작성시 유의해야 할 사항 4가지를 쓰시오.

   해답 ① 규정된 기준은 법정기준을 상회하도록 하여야 한다.
   ② 관리자층의 직무와 권한 근로자에게 강제 또는 요청한 부분을 명확히 해야한다.
   ③ 관계 법령의 제정 및 개정에 따라 즉시 개정해야한다.
   ④ 작성 또는 개정시에는 현장의 의견을 충분히 반영하여야한다.
   ⑤ 규정내용은 정상시는 물론 이상발생시 사고 및 재해발생시의 조치에 관해서도 규정하여야한다.

   focus 본 교재 제1과목 II. 1. 안전관리규정 단원에서 관련내용 확인

7. 보호안경 착용에 관하여 안전관리자가 안전조회를 실시하고자 한다. 아래의 교육내용을 도입, 전개, 결말의 순서로 정리하여 번호를 쓰시오.

> (1) 연삭기 작업은 비록 짧은시간(20~30분)이라 할지라도 예측할 수 없는 칩으로부터의 눈의 상해를 방지하기 위하여 반드시 보안경을 착용한다.
> (2) 아무리 귀찮아도 잊지말고 연삭작업시에는 반드시 보안경을 착용하자.
> (3) 오늘은 보호안경 착용에 관한 안전교육을 실시한다.

해답 ① 도입 : (3)　② 전개 : (1)　③ 결말 : (2)

8. 평균근로자 400명이 작업하는 어느 사업장에서 일일근로시간은 7시간 30분, 연간근무일수는 300일, 잔업시간 10,000시간, 조퇴 500시간, 휴업4일 이상의 재해건수가 4건, 불휴재해건수가 6건 일 때 도수율(빈도율)은 얼마인가? (단, 결근율이 5%이다)

해답
$$빈도율(F.R) = \frac{재해건수}{연간총근로시간수} \times 1,000,000$$
$$\therefore 도수율 = \frac{4+6}{(400 \times 7.5 \times 300 \times 0.95) + (10,000 - 500)} \times 10^6 ≒ 11.567 = 11.57$$

focus 본 교재 제1과목 III. 12. 재해율 단원에서 관련내용 확인

9. 상시근로자 5,000명이 작업하는 어느 사업장에서 연간 재해로 인한 사상자 수가 50명이라면 이 작업장의 연천인율은 얼마인가?

해답
$$연천인율 = \frac{연간재해자수}{연평균근로자수} \times 1,000$$
$$\therefore 연천인율 = \frac{50}{5,000} \times 1,000 = 10$$

focus 본 교재 제1과목 III. 12. 재해율 단원에서 관련내용 확인

10. 지반굴착작업을 실시하기 전 사전에 조사해야할 사항 3가지를 쓰시오.

해답
① 형상・지질 및 지층의 상태
② 균열・함수(含水)・용수 및 동결의 유무 또는 상태
③ 매설물 등의 유무 또는 상태
④ 지반의 지하수위 상태

focus 본 교재 제6과목 I. 16. 토사붕괴 위험성 및 안전조치 단원에서 확인

산업안전산업기사 실기 (필답형)
2003년 4월 27일 시행

1. 연소는 가연물, 산소, 점화원이라는 3요소가 존재해야 가능하다. 이중 가연물이 될 수 없는 조건을 3가지 쓰시오.

해답
① 주기율표의 0족 원소 (가장 안정된 물질로 산화되지 않는다. He, Ne, Ar 등)
② 이미 산화반응이 완결된 안정된 산화물 (CO_2, SiO_2 등)
③ 질소 또는 질소 산화물(흡열반응)

focus 본 교재 제5과목 II. 1. 연소의 정의 단원에서 관련내용 확인

2. 안전관리에 적용될 수 있는 조직의 종류를 열거하고 각각에 대하여 간략하게 3가지로 설명하시오.

해답
(1) 직계식(라인형)
① 명령과 보고가 상하관계 뿐이므로 간단명료(모든 권한이 포괄적이고 직선적으로 행사)
② 명령이나 지시가 신속 정확하게 전달되어 개선조치가 빠르게 진행
③ 안전보건에 관한 전문지식이나 기술이 결여되어 안전보건관리가 원만하게 이루어지지 못함
④ 별도의 안전관리 요원을 두지 않아 예산절약의 효과
⑤ 전문적인 기술을 필요로 하지 않는 100인 미만의 소규모 사업장에 적합
(2) 참모식(스탭형)
① 안전전담부서(Staff)의 참모인 안전관리자가 안전관리의 계획에서 시행까지 업무추진(고도의 안전활동 진행)
② 경영자의 조언과 자문 역할
③ 안전에 대한 이해가 부족할 경우 안전대책의 현장 침투 불가
④ 안전에 관한 지식, 기술 축적 및 정보 수집이 용이하고 신속
⑤ 근로자 100~1,000명 정도의 중규모사업장에 적합
(3) 직계참모식(라인스탭형)
① 라인에서 안전보건 업무가 수행되어 안전보건에 관한 지시 명령조치가 신속, 정확 하게 전달, 수행
② 안전보건의 전문지식이나 기술축적 용이(당해 사업장에 적합한 대책 수립가능)
③ 명령계통과 조언, 권고적 참여가 혼돈될 가능성
④ 라인형과 스탭형의 장점을 절충한 이상적인 조직
⑤ 근로자 1,000명 이상의 대규모 사업장에 적합

focus 본 교재 제1과목 I. 2. 안전관리조직의 종류 단원에서 관련된 내용 확인

3. 산소결핍위험작업에서 작업할 경우 실시해야하는 특별안전보건교육의 내용 4가지와 연간 교육시간을 쓰시오.(단, 그 밖에 안전보건관리에 필요한 사항은 제외)

해답 (1) 교육내용
① 산소농도 측정 및 작업환경에 관한 사항

② 사고 시의 응급처치 및 비상 시 구출에 관한 사항
③ 보호구 착용 및 보호 장비 사용에 관한 사항
④ 작업내용·안전작업방법 및 절차에 관한 사항
⑤ 장비·설비 및 시설 등의 안전점검에 관한 사항

(2) 교육시간

일용근로자 및 근로계약기간이 1주일 이하인 기간제근로자	2시간 이상
일용근로자 및 근로계약기간이 1주일 이하인 기간제근로자를 제외한 근로자	− 16시간 이상 − 단기간 작업 또는 간헐적 작업인 경우에는 2시간 이상

Tip 2023년 법령개정. 문제 및 해답은 개정된 내용 적용.

focus 본 교재 제 2과목 I. 10. 산업안전보건법상의 교육의 종류와 교육시간 및 교육내용 단원에서 관련된 내용 확인

---

4. 공간에 분출한 액체류가 미세하게 비산 되어 분리하고, 크고 작은 방울로 될 때 새로운 표면을 형성하면서 정전기가 발생하는 대전현상을 무엇이라 하는가?

해답 비말대전

focus 본 교재 제5과목 I. 14. 정전기 발생과 안전대책 단원에서 관련내용 확인

---

5. 암석이 떨어질 우려가 있는 위험한 장소에서 견고한 낙하물 보호구조를 갖춰야할 차량계건설기계의 종류를 5가지 쓰시오.

해답 ① 불도저 ② 트랙터 ③ 굴착기 ④ 로더(loader: 흙 따위를 퍼올리는 데 쓰는 기계)
⑤ 스크레이퍼(scraper : 흙을 절삭·운반하거나 펴 고르는 등의 작업을 하는 토공기계)
⑥ 덤프트럭 ⑦ 모터그레이더(motor grader : 땅 고르는 기계)
⑧ 롤러(roller : 지반 다짐용 건설기계) ⑨ 천공기 ⑩ 항타기 및 항발기

focus 본 교재 제8과목 IV. 2. 차량계건설기계의 사용에 의한 위험의 방지 단원에서 확인

---

6. 반사경 없이 모든 방향으로 빛을 발하는 점 광원에서 2(m)떨어진 곳의 조도가 120(lux)라면 3(m)떨어진 곳의 조도는 얼마인가?

해답 조도 = $\dfrac{광도}{(거리)^2}$

∴ 3m에서의 조도 = $\dfrac{120 \times 2^2}{3^2}$ = 53.33(lux)

focus 본 교재 제3과목 I. 18. 조도 단원에서 관련된 내용 확인

7. 하인리히의 재해발생의 도미노이론을 순서대로 쓰시오.

해답
① 제1단계 : 유전적 요인 및 사회적 환경
② 제2단계 : 개인적 결함
③ 제3단계 : 불안전행동 및 불안전상태
④ 사고
⑤ 재해(상해)

focus 본 교재(필기) 제1과목 01. I. 2. 안전관리 제이론 단원에서 확인

8. 방폭구조의 종류를 5가지 쓰시오.

해답
① 내압 방폭구조   ② 압력 방폭구조   ③ 충전 방폭구조
④ 유입 방폭구조   ⑤ 안전증 방폭구조   ⑥ 본질안전 방폭구조
⑦ 몰드 방폭구조   ⑧ 비점화 방폭구조

focus 본 교재 제5과목 I. 19. 방폭구조의 종류 단원에서 관련내용 확인

9. 인간의 불안전행동에는 여러 가지 형태가 있다. 그러나 안전관리를 추진하는 입장에서 구분하는 불안전행동의 종류를 4가지 쓰시오.

해답
① 작업상의 위험에 대한 지식부족으로 인한 불안전행동(모른다)
② 안전하게 작업을 수행할수 있는 기능미숙으로 인한 불안전행동(할수없다)
③ 안전에 대한 태도불량(의식부족)으로 인한 불안전행동(하지 않는다)
④ 인간의 특성으로서의 에러(error)에 의한 불안전행동(인간에러)

focus 본 교재(필기) 제1과목 04. III. 1. 안전사고요인 단원에서 확인

10. 다음의 그림에서 지게차의 중량(G)이 2ton이고, 앞바퀴에서 화물의 중심까지의 거리(a)가 1.5m, 앞바퀴로부터 차의 중심까지의 거리(b)가 1.5m일 경우 지게차의 안정을 유지하기 위한 최대 화물중량(W)은 얼마 미만으로 해야 하는가?

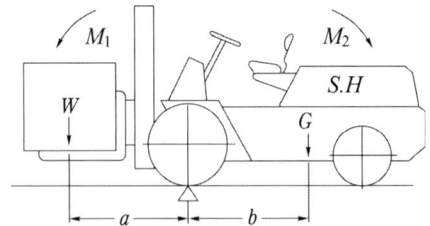

해답 지게차의 안정을 유지하기 위한 식
$M_1 = W \times a$(화물의모멘트) $< M_2 = G \times b$(지게차의모멘트)
$W \times 1.5 < 2\text{ton} \times 1.5$
$W < 2\text{ton}$ ∴ 2 ton 미만

focus 본 교재 제4과목 II. 1. 지게차의 재해유형 단원에서 관련내용 확인

11. 산업안전보건법상 위험기계·기구에 설치한 방호조치에 대하여 근로자가 지켜야 할 준수사항을 3가지 쓰시오.

   해답 ① 방호조치를 해체하고자 할 경우에는 사업주의 허가를 받아 해체할 것
   ② 방호조치를 해체한 후 그 사유가 소멸된 때에는 지체없이 원상으로 회복시킬 것
   ③ 방호조치의 기능이 상실된 것을 발견한 때에는 지체없이 사업주에게 신고할 것

   focus 본 교재(필기) 제1과목 08. Ⅵ. 2. 방호조치 및 준수사항 단원에서 확인

12. 거푸집에 작용하는 하중 중에서 연직 하중에 해당하는 4가지 종류를 쓰시오.

   해답 ① 고정하중 ② 충격하중
   ③ 적재하중 ④ 작업하중

   focus 본 교재 제8과목 Ⅳ. 3. 거푸집 동바리 및 거푸집 단원에서 관련내용 참고.

13. 저압전기를 취급하는 작업시 감전으로부터 신체를 보호하기 위하여 착용하는 안전화의 명칭과 저압전기의 전압을 쓰시오.

   해답 (1) 안전화 : 절연화
   (2) 저압전기 : ① 직류 : 750V 이하 ② 교류 : 600V 이하

   focus 본 교재 제7과목 Ⅲ. 2. 안전화 단원에서 관련내용 확인

산업안전산업기사 실기 (필답형)
2003년 7월 13일 시행

1. 충전전로의 사용전압이 다음과 같을 때 활선작업 근로자가 유지해야할 접근한계거리를 쓰시오.
   ① 충전전로의 사용전압이 22kV 이상 33kV 미만일 때
   ② 충전전로의 사용전압이 66kV 이상 77kV 미만일 때
   ③ 충전전로의 사용전압이 154kV 이상 187kV 미만일 때

   해답 ① 30cm ② 60cm ③ 140cm

   Tip 본 문제는 2011년 법 개정으로 문제와 해답의 내용이 맞지 않습니다. 전면적으로 개정된 내용을 본문 내용에서 반드시 확인하세요.

   focus 본 교재 제5과목 I. 9. 활선작업 단원에서 관련내용 확인

2. 보호구 중 방독마스크를 착용해야하는 경우 주의사항 3가지를 쓰시오.

   해답
   ① 방독마스크를 과신해서는 안된다.
   ② 방독마스크는 산소농도가 18% 이상인 장소에서 사용하여야 하고, 고농도와 중농도에서 사용하는 방독마스크는 전면형(격리식, 직결식)을 사용해야 한다.
   ③ 유독가스의 종류에 알맞은 정화통(흡수관)을 선택하여 사용해야한다.
   ④ 수명이 지난 것을 사용해서는 아니된다.

   Tip ① 방독마스크의 등급 및 사용장소

등급	사용장소
고농도	가스 또는 증기의 농도가 100분의 2(암모니아에 있어서는 100분의 3) 이하의 대기 중에서 사용하는 것
중농도	가스 또는 증기의 농도가 100분의 1(암모니아에 있어서는 100분의 1.5)이하의 대기 중에서 사용하는 것
저농도 및 최저농도	가스 또는 증기의 농도가 100분의 0.1 이하의 대기 중에서 사용하는 것으로서 긴급용이 아닌 것

   ② 관련법의 개정으로 일부내용이 수정되었으므로 개정된 내용(해답 및 Tip내용 참고)으로 알아두세요.

   focus 본 교재 제7과목 I. 4. 방독마스크 단원에서 관련내용 참고.

3. 상시근로자 500명을 사용하는 어느 사업장에서 연간 20명의 재해자가 발생하였다. 연천인율을 구하시오.

해답 연천인율 = $\dfrac{\text{연간재해자수}}{\text{연평균근로자수}} \times 1{,}000$

∴ 연천인율 = $\dfrac{20}{500} \times 1{,}000 = 40$

focus 본 교재 제1과목 III. 12. 재해율 단원에서 관련내용 확인

4. 목재가공용 둥근톱 기계의 방호장치를 쓰시오.

해답 ① 분할날 등 반발예방장치   ② 톱날접촉 예방장치

Tip 목재가공용 둥근톱(반발예방장치 및 날접촉예방장치)과는 다른 내용이므로 반드시 구분하여 알아둘 것

focus 본 교재 제4과목 I. 18. 동력식 수동대패기 단원 보충강의에서 관련내용 확인

5. 다음은 비계의 벽이음 간격이다. ( ) 안에 알맞은 숫자를 쓰시오.

구 분		조립간격(m)	
		수직방향	수평방향
통나무 비계		(①)	(②)
강관비계	단관비계	(③)	(④)
	틀비계	(⑤)	(⑥)

해답 ① 5.5 ② 7.5 ③ 5 ④ 5 ⑤ 6 ⑥ 8

focus 본 교재 제6과목 I. 24. 비계의 종류 및 설치시 준수사항 단원에서 확인

6. 기업내 교육형태의 종류를 3가지로 구분하여 적으시오.

해답 ① TWI(Training with industry)
② MTP(Management Training Program)
③ ATT(American Telephone&Telegram Co)
④ ATP(Administration Training program) · CCS(Civil Communication Section)

focus 본 교재(필기) 제1과목 07. II. 3. TWI 단원에서 참고.

7. Fool proof의 대표적인 기구를 5가지 쓰시오.

해답 ① 가드(Guard)
② 록기구(Lock기구)
③ 오버런기구(Overun기구)

④ 트립 기구(Trip 기구)
⑤ 밀어내기기구(Push&Pull 기구)
⑥ 기동방지 기구

focus 본 교재 제4과목 I. 4. Fool proof 단원에서 관련내용 확인

---

8. 외부피뢰시스템에 해당하는 수뢰부 시스템에 관한 다음 사항에서 ( )에 알맞은 내용을 쓰시오.

가. 수뢰부시스템의 선정은 (①), (②), 그물망도체의 요소 중에 한가지 또는 이를 조합한 형식으로 시설하여야 한다.

나. 수뢰부시스템의 배치는 (③), (④), 그물망법 중 하나 또는 조합된 방법으로 배치하여야 한다.

해답 ① 돌침 ② 수평도체 ③ 보호각법 ④ 회전구체법

focus 본 교재 제5과목 I. 7. 피뢰설비 단원에서 관련내용 확인

---

9. 압출가공 시 발생하는 위험요소를 4가지 쓰시오.

해답 ① 1요소 : 함정(Trap)
② 2요소 : 충격(Impact)
③ 3요소 : 접촉(Contact)
④ 4요소 : 얽힘 또는 말림(Entanglement)
⑤ 5요소 : 튀어나옴(Ejection)

focus 본 교재 제4과목 I. 1. 기계설비의 위험점 단원에서 관련내용 확인

---

10. 전로를 개로하여 당해전로 또는 그 지지물의 설치·점검·수리 및 도장 등의 작업을 하는 때에는 전로를 개로한 후 당해전로에 안전조치를 하여야 한다. 조치사항을 3가지 쓰시오.

해답 근로자가 노출된 충전부 또는 그 부근에서 작업함으로써 감전될 우려가 있는 경우에는 작업에 들어가기 전에 해당 전로를 차단하여야 하며, 전로 차단절차는 다음과 같다.
① 전기기기등에 공급되는 모든 전원을 관련 도면, 배선도 등으로 확인할 것
② 전원을 차단한 후 각 단로기 등을 개방하고 확인할 것
③ 차단장치나 단로기 등에 잠금장치 및 꼬리표를 부착할 것
④ 개로된 전로에서 유도전압 또는 전기에너지가 축적되어 근로자에게 전기위험을 끼칠 수 있는 전기기기등은 접촉하기 전에 잔류전하를 완전히 방전시킬 것
⑤ 검전기를 이용하여 작업 대상 기기가 충전되었는지를 확인할 것
⑥ 전기기기등이 다른 노출 충전부와의 접촉, 유도 또는 예비동력원의 역송전 등으로 전압이 발생할 우려가 있는 경우에는 충분한 용량을 가진 단락 접지기구를 이용하여 접지할 것

Tip 본문제에 해당하는 정전전로에서의 작업에 관한 사항은 2011년 관련법이 전면개정 되었으므로, 반드시 본문내용에서 관련사항을 확인하시기 바랍니다. 해답의 내용은 개정된 내용으로 작성하였습니다.

focus 본 교재 제5과목 I. 8. 정전작업 단원에서 관련된 내용 확인

11. 상시근로자 100명이 작업하는 어느 사업장에서 강도율이 4.5일 경우 근로손실일수는 얼마인가?

해답
$$강도율(S.R) = \frac{근로손실일수}{연간총근로시간수} \times 1,000$$
$$\therefore 근로손실일수 = \frac{4.5 \times 100 \times 2,400}{1,000} = 1,080(일)$$

focus 본 교재 제1과목 III. 12. 재해율 단원에서 관련내용 참고.

12. 무재해 운동에서 위험예지 훈련의 실질적 내용 3가지를 쓰시오.

해답
① 감수성 훈련
② 단시간 미팅훈련(TBM 훈련)
③ 문제해결 훈련

focus 본 교재 제 2과목 II. 8. 무재해운동과 위험예지훈련 단원에서 확인

산업안전산업기사 실기 (필답형)
2004년 4월 25일 시행

1. 다음은 전기안전에 관련된 사항이다. ( )안에 알맞은 말을 쓰시오.

   1. 피뢰기의 접지저항은 (①)Ω 이하이다.
   2. 저압퓨즈는 정격전류의 (②)배에 견디어야하고, 고압전류에 사용할때는 정격전류의 (③)배에 견디어야 한다.
   3. 전격시의 위험도를 결정하는 1차적 요인은 (④), (⑤), (⑥) 등이다.

   해답 ① 10 ② 1.1 ③ 1.3 ④ 통전전류의 크기
   ⑤ 통전경로 ⑥ 전원의 종류

   focus 본 교재 제5과목 I. 1.감전재해 유해요소 단원 5. 퓨즈 단원 7. 피뢰기 및 피뢰침 단원에서 관련된 내용 확인

2. 다음은 화학설비의 안전성에 대항 정량적 평가이다. 위험등급에 따른 점수를 계산하고 해당되는 항목을 쓰시오.
   ① 위험등급 I : ( )   ② 위험등급 II : ( )   ③ 위험등급 III : ( )

항목분류	A급(10점)	B급(5점)	C급(2점)	D급(0점)
취급물질	○		○	
화학설비의 용량	○	○	○	
온도		○	○	○
압력	○	○		
조작			○	○

   해답 ① 합산점수 16점 이상 : 화학설비의 용량(17점)
   ② 합산점수 11~15점 : 압력(15점), 취급물질(12점)
   ③ 합산점수 0~10점 : 온도(7점), 조작(2점)

   focus 본 교재 제3과목 II. 15. 정량적 평가항목 단원에서 관련내용 확인

3. "안전의식을 높이기 위하여 베르크호프의 재해정의를 정의한다" 라는 학습목적에서 목표, 주제, 학습정도를 구분하여 쓰시오.

   해답 ① 목표 : 안전의식의 고양
   ② 주제 : 베르크호프의 재해정의
   ③ 학습정도 : 이해한다.

4. 근로자의 안전을 위하여 착용하는 보호구 중 방진마스크의 구비조건을 3가지 쓰시오.

   해답
   ① 여과 효율이 좋을 것
   ② 흡배기 저항이 낮을 것
   ③ 사용적이 적을 것
   ④ 중량이 가벼울 것
   ⑤ 시야가 넓을 것
   ⑥ 안면 밀착성이 좋을 것
   ⑦ 피부 접촉 부위의 고무질이 좋을 것

   focus 본 교재 제7과목 I. 3. 방진마스크 단원에서 관련내용 확인

5. 작업점에 설치하는 가드의 설치기준을 3가지 쓰시오.

   해답
   ① 충분한 강도를 유지할 것
   ② 구조가 단순하고 조정이 용이 할 것
   ③ 작업, 점검, 주유시 등 장애가 없을 것
   ④ 위험점 방호가 확실할 것
   ⑤ 개구부 등 간격(틈새)이 적정할 것

   focus 본 교재(필기) 제3과목 01. II. 3. 작업점 가드 단원에서 확인

6. TLV-TWA(시간가중 평균 노출기준)는 어떤 의미인지 간략히 설명하시오.

   해답
   ① 1일 8시간 작업기준으로 유해 요인의 측정치에 발생시간을 곱하여 8시간으로 나눈 값으로 근로자가 하루8시간(주 40시간) 근로하는 동안 연속적으로 노출될 경우 보통의 근로자에게 건강상 나쁜 영향을 미치지 아니하는 정도의 농도로 유해물질에 대한 폭로양의 기준.
   ② 산출공식

   $$TWA 환산값 = \frac{C_1 \cdot T_1 + C_2 \cdot T_2 + \cdots\cdots + C_n \cdot T_n}{8}$$

   주) C : 유해요인의 측정치 (단위 : ppm 또는 mg/m³)
   　　T : 유해요인의 발생시간 (단위 : 시간)

   focus 본 교재(필기) 제5과목 01. I. 4. 허용농도 단원에서 관련내용 확인

7. 콘크리트 타설작업시 거푸집의 측압에 영향을 미치는 요인을 5가지 쓰시오.

   해답
   ① 거푸집 수평단면 : 클수록 측압이 크다.
   ② 콘크리트 슬럼프치 : 클수록 측압이 크다.
   ③ 거푸집 표면 : 평탄할수록 측압이 크다.
   ④ 외기의 온도, 습도 : 낮을수록 측압이 크다.
   ⑤ 타설속도 : 빠를수록 측압이 크다.
   ⑥ 다짐 : 충분할수록 측압이 크다.
   ⑦ 거푸집 강성 : 클수록 측압이 크다.
   ⑧ 벽두께 : 두꺼울수록 측압이 크다.
   ⑨ 콘크리트 타설 : 상부에서 직접 낙하할 경우 측압이 크다.

⑩ 콘크리트 시공연도 : 시공연도가 좋을수록 측압이 크다.
⑪ 철골, 철근량 : 적을수록 측압이 크다.
⑫ 콘크리트의 비중(단위중량) : 클수록 측압이 크다.

focus 본 교재(필기) 제6과목 06. Ⅱ. 2. 측압이 커지는 조건 단원에서 확인

8. 다음 FT도의 고장 발생확률을 계산하시오.

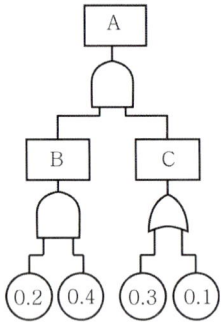

해답
① A = B × C
② B = 0.2 × 0.4 = 0.08
③ C = 1 − (1 − 0.3)(1 − 0.1) = 0.37
∴ A의 발생확률 = 0.08 × 0.37 = 0.0296 =0.03

focus 본 교재(필기) 제2과목 06. Ⅱ. 1. 확률사상의 계산 단원에서 확인

9. 소음원으로부터 20(m) 떨어진 곳에서의 음압수준이 120(dB)이라면 200(m) 떨어진 곳에서의 음압은 얼마인가?

해답 d_1에서 I_1의 단위면적당 출력을 갖는 음은 거리 d_2에서는

$$dB_2 = dB_1 - 20\log\left(\frac{d_2}{d_1}\right)$$

$$\therefore dB_2 = 120 - 20\log\left(\frac{200}{20}\right) = 100(dB)$$

focus 본 교재(필기) 제2과목 02. Ⅱ. 1. 청각과정 단원에서 관련내용 확인

10. 재해누발자(빈발자)에 해당하는 유형중 소질성 누발자의 성격을 5가지 쓰시오.

해답
① 주의력 부족 및 산만   ② 소심한 성격   ③ 저지능
④ 흥분 및 침착성 결여   ⑤ 감각운동 부적합   ⑥ 도덕성 결여 등

Tip 상황성 누발자
① 작업자체가 어렵기 때문
② 기계설비의 결함 존재

③ 주위 환경 상 주의력 집중 곤란
④ 심신에 근심 걱정이 있기 때문

focus 본 교재 제 2과목 II. 4. 재해빈발자의 유형 단원에서 관련내용 확인

11. 1,000(kg)의 화물을 두줄걸이 로프로 상부각도 60°로 들어올릴 때 한쪽 와이어로프에 걸리는 하중을 계산하시오.

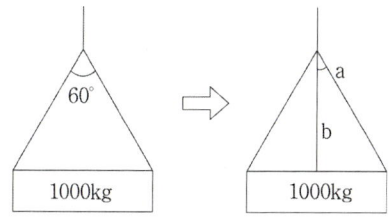

해답 $b \div a = \cos\theta$, 그러므로 $a = b \div \cos\theta$ 여기서

$\theta = \dfrac{60°}{2} = 30°$, $b = \dfrac{1,000}{2} = 500\text{kg}$

$\therefore a = \dfrac{b}{\cos\theta} = \dfrac{500}{\cos 30°} = \dfrac{500}{\frac{\sqrt{3}}{2}} = \dfrac{1,000}{\sqrt{3}} = 577.35(\text{kg})$

focus 본 교재(필기) 제3과목 05. III. 2. 방호장치의 종류 단원에서 내용 확인

12. 기계설비로 인하여 형성되는 위험점의 종류를 6가지 쓰시오.

해답 ① 협착점 ② 끼임점 ③ 절단점 ④ 물림점 ⑤ 접선 물림점 ⑥ 회전 말림점

focus 본 교재 제4과목 I. 1. 기계설비의 위험점 단원에서 관련내용 확인

산업안전산업기사 실기 (필답형)
2004년 7월 4일 시행

1. 피로에 영향을 미치는 기계측 인자 4가지를 쓰시오.

> **해답** ① 기계의 종류 ② 조작부분에 대한 감촉
> ③ 조작부분의 배치 ④ 기계의 색채 ⑤ 기계의 쉬운 이해
>
> **focus** 본 교재(필기) 제1과목 05. Ⅳ. 1. 피로의 증상 및 대책 단원에서 확인

2. 기계의 원동기, 회전축, 기어, 풀리, 플라이휠, 벨트 및 체인 등 근로자에게 위험을 미칠 우려가 있는 부위에 사업주가 설치해야하는 방호장치를 쓰시오.

> **해답** ① 덮개 ② 울 ③ 슬리이브 ④ 건널다리
>
> **focus** 본 교재 제4과목 Ⅰ. 8. 동력전달장치의 방호장치 단원에서 관련내용 확인

3. 접지 시스템의 구성요소를 3가지 쓰시오.

> **해답** ① 접지극 ② 접지도체 ③ 보호도체 및 기타 설비
>
> **focus** 본 교재 제5과목 Ⅰ. 10. 접지시스템 단원에서 관련내용 확인

4. 산업안전보건법상 가설통로 설치시 준수해야할 사항 5가지를 쓰시오.

> **해답** ① 견고한 구조로 할 것
> ② 경사는 30도 이하로 할 것(계단을 설치하거나 높이2m 미만의 가설통로로서 튼튼한 손잡이를 설치한 때에는 그렇지 않다.)
> ③ 경사가 15도를 초과하는 때에는 미끄러지지 아니하는 구조로 할 것
> ④ 추락의 위험이 있는 장소에는 안전난간을 설치할 것(작업상 부득이한 때에는 필요한 부분에 한하여 임시로 이를 해체할 수 있다.)
> ⑤ 수직갱에 가설된 통로의 길이가 15m이상인 때에는 10m 이내마다 계단참을 설치할 것
> ⑥ 건설공사에 사용하는 높이 8m 이상인 비계다리에는 7m 이내마다 계단참을 설치할
>
> **focus** 본 교재 제6과목 Ⅰ. 20. 가설계단 단원에서 관련내용 확인

5. 화학설비에 설치하는 안전밸브의 종류를 쓰시오.

> **해답** ① 스프링식 ② 가용전식 ③ 중추식 ④ 파열판식

6. 권상용 와이어로프(항타기 항발기)의 사용제한 조건을 쓰시오.

    해답 ① 이음매가 있는 것
    ② 와이어로프의 한 꼬임(스트랜드)에서 끊어진 소선(필러선 제외)의 수가 10% 이상(비자전로프의 경우에는 끊어진 소선의 수가 와이어로프 호칭지름의 6배 길이 이내에서 4개 이상이거나 호칭지름 30배 길이 이내에서 8개 이상)인 것
    ③ 지름의 감소가 공칭지름의 7%를 초과하는 것
    ④ 꼬인 것
    ⑤ 심하게 변형되거나 부식된 것
    ⑥ 열과 전기충격에 의해 손상된 것

    Tip 2011년 법 개정으로 내용이 수정되었으며, 해답은 수정된 내용으로 작성하였습니다.

    focus 본 교재 제6과목 I. 9. 항타기 및 항발기 단원에서 관련내용 확인

7. 로봇을 운전하는 경우 당해 로봇에 접촉함으로 근로자에게 위험이 발생할 우려가 있는 때에 사업주가 취해야할 안전조치사항을 2가지 쓰시오.

    해답 ① 안전매트 설치
    ② 높이 1.8m이상의 방책 설치

    focus 본 교재 제4과목 I. 19. 산업용로봇의 방호장치 단원에서 관련내용 확인

8. 전격의 위험을 결정하는 1차적 요인 4가지를 쓰시오.

    해답 ① 통전 전류의 크기   ② 통전 경로   ③ 통전 시간   ④ 전원의 종류

    focus 본 교재 제5과목 I. 1. 감전재해 유해요소 단원에서 관련내용 확인

9. 누적외상성 질환 등 근골격계 질환의 주요원인을 4가지 쓰시오.

    해답 ① 부적절한 작업자세
    ② 무리한 반복작업
    ③ 과도한 힘
    ④ 부족한 휴식시간
    ⑤ 신체적 압박
    ⑥ 차가운 온도나 무더운 온도의 작업환경

    focus 본 교재(필기) 제2과목 03. IV. 5. 근골격계 질환 단원에서 관련내용 확인

10. 보안경의 종류를 4가지 쓰시오.

    해답 ① 차광보안경   ② 유리보안경
    ③ 플라스틱 보안경   ④ 도수렌즈 보안경

Tip (1) 본문제는 관련법의 개정으로 삭제된 내용임.(해답은 개정전의 내용이므로 참고만 할 것) - 새로이 개정된 (2)의 내용으로 알아두세요.
(2) 보안경의 종류 및 사용구분
① 자율안전확인

종류	사용구분
유리보안경	비산물로부터 눈을 보호하기 위한 것으로 렌즈의 재질이 유리인 것
프라스틱보안경	비산물로부터 눈을 보호하기 위한 것으로 렌즈의 재질이 프라스틱인 것
도수렌즈보안경	비산물로부터 눈을 보호하기 위한 것으로 도수가 있는 것

② 안전인증(차광보안경)

종류	사용구분
자외선용	자외선이 발생하는 장소
적외선용	적외선이 발생하는 장소
복합용	자외선 및 적외선이 발생하는 장소
용접용	산소용접작업등과 같이 자외선, 적외선 및 강렬한 가시광선이 발생하는 장소

focus 본 교재 제7과목 II. 1. 보안경의 종류 단원에서 관련내용 확인

11. 이동식 사다리의 사용상에 있어 준수해야할 사항 3가지를 쓰시오.

해답 ① 길이는 6m 초과 금지
② 다리의 벌림은 벽높이 1/4 정도가 적당
③ 벽면 상부로부터 최소한 60cm 이상의 연장길이

Tip 본 문제는 2012년 법 개정으로 삭제된 내용입니다. 앞으로 출제되지 않습니다.

focus 본 교재 제6과목 I. 22. 사다리 단원에서 관련내용 확인

산업안전산업기사 실기 (필답형)
2004년 9월 19일 시행

1. 보호구 검정에 합격한 보호구에 대하여 표시하여야할 사항 4가지를 쓰시오.

해답
① 규격 및 형식명
② 합격번호
③ 합격연월일
④ 제조연월일
⑤ 검정유효기간
⑥ 제조(수입)회사명

Tip
(1) 본문제는 2009년부터 적용된 관련법의 제정으로 삭제된 내용으로 앞으로 출제되지 않음. 새로이 제정된 다음의 안전인증에 관한 사항으로 알아둘 것
(2) 안전인증 및 자율안전 확인 제품의 표시

안전인증 제품	자율안전 확인 제품
① 형식 또는 모델명 ② 규격 또는 등급 등 ③ 제조자명 ④ 제조번호 및 제조연월 ⑤ 안전인증 번호	① 형식 또는 모델명 ② 규격 또는 등급 등 ③ 제조자명 ④ 제조번호 및 제조연월 ⑤ 자율안전확인 번호

focus 본 교재 제1과목 IV. 7. 안전인증 단원에서 관련내용 확인

2. TLV-TWA는 어떤 의미이며, 예를 들어 암모니아의 TLV가 100ppm일 경우 이것은 어떤 뜻인지 설명하시오.

해답
(1) TLV-TWA(시간가중 평균 노출기준)
① 1일 8시간 작업기준으로 유해 요인의 측정치에 발생시간을 곱하여 8시간으로 나눈 값으로 1일 8시간, 주 40시간을 기준으로 유해물질에 매일 노출되어도 거의 모든 근로자에게 건강상의 장해가 없을 것으로 생각되는 농도.
② 산출공식

$$TWA \text{ 환산값} = \frac{C_1 \cdot T_1 + C_2 \cdot T_2 + \cdots\cdots + C_n \cdot T_n}{8}$$

주) C : 유해요인의 측정치 (단위 : ppm 또는 mg/m³)
T : 유해요인의 발생시간 (단위 : 시간)

(2) 암모니아 기체가 작업장내에 존재할 때 근로자가 하루 8시간 근로하는 동안 연속적으로 노출된다고 할 경우 100ppm 이하이면 보통의 근로자에게 건강상 나쁜 영향을 미치지 아니하는 정도의 농도를 말한다.

focus 본 교재(필기) 제5과목 01. I. 4. 허용농도 단원에서 관련내용 확인

3. 롤러기의 작업에서 롤러의 직경이 40cm이고 분당회전수가 30rpm인 앞면 롤러의 표면속도와 급정지장치의 급정지 거리를 구하시오.

해답 표면속도 $V = \dfrac{\pi DN}{1000}$ (m/분)

D : 롤러 원통의 직경 : mm, N : rpm

앞면 롤러의 표면 속도(m/분)	급 정 지 거 리
30 미만	앞면 롤러 원주의 1/3 이내
30 이상	앞면 롤러 원주의 1/2.5 이내

① 표면속도 $(V) = \dfrac{3.14 \times 400 \times 30}{1,000} = 37.68$ (m/min)

② 급정지거리 $= \dfrac{3.14 \times 40}{2.5} = 50.24$ (cm) 이내

focus 본 교재 제4과목 I. 14. 롤러기의 방호장치 및 설치방법 단원에서 확인

4. 플리커 테스트(flicker fusion frequency : 점멸 융합 주파수)를 간략히 설명하시오.

해답 ① 시각의 계속되는 자극이 점멸하지 않고 연속적으로 느껴지는 주파수 → 피질의 기능으로 중추신경계의 피로 즉, 정신피로의 척도로 사용되며, 정신적으로 피곤한 경우 주파수 값이 내려감
② 플리커(Flicker)법은 융합한계빈도(crifical fusion frequency of flicker)로 사이가 벌어진 회전하는 원판으로 들어오는 광원의 빛을 단속시켜 연속광으로 보이는지 단속광으로 보이는지 경계에서의 빛의 단속주기를 플리커 치라고 하여 피로도검사에 이용.

focus 본 교재 제2과목 II. 5. 노동과 피로 단원에서 관련내용 확인

5. 불안전한 행동의 직접원인 4가지를 쓰시오.

해답 ① 지식 부족 ② 기능 미숙 ③ 태도(의욕) 불량 ④ 인간에러

focus 본 교재(필기) 제1과목 04. III. 1. 안전사고요인 단원에서 확인

6. 상시근로자 400명이 작업하는 어느 사업장에 1년간 30건의 재해가 발생하였다면 도수율(빈도율)은 얼마인가?

해답 빈도율$(F.R) = \dfrac{\text{재해건수}}{\text{연간 총근로 시간수}} \times 1,000,000$

$\therefore \dfrac{30}{400 \times 8 \times 300} \times 10^6 = 31.25$

focus 본 교재 제1과목 III. 12. 재해율 단원에서 관련내용 확인

7. 가죽제 발보호 안전화의 성능시험 항목 4가지를 쓰시오.

    해답
    ① 내압박성시험　② 내충격성시험　③ 박리저항시험
    ④ 내답발성시험　⑤ 은면결렬시험　⑥ 인열강도시험
    ⑦ 6가크롬함량　⑧ 내부식성시험　⑨ 인장강도시험
    ⑩ 내유성시험 등

    Tip 본 문제는 관련법의 개정으로 내용이 일부 수정되었으므로 개정된 내용(해답내용 참고)으로 알아둘 것

    focus 본 교재 제7과목 III. 2. 안전화 단원에서 관련내용 확인

8. 고압선 아래쪽에서 크레인 운전자 혼자서 작업을 하던 중 크레인 붐이 고압선에 부딪혀 운전자가 감전되는 사고가 발생하였다. 사고원인 및 안전대책을 각각 2가지 쓰시오.

    해답
    (1) 사고원인
    　① 작업지휘자 및 감시인 미배치
    　② 충전전로에 절연용 방호구 미설치
    　③ 작업시작전 점검 불량으로 크레인 배치 부적절
    (2) 안전대책
    　① 작업지휘자 및 감시인 배치하여 작업
    　② 충전전로의 이설 및 절연용 방호구 설치
    　③ 작업시작전 점검으로 고압선에서 격리된 곳에 크레인 배치
    　④ 절연용 보호구 착용

9. 건축구조물 공사를 하는 2m 이상의 고소작업에서 작업 중이던 근로자가 안전대를 착용하였으나 안전대의 끈이 너무 길어 떨어지면서 바닥에 머리가 부딪혀 사망하였다. 기인물, 가해물 및 재해발생형태를 쓰시오.

    해답
    ① 기인물 : 안전대의 끈
    ② 가해물 : 바닥(지면)
    ③ 재해발생형태 : 추락

10. 인간의 동작은 주의력의 영향을 많이 받게되는데, 이러한 주의의 특성을 3가지 쓰시오.

    해답

선택성	동시에 두개 이상의 방향에 집중하지 못하고 소수의 특정한 것에 한하여 선택한다.
변동성	고도의 주의는 장시간 지속될 수 없고 주기적으로 부주의 리듬이 존재한다.
방향성	한 지점에 주의를 집중하면 주변 다른 곳의 주의는 약해진다(주시점만 인지)

    focus 본 교재 제2과목 II. 2. 주의력과 부주의 단원에서 관련내용 확인

11. 산업안전보건법상 지게차의 작업시작전 점검사항 4가지를 쓰시오.

해답
① 제동장치 및 조종장치 기능의 이상유무
② 하역장치 및 유압장치 기능의 이상유무
③ 바퀴의 이상유무
④ 전조등·후미등·방향지시기 및 경보장치 기능의 이상유무

focus 본 교재 제1과목 IV. 8. 작업시작전 점검사항 단원에서 확인

12. 전격에 의한 인체의 영향에서 ( )안에 알맞은 말을 쓰시오.

전류(mA)	인체의 영향
1	전기를 느낄 정도
5	상당한 고통을 느낌
10	(①)
20	(②)
50	(③)
100	치명적인 결과 초래

해답
① 견디기 어려운 정도의 고통
② 근육수축이 심하고 신경이 마비되어 움직일 수 없는 상태
③ 심히 위험한 상태

focus 본 교재 제5과목 I. 2. 통전전류가 인체에 미치는 영향 단원 참고

산업안전산업기사 실기 (필답형)
2005년 4월 30일 시행

1. 높이가 2m 이상인 장소에서 작업을 함에 있어서 추락에 의하여 근로자에게 위험을 미칠 우려가 있을 경우 취해야 할 조치사항을 2가지 쓰시오.

해답 추락의 방지
① 비계를 조립하는 등의 방법으로 작업발판 설치
② 발판 설치가 곤란한 경우 추락방호망 설치
③ 추락방호망 설치가 곤란한 경우 안전대 착용 등 추락위험방지 조치

Tip 작업발판 및 통로의 끝이나 개구부로 추락위험장소
① 안전난간, 울타리, 수직형 추락방망 또는 덮개 등의 방호조치를 충분한 강도를 가진 구조로 튼튼하게 설치하고, 덮개 설치시 뒤집히거나 떨어지지 않도록 설치(어두운 장소에서도 알아볼 수 있도록 개구부임을 표시)
② 안전난간 등의 설치가 매우 곤란하거나 작업의 필요상 임시로 난간 등을 해체하는 경우 추락방호망 설치(추락방호망 설치가 곤란한 경우 안전대 착용 등의 추락위험 방지조치)

focus 본 교재 제6과목 I. 10.추락재해의 위험성 및 안전조치 단원 및 11. 추락재해의 방호설비 단원에서 관련내용 확인

2. 산업안전보건법상 화학설비의 탱크내 작업시 특별안전보건교육 내용 3가지를 쓰시오.

해답 ① 차단장치·정지장치 및 밸브개폐장치의 점검에 관한 사항
② 탱크내의 산소농도 측정 및 작업환경에 관한사항
③ 안전보호구 및 이상발생시 응급조치에 관한 사항
④ 작업절차· 방법 및 유해·위험에 관한 사항
⑤ 그 밖에 안전·보건관리에 필요한 사항

focus 본 교재 제2과목 I. 10. 산업안전보건법상의 교육의 종류와 교육시간 및 교육내용 단원에서 관련내용 확인

3. 산업안전보건법상 위험성 물질의 분류중 화학적 성질에 의한 종류를 5가지 쓰시오.

해답 ① 폭발성 물질 및 유기과산화물 ② 물반응성 물질 및 인화성 고체
③ 산화성 액체 및 산화성 고체 ④ 인화성 액체 ⑤ 인화성 가스
⑥ 부식성 물질 ⑦ 급성 독성 물질

Tip 2011년 법 개정으로 내용이 수정되었으며, 해답은 수정된 내용으로 작성하였습니다.

focus 본 교재(필기) 제5과목 01. I. 3. 위험물의 종류 단원 참고.

4. 고압의 충전전로에 근접하는 장소에서 전로 또는 그 지지물의 설치·점검·수리 및 도장등의 작업을 함에 있어 당해작업에 종사하는 근로자의 신체 등이 충전전로에 접촉하는 등으로 인한 감전의 우려가 있는 경우 당해 충전전로에 절연용 방호구를 설치하여야 한다. 당해 충전전로와 신체와의 거리가 얼마 이내로 접근할 경우에 해당되는 내용인가?

> **해답** 머리위로의 거리가 30cm 이내이거나 신체 또는 발아래로의 거리가 60cm 이내
>
> **Tip** 본문제는 법개정으로 삭제된 조항이지만 내용은 안전작업기준으로 적합한 사항이므로 알아두셔야 합니다.
>
> **focus** 본 교재 제5과목 I. 9. 활선작업 단원에서 관련내용 확인

5. 전격위험의 주된 원인을 4가지 쓰시오.

> **해답** ① 통전 전류의 크기
> ② 통전 경로
> ③ 통전 시간
> ④ 전원의 종류
>
> **focus** 본 교재 제5과목 I. 1. 감전재해 유해요소 단원에서 관련내용 확인

6. 롤러의 맞물림점 전방에 개구간격 25mm의 가드를 설치하고자 한다. 가드의 위치는 맞물림점에서 얼마의 거리를 유지하여야 하는가?

> **해답** $Y = 6 + 0.15X$ 에서, $X = \dfrac{25 - 6}{0.15} ≒ 126.666 = 126.67\text{mm}$
>
> **focus** 본 교재 제4과목 I. 14. 롤러의 방호장치 및 설치방법 단원에서 확인

7. 근로자가 작업장 통로를 청소하다가 공작기계 아래에 기름이 묻어있는 것을 보고 제거하기 위해 손을 기계의 아랫부분으로 이동하던 중 회전하던 두 개의 치차에 의해 손가락이 절단되는 사고가 발생하였다. 다음과 같은 내용으로 재해를 분석하시오.

> 1. 기인물   2. 가해물   3. 재해형태   4. 불안전 행동   5. 불안전 상태

> **해답** ① 기인물 : 공작기계
> ② 가해물 : 치차
> ③ 재해형태 : 협착
> ④ 불안전 행동 : 운전중 기계장치 손질
> ⑤ 불안전 상태 : 치차부분 방호장치(덮개) 미설치 또는 덮개의 인터록 장치 미설치

8. 연약지반의 개량공법 중 사질토지반에 대한 개량공법을 4가지 쓰시오.

    해답
    ① 진동 다짐 공법(vibro floatation)
    ② 다짐 모래 말뚝 공법(vibro composer, sand compaction pile)
    ③ 폭파 다짐 공법
    ④ 전기 충격 공법
    ⑤ 약액 주입 공법
    ⑥ 동다짐 공법

    focus 본 교재 제6과목 I. 2. 지반의 이상현상 단원에서 관련된 내용 확인

9. 스웨인(A.D.Swain)은 인간의 실수를 작위실수와 부작위 실수로 구분하고 있다. 이중 작위실수에 포함되는 종류를 2가지 쓰시오.

    해답
    ① 정성적착오
    ② 선택착오
    ③ 순서착오
    ④ 시간착오

    focus 본 교재 제3과목 I. 4. 휴먼에러 단원에서 관련된 내용 확인

10. 거푸집에 작용하는 하중 중에서 작업하중에 관하여 간략히 설명하시오.

    해답 작업중에 발생하는 근로자와 소도구의 하중으로 150kgf/m²으로 계산한다.

    focus 본 교재 제8과목 IV. 3. 거푸집 동바리 및 거푸집 단원에서 관련내용 확인

11. 연삭기 숫돌의 회전속도가 200m/min 이고, 숫돌의 직경이 500mm일 때 rpm은 얼마인가?

    해답
    $$V = \frac{\pi \times D \times N}{1,000}$$
    $$\therefore N = \frac{V \times 1,000}{\pi \times D} = \frac{200 \times 1,000}{3.14 \times 500} ≒ 127.388 = 127.39 \text{rpm}$$

    focus 본 교재 제4과목 I. 15. 연삭기의 재해유형 단원에서 관련내용 참고.

산업안전산업기사 실기 (필답형)
2005년 7월 10일 시행

1. 작업현장에서 60분동안 선반작업을 하는 어느 근로자의 평균에너지 소비량이 6.5kcal 일 때 휴식시간을 산출하시오.

   해답
   $$R = \frac{60(E-4)}{E-1.5}$$

   R : 휴식시간(분)
   E : 작업시 평균 에너지 소비량(kcal/분)
   60분 : 총작업 시간
   1.5 kcal/분 : 휴식시간 중의 에너지 소비량
   4 kcal/분 : 작업에 대한 평균에너지 값(작업에 대한 권장 평균에너지 소비량)

   $$\therefore \text{휴식시간}(R) = \frac{60(6.5-4)}{6.5-1.5} = 30(\text{분})$$

   focus 본 교재 제2과목 II. 5. 노동과 피로 단원에서 관련내용 확인

2. 전기기기의 누전으로 인한 재해를 방지하기 위한 조치사항을 3가지 쓰시오.

   해답
   ① 보호접지
   ② 누전차단기의 설치
   ③ 비접지식 전로의 채용
   ④ 이중절연기기의 사용

   focus 본 교재 제5과목 I. 3. 감전사고 방지대책 단원에서 관련내용 확인

3. 재해사례 연구순서를 5단계로 쓰시오.

   해답
   ① 제1단계 : 재해상황의 파악
   ② 제2단계 : 사실의 확인
   ③ 제3단계 : 문제점의 발견
   ④ 제4단계 : 근본적 문제점 결정
   ⑤ 제5단계 : 대책수립

   focus 본 교재 제1과목 III. 14. 재해사례 연구순서 단원에서 관련내용 확인

4. 기계를 사용하여 지중에 구멍을 뚫어 굴진속도와 굴진중 반응 및 파낸 찌꺼기와 시료로부터 지반의 성층을 알 수 있는 동시에 구성하는 흙 또는 암반을 관찰하는 검사방법을 무엇이라 하며, 그 결과 얻어진 그림은 무엇이라 하는가?

해답 ① 지반조사(기계식 보링)
② 지층단면도(NX보링 주상도)

5. 충전전로에 근접하여 작업시 충전전로에 접촉할 위험이 있는 경우 작업자에게 보호구를 지급하여 착용하게 한 후 작업에 임하도록 하여야 한다. 작업자 신체 부위별 착용해야할 보호구를 쓰시오.

   해답 ① 손 : 절연장갑(절연용 고무장갑)
   ② 어깨, 팔 등 : 절연의 또는 고무소매(활선접근 경보기가 부착된 의복)
   ③ 머리 : 절연용 안전모(AE 및 ABE형)
   ④ 다리(발) : 절연화(절연용 고무장화)

   focus 본 교재(필기) 제4과목 02. IV. 1. 절연용 보호구 단원에서 참고.

6. 안전점검의 종류 4가지를 쓰시오.

   해답 ① 수시점검(일상점검)
   ② 정기점검
   ③ 임시점검
   ④ 특별점검

   focus 본 교재 제1과목 IV. 2. 안전점검의 종류 단원에서 관련내용 확인

7. 공간에 분출한 액체류가 미세하게 비산되어 분리되고 크고 작은 방울로 될 때 새로운 표면을 형성하기 때문에 정전기가 발생하게 되는데 이때의 대전현상을 무엇이라 하는가?

   해답 비말대전

   focus 본 교재 제5과목 I. 14. 정전기 발생과 안전대책 단원에서 관련내용 확인

8. 방폭구조의 종류를 4가지 쓰시오.

   해답 ① 내압방폭구조(d)
   ② 압력방폭구조(p)
   ③ 유입방폭구조(o)
   ④ 안전증방폭구조(e)
   ⑤ 특수방폭구조(s)
   ⑥ 본질안전방폭구조(i)
   ⑦ 몰드방폭구조(m)
   ⑧ 충전방폭구조(q)
   ⑨ 비점화방폭구조(n)

   focus 본 교재 제5과목 I. 19. 방폭구조의 종류 단원에서 관련된 내용 확인

9. 굴착작업 시 토사등의 붕괴 또는 낙하에 의하여 근로자에게 위험을 미칠 우려가 있는 경우 사업주가 위험을 방지하기 위해 해야하는 필요한 조치를 3가지 쓰시오.

   해답 ① 흙막이 지보공 설치
   ② 방호망 설치
   ③ 근로자의 출입금지

   focus 본 교재 제6과목 I. 16. 토사붕괴 위험성 및 안전조치 단원에서 관련내용 확인

10. 보호안경에서 필터렌즈와 커버렌즈에 관하여 간략하게 설명하시오.

    해답 ① 필터렌즈 : 유해광선을 차단하는 목적으로 만들어진 원형 또는 변형모양의 렌즈
    ② 커버렌즈 : 미분, 칩, 액체약품등 기타 비산물로부터 눈을 보호하기 위한 렌즈

11. 다음과 같은 시스템의 신뢰도를 구하시오.

    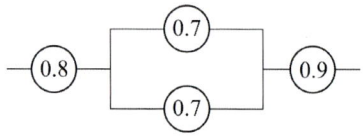

    해답 $R_s = 0.8 \times \{1-(1-0.7)(1-0.7)\} \times 0.9 = 0.6552$

    focus 본 교재 제3과목 I. 5. 신뢰도 단원에서 관련내용 참고.

12. 교류아크용접기는 용접작업 중 즉, 용접을 위한 아크가 발생할 때 용접기 2차측 전압이 무부하 2차측 전압보다 훨씬 낮아져서 안전전압 이하로 유지된다. 용접 변압기의 이와 같은 특성을 무엇이라 하는가?

    해답 수하특성(부하전류가 증가하면 단자전압이 낮아지는 특성으로 아크를 안정시키는데 필요한 아크 특성이다.)

13. 무재해 운동의 3원칙을 쓰시오.

    해답 ① 무의 원칙
    ② 선취(해결)의 원칙
    ③ (전원)참가의 원칙

    focus 본 교재 제2과목 II. 8. 무재해운동과 위험예지훈련 단원에서 관련내용 확인

산업안전산업기사 실기 (필답형)
2005년 9월 25일 시행

1. LPG가스가 공기중에서 누출되어 공기와 혼합된 상태이다. 기체의 조성은 공기 55%, 프로판 40%, 부탄 5% 라면, 혼합기체의 폭발하한계를 계산하시오.(단, 프로판 및 부탄의 공기 중 폭발하한계는 각각 2.1%, 1.8%이다)

   해답 르샤틀리에의 법칙(혼합가스의 폭발범위 계산)

   $$\frac{100}{L} = \frac{V_1}{L1} + \frac{V_2}{L_2} + \frac{V_3}{L_3} \cdots \cdots$$

   여기서) L_1, L_2, L_3 : 각 성분 단일의 연소한계 (상한 또는 하한)
   V_1, V_2, V_3 : 각 성분 기체의 체적%
   L : 혼합 기체의 연소 범위(상한 또는 하한)

   (1) 공기중 가스의 조성
   ① 프로판가스 : $\frac{40}{45} \times 100 ≒ 88.89$
   ② 부탄가스 : $\frac{5}{45} \times 100 ≒ 11.11$

   (2) 혼합가스의 폭발한계
   $$\frac{100}{\frac{88.89}{2.1} + \frac{11.11}{1.8}} ≒ 2.06(\%)$$

   focus 본 교재 제5과목 II. 7. 혼합가스의 폭발범위 단원에서 관련내용 확인

2. Cardullo의 안전율계산 공식을 쓰시오.

   해답 안전율 $F = a \times b \times c \times d$
   a : 사용재료의 극한강도 / 사용재료의 탄성강도=극한강도 / 허용하중
   b : 하중의 종류(정하중에서 $b=1$, 교번하중에서 b=극한강도 / 피로한도)
   c : 하중속도(정하중에서 $c=1$, 충격하중에서 $c=2$)
   d : 재료의 조건(응력추정의 한도 기타 ≤ 2)

   focus 본 교재 제4과목 I. 3. 기계설비의 안전조건 단원에서 관련내용 확인

3. FTA에서 cut set과 path set에 관하여 간략히 설명하시오.

   해답 ① 컷셋(cut set) : 정상사상을 발생시키는 기본사상의 집합으로 그 안에 포함되는 모든 기본사상이 발생할 때 정상사상을 발생시킬 수 있는 기본사상의 집합
   ② 패스셋(path set) : 그 안에 포함되는 모든 기본사상이 일어나지 않을 때 처음으로 정상사상이 일어나지 않는 기본사상의 집합

   focus 본 교재(필기) 제2과목 06. I. 4. 컷셋과 패스셋 단원에서 관련내용 확인

4. 활선근접작업시 전로의 전압에 대한 안전한 이격거리를 쓰시오.

해답

전로의 전압	이 격 거 리
특별고압 (7,000V 이상)	2m (단, 60kV 이상은 10kV 마다 그 단수에 따라 20cm를 추가한다)
고압 (600V 이상, 7,000V 미만)	1.2m
저압 (600V 미만)	1m

Tip 본 문제의 내용은 관련법이 개정되면서 삭제된 내용이므로 주의할 것(해답은 개정전의 내용이므로 참고만할 것)

5. 이동식 사다리의 구조에서 조립시 준수사항을 쓰시오.

해답
① 견고한 구조로 할 것
② 재료는 심한 손상·부식 등이 없는 것으로 할 것
③ 폭은 30cm 이상으로 할 것
④ 다리부분에는 미끄럼방지장치를 설치하는 등 미끄러지거나 넘어지는 것을 방지하기 위한 필요한 조치를 할 것
⑤ 발판의 간격은 동일하게 할 것

Tip 본 문제는 2012년 법 개정으로 삭제된 내용입니다. 앞으로 출제되지 않습니다.

focus 본 교재 제6과목 I. 22. 사다리 단원에서 관련된 내용 확인

6. 안전보건개선계획에 포함되어야할 내용 4가지를 쓰시오.

해답
① 시설   ② 안전·보건관리체제   ③ 안전·보건교육
④ 산업재해예방 및 작업환경 개선을 위하여 필요한 사항

focus 본 교재 제1과목 II. 4. 안전보건 개선계획 단원에서 관련내용 확인

7. 목재가공용 둥근톱에 설치해야하는 방호장치 종류 2가지를 쓰시오.

해답
① 날 접촉예방장치
② 반발예방장치

focus 본 교재 제4과목 I. 9. 산업안전보건법상 유해위험 기계기구 단원에서 확인

8. 변전설비에 사용하는 MOF의 역할 2가지를 쓰시오.

해답 MOF는 계기용 변압 변류기로
① 고전압을 저압으로 변성
② 대전류를 소전류로 변성

9. 재해조사의 목적을 쓰시오.

해답 재해의 원인과 결함을 규명하여 동종재해 및 유사재해의 재발을 방지하고 예방대책수립(예방자료 수집도 포함)

focus 본 교재 제1과목 III. 1. 재해조사 목적 단원에서 관련내용 확인

10. 생체리듬의 종류 3가지를 쓰시오.

해답 ① 육체적(신체적)리듬 ② 감성적 리듬 ③ 지성적 리듬

focus 본 교재 제2과목 II. 5. 노동과 피로 단원에서 관련내용 확인

11. 전기기계기구중 이동형이나 휴대형의 것으로 감전방지용 누전차단기를 설치해야 하는 장소를 쓰시오.

해답 ① 물 등 도전성이 높은 액체에 의한 습윤장소
② 철판·철골위등 도전성이 높은 장소
③ 임시배선의 전로가 설치되는 장소

focus 본 교재 제5과목 I. 6. 누전차단기 단원에서 관련내용 확인

12. 차량계 건설기계를 사용하여 작업을 하는 때에는 작업계획을 작성하고 그에 따라 작업을 실시하여야 한다. 작업계획에 포함되어야할 사항을 3가지 쓰시오.

해답 ① 사용하는 차량계 건설기계의 종류 및 성능
② 차량계 건설기계의 운행경로
③ 차량계 건설기계에 의한 작업방법

focus 본 교재 제8과목 IV. 2. 차량계 건설기계의 사용에 의한 위험의 방지 단원에서 확인

13. 연삭기의 숫돌차 바깥지름이 280(mm)일 경우 플랜지의 바깥지름은 최소 몇 (mm)인가?

해답 ① 플랜지의 직경은 숫돌직경의 1/3이상인 것을 사용하며 양쪽을 모두 같은 크기로 해야하므로
② 플랜지의 지름 $= 280 \times \dfrac{1}{3} ≒ 93.333 = 93.33$(mm)

focus 본 교재 제4과목 I. 15. 연삭기의 재해유형 단원에서 관련내용 확인

14. 강관비계조립시 준수해야할 사항을 4가지 쓰시오.

해답 (1) 비계기둥에는 미끄러지거나 침하하는 것을 방지하기 위하여 밑받침철물을 사용하거나 깔판·받침목 등을 사용하여 밑둥잡이를 설치하는 등의 조치를 할 것

(2) 강관의 접속부 또는 교차부는 적합한 부속철물을 사용하여 접속하거나 단단히 묶을 것
(3) 교차가새로 보강할 것
(4) 외줄비계·쌍줄비계 또는 돌출비계에 대하여는 다음에 정하는 바에 따라 벽이음 및 버팀을 설치할 것
　① 강관비계의 조립간격은 다음의 기준에 적합하도록 할 것

강관비계의 종류	조립간격(단위 : m)	
	수직방향	수평방향
단관비계	5	5
틀비계 (높이가 5m 미만의 것 제외)	6	8

　② 강관·통나무등의 재료를 사용하여 견고한 것으로 할 것
　③ 인장재와 압축재로 구성되어 있는 때에는 인장재와 압축재의 간격을 1미터 이내로 할 것
(5) 가공전로에 근접하여 비계를 설치하는 때에는 가공전로를 이설하거나 가공전로에 절연용 방호구를 장착하는 등 가공전로와의 접촉을 방지하기 위한 조치를 할 것

focus 본 교재 제6과목 I. 24. 비계의 종류 및 설치시 준수사항 단원에서 확인

15. 비계조립시 추락에 의한 위험을 방지하기 위하여 착용해야할 보호구를 3가지 쓰시오.

해답 ① 안전모　② 안전대　③ 안전화

focus 본 교재 제7과목 I. 1. 보호구 선택시 유의사항 단원에서 관련내용 참고

산업안전산업기사 실기 (필답형)
2006년 4월 23일 시행

1. 안전관리조직의 종류 3가지를 쓰시오.

해답
① Line형 조직(직계식)
② Staff형 조직(참모식)
③ Line-Staff형 조직(직계 참모식 조직)

focus 본 교재 제1과목 I. 2. 안전관리조직의 종류 및 3. 안전관리조직의 장단점 단원에서 관련내용 확인

2. 전단기의 자체검사항목을 4가지 쓰시오.

해답
① 방호장치의 이상유무
② 클러치 및 브레이크의 이상유무
③ 슬라이드 기능의 이상유무
④ 1행정 1정지기구 · 급정지장치 및 비상정지장치의 이상유무
⑤ 전자밸브 · 감압밸브 및 압력계의 이상유무
⑥ 배선 · 개폐기 및 제어장치의 이상유무

Tip
① 본 문제는 2009년부터 적용된 법 개정으로 아래의 내용으로 변경되었으므로 주의 바람.(자체검사제도가 전면 폐지되고 안전검사로 관련법이 제정됨) – 앞으로 자체검사로는 출제되지 않으며 해답내용은 개정전 자체검사에 대한 내용이므로 참고만 할 것
② 안전검사의 주기

크레인(이동식크레인 제외), 리프트(이삿짐운반용리프트 제외) 및 곤돌라	사업장에 설치가 끝난 날부터 3년 이내에 최초 안전검사를 실시하되, 그 이후부터 2년마다(건설현장에서 사용하는 것은 최초로 설치한 날부터 6개월마다)
이동식크레인, 이삿짐운반용리프트, 고소작업대	자동차 관리법에 따른 신규 등록 이후 3년 이내에 최초 안전검사를 실시하되, 그 이후부터는 2년마다
프레스, 전단기, 압력용기, 국소배기장치, 원심기, 롤러기, 사출성형기, 컨베이어 및 산업용 로봇	사업장에 설치가 끝난 날부터 3년 이내에 최초 안전검사를 실시하되, 그 이후부터 2년마다(공정안전보고서를 제출하여 확인을 받은 압력용기는 4년마다)

③ 안전검사 대상과 주기에 관한 사항은 2020년부터 적용되는 관련법령 전부개정으로 일부 내용이 수정되었으니 tip ② 내용을 참고하시기 바랍니다.

focus 본 교재 제 1과목 IV. 9. 안전검사 단원에서 관련내용 확인

3. 연평균 근로자 240명이 작업하는 어느 사업장에서 사상자가 3명 발생하였다면 연천인율은 얼마인가?

해답 연천인율 $= \dfrac{\text{연간재해자수}}{\text{연평균근로자수}} \times 1{,}000$

$$\therefore \frac{3}{240} \times 1{,}000 = 12.5$$

focus 본 교재 제1과목 III. 12. 재해율 단원에서 관련된 내용 확인

4. 안전성평가의 기본원칙 6단계를 순서대로 쓰시오.

해답

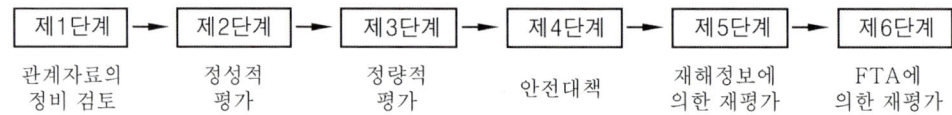

focus 본 교재 제3과목 II. 12. 안전성 평가 단원에서 관련내용 확인

5. 근로자가 밀폐된 공간에서 작업 시 안전담당자의 직무 4가지를 쓰시오.

해답
① 산소가 결핍된 공기나 유해가스에 노출되지 않도록 작업 시작 전에 해당 근로자의 작업을 지휘하는 업무
② 작업을 하는 장소의 공기가 적절한지를 작업 시작 전에 측정하는 업무
③ 측정장비·환기장치 또는 공기호흡기 또는 송기마스크를 작업 시작 전에 점검하는 업무
④ 근로자에게 공기호흡기 또는 송기마스크의 착용을 지도하고 착용상황을 점검하는 업무

Tip
(1) 법 개정으로 안전담당자라는 직책은 사용하지 않습니다. 앞으로는 관리감독자로 알아두세요.
(2) 다음의 "밀폐공간 작업프로그램에 포함되어야할 사항"도 출제가능성이 있으므로 참고하세요.
　① 사업장 내 밀폐공간의 위치 파악 및 관리방안
　② 밀폐공간 내 질식·중독 등을 일으킬 수 있는 유해·위험 요인의 파악 및 관리 방안
　③ ②항에 따라 밀폐공간 작업 시 사전 확인이 필요한 사항에 대한 확인 절차
　④ 안전 보건 교육 및 훈련
　⑤ 그 밖에 밀폐공간 작업근로자의 건강장해 예방에 관한 사항

focus 본 교재 제8과목 II. 1. 관리감독자의 업무내용 단원에서 관련된 내용 확인

6. 소음작업이란 산업안전보건법상 1일 8시간 작업기준으로 몇 (dB) 이상의 소음을 말하는가?

해답 1일 8시간 작업을 기준으로 85데시벨 이상의 소음이 발생하는 작업

focus 본 교재 제5과목 III. 4. 소음 및 진동방지대책 단원에서 관련내용 확인

7. Fail-safe의 정의에 관하여 간략하게 설명하시오.

해답 조작상의 과오로 기기의 일부에 고장이 발생해도 다른 부분의 고장이 발생하는 것을 방지하거나 또는 어떤 사고를 사전에 방지하고 안전 측으로 작동하도록 설계하여 2중, 3중으로 통제를 가해두는 안전대책.

focus 본 교재(필기) 제2과목 07. II. 1. 신뢰도 및 불신뢰도의 계산 단원에서 관련내용 확인

8. 비계의 조립간격에 관한 다음의 표에서 ( )안에 알맞은 말을 쓰시오.

강관 비계의 종류	조립간격(단위 : m)	
	수직방향	수평방향
단관 비계	(①)	5
틀 비계(높이가 5m미만의 것 제외)	6	(②)
통나무 비계	(③)	7.5

해답 ① 5 ② 8 ③ 5.5

focus 본 교재 제6과목 I. 24. 비계의 종류 및 설치시 준수사항 단원에서 확인

9. 무재해 운동의 위험예지 훈련에서 실시하는 문제해결 4단계 진행법을 순서대로 쓰시오.

해답
① 제1단계 : 현상파악(어떤 위험이 잠재하고 있는가?)
② 제2단계 : 본질추구(이것이 위험의 포인트이다!)
③ 제3단계 : 대책수립(당신이라면 어떻게 하겠는가?)
④ 제4단계 : 목표설정(우리들은 이렇게 하자!)

focus 본 교재 제2과목 II. 8. 무재해운동과 위험예지훈련 단원에서 관련내용 확인

10. 어느 사업장에서 근로자의 수가 350명이고, 주당 48시간씩 연가 50주 작업하는 동안 30건의 재해가 발생하였다. 도수율(빈도율)을 구하시오.

해답 빈도율$(F.R) = \dfrac{\text{재해건수}}{\text{연간총근로시간수}} \times 1{,}000{,}000$

$\therefore \dfrac{30}{350 \times 48 \times 50} \times 10^6 ≒ 35.71$

focus 본 교재 제1과목 III. 12. 재해율 단원에서 관련내용 확인

11. 다음과 같은 시스템의 신뢰도를 계산하시오.

해답 $R_s = 0.95 \times \{1-(1-0.9 \times 0.95)(1-0.85)\} \times 0.98 = 0.91$

focus 본 교재 제3과목 I. 5. 신뢰도 단원에서 관련내용 확인

산업안전산업기사 실기 (필답형)
2006년 7월 9일 시행

1. 숫돌의 회전수(rpm)가 2,000인 연삭기에 지름 300(mm)의 숫돌을 사용할 경우 숫돌의 원주속도는 얼마 이하로 해야 하는가?

   해답 숫돌의 원주속도(m/분) = $\dfrac{\pi DN}{1,000}$

   D : 숫돌의 직경(mm), n : 회전수(r, p, m)

   ∴ 숫돌의 원주속도(m/분) = $\dfrac{3.14 \times 300 \times 2,000}{1,000}$ = 1,884(m/min)

   focus 본 교재 제4과목 I. 15. 연삭기의 재해유형 단원에서 관련내용 확인

2. 공기압축기의 작업시작전 점검해야할 사항을 4가지 쓰시오.

   해답
   ① 공기저장 압력용기의 외관상태
   ② 드레인 밸브의 조작 및 배수
   ③ 압력방출장치의 기능
   ④ 언로드밸브의 기능
   ⑤ 윤활유의 상태
   ⑥ 회전부의 덮개 또는 울
   ⑦ 그 밖의 연결부위의 이상유무

   focus 본 교재 제1과목 Ⅳ. 8. 작업시작전 점검사항 단원에서 관련내용 확인

3. 다음은 계단과 계단참에 관한 안전기준이다. ( )에 맞는 내용을 쓰시오.

   사업주는 계단 및 계단참을 설치할 때에는 매제곱미터당 (①)kg 이상의 하중에 견딜수 있는 강도를 가진 구조로 설치하여야 하며, 안전율은 (②) 이상으로 하여야 한다. 높이가 3m를 초과하는 계단에는 높이(③)m 이내마다 진행방향으로 길이 (④)m 이상의 계단참을 설치하여야 한다.

   해답 ① 500 ② 4 ③ 3 ④ 1.2

   focus 본 교재 제6과목 I. 20. 가설계단 단원에서 관련된 내용 확인

4. 산업안전보건법에서 정하고 있는 중대재해의 종류를 3가지 쓰시오.

   해답 중대재해
   ① 사망자가 1명 이상 발생한 재해
   ② 3개월 이상의 요양이 필요한 부상자가 동시에 2명 이상 발생한 재해
   ③ 부상자 또는 직업성 질병자가 동시에 10명 이상 발생한 재해

focus 본 교재 제1과목 III. 1. 재해조사 목적 단원에서 관련내용 확인

5. 정전기 발생현상에 관한 대전의 종류를 3가지 쓰시오.

   해답 ① 마찰대전   ② 박리대전   ③ 유동대전
          ④ 분출대전   ⑤ 충돌대전   ⑥ 비말대전 등

   focus 본 교재 제5과목 I. 14. 정전기 발생과 안전대책 단원에서 관련내용 확인

6. 다음과 같은 시스템의 신뢰도를 계산하시오.(소수점 4째 자리까지)

   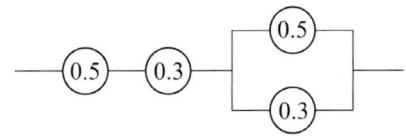

   해답 $R_s = 0.5 \times 0.3 \times \{1-(1-0.5)(1-0.3)\} = 0.0975$

   focus 본 교재 제3과목 I. 5. 신뢰도 단원에서 관련내용 확인

7. 평균근로자 150명이 작업하는 H사업장에서 한해동안 사망 1명, 3급장해 1명, 14급장해 1명, 기타 휴업일수가 20일 일 경우 강도율을 계산하시오.

   해답 강도율$(S.R) = \dfrac{\text{근로손실일수}}{\text{연간총근로시간수}} \times 1{,}000$

   $\therefore \dfrac{7{,}500 + 7500 + 50 + \left(20 \times \dfrac{300}{365}\right)}{150 \times 8 \times 300} \times 1{,}000 ≒ 41.851 = 41.85$

   focus 본 교재 제1과목 III. 12. 재해율 단원에서 관련내용 참고

8. 안전관리 조직의 기본유형을 3가지 쓰시오.

   해답 ① Line형 조직(직계식)
          ② Staff형 조직(참모식)
          ③ Line-Staff형 조직(직계 참모식 조직)

   focus 본 교재 제1과목 I. 2. 안전관리조직의 종류 단원에서 관련내용 확인

9. 산소결핍에 관하여 간략히 설명하시오.

> **해답** 산소결핍이란 공기중의 산소농도가 18% 미만인 상태를 말하며 산소가 결핍된 공기를 들여 마심으로 생기는 증상을 산소결핍증이라 한다.

10. TLV-TWA에 관하여 간략히 설명하시오.

> **해답** TLV-TWA(시간가중 평균 노출기준)
> ① 1일 8시간 작업기준으로 유해 요인의 측정치에 발생시간을 곱하여 8시간으로 나눈 값으로 1일 8시간, 주 40시간을 기준으로 유해물질에 매일 노출되어도 거의 모든 근로자에게 건강상의 장해가 없을 것으로 생각되는 농도.
> ② 산출공식
>
> $$TWA환산값 = \frac{C_1 \cdot T_1 + C_2 \cdot T_2 + \cdots + C_n \cdot T_n}{8}$$
>
> 주) C : 유해요인의 측정치 (단위 : ppm 또는 mg/m³)
> T : 유해요인의 발생시간 (단위 : 시간)
>
> **focus** 본 교재(필기) 제5과목 01. I. 4. 허용농도 단원에서 관련내용 확인

11. 보호구 중 송기 마스크의 종류를 3가지 쓰시오.

> **해답** ① 호스마스크
> ② 에어라인마스크
> ③ 복합식 에어라인마스크
>
> **focus** 본 교재 제7과목 I. 5. 송기마스크 단원에서 관련된 내용 확인

12. 높이 5m 이상의 비계를 조립·해체하는 작업에서 와이어로프가 절단되는 사고가 발생하여 추락재해가 발생하였다. 다음 물음에 답하시오.
① 달기 와이어로프의 안전계수는 얼마이상 이어야 하는가?
② 달기 와이어로프의 사용제한조건 2가지를 쓰시오.
③ 이러한 작업에서 사업주가 준수해야할 사항 3가지를 쓰시오.

> **해답** (1) 안전계수는 10 이상
> (2) 달기 와이어로프의 사용제한조건
> ① 이음매가 있는 것
> ② 와이어로프의 한 꼬임(스트랜드)에서 끊어진 소선(필러선 제외)의 수가 10% 이상(비자전로프의 경우에는 끊어진 소선의 수가 와이어로프 호칭지름의 6배 길이 이내에서 4개 이상이거나 호칭지름 30배 길이 이내에서 8개이상)인 것
> ③ 지름의 감소가 공칭지름의 7%를 초과하는 것
> ④ 꼬인 것
> ⑤ 심하게 변형되거나 부식된 것
> ⑥ 열과 전기충격에 의해 손상된 것

(3) 사업주 준수사항
    ① 관리감독자의 지휘하에 작업하도록 할 것
    ② 조립·해체 변경의 시기·범위 및 절차를 그 작업에 종사하는 근로자에게 교육할 것
    ③ 조립·해체 또는 변경작업 구역내에는 당해 작업에 종사하는 근로자외의 자의 출입을 금지시키고 그 내용을 보기 쉬운 장소에 게시할 것
    ④ 비·눈 그 밖의 기상상태의 불안정으로 인하여 날씨가 몹시 나쁠 때에는 그 작업을 중지시킬 것
    ⑤ 비계재료의 연결·해체작업을 하는 때에는 폭 20cm 이상의 발판을 설치하고 근로자로 하여금 안전대를 사용하도록 하는 등 근로자의 추락방지를 위한 조치를 할 것
    ⑥ 재료·기구 또는 공구 등을 올리거나 내리는 때에는 근로자로 하여금 달줄 또는 달포대 등을 사용하도록 할 것

Tip 2011년 법 개정으로 내용이 수정되었으며, 해답은 수정된 내용으로 작성하였습니다.

focus 본 교재 제6과목 I. 23. 통로발판 단원과 24. 비계의 종류 및 설치시 준수사항 단원과 본 교재(필기) 제6과목 05. I. 3. 비계조립시 안전조치 사항 단원에서 관련된 내용 확인

13. 근로자 안전보건교육의 종류를 4가지 쓰시오.

해답 ① 정기교육 ② 채용시 교육 ③ 작업내용변경시 교육 ④ 특별교육

Tip 2023년 법령개정. 문제 및 해답은 개정된 내용 적용.

focus 본 교재 제2과목 I. 10. 산업안전보건법상의 교육의 종류와 교육시간 및 교육내용 단원에서 관련내용 확인

14. 굴착면의 기울기 기준에 관한 다음 사항에서 ( )에 알맞은 내용을 쓰시오.

지반의 종류	모래	연암 및 풍화암	경암	그 밖의 흙
굴착면의 기울기	(①)	(②)	(③)	(④)

해답 ① 1 : 1.8 ② 1 : 1.0 ③ 1 : 0.5 ④ 1 : 1.2

Tip 2023년 법령개정. 문제 및 해답은 개정된 내용 적용.

focus 본 교재 제6과목 I. 18. 토사붕괴시 조치사항 단원에서 관련내용 확인

산업안전산업기사 실기 (필답형)
2006년 9월 17일 시행

1. 허가대상 유해물질을 제조하거나 사용하는 작업장에 게시해야할 사항을 5가지 쓰시오.

   해답
   ① 허가대상 유해물질의 명칭 ② 인체에 미치는 영향
   ③ 취급상 주의사항 ④ 착용하여야할 보호구
   ⑤ 응급처치와 긴급 방재 요령

   focus 본 교재(필기) 제5과목 01. II. 4. 유해화학물질 취급시 주의사항 단원에서 관련된 내용 확인

2. 풀 프루프(Fool-proof)에 관하여 간략히 설명하시오.

   해답
   ① 해당 기계 설비에 대하여 사전지식이 없는 작업자가 기계를 취급하거나 오조작을 하여도 위험이나 실수가 발생하지 않도록 설계된 구조를 말하며 본질적인 안전화를 의미한다.
   ② 바보가 작동을 시켜도 안전하다는 뜻

   focus 본 교재 제4과목 I. 4. Fool-proof 단원에서 관련된 내용 확인

3. 다음 FT도에서 정상사상 T의 고장발생 확률을 구하시오. (단, 기본사상 X_1, X_2, X_3의 발생 확률은 각각 0.1이다)

   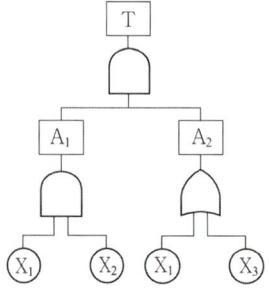

   해답 미니멀 컷과 발생확률
   ① 미니멀 컷 T → $A_1 A_2$ → $X_1 X_2 A_2$ → $\begin{array}{l} X_1 X_2 X_1 \\ X_1 X_2 X_3 \end{array}$
   ② 미니멀 컷을 구하면 (X_1, X_2)
   ③ 발생확률 = $X_1 \times X_2 = 0.1 \times 0.1 = 0.01$

   focus 본 교재(필기) 제2과목 06. II. 1. 확률사상의 계산 단원에서 확인

4. 기계의 원동기·회전축·기어·풀리·플라이휠·벨트 및 체인 등 근로자에게 위험을 미칠 우려가 있는 부위에 설치해야하는 안전장치의 종류를 3가지 쓰시오.

해답 ① 덮개 ② 울 ③ 슬리브 ④ 건널다리

focus 본 교재 제4과목 I. 8. 동력전달장치의 방호장치 단원에서 관련내용 확인

5. 목재가공용 둥근톱 기계의 방호장치를 2가지 쓰시오.

해답 목재 가공용 둥근톱 기계의 방호장치
① 분할날 등 반발예방장치 ② 톱날접촉 예방장치

Tip 목재가공용 둥근톱(반발예방장치 및 날접촉예방장치)과는 다른 내용이므로 반드시 구분하여 알아둘 것

focus 본 교재 제4과목 I. 18. 동력식 수동대패기 단원 보충강의에서 관련내용 확인

6. 특수화학설비에 사용하는 안전장치의 종류를 3가지 쓰시오.

해답 (1) 계측장치의 설치(내부이상상태의 조기파악) : ① 온도계 ② 유량계 ③ 압력계 등
(2) 자동경보장치의 설치 : 내부이상상태의 조기파악
(3) 긴급차단장치의 설치 : 폭발, 화재 또는 위험물 누출 방지

focus 본 교재 제5과목 II. 14. 화학설비의 안전장치 종류 단원에서 관련내용 확인

7. 달비계의 최대적재하중을 정하고자 한다. 다음에 해당하는 안전계수를 쓰시오.

(1) 달기와이어로프 및 달기강선의 안전계수 : (①) 이상
(2) 달기체인 및 달기훅의 안전계수 : (②) 이상
(3) 달기강대와 달비계의 하부 및 상부지점의 안전계수는 강재의 경우 (③)이상, 목재의 경우 (④) 이상

해답 ① 10 ② 5 ③ 2.5 ④ 5

focus 본 교재(필기) 제6과목 05. III. 1. 작업발판설치시 주의사항 단원에서 관련된 내용 확인

8. 부탄(C_4H_{10})의 폭발하한계는 1.6(vol%)이고, 폭발상한계는 9.0(vol%)이다. 부탄의 위험도 및 완전연소조성농도를 계산하시오.(단, 소수점 둘째 자리에서 반올림 할 것)

해답 ① 위험도

$$H = \frac{UFL - LFL}{LFL}$$

여기서 UFL : 연소 상한값, LFL : 연소 하한값, H : 위험도

$$\therefore H = \frac{9.0 - 1.6}{1.6} = 4.625 = 4.6$$

② 완전연소조성농도

$$Cst = \frac{100}{1+4.773(n+\frac{m-f-2\lambda}{4})}$$

여기서, n : 탄소, m : 수소, f : 할로겐 원소의 원자 수, λ : 산소의 원자 수

$$\therefore 완전연소조성농도 = \frac{100}{1+4.773\left(4+\frac{10}{4}\right)} ≒ 3.123 = 3.1(vol\%)$$

focus 본 교재 제5과목 II. 8. 위험도 단원과 본 교재(필기) 제5과목 04. I. 8. 완전연소조성농도 단원에서 관련된 내용 확인

9. 먼지, 분진, 소음 작업장에서 작업하는 근로자가 착용해야할 보호구의 종류를 3가지 쓰시오.

해답 ① 방진마스크 ② 보안경 ③ 귀마개 및 귀덮개

focus 본 교재 제7과목 보호장구 단원에서 참고.

10. 크레인 등(특정기계)에 대한 위험방지를 위하여 취해야할 안전조치를 4가지 쓰시오.

해답 ① 과부하방지장치 ② 권과방지장치 ③ 비상정지장치 ④ 제동장치

focus 본 교재 제4과목 I. 12. 양중기의 방호장치 및 재해유형 단원에서 확인

11. 크레인 작업시 와이어로프에 980kg의 중량을 걸어 $25\text{m}/\text{s}^2$의 가속도로 감아 올릴 경우 와이어로프에 걸리는 총하중을 계산하시오.

해답 총하중 (W) = 정하중(W_1) + 동하중(W_2)
동하중$(W_2) = \frac{W_1}{g} \times a$ [g : 중력가속도$(9.8\text{m}/\text{s}^2)$ a : 가속도(m/s^2)]
① 동하중 $= \frac{980}{9.8} \times 25 = 2,500(\text{kg})$
② 총하중 $= 980 + 2,500 = 3,480(\text{kg})$

focus 본 교재 제4과목 II. 5. 와이어로프에 걸리는 하중 단원에서 관련된 내용 확인

12. 산업안전표지의 종류를 4가지 쓰시오.

해답 ① 금지표지 ② 경고표지 ③ 지시표지 ④ 안내표지

Tip 2012년 법개정으로 '관계자외 출입금지' 표지가 추가되었으므로 함께 알아두세요.

focus 본 교재 제2과목 II. 8. 무재해운동과 위험예비훈련 단원에서 산업안전표지에 관한 자세한 내용 확인

13. 100V 단상 2선식 회로의 전류를 물에 젖은 손으로 조작하여 감전으로 인한 심실세동을 일으켰다. 이때 인체에 흐른 전류와 심실세동을 일으킨 시간을 구하시오.(단, 인체의 저항은 5,000Ω이며, 길버트의 이론에 의해 계산할 것)

해답 ① 인체가 물에 젖은 경우 저항은 1/25로 감소하므로

$$전류(I) = \frac{V}{R} = \frac{100}{5,000 \times \frac{1}{25}} \times 1,000 = 500(mA)$$

② 시간 : $500(mA) = \frac{165}{\sqrt{T}}$ ∴ $\sqrt{T} = 0.33$

따라서, $T = 0.1089 = 0.11(초)$

focus 본 교재 제5과목 I. 2. 통전전류가 인체에 미치는 영향 단원에서 관련내용 확인

14. 보호안경 착용에 관하여 안전관리자가 안전조회를 실시하고자 한다. 아래의 교육내용을 도입, 전개, 결말의 순서로 정리하여 번호를 쓰시오.

> (1) 연삭기 작업은 비록 짧은시간(20~30분)이라 할지라도 반드시 보안경을 착용한다. 칩은 어디로부터도 눈에 들어올 수 있다.
> (2) 아무리 귀찮아도 잊지말고 연삭작업시에는 반드시 보안경을 착용하자.
> (3) 오늘은 보호안경 착용에 관한 안전교육을 실시한다.

해답 ① 도입 : (3)   ② 전개 : (1)   ③ 결말 : (2)

15. 산업 안전심리의 5대 요소를 쓰시오.

해답 ① 기질   ② 동기   ③ 습관   ④ 습성   ⑤ 감정

focus 본 교재 제2과목 II. 3. 안전사고와 사고심리 단원에서 관련내용 확인

산업안전산업기사 실기 (필답형)
2007년 4월 22일 시행

1. 산업안전보건위원회 설치대상 사업장의 기준을 2가지 쓰시오. (4점)

해답 설치대상사업장

사업의 종류	규모
1. 토사석 광업 2. 목재 및 나무제품 제조업 ; 가구제외 3. 화학물질 및 화학제품 제조업 ; 의약품 제외(세제, 화장품 및 광택제 제조업과 화학섬유 제조업은 제외한다) 4. 비금속 광물제품 제조업 5. 1차 금속 제조업 6. 금속가공제품 제조업 ; 기계 및 가구 제외 7. 자동차 및 트레일러 제조업 8. 기타 기계 및 장비 제조업(사무용 기계 및 장비 제조업은 제외한다) 9. 기타 운송장비 제조업(전투용 차량 제조업은 제외한다)	상시 근로자 50명 이상
10. 농업 11. 어업 12. 소프트웨어 개발 및 공급업 13. 컴퓨터 프로그래밍, 시스템 통합 및 관리업 14. 정보서비스업 15. 금융 및 보험업 16. 임대업;부동산 제외 17. 전문, 과학 및 기술 서비스업(연구개발업은 제외한다) 18. 사업지원 서비스업 19. 사회복지 서비스업	상시 근로자 300명 이상
20. 건설업	공사금액 120억원 이상(「건설산업기본법 시행령」에 따른 토목공사업에 해당하는 공사의 경우에는 150억원 이상)
21. 제1호부터 제20호까지의 사업을 제외한 사업	상시 근로자 100명 이상

Tip 2014년 적용되는 법개정으로 인하여 수정된 내용으로 풀이를 정리하였으니 착오없으시기 바랍니다.

focus 본 교재 제1과목 I. 7. 산업안전보건위원회 단원에서 관련된 내용 확인

2. 소음원으로부터 5(m) 떨어진 곳에서의 음압수준이 125(dB)이라면 25(m) 떨어진 곳에서의 음압은 얼마인가? (4점)

해답 d_1에서 I_1의 단위면적당 출력을 갖는 음은 거리 d_2에서는

$$dB_2 = dB_1 - 20\log\left(\frac{d_2}{d_1}\right)$$

$$\therefore dB_2 = 125 - 20\log\left(\frac{25}{5}\right) ≒ 111.02(dB)$$

focus 본 교재(필기) 제2과목 02. II. 1. 청각과정 단원에서 관련내용 확인

3. 화학설비 및 그 부속설비의 자체검사 내용을 4가지 쓰시오.(4점)

해답 ① 그 설비내부에 폭발 또는 화재의 우려가 있는 물질이 있는지 여부
② 내면 및 외면의 현저한 손상·변형 및 부식의 유무
③ 뚜껑·플랜지·밸브 및 콕의 접합상태의 이상유무
④ 안전밸브·긴급차단장치 그 밖의 방호장치 기능의 이상유무
⑤ 냉각장치·가열장치·교반장치·압축장치·계측장치 및 제어장치 기능의 이상유무
⑥ 예비동력원 기능의 이상유무

Tip (1) 본 문제는 2009년부터 적용된 법 개정으로 아래의 내용으로 변경되었으므로 주의 바람.(자체검사 제도가 전면 폐지되고 안전검사로 관련법이 제정됨) – 앞으로 자체검사로는 출제되지 않으며 해답 내용은 개정전 자체검사에 대한 내용이므로 참고만 할 것
(2) 안전검사 대상 유해·위험기계
① 프레스   ② 전단기
③ 크레인(정격하중 2톤 미만 제외)
④ 리프트   ⑤ 압력용기
⑥ 곤돌라   ⑦ 국소배기장치(이동식 제외)
⑧ 원심기(산업용만 해당)   ⑨ 롤러기(밀폐형 구조제외)
⑩ 사출성형기 [형 체결력 294킬로뉴튼(KN) 미만 제외]
⑪ 고소작업대(화물자동차 또는 특수자동차에 탑재한 것으로 한정)
⑫ 컨베이어   ⑬ 산업용 로봇

Tip 2020년 시행. 관련법령 전부개정으로 변경된 내용입니다. Tip은 개정된 내용에 맞게 수정했으니 착오없으시기 바랍니다.

focus 본 교재 제 1과목 IV. 9. 안전검사 단원에서 관련내용 확인

4. A, B, C 각 부품의 고장확률이 각각 0.15이고, 직렬 결합이다. 시스템의 고장을 정상사상으로 하는 FT도를 작성하고, 고장 발생확률을 구하시오.(5점)

해답 ① FT도 작성

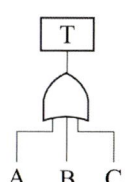

② 고장 발생확률 $T = 1-(1-0.15)(1-0.15)(1-0.15) = 1-(1-0.15)^3 = 0.39$

focus 본 교재 제3과목 II. 11. 미니멀 컷과 미니멀 패스 단원에서 관련내용 확인

5. 다음과 같은 안전표지의 색채에 따른 색도기준 및 용도에서 ( )안에 알맞은 내용을 쓰시오. (5점)

색채	색도기준	용도
빨간색	(①)	금지표지
		경고표지
(②)	5Y 8.5/12	(③)
파란색	2.5PB 4/10	(④)
녹색	2.5G 4/10	안내표지
(⑤)	N9.5	

해답 ① 7.5R 4/14 ② 노란색 ③ 경고표지 ④ 지시표지 ⑤ 흰색

Tip ① 본 문제는 출제이후 법령이 개정된 사항으로, 문제 및 해답은 개정법에 맞도록 수정하였습니다.
② 안전표지의 색채 및 색도기준

색채	색도기준	용도	사용 례
빨간색	7.5R 4/14	금지	정지신호, 소화설비 및 그 장소, 유해행위의 금지
		경고	화학물질 취급장소에서의 유해위험 경고
노란색	5Y 8.5/12	경고	화학물질 취급장소에서의 유해위험 경고 그밖의 위험경고, 주의표지 또는 기계 방호물
파란색	2.5PB 4/10	지시	특정행위의 지시 및 사실의 고지
녹색	2.5G 4/10	안내	비상구 및 피난소, 사람 또는 차량의 통행표지
흰색	N 9.5		파란색 또는 녹색에 대한 보조색
검은색	N 0.5		문자 및 빨간색 또는 노란색에 대한 보조색

focus 본 교재 제2과목 II. 8. 무재해운동과 위험예지훈련 단원에서 안전표지에 관련된 내용 확인

6. 근로자 안전보건 교육의 교육과정을 4가지 쓰시오. (4점)

해답 ① 정기 교육
② 채용시 교육
③ 작업내용 변경시 교육
④ 특별 교육
⑤ 건설업 기초안전보건교육

focus 본 교재 제2과목 I. 10. 산업안전보건법상의 교육의 종류와 교육시간 및 교육내용 단원에서 관련된 내용 확인

7. 분진폭발에 영향을 주는 인자 4가지를 쓰시오.(4점)

    해답 ① 분진의 화학적 성질과 조성
    ② 입도와 입도분포
    ③ 입자의 형상과 표면의 상태
    ④ 수분

    focus 본 교재(필기) 제5과목 02. I. 3. 폭발의 분류 단원에서 분진폭발에 관한내용 확인

8. 전압을 구분하는 다음의 기준에서 알맞은 내용을 쓰시오.(5점)

전원의 종류	저 압	고 압	특 별 고 압
직류 [DC]	(①)	(②)	(③)
교류 [AC]	(④)	(⑤)	7,000V 초과

    해답 ① 1,500V 이하
    ② 1,500V 초과 7,000V 이하
    ③ 7,000V 초과
    ④ 1,000V 이하
    ⑤ 1,000V 초과 7,000V 이하

    Tip 2021년 적용 법 제정으로 변경된 내용. 문제와 해답은 제정된 법에 맞도록 수정하였습니다.

    focus 본 교재(필기) 제4과목 02. II. 4. 전압의 구분 단원에서 관련내용 확인

9. 2m에서의 조도가 120lux일 때 3m에서의 조도는 얼마인가?(3점)

    해답 조도 $= \dfrac{광도}{(거리)^2}$

    ① $120 \, lux = \dfrac{광도}{2^2}$ ∴ 광도 $= 120 \times 4 = 480 cd$

    ② 조도 $= \dfrac{480}{3^2} = 53.33 lux$

    focus 본 교재 제3과목 I. 18. 조도 단원에서 관련된 계산공식 확인

10. 컷셋(cut set)과 패스셋(path set)을 간단히 설명하시오.(4점)

    해답 (1) 컷셋(cut set) : 정상사상을 발생시키는 기본사상의 집합으로 그 안에 포함되는 모든 기본사상이 발생할 때 정상사상을 발생시킬 수 있는 기본사상의 집합
    (2) 패스셋(path set) : 그 안에 포함되는 모든 기본사상이 일어나지 않을 때 처음으로 정상사상이 일어나지 않는 기본사상의 집합

    focus 본 교재 제3과목 II. 11. 미니멀 컷과 미니멀 패스 단원에서 관련내용 참고.

11. 콘크리트 타설 작업시 준수해야할 사항을 2가지 쓰시오. (4점)

> **해답** 콘크리트 타설 작업시 준수사항
> ① 당일의 작업을 시작하기 전에 당해 작업에 관한 거푸집 동바리등의 변형·변위 및 지반의 침하유무 등을 점검하고 이상을 발견한 때에는 이를 보수할 것
> ② 작업중에는 거푸집 동바리등의 변형·변위 및 침하유무등을 감시할 수 있는 감시자를 배치하여 이상을 발견한 때에는 작업을 중지시키고 근로자를 대피시킬 것
> ③ 콘크리트의 타설작업시 거푸집붕괴의 위험이 발생할 우려가 있는 때에는 충분한 보강조치를 할 것
> ④ 설계도서상의 콘크리트 양생기간을 준수하여 거푸집 동바리 등을 해체할 것
>
> **focus** 본 교재(필기) 제6과목 06. I. 1. 콘크리트 타설 작업의 안전 단원에서 관련된 내용 확인

12. 폭풍 등에 대한 다음의 안전조치기준에서 알맞은 풍속의 기준을 쓰시오. (3점)
  (1) 폭풍에 의한 주행크레인의 이탈방지 장치 작동 : 풍속 (①)m/s 초과
  (2) 폭풍에 의한 건설용 리프트의 이상유무 점검 : 풍속 (②)m/s 초과
  (3) 폭풍에 의한 옥외용 승강기의 받침수 증가 등 도괴방지조치 : (③)m/s 초과

> **해답** ① 30 ② 30 ③ 35
>
> **Tip** 폭풍 등에 의한 안전조치사항
>
> | 풍속의 기준 | 시기 | 조치사항 |
> | --- | --- | --- |
> | 순간풍속이 매 초당 30미터 초과 | 바람이 예상 될 경우 | 주행크레인의 이탈방지 장치 작동 |
> | | 바람이 불어온 후 | 작업전 크레인의 이상유무 점검 |
> | | | 건설용 리프트의 이상유무 점검 |
> | 순간풍속이 매 초당 35미터 초과 | 바람이 불어올 우려가 있을 시 | 건설용 리프트의 받침의 수를 증가시키는 등 붕괴방지조치 |
> | | | 옥외에 설치된 승강기의 받침의 수를 증가시키는 등 무너지는 것을 방지하기 위한 조치 |
>
> **focus** 본 교재 제4과목 I. 12. 양중기의 방호장치 및 재해유형 단원에서 관련내용 확인

13. Fail safe를 기능적인 측면에서 3단계로 분류하여 간략히 설명하시오. (6점)

> **해답** ① Fail-passive : 부품이 고장났을 경우 통상기계는 정지하는 방향으로 이동(일반적인 산업기계)
> ② Fail-active : 부품이 고장났을 경우 기계는 경보를 울리는 가운데 짧은 시간동안 운전 가능
> ③ Fail-operational : 부품의 고장이 있더라도 기계는 추후 보수가 이루어 질 때까지 안전한 기능 유지(병렬구조 등으로 되어 있으며 운전상 가장 선호하는 방법)
>
> **focus** 본 교재 제3과목 I. 7. Fail safe 단원에서 관련된 내용 확인

산업안전산업기사 실기 (필답형)
2007년 7월 8일 시행

1. 연소의 형태에서 고체의 연소형태를 4가지 쓰시오 (4점)

해답 ① 분해연소 ② 증발연소 ③ 표면연소 ④ 자기연소

focus 본 교재 제5과목 II. 화공안전일반 2. 연소형태 단원에서 관련내용 확인

2. 금속의 용접 등에 사용되는 가스용기를 저장해서는 안되는 장소를 3가지 쓰시오 (6점)

해답 ① 통풍 또는 환기가 불충분한 장소
② 화기를 사용하는 장소 및 그 부근
③ 위험물, 화약류 또는 가연성 물질을 취급하는 장소 및 그 부근

focus 본 교재 (필기) 제5과목 01. II. 2. 위험물의 저장 및 취급방법 단원에서 관련된 내용 확인

3. 잠함 등의 내부에서 굴착작업을 하는 경우 설치해야할 설비의 종류를 3가지 쓰시오 (4점)

해답 ① 근로자가 안전하게 승강하기 위한 설비
② 굴착깊이가 20m를 초과하는 때에는 딩해직입장소와 외부와의 연락을 위한 통신설비
③ 산소결핍이 인정되거나 굴착깊이가 20m를 초과하는 때에는 송기를 위한 설비를 설치하여 필요한 양의 공기를 송급할 것

4. LD_{50}에 대해 설명하시오 (4점)

해답 한 무리의 실험동물 50%를 사망시키는 독성물질의 양으로 반수 치사량이라고도 하며 독성물질의 경우는 동물체중 1kg에 대한 독물량(mg)으로 나타낸다.

focus 본 교재 (필기) 제5과목 01. I. 4. 허용농도 단원에서 관련된 내용 확인

5. MTBF, MTTF, MTTR 의 용어에 대한 명칭 및 공식을 쓰시오 (6점)

해답 (1) MTBF
① 명칭 : 평균수명(기대시간)으로 시스템을 수리해 가면서 사용하는 경우 MTBF(mean time between failure)라고 한다.
② 공식
$$MTBF = \frac{1}{\lambda}$$
$$고장율(\lambda) = \frac{기간중의총고장수(r)}{총동작시간(T)}$$

(2) MTTF
① 명칭 : 평균수명으로 MTBF와 다른점은 시스템을 수리하여 사용할 수 없는 경우 MTTF(mean time to failure)라고 한다.(계산하는 방법은 MTBF와 동일)
② 계의 수명 [요소의 수명(MTTF)이 지수분포를 따를 경우]
* 병렬계

$$MTTF_s = \frac{1}{\lambda_o} + \frac{1}{2\lambda_o} + \cdots + \frac{1}{n\lambda_o}$$

$$MTTF_s = MTTF\left(1 + \frac{1}{2} + \frac{1}{3} + \cdots + \frac{1}{n}\right)$$

* 직렬계

$$MTTF_s = \frac{1}{\lambda_s}$$

$$MTTF_s = \frac{MTTF}{n}$$

(3) MTTR
① 명칭 : 평균수리시간(mean time to repair : MTTR)으로 보전성의 척도
② 공식 : $MTTR = \frac{1}{평균수리율(\mu)}$

focus 본 교재 (필기) 제2과목 08. II 설비의 운전 및 유지관리 및 III 보전성 설계기준 단원에서 관련된 내용 확인

6. TLV-TWA에 관하여 설명 하시오(3점)

해답 TLV-TWA(시간가중 평균 노출기준)
① 1일 8시간 작업기준으로 유해 요인의 측정치에 발생시간을 곱하여 8시간으로 나눈 값으로 1일 8시간, 주 40시간을 기준으로 유해물질에 매일 노출되어도 거의 모든 근로자에게 건강상의 장해가 없을 것으로 생각되는 농도
② 산출공식

$$TWA 환산값 = \frac{C_1 \cdot T_1 + C_2 \cdot T_2 + \cdots + C_n \cdot T_n}{8}$$

주) C : 유해요인의 측정치 (단위 : ppm 또는 mg/m³)
T : 유해요인의 발생시간 (단위 : 시간)

focus 본 교재(필기) 제5과목 01. I. 4. 허용농도 단원에서 관련내용 확인

7. 다음 그림과 같은 안전보건 표지의 바탕색체와 기본모형 및 관련부호의 색체를 쓰시오 (4점)

해답 바탕은 노란색, 기본모형 · 관련부호 및 그림은 검정색.

focus 본 교재 제2과목 II. 산업심리 8. 무재해 운동과 위험예지훈련 3) 안전보건표지 단원에서 관련내용 확인

8. 도수율 4, 재해건수 5건, 근로손실일수 350일인 어느 사업장의 강도율 구하시오(3점)

해답

빈도율$(F.R) = \dfrac{재해\ 건수}{연간\ 총근로\ 시간수} \times 1,000,000$

연간 총근로시간수 $= \dfrac{5}{4} \times 10^6 = 1,250,000$(시간)

강도율$(S.R) = \dfrac{근로\ 손실\ 일수}{연간\ 총근로\ 시간수} \times 1,000$

그러므로, 강도율 $= \dfrac{350}{1,250,000} \times 1,000 = 0.28$

focus 본 교재 제1과목 III. 12. 재해율 단원에서 관련내용 확인

9. 다음 그림을 보고 산업재해발생 형태를 쓰시오(3점)

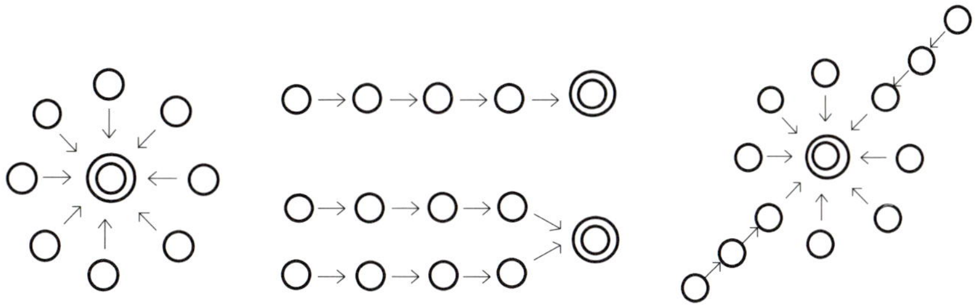

(①)   (②)   (③)

해답

구 분	내 용
① 단순자극형	상호 자극에 의하여 순간적으로 재해가 발생하는 유형으로 재해가 일어난 장소와 그 시기에 일시적으로 요인이 집중(집중형이라고도 함)
② 연 쇄 형	하나의 사고 요인이 또 다른 사고 요인을 일으키면서 재해를 발생시키는 유형 (단순 연쇄형과 복합 연쇄형)
③ 복 합 형	단순 자극형과 연쇄형의 복합적인 발생유형

focus 본 교재 제1과목 III. 산업재해 발생 및 재해조사 분석 6. 산업재해 발생형태 단원에서 관련내용 확인

10. 동력 프레스기의 양수 기동식 안전장치의 클러치 맞물림 개소수가 4, 매분행정수가 300일 경우 안전거리를 계산하시오(5점)

해답 양수기동식의 안전거리

$\quad$ Dm = 1.6Tm

Dm : 안전 거리 (mm)
Tm : 양손으로 누름단추 누르기 시작할 때부터 슬라이드가 하사점에 도달하기까지 소요시간(ms)

$\quad \text{Tm} = \left(\dfrac{1}{클러치\ 맞물림\ 개소수} + \dfrac{1}{2}\right) \times \dfrac{60000}{매분\ 행정수}$(ms)

그러므로, $Tm = (\frac{1}{4} + \frac{1}{2}) \times (\frac{60,000}{300}) = 150(ms)$

따라서, $Dm = 1.6 \times 150 = 240(mm)$

focus 본 교재 제4과목 I. 기계안전일반 10. 프레스의 방호장치 및 설치방법 단원에서 관련내용 확인

11. 사업장에서 작업자가 지켜야할 무재해 운동 실천기법 중 5C운동을 쓰시오(5점)

해답 ① 복장단정(Correctness)   ② 정리정돈(Clearance)   ③ 청소청결(Cleaning)
④ 점검확인(Checking)   ⑤ 전심전력(Concentration)

focus 본 교재 (필기) 제1과목 03. I. 4. 무재해 소집단 활동 7) 기타 실천기법의 종류 단원에서 관련된 내용 확인

12. 암석이 떨어질 우려가 있는 위험한 장소에서 견고한 낙하물 보호구조를 갖춰야할 차량계건설기계의 종류를 5가지 쓰시오.

해답 ① 불도저   ② 트랙터   ③ 굴착기   ④ 로더(loader: 흙 따위를 퍼올리는 데 쓰는 기계)
⑤ 스크레이퍼(scraper : 흙을 절삭·운반하거나 펴 고르는 등의 작업을 하는 토공기계)
⑥ 덤프트럭   ⑦ 모터그레이더(motor grader : 땅 고르는 기계)
⑧ 롤러(roller : 지반 다짐용 건설기계)   ⑨ 천공기   ⑩ 항타기 및 항발기

13. 비파괴 검사의 종류를 4가지 쓰시오(4점)

해답 ① 방사선 투과 검사   ② 초음파 탐상검사   ③ 액체침투 탐상시험
④ 자분탐상시험   ⑤ 누설검사   ⑥ 육안검사   ⑦ 음향검사 등

focus 본 교재 (필기) 제3과목 06. I. 1. 육안검사 2) 비파괴 검사의 종류별 특징 단원에서 관련된 내용 확인

산업안전산업기사 실기 (필답형)
2007년 10월 7일 시행

1. 통전경로의 위험도에서 위험한 순서대로 번호를 쓰시오(4점)

① 왼손 → 가슴   ② 오른손 → 가슴   ③ 왼손 → 등   ④ 양손 → 양발

해답
① 왼손 → 가슴 : 1.5
② 오른손 → 가슴 : 1.3
③ 왼손 → 등 : 0.7
④ 양손 → 양발 : 1.0
위험도 수치가 클수록 위험하므로 순서는 ① → ② → ④ → ③

focus 본 교재 (필기) 제4과목 01. I. 1. 감전재해 2) 통전경로별 위험도 단원에서 관련내용 확인

2. 통제표시비 설계시 고려해야할 사항을 5가지 쓰시오(5점)

해답 ① 계기의 크기 ② 공차 ③ 목측거리 ④ 조작시간 ⑤ 방향성

focus 본 교재 제3과목 인간공학 및 시스템 위험분석 I. 인간공학 13. 통제비 단원에서 관련내용 확인

3. 교류 아크 용접기에 설치하는 자동전격방지기 설치시 요령 및 유의 사항 3가지를 쓰시오(3점)

해답
① 직각으로 부착할 것(부득이할 경우 직각에서 20°를 넘지 않을 것)
② 용접기의 이동·진동·충격으로 이완되지 않도록 이완 방지 조치를 취할 것
③ 전방 장치의 작동 상태를 알기 위한 표시등은 보기쉬운 곳에 설치할 것
④ 전방 장치의 작동 상태를 실험하기 위한 테스트 스위치는 조작하기 쉬운 곳에 설치할 것

focus 본 교재 제5과목 전기 및 화공안전 I. 전기안전 일반 11. 교류아크 용접기의 방호장치 및 성능조건 단원에서 관련내용 확인

4. 다음의 재해상황을 보고 재해발생형태를 쓰시오(4점)

* 재해자가 비계 사다리 등에서 떨어진 재해 (①)
* 재해자가 평면상에서 넘어져서 발생한 재해 (②)

해답 ① 추락   ② 전도

focus 본 교재 (필기) 제1과목 02. I. 4. 재해의 원인 분석 및 조사기법 3) 재해분류 및 분석 단원에서 관련내용 확인

5. 시스템안전에서 기계의 고장율을 나타내는 그래프를 그리고 명칭과 각 기간중 고장율 감소 대책을 1가지씩 쓰시오(6점)

해답

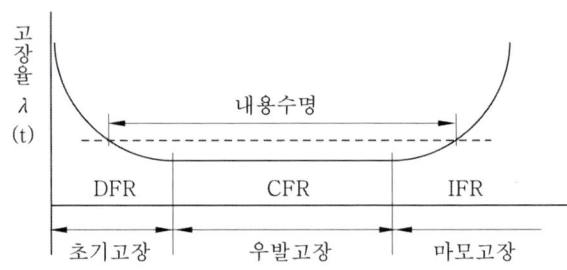

기계의 고장율 (욕조곡선)

초기고장	품질관리의 미비로 발생할 수 있는 고장으로 작업시작전 점검, 시운전 등으로 사전예방이 가능한 고장 ① debugging기간 : 초기고장의 결함을 찾아서 고장율을 안정시키는 기간 ② burn in기간 : 제품을 실제로 장시간 사용해보고 결함의 원인을 찾아내는 방법
우발고장	예측할 수 없을 경우 발생하는 고장으로 시운전이나 점검으로 예방불가(낮은 안전계수, 사용자의 과오 등이 없도록 안전교육 및 작업전 무재해 운동 등)
마모고장	장치의 일부분이 수명을 다하여 발생하는 고장(부품 고장시 수리 및 철저한 정비 등)

focus 본 교재 제3과목 인간공학 및 시스템 위험분석 I. 인간공학 6.고장율 단원에서 관련내용 확인

6. 휘발유 등 유류탱크 저장소에 설치해야할 안전보건 표시에 관한 다음 사항을 쓰시오(4점)
① 표지종류　　　　　　　　② 형태(모양)
③ 바탕색　　　　　　　　　④ 기본모형

해답 ① 경고 표지(인화성 물질 경고)　② 마름모　③ 무색　④ 적색(흑색도 가능)

focus 본 교재 제2과목 안전교육 및 심리 II. 산업심리 8. 무재해 운동과 위험예지훈련 3) 안전보건 표지 단원에서 관련내용 확인

7. 다음 기계기구에 해당하는 방호장치를 1가지씩 쓰시오 (3점)
① 목재가공용 둥근톱
② 목재가공용 띠톱기계
③ 롤러기

해답 ① 날 접촉예방장치, 반발 예방장치　② 덮개 또는 울　③ 급정지 장치

focus 본 교재 제4과목 I. 14. 롤러의 방호장치 및 설치방법 및 18. 〈보충강의〉 목재가공용 둥근톱 단원에서 관련내용 확인

8. 보일링 히빙이 일어나기 쉬운 지반조건을 각각 1개씩 적으시오.(4점)
   ① 보일링 현상이 잘 일어나는 지반
   ② 히빙 현상이 잘 일어나는 지반

   해답 ① 보일링 현상이 잘 일어나는 지반 : 투수성이 좋은 사질토 지반
   ② 히빙현상이 잘 일어나는 지반 : 연약성 점토지반

   focus 본 교재 제6과목 I. 16. 토사붕괴 위험성 및 안전조치 단원에서 관련내용 확인

9. 안전관리자의 직무를 5가지 쓰시오.(기타 안전에 관한 사항으로서 노동부장관이 정하는 사항 제외)(5점)

   해답 안전관리자의 직무
   ① 산업안전보건위원회 또는 안전·보건에 관한 노사협의체에서 심의·의결한 업무와 해당 사업장의 안전보건관리규정 및 취업규칙에서 정한 업무
   ② 안전인증대상 기계 등과 자율안전확인대상 기계 등 구입 시 적격품의 선정에 관한 보좌 및 지도·조언
   ③ 위험성평가에 관한 보좌 및 지도·조언
   ④ 해당 사업장 안전교육계획의 수립 및 안전교육 실시에 관한 보좌 및 지도·조언
   ⑤ 사업장 순회점검·지도 및 조치의 건의
   ⑥ 산업재해 발생의 원인 조사·분석 및 재발 방지를 위한 기술적 보좌 및 지도·조언
   ⑦ 산업재해에 관한 통계의 유지·관리·분석을 위한 보좌 및 지도·조언
   ⑧ 법 또는 법에 따른 명령으로 정한 안전에 관한 사항의 이행에 관한 보좌 및 지도·조언
   ⑨ 업무수행 내용의 기록·유지
   ⑩ 그 밖에 안전에 관한 사항으로서 고용노동부장관이 정하는 사항

   Tip 2020년 시행, 법개정으로 일부 내용이 수정됨(해답은 개정된 내용으로 작성함)

   focus 본 교재 제1과목 안전관리 I. 안전관리 조직 5. 안전관리자의 직무 단원에서 관련내용 확인

10. 절토사면의 붕괴 방지를 위한 예방 점검을 실시하는 경우 점검사항 3가지를 쓰시오(3점)

    해답 ① 전 지표면의 답사
    ② 경사면의 지층 변화부 상황 확인
    ③ 부석의 상황 변화의 확인
    ④ 용수의 발생 유, 무 또는 용수량의 변화 확인
    ⑤ 결빙과 해빙에 대한 상황의 확인
    ⑥ 각종 경사면 보호공의 변위, 탈락, 유, 무

    focus 본 교재 제6과목 I. 16. 토사 붕괴 위험성 및 안전조치 단원 및 본교재(필기) 제6과목 04. II. 3. 붕괴의 예측과 점검 단원에서 관련내용 확인

11. 다음은 화학설비의 안전성에 대항 정량적 평가이다. 위험등급에 따른 점수를 계산하고 해당되는 항목을 쓰시오(4점)

① 위험등급 I : ( )
② 위험등급 II : ( )
③ 위험등급 III : ( )

항목분류	A급(10점)	B급(5점)	C급(2점)	D급(0점)
취급물질	○		○	
화학설비의 용량	○	○	○	
온도		○	○	○
압력	○	○		
조작			○	○

해답
① 합산점수 16점 이상 : 화학설비의 용량(17점)
② 합산점수 11~15점 : 압력(15점), 취급물질(12점)
③ 합산점수 0~10점 : 온도(7점), 조작(2점)

focus 본 교재 제3과목 인간공학 및 시스템 위험분석 II. 시스템 위험분석 15. 정량적 평가항목 단원에서 관련내용 확인

12. 공정안전보고서 제출대상 사업장을 3가지 쓰시오(6점)

해답
① 원유정제 처리업
② 기타 석유정제물 재처리업
③ 석유화학계 기초화학물질 제조업 또는 합성수지 및 기타 플라스틱물질 제조업
④ 질소 화합물, 질소 인산 및 칼리질 화학비료 제조업 중 질소질 비료 제조
⑤ 복합비료 및 기타 화학비료 제조업 중 복합비료 제조(단순혼합 또는 배합에 의한 경우는 제외)
⑥ 화학살균 살충제 및 농업용 약제 제조업(농약 원제 제조만 해당)
⑦ 화약 및 불꽃제품 제조업

focus 본 교재 제8과목 산업안전보건법 I. 산업안전보건법 4. 공정안전보고서 단원에서 관련내용 확인

13. 산소결핍이 우려되는 밀폐공간에서 작업할 경우 착용해야할 보호구를 2가지 쓰시오(4점)

해답 ① 공기 호흡기   ② 송기 마스크 등

focus 본 교재 제7과목 보호장구 I. 호흡용 보호구 1. 보호구 선택시 유의사항 단원에서 관련내용 확인

산업안전산업기사 실기 (필답형)
2008년 4월 20일 시행

1. 방폭구조의 선정기준에서 분진폭발위험장소의 분류와 해당하는 방폭구조를 쓰시오. (5점)

해답

폭발위험장소의 분류		방폭구조 전기기계기구의 선정기준
분진폭발 위험장소	20종 장소	밀폐방진방폭구조(DIP A20 또는 DIP B20) 그 밖에 관련 공인 인증기관이 20종 장소에서 사용이 가능한 방폭구조로 인증한 방폭구조
	21종 장소	밀폐방진방폭구조(DIP A20 또는 A21, DIP B20 또는 B21) 특수방진방폭구조(SDP) 그 밖에 관련 공인 인증기관이 21종 장소에서 사용이 가능한 방폭구조로 인증한 방폭구조
	22종 장소	20종 장소 및 21종 장소에서 사용가능한 방폭구조 일반방진방폭구조(DIP A22 또는 DIP B22) 보통방진방폭구조(DP) 그 밖에 22종 장소에서 사용하도록 특별히 고안된 비방폭형 구조

focus 본 교재(필기) 제4과목 05. III. 1. 방폭구조 선정 및 유의사항 단원에서 관련된 내용 확인

2. 최초의 완만한 연소에서 폭굉까지 발달하는데 유노뇌는 거리인 폭굉 유도거리가 짧아지는 요건을 3가지 쓰시오. (3점)

해답
① 정상의 연소속도가 큰 혼합가스일 경우 ② 관속에 방해물이 있거나 관경이 가늘수록
③ 압력이 높을수록   ④ 점화원의 에너지가 강할수록

focus 본 교재(필기) 제5과목 02. I. 2. 연소파와 폭굉파 단원에서 관련된 내용 확인

3. 차량계 하역운반기계 운전자가 운전위치 이탈시 준수해야할 사항 2가지를 쓰시오. (4점)

해답
① 포크, 버킷, 디퍼 등의 장치를 가장 낮은 위치 또는 지면에 내려 둘 것
② 원동기를 정지시키고 브레이크를 확실히 거는 등 갑작스러운 주행이나 이탈을 방지하기 위한 조치를 할 것
③ 운전석을 이탈하는 경우에는 시동키를 운전대에서 분리시킬 것. 다만, 운전석에 잠금장치를 하는 등 운전자가 아닌 사람이 운전하지 못하도록 조치한 경우는 그렇지 않다.

Tip 2012년 법 개정으로 내용이 수정되었습니다. 해답은 수정된 내용으로 작성했으니 착오없으시기 바랍니다.

focus 본 교재 제6과목 I. 7. 운반기계 단원에서 관련된 내용 확인

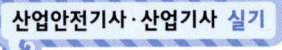

4. 심실세동전류의 정의와 구하는 공식을 쓰시오. (4점)

해답 ① 정의 : 인체에 전류가 흐를 경우 심장의 맥동에 영향을 주어 심장마비 상태를 유발할수 있는 전류로 통전전류가 멈춘다 해도 자연회복은 어려우며, 그대로 방치할 경우 수분이내에 사망에 이르게 되므로 즉시 인공호흡을 실시해야 하는 전류.
② 공식 : 통전전류 $I = \dfrac{165 \sim 185}{\sqrt{T}} (\mathrm{mA})$

focus 본 교재 제5과목 I. 2. 통전전류가 인체에 미치는 영향 단원에서 관련된 내용 확인

5. 양중기에 사용하여서는 아니되는 와이어로프의 기준을 5가지 쓰시오. (5점)

해답 ① 이음매가 있는 것
② 와이어로프의 한 꼬임(스트랜드)에서 끊어진 소선(필러선 제외)의 수가 10% 이상(비자전로프의 경우에는 끊어진 소선의 수가 와이어로프 호칭지름의 6배 길이 이내에서 4개 이상이거나 호칭지름 30배 길이 이내에서 8개 이상)인 것
③ 지름의 감소가 공칭지름의 7%를 초과하는 것
④ 꼬인 것
⑤ 심하게 변형되거나 부식된 것
⑥ 열과 전기충격에 의해 손상된 것

Tip 2011년 법 개정으로 내용이 수정되었으며, 해답은 수정된 내용으로 작성하였습니다.

focus 본 교재 제4과목 II. 4. 와이어로프 단원에서 관련된 내용 확인

6. 고장율이 0.0004일 경우 1,000시간 사용시 신뢰도를 구하시오. (5점)

해답 $R(t) = e^{-\lambda t} = e^{-0.0004 \times 1,000} = 0.67$

focus 본 교재 제3과목 I. 6. 고장율 단원에서 관련된 내용 확인

7. 공기중 사염화탄소의 농도가 0.3%인 장소에서 정화통의 흡수능력이 사염화탄소 0.5%에 대하여 50분이라면 정화통의 유효시간을 구하시오. (5점)

해답 유효사용시간 $= \dfrac{\text{표준유효시간} \times \text{시험가스농도}}{\text{공기중 유해가스농도}}$
$= \dfrac{50 \times 0.5}{0.3} = 83.33$
그러므로, 약 83분

focus 본 교재 제7과목 I. 4. 방독마스크 단원에서 관련된 내용 확인

8. 산업안전보건법상 월 1회 이상 자체검사를 실시해야하는 대상 기계기구를 쓰시오. (3점)

해답 승강기

Tip ① 본 문제는 2009년부터 적용된 법 개정으로 아래의 내용으로 변경되었으므로 주의 바람.(자체검사 제도가 전면 폐지되고 안전검사로 관련법이 제정됨) – 앞으로 자체검사로는 출제되지 않음
② 안전검사의 주기

크레인(이동식크레인 제외), 리프트(이삿짐운반용리프트 제외) 및 곤돌라	사업장에 설치가 끝난 날부터 3년 이내에 최초 안전검사를 실시하되, 그 이후부터 2년마다(건설현장에서 사용하는 것은 최초로 설치한 날부터 6개월마다)
이동식크레인, 이삿짐운반용리프트, 고소작업대	자동차 관리법에 따른 신규 등록 이후 3년 이내에 최초 안전검사를 실시하되, 그 이후부터는 2년마다
프레스, 전단기, 압력용기, 국소배기장치, 원심기, 롤러기, 사출성형기, 컨베이어 및 산업용 로봇	사업장에 설치가 끝난 날부터 3년 이내에 최초 안전검사를 실시하되, 그 이후부터 2년마다(공정안전보고서를 제출하여 확인을 받은 압력용기는 4년마다)

③ 안전검사 대상과 주기에 관한 사항은 2020년부터 적용되는 관련법령 전부개정으로 일부 내용이 수정되었으니 tip ② 내용을 참고하시기 바랍니다.

focus 본 교재 제1과목 Ⅳ. 9. 안전검사 단원에서 관련된 내용 확인

9. 산업안전보건법상 자체검사를 실시할 수 있는 자격요건을 5가지 쓰시오. (5점)

해답 ① 안전관리자 또는 보건관리자의 자격기준에 해당하는 자로서 해당 기계·설비의 취급업무에 2년이상 종사한 자
② 관리감독자로서 당해 자체검사분야의 기계·기구를 취급하는 작업에 3년이상 종사한 자
③ 기계·전기·전자 또는 화공분야 기능사(승강기의 경우 승강기기능사)이상의 자격을 취득하였거나「초·중등교육법」에 의한 고등학교이상외 학교에서 이공계열학과를 졸업한 자로서 해당 기계·기구를 취급하는 작업에 3년이상 종사한 자
④ 노동부장관이 실시하는 자체검사원 양성교육을 받고 소정의 시험에 합격한 자
⑤ 안전·보건관리대행기관의 대행요원(당해 대행사업장의 자체검사대상 기계·기구분야에 한하고, 크레인 및 승강기에 대하여는 「유해·위험작업의 취업제한에 관한 규칙」에 의한 자격 또는 면허를 가진 자에 한한다)
⑥ 지정측정기관의 측정요원(당해 측정사업장의 국소배기장치에 대한 검사에 한한다)

Tip (1) 본 문제는 2009년부터 적용된 법 개정으로 아래의 내용으로 변경되었으며, 해답내용은 개정전의 내용이므로 참고만 할 것.(자체검사제도가 전면 폐지되고 안전검사로 관련법이 제정됨) – 앞으로 자체검사로는 출제되지 않음
(2) 사업주는 자율검사프로그램에 따른 안전검사를 실시하려면 다음에 정하는 자격·교육이수 및 경험을 가진 자에게 검사를 실시하게 하고 그 결과를 기록·보존하여야 한다.
① 「국가기술자격법」에 따른 기계·전기·전자 또는 산업안전 분야에서 기사 이상의 자격을 취득한 사람으로서 해당 분야의 실무경력이 3년 이상인 사람
② 「국가기술자격법」에 따른 기계·전기·전자 또는 산업안전 분야에서 산업기사 이상의 자격을 취득한 사람으로서 해당 분야의 실무경력이 5년 이상인 사람
③ 「국가기술자격법」에 따른 기계·전기·전자 또는 산업안전 분야에서 기능사 이상의 자격을 취득한 사람으로서 해당 분야의 실무경력이 7년 이상인 사람
④ 「고등교육법」에 따른 학교 중 수업연한이 4년인 학교(같은 법 및 다른 법령에 따라 이와 같은 수준 이상의 학력이 인정되는 학교를 포함한다)에서 기계·전기·전자 또는 산업안전 분야의 관련 학과를 졸업한 사람으로서 해당 분야의 실무경력이 3년 이상인 사람
⑤ 「고등교육법」에 따른 학교 중 제4호에 따른 학교 외의 학교(같은 법 및 다른 법령에 따라 이와 같은 수준 이상의 학력이 인정되는 학교를 포함한다)에서 기계·전기·전자 또는 산업안전분야의 관련 학과를 졸업한 사람으로서 해당 분야의 실무경력이 5년 이상인 사람
⑥ 「초·중등교육법」에 따른 고등학교·고등기술학교에서 기계·전기 또는 전자 관련 학과를 졸업

한 사람으로서 해당 분야의 실무경력이 7년 이상인 사람
⑦ 검사원 양성교육을 이수하고, 해당 분야의 실무경력이 1년 이상인 사람

focus 본 교재 제1과목 Ⅳ. 9. 안전검사 단원에서 관련된 내용 확인

10. 정전기 발생의 영향요인을 5가지 쓰시오. (5점)

해답 ① 물체의 특성   ② 물체의 표면상태
　　　③ 물체의 이력   ④ 접촉면적 및 압력
　　　⑤ 분리속도   ⑥ 완화시간 등

focus 본 교재 제5과목 Ⅰ. 14. 정전기 발생과 안전대책 단원에서 관련된 내용 확인

11. 소음(소음작업)의 정의와 기준을 쓰시오. (4점)

해답 (1) 소음의 정의 : 원치 않은 소리(unwanted sound)라고 정의할수 있으며, 개인별로 주관적인 개념이 있으므로 심리적으로 불쾌감을 주거나 신체에 장애를 일으킬수 있는 소리를 소음이라 정의할수도 있다.
　　　(2) 소음(소음작업)의 기준 : 산업안전보건법상 1일 8시간 작업을 기준으로 85데시벨 이상의 소음이 발생하는 작업을 말한다.

focus 본 교재 제3과목 Ⅰ. 21. 소음대책 단원에서 관련된 내용 확인

12. 폭발방지를 위한 불활성화방법 중 퍼지의 종류를 3가지 쓰시오. (3점)

해답 ① 진공퍼지(Vacuum purging)
　　　② 압력퍼지(Pressure purging)
　　　③ 스위프 퍼지(Sweep-Through Purging)
　　　④ 사이폰치환(Siphon purging)

focus 본 교재 제5과목 Ⅱ. 10. 폭발의 방호방법 단원에서 관련된 내용 확인

13. 산업안전보건법에서 정하는 양중기의 종류를 4가지 쓰시오. (4점)

해답 양중기의 종류
　　　① 크레인(호이스트 포함)
　　　② 이동식 크레인
　　　③ 리프트(이삿짐운반용 리프트의 경우 적재하중 0.1톤 이상인 것)
　　　④ 곤돌라
　　　⑤ 승강기

Tip 2019년 법개정으로 내용이 수정되었으며, 해답은 수정된 내용으로 작성했습니다.

focus 본 교재 제6과목 Ⅰ. 8. 건설용 양중기 단원에서 관련된 내용 확인

산업안전산업기사 실기 (필답형)
2008년 7월 6일 시행

1. 산업안전보건법령상 사업주가 근로자에게 실시해야하는 근로자 안전보건교육의 교육대상별 교육시간에 관한 내용 중 ( )에 알맞은 내용을 쓰시오. (5점)

교육과정	교육대상		교육시간
가. 정기교육	사무직 종사 근로자		(①)
	그 밖의 근로자	판매업무에 직접 종사하는 근로자	(②)
		판매업무에 직접 종사하는 근로자 외의 근로자	(③)
나. 채용 시 교육	일용근로자 및 근로계약기간이 1주일 이하인 기간제근로자		1시간 이상
	근로계약기간이 1주일 초과 1개월 이하인 기간제근로자		(④)
	그 밖의 근로자		8시간 이상
다. 작업내용 변경 시 교육	일용근로자 및 근로계약기간이 1주일 이하인 기간제근로자		(⑤)
	그 밖의 근로자		2시간 이상

[해답]
① 매반기 6시간 이상
② 매반기 6시간 이상
③ 매반기 12시간 이상
④ 4시간 이상
⑤ 1시간 이상

[Tip] 2023년 법령개정. 문제 및 해답은 개정된 내용 적용.

[focus] 본 교재 제2과목 I. 10. 산업안전보건법상의 교육의 종류와 교육시간 및 교육내용 단원에서 관련된 내용 확인

2. 800명의 근로자가 1년간 작업하는 동안 사망재해 2건, 기타재해로 인한 근로손실일수가 1200일 이었다. 강도율을 구하시오. (단, 주당 40시간씩 연간 50주 근로함)

[해답]
$$강도율(S.R) = \frac{근로손실일수}{연간총근로시간수} \times 1{,}000$$

$$강도율 = \frac{(7{,}500 \times 2) + 1{,}200}{800 \times 40 \times 50} \times 1{,}000 = 10.125 ≒ 10.13$$

[focus] 본 교재 제1과목 III. 12. 재해율 단원에서 관련내용 확인

3. 다음 안전보건 표지의 명칭을 쓰시오. (4점)

(1)  (2)  (3)  (4)

해답 (1) 사용금지 (2) 산화성물질 경고 (3) 낙하물 경고 (4) 방진마스크 착용

focus 본 교재 제2과목 II. 8. 무재해운동과 위험예지훈련 단원에서 안전표지에 관련된 내용 확인

4. 휴먼에러의 분류중 swain의 분류에 관한 종류와 내용을 쓰시오. (4점)

해답

생략에러(Omission error)	필요한 직무나 단계를 수행하지 않은(생략) 에러(부작위 실수)
착각수행에러(Commission error)	직무나 순서 등을 착각하여 잘못 수행(불확실한 수행)한 에러
순서에러(Sequential error)	직무 수행과정에서 순서를 잘못 지켜(순서착오) 발생한 에러
시간적에러(Time error)	정해진 시간내 직무를 수행하지 못하여(수행지연)발생한 에러
과잉행동에러(Extraneous error)	불필요한 직무 또는 절차를 수행하여 발생한 에러

focus 본 교재 제3과목 I. 4. 휴먼에러 단원에서 관련된 내용 확인

5. 다음의 유해위험한 기계기구에 설치할 방호장치를 쓰시오. (5점)

(1) 아세틸렌 용접장치   (2) 교류아크 용접기   (3) 압력용기
(4) 연삭기   (5) 동력식 수동대패

해답 (1) 아세틸렌 용접장치 : 안전기   (2) 교류아크 용접기 : 자동전격 방지기
(3) 압력용기 : 압력방출장치   (4) 연삭기 : 덮개   (5) 동력식 수동대패 : 칼날접촉방지장치

focus 본 교재 제4과목 I. 9. 산업안전보건법상 유해위험 기계기구 단원에서 확인

6. Fail safe를 기능적인 측면에서 3단계로 분류하여 간략히 설명하시오. (6점)

해답 ① Fail-passive : 부품이 고장났을 경우 통상기계는 정지하는 방향으로 이동(일반적인 산업기계)
② Fail-active : 부품이 고장났을 경우 기계는 경보를 울리는 가운데 짧은 시간동안 운전 가능
③ Fail-operational : 부품의 고장이 있더라도 기계는 추후 보수가 이루어 질 때까지 안전한 기능 유지(병렬구조 등으로 되어 있으며 운전상 가장 선호하는 방법)

focus 본 교재 제3과목 I. 7. Fail safe 단원에서 관련된 내용 확인

7. 이동식 사다리를 조립할 때 준수해야할 사항을 4가지 쓰시오. (4점)

해답 ① 견고한 구조로 할 것
② 재료는 심한 손상·부식 등이 없는 것으로 할 것

③ 폭은 30센티미터 이상으로 할 것
④ 다리부분에는 미끄럼방지장치를 설치하는 등 미끄러지거나 넘어지는 것을 방지하기 위한 필요한 조치를 할 것
⑤ 발판의 간격은 동일하게 할 것

Tip 본 문제는 2012년 법 개정으로 삭제된 내용입니다. 앞으로 출제되지 않습니다.

focus 본 교재 제6과목 I. 22. 사다리 단원에서 관련내용 확인

8. 프레스기의 방호장치 중 1행정 1정지식 프레스에 사용하는 방호장치를 쓰시오. (3점)

해답 양수조작식

focus 본 교재 제4과목 I. 10. 프레스의 방호장치 및 설치방법 단원에서 관련내용 확인

9. 사염화탄소 농도 0.2% 작업장에서, 사용하는 흡수관의 제품(흡수)능력이 사염화탄소 0.5%이며 사용시간이 100분일 때 방독마스크의 파과(유효)시간을 계산하시오.

해답 유효사용시간 = $\dfrac{표준유효시간 \times 시험가스농도}{공기중유해가스농도}$

∴ 유효사용시간 = $\dfrac{100 \times 0.5}{0.2} = 250(분)$

focus 본 교재 제7과목 I. 4. 방독마스크 단원에서 관련된 내용 확인

10. 분진폭발에 영향을 주는 인자 4가지를 쓰시오. (4점)

해답 ① 분진의 화학적 성질과 조성　② 입도와 입도분포
③ 입자의 형상과 표면의 상태　④ 수분

focus 본 교재(필기) 제5과목 02. I. 3. 폭발의 분류 단원에서 분진폭발에 관한내용 확인

11. MTTR과 MTTF를 간단히 설명하시오. (4점)

해답 ① 평균 수리시간(Mean Time to Repair : MTTR)
기기 또는 시스템의 고장이 발생한 시점부터 시스템을 운영 가능한 상태로 회복시킬 때 까지 수리하는데 소요된 평균시간(수리시간의 평균치)
② 평균 고장수명(Mean Time to Failure : MTTF)
수리하지 않는(수리 불가능한) 기기 또는 시스템의 사용시작으로부터 고장날 때까지의 동작시간의 평균치이다. 수리할 수 있는 기기 또는 시스템의 고장에서부터 다음 고장까지의 동작시간의 평균치는 MTBF(Mean Time Between Failure 평균 고장간격)라고 한다.

focus 본 교재(필기) 제2과목 08. II. 4. MTTF단원 및 III. 3. 보전효과 평가 단원에서 관련된 내용 확인

12. 안전모의 성능시험 항목을 5가지 쓰시오. (5점)

해답 안전모의 시험성능 기준
① 내관통성 ② 충격흡수성 ③ 내전압성(자율안전확인에서는 제외)
④ 내수성(자율안전확인에서는 제외) ⑤ 난연성 ⑥ 턱끈풀림

Tip ① 2009년 보호구 성능검정 규정이 폐지되고 새로운 법으로 제정되면서 일부내용이 수정 및 추가되었음. 개정된 내용(해답 및 아래의 내용참고)으로 알아둘 것
② 안전모의 성능기준

구분	항목	시험 성능 기준
시험 성능 기준	내관통성	AE, ABE종 안전모는 관통거리가 9.5mm 이하이고, AB종 안전모는 관통거리가 11.1mm 이하이어야 한다. (자율안전확인에서는 관통거리가 11.1mm 이하)
	충격흡수성	최고전달충격력이 4,450N 을 초과해서는 안되며, 모체와 착장체의 기능이 상실되지 않아야 한다.
	내전압성	AE, ABE종 안전모는 교류 20kW에서 1분간 절연파괴 없이 견뎌야 하고, 이때 누설되는 충전전류는 10mA 이하이어야 한다. (자율안전확인에서는 제외)
	내수성	AE, ABE종 안전모는 질량증가율이 1% 미만이어야 한다. (자율안전확인에서는 제외)
	난연성	모체가 불꽃을 내며 5초 이상 연소되지 않아야 한다.
	턱끈풀림	150N 이상 250N 이하에서 턱끈이 풀려야 한다.

focus 본 교재 제7과목 III. 1. 안전모 단원에서 관련된 내용 확인

13. 타워크레인의 설치 · 조립 · 해체작업시 작업계획서 작성에 포함되어야할 사항을 4가지 쓰시오. (4점)

해답 ① 타워크레인의 종류 및 형식
② 설치 · 조립 및 해체순서
③ 작업도구 · 장비 · 가설설비 및 방호설비
④ 작업인원의 구성 및 작업근로자의 역할범위
⑤ 타워크레인의 지지 규정에 의한 지지방법

focus 본 교재 제6과목 I. 8. 건설용 양중기 단원에서 관련된 내용 확인

산업안전산업기사 실기 (필답형)
2008년 9월 28일 시행

1. 산업현장에서 사용되는 출입금지 표지판의 배경반사율이 80%이고 관련 그림의 반사율이 20%일 경우 표지판의 대비를 구하시오. (4점)

   해답 대비(%) = $\dfrac{\text{배경의 광도}(L_b) - \text{표적의 광도}(L_t)}{\text{배경의 광도}(L_b)} \times 100 = \dfrac{80-20}{80} \times 100 = 75\%$

   focus 본 교재 제3과목 I. 20. 대비 단원에서 관련된 내용 확인

2. 착화에너지가 0.25mJ인 가스가 있는 사업장의 전기설비의 정전용량이 12pF일 때 방전시 착화가능한 최소 대전 전위를 구하시오. (5점)

   해답 최소착화에너지(W)

   $$E = \dfrac{1}{2}QV = \dfrac{1}{2}CV^2 = \dfrac{1}{2}\dfrac{Q^2}{C}(J)$$

   ① $E = \dfrac{1}{2}CV^2$ 식에서 $V = \sqrt{\dfrac{2E}{C}}$ 이므로

   ② $V = \sqrt{\dfrac{2 \times (0.25 \times 10^{-3})}{12 \times 10^{-12}}} = 6,454.97\,V$

   focus 본 교재 제5과목 I. 14. 정전기 발생과 안전대책 단원에서 관련된 내용 확인

3. 와이어로프의 구성표시 방법에서 해당되는 명칭을 쓰시오. (3점)

   6 × Fi(29)

   해답 ① 6 : 스트랜드(Strand) 수   ② Fi : 필러형(core)   ③ (29) : 소선(wire)수

   focus 본 교재(필기) 제3과목 05. III. 2. 방호장치의 종류 단원에서 관련된 내용 확인

4. 기계의 원동기·회전축·기어·풀리·플라이휠·벨트 및 체인 등 근로자에게 위험을 미칠 우려가 있는 부위에 설치해야하는 안전장치의 종류를 3가지 쓰시오. (3점)

   해답 ① 덮개 ② 울 ③ 슬리브 ④ 건널다리

   focus 본 교재 제4과목 I. 8. 동력전달장치의 방호장치 단원에서 관련내용 확인

5. 근로자수 450명 A사업장에서 년간 4건의 재해로 인하여 73일의 휴업일 수가 발생하였다. A사업장의 강도율과 도수율을 구하시오.(단, 근로시간은 1일 8시간, 월 25일)(4점)

해답
① 도수율$(F.R) = \dfrac{\text{재해건수}}{\text{연간총근로시간수}} \times 1,000,000$

$= \dfrac{4}{450 \times 8 \times 25 \times 12} \times 10^6 = 3.70$

② 강도율$(S.R) = \dfrac{\text{근로손실일수}}{\text{연간총근로시간수}} \times 1,000$

$= \dfrac{73 \times \left(\dfrac{300}{365}\right)}{450 \times 8 \times 25 \times 12} \times 1,000 = 0.06$

focus 본 교재 제1과목 III. 12. 재해율 단원에서 관련내용 확인

6. 할로겐 소화기 1211의 주요원소를 4가지 쓰시오.(4점)

해답 1211 소화기
CF_2ClBr(일취화 일염화 이불화 메탄)
① C : 탄소 ② F : 불소(플루오르) ③ Cl : 염소 ④ Br : 취소(브롬)

focus 본 교재(필기) 제5과목 04. II. 5. 소화기의 종류 단원에서 관련된 내용 확인

7. 지반의 이상현상중 보일링 현상이 일어나기 쉬운 지반의 조건을 쓰시오.(3점)

해답 투수성이 좋은 사질지반(지하수위가 높은 사질토)

focus 본 교재 제6과목 I. 16. 토사붕괴 위험성 및 안전조치 단원에서 관련된 내용 확인

8. 재해발생에 관련된 이론중 하인리히의 도미노이론과 버드의 도미노이론, 아담스의 관리 시스템에 관한 단계를 쓰시오.(6점)

해답
(1) 하인리히의 도미노이론(사고연쇄성 이론)
① 사회적 환경 및 유전적 요인 ② 개인적 결함
③ 불안전한 행동 및 불안전한 상태 ④ 사고 ⑤ 재해
(2) 버드의 최신의 도미노 이론
① 제어(통제)의 부족(관리) ② 기본원인(기원) ③ 직접원인(징후)
④ 사고(접촉) ⑤ 상해(손실)
(3) 아담스의 사고 요인과 관리시스템
① 관리구조 ② 작전적 에러 ③ 전술적 에러 ④ 사고 ⑤ 상해·손해

focus 본 교재(필기) 제1과목 01. I. 2. 안전관리 제이론 단원에서 관련된 내용 확인

9. 항타기 또는 항발기를 조립하거나 해체하는 경우 점검해야할 사항을 4가지 쓰시오.

해답
① 본체 연결부의 풀림 또는 손상의 유무
② 권상용 와이어로프·드럼 및 도르래의 부착상태의 이상유무
③ 권상장치의 브레이크 및 쐐기장치 기능의 이상유무
④ 권상기의 설치상태의 이상유무
⑤ 리더(leader)의 버팀 방법 및 고정상태의 이상 유무
⑥ 본체·부속장치 및 부속품의 강도가 적합한지 여부
⑦ 본체·부속장치 및 부속품에 심한 손상·마모·변형 또는 부식이 있는지 여부

focus 본 교재 제6과목 I. 9. 항타기 및 항발기 단원에서 관련된 내용 확인

10. 소음원으로 부터 4(m) 떨어진 곳에서의 음압수준이 100(dB)이라면 동일한 기계에서 30(m) 떨어진 곳에서의 음압수준은 얼마인가?(5점)

해답 d_1에서 I_1의 단위면적당 출력을 갖는 음은 거리 d_2에서는

$$dB_2 = dB_1 - 20\log\left(\frac{d_2}{d_1}\right)$$

$$\therefore dB_2 = 100 - 20\log\left(\frac{30}{4}\right) = 82.50(dB)$$

focus 본 교재(필기) 제2과목 02. II. 1. 청각과정 단원에서 관련내용 확인

11. 공정안전보고서 작성시 내용에 포함하여야할 사항을 4가지 쓰시오.(4점)

해답 ① 공정안전자료 ② 공정위험성평가서 ③ 안전운전계획 ④ 비상조치계획
⑤ 그 밖에 공정상의 안전과 관련하여 고용노동부장관이 필요하다고 인정하여 고시하는 사항

focus 본 교재 제8과목 I. 4. 공정안전보고서 단원에서 관련된 내용 확인

12. 공업용으로 사용되는 고압가스 용기의 색깔을 쓰시오.(4점)
(1) 수소   (2) 산소   (3) 질소   (4) 아세틸렌

해답 ① 수소 : 주황색 ② 산소 : 녹색 ③ 질소 : 회색 ④ 아세틸렌 : 황색

focus 본 교재 제5과목 II. 11. 고압가스 용기의 도색 단원에서 관련된 내용 확인

13. 화재의 분류에 따른 소화기의 표시색을 쓰시오.(6점)

해답 ① 일반화재(A급) : 백색   ② 유류화재(B급) : 황색
③ 전기화재(C급) : 청색   ④ 금속화재(D급) : 없음

focus 본 교재 제5과목 II. 9. 화재의 종류 및 (필기) 제5과목 04. II. 4. 억제소화 단원에서 관련된 내용 확인

산업안전산업기사 실기 (필답형)
2009년 4월 19일 시행

1. 다음 용어의 설명중 ( )에 알맞은 내용을 쓰시오. (4점)

> ○ 인화성 물질 : 대기압하에서 인화점이 섭씨 (①)도 이하인 가연성 액체.
> ○ 가연성 가스 : 폭발한계농도의 하한이 (②)% 이하 또는 상하한의 차가 (③)% 이상인 가스

해답 ① 65 ② 10 ③ 20

Tip 본문제는 2011년 법개정으로 삭제된 내용입니다. 본문내용에서 수정된 내용을 반드시 확인하세요.

focus 본 교재(필기) 제5과목 01. I. 3. 위험물의 종류 단원에서 관련내용 확인

2. 공정안전보고서에 포함되어야할 사항을 4가지 쓰시오. (4점)

해답 ① 공정안전자료
② 공정위험성평가서
③ 안전운전계획
④ 비상조치계획
⑤ 그 밖에 공정상의 안전과 관련하여 고용노동부장관이 필요하다고 인정하여 고시하는 사항

focus 본 교재 제8과목 I. 4. 공정안전보고서 단원에서 관련내용 확인

3. 분진폭발의 과정에 해당하는 다음 내용을 보고 폭발의 순서를 쓰시오. (4점)
① 입자표면 열분해 및 기체발생   ② 주위의 공기와 혼합   ③ 입자표면 온도상승
④ 폭발열에 의하여 주위 입자 온도상승 및 열분해   ⑤ 점화원에 의한 폭발

해답 ③ → ① → ② → ⑤ → ④

Tip 분진 폭발의 과정(분진의 퇴적 → 비산하여 분진운 생성 → 분산 → 점화원 → 폭발)

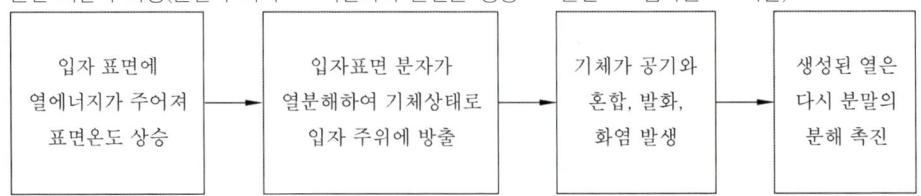

focus 본 교재(필기) 제5과목 02. I. 3. 폭발의 분류 단원에서 분진폭발에 관한 내용 확인

4. 외부피뢰시스템에 해당하는 수뢰부 시스템에 관한 다음 사항에서 ( )에 알맞은 내용을 쓰시오. (6점)

　가. 수뢰부시스템의 선정은 (①), (②), 그물망도체의 요소 중에 한가지 또는 이를 조합한 형식으로 시설하여야 한다.

　나. 수뢰부시스템의 배치는 (③), (④), 그물망법 중 하나 또는 조합된 방법으로 배치하여야 한다.

해답 ① 돌침　② 수평도체　③ 보호각법　④ 회전구체법

focus 본 교재 제5과목 Ⅰ. 7. 피뢰설비 단원에서 관련내용 확인

5. 기계설비에 의해 형성되는 위험점의 종류를 5가지 쓰시오. (5점)

해답
① 협착점　② 끼임점
③ 절단점　④ 물림점
⑤ 접선 물림점　⑥ 회전 말림점

Tip 기계 설비에 의해 형성되는 위험점

(1) 협착점 (Squeeze-point)	왕복 운동하는 운동부와 고정부 사이에 형성(작업점이라 부르기도 함)	① 프레스 금형 조립부위 ② 전단기의 누름판 및 칼날부위 ③ 선반 및 평삭기의 베드 끝 부위
(2) 끼임점 (Shear-point)	고정부분과 회전 또는 직선유동부분에 의해 형성	① 연삭 숫돌과 작업대 ② 반복동작되는 링크기구 ③ 교반기의 교반날개와 몸체사이
(3) 절단점 (Cutting-point)	회전운동부분 자체와 운동하는 기계 자체에 의해 형성	① 밀링컷터 ② 둥근톱 날 ③ 목공용 띠톱 날 부분
(4) 물림점 (Nip-point)	회전하는 두 개의 회전축에 의해 형성 (회전체가 서로 반대방향으로 회전하는 경우)	① 기어와 피니언 ② 롤러의 회전 등
(5) 접선 물림점 (Tangential Nip-point)	회전하는 부분이 접선방향으로 물려 들어가면서 형성	① V벨트와 풀리 ② 기어와 랙 ③ 롤러와 평벨트 등
(6) 회전 말림점 (Trapping-point)	회전체의 불규칙 부위와 돌기 회전 부위에 의해 형성	① 회전축 ② 드릴축 등

focus 본 교재 제4과목 Ⅰ. 1. 기계설비의 위험점 단원에서 관련내용 확인

6. 근로자수가 500명인 어느 회사에서 연간 10건의 재해가 발생하여 6명의 사상자가 발생하였다. 도수율(빈도율)과 연천인율을 구하시오.(단, 하루 9시간, 년간 250일 근로함) (4점)

해답
① 빈도율$(F.R) = \dfrac{\text{재해건수}}{\text{연간총근로시간수}} \times 1,000,000$

$= \dfrac{10}{500 \times 9 \times 250} \times 10^6 = 8.888 ≒ 8.89$

② 연천인율 $= \dfrac{\text{연간재해자수}}{\text{연평균근로자수}} \times 1,000 = \dfrac{6}{500} \times 1,000 = 12$

Tip 연천인율 공식 : 재해건수가 아니라 재해자(사상자)수라는 것을 반드시 알아둘 것

focus 본 교재 제1과목 III. 12. 재해율 단원에서 관련된 계산공식 확인

7. 가설통로의 안전기준에 관한 다음의 설명 중 ( )에 알맞은 사항을 쓰시오. (5점)

- 경사는 (①)도 이하로 할 것
- 경사가 (②)도를 초과하는 때에는 미끄러지지 아니하는 구조로 할 것
- 추락의 위험이 있는 장소에는 (③)을 설치할 것
- 수직갱에 가설된 통로의 길이가 (④)m 이상인 때에는 (⑤)m 이내마다 계단참을 설치할 것
- 건설공사에 사용하는 높이 (⑥)m 이상인 비계다리에는 (⑦)m 이내마다 계단참을 설치할 것

해답 ① 30 ② 15 ③ 안전난간 ④ 15 ⑤ 10 ⑥ 8 ⑦ 7

focus 본 교재 제6과목 I. 20. 가설계단 단원에서 관련내용 확인

8. 다음에 해당하는 방독마스크의 정화통외부 측면 표시색을 쓰시오. (4점)
① 유기화합물용 ② 할로겐용
③ 아황산용 ④ 암모니아용

해답 ① 갈색 ② 회색 ③ 노란색 ④ 녹색

Tip 정화통외부 측면 표시색(2015년 개정내용)

종 류	시 험 가 스	정화통외부측면 표시색
유기화합물용	시클로헥산(C_6H_{12})	갈색
	디메틸에테르(CH_3OCH_3)	
	이소부탄(C_4H_{10})	
할로겐용	염소가스 또는 증기(Cl_2)	회색
황화수소용	황화수소가스(H_2S)	회색
시안화수소용	시안화수소가스(HCN)	회색
아황산용	아황산가스(SO_2)	노란색
암모니아용	암모니아가스(NH_3)	녹색

focus 본 교재 제7과목 I. 4. 방독마스크 단원에서 관련내용 확인

9. 다음의 보기 중에서 재해발생형태와 상해의 종류를 구분하여 적으시오. (4점)

> [보기] ○ 골절   ○ 부종   ○ 추락   ○ 이상온도접촉   ○ 낙하·비래   ○ 협착
> ○ 화재, 폭발   ○ 중독 및 질식

해답 (1) 재해발생형태 : ① 추락 ② 이상온도 접촉 ③ 낙하·비래 ④ 협착 ⑤ 화재, 폭발
(2) 상해 : ① 골절 ② 부종 ③ 중독 및 질식

focus 본 교재 제1과목 III. 8. 상해의 종류 단원 및 본 교재(필기) 제1과목 02. I. 4. 재해의 원인 분석 및 조사 기법(재해분류 및 분석) 단원에서 관련내용 확인

10. 산업안전보건법령상 사업주가 근로자에게 실시해야하는 근로자 안전보건교육 중 정기교육 내용을 4가지 쓰시오. (4점)

해답
① 산업안전 및 사고 예방에 관한 사항
② 산업보건 및 직업병 예방에 관한 사항
③ 위험성 평가에 관한 사항
④ 건강증진 및 질병 예방에 관한 사항
⑤ 유해·위험 작업환경 관리에 관한 사항
⑥ 산업안전보건법령 및 산업재해보상보험 제도에 관한 사항
⑦ 직무스트레스 예방 및 관리에 관한 사항
⑧ 직장 내 괴롭힘, 고객의 폭언 등으로 인한 건강장해 예방 및 관리에 관한 사항

Tip 2023년 법령개정. 문제 및 해답은 개정된 내용 적용.

focus 본 교재 제2과목 I. 10. 산업안전보건법상의 교육의 종류와 교육시간 및 교육내용 단원에서 관련내용 확인

11. 안전 경고등을 작동시킬 때 스위치가 on-off로 작동된다면 정보량은 몇 bit인가?

해답 실현가능성이 같은 n개의 대안이 있을 때 총정보량 H는
$$H = \log_2 n$$
on-off 는 2개의 대안이므로
$$H = \log_2 2 = 1(\text{bit})$$

focus 본 교재 제3과목 I. 5. 신뢰도 단원에서 관련내용 확인

12. 히빙의 지반형태와 발생원인을 2가지 쓰시오. (3점)

해답 (1) 지반형태 : 연약성 점토지반
(2) 발생원인
① 유동성이 큰 연약한 점토지반에서 굴착 중 흙막이 근입 깊이가 충분하지 못하여 흙막이 바깥쪽 지반의 활동력이 안쪽 지반의 저항력보다 큰 경우
② 유동성이 큰 연약한 점토지반에서 굴착 중 흙막이 지보공의 강성이 부족하여 흙막이 외부의 유동성이 큰 토사의 토압으로 인해 터파기 면으로 연약지반이 밀려 올라오는 경우

③ 유동성이 큰 연약한 점토지반에서 굴착 중 지표면(원지반)의 하중이 증가하거나 굴착면의 하중이 감소하여 흙막이 바깥쪽 지반의 활동력이 안쪽 지반의 저항력보다 큰 경우

focus 본 교재 제6과목 I. 16. 토사 붕괴 위험성 및 안전조치 단원에서 관련내용 확인

13. 인체의 열교환에 영향을 미치는 요소를 4가지 쓰시오. (4점)

해답 ① 기온 ② 습도 ③ 공기의 유동 ④ 복사온도

focus 본 교재(필기) 제2과목 04. I. 6. 열교환 과정과 열압박 단원에서 관련내용 확인

산업안전산업기사 실기 (필답형)
2009년 7월 5일 시행

1. 근로자가 1시간동안 1분당 6 kcal의 에너지를 소모하는 작업을 수행하는 경우 작업시간과 휴식시간을 각각 구하시오. (단, 작업에 대한 권장 평균에너지 소비량은 분당 5kcal이다.) (4점)

해답
$$R = \frac{60(E-5)}{E-1.5}$$
여기서, R : 휴식시간(분)
E : 작업시 평균 에너지 소비량(kcal/분)
60분 : 총작업 시간
1.5kcal/분 : 휴식시간 중의 에너지 소비량

① 휴식시간 $(R) = \frac{60(6-5)}{6-1.5} = 13.33$(분)

② 작업시간 $= 60 - 13.33 = 46.67$(분)

focus 본 교재 제 2과목 II. 5. 노동과 피로 단원에서 관련내용 확인

2. 산업안전보건법 상 롤러기에 설치하여야 하는 방호장치의 명칭과 그 종류 3가지를 쓰시오. (5점)

해답 (1) 명칭 : 급정지 장치
(2) 종류 : ① 손조작식(손으로 조작하는 로우프식) ② 복부조작식 ③ 무릎조작식

Tip 2009년 8월 관련법 개정으로 로울러의 명칭이 롤러로 변경되었음. 사소한 내용도 확실히 알아둡시다.

focus 본 교재 제4장 기계 및 운반안전 I. 기계안전일반 14. 롤러기의 방호장치 및 설치방법 단원에서 관련내용 확인

3. 보호구에 관한 규정에서 정의한 다음 설명에 해당하는 용어를 쓰시오. (4점)
① 유기화합물용 보호복에 있어 화학물질이 보호복의 재료의 외부 표면에 접촉된 후 내부로 확산하여 내부 표면으로부터 탈착되는 현상
② 방독마스크에 있어 대응하는 가스에 대하여 정화통 내부의 흡착제가 포화상태가 되어 흡착능력을 상실한 상태

해답 ① 투과(permeation)   ② 파과

4. 다음 내용에 가장 적합한 위험분석기법을 (보기)에서 골라 한가지씩만 쓰시오. (5점)

| 보기 | ① FMEA ② FHA ③ THERP ④ ETA ⑤ MORT ⑥ PHA ⑦ FTA ⑧ CA ⑨ OHA ⑩ HAZOP |

(1) 모든 요소의 고장을 형태별로 분석하여 그 영향을 검토하는 기법
(2) 모든 시스템 안전프로그램의 최초단계 분석기법
(3) 인간과오를 정량적으로 평가하기위한 기법
(4) 초기사상의 고장영향에 의해 사고나 재해를 발전해 나가는 과정을 분석하는 기법
(5) 결함수법이라 하며 재해발생을 연역적, 정량적으로 해석, 예측할 수 있는 기법

> **해답** (1) ① FMEA : 시스템 안전 분석에 이용되는 전형적인 정성적 귀납적 분석방법으로 시스템에 영향을 미치는 전체요소의 고장을 형별로 분석하여 그 영향을 검토하는 것(각 요소의 1형식 고장이 시스템의 1영향에 대응)
> (2) ⑥ PHA : 모든 시스템 안전 프로그램의 최초단계의 분석으로서 시스템내의 위험요소가 얼마나 위험한 상태에 있는가를 정성적으로 평가하는 방법(공정 또는 설비 등에 관한 상세한 정보를 얻을 수 없는 상황에서 위험물질과 공정 요소에 초점을 맞추어 초기위험을 확인하는 방법)
> (3) ③ THERP : 시스템에 있어서 인간의 과오를 정량적으로 평가하기 위해 개발된 기법(Swain 등에 의해 개발된 인간실수 예측기법)
> (4) ④ ETA : 사상의 안전도를 사용하여 시스템의 안전도를 나타내는 시스템 모델의 하나로서 귀납적이기는 하나 정량적인 분석방법(초기사건으로 알려진 특정한 장치의 이상 또는 운전자의 실수에 의해 발생되는 잠재적인 사고결과를 정량적으로 평가·분석하는 방법)
> (5) ⑦ FTA : 분석에는 게이트, 이벤트, 부호 등의 그래픽 기호를 사용하여 결함단계를 표현하며, 각각의 단계에 확률을 부여하여 어떤 상황의 실패확률계산이 가능하고 연역적이고 정량적인 해석방법(사고의 원인이 되는 장치의 이상이나 고장의 다양한 조합 및 작업자 실수 원인을 연역적으로 분석하는 방법)

> **focus** 본 교재 제 3과목 Ⅱ. 시스템 위험분석 단원에서 관련내용 확인

5. 접지 시스템의 구분 및 종류에 관한 다음사항에서 (   )에 알맞은 내용을 쓰시오.(6점)
가. 접지시스템은 (①), 보호접지, (②) 등으로 구분한다.
나. 접지시스템의 시설종류에는 단독접지, (③), (④)가 있다.

> **해답** ① 계통접지   ② 피뢰시스템 접지   ③ 공통접지   ④ 통합접지

> **focus** 본 교재 제5과목 Ⅰ. 10. 접지시스템 단원에서 관련내용 확인

6. 산업안전보건법 상 프레스를 사용하여 작업을 할 때의 작업시작 전 점검사항을 3가지를 쓰시오. (3점)

> **해답** ① 클러치 및 브레이크의 기능
> ② 크랭크축·플라이휠·슬라이드·연결봉 및 연결나사의 풀림유무
> ③ 1행정 1정지기구·급정지장치 및 비상정지장치의 기능
> ④ 슬라이드 또는 칼날에 의한 위험방지 기구의 기능
> ⑤ 프레스의 금형 및 고정볼트 상태
> ⑥ 방호장치의 기능
> ⑦ 전단기의 칼날 및 테이블의 상태

> **focus** 본 교재 제1과목 Ⅳ. 8. 작업시작전 점검사항 단원에서 관련내용 확인

7. 물질안전보건자료의 작성항목 16가지중 5가지만 쓰시오. (단, 기타 참고사항은 제외한다) (5점)

> **해답**
> ① 화학제품과 회사에 관한 정보 ② 유해·위험성 ③ 구성성분의 명칭 및 함유량
> ④ 응급조치요령 ⑤ 폭발·화재시 대처방법 ⑥ 누출사고시 대처방법
> ⑦ 취급 및 저장방법 ⑧ 노출방지 및 개인보호구 ⑨ 물리화학적 특성
> ⑩ 안정성 및 반응성 ⑪ 독성에 관한 정보 ⑫ 환경에 미치는 영향
> ⑬ 폐기 시 주의사항 ⑭ 운송에 필요한 정보 ⑮ 법적규제 현황 ⑯ 기타 참고사항

> **focus** 본 교재 제8과목 I. 2. 물질안전보건자료의 작성비치 등 단원에서 관련된 내용 확인

8. 교육대상은 주로 제일선의 감독자에 두고 있는 TWI 의 교육내용 4가지를 쓰시오. (4점)

> **해답**
> ① JMT(Job Method Training) : 작업방법훈련(작업개선법)
> ② JIT(Job Instruction Training) : 작업지도훈련(작업지도법)
> ③ JRT(Job Relations Training) : 인간관계훈련(부하통솔법)
> ④ JST(Job Safety Training) : 작업안전훈련(안전관리법)

> **focus** 본 교재(필기) 제 1과목 07. II. 3. TWI 단원에서 관련내용 확인

9. 산업안전보건법령상 사업주가 근로자에게 실시해야하는 근로자 안전보건교육 중 채용시 교육 및 작업내용 변경시 교육내용을 4가지 쓰시오. (4점)

> **해답**
> ① 산업안전 및 사고 예방에 관한 사항
> ② 산업보건 및 직업병 예방에 관한 사항
> ③ 위험성 평가에 관한 사항
> ④ 산업안전보건법령 및 산업재해보상보험 제도에 관한 사항
> ⑤ 직무스트레스 예방 및 관리에 관한 사항
> ⑥ 직장 내 괴롭힘, 고객의 폭언 등으로 인한 건강장해 예방 및 관리에 관한 사항
> ⑦ 기계·기구의 위험성과 작업의 순서 및 동선에 관한 사항
> ⑧ 작업 개시 전 점검에 관한 사항
> ⑨ 정리정돈 및 청소에 관한 사항
> ⑩ 사고 발생 시 긴급조치에 관한 사항
> ⑪ 물질안전보건자료에 관한 사항

> **Tip** 2023년 법령개정. 문제 및 해답은 개정된 내용 적용.

> **focus** 본 교재 제2과목 I. 10. 산업안전보건법상의 교육의 종류와 교육시간 및 교육내용 단원에서 관련내용 확인

10. 무재해 운동의 3원칙을 쓰시오. (3점)

> **해답** ① 무의 원칙 ② 선취(해결)의 원칙 ③ (전원)참가의 원칙

> **focus** 본 교재 제2과목 II. 8. 무재해운동과 위험예지훈련 단원에서 관련내용 확인

11. 휴먼에러를 심리적인 측면에서 분류하여 4가지만 쓰시오. (4점)

해답 스웨인(A.D.Swain)의 심리적 분류

생략에러(Omission error)	필요한 직무나 단계를 수행하지 않은(생략) 에러(부작위 실수)
착각수행에러(Commission error)	직무나 순서 등을 착각하여 잘못 수행(불확실한 수행)한 에러
순서에러(Sequential error)	직무 수행과정에서 순서를 잘못 지켜(순서착오) 발생한 에러
시간적에러(Time error)	정해진 시간내 직무를 수행하지 못하여(수행지연)발생한 에러
과잉행동에러(Extraneous error)	불필요한 직무 또는 절차를 수행하여 발생한 에러

focus 본 교재 제3과목 I. 4. 휴먼에러 단원에서 관련내용 확인

12. 기계설비에 의해 형성되는 위험점의 종류를 4가지만 쓰시오. (4점)

해답
① 협착점(Squeeze-point)
② 끼임점(Shear-point)
③ 절단점(Cutting-point)
④ 물림점(Nip-point)
⑤ 접선 물림점(Tangential Nip-point)
⑥ 회전 말림점(Trapping-point)

Tip 기계 설비에 의해 형성되는 위험점

(1) 협착점 (Squeeze-point)	왕복 운동하는 운동부와 고정부 사이에 형성(작업점이라 부르기도 함)	① 프레스 금형 조립부위 ② 전단기의 누름판 및 칼날부위 ③ 선반 및 평삭기의 베드 끝 부위
(2) 끼임점 (Shear-point)	고정부분과 회전 또는 직선운동부분에 의해 형성	① 연삭 숫돌과 작업대 ② 반복동작되는 링크기구 ③ 교반기의 교반날개와 몸체사이
(3) 절단점 (Cutting-point)	회전운동부분 자체와 운동하는 기계 자체에 의해 형성	① 밀링컷터 ② 둥근톱 날 ③ 목공용 띠톱 날 부분
(4) 물림점 (Nip-point)	회전하는 두 개의 회전축에 의해 형성(회전체가 서로 반대방향으로 회전하는 경우)	① 기어와 피니언 ② 롤러의 회전 등
(5) 접선 물림점 (Tangential Nip-point)	회전하는 부분이 접선방향으로 물려 들어가면서 형성	① V벨트와 풀리 ② 기어와 랙 ③ 롤러와 평벨트 등
(6) 회전 말림점 (Trapping-point)	회전체의 불규칙 부위와 돌기 회전 부위에 의해 형성	① 회전축 ② 드릴축 등

focus 본 교재 제4과목 I. 1. 기계설비의 위험점 단원에서 관련내용 확인

13. 보일링과 히빙의 지반 형태를 쓰시오. (4점)

해답
① 보일링 : 투수성이 좋은 사질토지반
② 히빙 : 연약성 점토지반

Tip 흙막이 굴착시 주의사항

구 분	정 의	방지대책
히빙 (Heaving)현상	연약성 점토지반 굴착시 굴착외측 흙의 중량에 의해 굴착저면의 흙이 활동 전단 파괴되어 굴착내측으로 부풀어 오르는 현상	① 흙막이 근입깊이를 깊게 ② 표토제거 하중감소 ③ 지반개량 ④ 굴착면 하중증가 ⑤ 어스앵커설치 등
보일링 (Boiling)현상	투수성이 좋은 사질지반의 흙막이 저면에서 수두차로 인한 상향의 침투압이 발생 유효응력이 감소하여 전단강도가 상실되는 현상으로 지하수가 모래와 같이 솟아오르는 현상	① Filter 및 차수벽설치 ② 흙막이 근입깊이를 깊게(불투수층까지) ③ 약액주입등의 굴착면 고결 ④ 지하수위저하 ⑤ 압성토 공법 등

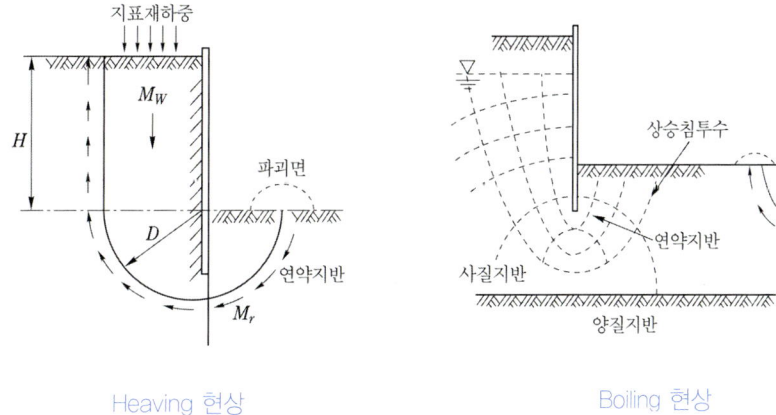

Heaving 현상   Boiling 현상

focus 본 교재 제6과목 I. 건설안전일반 16. 토사 붕괴 위험성 및 안전조치 단원에서 관련내용 확인

산업안전산업기사 실기 (필답형)
2009년 9월 13일 시행

1. 공정안전보고서에 포함되어야 할 내용을 4가지 쓰시오. (4점)

해답 ① 공정 안전 자료 ② 공정 위험성 평가서 ③ 안전 운전 계획 ④ 비상조치 계획

focus 본 교재 제 8과목 Ⅰ. 4. 공정안전보고서 단원에서 관련내용 확인

2. 다음 FT기호의 명칭을 쓰시오. (4점)

①	②	③	④
▭	◯	⌂	출력─◇─조건 / 입력

해답 ① 결함사상 ② 기본사상 ③ 통상사상 ④ 제약(억제)게이트

Tip 논리기호 및 사상기호

번호	기호	명 칭	설 명
1	▭	결함사상(사상기호)	기본 고장의 결함으로 이루어진 고장상태를 나타내는 사상(개별적인 결함사상)
2	◯	기본사상(사상기호)	더 이상 전개되지 않는 기본인 사상 또는 발생 확률이 단독으로 얻어지는 낮은레벨의 기본적인 사상
3	◇	생략사상(최후사상)	정보부족 해석기술의 불충분 등으로 더 이상 전개할 수 없는 사상. 작업진행에 따라 해석이 가능할 때는 다시 속행한다.
4	⌂	통상사상(사상기호)	통상의 작업이나 기계의 상태에서 재해의 발생원인이 되는 사상(통상발생이 예상되는 사상)
5	△(IN)	이행(전이)기호	FT도상에서 다른 부분에의 이행 또는 연결을 나타냄. 삼각형 정상의 선은 정보의 전입 루-트를 뜻한다
6	△(OUT)	이행(전이)기호	5와 같다. 삼각형의 옆선은 정보의 전출을 뜻한다.
7	출력/입력	[AND] 게이트(논리기호)	모든 입력사상이 공존할 때만이 출력사상이 발생한다. (논리곱)
8	출력/입력	[OR] 게이트(논리기호)	입력사상중 어느 것이나 존재할 때 출력 사상이 발생한다. (논리합)
9	출력─◇─조건/입력	제약(억제)게이트 (논리기호)	입력사상중 어느 것이나 이 게이트로 나타내는 조건이 만족하는 경우에만 출력사상이 발생한다. 조건부확률

focus 본 교재(필기) 제 2과목 06. Ⅰ. 2. 논리기호 및 사상기호 단원에서 관련내용 확인

3. 옥스퍼드(Oxford) 지수를 구하시오.(4점)
   · 건구온도 : 30도
   · 습구온도 : 20도

   해답 WD = 0.85W + 0.15D
   ∴ 옥스퍼드(Oxford) 지수 = (0.85×20) + (0.15×30) = 21.5

   Tip 습건(WD) 지수라고도 부르며, 습구온도(W)와 건구온도(D)의 가중 평균치로 정의

   focus 본 교재(필기) 제 2과목 04. II. 4. 실효온도와 Oxford지수 단원에서 관련내용 확인

4. 근로자 안전보건교육의 교육과정을 4가지 쓰시오.(4점)

   해답 ① 정기교육 ② 채용시 교육 ③ 작업내용 변경시 교육 ④ 특별교육 ⑤ 건설업 기초안전보건교육

   focus 본 교재 제 2과목 I. 10. 산업안전보건법상의 교육의 종류와 교육시간 및 교육내용 단원에서 관련내용 확인

5. 재해누발자 유형 3가지를 쓰시오.(3점)

   해답 ① 미숙성 누발자 ② 상황성 누발자 ③ 습관성 누발자 ④ 소질성 누발자

   Tip 재해 누발자 유형

미숙성 누발자	① 기능 미숙	② 작업환경 부적응
상황성 누발자	① 작업자체가 어렵기 때문 ③ 주위 환경 상 주의력 집중 곤란	② 기계설비의 결함 존재 ④ 심신에 근심 걱정이 있기 때문
습관성 누발자	① 경험한 재해로 인하여 대응능력약화(겁장이, 신경과민) ② 여러 가지 원인으로 슬럼프(slump)상태	
소질성 누발자	① 개인의 소질 중 재해원인 요소를 가진 자 　(주의력 부족, 소심한 성격, 저 지능, 흥분, 감각운동부적합 등) ② 특수성격소유자로써 재해발생 소질 소유자	

   focus 본 교재 제 2과목 II. 4. 재해빈발자의 유형 단원에서 관련내용 확인

6. 크레인에 관한 다음사항에 해당하는 풍속기준을 쓰시오.(3점)
   ① 타워크레인의 설치 · 수리 · 점검 또는 해체작업을 중지
   ② 타워크레인의 운전 작업 중지
   ③ 옥외에 설치되어 있는 주행크레인에 대하여 이탈방지장치를 작동시키는 등 그 이탈을 방지하기 위한 조치

> **해답** ① 순간풍속이 매초당 10미터 초과
> ② 순간풍속이 매초당 15미터 초과
> ③ 순간풍속이 매초당 30미터 초과

> **focus** 본 교재 제 6과목 I. 8. 건설용 양중기 단원에서 관련내용 확인

7. 다음 연삭기의 방호장치에 해당하는 각도를 쓰시오. (4점)

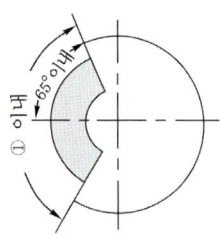

① 일반연삭작업 등에 사용하는 것을 목적으로 하는 탁상용 연삭기의 덮개 각도

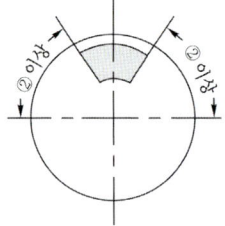

② 연삭숫돌의 상부를 사용하는 것을 목적으로 하는 탁상용 연삭기의 덮개 각도

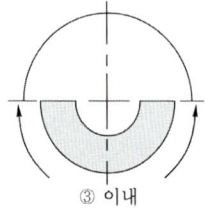

③ 휴대용 연삭기, 스윙연삭기, 스라브연삭기, 기타 이와 비슷한 연삭기의 덮개 각도

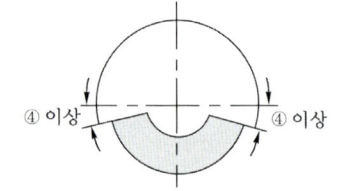

④ 평면연삭기, 절단연삭기, 기타 이와 비슷한 연삭기의 덮개 각도

> **해답** ① 125° ② 60° ③ 180° ④ 15°

> **focus** 본 교재 제 4과목 I. 17. 연삭기의 방호장치 및 설치방법 단원에서 관련내용 확인

8. Fail safe를 기능적인 측면에서 3단계로 분류하여 쓰시오. (3점)

> **해답** ① Fail-passive ② Fail-active ③ Fail-operational

> **Tip** ① Fail safe의 기능적인 분류
>
> | Fail-passive | 부품이 고장났을 경우 통상기계는 정지하는 방향으로 이동(일반적인 산업기계) |
> |---|---|
> | Fail-active | 부품이 고장났을 경우 기계는 경보를 울리는 가운데 짧은 시간동안 운전 가능 |
> | Fail-operational | 부품의 고장이 있더라도 기계는 추후 보수가 이루어 질 때까지 안전한 기능 유지(병렬구조 등으로 되어 있으며 운전상 가장 선호하는 방법) |
>
> ② 기능적인 분류를 하고 간략히 설명하라는 문제도 출제될 수 있으므로 함께 알아둘 것

> **focus** 본 교재 제 3과목 I. 7. Fail safe 단원에서 관련내용 확인

9. 작업자가 벽돌을 운반하기 위해 벽돌을 들고 비계위를 걷다가 벽돌을 떨어뜨려 발가락의 뼈가 부러졌다. 다음 물음에 답하시오. (6점)
   ① 재해형태   ② 가해물   ③ 기인물

   해답 ① 재해형태 : 낙하 ② 가해물 : 벽돌 ③ 기인물 : 비계

   Tip 상해의 종류는 골절에 해당된다. 재해형태와 상해의 종류는 확실히 구분할 수 있도록 알아둘 것

   focus 본 교재(필기) 제 1과목 02. I. 4. 재해의 원인 분석 및 조사기법 단원에서 관련내용 확인

10. 다음 보기의 기계·기구 중에서 유해·위험 방지를 위한 방호조치를 하지 아니하고는 양도·대여·설치·사용하거나, 양도·대여를 목적으로 진열해서는 아니 되는 기계·기구를 5가지 고르시오. (5점)

    |보기| ① 연삭기 ② 사출성형기 ③ 교류아크 용접기 ④ 크레인 ⑤ 밀링머신
          ⑥ 보일러 ⑦ 곤돌라 ⑧ 컨베이어 ⑨ 원심기 ⑩ 건조설비

    해답 ⑨ 원심기

    Tip ① 유해·위험 방지를 위하여 방호조치가 필요한 기계·기구등

대상 기계·기구	방호 장치
1. 예초기	날접촉예방장치
2. 원심기	회전체 접촉 예방장치
3. 공기압축기	압력방출장치
4. 금속절단기	날접촉예방장치
5. 지게차	헤드가드, 백레스트, 전조등, 후미등, 안전벨트
6. 포장기계(진공포장기, 랩핑기로 한정)	구동부 방호 연동장치

    ② 2014년 법개정으로 내용이 일부 수정되었습니다. 개정된 Tip의 내용으로 알아두세요.

    focus 본 교재 제 4과목 I. 9. 산업안전보건법상 유해위험 기계기구 단원에서 관련내용 확인

11. 동바리를 조립할 때 동바리의 유형별로 안전을 위해 사업주가 준수해야 할 다음 사항 중 ( )에 알맞은 내용을 쓰시오.(5점)
    가. 동바리로 사용하는 파이프 서포트의 경우 파이프 서포트를 (①) 이상 이어서 사용하지 않도록 할 것
    나. 동바리로 사용하는 강관틀의 경우 최상단 및 (②) 이내마다 동바리의 측면과 틀면의 방향 및 교차가새의 방향에서 (③) 이내마다 수평연결재를 설치하고 수평연결재의 변위를 방지할 것

다. 동바리로 사용하는 조립강주의 경우 조립강주의 높이가 (④)를 초과하는 경우에는 높이 4미터 이내마다 수평연결재를 (⑤) 방향으로 설치하고 수평연결재의 변위를 방지할 것

해답 ① 3개 ② 5단 ③ 5개 ④ 4미터 ⑤ 2개

focus 본 교재 제 8과목 Ⅳ. 3. 거푸집 및 동바리 단원에서 관련내용 확인

---

12. 방진마스크의 등급 및 해당사항에 알맞은 내용을 쓰시오. (5점)
① 석면 취급장소의 등급 (   )
② 금속흄 등과 같이 열적으로 생기는 분진 등 발생장소의 등급 (   )
③ 베릴륨 등과 같이 독성이 강한 물질들을 함유한 분진 등 발생 장소의 등급 (   )
④ 산소농도 (   ) 미만인 장소에서는 방진마스크 착용을 금지한다.
⑤ 안면부 내부의 이산화탄소 농도가 부피분율 (   ) 이하이어야 한다.

해답 ① 특급 ② 1급 ③ 특급 ④ 18% ⑤ 1%

Tip 2009년부터 적용된 법개정으로 변경된 사항 및 추가된 내용에 대하여 출제되었음. 동일교재는 가장 최근의 법개정 내용으로 정리되어 있습니다.

focus 본 교재 제 7과목 Ⅰ. 3. 방진마스크 단원에서 관련내용 확인

---

13. 다음 방폭구조의 기호를 쓰시오. (5점)
① 내압 방폭구조   ② 유입 방폭구조   ③ 본질안전방폭구조
④ 비점화방폭구조   ⑤ 몰드방폭구조

해답 ① 내압 방폭구조 : d   ② 유입 방폭구조 : o   ③ 본질안전방폭구조 : i(ia, ib)
④ 비점화방폭구조 : n   ⑤ 몰드방폭구조 : m

Tip 방폭구조의 기호

내압 방폭구조	압력 방폭구조	유입 방폭구조	안전증 방폭구조	특수 방폭구조	본질안전 방폭구조	몰드 방폭구조	충전 방폭구조	비점화 방폭구조
d	p	o	e	s	i	m	q	n

focus 본 교재 제 5과목 Ⅰ. 18. 방폭구조의 기호 단원에서 관련내용 확인

산업안전산업기사 실기 (필답형)
2010년 4월 18일 시행

1. 숫돌의 회전수(rpm)가 2,000인 연삭기에 지름 30(cm)의 숫돌을 사용할 경우 숫돌의 원주속도는 얼마 이하로 해야 하는가? (4점)

해답 숫돌의 원주속도(m/분) = $\dfrac{\pi DN}{1,000}$

D : 숫돌의 직경(mm), n : 회전수(r,p,m)

∴ 숫돌의 원주속도(m/분) = $\dfrac{3.14 \times 300 \times 2,000}{1,000}$ = 1,884(m/min)

focus 본 교재 제4과목 I. 15. 연삭기의 재해유형 단원에서 관련내용 확인

2. 하인리히의 재해구성 비율에 대해 설명하시오. (4점)

해답 하인리히의 재해구성 비율
(1) 하인리히의 법칙(1 : 29 : 300의 법칙)
① 미국의 안전기사 하인리히(H.W.Heinrich)가 발표한 이론으로 한사람의 중상자가 발생하면 동일한 원인으로 29명의 경상자가 생기고 부상을 입지 않은 무상해사고가 300번 발생한다는 것으로 이론의 핵심은 사고 발생 자체(무상해 사고)를 근원적으로 예방해야 한다는 원리를 강조하고 있다.
② 330번의 사고가 발생된다면 그 중에 중상이 1건, 경상이 29건, 무상해 사고가 300건 발생한다는 뜻

focus 본 교재(필기) 제1과목 01. I. 2. 안전관리 제이론 단원에서 관련내용 확인

3. 차량계 하역운반기계 운전자가 운전위치 이탈시 준수해야할 사항 2가지를 쓰시오. (4점)

해답 ① 포크, 버킷, 디퍼 등의 장치를 가장 낮은 위치 또는 지면에 내려 둘 것
② 원동기를 정지시키고 브레이크를 확실히 거는 등 갑작스러운 주행이나 이탈을 방지하기 위한 조치를 할 것
③ 운전석을 이탈하는 경우에는 시동키를 운전대에서 분리시킬 것. 다만, 운전석에 잠금장치를 하는 등 운전자가 아닌 사람이 운전하지 못하도록 조치한 경우는 그렇지 않다.

Tip 2012년 법 개정으로 내용이 수정되었습니다. 해답은 수정된 내용으로 작성했으니 착오없으시기 바랍니다.

focus 본 교재 제6과목 I. 7. 운반기계 단원에서 관련된 자세한 내용 확인.

4. 목재가공용 둥근톱에 설치해야하는 방호장치 종류 2가지를 쓰시오. (4점)

해답 ① 날 접촉예방장치 ② 반발예방장치

Tip 목재가공용 둥근톱기계(① 분할날 등 반발예방장치, ② 톱날접촉예방장치)와는 다른 내용이므로 반드시 구분하여 알아둘 것

focus 본 교재 제4과목 I. 9. 산업안전보건법상 유해위험 기계기구 단원에서 확인

5. 시몬즈(Simonds) 방식의 재해손실비 산정에 있어 비보험코스트에 해당하는 세부항목변수를 4가지 쓰시오. (4점)

해답 비보험 코스트의 세부 항목변수
① 작업중지에 따른 임금손실   ② 기계설비 및 재료의 손실비용
③ 작업중지로 인한 시간 손실   ④ 신규 근로자의 교육훈련비용
⑤ 기타 제경비

focus 본 교재 제1과목 III. 13. 재해 코스트 단원에서 관련내용 확인

6. 산업안전보건법상 보호구의 안전인증 제품에 안전인증의 표시외에 표시하여야 하는 사항을 4가지만 쓰시오. (4점)

해답 보호구의 안전인증 제품에 표시해야할 사항
① 형식 또는 모델명   ② 규격 또는 등급 등   ③ 제조자명
④ 제조번호 및 제조연월   ⑤ 안전인증 번호

focus 본 교재 제1과목 IV. 7. 안전인증(자율안전확인)단원에서 관련내용 확인

7. 구내운반차를 사용하여 작업을 하는 때의 작업시작전 점검사항을 4가지 쓰시오. (4점)

해답 구내운반차의 작업시작전 점검사항
① 제동장치 및 조종장치 기능의 이상유무
② 하역장치 및 유압장치 기능의 이상유무
③ 바퀴의 이상유무
④ 전조등·후미등·방향지시기 및 경음기 기능의 이상유무
⑤ 충전장치를 포함한 홀더 등의 결합상태의 이상유무

focus 본 교재 제1과목 IV. 8. 작업 시작 전 점검사항 단원에서 관련내용 확인

8. 연소의 형태에서 고체의 연소형태를 4가지 쓰시오. (4점)

해답 ① 분해연소 ② 증발연소 ③ 표면연소 ④ 자기연소

focus 본 교재 제5과목 II. 2. 연소형태 단원에서 관련내용 확인

9. 콘크리트 타설작업시 준수해야할 사항을 3가지 쓰시오. (6점)

해답 ① 당일의 작업을 시작하기 전에 당해작업에 관한 거푸집동바리등의 변형·변위 및 지반의 침하유무 등을 점검하고 이상을 발견한 때에는 이를 보수할 것
② 작업중에는 거푸집동바리등의 변형·변위 및 침하유무등을 감시할 수 있는 감시자를 배치하여 이상을 발견한 때에는 작업을 중지시키고 근로자를 대피시킬 것
③ 콘크리트의 타설작업시 거푸집붕괴의 위험이 발생할 우려가 있는 때에는 충분한 보강조치를 할 것
④ 설계도서상의 콘크리트 양생기간을 준수하여 거푸집동바리등을 해체할 것

focus 본 교재(필기) 제6과목 06. I. 1. 콘크리트 타설 작업의 안전 단원에서 관련내용 확인

10. 매슬로우, 허즈버그, 알더퍼의 이론을 상호비교한 아래의 표에서 빈칸에 알맞은 내용을 쓰시오. (5점)

자아실현의 욕구	②	성장 욕구
①		
소속의 욕구		④
안전의 욕구	③	존재 욕구
생리적 욕구		
매슬로우의 욕구이론	허즈버그의 2요인 이론	알더퍼의 ERG이론

해답 ① 존경(인정)받으려는 욕구 ② 동기요인 ③ 위생요인 ④ 관계욕구

focus 본 교재 제2과목 II. 7. 동기부여에 관한 이론 단원에서 관련내용 확인

11. 다음 FT도에서 시스템의 신뢰도는 약 얼마인가? (단, 발생확률은 ①,④는 0.05 ②,③은 0.1)(5점)

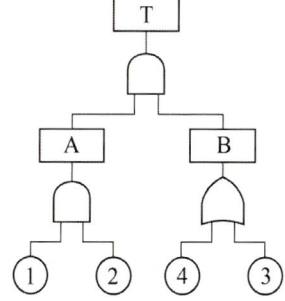

해답 시스템의 신뢰도
(1) T 의 발생확률 : T = A×B
① A = 0.05×0.1 = 0.005

② B = 1 − (1 − 0.05)(1 − 0.1) = 0.145
③ T = 0.005 × 0.145 = 0.000725
(2) 시스템의 신뢰도는 1 − 0.000725 = 0.999275 ≒ 1.00

12. 인체의 접촉상태에 따른 허용접촉전압을 종별로 구분하여 쓰시오. (4점)

해답 허용접촉 전압
① 제1종 : 2.5V 이하 ② 제2종 : 25V 이하
③ 제3종 : 50V 이하 ④ 제4종 : 제한없음

focus 본 교재(필기) 제4과목 02. I. 2. 허용 접촉전압 단원에서 관련내용 확인

산업안전산업기사 실기 (필답형)
2010년 7월 4일 시행

1. 관리감독자의 유해위험 방지업무 업무에 있어서 프레스 등을 사용하는 작업에 대한 업무내용을 4가지 쓰시오. (4점)

   해답 프레스 등을 사용하는 작업에 대한 관리감독자의 업무
   ① 프레스 등 및 그 방호장치를 점검하는 일
   ② 프레스 등 및 그 방호장치에 이상이 발견된 때 즉시 필요한 조치를 하는 일
   ③ 프레스 등 및 그 방호장치에 전환스위치를 설치한 때 그 전환스위치의 열쇠를 관리하는 일
   ④ 금형의 부착·해체 또는 조정작업을 직접 지휘하는 일

   focus 본 교재 제8과목 II. 1. 관리감독자의 업무내용 단원에서 관련내용 확인

2. 상시근로자 500명이 작업하는 어느 사업장에서 년간 재해가 5건 발생하여 8명의 재해자가 발생하였다. 근로시간은 1일 9시간, 년간 250일이며, 휴업일수가 235일이었다. 연천인율과 강도율을 구하시오. (4점)

   해답
   $$연천인율 = \frac{연간재해자수}{연평균근로자수} \times 1,000$$
   $$\therefore 연천인율 = \frac{8}{500} \times 1,000 = 16$$

   $$강도율(S.R) = \frac{근로손실일수}{연간총근로시간수} \times 1,000$$
   $$\therefore 강도율 = \frac{\left(235 \times \frac{250}{365}\right)}{500 \times 9 \times 250} \times 1,000 = 0.143$$

   focus 본 교재 제1장 III. 12. 재해율 단원에서 관련내용 확인

3. 안전모(자율안전확인)의 시험성능기준 항목을 4가지 쓰시오. (4점)

   해답 안전모의 시험성능 기준(자율안전 확인)
   ① 내관통성
   ② 충격흡수성
   ③ 난연성
   ④ 턱끈풀림

   Tip 안전모(자율안전확인)의 부가 성능기준 : 측면변형방호 기능

   focus 본 교재 제7과목 III. 1. 안전모 단원에서 관련된 내용 확인

4. 산업안전보건법상 건설업중 유해위험방지계획서 제출대상 사업장을 4가지 쓰시오. (4점)

해답 유해위험방지 계획서 제출대상 사업장(건설업)
① 다음 각목의 어느하나에 해당하는 건축물 또는 시설 등의 건설, 개조 또는 해체공사
  ㉠ 지상 높이가 31미터 이상인 건축물 또는 인공구조물
  ㉡ 연면적 3만제곱미터 이상인 건축물
  ㉢ 연면적 5천제곱미터 이상인 시설로서 다음의 어느 하나에 해당하는 시설
    ㉮ 문화 및 집회시설 ㉯ 판매시설, 운수시설 ㉰ 종교시설 ㉱ 의료시설 중 종합병원
    ㉲ 숙박시설 중 관광숙박시설 ㉳ 지하도 상가 ㉴ 냉동, 냉장 창고시설
② 최대 지간 길이가 50미터 이상인 다리의 건설 등 공사
③ 연면적 5천 제곱 미터 이상인 냉동, 냉장창고 시설의 설비공사 및 단열공사
④ 다목적댐, 발전용댐, 저수용량 2천만톤 이상의 용수전용댐 및 지방 상수도 전용댐의 건설 등 공사
⑤ 터널의 건설등 공사
⑥ 깊이 10미터 이상인 굴착 공사

focus 본 교재 제 6과목 I. 3. 유해위험방지 계획서 단원에서 관련내용 확인

---

5. 허즈버그의 두 요인이론에서 위생요인과 동기요인에 해당되는 내용을 각각 3가지 쓰시오. (6점)

해답 위생요인과 동기요인
(1) 위생요인
  ① 조직의 정책과 방침 ② 작업조건 ③ 대인관계 ④ 임금, 신분, 지위
  ⑤ 감독 등
(2) 동기요인
  ① 직무상의 성취 ② 인정 ③ 성장 또는 발전 ④ 책임의 증대 ⑤ 도전
  ⑥ 직무내용자체(보람된직무) 등

focus 본 교재 제2과목 II. 7. 동기부여에 관한 이론 단원에서 관련내용 확인

---

6. 광속발산도가 $60(fL)$이고, 반사율이 $80(\%)$일 경우, 소요조명(fc)을 구하시오. (5점)

해답 소요조명$(fc) = \dfrac{광속발산도(fL)}{반사율(\%)} \times 100 = \dfrac{60(fL)}{80(\%)} \times 100 = 75(fc)$

focus 본 교재 제3과목 I. 17. 조명 단원에서 관련된 내용 확인

---

7. 지반등을 굴착하는 경우 사업주가 준수해야 할 굴착면의 기울기 기준에 관한 다음 사항에서 ( )에 알맞은 내용을 쓰시오.

지반의 종류	(①)	연암 및 풍화암	(②)	그 밖의 흙
굴착면의 기울기	1 : 1.8	(③)	1 : 0.5	(④)

해답 ① 모래 ② 경암 ③ 1 : 1.0 ④ 1 : 1.2

Tip 2023년 법령개정. 문제 및 해답은 개정된 내용 적용.

focus 본 교재 제6과목 I. 18. 토사붕괴시 조치사항 단원에서 관련내용 확인

8. 산업안전표지 중 다음의 금지표지에 해당하는 명칭을 쓰시오. (4점)

①	②	③	④
(보행금지)	(탑승금지)	(사용금지)	(물체이동금지)

해답 금지표지
① 보행금지 ② 탑승금지 ④ 사용금지 ③ 물체이동금지

focus 본 교재 제2장 II. 8. 무재해운동과 위험예지훈련 단원에서 산업안전표지에 관한 내용 확인

9. 정전기 발생의 영향요인을 5가지 쓰시오. (4점)

해답 정전기 발생요인
① 물체의 특성   ② 물체의 표면상태   ③ 물체의 이력
④ 접촉면적 및 압력   ⑤ 분리속도   ⑥ 완화시간 등

focus 본 교재 제5과목 I. 14. 정전기 발생과 안전대책 단원에서 관련된 내용 확인

10. 산업안전보건법상 도급사업에 있어서 안전보건총괄책임자를 선임하여야할 사업을 2가지 쓰시오. (단, 상시근로자수와 금액은 제외한다) (4점)

해답 안전보건총괄책임자 선임 대상 사업장
① 관계수급인에게 고용된 근로자를 포함한 상시 근로자가 100명(선박 및 보트 건조업, 1차 금속 제조업 및 토사석 광업의 경우에는 50명) 이상인 사업
② 관계수급인의 공사금액을 포함한 해당 공사의 총공사금액이 20억원 이상인 건설업

Tip 법개정으로 내용수정(해답은 개정된 내용)

focus 본 교재 제8과목 II. 2. 안전보건총괄책임자 지정대상 사업 및 직무 등 단원에서 관련내용 확인

11. 폭발방지를 위한 불활성화방법 중 퍼지의 종류를 3가지 쓰시오. (3점)

해답 ① 진공퍼지(Vacuum purging)
② 압력퍼지(Pressure purging)
③ 스위프 퍼지(Sweep-Through Purging)
④ 사이폰치환(Siphon purging)

focus 본 교재 제5과목 II. 10. 폭발의 방호방법 단원에서 관련된 내용 확인

12. 화학설비의 안전성평가 5단계를 순서대로 쓰시오. (4점)

해답
① 제1단계 : 관계자료의 정비검토
② 제2단계 : 정성적 평가
③ 제3단계 : 정량적 평가
④ 제4단계 : 안전대책
⑤ 제5단계 : 재평가(재해정보에 의한 재평가, FTA에 의한 재평가)

focus 본 교재 제3과목 II. 12. 안전성 평가 단원에서 관련내용 확인

13. 안전기 성능시험의 종류를 3가지 쓰시오. (4점)

해답
① 내압시험   ② 기밀시험
③ 역류방지시험   ④ 역화방지시험
⑤ 가스압력손실시험 ⑥ 방출장치 동작시험

Tip 안전기(역화방지기)의 성능시험

성능시험	
성능 시험	① 내압시험(수압시험기에 4.9MPa 이상의 수압) ② 기밀시험(최고사용압력의 1.5배의 공기로 물속에서 확인) ③ 역류방지시험(9.8kPa 이하의 공기를 흘려 시험) ④ 역화방지시험(연속 3회 이상 시험) ⑤ 가스압력손실시험 ⑥ 방출장치 동작시험

focus 본 교재(필기) 제3과목 04. III. 3. 가스용접 작업의 안전 단원에서 관련내용 확인

산업안전산업기사 실기 (필답형)
2010년 9월 12일 시행

1. 다음 기호에 해당되는 방폭구조의 명칭을 쓰시오. (5점)

① q   ② e   ③ m   ④ n   ⑤ ia, ib

해답
① q : 충전방폭구조   ② e : 안전증방폭구조   ③ m : 몰드방폭구조
④ n : 비점화방폭구조   ⑤ ia, ib : 본질안전방폭구조

Tip 방폭구조의 종류 및 기호

내압 방폭구조	압력 방폭구조	유입 방폭구조	안전증 방폭구조	특수 방폭구조	본질안전 방폭구조	몰드 방폭구조	충전 방폭구조	비점화 방폭구조
d	p	o	e	s	i(ia,ib)	m	q	n

focus 본 교재 제5과목 I. 18. 방폭구조의 기호 단원에서 관련내용 확인

2. 동작경제의 3원칙을 쓰시오. (3점)

해답 바안스(Barnes)의 동작경제의 원칙
① 신체의 사용에 관한 원칙(Use of the human body)
② 작업장의 배치에 관한 원칙(Arrangement of the workplace)
③ 공구 및 설비 디자인에 관한 원칙(Design of tools and equipments)

focus 본 교재 제1과목 IV. 6. 동작경제의 3원칙 단원에서 관련내용 확인

3. 무재해 운동의 위험예지 훈련에서 실시하는 문제해결 4단계 진행법을 순서대로 쓰시오. (5점)

해답
① 제1단계 : 현상파악(어떤 위험이 잠재하고 있는가?)
② 제2단계 : 본질추구(이것이 위험의 포인트이다!)
③ 제3단계 : 대책수립(당신이라면 어떻게 하겠는가?)
④ 제4단계 : 목표설정(우리들은 이렇게 하자!)

focus 본 교재 제2과목 II. 8. 무재해운동과 위험예지훈련 단원에서 관련내용 확인

4. 유해 위험한 기계 기구의 방호조치 중 롤러기의 방호장치를 쓰시오. (3점)

해답 급정지 장치

Tip 롤러 방호장치(급정지장치)의 조작부와 설치위치

조작부의 종류	설치 위치	비 고
손 조 작 식	밑면에서 1.8m 이내	위치는 급정지 장치의 조작부의 중심점을 기준으로 함
복 부 조 작 식	밑면에서 0.8m 이상 1.1m 이내	
무 릎 조 작 식	밑면에서 0.4m 이상 0.6m 이내	

focus 본 교재 제4과목 I. 14. 롤러기의 방호장치 및 설치방법 단원에서 관련내용 확인

---

5. 타워크레인 설치 · 조립 · 해체시 작업 계획서에 포함되어야할 사항을 5가지 쓰시오. (5점)

해답
① 타워크레인의 종류 및 형식
② 설치 · 조립 및 해체순서
③ 작업도구 · 장비 · 가설설비 및 방호설비
④ 작업인원의 구성 및 작업근로자의 역할범위
⑤ 타워크레인의 지지 규정에 의한 지지방법

focus 본 교재 제6과목 I. 8. 건설용 양중기 단원에서 관련내용 확인

---

6. 60phon 일 때 sone은 얼마인가? (4점)

해답 Phon과 Sone의 관계
sone치 $= 2^{(phon치 - 40)/10}$
∴ $2^{(60-40)/10} = 4(sone)$

Tip Sone에 의한 음량
① 다른 음의 상대적인 주관적 크기 비교
② 40dB의 1000Hz 순음의 크기(=40Phon)를 1sone

focus 본 교재(필기) 제2과목 02. II. 1. 청각 과정 단원에서 관련내용 확인

---

7. Fail Safe의 기능적인 면에서의 분류중 2가지를 쓰고 간단히 설명하시오. (4점)

해답 Fail safe의 기능적인 분류
① Fail-passive : 부품이 고장났을 경우 통상기계는 정지하는 방향으로 이동(일반적인 산업기계)
② Fail-active : 부품이 고장났을 경우 기계는 경보를 울리는 가운데 짧은 시간동안 운전 가능
③ Fail-operational : 부품의 고장이 있더라도 기계는 추후 보수가 이루어질 때까지 안전한 기능 유지(병렬구조 등으로 되어 있으며 운전상 가장 선호하는 방법)

focus 본 교재 제3과목 I. 7. Fail safe 단원에서 관련내용 확인

8. 히빙(Heaving)현상에 대하여 간단히 설명하시오. (4점)

해답 히빙(Heaving)이라 함은 연질점토 지반에서 굴착에 의한 흙막이 내·외면의 흙의 중량차이로 인해 굴착저면이 부풀어 올라오는 현상을 말한다.

Tip 보일링(Boiling)이라 함은 사질토 지반에서 굴착저면과 흙막이 배면과의 수위차이로 인해 굴착저면의 흙과 물이 함께 위로 솟구쳐 오르는 현상을 말한다.

focus 본 교재 제6과목 I. 16. 토사 붕괴 위험성 및 안전조치 단원에서 관련내용 확인

9. 산업안전보건위원회의 구성위원에 대해 쓰시오. (4점)

해답 산업안전보건위원회의 구성위원

구분	산업안전 보건위원회 구성위원
사용자 위원	㉠ 해당 사업의 대표자 ㉡ 안전관리자 1명 ㉢ 보건관리자 1명 ㉣ 산업보건의(선임되어 있는 경우) ㉤ 해당 사업의 대표자가 지명하는 9명 이내의 해당 사업장 부서의 장
근로자 위원	㉠ 근로자대표 ㉡ 근로자대표가 지명하는 1명이상의 명예산업안전감독관(위촉되어있는 사업장의 경우) ㉢ 근로자대표가 지명하는 9명이내의 해당 사업장의 근로자(명예감독관이 근로자위원으로 지명되어 있는 경우 그 수를 제외)

focus 본 교재 제1과목 I. 7. 산업안전 보건위원회 단원에서 관련내용 확인

10. 공기압축기의 작업시작전 점검해야할 사항을 4가지 쓰시오. (4점)

해답
① 공기저장 압력용기의 외관상태
② 드레인 밸브의 조작 및 배수
③ 압력방출장치의 기능
④ 언로드밸브의 기능
⑤ 윤활유의 상태
⑥ 회전부의 덮개 또는 울
⑦ 그 밖의 연결부위의 이상유무

focus 본 교재 제1과목 IV. 8. 작업 시작 전 점검사항 단원에서 관련내용 확인

11. 방독 마스크 및 방진 마스크에 관한 다음사항에 답하시오. (5점)

① 방진 마스크는 산소농도 몇 % 이상에서 사용가능한가?
② 방진마스크는 안면부 내부의 이산화탄소(CO_2) 농도가 부피분율 얼마 이하여야 하는가?
③ 방독마스크는 산소농도 몇 % 이상에서 사용가능한가?
④ 방독마스크는 안면부 내부의 이산화탄소(CO_2) 농도가 부피분율 얼마 이하여야 하는가?
⑤ 고농도와 중농도에서 사용가능한 방독마스크는?

해답 ① 18% 이상 ② 부피분율 1% 이하일 것 ③ 18% 이상
④ 부피분율 1% 이하일 것 ⑤ 전면형(격리식, 직결식)

focus 본 교재 제7과목 I. 3. 방진마스크 및 4. 방독마스크 단원에서 관련내용 확인

12. 다음 용어의 설명중 ( )에 알맞은 내용을 쓰시오. (4점)
- 인화성 물질 : 대기압하에서 인화점이 섭씨 (①)도 이하인 가연성 액체
- 가연성 가스 : 폭발한계농도의 하한이 (②)% 이하 또는 상하한의 차가 (③)% 이상인 가스

해답 ① 65 ② 10 ③ 20

Tip 본 문제는 2011년 법개정으로 삭제된 내용입니다. 본문내용에서 수정된 내용을 반드시 확인하세요.

focus 본 교재(필기) 제5과목 01. I. 3. 위험물의 종류 단원에서 관련내용 확인

13. 공업용으로 사용되는 다음 고압가스에 해당하는 용기의 색상을 쓰시오. (5점)

| ① 산소 ② 질소 ③ 아세틸렌 ④ 수소 ⑤ 헬륨 |

해답 ① 산소 : 녹색 ② 질소 : 회색 ③ 아세틸렌 : 황색
④ 수소 : 주황색 ⑤ 헬륨 : 회색

Tip 고압가스 용기의 도색

가스의 종류	도색 구분	가스의 종류	도색 구분
액화 석유가스	회색	액화암모니아	백색
수소	주황색	액화염소	갈색
아세틸렌	황색	산소	녹색
액화탄산가스	청색	질소	회색
소방용 용기	소방법에 의한 도색	그 밖의 가스	회색

focus 본 교재 제5과목 II. 11. 고압가스 용기의 도색 단원에서 관련된 내용 확인

산업안전산업기사 실기 (필답형)
2011년 5월 1일 시행

1. 근로자 400명이 1일 8시간, 연간 300일 작업(잔업은 1인당 년 50시간)하는 어떤 작업장에 연간 20건의 재해가 발생하여 근로손실일수 150일과 휴업일수 73일이 발생하였다. 강도율, 도수율을 구하시오.

해답 재해율

① 강도율$(S.R) = \dfrac{근로손실일수}{연간총근로시간수} \times 1{,}000$

$= \dfrac{150 + (73 \times \dfrac{300}{365})}{(400 \times 8 \times 300) + (400 \times 50)} \times 1{,}000 = 0.21$

② 빈도율$(F.R) = \dfrac{재해건수}{연간총근로시간수} \times 10^6$

$= \dfrac{20}{(400 \times 8 \times 300) + (400 \times 50)} \times 10^6 = 20.41$

focus 본 교재 제1과목 III. 12. 재해율 단원에서 관련내용 확인

2. 10톤의 화물을 두 줄걸이 로프로 상부각도 60°로 들어올릴 때 한쪽 와이어로프에 걸리는 하중을 계산하시오.

해답 슬링 와이어로프의 한가닥에 걸리는 하중

하중 $= \dfrac{화물의무게(W_1)}{2} \div \cos\dfrac{\theta}{2} = \dfrac{10톤}{2} \div \cos\dfrac{60}{2} = 5.77톤$

focus 본 교재 제4과목 II. 5. 와이어로프에 걸리는 하중 단원에서 관련내용 확인

3. 안전보건 진단을 받아 개선계획을 수립해야 하는 대상사업장을 2곳 쓰시오.

해답
① 산업재해율이 같은 업종 평균 산업재해율의 2배 이상인 사업장
② 사업주가 필요한 안전조치 또는 보건조치를 이행하지 아니하여 중대재해가 발생한 사업장
③ 직업성 질병자가 연간 2명 이상(상시근로자 1천명 이상 사업장의 경우 3명 이상) 발생한 사업장
④ 그 밖에 작업환경 불량, 화재·폭발 또는 누출사고 등으로 사업장 주변까지 피해가 확산된 사업장으로서 고용노동부령으로 정하는 사업장

Tip 2020년 시행되는 법령전부개정으로 변경된 내용입니다. 해답은 변경된 내용에 맞도록 수정하였으니 착오없으시기 바랍니다.

focus 본 교재 제1과목 II. 4. 안전보건개선계획 단원에서 관련내용 확인

4. 시스템안전에서 기계의 고장율을 나타내는 그래프를 그리고 명칭과 각 기간중 고장율 감소 대책을 1가지씩 쓰시오.

해답 기계의 고장율(욕조 곡선)

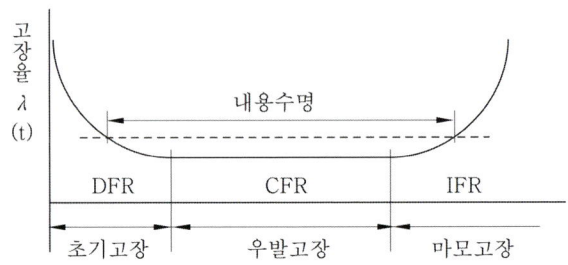

초기고장 (감소형)	품질관리의 미비로 발생할 수 있는 고장으로 작업시작전 점검, 시운전 등으로 사전예방이 가능한 고장 ① debugging기간 : 초기고장의 결함을 찾아서 고장율을 안정시키는 기간 ② burn in기간 : 제품을 실제로 장시간 사용해보고 결함의 원인을 찾아내는 방법
우발고장 (일정형)	예측할수 없을 경우 발생하는 고장으로 시운전이나 점검으로 예방불가(낮은 안전계수, 사용자의 과오 등이 없도록 안전교육 및 작업전 무재해 운동 등)
마모고장 (증가형)	장치의 일부분이 수명을 다하여 발생하는 고장(부품 고장시 수리 및 철저한 정비 등)

focus 본 교재 제3과목 I. 6.고장율 단원에서 관련내용 확인

5. 다음 내용에 가장 적합한 위험분석기법을 쓰시오.
① 인간과오를 정량적으로 평가하기위한 기법
② 모든 요소의 고장을 형태별로 분석하여 그 영향을 검토하는 기법
③ 초기사상의 고장영향에 의해 사고나 재해를 발전해 나가는 과정을 분석하는 기법

해답 ① THERP   ② FMEA   ③ ETA

Tip 시스템 위험분석 기법
① THERP [시스템에 있어서 인간의 과오를 정량적으로 평가하기 위해 개발된 기법(Swain 등에 의해 개발된 인간실수 예측기법)]
② FMEA [시스템 안전 분석에 이용되는 전형적인 정성적 귀납적 분석방법으로 시스템에 영향을 미치는 전체요소의 고장을 형별로 분석하여 그 영향을 검토하는 것(각 요소의 1형식 고장이 시스템의 1영향에 대응)]
③ ETA [특정한 장치의 이상이나 운전자의 실수로부터 발생되는 초기 사상으로서 시스템에 들어온 경우에 그 영향으로 계속해서 어떠한 부적합한 사상으로 발전해 가는지 그 과정을 분석하는 방법]

focus 본 교재 제 3과목 II. 시스템 위험분석 단원에서 관련내용 확인

6. 근로자 안전보건교육의 교육과정을 4가지 쓰시오.(4점)

해답 ① 정기교육 ② 채용시의 교육 ③ 작업내용 변경시의 교육 ④ 특별교육 ⑤ 건설업 기초안전보건교육

focus 본 교재 제 2과목 I. 10. 산업안전보건법상의 교육의 종류와 교육시간 및 교육내용 단원에서 관련내용 확인

7. 할로겐 소화기 1211의 주요원소를 4가지 쓰시오.

해답 ① C : 탄소 ② F : 불소(플루오르) ③ Cl : 염소 ④ Br : 취소(브롬)

Tip 1211 소화기
CF_2ClBr(일취화 일염화 이불화 메탄)

focus 본 교재(필기) 제5과목 04. II. 5. 소화기의 종류 단원에서 관련내용 확인

8. 전압을 구분하는 다음의 기준에서 알맞은 내용을 쓰시오.

전원의 종류	저 압	고 압	특별고압
직류 [DC]	(①)	(②)	(③)
교류 [AC]	(④)	(⑤)	7,000V 초과

해답 ① 1,500V 이하 ② 1,500V 초과 7,000V 이하 ③ 7,000V 초과 ④ 1,000V 이하
⑤ 1,000V 초과 7,000V 이하

Tip 2021년 적용 법 제정으로 변경된 내용. 문제와 해답은 제정된 법에 맞도록 수정하였습니다.

focus 본 교재(필기) 제4과목 02. II. 4. 전압의 구분 단원에서 관련내용 확인

9. 추락 및 감전 위험방지용 안전모의 종류 및 사용구분에 관하여 간략히 쓰시오.

해답 추락 및 감전 위험방지용 안전모의 종류

종류(기호)	사용구분
AB	물체의 낙하 또는 비래 및 추락에 의한 위험을 방지 또는 경감시키기 위한 것
AE	물체의 낙하 또는 비래에 의한 위험을 방지 또는 경감하고, 머리부위 감전에 의한 위험을 방지하기 위한 것
ABE	물체의 낙하 또는 비래 및 추락에 의한 위험을 방지 또는 경감하고, 머리부위 감전에 의한 위험을 방지하기 위한 것

focus 본 교재 제7과목 III. 1. 안전모 단원에서 관련된 내용 확인

10. 잠함·우물통·수직갱 기타 이와 유사한 건설물 또는 설비의 내부에서 굴착작업을 하는 경우 준수해야 할 사항을 2가지 쓰시오.

해답 잠함등 설비의 내부에서 굴착작업시 준수사항
① 산소결핍의 우려가 있는 때에는 산소의 농도를 측정하는 자를 지명하여 측정하도록 할 것
② 근로자가 안전하게 승강하기 위한 설비를 설치할 것
③ 굴착깊이가 20미터를 초과하는 때에는 당해작업장소와 외부와의 연락을 위한 통신설비등을 설치할 것

Tip 산소농도의 측정결과 산소결핍이 인정되거나 굴착깊이가 20m를 초과하는 때에는 송기를 위한 설비를 설치하여 필요한 양의 공기를 송급하여야 한다.

focus 본 교재(필기) 제6과목 01. II. 3. 건설공사의 안전관리 단원에서 관련내용 확인

11. 건설현장에서 주로 발생하는 절토면 토사붕괴의 원인 중 외적원인을 4가지 쓰시오.

해답 ① 사면, 법면의 경사 및 기울기의 증가
② 절토 및 성토 높이의 증가
③ 공사에 의한 진동 및 반복 하중의 증가
④ 지표수 및 지하수의 침투에 의한 토사 중량의 증가
⑤ 지진, 차량, 구조물의 하중작용
⑥ 토사 및 암석의 혼합층 두께

focus 본 교재 제6과목 I. 17. 토사붕괴 재해의 형태 및 발생원인 단원에서 관련내용 확인

12. 로봇의 작동범위 내에서 그 로봇에 관하여 교시 등(로봇의 동력원을 차단하고 행하는 것을 제외한다)의 작업을 하는 경우 작업시작전 점검사항을 3가지 쓰시오.

해답 ① 외부전선의 피복 또는 외장의 손상유무
② 매니퓰레이터(manipulator)작동의 이상유무
③ 제동장치 및 비상정지장치의 기능

focus 본 교재 제1과목 IV. 8. 작업 시작 전 점검사항 단원에서 관련내용 확인

13. 산업안전보건법상 다음 기계·기구에 설치하여야 할 방호장치를 쓰시오.
① 가스집합용접장치　　② 압력용기
③ 동력식 수동대패　　④ 산업용 로봇
⑤ 교류아크용접기

해답 ① 안전기　② 압력방출장치　③ 칼날접촉방지장치
④ 높이 1.8미터 이상의 울타리 설치(컨베이어 시스템의 설치 등으로 울타리를 설치할 수 없는 일부 구간 – 안전매트 또는 광전자식 방호장치 등 감응형(感應形) 방호장치 설치)
⑤ 자동전격방지기

focus 본 교재 제4과목 I. 9. 산업안전보건법상 유해위험 기계기구 단원에서 관련내용 확인

산업안전산업기사 실기 (필답형)
2011년 7월 24일 시행

1. 정보전달에 있어 청각적 장치보다 시각적 장치를 사용하는 것이 더 좋은 때 3가지를 쓰시오.(3점)

해답
① 전언이 길 경우　　② 즉각적인 행동을 요구하지 않는 경우
③ 재 참조가 되는 경우　　④ 공간적인 위치를 다루는 경우

Tip 청각장치와 시각 장치의 비교

청각 장치 사용	시각 장치 사용
① 전언이 간단하다.	① 전언이 복잡하다.
② 전언이 짧다.	② 전언이 길다.
③ 전언이 후에 재참조되지 않는다.	③ 전언이 후에 재참조된다.
④ 전언이 시간적 사상을 다룬다.	④ 전언이 공간적인 위치를 다룬다.
⑤ 전언이 즉각적인 행동을 요구한다(긴급할 때)	⑤ 전언이 즉각적인 행동을 요구하지 않는다.
⑥ 수신장소가 너무 밝거나 암조응유지가 필요시	⑥ 수신장소가 너무 시끄러울 때
⑦ 직무상 수신자가 자주 움직일 때	⑦ 직무상 수신자가 한곳에 머물 때
⑧ 수신자가 시각계통이 과부하상태일 때	⑧ 수신자의 청각 계통이 과부하상태일 때

focus 본 교재(필기) 제3과목 06. I. 15. 표시장치 단원에서 관련내용 확인

2. 주의의 특성 3가지를 쓰고, 각각을 설명하시오.(6점)

해답 주의의 특성

선택성	동시에 두개 이상의 방향에 집중하지 못하고 소수의 특정한 것에 한하여 선택한다.
변동성	고도의 주의는 장시간 지속할 수 없고 주기적으로 부주의 리듬이 존재한다.
방향성	한 지점에 주의를 집중하면 주변 다른 곳의 주의는 약해진다(주시점만 인지)

focus 본 교재 제2과목 II. 2. 주의력과 부주의 단원에서 관련내용 확인

3. 안전보건표지의 종류에서 경고에 해당하는 표지명칭을 3가지만 쓰시오.(명칭 정확히 표기할 것. (6점)

해답
① 인화성 물질경고　　② 산화성 물질경고　　③ 부식성 물질경고　　④ 폭발성 물질경고
⑤ 급성독성 물질경고

focus 본 교재 제2과목 II. 8. 무재해 운동과 위험예지훈련 3) 안전보건 표지 단원에서 관련내용 확인

4. 교류 아크용접기에 관한 문제(4점)
   ① 사용전압이 220V인 경우 출력측의 무부하전압(실효값)은 몇 V 이하여야 하는가?
   ② 용접봉 홀더에 용접기 출력측의 무부하전압이 발생한 후 주접점이 개방될 때까지의 시간은 몇 초 이내여야 하는가?

   해답 ① 25V 이하
   ② 1.0초 이내

   focus 본 교재 제5과목 Ⅰ. 11. 교류아크용접기의 방호장치 및 성능조건 단원에서 확인

5. 안전인증대상 기계 또는 설비, 방호장치 또는 보호구에 해당하는 것 4가지를 고르고 번호로 쓰시오(4점)

① 안전대	② 연삭기 덮개	③ 아세틸렌용접장치용 안전기
④ 산업용로봇	⑤ 압력용기	⑥ 양중기용 과부하방지장치
⑦ 교류 아크용접기용 자동전격 방지기	⑧ 곤돌라	
⑨ 동력식 수동 대패용 칼날접촉 방지장치	⑩ 보호복	

   해답 안전인증대상 기계 또는 설비, 방호장치 또는 보호구
   ① 안전대
   ⑤ 압력용기
   ⑥ 양중기용 과부하방지장치
   ⑧ 곤돌라
   ⑩ 보호복

   Tip 안전인증대상 기계·기구

기계 또는 설비	① 프레스 ② 전단기 및 절곡기 ③ 크레인 ④ 리프트 ⑤ 압력용기 ⑥ 롤러기 ⑦ 사출성형기 ⑧ 고소 작업대 ⑨ 곤돌라
방호장치	① 프레스 및 전단기 방호장치 ② 양중기용 과부하방지장치 ③ 보일러 압력방출용 안전밸브 ④ 압력용기 압력방출용 안전밸브 ⑤ 압력용기 압력방출용 파열판 ⑥ 절연용 방호구 및 활선작업용 기구 ⑦ 방폭구조 전기기계·기구 및 부품 ⑧ 추락·낙하 및 붕괴 등의 위험 방지 및 보호에 필요한 가설기자재로서 고용노동부장관이 정하여 고시하는 것 ⑨ 충돌·협착 등의 위험방지에 필요한 산업용 로봇 방호장치로서 고용노동부장관이 정하여 고시하는 것
보호구	① 추락 및 감전 위험방지용 안전모 ② 안전화 ③ 안전장갑 ④ 방진마스크 ⑤ 방독마스크 ⑥ 송기마스크 ⑦ 전동식 호흡보호구 ⑧ 보호복 ⑨ 안전대 ⑩ 차광 및 비산물 위험방지용 보안경 ⑪ 용접용 보안면 ⑫ 방음용 귀마개 또는 귀덮개

   Tip 2020년 시행. 관련법령 전부개정으로 변경된 내용입니다. Tip은 개정된 내용에 맞게 수정했으니 착오없으시기 바랍니다.

   focus 본 교재 제1과목 Ⅳ. 7. 안전인증 단원에서 관련내용 확인

6. 공정안전보고서 변경요소관리에 관한 지침에 반드시 관리절차가 마련되어야 하는 변경의 종류 2가지를 쓰시오(4점).

   해답 ① 단위공정, 공정설비 또는 시설
   ② 안전운전절차, 운전원, 운전제어 시스템, 원료 또는 생산품 변경 등

7. 아세틸렌용접장치 역화원인 4가지를 쓰시오(4점)

   해답 아세틸렌 용접 장치의 역화원인
   ① 압력 조정기 고장   ② 과열되었을 때   ③ 산소 공급이 과다할 때
   ④ 토오치의 성능이 좋지 않을 때   ⑤ 토오치 팁에 이물질이 묻었을 때

   focus 본 교재(필기) 제3과목 04. Ⅲ. 3. 가스용접 작업의 안전 단원에서 관련내용 확인

8. 재해분석방법으로 개별분석방법과 통계에 의한 분석방법이 있다. 통계적인 분석방법 2가지만 쓰고, 각각의 방법에 대해 설명하시오(4점)

   해답 통계적인 분석방법

파레토도 (Pareto diagram)	관리 대상이 많은 경우 최소의 노력으로 최대의 효과를 얻을 수 있는 방법 (분류항목을 큰 값에서 작은 값의 순서로 도표화 하는데 편리)
특성요인도	특성과 요인관계를 어골상으로 세분하여 연쇄관계를 나타내는 방법 (원인요소와의 관계를 상호의 인과관계만으로 결부)
관리도	재해 발생건수 등의 추이파악 → 목표관리 행하는데 필요한 월별재해 발생 수의 그래프화 → 관리 구역 설정 → 관리하는 방법

   focus 본 교재 제1과목 Ⅲ. 9. 통계적 원인분석 방법 단원에서 관련내용 확인

9. 달기체인 사용금지기준에 관한 문제(4점)
   1) 링의 단면지름이 제조된 때의 해당 링의 지름의 (①) 초과한 것
   2) 길이의 증가가 제조된 때의 길이의 (②) 초과한 것

   해답 ① 10퍼센트   ② 5퍼센트

   Tip 양중기 와이어로프 및 체인 등의 사용금지 조건

양중기 와이어로프	① 이음매가 있는 것 ② 와이어로프의 한 꼬임(스트랜드)에서 끊어진 소선(필러선 제외)의 수가 10% 이상 (비자전로프의 경우에는 끊어진 소선의 수가 와이어로프 호칭지름의 6배 길이 이내에서 4개 이상이거나 호칭지름 30배 길이 이내에서 8개이상)인 것 ③ 지름의 감소가 공칭지름의 7%를 초과하는 것 ④ 꼬인 것 ⑤ 심하게 변형되거나 부식된 것 ⑥ 열과 전기충격에 의해 손상된 것

양중기 달기체인	① 달기체인의 길이가 달기체인이 제조된 때의 길이의 5퍼센트를 초과한 것 ② 링의 단면지름이 달기체인이 제조된 때의 해당 링의 지름의 10퍼센트를 초과하여 감소한 것 ③ 균열이 있거나 심하게 변형된 것

focus 본 교재 제4과목 II. 4. 와이어로프 단원에서 관련내용 확인

10. 각 부품고장확률이 0.12인 A, B, C 3개의 부품이 병렬결합모델로 만들어진 시스템이 있다. 시스템작동 안됨을 정상사상(Top event)으로 하고, A고장, B고장, C고장을 기본사상으로 한 FT도를 작성하고, 정상사상 발생할 확률을 구하시오(단, 소수 다섯째자리에서 반올림하고, 소수 넷째자리까지 표기할 것. 5점)
① FT도 그릴것
② 계산과정 표기할 것
③ 정답 표기할 것

해답 정상사상 발생 확률
① 병렬결합모델 시스템　　　　　② FT도 작성

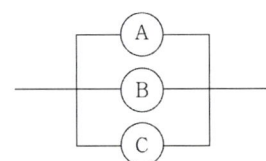 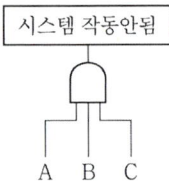

③ 계산식　$T = 0.12 \times 0.12 \times 0.12 = 0.001728$
④ 정답 : 0.0017

focus 본 교재 제3과목 II. 11. 미니멀 컷과 미니멀 패스 단원에서 관련내용 확인

11. 자율안전확인대상 연삭기 덮개에 자율안전확인표시 외에 추가로 표시해야할 사항 2가지를 쓰시오.(4점)

해답 연삭기 표시사항
① 숫돌사용 주속도　　② 숫돌회전방향

focus 본 교재(필기) 제3과목 02. I. 5. 연삭기 단원에서 관련내용 확인

12. 강관비계 사용하는 부속철물종류 3가지를 쓰시오(3점)

해답 부속철물 : ① 연결철물　　② 밑받침철물　　③ 이음철물

13. 분진폭발위험성을 증가시키는 조건 4가지를 쓰시오(4점)

해답 분진폭발위험성을 증가시키는 조건

분진의 화학적 성질과 조성	예를 들어 발열량이 클수록 폭발성이 크다.
입도와 입도분포	① 평균 입자의 직경이 작고 밀도가 작은 것일수록 비표면적은 크게 되고 표면에너지도 크게 된다. ② 보다 작은 입경의 입자를 함유하는 분진이 폭발성이 높다.
입자의 형상과 표면의 상태	산소에 의한 신선한 표면을 갖고 폭로시간이 짧은 경우 폭발성은 높게 된다.
수분	① 수분은 분진의 부유성을 억제 ② 마그네슘, 알루미늄 등은 물과 반응하여 수소기체 발생

focus 본 교재(필기) 제5과목 02. I. 3. 폭발의 분류 단원에서 분진폭발에 관한내용 확인

산업안전산업기사 실기 (필답형)
2011년 10월 16일 시행

1. 고체의 연소형태를 4가지 쓰시오.(4점)

> **해답** ① 표면연소 ② 분해연소 ③ 증발연소 ④ 자기연소
>
> **focus** 본 교재 제5과목 II. 2. 연소형태 단원에서 관련내용 확인

2. 스웨인의 부작위실수와 작위실수 중 작위실수에 포함되는 사항을 3가지 쓰시오.(3점)

> **해답** 작위실수
> ① 정성적착오 ② 선택착오 ③ 순서착오 ④ 시간착오
>
> **focus** 본 교재 제3과목 I. 4. 휴먼에러 단원에서 관련된 자세한 내용 확인.

3. 숫돌속도가 2000m/min일 때 회전수 rpm은 얼마인지 쓰시오.
(단, 숫돌치수는 150×25×15.88이라고 한다)(4점)

> **해답** 회전속도 구하기
> 계산공식 : $V = \dfrac{\pi DN}{1000}$
>
> $2000 = \dfrac{3.14 \times 150 \times N}{1000}$
>
> $N = \dfrac{2,000,000}{3.14 \times 150} = 4246.28 \text{(rpm)}$
>
> **focus** 본 교재 제4과목 I. 15. 연삭기의 재해유형 단원에서 관련내용 확인

4. 아담스의 관리구조와 하인리히의 연쇄성 이론에 대하여 표기하시오.(4점)

> **해답** 연쇄성 이론
> (1) 하인리히의 도미노이론(사고연쇄성 이론)
>   ① 사회적 환경 및 유전적 요인 ② 개인적 결함
>   ③ 불안전한 행동 및 불안전한 상태
>   ④ 사고 ⑤ 재해
> (2) 아담스의 사고 요인과 관리시스템
>   ① 관리구조 ② 작전적 에러 ③ 전술적 에러
>   ④ 사고 ⑤ 상해·손해
>
> **focus** 본 교재(필기) 제1과목 01. I. 2. 안전관리 제이론 단원에서 관련내용 확인

5. 고장을 시기별로 3가지 분류하고 고장율 계산공식을 쓰시오(5점)

해답 고장의 분류
1) 분류 : ① 초기고장 ② 우발고장 ③ 마모고장
2) 고장율(λ) = $\dfrac{\text{기간중의 총고장건수}(\gamma)}{\text{총동작시간}(T)}$

Tip 고장의 분류

초기고장	품질관리의 미비로 발생할 수 있는 고장으로 작업시작전 점검, 시운전 등으로 사전예방이 가능한 고장 ① debugging 기간 : 초기고장의 결함을 찾아서 고장율을 안정시키는 기간 ② burn in 기간 : 제품을 실제로 장시간 사용해보고 결함의 원인을 찾아내는 방법
우발고장	예측할 수 없을 경우 발생하는 고장으로 시운전이나 점검으로 예방불가 (낮은 안전계수, 사용자의 과오 등)
마모고장	장치의 일부분이 수명을 다하여 발생하는 고장(부식 또는 마모, 불충분한 정비 등)

focus 본 교재 제3과목 I. 6.고장율 단원에서 관련내용 확인

6. 충전전로의 이격거리를 쓰시오(4점)
1) 충전전로 0.25kV 일 때 (①)
2) 충전전로 0.7kV 일 때 (②)
3) 충전전로 22kV 일 때 (③)
4) 충전전로 154kV 일 때 (④)

해답 ① 접촉금지 ② 30센티미터 ③ 90센티미터 ④ 170센티미터

Tip 충전전로의 접근한계거리(2011년 개정내용임)

충전전로의 선간전압 (단위 : 킬로볼트)	충전전로에 대한 접근한계거리 (단위 : 센티미터)
0.3 이하	접촉금지
0.3 초과 0.75 이하	30
0.75 초과 2 이하	45
2 초과 15 이하	60
15 초과 37 이하	90
37 초과 88 이하	110
88 초과 121 이하	130
121 초과 145 이하	150
145 초과 169 이하	170
169 초과 242 이하	230
242 초과 362 이하	380
362 초과 550 이하	550
550 초과 800 이하	790

focus 본 교재 제5과목 I. 9. 충전전로에서의 전기작업 단원에서 관련내용 확인

7. 토질의 동상현상에 영향을 주는 주된 인자 4가지를 쓰시오(4점)

해답 ① 흙의 투수성 ② 지하수위 ③ 모관상승고의 크기 ④ 동결 온도의 지속시간

Tip 동상현상(frost heave)
(1) 정의 : 흙속의 공극수가 동결되어 부피가 약 9% 팽창되기 때문에 지표면이 부풀어 오르는 현상
(2) 주된 원인
   ① 모관상승고가 크다. ② 투수성이 크다. ③ 지하수위가 높아 동결선 위쪽에 있다.
   ④ 영하의 온도 지속기간이 길때(동결지수가 크다)

8. 방독 마스크 정화통외부 측면 표시색에 관한 다음의 사항에서 ( )안에 해당하는 내용을 넣으시오(4점)

유기화합물	시클로헥산	(①)
할로겐용	(②)	회색
아황산용	(③)	노란색
암모니아용	암모니아가스	(④)

해답 ① 갈색   ② 염소가스 또는 증기(Cl_2)   ③ 아황산가스(SO_2)   ④ 녹색

Tip 방독 마스크 정화통외부 측면 표시색

종 류	시 험 가 스	정화통외부측면 표시색
유기화합물용	시클로헥산(C_6H_{12})	갈색
	디메틸에테르(CH_3OCH_3)	
	이소부탄(C_4H_{10})	
할로겐용	염소가스 또는 증기(Cl_2)	회색
황화수소용	황화수소가스(H_2S)	회색
시안화수소용	시안화수소가스(HCN)	회색
아황산용	아황산가스(SO_2)	노란색
암모니아용	암모니아가스(NH_3)	녹색

focus 본 교재 제7과목 I. 4. 방독마스크 단원에서 관련내용 확인

9. 산업안전보건법상의 건강진단의 종류 5가지를 쓰시오(5점)

해답 건강진단의 종류
① 일반건강진단   ② 특수건강진단   ③ 배치전건강진단
④ 수시건강진단   ⑤ 임시건강진단

focus 본 교재(필기) 제 1과목 08. III. 1. 종류 및 실시시기 단원에서 관련내용 확인

10. 자율안전확인 대상 기계 또는 설비 3가지를 쓰시오(3점)

해답 자율안전확인 대상 기계 또는 설비
① 연삭기 또는 연마기(휴대형은 제외) ② 산업용 로봇 ③ 혼합기

Tip 자율안전 확인 대상 기계 등

기계 또는 설비	① 연삭기 또는 연마기(휴대형은 제외) ② 산업용 로봇 ③ 혼합기 ④ 파쇄기 또는 분쇄기 ⑤ 식품가공용기계(파쇄·절단·혼합·제면기만 해당) ⑥ 컨베이어 ⑦ 자동차 정비용 리프트 ⑧ 공작기계(선반, 드릴기, 평삭·형삭기, 밀링만 해당) ⑨ 고정형 목재가공용 기계(둥근톱, 대패, 루타기, 띠톱, 모떼기 기계만 해당) ⑩ 인쇄기
방호장치	① 아세틸렌 용접장치용 또는 가스집합 용접장치용 안전기 ② 교류아크 용접기용 자동전격 방지기 ③ 롤러기 급정지장치 ④ 연삭기 덮개 ⑤ 목재가공용 둥근톱 반발예방장치와 날접촉 예방장치 ⑥ 동력식 수동대패용 칼날 접촉방지장치 ⑦ 추락·낙하 및 붕괴 등의 위험방지 및 보호에 필요한 가설기자재(안전인증대상기계기구에 해당되는 사항 제외)로서 고용노동부장관이 정하여 고시하는 것
보호구	① 안전모(안전인증대상보호구에 해당되는 안전모는 제외) ② 보안경(안전인증대상보호구에 해당되는 보안경은 제외) ③ 보안면(안전인증대상보호구에 해당되는 보안면은 제외)

Tip 2020년 시행. 관련법령 전부개정으로 변경된 내용입니다. 문제와 해답 및 Tip은 개정된 내용에 맞게 수정했으니 착오없으시기 바랍니다.

focus 본 교재 제1과목 Ⅳ. 7. 안전인증(자율안전확인)단원에서 관련된 내용 확인

11. 아세틸렌 가스의 용기에 표시해야 할 다음의 사항을 설명하시오(4점)
① TP25   ② FP15

해답 ① TP25 : 내압시험압력(MPa)이 25MPa
② FP15 : 최고충전압력(MPa)이 15MPa

12. 콘크리트 타설작업을 하기 위하여 콘크리트 플레이싱 붐(placing boom), 콘크리트 분배기, 콘크리트 펌프카 등 콘크리트 타설장비를 사용하는 경우 사업주가 준수해야 할 사항을 3가지 쓰시오.(6점)

해답 ① 작업을 시작하기 전에 콘크리트타설장비를 점검하고 이상을 발견하였으면 즉시 보수할 것
② 건축물의 난간 등에서 작업하는 근로자가 호스의 요동·선회로 인하여 추락하는 위험을 방지하기 위하여 안전난간 설치 등 필요한 조치를 할 것
③ 콘크리트타설장비의 붐을 조정하는 경우에는 주변의 전선 등에 의한 위험을 예방하기 위한 적절한 조치를 할 것
④ 작업 중에 지반의 침하나 아웃트리거 등 콘크리트타설장비 지지구조물의 손상 등에 의하여 콘크리트타설장비가 넘어질 우려가 있는 경우에는 이를 방지하기 위한 적절한 조치를 할 것

Tip 2023년 법령개정. 문제 및 해답은 개정된 내용 적용.

13. 신체 내에서 1*l*의 산소를 소비하면 5kcal의 에너지가 소모되며, 작업시 산소소비량 측정결과 분당 1.5L를 소비한다면 작업시간 60분 동안 포함되어야 하는 휴식시간은?(단, 평균에너지 상한 5kcal, 휴식시간 에너지 소비량 1.5kcal) (5점)

해답 휴식시간 산출
① 작업시 평균에너지 소비량 = 5kcal/*l* × 1.5 *l*/min = 7.5kcal/min
② 휴식시간 $(R) = \dfrac{60(E-5)}{E-1.5} = \dfrac{60(7.5-5)}{7.5-1.5} = 25(분)$

focus 본 교재 제2과목 II. 5. 노동과 피로 단원에서 관련된 계산공식 확인

산업안전산업기사 실기 (필답형)
2012년 4월 22일 시행

1. 안전관리자의 직무를 5가지 쓰시오. (5점)

> **해답** 안전관리자의 직무
> ① 산업안전보건위원회 또는 안전·보건에 관한 노사협의체에서 심의·의결한 업무와 해당 사업장의 안전보건관리규정 및 취업규칙에서 정한 업무
> ② 안전인증대상 기계 등과 자율안전확인대상 기계 등 구입 시 적격품의 선정에 관한 보좌 및 지도·조언
> ③ 위험성평가에 관한 보좌 및 지도·조언
> ④ 해당 사업장 안전교육계획의 수립 및 안전교육 실시에 관한 보좌 및 지도·조언
> ⑤ 사업장 순회점검·지도 및 조치의 건의
> ⑥ 산업재해 발생의 원인 조사·분석 및 재발 방지를 위한 기술적 보좌 및 지도·조언
> ⑦ 산업재해에 관한 통계의 유지·관리·분석을 위한 보좌 및 지도·조언
> ⑧ 법 또는 법에 따른 명령으로 정한 안전에 관한 사항의 이행에 관한 보좌 및 지도·조언
> ⑨ 업무수행 내용의 기록·유지
> ⑩ 그 밖에 안전에 관한 사항으로서 고용노동부장관이 정하는 사항
>
> **Tip** 2020년 시행. 법개정으로 일부 내용이 수정됨(해답은 개정된 내용으로 작성함)
>
> **focus** 본 교재 제1과목 안전관리 Ⅰ. 안전관리 조직 5. 안전관리자의 직무 단원에서 관련내용 확인

2. 소음(소음작업)의 정의와 기준을 쓰시오. (4점)

> **해답** 소음작업의 정의와 기준
> (1) 소음의 정의 : 원치 않은 소리(unwanted sound)라고 정의할수 있으며, 개인별로 주관적인 개념이 있으므로 심리적으로 불쾌감을 주거나 신체에 장애를 일으킬 수 있는 소리를 소음이라 정의할수도 있다.
> (2) 소음(소음작업)의 기준 : 산업안전보건법상 1일 8시간 작업을 기준으로 85데시벨 이상의 소음이 발생하는 작업을 말한다.
>
> **focus** 본 교재 제3과목 Ⅰ. 21. 소음대책 단원에서 관련된 내용 확인

3. 연평균근로자 600명이 작업하는 어느 사업장에서 15건의 재해가 발생하였다. 근로시간은 48시간×50주이며, 잔업시간은 년간 1인당 100시간, 평생근로년수는 40년일 때 다음을 구하시오. (4점)
1) 도수율을 구하시오.
2) 이 사업장에서 어느 작업자가 평생 근로한다면 몇건의 재해를 당하겠는가?

> **해답** 도수율(빈도율)과 환산도수율
> 1) 도수율(빈도율 F.R) = $\dfrac{\text{재해건수}}{\text{연간총근로시간수}} \times 1,000,000$

$$\therefore \frac{15}{(600 \times 48 \times 50) + (600 \times 100)} \times 10^6 = 10$$

2) 환산 도수율 = 도수율 $\times \frac{1}{10} = 10 \times \frac{1}{10} = 1$(건)

focus 본 교재 제1과목 III. 12. 재해율 단원에서 관련내용 확인

---

4. 안전인증 방독마스크에 안전인증의 표시에 따른 표시 외에 추가로 표시해야할 사항을 4가지 쓰시오. (4점)

해답 방독마스크 추가 표시사항
① 파과곡선도 ② 사용시간 기록카드
③ 정화통의 외부측면의 표시 색 ④ 사용상의 주의사항

focus 본 교재 제7과목 I. 4. 방독마스크 단원에서 관련된 내용 확인

---

5. 전기화재에 해당하는 급수와 적응소화기를 2가지 쓰시오. (6점)

해답 전기화재
① 급수 : C급화재 ② 적응소화기 : 분말 소화기, 탄산가스 소화기

focus 본 교재 제 5과목 II. 13. 소화기의 종류 단원에서 관련내용 확인

---

6. 심실세동전류의 정의와 구하는 공식을 쓰시오. (4점)

해답 심실세동전류
① 정의 : 인체에 전류가 흐를 경우 심장의 맥동에 영향을 주어 심장마비 상태를 유발할수 있는 전류로 통전전류가 멈춘다 해도 자연회복은 어려우며, 그대로 방치할 경우 수분이내에 사망에 이르게 되므로 즉시 인공호흡을 실시해야 하는 전류
② 공식 : 통전전류 $I = \frac{165}{\sqrt{T}}$ (mA)

focus 본 교재 제5과목 I. 2. 통전전류가 인체에 미치는 영향 단원에서 관련된 내용 확인

---

7. 재해사례 연구순서 중에서 전제조건을 제외한 4단계를 쓰시오. (4점)

해답 재해사례 연구순서
① 제1단계 : 사실의 확인
② 제2단계 : 문제점의 발견
③ 제3단계 : 근본적 문제점의 결정
④ 제4단계 : 대책수립

focus 본 교재 제1과목 III. 14. 재해사례 연구순서 단원에서 관련내용 확인

8. 무재해 운동의 3원칙을 쓰고 설명하시오(6점)

해답 무재해운동의 3대 원칙

무의 원칙	무재해란 단순히 사망재해나 휴업재해만 없으면 된다는 소극적인 사고가 아닌, 사업장 내의 모든 잠재위험요인을 적극적으로 사전에 발견하고 파악·해결함으로써 산업재해의 근원적인 요소들을 없앤다는 것을 의미한다.
안전제일(선취)의 원칙	무재해 운동에 있어서 안전제일이란 안전한 사업장을 조성하기 위한 궁극의 목표로서 사업장 내에서 행동하기 전에 잠재위험요인을 발견하고 파악·해결하여 재해를 예방하는 것을 의미한다.
참여(참가)의 원칙	무재해 운동에서 참여란 작업에 따르는 잠재위험요인을 발견하고 파악·해결하기 위하여 전원이 일치 협력하여 각자의 위치에서 적극적으로 문제해결을 하겠다는 것을 의미한다.

focus 본 교재 제2과목 II. 8. 무재해운동과 위험예지훈련 단원에서 관련내용 확인

9. 누적외상성 질환 등 근골격계 질환의 주요원인을 3가지 쓰시오.(3점)

해답 누적외상성 질환의 원인
① 부적절한 작업자세 ② 무리한 반복작업
③ 과도한 힘 ④ 부족한 휴식시간
⑤ 신체적 압박 ⑥ 차가운 온도나 무더운 온도의 작업환경

focus 본 교재(필기) 제2과목 03. IV. 5. 근골격계 질환 단원에서 관련내용 확인

10. 자율안전확인 대상 기계 등에서 방호장치에 해당되는 내용을 4가지 쓰시오.(4점)

해답 자율안전확인 대상 기계 등(방호장치)
① 아세틸렌 용접장치용 또는 가스집합 용접장치용 안전기
② 교류아크 용접기용 자동전격 방지기
③ 롤러기 급정지장치
④ 연삭기 덮개
⑤ 목재가공용 둥근톱 반발예방장치와 날접촉 예방장치
⑥ 동력식 수동대패용 칼날 접촉방지장치

focus 본 교재 제1과목 IV. 7. 안전인증(자율안전확인)단원에서 관련된 내용 확인

11. 다음은 계단과 계단참에 관한 안전기준이다. ( )에 맞는 내용을 쓰시오.(4점)

사업주는 계단 및 계단참을 설치할 때에는 매제곱미터당 (①)kg 이상의 하중에 견딜 수 있는 강도를 가진 구조로 설치하여야 하며, 안전율은 (②) 이상으로 하여야 한다. 높이가 3m를 초과하는 계단에는 높이(③)m 이내마다 진행방향으로 길이 (④)m 이상의 계단참을 설치하여야 한다.

해답 계단의 강도강도 및 계단참의 높이
① 500   ② 4   ③ 3   ④ 1.2

Tip 계단의 안전기준

계단 및 계단참의 강도	① 매제곱미터당 500킬로그램 이상의 하중에 견딜 수 있는 구조로 설치 ② 안전율(재료의 파괴응력도와 허용응력도의 비율을 말한다)은 4 이상 ③ 계단 및 승강구 바닥을 구멍이 있는 재료로 만드는 경우 렌치나 그 밖의 공구 등이 낙하할 위험이 없는 구조
계단의 폭	폭은 1미터 이상(급유용·보수용·비상용 계단 및 나선형 계단이거나 높이 1미터 미만의 이동식 계단은 제외)이며 손잡이 외 다른 물건 설치, 적재금지
계단참의 높이	높이가 3미터를 초과하는 계단에 높이 3미터 이내마다 진행방향으로 길이 1.2미터 이상의 계단참 설치
천장의 높이	바닥면으로부터 높이 2미터 이내의 공간에 장애물이 없을 것(급유용·보수용·비상용 계단 및 나선형 계단은 제외)
계단의 난간	높이 1미터 이상인 계단의 개방된 측면에는 안전난간설치

focus 본 교재 제6과목 I. 20. 가설계단 단원에서 관련된 내용 확인

12. 다음은 비계의 벽이음 간격이다. ( ) 안에 알맞은 숫자를 쓰시오. (4점)

구 분		조립간격(m)	
		수직방향	수평방향
통나무 비계		(①)	(②)
강관비계	단관비계	(③)	(④)
	틀비계	(⑤)	(⑥)

해답 비계의 벽이음 간격
① 5.5   ② 7.5   ③ 5   ④ 5   ⑤ 6   ⑥ 8

focus 본 교재 제6과목 I. 24. 비계의 종류 및 설치시 준수사항 단원에서 확인

13. 프레스의 손쳐내기식 방호장치의 설치방법에 관한 사항이다. ( )에 맞는 내용을 쓰시오. (4점)

> 슬라이드 하행정거리의 (①) 위치에서 손을 완전히 밀어내어야 하며, 방호판의 폭은 (②)의 (③) 이어야 하고, 행정길이가 (④)mm 이상의 프레스기계에는 방호판 폭을 300mm로 해야 한다.

해답 손쳐내기식 방호장치
① 3/4   ② 금형폭   ③ 1/2 이상   ④ 300

Tip 손쳐내기식 방호장치의 설치방법
① 슬라이드 하행정거리의 3/4 위치에서 손을 완전히 밀어내어야 한다.
② 손쳐내기봉의 행정(Stroke) 길이를 금형의 높이에 따라 조정할 수 있고 진동폭은 금형폭 이상이어야 한다.
③ 방호판과 손쳐내기봉은 경량이면서 충분한 강도를 가져야 한다.
④ 방호판의 폭은 금형폭의 1/2 이상이어야 하고, 행정길이가 300mm 이상의 프레스기계에는 방호판 폭을 300mm로 해야 한다.
⑤ 손쳐내기봉은 손 접촉 시 충격을 완화할 수 있는 완충재를 붙이는 등의 조치가 강구되어야 한다.
⑥ 부착볼트 등의 고정금속부분은 예리한 돌출현상이 없어야 한다.

focus 본 교재 제4과목 I. 10. 프레스의 방호장치 및 설치방법 단원에서 관련내용 확인

산업안전산업기사 실기 (필답형)
2012년 7월 8일 시행

1. [보기]의 교류아크용접기 자동전격방지기 표시사항을 상세히 기술하시오. (4점)

   [보기] SP-3A-H

   해답 자동전격 방지기 표시사항
   ① SP : 외장형
   ② 3 : 300A
   ③ A : 용접기에 내장되어 있는 콘덴서의 유무에 관계없이 사용할 수 있는 것
   ④ H : 고저항시동형

   focus 본 교재 제5과목 I. 11. 교류아크용접기의 방호장치 및 성능조건 단원에서 확인

2. 승강기의 설치·조립·수리·점검 또는 해체 작업을 하는 경우 안전조치 사항 3가지를 쓰시오 (3점)

   해답 조립등의 작업시 안전조치 사항
   ① 작업을 지휘하는 사람을 선임하여 그 사람의 지휘하에 작업을 실시할 것
   ② 작업을 할 구역에 관계 근로자가 아닌 사람의 출입을 금지하고 그 취지를 보기 쉬운 장소에 표시할 것
   ③ 비, 눈, 그 밖에 기상상태의 불안정으로 날씨가 몹시 나쁜 경우에는 그 작업을 중지시킬 것

   focus 본교재 작업형문제 8회(건설안전)문제에서 관련내용 확인

3. 산업안전보건법상 작업장의 조도기준에 관한 다음사항에서 (   )에 알맞은 내용을 쓰시오. (3점)

초정밀작업	정밀작업	보통작업	그 밖의 작업
(①) Lux 이상	(②) Lux 이상	(③) Lux 이상	(④) Lux 이상

   해답 작업장 조도기준
   ① 750   ② 300   ③ 150   ④ 75

   focus 본 교재 제3과목 I. 18. 조도 단원에서 관련내용 확인

4. 60rpm으로 회전하는 롤러기의 앞면 롤러의 지름이 120mm인 경우 앞면 롤러의 표면속도와 관련 규정에 따른 급정지거리[mm]를 구하시오(5점)

해답
① 표면속도 (V) $= \dfrac{\pi DN}{1,000} = \dfrac{\pi \times 120 \times 60}{1,000} = 22.62$ [m/min]

② 급정지거리 기준

앞면 롤러의 표면 속도(m/분)	급 정 지 거 리
30 미만	앞면 롤러 원주의 1/3 이내
30 이상	앞면 롤러 원주의 1/2.5 이내

③ 급정지 거리 $= \pi D \times \dfrac{1}{3} = \pi \times 120 \times \dfrac{1}{3} = 125.66$ [mm] 이내

focus 본 교재 제4과목 I. 14. 롤러기의 방호장치 및 설치방법 단원에서 확인

---

5. 수인식 방호장치의 수인끈, 수인끈의 안내통, 손목밴드의 구비조건 3가지를 쓰시오. (3점)

해답 수인식 방호장치의 구비조건
① 수인끈은 작업자와 작업공정에 따라 그 길이를 조정할 수 있어야 한다.
② 수인끈의 안내통은 끈의 마모와 손상을 방지할 수 있는 조치를 해야 한다.
③ 손목밴드는 착용감이 좋으며 쉽게 착용할 수 있는 구조이어야 한다.
④ 각종 레버는 경량이면서 충분한 강도를 가져야 한다.

Tip 다음의 내용들도 구비조건에 포함되는 사항입니다.
① 손목밴드(wrist band)의 재료는 유연한 내유성 피혁 또는 이와 동등한 재료를 사용해야 한다.
② 수인끈의 재료는 합성섬유로 직경이 4mm 이상이어야 한다.

focus 본 교재 제4과목 I. 10. 프레스의 방호장치 및 설치방법 단원에서 관련내용 확인

---

6. 암석이 떨어질 우려가 있는 위험한 장소에서 견고한 낙하물 보호구조를 갖춰야할 차량계건설기계의 종류를 5가지 쓰시오.

해답 ① 불도저 ② 트랙터 ③ 굴착기 ④ 로더(loader: 흙 따위를 퍼올리는 데 쓰는 기계)
⑤ 스크레이퍼(scraper : 흙을 절삭·운반하거나 펴 고르는 등의 작업을 하는 토공기계)
⑥ 덤프트럭 ⑦ 모터그레이더(motor grader : 땅 고르는 기계)
⑧ 롤러(roller : 지반 다짐용 건설기계) ⑨ 천공기 ⑩ 항타기 및 항발기

focus 본 교재 제8과목 IV. 2. 차량계건설기계의 사용에 의한 위험의 방지 단원에서 확인

---

7. 경고표지를 4가지 쓰시오.(단, 위험장소 경고는 제외한다) (4점)

해답 경고표지의 종류
① 인화성물질경고   ② 산화성물질경고   ③ 폭발성물질경고   ④ 급성독성물질경고
⑤ 부식성물질경고   ⑥ 방사성물질경고   ⑦ 고압전기경고   ⑧ 매달린물체경고
⑨ 낙하물경고   ⑩ 고온경고   ⑪ 저온경고   ⑫ 몸균형상실경고
⑬ 레이저광선경고   ⑭ 발암성·변이원성·생식독성·전신독성·호흡기과민성 물질 경고
⑮ 위험장소경고

focus 본 교재 제2과목 II. 8. 무재해 운동과 위험예지훈련 3) 안전보건 표지 단원에서 관련내용 확인

8. [보기]의 재해빈발자의 유발요인을 3가지씩 쓰시오 (6점)

|보기| ① 상황성 유발자 ② 소질성 유발자

해답 재해유발 요인

상황성 누발자	① 작업자체가 어렵기 때문 ② 기계설비의 결함 존재 ③ 주위 환경 상 주의력 집중 곤란 ④ 심신에 근심 걱정이 있기 때문
소질성 누발자	① 주의력부족 ② 소심한 성격 ③ 저지능 ④ 감각운동 부적합 등

Tip 재해 누발자 유형

미숙성 누발자	① 기능 미숙 ② 작업환경 부적응
상황성 누발자	① 작업자체가 어렵기 때문 ② 기계설비의 결함 존재 ③ 주위 환경 상 주의력 집중 곤란 ④ 심신에 근심 걱정이 있기 때문
습관성 누발자	① 경험한 재해로 인하여 대응능력약화(겁쟁이, 신경과민) ② 여러 가지 원인으로 슬럼프(slump)상태
소질성 누발자	① 개인의 소질 중 재해원인 요소를 가진 자 (주의력 부족, 소심한 성격, 저 지능, 흥분, 감각운동부적합 등) ② 특수성격소유자로써 재해발생 소질 소유자

focus 본 교재 제 2과목 II. 4. 재해빈발자의 유형 단원에서 관련내용 확인

9. 화학설비 안전거리를 쓰시오 (4점)

① 사무실 · 연구실 · 실험실 · 정비실 또는 식당으로부터 단위공정시설 및 설비, 위험물질의 저장탱크, 위험물질 하역설비, 보일러 또는 가열로의 사이
② 위험물질 저장탱크로부터 단위공정 시설 및 설비, 보일러 또는 가열로의 사이

해답 안전거리
① 사무실 등의 외면으로 부터 20미터 이상
② 저장탱크의 외면으로 부터 20미터 이상

Tip 위험물 저장 취급 화학설비의 안전거리

구 분	안 전 거 리
단위공정시설 및 설비로부터 다른 단위공정시설 및 설비의 사이	설비의 외면으로부터 10미터 이상
플레어스택으로부터 단위공정시설 및 설비, 위험물질 저장탱크 또는 위험물질 하역설비의 사이	플레어스택으로부터 반경 20미터 이상
위험물질 저장탱크로부터 단위공정시설 및 설비, 보일러 또는 가열로의 사이	저장탱크의 외면으로 부터 20미터 이상
사무실 · 연구실 · 실험실 · 정비실 또는 식당으로부터 단위공정시설 및 설비, 위험물질 저장탱크, 위험물질 하역설비, 보일러 또는 가열로의 사이	사무실 등의 외면으로 부터 20미터 이상

focus 본 교재(필기) 제5과목 01. II. 2. 위험물의 저장 및 취급방법 단원에서 관련내용 확인

10. 산업안전보건법상 유해·위험한 기계·기구·설비 등이 안전기준에 적합한지를 확인하기 위하여 안전인증기관이 심사하는 심사의 종류 3가지와 심사기간을 쓰시오 (6점)

해답 안전인증 심사의 종류 및 심사기간
① 예비심사 : 7일
② 서면심사 : 15일(외국에서 제조한 경우는 30일)
③ 기술능력 및 생산체계 심사 : 30일(외국에서 제조한 경우는 45일)
④ 제품심사
  ㉠ 개별 제품심사 : 15일
  ㉡ 형식별 제품심사 : 30일(방폭구조전기기계기구 및 부품 과 일부 보호구는 60일)

focus 본 교재 제1과목 IV. 7. 안전인증 단원에서 관련된 내용 확인

11. 기계의 고장률 곡선을 그리고 및 감소 대책을 쓰시오 (6점)

해답 기계의 고장율
① 욕조곡선

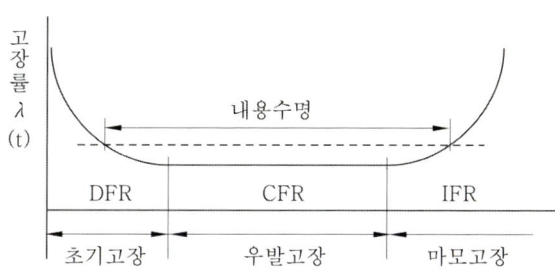

② 감소대책

초기고장	품질관리의 미비로 발생할 수 있는 고장으로 작업시작전 점검, 시운전 등으로 사전 예방이 가능한 고장 ① debugging기간 : 초기고장의 결함을 찾아서 고장율을 안정시키는 기간 ② burn in기간 : 제품을 실제로 장시간 사용해보고 결함의 원인을 찾아내는 방법
우발고장	예측할 수 없을 경우 발생하는 고장으로 시운전이나 점검으로 예방불가(낮은 안전계수, 사용자의 과오 등이 없도록 안전교육 및 작업전 무재해 운동 등)
마모고장	장치의 일부분이 수명을 다하여 발생하는 고장(부품 고장시 수리 및 철저한 정비 등)

focus 본 교재 제3과목 인간공학 및 시스템 위험분석 I. 인간공학 6.고장율 단원에서 관련내용 확인

12. 위험방지기술에서 리스크 처리방법 4가지를 쓰시오 (4점)

해답 위험의 처리기술
① 회피(avoidance) ② 감축(reduction) ③ 보유(retention) ④ 전가(transfer)

focus 본 교재(필기) 제 1과목 01. I. 1. 안전과 위험의 개념 단원에서 관련내용 확인

13. 건설현장에서 주로 발생하는 절토면 토사붕괴의 원인 중 외적원인을 3가지 쓰시오. (3점)

해답 외적원인
① 사면, 법면의 경사 및 기울기의 증가
② 절토 및 성토 높이의 증가
③ 공사에 의한 진동 및 반복 하중의 증가
④ 지표수 및 지하수의 침투에 의한 토사 중량의 증가

focus 본 교재 제6과목 I. 17. 토사붕괴 재해의 형태 및 발생원인 단원에서 관련내용 확인

산업안전산업기사 실기 (필답형)
2012년 10월 14일 시행

1. 다음 [보기]의 방폭구조 기호를 쓰시오.

   [보기] ① 용기 분진방폭구조 ② 본질안전 분진방폭구조
   ③ 몰드 분진방폭구조 ④ 압력 분진방폭구조

   해답 ① tD ② iD ③ mD ④ pD

   focus 본 교재 제5과목 I. 18. 방폭구조의 기호 단원에서 관련내용 참고

2. 다음 안전표지판의 명칭을 쓰시오.

   해답 ① 낙하물경고 ② 폭발성물질경고 ③ 보안면착용 ④ 세안장치

   focus 본 교재 제2과목 II. 8. 무재해운동과 위험예지훈련 단원에서 안전표지에 관련된 내용 확인

3. 산소소비량을 측정하기 위하여 5분간 배기하여 성분을 분석한 결과 $O_2 = 16(\%)$, $CO_2 = 4(\%)$이고, 총배기량은 $90(l)$일 경우 분당 산소소비량과 에너지를 구하시오. [단, 산소 $1(l)$의 에너지가는 $5(kcal)$이다]

   해답 흡기부피를 V_1, 배기부피를 V_2(분당배기량)라 하면 $79\% \times V_1 = N_2\% \times V_2$

   $$V_1 = \frac{(100 - O_2\% - CO_2\%)}{79} \times V_2$$

   산소소비량 $= (21\% \times V_1) - (O_2\% \times V_2)$

   ① 분당 배기량 : $\frac{90}{5} = 18(l/분)$

   ② 분당 흡기량 : $\frac{(100 - 16 - 4)}{79} \times 18 = 18.227(l/분)$

   ③ 분당 산소소비량 : $(18.227 \times 0.21) - (18 \times 0.16) = 0.947 \, (l/분)$

   ④ 분당 에너지 소비량 : $0.947 \times 5 = 4.74(kcal/분)$

   focus 본 교재(필기) 제2과목 03. I. 3. 신체반응의 측정 단원에서 관련된 내용 확인

4. 안전보건 개선 계획에 포함되어야할 사항 4가지를 쓰시오.

   해답 ① 시설   ② 안전·보건관리체제   ③ 안전·보건교육
          ④ 산업재해예방 및 작업환경 개선을 위하여 필요한 사항

   focus 본 교재 제1과목 II. 4. 안전보건 개선계획 단원에서 관련내용 확인

5. 안전인증 파열판에 안전인증 외에 추가로 표시하여야 할 사항 4가지를 쓰시오.

   해답 ① 호칭지름   ② 용도   ③ 설정파열압력(MPa) 및 설정온도(℃)
          ④ 분출용량(kg/h) 또는 공칭분출계수
          ⑤ 파열판의 재질   ⑥ 유체의 흐름방향 지시

6. 시몬즈(Simonds) 방식의 재해손실비 산정에 있어 비보험코스트에 해당하는 세부항목변수를 4가지 쓰시오. (4점)

   해답 비보험 코스트의 세부 항목변수
          ① 작업중지에 따른 임금손실   ② 기계설비 및 재료의 손실비용
          ③ 작업중지로 인한 시간 손실   ④ 신규 근로자의 교육훈련비용
          ⑤ 기타 제경비

   focus 본 교재 제1과목 III. 13. 재해 코스트 단원에서 관련내용 확인

7. 다음 내용에 가장 적합한 위험분석기법을 〈보기〉에서 골라 한가지씩만 쓰시오.

   |보기| ① FMEA ② FHA ③ THERP ④ ETA ⑤ MORT ⑥ PHA ⑦ FTA
          ⑧ CA   ⑨ OHA   ⑩ HAZOP

   (1) 모든 요소의 고장을 형태별로 분석하여 그 영향을 검토하는 기법
   (2) 모든 시스템 안전프로그램의 최초단계 분석기법
   (3) 인간과오를 정량적으로 평가하기위한 기법
   (4) 초기사상의 고장영향에 의해 사고나 재해를 발전해 나가는 과정을 분석하는 기법
   (5) 결함수법이라 하며 재해발생을 연역적, 정량적으로 해석. 예측할 수 있는 기법

   해답 (1) ① FMEA : 시스템 안전 분석에 이용되는 전형적인 정성적 귀납적 분석방법으로 시스템에 영향을 미치는 전체요소의 고장을 형별로 분석하여 그 영향을 검토하는 것(각 요소의 1형식 고장이 시스템의 1영향에 대응)
          (2) ⑥ PHA : 모든 시스템 안전 프로그램의 최초단계의 분석으로서 시스템내의 위험요소가 얼마나 위험한 상태에 있는가를 정성적으로 평가하는 방법(공정 또는 설비 등에 관한 상세한 정보를 얻을 수 없는 상황에서 위험물질과 공정 요소에 초점을 맞추어 초기위험을 확인하는 방법)
          (3) ③ THERP : 시스템에 있어서 인간의 과오를 정량적으로 평가하기 위해 개발된 기법(Swain 등에 의해 개발된 인간실수 예측기법)

(4) ④ ETA : 사상의 안전도를 사용하여 시스템의 안전도를 나타내는 시스템 모델의 하나로서 귀납적이기는 하나 정량적인 분석방법(초기사건으로 알려진 특정한 장치의 이상 또는 운전자의 실수에 의해 발생되는 잠재적인 사고결과를 정량적으로 평가·분석하는 방법)

(5) ⑦ FTA : 분석에는 게이트, 이벤트, 부호 등의 그래픽 기호를 사용하여 결함단계를 표현하며, 각각의 단계에 확률을 부여하여 어떤 상황의 실패확률계산이 가능하고 연역적이고 정량적인 해석 방법(사고의 원인이 되는 장치의 이상이나 고장의 다양한 조합 및 작업자 실수 원인을 연역적으로 분석하는 방법)

focus 본 교재 제 3과목 II. 시스템 위험분석 단원에서 관련내용 확인

8. 굴착작업 시 토사등의 붕괴 또는 낙하에 의하여 근로자에게 위험을 미칠 우려가 있는 경우 사업주가 위험을 방지하기 위해 해야하는 필요한 조치를 3가지 쓰시오.

해답 굴착작업시 안전조치 사항
① 흙막이 지보공 설치
② 방호망 설치
③ 근로자의 출입금지

focus 본 교재 제6과목 I. 16. 토사붕괴 위험성 및 안전조치 단원에서 관련내용 확인

9. 다음 그림을 보고 시스템고장(전등 켜지지 않음)을 정상사상으로 하는 FT도를 그리시오.

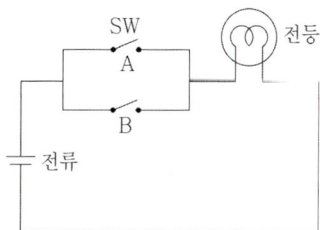

해답 FT도

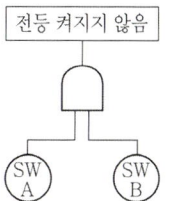

focus 본 교재 제3과목 II. 11. 미니멀 컷과 미니멀 패스 단원에서 관련내용 확인

10. 공정흐름도에 표시되어야할 사항 3가지를 쓰시오

해답 ① 주요동력기계
② 장치 및 설비의 표시 및 명칭
③ 주요 계장설비 및 제어설비
④ 물질 및 열 수지
⑤ 운전온도 및 운전압력 등

11. 최초의 완만한 연소에서 폭굉까지 발달하는데 유도되는 거리인 폭굉 유도거리가 짧아지는 요건을 3가지 쓰시오.

> **해답**
> ① 정상의 연소속도가 큰 혼합가스일 경우
> ② 관속에 방해물이 있거나 관경이 가늘수록
> ③ 압력이 높을수록
> ④ 점화원의 에너지가 강할수록
>
> **focus** 본 교재(필기) 제5과목 02. I. 2. 연소파와 폭굉파 단원에서 관련된 내용 확인

12. 작업발판 일체형거푸집의 종류 4가지를 쓰시오.

> **해답**
> ① 갱폼(gang form) ② 슬립폼(slip form) ③ 클라이밍폼(climbing form)
> ④ 터널 라이닝폼(tunnel lining form)
> ⑤ 그 밖에 거푸집과 작업발판이 일체로 제작된 거푸집 등
>
> **focus** 본 교재(필기) 제6과목 05. V. 3. 거푸집 동바리의 조립시 안전조치 사항 단원에서 관련내용 확인

13. 유해·위험 방지를 위한 방호조치를 하지 아니하고는 양도·대여·설치·사용하거나, 양도·대여를 목적으로 진열해서는 아니 되는 기계·기구를 5가지 쓰시오.

> **해답**
> ① 예초기   ② 원심기   ③ 공기압축기
> ④ 금속절단기   ⑤ 지게차   ⑥ 포장기계
>
> **Tip** 유해·위험 방지를 위하여 방호조치가 필요한 기계·기구 등
>
> | 대상 기계·기구 | 방호 장치 |
> |---|---|
> | 1. 예초기 | 날접촉예방장치 |
> | 2. 원심기 | 회전체 접촉 예방장치 |
> | 3. 공기압축기 | 압력방출장치 |
> | 4. 금속절단기 | 날접촉예방장치 |
> | 5. 지게차 | 헤드가드, 백레스트, 전조등, 후미등, 안전밸트 |
> | 6. 포장기계(진공포장기, 랩핑기로 한정) | 구동부 방호 연동장치 |
>
> **Tip** 2014년 법개정으로 일부 내용이 수정됨(해답은 개정된 내용으로 작성함)
>
> **focus** 본 교재 제 4과목 I. 9. 산업안전보건법상 유해위험 기계기구 단원에서 관련내용 확인

산업안전산업기사 실기 (필답형) 2013년 4월 20일 시행

1. 재해발생에 관련된 이론 중 하인리히의 도미노이론과 버드의 도미노이론 5단계를 쓰시오.

해답 (1) 하인리히의 도미노이론(사고연쇄성 이론)
① 사회적 환경 및 유전적 요인 ② 개인적 결함
③ 불안전한 행동 및 불안전한 상태 ④ 사고 ⑤ 재해
(2) 버드의 최신의 도미노 이론
① 제어(통제)의 부족(관리) ② 기본원인(기원)
③ 직접원인(징후) ④ 사고(접촉) ⑤ 상해(손실)

Tip 아담스의 사고 요인과 관리시스템
① 관리구조 ② 작전적 에러 ③ 전술적 에러 ④ 사고 ⑤ 상해·손해

focus 본 교재(필기) 제1과목 01. I. 2. 안전관리 제이론 단원에서 관련된 내용 확인

2. 안전관리자의 직무를 5가지 쓰시오.

해답 안전관리자의 직무
① 산업안전보건위원회 또는 안전·보건에 관한 노사협의체에서 심의·의결한 업무와 해당 사업장의 안전보건관리규정 및 취업규칙에서 정한 업무
② 안전인증대상 기계 등과 자율안전확인대상 기계 등 구입 시 적격품의 선정에 관한 보좌 및 지도·조언
③ 위험성평가에 관한 보좌 및 지도·조언
④ 해당 사업장 안전교육계획의 수립 및 안전교육 실시에 관한 보좌 및 지도·조언
⑤ 사업장 순회점검·지도 및 조치의 건의
⑥ 산업재해 발생의 원인 조사·분석 및 재발 방지를 위한 기술적 보좌 및 지도·조언
⑦ 산업재해에 관한 통계의 유지·관리·분석을 위한 보좌 및 지도·조언
⑧ 법 또는 법에 따른 명령으로 정한 안전에 관한 사항의 이행에 관한 보좌 및 지도·조언
⑨ 업무수행 내용의 기록·유지
⑩ 그 밖에 안전에 관한 사항으로서 고용노동부장관이 정하는 사항

Tip 2020년 시행. 법개정으로 일부 내용이 수정됨(해답은 개정된 내용으로 작성함)

focus 본 교재 제1과목 안전관리 I. 안전관리 조직 5. 안전관리자의 직무 단원에서 관련내용 확인

3. 휴먼에러(Human Error)의 분류방법 중 심리적 분류(A.D.Swain)의 종류를 4가지 쓰시오.

해답 스웨인(A.D.Swain)의 심리적 분류
① Omission error ② Commission error ③ Sequential error
④ Time error ⑤ Extraneous error

Tip	스웨인(A.D.Swain)의 분류	
	생략에러(Omission error)	필요한 직무나 단계를 수행하지 않은(생략) 에러
	착각수행에러(Commission error)	직무나 순서 등을 착각하여 잘못 수행(불확실한 수행)한 에러
	순서에러(Sequential error)	직무 수행과정에서 순서를 잘못 지켜(순서착오) 발생한 에러
	시간적에러(Time error)	정해진 시간내 직무를 수행하지 못하여(수행지연) 발생한 에러
	과잉행동에러(Extraneous error)	불필요한 직무 또는 절차를 수행하여 발생한 에러

focus 본 교재 제3과목 I. 4. 휴먼에러 단원에서 관련내용 확인

---

4. 기계설비에 의해 형성되는 위험점의 종류를 5가지 쓰시오. (5점)

해답 ① 협착점 ② 끼임점 ③ 절단점 ④ 물림점 ⑤ 접선 물림점 ⑥ 회전 말림점

Tip	기계 설비에 의해 형성되는 위험점	
	협착점(Squeeze-point)	왕복 운동하는 운동부와 고정부 사이에 형성(작업점이라 부르기도 함)
	끼임점(Shear-point)	고정부분과 회전 또는 직선운동부분에 의해 형성
	절단점(Cutting-point)	회전운동부분 자체와 운동하는 기계 자체에 의해 형성
	물림점(Nip-point)	회전하는 두 개의 회전축에 의해 형성(회전체가 서로 반대방향으로 회전하는 경우)
	접선 물림점(Tangential Nip-point)	회전하는 부분이 접선방향으로 물려 들어가면서 형성
	회전 말림점(Trapping-point)	회전체의 불규칙 부위와 돌기 회전 부위에 의해 형성

focus 본 교재 제4과목 I. 1. 기계설비의 위험점 단원에서 관련내용 확인

---

5. 산업안전보건법상 승강기의 종류 4가지를 쓰시오.

해답 승강기의 종류
① 승객용 엘리베이터 ② 승객 화물용 엘리베이터 ③ 화물용 엘리베이터
④ 소형 화물용 엘리베이터 ⑤ 에스컬레이터

Tip 양중기의 종류
① 크레인[호이스트(hoist)를 포함] ② 이동식 크레인 ③ 리프트 ④ 곤돌라 ⑤ 승강기

Tip 2019년 법개정으로 내용이 수정되었으니 해답 내용과 본문 내용을 참고하세요.

focus 본 교재 (필기) 제3과목 05. III. 1. 양중기의 정의 단원에서 관련내용 확인

---

6. 정전기 발생현상에 관한 대전의 종류를 4가지 쓰시오.

해답 ① 마찰대전 ② 박리대전 ③ 유동대전 ④ 분출대전 ⑤ 충돌대전 등

focus 본 교재 제5과목 I. 14. 정전기 발생과 안전대책 단원에서 관련내용 확인

7. 가스집합장치에 관한 사항이다. ( )안에 알맞은 숫자를 쓰시오.
   (1) 사업주는 가스집합장치에 대해서는 화기를 사용하는 설비로부터 (①) 미터 이상 떨어진 장소에 설치하여야 한다.
   (2) 주관 및 분기관에는 안전기를 설치할 것. 이 경우 하나의 취관에 (②)개 이상의 안전기를 설치하여야 한다.
   (3) 사업주는 용해아세틸렌의 가스집합용접장치의 배관 및 부속기구는 구리나 구리 함유량이 (③)퍼센트 이상인 합금을 사용해서는 아니 된다.

   해답 ① 5 ② 2 ③ 70

   Tip 아세틸렌 용접장치의 안전기 설치위치
   ① 취관 마다 안전기설치
   ② 주관 및 취관에 가장 근접한 분기관 마다 안전기부착
   ③ 가스용기가 발생기와 분리되어 있는 아세틸렌 용접장치는 발생기와 가스용기 사이(흡입관)에 안전기 설치

   focus 본 교재(필기) 제 3과목 04. III. 3. 가스용접 작업의 안전 단원에서 관련내용 확인

8. 폭풍 등에 대한 다음의 안전조치기준에서 알맞은 풍속의 기준을 쓰시오.
   (1) 폭풍에 의한 주행크레인의 이탈방지 장치 작동
   (2) 폭풍에 의한 건설용 리프트의 받침수 증가등 붕괴방지조치
   (3) 폭풍에 의한 옥외용 승강기의 받침수 증가 등 무너짐방지조치

   해답 ①순간풍속이 30m/s 초과 ②순간풍속이 35m/s 초과 ③순간풍속이 35m/s 초과

   Tip 폭풍 등에 의한 안전조치사항

풍속의 기준	시기	조치사항
순간풍속이 매 초당 30미터 초과	바람이 예상 될 경우	주행크레인의 이탈방지 장치 작동
	바람이 불어온 후	작업전 크레인의 이상유무 점검
		건설용 리프트의 이상유무 점검
순간풍속이 매 초당 35미터 초과	바람이 불어올 우려가 있을 시	건설용 리프트의 받침의 수를 증가시키는 등 붕괴방지조치
		옥외에 설치된 승강기의 받침의 수를 증가시키는 등 무너지는 것을 방지하기 위한 조치

   focus 본 교재 제4과목 I. 12. 양중기의 방호장치 및 재해유형 단원에서 관련내용 확인

9. 다음 물음에 해당하는 답을 보기에서 모두 골라 기호와 함께 쓰시오.
   (1) 전기설비에 사용하는 소화기
   (2) 인화성 액체에 사용하는 소화기
   (3) 자기반응성 물질에 사용하는 소화기

| [보기] | ① 포 소화기 | ② 이산화탄소소화기 | ③ 봉상수소화기 |
| | ④ 봉상강화액소화기 | ⑤ 할로겐화합물소화기 | ⑥ 분말소화기 |

해답 대상물에 따른 소화기의 종류
(1) 전기설비에 사용하는 소화기 : ② 이산화탄소소화기 ⑤ 할로겐화합물소화기 ⑥ 분말소화기
(2) 인화성 액체에 사용하는 소화기 : ① 포 소화기 ② 이산화탄소소화기 ⑤ 할로겐화합물소화기 ⑥ 분말소화기
(3) 자기반응성 물질에 사용하는 소화기 : ① 포 소화기 ③ 봉상수소화기 ④ 봉상강화액소화기

Tip 1. 소화설비의 적응성(대형·소형 수동식 소화기)

소화설비의 구분		대상물 구분			
		전기설비	인화성액체	자기반응성물질	산화성액체
봉상수소화기				○	○
무상수소화기		○		○	○
봉상강화액소화기				○	○
무상강화액소화기		○	○	○	○
포소화기			○	○	○
이산화탄소소화기		○	○		△
할로겐화합물소화기		○	○		
분말 소화기	인산염류소화기	○	○		○
	탄산수소염류소화기	○	○		
	그 밖의 것				

2. 대상물이 인화성 고체일 경우에는 대형·소형 수동식 소화기 모두를 사용할 수 있다.

focus 본 교재 제 5과목 Ⅱ. 13. 소화기의 종류 단원에서 관련내용 확인

10. 산업안전보건법상의 안전·보건표지 중 안내표지종류를 3가지 쓰시오.

해답 ① 응급구호표지 ② 녹십자표지 ③ 세안장치 ④ 들것 ⑤ 비상구

Tip ① 안내표지의 종류

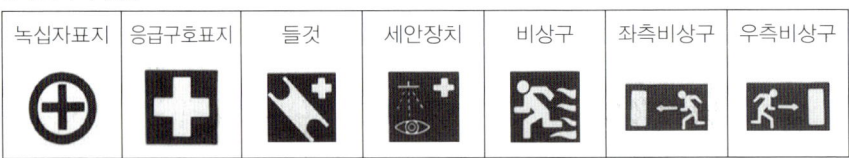

② 안전표지는 그림을 보고 명칭을 쓰는 문제도 출제될 수 있으며, 녹십자표지 및 응급구호의 표지는 그림을 그리는 문제로도 출제될 수 있으므로 참고할 것

focus 본 교재 제 2과목 Ⅱ. 8. 무재해운동과 위험예지훈련 단원에서 관련내용 확인

11. 근로자가 1시간동안 1분당 6 kcal의 에너지를 소모하는 작업을 수행하는 경우 작업시간과 휴식시간을 각각 구하시오. (단, 작업에 대한 권장 평균에너지 소비량은 분당 5kcal이다.)

해답 휴식시간 산출

$$R = \frac{60(E-5)}{E-1.5}$$

여기서, R : 휴식시간(분)
E : 작업시 평균 에너지 소비량(kcal/분)
60분 : 총작업 시간
1.5kcal/분 : 휴식시간 중의 에너지 소비량

① 휴식시간(R) : $\frac{60(6-5)}{6-1.5} = 13.33$(분)
② 작업시간 : $60 - 13.33 = 46.67$(분)

focus 본 교재 제 2과목 Ⅱ. 5. 노동과 피로 단원에서 관련내용 확인

12. 조종장치를 촉각적으로 정확하게 식별하기 위한 암호화방법 3가지를 쓰시오.

해답 조종장치의 촉각적 암호화
① 형상을 이용한 암호화 ② 표면촉감을 이용한 암호화 ③ 크기를 이용한 암호화

Tip 표면 촉감을 이용한 조종장치
① 매끄러운면 ② 세로홈(flute) ③ 깔쭉면(knurl)

focus 본 교재(필기) 제2과목 02. Ⅲ. 2. 조정장치의 촉각적 암호화 단원에서 관련내용 확인

13. 산업안전보건법상 다음의 특수건강진단 대상 유해인자에 해당하는 배치후 첫 번째 특수건강진단 시기와 주기를 쓰시오.
① 벤젠
② 소음 및 충격소음
③ 석면, 면분진

해답 특수건강진단의 시기 및 주기

번호	대상유해인자	시기 (배치후 첫 번째 특수 건강진단)	주기
①	벤젠	2개월 이내	6개월
②	소음 및 충격소음	12개월 이내	24개월
③	석면, 면 분진	12개월 이내	12개월

Tip 특수건강진단의 시기 및 주기

구분	대상 유해인자	시기 배치 후 첫 번째 특수 건강진단	주기
1	N,N-디메틸아세트아미드 N,N-디메틸포름아미드	1개월 이내	6개월
2	벤젠	2개월 이내	6개월
3	1,1,2,2-테트라클로로에탄 사염화탄소 아크릴로니트릴 염화비닐	3개월 이내	6개월
4	석면, 면 분진	12개월 이내	12개월
5	광물성 분진 목재 분진 소음 및 충격소음	12개월 이내	24개월
6	제1호부터 제5호까지의 규정의 대상 유해인자를 제외한 특수건강진단 대상 유해인자의 모든 대상 유해인자	6개월 이내	12개월

focus 본 교재(필기) 제1과목 08. III. 2. 특수건강진단의 시기 및 주기 단원에서 관련내용 확인

산업안전산업기사 실기 (필답형)
2013년 7월 13일 시행

1. 운전자가 운전위치를 이탈하게 해서는 안되는 기계를 3가지 쓰시오.

해답
① 양중기
② 항타기 또는 항발기(권상장치에 하중을 건 상태)
③ 양화장치(화물을 적재한 상태)

focus 본 교재(필기) 제3과목 01. I. 2. 기계의 일반적인 안전사항 단원에서 관련내용 확인

2. 기계설비의 방호장치의 분류에서 격리식 방호장치에 해당하는 종류를 3가지 쓰시오.

해답 ① 완전차단형 방호장치 ② 덮개형 방호장치 ③ 안전방책

focus 본 교재 제4과목 I. 6. 기계설비의 방호장치 단원에서 관련내용 확인

3. 다음은 적응의 기제에 관한 설명이다. 해당되는 적응의 기제를 쓰시오.

① 자신이 무의식적으로 저지른 일관성 있는 행동에 대해 그럴듯한 이유를 붙여 설명하는 일종의 자기 변명으로 자신의 행동을 정당화하여 자신이 받을 수 있는 상처를 완화시킴
② 받아들일 수 없는 충동이나 욕망 또는 실패 등을 타인의 탓으로 돌리는 행위
③ 욕구가 좌절되었을 때 욕구충족을 위해 보다 가치 있는 방향으로 전환하는 것
④ 자신의 결함으로 욕구충족에 방해를 받을 때 그 결함을 다른 것으로 대치하여 욕구를 충족하고 자신의 열등감에서 벗어나려는 행위

해답 ① 합리화 ② 투사 ③ 승화 ④ 보상

focus 본 교재(필기) 제1과목 06. II. 6. 적응기제 단원에서 내용 확인

4. 터널굴착작업시 시공계획에 포함되어야할 사항을 3가지 쓰시오.

해답
① 굴착의 방법
② 터널지보공 및 복공의 시공방법과 용수의 처리방법
③ 환기 또는 조명시설을 하는 때에는 그 방법

focus 본 교재(필기) 제6과목 04. II. 6. 콘크리트 구조물 붕괴안전대책, 터널굴착 단원에서 관련내용 확인

5. 반경 20cm의 조정구를 20° 움직였을때 표시장치를 2cm 이동하였다면, 통제표시비(C/D) 값이 적당한지 판단하시오.

해답 ① 회전 운동을 하는 조정장치가 선형 표시장치를 움직일 경우

$$C/D비 = \frac{(a/360) \times 2\pi L}{\text{표시장치의 이동거리}} = \frac{(20/360) \times 2\pi \times 20}{2} = 3.49$$

L : 반경(지레의 길이), a : 조정장치가 움직인 각도

② 최적 통제표시비는 제어장치의 종류나 표시장치의 크기, 제어 허용오차 및 지연시간 등에 의해 달라지므로, 해당 조종/표시장치에 대한 실험에 의해서 구할수 있다. 일반적으로 알려진 최적 C/D비는 1.08~2.20 이다. 이 자료에 적용하자면, C/D비 3.49는 부적합하다고 판단할수 있다.

focus 본 교재 제3과목 I. 인간공학 13. 통제비 단원에서 관련내용 확인

6. 산업안전보건법령에 의한 산업안전보건위원회를 설치 · 운영하여야 할 사업의 종류 및 규모를 2가지 쓰시오.

해답 산업안전보건위원회를 설치 · 운영해야 할 사업의 종류 및 규모

사업의 종류	규모
1. 토사석 광업 2. 목재 및 나무제품 제조업 ; 가구제외 3. 화학물질 및 화학제품 제조업 ; 의약품 제외(세제, 화장품 및 광택제 제조업과 화학섬유 제조업은 제외한다) 4. 비금속 광물제품 제조업 5. 1차 금속 제조업 6. 금속가공제품 제조업 ; 기계 및 가구 제외 7. 자동차 및 트레일러 제조업 8. 기타 기계 및 장비 제조업(사무용 기계 및 장비 제조업은 제외한다) 9. 기타 운송장비 제조업(전투용 차량 제조업은 제외한다)	상시 근로자 50명 이상
10. 농업 11. 어업 12. 소프트웨어 개발 및 공급업 13. 컴퓨터 프로그래밍, 시스템 통합 및 관리업 14. 정보서비스업 15. 금융 및 보험업 16. 임대업;부동산 제외 17. 전문, 과학 및 기술 서비스업(연구개발업은 제외한다) 18. 사업지원 서비스업 19. 사회복지 서비스업	상시 근로자 300명 이상
20. 건설업	공사금액 120억원 이상 (「건설산업기본법 시행령」에 따른 토목공사업에 해당하는 공사의 경우에는 150억원 이상)
21. 제1호부터 제20호까지의 사업을 제외한 사업	상시 근로자 100명 이상

> **Tip** 본 문제는 2014년 적용되는 법 개정으로 내용이 수정된 부분입니다. 해설내용은 수정된 내용이니 착오없으시기 바랍니다.
>
> **focus** 본 교재 제1과목 I. 7. 산업안전보건위원회 단원에서 관련된 내용 확인

7. 다음의 고압가스용기에 해당하는 색을 쓰시오 (4점)
   ① 산소   ② 아세틸렌   ③ 헬륨   ④ 질소   ⑤ 수소

   > **해답** ① 녹색   ② 노란색(황색)   ③ 회색   ④ 회색   ⑤ 주황색
   >
   > **focus** 본 교재 제5과목 II. 화공안전일반 11. 고압가스 용기의 도색 단원에서 관련내용 확인

8. 동력식 수동대패기의 방호장치와 그 방호장치와 송급테이블의 간격을 쓰시오.

   > **해답** ① 방호장치 : 칼날접촉 방지장치(날접촉예방장치)
   > ② 간격 : 날접촉 예방장치인 덮개와 송급테이블면과의 간격이 8mm 이하이어야 한다.
   >
   > **focus** 본 교재 제4과목 I. 18. 동력식 수동대패기 단원 보충강의에서 관련내용 확인

9. 크레인에 걸리는 하중에서 정격하중과 권상하중의 정의를 쓰시오.

   > **해답** ① 정격하중(rated load) : 크레인의 권상 하중에서 훅, 크래브 또는 버킷 등 달기기구의 중량에 상당하는 하중을 뺀 하중을 말한다. 다만, 지브가 있는 크레인 등으로서 경사각의 위치, 지브의 길이에 따라 권상능력이 달라지는 것은 그 위치에서의 권상하중에서 달기기구의 중량을 뺀 하중을 말한다.
   > ② 권상하중(hoisting load) : 들어 올릴 수 있는 최대의 하중을 말한다.

10. 인간실수확률에 대한 추정기법을 3가지 쓰시오.

    > **해답** ① 위급 사건 기법(critical incident technique : CIT)
    > ② 직무위급도 분석 (pickrel, et al.의 실수효과 심각성의 4등급)
    > ③ THERP(Technique for Human Error Rate Prediction)
    > ④ 조작자 행동나무(operator action tree : OAT)
    >
    > **focus** 본 교재(필기) 제2과목 02. IV. 3. 인간실수 확률에 대한 추정기법 단원에서 관련내용 확인

11. 다음의 내용에서 재해와 상해를 구분하시오.

    ① 골절   ② 추락   ③ 화재폭발   ④ 낙하, 비래   ⑤ 부종   ⑥ 이상온도접촉
    ⑦ 협착   ⑧ 중독 및 질식

해답 (1) 상해 : ① ⑤ ⑧
(2) 재해 : ② ③ ④ ⑥ ⑦

focus 본 교재 제1과목 III. 8. 상해의 종류 단원 및 본 교재(필기) 제1과목 02. I. 4. 재해의 원인분석 및 조사기법 단원에서 내용 확인

12. 다음은 정전기 대전에 관한 설명이다. 해당되는 대전의 종류를 쓰시오.

① 두 물질이 접촉과 분리과정이 반복되면서 마찰을 일으킬 때 전하분리가 생기면서 정전기가 발생
② 분체류, 액체류, 기체류가 단면적이 작은 개구부를 통해 분출할 때 분출물질과 개구부의 마찰로 인하여 정전기가 발생.
③ 분체류에 의한 입자끼리 또는 입자와 고정된 고체의 충돌, 접촉, 분리 등에 의해 정전기가 발생
④ 액체류를 파이프 등으로 수송할 때 액체류가 파이프 등과 접촉하여 두 물질의 경계에 전기 2중층이 형성되어 정전기가 발생
⑤ 상호 밀착해 있던 물체가 떨어지면서 전하 분리가 생겨 정전기가 발생

해답 ① 마찰대전 ② 분출대전 ③ 충돌대전 ④ 유동대전 ⑤ 박리대전

focus 본 교재 제5과목 I. 14. 정전기 발생과 안전대책 단원에서 관련된 내용 확인

13. 산업안전보건법상 안전 · 보건 표지에서 '관계자외 출입금지표지'의 종류 3가지를 쓰시오.

해답 ① 허가대상물질 작업장
② 석면취급/해체 작업장
③ 금지대상물질의 취급 실험실 등

focus 본 교재 제2과목 II. 8. 무재해운동과 위험예지훈련 단원에서 안전표지에 관련된 내용 확인

산업안전산업기사 실기 (필답형)
2013년 10월 5일 시행

1. 프로판 80vol%, 부탄 15vol%, 메탄 5vol% 의 조성을 가진 혼합가스의 폭발하한계 값 (vol%)을 계산하시오. (단, 프로판, 부탄, 메탄의 폭발하한값은 각각 5vol%, 3vol%, 2.1vol% 이다.) (5점)

해답 르사틀리에의 법칙

$$\frac{100}{L} = \frac{V_1}{L1} + \frac{V_2}{L_2} + \frac{V_3}{L_3} = \frac{80}{5} + \frac{15}{3} + \frac{5}{2.1} = 23.38 \quad 그러므로 \quad L = 4.28 vol\%$$

focus 본 교재 제5과목 II. 7. 혼합가스의 폭발범위 단원에서 관련내용 확인

2. 차광보안경에 관한 용어의 정의에서 괄호에 알맞은 내용을 쓰시오.

- (①) : 착용자의 시야를 확보하는 보안경의 일부로서 렌즈 및 플레이트 등을 말한다.
- (②) : 필터와 플레이트의 유해광선을 차단할 수 있는 능력을 말한다.
- (③) : 필터 입사에 대한 투과 광속의 비를 말하며, 분광투과율을 측정한다.

해답 ① 접안경   ② 차광도 번호   ③ 시감투과율

Tip 용어의 정의
1. "접안경"이란 착용자의 시야를 확보하는 보안경의 일부로서 렌즈 및 플레이트 등을 말한다.
2. "필터"란 해로운 자외선 및 적외선 또는 강렬한 가시광선의 강도를 감소시킬 수 있도록 설계된 것을 말한다.
3. "필터렌즈(플레이트)"란 유해광선을 차단하는 원형 또는 변형모양의 렌즈(플레이트)를 말한다.
4. "커버렌즈(플레이트)"란 분진, 칩, 액체약품 등 비산물로부터 눈을 보호하기 위해 사용하는 렌즈(플레이트)를 말한다.
5. "시감투과율"이란 필터 입사에 대한 투과 광속의 비를 말하며, 분광투과율을 측정한다.
7. "차광도 번호(scale number)"란 필터와 플레이트의 유해광선을 차단할 수 있는 능력을 말하고 자외선, 가시광선 및 적외선에 대해 표기할 수 있다.

3. 다음은 연삭기 덮개에 관한 사항이다. 괄호에 알맞은 답을 쓰시오 (3점)

- 탁상용 연삭기의 덮개에는 (①) 및 조정편을 구비하여야 한다.
- (①)는 연삭숫돌과의 간격을 (②)mm 이하로 조정할 수 있는 구조이어야 한다.
- 연삭기 덮개에는 자율안전확인의 표시에 따른 표시외에 추가로 숫돌사용주속도, (③) 을 표시해야 한다.

해답 ① 워크레스트   ② 3   ③ 숫돌회전방향

focus 본 교재 제4과목 I. 15. 연삭기의 재해유형 단원 및 본 교재(필기) 제3과목 02. I. 5. 연삭기 단원에서 관련내용 확인

Tip 연삭기 덮개의 일반구조
① 덮개에 인체의 접촉으로 인한 손상위험이 없어야 한다.
② 덮개에는 그 강도를 저하시키는 균열 및 기포 등이 없어야 한다.
③ 탁상용 연삭기의 덮개에는 워크레스트 및 조정편을 구비하여야 하며, 워크레스트는 연삭숫돌과의 간격을 3밀리미터 이하로 조정할 수 있는 구조이어야 한다.
④ 각종 고정부분은 부착하기 쉽고 견고하게 고정될 수 있어야 한다.

4. 다음 불대수를 계산하시오 (4점)

① A+1   ② A+0   ③ A(A+B)   ④ A+AB

해답 ① A+1 = 1
② A+0 = A
③ A(A+B) = (A · A) + (A · B) = A + (A · B) = A
④ A+AB = A

focus 본 교재 제3과목 06. II. 10. 확률사상의 적과 화 단원에서 관련내용 확인

5. 다음 [보기]의 사업에 대한 안전관리자의 최소 인원을 쓰시오. (5점)

[보기]
① 펄프 제조업 – 상시근로자 300명   ② 식료품 제조업 – 상시근로자 400명
③ 통신업 – 상시근로자 1500명   ④ 건설업 – 공사금액 700억원

해답 ① 1명 ② 1명 ③ 2명 ④ 1명

focus 본 교재(필기) 제 1과목 01. II. 3. 운용요령 단원에서 관련내용 확인

6. 공정안전보고서 제출대상 사업장을 4가지 쓰시오. (4점)

해답 ① 원유정제 처리업
② 기타 석유정제물 재처리업
③ 석유화학계 기초화학물질 제조업 또는 합성수지 및 기타 플라스틱물질 제조업
④ 질소 화합물, 질소 인산 및 칼리질 화학비료 제조업 중 질소질 비료 제조
⑤ 복합비료 및 기타 화학비료 제조업 중 복합비료 제조(단순혼합 또는 배합에 의한 경우는 제외)
⑥ 화학살균 살충제 및 농업용 약제 제조업(농약 원제 제조만 해당)
⑦ 화약 및 불꽃제품 제조업

focus 본 교재 제8과목 산업안전보건법 I. 산업안전보건법 4. 공정안전보고서 단원에서 관련내용 확인

7. 근로자수가 500명인 어느 회사에서 연간 10건의 재해가 발생하여 6명의 사상자가 발생하였다. 도수율(빈도율)과 연천인율을 구하시오.(단, 하루 9시간, 년간 250일 근로함) (4점)

   해답 도수율과 연천인율
   ① 도수율 = $\dfrac{요양재해건수}{연근로시간수} \times 1,000,000 = \dfrac{10}{500 \times 9 \times 250} \times 10^6 = 8.888 ≒ 8.89$
   ② 연천인율 = $\dfrac{연간재해자수}{연평균근로자수} \times 1,000 = \dfrac{6}{500} \times 1,000 = 12$

   focus 본 교재 제1과목 III. 12. 재해율 단원에서 관련된 계산공식 확인

8. 교량의 설치·해체 또는 변경 작업을 하는 경우 작업계획서 내용을 4가지 쓰시오.(4점) (단, 그 밖에 안전·보건에 관련된 사항 제외)

   해답 작업계획서 내용
   ① 작업 방법 및 순서
   ② 부재의 낙하·전도 또는 붕괴를 방지하기 위한 방법
   ③ 작업에 종사하는 근로자의 추락 위험을 방지하기 위한 안전조치 방법
   ④ 공사에 사용되는 가설 철구조물 등의 설치·사용·해체 시 안전성 검토 방법
   ⑤ 사용하는 기계 등의 종류 및 성능, 작업방법
   ⑥ 작업지휘자 배치계획

9. 자율안전확인대상 기계 등에 해당하는 방호장치의 종류를 4가지 쓰시오.(4점)

   해답 자율안전확인 대상 방호장치
   ① 아세틸렌 용접장치용 또는 가스집합 용접장치용 안전기
   ② 교류 아크용접기용 자동전격방지기
   ③ 롤러기 급정지장치
   ④ 연삭기 덮개
   ⑤ 목재 가공용 둥근톱 반발 예방장치와 날 접촉 예방장치
   ⑥ 동력식 수동대패용 칼날 접촉 방지장치
   ⑦ 추락·낙하 및 붕괴 등의 위험 방지 및 보호에 필요한 가설기자재로서 고용노동부장관이 정하여 고시하는 것

   Tip 2020년 시행. 관련법령 전부개정으로 변경된 내용입니다. 문제와 해답은 개정된 내용에 맞게 수정했으니 착오없으시기 바랍니다.

   focus 본 교재 제1과목 IV. 7. 안전인증(자율안전확인)단원에서 관련된 내용 확인

10. 로봇을 운전하는 경우 당해 로봇에 접촉함으로 근로자에게 위험이 발생할 우려가 있는 때에 사업주가 취해야할 안전조치사항을 2가지 쓰시오.(4점)

    해답 ① 높이 1.8미터 이상의 울타리 설치
    ② 컨베이어 시스템의 설치 등으로 울타리를 설치할 수 없는 일부 구간
      – 안전매트 또는 광전자식 방호장치 등 감응형(感應形) 방호장치 설치

    focus 본 교재 제4과목 I. 19. 산업용로봇의 방호장치 단원에서 관련내용 확인

11. 동기부여의 이론 중 허즈버그와 알더퍼의 이론을 상호비교한 아래의 표에서 빈칸에 알맞은 내용을 쓰시오. (5점)

욕구단계	허즈버그의 2요인 이론	알더퍼의 ERG이론
제5단계	①	③
제4단계		
제3단계		④
제2단계	②	⑤
제1단계		

해답 ① 동기요인 ② 위생요인 ③ 성장욕구 ④ 관계욕구 ⑤ 존재 욕구

focus 본 교재 제2과목 II. 7. 동기부여에 관한 이론 단원에서 관련내용 확

12. 충전전로의 선간전압에 대한 접근한계거리를 쓰시오. (4점)
   1) 충전전로 0.25kV 일 때 (①)   2) 충전전로 1.5kV 일 때 (②)
   3) 충전전로 22kV 일 때 (③)   4) 충전전로 220kV 일 때 (④)

해답 ① 접촉금지 ② 45센티미터 ③ 90센티미터 ④ 230센티미터

Tip 충전전로의 접근한계거리

충전전로의 선간전압 (단위 : 킬로볼트)	충전전로에 대한 접근한계거리 (단위 : 센티미터)
0.3 이하	접촉금지
0.3 초과 0.75 이하	30
0.75 초과 2 이하	45
2 초과 15 이하	60
15 초과 37 이하	90
37 초과 88 이하	110
88 초과 121 이하	130
121 초과 145 이하	150
145 초과 169 이하	170
169 초과 242 이하	230
242 초과 362 이하	380
362 초과 550 이하	550
550 초과 800 이하	790

focus 본 교재 제5과목 I. 9. 충전전로에서의 전기작업 단원에서 관련내용 확인

13. 구축물 또는 이와 유사한 시설물에 대하여 안전진단 등 안전성 평가를 하여 근로자에게 미칠 위험성을 미리 제거하여야 하는 경우를 3가지 쓰시오. (단, 그 밖의 잠재위험이 예상될 경우 제외)

해답 안전성 평가를 하여야 하는 경우
① 구축물 또는 이와 유사한 시설물의 인근에서 굴착·항타작업 등으로 침하·균열 등이 발생하여 붕괴의 위험이 예상될 경우
② 구축물 또는 이와 유사한 시설물에 지진, 동해, 부동침하 등으로 균열·비틀림 등이 발생하였을 경우
③ 구조물, 건축물, 그 밖의 시설물이 그 자체의 무게·적설·풍압 또는 그 밖에 부가되는 하중 등으로 붕괴 등의 위험이 있을 경우
④ 화재 등으로 구축물 또는 이와 유사한 시설물의 내력이 심하게 저하되었을 경우
⑤ 오랜 기간 사용하지 아니하던 구축물 또는 이와 유사한 시설물을 재사용하게 되어 안전성을 검토하여야 하는 경우

focus 본교재(필기) 제6과목 04. II. 2. 토사붕괴시 조치사항 단원에서 관련내용 확인

산업안전산업기사 실기 (필답형)
2014년 4월 19일 시행

1. 사업주는 위험물을 기준량 이상으로 제조하거나 취급하는 경우에는 내부의 이상 상태를 조기에 파악하기 위하여 필요한 온도계·유량계·압력계 등의 계측장치를 설치하여야 한다. 해당되는 화학설비를 쓰시오.

   해답
   ① 발열반응이 일어나는 반응장치
   ② 증류·정류·증발·추출 등 분리를 하는 장치
   ③ 가열시켜 주는 물질의 온도가 가열되는 위험물질의 분해온도 또는 발화점보다 높은 상태에서 운전되는 설비
   ④ 반응폭주 등 이상 화학반응에 의하여 위험물질이 발생할 우려가 있는 설비
   ⑤ 온도가 섭씨 350도 이상이거나 게이지 압력이 980킬로파스칼 이상인 상태에서 운전되는 설비
   ⑥ 가열로 또는 가열기

   focus 본 교재(필기) 제5과목 03. Ⅲ. 6. 계측장치 단원에서 내용 확인

2. 휴먼에러(Human Error)의 분류방법 중 심리적 분류(A.D.Swain)의 종류를 4가지 쓰시오.

   해답 스웨인(A.D.Swain)의 심리적 분류
   ① Omission error ② Commission error ③ Sequential error
   ④ Time error ⑤ Extraneous error

   Tip 스웨인(A.D.Swain)의 분류

생략에러(Omission error)	필요한 직무나 단계를 수행하지 않은(생략) 에러
착각수행에러(Commission error)	직무나 순서 등을 착각하여 잘못 수행(불확실한 수행)한 에러
순서에러(Sequential error)	직무 수행과정에서 순서를 잘못 지켜(순서착오) 발생한 에러
시간적에러(Time error)	정해진 시간내 직무를 수행하지 못하여(수행지연)발생한 에러
과잉행동에러(Extraneous error)	불필요한 직무 또는 절차를 수행하여 발생한 에러

   focus 본 교재 제3과목 Ⅰ. 4. 휴먼에러 단원에서 관련내용 확인

3. 안전관리자가 수행하여야할 업무를 5가지 쓰시오.

   해답 안전관리자의 업무
   ① 산업안전보건위원회 또는 안전·보건에 관한 노사협의체에서 심의·의결한 업무와 해당 사업장의 안전보건관리규정 및 취업규칙에서 정한 업무
   ② 안전인증대상 기계 등과 자율안전확인대상 기계 등 구입 시 적격품의 선정에 관한 보좌 및 지도·조언
   ③ 위험성평가에 관한 보좌 및 지도·조언

④ 해당 사업장 안전교육계획의 수립 및 안전교육 실시에 관한 보좌 및 지도·조언
⑤ 사업장 순회점검·지도 및 조치의 건의
⑥ 산업재해 발생의 원인 조사·분석 및 재발 방지를 위한 기술적 보좌 및 지도·조언
⑦ 산업재해에 관한 통계의 유지·관리·분석을 위한 보좌 및 지도·조언
⑧ 법 또는 법에 따른 명령으로 정한 안전에 관한 사항의 이행에 관한 보좌 및 지도·조언
⑨ 업무수행 내용의 기록·유지
⑩ 그 밖에 안전에 관한 사항으로서 고용노동부장관이 정하는 사항

focus 본 교재 제1과목 I. 안전관리 조직 5. 안전관리자의 직무 단원에서 관련내용 확인

4. 다음 연삭기의 방호장치에 해당하는 각도를 쓰시오.

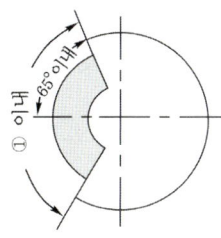	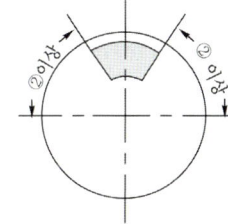
① 일반연삭작업 등에 사용하는 것을 목적으로 하는 탁상용 연삭기의 덮개 각도	② 연삭숫돌의 상부를 사용하는 것을 목적으로 하는 탁상용 연삭기의 덮개 각도
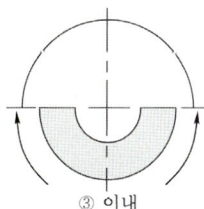	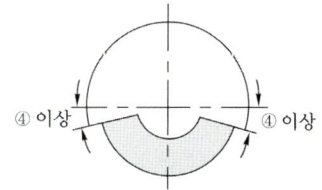
③ 휴대용 연삭기, 스윙연삭기, 스라브연삭기, 기타 이와 비슷한 연삭기의 덮개 각도	④ 평면연삭기, 절단연삭기, 기타 이와 비슷한 연삭기의 덮개 각도

해답 ① 125° ② 60° ③ 180° ④ 15°

focus 본 교재 제 4과목 I. 17. 연삭기의 방호장치 및 설치방법 단원에서 관련내용 확인

5. 재해사례 연구순서를 5단계로 쓰시오.

해답 ① 제1단계 : 재해상황의 파악 ② 제2단계 : 사실의 확인
③ 제3단계 : 문제점의 발견 ④ 제4단계 : 근본적 문제점 결정
⑤ 제5단계 : 대책수립

focus 본 교재 제1과목 III. 14. 재해사례 연구순서 단원에서 관련내용 확인

6. 인간-기계 기능 체계의 기본기능 4가지를 쓰시오.

　해답　① 감지기능
　　　　② 정보보관기능
　　　　③ 정보처리 및 의사결정기능
　　　　④ 행동기능

　focus　본 교재 제3과목 I. 1. 인간-기계 체계 단원에서 관련내용 확인

7. 압력용기의 안전검사 주기에 관한 내용이다. 내용에 맞는 주기를 쓰시오.
　(1) 사업장에 설치가 끝난 날부터 (①)년 이내에 최초 안전검사를 실시한다.
　(2) 최초안전검사 이후 매(②)년마다 안전검사를 실시한다.
　(3) 공정안전보고서를 제출하여 확인을 받은 압력용기는 (③)년마다 안전검사를 실시한다.

　해답　① 3　② 2　③ 4

　Tip　① 안전검사의 주기

크레인(이동식크레인 제외), 리프트(이삿짐운반용리프트 제외) 및 곤돌라	사업장에 설치가 끝난 날부터 3년 이내에 최초 안전검사를 실시하되, 그 이후부터 2년마다(건설현장에서 사용하는 것은 최초로 설치한 날부터 6개월마다)
이동식크레인, 이삿짐운반용리프트, 고소작업대	자동차 관리법에 따른 신규 등록 이후 3년 이내에 최초 안전검사를 실시하되, 그 이후부터는 2년마다
프레스, 전단기, 압력용기, 국소배기장치, 원심기, 롤러기, 사출성형기, 컨베이어 및 산업용 로봇	사업장에 설치가 끝난 날부터 3년 이내에 최초 안전검사를 실시하되, 그 이후부터 2년마다(공정안전보고서를 제출하여 확인을 받은 압력용기는 4년마다)

　　② 2020년 시행. 관련법령 전부개정으로 변경된 내용입니다. Tip의 내용은 개정된 내용에 맞게 수정했으니 착오없으시기 바랍니다.

　focus　본 교재 제1과목 IV. 9. 안전검사 단원에서 관련내용 확인

8. 다음 내용에 맞는 안전계수를 쓰시오.

근로자가 탑승하는 운반구를 지지하는 달기와이어로프 또는 달기체인의 경우	(①) 이상
화물의 하중을 직접 지지하는 경우 달기와이어로프 또는 달기체인의 경우	(②) 이상
훅, 샤클, 클램프, 리프팅 빔의 경우	(③) 이상
그 밖의 경우	(④) 이상

　해답　① 10　② 5　③ 3　④ 4

　Tip　와이어로프의 안전계수는 그 절단하중의 값을 와이어로프에 걸리는 하중의 최대값으로 나눈 값이다.

　focus　본 교재 제3과목 05. III. 2. 방호장치의 종류 단원에서 내용 확인

9. 방진마스크의 시험성능 기준에 있는 여과재분진 등 포집효율에 관한 다음 내용중 ( )에 알맞은 내용을 쓰시오.

종류	등급	염화나트륨(NaCl) 및 파라핀오일(Paraffin oil)시험(%)
분리식	특급	(①)% 이상
	1급	94.0% 이상
	2급	(②)% 이상
안면부여과식	특급	(③)% 이상
	1급	94.0% 이상
	2급	(④)% 이상

해답 ① 99.95 ② 80 ③ 99.0 ④ 80.0

focus 본 교재 제7과목 I. 3. 방진마스크 단원에서 포집 효율에 관련된 내용 확인

10. 히빙이 발생하기 쉬운 지반형태와 발생원인을 2가지 쓰시오. (3점)

해답 (1) 지반형태 : 연약성 점토지반
(2) 발생원인
① 유동성이 큰 연약한 점토지반에서 굴착 중 흙막이 근입 깊이가 충분하지 못하여 흙막이 바깥쪽 지반의 활동력이 안쪽 지반의 저항력보다 큰 경우
② 유동성이 큰 연약한 점토지반에서 굴착 중 흙막이 지보공의 강성이 부족하여 흙막이 외부의 유동성이 큰 토사의 토압으로 인해 터파기 면으로 연약지반이 밀려 올라오는 경우
③ 유동성이 큰 연약한 점토지반에서 굴착 중 지표면(원지반)의 하중이 증가하거나 굴착면의 하중이 감소하여 흙막이 바깥쪽 지반의 활동력이 안쪽 지반의 저항력보다 큰 경우

focus 본 교재 제6과목 I. 16. 토사 붕괴 위험성 및 안전조치 단원에서 관련내용 확인

11. 광전자식 방호장치가 설치된 마찰클러치식 기계프레스에서 급정지시간이 200ms로 측정되었을 경우 안전거리(mm)를 구하시오. (5점)

해답 ① $D = 1600 \times (T_c + T_s) = 1600 \times$ 급정지시간(초)
D : 안전거리(mm)
T_c : 방호장치의 작동시간[즉 손이 광선을 차단했을 때부터 급정지기구가 작동을 개시할 때까지의 시간 (초)]
T_s : 프레스의 최대정지시간 [즉 급정지기구가 작동을 개시했을 때부터 슬라이드가 정지할 때까지의 시간 (초)]
② $D = 1600 \times 200 \times \dfrac{1}{1000} = 320 \text{(mm)}$

Tip 접근 반응형 방호장치
① 위험 범위 내로 신체가 접근할 경우 이를 감지하여 즉시 기계의 작동을 정지시키거나 전원이 차단되도록 하는 방법
② 프레스의 광 전자식

focus 본 교재 제 4과목 I. 10. 프레스의 방호장치 및 설치방법 단원에서 관련된 계산공식 확인

12. 교류 아크 용접기에 설치하는 자동전격방지기 설치시 요령 및 유의 사항 3가지를 쓰시오 (3점)

해답
① 직각으로 부착할 것(부득이할 경우 직각에서 20°를 넘지 않을 것)
② 용접기의 이동·진동·충격으로 이완되지 않도록 이완 방지 조치를 취할 것
③ 작동 상태를 알기 위한 표시등은 보기쉬운 곳에 설치할 것
④ 작동 상태를 실험하기 위한 테스트 스위치는 조작하기 쉬운 곳에 설치할 것

focus 본 교재 제5과목 I. 전기안전 일반 11. 교류아크 용접기의 방호장치 및 성능조건 단원에서 관련내용 확인

13. 구안법(project method)의 장점을 쓰시오.

해답 구안법의 장점
① 학습활동에 대한 확실한 동기부여(학습자의 흥미에서 시작)
② 자발적이고 능동적인 학습활동 (학습자가 계획)
③ 창조적인 태도 형성에 도움(결과를 만들어 내는 실천적인 면을 중시)
④ 학교생활과 실제생활의 연결(현실생활의 실천적 문제해결)
⑤ 만족감과 성취감 제공 (스스로 계획하고 실천하는 활동)

focus 본 교재(필기) 제1과목 07. II. 1. 교육훈련기법 단원에서 내용 확인

산업안전산업기사 실기 (필답형)
2014년 7월 5일 시행

1. 상시근로자 50명이 작업하는 어느 사업장에서 년간 재해건수 8건, 재해자수 10명이 발생하였으며, 휴업일수가 219일이었다. 도수율과 강도율을 구하시오. (단, 근로시간은 1일 9시간, 년간 280일)

   해답 ① 도수율(빈도율)

   $$빈도율(F.R) = \frac{재해건수}{연간총근로시간수} \times 1,000,000$$

   $$\therefore 도수율 = \frac{8}{50 \times 9 \times 280} \times 10^6 = 63.49$$

   ② 강도율

   $$강도율(S.R) = \frac{근로손실일수}{연간총근로시간수} \times 1,000$$

   $$\therefore 강도율 = \frac{219 \times \frac{280}{365}}{50 \times 9 \times 280} \times 1,000 = 1.33$$

   focus 본 교재 제1과목 III. 12. 재해율 단원에서 관련내용 확인

2. 다음에 주어진 안전·보건표지의 명칭을 쓰시오.

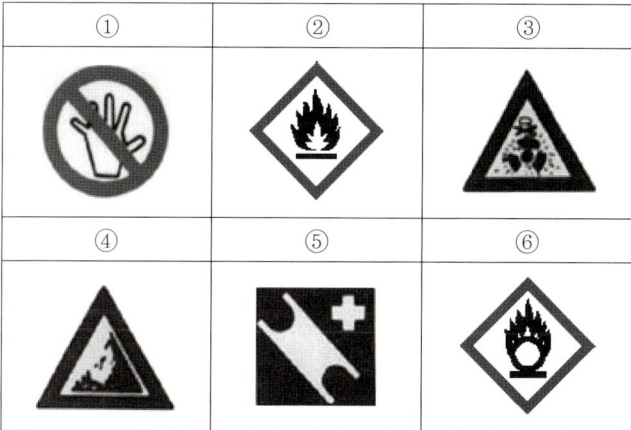

   해답 ① 사용금지 ② 인화성물질 경고
   ③ 방사성물질 경고 ④ 낙하물 경고
   ⑤ 들것 ⑥ 산화성물질 경고

   focus 본 교재 제2과목 II. 8. 무재해운동과 위험예지훈련 단원에서 안전표지에 관련된 내용 확인

3. 미 국방성의 위험성 평가에서 분류한 재해의 위험수준(MIL-STD-882B)을 4가지 범주로 설명하시오.

해답 위험성의 분류

범주 I	파국적(catastrophic : 대재앙)	인원의 사망 또는 중상, 또는 완전한 시스템 손실
범주 II	위기적(critical : 심각한)	인원의 상해 또는 중대한 시스템의 손상으로 인원이나 시스템 생존을 위해 즉시 시정조치 필요
범주 III	한계적(marginal : 경미한)	인원의 상해 또는 중대한 시스템의 손상 없이 배제 또는 제어 가능
범주 IV	무시(negligible : 무시할만한)	인원의 손상이나 시스템의 손상은 초래하지 않는다.

focus 본 교재(필기) 제 2과목 05. II. 1. 시스템 위험성의 분류 단원에서 관련내용 확인

4. 아래의 내용은 단상변압기에 관련된 그림이다. 대지전압 100V를 50V로 감소시켜 감전재해를 방지하기 위하여 접지공사를 시행하고자 한다. 필요한 접지위치를 그림에 표시하고 몇종 접지에 해당되는지 접지공사의 종류를 쓰시오.

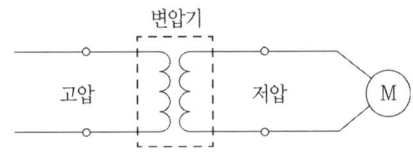

해답

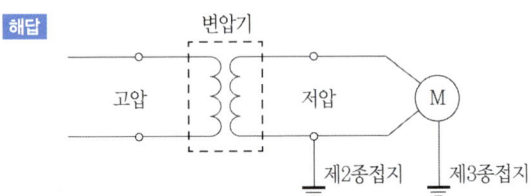

① 변압기 저압측(1단자)에 제2종 접지공사
② 모터의 금속제 외함에 제3종 접지공사

Tip 2021년 적용되는 법 제정으로 종별접지공사는 삭제된 내용이니 본문내용을 참고하세요.

focus 본 교재 제5과목 I. 10. 접지설비의 종류 및 공사시 안전 단원에서 관련내용 확인

5. 밀폐공간에서 작업할 경우 실시해야하는 특별안전보건교육의 내용 4가지와 연간 교육시간을 쓰시오.(단, 그 밖에 안전보건관리에 필요한 사항은 제외)

해답 (1) 교육내용
① 산소농도 측정 및 작업환경에 관한 사항
② 사고시의 응급처치 및 비상시 구출에 관한 사항

③ 보호구 착용 및 보호 장비 사용에 관한 사항
④ 작업내용・안전작업 방법 및 절차에 관한 사항
⑤ 장비・설비 및 시설 등의 안전점검에 관한 사항
(2) 교육시간

일용근로자 및 근로계약기간이 1주일 이하인 기간제근로자	2시간 이상
일용근로자 및 근로계약기간이 1주일 이하인 기간제근로자를 제외한 근로자	− 16시간 이상 − 단기간 작업 또는 간헐적 작업인 경우에는 2시간 이상

Tip 2023년 법령개정. 문제 및 해답은 개정된 내용 적용.

focus 본 교재 제 2과목 Ⅰ. 10. 산업안전보건법상의 교육의 종류와 교육시간 및 교육내용 단원에서 관련된 내용 확인

---

6. 직렬로 접속되어 있는 A, B, C 의 발생확률이 각각 0.15일 경우, 고장사상을 정상사상으로 하는 FT도를 그리고 발생확률을 구하시오.

해답 ① FT도

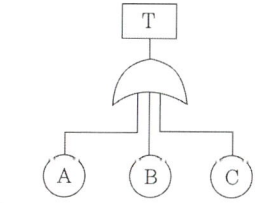

② 발생확률
T = 1−(1−0.15)(1−0.15)(1−0.15) = 0.386 ≒ 0.39

focus 본 교재 제3과목 Ⅱ. 11. 미니멀 컷과 미니멀 패스 단원 및 (필기) 제2과목 06. Ⅱ. 1. 확률사상의 계산 단원에서 관련내용 확인

---

7. 자율안전확인 안전기에 자율안전확인의 표시에 따른 표시외에 추가로 표시해야할 사항을 2가지 쓰시오.

해답 ① 가스의 흐름 방향   ② 가스의 종류

---

8. 비, 눈, 그 밖의 기상상태의 악화로 작업을 중지시킨후 또는 비계를 조립, 해체하거나 변경한 후에 그 비계에서 작업을 하는 경우 해당 작업을 시작하기 전에 점검해야 할 사항을 6가지 쓰시오.

해답 ① 발판재료의 손상여부 및 부착 또는 걸림상태
② 당해 비계의 연결부 또는 접속부의 풀림상태

③ 연결재료 및 연결철물의 손상 또는 부식상태
④ 손잡이의 탈락여부
⑤ 기둥의 침하·변형·변위 또는 흔들림 상태
⑥ 로프의 부착상태 및 매단장치의 흔들림 상태

focus 본 교재 제6과목 I. 24. 비계의 종류 및 설치시 준수사항 단원에서 관련내용 확인

9. 산업안전보건법에 따른 산업안전보건위원회의 심의 의결사항을 4가지 쓰시오.

해답
① 사업장의 산업재해예방계획의 수립에 관한 사항
② 안전보건관리규정의 작성 및 변경에 관한 사항
③ 근로자에 대한 안전·보건교육에 관한 사항
④ 작업환경 측정 등 작업환경의 점검 및 개선에 관한 사항
⑤ 근로자의 건강진단 등 건강관리에 관한 사항
⑥ 산업재해의 원인조사 및 재발방지대책 수립에 관한 사항중 중대재해에 관한 사항
⑦ 산업재해에 관한 통계의 기록 및 유지에 관한 사항
⑧ 유해하거나 위험한 기계기구와 그 밖의 설비를 도입한 경우 안전 및 보건관련 조치에 관한 사항
⑨ 그 밖에 해당 사업장 근로자의 안전 및 보건을 유지·증진시키기 위하여 필요한 사항

focus 본 교재 제 1과목 I. 7. 산업안전 보건위원회 단원에서 관련내용 확인

10. 안전인증 대상 기계기구를 5가지 쓰시오.(단, 세부사항까지 작성하고, 프레스, 크레인은 제외한다)

해답 ① 전단기 및 절곡기 ② 리프트 ③ 압력용기 ④ 롤러기 ⑤ 사출성형기
⑥ 고소 작업대 ⑦ 곤돌라

focus 본 교재 제1과목 IV. 7. 안전인증 단원에서 관련내용 확인

11. 위험물에 해당하는 급성독성물질의 다음에 해당하는 기준치를 쓰시오.
① LD50(경구, 쥐)
② LD50(경피, 토끼 또는 쥐)
③ 가스 LC50(쥐, 4시간 흡입)
④ 증기 LC50(쥐, 4시간 흡입)

해답 급성 독성물질
① LD50(경구, 쥐) : 킬로그램당 300밀리그램(체중) 이하인 화학물질
② LD50(경피, 토끼 또는 쥐) : 킬로그램당 1000밀리그램(체중) 이하인 화학물질
③ 가스 LC50(쥐, 4시간 흡입) : 2,500ppm 이하인 화학물질
④ 증기 LC50(쥐, 4시간 흡입) : 10mg/L 이하인 화학물질

focus 본 교재(필기) 제 5과목 01. I. 3. 위험물의 종류 단원에서 관련내용 확인

12. 프레스의 손쳐내기식 방호장치의 설치방법에 관한 사항이다. ( )에 맞는 내용을 쓰시오.
(1) 슬라이드 하행정거리의 (①) 위치에서 손을 완전히 밀어내어야 한다.
(2) 방호판의 폭은 금형폭의 (②) 이상이어야 하고, 행정길이가 300mm 이상의 프레스기계에는 방호판 폭을 (③)mm로 해야 한다.

해답 ① 3/4 ② 1/2 ③ 300

focus 본 교재 제4과목 I. 10. 프레스의 방호장치 및 설치방법 단원에서 관련내용 확인

13. 양중기에 사용하는 달기체인의 사용금지 기준을 2가지 쓰시오.

해답 ① 달기체인의 길이가 달기체인이 제조된 때의 길이의 5퍼센트를 초과한 것
② 링의 단면지름이 달기체인이 제조된 때의 해당 링의 지름의 10퍼센트를 초과하여 감소한 것
③ 균열이 있거나 심하게 변형된 것

Tip 양중기 와이어로프의 사용금지 조건
① 이음매가 있는 것
② 와이어로프의 한 꼬임(스트랜드)에서 끊어진 소선(필러선 제외)의 수가 10% 이상인 것
③ 지름의 감소가 공칭지름의 7%를 초과하는 것
④ 꼬인 것
⑤ 심하게 변형되거나 부식된 것
⑥ 열과 전기충격에 의해 손상된 것

focus 본 교재 제4과목 II. 4. 와이어로프 단원에서 관련내용 확인

산업안전산업기사 실기 (필답형)
2014년 10월 4일 시행

1. 이황화탄소의 폭발상한계가 44.0(vol%)이고, 폭발하한계가 1.2(vol%)라면, 이황화탄소의 위험도를 계산하시오.

해답 위험도 $H = \dfrac{UFL - LFL}{LFL}$

여기서 UFL : 연소 상한값, LFL : 연소 하한값, H : 위험도

∴ $H = \dfrac{44.0 - 1.2}{1.2} = 35.666 = 35.67$

focus 본 교재 제5과목 II. 8. 위험도 단원에서 자세한 내용 확인

2. 휴대용 목재가공용 둥근톱기계의 방호장치와 설치방법에서 덮개에 대한 구조조건을 3가지 쓰시오.

해답 ① 절단작업이 완료되었을 때 자동적으로 원위치에 되돌아오는 구조일 것
② 이동범위를 임의의 위치로 고정할 수 없을 것
③ 휴대용 둥근톱 덮개의 지지부는 덮개를 지지하기 위한 충분한 강도를 가질 것
④ 휴대용 둥근톱 덮개의 지지부의 볼트 및 이동덮개가 자동적으로 되돌아오는 기계의 스프링 고정볼트는 이완방지장치가 설치되어 있는 것일 것

Tip 휴대용 둥근톱 가공덮개와 톱날 노출각이 45도 이내이어야 한다.

focus 본 교재(필기) 제3과목 04. V. 2. (보충강의)목재가공용 둥근톱 단원에서 내용 확인

3. 재해분석방법으로 개별분석방법과 통계에 의한 분석방법이 있다. 통계적인 분석방법 2가지만 쓰고, 각각의 방법에 대해 설명하시오.

해답 ① 파레토도(Pareto diagram) : 관리 대상이 많은 경우 최소의 노력으로 최대의 효과를 얻을 수 있는 방법(분류항목을 큰 값에서 작은 값의 순서로 도표화 하는데 편리)
② 특성요인도 : 특성과 요인관계를 어골상으로 세분하여 연쇄관계를 나타내는 방법 (원인요소와의 관계를 상호의 인과관계만으로 결부)
③ 크로스(Cross)분석 : 두가지 또는 그 이상의 요인이 서로 밀접한 상호관계를 유지할 때 사용되는 방법

Tip 관리도
재해 발생건수 등의 추이파악 → 목표관리 행하는데 필요한 월별재해 발생 수의 그래프화 → 관리 구역 설정 → 관리하는 방법

focus 본 교재 제1과목 III. 9. 통계적 원인분석 방법 단원에서 관련내용 확인

4. 차량계 하역운반기계 운전자가 운전위치 이탈시 준수해야 할 사항 2가지를 쓰시오.

   해답 ① 포크, 버킷, 디퍼 등의 장치를 가장 낮은 위치 또는 지면에 내려 둘 것
   ② 원동기를 정지시키고 브레이크를 확실히 거는 등 갑작스러운 주행이나 이탈을 방지하기 위한 조치를 할 것
   ③ 운전석을 이탈하는 경우에는 시동키를 운전대에서 분리시킬 것. 다만, 운전석에 잠금장치를 하는 등 운전자가 아닌 사람이 운전하지 못하도록 조치한 경우는 그렇지 않다.

   focus 본 교재 제6과목 I. 7. 운반기계 단원에서 관련된 내용 확인

5. 산업안전보건법상 유해·위험 방지를 위한 방호조치를 해야만 하는 다음 보기의 기계·기구에 설치해야할 방호장치를 쓰시오.

   [보기] ① 예초기 ② 원심기 ③ 공기압축기 ④ 금속절단기 ⑤ 지게차

   해답 ① 예초기 : 날접촉예방장치   ② 원심기 : 회전체 접촉 예방장치   ③ 공기압축기 : 압력방출장치
   ④ 금속절단기 : 날접촉예방장치   ⑤ 지게차 : 헤드가드, 백레스트, 전조등, 후미등, 안전밸트

   Tip 포장기계(진공포장기, 랩핑기로 한정) : 구동부 방호 연동장치

   focus 본 교재 제4과목 I. 9. 산업안전보건법상 유해위험 기계기구 단원에서 관련내용 확인

6. 양중기에 사용하는 와이어로프의 사용금지 기준을 3가지 쓰시오.(단, 꼬인 것, 부식된 것, 변형된 것은 제외한다)

   해답 ① 이음매가 있는 것
   ② 와이어로프의 한 꼬임(스트랜드)에서 끊어진 소선(필러선 제외)의 수가 10% 이상인 것
   ③ 지름의 감소가 공칭지름의 7%를 초과하는 것
   ④ 열과 전기충격에 의해 손상된 것

   Tip 달기체인의 사용금지 기준
   ① 달기체인의 길이가 달기체인이 제조된 때의 길이의 5퍼센트를 초과한 것
   ② 링의 단면지름이 달기체인이 제조된 때의 해당 링의 지름의 10퍼센트를 초과하여 감소한 것
   ③ 균열이 있거나 심하게 변형된 것

   focus 본 교재 제4과목 II. 4. 와이어로프 단원에서 관련내용 확인

7. 암실에서 정지된 작은 광점이나 밤하늘의 별들을 응시하면 움직이는 것처럼 보이는 현상을 운동의 착각현상 중 '자동운동'이라 한다. 자동운동이 생기기 쉬운 조건을 3가지 쓰시오.

   해답 ① 광점이 작을수록
   ② 시야의 다른 부분이 어두울수록

③ 광의 강도가 작을수록
④ 대상이 단순할수록

Tip 착각현상의 종류 ① 자동운동 ② 유도운동 ③ 가현운동

focus 본 교재 제 2과목 Ⅱ. 1. 착각현상 단원에서 관련내용 확인

8. Fool proof의 대표적인 기구인 가드에 해당하는 고정가드와 인터록 가드에 대하여 간단히 설명하시오.

해답 ① 고정 가드(Fixed Guard) : 개구부로부터 가공물과 공구 등을 넣어도 손은 위험영역에 머무르지 않는 형태
② 인터록 가드(Interlock Guard) : 기계가 작동중에 개폐되는 경우 정지하는 형태

Tip1 ① 조절 가드(Adjustable Guard) : 가공물과 공구에 맞도록 형상과 크기를 조절하는 형태
② 경고 가드(Warning Guard) : 손이 위험영역에 들어가기 전에 경고를 하는 형태

Tip2 Fool proof의 대표적인 기구
① 가드(Guard) ② 록기구(Lock기구) ③ 오버런기구(Overun기구)
④ 트립 기구(Trip 기구) ⑤ 밀어내기기구(Push&Pull 기구) ⑥ 기동방지 기구

focus 본 교재 제4과목 I. 4. Fool proof 단원에서 관련내용 확인

9. 다음 보기에 해당하는 재해 발생 형태별 분류를 쓰시오.

[보기]
① 재해자가 구조물 상부에서 「전도(넘어짐)」로 인하여 「추락(떨어짐)」되어 두개골 골절이 발생한 경우
② 재해자가 「전도(넘어짐)」 또는 「추락(떨어짐)」으로 물에 빠져 익사한 경우

해답 ① 추락(떨어짐)
② 유해·위험물질 노출·접촉

10. 산업현장에서 사용되는 출입금지 표지판의 배경반사율이 80%이고 관련 그림의 반사율이 20%일 경우 표지판의 대비를 구하시오.

해답 ① 공식 : 대비(%) = $\dfrac{배경의\ 광도(L_b) - 표적의\ 광도(L_t)}{배경의\ 광도(L_b)} \times 100$

② 계산식 : $\dfrac{80-20}{80} \times 100 = 75\%$

focus 본 교재 제3과목 I. 20. 대비 단원에서 관련된 내용 확인

11. [보기]의 교류아크용접기의 자동전격방지기 표시사항을 상세히 기술하시오.

> [보기] SP-3A-H

해답 자동전격 방지기 표시사항
① SP : 외장형
② 3 : 300A
③ A : 용접기에 내장되어 있는 콘덴서의 유무에 관계없이 사용할 수 있는 것
④ H : 고저항시동형

focus 본 교재 제5과목 I. 11. 교류아크용접기의 방호장치 및 성능조건 단원에서 확인

12. 보호구에 관한 규정에서 정의한 다음 설명에 해당하는 용어를 쓰시오.
① 유기화합물용 보호복에 있어 화학물질이 보호복의 재료의 외부 표면에 접촉된 후 내부로 확산하여 내부 표면으로부터 탈착되는 현상
② 방독마스크에 있어 대응하는 가스에 대하여 정화통 내부의 흡착제가 포화상태가 되어 흡착능력을 상실한 상태

해답 ① 투과(permeation) ② 파과

Tip 2009년 7월 5일 시행 산업안전기사 실기(필답형) 3번문제 해답 참고

13. 다음의 표를 참고하여 열압박지수(HSI), 작업지속시간(WT), 휴식시간(RT)을 구하시오. (단, 체온상승 허용치는 1℃를 250Btu로 환산한다.)

열부하원	작업환경	휴식장소
대사	1500	320
복사	1000	−200
대류	50	−500
E_{max}	1500	1200

해답
① E_{req}(소요증발열손실) $= M(대사) + R(복사) + C(대류) = 1500 + 1000 + 50 = 2{,}550 [Btu/hr]$
② $E'_{req} = M(대사) + R(복사) + C(대류) = 320 + (-200) + (-500) = -380 [Btu/hr]$
③ $HSI = \dfrac{E_{req}}{E_{max}} \times 100\% = \dfrac{2{,}550}{1{,}500} \times 100 = 170\%$
④ $WT = \dfrac{250}{E_{req} - E_{max}} = \dfrac{250}{2{,}550 - 1{,}500} = 0.238 = 0.24 [시간]$
⑤ $RT = \dfrac{250}{E'_{max} - E'_{req}} = \dfrac{250}{1{,}200 - (-380)} = 0.158 = 0.16 [시간]$

focus 본 교재(필기) 제2과목 04. I. 6. 열교환 과정과 열압박 단원에서 관련내용 확인

산업안전산업기사 실기 (필답형)
2015년 4월 19일 시행

1. A사업장의 도수율이 4이고 지난 한해 동안 5건의 재해로 인하여 15명의 재해자가 발생하였고 350일의 근로손실일수가 발생하였을 경우 강도율을 구하시오.

   해답
   ① 도수율 = $\dfrac{\text{재해건수}}{\text{연간총근로시간수}} \times 1,000,000$

   연간총근로시간수 = $\dfrac{\text{재해건수}}{\text{도수율}} \times 1,000,000 = \dfrac{5}{4} \times 1,000,000 = 1,250,000$(시간)

   ② 강도율($S.R$) = $\dfrac{\text{근로손실일수}}{\text{연간총근로시간수}} \times 1,000 = \dfrac{350}{1,250,000} \times 1,000 = 0.28$

   focus 본 교재 제1장 III. 12. 재해율 단원에서 관련내용 확인

2. 굴착면의 기울기 기준에 관한 다음 사항에서 ( )에 알맞은 내용을 쓰시오.

지반의 종류	모래	연암 및 풍화암	경암	그 밖의 흙
굴착면의 기울기	(①)	(②)	(③)	(④)

   해답 ① 1 : 1.8   ② 1 : 1.0   ③ 1 : 0.5   ④ 1 : 1.2

   Tip 2023년 법령개정. 문제 및 해답은 개정된 내용 적용.

   focus 본 교재 제6과목 I. 18. 토사붕괴시 조치사항 단원에서 내용 확인

3. Fool proof의 대표적인 기구를 5가지 쓰시오.

   해답
   ① 가드(Guard)   ② 록기구(Lock기구)
   ③ 오버런기구(Overun기구)   ④ 트립 기구(Trip 기구)
   ⑤ 밀어내기기구(Push&Pull 기구)   ⑥ 기동방지 기구

   focus 본 교재 제4과목 I. 4. Fool proof 단원에서 관련내용 확인

4. 공정안전보고서 내용에 포함하여야 할 사항을 4가지 쓰시오.

   해답
   ① 공정안전자료   ② 공정위험성평가서
   ③ 안전운전계획   ④ 비상조치계획

   focus 본 교재 제8과목 I. 4. 공정안전보고서 단원에서 관련된 내용 확인

5. 인간의 주의에 대한 다음 특성에 대하여 설명하시오.

   해답 주의의 특성

선택성	동시에 두개 이상의 방향에 집중하지 못하고 소수의 특정한 것에 한하여 선택한다.
변동성	고도의 주의는 장시간 지속할 수 없고 주기적으로 부주의 리듬이 존재한다.
방향성	한 지점에 주의를 집중하면 주변 다른 곳의 주의는 약해진다(주시점만 인지)

   focus 본 교재 제2과목 II. 2. 주의력과 부주의 단원에서 관련내용 확인

6. 산업안전보건법상 위험물의 종류에 관한 사항이다. 괄호에 알맞은 내용을 쓰시오.
   (1) 인화성액체 : 에틸에테르, 가솔린, 아세트알데히드, 산화프로필렌, 그 밖에 인화점이 섭씨 (①) 미만이고 초기 끓는점이 섭씨 35도 이하인 물질
   (2) 크렌실, 아세트산아밀, 등유, 경유, 테레핀유, 이소아밀알코올, 아세트산, 하이드라진, 그 밖에 인화점이 섭씨 (②) 이상 섭씨 60도 이하인 물질
   (3) 부식성산류 : 농도가 (③)퍼센트 이상인 염산, 황산, 질산, 그 밖에 이와 같은 정도 이상의 부식성을 가지는 물질
   (4) 부식성 산류 : 농도가 (④)퍼센트 이상인 인산, 아세트산, 불산, 그 밖에 이와 같은 정도 이상의 부식성을 가지는 물질

   해답 ① 23도 ② 23도 ③ 20 ④ 60

   Tip ① 인화성액체 : 노르말헥산, 아세톤, 메틸에틸케톤, 메틸알코올, 에틸알코올, 이황화탄소, 그 밖에 인화점이 섭씨 23도 미만이고 초기 끓는점이 섭씨 35도를 초과하는 물질
   ② 부식성 염기류 : 농도가 40퍼센트 이상인 수산화나트륨, 수산화칼륨, 그 밖에 이와 같은 정도 이상의 부식성을 가지는 염기류

   focus 본 교재(필기) 제5과목 01. I. 3. 위험물의 종류 단원에서 내용 확인

7. MTBF, MTTF, MTTR의 용어에 대해 설명하시오.

   해답 ① MTBF(mean time between failure/평균 고장 간격) : 평균수명으로 시스템을 수리해 가면서 사용하는 경우 한 번 고장난 후 다음 고장이 날 때까지 평균적으로 얼마나 걸리는지를 나타내는 것으로 동작시간의 평균치이다(고장율과는 역수관계)
   ② MTTF(mean time to failure/평균 고장 수명) : 평균수명으로 수리하지 않는(수리 불가능한) 부품 등의 사용 시작으로부터 고장 날 때까지의 동작 시간의 평균치로 길수록 우수한 장비라 할수 있다.
   ③ MTTR(Mean Time to Repair/평균 수리 시간) : 설비의 고장이 발생한 시점부터 다시 운영 가능한 상태로 회복시킬 때 까지 수리하는데 소요되는 고장수리(복구)시간으로 짧을수록 우수한 장비라 할 수 있다.

   focus 본 교재 (필기) 제2과목 08. II 설비의 운전 및 유지관리 및 III 보전성 설계기준 단원에서 내용 확인

8. 근로자가 착용하는 보호구 중 가죽제안전화의 성능시험 종류를 4가지 쓰시오.

해답 ① 내압박성시험   ② 내충격성시험   ③ 박리저항시험   ④ 내답발성시험
⑤ 은면결렬시험   ⑥ 인열강도시험   ⑦ 6가크롬함량   ⑧ 내부식성시험
⑨ 인장강도시험   ⑩ 내유성시험 등

focus 본 교재 제7과목 III. 2. 안전화 단원에서 관련내용 확인

9. 접지 시스템의 구성요소를 3가지 쓰시오.

해답 ① 접지극   ② 접지도체   ③ 보호도체 및 기타 설비

focus 본 교재 제5과목 I. 10. 접지시스템 단원에서 관련내용 확인

10. 암석이 떨어질 우려가 있는 위험한 장소에서 견고한 낙하물 보호구조를 갖춰야할 차량계건설기계의 종류를 5가지 쓰시오.

해답 ① 불도저 ② 트랙터 ③ 굴착기 ④ 로더(loader: 흙 따위를 퍼올리는 데 쓰는 기계)
⑤ 스크레이퍼(scraper : 흙을 절삭·운반하거나 펴 고르는 등의 작업을 하는 토공기계)
⑥ 덤프트럭 ⑦ 모터그레이더(motor grader : 땅 고르는 기계)
⑧ 롤러(roller : 지반 다짐용 건설기계) ⑨ 천공기 ⑩ 항타기 및 항발기

focus 본 교재 제8과목 IV. 2. 차량계건설기계의 사용에 의한 위험의 방지 단원에서 확인

11. 산업안전보건법상 신규·보수 교육 대상자를 4명 쓰시오.

해답 ① 안전보건관리책임자
② 안전관리자, 안전관리전문기관의 종사자
③ 보건관리자, 보건관리전문기관의 종사자
④ 재해예방전문지도기관 종사자

Tip 안전보건관리책임자 등에 대한 교육(2020년 개정된 내용임)

교육대상	교육시간	
	신규	보수
안전보건관리책임자	6시간 이상	6시간 이상
안전관리자, 안전관리전문기관의 종사자	34시간 이상	24시간 이상
보건관리자, 보건관리전문기관의 종사자	34시간 이상	24시간 이상
재해예방전문지도기관의 종사자	34시간 이상	24시간 이상
석면조사기관의 종사자	34시간 이상	24시간 이상
안전보건관리담당자	—	8시간 이상
안전검사기관, 자율안전검사기관의 종사자	34시간 이상	24시간 이상

focus 본 교재 제2과목 I. 10. 산업안전보건법상의 교육의 종류와 교육시간 및 교육내용 단원에서 내용 확인

12. 다음 보기의 설명에 해당하는 내용을 쓰시오.

> [보기]
> ① 단조로운 업무가 장시간 지속될 때 작업자의 감각기능 및 판단기능이 둔화 또는 마비되는 현상을 말한다.
> ② 작업대사량과 기초대사량의 비를 나타내는 것으로 여기서 작업대사량은 작업시 소비된 에너지와 안정시 소비된 에너지와의 차를 말한다.
> ③ 인간·기계시스템의 신뢰도에서 기계의 결함을 찾아내어 고장율을 안정시키는 기간을 말한다.
> ④ 인간 또는 기계의 과오나 동작상의 실수가 있어도 사고를 발생시키지 않도록 2중, 3중으로 통제를 가하는 것을 말한다.

해답 ① 감각차단현상 ② R.M.R(에너지소비량) ③ 디버깅기간 ④ 페일세이프(fail-safe)

focus 본 교재 제3과목 I. 4.휴먼에러 단원 및 I. 6.고장율 단원에서 내용 확인

13. 프레스의 손쳐내기식 방호장치의 설치방법에 관한 사항이다. ( )에 맞는 내용을 쓰시오. (4점)
(1) 슬라이드 하행정거리의 (①) 위치에서 손을 완전히 밀어내어야 한다.
(2) 방호판의 폭은 (②)의 (③)이어야 하고, 행정길이가 (④)mm 이상의 프레스기계에는 방호판 폭을 300mm로 해야 한다.

해답 손쳐내기식 방호장치
① 3/4 ② 금형폭 ③ 1/2 이상 ④ 300

focus 본 교재 제4과목 I. 10. 프레스의 방호장치 및 설치방법 단원에서 내용 확인

산업안전산업기사 실기 (필답형)
2015년 7월 12일 시행

1. 산업안전보건법에서 정하고 있는 승강기의 종류를 4가지 쓰시오.

   해답 승강기의 종류
   ① 승객용 엘리베이터   ② 승객 화물용 엘리베이터   ③ 화물용 엘리베이터
   ④ 소형 화물용 엘리베이터   ⑤ 에스컬레이터

   Tip1 양중기의 종류
   ① 크레인[호이스트(hoist)를 포함]   ② 이동식 크레인   ③ 리프트
   ④ 곤돌라   ⑤ 승강기

   Tip2 2019년 법개정으로 내용이 수정되었으니 해답 내용을 참고하세요.

   focus 본 교재(필기) 제3과목 05. III. 1. 양중기의 정의 단원에서 관련내용 확인

2. 안전관리자의 업무를 4가지 쓰시오.

   해답 안전관리자의 업무
   ① 산업안전보건위원회 또는 안전·보건에 관한 노사협의체에서 심의·의결한 업무와 해당 사업장의 안전보건관리규정 및 취업규칙에서 정한 업무
   ② 안전인증대상 기계 등과 자율안전확인대상 기계 등 구입 시 적격품의 선정에 관한 보좌 및 지도·조언
   ③ 위험성평가에 관한 보좌 및 지도·조언
   ④ 해당 사업장 안전교육계획의 수립 및 안전교육 실시에 관한 보좌 및 지도·조언
   ⑤ 사업장 순회점검·지도 및 조치의 건의
   ⑥ 산업재해 발생의 원인 조사·분석 및 재발 방지를 위한 기술적 보좌 및 지도·조언
   ⑦ 산업재해에 관한 통계의 유지·관리·분석을 위한 보좌 및 지도·조언
   ⑧ 법 또는 법에 따른 명령으로 정한 안전에 관한 사항의 이행에 관한 보좌 및 지도·조언
   ⑨ 업무수행 내용의 기록·유지
   ⑩ 그 밖에 안전에 관한 사항으로서 고용노동부장관이 정하는 사항

   focus 본 교재 제1과목 I. 5. 안전관리자의 업무 단원에서 관련내용 확인

3. 건구온도 30도, 습구온도 20도 일 경우 옥스퍼드(Oxford) 지수를 구하시오. (4점)

   해답 $WD = 0.85W + 0.15D$
   ∴ 옥스퍼드(Oxford) 지수 $= (0.85 \times 20) + (0.15 \times 30) = 21.5$

   Tip 습건(WD) 지수라고도 부르며, 습구온도(W)와 건구온도(D)의 가중 평균치로 정의

   focus 본 교재(필기) 제2과목 04. II. 4. 실효온도와 Oxford지수 단원에서 관련내용 확인

4. 허즈버그의 두 요인이론에서 위생요인과 동기요인에 해당되는 내용을 각각 3가지 쓰시오. (6점)

   해답 위생요인과 동기요인
   (1) 위생요인
   ① 조직의 정책과 방침 ② 작업조건 ③ 대인관계 ④ 임금, 신분, 지위 ⑤ 감독 등
   (2) 동기요인
   ① 직무상의 성취 ② 인정 ③ 성장 또는 발전 ④ 책임의 증대 ⑤ 도전
   ⑥ 직무내용자체(보람된직무) 등

   focus 본 교재 제2과목 II. 7. 동기부여에 관한 이론 단원에서 관련내용 확인

5. 산업안전보건법상 지게차의 작업시작전 점검사항 4가지를 쓰시오.

   해답 ① 제동장치 및 조종장치 기능의 이상유무
   ② 하역장치 및 유압장치 기능의 이상유무
   ③ 바퀴의 이상유무
   ④ 전조등·후미등·방향지시기 및 경보장치 기능의 이상유무

   focus 본 교재 제1과목 IV. 8. 작업시작전 점검사항 단원에서 확인

6. 아세틸렌 용접장치를 사용하여 금속의 용접, 용단 또는 가열작업을 하는 경우의 준수사항이다. ( )에 알맞은 내용을 넣으시오.

   > 발생기에서 (①)m 이내 또는 발생기실에서 (②)m 이내의 장소에서는 흡연, 화기의 사용 또는 불꽃이 발생할 위험한 행위를 금지 시킬 것

   해답 ① 5   ② 3

   focus 본 교재(필기) 제3과목 04. III. 3. 가스용접작업의 안전 단원에서 관련내용 확인

7. 산업안전보건법상 사업장에 안전보건관리규정을 작성하고자 할때 포함되어야할 사항을 4가지 쓰시오. (단, 그 밖에 안전보건에 관한 사항은 제외한다.)

   해답 안전보건관리규정에 포함되어야 할 사항
   ① 안전 및 보건에 관한 관리조직과 그 직무에 관한 사항
   ② 안전보건교육에 관한 사항
   ③ 작업장의 안전 및 보건관리에 관한 사항
   ④ 사고조사 및 대책수립에 관한 사항
   ⑤ 그 밖에 안전 및 보건에 관한 사항

   focus 본 교재 제1과목 II. 1. 안전관리 규정 단원에서 관련내용 확인

8. 산업안전보건법상 안전인증 대상 방호장치의 종류를 4가지 쓰시오.

   해답
   ① 프레스 및 전단기 방호장치
   ② 양중기용 과부하방지장치
   ③ 보일러 압력방출용 안전밸브
   ④ 압력용기 압력방출용 안전밸브
   ⑤ 압력용기 압력방출용 파열판
   ⑥ 절연용 방호구 및 활선작업용 기구
   ⑦ 방폭구조 전기기계·기구 및 부품
   ⑧ 추락·낙하 및 붕괴 등의 위험 방지 및 보호에 필요한 가설기자재로서 고용노동부장관이 정하여 고시하는 것
   ⑨ 충돌·협착 등의 위험방지에 필요한 산업용 로봇 방호장치로서 고용노동부장관이 정하여 고시하는 것

   Tip 2020년 시행. 관련법령 전부개정으로 변경된 내용입니다. 해답은 개정된 내용에 맞게 수정했으니 착오없으시기 바랍니다.

   focus 본 교재 제1과목 Ⅳ. 7. 안전인증 단원에서 관련내용 확인

9. 휘발유 저장탱크에 표시해야할 안전보건표지에 관한 다음 사항에 답하시오.
   ① 표지종류   ② 바탕색
   ③ 그림색   ④ 기본모형색
   ⑤ 모양

   해답
   ① 표지종류 : 경고표지
   ② 바탕색 : 무색
   ③ 그림색 : 검은색
   ④ 기본모형색 : 빨간색
   ⑤ 모양(형태) : 마름모

   focus 본 교재 제2과목 Ⅱ. 8. 무재해 운동과 위험예지훈련 3) 안전보건 표지 단원에서 관련내용 확인

10. 전압을 구분하는 다음의 기준에서 ( )에 알맞은 내용을 쓰시오.

전원의 종류	저 압	고 압	특 고 압
직류 [DC]	(①)	(②)	(③)
교류 [AC]	(④)	(⑤)	7,000V 초과

    해답
    ① 1,500V 이하   ② 1,500V 초과 7,000V 이하
    ③ 7,000V 초과   ④ 1,000V 이하
    ⑤ 1,000V 초과 7,000V 이하

    Tip 2021년 적용법 제정으로 변경된 내용. 문제와 해답은 제정된 법에 맞도록 수정하였습니다.

    focus 본 교재(필기) 제4과목 02. Ⅱ. 4. 전압의 구분 단원에서 관련내용 확인

11. NATM공법에 의한 터널공사 시 계측방법의 종류를 4가지 쓰시오.

해답 ① 터널내 육안조사 ② 내공변위 측정 ③ 천단침하 측정 ④ 록 볼트 인발시험
⑤ 지표면 침하측정 ⑥ 지중변위 측정 ⑦ 지중침하 측정 ⑧ 지중수평변위 측정
⑨ 지하수위 측정 ⑩ 록 볼트 축력측정 ⑪ 뿜어붙이기 콘크리트 응력측정
⑫ 터널내 탄성파 속도 측정 ⑬ 주변 구조물의 변형상태 조사

focus 본 교재(필기) 제6과목 04. Ⅱ. 6. 콘크리트 구조물 붕괴 안전대책. 터널굴착 단원에서 관련내용 확인

12. 가스폭발 위험장소 또는 분진폭발 위험장소에 설치되는 건축물 등에 대해서는 산업안전보건법에서 정하고 있는 해당하는 부분을 내화구조로 하여야 하며, 그 성능이 항상 유지될 수 있도록 점검·보수 등 적절한 조치를 하여야 한다. 여기에 해당하는 부분을 2가지 쓰시오.

해답 ① 건축물의 기둥 및 보 : 지상 1층(지상 1층의 높이가 6미터를 초과하는 경우에는 6미터)까지
② 위험물 저장·취급용기의 지지대(높이가 30센티미터 이하인 것은 제외한다) : 지상으로부터 지지대의 끝부분까지
③ 배관·전선관 등의 지지대 : 지상으로부터 1단(1단의 높이가 6미터를 초과하는 경우에는 6미터)까지

focus 본 교재 제5과목 Ⅱ. 10. 폭발의 방호방법 단원에서 관련내용 확인

13. 다음은 사업장 위험성 평가에 관한 용어의 정의이다. 해당하는 용어를 쓰시오.

① 유해·위험요인이 부상 또는 질병으로 이어질 수 있는 가능성(빈도)과 중대성(강도)을 조합한 것을 의미한다.
② 유해·위험요인별로 부상 또는 질병으로 이어질 수 있는 가능성과 중대성의 크기를 각각 추정하여 위험성의 크기를 산출하는 것을 말한다.
③ 유해·위험요인별로 추정한 위험성의 크기가 허용 가능한 범위인지 여부를 판단하는 것을 말한다.

해답 ① 위험성 ② 위험성 추정 ③ 위험성 결정

Tip ① 위험성평가 : 유해·위험요인을 파악하고 해당 유해·위험요인에 의한 부상 또는 질병의 발생 가능성(빈도)과 중대성(강도)을 추정·결정하고 감소대책을 수립하여 실행하는 일련의 과정을 말한다.
② 유해·위험요인 : 유해·위험을 일으킬 잠재적 가능성이 있는 것의 고유한 특징이나 속성을 말한다.

산업안전산업기사 실기 (필답형)
2015년 10월 4일 시행

1. 산업안전보건법상의 건강진단의 종류 5가지를 쓰시오

   해답 건강진단의 종류
   ① 일반건강진단 ② 특수건강진단 ③ 배치전건강진단
   ④ 수시건강진단 ⑤ 임시건강진단

   focus 본 교재(필기) 제1과목 08. III. 1. 종류 및 실시시기 단원에서 내용 확인

2. 분진폭발의 과정에 해당하는 다음 내용을 보고 폭발의 순서를 쓰시오.

   |보기|
   ① 입자표면 열분해 및 기체발생   ② 주위의 공기와 혼합
   ③ 입자표면 온도상승   ④ 폭발열에 의하여 주위 입자 온도상승 및 열분해
   ⑤ 점화원에 의한 폭발

   해답 ③ → ① → ② → ⑤ → ④

   Tip 분진 폭발의 과정
   (분진의 퇴적 → 비산하여 분진운 생성 → 분산 → 점화원 → 폭발)

   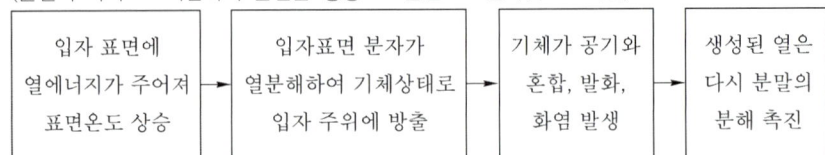

   focus 본 교재(필기) 제5과목 02. I. 3. 폭발의 분류 단원에서 내용 확인

3. 달비계의 최대적재하중을 정하고자 한다. 다음에 해당하는 안전계수를 쓰시오.
   (1) 달기와이어로프 및 달기강선의 안전계수 : (①) 이상
   (2) 달기체인 및 달기훅의 안전계수 : (②) 이상
   (3) 달기강대와 달비계의 하부 및 상부지점의 안전계수는 강재의 경우 (③)이상, 목재의 경우 (④) 이상

   해답 ① 10 ② 5 ③ 2.5 ④ 5

   focus 본 교재(필기) 제6과목 05. III. 1. 작업발판설치시 주의사항 단원에서 내용 확인

4. 산업안전보건법에서 정하는 중대재해의 종류를 3가지 쓰시오.

   해답 중대재해
   ① 사망자가 1명 이상 발생한 재해
   ② 3개월 이상의 요양이 필요한 부상자가 동시에 2명 이상 발생한 재해
   ③ 부상자 또는 직업성 질병자가 동시에 10명 이상 발생한 재해

   focus 본 교재 제1과목 III. 1. 재해조사 목적 단원에서 내용 확인

5. 스웨인(A.D.Swain)은 인간의 실수를 작위실수와 부작위 실수로 구분하고 있다. 이중 작위실수에 포함되는 종류를 2가지 쓰시오.

   해답 ① 정성적착오 ② 선택착오 ③ 순서착오 ④ 시간착오

   focus 본 교재 제3과목 I. 4. 휴먼에러 단원에서 관련된 내용 확인

6. 근로자가 1시간동안 1분당 6.5 kcal의 에너지를 소모하는 작업을 수행하는 경우 휴식시간을 구하시오. (단, 작업에 대한 권장 평균에너지 소비량은 분당 5kcal이다.)

   해답 휴식시간 산출
   $$R = \frac{총작업시간(E - 작업에 \ 대한 \ 평균에너지 \ 소비량)}{E - 휴식시간 \ 중의 \ 에너지소비량}$$
   여기서, R : 휴식시간(분)
   E : 작업시 평균 에너지 소비량(kcal/분)
   휴식시간(R) : $\frac{60(6.5-5)}{6.5-1.5} = 18(분)$

   focus 본 교재 제 2과목 II. 5. 노동과 피로 단원에서 관련내용 확인

7. 다음은 정전기 대전에 관한 설명이다. 해당되는 대전의 종류를 쓰시오.

   ① 두 물질이 접촉과 분리과정이 반복되면서 마찰을 일으킬 때 전하분리가 생기면서 정전기가 발생
   ② 분체류, 액체류, 기체류가 단면적이 작은 개구부를 통해 분출할 때 분출물질과 개구부의 마찰로 인하여 정전기가 발생.
   ③ 액체류를 파이프 등으로 수송할 때 액체류가 파이프 등과 접촉하여 두 물질의 경계에 전기 2중층이 형성되어 정전기가 발생
   ④ 상호 밀착해 있던 물체가 떨어지면서 전하 분리가 생겨 정전기가 발생

   해답 ① 마찰대전 ② 분출대전 ③ 유동대전 ④ 박리대전

   focus 본 교재 제5과목 I. 14. 정전기 발생과 안전대책 단원에서 내용 확인

8. 프레스와 전단기에 관한 다음의 설명에 맞는 방호장치를 각각 쓰시오.
   ① 1행정 1정지 기구에 사용할 수 있어야 하며, 양손으로 동시에 조작하지 않으면 동작하지 않고 한손이라도 조작장치에서 떨어지면 정지되는 구조이어야 한다.
   ② 슬라이드와 작업자의 손을 끈으로 연결하여 슬라이드가 하강할 때 작업자의 손을 당겨 위험영역에서 떨어질수 있도록 한 것으로 수인끈은 작업자와 작업공정에 따라 그 길이를 조정할 수 있어야 한다.
   ③ 부착볼트 등의 고정금속부분은 예리한 돌출현상이 없어야 하며, 슬라이드 하행정거리의 3/4 위치에서 손을 완전히 밀어내어야 한다.

   해답 ① 양수조작식 방호장치
   ② 수인식 방호장치
   ③ 손쳐내기식 방호장치

   focus 본 교재 제4과목 I. 10. 프레스의 방호장치 및 설치방법 단원에서 내용 확인

9. 산업안전표지중 다음의 금지표지에 해당하는 명칭을 쓰시오.

①	②	③	④

   해답 금지표지
   ① 보행금지   ② 탑승금지   ④ 사용금지   ③ 물체이동금지

   focus 본 교재 제2장 II. 8. 무재해운동과 위험예지훈련 단원에서 내용 확인

10. 토사붕괴의 발생을 예방하기 위하여 점검사항을 점검해야할 시기를 4가지 쓰시오.

    해답 ① 작업전   ② 작업중   ③ 작업후   ④ 비온 후   ⑤ 인접 작업구역에서 발파한 경우

    focus 본 교재(필기) 제6과목 04. II. 3. 붕괴의 예측과 점검 단원에서 내용 확인

11. 유해·위험 방지를 위한 방호조치를 하지 아니하고는 양도·대여·설치·사용하거나, 양도·대여를 목적으로 진열해서는 아니 되는 기계·기구를 5가지 쓰시오.

    해답 ① 예초기   ② 원심기   ③ 공기압축기   ④ 금속절단기   ⑤ 지게차   ⑥ 포장기계

    focus 본 교재 제 4과목 I. 9. 산업안전보건법상 유해위험 기계기구 단원에서 내용 확인

12. 산업안전보건법령상 사업주가 근로자에게 실시해야 하는 근로자 안전보건교육의 교육시간에 관한 다음 사항에서 ( )에 알맞은 내용을 쓰시오.

교육과정	교육대상		교육시간
정기교육	사무직 종사 근로자		매반기 6시간 이상
	그 밖의 근로자	판매업무에 직접 종사하는 근로자	①
		판매업무에 직접 종사하는 근로자 외의 근로자	②
채용 시 교육	일용근로자 및 근로계약기간이 1주일 이하인 기간제근로자		③
작업내용 변경 시 교육	그 밖의 근로자		④
건설업기초 안전·보건 교육	건설 일용근로자		⑤

해답
① 매반기 6시간 이상
② 매반기 12시간 이상
③ 1시간 이상
④ 2시간 이상
⑤ 4시간 이상

Tip 2023년 법령개정. 문제 및 해답은 개정된 내용 적용.

focus 본 교재 제2과목 I. 10. 산업안전보건법상의 교육의 종류와 교육시간 단원에서 내용 확인

산업안전산업기사 실기 (필답형)
2016년 4월 16일 시행

1. 재해발생에 관련된 이론 중 하인리히의 재해 연쇄성 이론과 버드의 연쇄성 이론, 아담스의 연쇄성 이론을 각각 구분하여 쓰시오.

해답

단 계	하인리히 이론	버드 이론	아담스 이론
제1단계	사회적 환경 및 유전적 요인	제어(통제)의 부족(관리)	관리구조
제2단계	개인적 결함	기본 원인(기원)	작전적 에러
제3단계	불안전한 행동 및 불안정한 상태	직접 원인(징후)	전술적 에러
제4단계	사고	사고(접촉)	사고
제5단계	재해	상해(손실)	상해 · 손해

focus 본 교재(필기) 제1과목 01. I. 2. 안전관리 제이론 단원에서 내용 확인

2. 산업안전보건법에서 사업주가 해야 할 다음의 사항에서 괄호에 알맞은 내용을 쓰시오.

> 사업주는 (①) · (②) · (③) 및 (④) 등에 부속되는 키 · 핀 등의 기계요소는 묻힘형으로 하거나 해당 부위에 덮개를 설치하여야 한다.

해답 ① 회전축 ② 기어 ③ 풀리 ④ 플라이 휠

Tip 동력전달장치의 방호장치

기계의 원동기 · 회전축 · 기어 · 풀리 · 플라이 휠 · 벨트 및 체인 등의 위험 부위	① 덮개 ② 울 ③ 슬리브 ④ 건널다리
회전축 · 기어 · 풀리 및 플라이 휠 등에 부속되는 키 · 핀 등의 기계요소	① 묻힘형 ② 해당 부위 덮개

focus 본 교재 제4과목 I. 8. 동력전달장치의 방호장치 단원에서 내용 확인

3. 추락 및 감전 위험방지용 안전모의 종류 및 사용구분에 관하여 간단히 설명하시오.

해답 안전모의 종류

종류(기호)	사용구분
AB	물체의 낙하 또는 비래 및 추락에 의한 위험을 방지 또는 경감시키기 위한 것
AE	물체의 낙하 또는 비래에 의한 위험을 방지 또는 경감하고, 머리부위 감전에 의한 위험을 방지하기 위한 것
ABE	물체의 낙하 또는 비래 및 추락에 의한 위험을 방지 또는 경감하고, 머리부위 감전에 의한 위험을 방지하기 위한 것

focus 본 교재 제7과목 III. 1. 안전모 단원에서 관련된 내용 확인

4. 조종장치를 촉각적으로 정확하게 식별하기 위한 암호화 방법 3가지를 쓰시오.

해답 조종장치의 촉각적 암호화
① 형상을 이용한 암호화
② 표면촉감을 이용한 암호화
③ 크기를 이용한 암호화

focus 본 교재(필기) 제2과목 02. III. 2. 조정장치의 촉각적 암호화 단원에서 내용 확인

5. 산업안전보건법에서 정하고 있는 가설통로 설치 시 준수해야 할 사항을 2가지 쓰시오.
(단, 견고한 구조, 안전 난간에 관한 규정은 제외)

해답 ① 경사는 30도 이하로 할 것(계단을 설치하거나 높이 2m 미만의 가설통로로서 튼튼한 손잡이를 설치한 때에는 그렇지 않다.)
② 경사가 15도를 초과하는 때에는 미끄러지지 아니하는 구조로 할 것.
③ 수직갱에 가설된 통로의 길이가 15m 이상인 때에는 10m 이내마다 계단참을 설치할 것.
④ 건설공사에 사용하는 높이 8m 이상인 비계다리에는 7m 이내마다 계단참을 설치할 것.

focus 본 교재 제6과목 I. 20. 가설계단 단원에서 내용 확인

6. 로봇을 운전하는 경우 당해 로봇에 접촉함으로 근로자에게 위험이 발생할 우려가 있는 때에 사업주가 취해야 할 안전조치 사항을 2가지 쓰시오.

해답 ① 높이 1.8미터 이상의 울타리 설치
② 컨베이어 시스템의 설치 등으로 울타리를 설치할 수 없는 일부 구간
– 안전매트 또는 광전자식 방호장치 등 감응형(感應形) 방호장치 설치

focus 본 교재 제4과목 I. 19. 산업용 로봇의 방호장치 단원에서 내용 확인

7. 스웨인(A.D.Swain)의 휴먼에러를 심리적인 측면에서 분류한 종류 4가지를 쓰시오.

해답 ① 생략에러(Omission error)
② 착각수행에러(Commission error)
③ 순서에러(Sequential error)
④ 시간적 에러(Time error)
⑤ 과잉행동에러(Extraneous error)

focus 본 교재 제3과목 I. 4. 휴먼에러 단원에서 내용 확인

8. 산업안전보건법상 위험물의 종류에 관한 사항이다. 괄호에 알맞은 내용을 쓰시오.

> (1) 인화성 액체 : 노르말헥산, 아세톤, 메틸에틸케톤, 메틸알코올, 에틸알코올, 이황화탄소, 그 밖에 인화점이 섭씨 (①)도 미만이고, 초기 끓는점이 섭씨 35도를 초과하는 물질
> (2) 부식성 산류 : 농도가 (②)퍼센트 이상인 염산, 황산, 질산, 그 밖에 이와 같은 정도 이상의 부식성을 가지는 물질
> (3) 부식성 염기류 : 농도가 (③)퍼센트 이상인 수산화나트륨, 수산화칼륨, 그 밖에 이와 같은 정도 이상의 부식성을 가지는 염기류

해답
① 23
② 20
③ 40

focus 본 교재(필기) 제5과목 01. I. 3. 위험물의 종류 단원에서 내용 확인

9. 잠함 또는 우물통의 내부에서 굴착작업 시 급격한 침하로 인한 위험을 방지하기 위하여 준수해야 할 사항을 2가지 쓰시오.

해답
① 침하 관계도에 따라 굴착방법 및 재하량 등을 정할 것
② 바닥으로부터 천장 또는 보까지의 높이는 1.8m 이상으로 할 것

focus 본 교재(필기) 제6과목 01. II. 3. 건설공사의 안전관리 단원에서 내용 확인

10. 인간공학에서 인간기준의 유형 4가지를 쓰시오.

해답
① 인간성능 척도
② 생리학적 지표
③ 주관적 반응
④ 사고빈도

focus 본 교재 제3과목 I. 3. 인간기준 단원에서 관련내용 확인

11. 산업안전보건법상 도급사업에 있어서 안전보건총괄책임자를 선임하여야 할 사업을 2가지 쓰시오.(단, 선박 및 보트 건조업, 1차 금속제조업 및 토사석 광업의 경우는 제외)

해답
① 관계수급인에게 고용된 근로자를 포함한 상시 근로자가 100명 이상인 사업
② 관계수급인의 공사금액을 포함한 해당 공사의 총 공사금액이 20억원 이상인 건설업

focus 본 교재 제8과목 II. 2. 안전보건총괄책임자 지정대상 사업 및 직무 등 단원에서 내용 확인

12. 자동전격방지기에 관한 다음의 설명 중 ( )에 맞는 내용을 쓰시오.

> (①) : 용접봉을 모재로부터 분리시킨 후 주접점이 개로되어 용접기 2차 측 (②)을 25V 이하로 감압시킬 때까지의 시간

해답 ① 지동시간   ② 무부하 전압

focus 본 교재 제5과목 I. 11. 교류 아크용접기의 방호장치 및 성능조건 단원에서 내용 확인

13. 수소 28[vol%], 메탄 45[vol%], 에탄 27[vol%]의 조성을 가진 혼합 가스의 폭발 상한계 값[vol%]과 메탄의 위험도를 계산하시오.

물질명	폭발 하한계	폭발 상한계
수소	4.0[vol%]	75[vol%]
메탄	5.0[vol%]	15[vol%]
에탄	3.0[vol%]	12.4[vol%]

해답 ① 폭발 상한계

$$\frac{100}{U} = \frac{V_1}{U_1} + \frac{V_2}{U_2} + \frac{V_3}{U_3} = \frac{28}{75} + \frac{45}{15} + \frac{27}{12.4} = 5.55$$

그러므로 $U = 18.02[vol\%]$

② 위험도$(H) = \frac{UFL - LFL}{LFL} = \frac{15 - 5}{5} = 2$

focus 본 교재 제5과목 II. 7. 혼합가스의 폭발범위 단원에서 관련내용 확인

산업안전산업기사 실기 (필답형)
2016년 5월 8일 시행

1. 작업발판 일체형 거푸집의 종류를 4가지 쓰시오.

해답
① 갱 폼(gang form) ② 슬립 폼(slip form)
③ 클라이밍 폼(climbing form) ④ 터널 라이닝 폼(tunnel lining form)
⑤ 그 밖에 거푸집과 작업발판이 일체로 제작된 거푸집 등

focus 본 교재(필기) 제6과목 05. V. 3. 거푸집 동바리의 조립 시 안전조치 사항 단원에서 내용 확인

2. 밀폐공간에서 작업 시에는 밀폐 공간 작업 프로그램을 수립하여 시행하여야 한다. 밀폐 공간 작업 프로그램에 포함되어야 할 사항을 4가지 쓰시오.

해답
① 사업장 내 밀폐공간의 위치 파악 및 관리방안
② 밀폐 공간 내 질식·중독 등을 일으킬 수 있는 유해·위험 요인의 파악 및 관리 방안
③ ②항에 따라 밀폐공간 작업 시 사전 확인이 필요한 사항에 대한 확인 절차
④ 안전보건 교육 및 훈련
⑤ 그 밖에 밀폐공간 작업근로자의 건강장해 예방에 관한 사항

focus 본 교재 6회 작업형 문제 화학설비안전에서 내용 확인

3. 공칭지름이 10mm인 와이어로프의 지름을 측정해 보니 9.2mm였다. 이 와이어로프는 양중기에 사용 가능한지 여부를 판단하시오.

해답
① 양중기에 사용할 수 없는 와이어로프의 기준에서, 지름의 감소는 공칭지름의 7%를 초과하는 것.
② 공칭지름 10mm에 대한 7%는 0.7mm이므로 9.3mm까지 사용 가능하다.
③ 그러므로 지름 9.2mm의 와이어로프는 양중기에 사용할 수 없다(사용 불가).

Tip 지름 9.2mm는 공칭지름에 대하여 0.8mm 감소한 것으로 8%의 지름 감소가 발생했으므로 사용 불가

focus 본 교재 제4과목 II. 4. 와이어로프 단원에서 내용 확인

4. 구축물 또는 이와 유사한 시설물에 대하여 안전진단 등 안전성 평가를 하여 근로자에게 미칠 위험성을 미리 제거하여야 하는 경우를 3가지 쓰시오. (단, 그 밖의 잠재 위험이 예상될 경우 제외)

해답 안전성 평가를 하여야 하는 경우
① 구축물 또는 이와 유사한 시설물의 인근에서 굴착·항타작업 등으로 침하·균열 등이 발생하여 붕괴의 위험이 예상될 경우
② 구축물 또는 이와 유사한 시설물에 지진, 동해, 부동침하 등으로 균열·비틀림 등이 발생했을 경우

③ 구조물, 건축물, 그 밖의 시설물이 그 자체의 무게·적설·풍압 또는 그 밖에 부가되는 하중 등으로 붕괴 등의 위험이 있을 경우
④ 화재 등으로 구축물 또는 이와 유사한 시설물의 내력이 심하게 저하되었을 경우
⑤ 오랜 기간 사용하지 아니하던 구축물 또는 이와 유사한 시설물을 재사용하게 되어 안전성을 검토하여야 하는 경우

focus 본 교재(필기) 제6과목 04. II. 2. 토사붕괴 시 조치사항 단원에서 내용 확인

5. 근로자가 1시간 동안 1분당 6kcal의 에너지를 소모하는 작업을 수행하는 경우 휴식시간 및 작업시간을 각각 구하시오. (단, 작업에 대한 권장 평균 에너지 소비량은 분당 5kcal이다.)

해답 ① 휴식시간 산출
$$R = \frac{\text{총 작업시간}(E - \text{작업에 대한 평균 에너지 소비량})}{E - \text{휴식시간 중의 에너지 소비량}}$$
여기서, R : 휴식시간(분), E : 작업 시 평균 에너지 소비량(kcal/분)
휴식시간(R) : $\frac{60(6-5)}{6-1.5} = 13.333 ≒ 13.33$(분)
② 작업시간 $= 60 - 13.333 = 46.667 ≒ 46.67$(분)

focus 본 교재 제2과목 II. 5. 노동과 피로 단원에서 내용 확인

6. 산업안전보건법상 안전보건개선계획을 수립해야 하는 대상사업장을 2곳 쓰시오.

해답 안전보건개선계획 수립 대상사업장
① 산업 재해율이 같은 업종의 규모별 평균 산업 재해율보다 높은 사업장
② 사업주가 필요한 안전조치 또는 보건조치를 이행하지 아니하여 중대재해가 발생한 사업장
③ 직업성 질병자가 연간 2명 이상 발생한 사업장
④ 유해인자의 노출기준을 초과한 사업장

Tip 2020년 시행. 법령전부개정으로 내용이 수정되었으며, 해답은 수정된 내용이니 착오없으시기 바랍니다.

focus 본 교재 제1과목 II. 4. 안전보건개선계획 단원에서 내용 확인

7. 산업현장에서 활용할 수 있는 컬러 테라피에 관한 다음 내용을 보고 알맞은 색체를 쓰시오.

색 체	심 리
①	열정, 위험, 애정, 따뜻함
②	주의, 희망, 조심, 밝음
③	안전, 평화, 안정, 안식
④	진정, 차분, 차가움
⑤	우울, 불안, 초조

해답 ① 빨간색(적색) ② 노란색(황색) ③ 녹색 ④ 파란색(청색) ⑤ 보라색

focus 본 교재(필기) 제1과목 04. Ⅲ. 2. 산업안전심리의 요소 단원에서 내용 확인

8. 산업안전보건법상 가설 통로 설치 시 준수해야 할 사항이다. 괄호에 알맞은 내용을 쓰시오.

> (1) 경사는 (①)도 이하로 할 것.
> (2) 경사가 (②)도를 초과하는 때에는 미끄러지지 아니하는 구조로 할 것.
> (3) 추락의 위험이 있는 장소에는 (③)을 설치할 것.
> (4) 수직갱에 가설된 통로의 길이가 (④)m 이상인 때에는 (⑤)m 이내마다 계단참을 설치할 것.
> (5) 건설공사에 사용하는 높이 (⑥)m 이상인 비계다리에는 (⑦)m 이내마다 계단참을 설치할 것.

해답 ① 30 ② 15 ③ 안전 난간 ④ 15 ⑤ 10 ⑥ 8 ⑦ 7

focus 본 교재 제6과목 Ⅰ. 20. 가설계단 단원에서 내용 확인

9. 재해예방의 기본 4원칙을 쓰시오.

해답 ① 손실우연의 원칙 ② 예방가능의 원칙
③ 원인계기의 원칙 ④ 대책선정의 원칙

focus 본 교재 제1과목 Ⅲ. 10. 재해예방의 4원칙 단원에서 내용 확인

10. 산업안전보건법상 작업장의 조도기준에 관한 다음 사항에서 ( )에 알맞은 내용을 쓰시오.

초정밀작업	정밀작업	보통 작업	그 밖의 작업
(①)Lux 이상	(②)Lux 이상	(③)Lux 이상	(④)Lux 이상

해답 ① 750 ② 300 ③ 150 ④ 75

focus 본 교재 제3과목 Ⅰ. 18. 조도 단원에서 내용 확인

11. 다음에 해당하는 충전전로에 대한 접근한계 거리를 쓰시오.

> (1) 충전전로 220V일 때 (①)   (2) 충전전로 1kV일 때 (②)
> (3) 충전전로 22kV일 때 (③)   (4) 충전전로 154kV일 때 (④)

해답 ① 접촉금지　② 45센티미터　③ 90센티미터　④ 170센티미터

Tip 충전전로의 접근한계거리

충전전로의 선간전압 (단위 : 킬로볼트)	충전전로에 대한 접근한계거리 (단위 : 센티미터)
0.3 이하	접촉금지
0.3 초과 0.75 이하	30
0.75 초과 2 이하	45
2 초과 15 이하	60
15 초과 37 이하	90
37 초과 88 이하	110
88 초과 121 이하	130
121 초과 145 이하	150
145 초과 169 이하	170
...	...

focus 본 교재 제5과목 I. 9. 충전전로에서의 전기작업 단원에서 내용 확인

---

12. 방진 마스크의 등급 및 해당사항에 알맞은 내용을 쓰시오.

(1) 석면 취급장소의 등급 (①)
(2) 금속흄 등과 같이 열적으로 생기는 분진 등 발생장소의 등급 (②)
(3) 베릴륨 등과 같이 독성이 강한 물질들을 함유한 분진 등 발생장소의 등급 (③)
(4) 산소농도 (④) 미만인 장소에서는 방진마스크 착용을 금지한다.
(5) 안면부 내부의 이산화탄소 농도가 부피분율 (⑤) 이하이어야 한다.

해답 ① 특급　② 1급　③ 특급　④ 18%　⑤ 1%

focus 본 교재 제7과목 I. 3. 방진마스크 단원에서 내용 확인

---

13. 공기 압축기의 불안정한 운전에 해당하는 서징(Surging)현상의 방지대책을 4가지 쓰시오.

해답 ① 풍량을 감소시킨다.
② 배관의 경사를 완만하게 한다.
③ 교축밸브를 기계에 근접 설치한다.
④ 토출가스를 흡입 측에 바이패스 시키거나 방출 밸브에 의해 대기로 방출시킨다.
⑤ 회전수를 변화시킨다.

산업안전산업기사 실기 (필답형)
2016년 10월 8일 시행

1. 비계의 조립간격에 관한 다음의 표에서 ( ) 안에 알맞은 내용을 쓰시오.

강관비계의 종류	조립간격(단위 : m)	
	수직방향	수평방향
단관 비계	(①)	5
틀 비계(높이가 5m 미만의 것 제외)	(②)	(③)
통나무 비계	5.5	(④)

해답 ① 5 ② 6 ③ 8 ④ 7.5

focus 본 교재 제6과목 I. 24. 비계의 종류 및 설치 시 준수사항 단원에서 내용 확인

2. 다음은 적응의 기제에 관한 설명이다. 해당되는 적응의 기제를 쓰시오.

적응의 기제	설 명
①	자신이 무의식적으로 저지른 일관성 있는 행동에 대해 그럴듯한 이유를 붙여 설명하는 일종의 자기변명으로, 자신의 행동을 정당화하여 자신이 받을 수 있는 상처를 완화시킴.
②	받아들일 수 없는 충동이나 욕망 또는 실패 등을 타인의 탓으로 돌리는 행위
③	욕구가 좌절되었을 때 욕구 충족을 위해 보다 가치 있는 방향으로 전환하는 것.
④	자신의 결함으로 욕구 충족에 방해를 받을 때 그 결함을 다른 것으로 대치하여 욕구를 충족하고, 자신의 열등감에서 벗어나려는 행위

해답 ① 합리화 ② 투사 ③ 승화 ④ 보상

focus 본 교재(필기) 제1과목 06. II. 6. 적응기제 단원에서 내용 확인

3. 산업안전보건법상 건설업 유해위험방지계획서 제출대상 사업장이다. 괄호에 알맞은 내용을 쓰시오.

(1) 지상 높이가 (①)미터 이상인 건축물 또는 인공구조물
(2) 연면적 (②)제곱미터 이상의 냉동·냉장창고시설의 설비공사 및 단열공사
(3) 다목적 댐·발전용 댐 및 저수용량 (③)톤 이상의 용수전용 댐·지방상수도 전용 댐 건설 등의 공사
(4) 깊이 (④)미터 이상인 굴착공사

해답 ① 31 ② 5천 ③ 2천만 ④ 10

focus 본 교재 제6과목 I. 3. 유해위험방지계획서 단원에서 내용 확인

4. 산업안전보건법상 다음에 해당하는 안전보건표지의 명칭을 쓰시오.

해답 ① 화기 금지 ② 산화성 물질 경고 ③ 고압전기 경고 ④ 고온 경고 ⑤ 들것

focus 본 교재 제2과목 II. 8. 무재해운동과 위험예비훈련 단원에서 내용 확인

5. 산업안전보건법상 안전보건관리 책임자의 업무를 4가지 쓰시오.

해답
① 사업장의 산업재해예방계획의 수립에 관한 사항
② 안전보건관리규정의 작성 및 변경에 관한 사항
③ 근로자에 대한 안전·보건교육에 관한 사항
④ 작업환경 측정 등 작업환경의 점검 및 개선에 관한 사항
⑤ 근로자의 건강진단 등 건강관리에 관한 사항
⑥ 산업재해의 원인조사 및 재발방지대책 수립에 관한 사항
⑦ 산업재해에 관한 통계의 기록 및 유지에 관한 사항
⑧ 안전장치 및 보호구 구입시 적격품 여부 확인에 관한 사항
⑨ 그 밖에 근로자의 유해·위험방지조치에 관한 사항으로서 고용노동부령이 정하는 사항

focus 본 교재 제1과목 I. 4. 안전보건관리책임자의 업무 단원에서 내용 확인

6. 자율안전확인 대상 기계 등에 해당하는 방호장치의 종류를 4가지 쓰시오.

해답 자율안전확인 대상 방호장치
① 아세틸렌 용접장치용 또는 가스 집합 용접장치용 안전기
② 교류 아크용접기용 자동전격방지기
③ 롤러기 급정지장치
④ 연삭기 덮개
⑤ 목재 가공용 둥근톱 반발 예방장치와 날 접촉 예방장치
⑥ 동력식 수동 대패용 칼날 접촉 방지장치
⑦ 추락·낙하 및 붕괴 등의 위험방지 및 보호에 필요한 가설기자재로서 고용노동부장관이 정하여 고시하는 것

Tip 2020년 시행. 관련법령 전부개정으로 변경된 내용입니다. 문제와 해답은 개정된 내용에 맞게 수정했으니 착오없으시기 바랍니다.

focus 본 교재 제1과목 IV. 7. 안전인증(자율안전확인) 단원에서 내용 확인

7. 기계의 원동기·회전축·기어·풀리·플라이 휠·벨트 및 체인 등 근로자에게 위험을 미칠 우려가 있는 부위에 설치해야 하는 방호장치를 쓰시오.

   해답 ① 덮개
   ② 울
   ③ 슬리브
   ④ 건널다리

   focus 본 교재 제4과목 I. 8. 동력전달장치의 방호장치 단원에서 내용 확인

8. 근로자가 노출된 충전부 또는 그 부근에서 작업함으로써 감전될 우려가 있는 경우에는 작업에 들어가기 전에 해당 전로를 차단하여야 한다. 전로 차단절차에 해당하는 다음 내용의 괄호에 알맞은 내용을 쓰시오.

   (1) 차단장치나 단로기 등에 (①) 및 꼬리표를 부착할 것.
   (2) 개로된 전로에서 유도전압 또는 전기 에너지가 축적되어 근로자에게 전기 위험을 끼칠 수 있는 전기기기 등은 접촉하기 전에 (②)를 완전히 방전시킬 것.
   (3) 전기기기 등이 다른 노출 충전부와 접촉, 유도 또는 예비 동력원의 역송전 등으로 전압이 발생할 우려가 있는 경우에는 충분한 용량을 가진 단락 (③)를 이용하여 접지할 것.

   해답 ① 잠금장치
   ② 잔류전하
   ③ 접지기구

   focus 본 교재 제5과목 I. 8. 정전작업 단원에서 내용 확인

9. 작업자가 벽돌을 운반하기 위해 벽돌을 들고 비계 위를 걷다가 몸의 중심을 잃으면서 벽돌을 떨어뜨려 발가락의 뼈가 부러졌다. 다음 물음에 답하시오.

   | ① 재해형태 | ② 가해물 | ③ 기인물 |

   해답 ① 재해형태 : 낙하
   ② 가해물 : 벽돌
   ③ 기인물 : 비계

   focus 본 교재(필기) 제1과목 02. I. 4. 재해의 원인 분석 및 조사기법 단원에서 내용 확인

10. 다음 FT도에서 시스템의 신뢰도는 약 얼마인가? (단, 발생확률은 ①, ④는 0.05, ②, ③은 0.1)

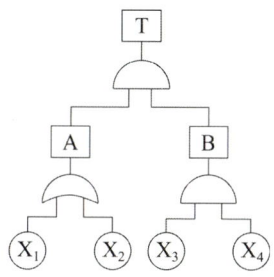

해답 시스템의 신뢰도
(1) T의 발생확률 : T = A×B
  ① A = 1−(1−0.05)(1−0.1) = 0.145
  ② B = 0.05×0.1 = 0.005
  ③ T = 0.145×0.005 = 0.000725
(2) 시스템의 신뢰도는 1−0.000725 = 0.999275 ≒ 1.00

focus 본 교재 제3과목 I. 5. 신뢰도 단원에서 관련내용 확인

11. 안전보건 진단을 받아 안전보건개선계획을 수립해야 하는 대상 사업장을 4곳 쓰시오.

해답 ① 산업재해율이 같은 업종 평균 산업재해율이 2배 이상인 사업장
② 사업주가 필요한 안전조치 또는 보건조치를 이행하지 아니하여 중대재해가 발생한 사업장
③ 직업성 질병자가 연간 2명 이상(상시근로자 1천명 이상 사업장의 경우 3명 이상) 발생한 사업장
④ 그 밖에 작업환경 불량, 화재·폭발 또는 누출사고 등으로 사업장 주변까지 피해가 확산된 사업장으로서 고용노동부령으로 정하는 사업장

Tip 2020년 시행되는 법령전부개정으로 변경된 내용입니다. 해답은 개정된 내용에 맞도록 수정하였으니 착오없으시기 바랍니다.

focus 본 교재 제1과목 II. 4. 안전보건개선계획 단원에서 내용 확인

12. 소음원으로부터 4m 떨어진 곳에서의 음압 수준이 100dB이라면 동일한 기계에서 30m 떨어진 곳에서의 음압 수준은 얼마인가?

해답
① $dB_2 = dB_1 - 20\log\left(\dfrac{d_2}{d_1}\right)$
② $dB_2 = 100 - 20\log\left(\dfrac{30}{4}\right) = 82.50[\text{dB}]$

focus 본 교재(필기) 제2과목 02. II. 1. 청각과정 단원에서 내용 확인

산업안전산업기사 실기 (필답형)
2017년 4월 16일 시행

1. 착화 에너지가 0.25[mJ]인 가스가 있는 사업장의 전기설비의 정전용량이 12[pF]일 때 방전 시 착화 가능한 최소 대전 전위를 구하시오.

   해답 최소 착화 에너지
   ① $E = \frac{1}{2}CV^2$ 식에서 $V = \sqrt{\frac{2E}{C}}$ 이므로
   ② $V = \sqrt{\frac{2 \times (0.25 \times 10^{-3})}{12 \times 10^{-12}}} = 6,454.97 V$

   focus 본 교재 제5과목 I. 14. 정전기 발생과 안전대책 단원에서 내용 확인

2. 차광보안경에 관한 용어의 정의에서 괄호에 알맞은 내용을 쓰시오.

   - (①) : 착용자의 시야를 확보하는 보안경의 일부로서 렌즈 및 플레이트 등을 말한다.
   - (②) : 필터와 플레이트의 유해광선을 차단할 수 있는 능력을 말한다.
   - (③) : 필터 입사에 대한 투과 광속의 비를 말하며, 분광투과율을 측정한다.

   해답 ① 접안경 ② 차광도 번호 ③ 시감투과율

3. 와이어로프의 구성표시 방법에서 해당되는 명칭을 쓰시오. (3점)
   ① 6 :
   ② Fi :
   ③ (29) :

   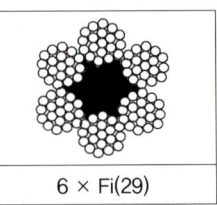
   6 × Fi(29)

   해답 ① 6 : 스트랜드(Strand) 수   ② Fi : 필러형(core)   ③ (29) : 소선(wire) 수

   focus 본 교재(필기) 제3과목 05. III. 2. 방호장치의 종류 단원에서 내용 확인

4. 고용노동부장관이 필요하다고 인정할 경우 안전·보건진단을 받아 안전보건개선계획을 수립·제출할 것을 명할 수 있는 대상 사업장을 4곳 쓰시오.

   해답 ① 산업재해율이 같은 업종 평균 산업재해율의 2배 이상인 사업장

② 사업주가 필요한 안전조치 또는 보건조치를 이행하지 아니하여 중대재해가 발생한 사업장
③ 직업성 질병자가 연간 2명 이상(상시근로자 1천명 이상 사업장의 경우 3명 이상) 발생한 사업장
④ 그 밖에 작업환경 불량, 화재·폭발 또는 누출사고 등으로 사업장 주변까지 피해가 확산된 사업장으로서 고용노동부령으로 정하는 사업장

Tip 2020년 시행되는 법령전부개정으로 변경된 내용입니다. 해답은 변경된 내용에 맞도록 수정하였으니 착오없으시기 바랍니다.

focus 본 교재 제1과목 Ⅱ. 4. 안전보건개선계획 단원에서 내용확인

---

5. 달비계의 달기 와이어로프의 안전계수와 달비계에 사용해서는 안 되는 와이어로프의 기준을 2가지 쓰시오.

해답 (1) 안전계수 : 10 이상
(2) 와이어로프의 사용금지 기준
① 이음매가 있는 것
② 와이어로프의 한 꼬임(스트랜드(strand))에서 끊어진 소선의 수가 10[%] 이상인 것
③ 지름의 감소가 공칭지름의 7[%]를 초과하는 것
④ 꼬인 것
⑤ 심하게 변형되거나 부식된 것
⑥ 열과 전기충격에 의해 손상된 것

focus 본 교재 제6과목 Ⅰ. 23. 통로발판 단원과 24. 비계의 종류 및 설치 시 준수사항 단원에서 관련된 내용확인

---

6. 유한 사면의 붕괴유형을 3가지 쓰시오.

해답 ① 사면 내 붕괴
② 사면선단 붕괴
③ 사면저부 붕괴

focus 본 교재(필기) 제6과목 04. Ⅱ. 1. 토석붕괴 위험성 단원에서 내용 확인

---

7. 아래에서 설명하는 위험물 저장 취급 화학설비의 안전거리를 쓰시오.

① 사무실·연구실·실험실·정비실 또는 식당으로부터 단위공정시설 및 설비, 위험물질의 저장탱크, 위험물질 하역설비, 보일러 또는 가열로의 사이
② 위험물질 저장탱크로부터 단위공정 시설 및 설비, 보일러 또는 가열로의 사이

해답 안전거리
① 사무실 등의 외면으로 부터 20[m]이상
② 저장 탱크의 외면으로 부터 20[m] 이상

focus 본 교재 (필기) 제5과목 01. Ⅱ. 2. 위험물의 저장 및 취급방법 단원에서 내용 확인

8. 대상 화학물질을 취급하는 근로자의 안전·보건을 위하여 작업장에서 취급하는 대상 화학물질의 물질안전보건자료에 해당되는 내용을 근로자에게 교육하여야 한다. 해당되는 교육내용을 4가지 쓰시오. (4점)

> **해답** 물질안전보건자료에 관한 교육내용
> ① 대상 화학물질의 명칭(또는 제품명)
> ② 물리적 위험성 및 건강 유해성
> ③ 취급상의 주의사항
> ④ 적절한 보호구
> ⑤ 응급조치 요령 및 사고 시 대처방법
> ⑥ 물질안전보건자료 및 경고표지를 이해하는 방법
>
> **focus** 본 교재(필기) 제1과목 08. VII. 2. 물질안전보건자료의 작성 단원에서 내용 확인

9. 산업안전보건법상 다음의 특수건강진단 대상 유해인자에 해당하는 배치 후 첫 번째 특수건강진단 시기를 쓰시오.

| ① 벤젠　　② 소음 및 충격소음　　③ 석면, 면분진 |

> **해답** ① 벤젠 : 2개월 이내
> ② 소음 및 충격소음 : 12개월 이내
> ③ 석면, 면 분진 : 12개월 이내
>
> **focus** 본 교재(필기) 제1과목 08. III. 2. 특수건강진단의 시기 및 주기 단원에서 내용 확인

10. 직렬로 접속되어 있는 A, B, C 의 발생 확률이 각각 0.15일 경우, 고장사상을 정상사상으로 하는 FT도를 그리고, 발생 확률을 구하시오.

> **해답** ① FT도
>
>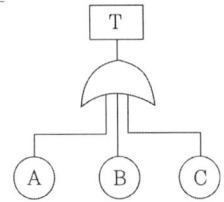
>
> ② 발생확률
> $T = 1-(1-0.15)(1-0.15)(1-0.15) = 0.386 ≒ 0.39[\%]$
>
> **focus** 본 교재 제3과목 II. 11. 미니멀 컷과 미니멀 패스 단원 및 (필기) 제2과목 06. II. 1. 확률사상의 계산 단원에서 내용 확인

11. 1,000[kg]의 화물을 두 줄 걸이 로프로 상부각도 60°로 들어 올릴 때 한 쪽 와이어로프에 걸리는 하중을 계산하시오.

> **해답** 슬링 와이어로프의 한 가닥에 걸리는 하중
> $$하중 = \frac{화물의\ 무게(W_1)}{2} \div \cos\frac{\theta}{2} = \frac{1,000}{2} \div \cos\frac{60}{2} = 577.35[kg]$$
>
> **focus** 본 교재 제4과목 II. 5. 와이어로프에 걸리는 하중 단원에서 내용확인

12. 누적외상성 질환 등 근골격계 질환의 주요원인을 4가지 쓰시오.

> **해답**
> ① 부적절한 작업 자세 ② 무리한 반복 작업
> ③ 과도한 힘 ④ 부족한 휴식시간
> ⑤ 신체적 압박 ⑥ 차가운 온도나 무더운 온도의 작업환경
>
> **focus** 본 교재(필기) 제2과목 03. IV. 5. 근골격계 질환 단원에서 내용 확인

13. 경사면에서 드럼통 등의 중량물을 취급하는 경우 준수해야 할 사항을 2가지 쓰시오.

> **해답**
> ① 구름 멈춤대, 쐐기 등을 이용하여 중량물의 동요나 이동을 조절할 것
> ② 중량물이 구를 위험이 있는 방향 앞의 일정거리 이내로는 근로자의 출입을 제한할 것. 다만, 중량물을 보관하거나 작업 중인 장소가 경사면인 경우에는 경사면 아래로는 근로자의 출입을 제한해야 힌다.
>
> **Tip** 2023년 법령개정. 문제 및 해답은 개정된 내용 적용.
>
> **focus** 본 교재 제8과목 산업안전보건법 IV. 산업안전에 관한 기준 5. 중량물 취급 시 작업계획 단원에서 내용 확인

산업안전산업기사 실기 (필답형)
2017년 6월 25일 시행

1. 다음 안전표지판의 명칭을 쓰시오.

①	②	③	④

   해답
   ① 낙하물 경고
   ② 폭발성 물질 경고
   ③ 보안면 착용
   ④ 세안장치

   focus 본 교재 제2과목 Ⅱ. 8. 무재해운동과 위험예지훈련 단원에서 안전표지의 내용 확인

2. 크레인을 사용하여 작업할 때 작업시작 전 점검해야 할 사항을 3가지 쓰시오.

   해답
   ① 권과 방지장치·브레이크·클러치 및 운전 장치의 기능
   ② 주행로의 상측 및 트롤리가 횡행하는 레일의 상태
   ③ 와이어로프가 통하고 있는 곳의 상태

   focus 본 교재 제1과목 Ⅳ. 8. 작업시작 전 점검사항 단원에서 내용 확인

3. 근로자가 노출된 충전부 또는 그 부근에서 작업함으로써 감전될 우려가 있는 경우에는 작업에 들어가기 전에 해당 전로를 차단하여야 한다. 차단 절차에 해당하는 내용을 4가지 쓰시오.

   해답
   ① 전기기기 등에 공급되는 모든 전원을 관련 도면, 배선도 등으로 확인할 것
   ② 전원을 차단한 후 각 단로기 등을 개방하고 확인할 것
   ③ 차단장치나 단로기 등에 잠금장치 및 꼬리표를 부착할 것
   ④ 개로된 전로에서 유도전압 또는 전기에너지가 축적되어 근로자에게 전기위험을 끼칠 수 있는 전기기기 등은 접촉하기 전에 잔류전하를 완전히 방전시킬 것
   ⑤ 검전기를 이용하여 작업 대상 기기가 충전되었는지를 확인할 것
   ⑥ 전기기기 등이 다른 노출 충전부와의 접촉, 유도 또는 예비동력원의 역 송전 등으로 전압이 발생할 우려가 있는 경우에는 충분한 용량을 가진 단락 접지 기구를 이용하여 접지할 것

   focus 본 교재 제5과목 Ⅰ. 8. 정전작업 단원에서 관련된 내용 확인

4. 화학설비의 안전성평가 6단계를 순서대로 쓰시오.

   해답
   ① 제1단계 : 관계 자료의 정비 검토
   ② 제2단계 : 정성적 평가
   ③ 제3단계 : 정량적 평가
   ④ 제4단계 : 안전대책
   ⑤ 제5단계 : 재해정보에 의한 재평가
   ⑥ 제6단계 : FTA에 의한 재평가

   focus 본 교재 제3과목 II. 12. 안전성 평가 단원에서 내용 확인

5. 아세틸렌 용접장치를 사용하여 금속의 용접·용단 또는 가열작업을 하는 경우 사업주가 준수해야할 사항을 4가지 쓰시오.

   해답
   ① 발생기의 종류, 형식, 제작업체명, 매시 평균 가스발생량 및 1회의 카바이드 공급량을 발생기 실내의 보기 쉬운 장소에 게시할 것
   ② 발생기실에는 관계근로자가 아닌 사람이 출입하는 것을 금지할 것
   ③ 발생기에서 5미터 이내 또는 발생기실에서 3미터 이내의 장소에서는 흡연, 화기의 사용 또는 불꽃이 발생할 위험한 행위를 금지시킬 것
   ④ 도관에는 산소용과 아세틸렌용의 혼동을 방지하기 위한 조치를 할 것
   ⑤ 아세틸렌 용접장치의 설치장소에는 적당한 소화설비를 갖출 것
   ⑥ 이동식 아세틸렌 용접장치의 발생기는 고온의 장소, 통풍이나 환기가 불충분한 장소 또는 진동이 많은 장소 등에 설치하지 않도록 할 것

   focus 본 교재(필기) 제 3과목 04. III. 3. 가스용접 작업의 안전 단원에서 내용확인

6. 근로자가 밀폐공간에서 안전한 상태에서 작업하도록 하기 위하여 작업을 시작하기 전에 사업주가 확인하여야 할 사항을 4가지 쓰시오.

   해답
   ① 작업 일시, 기간, 장소 및 내용 등 작업 정보
   ② 관리감독자, 근로자, 감시인 등 작업자 정보
   ③ 산소 및 유해가스 농도의 측정결과 및 후속조치 사항
   ④ 작업 중 불활성가스 또는 유해가스의 누출·유입·발생 가능성 검토 및 후속조치 사항
   ⑤ 작업 시 착용하여야 할 보호구의 종류
   ⑥ 비상연락체계

7. 안전밸브 또는 파열판을 설치하여야 하는 화학설비 및 그 부속설비 중 파열판을 설치해야 하는 경우를 3가지 쓰시오.

   해답
   ① 반응 폭주 등 급격한 압력상승의 우려가 있는 경우
   ② 급성독성물질의 누출로 인하여 주위의 작업환경을 오염시킬 우려가 있는 경우
   ③ 운전 중 안전밸브에 이상 물질이 누적되어 안전밸브가 작동되지 아니할 우려가 있는 경우

   focus 본 교재 제5과목 II. 14. 화학설비의 안전장치 종류 단원에서 내용 확인

8. 동바리로 사용하는 파이프서포트에 대해서는 다음의 사항을 따라야 한다. 괄호에 알맞은 내용을 쓰시오.

> 1. 파이프서포트를 (①) 이상 이어서 사용하지 않도록 할 것
> 2. 파이프서포트를 이어서 사용하는 경우에는 (②) 이상의 볼트 또는 전용철물을 사용하여 이을 것
> 3. 높이가 (③)를 초과하는 경우에는 높이 2[m] 이내마다 수평 연결재를 2개 방향으로 만들고 수평연결재의 변위를 방지할 것

해답 ① 3개   ② 4개   ③ 3.5[m]

focus 본 교재 제8과목 IV. 3. 거푸집 동바리 및 거푸집 단원에서 내용 확인.

9. 기업 내 정형교육인 TWI의 교육 내용을 4가지 쓰시오.

해답 TWI의 교육 내용
① J. M. T(Job Method Training) : 작업방법훈련(작업개선법)
② J. I. T(Job Instruction Training) : 작업지도훈련(작업지도법)
③ J. R. T(Job Relations Training) : 인간관계훈련(부하통솔법)
④ J. S. T(Job Safety Training) : 작업안전훈련(안전관리법)

focus 본 교재(필기) 제1과목 07. II. 3. TWI 단원에서 내용 확인

10. 산업안전보건법상 자율안전 확인 대상 기계 또는 설비 4가지를 쓰시오.

해답 ① 연삭기 또는 연마기(휴대형은 제외)
② 산업용 로봇
③ 혼합기
④ 파쇄기 또는 분쇄기
⑤ 식품가공용 기계(파쇄ㆍ절단ㆍ혼합ㆍ제면기만 해당)
⑥ 컨베이어
⑦ 자동차 정비용 리프트
⑧ 공작기계(선반, 드릴기, 평삭ㆍ형삭기, 밀링만 해당)
⑨ 고정형 목재 가공용 기계(둥근톱, 대패, 루타기, 띠톱, 모 떼기 기계만 해당)
⑩ 인쇄기

Tip 2020년 시행. 관련법령 전부개정으로 변경된 내용입니다. 문제와 해답은 개정된 내용에 맞게 수정했으니 착오없으시기 바랍니다.

focus 본 교재 제1과목 IV. 7. 안전 인증(자율안전 확인)단원에서 내용 확인

11. 산업현장에서 사용되는 출입금지 표지판의 배경반사율이 80[%]이고, 관련 그림의 반사율이 20[%]일 경우 표지판의 대비를 구하시오.

해답 ① 공식 : 대비[%] = $\dfrac{배경의 광도(L_b) - 표적의 광도(L_t)}{배경의 광도(L_b)} \times 100$

② 계산식 : $\dfrac{80-20}{80} \times 100 = 75[\%]$

focus 본 교재 제3과목 I. 20. 대비 단원에서 내용 확인

---

12. 흙막이 지보공을 설치하였을 경우 정기적으로 점검하여야 할 사항을 3가지 쓰시오.

해답 ① 부재의 손상·변형·부식·변위 및 탈락의 유무와 상태
② 버팀대의 긴압의 정도
③ 부재의 접속부·부착부 및 교차부의 상태
④ 침하의 정도

focus 본 교재 제6과목 IV. 05. 3. 거푸집 동바리의 조립시 안전조치 사항에서 내용 확인

---

13. 대상 화학물질을 취급하는 근로자의 안전·보건을 위하여 작업장에서 취급하는 대상 화학물질의 물질안전보건자료에 해당되는 내용을 근로자에게 교육하여야 한다. 해당되는 교육 내용을 4가지 쓰시오.

해답 물질안전보건자료에 관한 교육 내용
① 대상 화학물질의 명칭(또는 제품명)
② 물리적 위험성 및 건강 유해성
③ 취급상의 주의사항
④ 적절한 보호구
⑤ 응급조치 요령 및 사고 시 대처방법
⑥ 물질안전보건자료 및 경고표지를 이해하는 방법

focus 본 교재(필기) 제1과목 08. VII. 2. 물질안전보건자료의 작성 단원에서 내용 확인

산업안전산업기사 실기 (필답형)
2017년 10월 15일 시행

1. FTA에 사용되는 논리기호 및 사상기호의 명칭을 쓰시오.

①	②	③	④
◇	○	⌂	출력―⬡―조건 / 입력

해답 ① 생략사상 ② 기본사상 ③ 통상사상 ④ 제약(억제) 게이트

focus 본 교재(필기) 제 2과목 06. I. 2. 논리기호 및 사상기호 단원에서 내용 확인

2. 산업안전보건법상 산업재해가 발생한 경우 사업주가 기록 보존하여야 하는 사항을 4가지 쓰시오.

해답 ① 사업장의 개요 및 근로자의 인적사항 ② 재해 발생의 일시 및 장소
③ 재해 발생의 원인 및 과정 ④ 재해 재발방지 계획

focus 본 교재 제1과목 III. 3. 재해조사 항목내용 단원에서 내용 확인

3. 산업안전보건법령상 사업주가 실시해야 하는 관리감독자 안전보건교육의 교육시간에 관한 다음 사항에서 ( )에 알맞은 내용을 쓰시오.

교육과정	교육시간
정기교육	①
채용 시 교육	②
작업내용 변경 시 교육	③

해답 ① 연간 16시간 이상 ② 8시간 이상 ③ 2시간 이상

Tip 2023년 법령개정. 문제 및 해답은 개정된 내용 적용.

focus 본 교재 제2과목 I. 10. 산업안전보건법상의 교육의 종류와 교육시간 단원에서 내용 확인

4. 공정안전보고서에 포함되어야 할 사항을 4가지 쓰시오.

해답 ① 공정안전자료 ② 공정위험성평가서 ③ 안전운전계획 ④ 비상조치계획
⑤ 그 밖에 공정상의 안전과 관련하여 고용노동부장관이 필요하다고 인정하여 고시하는 사항

focus 본 교재 제8과목 I. 4. 공정안전보고서 단원에서 내용 확인

5. 안전보건개선계획에 포함되어야 할 내용 4가지를 쓰시오.

해답 ① 시설　② 안전·보건관리체제　③ 안전·보건교육
④ 산업재해 예방 및 작업환경 개선을 위하여 필요한 사항

focus 본 교재 제1과목 II. 4. 안전보건 개선 계획 단원에서 내용 확인

6. 양중기에 사용하는 달기 체인의 사용 금지 기준을 2가지 쓰시오.

해답 ① 달기 체인의 길이가 달기 체인이 제조된 때의 길이의 5[%]를 초과한 것
② 링의 단면 지름이 달기체인이 제조된 때의 해당 링의 지름의 10[%]를 초과하여 감소한 것
③ 균열이 있거나 심하게 변형된 것

focus 본 교재 제4과목 II. 4. 와이어로프 단원에서 내용 확인

7. 반사경 없이 모든 방향으로 빛을 발하는 점 광원에서 2[m] 떨어진 곳의 조도가 120[lux]라면 3[m] 떨어진 곳의 조도는 얼마인가?

해답 조도 = $\dfrac{광도}{(거리)^2}$

① $120[lux] = \dfrac{광도}{2^2}$　∴　광도 = 480[cd]

② 3[m]일 때의 조도[lux] = $\dfrac{480}{3^2} ≒ 53.33[lux]$

focus 본 교재 제3과목 I. 18. 조도 단원에서 내용 확인

8. 폭발방지를 위한 불활성화방법 중 퍼지의 종류를 3가지 쓰시오.

해답 ① 진공 퍼지(Vacuum purging)
② 압력 퍼지(Pressure purging)
③ 스위프 퍼지(Sweep-Through Purging)
④ 사이폰 치환(Siphon purging)

focus 본 교재 제5과목 II. 10. 폭발의 방호 방법 단원에서 내용 확인

9. 공기 압축기의 작업시작 전 점검해야 할 사항을 4가지 쓰시오.

해답 ① 공기저장 압력용기의 외관 상태　② 드레인 밸브의 조작 및 배수
③ 압력방출장치의 기능　　　　　　　④ 언로드 밸브의 기능
⑤ 윤활유의 상태　　　　　　　　　　⑥ 회전부의 덮개 또는 울
⑦ 그 밖의 연결 부위의 이상 유무

focus 본 교재 제1과목 IV. 8. 작업 시작 전 점검사항 단원에서 내용 확인

10. 산업안전보건법상 경고 표지 중 바탕은 무색, 기본 모형은 빨간색(검은색도 가능)에 해당하는 표시종류를 4가지 쓰시오.

> **해답** ① 인화성 물질 경고　② 산화성 물질 경고　③ 폭발성 물질 경고
> ④ 급성 독성 물질 경고　⑤ 부식성 물질 경고　⑥ 발암성 물질 경고
>
> **focus** 본 교재 제2과목 II. 8. 무재해운동과 위험예지훈련 단원에서 내용 확인

11. 산안안전보건법상 절연용 보호구, 절연용 방호구, 활선작업용 기구, 활선작업용 장치에 대하여 각각의 사용목적에 적합한 종별·재질 및 치수의 것을 사용하여야하나 적용을 제외하는 기준이 있다. 대지전압이 어느 정도면 제외기준이 되는지 쓰시오.

> **해답** 대지 전압 30[V] 이하

12. 강풍에 대한 주행 크레인, 양중기, 승강기의 안전 기준이다. 다음 ( )에 답을 쓰시오.

> 1. 폭풍에 의한 주행 크레인의 이탈방지 장치 작동 : 순간풍속 (①)[m/s] 초과
> 2. 폭풍에 의한 건설용 리프트에 대하여 받침의 수를 증가시키는 등 그 붕괴 등을 방지하기 위한 조치 : 순간풍속 (②)[m/s] 초과
> 3. 폭풍에 의한 옥외용 승강기의 받침의 수 증가 등 무너지는 것을 방지하기 위한 조치 : 순간풍속 (③)[m/s] 초과

> **해답** ① 30　② 35　③ 35
>
> **focus** 본 교재 제4과목 I. 12. 양중기의 방호장치 및 재해유형 단원에서 내용 확인

13. 수인식 방호장치의 수인끈, 수인끈의 안내통, 손목밴드의 구비조건 3가지를 쓰시오

> **해답** 수인식 방호장치의 구비조건
> ① 수인끈은 작업자와 작업공정에 따라 그 길이를 조정할 수 있어야 한다.
> ② 수인끈의 안내통은 끈의 마모와 손상을 방지할 수 있는 조치를 해야 한다.
> ③ 손목밴드는 착용감이 좋으며 쉽게 착용할 수 있는 구조이어야 한다.
> ④ 손목밴드(wrist band)의 재료는 유연한 내유성 피혁 또는 이와 동등한 재료를 사용해야 한다.
> ⑤ 수인끈의 재료는 합성섬유로 직경이 4[mm] 이상이어야 한다.
>
> **focus** 본 교재 제4과목 I. 10. 프레스의 방호장치 및 설치방법 단원에서 내용확인

산업안전산업기사 실기 (필답형)
2018년 4월 14일 시행

1. 공기압축기의 작업시작 전 점검해야할 사항을 4가지 쓰시오.

해답
① 공기저장 압력용기의 외관상태
② 드레인 밸브의 조작 및 배수
③ 압력방출장치의 기능
④ 언로드 밸브의 기능
⑤ 윤활유의 상태
⑥ 회전부의 덮개 또는 울
⑦ 그 밖의 연결부위의 이상 유무

focus 본 교재 제1과목 Ⅳ. 8. 작업시작 전 점검사항 단원에서 관련내용 확인

2. 산업안전보건법상 안전관리자의 업무내용을 4가지 쓰시오.

해답 안전관리자의 업무
① 산업안전보건위원회 또는 안전·보건에 관한 노사협의체에서 심의·의결한 업무와 해당 사업장의 안전보건관리규정 및 취업규칙에서 정한 업무
② 안전인증대상 기계 등과 자율안전확인대상 기계 등 구입 시 적격품의 선정에 관한 보좌 및 지도·조언
③ 위험성평가에 관한 보좌 및 지도·조언
④ 해당 사업장 안전교육계획의 수립 및 안전교육 실시에 관한 보좌 및 지도·조언
⑤ 사업장 순회점검·지도 및 조치의 건의
⑥ 산업재해 발생의 원인 조사·분석 및 재발 방지를 위한 기술적 보좌 및 지도·조언
⑦ 산업재해에 관한 통계의 유지·관리·분석을 위한 보좌 및 지도·조언
⑧ 법 또는 법에 따른 명령으로 정한 안전에 관한 사항의 이행에 관한 보좌 및 지도·조언
⑨ 업무수행 내용의 기록·유지
⑩ 그 밖에 안전에 관한 사항으로서 고용노동부장관이 정하는 사항

focus 본 교재 제1과목 Ⅰ. 5. 안전관리자의 업무 단원에서 관련내용 확인

3. 휴먼에러(Human Error)의 분류방법 중 심리적(독립행동에 관한) 분류(A.D. Swain)의 종류를 4가지 쓰시오.

해답 스웨인(A.D. Swain)의 심리적 분류(독립행동에 관한 분류)
① 생략 에러(Omission error)
② 착각수행 에러(Commission error)
③ 순서 에러(Sequential error)
④ 시간적 에러(Time error)
⑤ 과잉 행동(불필요한 수행) 에러(Extraneous error)

focus 본 교재 제3과목 Ⅰ. 4. 휴먼에러 단원에서 관련내용 확인

4. 유해 위험한 기계 기구의 방호조치 중 롤러기의 방호장치를 쓰고 ( )안에 알맞은 내용을 쓰시오.

방호장치	(①)
손으로 조작하는 것	밑면으로부터 (②) m 이내
복부로 조작하는 것	밑면으로부터 (③) m 이상 (④) m 이내
무릎으로 조작하는 것	밑면으로부터 (⑤) m 이상 (⑥) m 이내

해답 ① 급정지 장치 ② 1.8 ③ 0.8 ④ 1.1 ⑤ 0.4 ⑥ 0.6

focus 본 교재 제4과목 I. 14. 롤러기의 방호장치 및 설치방법 단원에서 관련된 내용 확인

5. 산업안전보건법상 다음과 같은 경고표지의 색채 기준을 쓰시오.

해답 위험장소 경고표지의 색채기준
바탕은 노란색, 기본모형·관련부호 및 그림은 검은색

focus 본 교재 제2과목 II. 8. 무재해 운동과 위험예지훈련 3) 안전보건 표지 단원에서 관련내용 확인

6. 비, 눈, 그 밖의 기상상태의 악화로 작업을 중지시킨 후 또는 비계를 조립, 해체하거나 변경한 후에 그 비계에서 작업을 하는 경우 해당 작업을 시작하기 전에 점검해야 할 사항을 4가지 쓰시오.

해답 ① 발판재료의 손상여부 및 부착 또는 걸림상태
② 당해 비계의 연결부 또는 접속부의 풀림상태
③ 연결재료 및 연결철물의 손상 또는 부식상태
④ 손잡이의 탈락 여부
⑤ 기둥의 침하·변형·변위 또는 흔들림 상태
⑥ 로프의 부착상태 및 매단장치의 흔들림 상태

focus 본 교재 제6과목 I. 24. 비계의 종류 및 설치 시 준수사항 단원에서 관련내용 확인

7. 대상화학물질을 양도하거나 제공하는 자는 물질안전보건자료의 기재 내용을 변경할 필요가 생긴 때에는 이를 물질안전보건자료에 반영하여 대상화학물질을 양도받거나 제공받은 자에게 신속하게 제공하여야 한다. 기재내용을 변경할 필요가 있는 사항 중 상대방에게 제공하여야 할 내용을 4가지 쓰시오.

해답 ① 화학제품과 회사에 관한 정보　② 유해성·위험성　③ 구성성분의 명칭 및 함유량
④ 응급조치 요령　⑤ 폭발·화재 시 대처방법　⑥ 누출사고 시 대처방법
⑦ 취급 및 저장방법　⑧ 노출방지 및 개인보호구　⑨ 법적 규제 현황

focus　본 교재 제8과목 I. 2. 물질안전보건자료의 작성 비치 등 단원에서 관련내용 확인

8. 인간이 기계를 조종하는 인간-기계 체계에서 인간의 신뢰도가 0.8일 때 체계의 전체 신뢰도가 0.7 이상이 되려면 기계의 신뢰도는 얼마 이상이어야 하는가?

해답　$R_S = R_E \cdot R_H$

기계의 신뢰도(R_E) = $\dfrac{0.7}{0.8} = 0.875 = 0.88$

focus　본 교재 제3과목 I. 5. 신뢰도 단원에서 관련내용 확인

9. 다음 보기에 해당하는 작업에서 안전을 위해 착용해할 보호구를 각각 쓰시오.

① 높이 또는 깊이 2m 이상의 추락할 위험이 있는 장소에서 하는 작업
② 물체의 낙하·충격, 물체에의 끼임, 감전 또는 정전기의 대전에 의한 위험이 있는 작업
③ 고열에 의한 화상 등의 위험이 있는 작업

해답　① 안전대　② 안전화　③ 방열복

focus　본 교재 제7과목 I. 1. 보호구 선택 시 유의사항 단원에서 관련된 내용 확인

10. 동력을 사용하는 항타기 또는 항발기에 대하여 무너짐을 방지하기 위하여 준수해야 할 사항을 4가지 쓰시오.

해답　① 연약한 지반에 설치하는 경우에는 아웃트리거·받침 등 지지구조물의 침하를 방지하기 위하여 깔판·받침목 등을 사용할 것
② 시설 또는 가설물 등에 설치하는 경우에는 그 내력을 확인하고 내력이 부족하면 그 내력을 보강할 것
③ 아웃트리거·받침 등 지지구조물이 미끄러질 우려가 있는 경우에는 말뚝 또는 쐐기 등을 사용하여 해당 지지구조물을 고정시킬 것
④ 궤도 또는 차로 이동하는 항타기 또는 항발기에 대해서는 불시에 이동하는 것을 방지하기 위하여 레일 클램프(rail clamp) 및 쐐기 등으로 고정시킬 것
⑤ 상단 부분은 버팀대·버팀줄로 고정하여 안정시키고, 그 하단 부분은 견고한 버팀·말뚝 또는 철골 등으로 고정시킬 것

focus　본 교재 제6과목 I. 9. 항타기 및 항발기 단원에서 관련내용 확인

11. 누전차단기 접속 시 준수해야 할 다음의 사항에서 ( )에 알맞은 내용을 쓰시오.

> (1) 전기기계·기구에 접속되어 있는 누전차단기는 정격감도전류가 (①)밀리암페어 이하이고 작동시간은 (②)초 이내일 것
> (2) 정격전부하전류가 50암페어 이상인 전기기계·기구에 접속되는 누전차단기는 오작동을 방지하기 위하여 정격감도전류는 (③)밀리암페어 이하로, 작동시간은 (④)초 이내로 할 수 있다.

해답 ① 30　② 0.03　③ 200　④ 0.1

focus 본 교재 제5과목 I. 6. 누전 차단기 단원 및 (필기) 제4과목 02. Ⅲ. 2. 누전차단기의 점검 단원에서 내용 확인

12. 산업안전보건법상 화학설비의 탱크 내 작업 시 특별안전보건교육 내용 3가지를 쓰시오.

해답
① 차단장치·정지장치 및 밸브개폐장치의 점검에 관한 사항
② 탱크 내의 산소농도 측정 및 작업환경에 관한 사항
③ 안전보호구 및 이상발생시 응급조치에 관한 사항
④ 작업절차·방법 및 유해·위험에 관한 사항
⑤ 그 밖에 안전·보건관리에 필요한 사항

focus 본 교재 제2과목 I. 10. 산업안전보건법상의 교육의 종류와 교육시간 및 교육내용 단원에서 내용 확인

13. 산업안전보건법상 위험기계·기구에 설치한 방호조치에 대하여 근로자가 지켜야 할 준수사항을 3가지 쓰시오.

해답
① 방호조치를 해체하고자 할 경우에는 사업주의 허가를 받아 해체할 것
② 방호조치를 해체한 후 그 사유가 소멸된 때에는 지체 없이 원상으로 회복시킬 것
③ 방호조치의 기능이 상실된 것을 발견한 때에는 지체 없이 사업주에게 신고할 것

focus 본 교재 제8과목 Ⅲ. 1. 유해 위험한 기계·기구 등의 방호조치 단원에서 관련내용 확인

산업안전산업기사 실기 (필답형)
2018년 6월 30일 시행

1. 사업주는 동력을 사용하는 항타기 또는 항발기에 대하여 무너짐을 방지하기 위하여 준수해야할 사항 중 빈칸에 알맞은 내용을 쓰시오.

> (가) 연약한 지반에 설치하는 경우에는 아웃트리거·받침 등 지지구조물의 침하를 방지하기 위하여 (①) 등을 사용할 것
> (나) 아웃트리거·받침 등 지지구조물이 미끄러질 우려가 있는 경우에는 (②) 등을 사용하여 각부나 가대를 고정시킬 것
> (다) 궤도 또는 차로 이동하는 항타기 또는 항발기에 대해서는 불시에 이동하는 것을 방지하기 위하여 (③) 등으로 고정시킬 것

해답 ① 깔판·받침목
② 말뚝 또는 쐐기
③ 레일 클램프 및 쐐기

focus 본 교재 제6과목 I. 9. 항타기 및 항발기 단원에서 내용확인

2. 다음은 롤러기 방호장치의 종류에 관한 사항이다. 빈칸에 알맞은 내용을 쓰시오.

손으로 조작하는 것	밑면으로부터 (①) m 이내
(②)로 조작하는 것	밑면으로부터 0.8 m 이상 1.1 m 이내
무릎으로 조작하는 것	밑면으로부터 0.4 m 이상 (③) m 이내

해답 ① 1.8 ② 복부 ③ 0.6

focus 본 교재 제4과목 I. 14. 롤러기의 방호장치 및 설치방법 단원에서 내용확인

3. 다음 작업장에 대한 산업안전보건법상의 조도기준을 쓰시오.

> (가) 보통 작업(①)Lux 이상
> (나) 정밀 작업(②)Lux 이상
> (다) 초정밀 작업(③)Lux 이상

해답 ① 150 ② 300 ③ 750

focus 본 교재 제3과목 I. 18. 조도 단원에서 내용확인

4. 산업안전보건법상 위험물의 종류에 관한 사항이다. 괄호에 알맞은 내용을 쓰시오.

> (가) 인화성액체 : 에틸에테르, 가솔린, 아세트알데히드, 산화프로필렌, 그 밖에 인화점이 섭씨 (①) 미만이고 초기 끓는점이 섭씨 35도 이하인 물질
> (나) 크렌실, 아세트산아밀, 등유, 경유, 테레핀유, 이소아밀알코올, 아세트산, 하이드라진, 그 밖에 인화점이 섭씨 (②) 이상 섭씨 60도 이하인 물질
> (다) 부식성산류 : 농도가 (③)퍼센트 이상인 염산, 황산, 질산, 그 밖에 이와 같은 정도 이상의 부식성을 가지는 물질
> (라) 부식성산류 : 농도가 (④)퍼센트 이상인 인산, 아세트산, 불산, 그 밖에 이와 같은 정도 이상의 부식성을 가지는 물질

해답 ① 23도　② 23도　③ 20　④ 60

focus 본 교재(필기) 제5과목 01. I. 3. 위험물의 종류 단원에서 내용확인

5. 프레스 및 전단기에 설치해야할 방호장치의 종류를 3가지 쓰시오.

해답
① 양수조작식 방호장치　② 수인식 방호장치
③ 손쳐내기식 방호장치　④ 가드식 방호장치
⑤ 감응식 방호장치

focus 본 교재 제4과목 I. 10. 프레스의 방호장치 및 설치방법 단원에서 내용확인

6. 구내운반차를 사용하여 작업을 하는 때의 작업시작 전 점검사항을 4가지 쓰시오.

해답
① 제동장치 및 조종장치 기능의 이상 유무
② 하역장치 및 유압장치 기능의 이상 유무
③ 바퀴의 이상 유무
④ 전조등·후미등·방향지시기 및 경음기 기능의 이상 유무
⑤ 충전장치를 포함한 홀더 등의 결합상태의 이상 유무

focus 본 교재 제1과목 IV. 8. 작업 시작 전 점검사항 단원에서 내용확인

7. 전압을 구분하는 다음의 기준에서 알맞은 내용을 쓰시오.

전원의 종류	저압	고압	특별고압
직류 [DC]	(①)V 이하	(②)V 초과 (③)V 이하	(④)V 초과
교류 [AC]	(⑤)V 이하	(⑥)V 초과 (⑦)V 이하	(⑧)V 초과

해답 ① 1,500　② 1,500　③ 7,000　④ 7,000
　　　⑤ 1,000　⑥ 1,000　⑦ 7,000　⑧ 7,000

> **Tip** 2021년 적용 법 제정으로 변경된 내용이며, 문제와 해답은 제정된 법에 맞도록 수정하였습니다.
>
> **focus** 본 교재 (필기) 제4과목 02. II. 4. 전압의 구분 단원에서 내용확인

8. 밀폐공간에서 작업할 경우 실시해야 하는 특별안전보건교육의 내용을 4가지 쓰시오.
   (단, 그 밖에 안전보건관리에 필요한 사항은 제외)

   > **해답** ① 산소농도 측정 및 작업환경에 관한 사항
   > ② 사고시의 응급처치 및 비상시 구출에 관한 사항
   > ③ 보호구 착용 및 보호 장비 사용에 관한 사항
   > ④ 작업내용·안전작업 방법 및 절차에 관한 사항
   > ⑤ 장비·설비 및 시설 등의 안전점검에 관한 사항
   >
   > **Tip** 본 문제는 2021년 법령개정으로 수정된 내용입니다.(해답은 개정된 내용 적용)
   >
   > **focus** 본 교재 제2과목 I. 10. 산업안전보건법상의 교육의 종류와 교육시간 단원에서 내용확인

9. 소음 작업의 기준에서 작업장 소음이 다음과 같을 경우 허용되는 시간을 쓰시오.

   > ① 90dB   ② 100dB   ③ 110dB   ④ 115dB

   > **해답** ① 8시간   ② 2시간   ③ 0.5시간   ④ 0.25시간
   >
   > **focus** 본 교재 제3과목 I. 21. 소음대책 단원에서 내용확인

10. 산업안전기준에서 정하는 사다리식 통로의 설치 시 준수사항 중 빈칸에 알맞은 내용을 쓰시오.

    > (가) 사다리의 상단은 걸쳐놓은 지점으로부터 (①) 이상 올라가도록 할 것
    > (나) 사다리식 통로의 길이가 10미터 이상인 경우에는 (②)을 설치할 것

    > **해답** ① 60센티미터   ② 5미터 이내마다 계단참
    >
    > **focus** 본 교재 제6과목 I. 21. 사다리식 통로 단원에서 내용확인

11. 산업안전보건법상 말비계를 조립하여 사용할 경우 준수해야 할 사항이다. 빈칸에 알맞은 내용을 쓰시오.

    > (가) 지주부재와 수평면의 기울기를 (①) 이하로 하고, 지주부재와 지주부재 사이를 고정시키는 (②)를 설치할 것
    > (나) 말비계의 높이가 2m를 초과하는 경우에는 작업발판의 폭을 (③) 이상으로 할 것

해답 ① 75도   ② 보조부재   ③ 40cm

focus 본 교재 제6과목 I. 24. 비계의 종류 및 설치 시 준수사항 단원에서 내용확인

12. 고용노동부장관이 필요하다고 인정할 경우 안전·보건진단을 받아 안전보건개선계획을 수립·제출할 것을 명할 수 있는 대상 사업장을 3곳 쓰시오.

해답 ① 산업재해율이 같은 업종 평균 산업재해율의 2배 이상인 사업장
② 사업주가 필요한 안전조치 또는 보건조치를 이행하지 아니하여 중대재해가 발생한 사업장
③ 직업성 질병자가 연간 2명 이상(상시근로자 1천명 이상 사업장의 경우 3명 이상) 발생한 사업장
④ 그 밖에 작업환경 불량, 화재·폭발 또는 누출사고 등으로 사업장 주변까지 피해가 확산된 사업장으로서 고용노동부령으로 정하는 사업장

Tip 2020년 시행되는 법령전부개정으로 변경된 내용입니다. 해답은 변경된 내용에 맞도록 수정하였으니 착오없으시기 바랍니다.

focus 본 교재 제1과목 II. 4. 안전보건개선계획 단원에서 내용 확인

13. 산업안전표지 중 다음의 금지표지에 해당하는 명칭을 쓰시오.

해답 ① 보행금지   ② 탑승금지   ④ 사용금지   ③ 물체이동금지

focus 본 교재 제2과목 II. 8. 무재해운동과 위험예지훈련 단원에서 내용확인

산업안전산업기사 실기 (필답형)
2018년 10월 6일 시행

1. 산업안전보건법에서 정하는 목재가공용 둥근톱기계의 방호조치를 2가지 쓰시오.

   해답 목재 가공용 둥근톱 기계의 방호장치
   ① 분할날 등 반발 예방장치
   ② 톱날접촉 예방장치

   Tip 목재가공용 둥근톱(반발예방장치 및 날접촉예방장치)과는 구분하여 정리해 두세요.

   focus 본 교재 제4과목 I. 18. 동력식 수동대패기 단원 보충강의에서 내용확인

2. 산업안전보건법상 유해·위험한 기계·기구·설비 등이 안전기준에 적합한지를 확인하기 위하여 안전인증기관이 심사하는 심사의 종류 3가지와 심사기간을 쓰시오.
   (제품심사에 관한 사항은 제외)

   해답 안전인증 심사의 종류 및 심사기간
   ① 예비심사 : 7일
   ② 서면심사 : 15일(외국에서 제조한 경우는 30일)
   ③ 기술능력 및 생산체계 심사 : 30일(외국에서 제조한 경우는 45일)
   ④ 제품심사
   ㉠ 개별 제품심사 : 15일
   ㉡ 형식별 제품심사 : 30일(방폭구조전기기계기구 및 부품 과 일부 보호구는 60일)

   focus 본 교재 제1과목 IV. 7. 안전인증 단원에서 내용확인

3. 자동전격방지기에 관한 다음의 설명 중 ( )에 맞는 내용을 쓰시오.

   (①) : 용접봉을 모재로부터 분리시킨 후 주접점이 개로되어 용접기 2차 측 (②)을 (③)V 이하로 감압시킬 때까지의 시간

   해답 ① 지동시간 ② 무부하 전압 ③ 25

   focus 본 교재 제5과목 I. 11. 교류 아크용접기의 방호장치 및 성능조건 단원에서 내용확인

4. 터널 등의 건설작업을 하는 경우에 낙반 등에 의하여 근로자가 위험해질 우려가 있는 경우 조치해야 할 사항을 2가지 쓰시오.

해답 갱 내에서의 낙반 방지
① 터널 지보공 및 록볼트의 설치   ② 부석 제거

focus 본 교재(필기) 제6과목 04. Ⅱ. 6. 콘크리트 구조물 붕괴안전 대책, 터널굴착 단원에서 내용확인

5. 추락 등에 의한 위험을 방지하기 위하여 설치하는 안전난간의 주요구성 요소를 4가지 쓰시오.

    해답 ① 상부난간대   ② 중간난간대   ③ 발끝막이판   ④ 난간기둥

    focus 본 교재 제6과목 Ⅰ. 11. 추락재해의 방호설비 단원에서 내용확인

6. 산업안전보건법상 산업재해가 발생한 경우 사업주가 기록 보존하여야 하는 사항을 4가지 쓰시오.

    해답 재해 발생 시 기록보존 해야 할 사항
    ① 사업장의 개요 및 근로자의 인적사항
    ② 재해 발생의 일시 및 장소
    ③ 재해 발생의 원인 및 과정
    ④ 재해 재발방지 계획

    focus 본 교재 제1과목 Ⅲ. 3. 재해조사 항목내용 단원에서 내용확인

7. 공기 압축기의 작업시작 전 점검해야 할 사항을 3가지 쓰시오.(그 밖의 연결 부위의 이상 유무는 제외)

    해답 공기 압축기의 작업시작 전 점검사항
    ① 공기저장 압력용기의 외관 상태   ② 드레인 밸브의 조작 및 배수
    ③ 압력방출장치의 기능   ④ 언로드 밸브의 기능
    ⑤ 윤활유의 상태   ⑥ 회전부의 덮개 또는 울
    ⑦ 그 밖의 연결 부위의 이상 유무

    focus 본 교재 제1과목 Ⅳ. 8. 작업 시작 전 점검사항 단원에서 내용확인

8. 산업안전보건법상 차량계 건설기계를 사용하여 작업할 경우 작업계획작성 시 포함해야 할 사항을 3가지 쓰시오.

    해답 차량계 건설기계 작업계획작성 시 포함사항
    ① 사용하는 차량계 건설기계의 종류 및 성능
    ② 차량계 건설기계의 운행경로
    ③ 차량계 건설기계에 의한 작업방법

    focus 본 교재 제8과목 Ⅳ. 2. 차량계건설기계의 사용에 의한 위험의 방지 단원에서 확인

9. 산업안전보건법상 작업장의 조도기준에 관하여 쓰시오.(그 밖의 작업은 제외)

   해답 조도기준
   ① 초정밀 작업 : 750럭스 이상
   ② 정밀작업 : 300럭스 이상
   ③ 보통작업 : 150럭스 이상
   ④ 그 밖의 작업 : 75럭스 이상

   focus 본 교재 제3과목 I. 18. 조도 단원에서 내용확인

10. 프레스 등의 금형을 부착·해체 또는 조정하는 작업을 할 때에 해당 작업에 종사하는 근로자의 신체가 위험한계 내에 있는 경우 슬라이드가 갑자기 작동함으로써 근로자에게 발생할 우려가 있는 위험을 방지하기 위하여 사용해야하는 장치를 쓰시오.

    해답 안전블록

    focus 본 교재 제4과목 I. 10. 프레스의 방호장치 및 설치방법 단원에서 내용확인

11. 보일러의 안전한 가동을 위하여 보일러 규격에 맞는 압력방출장치를 1개 또는 2개 이상 설치하고 (①) 이하에서 작동되도록 한다. 다만 압력방출장치가 2개 이상 설치된 경우 (①) 이하에서 1개가 작동되고 다른 압력방출장치는 (①)의 (②) 이하에서 작동되도록 부착 한다. 괄호 안에 알맞은 것을 답하시오.

    해답 ① 최고사용압력 ② 1.05배

    focus 본 교재 제4과목 I. 13. 보일러의 방호장치 단원에서 내용확인

12. 안전보건표지 중 금지표지의 형태별 색채 기준을 쓰시오.

    해답 바탕은 흰색, 기본모형은 빨간색, 관련부호 및 그림은 검정색

    focus 본 교재 제2과목 II. 산업심리 8. 무재해 운동과 위험예지훈련 3) 안전보건표지 단원에서 내용확인

13. 근로자수가 800명인 어느 회사에서 연간 5건의 재해가 발생하였다. 도수율(빈도율)을 구하시오.(단, 하루 8시간, 년간 300일 근로함)

    해답 도수율(빈도율)
    $$도수율 = \frac{재해건수}{연근로시간수} \times 1{,}000{,}000 = \frac{5}{800 \times 8 \times 300} \times 10^6 = 2.604$$

    focus 본 교재 제1과목 III. 12. 재해율 단원에서 관련된 계산공식 확인

산업안전산업기사 실기 (필답형)
2019년 4월 13일 시행

1. 크레인을 사용하여 작업할 때 작업시작 전 점검해야 할 사항을 3가지 쓰시오.

해답 크레인 작업시작전 점검사항
① 권과방지장치·브레이크·클러치 및 운전장치의 기능
② 주행로의 상측 및 트롤리가 횡행하는 레일의 상태
③ 와이어로프가 통하고 있는 곳의 상태

focus 본 교재 제1과목 Ⅳ. 8. 작업시작전 점검사항 단원에서 내용 확인

2. 반응폭주 등 급격한 압력상승의 우려가 있거나, 독성물질의 누출로 인하여 작업환경을 오염시킬 우려가 있는 경우 이를 예방하기 위한방법으로 안전밸브 설치외에 가능한 방호장치를 쓰시오.

해답 파열판 설치

focus 본 교재 제5과목 Ⅱ. 14. 화학설비의 안전장치 종류 단원에서 내용 확인

3. 교류아크 용접기의 감전사고를 방지하기 위한 방호장치를 쓰시오.

해답 자동전격 방지기

Tip 자동전격방지기의 성능기준 : 아크발생을 중지하였을 때 지동시간이 1.0초 이내에 2차 무부하 전압을 25V 이하로 감압시켜 안전을 유지할 수 있어야 한다.

focus 본 교재 제5과목 Ⅰ. 11. 교류아크용접기의 방호장치 및 성능조건 단원에서 관련내용 확인

4. 유해·위험 방지를 위한 방호조치를 하지 아니하고는 양도·대여·설치·사용하거나, 양도·대여를 목적으로 진열해서는 아니 되는 기계·기구와 해당 방호장치를 4가지 쓰시오.

해답 ① 예초기 : 날접촉예방장치 ② 원심기 : 회전체 접촉 예방장치
③ 공기압축기 : 압력방출장치 ④ 금속절단기 : 날접촉예방장치
⑤ 지게차 : 헤드가드, 백레스트, 전조등, 후미등, 안전벨트
⑥ 포장기계(진공포장기, 랩핑기로 한정) : 구동부 방호 연동장치

focus 본 교재 제 4과목 Ⅰ. 9. 산업안전보건법상 유해위험 기계기구 단원에서 관련내용 확인

5. 재해예방의 기본 4원칙을 쓰시오.

   해답 ① 손실우연의 원칙   ② 예방가능의 원칙   ③ 원인계기의 원칙   ④ 대책선정의 원칙

   focus 본 교재 제1과목 III. 10. 재해예방의 4원칙 단원에서 관련된 내용 확인

6. 근로자수가 500명인 어느 회사에서 연간 10건의 재해가 발생하여 6명의 사상자가 발생하였다. 도수율(빈도율)과 연천인율을 구하시오. (단, 하루 9시간, 년간 250일 근로함)

   해답 도수율과 연천인율
   ① 도수율 $= \dfrac{\text{요양재해건수}}{\text{연근로시간수}} \times 1,000,000 = \dfrac{10}{500 \times 9 \times 250} \times 10^6 = 8.888 = 8.89$
   ② 연천인율 $= \dfrac{\text{연간재해자수}}{\text{연평균근로자수}} \times 1,000 = \dfrac{6}{500} \times 1,000 = 12$

   focus 본 교재 제1과목 III. 12. 재해율 단원에서 관련된 계산공식 확인

7. 건설업에 선임해야할 안전관리자의 수에 관한 다음 사항 중 알맞은 금액과 안전관리자 수를 쓰시오.

   (가) 공사금액이 1600억원이며, 상시근로자 수가 700명 일 때 안전관리자 수는 (①)
   (나) 공사금액 (②)원을 기준으로 (③)원을 증가하거나 상시근로자 600명을 기준으로 (④)이 추가될 때마다 안전관리자 1명씩 추가

   해답 ① 3명   ② 800억   ③ 700억   ④ 300명

   Tip 2020년 시행. 법령 전부개정으로 내용이 수정되었으니 자세한 사항은 본문내용을 참고하세요.

   focus 본 교재(필기) 제 1과목 01. II. 3. 운용요령 단원에서 관련내용 확인

8. 근로자가 소음작업, 강렬한 소음작업 또는 충격소음작업에 종사하는 경우 사업주가 근로자에게 알려야할 사항을 3가지 쓰시오.

   해답 소음작업의 근로자 주지사항
   ① 해당 작업장소의 소음 수준
   ② 인체에 미치는 영향과 증상
   ③ 보호구의 선정과 착용방법
   ④ 그 밖에 소음으로 인한 건강장해 방지에 필요한 사항

   focus 본 교재 제3과목 I. 21. 소음대책 단원에서 내용 확인

9. 다음 FT도에서 정상사상(Top event)이 발생하는 최소컷셋의 고장발생확률을 구하시오. (단, 원 안의 수치는 각 사상의 발생확률이다)

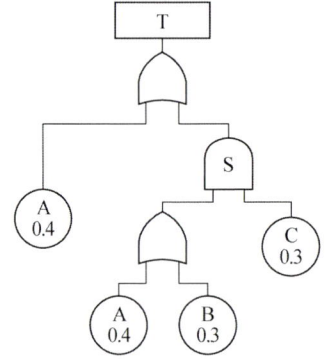

해답 T의 발생확률
① 최소컷셋을 구하면 (A) (AC) (BC) 이므로, 중복되는 (AC)를 제거하면, 진정한 최소컷셋은 (A) (BC)가 된다.
② 발생확률 : $1-(1-A) \times (1-B \times C) = 1-(1-0.4) \times (1-0.3 \times 0.3) = 0.454$

focus 필기교재 제2과목 06. Ⅱ. 1. 확률사상의 계산 단원에서 관련내용 확인

10. 안전관리에 적용될 수 있는 조직의 종류를 3가지 쓰시오.

해답 안전관리 조직의 종류
① 라인형(Line, 직계식)
② 스탭형(Staff, 참모식)
③ 라인스탭형(Line-Staff, 직계참모식)

focus 본 교재 제1과목 Ⅰ. 2. 안전관리조직의 종류 단원에서 관련된 내용 확인

11. 산업안전보건법령상 사업주가 근로자에게 실시해야 하는 근로자 안전보건교육의 교육시간에 관한 다음 사항에서 (   )에 알맞은 내용을 쓰시오.

교육과정	교육대상		교육시간
정기교육	사무직 종사 근로자		매반기 6시간 이상
	그 밖의 근로자	판매업무에 직접 종사하는 근로자	①
		판매업무에 직접 종사하는 근로자 외의 근로자	②
채용 시 교육	일용근로자 및 근로계약기간이 1주일 이하인 기간제근로자		③
작업내용 변경 시 교육	그 밖의 근로자		④
건설업기초 안전·보건 교육	건설 일용근로자		⑤

해답 ① 매반기 6시간 이상   ② 매반기 12시간 이상
③ 1시간 이상   ④ 2시간 이상   ⑤ 4시간 이상

> **Tip** 2023년 법령개정. 문제 및 해답은 개정된 내용 적용.

> **focus** 본 교재 제2과목 I. 10. 산업안전보건법상의 교육의 종류와 교육시간 및 교육내용 단원에서 관련내용 확인

12. 관리대상 유해물질을 취급하는 작업장에 게시해야 할 사항을 4가지 쓰시오.

> **해답**
> ① 관리대상 유해물질의 명칭
> ② 인체에 미치는 영향
> ③ 취급상 주의사항
> ④ 착용하여야 할 보호구
> ⑤ 응급조치와 긴급 방재 요령

> **focus** 본 교재(필기) 제5과목 01. II. 4. 유해화학물질 취급 시 주의사항 단원에서 내용 확인

13. 전기화재에 해당하는 급수와 적응소화기를 3가지 쓰시오.

> **해답** 전기화재
> ① 급수 : C급화재
> ② 적응소화기 : 분말 소화기, 탄산가스 소화기, 할로겐화합물 소화기

> **focus** 본 교재 제 5과목 II. 13. 소화기의 종류 단원에서 관련내용 확인

산업안전산업기사 실기 (필답형)
2019년 6월 29일 시행

1. 승강기의 설치·조립·수리·점검 또는 해체 작업을 하는 경우 안전조치 사항 3가지를 쓰시오.

   해답 조립 등의 작업시 안전조치 사항
   ① 작업을 지휘하는 사람을 선임하여 그 사람의 지휘하에 작업을 실시할 것
   ② 작업을 할 구역에 관계 근로자가 아닌 사람의 출입을 금지하고 그 취지를 보기 쉬운 장소에 표시할 것
   ③ 비, 눈, 그 밖에 기상상태의 불안정으로 날씨가 몹시 나쁜 경우에는 그 작업을 중지시킬 것

   focus 본교재 작업형문제 8회(건설안전)문제에서 관련내용 확인

2. 기계설비에 의해 형성되는 위험점의 종류를 5가지 쓰시오.

   해답 ① 협착점 ② 끼임점 ③ 절단점 ④ 물림점 ⑤ 접선 물림점 ⑥ 회전 말림점

   focus 본 교재 제4과목 I. 1. 기계설비의 위험점 단원에서 관련내용 확인

3. 25℃, 1기압에서 공기 중 일산화탄소(CO)의 허용농도가 10ppm일 때 이를 mg/m^3의 단위로 환산하면 약 얼마인가?(단, CO의 분자량은 28Mw)

   해답 단위 환산
   $$mg/m^3 = \frac{ppm \times 분자량(g)}{24.45(25℃ \cdot 1기압)} = \frac{10 \times 28}{24.45} = 11.45(mg/m^3)$$

   focus 본 교재(필기) 제5과목 01. I. 4. 허용농도 단원에서 내용확인

4. 콘크리트 구조물로 옹벽을 축조할 경우, 필요한 안정조건을 3가지 쓰시오.

   해답 ① 전도(over turning)에 대한 안정
   ② 활동(sliding)에 대한 안정
   ③ 지반지지력 [침하(settlement)]에 대한 안정

   focus 본 교재(필기) 제6과목 04. II. 6. 콘크리트 구조물 붕괴안전 대책 단원에서 옹벽의 안정에 관한 내용 확인

5. 인간이 기계보다 우수한 기능을 5가지 쓰시오.

   해답 ① 복잡 다양한 자극 형태 식별 ② 예기치 못한 사건 감지 ③ 많은량의 정보를 오래 보관
   ④ 귀납적 추리 ⑤ 과부하 상태에서는 중요한 일에만 전념

   focus 본 교재 제3과목 I. 2. 인간과 기계의 성능비교 단원에서 내용확인

6. 산업안전보건법상 보호구의 안전인증 제품에 안전인증의 표시외에 표시하여야 하는 사항을 5가지 쓰시오.

   해답 보호구의 안전인증 제품에 표시해야할 사항
   ① 형식 또는 모델명   ② 규격 또는 등급 등   ③ 제조자명
   ④ 제조번호 및 제조연월 ⑤ 안전인증 번호

   focus 본 교재 제1과목 Ⅳ. 7. 안전인증(자율안전확인)단원에서 관련내용 확인

7. 산업안전보건법상 크레인의 방호장치 4가지를 쓰시오.

   해답 ① 과부하방지장치   ② 권과방지장치   ③ 비상정지장치   ④ 제동장치

   focus 본 교재 제4과목 Ⅰ. 12. 양중기의 방호장치 및 재해유형 단원에서 확인

8. 산업안전보건법에 따른 건설업의 도급사업에서 안전, 보건에 관한 노사협의체의 구성에 있어 근로자 위원과, 사용자위원의 자격을 각각 2가지씩 쓰시오.

   해답 노사 협의체 구성 위원
   (1) 사용자 위원
       ① 도급 또는 하도급 사업을 포함한 전체 사업의 대표자
       ② 안전관리자 1명
       ③ 공사금액이 20억원 이상인 공사의 관계 수급인의 각 대표자
       ④ 보건관리자 1명(선임대상건설업에 한정)
   (2) 근로자 위원
       ① 도급 또는 하도급 사업을 포함한 전체 사업의 근로자 대표
       ② 근로자 대표가 지명하는 명예 산업안전감독관 1명, 다만 위촉되어 있지 않은 경우 근로자 대표가 지명하는 해당 사업장 근로자 1명
       ③ 공사금액이 20억원 이상인 공사의 관계수급인의 각 근로자 대표

   focus 본 교재 제 1과목 Ⅰ. 7. 산업안전 보건위원회 단원에서 관련내용 확인

9. 동작경제의 3원칙을 쓰시오.

   해답 바안스(Barnes)의 동작경제의 원칙
   ① 신체의 사용에 관한 원칙(Use of the human body)
   ② 작업장의 배치에 관한 원칙(Arrangement of the workplace)
   ③ 공구 및 설비 디자인에 관한 원칙(Design of tools and equipments)

   focus 본 교재 제1과목 Ⅳ. 6. 동작경제의 3원칙 단원에서 관련내용 확인

10. 압력용기의 안전검사 주기에 관한 내용이다. 내용에 맞는 주기를 쓰시오.
    (1) 사업장에 설치가 끝난 날부터 (①)년 이내에 최초 안전검사를 실시한다.
    (2) 최초안전검사 이후 매(②)년마다 안전검사를 실시한다.
    (3) 공정안전보고서를 제출하여 확인을 받은 압력용기는 (③)년마다 안전검사를 실시한다.

해답 ① 3 ② 2 ③ 4

focus 본 교재 제1과목 IV. 9. 안전검사 단원에서 관련내용 확인

11. 목재가공용 둥근톱에서 분할날이 갖추어야할 사항 중 톱두께와 치진폭과의 관계식을 쓰시오.

해답 ① 1.1 $t_1 \leqq t_2 < b$ (t_1 : 톱두께, t_2 : 분할날두께, b : 치진폭)
② 분할 날의 두께는 둥근톱 두께의 1.1배 이상이어야 한다.

focus 본 교재 제4과목 I. 기계안전일반 18. 동력식 수동 대패기 〈보충강의〉목재가공용 둥근톱 단원에서 관련내용 확인

12. 가스폭발 위험장소에 설치하여 사용 할 수 있는 방폭구조의 종류에 따른 기호를 쓰시오.

방폭구조의 종류	표시기호
내압 방폭구조	①
유입 방폭구조	②
안전증 방폭구조	③
본질안전 방폭구조	④
몰드 방폭구조	⑤

해답 ① 내압방폭구조 : d ② 유입방폭구조 : o ③ 안전증방폭구조 : e
④ 본질안전방폭구조 : i(ia, ib) ⑤ 몰드방폭구조 : m

focus 본 교재 제5과목 I. 18. 방폭구조의 기호 단원에서 관련된 내용 확인

13. 근로자가 1시간동안 1분당 7.5 kcal의 에너지를 소모하는 작업을 수행하는 경우 휴식시간을 구하시오. (단, 작업에 대한 권장 평균에너지 소비량은 분당 4kcal이다.)

해답 휴식시간 산출
① $R = \dfrac{60(E-5)}{E-1.5}$
여기서, R : 휴식시간(분)
E : 작업시 평균 에너지 소비량(kcal/분)
60분 : 총작업 시간
1.5 kcal/분 : 휴식시간 중의 에너지 소비량
② 휴식시간(R) : $\dfrac{60(7.5-4)}{7.5-1.5} = 35$(분)

focus 본 교재 제 2과목 II. 5. 노동과 피로 단원에서 관련내용 확인

산업안전산업기사 실기 (필답형)
2019년 10월 12일 시행

1. 평균근로자 100명이 작업하는 사업장에서 한해동안 사망 1명, 14급장해 2명, 기타 휴업일수가 37일 발생한 경우 강도율을 계산하시오.

   해답 강도율$(S.R) = \dfrac{\text{근로손실일수}}{\text{연간총근로시간수}} \times 1{,}000$

   $\therefore \dfrac{7{,}500 + (50 \times 2) + \left(37 \times \dfrac{300}{365}\right)}{100 \times 8 \times 300} \times 1{,}000 = 31.793 = 31.79$

   focus 본 교재 제1과목 Ⅲ. 12. 재해율 단원에서 관련내용 참고

2. TLV-TWA에 관하여 간략히 설명하시오.

   해답 TLV-TWA(시간가중 평균 노출기준)
   1일 8시간 작업기준으로 유해 요인의 측정치에 발생시간을 곱하여 8시간으로 나눈 값으로 1일 8시간, 주 40시간을 기준으로 유해물질에 매일 노출되어도 거의 모든 근로자에게 건강상의 장해가 없을 것으로 생각되는 농도.

   focus 본 교재(필기) 제5과목 01. Ⅰ. 4. 허용농도 단원에서 관련내용 확인

3. 작업장 내에서 관계근로자외에 출입을 금지하기 위해 설치하는 "관계자외 출입금지"표지의 종류를 3가지 쓰시오.

   해답 관계자외 출입금지 표지
   ① 허가대상물질 작업장   ② 석면취급/해체 작업장   ③ 금지대상물질의 취급 실험실 등

   focus 본 교재 제2과목 Ⅱ. 8. 무재해운동과 위험예비훈련 단원에서 내용 확인

4. 공정흐름도에 포함되어야할 사항 3가지를 쓰시오.

   해답 ① 주요동력기계   ② 장치 및 설비의 표시 및 명칭   ③ 주요 계장설비 및 제어설비
   ④ 물질 및 열 수지   ⑤ 운전온도 및 운전압력 등

5. 가설구조물에 해당하는 비계의 구비요건을 3가지 쓰고 간단히 설명하시오.

   해답 ① 안전성 : 파괴 및 도괴 등에 대한 충분한 강도를 가질 것
   ② 작업성(시공성) : 넓은 작업발판 및 공간확보, 안전한 작업자세 유지
   ③ 경제성 : 가설, 철거비 및 가공비 등

   focus 본 교재 필기 6과목 05.4.가설구조물 단원에서 내용확인

6. 방폭구조의 종류를 5가지 쓰시오.

> **해답**
> ① 내압방폭구조(d)   ② 압력방폭구조(p)   ③ 유입방폭구조(o)
> ④ 안전증방폭구조(e) ⑤ 특수방폭구조(s)   ⑥ 본질안전방폭구조(i)
> ⑦ 몰드방폭구조(m)   ⑧ 충전방폭구조(q)   ⑨ 비점화방폭구조(n)

> **focus** 본 교재 제5과목 I. 19. 방폭구조의 종류 단원에서 관련내용 확인

7. 로봇의 작동범위 내에서 그 로봇에 관하여 교시 등의 작업을 하는 경우 작업시작전 점검사항을 3가지 쓰시오.

> **해답**
> ① 외부전선의 피복 또는 외장의 손상유무
> ② 매니퓰레이터(manipulator)작동의 이상유무
> ③ 제동장치 및 비상정지장치의 기능

> **focus** 본 교재 제1과목 IV. 8. 작업 시작 전 점검사항 단원에서 관련내용 확인

8. 히빙이 발생하기 쉬운 지반형태와 발생원인을 2가지 쓰시오.

> **해답**
> (1) 지반형태 : 연약성 점토지반
> (2) 발생원인
> ① 유동성이 큰 연약한 점토지반에서 굴착 중 흙막이 근입 깊이가 충분하지 못하여 흙막이 바깥쪽 지반의 활동력이 안쪽 지반의 저항력보다 큰 경우
> ② 유동성이 큰 연약한 점토지반에서 굴착 중 흙막이 지보공의 강성이 부족하여 흙막이 외부의 유동성이 큰 토사의 토압으로 인해 터파기 면으로 연약지반이 밀려 올라오는 경우
> ③ 유동성이 큰 연약한 점토지반에서 굴착 중 지표면(원지반)의 하중이 증가하거나 굴착면의 하중이 감소하여 흙막이 바깥쪽 지반의 활동력이 안쪽 지반의 저항력보다 큰 경우

> **focus** 본 교재 제6과목 I. 16. 토사 붕괴 위험성 및 안전조치 단원에서 관련내용 확인

9. 부주의 현상 중 걱정, 고뇌, 욕구불만 등으로 의식의 흐름이 업무에서 벗어나 주의력이 약화되는 상태에 해당하는 현상을 쓰시오.

> **해답** 의식의 우회

> **focus** 본 교재 제2과목 II. 2. 주의력과 부주의 단원에서 관련내용 확인

10. 비파괴 검사의 종류를 4가지 쓰시오.

> **해답**
> ① 방사선 투과 검사   ② 초음파 탐상검사   ③ 액체침투 탐상시험
> ④ 자분탐상시험   ⑤ 누설검사 등

> **focus** 본 교재(필기)제3과목 06. I. 1. 육안검사 2) 비파괴 검사의 종류별 특징 단원에서 내용확인

11. 정량적 표시장치에서 지침설계시 고려해야 할 사항을 4가지 쓰시오.

> **해답** 지침의 설계
> ① 뾰족한 지침 사용(선각이 20°정도)
> ② 지침의 끝은 작은 눈금과 맞닿게 하되 겹치지는 않도록
> ③ 원형 눈금일 경우 지침은 선단에서 눈금의 중심까지 색칠
> ④ 시차를 없애기 위해 지침을 눈금면과 밀착
>
> **focus** 본교재 (필기)제2과목 02. I. 3. 정량적표시장치 단원에서 내용확인

12. 시스템 위험분석기법 중에서 THERP 분석기법을 간단히 설명하시오.

> **해답** 시스템에 있어서 인간의 과오를 정량적으로 평가하기 위해 개발된 기법(Swain 등에 의해 개발된 인간 실수 예측기법)
>
> **focus** 본 교재 제 3과목 II. 시스템 위험분석 단원에서 관련내용 확인

13. 작업장에서 재해가 발생할 경우 긴급처리후 재해조사를 실시한다. 재해조사의 목적을 쓰시오.

> **해답** 재해의 원인과 결함을 규명하여 동종재해 및 유사재해의 재발을 방지하고 예방대책을 수립(예방자료 수집도 포함)
>
> **focus** 본 교재 제1과목 III. 1. 재해조사 목적 단원에서 관련내용 확인

산업안전산업기사 실기 (필답형)
2020년 5월 9일 시행

1. 물질안전보건자료의 작성항목 16가지중 5가지만 쓰시오. (단, 그 밖의 참고사항은 제외한다)

   해답
   ① 화학제품과 회사에 관한 정보 ② 유해·위험성 ③ 구성성분의 명칭 및 함유량
   ④ 응급조치요령 ⑤ 폭발·화재시 대처방법 ⑥ 누출사고시 대처방법
   ⑦ 취급 및 저장방법 ⑧ 노출방지 및 개인보호구 ⑨ 물리화학적 특성
   ⑩ 안정성 및 반응성 ⑪ 독성에 관한 정보 ⑫ 환경에 미치는 영향
   ⑬ 폐기 시 주의사항 ⑭ 운송에 필요한 정보 ⑮ 법적규제 현황

   focus 본 교재 제8과목 I. 2. 물질안전보건자료의 작성비치 등 단원에서 관련된 내용확인

2. 산업안전보건법상 작업장의 조도기준에 관한 다음 사항에서 ( )에 알맞은 내용을 쓰시오.

초정밀작업	정밀작업	보통 작업	그 밖의 작업
(①)Lux 이상	(②)Lux 이상	(③)Lux 이상	(④)Lux 이상

   해답 ① 750 ② 300 ③ 150 ④ 75

   focus 본 교재 제3과목 I. 18. 조도 단원에서 내용 확인

3. Fool proof를 간단히 설명하시오.

   해답 바보같은 행동(인간의 착오 및 미스 등 포함)을 방지한다는 뜻으로 사용자가 비록 잘못된 조작을 하더라도 이로 인해 전체의 고장이 발생하지 아니하도록 하는 설계방법(작업자의 오조작이 있어도 위험이나 실수가 발생하지 않도록 설계된 구조를 말하며 본질적인 안전화를 의미한다)

   Tip Fool proof의 대표적인 기구
   ① 가드(Guard) ② 록기구(Lock기구) ③ 오버런기구(Overun기구)
   ④ 트립 기구(Trip 기구) ⑤ 밀어내기기구(Push&Pull 기구) ⑥ 기동방지 기구

   focus 본 교재(필기) 제2과목 07. II. 1. 신뢰도 및 불신뢰도의 계산 단원에서 관련내용 확인

4. 고용노동부장관이 필요하다고 인정할 경우 안전·보건진단을 받아 안전보건개선계획을 수립·제출할 것을 명할 수 있는 대상 사업장을 4곳 쓰시오.

   해답 ① 산업재해율이 같은 업종 평균 산업재해율의 2배 이상인 사업장
   ② 사업주가 필요한 안전조치 또는 보건조치를 이행하지 아니하여 중대재해가 발생한 사업장

③ 직업성 질병자가 연간 2명 이상(상시근로자 1천명 이상 사업장의 경우 3명 이상) 발생한 사업장
④ 그 밖에 작업환경 불량, 화재·폭발 또는 누출사고 등으로 사업장 주변까지 피해가 확산된 사업장으로서 고용노동부령으로 정하는 사업장

focus 본 교재 제1과목 Ⅱ. 4. 안전보건개선계획 단원에서 내용확인

5. 피뢰기가 갖추어야 할 구비성능을 4가지 쓰시오.

해답 피뢰기의 구비성능
① 충격방전 개시전압과 제한전압이 낮을 것
② 반복동작이 가능할 것
③ 뇌전류의 방전능력이 크고 속류차단이 확실할 것
④ 점검, 보수가 간단할 것
⑤ 구조가 견고하며 특성이 변화하지 않을 것

focus 본 교재 제5과목 Ⅰ. 7. 피뢰기 및 피뢰침 단원에서 관련 내용확인

6. 다음은 계단과 계단참에 관한 안전기준이다. ( )에 맞는 내용을 쓰시오.

> 사업주는 계단 및 계단참을 설치할 때에는 매제곱미터당 (①)kg 이상의 하중에 견딜수 있는 강도를 가진 구조로 설치하여야 하며, 안전율은 (②) 이상으로 하여야 한다. 높이가 3m를 초과하는 계단에는 높이(③)m 이내마다 진행방향으로 길이 (④)m 이상의 계단참을 설치하어야 한다.

해답 ① 500 ② 4 ③ 3 ④ 1.2

focus 본 교재 제6과목 Ⅰ. 20. 가설계단 단원에서 관련된 내용 확인

7. 다음과 같은 안전표지의 색채에 따른 색도기준 및 용도에서 ( )안에 알맞은 내용을 쓰시오.

색채	색도기준	용도
빨간색	(①)	금지표지
(②)	5Y 8.5/12	경고표지
파란색	2.5PB 4/10	(③)
녹색	2.5G 4/10	(④)
(⑤)	N9.5	

해답 ① 7.5R 4/14 ② 노란색 ③ 지시표지 ④ 안내표지 ⑤ 흰색

focus 본 교재 제2과목 Ⅱ. 8. 무재해운동과 위험예지훈련 단원에서 안전표지에 관련된 내용 확인

8. 공정안전보고서 제출대상 사업장을 4가지 쓰시오.

    해답
    ① 원유정제 처리업
    ② 기타 석유정제물 재처리업
    ③ 석유화학계 기초화학물질 제조업 또는 합성수지 및 기타 플라스틱물질 제조업
    ④ 질소 화합물, 질소 인산 및 칼리질 화학비료 제조업 중 질소질 비료 제조
    ⑤ 복합비료 및 기타 화학비료 제조업 중 복합비료 제조(단순혼합 또는 배합에 의한 경우는 제외)
    ⑥ 화학살균 살충제 및 농업용 약제 제조업(농약 원제 제조만 해당)
    ⑦ 화약 및 불꽃제품 제조업

    focus 본 교재 제8과목 산업안전보건법 I. 산업안전보건법 4. 공정안전보고서 단원에서 관련내용 확인

9. 자율안전확인대상 방호장치의 종류를 4가지 쓰시오.

    해답 자율안전확인 대상 방호장치
    ① 아세틸렌 용접장치용 또는 가스집합 용접장치용 안전기
    ② 교류 아크용접기용 자동전격방지기
    ③ 롤러기 급정지장치
    ④ 연삭기 덮개
    ⑤ 목재 가공용 둥근톱 반발 예방장치와 날 접촉 예방장치
    ⑥ 동력식 수동대패용 칼날 접촉 방지장치
    ⑦ 추락·낙하 및 붕괴 등의 위험 방지 및 보호에 필요한 가설기자재로서 고용노동부장관이 정하여 고시하는 것

    focus 본 교재 제1과목 IV. 7. 안전인증(자율안전확인)단원에서 관련된 내용 확인

10. 산업안전보건법상 차량계 건설기계를 사용하여 작업할 경우 작업계획작성 시 포함해야 할 사항을 3가지 쓰시오.

    해답 차량계 건설기계 작업계획작성 시 포함사항
    ① 사용하는 차량계 건설기계의 종류 및 성능
    ② 차량계 건설기계의 운행경로
    ③ 차량계 건설기계에 의한 작업방법

    focus 본 교재 제8과목 IV. 2. 차량계건설기계의 사용에 의한 위험의 방지 단원에서 확인

11. 기계설비에 의해 형성되는 위험점의 종류를 5가지 쓰시오.

    해답 ① 협착점 ② 끼임점 ③ 절단점 ④ 물림점 ⑤ 접선 물림점 ⑥ 회전 말림점

    focus 본 교재 제4과목 I. 1. 기계설비의 위험점 단원에서 관련내용 확인

12. 어느 사업장에서 근로자의 수가 350명이고, 주당 48시간씩 연간 50주 작업하는 동안 30건의 재해가 발생하였다. 도수율(빈도율)을 구하시오.

해답
$$빈도율(F.R) = \frac{재해건수}{연간총근로시간수} \times 1,000,000$$
$$\therefore \frac{30}{350 \times 48 \times 50} \times 10^6 ≒ 35.71$$

focus 본 교재 제1과목 III. 12. 재해율 단원에서 관련내용 확인

13. 무재해 운동의 위험예지 훈련에서 실시하는 문제해결 4라운드 진행법을 순서대로 쓰시오.

해답
① 제1단계 : 현상파악
② 제2단계 : 본질추구
③ 제3단계 : 대책수립
④ 제4단계 : 목표설정

focus 본 교재 제2과목 II. 8. 무재해운동과 위험예지훈련 단원에서 내용 확인

산업안전산업기사 실기 (필답형)
2020년 7월 25일 시행

1. 수인식 방호장치의 수인끈, 수인끈의 안내통, 손목밴드의 구비조건 3가지를 쓰시오.

> **해답** 수인식 방호장치의 구비조건
> ① 수인끈은 작업자와 작업공정에 따라 그 길이를 조정할 수 있어야 한다.
> ② 수인끈의 안내통은 끈의 마모와 손상을 방지할 수 있는 조치를 해야 한다.
> ③ 손목밴드는 착용감이 좋으며 쉽게 착용할 수 있는 구조이어야 한다.
> ④ 손목밴드(wrist band)의 재료는 유연한 내유성 피혁 또는 이와 동등한 재료를 사용해야 한다.
> ⑤ 수인끈의 재료는 합성섬유로 직경이 4mm 이상이어야 한다.
>
> **focus** 본 교재 제4과목 I. 10. 프레스의 방호장치 및 설치방법 단원에서 내용확인

2. 재해사례 연구순서를 5단계로 쓰시오.

> **해답** ① 제1단계 : 재해상황의 파악 ② 제2단계 : 사실의 확인
> ③ 제3단계 : 문제점의 발견 ④ 제4단계 : 근본적 문제점 결정
> ⑤ 제5단계 : 대책수립
>
> **focus** 본 교재 제1과목 III. 14. 재해사례 연구순서 단원에서 관련내용 확인

3. 연삭기로 작업자가 연마작업을 하던중 연삭숫돌과 덮개 사이에 재료가 끼면서 파손된 파편이 작업자에게 튀어 사망하는 사고가 발생하였다. 다음의 내용으로 재해를 분석하시오.

> ① 재해형태 ② 기인물 ③ 가해물

> **해답** ① 맞음(비래) ② 연삭기 ③ 파편

4. 안전보건개선계획에 관한 다음 사항에서 빈칸에 알맞은 내용을 쓰시오.

> – 안전보건개선계획서를 제출해야 하는 사업주는 안전보건개선계획서 수립·시행 명령을 받은 날부터 (①)일 이내에 관할 지방고용노동관서의 장에게 해당 계획서를 제출(전자문서로 제출하는 것을 포함한다)해야 한다.
> – 지방고용노동관서의 장이 안전보건개선계획서를 접수한 경우에는 접수일부터 (②)일 이내에 심사하여 사업주에게 그 결과를 알려야 한다.

> **해답** ① 60 ② 15

5. 화학설비의 안전성평가 6단계를 순서대로 쓰시오.

해답
① 제1단계 : 관계 자료의 정비 검토
② 제2단계 : 정성적 평가
③ 제3단계 : 정량적 평가
④ 제4단계 : 안전대책
⑤ 제5단계 : 재해정보에 의한 재평가
⑥ 제6단계 : FTA에 의한 재평가

focus 본 교재 제3과목 Ⅱ. 12. 안전성 평가 단원에서 내용 확인

6. 밀폐공간에서 작업 시에는 밀폐 공간 작업 프로그램을 수립하여 시행하여야 한다. 밀폐공간 작업 프로그램에 포함되어야 할 사항을 4가지 쓰시오.

해답
① 사업장 내 밀폐공간의 위치 파악 및 관리 방안
② 밀폐 공간 내 질식 · 중독 등을 일으킬 수 있는 유해 · 위험요인의 파악 및 관리 방안
③ ②항에 따라 밀폐공간 작업 시 사전 확인이 필요한 사항에 대한 확인 절차
④ 안전보건 교육 및 훈련
⑤ 그 밖에 밀폐공간 작업근로자의 건강장해 예방에 관한 사항

focus 본 교재 6회 작업형 문제 화학설비안전에서 내용확인

7. 다음 FT도에서 시스템의 신뢰도는 약 얼마인가? (단, 발생확률은 ①, ④는 0.05, ②, ③은 0.1)

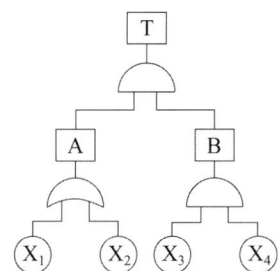

해답 시스템의 신뢰도
(1) T의 발생확률 : T = A×B
  ① A = 1-(1-0.05)(1-0.1) = 0.145
  ② B = 0.05×0.1 = 0.005
  ③ T = 0.145×0.005 = 0.000725
(2) 시스템의 신뢰도는 1-0.000725 = 0.999275 ≒ 1.00

focus 본 교재 제3과목 Ⅰ. 5. 신뢰도 단원에서 관련내용 확인

8. 누전에 의한 감전위험을 방지하기 위하여 해당 전로의 정격에 적합하고 감도가 양호하며 확실하게 작동하는 감전방지용 누전차단기를 설치하여야 하는 다음의 내용 중 빈칸에 알맞은 내용을 쓰시오.

> - 대지전압이 (①)볼트를 초과하는 이동형 또는 휴대형 전기기계·기구
> - 물 등 도전성이 높은 액체가 있는 습윤장소에서 사용하는 저압[(②)볼트 이하 직류전압이나 (③)볼트 이하의 교류전압을 말한다]용 전기기계·기구
> - 철판·철골 위 등 도전성이 높은 장소에서 사용하는 이동형 또는 휴대형 전기기계·기구
> - 임시배선의 전로가 설치되는 장소에서 사용하는 이동형 또는 휴대형 전기기계·기구

해답 ① 150   ② 1500   ③ 1000

Tip 본 문제는 2021년 적용되는 법제정으로 저압(교류 1,000볼트 이하, 직류 1500볼트 이하)과 고압(교류 1,000볼트 초과 7,000볼트이하, 직류 1500볼트 초과 7000볼트 이하)의 기준이 변경되었습니다. (해답은 변경된 내용 적용)

focus 본 교재 제5과목 I. 6. 누전차단기 단원에서 관련내용 확인

9. 양중기에 사용하는 달기체인의 사용금지 기준에 해당하는 다음 내용 중 빈칸에 알맞은 내용을 쓰시오.

> - 달기체인의 길이가 달기체인이 제조된 때의 길이의 (①)퍼센트를 초과한 것
> - 링의 단면지름이 달기체인이 제조된 때의 해당 링의 지름의 (②)퍼센트를 초과하여 감소한 것

해답 ① 5   ② 10

focus 본 교재 제4과목 II. 4. 와이어로프 단원에서 관련내용 확인

10. 작업발판 일체형 거푸집의 종류를 4가지 쓰시오.

해답
① 갱 폼(gang form)
② 슬립 폼(slip form)
③ 클라이밍 폼(climbing form)
④ 터널 라이닝 폼(tunnel lining form)
⑤ 그 밖에 거푸집과 작업발판이 일체로 제작된 거푸집 등

focus 본 교재(필기) 제6과목 05. V. 3. 거푸집 동바리의 조립 시 안전조치 사항 단원에서 내용확인

11. 산업안전보건법상 다음에 해당하는 안전보건표지의 명칭을 쓰시오.

①	②	③

해답 ① 화기 금지　② 산화성 물질 경고　③ 고온 경고

focus　본 교재 제2과목 II. 8. 무재해운동과 위험예비훈련 단원에서 내용확인

12. 산업안전보건법에서 정하고 있는 사업주가 근로자에게 시행해야 할 산업안전보건관련 교육과정을 4가지 쓰시오.

해답　① 정기교육
　　　② 채용 시 교육
　　　③ 작업내용 변경 시 교육
　　　④ 특별교육
　　　⑤ 건설업 기초안전보건교육

focus　본 교재 제2과목 I. 10. 산업안전보건법상의 교육의 종류와 교육시간 및 교육내용 단원에서 내용확인

13. 4200 kN의 화물을 두 줄 걸이 로프로 상부각도 60°로 들어 올릴 때 와이어로프 1가닥에 걸리는 하중을 계산하시오.

해답　슬링 와이어로프의 한 가닥에 걸리는 하중

하중 $= \dfrac{화물의무게(W_1)}{2} \div \cos\dfrac{\theta}{2} = \dfrac{4200}{2} \div \cos\dfrac{60}{2} = 2424.871 [\mathrm{kN}]$

focus　본 교재 제4과목 II. 5. 와이어로프에 걸리는 하중 단원에서 내용확인

산업안전산업기사 실기 (필답형) 2020년 10월 17일 시행

1. MTTR과 MTTF를 간단히 설명하시오.

    해답 ① 평균 수리시간(Mean Time to Repair : MTTR)
    기기 또는 시스템의 고장이 발생한 시점부터 시스템을 운영 가능한 상태로 회복시킬 때 까지 수리하는데 소요된 평균시간(수리시간의 평균치)을 MTTR이라 한다.
    ② 평균 고장수명(Mean Time to Failure : MTTF)
    수리하지 않는(수리 불가능한) 기기 또는 시스템의 사용시작으로부터 고장날 때까지의 동작시간의 평균치를 MTTF라 한다.

    Tip 수리할 수 있는 기기 또는 시스템의 고장에서부터 다음 고장까지의 동작시간의 평균치는 MTBF(Mean Time Between Failure 평균 고장간격)라 한다.

    focus 본 교재(필기) 제2과목 08. II. 4. MTTF단원 및 III. 3. 보전효과 평가 단원에서 관련된 내용 확인

2. 작업장 바닥에 기름이 있는 통로를 지나다가 작업자가 기름에 미끄러져 넘어져 기계에 부딪히는 사고가 발생했다. 다음과 같은 내용으로 재해를 분석하시오.

    ① 재해 발생 형태
    ② 기인물
    ③ 가해물

    해답 ① 재해 발생 형태 : 넘어짐(전도)
    ② 기인물 : 기름
    ③ 가해물 : 기계

3. Fool proof의 대표적인 기구인 가드에 해당하는 고정가드와 인터록 가드에 대하여 간단히 설명하시오.

    해답 ① 고정 가드(Fixed Guard) : 움직일 수 없는 가드로서 견고하게 고정되어 공구를 사용치 않고는 제거 또는 개방할 수 없는 가드이며, 개구부로부터 가공물과 공구 등을 넣어도 손은 위험영역에 머무르지 않도록 고정되어 있는 형태의 가드를 말한다.
    ② 인터록 가드(Interlock Guard) : 기계가 작동중에 개폐되는 경우 정지하도록 연동되어 있는 형태로, 가동식 가드가 연동장치와 조합된 가드를 말한다.

    focus 본 교재 제4과목 I. 4. Fool proof 단원에서 관련내용 확인

4. 다음 안전표지판의 명칭을 쓰시오.

①	②	③
(삼각형 경고표지)	(마름모 경고표지)	(원형 지시표지)

해답
① 낙하물경고
② 폭발성물질경고
③ 보안면착용

focus 본 교재 제2과목 Ⅱ. 8. 무재해운동과 위험예지훈련 단원에서 내용 확인

5. 60rpm으로 회전하는 롤러기의 앞면 롤러의 지름이 120mm인 경우 앞면 롤러의 표면속도와 관련 규정에 따른 급정지거리[mm]를 구하시오.

해답
① 표면속도 $(V) = \dfrac{\pi DN}{1,000} = \dfrac{\pi \times 120 \times 60}{1,000} = 22.62 [\text{m/min}]$
② 급정지거리 기준

앞면 롤러의 표면 속도	급 정 지 거 리
30 미만	앞면 롤러 원주의 1/3 이내
30 이상	앞면 롤러 원주의 1/2.5 이내

③ 급정지 거리 $= \pi D \times \dfrac{1}{3} = \pi \times 120 \times \dfrac{1}{3} = 125.66 [\text{mm}]$ 이내

focus 본 교재 제4과목 Ⅰ. 14. 롤러기의 방호장치 및 설치방법 단원에서 확인

6. 고용노동부장관이 산업재해 예방을 위하여 종합적인 개선조치를 할 필요가 있다고 인정되는 사업장의 사업주에게 고용노동부령으로 정하는 바에 따라 그 사업장, 시설, 그 밖의 사항에 관한 안전 및 보건에 관한 개선계획(안전보건개선계획)을 수립하여 시행할 것을 명할 수 있는 대상 사업장을 3가지 쓰시오.

해답
① 산업재해율이 같은 업종의 규모별 평균 산업재해율보다 높은 사업장
② 사업주가 필요한 안전조치 또는 보건조치를 이행하지 아니하여 중대재해가 발생한 사업장
③ 직업성 질병자가 연간 2명 이상 발생한 사업장
④ 유해인자의 노출기준을 초과한 사업장

focus 본 교재 제1과목 Ⅱ. 4. 안전보건개선계획 단원에서 내용 확인

7. 유한 사면의 붕괴유형을 3가지 쓰시오.

해답　① 사면 내 붕괴
　　　② 사면선단 붕괴
　　　③ 사면저부 붕괴

focus　본 교재(필기) 제6과목 04. II. 1. 토석붕괴 위험성 단원에서 내용 확인

8. 변전설비에 사용하는 MOF의 역할 2가지를 쓰시오.

해답　MOF(Metering Out Fit)는 계기용 변성기로
　　　① 고전압을 저전압으로 변성
　　　② 대전류를 소전류로 변성

9. 산업안전보건법에서 정하고 있는 사업주가 근로자에게 시행해야 할 산업안전보건관련 교육과정을 4가지 쓰시오.

해답　① 정기교육
　　　② 채용 시 교육
　　　③ 작업내용 변경 시 교육
　　　④ 특별교육
　　　⑤ 건설업 기초안전보건교육

focus　본 교재 제2과목 I. 10. 산업안전보건법상의 교육의 종류와 교육시간 및 교육내용 단원에서 내용확인

10. 사업주는 근로자가 지붕위에서 작업시 추락하거나 넘어질 위험의 우려가 있는 경우 위험을 방지하기 위하여 해야하는 필요한 조치를 2가지 쓰시오.

해답　지붕위에서 작업시 추락하거나 넘어질 위험이 있는 경우 조치 사항
　　　① 지붕의 가장자리에 안전난간을 설치할 것
　　　　　- 안전난간 설치가 곤란한 경우 추락방호망 설치
　　　　　- 추락방호망 설치가 곤란한 경우 안전대 착용 등의 추락 위험 방지조치
　　　② 채광창(skylight)에는 견고한 구조의 덮개를 설치할 것
　　　③ 슬레이트 등 강도가 약한 재료로 덮은 지붕에는 폭 30센티미터 이상의 발판을 설치할 것

Tip　본 문제는 2021년 법령개정으로 수정된 내용입니다.(문제와 해답은 개정된 내용 적용)

focus　본 교재 제6과목 I. 10. 추락재해의 위험성 및 안전장치 단원에서 내용확인

11. 고장을 시기별로 3가지 분류하고 고장율 계산공식을 쓰시오.

해답　고장의 분류
　　　1) 분류 : ① 초기고장　② 우발고장　③ 마모고장

2) 고장율(λ) = $\dfrac{\text{기간중의 총고장건수}(\gamma)}{\text{총동작시간}(T)}$

focus 본 교재 제3과목 I. 6.고장율 단원에서 관련내용 확인

12. 산업안전보건법상 유해·위험 방지를 위한 방호조치를 해야만 하는 다음 보기의 기계·기구에 설치해야할 방호장치를 쓰시오.

[보기] ① 예초기 ② 원심기 ③ 공기압축기 ④ 금속절단기 ⑤ 지게차

해답
① 예초기 : 날접촉예방장치
② 원심기 : 회전체 접촉 예방장치
③ 공기압축기 : 압력방출장치
④ 금속절단기 : 날접촉예방장치
⑤ 지게차 : 헤드가드, 백레스트, 전조등, 후미등, 안전밸트

focus 본 교재 제 4과목 I. 9. 산업안전보건법상 유해위험 기계기구 단원에서 관련내용 확인

13. 이황화탄소의 폭발상한계가 44.0(vol%)이고, 폭발하한계가 1.2(vol%)라면, 이황화탄소의 위험도를 계산하시오.

해답
위험도 $H = \dfrac{UFL - LFL}{LFL}$

여기서 UFL : 연소 상한값, LFL : 연소 하한값, H : 위험도

∴ $H = \dfrac{44.0 - 1.2}{1.2} = 35.666 = 35.67$

focus 본 교재 제5과목 II. 8. 위

산업안전산업기사 실기 (필답형)
2020년 11월 14일 시행

1. 근로자 400명이 1일 8시간, 연간 300일 작업(잔업은 1인당 년 50시간)하는 어떤 작업장에 연간 20건의 재해가 발생하여 근로손실일수 150일과 휴업일수 73일이 발생하였다. 강도율, 도수율을 구하시오.

   해답 재해율

   ① 강도율$(S.R) = \dfrac{\text{근로손실일수}}{\text{연간총근로시간수}} \times 1,000$

   $= \dfrac{150 + (73 \times \dfrac{300}{365})}{(400 \times 8 \times 300) + (400 \times 50)} \times 1,000 = 0.21$

   ② 빈도율$(F.R) = \dfrac{\text{재해건수}}{\text{연간총근로시간수}} \times 10^6$

   $= \dfrac{20}{(400 \times 8 \times 300) + (400 \times 50)} \times 10^6 = 20.41$

   focus 본 교재 제1과목 III. 12. 재해율 단원에서 관련내용 확인

2. 동력식 수동대패기의 방호장치와 그 방호장치와 송급테이블의 간격을 쓰시오.

   해답 ① 방호장치 : 칼날접촉 방지장치(날접촉예방장치)
   ② 간격 : 날접촉 예방장치인 덮개와 송급테이블면과의 간격이 8mm 이하이어야 한다.

   focus 본 교재 제4과목 I. 18. 동력식 수동대패기 단원 보충강의에서 내용확인

3. 산업안전보건법상 안전보건총괄책임자 지정 대상사업에 관한 다음사항에서 ( )에 알맞은 내용을 넣으시오.

   > 안전보건총괄책임자를 지정해야 하는 사업의 종류 및 사업장의 상시근로자 수는 관계수급인에게 고용된 근로자를 포함한 상시근로자가 (①)명 이상인 사업이나 관계수급인의 공사금액을 포함한 해당 공사의 총공사금액이 (②)억원 이상인 건설업으로 한다.
   > (단, 선박 및 보트 건조업, 1차 금속 제조업 및 토사석 광업의 경우는 제외)

   해답 ① 100 ② 20

   focus 본 교재 제8과목 II. 2. 안전보건총괄책임자 지정대상 사업 및 직무 등 단원에서 관련내용 확인

4. FTA에 있어서 cut set와 path set를 간략히 설명하시오.

> **해답** ① 컷셋(cut set) : 정상사상을 발생시키는 기본사상의 집합으로 그 안에 포함되는 모든 기본사상이 발생할 때 정상사상을 발생시킬 수 있는 기본사상의 집합
> ② 패스셋(path set) : 그 안에 포함되는 모든 기본사상이 일어나지 않을 때 처음으로 정상사상이 일어나지 않는 기본사상의 집합
>
> **focus** 본 교재(필기) 제2과목 06. I. 4. 컷셋 및 패스셋 단원에서 관련내용 확인

5. 지반의 이상현상중 보일링 현상이 일어나기 쉬운 지반의 조건을 쓰시오.

> **해답** 투수성이 좋은 사질지반(지하수위가 높은 사질토)
>
> **focus** 본 교재 제6과목 I. 16. 토사붕괴 위험성 및 안전조치 단원에서 내용확인

6. 교류아크용접기에 자동전격방지기를 설치하여야 하는 장소를 3가지 쓰시오.

> **해답** ① 선박의 이중 선체 내부, 밸러스트 탱크(ballast tank, 평형수 탱크), 보일러 내부 등 도전체에 둘러싸인 장소
> ② 추락할 위험이 있는 높이 2미터 이상의 장소로 철골 등 도전성이 높은 물체에 근로자가 접촉할 우려가 있는 장소
> ③ 근로자가 물·땀 등으로 인하여 도전성이 높은 습윤 상태에서 작업하는 장소
>
> **focus** 본 교재 제5과목 I. 11. 교류아크용접기의 방호장치 및 성능조건 단원에서 확인

7. 화물자동차의 짐걸이로 사용해서는 안되는 섬유로프를 2가지 쓰시오.

> **해답** ① 꼬임이 끊어진 것
> ② 심하게 손상되거나 부식된 것
>
> **focus** 본 교재 제6과목 I. 7. 운반기계 단원에서 관련된 내용 확인

8. 안전인증 파열판에 안전인증 외에 추가로 표시하여야 할 사항 5가지를 쓰시오.

> **해답** ① 호칭지름 ② 용도(요구성능) ③ 설정파열압력(MPa) 및 설정온도(℃)
> ④ 분출용량(kg/h) 또는 공칭분출계수 ⑤ 파열판의 재질 ⑥ 유체의 흐름방향 지시

9. 연소의 형태에서 고체의 연소형태를 4가지 쓰시오.

> **해답** ① 분해연소 ② 증발연소 ③ 표면연소 ④ 자기연소
>
> **focus** 본 교재 제5과목 II. 화공안전일반 2. 연소형태 단원에서 관련내용 확인

10. 비, 눈, 그 밖의 기상상태의 악화로 작업을 중지시킨 후 또는 비계를 조립·해체하거나 변경한 후에 그 비계에서 작업을 하는 경우 해당 작업을 시작하기 전에 점검하고 이상을 발견하면 즉시 보수하여야 하는 사항을 3가지 쓰시오.

   해답 비계의 점검 보수
   ① 발판재료의 손상여부 및 부착 또는 걸림상태
   ② 당해 비계의 연결부 또는 접속부의 풀림상태
   ③ 연결재료 및 연결철물의 손상 또는 부식상태
   ④ 손잡이의 탈락여부
   ⑤ 기둥의 침하·변형·변위 또는 흔들림 상태
   ⑥ 로프의 부착상태 및 매단장치의 흔들림 상태

   focus 본 교재 제6과목 I. 24. 비계의 종류 및 설치시 준수사항 단원에서 확인

11. 휴먼에러(Human Error)의 분류방법 중 심리적(독립행동에 관한) 분류를 4가지 쓰시오.

   해답 스웨인(A.D. Swain)의 심리적 분류(독립행동에 관한 분류)
   ① 생략 에러(Omission error), 부작위에러
   ② 착각(불확실한)수행 에러(Commission error), 작위에러
   ③ 순서 에러(Sequential error)
   ④ 시간적 에러(Time error)
   ⑤ 과잉 행동(불필요한 수행) 에러(Extraneous error)

   focus 본 교재 제3과목 I. 4. 휴먼에러 단원에서 관련내용 확인

12. 정보전달에 있어 청각적 장치보다 시각적 장치를 사용하는 것이 더 좋은 경우를 3가지 쓰시오.

   해답 ① 전언이 복잡하다.
   ② 전언이 길다.
   ③ 전언이 후에 재참조된다.
   ④ 전언이 공간적인 위치를 다룬다.
   ⑤ 전언이 즉각적인 행동을 요구하지 않는다.
   ⑥ 수신장소가 너무 시끄러울 때
   ⑦ 수신자의 청각 계통이 과부하상태일 때

   focus 본 교재(필기) 제3과목 06. I. 15. 표시장치 단원에서 내용확인

13. 다음 그림에 해당하는 안전화 성능시험의 종류를 쓰시오.

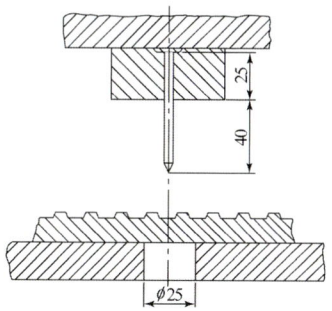

해답 내답발성 시험

focus 본 교재 제7과목 III. 2. 안전화 단원에서 관련내용 확인

산업안전산업기사 실기 (필답형)
2021년 4월 25일 시행

1. 교류아크용접기에 자동전격방지기를 설치하여야 하는 장소를 3가지 쓰시오.

해답
① 선박의 이중 선체 내부, 밸러스트 탱크(ballast tank, 평형수 탱크), 보일러 내부 등 도전체에 둘러싸인 장소
② 추락할 위험이 있는 높이 2미터 이상의 장소로 철골 등 도전성이 높은 물체에 근로자가 접촉할 우려가 있는 장소
③ 근로자가 물·땀 등으로 인하여 도전성이 높은 습윤 상태에서 작업하는 장소

focus 본 교재 제5과목 I. 11. 교류아크용접기의 방호장치 및 성능조건 단원에서 확인

2. Fool proof를 간단히 설명하시오.

해답 바보같은 행동(인간의 착오 및 미스 등 포함)을 방지한다는 뜻으로 사용자가 비록 잘못된 조작을 하더라도 이로 인해 전체의 고장이 발생하지 아니하도록 하는 설계방법(작업자의 오조작이 있어도 위험이나 실수가 발생하지 않도록 설계된 구조를 말하며 본질적인 안전화를 의미한다)

Tip Fool proof의 대표적인 기구
① 가드(Guard)
② 록기구(Lock기구)
③ 오버런기구(Overun기구)
④ 트립 기구(Trip 기구)
⑤ 밀어내기기구(Push&Pull 기구)
⑥ 기동방지 기구

focus 본 교재(필기) 제2과목 07. II. 1. 신뢰도 및 불신뢰도의 계산 단원에서 관련내용 확인

3. 산업안전보건기준에 관한 규칙에서 정하는 양중기의 와이어로프 안전계수에 관한 내용 중 ( )에 알맞은 내용을 쓰시오.

근로자가 탑승하는 운반구를 지지하는 달기와이어로프 또는 달기체인의 경우	(①) 이상
화물의 하중을 직접 지지하는 경우 달기와이어로프 또는 달기체인의 경우	(②) 이상
훅, 샤클, 클램프, 리프팅 빔의 경우	(③) 이상

해답 ① 10 ② 5 ③ 3

Tip 와이어로프의 안전계수는 그 절단하중의 값을 와이어로프에 걸리는 하중의 최대값으로 나눈 값이다.

focus 본 교재 제3과목 05. III. 2. 방호장치의 종류 단원에서 내용 확인

4. 산업안전보건법상 화학설비의 탱크내 작업시 특별안전보건교육 내용 3가지를 쓰시오.

해답
① 차단장치·정지장치 및 밸브개폐장치의 점검에 관한 사항
② 탱크내의 산소농도 측정 및 작업환경에 관한사항
③ 안전보호구 및 이상발생시 응급조치에 관한 사항
④ 작업절차·방법 및 유해·위험에 관한 사항
⑤ 그 밖에 안전·보건관리에 필요한 사항

focus 본 교재 제2과목 I. 10. 산업안전보건법상의 교육의 종류와 교육시간 및 교육내용 단원에서 관련내용 확인

5. 산업안전보건법상 안전관리자의 업무내용을 4가지 쓰시오.

해답 안전관리자의 업무
① 산업안전보건위원회 또는 안전·보건에 관한 노사협의체에서 심의·의결한 업무와 해당 사업장의 안전보건관리규정 및 취업규칙에서 정한 업무
② 안전인증대상 기계 등과 자율안전확인대상 기계 등 구입 시 적격품의 선정에 관한 보좌 및 지도·조언
③ 위험성평가에 관한 보좌 및 지도·조언
④ 해당 사업장 안전교육계획의 수립 및 안전교육 실시에 관한 보좌 및 지도·조언
⑤ 사업장 순회점검·지도 및 조치의 건의
⑥ 산업재해 발생의 원인 조사·분석 및 재발 방지를 위한 기술적 보좌 및 지도·조언
⑦ 산업재해에 관한 통계의 유지·관리·분석을 위한 보좌 및 지도·조언
⑧ 법 또는 법에 따른 명령으로 정한 안전에 관한 사항의 이행에 관한 보좌 및 지도·조언
⑨ 업무수행 내용의 기록·유지
⑩ 그 밖에 안전에 관한 사항으로서 고용노동부장관이 정하는 사항

focus 본 교재 제1과목 I. 5. 안전관리자의 업무 단원에서 관련내용 확인

6. 소음원으로부터 4m 떨어진 곳에서의 음압수준이 100dB이라면 동일한 기계에서 30m 떨어진 곳에서의 음압수준은 얼마인가?

해답 d_1에서 I_1의 단위면적당 출력을 갖는 음은 거리 d_2에서는

$$dB_2 = dB_1 - 20\log\left(\frac{d_2}{d_1}\right)$$

$$dB_2 = 100 - 20\log\left(\frac{30}{4}\right) = 82.50 (\text{dB})$$

focus 본 교재 (필기) 제2과목 02. II. 1. 청각과정 단원에서 내용확인

7. 산업안전보건법상 산업재해가 발생한 경우 사업주가 기록 보존하여야 하는 사항을 4가지 쓰시오.(다만, 산업재해조사표의 사본을 보존하거나 요양신청서의 사본에 재해 재발방지 계획을 첨부하여 보존한 경우에는 그렇지 않다)

해답 ① 사업장의 개요 및 근로자의 인적사항
② 재해 발생의 일시 및 장소
③ 재해 발생의 원인 및 과정
④ 재해 재발방지 계획

focus 본 교재 제1과목 III. 3. 재해조사 항목내용 단원에서 내용 확인

8. 산업안전보건법상 양중기의 종류를 4가지 쓰시오.

해답 양중기의 종류
① 크레인(호이스트 포함)
② 이동식 크레인
③ 리프트(이삿짐운반용 리프트의 경우 적재하중 0.1톤 이상인 것)
④ 곤돌라
⑤ 승강기

focus 본 교재 제4과목 I. 12. 양중기의 방호장치 및 재해유형 단원에서 확인

9. 자율안전확인대상 연삭기 덮개에 자율안전확인표시 외에 추가로 표시해야할 사항 2가지를 쓰시오.

해답 연삭기 표시사항
① 숫돌사용 주속도
② 숫돌회전방향

focus 본 교재(필기) 제3과목 02. I. 5. 연삭기 단원에서 관련내용 확인

10. 조종장치를 촉각적으로 정확하게 식별하기 위한 암호화방법 3가지를 쓰시오.

해답 조종장치의 촉각적 암화화
① 형상을 이용한 암호화
② 표면촉감을 이용한 암호화
③ 크기를 이용한 암호화

focus 본 교재(필기) 제2과목 02. III. 2. 조정장치의 촉각적 암호화 단원에서 관련내용 확인

11. 가스 장치실을 설치하는 경우 갖추어야할 구조에 대하여 3가지 쓰시오.

해답 ① 가스가 누출된 경우에는 그 가스가 정체되지 않도록 할 것
② 지붕과 천장에는 가벼운 불연성 재료를 사용할 것
③ 벽에는 불연성 재료를 사용할 것

12. 근로자가 착용하는 보호구 중 가죽제안전화의 성능시험 종류를 4가지 쓰시오.

해답 ① 내압박성시험   ② 내충격성시험   ③ 박리저항시험   ④ 내답발성시험
　　　⑤ 은면결렬시험   ⑥ 인열강도시험   ⑦ 6가크롬함량   ⑧ 내부식성시험
　　　⑨ 인장강도시험   ⑩ 내유성시험 등

focus 본 교재 제7과목 III. 2. 안전화 단원에서 관련내용 확인

13. 강제환기의 개념에 대하여 쓰시오.

해답 ① 강제환기는 송풍기, 환기팬 등(동력)과 같은 기계적인 힘을 이용하여 강제적으로 신선한 공기를 도입하거나 오염된 공기를 배기하는 환기 방식
　　　② 동력이용에 따른 에너지 비용이 발생할수 있으며, 외부조건에 관계없이 작업환경을 일정하게 유지시킬 수 있다.

산업안전산업기사 실기 (필답형)
2021년 7월 10일 시행

1. 산업안전보건법령상 근로자 안전보건교육 중 특별교육 대상 작업별 교육에서 밀폐공간에서 작업할 경우 실시해야하는 교육내용을 4가지 쓰시오.
   (단, 그 밖에 안전·보건관리에 필요한 사항은 제외)

   해답 밀폐공간에서의 작업 교육내용
   ① 산소농도 측정 및 작업환경에 관한 사항
   ② 사고 시의 응급처치 및 비상 시 구출에 관한 사항
   ③ 보호구 착용 및 보호 장비 사용에 관한 사항
   ④ 작업내용·안전작업방법 및 절차에 관한 사항
   ⑤ 장비·설비 및 시설 등의 안전점검에 관한 사항
   ⑥ 그 밖에 안전·보건관리에 필요한 사항

   Tip 2021년 법령개정내용을 적용하였습니다.

   focus 본 교재 제 2과목 I. 10. 산업안전보건법상의 교육의 종류와 교육시간 및 교육내용 단원에서 내용확인

2. 안전모의 시험성능기준에 관한 다음 사항에서 ( )에 알맞은 내용을 쓰시오.

   > 가. AE, ABE종 안전모는 관통거리가 (①)mm 이하이고, AB종 안전모는 관통거리가 (②)mm 이하이어야 한다.
   > 나. 최고전달충격력이(③)N 을 초과해서는 안되며, 모체와 착장체의 기능이 상실되지 않아야 한다.
   > 다. AE, ABE종 안전모는 교류 20kW에서 1분간 절연파괴 없이 견뎌야 하고, 이때 누설되는 충전전류는 (④)mA 이하이어야 한다.

   해답 ① 9.5 ② 11.1 ③ 4,450 ④ 10

   focus 본 교재 제7과목 III. 1. 안전모 단원에서 관련된 내용 확인

3. 연평균근로자수가 350명인 사업장의 연천인율이 3.5일 경우 도수율을 구하시오.

   해답 도수율 $= \dfrac{\text{연천인율}}{2.4} = \dfrac{3.5}{2.4} = 1.458$

   focus 본 교재 제1과목 III. 12. 재해율 단원에서 내용확인

4. 고장발생 확률이 0.0004인 기계를 1,000시간 가동하였을 경우 이 기계의 신뢰도를 계산하시오.

   해답 신뢰도 $R(t) = e^{-\lambda t} = e^{-(0.0004 \times 1000)} = 0.67$

   focus 본 교재 제3과목 I. 인간공학 6. 고장율 단원에서 내용 확인

5. [보기]를 참고하여 다음 이론에 해당하는 번호를 고르시오. (단, 보기는 중복사용 가능함)

   [보기]
   ① 사회적 환경 및 유전적 요소(유전과 환경) ② 기본적 원인
   ③ 불안전한 행동 및 불안전한 상태(직접원인) ④ 작전적 에러
   ⑤ 사고   ⑥ 재해   ⑦ 관리(통제)의 부족
   ⑧ 개인적 결함   ⑨ 관리적 결함   ⑩ 전술적 에러

   가. 하인리히
   나. 버드
   다. 아담스

   해답 재해 발생에 관한 이론
   가. 하인리히 : ① ⑧ ③ ⑤ ⑥
   나. 버드 : ⑦ ② ③ ⑤ ⑥
   다. 아담스 : ⑨ ④ ⑩ ⑤ ⑥

   focus 본 교재(필기) 제1과목 01. I. 2. 안전관리 제이론 단원에서 확인

6. 누전에 의한 감전위험을 방지하기 위하여 해당 전로의 정격에 적합하고 감도가 양호하며 확실하게 작동하는 감전방지용 누전차단기를 설치하여 접속할 경우 준수해야할 사항에서 ( )에 알맞은 내용을 쓰시오.

   가. 전기기계·기구에 접속되어 있는 누전차단기는 정격감도전류가 (①)밀리암페어 이하이고 작동시간은 (②)초 이내일 것
   나. 정격전부하전류가 50암페어 이상인 전기기계·기구에 접속되는 누전차단기는 오작동을 방지하기 위하여 정격감도전류는 (③)밀리암페어 이하로, 작동시간은 (④)초 이내로 할 수 있다.

   해답 ① 30   ② 0.03   ③ 200   ④ 0.1

   focus 본 교재 제5과목 I. 6. 누전 차단기 단원에서 내용확인

7. 산업안전보건법령에서 정하는 중대재해의 정의에 해당하는 범위를 3가지 쓰시오.

해답 중대재해
① 사망자가 1명 이상 발생한 재해
② 3개월 이상의 요양이 필요한 부상자가 동시에 2명 이상 발생한 재해
③ 부상자 또는 직업성 질병자가 동시에 10명 이상 발생한 재해

focus 본 교재 제1과목 Ⅲ. 1. 재해조사 목적 단원에서 내용 확인

8. 300rpm으로 회전하는 롤러의 앞면 롤러의 지름이 30cm인 경우 앞면 롤러의 표면속도와 관련 규정에 따른 급정지거리[mm]를 구하시오.

해답
① 표면속도(V) = $\frac{\pi DN}{1,000} = \frac{\pi \times 300 \times 300}{1,000} = 282.74$[m/min]

② 급정지거리 기준

앞면 롤러의 표면 속도(m/분)	급정지 거리
30 미만	앞면 롤러 원주의 1/3 이내
30 이상	앞면 롤러 원주의 1/2.5 이내

③ 30[m/min]이상에 해당하므로,
급정지 거리 = $\pi D \times \frac{1}{2.5} = \pi \times 300 \times \frac{1}{2.5} = 376.99$[mm] 이내

focus 본 교재 제4과목 Ⅰ. 14. 롤러기의 방호장치 및 설치방법 단원에서 확인

9. 산업안전보건법에서 정변위압축기에서와 같이 이상 화학반응이나 밸브의 막힘 등 과압에 따른 폭발을 방지하기 위하여 폭발 방지 성능과 규격을 갖춘 안전밸브 또는 파열판을 설치해야 하는 대상설비에 파열판을 설치해야하는 경우를 3가지 쓰시오.

해답
① 반응폭주등 급격한 압력상승의 우려가 있는 경우
② 급성 독성물질의 누출로 인하여 주위의 작업환경을 오염시킬 우려가 있는 경우
③ 운전중 안전밸브에 이상물질이 누적되어 안전밸브가 작동되지 아니할 우려가 있는 경우

focus 본 교재 제5과목 Ⅱ. 14. 화학설비의 안전장치 종류 단원에서 내용확인

10. 산업안전보건기준에 관한 규칙에서 흙막이 지보공을 설치하였을 경우 정기적으로 점검하여야 할 사항을 4가지 쓰시오.

해답
① 부재의 손상·변형·부식·변위 및 탈락의 유무와 상태
② 버팀대의 긴압의 정도
③ 부재의 접속부·부착부 및 교차부의 상태
④ 침하의 정도

focus 본 교재 제6과목 Ⅳ. 05. 3. 거푸집 동바리의 조립시 안전조치 사항에서 내용 확인

11. 보기의 설명에 해당하는 용어를 쓰시오.

> ① 전완과 상완을 모두 곧게 펴서 작업할 수 있는 범위
> ② 상완을 자연스럽게 수직으로 늘어뜨리고, 전완만으로 편하게 뻗어 작업할 수 있는 범위

해답 ① 최대작업역 ② 정상작업역

focus 본 교재 제3과목 I. 10. 작업공간 단원에서 관련된 내용 확인

12. 산업안전보건기준에 관한 규칙에서 정하는 사다리식 통로의 설치 시 준수사항 4가지를 쓰시오.

해답 사다리식통로 설치 시 준수사항
① 견고한 구조로 할 것
② 심한 손상·부식 등이 없는 재료를 사용할 것
③ 발판의 간격은 일정하게 할 것
④ 발판과 벽과의 사이는 15센티미터 이상의 간격을 유지할 것
⑤ 폭은 30센티미터 이상으로 할 것
⑥ 사다리가 넘어지거나 미끄러지는 것을 방지하기 위한 조치를 할 것
⑦ 사다리의 상단은 걸쳐놓은 지점으로부터 60센티미터 이상 올라가도록 할 것
⑧ 사다리식 통로의 길이가 10미터 이상인 경우에는 5미터 이내마다 계단참을 설치할 것
⑨ 사다리식 통로의 기울기는 75도 이하로 할 것. 다만, 고정식 사다리식 통로의 기울기는 90도 이하로 하고, 그 높이가 7미터 이상인 경우에는 바닥으로부터 높이가 2.5미터 되는 지점부터 등받이울을 설치할 것
⑩ 접이식 사다리 기둥은 사용 시 접혀지거나 펼쳐지지 않도록 철물 등을 사용하여 견고하게 조치할 것

focus 본 교재 제6과목 I. 21. 사다리식 통로 단원에서 내용확인

13. 유해·위험 방지를 위한 방호조치를 하지 아니하고는 양도·대여·설치·사용하거나, 양도·대여를 목적으로 진열해서는 아니 되는 기계·기구를 5가지 쓰시오.

해답 ① 예초기 ② 원심기 ③ 공기압축기
④ 금속절단기 ⑤ 지게차 ⑥ 포장기계(진공포장기, 래핑기로 한정)

focus 본 교재 제 4과목 I. 9. 산업안전보건법상 유해위험 기계기구 단원에서 관련내용 확인

산업안전산업기사 실기 (필답형)
2021년 10월 16일 시행

1. 시스템안전에서 기계의 고장율을 나타내는 그래프를 그리고 3등분하여 명칭 또는 내용을 쓰시오.

   해답 기계의 고장율 (욕조곡선)

   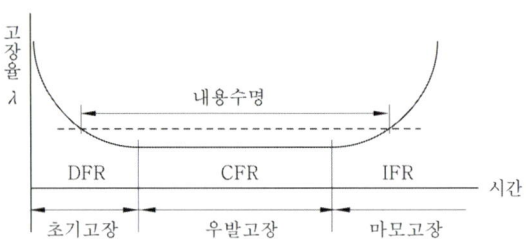

   Tip 고장 예방방법

초기고장	품질관리의 미비로 발생할 수 있는 고장으로 작업시작전 점검, 시운전 등으로 사전예방이 가능한 고장 ① debugging기간 : 초기고장의 결함을 찾아서 고장율을 안정시키는 기간 ② burn in기간 : 제품을 실제로 장시간 사용해보고 결함의 원인을 찾아내는 방법
우발고장	예측할 수 없을 경우 발생하는 고장으로 시운전이나 점검으로 예방불가(낮은 안전계수, 사용자의 과오 등이 없도록 안전교육 및 작업전 무재해 운동 등)
마모고장	장치의 일부분이 수명을 다하여 발생하는 고장(부품 고장시 수리 및 철저한 정비 등)

   focus 본 교재 제3과목 I. 6.고장율 단원에서 관련내용 확인

2. 각 부품고장확률이 0.12인 A, B, C 3개의 부품이 병렬결합모델로 만들어진 시스템이 있다. 시스템작동 안됨을 정상사상(Top event)으로 하고, A고장, B고장, C고장을 기본사상으로 한 FT도를 작성하고, 정상사상 발생할 확률을 구하시오. 단, 소수 다섯째자리에서 반올림하고, 소수 넷째자리까지 표기할 것.

   해답 정상사상 발생 확률
   ① FT도 작성

   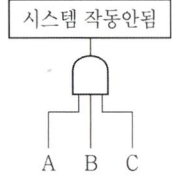

   ② $T = 0.12 \times 0.12 \times 0.12 = 0.001728$
   ③ 발생확률 = 0.0017

focus 본 교재 제3과목 II. 11. 미니멀 컷과 미니멀 패스 단원에서 관련내용 확인

3. 다음과 같은 조건일 경우 근로손실일수를 구하시오.

   - 강도율 : 0.8
   - 근로자수 : 250명
   - 연간 총 근로시간 : 2400시간
   - 연간 재해건수 : 5건

   해답 ① 강도율$(S.R) = \dfrac{근로손실일수}{연간총근로시간수} \times 1,000$

   ② 근로손실일수 $= \dfrac{0.8 \times 250 \times 2,400}{1,000} = 480(일)$

   focus 본 교재 제1과목 III. 12. 재해율 단원에서 관련내용 참고.

4. 다음 안전표지판의 명칭을 쓰시오.

①	②	③	④

   해답 ① 사용금지   ② 산화성물질 경고   ③ 낙하물 경고   ④ 방진마스크 착용

   focus 본 교재 제2과목 II. 8. 무재해운동과 위험예지훈련 단원에서 내용확인

5. 사업주는 위험물을 산업안전보건법령에서 정한 기준량 이상으로 제조하거나 취급하는 화학설비를 설치하는 경우 내부의 이상 상태를 조기에 파악하기 위한 온도계·유량계·압력계 등의 계측장치를 설치하여야 한다. 해당되는 화학설비를 3가지 쓰시오.

   해답 ① 발열반응이 일어나는 반응장치
   ② 증류·정류·증발·추출 등 분리를 하는 장치
   ③ 가열시켜 주는 물질의 온도가 가열되는 위험물질의 분해온도 또는 발화점보다 높은 상태에서 운전되는 설비
   ④ 반응폭주 등 이상 화학반응에 의하여 위험물질이 발생할 우려가 있는 설비
   ⑤ 온도가 섭씨 350도 이상이거나 게이지 압력이 980킬로파스칼 이상인 상태에서 운전되는 설비
   ⑥ 가열로 또는 가열기

   focus 본 교재(필기) 제5과목 03. III. 6. 계측장치 단원에서 내용 확인

6. 사업주는 사업장에 산업안전보건법령에 정하는 유해하거나 위험한 설비가 있는 경우 위험물질의 누출, 화재 및 폭발 등으로 인하여 사업장 내의 근로자에게 즉시 피해를 주거나 사업장 인근 지역에 피해를 줄 수 있는 사고를 예방하기 위하여 공정안전보고서를 작성하여야 한다. 공정안전보고서에 포함되어야할 사항을 4가지 쓰시오.

> **해답**
> ① 공정안전자료
> ② 공정위험성평가서
> ③ 안전운전계획
> ④ 비상조치계획
> ⑤ 그 밖에 공정상의 안전과 관련하여 고용노동부장관이 필요하다고 인정하여 고시하는 사항
>
> **focus** 본 교재 제8과목 I. 4. 공정안전보고서 단원에서 내용 확인

7. 인간의 주의에 대한 다음 특성에 대하여 설명하시오.
   ① 선택성
   ② 변동성
   ③ 방향성

> **해답** 주의의 특성
>
> | | |
> |---|---|
> | 선택성 | 동시에 두개 이상의 방향에 집중하지 못하고 소수의 특정한 것에 한하여 선택한다. |
> | 변동성 | 고도의 주의는 장시간 지속할 수 없고 주기적으로 부주의 리듬이 존재한다. |
> | 방향성 | 한 지점에 주의를 집중하면 주변 다른 곳의 주의는 약해진다(주시점만 인지) |
>
> **focus** 본 교재 제2과목 II. 2. 주의력과 부주의 단원에서 내용확인

8. 산업안전보건법령상 차량계 하역 운반기계 운전자가 운전위치를 이탈하는 경우 준수해야 할 사항 2가지를 쓰시오. 단, 운전석에 잠금장치를 하는등 운전자가 아닌 사람이 운전하지 못하도록 조치한 경우는 제외한다.

> **해답**
> ① 포크, 버킷, 디퍼 등의 장치를 가장 낮은 위치 또는 지면에 내려 둘 것.
> ② 원동기를 정지시키고 브레이크를 확실히 거는 등 갑작스러운 주행이나 이탈을 방지하기 위한 조치를 할 것.
>
> **Tip** 운전석을 이탈하는 경우에는 시동키를 운전대에서 분리시킬 것. 다만, 운전석에 잠금장치를 하는 등 운전자가 아닌 사람이 운전하지 못하도록 조치한 경우는 그렇지 않다.
>
> **focus** 본 교재 제6과목 I. 7. 운반기계 단원에서 내용확인

9. 건물등의 해체작업 시 작성해야 하는 작업계획서의 내용을 3가지 쓰시오.

해답
① 해체의 방법 및 해체순서도면
② 가설설비·방호설비·환기설비 및 살수·방화설비 등의 방법
③ 사업장 내 연락방법
④ 해체물의 처분계획
⑤ 해체작업용 기계·기구 등의 작업계획서
⑥ 해체작업용 화약류 등의 사용계획서
⑦ 그 밖에 안전·보건에 관련된 사항

focus 본 교재(필기) 제6과목 03. I. 2. 해체용 기구의 취급안전 단원에서 내용 확인

10. 산업안전보건법령상 로봇의 작동 범위에서 그 로봇에 관하여 교시 등(로봇의 동력원을 차단하고 하는 것은 제외)의 작업을 할 때 작업시작전 점검사항을 3가지 쓰시오.

해답
① 외부전선의 피복 또는 외장의 손상유무
② 매니퓰레이터(manipulator)작동의 이상유무
③ 제동장치 및 비상정지장치의 기능

focus 본 교재 제1과목 IV. 8. 작업 시작 전 점검사항 단원에서 관련내용 확인

11. 산업안전보건법령상 누전에 의한 감전위험을 방지하기 위하여 해당 전로의 정격에 적합하고 감도가 양호하며 확실하게 작동하는 감전방지용 누전차단기를 설치하여야 하는 전기 기계·기구를 3가지 쓰시오.

해답
① 대지전압이 150볼트를 초과하는 이동형 또는 휴대형 전기기계·기구
② 철판·철골 위 등 도전성이 높은 장소에서 사용하는 이동형 또는 휴대형 전기기계·기구
③ 임시배선의 전로가 설치되는 장소에서 사용하는 이동형 또는 휴대형 전기기계·기구
④ 물 등 도전성이 높은 액체가 있는 습윤장소에서 사용하는 저압(1.5천볼트 이하 직류전압이나 1천볼트 이하의 교류전압)용 전기기계·기구

focus 본 교재 제5과목 I. 6. 누전차단기 단원에서 관련내용 확인

12. 다음의 설명에 해당하는 통계적 재해분석방법의 명칭을 쓰시오.

① 특성과 요인관계를 어골상으로 세분하여 연쇄관계를 나타내는 방법
② 사고의 유형 또는 기인물 등의 분류항목을 큰 값에서 작은 값의 순서로 도표화 하는 방법

해답 ① 특성요인도　② 파레토도

focus 본 교재 제1과목 III. 9. 통계적 원인분석 방법 단원에서 내용확인

13. 다음 조건에 해당하는 와이어로프는 달비계에 사용가능한지 불가능한지 여부를 판단하고, 그 이유를 쓰시오.

- 공칭 지름 : 10mm
- 현재 지름 : 9.2mm

해답 ① 사용가능여부 : 불가능
② 이유 : 지름의 감소가 공칭지름의 7%를 초과하는 경우 사용할수 없는데 9.2mm는 공칭지름의 8%에 해당하는 지름감소가 발생했으므로 사용할수 없다.

focus 본 교재 제4과목 II. 4. 와이어로프 단원에서 내용 확인

산업안전산업기사 실기 (필답형)
2022년 4월 5일 시행

1. 산업안전보건법령상 보일러의 방호장치에 관한 다음 사항에서 ( )에 알맞은 내용을 쓰시오.(4점)

   > 1. 사업주는 보일러의 안전한 가동을 위하여 보일러 규격에 맞는 (①)를 1개 또는 2개 이상 설치하고 최고사용압력이하에서 작동되도록 하여야 한다.
   > 2. 사업주는 보일러의 과열을 방지하기 위하여 최고사용압력과 상용압력 사이에서 보일러의 버너 연소를 차단할 수 있도록 (②)를 부착하여 사용하여야 한다.

   해답 ① 압력방출장치 ② 압력제한스위치

   focus 본 교재 제4과목 I. 13. 보일러의 방호장치 단원에서 관련내용 확인

2. 다음과 같은 시스템의 신뢰도를 구하시오.(4점)

   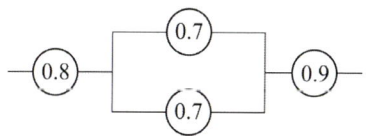

   해답 $R_s = 0.8 \times 1-(1-0.7)(1-0.7) \times 0.9 = 0.6552$

   focus 본 교재 제3과목 I. 5. 신뢰도 단원에서 관련내용 참고.

3. 산업안전보건법령상 근로자 안전보건교육 시간에 관한 사항이다. ( )에 알맞은 내용을 쓰시오.(4점)

교육과정	교육대상		교육시간
정기교육	사무직 종사 근로자		①
	그 밖의 근로자	판매업무에 직접 종사하는 근로자	②
		판매업무에 직접 종사하는 근로자 외의 근로자	③
채용 시 교육	일용근로자 및 근로계약기간이 1주일 이하인 기간제근로자		④

   해답 ① 매반기 6시간 이상 ② 매반기 6시간 이상
   ③ 매반기 12시간 이상 ④ 1시간 이상

   Tip 2023년 법령개정. 문제 및 해답은 개정된 내용 적용.

   focus 본 교재 제2과목 I. 10. 산업안전보건법상의 교육의 종류와 교육시간 단원에서 내용 확인

4. 사업장에 승강기의 설치·조립·수리·점검 또는 해체 작업을 하는 경우 사업주의 조치사항을 3가지 쓰시오. (3점)

   해답
   ① 작업을 지휘하는 사람을 선임하여 그 사람의 지휘하에 작업을 실할 것
   ② 작업을 할 구역에 관계 근로자가 아닌 사람의 출입을 금지하고 그 취지를 보기 쉬운 장소에 표시할 것
   ③ 비, 눈, 그 밖에 기상상태의 불안정으로 날씨가 몹시 나쁜 경우에는 그 작업을 중지시킬 것

   focus 본 교재 작업형문제 8회(건설안전)문제에서 관련내용 확인

5. 사업주는 과압에 따른 폭발을 방지하기 위하여 폭발 방지 성능과 규격을 갖춘 안전밸브 또는 파열판을 설치하여야 한다. 산업안전보건법령상 파열판을 설치하여야 하는 경우 3가지를 쓰시오. (6점)

   해답
   ① 반응 폭주 등 급격한 압력 상승 우려가 있는 경우
   ② 급성 독성물질의 누출로 인하여 주위의 작업환경을 오염시킬 우려가 있는 경우
   ③ 운전 중 안전밸브에 이상 물질이 누적되어 안전밸브가 작동되지 아니할 우려가 있는 경우

   focus 본 교재 제5과목 II. 14. 화학설비의 안전장치 종류 단원에서 관련내용 확인

6. 산업안전표지중 다음의 금지표지에 해당하는 명칭을 쓰시오. (4점)

   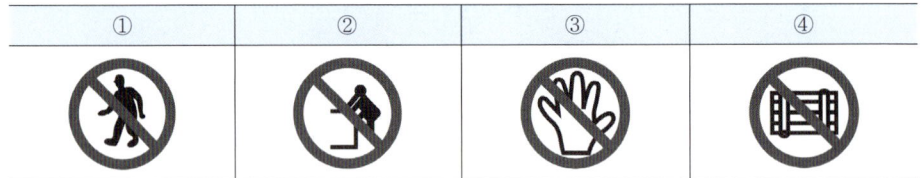

   해답 금지표지
   ① 보행금지   ② 탑승금지   ④ 사용금지   ③ 물체이동금지

   focus 본 교재 제2장 II. 8. 무재해운동과 위험예지훈련 단원에서 내용 확인

7. 콘크리트 타설작업을 하기 위하여 콘크리트 플레이싱 붐(placing boom), 콘크리트 분배기, 콘크리트 펌프카 등 콘크리트 타설장비를 사용하는 경우 사업주가 준수해야할 사항을 3가지 쓰시오. (6점)

   해답
   ① 작업을 시작하기 전에 콘크리트타설장비를 점검하고 이상을 발견하였으면 즉시 보수할 것
   ② 건축물의 난간 등에서 작업하는 근로자가 호스의 요동·선회로 인하여 추락하는 위험을 방지하기 위하여 안전난간 설치 등 필요한 조치를 할 것
   ③ 콘크리트타설장비의 붐을 조정하는 경우에는 주변의 전선 등에 의한 위험을 예방하기 위한 적절한 조치를 할 것
   ④ 작업 중에 지반의 침하나 아웃트리거 등 콘크리트타설장비 지지구조물의 손상 등에 의하여 콘크리트타설장비가 넘어질 우려가 있는 경우에는 이를 방지하기 위한 적절한 조치를 할 것

   Tip 2023년 법령개정. 문제 및 해답은 개정된 내용 적용.

8. 산업안전보건법령에 따른 산업안전보건위원회의 심의 의결사항을 4가지 쓰시오. (단, 그 밖에 해당 사업장 근로자의 안전 및 보건을 유지·증진시키기 위하여 필요한 사항은 제외) (4점)

해답
① 사업장의 산업재해 예방계획의 수립에 관한 사항
② 안전보건관리규정의 작성 및 변경에 관한 사항
③ 근로자에 대한 안전보건교육에 관한 사항
④ 작업환경측정 등 작업환경의 점검 및 개선에 관한 사항
⑤ 근로자의 건강진단 등 건강관리에 관한 사항
⑥ 산업재해의 원인 조사 및 재발 방지대책 수립에 관한 사항중 중대재해에 관한 사항
⑦ 산업재해에 관한 통계의 기록 및 유지에 관한 사항
⑧ 유해하거나 위험한 기계·기구·설비를 도입한 경우 안전 및 보건 관련 조치에 관한 사항

focus 본 교재 제 1과목 I. 7. 산업안전 보건위원회 단원에서 관련내용 확인

9. 산업안전보건기준에 관한 규칙에서 정하는 교량의 설치·해체 또는 변경 작업을 하는 경우 근로자의 위험을 방지하기 위하여 사업주가 해야할 작업계획서 작성 내용을 5가지 쓰시오.(단, 그 밖에 안전·보건에 관련된 사항 제외) (5점)

해답 작업계획서 내용
① 작업 방법 및 순서
② 부재의 낙하·전도 또는 붕괴를 방지하기 위한 방법
③ 작업에 종사하는 근로자의 추락 위험을 방지하기 위한 안전조치 방법
④ 공사에 사용되는 가설 철구조물 등이 설치·사용·해체 시 안전성 검토 방법
⑤ 사용하는 기계 등의 종류 및 성능, 작업방법
⑥ 작업지휘자 배치계획

10. 산업안전보건법에서 정하고 있는 중대재해의 범위를 3가지 쓰시오. (3점)

해답 중대재해
① 사망자가 1명 이상 발생한 재해
② 3개월 이상의 요양이 필요한 부상자가 동시에 2명 이상 발생한 재해
③ 부상자 또는 직업성 질병자가 동시에 10명 이상 발생한 재해

focus 본 교재 제1과목 III. 1. 재해조사 목적 단원에서 관련내용 확인

11. 산업안전보건기준에 관한 규칙에서 정하는 근로자가 충전전로를 취급하거나 그 인근에서 작업하는 경우 사업주가 조치해야할 사항 중 ( )에 알맞은 내용을 쓰시오.(5점)

1. 충전전로를 취급하는 근로자에게 그 작업에 적합한 (①)를 착용시킬 것
2. 충전전로에 근접한 장소에서 전기작업을 하는 경우에는 해당 전압에 적합한 (②)를 설치할 것. 다만, 저압인 경우에는 해당 전기작업자가 절연용 보호구를 착용하되, 충전전로에 접촉할 우려가 없는 경우에는 절연용 방호구를 설치하지 아니할 수 있다.

3. 유자격자가 아닌 근로자가 충전전로 인근의 높은 곳에서 작업할 때에 근로자의 몸 또는 긴 도전성 물체가 방호되지 않은 충전전로에서 대지전압이 50킬로볼트 이하인 경우에는 (③)센티미터 이내로, 대지전압이 50킬로볼트를 넘는 경우에는 (④)킬로볼트당 (⑤) 센티미터씩 더한 거리 이내로 각각 접근할 수 없도록 할 것

해답 ① 절연용 보호구 ② 절연용 방호구 ③ 300 ④ 10 ⑤ 10

focus 본 교재 제5과목 I. 9. 활선작업 단원에서 관련내용 확인

12. 산업안전보건기준에 관한 규칙에서 정하는 근로자가 상시 작업하는 장소의 작업면 조도기준에 관한 ( )에 알맞은 내용을 쓰시오. (3점)

- 초정밀작업 : (①)럭스 이상
- 정밀작업 : (②)럭스 이상
- 보통작업 : (③)럭스 이상

해답 ① 750 ② 300 ③ 150

focus 본 교재 제3과목 I. 18. 조도 단원에서 내용확인

13. 목재가공용 둥근톱에서 둥근톱의 두께가 0.8mm일 경우 분할날의 두께는 몇 mm 이상으로 해야하는지 쓰시오. (4점)

해답 ① 분할 날의 두께는 둥근톱 두께의 1.1배 이상이어야 한다.
② 따라서, 0.8×1.1 = 0.88mm 이상

focus 본 교재 제4과목 I. 기계안전일반 18.〈보충강의〉목재가공용 둥근톱 단원에서 내용확인

산업안전산업기사 실기 (필답형)
2022년 6월 21일 시행

1. 산업안전보건법에 따른 건설업의 도급사업에서 안전, 보건에 관한 노사협의체의 구성에 있어 근로자 위원과, 사용자위원의 자격을 각각 2가지씩 쓰시오. (4점)

   해답 노사협의체 구성위원
   (1) 사용자 위원
   ① 도급 또는 하도급 사업을 포함한 전체 사업의 대표자
   ② 안전관리자 1명
   ③ 공사금액이 20억원 이상인 공사의 관계 수급인의 각 대표자
   ④ 보건관리자 1명(선임대상건설업에 한정)
   (2) 근로자 위원
   ① 도급 또는 하도급 사업을 포함한 전체 사업의 근로자 대표
   ② 근로자 대표가 지명하는 명예 산업안전감독관 1명, 다만 위촉되어 있지 않은 경우 근로자 대표가 지명하는 해당 사업장 근로자 1명
   ③ 공사금액이 20억원 이상인 공사의 관계수급인의 각 근로자 대표

   focus 본 교재 제1과목 I. 7. 산업안전 보건위원회 단원에서 관련내용 확인

2. 공기 압축기를 가동할때 작업시작 전 점검해야 할 사항을 4가지 쓰시오.(그 밖의 연결 부위의 이상 유무는 제외) (4점)

   해답 공기 압축기의 작업시작 전 점검사항
   ① 공기저장 압력용기의 외관 상태
   ② 드레인 밸브의 조작 및 배수
   ③ 압력방출장치의 기능
   ④ 언로드 밸브의 기능
   ⑤ 윤활유의 상태
   ⑥ 회전부의 덮개 또는 울
   ⑦ 그 밖의 연결 부위의 이상 유무

   focus 본 교재 제1과목 IV. 8. 작업 시작 전 점검사항 단원에서 내용확인

3. 근로자가 노출된 충전부 또는 그 부근에서 작업함으로써 감전될 우려가 있는 경우에는 작업에 들어가기 전에 해당 전로를 차단하여야 한다. 차단 절차에 해당하는 내용을 쓰시오. (5점)

   해답 ① 전기기기 등에 공급되는 모든 전원을 관련 도면, 배선도 등으로 확인할 것
   ② 전원을 차단한 후 각 단로기 등을 개방하고 확인할 것
   ③ 차단장치나 단로기 등에 잠금장치 및 꼬리표를 부착할 것
   ④ 개로된 전로에서 유도전압 또는 전기에너지가 축적되어 근로자에게 전기위험을 끼칠 수 있는 전기기기 등은 접촉하기 전에 잔류전하를 완전히 방전시킬 것
   ⑤ 검전기를 이용하여 작업 대상 기기가 충전되었는지를 확인할 것
   ⑥ 전기기기 등이 다른 노출 충전부와의 접촉, 유도 또는 예비동력원의 역 송전 등으로 전압이 발생할 우려가 있는 경우에는 충분한 용량을 가진 단락 접지 기구를 이용하여 접지할 것

   focus 본 교재 제5과목 I. 8. 정전작업 단원에서 관련된 내용 확인

4. 산업안전보건법상 안전인증 대상 방호장치의 종류를 3가지 쓰시오. (3점)

해답
① 프레스 및 전단기 방호장치　　② 양중기용 과부하방지장치
③ 보일러 압력방출용 안전밸브　　④ 압력용기 압력방출용 안전밸브
⑤ 압력용기 압력방출용 파열판　　⑥ 절연용 방호구 및 활선작업용 기구
⑦ 방폭구조 전기기계·기구 및 부품
⑧ 추락·낙하 및 붕괴 등의 위험 방지 및 보호에 필요한 가설기자재로서 고용노동부장관이 정하여 고시하는 것
⑨ 충돌·협착 등의 위험방지에 필요한 산업용 로봇 방호장치로서 고용노동부장관이 정하여 고시하는 것

focus 본 교재 제1과목 Ⅳ. 7. 안전인증 단원에서 관련내용 확인

5. 평균근로자 100명이 하루 8시간, 년간 300일 작업하는 사업장에서 한해동안 사망 1명, 14급장해 2명, 기타 휴업일수가 37일 발생한 경우 강도율을 계산하시오. (5점)

해답
① 강도율$(S.R) = \dfrac{\text{근로손실일수}}{\text{연간총근로시간수}} \times 1{,}000$

② $\dfrac{7{,}500 + (50 \times 2) + \left(37 \times \dfrac{300}{365}\right)}{100 \times 8 \times 300} \times 1{,}000 = 31.793 = 31.79$

focus 본 교재 제1과목 Ⅲ. 12. 재해율 단원에서 관련내용 참고

6. 다음 그림을 보고 시스템고장(전등 켜지지 않음)을 정상사상으로 하는 FT도를 그리시오. 단, 기본사상을 각각 SW A OFF, SW B OFF 로 한다. (4점)

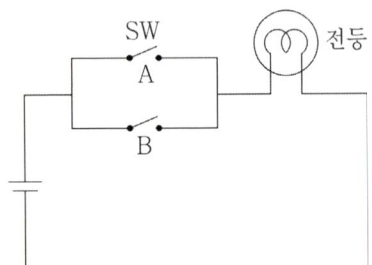

해답 FT도

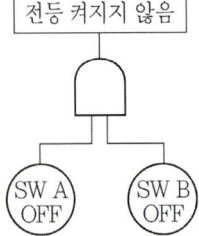

focus   본 교재 제3과목 II. 11. 미니멀 컷과 미니멀 패스 단원에서 관련내용 확인

7. 곤돌라형 달비계를 설치하는 경우 사용해서는 안되는 달기체인에 관한 다음 내용의 ( )에 알맞은 내용을 쓰시오. (4점)

> 1) 링의 단면지름이 달기 체인이 제조된 때의 해당 링의 지름의 (①)를 초과하여 감소한 것
> 2) 달기 체인의 길이가 달기 체인이 제조된 때의 길이의 (②)를 초과한 것
> 3) 균열이 있거나 심하게 변형된 것

해답 ① 10퍼센트   ② 5퍼센트

focus   본 교재 제4과목 II. 4. 와이어로프 단원에서 관련내용 확인

8. 롤러기의 방호장치인 급정지장치 조작부 설치위치에 관한 다음 사항에서 ( )안에 알맞은 내용을 쓰시오. (6점)

손 조작식	밑면에서 (①)
복부 조작식	밑면에서 (②)
무릎 조작식	밑면에서 (③)

해답 ① 1.8미터 이내   ② 0.8미터 이상 1.1미터 이내   ③ 0.6미터 이내

focus   본 교재 제4과목 I. 14. 롤러기의 방호장치 및 설치방법 단원에서 관련된 내용 확인

9. 산업안전보건법령상 근로자 안전보건교육의 교육시간에 관한 다음 내용에 알맞은 답을 쓰시오. (4점)

교육과정	교육대상		교육시간
정기교육	사무직 종사 근로자		①
	그 밖의 근로자	판매업무에 직접 종사하는 근로자	②
채용 시 교육	근로계약기간이 1주일 초과 1개월 이하인 기간제근로자		③
작업내용 변경 시 교육	일용근로자 및 근로계약기간이 1주일 이하인 기간제근로자		④

해답 ① 매반기 6시간 이상   ② 매반기 6시간 이상
③ 4시간 이상   ④ 1시간 이상

Tip   2023년 법령개정. 문제 및 해답은 개정된 내용 적용.

focus   본 교재 제2과목 I. 10. 산업안전보건법상의 교육의 종류와 교육시간 단원에서 내용 확인

10. 사업주는 근로자가 상시 작업하는 장소의 작업면 조도를 산업안전보건법에서 정하는 기준에 맞도록 하여야 한다. 다음 작업에 해당하는 조도기준을 쓰시오.(4점)

초정밀 작업	정밀 작업	보통 작업	그 밖의 작업
(①)Lux 이상	(②)Lux 이상	(③)Lux 이상	(④)Lux 이상

해답 ① 750 ② 300 ③ 150 ④ 75

focus 본 교재 제3과목 I. 18. 조도 단원에서 내용 확인

11. 산업현장에서 사용되고 있는 출입금지 표지판의 배경반사율이 80%이고 관련 그림의 반사율이 20%일 경우 표지판의 대비를 구하시오.(4점)

해답
① 공식 : 대비(%) = $\dfrac{\text{배경의 반사율}(L_b) - \text{표적의 반사율}(L_t)}{\text{배경의 반사율}(L_b)} \times 100$

② 계산식 : $\dfrac{80-20}{80} \times 100 = 75\%$

focus 본 교재 제3과목 I. 20. 대비 단원에서 관련된 내용 확인

12. 산업안전보건법상 보호구의 안전인증 제품에 안전인증의 표시외에 표시하여야 하는 사항을 5가지 쓰시오.(5점)

해답 보호구의 안전인증 제품에 표시해야할 사항
① 형식 또는 모델명   ② 규격 또는 등급 등   ③ 제조자명
④ 제조번호 및 제조연월   ⑤ 안전인증 번호

focus 본 교재 제1과목 IV. 7. 안전인증(자율안전확인)단원에서 관련내용 확인

13. 산업안전보건법에서 정하는 중대재해의 종류를 3가지 쓰시오.(3점)

해답 중대재해의 종류
① 사망자가 1명 이상 발생한 재해
② 3개월 이상의 요양이 필요한 부상자가 동시에 2명 이상 발생한 재해
③ 부상자 또는 직업성 질병자가 동시에 10명 이상 발생한 재해

focus 본 교재 제1과목 III. 1. 재해조사 목적 단원에서 내용 확인

산업안전산업기사 실기 (필답형)
2022년 9월 5일 시행

1. 산업안전보건법상 산업재해가 발생한 경우 사업주가 기록 보존해야 하는 사항을 4가지 쓰시오. (다만, 산업재해조사표의 사본을 보존하거나 요양신청서의 사본에 재해 재발방지 계획을 첨부하여 보존한 경우에는 그렇지 않다.)(4점)

   해답
   ① 사업장의 개요 및 근로자의 인적사항
   ② 재해 발생의 일시 및 장소
   ③ 재해 발생의 원인 및 과정
   ④ 재해 재발방지 계획

   focus 본 교재 제1과목 III. 3. 재해조사 항목내용 단원에서 내용확인

2. 교류아크용접기에 자동전격방지기를 설치해야 하는 장소를 3가지 쓰시오.(4점)

   해답
   ① 선박의 이중 선체 내부, 밸러스트 탱크(ballast tank, 평형수 탱크), 보일러 내부 등 도전체에 둘러싸인 장소
   ② 추락할 위험이 있는 높이 2미터 이상의 장소로 철골 등 도전성이 높은 물체에 근로자가 접촉할 우려가 있는 장소
   ③ 근로자가 물·땀 등으로 인하여 도전성이 높은 습윤 상태에서 작업하는 장소

   focus 본 교재 제5과목 I. 11. 교류아크용접기의 방호장치 및 성능조건 단원에서 확인

3. 하인리히의 재해구성 비율 법칙을 쓰고 간단히 설명하시오.(4점)

   해답 하인리히의 재해구성 비율
   ① 1 : 29 : 300의 법칙
   ② 330건의 사고가 발생 된다면 그 중에 중상 또는 사망이 1건, 경상이 29건, 무상해 사고가 300건 발생한다는 뜻

   focus 본 교재(필기) 제1과목 01. I. 2. 안전관리 제이론 단원에서 내용확인

4. 산업안전보건법령상 안전관리자의 업무내용을 5가지 쓰시오.(5점)

   해답
   ① 산업안전보건위원회 또는 안전·보건에 관한 노사협의체에서 심의·의결한 업무와 해당 사업장의 안전보건관리규정 및 취업규칙에서 정한 업무
   ② 안전인증대상 기계 등과 자율안전확인대상 기계 등 구입 시 적격품의 선정에 관한 보좌 및 지도·조언
   ③ 위험성평가에 관한 보좌 및 지도·조언
   ④ 해당 사업장 안전교육계획의 수립 및 안전교육 실시에 관한 보좌 및 지도·조언
   ⑤ 사업장 순회점검·지도 및 조치의 건의

⑥ 산업재해 발생의 원인 조사·분석 및 재발 방지를 위한 기술적 보좌 및 지도·조언
⑦ 산업재해에 관한 통계의 유지·관리·분석을 위한 보좌 및 지도·조언
⑧ 법 또는 법에 따른 명령으로 정한 안전에 관한 사항의 이행에 관한 보좌 및 지도·조언
⑨ 업무수행 내용의 기록·유지
⑩ 그 밖에 안전에 관한 사항으로서 고용노동부장관이 정하는 사항

focus 본 교재 제1과목 I. 5. 안전관리자의 업무 단원에서 관련내용 확인

5. 무재해 운동의 위험예지 훈련 4라운드 진행법을 순서대로 쓰시오. (5점)

해답 ① 제1단계 : 현상파악 ② 제2단계 : 본질추구
③ 제3단계 : 대책수립 ④ 제4단계 : 목표설정

focus 본 교재 제2과목 II. 8. 무재해운동과 위험예지훈련 단원에서 내용확인

6. 인간실수확률에 대한 추정기법을 4가지 쓰시오. (4점)

해답 ① 위급 사건 기법(critical incident technique : CIT)
② 직무위급도 분석 (pickrel, et al.의 실수효과 심각성의 4등급)
③ THERP(Technique for Human Error Rate Prediction)
④ 조작자 행동나무(operator action tree : OAT)
⑤ 간헐적 사건의 결함나무 분석(fault tree analysis : FTA)

focus 본 교재(필기) 제2과목 02. IV. 3. 인간실수 확률에 대한 추정기법 단원에서 내용확인

7. 프레스 양수조작식 방호장치의 일반구조에 관한 다음 내용중 ( )에 알맞은 것을 쓰시오. (4점)

가. 정상동작표시등은 (①), 위험표시등은 (②)으로 하며, 쉽게 근로자가 볼 수 있는 곳에 설치해야 한다.
나. 누름버튼을 양손으로 동시에 조작하지 않으면 작동시킬 수 없는 구조이어야 하며, 양쪽버튼의 작동시간 차이는 최대 (③)초 이내일 때 프레스가 동작되도록 해야 한다.
다. 누름버튼의 상호간 내측거리는 (④)mm 이상이어야 한다.

해답 ① 녹색 ② 붉은색 ③ 0.5 ④ 300

focus 본 교재 제4과목 I. 10. 프레스의 방호장치 및 설치방법 단원에서 관련내용 확인

8. 최초의 완만한 연소에서 폭굉까지 발달하는데 유도되는 거리인 폭굉 유도거리(DID)가 짧아지는 조건을 4가지 쓰시오. (4점)

해답 ① 정상의 연소속도가 큰 혼합가스일 경우
② 관속에 방해물이 있거나 관경이 가늘수록
③ 압력이 높을수록
④ 점화원의 에너지가 강할수록

focus 본 교재(필기) 제5과목 02. I. 2. 연소파와 폭굉파 단원에서 관련된 내용 확인

9. 다음과 같은 조건일 경우 시스템의 신뢰도(%)를 각각 구하시오. (6점)

- 인간 신뢰도 : 0.8
- 기계 신뢰도 : 0.95

① 인간 기계 직렬구조
② 인간 기계 병렬구조

해답 ① 직렬 : $0.8 \times 0.95 = 0.76 = 76\%$
② 병렬 : $1-(1-0.8)(1-0.95) = 0.99 = 99\%$

focus 본 교재 제3과목 I. 5. 신뢰도 단원에서 내용확인

10. 보호구안전인증고시에서 다음에 해당하는 방진마스크의 명칭을 쓰시오. (4점)

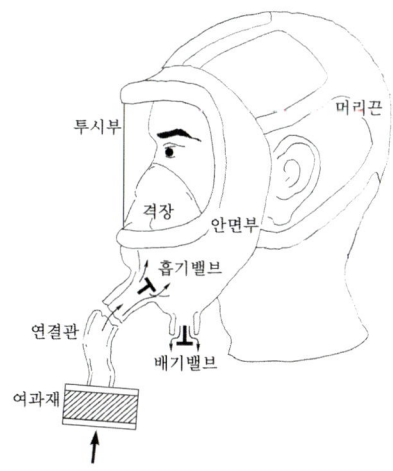

해답 격리식 전면형

focus 본 교재 제7과목 I. 3. 방진마스크 단원에서 관련내용 확인

11. 고용노동부장관이 산업재해 예방을 위해 종합적인 개선조치를 할 필요가 있다고 인정되는 사업장의 사업주에게 안전보건진단을 받아 안전보건개선계획을 수립하여 시행할 것을 명할 수 있는 대상 사업장을 2가지 쓰시오. (4점)

해답
① 산업재해율이 같은 업종 평균 산업재해율의 2배 이상인 사업장
② 사업주가 필요한 안전조치 또는 보건조치를 이행하지 아니하여 중대재해가 발생한 사업장
③ 직업성 질병자가 연간 2명 이상(상시근로자 1천명 이상 사업장의 경우 3명 이상) 발생한 사업장
④ 그 밖에 작업환경 불량, 화재·폭발 또는 누출사고 등으로 사업장 주변까지 피해가 확산된 사업장으로서 고용노동부령으로 정하는 사업장

focus 본 교재 제1과목 II. 4. 안전보건개선계획 단원에서 내용확인

12. 터널공사 등의 건설작업을 할 때 인화성 가스가 발생할 위험이 있는 경우 폭발이나 화재를 예방하기 위해 설치해야하는 자동경보장치의 당일 작업 시작 전 점검 사항을 3가지 쓰시오. (3점)

해답 ① 계기의 이상유무 ② 검지부의 이상유무 ③ 경보장치의 작동상태

focus 본 교재(필기) 제6과목 04. II. 6. 터널굴착 단원에서 내용확인

13. 방호장치 자율안전기준 고시에서 교류아크용접기 방호장치에 관한 다음 내용에서 ( )에 알맞은 것을 쓰시오. (4점)

가. (①)란 대상으로 하는 용접기의 주회로를 제어하는 장치를 가지고 있어, 용접봉의 조작에 따라 용접할 때에만 용접기의 주회로를 형성하고, 그 외에는 용접기의 출력측의 무부하전압을 25볼트 이하로 저하시키도록 동작하는 장치를 말한다.
나. (②)이란 용접봉을 피용접물에 접촉시켜서 전격방지기의 주접점이 폐로될(닫힐) 때까지의 시간을 말한다.
다. (③)이란 용접봉 홀더에 용접기 출력측의 무부하전압이 발생한 후 주접점이 개방될 때까지의 시간을 말한다.
라. (④)란 정격전원전압(전원을 용접기의 출력측에서 취하는 경우는 무부하전압의 하한 값을 포함한다)에 있어서 전격방지기를 시동시킬 수 있는 출력회로의 시동감도로서 명판에 표시된 것을 말한다.

해답 ① 교류아크용접기용 자동전격방지기 ② 시동시간 ③ 지동시간 ④ 표준시동감도

focus 본 교재 제5과목 I. 11. 교류아크용접기의 방호장치 및 성능조건 단원에서 확인

산업안전산업기사 실기 (필답형)
2023년 4월 22일 시행

1. 산업안전보건법령상 위험물을 저장·취급하는 화학설비 및 그 부속설비를 설치하는 경우, 폭발이나 화재에 따른 피해를 줄일 수 있도록 설비 및 시설 간에 유지해야 할 충분한 안전거리에 관한 다음 [보기]에서 ( )에 알맞은 내용을 쓰시오. (4점)

[보기]	구분	안전거리
	1. 위험물질 저장탱크로부터 단위공정 시설 및 설비, 보일러 또는 가열로의 사이	저장탱크의 바깥 면으로부터 (①)미터 이상. 다만, 저장탱크의 방호벽, 원격조종 화설비 또는 살수설비를 설치한 경우에는 적용하지 않음.
	2. 사무실·연구실·실험실·정비실 또는 식당으로부터 단위공정시설 및 설비, 위험물질 저장탱크, 위험물질 하역설비, 보일러 또는 가열로의 사이	사무실 등의 바깥 면으로부터 (②)미터 이상. 다만, 난방용 보일러인 경우 또는 사무실 등의 벽을 방호구조로 설치한 경우에는 적용하지 않음

   해답 ① 20 ② 20

   focus 본 교재 (필기) 제5과목 01. II. 2. 위험물의 저장 및 취급방법 단원에서 내용확인

2. 산업안전보건법령상 사업주가 사업장의 안전 및 보건을 유지하기 위하여 [보기]의 사항을 포함하여 작성해야하는 서류의 명칭을 쓰시오. (5점)

   [보기] ① 안전 및 보건에 관한 관리조직과 그 직무에 관한 사항
   ② 안전보건교육에 관한 사항
   ③ 작업장의 안전 및 보건관리에 관한 사항
   ④ 사고조사 및 대책수립에 관한 사항

   해답 안전보건관리규정

   focus 본 교재 제1과목 II. 1. 안전관리 규정 단원에서 내용확인

3. 산업안전보건법령상 사업주가 유해하거나 위험한 설비로 부터의 위험물질 누출, 화재 및 폭발 등으로 인한 중대산업사고를 예방하기 위해 공정안전보고서를 작성해야하는 대상 사업장을 5가지 쓰시오.

   해답 ① 원유 정제처리업
   ② 기타 석유정제물 재처리업

③ 화약 및 불꽃제품 제조업
④ 질소 화합물, 질소 인산 및 칼리질 화학비료 제조업 중 질소질 비료 제조
⑤ 복합비료 및 기타 화학비료 제조업 중 복합비료 제조(단순혼합 또는 배합에 의한 경우는 제외)
⑥ 화학살균 살충제 및 농업용 약제 제조업(농약 원제 제조만 해당)
⑦ 석유화학계 기초화학물질 제조업 또는 합성수지 및 기타 플라스틱물질 제조업

focus 본 교재 제8과목 산업안전보건법 I. 산업안전보건법 4. 공정안전보고서 단원에서 관련내용 확인

4. 고장발생 확률이 0.0004 건/시간인 기계를 1,000시간 가동하였을 경우 이 기계의 신뢰도를 계산하시오.(단, 퍼센트로 구할 것)(3점)

해답 신뢰도
$$R(t) = e^{-\lambda t} = e^{-(0.0004 \times 1000)} = 0.67032 = 67.03\%$$

focus 본 교재 제3과목 I. 인간공학 6. 고장율 단원에서 내용확인

5. 보호구 안전인증 고시상 추락 및 감전 위험방지용 안전모의 시험성능기준 항목을 5가지 쓰시오.(5점)

해답 ① 내관통성   ② 충격흡수성   ③ 내전압성
④ 내수성   ⑤ 난연성   ⑥ 턱끈풀림

focus 본 교재 제7과목 III. 1. 안전모 단원에서 관련된 내용 확인

6. 산업안전보건법령상 고용노동부장관이 산업재해 예방을 위해 종합적인 개선조치를 할 필요가 있다고 인정되는 사업장의 사업주에게 안전보건진단을 받아 안전보건개선계획을 수립하여 시행할 것을 명할 수 있는 대상 사업장에 관한 [보기]의 내용에서 ( )에 알맞은 내용을 쓰시오. (3점)

> [보기] 1. 산업재해율이 같은 업종 평균 산업재해율의 (①)배 이상인 사업장
> 2. 사업주가 필요한 안전조치 또는 보건조치를 이행하지 아니하여 중대재해가 발생한 사업장
> 3. 직업성 질병자가 연간 (②)명 이상[상시근로자 1천명 이상 사업장의 경우 (③)명 이상] 발생한 사업장
> 4. 그 밖에 작업환경 불량, 화재·폭발 또는 누출사고 등으로 사업장 주변까지 피해가 확산된 사업장으로서 고용노동부령으로 정하는 사업장

해답 ① 2   ② 2   ③ 3

focus 본 교재 제1과목 II. 4. 안전보건개선계획 단원에서 내용확인

7. 60rpm으로 회전하는 롤러기의 앞면 롤러의 지름이 120mm인 경우 앞면 롤러의 표면속도와 관련 규정에 따른 급정지거리[mm]를 구하시오. (4점)

해답 ① 표면속도 $(V) = \dfrac{\pi DN}{1,000} = \dfrac{\pi \times 120 \times 60}{1,000} = 22.62[\text{m/min}]$

② 급정지거리 기준

앞면 롤러의 표면 속도	급 정 지 거 리
30 미만	앞면 롤러 원주의 1/3 이내
30 이상	앞면 롤러 원주의 1/2.5 이내

③ 급정지 거리 $= \pi D \times \dfrac{1}{3} = \pi \times 120 \times \dfrac{1}{3} = 125.66[\text{mm}]$ 이내

focus 본 교재 제4과목 I. 14. 롤러기의 방호장치 및 설치방법 단원에서 확인

8. 산업안전보건법령상 비계(달비계, 달대비계 및 말비계는 제외)의 높이가 2미터 이상인 작업장소에 설치하여야 하는 작업발판의 기준에 관한 [보기]에서 ( )에 알맞은 내용을 쓰시오. (5점)

[보기]
1. 발판재료는 작업시의 하중을 견딜 수 있도록 견고한 것으로 할 것
2. 작업발판의 폭은 (①)cm 이상으로 하고, 발판재료 간의 틈은 (②)cm 이하로 할 것. 다만, 외줄비계의 경우에는 고용노동부장관이 별도로 정하는 기준에 따른다.
3. 추락의 위험성이 있는 장소에는 (③)을 설치할 것. 다만, 작업의 성질상 (③)을 설치하는 것이 곤란한 경우, 작업의 필요상 임시로 (③)을 해체할 때에 (④)을 설치하거나 근로자로 하여금 (⑤)를 사용하도록 하는 등 추락위험 방지조치를 한 경우에는 그러하지 아니하다.

해답 ① 40   ② 3   ③ 안전난간   ④ 추락방호망   ⑤ 안전대

focus 본 교재 제6과목 I. 23. 통로발판 단원에서 관련된 내용확인

9. 산업안전보건법령상 사업장을 실질적으로 총괄관리하는 안전보건관리책임자의 업무내용을 4가지 쓰시오. (단, 그 밖에 근로자의 유해·위험방지조치에 관한 사항으로서 고용노동부령이 정하는 사항은 제외) (4점)

해답 ① 사업장의 산업재해 예방계획의 수립에 관한 사항
② 안전보건관리규정의 작성 및 변경에 관한 사항
③ 근로자에 대한 안전보건교육에 관한 사항
④ 작업환경 측정 등 작업환경의 점검 및 개선에 관한 사항
⑤ 근로자의 건강진단 등 건강관리에 관한 사항
⑥ 산업재해의 원인조사 및 재발방지대책 수립에 관한 사항

⑦ 산업재해에 관한 통계의 기록 및 유지에 관한 사항
⑧ 안전장치 및 보호구 구입시 적격품 여부 확인에 관한 사항

focus 본 교재 제1과목 I. 4. 안전보건관리책임자의 업무 단원에서 내용확인

10. 교류아크용접기에 자동전격방지기를 설치해야 하는 장소를 3가지 쓰시오. (4점)

해답 ① 선박의 이중 선체 내부, 밸러스트 탱크(ballast tank, 평형수 탱크), 보일러 내부 등 도전체에 둘러싸인 장소
② 추락할 위험이 있는 높이 2미터 이상의 장소로 철골 등 도전성이 높은 물체에 근로자가 접촉할 우려가 있는 장소
③ 근로자가 물·땀 등으로 인하여 도전성이 높은 습윤 상태에서 작업하는 장소

focus 본 교재 제5과목 I. 11. 교류아크용접기의 방호장치 및 성능조건 단원에서 확인

11. 초기사건으로 알려진 특정한 장치의 이상 또는 운전자의 실수에 의해 발생되는 잠재적인 사고의 결과를 귀납적인 방법으로 분석하는 정량적 위험성평가 기법의 명칭을 쓰시오. (4점)

해답 ETA(Event Tree Analysis, 사건수 분석)

focus 본 교재 제 3과목 II. 시스템 위험분석 단원에서 내용 확인

12. 산업안전보건법령상 근로자의 안전 및 보건에 위해를 미칠 수 있다고 인정되어 고용노동부장관이 실시하는 안전인증을 받아야 하는 안전인증대상기계등에 해당하는 항목 중 방호장치의 종류를 5가지 쓰시오. (5점)

해답 ① 프레스 및 전단기 방호장치
② 양중기용 과부하 방지장치
③ 보일러 압력방출용 안전밸브
④ 압력용기 압력방출용 안전밸브
⑤ 압력용기 압력방출용 파열판
⑥ 절연용 방호구 및 활선작업용 기구
⑦ 방폭구조 전기기계·기구 및 부품
⑧ 추락·낙하 및 붕괴 등의 위험 방지 및 보호에 필요한 가설기자재로서 고용노동부장관이 정하여 고시하는 것
⑨ 충돌·협착 등의 위험 방지에 필요한 산업용 로봇 방호장치로서 고용노동부장관이 정하여 고시하는 것

focus 본 교재 제1과목 IV. 7. 안전인증(자율안전확인)단원에서 관련된 내용 확인

13. 산업안전보건법에서 정하고 있는 사업주가 근로자에게 시행해야 할 산업안전보건관련 교육과정을 4가지 쓰시오. (4점)

해답 ① 정기교육　　② 채용 시의 교육　　③ 작업내용 변경 시의 교육　　④ 특별교육
　　　⑤ 건설업 기초안전보건교육

focus 본 교재 제2과목 I. 10. 산업안전보건법상의 교육의 종류와 교육시간 및 교육내용 단원에서 내용확인

산업안전산업기사 실기 (필답형)
2023년 7월 22일 시행

1. 산업안전보건법령상 가연물이 있는 장소에서 하는 화재위험작업시 사업주가 근로자에게 실시해야 하는 특별안전보건교육의 내용을 4가지 쓰시오. (4점)

해답
① 작업준비 및 작업절차에 관한 사항
② 작업장 내 위험물, 가연물의 사용·보관·설치 현황에 관한 사항
③ 화재위험작업에 따른 인근 인화성 액체에 대한 방호조치에 관한 사항
④ 화재위험작업으로 인한 불꽃, 불티 등의 흩날림 방지 조치에 관한 사항
⑤ 인화성 액체의 증기가 남아 있지 않도록 환기 등의 조치에 관한 사항
⑥ 화재감시자의 직무 및 피난교육 등 비상조치에 관한 사항
⑦ 그 밖에 안전·보건관리에 필요한 사항

2. 산업안전보건법령상 사업주가 관리감독자로 하여금 유해위험방지를 위하여 점검하게 하는 작업시작전 점검사항중에서 구내운반차를 사용하여 작업을 할 때 점검사항을 5가지 쓰시오. (5점)

해답 구내운반차의 작업시작전 점검사항
① 제동장치 및 조종장치 기능의 이상유무
② 하역장치 및 유압장치 기능의 이상유무
③ 바퀴의 이상유무
④ 전조등·후미등·방향지시기 및 경음기 기능의 이상유무
⑤ 충전장치를 포함한 홀더 등의 결합상태의 이상유무

focus 본 교재 제1과목 Ⅳ. 8. 작업 시작 전 점검사항 단원에서 관련내용 확인

3. A사업장의 도수율(빈도율)은 4이고, 연간 5건의 재해와 요양근로손실일수가 350일 발생하였다. A사업장의 강도율을 구하시오. (4점)

해답
① 빈도율(F.R) = $\dfrac{재해건수}{연근로시간수} \times 1,000,000$

연근로시간수 = $\dfrac{5 \times 10^6}{4} = 1,250,000$

② 강도율 = $\dfrac{요양근로손실일수}{연근로시간수} \times 1,000 = \dfrac{350}{1,250,000} \times 1000 = 0.28$

focus 본 교재 제1장 Ⅲ. 12. 재해율 단원에서 관련내용 확인

4. 산업안전보건법령상 다음에 해당하는 안전보건표지의 명칭을 쓰시오. (4점)

①	②	③	④
(그림)	(그림)	(그림)	(그림)

해답 ① 화기 금지 ② 산화성 물질 경고 ③ 고압전기 경고 ④ 고온 경고

focus 본 교재 제2과목 II. 8. 무재해운동과 위험예지훈련 단원에서 내용 확인

5. 산업안전보건법령상 자율안전확인대상 기계 또는 설비 5가지를 쓰시오. (5점)

해답
① 연삭기 또는 연마기(휴대형은 제외)
② 산업용 로봇
③ 혼합기
④ 파쇄기 또는 분쇄기
⑤ 식품가공용기계(파쇄·절단·혼합·제면기만 해당)
⑥ 컨베이어
⑦ 자동차 정비용 리프트
⑧ 공작기계(선반, 드릴기, 평삭·형삭기, 밀링만 해당)
⑨ 고정형 목재가공용 기계(둥근톱, 대패, 루타기, 띠톱, 모떼기 기계만 해당)
⑩ 인쇄기

focus 본 교재 제1과목 IV. 7. 안전인증(자율안전확인)단원에서 관련된 내용 확인

6. 산업안전보건법령상 근로자가 노출된 충전부 또는 그 부근에서 작업함으로써 감전될 우려가 있는 경우에는 작업에 들어가기 전에 해당 전로를 차단하여야 한다. 전로차단 절차에 관한 다음 사항에서 ( )에 알맞은 내용을 쓰시오. (5점)

가. 전기기기등에 공급되는 모든 전원을 관련 도면, 배선도 등으로 확인할 것
나. 전원을 차단한 후 각 단로기 등을 개방하고 확인할 것
다. 차단장치나 단로기 등에 (①) 및 (②)를 부착할 것
라. 개로된 전로에서 유도전압 또는 전기에너지가 축적되어 근로자에게 전기위험을 끼칠 수 있는 전기기기 등은 접촉하기 전에 (③)를 완전히 방전시킬 것
마. (④)를 이용하여 작업 대상 기기가 충전되었는지를 확인할 것
바. 전기기기 등이 다른 노출 충전부와의 접촉, 유도 또는 예비동력원의 역송전 등으로 전압이 발생할 우려가 있는 경우에는 충분한 용량을 가진 (⑤)를 이용하여 접지할 것

해답 ① 잠금장치 ② 꼬리표 ③ 잔류전하 ④ 검전기 ⑤ 단락 접지기구

focus 본 교재 제5과목 I. 8. 정전작업 단원에서 관련된 내용 확인

7. 휴먼에러 분류 중 Swain의 독립행동에 관한 분류(심리적 분류)에 해당되는 종류를 4가지 쓰시오.(4점)

   해답 독립 행동에 관한 분류
   ① 생략에러(omission error)
   ② 착각수행(불확실한수행) 에러(commission error)
   ③ 순서에러(sequential error)
   ④ 시간에러(time error)
   ⑤ 불필요한수행 에러(extraneous error)

   focus 본 교재 제3과목 I. 4. 휴먼에러 단원에서 관련내용 확인

8. 유해하거나 위험한 기계·기구·설비 중에서 안전검사대상기계 등을 사용하는 사업주는 안전에 관한 성능이 고용노동부장관이 정하는 검사기준에 맞는지에 대하여 고용노동부장관이 실시하는 안전검사를 받아야 한다. 안전검사 주기에 관한 다음사항에서 ( )에 알맞은 내용을 쓰시오.(5점)

   가. 크레인(이동식 크레인은 제외), 리프트(이삿짐운반용 리프트는 제외) 및 곤돌라: 사업장에 설치가 끝난 날부터 (①)년 이내에 최초 안전검사를 실시하되, 그 이후부터 (②)년마다(건설현장에서 사용하는 것은 최초로 설치한 날부터 (③)개월마다) 안전검사를 실시한다.
   나. 프레스, 전단기, 압력용기, 국소 배기장치, 원심기, 롤러기, 사출성형기, 컨베이어 및 산업용 로봇: 사업장에 설치가 끝난 날부터 (④)년 이내에 최초 안전검사를 실시하되, 그 이후부터 2년마다(공정안전보고서를 제출하여 확인을 받은 압력용기는 (⑤)년마다) 안전검사를 실시한다.

   해답 ① 3   ② 2   ③ 6   ④ 3   ⑤ 4

   focus 본 교재 제1과목 IV. 9. 안전검사 단원에서 관련된 내용 확인

9. 산업안전보건법령상 항타기 또는 항발기를 조립하거나 해체하는 경우 점검해야할 사항을 4가지 쓰시오.(4점)

   해답 ① 본체 연결부의 풀림 또는 손상의 유무
   ② 권상용 와이어로프·드럼 및 도르래의 부착상태의 이상유무
   ③ 권상장치의 브레이크 및 쐐기장치 기능의 이상유무
   ④ 권상기의 설치상태의 이상유무
   ⑤ 리더(leader)의 버팀 방법 및 고정상태의 이상 유무

⑥ 본체·부속장치 및 부속품의 강도가 적합한지 여부
⑦ 본체·부속장치 및 부속품에 심한 손상·마모·변형 또는 부식이 있는지 여부

focus 본 교재 제6과목 I. 9. 항타기 및 항발기 단원에서 관련된 내용 확인

10. 산업재해 예방을 위하여 종합적인 개선조치를 할 필요가 있다고 인정되는 사업장의 사업주에게 고용노동부장관은 안전보건개선계획을 수립하여 시행할 것을 명할 수 있다. 계획서 제출과 검토에 관한 다음사항에서 (   )에 알맞은 것을 쓰시오.(4점)

가. 안전보건개선계획서를 제출해야 하는 사업주는 안전보건개선계획서 수립·시행 명령을 받은 날부터 (①)일 이내에 관할 지방고용노동관서의 장에게 해당 계획서를 제출해야 한다.

나. 지방고용노동관서의 장이 안전보건개선계획서를 접수한 경우에는 접수일부터 (②)일 이내에 심사하여 사업주에게 그 결과를 알려야 한다.

해답 ① 60   ② 15

11. 다음에 해당하는 방폭구조의 기호를 쓰시오.(3점)

① 안전증방폭구조   ② 내압방폭구조   ③ 유입방폭구조

해답 ① Ex e   ② Ex d   ③ Ex o

Tip 방폭구조의 기호

내압방폭구조	압력방폭구조	유입방폭구조	안전증방폭구조	특수방폭구조	본질안전방폭구조	몰드방폭구조	충전방폭구조	비점화방폭구조
d	p	o	e	s	i(ia, ib)	m	q	n

focus 본 교재 제5과목 I. 18. 방폭구조의 기호 단원에서 관련내용 확인

12. 프레스의 방호장치 중 수인식 방호장치의 일반구조에 해당하는 내용을 4가지 쓰시오.(4점)

해답 수인식 방호장치의 구비조건
① 수인끈은 작업자와 작업공정에 따라 그 길이를 조정할 수 있어야 한다.
② 수인끈의 안내통은 끈의 마모와 손상을 방지할 수 있는 조치를 해야 한다.
③ 손목밴드는 착용감이 좋으며 쉽게 착용할 수 있는 구조이어야 한다.
④ 각종 레버는 경량이면서 충분한 강도를 가져야 한다.
⑤ 손목밴드(wrist band)의 재료는 유연한 내유성 피혁 또는 이와 동등한 재료를 사용해야 한다.
⑥ 수인끈의 재료는 합성섬유로 직경이 4mm 이상이어야 한다.
⑦ 수인량의시험은 수인량이 링크에 의해서 조정될 수 있도록 되어야 하며 금형으로부터 위험한계 밖으로 당길 수 있는 구조이어야 한다.

focus 본 교재 제4과목 I. 10. 프레스의 방호장치 및 설치방법 단원에서 관련내용 확인

13. 산업안전보건법령상 가설통로를 설치하는 경우 사업주가 준수해야할 다음 사항에서 ( )에 알맞은 내용을 쓰시오.(4점)

가. 경사는 (①)도 이하로 할 것.
나. 다만, 계단을 설치하거나 높이 (②)미터 미만의 가설통로로서 튼튼한 손잡이를 설치한 경우에는 그러하지 아니하다.
다. 경사가 (③)도를 초과하는 경우에는 미끄러지지 아니하는 구조로 할 것
라. 추락할 위험이 있는 장소에는 (④)을 설치할 것.

해답 ① 30 ② 2 ③ 15 ④ 안전난간

Tip 가설통로의 구조(설치시 준수사항)
① 견고한 구조로 할 것
② 수직갱에 가설된 통로의 길이가 15미터 이상인 경우에는 10미터 이내마다 계단참을 설치할 것
③ 건설공사에 사용하는 높이 8미터 이상인 비계다리에는 7미터 이내마다 계단참을 설치할 것

산업안전산업기사 실기 (필답형)
2023년 10월 7일 시행

1. 정보전달에 있어 청각적 표시장치보다 시각적 표시장치를 사용하는 것이 더 좋은 경우를 3가지 쓰시오. (3점)

> **해답**
> ① 정보가 복잡하다.
> ② 정보가 길다.
> ③ 정보가 후에 재참조된다.
> ④ 정보의 내용이 공간적인 위치를 다룬다.
> ⑤ 정보가 즉각적인 행동을 요구하지 않는다.
> ⑥ 수신장소가 너무 시끄러울 때
> ⑦ 수신자의 청각 계통이 과부하상태일 때
>
> **focus** 본 교재(필기) 제3과목 06. I. 15. 표시장치 단원에서 내용확인

2. FTA에 사용되는 논리기호 및 사상기호의 명칭을 쓰시오. (4점)

①	②	③	④
◇	○	⬠	출력 ⬡ 조건 / 입력

> **해답** ① 생략사상 ② 기본사상 ③ 통상사상 ④ 억제 게이트
>
> **focus** 본 교재(필기) 제 2과목 06. I. 2. 논리기호 및 사상기호 단원에서 내용 확인

3. 폭발위험장소의 구분도(區分圖)를 작성하는 경우, 사업주가 가스폭발 위험장소 또는 분진폭발 위험장소로 설정하여 관리해야 하는 장소 2개소를 쓰시오. (4점)

> **해답**
> ① 인화성 액체의 증기나 인화성 가스 등을 제조·취급 또는 사용하는 장소
> ② 인화성 고체를 제조·사용하는 장소

4. 산업안전보건법령상 교류아크용접기를 사용하는 경우, 사업주가 교류아크용접기에 자동전격방지기를 설치하여야 하는 장소를 3가지 쓰시오. (3점)

> **해답**
> ① 선박의 이중 선체 내부, 밸러스트 탱크(ballast tank, 평형수 탱크), 보일러 내부 등 도전체에 둘러싸인 장소
> ② 추락할 위험이 있는 높이 2미터 이상의 장소로 철골 등 도전성이 높은 물체에 근로자가 접촉할 우려가 있는 장소
> ③ 근로자가 물·땀 등으로 인하여 도전성이 높은 습윤 상태에서 작업하는 장소

focus 본 교재 제5과목 I. 11. 교류아크용접기의 방호장치 및 성능조건 단원에서 확인

5. 산업안전보건법령상 비, 눈, 그 밖의 기상상태의 악화로 작업을 중지시킨 후 또는 비계를 조립, 해체하거나 변경한 후에 그 비계에서 작업을 하는 경우 해당 작업을 시작하기 전에 사업주가 점검하고 이상을 발견하면 즉시 보수하여야 하는 사항을 4가지 쓰시오. (4점)

해답 ① 발판재료의 손상여부 및 부착 또는 걸림상태
② 당해 비계의 연결부 또는 접속부의 풀림상태
③ 연결재료 및 연결철물의 손상 또는 부식상태
④ 손잡이의 탈락여부
⑤ 기둥의 침하·변형·변위 또는 흔들림 상태
⑥ 로프의 부착상태 및 매단장치의 흔들림 상태

focus 본 교재 제6과목 I. 24. 비계의 종류 및 설치시 준수사항 단원에서 관련내용 확인

6. 사업주는 안지름이 150밀리미터를 초과하는 압력용기 등에는 과압에 따른 폭발 방지를 위하여 폭발방지 성능과 규격을 갖춘 안전밸브 또는 파열판을 설치해야한다. 산업안전보건법령상 파열판을 설치해야하는 경우를 3가지 쓰시오. (5점)

해답 ① 반응 폭주 등 급격한 압력상승의 우려가 있는 경우
② 급성독성물질의 누출로 인하여 주위의 작업환경을 오염시킬 우려가 있는 경우
③ 운전 중 안전밸브에 이상 물질이 누적되어 안전밸브가 작동되지 아니할 우려가 있는 경우

focus 본 교재 제5과목 II. 14. 화학설비의 안전장치 종류 단원에서 내용 확인

7. 다음과 같은 조건에 해당하는 사업장의 강도율과 도수율을 구하시오. (4점)
가. 근로자수 : 400명
나. 근로시간 : 1일 8시간 연간 300일
다. 잔업시간 : 1인당 연간 50시간
라. 재해건수 : 5건(사망 1명, 10급 4명)

해답 ① 강도율 = $\dfrac{\text{총요양근로손실일수}}{\text{연근로시간수}} \times 1,000$

$= \dfrac{7500 + 600 \times 4}{(400 \times 8 \times 300) + (400 \times 50)} \times 1,000 = 10.10$

② 도수율 = $\dfrac{\text{재해건수}}{\text{연근로시간수}} \times 1,000,000$

$= \dfrac{5}{(400 \times 8 \times 300) + (400 \times 50)} \times 1,000,000 = 5.10$

focus 본 교재 제1과목 III. 12. 재해율 단원에서 관련내용 확인

8. 다음은 적응의 기제에 관한 설명이다. 해당되는 적응의 기제를 쓰시오.

> ① 자신의 실패나 약점을 그럴듯한 이유를 들어 남에게 비난받지 않도록 자신의 행동을 정당화 하는 행위.
> ② 받아들일 수 없는 충동이나 실패 등으로 인한 자기 속의 억압된 것을 타인의 탓으로 돌리는 행위
> ③ 욕구가 좌절되거나 억압되었을때 보다 가치 있는 목적을 실현하기위해 노력하는 행위
> ④ 자신의 결함이나 무능으로 인하여 생긴 열등감이나 긴장을 해소하기 위해 그 결함을 다른 것으로 대치하여 욕구를 충족하려는 행위

해답 ① 합리화 ② 투사 ③ 승화 ④ 보상

focus 본 교재(필기) 제1과목 06. II. 6. 적응기제 단원에서 내용 확인

9. 산업안전보건법령상 근로자의 안전 및 보건에 위해를 미칠 수 있다고 인정되는 유해·위험 기계등이 안전인증기준에 적합한지를 확인하기 위하여 안전인증기관이 하는 안전인증심사의 종류 3가지와 각각의 심사기간을 쓰시오.(단, 외국에서 제조한 경우 및 제품 심사에 관한 내용은 제외)(6점)

해답 ① 예비심사: 7일 이내
② 서면심사: 15일 이내
③ 기술능력 및 생산체계 심사: 30일 이내

Tip 심사 종류별 심사기간(심사 종류별 아래의 기간 내에 심사해야 한다)
① 예비심사: 7일
② 서면심사: 15일(외국에서 제조한 경우는 30일)
③ 기술능력 및 생산체계 심사: 30일(외국에서 제조한 경우는 45일)
④ 제품심사
  ㉠ 개별 제품심사: 15일
  ㉡ 형식별 제품심사: 30일(방폭구조 전기기계·기구 및 부품의 방호장치와 안전화등 일부 보호구는 60일)

focus 본 교재 제1과목 IV. 7. 안전인증 단원에서 내용확인

10. 산업안전보건법령상 항타기 또는 항발기의 권상용 와이어로프에 관한 다음 사항에서 ( )에 알맞은 내용을 쓰시오.(4점)
가. 사업주는 항타기 또는 항발기의 권상용 와이어로프의 안전계수가 (①) 이상이 아니면 이를 사용해서는 아니 된다.
나. 권상용 와이어로프는 추 또는 해머가 최저의 위치에 있을 때 또는 널말뚝을 빼내기 시작할 때를 기준으로 권상장치의 드럼에 적어도 (②)회 감기고 남을 수 있는 충분한 길이일 것

해답 ① 5 ② 2

focus 본 교재 제6과목 I. 9. 항타기 및 항발기 단원에서 관련내용 확인

11. 산업안전보건법령상 계단에 관한 다음 사항에서 ( )에 알맞은 내용을 쓰시오.(3점)
   가. 사업주는 계단 및 계단참을 설치하는 경우 매제곱미터당 (①)킬로그램 이상의 하중에 견딜 수 있는 강도를 가진 구조로 설치하여야 하며, 안전율은 (②) 이상으로 하여야 한다.
   나. 사업주는 계단을 설치하는 경우 그 폭을 1미터 이상으로 하여야 한다.
   다. 사업주는 높이가 3미터를 초과하는 계단에 높이 3미터 이내마다 진행방향으로 길이 (③)미터 이상의 계단참을 설치해야 한다.
   라. 사업주는 높이 1미터 이상인 계단의 개방된 측면에 안전난간을 설치하여야 한다

해답 ① 500 ② 4 ③ 1.2

focus 본 교재 제6과목 I. 20. 가설계단 단원에서 관련된 내용 확인

12. 안전인증 방독마스크에 안전인증의 표시에 따른 표시 외에 추가로 표시해야할 내용을 3가지 쓰시오. (4점)

해답 ① 파과곡선도
② 사용시간 기록카드
③ 정화통의 외부측면의 표시 색
④ 사용상의 주의사항

focus 본 교재 제7과목 I. 4. 방독마스크 단원에서 관련된 내용 확인

13. 유해하거나 위험한 작업 또는 장소에서 사용하거나 건강장해를 방지하기 위하여 사용하는 기계·기구 및 설비를 설치·이전하거나 그 주요 구조부분을 변경하려는 경우 산업안전보건법에 따른 유해위험방지계획서를 작성하여 고용노동부장관에게 제출하고 심사를 받아야 하는 대상 기계·기구 및 설비의 종류를 5가지 쓰시오.(5점)

해답 ① 금속이나 그 밖의 광물의 용해로
② 화학설비
③ 건조설비
④ 가스집합 용접장치
⑤ 근로자의 건강에 상당한 장해를 일으킬 우려가 있는 물질로서 고용노동부령으로 정하는 물질의 밀폐·환기·배기를 위한 설비

focus 본 교재 제8과목 I. 3. 안전성검토(유해위험 방지계획서) 단원에서 내용 확인

저자약력

저자 김용원

1989년 오프라인 현장 강의 시작
2003년 인터넷 동영상 강의 시작

현, 산업안전에듀(I.S.Edu) 대표
현, 배울학 산업안전기사 대표교수
현, 한국폴리텍대학 스마트제어과 강사
현, 한국폴리텍대학 석유화학공정기술원 외래교수
현, 한국방폭협회 산업안전책임교수
현, 울산시 전문경력인사지원센터 연구위원
현, 울산안전발전협회 전문위원

■ **주요 기업체 및 학교 산업안전 강의**
  삼성전자, 삼성반도체, 삼성디스플레이/ LG디스플레이(파주, 구미)
  포항 포스코/ 온산 고려아연(주)/ 쌍용 E&C
  이마트/ 현대중공업(울산, 거제)/ 울산산학융합원
  울산대학교/ 울산과학대/ 울산북구청/ 호서대학교 등

■ **자격사항**
  • 산업안전기사 [한국산업인력공단]
  • 수질환경기사 [한국산업인력공단]
  • 산업위생관리기사 [한국산업인력공단]
  • 건설안전기사 [한국산업인력공단]
  • 건설안전산업기사 [한국산업인력공단]
  • 소방안전관리자 2급 [한국소방안전원]
  • 교원자격증(중등2급 정교사) [교육부장관]
  • 직업능력개발훈련교사(산업안전관리3급) [지방고용노동청]
  • 직업능력개발훈련교사(평생직업교육3급) [지방고용노동청]
  • 요양보호사자격증 [대구광역시장]

■ **저서**
  • 완벽대비 산업안전기사·산업기사 필기 동일출판사
  • 완벽대비 산업안전기사·산업기사 실기 동일출판사
  • 최근 10년 출제문제 산업안전기사 필기 동일출판사
  • 최근 10년 출제문제 산업안전산업기사 필기 동일출판사
  • 건설안전기사·산업기사 필기 동일출판사

상세한 강의일정 및 내역은 「산업안전에듀」 홈페이지 참고
http://www.isedu91.com

완벽대비
산업안전기사 · 산업기사 실기

발　　행 / 2024년 2월 23일	저자와의 협의에 따라 인지생략
저　　자 / 김 용 원	
펴 낸 이 / 정 창 희	
펴 낸 곳 / 동일출판사	
주　　소 / 서울시 강서구 곰달래로31길7 (2층)	
전　　화 / (02) 2608-8250	
팩　　스 / (02) 2608-8265	
등록번호 / 109-90-92166	

ISBN 978-89-381-1634-5 13530
값 / 30,000원

이 책은 저작권법에 의해 저작권이 보호됩니다.
동일출판사 발행인의 승인자료 없이 무단 전재하거나 복제하는 행위는 저작권법 제136조에 의해 5년 이하의 징역 또는 5,000만원 이하의 벌금에 처하거나 이를 병과(倂科)할 수 있습니다.